新一代人工智能系列教材

# 数据科学前沿技术导论

U0812167

高云君　陈璐
苗晓晔　张天明
编著

中国教育出版传媒集团
高等教育出版社·北京

内容提要

本书是“新一代人工智能系列教材”之一，全面、详细地介绍数据科学的基本问题、前沿技术及应用系统。

本书共分为 11 章。第 1 章概述数据科学，介绍数据科学的现有技术与工具；第 2 章介绍数据治理，包括实体对齐、数据融合和数据清洗；第 3 章介绍数据定价，包括数据定价机制和模型定价机制；第 4 章至第 7 章介绍面向不同数据类型（地理空间数据、度量空间数据、缺失数据和图数据）的管理技术，数据管理旨在根据不同的数据特征，进行建模、存储、索引和查询，服务上层应用；第 8 章介绍数据查询结果可用性分析技术，旨在通过可用性分析提供用户与查询之间的交互，提升查询结果质量；第 9 章和第 10 章介绍数据库技术和人工智能技术的融合，包括数据库支持的 AI（DB4AI）技术和 AI 赋能的数据库（AI4DB）技术，旨在通过两者的融合实现大数据智能，以高效智能地处理大数据；第 11 章介绍新型数据库管理系统。

本书适合作为高等学校人工智能、大数据等专业本科生、研究生的教材或教学参考书，也可供相关领域的科研人员、工程技术人员和管理人员参考阅读。

**图书在版编目（CIP）数据**

数据科学前沿技术导论 / 高云君等编著. -- 北京 ：高等教育出版社，2024.12

ISBN 978-7-04-061906-5

Ⅰ. ①数… Ⅱ. ①高… Ⅲ. ①数据处理 Ⅳ. ①TP274

中国国家版本馆 CIP 数据核字（2024）第 052442 号

Shuju Kexue Qianyan Jishu Daolun

| | | | | | | | |
|---|---|---|---|---|---|---|---|
| 策划编辑 | 时　阳 | 责任编辑 | 张　曦 | 封面设计 | 张申申 | 版式设计 | 李彩丽 |
| 责任绘图 | 马天驰 | 责任校对 | 陈　杨 | 责任印制 | 耿　轩 | | |

| | | | |
|---|---|---|---|
| 出版发行 | 高等教育出版社 | 网　　址 | http://www.hep.edu.cn |
| 社　　址 | 北京市西城区德外大街 4 号 | | http://www.hep.com.cn |
| 邮政编码 | 100120 | 网上订购 | http://www.hepmall.com.cn |
| 印　　刷 | 山东韵杰文化科技有限公司 | | http://www.hepmall.com |
| 开　　本 | 787 mm×1092 mm　1/16 | | http://www.hepmall.cn |
| 印　　张 | 33.75 | | |
| 字　　数 | 620 千字 | 版　　次 | 2024 年 12 月第 1 版 |
| 购书热线 | 010-58581118 | 印　　次 | 2024 年 12 月第 1 次印刷 |
| 咨询电话 | 400-810-0598 | 定　　价 | 65.00 元 |



物 料 号　61906-00

# 新形态教材网使用说明

# 数据科学前沿技术导论

高云君 陈璐
苗晓晔 张天明
编著

1 计算机访问https://abooks.hep.com.cn/1879340或手机微信扫描下方二维码进入新形态教材网。

2 注册并登录后，计算机端进入“个人中心”，点击“绑定防伪码”，输入图书封底防伪码（20位密码，刮开涂层可见），完成课程绑定；或手机端点击“扫码”按钮，使用“扫码绑图书”功能，完成课程绑定。

3 在“个人中心”→“我的学习”或“我的图书”中选择本书，开始学习。

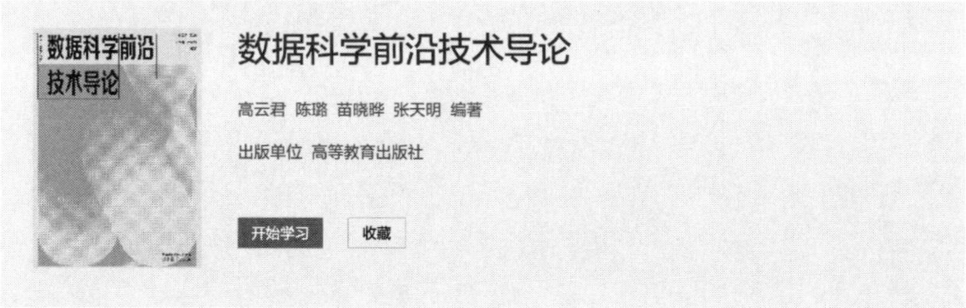


绑定成功后，课程使用有效期为一年。受硬件限制，部分内容可能无法在手机端显示，请按照提示通过计算机访问学习。

如有使用问题，请直接在页面点击答疑图标进行咨询。

https://abooks.hep.com.cn/1879340

# 序

人工智能是引领这一轮科技革命、产业变革和社会发展的战略性技术，具有溢出带动性很强的头雁效应。当前，新一代人工智能正在全球范围内蓬勃发展，促进人类社会生活、生产和消费模式巨大变革，为经济社会发展提供新动能，推动经济社会高质量发展，加速新一轮科技革命和产业变革。

2017 年 7 月，国务院发布了《新一代人工智能发展规划》，指出了人工智能正走向新一代。新一代人工智能（AI 2.0）的概念除了继续用电脑模拟人的智能行为外，还纳入了更综合的信息系统，如互联网、大数据、云计算等去探索由人、物、信息交织的更大更复杂的系统行为，如制造系统、城市系统、生态系统等的智能化运行和发展。这就为人工智能打开了一扇新的大门和一个新的发展空间。人工智能将从各个角度与层次，宏观、中观和微观地，去发挥“头雁效应”，去渗透我们的学习、工作与生活，去改变我们的发展方式。

要发挥人工智能赋能产业、赋能社会的作用，使其真正成为推动国家和社会高质量发展的强大引擎，需要大批掌握这一技术的优秀人才。因此，中国人工智能的发展十分需要重视人工智能技术及产业的人才培养。

高校是科技第一生产力、人才第一资源、创新第一动力的结合点。因此，高校有责任把人工智能人才的培养置于核心的基础地位，把人工智能协同创新摆在重要位置。国务院《新一代人工智能发展规划》和教育部《人工智能科技创新行动计划》发布后，为切实应对经济社会对人工智能人才的需求，我国一流高校陆续成立协同创新中心、人工智能学院、人工智能研究院等机构，为人工智能高层次人才、专业人才、交叉人才及产业应用人才培养搭建平台。我们正处于一个百年未遇、大有可为的历史机遇期，要紧紧抓住新一代人工智能发展的机遇，勇立潮头、砥砺前行，通过凝练教学成果及把握科学研究前沿方向的高质量教材来“传道、授业、解惑”，提高教学质量，投身人工智能人才培养主战场，为我国构筑人工智能发展先发优势和贯彻教育强国、科技强国、创新驱动战略贡献力量。

为促进人工智能人才培养，推动人工智能重要方向教材和在线开放课程建设，国家新一代人工智能战略咨询委员会和高等教育出版社于 2018 年 3 月成立了“新一代人工智能系列教材”编委会，聘请我担任编委会主任，吴澄院士、郑南宁院士、高文院士、陈纯院士和高等教育出版社林金安副总编辑担任编委会副主任。

根据新一代人工智能发展特点和教学要求，编委会陆续组织编写和出版有关人工智能基础理论、算法模型、技术系统、硬件芯片、伦理安全以及“智能+”学科交叉和实践应用等方面内容的系列教材，形成了理论技术和应用实践两方面互相协同的系列教材。为了推动高质量教材资源的共享共用，同时发布了与教材内容相匹配的在线开放课程、研制了新一代人工智能科教平台“智海”和建设了体现人工智能学科交叉特点的AI+X微专业，以形成各具优势、衔接前沿、涵盖完整、交叉融合、具有中国特色的人工智能一流教材体系、支撑平台和育人生态，促进教育链、人才链、产业链和创新链的有效衔接。

“AI赋能、教育先行、产学协同、创新引领”，人工智能于1956年从达特茅斯学院出发，踏上了人类发展历史舞台，今天正发挥“头雁”效应，推动人类变革大潮，“其作始也简，其将毕也必巨”。我希望“新一代人工智能系列教材”的出版能够为人工智能各类型人才培养做出应有贡献。

衷心感谢编委会委员、教材作者、高等教育出版社编辑等为“新一代人工智能系列教材”出版所付出的时间和精力。

潘云鹤

# 前言

随着5G与物联网等技术的快速发展,人类社会正迈入"万物互联"的时代。如今汇聚的数据不仅来源多样而且数量巨大,例如基于位置的服务产生的海量时空数据,文档、新闻和网页上涌现的PB级文本数据,遥感与监控设备生成的实时流媒体数据等。人类正置身于数据爆炸时代,大数据已经成为一项重要的战略资源,是第五大生产要素,被世界各国和地区高度重视。大数据技术能够从治理力、处理力、分析力等多个方面激活数据要素潜能,并释放大数据所蕴藏的巨大价值。

迄今为止,人类社会已经经历了三次技术革命,并正处于第四次技术革命之中。18世纪末,蒸汽机的发明和应用引发了第一次技术革命,迸发出的巨大生产力使社会面貌发生了翻天覆地的变化。19世纪70年代,电气时代的到来使得电能成为补充与取代以蒸汽机为动力的新能源。20世纪40年代至50年代,电子计算机的发明引发了一场信息技术革命,给世界经济发展带来了新的机遇和挑战。信息技术改变了生产力发展的动力,呈现出自动化的特点,降低了工业成本,使社会生产率显著提高。而第四次技术革命则是利用信息化技术推动产业变革的时代。工业4.0通过信息物理系统实现了设备传感器和控制层的数据与企业信息系统的充分融合,使得产生的大数据可以在云计算中心进行存储和分析,进而形成决策并反哺指导生产,推动制造业向智能化转型。因此,大数据不仅促进了现代产业转型升级,而且加速了人类社会迈向智能时代的进程。

然而,大数据不仅具有海量、高维、多源、异构、不确定/不完整等特征,而且数据间的关系也十分复杂。所以,如何有效地处理大数据,挖掘其背后蕴含的价值是一项重大机遇与挑战。数据科学(data science)作为一个新兴的跨学科领域,结合了统计学、数据库、数据挖掘、机器学习等诸多领域的理论与方法,旨在将原始数据转化为可用信息,充分挖掘大数据背后的潜在价值。

本书主要面向对数据科学感兴趣的读者。总体来说,本书是为那些希望了解数据科学的基本问题、前沿技术以及应用系统的读者准备的。我们希望相关领域的学生、研究人员和工程师都能从本书中获得启发。本书分为11章,下面简要介绍各章的主要内容。

第1章概述数据科学,先给出数据预处理的具体流程,并介绍数据计算和数据管理技术与系统的发展历程,而后介绍数据科学的现有技术与工具。

第2章介绍数据治理相关内容,主要包括实体解析、数据融合和数据清洗。数据治理旨在提升数据质量,促进数据互联互通。

第3章介绍数据定价相关内容,主要包括数据定价机制和模型定价机制。数据定价旨在设计细粒度的数据产品及其相应的定价机制,完善大数据市场建设。

第 4 章至第 7 章分别介绍面向不同数据类型(包括地理空间数据、度量空间数据、缺失数据和图数据)的管理技术。数据管理旨在根据不同的数据特征,进行建模、存储、索引和查询,服务上层应用。

第 8 章介绍数据查询结果可用性分析技术,包括 Causality 与 Responsibility 问题、Why-not 与 Why 问题、Why-few 与 Why-many 问题。查询结果可用性分析旨在提供用户与查询之间的交互,提升查询结果质量。

第 9 章和第 10 章介绍数据库(DB)技术和人工智能(AI)技术的融合,包括数据库支持的 AI(DB4AI)技术和 AI 赋能的数据库(AI4DB)技术。数据库技术在存储与处理能力方面具有优势,人工智能技术在建模与学习能力方面具有优势,两者的融合旨在实现大数据智能,以高效智能地处理大数据。

第 11 章介绍当前新型数据库管理系统,包括空间数据库管理系统、图数据库管理系统、内存数据库管理系统、云原生数据库管理系统以及 AI 原生数据库管理系统。

在本书的撰写过程中,除作者外,还有很多人为本书的撰写与校稿做出了贡献,这些人包括柳晴、毛玉仁、柯翔宇、房子荃、朱轶凡、葛丛丛、杨克宇、郭宇翔、王嘉琪、邱林山、金鹏飞、赵敏钧、罗程阳、姚媛媛、胡丹蕾、吴君洋、潘璐、常雪芹、周郑杰、吴洋洋、朋环环、刘悦、倪炜、茹钟莹、周章华、刘东昂等,在此向他们表示衷心的感谢。

本书得到了国家自然科学基金项目(编号为 62025206、61972338、62102351)和国家重点研发计划项目/课题(编号为 2021YFC3300300、2021YFC3300303)的资助。由衷感谢国家自然科学基金委员会和科学技术部的支持。

此外,感谢我们的家人在本书写作过程中给予的鼓励,也感谢高等教育出版社的支持。

最后,由于作者水平有限,书中的不足之处在所难免,恳请广大读者批评指正。

作者的联系方式为 gaoyj@zju.edu.cn。本书配套有数字资源,地址为 https://abooks.hep.com.cn/1879340。

高云君、陈璐、苗晓晔、张天明

2023 年 11 月于杭州

目录

# 第1章 引言

1

随着大数据在各行业领域应用的不断深入,数据作为一种基础性战略资源,其地位日益凸显。信息技术与经济发展的交汇引发了全球数据量的迅猛增长。大数据蕴藏着巨大的价值和潜力,通过对其进行充分挖掘、分析、应用,可以发现新的知识和规律,创造新的价值和财富。因此,越来越多的现代经济活动与创新技术从大数据的发展中受益。

数据科学(data science)作为一门新兴的重要学科,旨在利用科学方法、流程、算法和系统对数据进行分析以获取价值信息。数据科学几乎与当今所有现代行业(如交通、金融、医疗等)息息相关。数据科学并不局限于大数据,但全球数据量的激增无疑使得数据科学的地位愈发重要。

本章概述数据科学的发展、定义、主要研究内容等。1.1 节介绍数据科学学科的发展历史及定义;1.2 节介绍数据预处理的基本方法;1.3 节和 1.4 节分别阐述数据计算与数据管理方法;1.5 节介绍数据科学中几个重要的技术工具;1.6 节给出了本书的组织结构。

## 1.1 数据科学概述

数据科学(data science)作为一个新兴的跨学科领域,综合了包括统计学、数据库、数据挖掘、机器学习等多个学科的理论与技术,其内容覆盖了数据从原始数据转化为可用信息,并挖掘其潜在价值以提高生产力的完整生命周期。本节介绍大数据的特点以及数据科学的发展与定义。

### 1.1.1 大数据的内涵与特征

在信息化不断发展的今天,数据已经成为重要的战略资源。我国正从“数据大国”向“数据强国”迈进,借助大数据革命推进国家治理现代化[1]。2021 年 3 月 13 日,《中华人民共和国国民经济和社会发展第十四个五年规划和 2035 年远景目标纲要》提出了"迎接数字时代,激活数据要素潜能,推进网络强国建设,加快建设数字经济、数字社会、数字政府,以数字化转型整体驱动生产方式、生活方式和治理方式变革",明确了数据在数字时代的重要性。

信息的数字化和数据规模的快速增长催生了大数据的概念。2008 年 9 月,*Nature* 杂志专刊 *The Next Google* 第一次正式提出"大数据"概念。2011 年 2 月,*Science* 杂志专刊 *Dealing with Data* 通过社会调查的方式,第一次综合分析了大数据对人类生活的影响。大数据指来自不同来源的大量非结构化或结构化数据。经验丰富的数据科学家可以轻易地分辨出什么是大数据,什么不属于大数据。例如,单个用户手机上存储的全部照片不是大数据,而每天由不同用户上传至社交网络的全部照片却属于大数据。

国际 IT 研究机构 Gartner 对大数据的定义为:需要新处理模式才能具有更强的决策力、洞察发现力和流程优化能力以适应海量、高增长率和多样化的信息资产。

麦肯锡全球研究所在 2011 年给出的大数据定义[2]为:一种规模大到在获取、存储、管理、共享、分析和可视化方面大大超出传统数据库软件工具能力范围的数据集合,具有海量的数据规模、快速的数据流转、多样的数据类型以及价值密度低四大特征。

从上述定义中可以归纳出大数据的广义理解:大数据是一个提取和处理海量数据的领域。当前,术语"大数据"也常常指使用预测分析、用户行为分析或某些其他高级数据分析方法从大规模数据中提取价值的过程。

本书采用"6V"模型来描述大数据的特征,如图 1.1 所示,即大量(volume)、多样性(variety)、高速(velocity)、价值(value)、真实性(veracity)和可变性(variability)。

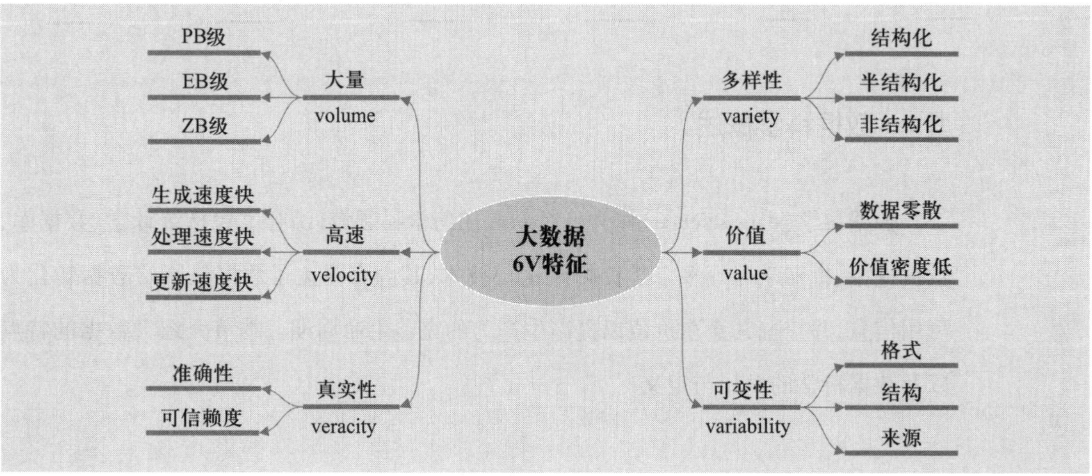


图 1.1　大数据 6V 特征

(1) 大量(volume)

数据的大小是指生成和存储的数据数量。数据的大小决定了数据的价值和潜在意义，也是定义为大数据的重要指标。大数据的体量通常处于 PB（1000 TB）级、EB（1000 PB）级或 ZB（1000 EB）级，但数据量足够大的数据不一定是大数据。

（2）多样性（variety）

大数据的多样性是指数据的类型、性质和来源的多样化。通常来说，大数据包括结构化、半结构化和非结构化的数据。结构化数据，是指存储在数据库中可以用二维表结构来表达的数据；非结构化数据涉及更多类型的数据，如文本、图片、XML、HTML，以及音频和视频等；半结构化数据是介于完全结构化数据和完全非结构化数据之间的数据。随着数据的来源扩展至网页和各种社交媒体，数据的类型和性质也更多地从结构化转换到半结构化或非结构化。

（3）高速（velocity）

如今社交媒体是数据量增长最快的大数据源之一，其产生的数据还具有时效性，超过了一定的时间，特定数据就会失去其作用和价值。面对高速的数据生成和数据更新，提高对数据的处理速度成为关键。

（4）价值（value）

大数据的数据价值密度低，需要通过数据处理分析数据集来获得有价值的信息。如何从原始、零散的数据中挖掘数据价值，是大数据时代的重要课题。

（5）真实性（veracity）

大数据蕴含的信息与真实世界中的事件息息相关，大数据的真实性旨在确保数据的准确性和可信赖度。

（6）可变性（variability）

大数据的可变性是指大数据的格式、结构或来源不断变化。大数据包括结构化数据、半结构化数据和非结构化数据；大数据分析需要能够利用来自不同来源的多种形式的原始数据。

目前大数据分析工具在政府部门、医疗、教育、媒体等多个方面被广泛利用。大数据分析工具正迅速成为各种规模的企业与公司的重要工具。大数据的可用性和可解释性改变了原有行业的商业模式，并促进了新行业的创建[3]。

### 1.1.2 数据科学的发展历史

“数据科学”一词出现的时间并不长，但对数据的理解与分析早已被统计学界和计算机科学界关注并讨论，图 1.2 的时间线追溯了“数据科学”一词的演变及其使用。

1962 年，John W. Tukey 在《数据分析的未来》一文[4]中认为，“数据分析以及与之相关的统计学部分，必须具有科学的特征，而不是数学的特征”。

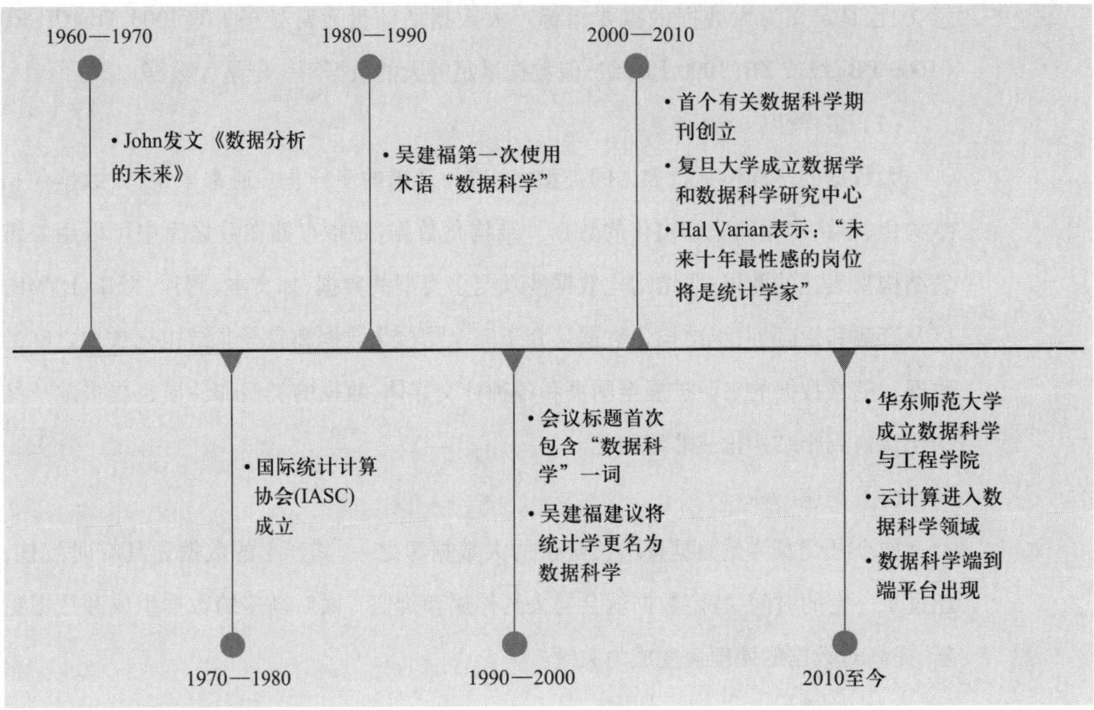


图 1.2　“数据科学”一词的演变及其使用

1977 年，国际统计计算协会（International Association for Statistical Computing，IASC）成立。IASC 的使命是将传统统计方法、现代计算机技术以及相关知识联系起来，以便将数据转化为信息和知识。1989 年 Gregory 组织并主持了第一次数据库知识发现研讨会。1995 年，它成为一年一度的 ACM SIGKDD 知识发现与数据挖掘会议。

1985 年，在中国科学院的一次演讲中，吴建福第一次使用“数据科学”作为统计学的替代名称。

1996 年，国际分类学会联合会（International Federation of Classification Societies，IFCS）在日本举办，会议标题“数据科学、分类和相关方法”中首次包含“数据科学”一词，成为第一个专门将数据科学作为主题的会议。

1997 年，吴建福在密歇根大学统计学教授的就职演讲中再次建议将统计学更名为数据科学，将统计学家更名为数据科学家。

2001 年，William S. Cleveland 发表论文《数据科学：扩展统计领域技术领域的行动计划》[5]，主张数据科学是统计学的一个重要研究方向。

2002 年 4 月，国际数据委员会创立了首个关于数据科学的期刊 *Data Science Journal*，这代表数据科学的发展迈出了重要一步。

2007 年，上海复旦大学成立数据学和数据科学研究中心，并每年举办一次数据学和数据科学研讨会。

2009 年 1 月,谷歌首席经济学家 Hal Varian 表示:“未来十年最性感的岗位将是统计学家。理解数据、处理数据、从数据提取价值、将数据可视化、传达数据将是未来几十年中非常重要的技能,因为现在数据基本上免费且无处不在,稀缺的是理解数据并从中提取价值的能力。”

2014 年,美国统计协会统计学习与数据挖掘分会更名为统计学习与数据科学分会,体现了数据科学方兴未艾。

2016 年 9 月,华东师范大学成立数据科学与工程学院,简称“数据学院”,致力于培养具有设计思维和数据思维的“系统架构师”与“数据科学家”。

2017 年以来,数据科学已经从一个小众市场发展成为完整的领域,可用于分析的数据也呈爆炸式增长,云计算进入了数据科学领域。

过去几年,分析供应商开发出了能够完成整个工作流程并集成至一个端到端平台的产品,这些平台被视为数据科学的操作系统。另一个重大创新是大量数据处理实现了自动化。例如,Alteryx 拥有一个智能且易于使用的数据科学平台。2019 年,用于自动模型设计与训练的自动化机器学习(automated machine learning,AutoML)也迎来了蓬勃发展。

### 1.1.3　数据科学的定义

数据科学作为一门新兴的重要学科,可以看作是统计学、数据库、数据挖掘、机器学习等诸多领域的交叉融合。数据科学涉及使用多种工具和技术从结构化和非结构化数据中获取有价值的信息。然而,由于数据科学与其他重要概念(如大数据和数据驱动决策等)错综复杂地交织在一起,要给数据科学下一个明确的定义并不容易。广义上来说,数据科学可以理解为对数据分析、信息抽取的过程提供基本原则与方法的科学,旨在研究各种数据类型的状态、属性及变化规律,并探索各种方法和技术手段,对数据进行分析以揭示规律。

在高层次上,数据科学是一套基本原则,支持并指导从数据中有原则地提取信息和知识。与数据科学最密切相关的概念是数据挖掘——通过结合这些原则的技术从数据中实际提取知识。但是,数据科学涉及的不仅仅是数据挖掘算法,成功的数据科学家必须具备从数据的角度看待问题的能力。

在本书中,采用维恩图的形式定义数据科学,如图 1.3 所示。该图以 Drew Conway 于 2010 年 9 月在博客上首次发表的数据科学维恩图为基础,集成了许多业内人士对数据科学理论体系的见解。

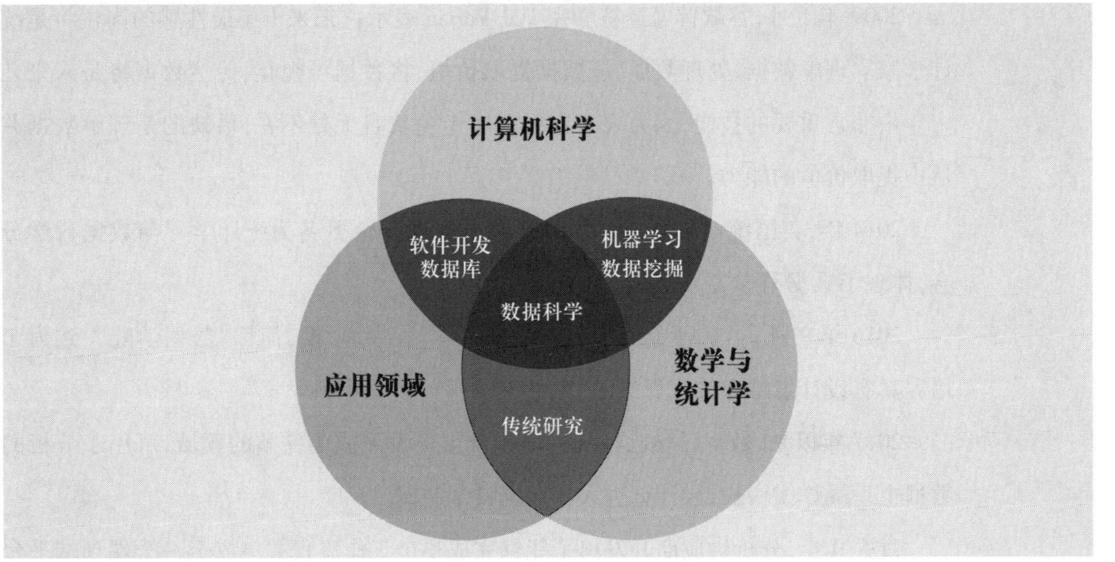


图 1.3　数据科学维恩图

跨学科是数据科学的重要特点,这在数据科学维恩图中得以充分体现。数据科学综合了三个领域的能力。一是统计学家的能力,能够建立模型和聚合规模不断扩大的数据;二是计算机科学家的能力,能够设计并使用算法对数据进行高效存储、管理、分析及可视化;三是应用领域专家的能力,既可以提出正确的问题,又可以做出专业的解答。

## 1.2　数据预处理

大数据时代的特征之一,就是从数据中获取的价值信息可能被数据扩张所带来的噪声淹没。在现实世界中,数据存在不完整、不一致的问题,这严重影响了数据挖掘的有效性,更甚者将导致决策失误从而带来重大经济损失。因此,利用数据预处理技术提高数据质量至关重要。本节介绍数据预处理环节的重要概念以及关键技术。

### 1.2.1　数据质量

数据质量是数据预处理环节中的重要概念[6]。数据质量,即数据值的质量,涉及很多因素,包括准确性、完整性、一致性、时效性、可信性和可解释性等[7]。其中,准确性、完整性、一致性是衡量数据质量最重要的三个因素。

数据的准确性是指数据中记录的信息是否准确。它主要关注数据记录中存在的错误,譬如字符型数据的乱码现象、异常大或异常小的数值、不符合有效性要求的数值等。数据的完整性是指数据信息是否存在缺失的情况,包括整个数据的缺失或数据中某些字段的缺失。数据的一致性是指数据在各个数据源中是否保持一致、数据之间的逻辑关系是否正确和完整。

所谓脏数据,即不符合上述数据质量基本要求的数据。脏数据一般包括:缺失值、异常值、不一致的值、冗余的值、未知的值等。脏数据在现实数据中存在的原因可以归结为三个方面。首先,导致数据不准确的因素有很多,譬如用户因不愿意暴露个人信息而故意提交错误资料,或者因技术上的限制而导致数据在网络传输时出错。其次,导致数据不完整的原因也有很多,譬如某一属性在某一特定环境下被误认为是不重要的,因而没有被收集,或者由于设备故障等原因导致相关数据没有被成功记录。最后,导致数据不一致的原因有重复数据未能进行一致性更新,或者更新操作未能保持同步进行,即并发控制不当。

总而言之,原始数据中的脏数据会严重影响数据质量,因此我们需要进行数据预处理以提高数据质量,进而提升数据挖掘的性能[6]。数据预处理主要包括数据转换、数据归约、数据清洗和数据集成四个子任务。在实际的数据预处理过程中,子任务往往是交叉进行的。下面分别介绍这几个子任务。

### 1.2.2 数据转换

数据转换(data transformation)旨在将数据转换成适用于数据分析的形式。常见的数据转换方法有离散化、区间化、二元化、规范化、特征转换与创建、函数变换等。下面介绍最常用的几种。

(1) 规范化

规范化(normalization)又称标准化,是指将元组集按照规范化条件进行合并,即属性值量纲的归一化处理。具体来说,为了避免数据因量纲不一致导致的数值差别太大,需要对数据按一定比例进行缩放,使之落在一个小的特定区间。对于基于机器学习的距离度量分类算法,规范化处理尤其重要。对训练样本属性值规范化可以加快学习的速度,同时可以防止具有较大初始值域的属性权重过大。常用的数据规范化处理方法有最小-最大规范化、Z-Score 规范化、小数定标规范化等[8]。

(2) 离散化

离散化(discretization)是指基于等距离、等频率等方法将连续特征(变量)转变成离散特征(变量)的过程。是否需要对数据进行离散化处理需要视不同应用场景而定,譬如一些模型(决策树、朴素贝叶斯等)只适用于离散型数据,这时就需要将连续数据进行离散化以适应模型使用的要求。

（3）泛化

数据泛化（generalization）是指用更抽象（更高层次）的概念来取代低层次的数据对象。例如杭州、上海、北京等可以泛化为中国；数值型的属性，如年龄属性，可以泛化为更高层次的概念，如青年、中年和老年。数据泛化不仅可以整理数据，而且可以使分类结果更易于理解。

### 1.2.3 数据归约

数据归约（data reduction）的目的是对海量数据进行归约表示，在尽可能保持数据原貌的前提下，最大限度地精简数据量，以提高后续数据分析与挖掘的性能和效率。数据归约的策略主要有数据压缩、降维、数量归约等。

（1）数据压缩

数据压缩（data compression）使用压缩变换以得到原数据的压缩表示。数据压缩分为无损压缩和有损压缩。无损压缩指原数据可以通过压缩后的数据重构而不损失任何信息；有损压缩则只能通过压缩后的数据恢复原数据的近似表示。

（2）降维

降维（dimensionality reduction）是指通过减少数据特征维度数目来减少数据量。常用的降维方法有小波变换和主成分分析。属性子集选择也是一种降维方法，该方法通过找出最小属性集，使得数据类的概率分布尽可能接近使用所有属性的原分布。

（3）数量归约

数量归约（numerosity reduction）通过选择“较小的”数据表示形式替换原始数据。数量归约技术可以是有参的，也可以是无参的。有参的数量归约技术有回归和对数线性模型；无参的数量归约技术有直方图、聚类、选样等。

### 1.2.4 数据清洗

数据清洗（data cleaning）是从数据集中检测与修复（或删除）损坏或不准确的记录的过程[9]，以达到格式标准化和重复数据删除的目标，最终得到标准且干净的数据。其中，缺失值处理、离群点与噪声处理是数据清洗中最常见的两类任务。

（1）缺失值处理

在现实世界获取数据信息的过程中，可能出现数据丢失或空缺的现象。数据缺失会造成数据记录信息的丢失，一些鲁棒性不佳的模型甚至可能因存在缺失值而无法计算。

处理缺失值有舍弃和填充两种策略，在实际应用中往往需要根据数据的分布特性和缺失数据的重要程度选择合适的策略。若含缺失数据的记录占比较低、缺失项的重要性较低，以及单条数据记录的缺失率较高，则可以直接将含缺失数据的记录删除。在分类任务中，常常在类别标签缺失时采取这种处理方法。在丢弃策略不适用的场景下，最常用的方法是对缺失位置进行数据填充。例如采用定值填充，即用同一个全局常量替换所有缺失值；或者采用统计量填充，譬如使用均值或中位数等统计量进行填充；还可以采用模型预测填充，即用回归、决策树、贝叶斯、随机森林等模型对缺失值进行预测填充。

（2）离群点与噪声处理

噪声（noise）是数据中的随机错误和偏差。对计算过程无用或造成干扰的数据都可以称为噪声，从某种程度上讲，前面提及的缺失值也属于噪声的范畴。

离群值（outlier）是指与数据总体特征差别较大，偏离数据集中分布区域的数据。离群值是否属于噪声取决于实际的应用场景。在建立系统总体模型时，离群值可以被视为噪声；但在一些模式识别领域，离群值反而是模式创建过程中十分重要的信息要素。例如，在异常行为检测中，银行信用卡诈骗识别需要对大量用户信息进行建模和聚类分析，这时用户的短期交易记录值过大的点将偏离样本集中分布区域，成为解决问题的关键。因此，只有当离群值属于噪声时才需要进行数据处理。噪声数据的主要处理方法有分箱法（binning）和回归法（regression）。分箱法是一种通过考察“邻居”数据值来平滑噪声的方法，具体来说，分箱法先将有序数据划分至一些“箱”中，再选用“箱”中的统计量（如平均值、中值、边界值）来替换“箱”中所有值。回归法则是通过选用合适的函数来拟合数据，对拟合的数据图像进行光滑处理，以帮助消除噪声。

### 1.2.5 数据集成

数据集成（data integration）是指将多个数据源中的数据整合起来并统一存储[10]。数据库中常见的数据连接操作就属于数据集成的一种。有效的数据集成操作能够减少或避免数据冗余和数据不一致情况的发生。在数据集成时，有以下问题需要考虑。

（1）实体解析

在数据集成时，不同数据源中所表示的现实世界的实体并不一定是互相匹配的，这些不同来源的信息可能存在冗余和矛盾。实体解析旨在识别出不同数据源中表示同一实体的数据信息，达成更有效的数据集成。

（2）数据冗余

数据集成经常导致数据冗余，包括同一属性多次出现、同一属性命名不一致等。相关分析常用来检测属性之间的冗余。例如，在关系数据库中，给定两个属性 $A$ 和 $B$，

可用式(1.1)度量属性 $A$ 和 $B$ 之间的相关性:

$$r_{A,B}=\frac{\sum(A-\bar{A})(B-\bar{B})}{(n-1)\sigma_A\sigma_B} \tag{1.1}$$

其中,$n$ 是元组个数,$\bar{A}$ 和 $\bar{B}$ 分别是属性 $A$ 和 $B$ 上数值的平均值,$\sigma_A$ 和 $\sigma_B$ 分别是属性 $A$ 和 $B$ 上数值的标准差。若 $r_{A,B}$ 为 0,则表示属性 $A$ 和 $B$ 之间不具有相关性;若 $r_{A,B}$ 大于 0,则表示属性 $A$ 和 $B$ 呈正相关,该值越大,一个属性蕴涵另一个属性的可能性越大,属性 $A$ 或 $B$ 越有可能被视为冗余。

除了属性之间的冗余外,“重复”也可能发生在元组之间。上述实体解析是重复元组删除的关键步骤,利用实体解析技术识别出表示同一实体的元组并进行去重,可以有效降低数据的冗余程度。

(3) 数据冲突

即使对于现实世界的同一实体,相同属性来自不同数据源的值也可能不同,即数据冲突。不同来源数据的表示方法、编码方式、数据类型、单位等的不同都可能导致数据冲突。例如,温度属性可能在一个数据源中以摄氏度表示,而在另一个数据源中以华氏度表示。不同来源的数据在统一集成时,要保持规范化和一致性以解决数据冲突问题。

## 1.3 数据计算

经过预处理的数据需要进行复杂的计算与分析以挖掘其潜在的数据价值。随着计算机软硬件技术的发展,计算能力与存储能力的飞速提升,数据计算模式也经历了翻天覆地的变化:从最早的集中式计算发展到如今的云计算。本节先介绍数据计算模式的发展历程,而后着重介绍云计算的相关内容。

### 1.3.1 计算模式的发展

20 世纪 50 年代,计算模式以集中式计算为主。集中式计算几乎完全依赖一台大型中心计算机来处理数据,这台中心机被称为主机。与主机相连的大部分终端并不具备数据处理能力。这种单主机-多终端的集中式计算模式的缺点很显著。首先,由于所有计算与存储任务都集中在主机上,主机负担过重,一旦主机出现故障,系统将全面瘫痪。其次,集中式计算模式不易于扩展,且系统的购置、安装、维护成本较高。

20 世纪 70 至 80 年代,出现了分布式计算模式。与集中式计算不同,分布式计算模式下,大量任务由智能终端完成。分布式计算将任务分解成许多小的子任务,分配给多台计算机进行处理。每台计算机都有处理能力,某一台计算机出现故障对其他计算机的影响很小。相比于集中式计算,分布式计算有可靠性和容错性高、灵活性和可扩展性强、计算效率更高等优点。

SETI@ home 是一个处理天文数据的分布式计算项目,也是在中国参与者最多的分布式计算项目。它通过使用联网的计算机下载程序分析射电望远镜所收到的信号,来搜索地球外的生命迹象[11]。该项目结构庞大,需要惊人的计算量,因而仅靠单台计算机不可能完成如此庞大的计算任务,必须采用分布式计算模式来完成计算。

分布式系统与分布式计算有许多的应用场景,例如网络应用中的分布式缓存、路由算法、大型多人在线游戏,银行系统和机票预订系统等分布式信息处理系统;工业控制系统中的实时过程控制等。随后兴起的网格计算、云计算仍在一定程度上沿用了分布式计算的思想。

到了20世纪90年代,在分布式计算的基础上产生了网格计算(grid computing)。网格计算充分利用了分布在不同地理位置的异构计算机的可用资源,并将其作为嵌入在分布式电信基础设施中的虚拟计算机集群。如图1.4所示,每一台参与计算的计算机都是一个"节点",计算由成千上万个"节点"组成的一张"网格"完成,因而这种计算方式被称为网格计算。

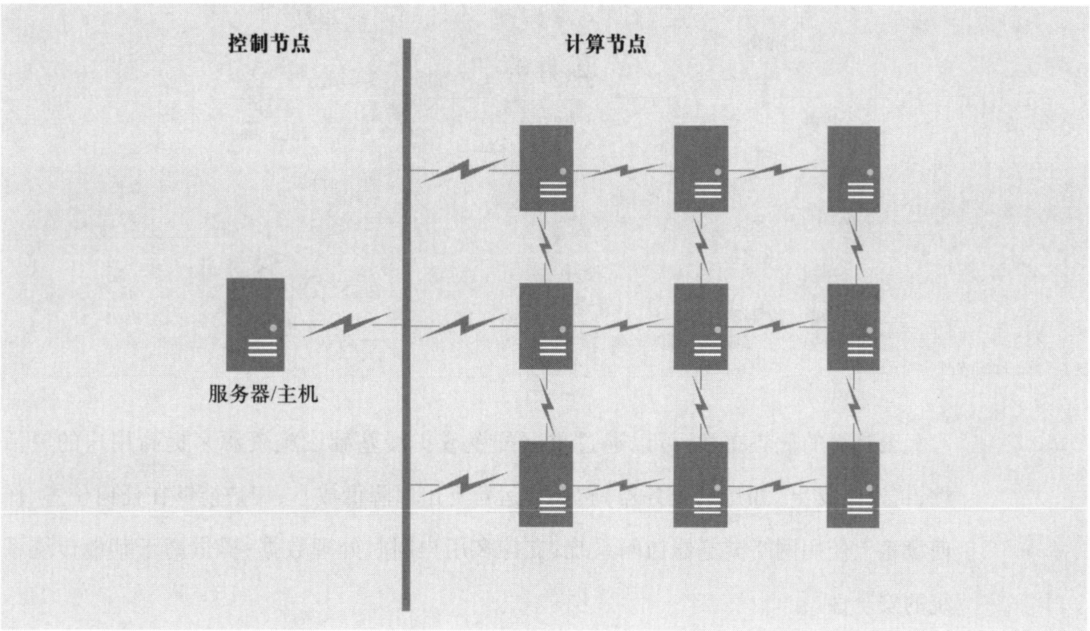


图1.4 网格计算示意图

网格计算广泛应用于计算密集型科学和数学问题,并在药物发现、经济预测、地震分析、后台数据处理等领域有了成功的实践案例。

21 世纪初,云计算模式开始成为新的主流计算模式。云计算是集中式计算、分布式计算和网格计算等不同计算模式相互融合的结果,从某种意义上来说,它是上述计算模式的一种商业化实现。下面详细介绍云计算的产生与发展。

### 1.3.2 云计算

云计算(cloud computing)是一种基于互联网的计算模式,其主要特征是共享的软硬件资源以及信息可以按需提供给各种终端和其他设备。云计算的主要技术支撑是虚拟化。虚拟化软件将一个物理计算设备分成一个或多个“虚拟”设备,每个“虚拟”设备都很容易被使用和管理以执行计算任务。如图 1.5 所示,这种模式本质上创建了一个由多个独立计算设备组成的可扩展系统,可以更有效地分配和使用闲置的计算资源。

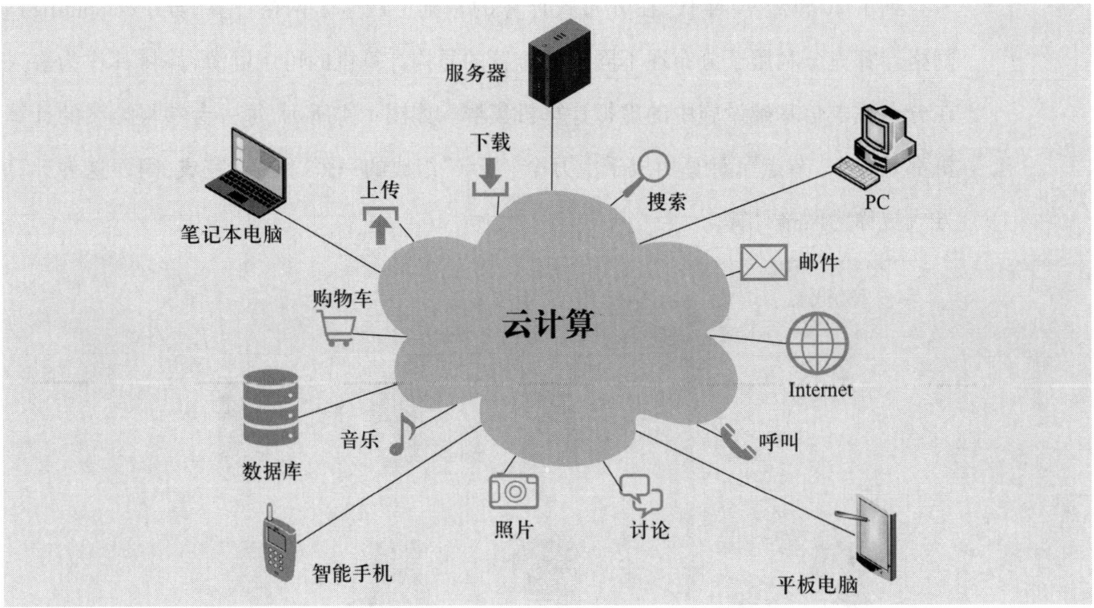


图 1.5 云计算示意图

云计算的优势在于:可以通过重新配置或扩展基础设施资源来提高用户的灵活性;将资本支出(如购买服务器)转换为运营支出以降低成本;用户能够在任何位置、任何设备上使用网络浏览器访问系统;支持多用户同时处理数据;提供高于其他传统系统的安全性。

美国国家标准和技术研究院于 2011 年在云计算定义中明确了云计算的三种服务模式[12]:

(1) 基础设施即服务(infrastructure as a service,IaaS):消费者使用基础计算资源,

如处理能力、存储空间、网络组件或中间件。消费者能掌控操作系统、存储空间、已部署的应用程序以及网络组件(如防火墙、负载平衡器等),但并不掌控云基础架构。提供 IaaS 的平台及设备有 Amazon AWS、Rackspace、华为云、阿里云、腾讯云等。

(2) 平台即服务(platform as a service,PaaS):消费者使用主机操作应用程序。消费者掌控运作应用程序的环境,也拥有主机部分掌控权,但并不掌控操作系统、硬件或网络基础架构。提供 PaaS 的服务平台有 Google 的 GAE(Google App Engine)、国内的新浪 SAE(Sina App Engine)、百度 BAE(Baidu App Engine)等。

(3) 软件即服务(software as a service,SaaS):消费者直接使用应用程序。软件服务供应商以租赁的概念提供客户服务,比较常见的方式是提供一组账号密码。SaaS 也是用户最常接触的一层,作用就是将应用作为服务提供给用户,一般通过网页浏览器进行接入。任何远程服务器上的应用只要通过网络就能运行,不需要进行安装等烦琐的操作。提供 SaaS 的服务平台有 Adobe Creative Cloud、Microsoft CRM、腾讯乐享、阿里钉钉等。

如图 1.6 所示,从技术角度来看,三种服务模式的关系可以大体概括为 SaaS 基于 PaaS,PaaS 基于 IaaS。实际应用中,SaaS 可以基于 PaaS 进行部署,也可以直接部署在 IaaS 之上;PaaS 可以构建在 IaaS 之上,也可以直接构建于物理资源之上。

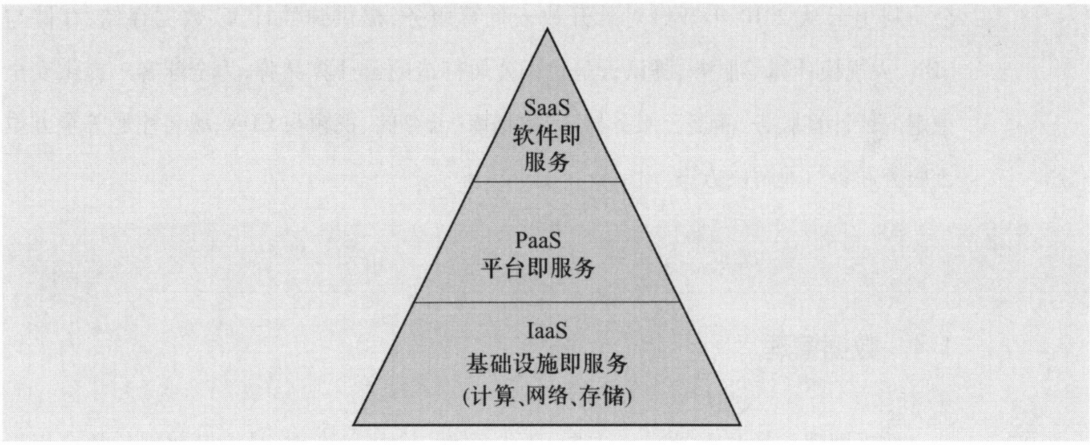


**图 1.6**　云计算的三种服务模式

下面梳理一下云计算的发展历程。在 1996 年,康柏公司(Compaq)在其内部文件中第一次提及"云计算"这个词汇。2002 年 7 月,亚马逊公司创建了子公司 Amazon Web Services(亚马逊网络服务公司),成为较早进入云计算领域的公司之一。2006 年 3 月,亚马逊公司推出了简单存储服务,同年 8 月又推出了弹性计算云服务。这些产品率先使用服务器虚拟化,以按需定价的方式提供 IaaS。亚马逊的一系列云计算服务构成了 AWS(Amazon Web Service,亚马逊云计算服务平台)。

2007 年 10 月,Google 与 IBM 开始在卡内基梅隆大学等美国大学校园推广云计算计划,希望能降低分布式计算技术在学术研究方面的成本,并为这些大学提供相关的软硬件设备及技术支持。2008 年 4 月,Google 发布了云计算平台 Google App Engine 的测试版。Google App Engine 是第一个提供 PaaS 的平台,它提供了基础设施和部署平台,供用户使用 Python 等通用语言创建 Web 应用程序。

微软公司提供的云计算服务包括云操作系统服务 Windows Azure、云关系数据库服务 SQL Azure 以及云应用基础设施服务 AppFabric。其中 Windows Azure 于 2010 年 2 月正式发布,提供计算、存储、内容分发网络和网络连接等服务。

2010 年 7 月,Rackspace Hosting 和美国航空航天局(NASA)联合发起了一项名为 OpenStack 的开源云软件计划,旨在为组织机构提供在标准硬件上运行的云计算服务。

2019 年 12 月,亚马逊宣布推出 AWS Outposts,这是一项完全托管的服务,可将 AWS 基础设施、AWS 服务、API 和工具扩展至几乎所有客户数据中心或本地设施,以实现真正一致的混合体验。

国内的主流厂商也提供了很多云计算产品及服务。华为技术有限公司的云服务品牌华为云致力于提供稳定可靠、安全可信、可持续创新的公有云服务,提供弹性云服务器、云数据库、云安全、软件开发服务和场景化的解决方案;阿里巴巴集团下属的子公司阿里云从 2010 年开始对外开放云计算服务,提供弹性计算、数据存储、存储与 CDN、大规模计算等服务;腾讯云是腾讯公司打造的云计算品牌,为全球客户提供安全稳定的云计算服务,涵盖云服务器、云数据库、云存储、视频与 CDN、域名注册等全方位云服务和各行业解决方案。

## 1.4　数据管理

数据管理是指对数据进行分类、编码、存储、检索和维护,是贯穿数据科学全流程的关键。随着计算机技术的发展,数据管理经历了人工管理、文件系统、数据库系统三个发展阶段。其中,在数据库系统中建立的数据结构更充分地描述了数据之间的内在联系,保证了数据的独立性、安全性和完整性,提高了数据共享程度与数据管理效率。本节主要介绍传统的数据库管理系统和新型数据管理技术的发展历程。

### 1.4.1　传统数据管理技术与系统

在数据库管理阶段,数据由数据库管理系统统一管理和控制。数据库被多个用户和应用程序所共享,多个用户可以同时存取数据库中的数据。

数据库管理系统(database management system,DBMS)是一种操纵和管理数据库的大型软件,用于建立、使用和维护数据库。用户通过 DBMS 访问数据库中的数据,数据库管理员也通过 DBMS 进行数据库的维护工作。

数据结构化是数据库管理阶段最主要的特征之一,也是数据库系统与文件系统的本质区别。在描述数据时不仅要描述数据本身,还要描述数据之间的联系。关系数据库管理系统是最具数据结构化特征的系统之一。

关系数据库是创建在关系模型基础上的数据库,借助于集合代数等数学概念来处理数据库中的数据。现实世界中各种实体以及实体之间的各种联系均用关系模型来表示。关系模型由 Edgar Codd 于 1970 年首先提出,尽管现在对此模型仍有一些批评意见,但它仍然是数据存储的传统标准。由于关系数据库具有严格的事务处理要求,能够保持高度的数据一致性,具有数据冗余低、数据更新开销较小、处理复杂查询的能力强等优点。关系数据库在很长的时间里成为数据管理的最佳选择。

关系数据库技术及其产品已经十分成熟,具有稳定性高和系统缺陷少的优点。例如,Oracle 公司的 Oracle、IBM 公司的 DB2、Sybase 公司的 Sybase、微软公司的 SQL Server,以及 MySQL AB 公司的 MySQL,都是成熟的关系数据库产品。21 世纪初,基于 863 计划、核高基计划等国家政策支持,一批国产数据库厂商相继创立,如依托中国人民大学背景的人大金仓,依托华中科技大学背景的武汉达梦,依托中国航天科技集团的神舟通用等,打破了 Oracle 和 IBM 的国际垄断格局。

然而,随着大数据时代的到来,关系数据库的不足之处也开始显露出来。虽然 RDBMS(relational database management system,关系数据库管理系统)对数据存取、数据共享、数据完整性维护、事务处理等功能的支持很强大,但是对数据模式的限制也很多。例如,数据库中每个表必须满足第一范式——每个属性必须是原子的,不能再含有内部结构。然而,面向对象中定义的对象可以具有任何数据类型的属性,当对象的内部结构较为复杂时,需要经过转换才能与关系数据库的数据模式相匹配。RDBMS 更不适合图形、图像、音频、视频等多媒体数据,因而开始出现一些新型数据管理技术。

### 1.4.2 新型数据管理技术与系统

NoSQL 是指那些非关系型的、分布式的、不保证遵循 ACID(数据库事务正确执行的四个基本要素:原子性、一致性、隔离性、持久性)原则的数据存储系统。相对于关系数据库,NoSQL 数据库的主要优势体现在,易于进行数据的分散存储与处理,频繁操作代价低，简单处理效率高，并适用于数据模型不断变化的应用场景。

需要特别指出的是，术语 NoSQL 并不是“No！ SQL”的缩写，也就是说提出 NoSQL 技术的目的并不是要抛弃或否定关系数据库技术。术语 NoSQL 可以理解为“Not Only SQL”的缩写，也就是说 NoSQL 为数据处理提供了一种补充方案，具有强调键值存储和面向文档数据库的优点，而不是单纯地反对 RDBMS。

除了 NoSQL 以外，关系云也是一种新型数据管理技术。关系云是在云计算环境中部署和虚拟化的关系数据库，使传统的关系数据库具备云计算的弹性计算、虚拟化、按需服务、高经济性等特征。关系云支持“数据库即服务”模式，用户无须在本机安装数据库管理软件，也能使用服务供应商提供的数据库服务。国外典型的云数据库产品有亚马逊公司的 SimpleDB、Google 公司的 BigTable、微软公司的 Microsoft SQL Azure 等。国内典型的云数据库产品有阿里巴巴的 PolarDB、华为的 GaussDB、腾讯云的 CynosDB 等。

下面介绍几个典型的新型数据管理系统。

（1）Neo4j

Neo4j 是 Neo4j 公司开发的基于 NoSQL 技术的图数据库管理系统，它的 1.0 版本于 2010 年发布。Neo4j 是一个嵌入式的、基于磁盘的、具备完全事务特性的 Java 持久化引擎，它将结构化数据存储在图上，而不是严格的、静态的表中。它也可以被看作是一个高性能的具有成熟数据库的所有特性的图引擎。

Neo4j 的优点是很容易表示和检索连接的数据，主要被用于实时推荐、身份和访问管理、网络运营、知识图谱、基于图的搜索和欺诈识别等应用场景。

（2）PolarDB

PolarDB 是阿里云自主研发的新一代关系云原生数据库，在存储计算分离的架构下，利用了软硬件结合的优势，为用户提供高性能、海量存储、安全可靠的数据库服务，满足大规模应用场景需求。PolarDB 既拥有分布式设计的低成本优势，又具有集中式的易用性，100%兼容 MySQL 5.6/8.0、PostgreSQL 11，高度兼容 Oracle，还可以实现快速备份。

（3）GaussDB

GaussDB 是华为公司的自研数据库品牌，涵盖关系、非关系数据库服务，除打造华为 OpenGauss 开放生态外，也兼容其他开放生态如 MySQL，让客户的开发和应用更加容易，保护客户的投资和业务的连续性。

GaussDB 是业界首个人工智能原生态数据库，首次将人工智能技术融入分布式数据库的全生命周期，实现自运维、自管理、自调优、故障自诊断和自愈。GaussDB NoSQL

系列拥有极强的多模数据管理能力，在并发读写能力、故障重构时间、备份效率等方面也都比纯开源软件有了质的飞跃。

## 1.5 技术与工具

近年来，数据科学的迅速发展与普及催生了各种各样的技术与工具，为数据科学爱好者与相关研究人员带来了便利。目前一些主流的计算框架已涵盖了数据科学研究过程中的必要功能，可以帮助数据科学家操作数据库、进行数据处理、完成可视化分析。下面介绍一些主流的开源计算框架及架构，包括 Hadoop、MapReduce、Spark、Flink。

（1）Hadoop

Hadoop 是一款由 Apache 基金会开发的支持数据密集型分布式应用程序的开源软件框架。它支持在商用硬件构建的大型集群上运行应用程序，其使用的许多网络功能有助于解决涉及数据和计算的问题。

Hadoop 中所有模块的设计都基于一个基本假设，即硬件故障是常见的，且应该由框架自动处理。与依赖并行文件系统的传统超级计算机架构相比，Hadoop 使数据集的处理速度更快、效率更高。整个 Hadoop 平台包括 Hadoop 内核、MapReduce、HDFS（Hadoop distributed file system，Hadoop 分布式文件系统），以及一些相关项目。

其中 Hadoop 内核包含启动 Hadoop 所需的 Java 存档文件和脚本。HDFS 是一个分布式的、可扩展的、可移植的文件系统，提供了类似于其他文件系统 shell 命令和 Java 应用程序编程接口方法。HDFS 用于存储数据，MapReduce 用于处理数据。

（2）MapReduce

MapReduce 是 Google 提出的一个软件架构，用于大规模数据集的并行化计算。概念“Map（映射）”和“Reduce（归纳）”及它们的主要思想，都是从函数式编程语言和矢量编程语言借鉴而来。

简单地说，Map 操作是指定一个 Map 函数，对一些独立元素组成的列表中每一个元素进行指定的操作，把一组键值对映射成一组新的键值对。例如，一个成绩的列表中，所有学生的成绩在录入时都被录高了一分，那么可以定义一个“减一分”的 Map 函数来修正这个错误。也就是说，Map 操作是可以高度并行的。

Reduce 操作指的是对一个列表的元素进行适当的合并。虽然并行性不如 Map 函数好，但是由于大规模的运算相对独立，故 Reduce 函数在高度并行环境下也十分有效。

如图 1.7 所示,一个 MapReduce 框架通常由三个操作步骤组成:

Map(映射):每个工作节点将 Map 函数应用于本地数据,并将输出写入临时存储。主节点确保仅处理冗余输入数据的一个副本。

Shuffle(重新分发):工作节点根据输出键(由 Map 函数生成)重新分配数据,使得属于一个键的所有数据都位于同一个工作节点上。

Reduce(归纳):工作节点并行处理每个键的每组输出数据。

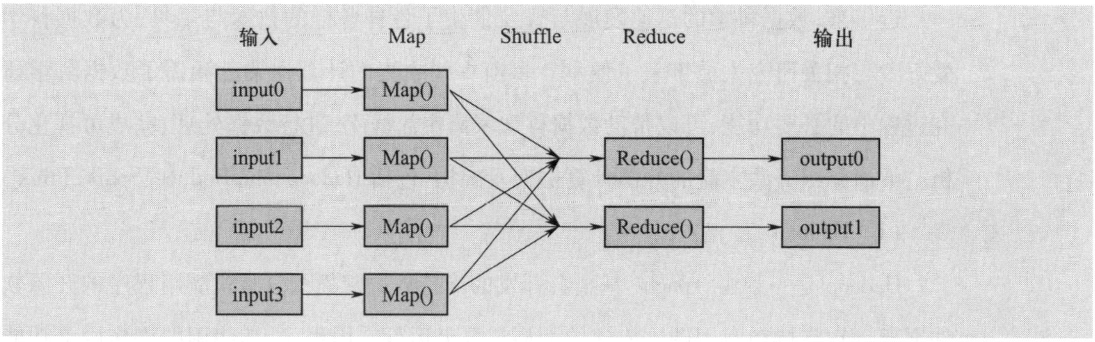


图 1.7　MapReduce 操作步骤

MapReduce 这种编程模型的主要优势是利用了平台优化的 Shuffle 操作,用户只需要编写程序的 Map 和 Reduce 部分。然而实际中,程序的编写者必须考虑 Shuffle 步骤,因为 Map 函数写入的数据量会对性能和可扩展性产生很大影响,附加模块可以帮助减少写入磁盘和通过网络传输的数据量。

MapReduce 广泛应用于基于分布式模式的搜索、分布式排序、Web 访问日志统计、文档聚类和机器学习等领域。此外,MapReduce 模型已适用于多种计算环境,如多集群、动态云环境、移动环境和高性能计算环境。在谷歌公司,MapReduce 被用来重新生成谷歌的万维网索引。

(3) Spark

Spark 是一个开源集群运算框架,最初是由美国加州大学伯克利分校的 AMPLab 所开发。Hadoop 的 MapReduce 在工作运行结束后会将数据存放至磁盘,而 Spark 使用了存储器内运算技术,能在数据尚未写入硬盘时就在存储器内分析运算。

整个 Spark 软件系统由核心模块以及若干数据处理分析模块构成,包括 SQL 数据处理模块(Spark SQL)、流数据处理模块(Spark Streaming)、机器学习模块(MLlib)和图数据处理模块(GraphX),这些模块一起组成整个 Spark 大数据处理的生态环境。

Spark 系统可扩展性强,能够在存储器内缓存数据集以进行交互式数据分析,且 Spark Streaming 提高了即时数据流处理的可扩展性、吞吐量、可容错性等指标,还能够支持结构化和关系型查询处理。

(4) Flink

Flink 是由 Apache 软件基金会开发的开源流处理框架,其核心是用 Java 和 Scala 编写的分布式流数据引擎。Flink 以数据并行和流水线方式执行任意流数据程序,它的流水线运行时系统可以执行批处理和流处理程序。此外,Flink 本身也支持迭代算法的执行,但并不提供自己的数据存储系统。

## 1.6 本书内容组织

本书将系统性地讲述数据科学的相关知识。第 1 章是引言部分,主要介绍数据科学的定义和研究范畴;第 2 章介绍数据治理技术;第 3 章介绍数据定价的模型与策略;第 4 至 7 章介绍数据管理技术,包括地理空间数据管理、度量空间数据管理、缺失数据管理和图数据管理;第 8 章介绍数据查询结果可用性分析方法;第 9 至 10 章分别介绍数据库支持的 AI 技术和 AI 赋能的数据库技术;第 11 章介绍新型数据库管理系统。

## 1.7 本章小结

在大数据时代,充分发挥海量数据优势,促进数字技术与实体经济深度融合,是不断做大做强我国数字经济的关键。作为综合了统计学、数据库、数据挖掘等多个学科的新兴学科,数据科学具有极其重要的研究价值与现实意义。本章所介绍的数据预处理、数据计算和数据管理归纳了数据科学研究领域的几个重要方面,但并不是该领域的全部。数据科学研究领域仍然充满许多挑战,还需要付出巨大的努力,进行深入的探索。

## 参考文献


[1] 周文彰. 以大数据促进国家治理现代化 [N]. 光明日报, 2015-11-25(15).

[2] Manyika J, Chui M, Brown B, et al. Big data: The next frontier for innovation, competition, and productivity [M]. Washington: McKinsey Global Institute, 2011.

[3] Labrinidis A, Jagadish H V. Challenges and opportunities with big data [J]. Proceedings of the VLDB Endowment, 2012, 5(12): 2032-2033.

[4] Tukey J W. The future of data analysis [J]. The Annals of Mathematical Statistics, 1962, 33(1): 1-67.

[5] Cleveland W S. Data science: An action plan for expanding the technical areas of the field of statistics [J]. International Statistical Review, 2001, 69(1): 21-26.

[6] Pyle D. Data preparation for data mining [M]. San Francisco: Morgan Kaufmann, 1999.

[7] Pipino L L., Lee Y W., Wang R Y. Data quality assessment [J]. Communications of the ACM, 2002, 45(4): 211-218.

[8] Han J, Pei J, Kamber M. Data mining: Concepts and techniques [M]. San Francisco: Morgan Kaufmann, 2011.

[9] Chu X, Ilyas I F, Krishnan S, et al. Data cleaning: Overview and emerging challenges [C] // Proceedings of the 2016 ACM International Conference on Management of Data. 2016: 2201-2206.

[10] Dong X L, Srivastava D. Big data integration [C] // Proceedings of the 29th IEEE International Conference on Data Engineering. 2013: 1245-1248.

[11] Korpela E, Werthimer D, Anderson D, et al. SETI@ home-massively distributed computing for SETI [J]. Computing in science & engineering, 2001, 3(1): 78-83.

[12] Mell P, Grance T. The NIST definition of cloud computing [R]. National Institute of Science and Technology, 2011.

# 第2章 数据治理

2

随着互联网、大数据、人工智能、物联网和5G通信等技术的飞速发展,全球数据呈爆炸式增长,政府、企业和科研机构都致力于激活数据要素潜能,从而进行智能决策,推进社会数字化与智能化发展。因此,数据已成为当今时代重要的战略资源。然而,由于数据来源繁杂、数据管理混乱等问题,数据孤岛和数据质量差等问题日益显著。所以,探索数据治理技术、促进数据共享、提升数据质量具有重要的现实意义。

本章对数据治理技术进行介绍。2.1节概述数据治理基本概念及典型应用;2.2节阐述实体解析方法;2.3节探讨数据融合方法;2.4节介绍数据清洗方法;2.5节进行小结与展望。

## 2.1 数据治理概述

本节对数据治理进行概述,先介绍数据治理的基本概念,而后阐述数据治理在若干典型行业和领域中的真实应用,以表明数据治理的重要性及其现实应用价值。

### 2.1.1 基本概念

大数据时代是数字化的必然结果,随着通信、社交媒体、电子商务、电子医疗和传感器等技术的快速发展,世界上每时每刻所发生的任何事件与行为均已具备转化为数据的能力。社会各界已开始探索如何从数据中挖掘高价值且深层次的信息和知识,从而做出有价值的决策分析,推动社会发展与进步。然而,在大数据时代,数据孤岛与数据质量问题普遍存在,阻碍了数据驱动的智能决策。

(1) 数据孤岛问题。由于数据在各部门内各自定义、独立存储、单独维护,不同部门之间的数据格式差异明显,造成跨部门数据难以关联互通,形成数据孤岛。此外,跨部门的数据合作需耗费高昂的人力成本且效率低下。

(2) 数据质量问题。数据创建、数据获取、数据传输、数据使用与维护中系统异常或人工操作不当会导致数据质量问题。常见的数据质量问题包括数据缺失、数据不一致、数据过时和数据冗余等。数据质量低下会误导决策分析，甚至对行业经济造成重大打击。

数据治理是解决数据孤岛与数据质量问题的重要手段，其旨在促进数据关联互通、提升数据质量。近年来，数据治理的重要性愈发凸显。2018 年 *Nature* 杂志发文明确指出：数据治理与共享是未来科学研究的趋势[1]。

本章将从实体解析（entity resolution）、数据融合（data fusion）以及数据清洗（data cleaning）三个方面介绍数据治理方向的代表性前沿研究成果。下面先简要介绍这三方面的内容：

（1）实体解析

实体解析是实现数据共享的先决条件，其旨在关联不同来源中指向真实世界同一对象的数据实例。然而，由于行业和部门之间对于数据采集、存储、管理等过程的差异性，来自不同数据源中的实体表现不一、结构各异，为实体解析任务带来巨大挑战。

（2）数据融合

实现不同来源数据的关联共享有助于丰富数据内容，从而发现新的价值信息。然而，由于不同数据集的异构性、数据不完整、数据过时、数据错误等问题，通过实体解析得到的关联对象之间容易产生数据冲突。数据融合旨在解决来自不同数据源的同一实体在数据共享过程中产生的冲突问题，以保证数据一致性。

（3）数据清洗

在大数据环境下，脏数据普遍存在，其不仅影响数据共享的有效性，而且会误导后续的决策分析，致使数据质量低下。因此，数据清洗是贯穿整个数据治理过程的关键技术。数据清洗包含错误检测和错误修复两个步骤，前者旨在区分数据集中的脏数据与干净数据，后者旨在修复检测到的脏数据，以提升数据质量。

### 2.1.2 典型应用

在数字经济全面推进的大数据背景下，数据治理已成为释放数据要素价值的重要途径，各行业各领域对数据治理均具有迫切需求。自 2003 年起，我国已逐步推进数据治理的实践应用（包括政务、金融、互联网等行业），建立并逐步完善其数据治理组织与体系架构，下面分别对其展开简要介绍：

#### 1. 政务行业

政务数据治理是从根本上建立数据标准和规范，统一数据资产管理与调度，保证数据可控、可用、可信的工程。政务数据治理的目的在于以数据运营的方式，为数字政府和智慧城市的建设提供可靠的数据支撑，从而提升社会效益和经济效益。政务数据治理伴随着政务信息化、数字化建设浪潮，逐步演变成数字政府和新型智慧城市建设的必要手段。例如，浙江政务服务网打造了以政务为主体、服务为主线，全省统一架构、五级联动的新型电子政务平台，通过关键数据在各个层级、部门之间的标准统一，加速不同层级和部门间的数据共享和流动，从而实现后台政府内部流程优化、信息互联互通，让数据多跑路，让百姓少跑腿。基于数据治理的“互联网+政务”新模式正逐步取代传统政务的人格化管理模式，提升了政务部门的办事效率，也促进了社会治理体系和治理能力的现代化。

2. 金融行业

数据是金融领域的重要核心资产，也是金融领域进行战略决策、风险管理、业务拓展与创新的基础。2018 年 5 月 21 日中国银行保险监督管理委员会发布《银行业金融机构数据治理指引》（后简称《指引》），倡导银行业金融机构加强数据治理、提高数据质量、发挥数据价值、提升经营管理能力。该《指引》明确指出：银行业金融机构应当将数据治理纳入公司治理范畴，建立自上而下、协调一致的数据治理体系。《指引》要求规范银行业金融机构数据治理应当遵循以下基本原则：（1）全覆盖原则，数据治理应当覆盖数据的全生命周期，覆盖业务经营、风险管理和内部控制流程中的全部数据，覆盖内部数据和外部数据，覆盖监管数据，覆盖所有分支机构和附属机构。（2）匹配性原则。数据治理应当与管理模式、业务规模、风险状况等相适应，并根据情况变化进行调整。（3）持续性原则。数据治理应当持续开展，建立长效机制。（4）有效性原则。数据治理应当推动数据真实准确客观反映银行业金融机构实际情况，并有效应用于经营管理。迄今为止，金融领域在政策指引下，已基本完成数据湖的构建，规范了金融数据治理体系与架构，提高了风险防范能力，为金融领域的数字化转型奠定了重要基础。

3. 互联网行业

不断增长的数据推动了互联网行业的高速发展，数据已成为互联网行业的命脉。然而，当前企业数据面临许多的问题。例如，当下业界缺乏统一的数据标准，各业务系统间的数据无法充分共享，关键核心数据无法识别以及跨系统无法互通。为了有效管理企业数据资产，实现数据价值的最大化，亟须建立一个完善的数据治理框架体系，为企业数字化转型打下坚实的数据基础。基于此，各互联网企业都在持续努力打造全面、有效的数据治理平台。例如，美国软件开发公司 Informatica 研发了云数据治理平台，提供基于 AI 模型的元数据管理、自动化数据质量评估、AI 与机器学习模型治理等服务。华为公司打造数据湖治理中心 DGC，旨在帮助客户持续完善数据管理体系，沿企业主业务流打通信息链和数据流，实现数据清洗，提升数据质量，以支撑运营效率提升和经营结果真实呈现，实现智慧数据驱动的有效增长，充分实现数据资产价值。阿里巴巴公司提出 Dataworks 数据治理中心,其能够自动发现平台使用过程中数据存储、任务计算、代码开发、数据质量和数据安全等方面存在的数据问题,并进行全局、工作空间和个人等多个视角的量化评估,以治理报告和治理排行榜的形式呈现治理成果,帮助用户有效地解决数据问题,达成治理目标。字节跳动公司研发了大数据研发治理套件 DataLeap。DataLeap 集数据集成、开发、运维、治理和资产管理能力于一身,致力于为企业解决多业务场景、多业务系统下的数据共享、数据治理、资产管理等难题,帮助企业提升数据研发效率、降低运维管理成本、挖掘数据价值,为企业决策提供数据支撑。

## 2.2 实体解析

本节先介绍实体解析的概念,而后分别阐述实体解析中的两类关键技术,即关系数据实体解析和图数据实体解析。

### 2.2.1 实体解析概述

不同的数据来源对于同一个实体的描述通常不一致。譬如,数据格式不一致、表达形式不一致等,这些不一致问题阻碍了数据的有效关联与共享。实体解析(又称实体链接或实体对齐等)旨在从不同数据源中查找/解析引用真实世界同一实体的数据项。若跨数据源的数据项共享统一的公共标识符(譬如身份证号、主外键等),则这些数据项能够通过标识符找到对应的关联关系;否则,若数据项之间不具备公共标识符,则需要进行实体解析。

实体解析技术的研究工作最早可以追溯到 20 世纪 50 年代。1946 年,Helbert 在 *American Journal of Public Health and the Nations Health* 期刊上发表了题为"*Record Linkage*"的文章[2],首次提出实体解析的概念。随后,Howard 等人不断完善实体解析的理论概念,正式奠定了现代实体解析技术的理论基础。几十年来,实体解析技术已被来自学术界、工业界的专家学者广泛探索,大量的实体解析方法被提出并应用于各行各业(譬如政务服务系统、人口普查和银行信贷系统等)。然而,随着大数据时代的到来,由于数据规模庞大、质量低下等问题,实体解析技术在高效性和准确性等方面都面临着新挑战。

关系数据(relational data)和图数据(graph data)作为两种主流的数据类型,长期以来都是实体解析任务的研究重点与热点。鉴于此,本节将分别对关系数据实体解析和图数据实体解析展开介绍。

### 2.2.2　关系数据实体解析

如何正确关联不同来源的关系数据一直以来都是学术界与工业界的研究重点。早期,数据库管理员(database administrator,DBA)通过制定关联规则(matching dependencies,MDs)实现跨表数据之间的关联。

**示例 2.1**　图 2.1 给出了两个不同数据源的关系表,分别为记录信用卡信息(credit)的关系表 $I_c$ 和记录支付信息(billing)的关系表 $I_b$,表示为:

credit(SSN,FN,LN,addr,tel,email)

billing(FN,LN,post,phn,email,price)

| | SSN | FN | LN | addr | tel | email |
|---|---|---|---|---|---|---|
| $t_1$ | 079172485 | Mark | Clifford | 10 Oak Street,MH,NJ 07974 | 908-1111111 | mc@gm.com |
| $t_2$ | 191843658 | David | Smith | 620 Elm Street,MH,NJ 07976 | 908-2222222 | dsmith@hm.com |

(a) 记录信用卡信息的关系表 $I_c$

| | FN | LN | post | phn | email | price |
|---|---|---|---|---|---|---|
| $t_3$ | Marx | Clifford | 10 Oak Street,MH,NJ 07974 | 908 | mc | 169.99 |
| $t_4$ | David | Clifford | NJ | 908-1111111 | mc | 19.99 |
| $t_5$ | M. | Clivord | 10 Oak Street,MH,NJ 07974 | 1111111 | mc@gm.com | 269.99 |
| $t_6$ | M. | Clivord | NJ | 908-1111111 | mc@gm.com | 14.99 |

(b) 记录支付信息的关系表 $I_b$

图 2.1　关系型数据样例[3]

其中,SSN 表示个人识别码(类似于身份证号),FN 为名,LN 为姓,addr 和 post 表示地址,tel 和 phn 表示电话号码,email 为邮箱地址,price 为支付金额。

令 $Y_{-c}$,$Y_{-b}$分别表示表 $I_{-c}$和表 $I_{-b}$的属性集,令 $Y_c$ 假定 $I_c$ 和 $I_b$ 满足如下关联规则:

r1:credit[LN] = billing[LN] ∧ credit[addr] = billing[post] ∧ credit[FN] ≈ billing[FN] → credit[$Y_c$]⇌billing[$Y_b$]

关联规则 r1 表明,对于 $I_c$ 和 $I_b$ 中的任意元组 $t \in I_c$ 和 $t' \in I_b$,若 $t$ 和 $t'$具有相同的姓和地址信息且具有相似的名,则 $t$ 和 $t'$相匹配。

然而,此类方法强依赖于 DBA 对于数据库模式以及各数据集本身特性的了解程度,仅适用于已实现标准化数据建设的企业内部数据。由于不同行业和部门之间的数据管理规范不一、存储形式各异等问题,DBA 难以制定对跨域数据有效的关联规则。此外,雇佣 DBA 制定关联规则会耗费高昂的人力成本,并随着数据规模的增大,DBA 难以给出充足且正确的关联规则。近年来,深度学习技术在实体解析任务上表现出令人满意的效果[4-8],尤其是基于预训练语言模型的深度实体解析方法(譬如,DITTO[8]、

CollaborEM[9]等)。其中,DITTO 在有监督情况下表现最佳。DITTO 将关系数据集中每条记录/元组均视为序列化的句子形式,通过挖掘其内在的上下文信息以学习实体解析模型。为了进一步提高实体解析的精度,CollaborEM 拓展了 DITTO 的模型框架,其联合了元组的序列信息和图结构信息,以更充分地学习元组特征。此外,CollaborEM 还提出了一种自动标注方法,实现了无须人工标注的高精度实体解析。

下面介绍 DITTO 的基本思路,以便读者理解如何利用预训练语言模型解决关系数据的实体解析问题。

首先介绍关系数据实体解析任务的问题定义。

关系数据实体解析任务的形式化定义为:给定两个关系数据集 $D=\{e_1,e_2,\cdots,e_n\}$ 和 $D'=\{e'_1,e'_2,\cdots,e'_m\}$,实体解析任务旨在找到一系列匹配的实体对$(e_i,e'_i)\in M$,它们共同指向真实世界中的同一实体。其中,$M\subseteq D\times D'$,$e_i=(\mathrm{attr}_i,\mathrm{val}_i)$,$\mathrm{attr}_i$ 和 $\mathrm{val}_i$ 分别表示实体 $e_i$ 的属性名及其对应的属性值。图 2.2 给出了关系数据实体解析的一个样例,其中用"√"标记代表对应实体之间能够匹配,"×"标记代表两者之间不匹配。

| title | manf./modelno | price |
|---|---|---|
| *instant immersion spanish deluxe 2.0* | topics entertainment | 49.99 |
| *adventure workshop 4th–6th grade 7th edition* | encore software | 19.99 |
| *sharp printing calculator* | sharp el1192bl | 37.63 |

√ ×  √

| title | manf./modelno | price |
|---|---|---|
| *instant immers spanish dlux 2* | NULL | 36.11 |
| *encore inc adventure workshop 4th–6th grade 8th edition* | NULL | 17.1 |
| *new–sharp shr–el1192bl two–color printing calculator 12–digit lcd black red* | NULL | 56.0 |

图 2.2　关系数据实体解析样例[8]

值得注意的是,当数据规模很大时,实体对集合 $M$ 的搜索空间巨大,需耗费巨额的资源开销。因此,实体解析通常伴随着一个预处理阶段,即数据分块(blocking),以剔除一系列不可能匹配的候选实体对,从而缩减候选匹配项的搜索空间。为此,实体解析任务可以被视为两个阶段:Blocking 和 Matcher。前者旨在减少候选的实体对,后者旨在从经由 Blocking 阶段筛选得到的候选实体对中找出能够正确匹配的实体对。

接着介绍预训练语言模型的基本概念。

预训练语言模型(如 BERT[10]、DistilBERT[11] 和 RoBERTa[12])是具有多个 Transformer 层(通常为 12 层或 24 层)的深度神经网络,其以无监督的方式在大型文本语料库(如维基百科)上进行预训练,以习得良好的语义表征。研究表明,较浅的层数更能够捕获每个词汇的精准含义,而较深的层数则更擅长获悉文本在句法序列上的语义特征[13]。

在众多自然语言处理(natural language processing,NLP)任务中,预训练语言模型展示了强大的性能。预训练语言模型已经形成了一种新的 NLP 范式:先使用大规模文本语料库进行无监督的预训练(unsupervised pre-training),而后对基于特定任务的小数据集进行微调(fine-tune),以在指定任务上实现令人满意的结果。

在预训练阶段,语言模型通过诸如掩码语言模型(masked language model,MLM)或序列预测(next sequence prediction,NSP)等辅助任务进行模型训练。MLM 任务类似于完形填空,模型随机地在输入的语料中遮盖一些单词,然后通过上下文预测该单词。值得注意的是,MLM 任务无法推理句子之间的关联关系。然而,基于自然语言的众多下游任务,如问答、自然语言推理等,都依赖于句子之间的关联关系。基于这一需求,研究人员提出了 NSP 任务。NSP 可被视为二分类任务,输入两个句子 A 和 B,NSP 旨在判断句子 B 是否为句子 A 的下文。

通常来说,在微调阶段,经由预训练后得到的语言模型可以使用特定于下游任务的训练数据进行微调,以便更好地执行该下游任务。本章以实体解析任务为例,对微调进行介绍。给定一个训练数据集以及相应的标注数据(即一系列正确匹配的实体对和不匹配的实体对),基于实体解析任务的预训练语言模型微调步骤如下:

(1) 模型架构设计:在预训练语言模型的最后一层上叠加针对特定任务的模型层。对于实体解析任务,可添加一个简单的全连接层和一个用于二分类的 Softmax 输出层;

(2) 模型参数初始化:使用经由预训练后的参数初始化修改后的模型参数;

(3) 模型训练:在训练集上训练修改后的模型,直至其收敛。

接下来,介绍一种基于预训练语言模型的深度实体解析方法 DITTO 的技术细节,包括 Blocking 阶段和 Matcher 阶段。

(1) Blocking 阶段

如前所述,高效的实体解析方法应避免遍历所有可能的实体对。Blocking 旨在将相似的实体放入同一个块(block)中,以减少搜索空间。基于此,对于指向真实世界的同一实体的实体对识别将只需要在每个 Block 中独立进行。然而,尽管 Blocking 能够大大减少候选实体对的搜索空间,但也可能遗漏一些能够正确匹配的实体对。因此,如何合理设计 Blocking 策略至关重要。本小节介绍一种基于局部敏感哈希(locality sensitive hashing,LSH)的高效 Blocking 方法[14](LSH-based Blocking),该方法已被广泛运用于实体解析方法。

下面依次介绍 LSH 的基本概念和 LSH-based Blocking 算法的技术细节。

LSH 算法最早由 Indyk 和 Motwani 等人提出并应用于近似最近邻(approximate nearest neighbor,ANN)查询。LSH 算法将数据所在的空间划分为多个桶,其中相似度高的数据以较大概率被分到同一个桶中,以减少相似数据搜索的候选范围。

LSH 算法的基本定义如下:

**定义 2.1(局部敏感哈希,LSH)** 令 $B(\boldsymbol{q},r)$ 表示 $d$ 维空间中以 $\boldsymbol{q}$ 为中心点,半径为 $r$ 的超球。给定近似比率 $c(>1)$ 和两个概率值 $p_1$ 和 $p_2(p_1>p_2)$,对于$\mathbb{R}^d$空间中任意两点 $\boldsymbol{p}$ 和 $\boldsymbol{q}$,若哈希函数族 $\mathcal{H}=\{h:\mathbb{R}^d\to Z\}$ 满足如下两个条件,则称 $\mathcal{H}$ 是$(r,cr,p_1,p_2)$敏感的:

(i) 若 $\boldsymbol{p}\in B(\boldsymbol{q},r)$,则 $Pr[h(\boldsymbol{q})=h(\boldsymbol{p})]\geqslant p_1$;

(ii) 若 $\boldsymbol{p}\notin B(\boldsymbol{q},cr)$,则 $Pr[h(\boldsymbol{q})=h(\boldsymbol{p})]\leqslant p_2$。

给定一个关系数据集 $D=\{e_1,e_2,\cdots,e_n\}$,LSH 能够为所有实体建立一张哈希表,该哈希表由多个桶组成,每个桶由唯一的哈希码标识。对于每个实体 $e_i$,通过哈希函数 $h(e_i)$映射,可以将其放入对应的桶中。若实体 $e_i$ 和 $e_i'$非常相似,则$h(e_i)=h(e_i')$的概率较高。通常来说,每个实体 $e_i$ 可通过 $K$ 个哈希函数 $h_1(e_i),h_2(e_i),\cdots,h_K(e_i),h_i\in\mathcal{H}$ 进行编码(即 $K$ 个桶)。基于此,通过哈希表 $g(e_i)=(h_1(e_i),h_2(e_i),\cdots,h_K(e_i))$,可得到实体 $e_i$ 的 $K$ 维哈希码,每一维的取值用$-1$ 或 1 表示。其中,$-1$ 表示 $e_i$ 不属于该桶,1 表示 $e_i$ 被映射入该桶。为了有效地区分数据的相似性,上述过程通常被重复 $L$ 次,即得到 $L$ 个哈希表 $g_1(e_i),g_2(e_i),\cdots,g_L(e_i)$,每张哈希表是 $|D|\times K$ 维的矩阵。其中,$|D|$表示实体数量,$K$ 表示桶的数量。例如,给定 $K=10$ 与 $L=2$,则每个实体均被表征为 10 维的哈希码,并存入 2 个不同的哈希表中。

由于余弦距离对于衡量两个向量之间相似度的有效性[14],故本小节围绕基于余弦距离的 LSH 展开介绍。首先,从$\mathbb{R}^d$空间中随机选择一个法向量 $\boldsymbol{u}$,然后令哈希函数 $h(e_i)=\text{sign}(\boldsymbol{u}\cdot\boldsymbol{e}_i)$,其中符号"·"代表向量内积。该函数可被视为一个使用随机选择的超平面将空间划分为两半的操作。若 $\boldsymbol{u}\cdot\boldsymbol{e}_i\geqslant 0$,则 $h(e_i)=1$;反之,若 $\boldsymbol{u}\cdot\boldsymbol{e}_i\leqslant 0$,则 $h(e_i)=-1$。

在了解 LSH 的基本概念后,接下来描述 LSH-based Blocking 算法的技术细节。首先,随机生成 $K$ 个单位法向量,以表征 $K$ 个不同的随机超平面。随后,通过基于余弦距离的 LSH 为每个实体 $e_i$ 计算其相应的哈希码,具有相同哈希码的实体被置于同一个桶中。该过程会重复 $L$ 次,以生成 $L$ 个哈希表 $g_1,\cdots,g_L$。示例 2.2 给出了 LSH-based Blocking 算法的一个样例。

**示例 2.2** 给定实体 $e_1$ 和 $e_2$,对应向量分别为 $\boldsymbol{e}_1=[0.45,0.8,0.85]$ 和 $\boldsymbol{e}_2=[0.4,0.85,0.75]$。已知参数 $K=4$ 和 $L=1$,假设随机生成了以下四个法向量 $\boldsymbol{v}_1=[-1,1,1]$、$\boldsymbol{v}_2=[1,1,1]$、$\boldsymbol{v}_3=[-1,-1,1]$、$\boldsymbol{v}_4=[-1,1,-1]$。基于此,根据基于余弦距离的 LSH 算法,对每个法向量 $\boldsymbol{v}_i$ 和实体向量 $\boldsymbol{e}_1$ 做点积,计算可得 $g(\boldsymbol{e}_1)=[1.2,2.1,-0.4,-0.5]$;

同理,对每个法向量 $\boldsymbol{v}_i$ 和实体向量 $\boldsymbol{e}_2$ 做点积,计算可得 $g(\boldsymbol{e}_2)=[1.2,2,-0.5,-0.3]$。值得注意的是,LSH 仅允许实体的哈希码为 1 或-1,因而需对上述浮点值进行归约:令正数为 1,负数为-1。最终计算可得实体 $e_1$ 和 $e_2$ 的哈希值均为[1,1,-1,-1]。所以,$e_1$ 和 $e_2$ 被置于同一个桶中,表示两者为潜在的匹配项。

算法 2.1 给出了结合 LSH-based Blocking 和 Matcher 的实体解析通用算法流程。首先,通过随机超平面生成 $K$ 个单位法向量 $\boldsymbol{v}\in\{\boldsymbol{v}_1,\cdots,\boldsymbol{v}_K\}$(第 1 行),然后将每个实体 $e_i$ 映射至 $L$ 个哈希表 $g_1,\cdots,g_L$ 中,每个哈希表 $g\in\{g_1,\cdots,g_L\}$ 对应于 $K$ 个由法向量和实体向量通过内积计算得到的哈希值 $h_1(e_i),\cdots,h_K(e_i)$(第 2~3 行),具有相同哈希值的实体被置于同一个桶 $H$ 中,至此,Blocking 阶段已执行完毕。最后,进入 Matcher 阶段,判别每个非空桶 $H\in g$ 中实体对$(e_i,e_i')$是否为匹配项。接下来,本小节将详细阐述 DITTO 如何通过深度学习技术精准推测实体匹配结果。

**算法 2.1 基于 LSH-based Blocking 的实体解析算法**

**输入:** 关系数据集 $D$,训练集 $S$,迭代次数 $L$
**输出:** 关系数据集 $D$ 中所有匹配的实体对
1: 使用随机超平面方法生成 $K$ 个单位法向量 $\boldsymbol{v}\in\{\boldsymbol{v}_1,\cdots,\boldsymbol{v}_K\}$
2: **foreach** 实体 $e_i$ **do**
3:     将 $e_i$ 的向量映射至 $L$ 个哈希表 $g_1,\cdots,g_L$ 中
4: **foreach** 哈希表 $g\in\{g_1,\cdots,g_L\}$ **do**
5:     **foreach** 非空的桶 $H\in g$ **do**
6:         **foreach** 实体对$(e_i,e_i')\in H$ **do**
7:             判别$(e_i,e_i')$是否为匹配项
8: **return** 匹配实体对

(2) Matcher 阶段

**模型整体架构:**图 2.3 展示了 Matcher 阶段的模型整体架构。该模型以两个序列化的实体 $e$ 和 $e'$ 为输入。模型主体部分由 Transformer 层和下游任务层两部分组成。其中,Transformer 层是预训练语言模型的主体架构,输入是序列化的初始实体嵌入向量(即 $\boldsymbol{E}_{[\mathrm{CLS}]},\boldsymbol{E}_1,\boldsymbol{E}_2,\cdots,\boldsymbol{E}_m,\boldsymbol{E}_{[\mathrm{SEP}]}$),经由多层 Transformer 挖掘得到实体序列的上下文关系,输出具有上下文特征的实体嵌入向量(即 $\boldsymbol{E}'_{[\mathrm{CLS}]},\boldsymbol{E}'_1,\boldsymbol{E}'_2,\cdots,\boldsymbol{E}'_m,\boldsymbol{E}'_{[\mathrm{SEP}]}$),其中,[SEP]表示用于区分两个序列化实体的特殊标记,[CLS]是序列对编码为向量所必需的特殊标记,该向量后续将作为分类特征被馈送至下游任务层,以指导分类。下游任务层接收由 Transformer 层训练得到的嵌入向量,依次经过一个线性层(linear layer)和一个 Softmax 层,最后输出一个判别值(即 0 或 1),以推断实体 $e$ 和 $e'$是否为匹配实体。其中,0 代表两者并不匹配,而 1 代表两者能够匹配。

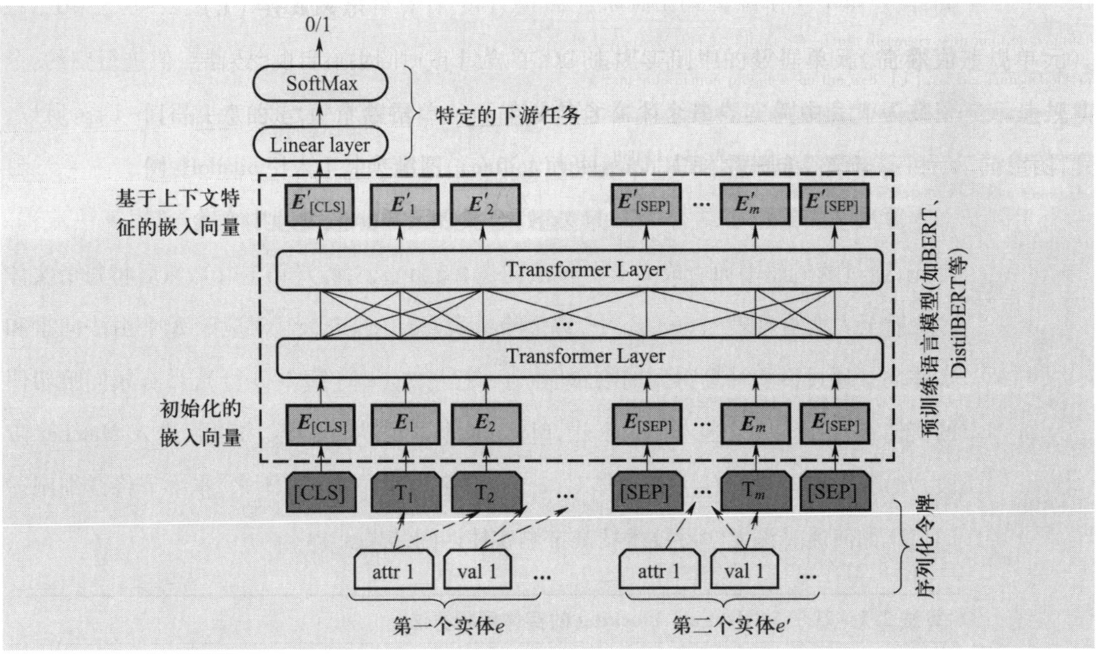


图 2.3　基于预训练语言模型的 Matcher 模型架构[8]

**实体序列化**:下面描述如何序列化实体,以作为 Matcher 阶段模型的输入参数。对于每个实体 $e_i=\{\mathrm{attr}_i,\mathrm{val}_i\}_{1\leqslant i\leqslant k}$,使得:

$$\mathrm{serialize}(e)::=[\mathrm{COL}]\mathrm{attr}_1[\mathrm{VAL}]\mathrm{val}_1\cdots[\mathrm{COL}]\mathrm{attr}_k[\mathrm{VAL}]\mathrm{val}_k \tag{2.1}$$

其中,[COL]和[VAL]属于特殊标记,其旨在分别指示属性名与属性值的起始位置。例如:[COL] title [VAL] instant immers spanish dlux 2 [COL] manf./modelno [VAL] NULL [COL] price [VAL] 36.11。

基于此,对一个候选实体对($e,e'$)进行序列化操作,可得:

$$\mathrm{serialize}(e,e')::=[\mathrm{CLS}]\mathrm{serialize}(e)[\mathrm{SEP}]\mathrm{serialize}(e')[\mathrm{SEP}] \tag{2.2}$$

**优化方法**:如前所述,Matcher 阶段的核心模型主要是由预训练语言模型构成。接下来将从以下两个方面介绍如何进一步提升模型性能,以实现更高的匹配精度。

首先,介绍长字符串的优化策略。当数据值是一个极长的字符串时,预训练语言模型很难准确关注实体匹配时要注意的重要因素。此外,基于 Transformer 的预训练语言模型的一个限制因素是输入的序列长度。例如,BERT 的输入最多可以有 512 个词标记。因此,在最大序列长度的限制范围内有效保留序列化实体的关键信息至关重要。一种常见的做法是根据最大长度限制截断序列。然而,截断策略通常不适用于实体匹配任务,因为能够指导实体匹配的重要信息通常不在序列的开头。有时可以采用基于 TF-IDF 的数据归纳技术,对于每个序列,保留具有高 TF-IDF 分数的词,剔除 TF-IDF 分数较低的词。此外,为了确保向预训练语言模型输入具有高信息含量的实体序列，还可进一步剔除一些特殊词汇，譬如序列开始/结束的标记词和常见的停用词。

其次，介绍数据增强(data augmentation，DA)策略。最初的数据增强是计算机视觉中的一种常用技术，其通过简单的转换操作(如裁剪、翻转、旋转、填充等)从已有的数据标签中生成更多的训练数据，并保证模型的预测结果不变性(即对于这些由转换操作所生成标签的预测结果应与原始标签相一致)。尽管用于实体匹配的标签数据不难获得，但巧妙地利用预测结果不变这一特性，可以帮助训练更稳健的实体匹配模型，从而使得实体匹配结果更具鲁棒性。本节介绍三种用于实体匹配任务的数据增强策略，如表 2. 1 所示。

表 2. 1　数据增强策略

| 数据增强策略 | | 相关释义 |
|---|---|---|
| 字符层面 | 字符删除 | 删除序列中的任意一个子串 |
| | 字符洗牌 | 随机打乱序列中的任意子串顺序 |
| 属性层面 | 属性删除 | 随机删除任意一个属性名及其属性值 |
| | 属性洗牌 | 随机交换所有的属性顺序 |
| 实体层面 | 实体交换 | 交换实体 $e$ 和 $e'$ 的输入顺序 |

字符层面的数据增强策略包含两大内容，即字符删除和字符洗牌。其中：字符删除旨在从输入序列中删除字符长度不超过 4 的序列子串(不包括特殊标记，如[SEP]、[COL]、[VAL])；对于字符洗牌，数据增强策略随机采样长度最多为 4 的子串并随机打乱其顺序。属性层面的数据增强策略包含属性删除和属性洗牌。其中，属性删除是指随机删除输入序列中的任意一个属性(包含其名称和值)；属性洗牌策略是指随机打乱输入序列中所包含的两个实体的属性顺序。实体层面的数据增强策略主要是通过实体交换实现。该策略以等价概率(即 1/2)任意交换输入序列中实体的顺序。该策略旨在教会模型作出对称决策。例如，给定实体 $e$ 和实体 $e'$，输入序列 serialize($e$,$e'$)时模型对于该实体对是否匹配的预测结果应等同于输入序列 serialize($e'$,$e$)时模型的预测结果。

### 2. 2. 3　图数据实体解析

与关系数据库不同，图数据具有更丰富的形态和更复杂的结构，寻找不同图之间的实体对应关系更具有挑战性。由于图数据的种类多样，本小节将以具有代表性和复杂性的知识图谱(knowledge graph)为例，探讨图数据实体解析(或称实体对齐)技术。

知识图谱是一种多关系图(multi-relation graph)，由实体(节点)和关系(边)构成。其中，关系具有多种种类。知识图谱中包含了大量的信息，这些信息以三元组($h$,$r$,$t$)的形式表示，表明头部实体 $h$ 和尾部实体 $t$ 之间存在关系 $r$。一张知识图谱可以表示为

$KG=(E,R,T)$，其中 $E$ 是实体的集合，$R$ 是关系的集合，$T$ 代表三元组的集合。

由于知识图谱的信息承载量大，近年来知识图谱研究及应用发展迅速，譬如知识问答[15]、推荐系统[16]等。然而，大多数情况下，单一知识图谱所包含的信息量难以满足多样化的需求。因此，需要利用实体解析，将多个不同的知识图谱进行整合。知识图谱实体解析的形式化定义为：给定两个知识图谱 $KG_1=(E_1,R_1,T_1)$ 和 $KG_2=(E_2,R_2,T_2)$，以及预先得到的一部分已知标签 $S=\{(e_{i1},e_{i2})\mid e_{i1}\in E_1,e_{i2}\in E_2\}_{i=1}^{m}$，通常 $S$ 也被称为种子。根据两个知识图谱和种子信息发现新的实体对应关系的过程称为知识图谱的实体解析。

近年来，面向知识图谱的实体解析研究工作主要关注于利用知识图谱的结构信息，对知识图谱中的实体和关系进行嵌入操作，并进一步利用知识图谱嵌入学习得到实体解析结果。所谓知识图谱嵌入，是将知识图谱中的每个实体表征为向量空间中的点，使原本不便于操作的实体对象转化为易于处理的特征向量，且该特征向量能够包含知识图谱中的有效信息。在完成嵌入得到向量信息后，可以将向量之间的相似性作为实体之间匹配程度的衡量标准，从而实现知识图谱的实体解析。

接下来，介绍知识图谱实体解析方面的一个经典研究工作——基于图卷积网络(graph convolutional network，GCN)的知识图谱解析方法 GCN-Align[17]。

GCN-Align 利用图卷积网络(GCN)对知识图谱进行嵌入[18]，以获得不同语言之间图谱的实体对应。图卷积网络是一种能够直接作用于图数据的神经网络模型，其输入是节点的特征向量和图的结构信息，输出是节点的嵌入向量。GCN 能够将节点周围的邻居信息编码进该节点的嵌入结果，以服务于各类下游任务。通常情况下，不同知识图谱的匹配/等价实体之间具有邻域相似性。GCN-Align 根据 GCN 捕获实体的邻域信息以形成实体的嵌入向量，匹配/等价的实体具有相似的向量表示。

下面依次介绍 GCN 的模型细节，如何利用 GCN 训练知识图谱实体解析模型，以及如何得到最终的实体解析结果。

(1) GCN 模型

图卷积模型由多个图卷积层叠加而成。对于第 $i$ 层 GCN 来说，其输入是实体特征矩阵 $\boldsymbol{H}^{(i)}\in\mathbb{R}^{n\times d^{(i)}}$，$n$ 为节点数，$d^{(i)}$ 是第 $i$ 层特征向量的维度。第 $i$ 层 GCN 的输出为一个新的实体特征矩阵 $\boldsymbol{H}^{(i+1)}$，其计算公式为：

$$\boldsymbol{H}^{(i+1)}=\sigma(\hat{\boldsymbol{D}}^{-\frac{1}{2}}\hat{\boldsymbol{A}}\hat{\boldsymbol{D}}^{-\frac{1}{2}}\boldsymbol{H}^{(i)}\boldsymbol{W}^{(i)}) \tag{2.3}$$

其中：$\sigma$ 表示激活函数，此处选用 ReLU 作为激活函数；$\hat{\boldsymbol{A}}=\boldsymbol{A}+\boldsymbol{I}$，$\boldsymbol{A}$ 为邻接矩阵，$\boldsymbol{I}$ 为单位矩阵；$\hat{\boldsymbol{D}}$ 代表对角矩阵，$\hat{\boldsymbol{D}}_{ii}=\sum_{j=1}^{n}\hat{A}_{ij}$；$\boldsymbol{W}^{(i)}\in\mathbb{R}^{d^{(i)}\times d^{(i+1)}}$ 是第 $i$ 层 GCN 的模型参数，$d^{(i+1)}$ 是

输出的新特征向量维度(可设为与 $d^{(i)}$ 一致)。

如前所述,知识图谱是多关系图,实体之间存在多种类型的关系。为了有效地刻画任意两个实体 $i$ 和实体 $j$ 之间的连通性,GCN-Align 定义了以下两个指标:

$$fun(\mathbf{r}) = \frac{|\,head\ entities\ of\ \mathbf{r}\,|}{|\,triples\ of\ \mathbf{r}\,|} \tag{2.4}$$

$$ifun(\mathbf{r}) = \frac{|\,tail\ entities\ of\ \mathbf{r}\,|}{|\,triples\ of\ \mathbf{r}\,|} \tag{2.5}$$

其中,$|\cdot|$表示集合中元素的数量。

根据上述指标,GCN-Align 将邻接矩阵中的每个元素 $a_{ij} \in \boldsymbol{A}$ 定义为:

$$a_{ij} = \sum_{(e_i, r, e_j) \in KG} ifun(r) + \sum_{(e_j, r, e_i) \in KG} fun(r) \tag{2.6}$$

GCN-Align 除了通过知识图谱的结构信息学习实体嵌入向量之外,还将实体的属性信息作为特征以学习实体的嵌入向量。GCN-Align 也使用 GCN 来捕获实体的属性信息。基于此,每个实体对应于两个特征向量:结构特征向量 $\boldsymbol{h}_s$ 和属性特征向量 $\boldsymbol{h}_a$。$\boldsymbol{h}_s^{(0)}$ 由随机初始化产生并在训练过程中进行更新;$\boldsymbol{h}_a^{(0)}$ 是实体的属性特征向量,其在训练过程中固定不变。

GCN-Align 使用两个 GCN 模型分别处理实体的结构和属性信息。其中,处理结构信息的 GCN 包含两个卷积层,并使用同一个模型来处理需要匹配的两个知识图谱。模型每层卷积层的输出维度均为向量 $\boldsymbol{h}_s$ 的维度 $d_s$。处理属性信息的 GCN 也包含两个卷积层,但由于两张图谱的属性向量维度可能不相等,故第一层卷积层需对两个不同的知识图谱使用不同的参数,并保持相同的输出维度 $d_a$;第二层卷积层则共享参数,其输出维度为 $d_a$。模型的具体参数如表 2.2 所示。最终,所生成的两个知识图谱中的实体都具有 $d_s$ 维的结构嵌入向量和 $d_a$ 维的属性嵌入向量。

表 2.2 GCN-Align 的模型参数

| 模型 | 参数 | $KG_1$ | $KG_2$ |
|---|---|---|---|
| 处理结构信息的 GCN | 输入 | $\boldsymbol{H}_{s1}^{(0)} \in \mathbb{R}^{\lvert E_1\rvert \times d_s}$ | $\boldsymbol{H}_{s2}^{(0)} \in \mathbb{R}^{\lvert E_2\rvert \times d_s}$ |
| | 第一个卷积层的参数矩阵(共享参数) | $\boldsymbol{W}_s^{(1)} \in \mathbb{R}^{d_s \times d_s}$ | |
| | 第二个卷积层的参数矩阵(共享参数) | $\boldsymbol{W}_s^{(2)} \in \mathbb{R}^{d_s \times d_s}$ | |
| | 输出 | $\boldsymbol{H}_{s1}^{(2)} \in \mathbb{R}^{\lvert E_1\rvert \times d_s}$ | $\boldsymbol{H}_{s2}^{(2)} \in \mathbb{R}^{\lvert E_2\rvert \times d_s}$ |
| 处理属性信息的 GCN | 输入 | $\boldsymbol{H}_{a1}^{(0)} \in \mathbb{R}^{\lvert E_1\rvert \times \lvert A_1\rvert}$ | $\boldsymbol{H}_{a2}^{(0)} \in \mathbb{R}^{\lvert E_2\rvert \times \lvert A_2\rvert}$ |
| | 第一张卷积层的参数矩阵(参数独立) | $\boldsymbol{W}_{a1}^{(1)} \in \mathbb{R}^{\lvert A_1\rvert \times d_a}$ | $\boldsymbol{W}_{a2}^{(1)} \in \mathbb{R}^{\lvert A_2\rvert \times d_a}$ |
| | 第二张卷积层的参数矩阵(共享参数) | $\boldsymbol{W}_a^{2} \in \mathbb{R}^{d_a \times d_a}$ | |
| | 输出 | $\boldsymbol{H}_{a1}^{(2)} \in \mathbb{R}^{\lvert E_1\rvert \times d_a}$ | $\boldsymbol{H}_{a2}^{(2)} \in \mathbb{R}^{\lvert E_2\rvert \times d_a}$ |

(2) 模型训练

GCN-Align 的训练目标是使 GCN 模型输出的匹配实体在嵌入向量上尽可能地接

近,而不匹配的实体则尽可能地相互远离。针对结构信息和属性信息,GCN-Align 分别设计了如下的损失函数:

$$L_s = \sum_{(e,v)\in S} \sum_{(e',v')\in S'} [\, \|\boldsymbol{h}_s(e), \boldsymbol{h}_s(v)\| + \gamma_s - \|\boldsymbol{h}_s(e') - \boldsymbol{h}_s(v')\| \,]_+ \tag{2.7}$$

$$L_a = \sum_{(e,v)\in S} \sum_{(e',v')\in S'} [\, \|\boldsymbol{h}_a(e), \boldsymbol{h}_a(v)\| + \gamma_a - \|\boldsymbol{h}_a(e') - \boldsymbol{h}_a(v')\| \,]_+ \tag{2.8}$$

其中,$\boldsymbol{h}_s(\cdot)$和 $\boldsymbol{h}_a(\cdot)$分别代表实体的结构特征向量和属性特征向量;$[x]_+ = \max\{0, x\}$;$S'$为负样本,其构建方式是将 $S$ 中的实体对$(e,v)$打乱,换言之,将实体 $e$ 或实体 $v$ 替换为 $KG_1$ 或 $KG_2$ 中的任意实体;超参数 $\gamma_s, \gamma_a>0$ 用于控制正负样本之间的距离。

(3) 实体解析结果预测

在模型训练完成后,可通过比较实体嵌入向量之间的距离来预测实体解析结果。给定实体 $e_i \in KG_1$ 和实体 $v_j \in KG_2$,定义如下距离度量指标:

$$D(e_i, v_j) = \beta \frac{\|\boldsymbol{h}_s(e_i) - \boldsymbol{h}_s(v_j)\|_1}{d_s} + (1-\beta) \frac{\|\boldsymbol{h}_a(e_i) - \boldsymbol{h}_a(v_j)\|_1}{d_a} \tag{2.9}$$

其中,$\beta$ 为用来控制知识图谱的结构信息和属性信息对于距离度量贡献度的一个超参数。根据上述公式,对两个知识图谱中的实体进行一一比较,可计算得到距离最近的候选实体对,即匹配的实体对。

GCN-Align 高度依赖于知识图谱的结构特征进行实体解析。然而,不同知识图谱之间具有高度异构性,因而依靠于图结构信息难以取得高质量的实体解析效果。为此,研究人员提出了一系列基于辅助信息的知识图谱实体解析方法,通过利用诸如实体名称[19,20]、图片[21]、文本描述[22]等辅助信息,以提升实体解析精度[23-24]。

## 2.3 数据融合

本节先概述数据融合的基本概念,而后分别介绍数据融合中的两类重要技术,即关系数据融合和知识融合。

### 2.3.1 数据融合概述

由于数据不完整、数据错误和数据过时等问题,不同数据源之间的数据可能相互矛盾,误导后续的查询分析结果。例如,拨打无效的电话号码可能无法联系到对方,或是导航到错误的诊所错过最佳就诊时间,从而产生严重后果。因此,解决多源数据冲突并识别其真实性至关重要。近年来,随着互联网的迅速发展,由于网络监管存在着一定的局限性，在网络上发布和传播虚假信息变得相当容易，导致数据冲突问题变得更为突出。数据冲突可以被归纳为两种问题，即不确定性和矛盾性。不确定性由信息的不完整引起，指非空值的数据与有空值数据之间的数据冲突。矛盾性是指两个或多个不同的非空值之间的冲突，这些非空值亦是对同一实体中相同属性的描述。

数据融合的目标是通过鉴别不同来源数据的真实性，以解决来自不同数据源的数据冲突问题，进而确保数据的一致性。数据融合方法主要分为三类：（1）基于概率的方法[25-27]，根据数据源中已捕获的数据构建概率图模型，预测不同来源的数据真实性的概率（或称可信度）；（2）基于优化的方法[28,29]，通过设计优化策略估计数据真实性的置信区间；（3）基于迭代的方法[30-32]则依赖于迭代计算得到数据真实性的可信度。

下面针对学术界与工业界常见的两种数据类型（即关系数据和图数据），对数据融合任务展开介绍。

### 2.3.2　关系数据融合

互联网极大地改变了人们的生活。近年来，互联网上的信息和数据量正在以惊人的速度增长。这些数据大多存储于底层关系数据库中，用户通过 Web 表单对其进行查询，随后数据可视化地展现在网页上。然而，这些数据的质量和可信度却难以保证。即使在大多数人认为高度可靠的领域内（譬如金融、航空等），数据的不一致性也广泛存在[33]——70%的数据中存在数据不一致情况。其中，50%是由于歧义性引起的，20%是由于过时数据引起的，30%是由于数据错误造成的。因此，如何鉴别数据的真实性，以及解决来自多个 Web 源的数据冲突显得至关重要。

在处理关系数据融合问题时，需考虑两个重要因素，即数据源的异质性和数据质量[33]。数据源的异质性分为模式级别异质性、实例级别异质性，以及数值级别异质性。（1）在模式级别，不同的数据源可能以不同的方式构造数据，并以不同的方式命名属性，譬如两个大学教务数据库分别以 ID 和 Stu_ID 表示学生 ID 属性。（2）在实例级别，不同的数据源通常以不同的方式表示数据对象。对于每个对象都具有唯一识别码（譬如股票代码）的某些特定领域而言，这种实例异质性通常不构成问题。然而，对于其他缺乏唯一识别码的领域而言（譬如企业列表），实例的异质性是数据融合方法必须解决的重要因素之一，缺乏唯一识别码容易导致将不同的对象误认为是真实世界的同一实体。（3）在数值级别，一些数值可能是真值，一些数值可能非常接近真值，但另一些数值可能与真值相距甚远。所以，解决异质性问题是确保数据融合有效性的重要前提。

数据质量问题泛指数据重复、数据不一致、数据来源不可靠和数据复制等问题。数据质量是设计数据融合策略时所不可忽视的重要问题。通常来说,在设计数据融合策略时需重点考虑上面的4类数据质量问题:

问题1:是否存在大量的重复对象?换言之,不同来源是否提供了大量关于同一实体的数据?

问题2:数据是否一致?换言之,不同来源所提供的用于描述同一实体的对象是否具有相同数据项,如果不同,大多数来源所提供的数据项是否为真值?

问题3:每个来源是否提供了正确且高质量的数据,且数据质量在一段时间内是否能够保持可靠性?换言之,随着时间的推移,这些数据的可靠性又会如何变化?

问题4:不同数据源之间是否存在复制的对象?换言之,倘若删除这些复制对象,是否会对数据项的真实性造成影响(通常假定数据集中出现次数较多的数据项为真)?

下面,通过介绍一种面向关系数据的数据融合方法 TruthFinder[34],使各位读者能够进一步了解数据融合的任务以及可行的解决方案。

给定关于某个对象的大量事实数据(从不同来源收集所得),TruthFinder 旨在推测这些事实为真的可能性。图2.4给出了一个数据集示例。

基于此,首先介绍 TruthFinder 中的两个重要定义,即事实可信度和来源置信度。

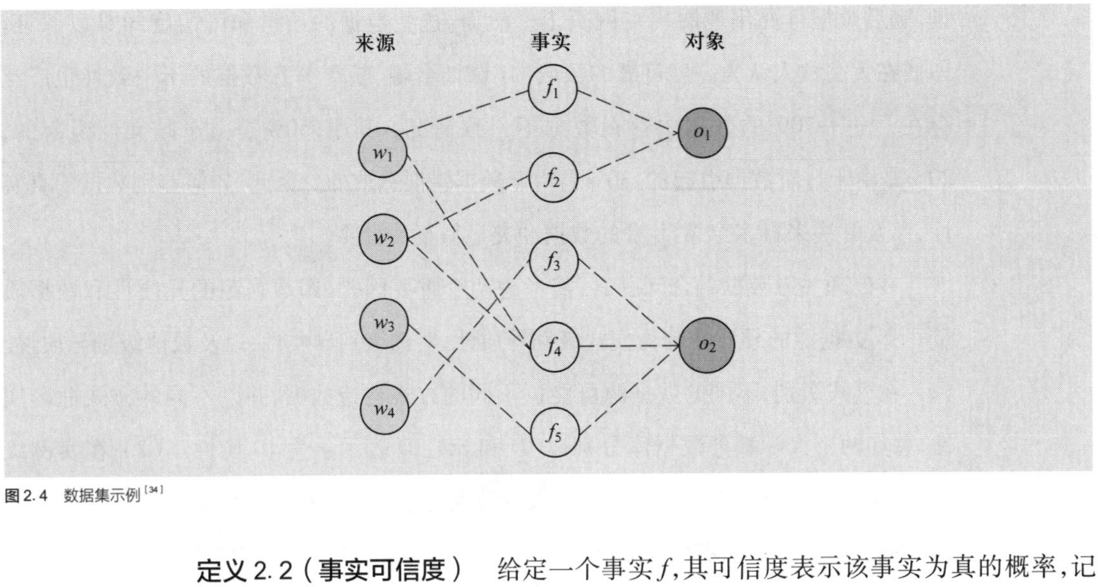


图2.4　数据集示例[34]

**定义2.2(事实可信度)**　给定一个事实$f$,其可信度表示该事实为真的概率,记为$s(f)$。

**定义2.3(来源置信度)**　给定一个数据来源$w$,其置信度表示该来源所提供事实$f$的置信度,记为$t(w)$。

**蕴涵关系**:关于同一对象的不同事实之间可能是矛盾或冲突的。然而,在一些情况下,尽管不同来源的数据之间略有不同,但它们会相互支持。例如,一个网站显示某本书籍的作者是“Jennifer Widom”,另一个网站显示该书的作者名为“J. Widom”。基于此,容易推测得到,若其中一个事实为真,则另一个很可能也为真。因此,将这种关系表示为事实之间的蕴涵关系(implication),定义为:给定事实 $f_1$ 和事实 $f_2$,两者之间的蕴涵关系表示 $f_1$ 对 $f_2$ 置信度的影响,记为 $imp(f_1 \rightarrow f_2)$,其取值范围是[-1,1]。其中正值的含义为:若事实 $f_1$ 为真,则事实 $f_2$ 很可能也为真;负值的含义为,若事实 $f_1$ 为真,则事实 $f_2$ 很可能为假。

若两个事实之间的蕴涵关系具有对称性,且这两个事实之间具有一定的相似性,则可以给出如下定义:$imp(f_1 \rightarrow f_2) = sim(f_1, f_2) - base\_sim$。其中,$sim(f_1, f_2)$ 代表 $f_1$ 和 $f_2$ 之间的相似度,$base\_sim$ 表示相似度阈值。

**前提假设**:根据常识和对真实数据的观察,可以给出以下四项基本假设作为 TruthFinder 模型的基础。

假设 1:通常情况下,对于每个对象而言,有且仅有一个事实为真。

假设 2:一个真实的事实应当在不同来源都具有相同或相似的表现形式。

假设 3:不同来源的虚假事实不太可能相同或相似。

假设 4:对于特定的范围,若某个来源能够为许多对象提供大部分为真的事实,则该来源也可能为其他对象提供真实的事实。

接下来,介绍 TruthFinder 方法的计算模型。基于上述启发,容易推断,若一个事实是由某个可信的数据来源提供,则该事实很可能为真;反之,若一个事实与许多可信的数据来源所提供的事实相矛盾,则该事实很可能为假。另一方面,若某个数据来源能够提供高度可信的事实,则该来源是值得信赖的。由此可知,来源置信度与事实可信度之间能够相互支持,且来自不同来源的真实事实比虚假事实更具有一致性。因此,可以使用迭代的方法来对两者进行计算,从而最终实现对真实事实和虚假事实的有效区分。下面,将讨论如何设计有效的计算模型以区分真假事实。

(1) 来源置信度与事实可信度

首先,讨论如何实现来源与事实之间可信度的相互推断。

如定义 2.3 所述,来源置信度指的是由该来源所提供事实的预期可信度。给定来源 $w$,其置信度 $t(w)$ 可以通过计算由来源 $w$ 提供事实的平均置信度得到,即:

$$t(w) = \frac{\sum_{f \in F(w)} s(f)}{|F(w)|} \tag{2.10}$$

其中,$F(w)$ 表示由来源 $w$ 提供的一系列事实的集合。

相对于来源置信度而言,合理估计一个事实的可信度具有一定的挑战性。如图

2.5 所示,事实 $f_1$ 的可信度由其对应的来源以及关于同一对象的其他事实所共同决定。

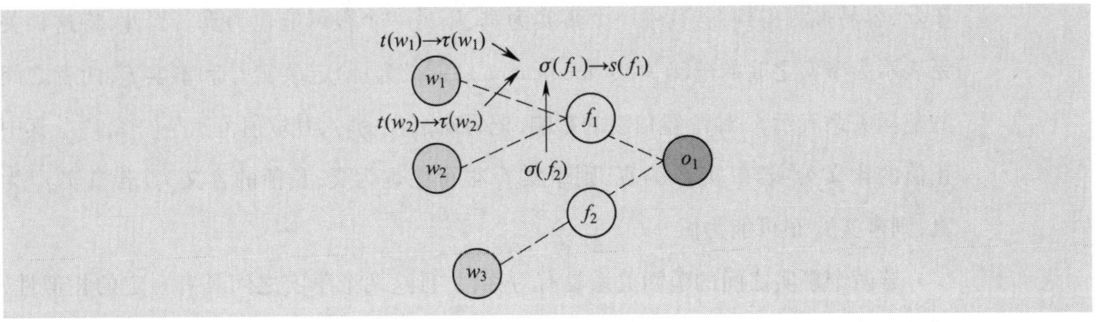


图 2.5　事实可信度计算示例[34]

首先,从一个简单情况开始分析事实可信度——假设事实 $f_1$ 是关于对象 $o_1$ 的唯一事实(即假定图 2.5 中事实 $f_2$ 不存在)。由图可知,$f_1$ 所对应的数据来源有 $w_1$ 和 $w_2$。若 $f_1$ 为假,则 $w_1$ 和 $w_2$ 均为假。为了简单起见,假设 $w_1$ 和 $w_2$ 相互独立(实际上,在多数情况下不同来源之间并非完全独立,稍后对其进行补充说明)。基于上述假设,$w_1$ 和 $w_2$ 均为假的概率为 $(1-t(w_1))\cdot(1-t(w_2))$,$f_1$ 为真的概率为 $1-(1-t(w_1))\cdot(1-t(w_2))$。通常来说,若事实 $f$ 是关于某个对象的唯一事实,则该事实的可信度为:

$$s(f)=1-\prod_{w\in W(f)}(1-t(w)) \tag{2.11}$$

其中,$W(f)$ 表示一系列与事实 $f$ 相关的数据来源。

在式(2.11)中,$1-t(w)$ 通常是一个极小值,对其进行多个连乘或导致数值下溢。为此,为了便于计算,对 $1-t(w)$ 进行对数化处理,得到:

$$\tau(w)=-\ln(1-t(w)) \tag{2.12}$$

其中,$\tau(w)\in[0,\infty]$。$\tau(w)$ 能够更好地刻画来源置信度。例如,给定两个数据来源 $w_1$ 和 $w_2$ 以及各自所对应的来源置信度 $t(w_1)=0.9$ 和 $t(w_2)=0.99$,尽管来源 $w_2$ 比 $w_1$ 更可靠,但它们之间的可信度差异并不大($t(w_2)=1.1\times t(w_1)$)。若用式(2.12)对差异度进行量化,则可得 $\tau(w_2)=2\times\tau(w_1)$。因此,式(2.12)能更好地表达数据来源的置信度大小。

类似地,事实可信度可以通过下式计算得到:

$$\sigma(f)=-\ln(1-s(f)) \tag{2.13}$$

事实和来源之间存在一个非常有用的特性——事实 $f$ 的可信度是提供 $f$ 的来源置信度的总和。这将在以下定理中得到证明。

**定理 2.1**

$$\sigma(f)=\sum_{w\in W(f)}\tau(w) \tag{2.14}$$

**证明** 根据式(2.11),可得:

$$1 - s(f) = \prod_{w \in W(f)} (1 - t(w)) \tag{2.15}$$

对等号两侧分别取对数,可得:

$$\begin{aligned} \ln(1 - s(f)) &= \sum_{w \in W(f)} \ln(1 - t(w)) \\ \Leftrightarrow \sigma(f) &= \sum_{w \in W(f)} \tau(w) \end{aligned} \tag{2.16}$$

证毕。

(2) 事实间的相互影响

上述部分讨论了如何对关于对象的唯一事实可信度进行合理计算。然而,一个对象通常包含许多不同的事实(例如,图 2.5 中的 $f_1$ 和 $f_2$),且这些事实之间可能互相影响。假设图 2.5 中从 $f_2$ 到 $f_1$ 的蕴涵关系非常密切(譬如两者非常相似),如果 $f_2$ 是由多个可信赖的来源所提供,那么这些来源也可以在一定程度上支撑 $f_1$,即 $f_1$ 应该具有较高的可信度。在这种情况下,应该根据 $f_2$ 的来源置信度来推测 $f_1$ 的可信度。基于此,本小节认为 $f_1$ 的可信度为 $f_2$ 的来源置信度的总和。式(2.17)给出了每个事实 $f$ 的可信度调整策略:

$$\sigma^*(f) = \sigma(f) + \rho \sum_{o(f') = o(f)} \sigma(f') imp(f' \to f) \tag{2.17}$$

其中,$\rho$ 是一个介于 0 与 1 之间的参数,用于控制相关事实之间的相互影响。可以看到,$\sigma^*(f)$ 表示 $f$ 的可信度和每个相关的事实蕴涵关系 $imp(f' \to f)$ 的可信度的总和。

基于上式,接下来给出式(2.18),以计算调整后的事实 $f$ 的可信度,记为 $s^*(f)$:

$$s^*(f) = 1 - e^{-\sigma^*(f)} \tag{2.18}$$

(3) 模型一般化

上述模型的前提假设是不同来源之间彼此独立。然而,该假设并不满足大多数真实场景,因为虚假/错误信息往往会在不同来源之间相互传播。例如,根据上述模型,假设一个事实 $f$ 是由五个置信度均为 0.6 的数据来源所提供,计算可得该事实 $f$ 的可信度高达 0.99。然而,这些数据来源置信度(0.6)并不高,其中存在的错误可能通过对象复制进而在不同数据来源之间进行传播。所以,通过上述模型计算得到的事实可信度可能并不准确。为了弥补可信度虚高的问题,可以在式(2.18)中加入一个阻尼因子 $\gamma \in (0,1)$,即:

$$s^*(f) = 1 - e^{-\gamma \cdot \sigma^*(f)} \tag{2.19}$$

除此之外,上述模型还存在另一个问题——若该事实 $f$ 与可信来源所提供的某些事实相悖,则 $f$ 的可信度很可能为负,这使得 $\sigma^*(f) < 0$ 且 $s^*(f) < 0$。这是不合理的,因为即使存在否定的证据,事实 $f$ 仍然有可能是正确的,因而其可信度应仍为正数。因

此，采用逻辑斯谛(logistic)函数对式(2.19)进行改进，以得到式(2.20)，如下所示：

$$s(f)=\frac{1}{1+\mathrm{e}^{-\gamma\cdot\sigma^{*}(f)}} \tag{2.20}$$

当$\gamma\cdot\sigma^{*}(f)$远大于0时，$s(f)$的值非常接近于$s^{*}(f)$，其原因是$\frac{1}{1+\mathrm{e}^{-\gamma\cdot\sigma^{*}(f)}}\approx 1-\mathrm{e}^{-\gamma\cdot\sigma^{*}(f)}$；反之，当$\gamma\cdot\sigma^{*}(f)$远小于0时，$s(f)$的值是一个接近于0的正数，这同样符合真实情况。

(4) 迭代计算

如上所述，若已知事实的可信度，则可以据此推断得出来源的置信度，反之亦然。TruthFinder采用迭代的方式计算来源置信度与事实可信度。在每轮迭代中，TruthFinder尝试提高模型关于可信度和置信度的认知，并在计算达到稳定状态时终止迭代。下面具体描述TruthFinder的迭代过程：

首先假设所有数据来源都具有一致的置信度$t_0$。在每轮迭代中，TruthFinder先通过来源置信度计算事实可信度；然后根据事实可信度更新来源置信度。达到稳定状态时停止迭代。其中，稳定性通过所有来源的置信度变化来衡量，用向量$\boldsymbol{t}$表示。若在一轮迭代后，$\boldsymbol{t}$仅发生微小变化(通过新旧$\boldsymbol{t}$之间的余弦相似度来衡量)，则停止迭代并输出最终稳定的事实可信度与来源置信度。

需要说明的是，现有的大部分数据融合工作关注于推测事实可信度和来源置信度。精准推测事实可信度与来源置信度是保障不同来源数据融合后的一致性与可靠性的关键前提。根据事实可信度与来源置信度，用户可以通过挑选具有高可信度的事实来消除不同来源中描述同一对象的冲突数据，从而实现数据融合。

### 2.3.3 知识融合

随着互联网的发展，网络数据内容呈现爆炸式增长的态势。由于互联网内容的大规模、异质多元、组织结构松散的特点，人们有效地获取信息和知识面临巨大挑战。不同于传统的关系数据，知识图谱(knowledge graph，KG)以其强大的语义处理能力和开放组织能力，为互联网时代的知识化组织与智能应用奠定了基础。

近年来，工业界和学术界都致力于构建大规模知识图谱，目前主流的知识图谱包括Freebase[35]、YAGO[36]、DBpedia[37]等。这些知识库存储了真实世界中存在的数百万条事实。然而，尽管这些知识图谱的规模很大，但仍然是高度不完整的。例如，目前最大的开源知识库Freebase中71%的人没有对应的出生地，75%的人没有对应的国籍信息。此外，对于一些不常见的事实描述可能更为不完整。

传统的知识图谱构建方法主要依赖于人工知识的输入,并通过一些被广泛认为是正确的现有知识图谱(譬如维基百科)进行知识集成。然而,这些方法产生的知识量较为有限。因此,亟须通过自动化构建的方法进一步扩充知识图谱。例如,自动地从整个 Web 中提取事实,以补充从人工输入和现有的知识图谱中未能提取的知识。然而,这类自动化方法通常会提取到嘈杂且不可靠的事实。为了避免噪声数据对自动构建高质量知识图谱造成影响,**知识融合**的概念被引入,其旨在验证自动提取得到的数据的真实/可靠性。

接下来介绍实现知识融合的一些基本方法[38]。

知识图谱 $KG=(E,R,T)$ 可被视为若干三元组的集合,其中 $E$ 代表实体的集合,$R$ 代表实体之间所存在的关系集合,$T$ 代表由实体和关系组成的三元组集合。三元组的形式化定义为 $\tau=(h,r,t)$。有关知识图谱的详细定义已在 2.2.3 小节中给出,此处不再赘述。知识融合旨在从不同来源提取得到大量三元组,并合理地估计每个三元组的可信度,表示为 $Pr(\tau(h,r,t))=1 \mid \cdot)$。其中,三元组的可信度取决于数据来源的可靠程度。

由于数据来源的多样性与异构性,衍生出众多数据提取方法。接下来依次概述如何从不同类型的数据来源中提取并验证所得三元组的真实/可靠性,包括文本类型(text documents,TXT)、DOM 树(DOM trees,DOM),以及 HTML 表格(HTML Tables,tBL)等。

(1) 文本类型

首先,在每个文本文档上执行一套标准的自然语言处理工具,包括命名实体识别、词性标注、依赖解析、共同引用解析和实体链接(将专有名词的提及以及共同引用映射至知识库中的相应实体)等任务,以提取得到一系列的实体。其次,使用远程监督(distant supervision)方法训练关系提取器,以提取关系谓词[39]。具体而言,对于每个感兴趣的谓词,可以从现有的知识库中提取具有该谓词的实体对种子集。例如,假定存在一个谓词"married_to",则有对应的实体对(BarackObama,MichelleObama)和(BillClinton,HillaryClinton)。随后,找到包含这些实体对的文本段落,并从中提取语义特征。经由上述步骤,可提取生成一系列三元组。接着,为提取得到的三元组赋予相应的标签(即标注三元组为真或为假)。最后,根据标签数据训练一个二分类模型(譬如逻辑回归),以推理其余未被标签且三元组为真的可能性。

(2) DOM 树

Web 为数据提取提供了丰富的数据来源,Web 中数据通常存储于对应的底层数据库,并通过填写 HTML 表单进行查询。从 HTML 表单中提取得到三元组的一种常见方式是解析 DOM 树。在解析完成后,可使用类似于文本类型的方式训练二分类器(其区别仅在于数据特征是由 DOM 树导出的而非从文本中导出)。具体来说,该二分类器使用两个实体之间的词汇化路径(即沿着 DOM 树的有向路径)作为特征向量以训练模型参数,当模型训练完成后,可为每个三元组推理得到其为真的概率值/可能性。

(3) HTML 表格

网络上有超过 5.7 亿张包含关系信息的表格[40]。对此,可采用启发式技术进行表格数据的提取。首先,如同在文本数据中一样,对表格执行命名实体链接方法,以提取实体。然后,通过对照 Freebase 中的已知谓词,来推理得到每个实体的对应谓词(可通过模式匹配方法[41]实现)。此外,为确保三元组的提取质量,一些语义不明的值将被丢弃。命名实体链接方法所返回的置信度表示了提取所得三元组的可信度。

如前所述,三元组的可信度估计问题可被视为一个二分类问题。给定一个三元组 $\tau$ 及其对应的特征向量 $\boldsymbol{f}(\tau)$,二分类模型输出该三元组为真的概率 $Pr(\tau=1 \mid \boldsymbol{f}(\tau))$。

特征向量生成:在应用各种数据提取方法生成三元组过程中所产生的信息为三元组的特征向量提供了一个直观的生成方法。具体而言,三元组具有两个重要特征,即该三元组所对应的数据来源数量和数据提取方法为该三元组所赋予的可信度得分。因此,可根据上述两个特征为每个三元组生成一个二维的特征向量。其中,第一维是该三元组所对应的数据来源数量的平方根,记为$\sqrt{n}$(使用平方根的目的在于避免数据倾斜,即减少一些普遍事实对结果的影响);第二维是由各个提取方法所得的三元组可信度得分的平均值(若该三元组并非提取所得,则将该维的值置为 0)。

模型训练:模型训练的标签数据来自符合局部封闭世界假设的三元组。在训练过程中,二分类模型为每个三元组特征向量的每个分量学习不同的权重。此外,为了加快模型训练速度,建议为每个谓词分别训练一个单独的二分类模型。换言之,仅将具有相同谓词的三元组放入同一个二分类模型中。由于这是一个低维(维度仅为 2)的分类问题,可以使用线性逻辑斯谛回归、决策树等作为分类模型。进一步地,由于近些年来深度学习的快速发展,可设计更高维度的三元组特征向量,并利用基于深度学习的二分类模型进一步优化这些高维特征向量,并基于此预测三元组为真的概率。

模型训练的标签数据是决定模型训练好坏的关键因素。然而,由于局部封闭世界假设的不完备性,难以精准预测未知三元组为真的概率。解决该问题的一个直观方法是基于额外的先验知识进行链接预测。给定已知知识图谱中所包含的三元组作为先验知识,链接预测任务[42]旨在根据已知的先验知识为任意三元组推导出其对应的可信度概率(即使现实生活中没有任何证据证明该三元组存在)。以下介绍链接预测任务的两种基本解决策略。

(1) 路径排序算法(path ranking algorithm,PRA)

给定知识图谱 $KG$,路径排序算法[43]从每个源节点 $s$ 出发,在整个 $KG$ 上随机游走,若能到达相应的目标节点 $o$,则被视为成功抵达。例如,一个由关系 $r$ = marriedTo 相连的实体对($X$,$Y$)通常也具有形如 $X \xrightarrow{\text{parentOf}} Z \xleftarrow{\text{parentOf}} Y$ 的路径形式,其含义为:若两个人是同一个孩子的父母,则两人很可能是配偶。如同关联规则挖掘方法一样,这些路径的质量可以根据其置信度来衡量。

(2) 神经网络模型

神经网络模型为链接预测任务提供了另一种可行的思路。具体而言,知识图谱 $KG$ 可被视为一个大小为 $E \times P \times E$ 的张量 $\boldsymbol{M}$。其中,$E$ 为 $KG$ 中的实体数量,$P$ 为 $KG$ 中的谓词数量。张量 $\boldsymbol{M}$ 中每个元素位置均代表一个三元组,若该元素位置的值为 1,则表明其对应的三元组为真;若该位置被赋值为 0,则表明该三元组为假。

实际上,由于知识图谱的高度不完整性,张量 $\boldsymbol{M}$ 往往是一个稀疏矩阵,即很多位置上的元素是空缺的。因此,可以通过张量分解(tensor decomposition)方法为潜在的三元组推测其存在(为真)的可能性。具体而言,张量分解先将潜在的低维向量与每个实体和谓词相关联,而后计算相应的元素内积,计算公式为:

$$Pr(\tau(h,r,t)=1)=\sigma\left(\sum_{k=1}^{K} u_{hk} w_{rk} v_{tk}\right) \tag{2.21}$$

其中,$\sigma(x)=1/(1+\mathrm{e}^{-x})$,$K$ 代表维度大小,$\boldsymbol{u}_h$、$\boldsymbol{w}_r$ 和 $\boldsymbol{v}_t$ 分别表示源实体 $h$、关系 $r$ 以及目标实体 $t$ 的 $K$ 维嵌入向量。

文献[44]提供了一种更优的方法,其将不同的张量与每个关系相关联,公式如下:

$$Pr(\tau(h,r,t)=1)=\sigma(\boldsymbol{\beta}_r^{\mathrm{T}} f[\boldsymbol{u}_h^{\mathrm{T}} \boldsymbol{W}_r^{1:M} \boldsymbol{v}_t]) \tag{2.22}$$

其中,$f[\cdot]$ 代表一个非线性函数(如 Tanh),$\boldsymbol{\beta}_r$ 是 $K \times 1$ 维的向量,$\boldsymbol{W}_r^m$ 为 $K \times K$ 的矩阵。尽管该方法对于张量分解具有更优的性能,但该模型复杂度较高,需要 $O(KE+K^2MP)$ 的参数空间,其中 $M$ 代表张量的层(layer)数。

相比于上述方法,基于多层感知机(multi-layer perceptron,MLP)的模型[38]能在更少的训练参数需求下获得良好的链接预测效果。该模型为每个谓词和实体赋予一个向量,利用标准 MLP 捕获向量之间的内在关联关系。该模型的形式化定义为:

$$Pr((h,r,t)=1)=\sigma(\boldsymbol{\beta}^{\mathrm{T}} f[\boldsymbol{A}[\boldsymbol{u}_h,\boldsymbol{w}_r,\boldsymbol{v}_t]]) \tag{2.23}$$

其中,$\boldsymbol{A}$ 代表一个 $L \times (3K)$ 大小的权重矩阵,$\boldsymbol{\beta}$ 是一个 $L \times 1$ 维的权重向量。该模型仅需要 $O(L+LK+KE+KP)$ 的参数空间。

## 2.4 数据清洗

本节先阐述数据清洗的基本概念，而后分别介绍数据清洗中两类重要技术，即关系数据清洗和图数据清洗。

### 2.4.1 数据清洗概述

在大数据时代，企业或机构获取与存储大数据变得愈发容易，这些数据不仅可以促进决策分析，而且能作为训练数据服务于机器学习、深度学习模型。然而，无处不在的脏数据不仅严重影响了数据质量，而且导致错误的决策分析，更有甚者将给国家带来严重的经济损失。据统计，脏数据曾导致巨额的医疗费用被浪费[45]，进而对经济造成影响[46]。数据清洗在数据分析与管理的过程中扮演着重要角色，其对于提高数据质量、推进数据治理具有重大意义。

数据清洗方面的研究最早开始于美国[47]，并逐渐在全球的学术界和工业界受到了广泛的关注。近年来，众多数据清洗的模型与方法关注于数据清洗问题的不同方面，包括新的规则抽象[48]、模型接口[49]、可拓展性算法[50]和众包技术的应用[51]等。随着时代的变迁，不同数据类型与数据存储方式的出现，变幻多样的数据错误以及激增的数据量为数据清洗算法的设计带来了新的挑战。

关系数据和图数据作为两种重要的数据组织和存储形式，如何提高其数据质量一直以来都是学术界与工业界的研究重点。下面将分别对**关系数据清洗**和**图数据清洗**展开介绍。

### 2.4.2 关系数据清洗

数据清洗通常分为两个步骤：错误检测和错误修复。如何检测并修复关系数据中的错误一直都是学术界与工业界的研究重点。数据清洗算法主要可以归纳为定量方法和定性方法[52]。定量方法主要利用统计学方法检测出偏离整体统计学规律的数据点，而后对其进行过滤或重新填补。定性方法则利用数据的一致性约束（譬如主外键约束）、规则（譬如函数依赖）和模式（譬如“年/月/日”）来检测错误，并利用最小修复原则进行错误修复。其中，基于规则的方法由于其良好的理论支撑、高精度的检测结果以及自身的可解释性，一直以来都是关系数据清洗中至关重要的一类方法。接下来，本小节介绍一种基于规则的数据清洗方法 Holistic[57]。

首先，介绍 Holistic 的错误检测方法。Holistic 根据给定规则进行错误检测，换言之，其依据给定规则检查关系数据集中所有违反规则的元组。规则的质量决定了错误检测的有效性。通常来说，规则可以由专家给定，但这往往需要耗费大量的人力成本。近年来，专家学者关注于研究如何自动发现数据之间存在的规则关系，包括自动函数依赖挖掘[53]、自动条件函数依赖挖掘[54]、自动顺序依赖挖掘[55]、自动差分依赖挖掘[56]等。这些规则规定了关系数据所需要遵守的约束条件。然而，一个关系数据中往往存在多种不同规则。若只考虑单一类型的规则（譬如函数依赖），可能导致错误检测的召回率较低。因此，如何将不同的规则进行统一表征至关重要。为此，接下来将介绍一种通用的规则定义形式：拒绝约束（denial constraints，DC）。

**定义 2.4（拒绝约束，DC）**　给定一个关系模式 $A=\{A_1,A_2,\cdots,A_d\}$ 以及一个在 $A$ 上的关系数据集 $R=\{t_1,t_2,\cdots,t_n\}$，$R$ 是由一系列元组构成的数据集合。每个元组 $t_i=\{t_i[A_1],t_i[A_2],\cdots,t_i[A_d]\}$ 是一组数据单元集合。给定符号集合 $\mathbb{B}=\{=,<,>,\neq,\leqslant,\geqslant\}$，拒绝约束（DC）可以形式化地表示为 $\varphi:\forall t_\alpha,t_\beta,t_\gamma,\cdots\in R,\neg(P_1\wedge\cdots\wedge P_m)$。其中，$P_i$ 代表 $v_1\phi v_2$ 或 $v_1\phi c$，$v_1,v_2\in t_x[A]$，$x\in\{\alpha,\beta,\gamma,\cdots\}$，$\phi\in\mathbb{B}$，$c$ 为常量。

DC 以一阶逻辑的形式实现了对函数依赖、条件函数依赖、顺序依赖、差分依赖等规则的统一表征。所以，函数依赖、条件函数依赖、顺序依赖、差分依赖可以被视为 DC 的特例，均能用 DC 进行统一表征。给定一个关系数据集 $R$，DC 规定 $R$ 中的所有谓词 $\{P_1,P_2,\cdots,P_m\}$ 不能同时为真。给定一组 DC 和一个含有脏数据的关系数据表 $R$，可以检测出所有违反给定 DC 的数据单元。

| | GID | FN | LN | ROLE | CITY | AC | ST | SAL |
|---|---|---|---|---|---|---|---|---|
| $t_1$ | 102 | Paul J. | Smith | V | SJ | 639 | CA | 100 |
| $t_2$ | 105 | Anne | Nash | M | NYC | 234 | NY | 110 |
| $t_3$ | 211 | Mark | White | E | SJ | 639 | CA | 80 |
| $t_4$ | 386 | Mark | Lee | E | NYC | 552 | AZ | 75 |

图 2.6　员工信息数据表 $R$

以图 2.6 中的员工信息数据表 $R$ 为例。假定 $R$ 需遵循如下 DC 规则：$\varphi:\forall t_\alpha,t_\beta\in R,\neg(t_\alpha.\mathrm{CITY}=t_\beta.\mathrm{CITY}\wedge t_\alpha.\mathrm{ST}\neq t_\beta.\mathrm{ST})$。从图中可知，元组 $t_2$ 和元组 $t_4$ 违反了该约束。其原因在于：元组 $t_2$ 和元组 $t_4$ 在属性 CITY 上的值相同但在属性 ST 的值却并不相同。因而可以找出违反 $\varphi$ 的元组（即违规实例）中的所有数据单元（以虚线标识）。

接着，介绍 Holistic 的错误修复过程，该过程包括违规表示和违规修复两个步骤。

### （1）违规表示

错误检测旨在找到所有包含在 DC 违规实例中的数据单元(简称为违规单元)。值得注意的是,一个数据单元可能被包含在多个违规实例中。为了有效表示违规实例,Holistic 引入了冲突超图(conflict hypergraph,CH)的概念。CH 是一个无向超图,其节点集合 $P$ 代表违规单元的集合,超边集合 $E$ 表示违规单元之间的关系。令$(c;p_1,\cdots,p_n)$代表一条超边,其中 $c$ 表示一条 DC 规则,$p_1,\cdots,p_n$ 代表包含在该 DC 中的违规单元。

以图 2.7(a)中的关系数据集 $R$ 为例。给定以下三个规则(由于函数依赖和条件函数依赖都是 DC 的特殊情况,为了便于描述,此处用函数依赖和条件函数依赖的形式给出):

$$\varphi_1: A \rightarrow C$$

$$\varphi_2: B \rightarrow C$$

$$\varphi_3: R[D=5] \rightarrow R[C=5]$$

由上述三条规则所构建的冲突超图 CH 如图 2.7(b)所示。其中,$\varphi_1$ 对应于违规实例 $e_1$;$\varphi_2$ 对应于两个违规实例 $e_2$ 和 $e_3$;$\varphi_3$ 对应于违规实例 $e_4$。该冲突超图表示关系数据集 $R$ 对于给定的一组 DC 的违规状态,其中每条超边由违规数据单元构成。为了修复超边,需要为该超边中的至少一个数据单元重新赋值。

| | A | B | C | D |
|---|---|---|---|---|
| $t_1$ | **2** | 1 | **2** | 2 |
| $t_2$ | **2** | **2** | **1** | 2 |
| $t_3$ | 1 | **2** | **3** | 2 |
| $t_4$ | 3 | **2** | **3** | **5** |

(a) 关系数据集$R$

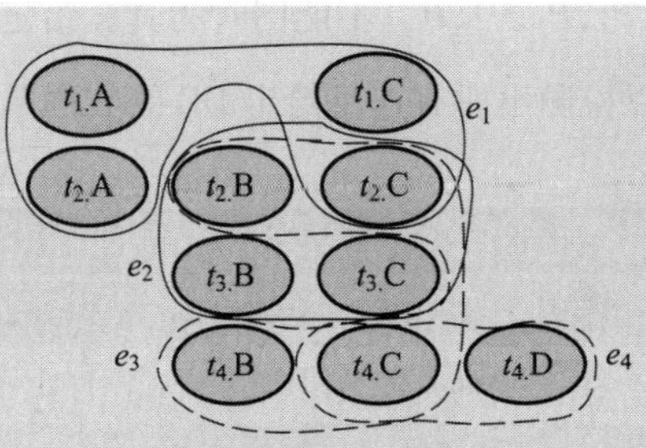

(b) 冲突超图CH

图 2.7　冲突超图示例[57]

### （2）违规修复

违规修复的目的在于:在最小修复代价的前提下,对某些违规数据单元重新赋值以消除超边,使给定的 DC 在数据表上完全成立。一个最直接的方法就是依次、独立地修复每条超边。然而,当不同超边有交集时,这种修复方式不仅可能导致过高的修复代价,而且还可能引入新的数据错误。为了最小化修复代价,一种方法是利用最小顶点覆盖(minimum vertex cover,MVC)算法确定超图的一个最小顶点覆盖,以确定需要修复的违规单元数的下界。例如,对于图 2.7(b)所示的冲突超图,一个可能的 MVC=

$\{t_2[C], t_4[C]\}$。因此，首先考虑修复 $t_2[C]$，$t_4[C]$ 这两个数据单元。为了利用 MVC 进行违规修复，这里引入修复上下文 RC(repair context)的概念：一个修复上下文 RC 由修复边界(frontier)集合 $R_V$ 和修复表达式(repair expression)集合 $R_E$ 构成。利用 RC 可以进行有效的违规修复。

给定一个超边 $e=\{c;p_1,\cdots,p_n\}$，其中数据单元 $p_i(1\leqslant i\leqslant n)$ 的修复表达式为 $r_i$，记作 $DC.Repair(e,p_i)=r_i$。下面先以一个实例介绍如何生成一个修复上下文 RC，而后算法 2.2 给出了生成修复上下文的具体步骤。

图 2.7(b)描述了一个基于 RC 进行错误修复的例子。首先，随机选择 CH 的任意 MVC 中的一个单元为起始单元。以 MVC $=\{t_2[C], t_4[C]\}$ 中的 $t_2[C]$ 为例，先将 $t_2[C]$ 加入。$t_2[C]$ 同时存在于三条超边 $e_1$，$e_2$ 和 $e_3$ 中。依次考虑各条超边。首先考虑超边 $e_1$ 及待修复的单元 $t_2[C]$：为了消除 $e_1$，需要使 $t_2[C]=t_1[C]$，因而将表达式 $t_2[C]=t_1[C]$ 加入 $R_E$，$t_1[C]$ 加入 $R_V$。由于 $t_1[C]$ 不被其他超边包含，故继续考虑 $e_2$ 以及 $t_2[C]$：类似地，需要使 $t_2[C]=t_3[C]$，因而将表达式 $t_2[C]=t_3[C]$ 加入 $R_E$，$t_3[C]$ 加入 $R_V$。由于 $t_3[C]$ 不被其他超边包含，故继续考虑 $e_3$ 以及 $t_2[C]$：需要使 $t_2[C]=t_4[C]$，因而将表达式 $t_2[C]=t_4[C]$ 加入 $R_E$，$t_4[C]$ 加入 $R_V$。由于 $t_4[C]$ 包含在超边 $e_4$ 中，故考虑超边 $e_4$ 以及 $t_4[C]$：需要使 $t_4[C]=5$。算法结束，这样，得到了修复边界集合 $R_V$ 和修复表达式集合 $R_E$。$R_V=\{t_1[C], t_2[C], t_3[C], t_4[C]\}$，$R_E=\{t_2[C]=t_1[C], t_2[C]=t_3[C], t_2[C]=t_4[C], t_4[C]=5\}$。

**算法 2.2　LookUP 算法**

```
输入：数据单元 cell，超边 edge，修复上下文 rc
输出：更新的修复上下文 rc
exps←DC.Repair(edge,cell)
frontier←exps.getFrontier()
foreach cell ∈ frontier do
    edged←cell.getEdges()
    foreach edge ∈ edges do
        exps←exps ∪ LookUP(cell,edge,rc).getExps()
    end for
end for
rc.update(exps)
return rc
```

生成修复上下文 RC 后，需为 RC 中边界单元赋值以修复错误，如算法 2.3 所示。给定一个 RC 和一个起始单元，算法先选择一个最大的相容修复表达式子集，而后在最小化修复代价的前提下确定边界的赋值，并相应地更新数据表。下面给出算法伪代码：

**算法 2.3 Determination 算法**

**输入**：数据单元 *cell*，修复上下文 *rc*
**输出**：赋值 *assigns*

```
exps←rc.getExps()
if exps 包含>,<,≥,≤ then
    QP←computeSatisfiable(exps)
    assigns←QP.getAssigments()
else
    VFM←computeSatisfiable(exps)
    assigns←VFM.getAssigments()
end if
return assigns
```

算法 2.3 包含两个 Determination 过程：一种针对数值类型数据单元（*QP*）；另一种对应字符串类型数据单元（*VFM*）。下面介绍算法 2.3 中几个重要的函数。

函数 *computeSatisfiable*：给定当前的修复表达式集合，该函数旨在识别出相容的修复表达式子集，以避免修复数据过程中引入新的错误。首先，该函数检测当前修复表达式集合中各个表达式之间是否存在冲突（譬如 $t_4[C]=5$ 和 $t_4[C]>5$ 为冲突表达式）。若存在冲突，则移除来自具有最小单元数的超边及对应的修复表达式。接着，再次检查当前的修复表达式集合是否存在冲突，若不存在冲突，则标记之前被移除的超边留至最后统一处理；若依旧存在冲突，则类似地再次移除一条超边。

函数 *getAssigments*()：该函数根据代价模型（cost model）计算最优修复。针对字符串类型和数值类型，设计了两种代价模型。函数 *VFM.getAssigments*()计算字符串类型的最优修复，*QP.getAssigments*()计算数值类型的最优修复。下面分别介绍针对字符串类型和数值类型的代价模型：

**字符串距离代价最小化**：该代价模型旨在最小化字符串编辑距离。为此，需要将每种候选修复值映射至该修复的编辑距离（edit distance）。

**示例 2.3**：考虑一个关系模式 $R(A,B)$，拥有 5 个元组 $t_1=(a,b)$，$t_2=(a,b)$，$t_3=(a,cde)$。$t_4=(a,cdf)$，$t_5=(a,edg)$。$R(A,B)$ 存在一个函数依赖 $A\rightarrow B$。假设有一个 RC：$t_1[B]=t_2[B]=t_3[B]=t_4[B]=t_5[B]$。VFM 将每个候选修复映射至一个编辑距离：$b\rightarrow 12$，$cde\rightarrow 10$，$cdf\rightarrow 10$，$cdg\rightarrow 10$。因此，选择 *cde*、*cdf*、*cdg* 中的任意一个为最优修复。

**数值距离代价最小化**：该代价模型旨在最小化修复值到原始值的距离。对某个原始值 $v$，修复值 $x$ 与原始值的距离为 $(x-v)^2$。

**示例 2.4**：考虑一个关系模式 $R(A,B,C)$，其拥有一个元组 $t_1=(0,3,2)$ 以及两个修复表达式 $r_1:R[A]<R[B]$，$r_2:R[B]<R[C]$。为了找到一个合理的赋值，需要最小化

二次目标函数$(x-0)^2+(y-3)^2+(z-2)^2$且满足线性约束$x<y, y<z$。

### 2.4.3 图数据清洗

图被广泛地应用于各个领域,譬如知识图谱、电子商务网络和社交网络等。在真实的图数据中,数据不一致和错误数据普遍存在。接下来,本小节介绍一种基于有向属性图的数据清洗算法[58],包括错误检测以及错误修复。

首先,给出关于有向属性图、星型模式以及星型匹配的基本定义。

**定义 2.5(有向属性图)** 令$G=(V,E,L,f_A)$代表一个有向属性图,其中$V$是一个节点集合,$E\subseteq V\times V$是一个边集合。每个节点$v\in V$均有一个标签$L(v)$。类似地,每条边$e\in E$同样拥有一个标签$L(e)$。$L(v)$代表节点$v$所表示的实体类型;$L(e)$表示边$e$的关系类型。对每个节点$v\in V$而言,$f_A$是为其绑定具体的属性-值对函数,如$f_A(v)$是一个关于点$v$属性-值对序列$\{(v.A_1,a_1),(v.A_2,a_2),\cdots,(v.A_n,a_n)\}$,其中$(v.A_i,a_i)$ $(i\in[1,n])$表示节点$v$在属性$A_i$上的取值为常量$a_i$。$G$的域为$adom(G)=\{v.A \mid v\in V, A\in\{A_1,A_2,\cdots,A_n\}\}$。$G$中存在多条路径,每条路径$\rho$是一个由若干边构成的序列,记为$e_1=(v_1,v_2), e_2=(v_2,v_3),\cdots,e_n=(v_n,v_{n+1})$。路径$\rho$的长度定义为序列中边的数量,路径$\rho$的标签$L(\rho)=L(e_1)\cdot L(e_2)\cdot\cdots\cdot L(e_n)$。

以图 2.8 为例,$G_1$为一个描述运动员信息的有向属性图。图中每个节点包含实体类型(譬如 football player)、实体属性(譬如姓名),以及属性值(譬如“Van Persie”)的信息。$G_1$中存在多条路径,例如,节点序列$v_o, v_5, v_4$构成了一条长度为 3 的路径。

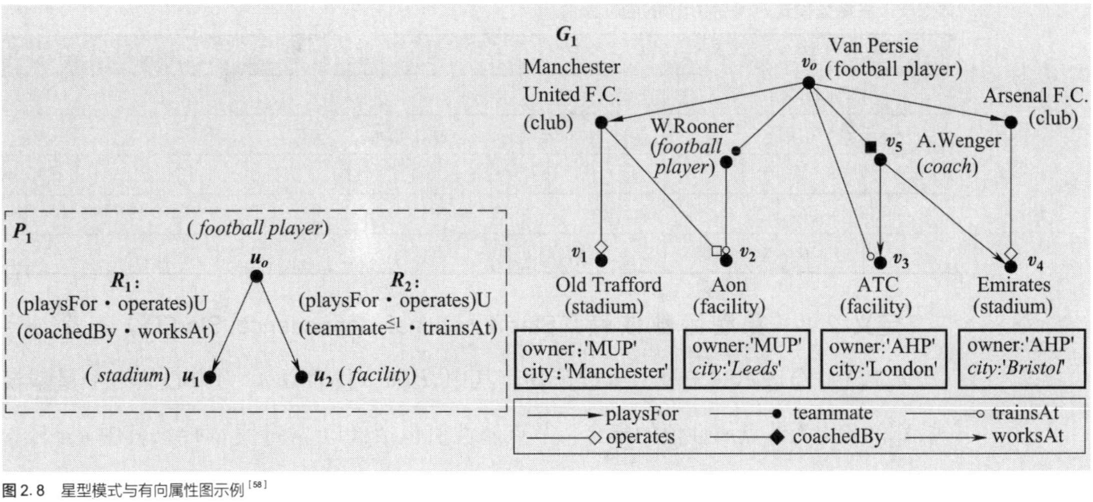


图 2.8 星型模式与有向属性图示例[58]

**定义 2.6(星型模式,star scherna)** 星型模式是一个深度为 2 的树形结构,表示为$P(u_o)=(V_P,E_P,L_P,f_R)$。其中,$V_P$为星型模式的节点集合,$E_P$为星型模式的边集合。$V_P$ 由一个中心节点 $u_o$ 和一组叶节点 $V_P\backslash\{u_o\}$ 构成。每个节点 $u\in V_P$ 有一个标签 $L_P(u)$。对任一叶节点 $u_i$ 以及相应的边 $e_p=(u_o,u_i)$，函数 $f_R$ 为 $e_p$ 生成一个正则表达式 $f_R(e_p)$：$f_R(e_p)=R::=l\mid l^{\leqslant k}\mid R\cdot R\mid R\cup R$。其中，$l$ 代表边 $e_p$ 的标签或通配符'_'，$l^{\leqslant k}$ 表示对标签 $l$ 进行不多于 $k(\geqslant 1)$ 次的连接操作，$R\cdot R(R\cup R)$ 表示连接（析取）操作。将正则表达式 $R$ 定义的正则语言记为 $\mathcal{L}(R)$.

**定义 2.7（星型匹配，star match）** 首先给出候选（candidate）的概念：(i) 若 $L(v)=L_P(u)$，则称图 $G$ 中节点 $v$ 是星型模式 $P(u_o)$ 中的模式节点 $u$ 的一个候选，记为 $v\sim u$；(ii) 若 $v_o\sim u_o(v\sim u)$ 并存在一条由 $v_o$ 到 $v$ 且满足 $L(\rho)\in\mathcal{L}(f_R(e_p))$ 的路径 $\rho$，则称图 $G$ 中的节点对 $(v_o,v)$ 是模式边 $e_p=(u_o,u)$ 的一个候选，记为 $(v_o,v)\sim e_p$。星型匹配包含以下四种情况 (i) 星型模式的中心节点 $u_o$ 的匹配 $P(u_o,G)$ 定义为所有满足下述条件的 $u_o$ 的候选 $v_o$ 构成的集合，即对于任意 $e_p\in E_P$，$G$ 中都存在一个节点 $v$ 使得 $(v_o,v)\sim e_p$；(ii) 给定模式节点 $u_o$ 的一个匹配节点 $v_o$，$v_o$ 的星型匹配 $P(G,v_o)$ 定义为集合 $\{(v_o,v)\mid(v_o,v)\sim e_p,e_p\in E_P\}$；(iii) 一个模式节点 $u\in P(u_o)$ 在节点 $v_o$ 的匹配 $P(u,G,v_o)$ 定义为 $\{v\mid(v_o,v)\sim(u_o,u),(v_o,v)\in P(G,v_o)\}$；(iv) 一个星型模式 $P(u_o)$ 在图 $G$ 上的匹配 $P(G)$ 定义为 $\bigcup_{v_o\in P(u_o,G)}P(G,v_o)$.

如前所述，图 2.8 给出了一个以 football player 为中心的星型模式 $P_1$。其中，$P_1$ 通过路径 $R_1$ 和 $R_2$ 识别与 football player 匹配的每个实体的相关 stadium 和 facility。表 2.3 列出了由星型模式 $P_1$ 识别出的图 $G_1$ 的所有匹配。

表 2.3　由星型模式 $P_1$ 识别所得的匹配集合

| 符号 | 匹配集合 |
|---|---|
| $P_1(u_o,G_1)$ | $\{v_o\}$ |
| $P_1(G_1,v_o)$ | $\{(v_o,v_1),(v_o,v_2),(v_o,v_3),(v_o,v_4)\}$ |
| $P_1(u_1,G_1,v_o)$ | $\{v_1,v_4\}$ |
| $P_1(u_2,G_1,v_o)$ | $\{v_2,v_3\}$ |
| $P_1(G_1)$ | $\{(v_o,v_1),(v_o,v_2),(v_o,v_3),(v_o,v_4)\}$ |

**定义 2.8（星型函数依赖，Star functional dependence, StarFD）** 令 $\varphi=(P(u_o),X\rightarrow Y)$ 表示一个星型函数依赖。其中，$P(u_o)$ 代表以 $u_o$ 为中心的一个星型模式，$X$ 和 $Y$ 均为节点属性值的集合。节点属性值包括：(i) 常量值 $u.A=c$，其中 $u\in V_P$，$c$ 为常量；(ii) 变量值 $u.A=u'.A'$，其中 $u\in V_P$，$u'\in V_P$，$A$，$A'$ 表示节点的属性。

下面给出关于星型函数依赖的满足性与一致性的概念：

(1) 给定一个星型匹配 $P(G,v_o)$ 和一个属性值集合 $l$，当且仅当以下条件满足时，称 $P(G,v_o)$ 满足属性值集合 $l$，表示为 $P(G,v_o)\vDash l$：

(i) 若 $l$ 为常量属性值集合 $u.A=c$,则对 $P(u,G,v_o)$ 中每个匹配 $v$,都有 $v.A=c$;

(ii) 若 $l$ 为变量属性值集合 $u.A=u'.A'$,则对于任意 $v\in P(u,G,v_o)$ 都存在 $v'\in P(u',G,v_o)$,使得 $v\cdot A=v'\cdot A'$,反之亦然。

(2) 给定一个 StarFD $\varphi=(P(u_o),X\to Y)$,当且仅当以下条件满足时,称星型匹配 $P(G,v_o)$ 满足 $X$,表示为 $P(G,v_o)\vDash X(P(G,v_o)\vDash Y$ 的定义与之类似):

(i) $P(G,v_o)\neq\varnothing$;

(ii) 对于 $X$ 的属性值集合 $l$ 均有 $P(G,v_o)\vDash l$。

(3) 给定图 $G$ 和 StarFD $\varphi=(P(u_o),X\to Y)$,$P(G,v_o)$ 是一个以节点 $v_o$ 为中心的星型匹配,若 $P(G,v_o)\vDash X$ 且 $P(G,v_o)\nvDash Y$,则称二元组 $I=(P(G,v_o),\varphi)$ 为非一致二元组(inconsistency pair,IP);否则,称其为一致二元组(consistency pair,CP)。

(4) 给定图 $G$ 和 StarFD $\varphi=(P(u_o),X\to Y)$,如果每个以节点 $v_o\in P(u_o,G)$ 为中心且满足 $X$ 的星型匹配都满足 $Y$,即,若 $P(G,v_o)\vDash X$,则 $P(G,v_o)\vDash Y$,那么称图 $G$ 满足 $\varphi$,记为 $G\vDash\varphi$。

(5) 给定图 $G$ 和一组 StarFD $\Sigma$,若 $\forall\varphi\in\Sigma,G\vDash\varphi$,则称 $G$ 满足 $\Sigma$,记为 $G\vDash\Sigma$。

StarFD 可以有效地检测图上的数据错误:给定图 $G$ 和 StarFD $\varphi=(P(u_o),X\to Y)$,非一致二元组 IP $I=(P(G,v_o),\varphi)$ 刻画了图上的数据错误。对于图 $G$ 和一个 StarFD 集合 $\Sigma$ 而言,错误检测旨在找出 $\mathcal{I}(\Sigma,G)=\cup_{\varphi\in\Sigma}\mathcal{I}(\varphi,G)$。

错误检测 *errorDetect*( ) 由以下三个步骤构成:对于每个 StarFD $\varphi=(P(u_o),X\to Y)$,假设 $|E_P|=n$。首先,计算 $u_o$ 的匹配 $P(u_o,G)=\bigcap_{i=1}^{n}P_i(u_o,G)$;其次,对每条边 $e_{p_i}=(u_o,u_i)\in E_P(i\in[1,n])$,*errorDetect*( ) 初始化一个常规路径查询 $Q_i$,该查询返回所有的节点对 $(v_o,v)\sim e_{p_i}$,以计算 $P(G,v_o)$;最后,对于每个 $P(G,v_o)$ 检查 $P(G,v_o)\vDash X$ 且 $P(G,v_o)\nvDash Y$ 是否成立,若成立,则将 $(P(G,v_o),\varphi)$ 加入集合 $\mathcal{I}(\Sigma,G)$ 中。

接下来介绍错误修复方法。错误修复中一个很重要的问题是如何避免在修复错误过程中引入的新错误。给定一个星型函数依赖集合 $\Sigma$ 和一个图 $G(G\nvDash\Sigma)$。错误修复旨在生成一个图 $G'=G\oplus O$ 且 $\mathcal{I}(\Sigma,G')=\varnothing$。其中,$O$ 是在图 $G$ 上进行的一组更新集合,每一个更新 $o\in O$ 是一个三元组 $(v.A,a,c)$,$v$ 是图 $G$ 的一个节点,$(v.A,a)\in f_A(v)$,$a$ 是节点 $v$ 在图 $G$ 中属性 $A$ 的值,$c$ 是取代 $a$ 的一个常量值 $(c\neq a)$,分为以下两种情况:(i) $c\in adom$,其中 $adom$ 是 $adom(G)$ 和出现在 $\Sigma$ 中常量集合的并集;(ii) $c=v_c\in\mathcal{V}$,表示一个不在 $adom$ 中的常量,其中 $\mathcal{V}$ 是一个无限集。

首先,给出最小修复的定义。

**定义 2.9(最小修复,minimum repairs)**　最小修复旨在通过最低程度地修改原始数据库数据来进行错误修复。令 $G'=G\oplus O$ 代表一个在给定星型函数依赖集合 $\Sigma$ 下的错误修复。对于图 $G$ 的每个节点 $v$，假设 $v'$ 是其在 $G'$ 上所对应的修复后节点。基于此，给定一个属性 $A$，节点 $v$ 和 $v'$ 在属性 $A$ 上的距离定义为：

$$dist(v.A,v'.A)=\begin{cases}dist(a,c,v.A), & c\in adom\\ 1, & c=v_c,v_c\in V\end{cases}\tag{2.24}$$

其中，$dist(a,c,v.A)$ 代表通过更新 $o=(v.A,a,c)$ 来计算常数 $a$ 和 $c$ 之间的标准化距离的一个度量函数（譬如 Semantic 距离和 Euclid 距离等）。

在此基础上，给出节点 $v$ 和 $v'$ 的距离定义，即：

$$dist(v,v')=\sum_{A\in f_A(v)}dist(v.A,v'.A)\tag{2.25}$$

$G'=G\oplus O$ 的错误修复成本可以被定义为 $c(O)=\sum_{v\in V}dist(v,v')$。输入一组星型函数依赖集合 $\Sigma$ 和一个图 $G$，基于最小修复原则的错误修复方法输出一个修复图 $G'=G\oplus O$。同时，对于任何其他的修复图 $G'=G\oplus O'$ 而言，$c(O)\leqslant c(O')$ 均成立。

接下来，介绍修复框架 StarRepair。首先，给出**交互图**（interaction graph）的定义。

**定义 2.10（交互图，interaction graph）** 图 $G$ 中存在一个具有属性 $A$ 的节点 $v$，当且仅当：(i) $v$ 是节点 $u$（节点 $u'$）在星型模式 $P(u_o)$（$P'(u_o)$）下的匹配节点；且 (ii) $(u'.A)$ 在 $X\cup Y$（$X'\cup Y'$）中出现，称二元组 $(P(G,v_o),\varphi)$ 与 $(P(G,v_o'),\varphi')$ 在节点属性 $v.A$ 处相连，其中 $\varphi=(P(u_o),X\rightarrow Y)$，$\varphi'=(P'(u_o),X'\rightarrow Y')$；否则，二元组 $(P(G,v_o),\varphi)$ 与 $(P(G,v_o'),\varphi')$ 不相连。交互图 $\mathcal{G}$ 需满足以下两个性质：(i) 对交互图 $\mathcal{G}$ 中的每个节点 $v_o$ 而言，$(P(G,v_o),\varphi)$ 为一致二元组或非一致二元组；(ii) 在相连二元组之间存在一条边，其包含所有相连二元组的相连节点属性 $v.A$。

**定义 2.11（连接组件，connected component）** 交互图 $\mathcal{G}$ 中非一致二元组的集合 $\mathcal{I}$ 称为图 $\mathcal{G}$ 的一个连接组件，简称 $CC$。$\mathcal{I}$ 中任意两个非一致二元组 $(P(G,v_o),\varphi)$ 都可以在 $\mathcal{I}$ 内部相连，且集合 $\mathcal{I}$ 中不存在与集合 $\mathcal{I}$ 外非一致二元组相连的非一致二元组。

表 2.4 孤立连接组件需满足的条件

| No | $(P'(G,v_o'),\varphi')$ | $v.A\in X'\cup Y'$ |
|---|---|---|
| 1 | $P'(G,v_o')\models X'\wedge P'(G,v_0')\models Y'$ | $v.A$ 在 $X'$ 中但不在 $Y'$ 中 |
| 2 | $P'(G,v_o')\not\models X'\wedge P'(G,v_o')\models Y'$ | $v.A$ 在 $X'$ 中或在 $Y'$ 中 |
| 3 | $P'(G,v_o')\not\models X'\wedge P'(G,v_o')\not\models Y'$ | $v.A$ 在 $Y'$ 中但不在 $X'$ 中 |

**定义 2.12（孤立连接组件，isolated connected component）** 给定一个连接组

件 $\mathcal{I}$,若 $\forall(P(G,v_o),\varphi)\in\mathcal{I}$,每一个与其通过属性 $v.A$ 相连的一致二元组($P'(G,v_o')$,$\varphi'$)满足表 2.4 所示三个条件之一,则称连接组件 $\mathcal{I}$ 是孤立的。在修复满足这些情形下的不一致性时不会引入新的不一致性。

给定一个星型函数依赖集合 $\Sigma$ 和一个图 $G$,StarRepair 返回一个修复图 $G'=G\oplus O$,算法 2.4 给出了修复算法 StarRepair 的伪代码。

**算法 2.4 StarRepair 算法**

```
输入: 星型函数依赖集合 Σ,图 G
输出: 在集合 Σ 下关于图 G 的错误修复图 G'
1: O=∅,(I(Σ,G),𝒢)=errorDetect(G,Σ);
2: P_I=partition(I(Σ,G));
3: foreach I ∈ P_I do
4:     set U^I=genUpdate(I);
5:     if isIsolated(I,𝒢) then
6:        if isHyperStar(I,U^I) then
7:           O=O ∪ optRepair(I,U^I);
8:        else
9:           O=O ∪ apxRepair(I,U^I);
10: 从 P_I 中导出非孤立 CCs I
11: O=O ∪ boundedRepair(I,𝒢)对于每一个非孤立 I
12: return G'=G⊕O
```

首先,StarRepair 使用在错误检测中提到的 *errorDetect*( )函数计算 $\mathcal{I}(\Sigma,G)$ 并构造交互图 $\mathcal{G}$(第 1 行),同时调用一个过程函数 *partition*( )将 $\mathcal{I}(\Sigma,G)$ 分割成 *CCs* 的集合 $\mathcal{P}_{\mathcal{I}}$(第 2 行),它确保每个 *CC* 的修复可以独立计算。然后,对每个 *CC* $\mathcal{I}\in\mathcal{P}_{\mathcal{I}}$,调用一个 *genUpdate*( )生成一组原子更新 $\mathcal{U}^{\mathcal{I}}$(第 4 行)。若 $\mathcal{I}$ 是孤立的(第 5 行),则通过 *apxRepair*( )计算近似修复(第 9 行);若 $\mathcal{I}$ 不仅是孤立的且还满足一种特殊情况(第 6 行),则计算最优修复(第 7 行)。最后,对于非孤立的 *CCs*,计算一个可行修复(第 11 行)。StarRepair( )返回修复后的图 $G'$(第 12 行)。为了便于理解,下面具体介绍 StarRepair( )中的几个重要函数与概念。

函数 *partition*( ):用于将 $\mathcal{I}(\Sigma,G)$ 分割成 *CC* 的集合,记为 $\mathcal{P}_{\mathcal{I}}=\{\mathcal{I}_1,\cdots,\mathcal{I}_n\}$。该函数可以通过遍历交互图 $\mathcal{G}$ 来执行,且可以通过函数 *errorDetect*( )构造。

函数 *genUpdate*( ):给定一个不一致的 $I=(P(G,v_o),\varphi)$,对于 $\varphi$ 的属性值集合 $l\in X\cup Y$ 而言,对属性值集合 $l$ 的一组单次更新可以被视为是一次原子更新,记作 $o^l$。所有原子更新的集合可以表示为 $\mathcal{U}^{\mathcal{I}}=\{o^l:l\in X\cup Y\}$。函数 *genUpdate*( )通过一个给定的连接组件 $\mathcal{I}$,计算出一组原子更新集合 $\mathcal{U}^{\mathcal{I}}=\cup_{I\in\mathcal{I}}\mathcal{U}^I$,即每一个不一致性对应的原子更新集合 $\mathcal{U}^I$ 的并集。函数通过处理每一个不一致二元组 $I=(P(G,v_o),\varphi)\in\mathcal{I}$ 和每一个

$\varphi$ 的属性值集合 $l \in X \cup Y$ 来计算 $\mathcal{U}^{\mathcal{I}}$，具体操作如下：

（1）若 $l$ 是常量属性值集合 $u.A=c$：

（i）如果 $l \in Y$，则把 $o^l=\{(v.A,a,c):v \in P(u,G,v_o)$ and $a \neq c\}$ 添加至 $\mathcal{U}^{\mathcal{I}}$ 中；

（ii）如果 $l \in X$，对于每一个 $v \in P(u,G,v_o)$，把 $o^l=\{(v.A,a,v_c)\}$ 添加至 $\mathcal{U}^{\mathcal{I}}$ 中，其中，$v_c \in \mathcal{V}$。

（2）若 $l$ 是变量属性值集合 $u.A=u'.A'$：

（i）如果 $l \in Y$，找到一个在 $P(u,G,v_o)$ 而不在 $P(u',G,v_o)$ 中的节点 $v$，满足属性值集合 $l$。对于每一个这样的 $v$，把 $(v.A,a,v'.A')$ 添加至 $o^l$，最后再把 $o^l$ 添加至 $\mathcal{U}^{\mathcal{I}}$；

（ii）如果 $l \in X$，找到所有的 $(v,v')$，使得 $v \in P(u,G,v_o)$，$v' \in P(u',G,v_o)$ 且 $v.A=v'.A'$，把 $o^l=\{(v \cdot A,a,v_c)\}$ 和 $o'^l=\{(v',A',a',v_c')\}$ 添加至 $\mathcal{U}^{\mathcal{I}}$。

（3）对于每个 $I=(P(G,v_o),\varphi) \in \mathcal{I}$ 和每个 $o^l \in \mathcal{U}^l$，*genUpdate*( ) 验证 $o^l$ 是否也是其他不一致 $I'(=(P'(G,v_o'),\varphi') \in \mathcal{I})$ 的原子更新，使 $I'$ 能连接在交互图 $\mathcal{G}$ 中的 $I$，若是，则将 $o^l$ 添加至 $\mathcal{U}^{\mathcal{I}}$，这样就捕获了一个原子更新修复多处数据不一致的情况。

函数 *isIsolated*( )：用于计算连接组件是否孤立。对于每个不一致 $I \in \mathcal{I}$，该函数先迭代一致对 $(P'(G,v_o'),\varphi')$，得到与它们连接的交互图 $\mathcal{G}$ 中的 $I$ 和所有节点属性 $v.A$，然后通过验证上述 *genUpdate*( ) 中的三种情况来判断 *CC* 是否孤立。

函数 *apxRepair*( ) 的主要思想是构建一个带权超图来捕获 $\mathcal{I}$ 上原子更新之间的依赖关系，并通过近似计算求出带权超图的最小加权顶点覆盖，用于计算修复。*apxRepair*( ) 将分层技术扩展至带权超图上，在带权超图的多个层（子图）上动态选择可能的原子更新，并在每一层中集成错误修复以强制执行规则约束。

为了便于理解，在详细介绍函数 *apxRepair*( ) 之前，先给出带权超图和禁用对的概念。

**定义 2.13（带权超图，weighted hypergraph）** 令 $\mathcal{H}=(\mathcal{U}^{\mathcal{I}},\mathcal{E})$ 代表一个带权超图，其中 $o^l \in \mathcal{U}^{\mathcal{I}}$ 是一个权重为 $c(o^l)$ 的原子更新，$\mathcal{E}$ 是原子更新操作集合 $\mathcal{U}^l$ 的集合，每一个 $\mathcal{U}^l$ 都对应一个不一致二元组 $I \in \mathcal{I}$。

若一组原子更新 $\mathcal{U}'^{\mathcal{I}} \subseteq \mathcal{U}^{\mathcal{I}}$ 对每个集合 $\mathcal{U}^l \in \mathcal{E}$ 都满足 $\mathcal{U}'^{\mathcal{I}} \cap \mathcal{U}^l \neq \varnothing$，则称 $\mathcal{U}'^{\mathcal{I}} \subseteq \mathcal{U}^{\mathcal{I}}$ 是一个顶点覆盖。

**定义 2.14（禁用对，forbidden pairs）** 当一对更新操作 $(o^l,o'^l)$ 满足以下任意一个条件时，称其为禁用对：(i) 存在两个单次更新操作 $(v \cdot A,a,c) \in o^l$ 和 $(v \cdot A,a,c') \in o'^l$，且 $c \neq c'$；(ii) 存在一个不一致的二元组 $I \in \mathcal{I}$，$\{o^l,o'^l\} \subseteq \mathcal{U}^l \cap \mathcal{U}'^{\mathcal{I}}$，在执行更新操作 $G \oplus (o^l \cup o'^l)$ 后，$I$ 仍是不一致的。

接下来，介绍函数 *opxRepair*( )，其伪代码如算法 2.5 所示。

**算法 2.5 apxRepair($\mathcal{I},\mathcal{U}^{\mathcal{I}}$)算法**

**输入**: 连接组件 $\mathcal{I}$,原子更新集合 $\mathcal{U}^{\mathcal{I}}$
**输出**: 修复 $O^{\mathcal{I}}$
1: integer $i:=1$;$\mathcal{H}_1:=$construct Hyper($\mathcal{I},\mathcal{U}^{\mathcal{I}}$)
2: **while** $\mathcal{H}_i:=(\mathcal{U}_i^{\mathcal{L}},\mathcal{E}_i)$ and $\mathcal{E}_i\neq\varnothing$ **do**
3: $\quad\gamma_i:=\min\{c_i(o^l)/\deg_i(o^i)\}$ over all $o^l\in\mathcal{U}_i^{\mathcal{I}}$ and $\deg_i(o^l)>0$
4: $\quad O_i:=\{o^l:o^l\in\mathcal{U}_i^{\mathcal{I}}$ and $c_i(o^l)=\gamma_i\deg_i(o^l)\}$
5: $\quad O_i:=$*resolveConflict*($O_i$)
6: $\quad\mathcal{U}_{i+1}^{\mathcal{I}}:=$refine($\mathcal{U}_i^{\mathcal{I}},\mathcal{E}_i,O_i$)
7: $\quad\mathcal{E}_{i+1}:=\mathcal{E}_i\setminus\{e:e$ is covered by $O_i\}$
8: $\quad$**foreach** $o^l\in\mathcal{U}_{i+1}^{\mathcal{I}}$ **do**
9: $\quad\quad c_{i+1}(o^l):=c_i(o^l)-\gamma_i\deg_i(o^l)$
10: $\quad\mathcal{H}_{i+1}:=(\mathcal{U}_{i+1}^{\mathcal{I}},\mathcal{E}_{i+1})$;$i:=i+1$
11: Set $\mathcal{U}'^{\mathcal{I}}:=\bigcup_1^i O_i$;
12: **return** $O^{\mathcal{I}}=\bigcup_{o^l\in\mathcal{U}'^{\mathcal{I}}}o^l$

给定一个孤立 CC $\mathcal{I}$ 和原子更新集合 $\mathcal{U}^{\mathcal{I}}$,函数 *apxRepair*( )先初始化一个超图 $\mathcal{H}_1=(\mathcal{U}_1^{\mathcal{I}},\mathcal{E}_1)$(第 1 行),而后在每层 $i$ 中执行如下两个主要步骤:

(1) **更新选择**旨在计算一组 $\mathcal{H}_i$ 中的更新集合 $O_i$(第 3—5 行)。首先,对于每个原子更新操作 $o^l$,先计算一个权重(Degree-weighted)代价 $\gamma=\dfrac{c_i(o^l)}{\deg_i(o^l)}$,$\deg_i(o^l)$是 $\mathcal{E}_i$ 中包含 $o^l$ 元素的集合总数,$c_i(o^l)$是 $o^l$ 的权重(第 3 行)。然后,将第 $i$ 层的 $O_i$ 设为所有权重代价最小的原子更新集合(第 4 行)。接下来,使用函数 *resolveConflict*( )计算出禁用对(第 5 行),最终通过禁用对来调整 $O_i$。*resolveConflict*( )函数的具体流程为:对于 $O_i$ 中的每一个原子更新操作 $o^l$,其对应的禁用对($o^l,o''$),删除 $o''$。这个过程不断重复,直到集合 $O_i$ 中的元素都没有对应的禁用对。

(2) **层构建**使用 $\mathcal{H}_i$ 来更新 $\mathcal{H}_{i+1}$(第 6—10 行)。首先,层构建使用 *refine*( )函数来删除 $\mathcal{U}_i^{\mathcal{I}}$中无用的更新操作(第 6 行),*refine*( )函数先计算在 $O_i$ 中只有一个节点的禁用对,而后移除在 $O_i$ 中与其对应的元素,然后移除在 $O_i$ 中 $\deg(o^l)=0$ 的原子更新 $o^l$。接着,层构建移除 $\mathcal{E}_i$ 中所有与 $O_i$ 中任意元素有关的集合,并赋值给 $\mathcal{E}_{i+1}$(第 7 行),然后更新每一个 $o^l$ 权重代价(第 8—9 行);最后,构造得到 $\mathcal{H}_{i+1}$(第 10 行)。

不断重复上述过程,直到下一层 $\mathcal{H}$ 的 $\mathcal{E}$ 为空(即上一层 $\mathcal{E}$ 所有的集合都与 $O_i$ 中任意元素有关)(第 2 行)。最后,更新顶点覆盖集 $\mathcal{U}'^{\mathcal{I}}=\bigcup_1^i O_i$,即每一层上原子更新集合的并集,更新操作集 $O^{\mathcal{I}}=\bigcup_{o^l\in\mathcal{U}'^{\mathcal{I}}}o^l$(即每一层上原子更新的并集),而后函数返回更新

操作集 $O^{\mathcal{I}}$（第 12 行）。

函数 *optRepair*( )：给定一个孤立的 CC $\mathcal{I}$ 和它的原子更新集合 $\mathcal{U}^{\mathcal{I}}$，*optRepair*( ) 先计算 $\mathcal{U}^{\mathcal{I}}$ 的中心子集 $O_c$，而后通过下述两种方法得到原子更新：(i) 保留 $O_C$ 中代价最小的原子更新 $o^{l*}$；(ii) 保留从所有 $I \in \mathcal{I}$ 的每个 $\mathcal{U}^I \backslash O_c$ 集合中代价最小的原子更新 $o_I^l$。

对于非孤立 CC，可以采取迭代的修复策略，即迭代地修复那些与最少数量的一致二元组相连的 CC，以避免引入新的不一致问题，并增量式地对不一致的交互图 $\mathcal{G}$ 进行更新。

## 2.5 小结与展望

数据治理是社会治理数字化转型的核心基础，其通过实现数据共享、提升数据质量，充分体现出数据资产的价值。数据治理作为通用工具，能够支撑政府部门与各企事业单位管理的高效运作，是打造智慧城市、数字金融、数字政务等的内在驱动力。因此，数据治理在现实社会的诸多领域均有着重要的应用价值和广阔的应用前景。本章对数据治理领域的代表性前沿研究成果进行了介绍。

下面对数据治理研究领域的未来方向进行展望。

(1) 实体解析：大数据存在海量、异构、多源等特性，对实体解析任务提出了巨大挑战。目前实体解析方法仍着重于处理同构数据集，尚未深入探讨具有复杂、异构、多源等特性的数据之间的实体解析问题。因此，未来需深入探索面向复杂大数据的实体解析问题，譬如基于统一表征的实体解析、基于并行计算的实体解析等，以促进多源异构大数据之间的有效关联互通。

(2) 数据融合：数据融合是解决数据共享过程中出现的数据冲突问题以保证数据真实性的关键环节。在大数据环境下，数据融合在效率、质量以及可扩展性等方面仍力有不逮。因此，未来需克服数据融合在大数据环境下的研究挑战。譬如：研究群智协同的数据融合技术，通过人类智慧与机器智能相结合的方式保障数据的高质量融合；研究基于分布式计算框架的数据融合技术，通过分布式技术提高数据融合的效率与可扩展性。

(3) 数据清洗：大数据环境下，随着数据规模不断的积累、数据类型多样化的演变，以及清洗规则的不断丰富，数据清洗面临新的挑战。未来仍需继续探索大数据环境下的新颖数据清洗方法，譬如在线数据清洗、动态数据清洗、基于语义的数据清洗和数据质量规则学习等方法，以有效保障真实复杂场景下的数据质量。

(4) 元数据智能管理：元数据通常被定义为“描述数据”的数据，即对数据及信息资源的描述性信息。元数据携带有关数据物理地址和访问权限的信息，可以说，元数据是所有数据中最重要的数据。因此,为实现数据治理,未来还需深入探索如何有效构建并智能地管理元数据,包括元数据智能提取、智能存储与血缘智能管理等。首先,元数据提取是元数据管理流程中的重要基石,其旨在从各类原始数据来源中提取得到元数据信息;然后,通过元数据存储将元数据有效存储于分布式系统中,以确保元数据的高效存储与访问;最后,通过血缘管理维护元数据之间的关联关系,从而支撑数据的有效分析。

## 2.6　术语表

| | |
|---|---|
| entity resolution | 实体解析 |
| data fusion | 数据融合 |
| data cleaning | 数据清洗 |
| relational data | 关系数据 |
| graph data | 图数据 |
| database administrator | 数据库管理员(DBA) |
| locality sensitive hashing | 局部敏感哈希(LSH) |
| natural language processing | 自然语言处理 |
| fine-tune | 微调 |
| masked language model | 掩码语言模型(MLM) |
| next sequence prediction | 序列预测(NSP) |
| data augmentation | 数据增强 |
| knowledge graph | 知识图谱 |
| multi-relation graph | 多关系图 |
| graph convolutional network | 图卷积网络(GCN) |
| implication | 蕴涵关系 |
| distant supervision | 远程监督 |
| path ranking algorithm | 路径排序算法(PRA) |
| tensor decomposition | 张量分解 |
| multi-layer perceptron | 多层感知机(MLP) |
| conflict hypergraph | 冲突超图(CH) |
| minimum vertex cover | 最小顶点覆盖(MVC) |
| repair context | 修复上下文(RC) |
| repair expression | 修复表达式 |
| star schema | 星型模式 |
| star match | 星型匹配 |
| StarFD | 星型函数依赖 |
| interaction graph | 交互图 |
| connected component | 连接组件 |
| isolated connected component | 孤立连接组件 |
| weighted hypergraph | 带权超图 |
| forbidden pairs | 禁用对 |

## 2.7 习题

习题 2.1 试简述 Blocking 对于实体解析方法的作用。

习题 2.2 试分析基于预训练语言模型的关系数据实体解析方法的优缺点。

习题 2.3 根据第 2.3.2 节介绍,事实可信度与来源置信度之间存在如下关系——事实 $f$ 的可信度是提供 $f$ 的来源置信度的总和。试根据式(2.11)证明这一结论。

习题 2.4 简要说明本章中介绍的图数据实体解析方法的基本工作流程。

习题 2.5 试分析 GCN-Align 模型的优缺点。

习题 2.6 一个记录个人税收信息的关系表 R,属性集为姓名(N)、性别(G)、区号(AC)、电话号码(PH)、城市(CT)、州(ST)、邮政编码(ZIP)、工资(SAL)和税率(TR)。试用拒绝约束(DC)表示下述各数据约束关系:

(1) 区号和电话号码唯一确定一条记录(元组)。

(2) 邮政编码相同的人住在同一个州。

(3) 住在丹佛(Denver)市的人一定住在科罗拉多(Colorado)州。

(4) 住在同一个州的人,工资较低的人相应的税率也更低。

习题 2.7 如图 2.9,对于一个星型模式 $P$ 和一个有向属性图 $G$,请回答以下问题:

(1) 写出星型模式 $P$ 的中心节点 $u_o$ 在图 $G$ 的匹配 $P(u_o,G)$。

(2) 记 $P(u_o,G)=v_c$,写出 $v_c$ 的星型匹配 $P(G,v_c)$。

(3) 记 $P(u_o,G)=v_c$,写出模式节点 $u_1$ 在节点 $v_c$ 的匹配 $P(u_1,G,v_c)$。

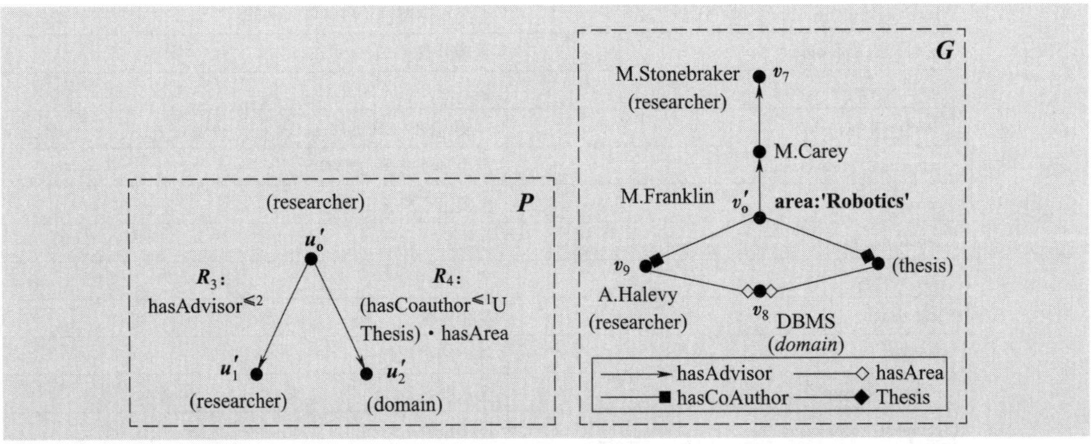


图 2.9

习题 2.8 表 2.5 为某数据表 R,给定以下两个 DC 约束,试根据表 R 与 DC 约束构建冲突超图,并计算修复上下文 RC,给出对 R 的最终修复结果。

(1) $\forall t_\alpha, t_\beta \in R, \neg (t_\alpha.A = t_\beta.A \wedge t_\alpha.B \neq t_\beta.B)$

(2) $\forall t_\alpha \in R, \neg (t_\alpha.C = g \wedge t_\alpha.B \neq c)$

表 2.5　某数据表 *R*

| | A | B | C |
|---|---|---|---|
| $t_1$ | a | b | d |
| $t_2$ | a | c | f |
| $t_3$ | a | b | g |

## 参考文献


[1] Shah N, Coathup V, Teare H, et al. Sharing data for future research-engaging participants' views about data governance beyond the original project: A DIRECT Study [J]. Genetics in Medicine, 2019, 21(5): 1131-1138.

[2] Dunn H L. Record linkage [J]. American Journal of Public Health and the Nations Health, 1946, 36(12): 1412-1416.

[3] Fan W, Jia X, Li J, et al. Reasoning about record matching rules [J]. Proceedings of the VLDB Endowment, 2009, 2(1): 407-418.

[4] Ebraheem M, Thirumuruganathan S, Joty S, et al. Distributed representations of tuples for entity resolution [J]. Proceedings of the VLDB Endowment, 2018, 11(11): 1454-1467.

[5] Kasai J, Qian K, Gurajada S, et al. Low-resource deep entity resolution with transfer and active learning [C]//Proceedings of the 57th Annual Meeting of the Association for Computational Linguistics. 2019: 5851-5861.

[6] Mudgal S, Li H, Rekatsinas T, et al. Deep learning for entity matching: A design space exploration [C]//Proceedings of the 2018 ACM International Conference on Management of Data. 2018: 19-34.

[7] Zhao C, He Y. Auto-EM: End-to-end fuzzy entity-matching using pre-trained deep models and transfer learning [C]//Proceedings of the 28th World Wide Web Conference, 2019: 2413-2424.

[8] Li Y, Li J, Suhara Y, et al. Deep entity matching with pre-trained language models [J]. Proceedings of the VLDB Endow-

ment, 2020, 14(1): 50-60.

[9] Ge C, Wang P, Chen L, et al. CollaborEM: A self-supervised entity matching framework using multi-features collaboration [J]. IEEE Transactions on Knowledge and Data Engineering, DOI: 10.1109/TKDE.2021.3134806, 2021.

[10] Devlin J, Chang M W, Lee K, et al. BERT: Pre-training of deep bidirectional transformers for language understanding [C]//Proceedings of the 2019 Conference of the North American Chapter of the Association for Computational Linguistics: Human Language Technologies. 2019: 4171-4186.

[11] Sanh V, Debut L, Chaumond J, et al. DistilBERT, a distilled version of BERT: Smaller, faster, cheaper and lighter [J]. arXiv preprint arXiv:1910.01108, 2019.

[12] Liu Y, Ott M, Goyal N, et al. Roberta: A robustly optimized bert pretraining approach [J]. arXiv preprint arXiv: 1907.11692, 2019.

[13] Tenney I, Das D, Pavlick E. Bert rediscovers the classical NLP pipeline [C]//Proceedings of the 57th Annual Meeting of the Association for Computational Linguistics. 2019: 4593-4601.

[14] Pennington J, Socher R, Manning C D. Glove: Global vectors for word representation [C]//Proceedings of the 2014 Conference on Empirical Methods in Natural Language Processing. 2014: 1532-1543.

[15] Bordes A, Chopra S, Weston J. Question answering with subgraph embeddings [C]//Proceedings of the 2014 Conference on Empirical Methods in Natural Language Processing. 2014: 615-620.

[16] Zhang F, Yuan N J, Lian D, et al. Collaborative knowledge base embedding for recommender systems [C]//Proceedings of the 22nd ACM SIGKDD International Conference on Knowledge Discovery and Data Mining. 2016: 353-362.

[17] Wang Z, Lv Q, Lan X, et al. Cross-lingual knowledge graph alignment via graph convolutional networks [C]//Proceedings of the 2018 Conference on Empirical Methods in Natural Language Processing. 2018: 349-357.

[18] Bruna J, Zaremba W, Szlam A, et al. Spectral networks and locally connected networks on graphs [C]//Proceedings of the 2nd International Conference on Learning Representations. 2014.

[19] Ge C, Liu X, Chen L, et al. Make it easy: An effective end-to-end entity alignment framework [C]//Proceedings of the 44th International ACM SIGIR Conference on Research and Development in Information Retrieval. 2021: 777-786.

[20] Ge C, Liu X, Chen L, et al. LargeEA: Aligning entities for large-scale knowledge graphs [J]. Proceedings of the VLDB Endowment, 2022, 15(2): 237-245.

[21] Liu F, Chen M, Roth D, et al. Visual pivoting for (unsupervised) entity alignment [C]//Proceedings of the 35th AAAI Conference on Artificial Intelligence. 2021: 4257-4266.

[22] Chen M, Tian Y, Chang K, et al. Co-training embeddings of knowledge graphs and entity descriptions for cross-lingual entity alignment [C]//Proceedings of the 27th International Joint Conference on Artificial Intelligence. 2018: 3998-4004.

[23] Bordes A, Usunier N, Garcia-Duran A, et al. Translating embeddings for modeling multi-relational data [C]//Proceedings of the 27th Advances in Neural Information Processing Systems. 2013: 2787-2795.

[24] Yarowsky D. Unsupervised word sense disambiguation rivaling supervised methods [C]// Proceedings of the 33rd Annual Meeting of the Association for Computational Linguistics. 1995: 189-196.

[25] Yin X, Han J, Philip S Y. Truth discovery with multiple conflicting information providers on the web [J]. IEEE Transactions on Knowledge and Data Engineering, 2008, 20(6): 796-808.

[26] Dong X L, Berti-Equille L, Srivastava D. Integrating conflicting data: The role of source dependence [J]. Proceedings of the VLDB Endowment, 2009, 2(1): 550-561.

[27] Li Q, Li Y, Gao J, et al. Resolving conflicts in heterogeneous data by truth discovery and source reliability estimation [C]//Proceedings of the 2014 ACM International Conference on Management of data. 2014: 1187-1198.

[28] Li Q, Li Y, Gao J, et al. A confidence-aware approach for truth discovery on long-tail data [J]. Proceedings of the VLDB Endowment, 2014, 8(4): 425-436.

[29] Rekatsinas T, Joglekar M, Garcia-Molina H, et al. Slimfast: Guaranteed results for data fusion and source reliability [C]// Proceedings of the 2017 ACM International Conference on Management of Data. 2017: 1399-1414.

[30] Galland A, Abiteboul S, Marian A, et al. Corroborating information from disagreeing views [C]//Proceedings of the 3rd ACM International Conference on Web Search and Data Mining. 2010: 131-140.

[31] Yin X, Han J, Philip S Y. Truth discovery with multiple conflicting information providers on the web [J]. IEEE Transactions on Knowledge and Data Engineering, 2008, 20(6): 796-808.

[32] Pasternack J, Roth D. Knowing what to believe (when you already know something) [C]//Proceedings of the 23rd International Conference on Computational Linguistics. 2010: 877-885.

[33] Li X, Dong X L, Lyons K, et al. Truth finding on the deep web: Is the problem solved? [J]. Proceedings of the VLDB En-

dowment. 2012, 6(2): 97-108.

[34] Yin X, Han J, Philip S Y. Truth discovery with multiple conflicting information providers on the web [J]. IEEE Transactions on Knowledge and Data Engineering, 2008, 20(6): 796-808.

[35] Bollacker K, Evans C, Paritosh P, et al. Freebase: A collaboratively created graph database for structuring human knowledge [C]//Proceedings of the 2008 ACM International Conference on Management of Data. 2008: 1247-1250.

[36] Mahdisoltani F, Biega J, Suchanek F. Yago3: A knowledge base from multilingual wikipedias [C]//Proceedings of the 7th Biennial Conference on Innovative Data Systems Research. 2015.

[37] Auer S, Bizer C, Kobilarov G, et al. DBpedia: A nucleus for a web of open data [M]. The semantic web. Heidelberg: Springer, 2007.

[38] Dong X, Gabrilovich E, Heitz G, et al. Knowledge vault: A web-scale approach to probabilistic knowledge fusion [C]//Proceedings of the 20th ACM International Conference on Knowledge Discovery and Data Mining. 2014: 601-610.

[39] Mintz M, Bills S, Snow R, et al. Distant supervision for relation extraction without labeled data [C]//Proceedings of the Joint Conference of the 47th Annual Meeting of the ACL and the 4th International Joint Conference on Natural Language Processing of the AFNLP. 2009: 1003-1011.

[40] Cafarella M J, Halevy A, Wang D Z, et al. Webtables: Exploring the power of tables on the web [J]. Proceedings of the VLDB Endowment, 2008, 1(1): 538-549.

[41] Venetis P, Halevy A Y, Madhavan J, et al. Recovering semantics of tables on the web [J]. Proceedings of the VLDB Endowment, 2011, 4(9): 528-538.

[42] Zhang M, Chen Y. Link prediction based on graph neural networks [C]// Proceedings of the 32rd Advances in Neural Information Processing Systems. 2018: 5171-5181.

[43] Lao N, Mitchell T, Cohen W. Random walk inference and learning in a large-scale knowledge base [C]//Proceedings of the 2011 Conference on Empirical Methods in Natural Language Processing. 2011: 529-539.

[44] Socher R, Chen D, Manning C D, et al. Reasoning with neural tensor networks for knowledge base completion [C]//Proceedings of the 27th Advances in Neural Information Processing Systems. 2013: 926-934.

[45] Shallcross S. Reason why your data is lying to you [R/OL]. http://hollistbbetts.sys-con.com/node/1975126.

[46] Buckley J. Cause of dirty data and how to combat them [R/OL]. https://www.qubole.com/blog/causes-of-dirty-data-and-how-to-com-

bat-them.

[47] Galhardas H, Florescu D, Shasha D, et al. An extensible framework for data cleaning [C]//Proceedings of the 16th International Conference on Data Engineering. 2000: 312.

[48] Fan W, Li J, Ma S, et al. Towards certain fixes with editing rules and master data [J]. The VLDB Journal, 2012, 21(2): 213-238.

[49] Dallachiesa M, Ebaid A, Eldawy A, et al. NADEEF: A commodity data cleaning system [C]//Proceedings of the 2013 ACM International Conference on Management of Data. 2013: 541-552.

[50] Khayyat Z, Ilyas I F, Jindal A, et al. Bigdansing: A system for big data cleansing [C]//Proceedings of the 2015 ACM International Conference on Management of Data. 2015: 1215-1230.

[51] Tong Y, Cao C C, Zhang C J, et al. Crowdcleaner: Data cleaning for multi-version data on the web via crowdsourcing [C]//Proceedings of the 30th IEEE International Conference on Data Engineering. 2014: 1182-1185.

[52] Chu X, Ilyas I F, Krishnan S, et al. Data cleaning: Overview and emerging challenges [C]//Proceedings of the 2016 ACM International Conference on Management of Data. 2016: 2201-2206.

[53] Wyss C, Giannella C, Robertson E. Fastfds: A heuristic-driven, depth-first algorithm for mining functional dependencies from relation instances extended abstract [C]//Proceedings of 3rd International Conference on Data Warehousing and Knowledge Discovery. 2001: 101-110.

[54] Fan W, Geerts F, Li J, et al. Discovering conditional functional dependencies [J]. IEEE Transactions on Knowledge and Data Engineering, 2010, 23(5): 683-698.

[55] Jin Y, Tan Z, Zeng W, et al. Approximate order dependency discovery [C]//Proceedings of the 37th IEEE International Conference on Data Engineering. 2021: 25-36.

[56] Song S, Chen L. Differential dependencies: Reasoning and discovery [J]. ACM Transactions on Database Systems. 2011, 36(3): 1-41.

[57] Chu X, Ilyas I F, Papotti P. Holistic data cleaning: Putting violations into context [C]//Proceedings of the 29th IEEE International Conference on Data Engineering. 2013: 458-469.

[58] Lin P, Song Q, Wu Y, et al. Repairing entities using star constraints in multirelational graphs [C]//Proceedings of the 36th IEEE International Conference on Data Engineering, 2020: 229-240.

# 第 3 章　数据定价

3

随着人工智能和大数据技术的发展，大数据应用受到了广泛关注。大数据整合、开放和共享的需求日益增强，大数据交易应运而生。大数据交易可以打破数据孤岛和信息壁垒，汇聚海量高价值数据，满足数据市场的多样化需求，构建新型数字经济产业链，实现数据价值的最大化。数据定价是数据交易中的关键问题，面临一系列挑战，譬如数据复制成本低、数据估值难度大、数据市场无法满足多样化数据产品需求等。数据科学家们正根据不同数据的特点和应用场景，设计细粒度的数据产品及其相应的定价机制，努力促进大数据市场建设，激发数据价值释放。

本章介绍数据定价技术：第 3.1 节描述数据定价技术背景及定价机制分类，第 3.2 节阐述三大类数据定价机制，第 3.3 节讨论模型定价机制及相关技术，第 3.4 节总结与展望数据定价研究方向，第 3.5 节给出本章术语表。

## 3.1　数据定价概述

随着互联网、5G 通信和物联网等技术的发展与普及，数据已成为承载经济发展、文化传播、社会生产的重要内容，蕴含着巨大的价值。据统计，截至 2019 年，中国大数据产业规模超过 8000 亿元。然而，由于数据孤岛的存在，数据资源缺乏有效的整合利用模式，大量的数据由于隐私保护、法律法规等因素而无法直接被共享和挖掘，直接阻碍了大数据的进一步应用。因此，数据的交易、开放和共享受到了国内外广泛的关注与重视。2013 年，*Science* 杂志发表了名为“Open Data：Crediting a Culture of Cooperation”的文章，指出开放数据对于经济创新、多学科合作以及全球问题治理的重要性[1]；2016 年，*Nature News* 杂志发表了名为“*Renewables：Share Data on Wind Energy*”的文章，强调数据共享在能源利用等诸多领域的重要价值[2]。数据交易已成为新时代数字经济的重要内容，大数据交易亟待深入探索。

数据交易是指交易数据及其相关产品的过程。具体而言，数据拥有者在数据市场上发布需要售卖的数据以及相关的基本信息，设定数据的基本价格；数据中间商根据数据产品信息(如数据统计信息、原始数据等),设计对应的定价模式;数据消费者通过中间商选择所需的数据产品,支付对应价格以获得数据产品。

数据及其产品定价问题是数据交易面临的关键问题,是完善大数据市场建设的基础。有效的定价模式保证数据消费者能够以合理的价格获得符合要求的数据(或数据产品)。此外,中间商和数据拥有者能够从数据交易中获取收益,激励更高质量数据产品的生成和发布,打破数据孤岛和信息壁垒,加快数据开放共享,促进大数据应用技术进一步发展。

数据定价面临一系列研究挑战[3]。首先,数据产品的复制成本极低,数据价值不一定依赖数据采集成本,以成本为导向的定价策略不总适用于数据交易。其次,现实生活中数据交易平台通常以固定价格销售数据集,无法直接满足消费者多样的数据需求,难以对数据产品进行细粒度区分定价。此外,数据中包含大量隐私信息,直接售卖个人隐私数据违反法律法规,必须对数据进行进一步处理后再交易。最后,数据价值依赖数据本身、数据使用方式、数据应用领域等相关因素,数据价值估计难度大,难以在实际中构建价值驱动的定价策略。

为了应对上述挑战,研究学者从数据的不同特性和应用场景出发,为特定数据及其数据产品制定定价方案。例如,考虑到数据的完整性,研究人员对关系数据上 SQL 查询这一数据产品进行定价。如图 3.1 所示,定价机制可按照数据产品类型分为两大类,即数据定价机制和模型定价机制。在数据定价机制中,定价物为数据本身或经过统计分析后的数据产品(如随机变量分布、数据均值、数据方差等),它们直接反映了数据本身的信息。在模型定价机制中,定价物为由数据训练得到的机器学习模型,它是

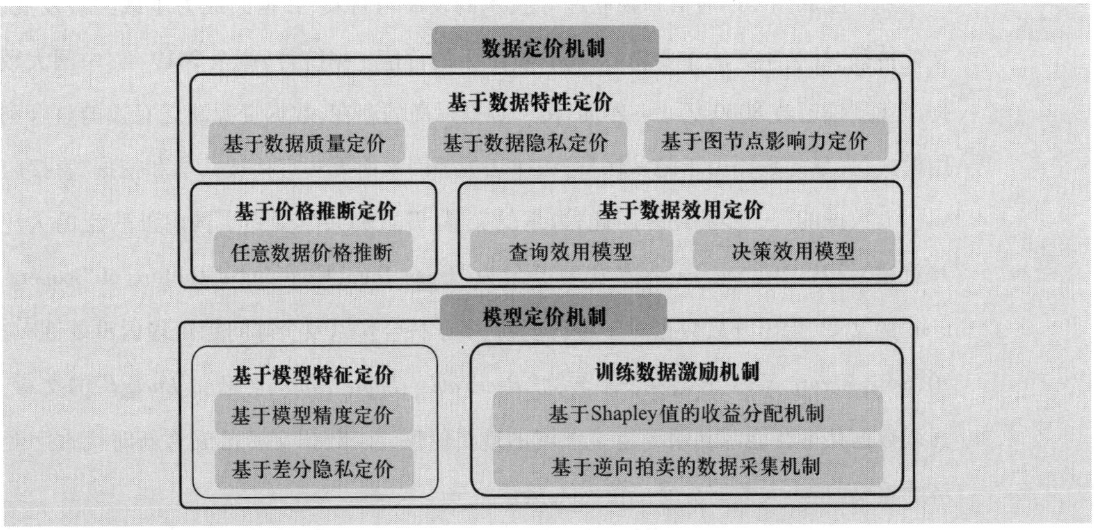


图 3.1　定价机制分类

对数据中隐含信息的高度抽象，被用于进一步预测信息。在机器学习模型中，数据被转化为模型中的参数，与其原始形态具有极大差异。

（1）数据定价机制

根据定价视角，数据定价机制可分为基于数据特性定价、基于价格推断定价和基于数据效用定价三大类。其中，基于数据特性定价方法将数据某些维度的特征作为定价依据，例如，针对完整度高的数据制定更高的价格；基于价格推断定价探讨如何在给定特定部分数据价格情况下推断任意数据子集的价格，并保证价格函数满足特定性质；基于数据效用定价方法建模购买数据带来的效用增益，从而根据数据效用增益设计定价函数。

（2）模型定价机制

模型定价机制包括基于模型精度定价和基于差分隐私定价两方面。模型交易的过程中涉及训练数据定价问题，解决方法包括基于收益分配的训练数据激励机制和基于逆向拍卖的训练数据激励机制。

## 3.2　数据定价机制

数据定价机制从多个角度设计价格计算函数，并提出相关交易价格计算算法，主要包括基于数据特性定价、基于价格推断定价和基于数据效用定价三大类。本节将对不同定价机制的思想及其实现展开介绍。

### 3.2.1　数据定价机制概述

早期的数据交易市场致力于售卖完整的数据集。然而，不同的数据消费者可能具有多种多样的数据需求。例如，对于同一个电影评分数据集，数据消费者可能关注数据集的某一部分子集，如某部电影的评分信息；也可能关注电影数据集上的统计信息，如某年度某类别电影平均评分。这些数据消费者并不愿意为整个数据集付费，因为整个数据集包含了大量“不需要”的信息。由此可知，直接售卖整个数据集无法满足数据的多样化需求。因此，不同领域专家对特定数据产品设计专用的定价机制，以满足数据消费者的多样化需求。

在本节中，定价机制涉及的数据产品包括各种查询（如 SQL 查询、单点查询等）、数据的聚合统计信息（aggregate statistics）、图数据中的节点和反映随机变量取值的信号（signal）等。其中：SQL（structured query language，结构化查询语言）查询适用于关系数据,是关系数据库的经典查询形式;单点查询应用于地理移动感知数据,用来查询某地点的感知数据信息,如温度、湿度等;数据统计信息包括数据集上的均值、方差等信息;图数据定价对应社交网络营销应用场景,广告商选择社交网络中的用户(即图数据中的节点)分发广告以扩大影响力,并支付一定的价格;Signal 对应中间商根据随机变量真实取值和用户类型产生的信号,反映数据随机变量的信息。

尽管各种数据产品的交易模式和定价视角存在一定差异,但是无套利属性(arbitrage-free property)是所有定价机制中的共同性质。无套利属性是指数据消费者无法通过谎报个人需求或信息的方式以低于中间商设置的价格购买其真正想要的数据产品。显然,若定价机制不满足无套利性,则数据消费者能够通过“低买”的行为进行套利,从而损害数据拥有者和中间商的利益。因此,无套利属性十分重要,可以决定数据定价函数的形式、定价目标和定价约束等信息,对应内容将在每个定价机制中进行介绍。

### 3.2.2 基于数据特性定价

基于数据特性的定价机制利用数据的某些特征对数据进行定价,常见的定价特性包括数据质量、数据隐私和图节点影响力三类。基于数据质量定价通过评估数据的质量特性(如完整性和数据精度)制定价格,具体而言,数据质量的降低将为价格打上折扣;基于数据隐私特性定价度量数据产品中的个人隐私损失,依据个人隐私损失进行定价;基于图节点影响力定价是指计算图中节点集合的影响力,求解每个节点的价格使得节点集合的总价与其影响力尽可能地接近。下面具体介绍基于不同特性的定价机制。

#### (1) 数据质量

数据质量是数据的重要性质,影响买家对数据信息的估值。一般而言,数据质量越高,数据价值越高。现有的定价研究根据数据质量的不同维度对查询进行定价,包括数据完整性和数据准确性等,下面对具体定价机制展开介绍。

(i) 基于数据完整性定价

数据的完整性是数据的最基本性质。数据缺失越少,完整性越高。通常,一条数据记录的完整性可以通过该数据记录可观测值的数量与属性总数量的比值来表示。

如图 3.2 所示,在该定价机制[4]中,数据消费者输入 SQL 语句查询其想要的数据。中间商根据数据完整性对 SQL 查询定价,基本步骤是在给定每条数据记录的基础价格情况下,首先计算在不完整数据集上该查询使用的所有数据记录(即对查询进行数据溯源,data provenance),对于每条使用到的数据记录,其实际价格被设定为该数据记录的基础价格与对应完整性的乘积，最后将所有使用数据记录的实际价格累加得到 SQL 查询价格。

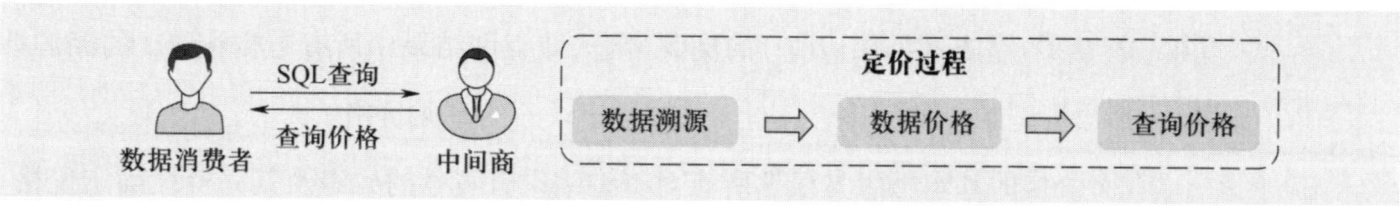


图 3.2　基于数据完整性的定价机制

下面介绍定价过程中使用的概念，包括不完整数据查询和数据溯源。

**定义 3.1（不完整数据查询）**　给定一个不完整数据集 $D$ 上的查询 $Q$，$Q$ 在 $D$ 上的答案称为查询的结果集，记作 $Q(D)$，其形式化表示见式(3.1)：

$$Q(D)=\bigcap_{D'\subset D}Q(D') \tag{3.1}$$

其中，$Q(D)$ 是 $Q$ 在 $D$ 的所有可能世界（possible world）$D'$ 上的结果交集。$D$ 的每个可能世界 $D'$ 对应一个完整的数据集，其中每条数据记录都对应 $D$ 中的一条数据记录，对于 $D$ 中的完整数据记录，$D'$ 中对应数据记录与 $D$ 保持一致，对于 $D$ 中的不完整数据记录，$D'$ 中对应数据记录在其缺失属性上选择一种可能的取值（因而 $D'$ 中所有的数据都是完整的）。

在数据定价的具体实现中，一般使用数据溯源技术得到某个查询中使用的全部数据记录。一条数据的数据溯源[5]定义如下：

**定义 3.2（数据溯源）**　给定一个包含 $m$ 个表 $\langle T_1,\cdots,T_m\rangle$ 的数据集 $D$ 以及查询 $Q$，令 $Q(D)=Q(T_1,\cdots,T_m)$ 为 $Q$ 在数据集 $D$ 上的结果集。对于结果集中的一条数据记录 $t$，其关于查询 $Q$ 在表 $T_1,\cdots,T_m$ 中的数据溯源定义为：

$$Q^{-1}_{\langle T_1,\cdots,T_m\rangle}(t)=\langle T_1^*,\cdots,T_m^*\rangle \tag{3.2}$$

式(3.2)是记录 $t$ 的数据溯源的向量形式，其中每个元素 $T_i^*$ 中的元组来自表 $T_i$。$Q^{-1}_{T_i}(t)=T_i^*$ 表示 $t$ 在表 $T_i$ 中的数据溯源，$T_i^*$ 中的每个元组都对得到 $t$ 做出了贡献。具体而言，$T_1^*,\cdots,T_m^*$ 分别是 $T_1,\cdots,T_m$ 满足以下条件的子集：

$$Q(T_1^*,\cdots,T_m^*)=\{t\} \tag{3.3}$$

$$\forall T_i^*,\forall T'\subseteq T_i^*,Q(T_1^*,\cdots,T',\cdots,T_m^*)=\varnothing \tag{3.4}$$

其中，第一个条件表示数据溯源可以直接导出数据记录 $t$，第二个条件表示数据溯源中的所有数据均对数据记录 $t$ 有所贡献。

根据数据溯源的定义，可以得到基于溯源信息（lineage information）和完整性的查询价格函数 UCA（usage and completeness-aware query price function）。

**定义 3.3（UCA 价格函数）**　给定一个不完整的数据集 $D$，一个查询 $Q$ 的数据溯

源与完整性感知价格(即 UCA 价格)$\Phi(Q,D)$的定义为:

$$\Phi(Q,D)=\sum_{t_i\in M(Q,D)}\eta_i\cdot\rho(t_i)\tag{3.5}$$

其中,$M(Q,D)$是查询结果$Q(D)$的溯源集合,即查询结果中所有数据记录$t$的溯源并集,$\eta_i$是数据记录$t_i$的完整性,$\rho(t_i)$是数据记录$t_i$的基础价格。

UCA 价格的基本思想是根据所有对查询结果有贡献的元组及其完整性确定价格。它使用数据溯源衡量每条数据的贡献,将所有对查询结果有贡献的数据(即查询使用的数据记录)作为溯源集合$M$,然后通过计算$M$中每条数据基于元组完整性的折扣价格得到整个查询的总价格。特殊情况下,当查询的结果为空时,查询价格可以由数据售卖方参考当前市场情况确定;当查询拥有投影算子(projection)时,溯源集合$M$可能具有多种取值形式,每种取值对应一个价格,最终的查询价格可以最低价格或其他组合价格(如最高价格或平均价格)确定。可以发现,查询溯源信息完整性越好,UCA 价格越高。

**例 3.1(不完整数据 SQL 查询定价示例)** 在图 3.3 所示的电影评分数据集上计算 SQL 查询“SELECT DISTINCT *S* FROM Score”价格的过程如下:假设每条数据的基础价格均为 10,该查询的结果为$\{s_2,s_4\}$,对于查询结果$s_2$,可以通过数据$r_2$或数据$r_3$得到;对于查询结果$s_4$,可通过$r_5$得到;因而该 SQL 查询的溯源数据集合为$\{r_2,r_5\}$或$\{r_3,r_5\}$。由数据集可知,$r_2$、$r_3$和$r_5$对应的完整性分别为 1、3/4 和 1。所以,根据溯源数据集$\{r_2,r_5\}$得到的 UCA 价格为 20,而根据$\{r_3,r_5\}$得到的 UCA 价格为 17.5,最后定价机制设置该查询的价格为溯源集合的最低价格 17.5。

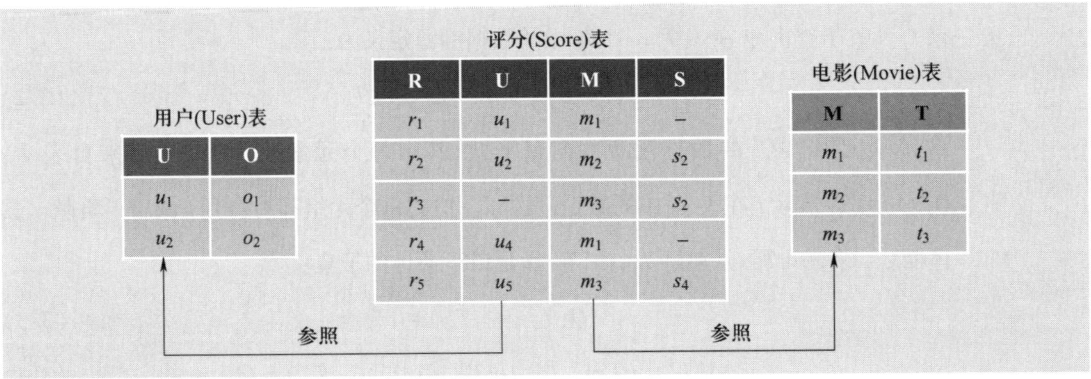

图 3.3 电影评分数据集示例

可以采用主动策略(active strategy)寻找数据溯源信息,其拥有更低的复杂度和更少的开销。主动策略的核心思想是跟踪执行查询$Q$的过程,并同时记录数据溯源记录。具体而言,对于选择(selection)操作,将每条结果$t_i$的数据溯源记录在集合$\{t_i\}$中;对于投影(projection)操作,不论查询$Q$是否将$t_i$投影至一个新的结果,都将集合

$\{t_i\}$ 插入数据溯源集合 $L$ 中；对于连接(join)操作，成功连接了的数据 $t_i$ 和 $t_j$ 将被加入数据溯源集合。

下面讨论 UCA 价格函数的无套利性。由于 SQL 查询的灵活性，对于真实需求为 $Q$ 的数据购买者，他可能愿意购买一组查询 $\langle Q_1, Q_2, \cdots, Q_k\rangle$ 进行套利，这组查询同样可以得到 $Q$ 的结果，且总价更低。然而，可以证明 UCA 价格函数保证了这样的套利情况不会出现。基于数据溯源（定义 3.3）的概念，UCA 价格仅仅考虑了真正对查询结果有“**贡献**”的数据集合，当数据购买者想要进行套利时，查询集合 $\langle Q_1, Q_2, \cdots, Q_k\rangle$ 的数据溯源必然是 $Q$ 的数据溯源的超集（否则查询集合 $\langle Q_1, Q_2, \cdots, Q_k\rangle$ 无法得到 $Q$ 的结果），此时查询集合的总价必然大于等于 $Q$，数据购买者无法套利，即 UCA 价格函数满足无套利性。

UCA 价格充分利用了数据溯源的完整性信息，但忽视了数据完整性对查询结果不确定性（如真实结果的缺失程度）的影响。相比之下，QUCA 价格（quality, usage, and completeness-aware price）函数[4]先根据查询涉及的关键属性评估不完整数据查询结果的质量，而后在 UCA 价格函数的基础上乘以该质量因子和价格系数 $\Delta$，得到最终的 QUCA 价格。相较于 UCA 价格函数，QUCA 价格函数不仅考虑了查询中溯源数据的完整性，而且考虑了其对查询结果质量的影响。此外，价格系数 $\Delta$ 为查询价格的灵活调节提供了一个入口，并当数据售卖者对价格有其他要求时，可以将价格系数 $\Delta$ 转换为函数，允许纳入更多的因素以增强 QUCA 价格的功能。总而言之，QUCA 价格更适用于数据市场。

（ii）基于数据准确性定价

数据的准确性体现了数据信息的准确程度。上一小节的定价机制直接评估原始数据的完整性，与之不同，在本小节的基于数据准确性定价机制中[6]，定价机制评估随机变量分布的准确性，将具有不同精度的随机变量分布作为数据商品的不同版本，并根据精度对价格进行折扣。该定价机制之所以评估数据整体对应的随机变量，而非原始数据，依赖于移动感知数据的应用场景。

移动感知数据主要涉及通过传感器等设备收集到对环境状态的感知信息。由于传感器和数据传输链路的不可靠性，感知数据通常是不完整或不精确的；受限于环境和预算等因素，数据拥有者只能得到整个环境的部分信息，譬如部分位置的湿度。所以，直接售卖原始移动感知数据并不合适，一方面，原始数据的数据质量差强人意，另一方面，中间商不能满足数据消费者对原始数据未包含位置对应信息的需求。

有趣的是，由于感知数据表征某个环境内部的信息，具有一定的关联性。尽管已有的感知数据只表达部分位置的（不精确）信息，中间商或数据拥有者仍可以通过已有数据和高斯模型对整个环境的感知信息(即对应随机变量)进行精确刻画。具体而言，通过高斯模型刻画数据整体对应的随机变量，不仅能去除数据中的噪声，提高数据的准确性，而且可以发现感知数据之间的关联，得到任意位置的感知信息。因此，在数学理论的支持下，移动感知数据市场将后验高斯模型作为数据商品进行交易，数据消费者可以查询所需地理位置的随机变量信息，并根据个人预算指定所需的数据精度，中间商将根据其指定精度定价对应查询。

基于数据准确性的移动感知数据定价过程如图 3.4 所示，首先根据高斯过程对移动感知数据进行建模，得到基于后验高斯分布的数据商品；然后度量评估多个数据商品版本(即后验高斯分布)的精度和版本之间的距离；最后根据数据消费者的查询需求确定数据商品版本和对应精度，计算数据商品的折扣系数，从而得到最终的查询价格。为了便于理解，下面将首先介绍后验高斯模型的建模过程，以得到数据商品的基本定义以及数据消费者的查询需求；接着介绍多版本数据商品生成方式和精度评估方法；最后阐述定价函数的构建。

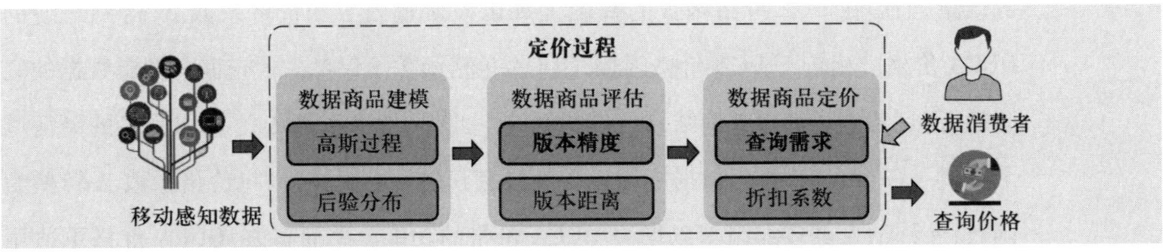


图 3.4　基于准确性的移动感知定价过程

首先介绍利用高斯过程(gaussian process)[7]建模移动感知数据的方法[8]。将数据空间 $\Theta$ 内的每个数据采集点 $y$ 记为随机变量 $X_y$，数据采集点的集合 $Y$ 对应于随机变量集合 $X_Y$。在高斯过程中，随机变量集合 $X_Y \subseteq X_\Theta$ 被认为满足多元高斯分布。将 $X_Y$ 的均值向量和协方差矩阵分别记为 $\boldsymbol{\mu}_Y$ 和 $\boldsymbol{\Sigma}_{YY}$，其对应的概率密度函数为：

$$f(\boldsymbol{x}_Y) = \frac{1}{(2\pi)^{|Y|/2}\left|\boldsymbol{\Sigma}_{YY}\right|^{1/2}} \mathrm{e}^{-\frac{1}{2}(\boldsymbol{x}_Y-\boldsymbol{\mu}_Y)^{\mathrm{T}}\boldsymbol{\Sigma}_{YY}^{-1}(\boldsymbol{x}_Y-\boldsymbol{\mu}_Y)} \tag{3.6}$$

其中，$\boldsymbol{x}_Y$ 是随机变量集合 $X_Y$ 可能的取值，$|\boldsymbol{\Sigma}_{YY}|$是协方差矩阵的行列式，$\boldsymbol{\Sigma}_{YY}^{-1}$是协方差矩阵的逆。由于整个区域的随机变量集合满足多元高斯分布，基于 $\Theta$ 内 $A$ 区域的观测数据 $\boldsymbol{x}_A$，可以预测任何地点 $y \in \Theta$ 的随机变量取值，即使这些地点没有采集到真实的感知数据。基于观测数据 $\boldsymbol{x}_A$，可以得到任意地点的后验一元高斯分布 $f_{\mathcal{X}_y|\mathcal{X}_A}(\boldsymbol{x}_y \mid \boldsymbol{x}_A)$ 的后验均值 $\bar{\mu}_y$ 和后验方差 $\bar{\sigma}_y^2$：

$$\bar{\mu}_y = \mu_y + \boldsymbol{\Sigma}_{yA}\boldsymbol{\Sigma}_{yA}^{-1}(\boldsymbol{x}_A - \boldsymbol{\mu}_A) \tag{3.7}$$

$$\bar{\sigma}_y^2 = \sigma_y^2 - \boldsymbol{\Sigma}_{yA}\boldsymbol{\Sigma}_{AA}^{-1}\boldsymbol{\Sigma}_{Ay} \tag{3.8}$$

在高斯模型的基础上,移动感知数据市场的数据商品定义如下:

**定义 3.4(数据商品)**　在移动感知数据市场中,整个数据商品指的是根据已有采集数据 $\boldsymbol{x}_A$ 得到的多元后验高斯分布,即 $f_{\mathcal{X}_Y|\mathcal{X}_A}(\boldsymbol{x}_Y \mid \boldsymbol{x}_A)$,而基本数据商品对应单个地点的一元随机变量分布为 $f_{\mathcal{X}_y|\mathcal{X}_A}(\boldsymbol{x}_y \mid \boldsymbol{x}_A)$。

由于数据消费者仅关注某个区域内感知数据的真实取值,而非背后的数学模型,该定价机制考虑使用单点查询(single-data query)模拟数据消费者的查询需求。单点查询是指查询物理环境中某个地点 $y_i$ 的感知数据,即 $y_i$ 处的后验数据均值 $\bar{\mu}_{y_i}$。该查询模拟了数据消费者对某个地点 $y_i$ 的感知数据感兴趣的情形。此外,该定价机制考虑生成数据商品的不同版本(即使用不同的观测数据 $\boldsymbol{x}_A$ 估计高斯分布),以满足不同预算的数据消费者的精度要求。下面介绍多版本数据商品和版本精度。

**定义 3.5(多版本数据商品及版本精度)**　移动感知数据市场中基础数据商品的每个版本可以表示为在观测到某些采样点数据 $\boldsymbol{x}_{\mathcal{O}} \subseteq \boldsymbol{x}_A$ 的后验联合概率分布 $f_{\mathcal{X}_y|\mathcal{X}_{\mathcal{O}}}(x_y \mid \boldsymbol{x}_{\mathcal{O}})$。其中,每个版本的精度定义为条件熵 $H(\mathcal{X}_y \mid \mathcal{X}_{\mathcal{O}})$:

$$
\begin{aligned}
H(\mathcal{X}_y \mid \mathcal{X}_{\mathcal{O}}) &= -\int f(\boldsymbol{x}_y,\boldsymbol{x}_{\mathcal{O}})\log f(\boldsymbol{x}_y \mid \boldsymbol{x}_{\mathcal{O}})\,\mathrm{d}x_y\mathrm{d}\boldsymbol{x}_{\mathcal{O}} \\
&= \frac{1}{2}\log(2\pi e\bar{\sigma}_y^2)
\end{aligned}
\tag{3.9}
$$

这里,$\bar{\sigma}_y^2$ 是分布 $f_{\mathcal{X}_y|\mathcal{X}_{\mathcal{O}}}(\boldsymbol{x}_y \mid \boldsymbol{x}_{\mathcal{O}})$ 的后验方差。

在版本精度的定义中,可以发现版本精度只与每个版本对应概率分布的后验方差有关。对于同一个数据商品(即同一个地点 $y_i$)的不同版本,其精度距离可以用改进的相对熵(relative entropy)[9]衡量,具体定义为:

$$
\hat{D}(f_1 \| f_2) = \frac{1}{2}\left(\log\frac{\sigma_2^2}{\sigma_1^2} + \frac{\sigma_1^2}{\sigma_2^2} - 1\right) \tag{3.10}
$$

其中 $\sigma_1^2$ 和 $\sigma_2^2$ 分别是两个数据商品对应概率分布 $f_1$ 和 $f_2$ 的后验方差。

在实现过程中,生成满足特定精度的数据版本需要一定的代价,因而直接根据消费者的精度需求生成任意精度的数据版本并不合适。所以,中间商通过市场调研等技术[10]自行确定版本数量以及相应的精度向量 $\boldsymbol{h}=(h_1,h_2,\cdots,h_T)$。精度向量表示第 $t$ 个版本的条件熵应小于 $h_t$,且对于任意 $1 \leqslant t_1 < t_2 \leqslant T$,$h_{t_1} > h_{t_2}$ 成立。在数据商品版本的生成中,最高版本数据使用所有移动感知数据建模得到,其他版本数据商品的生成可以通过不断贪心选择数据直到所选择的数据满足对应条件熵的要求。计算其他版本的数据商品与最高版本数据商品之间的精度距离 $x$,就能得到不同版本商品基于版本精度的折扣系数 $d_t = e^{-\lambda x}$,其中 $\lambda$ 是缩放参数,用于控制折扣系数在(0,1]之间。

最后,给定最高版本数据商品的价格 $p$,根据数据消费者所选择的查询类型和对应

数据商品的精度 $h_t$，能够得到对应数据商品的折扣系数 $d_t$ 和数据消费者需要支付的价格 $p \cdot d_t$。

**例 3.2（基于准确性的数据定价）** 假设每个基础数据商品（即单个地点的数据分布）的价格为 10，中间商根据所有的移动感知数据得到地点 $y_i$ 对应数据商品分布 $f_1$，同时使用一半已有的感知数据构造另一个数据分布 $f_2$。显然，$f_1$ 对应 $y_i$ 处的最高数据商品版本（价格为 10），$f_2$ 的精度由于使用较少的观测数据有所降低。假设 $f_2$ 与 $f_1$ 之间的精度距离为 ln 2，令缩放系数为 1，则 $f_2$ 的折扣系数为 0.5。若数据消费者选择 $y_i$ 进行单点查询，并选择 $f_2$ 对应的版本精度，则需要支付 $10\times0.5=5$。

移动感知数据的定价机制是无套利的。在单点查询交易过程中，中间商每次选择满足数据消费者精度要求且精度最小的数据商品版本。因此，高精度数据商品的价格必然大于低精度数据商品，数据消费者无法以低价购买高精度数据商品，即无法套利。

另外，确定最高版本的价格也是移动感知数据定价的重要环节。最高版本价格将从预设的 $k$ 个离散候选价格中选择，且每个候选价格具有一个权重，代表了其被选择的概率，这些权重通过在线学习（online learning）的方式不断优化。在每次交易中，算法根据权重选择一个价格，并根据交易结果（即数据消费者对当前定价接受与否）优化权重分配，以使得最接近用户估值的价格具有最大的被选择概率，进而最大化数据交易的收益。

**（2）数据隐私**

数据隐私是数据定价领域关注的重点。一方面，由于数据记录了大量公民的日常行为等信息，包含了大量的敏感数据，直接买卖这些数据易导致公民隐私被披露和滥用。另一方面，隐私信息的泄露往往使得许多不法分子有机可乘，造成大量财产损失。例如，咨询公司剑桥分析被曝出收集超过五千万 Facebook 用户的个人数据，并将其提供给包括特朗普竞选团队在内的客户[11]。公众对隐私信息的关注逐渐加深。因此，数据定价面临新的挑战：如何在保护隐私信息的同时，为私人数据定价，从而保证数据交易的可靠性，促进数据进一步流通。

基于数据隐私的定价研究存在以下两个关键问题：一是如何度量和控制数据商品中的隐私泄露程度；二是在保证无套利性的同时，如何根据隐私泄露程度对数据进行定价。

基于数据隐私的定价研究[12,13]的主要思路是针对“点积”（dot product）这一数据商品，应用差分隐私技术度量查询结果中的隐私泄露程度，根据查询所使用数据的隐私泄露程度设计定价函数，得到查询的最终价格。下面进行具体介绍。

首先介绍数据隐私的数据市场模型。如图 3.5 所示，数据市场包括数据拥有者、数据消费者和中间商。中间商从多个数据拥有者中收集大量隐私数据(譬如电影评分、健康信息等)构成一个隐私数据集。一个数据集被表示为一组向量的集合,其中每个向量对应一条真实世界中某个人的隐私数据,譬如某个电影打分。具体而言,一个数据集 $\boldsymbol{d}=(d_1,\cdots,d_n)$ 的每个 $d_i$ 对应一个人的真实数据。

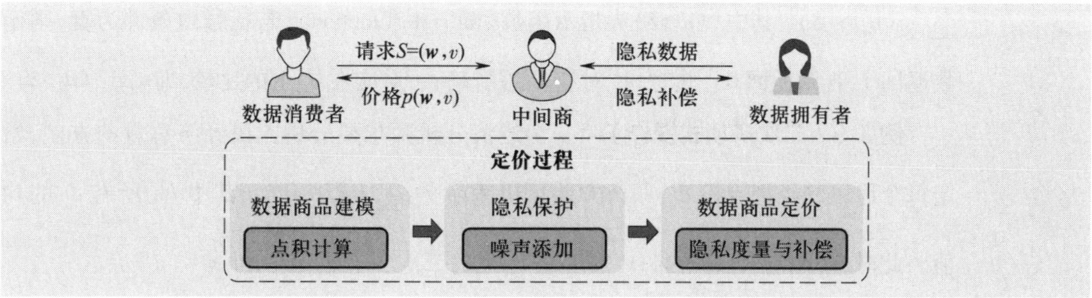


图 3.5　基于数据隐私的定价机制

在数据市场中,中间商售卖数据集的聚合统计信息,例如,数据的加权和(weighted sum)、平均数(mean)和方差(variance)等。使用数据消费者提供的偏好向量 $\boldsymbol{w}$ 和数据向量 $\boldsymbol{x}$ 之间的点积表示每个数据消费者需要的统计信息(将在后文进行具体讲解)。此外,为了保证数据拥有者的隐私不被泄露,中间商往往需要在这些统计信息上加入一些噪声(noise),防止有心人滥用统计信息。因此,每个数据消费者使用 $v$ 表示其能够接受的噪声程度,即所添加噪声的方差。总体而言,每个数据消费者的请求被表示为 $S=(\boldsymbol{w},v)$。

在定价过程中,数据市场中间商需要对数据进行点积计算得到原始数据商品,并向原始数据商品中添加噪声以保护数据拥有者的隐私,然后对数据拥有者的隐私泄露程度进行度量与补偿,从而得到最终数据商品价格。其中面临以下三个关键问题:(i)如何添加噪声以保护隐私?(ii)如何度量上述隐私保护机制下数据拥有者的隐私泄露程度?(iii)如何根据隐私泄露程度定价?

为了解决上述问题,接着介绍两个基本概念,点积和差分隐私[14]。

**定义 3.6(点积)**　给定一个权重向量 $\boldsymbol{w}=(w_1,\cdots,w_n)^{\mathrm{T}}$ 和一个数据向量 $\boldsymbol{x}=(x_1,\cdots,x_n)^{\mathrm{T}}$,二者的点积为 $\boldsymbol{w}^{\mathrm{T}}\boldsymbol{x}=\sum_{i=1}^{n}w_i x_i$。

请注意,数据向量 $\boldsymbol{x}$ 不一定对应原始的数据集 $\boldsymbol{d}$。它可以代表在原始数据向量 $\boldsymbol{d}$ 上进行一些操作后得到的向量,这些操作可以是线性操作(即将每条数据线性放缩)、非线性比较(即将每条数据与某个值比较)和二次多项式(即将每条数据平方)等。

**例 3.3(线性操作)**　某电影公司想要收集某电影的总体评分情况,且它为每个打分顾客分配 $w_i$ 的权重,那么总体评分可以表示为 $\sum_{i=1}^{n}w_i d_i$。此时,$w_i$ 对应电影公司在每条数据上的权重;$x_i$ 对应 $d_i$ 本身,即无须在原始数据上进行额外操作,也可以理解为在原始数据上进行线性操作,即 $x_i=d_i$。

**例 3.4(比较操作)** 一个交通数据分析师需要知道超速司机(速度超过某个值 $\delta$)的人数,给定一个记录司机驾驶速度的数据集,那么超速司机的人数可表示为 $\sum_{i=1}^{n}\mathbb{I}(d_i>\delta)$,其中$\mathbb{I}(d_i>\delta)$为指示函数(indicate function),若括号内条件为真,则函数返回 1,否则返回 0。此时,$w_i$ 对应 1,被省略;$x_i$ 对应在 $d_i$ 上的比较,即 $x_i=\mathbb{I}(d_i>\delta)$。

**例 3.5(二次多项式操作)** 一个经济分析师想要分析国民经济总量的方差,给定每个居民的经济规模 $d_i$,那么方差可以表示为 $\sum_{i=1}^{n}(d_i-\bar{d})^2$,其中$\bar{d}$是所有 $d_i$ 的均值。此时,$w_i$ 对应 1,被省略;$x_i$ 对应在 $d_i$ 上的二次多项式操作,即 $x_i=(d_i-\bar{d})^2$。

根据以上例子,可以看出,点积操作能够有效地表示原始数据集的聚合统计信息。同时,$w_i$ 反映数据消费者在每个数据 $x_i$ 上的偏好。因此,在基于数据隐私的定价中,每个数据消费者想要的数据服务被建模为 $S=(\boldsymbol{w},v)$,而原始的统计信息为 $f(\boldsymbol{x})=\boldsymbol{w}^{\mathrm{T}}\boldsymbol{x}$。

**定义 3.7($\epsilon$ 差分隐私)** 一个随机算法 $\mathcal{M}$ 能够保证 $\epsilon$ 程度差分隐私,当且仅当:如果对于任意两个邻域数据集(neighbor database)$\boldsymbol{x}$、$\boldsymbol{x}'$和 $\mathcal{M}$ 的任意可能输出 $O$,满足:

$$\max_{\boldsymbol{x},\boldsymbol{x}'}\frac{P(\mathcal{M}(\boldsymbol{x})=O)}{P(\mathcal{M}(\boldsymbol{x}')=O)}\leqslant\exp(\epsilon) \tag{3.11}$$

其中,两个数据集 $\boldsymbol{x}$ 和 $\boldsymbol{x}'$中只有一条数据不同;$\epsilon$ 表示整个数据集 $\boldsymbol{x}$ 的隐私泄露程度。$\epsilon$ 越小,$\boldsymbol{x}$ 和 $\boldsymbol{x}'$通过 $\mathcal{M}$ 产生的输出越相似,此时,攻击者难以分辨 $\boldsymbol{x}$ 和 $\boldsymbol{x}'$产生的输出,即难以分辨 $\boldsymbol{x}$ 和 $\boldsymbol{x}'$中不同的数据属于哪个数据拥有者。显然,$\epsilon$ 越大,$\boldsymbol{x}$ 中的隐私信息更容易被分辨,因而需要设置更高的价格。

$\epsilon$ 差分隐私的定义有效度量了原始数据 $\boldsymbol{x}$ 经过某一个算法 $\mathcal{M}$ 后产生的隐私泄露程度。在基于数据隐私的定价中,消费者的数据请求为 $f(\boldsymbol{x})=\boldsymbol{w}^{\mathrm{T}}\boldsymbol{x}$,直接交付 $f(\boldsymbol{x})$ 的结果无法控制和确定数据的隐私泄露程度,因而定价机制基于差分隐私的实现方式对交付的结果添加噪声,以保护隐私。具体解决方案是在 $f(\boldsymbol{x})=\boldsymbol{w}^{\mathrm{T}}\boldsymbol{x}$ 的结果上添加参数 $(0,\boldsymbol{\lambda})$ 的拉普拉斯噪声,其中第一个参数为噪声的期望,将其设置为 0 可以保证添加噪声后的统计信息与原始统计信息具有相同的期望,第二个参数是噪声的均方差,有 $v=\boldsymbol{\lambda}^2$。

令 $\boldsymbol{\lambda}=\max_i DS_i^f/\epsilon$,就可以保证算法 $\mathcal{M}$ 的输出满足 $\epsilon$ 程度的差分隐私[15],即 $\mathcal{M}(\boldsymbol{x})=f(\boldsymbol{x})+\mathrm{Lap}\left(\frac{\max_i DS_i^f}{\epsilon}\right)$,其中 $DS_i^f$ 是数据 $x_i$ 在 $f$ 上的敏感度,代表修改数据 $x_i$ 对 $f$ 上运

行结果的影响,其定义为 $DS_i^f=\sum_{j\in\mathbb{C}_i}\rho_{ij}\Delta f_j$,$\rho_{ij}$是数据拥有者 $i$ 与数据拥有者 $j$ 之间的相关性(即相关系数),可以通过数据拥有者个人信息评估得到,$\mathbb{C}_i$是与数据拥有者 $i$ 相关的数据拥有者集合,即所有与数据拥有者 $i$ 之间的相关系数不为 0 的数据拥有者,$\mathbb{C}_i$必然包含 $i$ 本身。由于数据拥有者之间存在关联,若与 $i$ 相关的拥有者的数据存在泄露风险,则 $i$ 的数据可能因为数据关联导致被泄露。所以,$DS_i^f$ 考虑所有与 $i$ 相关的数据拥有者的影响。$\Delta f_j$ 是输入不同的 $x_j$ 到 $f$ 中,$f=\boldsymbol{w}^{\mathrm{T}}\boldsymbol{x}$ 对应的最大变化,可以表示为 $x_j$ 上的变化范围乘以对应的系数 $w_j$。令$\overline{x_j}$表示 $x_j$ 的最大值,$\underline{x_j}$表示 $x_j$ 的最小值,则 $\Delta f_j=|w_j|(\overline{x_j}-\underline{x_j})$。因此,可以得到 $DS_i^f=\sum_{j\in\mathbb{C}_i}\rho_{ij}|w_j|(\overline{x_j}-\underline{x_j})$。

上述机制既保证售卖的数据商品满足 $\epsilon$ 程度的差分隐私,又有效地控制了每个数据拥有者的隐私泄露程度。接着介绍个人隐私损失的定义。

**定义 3.8(个人隐私损失)**　给定数据集 $\boldsymbol{x}$,数据拥有者 $i$ 在机制 $\mathcal{M}$ 下的隐私损失定义如下:

$$\epsilon_i(\mathcal{M})=\sup_{\boldsymbol{x},O}\left|\log\frac{P(\mathcal{M}(\boldsymbol{x})=O)}{P(\mathcal{M}(\boldsymbol{x}^{(i)})=O)}\right| \tag{3.12}$$

其中 $\boldsymbol{x}^{(i)}$是变化 $\boldsymbol{x}$ 中第 $i$ 条数据 $x_i$ 后得到的邻域数据集。

个人隐私损失 $\epsilon_i(\mathcal{M})$度量了数据拥有者 $i$ 的数据 $x_i$ 在 $\mathcal{M}$ 机制下的隐私泄露程度。$\epsilon_i(\mathcal{M})$越大,改变 $x_i$ 越容易产生不同的输出 $\mathcal{M}(\boldsymbol{x})$,$x_i$ 越容易被识别出是数据拥有者 $i$ 的数据,因而需要为数据拥有者 $i$ 配置更高的价格作为隐私泄露的补偿。此外,定义 3.7 中的 $\epsilon$ 应用在任意两个邻域数据集,即包括所有 $x_i$ 变化的可能性。因此,$\epsilon$ 是所有 $\epsilon_i(\mathcal{M})$中最大值,即 $\epsilon=\max_i\epsilon_i(\mathcal{M})$,若 $\epsilon$ 很小,则每个 $\epsilon_i(\mathcal{M})$也非常小。

根据个人隐私损失定义,可以通过以下定理[16]得到其上界。

**定理 3.1**　给定机制 $\mathcal{M}$ 和数据函数 $f$,$DS_i^f$ 是数据 $x_i$ 在 $f$ 上的敏感度,$v$ 是添加的拉普拉斯噪声的方差,数据拥有者 $i$ 在机制 $\mathcal{M}$ 下的隐私损失上界为

$$\epsilon_i(\mathcal{M})\leqslant\frac{DS_i^f}{\sqrt{v/2}} \tag{3.13}$$

**证明:**设 $\eta$ 是从拉普拉斯分布 Lap($\lambda$)采样得到的噪声,由拉普拉斯分布的性质可以得到 $\lambda=\sqrt{v/2}$。然后,可以得到以下推导:

$$\begin{aligned}\epsilon_i(\mathcal{M})&=\max_{O,\boldsymbol{x}}\left|\log\frac{P(\mathcal{M}(\boldsymbol{x})=O)}{P(\mathcal{M}(\boldsymbol{x}^{(i)})=O)}\right|\\&=\max_{O,\boldsymbol{x}}\left|\log\frac{P(f(\boldsymbol{x})+\eta=O)}{P(f(\boldsymbol{x}^{(i)})+\eta=O)}\right|\end{aligned}$$

$$
\begin{aligned}
&= \max_{O,x}\left|\log\frac{\exp(-|O-f(\boldsymbol{x})|/\lambda)}{\exp(-|O-f(\boldsymbol{x}^{(i)})|/\lambda)}\right| \\
&= \max_{O,x}\left|\frac{|O-f(\boldsymbol{x})|-|O-f(\boldsymbol{x}^{(i)})|}{\lambda}\right| \qquad (3.14)\\
&\leqslant \max_{x}\frac{|f(\boldsymbol{x})-f(\boldsymbol{x}^{(i)})|}{\lambda} \leqslant \frac{DS_i^f}{\lambda} = \frac{DS_i^f}{\sqrt{v/2}}
\end{aligned}
$$

其中,前三步的推导可根据机制 $\mathcal{M}$ 的定义和拉普拉斯分布 Lap($\lambda$)的定义得到,最后一行的第一个推导可根据三角不等式得到,第二个推导可根据 $DS_i^f$ 的定义,即 $DS_i^f$ 表示 $x_i$ 对 $f$ 的最大影响。证毕。

根据个人隐私损失的上界,数据市场中间商对所有数据拥有者的隐私损失进行补偿,从而得到以下两个定价函数。

**定义 3.9(基于个人隐私损失的定价函数)** 给定数据向量 $\boldsymbol{x}=(x_1,\cdots,x_n)^{\mathrm{T}}$ 和任意两个数据拥有者之间的相关系数 $\rho_{ij}$,对于数据消费者的请求 $S=(\boldsymbol{w},v)$,基于个人隐私损失的定价函数 $p(\boldsymbol{w},v)$ 为:

$$p(\boldsymbol{w},v)=\sum_{i=1}^{n}\frac{DS_f^i}{\sqrt{v/2}} \qquad (3.15)$$

**定义 3.10(基于个人隐私损失的有界定价函数)** 给定数据向量 $\boldsymbol{x}=(x_1,\cdots,x_n)^{\mathrm{T}}$ 和任意两个数据拥有者之间的相关系数 $\rho_{ij}$,对于数据消费者的请求 $S=(\boldsymbol{w},v)$,基于个人隐私损失的有界定价函数为:

$$p^b(\boldsymbol{w},v)=\sum_{i=1}^{n}\tanh\left(\frac{DS_f^i}{\sqrt{v/2}}\right) \qquad (3.16)$$

可以看出,上述两个定价函数的共同点是基于个人隐私损失上界进行定价,区别在于是否使用 tanh 函数。由于 tanh 函数是一个有界函数,故使用 tanh 函数的定价函数也是有界的。

**例 3.6(基于数据隐私的定价实例)** 假设数据消费者需要《霸王别姬》电影的平均评分(评分范围为 0~5),在电影评分数据集上四位观众评分构成的向量为 $\boldsymbol{x}=(4,5,4,3)^{\mathrm{T}}$,$\boldsymbol{w}=(0.25,0.25,0.25,0.25)^{\mathrm{T}}$,$f(\boldsymbol{x})=\boldsymbol{w}^{\mathrm{T}}\boldsymbol{x}=4$,对应的噪声容忍程度为 $v=0.5$,那么中间商给出的平均评分为 $\mathcal{M}(\boldsymbol{x})=f(\boldsymbol{x})+\mathrm{Lap}(0.5)$。为了简便起见,设不同数据拥有者之间的相关系数分别为 0,即各个数据拥有者之间完全独立。此时,$DS_i^f=|w_i|(\overline{x_i}-\underline{x_i})=1.25$,那么根据基于个人隐私损失的定价函数式(3.15),此时 $S=(\boldsymbol{w},v)$ 的价格为 $4\times(1.25/0.5)=10$。

最后讨论定价函数的无套利性。由于该定价机制中数据消费者可以改变 $\boldsymbol{w}$ 和 $v$

进行套利,因而先分析数据消费者可能的套利情况,而后证明上述两个定价函数均是无套利的。

(i) 数据消费者通过设置噪声方差 $v$ 套利

在这种情况下,数据消费者希望通过设置一系列的高噪声 $\boldsymbol{v}=\{v_1,\cdots,v_m\}$ 得到与单独设置低噪声 $v$ 相同(甚至更好)的结果。通过设置 $\boldsymbol{v}=\{v_1,\cdots,v_m\}$,数据消费者得到 $\{(\boldsymbol{w},v_1),\cdots,(\boldsymbol{w},v_m)\}$,通过累加的方式可以得到 $\left(m\boldsymbol{w},\sum_{i=1}^{m}v_i\right)$,进行放缩可以得到 $\left(\boldsymbol{w},\frac{1}{m^2}\sum_{i=1}^{m}v_i\right)$。注意,对变量进行线性放缩 $\frac{1}{m}$ 后其方差变为原来的 $\frac{1}{m^2}$。为了避免套利,购买一系列 $\boldsymbol{v}=\{v_1,\cdots,v_m\}$ 的总价必须大于等于直接购买 $v$ 的价格,即 $\frac{1}{m^2}\sum_{i=1}^{m}v_i\leqslant v\Rightarrow\sum_{i=1}^{m}p(\boldsymbol{w},v_i)\geqslant p(\boldsymbol{w},v)$。

(ii) 数据消费者通过设置偏好向量 $\boldsymbol{w}$ 套利

数据消费者设置一系列 $\boldsymbol{w}_1,\cdots,\boldsymbol{w}_m$,得到 $\{(\boldsymbol{w}_1,v),\cdots,(\boldsymbol{w}_m,v)\}$,通过累加的方式得到 $\left(\sum_{i=1}^{m}\boldsymbol{w}_i,mv\right)$。为了避免套利,购买一系列 $\{(\boldsymbol{w}_1,v),\cdots,(\boldsymbol{w}_m,v)\}$ 的总价必须大于等于直接购买 $\left(\sum_{i=1}^{m}\boldsymbol{w}_i,mv\right)$ 的价格,即 $\sum_{i=1}^{m}p(\boldsymbol{w}_i,v)\geqslant p\left(\sum_{i=1}^{m}\boldsymbol{w}_i,mv\right)$。

将上述两个定价函数(详见定义 3.9 和定义 3.10)代入无套利要求的不等式中,可以发现,不等式总是成立,即数据消费者无法进行套利。同时,可以证明,给定多个无套利函数 $p(\boldsymbol{w},v)$,将这些无套利函数进行线性组合、取最小值、取 tanh 函数等变换后,得到的定价函数仍然是无套利的[12,13]。

基于数据隐私的定价机制将数据隐私作为定价的基础要素,提供保护数据拥有者隐私的数据交易机制,并根据每个数据消费者的隐私损失进行定价。然而,该机制没有考虑任何与数据市场相关的信息,如数据消费者的估值等。相比之下,相关研究[17]将数据消费者的估值建模为基于数据特征(隐私特征)的函数,探讨如何根据消费者反应优化函数,以得到数据消费者的估值。具体而言,中间商根据隐私特征和估值函数发布价格,根据数据消费者是否接受该价格来更新估值函数的参数,直到中间商的估值函数接近数据消费者的估值函数。另外,部分研究[18]使用拍卖机制,使数据消费者根据自己的估值进行出价,而中间商根据不同的出价决定获得数据的获胜者及其需要支付的价格。

**(3) 图节点影响力**

目前,图数据的定价研究也备受关注。一方面,图数据能够表达丰富的语义信息,在交通监控、运营决策、社交网络和生物制药等领域被广泛应用。例如,在社交网络中，用户被建模成图节点，用户之间的关系（如粉丝）被建模成图中的边。另一方面，社交网络上的广告营销规模飞速增长，例如，美国《财富》杂志宣称到 2020 年，社交媒体上的广告开销比传统报纸上的广告开销高出 500 亿美元以上[19]。在广告营销中，广告商需要选择社交网络上的用户做产品宣传，并为其付费。可以发现，广告商其实是在为图中的节点付费，这涉及如何为图数据定价的问题。本小节介绍社交网络营销场景下图数据定价问题[20]。

在广告营销中，广告商关注用户在社交网络中的影响力。简单来说，广告商希望选择具有高影响力的用户发放广告，以使得更多在线用户受到影响，获取更高的收益。因此，对于广告商而言，需要确保影响力传播带来的收益涵盖雇佣用户发放广告的花费。这要求定价目标尽可能地使得任意用户集合的价格与这个用户集合的平均市场价值相匹配，即每个用户集合的价格与其影响力相匹配。所以，该定价模式根据用户集的影响力为用户集定价。

请注意，上述定价模式并不等同于直接对每个用户按照其影响力定价。当多个用户同时进行营销时，他们的影响力可能产生很大重叠，此时整个营销用户集的影响力小于所有营销用户的影响力之和。所以，若单独为每位用户按照影响力定价，则付出的价格大于其对应的影响力，不满足上述的定价目标。

下面介绍计算用户集影响力的方法。先介绍用户集影响力的概念，而后介绍计算影响力的高效算法。整个社交网络首先被抽象为一个有向概率图 $G=(V,E,P)$，其中：$V$ 表示顶点集合，对应社交网络上用户集合；$E$ 表示边集合，对应社交网络中用户关系集合；$P$ 表示概率集合，对应社交网络中用户关系强度。对于 $G$ 中每条有向边 $e=(u,v)\in E$，存在概率 $p_{u,v}\in[0,1]$，代表用户 $u$ 激活用户 $v$（譬如用户 $v$ 在用户 $u$ 的影响下购买营销商品）的概率。若用户 $u$ 处于激活状态，则将以 $p_{u,v}$ 的概率激活邻居 $v$。

接着介绍一个经典的社交网络影响力传播模型——独立级联（independent cascade，IC）模型[21]。IC 模型从一组已经被成功激活的用户集 $S$ 开始，这些用户被称为“种子节点”（seed nodes），对应广告商选择的营销用户。最初，这些种子节点处于激活状态（active），其余所有节点处于未激活状态（inactive）。接着，对于每个已经被激活的节点 $u$，它有一次机会以概率 $p_{u,v}$ 激活自己的邻居节点 $v$，若激活成功，则 $v$ 将以一定概率继续激活自己的邻居；否则 $u$ 保持激活状态不改变，但没有机会继续激活自己的邻居。当没有更多的节点可以被激活时，传播过程停止，IC 模型结束。

可以看出，每次激活的成功概率仅与两个节点所在边的概率相关，即激活概率独立于其他节点；同时，激活过程是级联发生的，因为被激活的节点将继续尝试激活自己的邻居节点。当 IC 模型结束时，社交网络上所有被激活的用户数量即为种子用户集 $S$

的影响力。由于社交网络是一个概率图，激活事件是一个概率性事件，故较准确的说法是：用户集 $S$ 的影响力 $\sigma(S)$ 是其在 IC 传播模型下社交网络 $G$ 中所有被激活用户数量的期望值。理论上，可以将计算得到的用户集 $S$ 的影响力 $\sigma(S)$ 作为集合 $S$ 的价格。

**例 3.7（独立级联传播过程）**　图 3.6(a)显示了一个社交网络，图 3.6(b)描绘了在该社交网络上的一个独立级联传播过程。该社交网络含有三个节点和三条边，每条边上的概率表示相应两个节点之间的成功激活概率。给定初始激活节点 $v_2$，$v_2$ 开始激活自己的未激活邻居节点。具体而言，它以 0.6 的概率成功激活 $v_1$，以 0.5 的概率成功激活 $v_3$，假设在这两次激活中，$v_1$ 成功被激活，对 $v_3$ 的激活则以失败告终。接着，$v_1$ 开始激活自己的未激活邻居节点 $v_3$，$v_3$ 在这一次被成功激活，由于 $v_3$ 没有未被激活的邻居节点，一个独立级联传播过程结束。将所有可能的独立级联传播过程综合考虑，可以发现 $v_2$ 有 0.6 的概率激活 $v_1$，有 $0.5+0.6\times0.5=0.8$ 的概率激活 $v_3$，其中 0.3 的概率来自 $v_1$ 对 $v_3$ 的激活，故 $v_2$ 的影响力为 $1+0.6+0.8=2.4$，其中 1 表示 $v_2$ 激活自己的概率。同理，可以得到 $v_1$ 的影响力为 1.5，$v_3$ 的影响力为 1。进一步可以得到任意节点集合的影响力，如 $\{v_1,v_2\}$ 的影响力为 2.75 等。

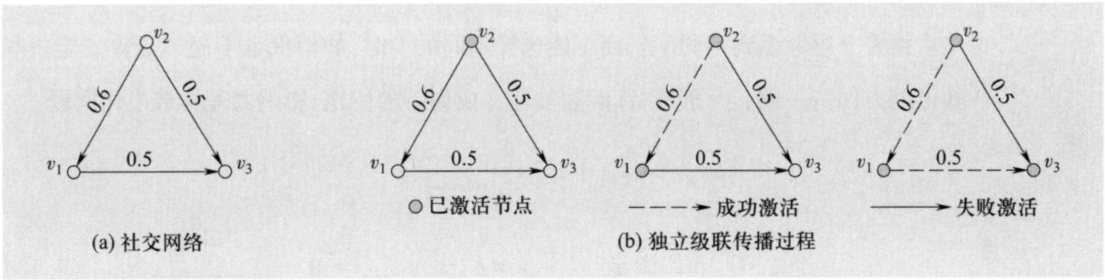


图 3.6　社交网络及独立级联传播过程

然而，在独立级联模型下，为一个种子节点集 $S$ 计算其影响力 $\sigma(S)$ 是 NP 难问题[21,22]。因此，研究者们提出了采样算法对影响力传播做无偏估计，其中包含蒙特卡洛采样（monte carlo sampling）方法[21] 和 RIS（reverse influence sampling）方法[23,24] 等。RIS 方法与蒙特卡洛算法相比有更高的效率。下面主要介绍 RIS 方法。

RIS 方法的主要思想是生成/采样多个 RR 集合（reverse reachable set，RRSet），通过计算种子节点 $S$ 在采样得到的 RR 集合上的覆盖率，即所有 RR 集合中与 $S$ 有交集的 RR 集合比例，得到对真实影响力 $\sigma(S)$ 的无偏估计。RR 集合的定义和生成策略如下。

**定义 3.11（RR 集合）**　给定一个图 $G=(V,E)$，它的一个随机的反向可达集合（reverse reachable set，RR set）$R$ 可以由以下步骤生成：首先随机选取一个顶点 $v\in V$，然后根据传播模型从 $G$ 采样一个有向确定图 $g$，最后从确定图 $g$ 中选取可以到达顶点 $v$

的顶点集构成集合 $R$，即 $g$ 中与 $v$ 有路径连接的所有节点。

第二步确定图采样可以通过从 $v$ 进行广度优先搜索实现。具体地，对每个在广度优先搜索中访问到的节点 $u$，考察 $u$ 的入邻居(in-neighbors) $w$，即 $w$ 到 $u$ 之间有边。对每个入邻居 $w$，若 $w$ 还未被访问，则以 $p_{w,u}$ 的概率继续访问 $w$，否则忽略已访问节点；直到没有新节点被访问到为止，所有的已访问节点就组成一个 RR 集合 $R$。

使用 RR 集合估计种子节点集 $S$ 的影响力 $\sigma(S)$ 基于如下数学结论[23]。

**定理 3.2** 给定一个种子节点集 $S \subseteq V$，对一个 RR 集合 $R$，有

$$\sigma(S) = n \cdot Pr[S \cap R \neq \varnothing] \tag{3.17}$$

其中，$n = |V|$ 为图 $G$ 中的顶点个数。

由定理 3.2 可知，种子顶点集 $S$ 的影响力传播正比于 $S$ 与随机 RR 集合 $R$ 相交的概率。所以，为了估计 $\sigma(S)$，可以生成大量的 RR 集合，结果保存于 $\mathcal{R}$ 中。给定任意种子节点集 $S$，令 $\mathcal{R}$ 中与 $S$ 相交的 RR 集合个数为 $\Lambda(\mathcal{R},S)$，则 $\sigma(S)$ 的估计值为 $\frac{n}{|\mathcal{R}|} \cdot \Lambda(\mathcal{R},S)$。基于此，通过多次对 RR 集进行采样，任意种子节点集 $S$ 的影响力能够得到有效估计，从而得到对应节点集 $S$ 的价格。

接着介绍考虑到不同广告商可能选择不同的 $S$ 时，如何保证不同节点集 $S$ 定价与其影响力保持一致。特别地，该问题被定义成如下的**价格-影响力差异最小化问题**：

$$\min f(p_1, p_2, \cdots, p_{n_c}) = \frac{1}{2^{n_c}} \sum_{S \subseteq C} \Big(\sigma(S) - \sum_{v_i \in S} p_i\Big)^2$$

$$\text{满足} \quad \sum_{i=1}^{n_c} p_i = b, \text{且 } \forall i: p_i \geqslant 0 \tag{3.18}$$

其中，$C$ 是所有广告商候选的种子节点集合(大小为 $n_c$)，任意广告商可以选择 $C$ 的子集 $S$ 作为自己的种子节点集合，$p_i$ 是 $C$ 中第 $i$ 个节点的价格，集合 $S$ 的价格为 $S$ 包含节点的价格和，$b$ 为整个节点集合 $C$ 的价格，可以由社交网络提供商(如 Meta、Twitter 等)确定。

该问题可通过改写目标函数形式为 $f(p_1, p_2, \cdots, p_{n_c}) = \frac{1}{2^{n_c}} \sum_{S \subseteq C} \sigma(S)^2 + \sum_{i=1}^{n_c} g(p_i)$ 进行求解，其中 $g(p_i) = \frac{p_i^2 + p_i b}{4} - \frac{p_i}{2^{n_c - 1}} \sum_{S \subseteq C \setminus \{s_i\}} \sigma(S \cup \{s_i\})$。该转换可通过归纳法证明。转换后目标函数的最优解可以通过 KKT 条件(Karush-Kuhn-Tucker condition)[25]得到：最优解为 $p_i^* = \max\{0, \lambda - c_i\}$，$\forall 1 \leqslant i \leqslant n_c$，$\lambda$ 表示方程 $\sum_{i=1}^{n_c} \max\{0, \lambda - c_i\} = b$ 的根，$c_i = \frac{b}{2} - \frac{\sum_{S \subseteq C \setminus \{s_i\}} \sigma(S \cup \{s_i\})}{2^{n_c - 2}}$，$\forall 1 \leqslant i \leqslant n_c$。

### 3.2.3　基于价格推断定价

基于数据特征的定价机制考虑某个特定数据特征对于数据价格的影响。然而，在现实生活中，影响数据定价的因素纷繁多样，数据拥有者和中间商往往无法有效识别定价的决定性因素。这时，一个满足无套利属性、支持多种查询且简单易用的定价函数就能够满足数据定价的需求。因此，本小节介绍一种基于价格推断的定价机制[26]，它仅仅要求数据拥有者或中间商为数据集上的部分视图(view)设定价格，并根据这些视图的价格推断任意查询价格。

基于价格推断定价机制的具体过程如图 3.7 所示。首先，数据拥有者需要为数据库 $D$ 上的某些视图设定价格。特别地，视图是根据 SELECT 查询语句定义的虚拟表。这些视图(view)以及对应的价格(price)被称为价格点(price points)，将所有已设定价格的视图记为 $V=\{V_1,\cdots,V_k\}$，对应价格记为 $p_1,\cdots,p_k$。然后，数据购买者输入某个 SQL 查询 $Q$。接着，定价机制将计算 $V$ 中能够确定查询结果 $Q(D)$ 的视图集合($S\subseteq V$ 且 $D:S\rightarrow Q$)，将这些视图作为 $Q$ 的支持集(support set)$S$。最后，计算 $S$ 中视图价格之和作为查询 $Q$ 的价格。

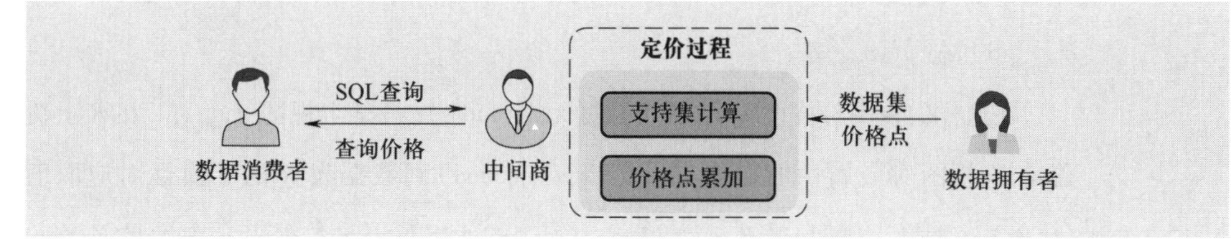


图 3.7　基于价格推断的定价过程

$Q$ 的支持集 $S$ 的意义是用户可以不直接访问数据库 $D$，而是根据 $S$ 在数据库 $D$ 上的结果 $S(D)$ 确定 $Q(D)$ 的结果。支持集 $S$ 具有以下性质：对于数据库 $D$ 和任意其他数据库 $D'$，若 $D$ 和 $D'$ 在视图集 $S$ 上的结果相同(即 $S(D)=S(D')$)，则他们在同一个查询 $Q$ 下的结果也相同(即 $Q(D)=Q(D')$)。请注意，由于 $V$ 中必然包含一个特殊视图，即整个数据库 $D$，故任意 SQL 查询至少都能被 $D$ 确定，这保证定价机制能够得到任意 SQL 查询的价格。

然而，直接根据查询 $Q$ 的任意支持集 $S$ 定价，可能造成用户的套利情形。例如，对于与已定价视图 $V_1$ 相同的查询 $Q$，$V_1$ 可以确定查询 $Q$，在 $V_1$ 上加入其他视图同样可以确定查询 $Q$，故 $Q$ 的支持集 $S$ 可以是集合 $\{V_1\}$ 的任意超集。此时，若将 $Q$ 的价格定为 $p_1+p_2$，则数据消费者更愿意直接购买 $V_1$，因为此时查询结果一致且价格更低。

鉴于此，考虑到定价函数的无套利性，定价函数必须使用具有最小价格的支持集 $S$

对查询 $Q$ 进行定价，即定价函数为 $p_D(Q)=\min_S\sum_{V_i\in S}p_i$。

**例 3.8（基于价格推断定价）** 以图 3.3 中的数据集为例，假设中间商为 Movie 数据集的每一条电影数据设置了价格 $p$（即每个视图对应查询“SELECT * FROM Movie WHERE Movie. m = $m_i$”），那么对于数据购买者输入的“SELECT * FROM Movie WHERE Movie. m = ‘霸王别姬’”，数据购买者将付出 $p$ 的价格，因为输入查询 $Q$ 的结果可以通过某一个视图 $V_{\sigma\text{Movie}.m=\text{‘霸王别姬’}}=Q$ 确定。

可以发现，该定价机制的关键步骤是如何得到具有最低价格的支持集。该问题可以转化为带有约束的整数线性规划（integer linear programming, ILP）问题，转化关键在于如何针对不同查询产生对应的约束条件。

具体而言，ILP 问题的转化首先需要确定数据拥有者对哪些视图进行定价。特别地，数据拥有者必须为数据库每个表上的一列或多列选择查询定义价格。数据库 $D$ 中包含多个表 $R_i$，定价机制要求对于每个表 $R_i$，$R_i$ 中至少有一列 $R_i.X$（即一个属性）被定价。对于 $R_i$ 中被定价的某个属性 $R_i.X_j$，$R_i.X_j$ 每个可能的取值都构成了一个选择视图，需要为每个视图定义价格。简便起见，令 PA($R$) 表示表 $R$ 中被定价的属性集合，对于任意定价属性 $R.X\in \text{PA}(R)$ 和 $X$ 的任意可能取值 $a$，中间商需要确定所有视图 $\sigma_{R.X=a}$ 的价格 $p(\sigma_{R.X=a})$。

在这样的视图价格设置下，一个数据元组（tuple）$t$ 被某个视图 $\sigma_{R.Y=t[R.Y]}$ 在 $R$ 上覆盖是指，视图对应属性的取值与 $t$ 投影（projection）到数据表 $R$ 的 $Y$ 属性对应取值（$t[R.Y]$）相同。例如，视图 $\sigma_{R.Y=a}$ 在 $R$ 上覆盖的元组可以是数据表 $R$ 中满足 $R.Y=a$ 的所有元组。一个数据元组 $t$ 被一组视图 $\boldsymbol{V}$ 覆盖是指，对于 $t$ 投影到的每一个数据表 $R_i$，$V$ 都存在一个视图在 $R_i$ 上覆盖 $t$。基于元组与视图的覆盖关系，结合支持集 $S$ 的性质能够得到在不同查询下支持集 $S$ 所必须满足的约束条件。

下面对全合取查询（full conjunctive query）下 $S$ 必须满足的条件展开介绍。对于一个查询结果 $t\in Q(D)$，支持集 $S$ 必须能够覆盖 $t$，即在每一个 $t$ 的投影 $R$ 上，都包含至少一个定价视图 $\sigma_{R.Y=t[R.Y]}$；对于某一个元组 $t\notin Q(D)$，它必然存在某些投影 $R$，满足 $t(R)\notin D(R)$，即 $t$ 在 $R$ 上的投影结果（对应取值）$t(R)$ 不属于数据库 $D$ 在 $R$ 上的投影结果（即表 $R$ 的所有可能取值），$S$ 也必须包含至少一个定价视图 $\sigma_{R.Y=t[R.Y]}$。

上述两个结论均可以通过反证法和支持集 $S$ 的性质证明[26]。若支持集 $S$ 没有覆盖某个查询结果 $t$ 的某个投影 $R$，则令 $D'=D-t(R)$，此时 $S(D)=S(D')$，但 $t$ 不再是 $Q(D')$ 的结果，导致 $Q(D)=Q(D')$ 不再成立；对于不属于查询结果的元组 $t$，若支持集 $S$ 没有覆盖任何满足 $t(R)\notin D(R)$ 的投影 $R$，则令 $D'=D\cup t(R)$，仍然有 $S(D)=S(D')$

但 $Q(D) \neq Q(D')$。这两种情况均与支持集 $S$ 的性质矛盾，故结论成立。

原始的定价问题是找到具有最小价格的支持集，在经过上述分析后，原问题可以转化为在保证被选中定价视图集合 $S$ 满足上述约束的条件下，最小化被选中定价视图的总价问题。具体而言，令 $x_{R.X=a}$ 表示视图 $\sigma_{R.X=a}$ 是否被选到支持集中的变量，取 1 代表该视图被选择，并需要数据消费者支付 $p(\sigma_{R.X=a})$ 的价格，对应的最小化问题定义为：

$$\begin{aligned}
&\min \sum_{R\cdot X\in \mathrm{PA}(R)} \sum_{a\in \mathrm{Val}(R\cdot X)} p(\sigma_{R\cdot X=a})x_{R\cdot X=a} \\
&\quad \sum_{R\cdot X\in \mathrm{PA}(R)} x_{R\cdot X=t[R.X]} \geqslant 1, \forall t \in Q(D), \forall R \in tab(Q) \\
&\text{s.t.} \sum_{t(R)\notin D(R), R\cdot X\in \mathrm{PA}(R)} x_{R\cdot X=t[R.X]} \geqslant 1, \forall t \notin Q(D)
\end{aligned} \tag{3.19}$$

其中，$tab(Q)$ 是查询 $Q$ 涉及的所有表的集合，$\mathrm{PA}(R)$ 是表 $R$ 中被定价的属性集合，$\mathrm{Val}(R.X)$ 是表 $R$ 中属性 $X$ 的所有可能取值集合，约束条件分别满足了任意查询结果 $t$ 和任意非查询结果 $t$ 在全合取查询下，对支持集 $S$ 的要求。由于每个变量 $x$ 的取值只能是 0 或 1，最小化的目标是变量 $x$ 的线性组合，因而这是一个整数线性规划问题（ILP）。整数线性规划问题已经被广泛研究，且一些软件直接提供了求解器，如 GLPK[27]、CPLEX 求解器[28]等。使用这些求解器可以推出查询的最终价格。

**例 3.9（全合取查询下的 ILP 问题实例）**　为了简便起见，这里使用一个非常小的数据库 $D$ 展示 ILP 问题下的所有相关设置。具体而言，$D$ 包括两个表 $R_1(A)$ 和 $R_2(A,B)$，属性 $A$ 的所有可能取值为 $a_1$、$a_2$ 和 $a_3$，属性 $B$ 的可能取值为 $b$。表 $R_1$ 中包含一个元组 $R(a_1)$，表 $R_2$ 中包含两个元组 $R_2(a_1,b)$ 和 $R_2(a_2,b)$。

所有选择视图包括 $\sigma_{R_1.A=a_1},\cdots,\sigma_{R_1.A=a_3},\sigma_{R_2.A=a_1},\cdots,\sigma_{R_2.A=a_3},\sigma_{R_2.B=b}$，中间商可以为每个选择视图设定一个价格。对于查询 $Q$ = "SELECT * FROM $R_1$, $R_2$ WHERE $R_1.A = R_2.A$"，其所有可能结果为 $(a_1,b)$、$(a_2,b)$ 和 $(a_3,b)$，其中 $(a_1,b)$ 是 $Q$ 在 $D$ 上的查询结果。为了保证支持集 $S$ 能够覆盖查询结果 $(a_1,b)$，必须满足以下约束条件 $x_{R_1.A=a_1} \geqslant 1$ 和 $x_{R_2.A=a_1}+x_{R_2.B=b} \geqslant 1$；由于 $(a_2,b)$ 不是查询结果，且 $a_2$ 不属于 $R_1(A)$，故构成了约束条件 $x_{R_1.A=a_2} \geqslant 1$；由于 $(a_3,b)$ 不是查询结果，且 $a_3$ 不属于 $R_1(A)$、$(a_3,b)$ 不属于 $R_2(A,B)$，故构成了约束条件 $x_{R_1.A=a_3}+x_{R_2.A=a_3}+x_{R_2.B}=b \geqslant 1$。因此，整个 ILP 问题为在上述所有约束条件下，最小化如下目标函数：

$$\sum_{i=1}^{3} p(\sigma_{R_1.A=a_i})x_{R_1.A=a_i} + \sum_{i=1}^{3} p(\sigma_{R_2.A=a_i})x_{R_2.A=a_i} + p(\sigma_{R_2.B=b})x_{R_2.B=b} \tag{3.20}$$

对于其他类型的查询，ILP 问题的优化目标相同，不同之处在于不同类型查询对应的约束条件。对于投影（projection）查询，由于一个查询结果可能由不同的数据元组投影得到，故可以通过为每一个可能产生查询结果的元组引入额外变量，保证只要有一个变量被覆盖即可。对于选择(selection)查询,可以通过将 Val($R.X$)转化为满足查询条件的可能值集合,然后根据全合取查询和投影查询的约束条件得到选择查询的约束条件。由于集合 Val($R.X$)的大小在选择查询下变小,故 ILP 问题的变量个数变少,问题求解反而变得简单。除此之外,可以通过减小问题中的变量规模优化 ILP 问题[26],以加速计算。

### 3.2.4 基于数据效用定价

数据效用是指使用数据商品后用户的“收益”。根据不同的数据和应用场景,数据商品的效用具有不同的定义方式,包括(1)查询效用模型[29],即用户查询结构化数据后能够得到的效用增益,以及(2)决策效用模型[30],即用户根据物联网(Internet of things,IoT)数据进行决策后得到的效用增益。尽管上述模型是在特定数据类型下的研究,但只要效用模型在其他数据类型或场景下适用,其对应的定价机制也适用于其他类型数据和应用场景。下面具体介绍这两种效用模型及其相应的定价策略。

#### (1) 查询效用模型

对于用户而言,获得查询结果能够加深他们对“未知”的了解。例如,如果一个用户想要知道某部电影的观众评分信息,但是若没有相关数据,则他/她只能根据评分的范围对观众的评分进行猜测,这种信息具有极大的不确定性。相反,如果他通过购买查询得知确切的信息,那么大部分无效的猜测都可以被剔除。这就是查询效用模型的基本思想,查询带来的效用是查询这一操作去除的无关/无效信息。

下面介绍查询效用模型和基于查询效用定价的基本内容。首先对模型中的基本概念展开介绍。假设正在售卖的数据库 $D=\{R_1,\cdots,R_n\}$,其中 $R_i$ 对应一个数据关系表,整个数据集 $D$ 是所有关系表的集合,数据消费者对数据集 $D$ 具有一定的先验知识,但他/她不知道 $D$ 的确切形式。特别地,他/她知道一个支持集(support set)$S=\{D_1,\cdots,D_m\}$,每一个 $D_i$ 对应一个数据库实例,且真实的数据集 $D$ 被包含在 $S$ 中。与前一节中支持集的含义不同,在查询效用模型中,支持集包含了数据消费者认为的所有可能为真实数据库 $D$ 的数据库实例,这些数据库实例“支持”了数据消费者对数据库 $D$ 的认知,而非前一节中支持某个查询 $Q$ 的视图集合。此外,支持集 $S$ 的规模越大,表明数据消费者更加难以确定哪个数据库实例对应真实数据库 $D$,真实数据库 $D$ 的取值信息更加不确定,即信息不确定性越大。

如图 3.8 所示,在查询效用模型中,数据消费者拥有支持集 $S$,通过购买某一个查询 $Q$,数据消费者得到了 $D$ 在 $Q$ 上的结果 $Q(D)$。根据 $Q(D)$,他/她知道这样的数据集$\{D_i \mid Q(D_i)\neq Q(D)\}$(假设为 $D_3$ 和 $D_4$)肯定不是真实的数据集,因为它们的查询输

出与真实数据集 $D$ 不一致，他/她将这些数据集实例从 $S$ 中剔除，得到新的支持集 $S'$，从而减少了支持集的大小和真实数据库 $D$ 的信息不确定性，增加了数据消费者对数据集 $D$ 的了解。通过这种方式，查询 $Q(D)$ 使得数据集 $D$ 的信息更加确定，从而为数据消费者带来了效用。

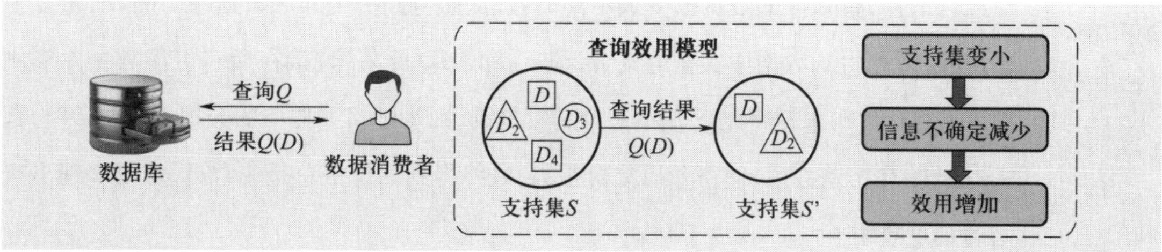


图3.8　查询效用模型

在查询效用模型中，查询效用来源于数据消费者更加确定了真实数据集 $D$ 的形式，即支持集 $S$ 中查询结果与 $Q(D)$ 不一致的数据库可以直接被忽略。将这些数据库集合 $C_S(Q,D)=\{D_i \mid Q(D_i)\neq Q(D) \text{ and } D_i\in S\}$ 记为矛盾集，查询效用可通过不同方式度量矛盾集得到体现。例如，矛盾集大小越大，查询效用越高。基于此，提出以下多个定价函数：

（i）加权覆盖函数（weighted coverage function）：$p(Q,D)=\sum_{D_i\in C_S(Q,D)} w_i$；

（ii）平均熵增益函数（uniform entropy gain function）：$p(Q,D)=\dfrac{\log|C_S(Q,D)|}{\log|S|}$；

（iii）香农熵函数（Shannon entropy function）：$p(Q,D)=-\sum_{B\in P_Q} w_B\log w_B$；

（iv）$q$ 熵函数（$q$-entropy function）：$p(Q,D)=\sum_{B\in P_Q} w_B(1-w_B)$。

在加权覆盖函数下，支持集中每个数据库实例 $D_i$ 被分配一个权重（weight）$w_i$，加权覆盖定价函数计算所有在矛盾集中数据库实例权重和；在平均熵增益函数中，价格被设置成熵的增益；在香农熵和 $q$ 熵函数中，支持集 $S$ 中所有数据库实例按照其在 $Q$ 上的输出（即 $Q(D_i)$）进行分类，$P_Q$ 是对应分好的多个类，$w_B$ 是某一个类 $B$ 出现的概率，即所有输出为 $B$ 类的数据库实例的比例。

根据以上定价函数，基于查询效用的定价机制过程如下：首先得到支持集 $S$；然后根据 $Q(D)$ 和 $S$ 计算矛盾集 $C_S(Q,D)$；接着计算不同定价函数所需参数及其对应的价格。

支持集 $S$ 直接决定了最终的价格。然而，直接将所有可能的数据库实例 $I$（即与 $D$ 中数据一一对应却取任意可能值的数据库实例）作为支持集 $S$ 是不可行的，因为这样的 $I$ 包含指数级数量的数据库实例，使得查询价格的计算格外困难。鉴于此，随机邻域数据库采样(random neighbor database sampling)是一种生成支持集 $S$ 的有效方法[29,31]。

具体而言,邻域数据库的定义与前文类似,即只有一个元组(tuple)的一个属性(attribute)与 $D$ 不同的数据库。随机邻域数据库采样是指对 $D$ 中某个元组上的某个属性进行采样,将采样的数据改变成不同的值,从而得到一个邻域数据库实例 $D_i$,重复上述过程,即可得到数据库实例的集合,即支持集 $S$。此外,直接在所有可能数据库实例集 $I$ 中进行随机采样得到 $S$ 并不适合定价机制,因为随机采样下的数据库实例 $D_i$ 与真实数据集 $D$ 相差甚远,使得矛盾集合很大,最终得到的价格总是非常高,难以表现出查询的真正效用。

**例 3.10(基于查询效用定价)** 根据图 3.3 给出的数据集为例,假设需要定价的查询 $Q$ 为“SELECT * FROM Movie WHERE Movie. m = $m_1$”,支持集 $S$ 为根据邻域数据库采样得到的 3 个数据库实例($D_1$、$D_2$ 和 $D_3$),其中 $D_1$ 为数据库 $D$ 本身,其余两个邻域数据库 $D_2$ 和 $D_3$ 如图 3.9 所示。假设每个数据库实例的权重为 1/3,通过在三个数据集实例上执行 $Q$,可以得到矛盾集为 $\{D_3\}$,加权覆盖函数得到的价格为 1/3,平均熵增益函数得到的价格为 0,对于香农熵函数和 $q$ 熵函数,$P_Q$ 中共包含两类,一类是 $D_1$ 和 $D_2$,

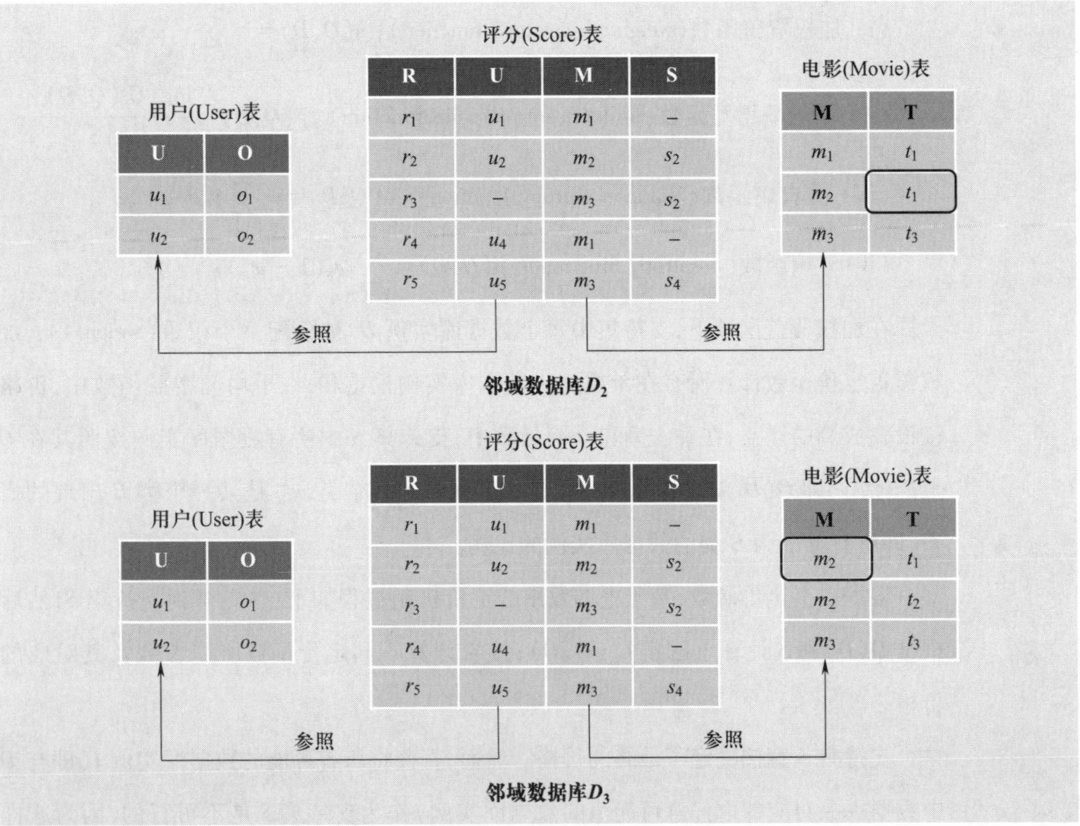


图 3.9 邻域数据库($D_2$ 和 $D_3$)示例(标注数据为与 $D$ 不同的数据)

另一类包括 $D_3$，故香农熵价格为 $-\frac{2}{3}\log\frac{2}{3}-\frac{1}{3}\log\frac{1}{3}$，$q$ 熵函数得到的价格为 $\frac{4}{9}$。

下面简单介绍以上四种定价函数均是无套利的。套利是指数据消费者不能通过组合多个查询以更低的价格获得想要的查询，即若 $Q_1,\cdots,Q_k \mapsto Q$，则查询价格需要满足 $\sum_{i=1}^{k} p(Q_i) \geqslant p(Q)$，否则数据消费者宁愿分别购买 $Q_1,\cdots,Q_k$ 来获取套利。在上述所有定价函数中，由于 $Q_1,\cdots,Q_k$ 的矛盾集并集必然包含了 $Q$ 的矛盾集，$Q_1,\cdots,Q_k$ 下的 $P_Q$ 必然包含了 $Q$ 下的 $P_Q$[31]，故上述不等式必然成立，即所有定价函数是无套利的。

可以发现，基于加权覆盖的价格函数更加能够反映查询的真正效用，具有更高的实践价值[29,31]。下面讨论如何设定支持集 $S$ 中每个数据库实例 $D_i$ 的权重 $w_i$。最简单的方式就是令 $w_i=P/|S|$，其中 $P$ 是整个数据集的价格；如果用户指定了一组查询的价格 $p(Q_1),\cdots,p(Q_k)$，那么每个数据库实例 $D_i$ 的权重 $w_i$ 可以通过熵最大化（entropy maximization，EM）的方法得到，问题定义如下：

$$
\begin{aligned}
&\max\ -\sum_{i=1}^{|S|} w_i \cdot \log(w_i)\\
&\text{s. t.}\ \sum_{D_i \in S} w_i = P\\
&\qquad \sum_{D_i \in C_S(Q_j,D)} w_i = p(Q_j),\ j=1,\cdots,k\\
&\qquad w_i \geqslant 0,\qquad\qquad i=1,\cdots,|S|
\end{aligned}
\tag{3.21}
$$

上述 EM 问题可以通过已有的求解器（如 CVXPY[32] 中的 SCS 求解器[33]）进行求解。值得一提的是，上述问题可能存在无解的情况。若出现无解情况，则可以通过重新采样得到新的支持集 $S$，或增加采样次数以增加 $S$ 的大小。同时，可以对查询（即 $Q_1,\cdots,Q_k$）做出一定的限制，令查询是在多个属性上的选择（selection）操作或投影（projection）操作。实践表明，上述技巧能够保证求解器在一定的时间内取得满意的结果。

### （2）决策效用模型

在查询效用模型中，查询得到的信息可以消除数据消费者在真实数据集上的信息不确定性。在决策效用模型中，用户购买到的信息被应用于制定更加有效的决策，从而增加决策效用，即产生决策效用增益。这与实际中“数据驱动决策”的思想是一致的。物联网（Internet of Things，IoT）数据常常被用于城市服务领域，如环境监控、交通拥堵监测、天气预测等。例如，有关城市交通流情况的数据可以使得居民尽可能地避免进入堵车区域，从而获得效用增益（如节约时间和金钱等）。

除了效用定义的方法不同以外，决策效用模型考虑的并不是某个数据库的信息

($D=\{R_1,\cdots,R_n\}$),而是某个随机变量的信息。例如,将某天是否下雨作为一个随机变量,那么该变量的取值可能为 0 和 1,对于一个不知道确切天气信息的用户来说,他会选择最有利于自己的决策(例如不带伞)。相反,若他/她了解到这一天有很大的概率下雨,则他/她会选择更优的决策——带伞,从而带来效用的增加。

下面介绍决策效用模型和基于决策效用模型的定价函数。首先介绍决策效用模型中的基本概念。在决策效用模型中,基本的数据商品来自一个随机变量 $\omega$,其样本空间为 $\Omega=\{\omega_1,\omega_2,\cdots,\omega_n\}$,每一个 $\omega_i$ 代表随机变量 $\omega$ 的可能取值。该随机变量描述了自然状态(state of nature),具有实际含义。例如,原始 IoT 数据为声音传感器记录的街道噪声水平,随机变量 $\omega$ 可以是街道的噪声水平,每一个 $\omega_i$ 对应一个数字,代表噪声的不同水平。随机变量不一定直接对应原始的 IoT 数据,也可以是从 IoT 数据分析得到的,譬如可以从居民行动轨迹数据中得到特定街道的拥堵情况。通过对数据的观察和分析,数据售卖者能够得到自然状态 $\omega$ 的真实取值 $\bar{\omega}\in\Omega$。

若没有数据市场的存在,则每个用户将根据自己对随机变量 $\omega$ 的先验知识做出决策。令 $\theta$ 代表用户的先验知识,$\theta=\{\theta_1,\cdots,\theta_n\}$,每个 $\theta_i$ 代表了他/她认为 $\omega_i$ 出现的概率,用户的决策空间为 $A=\{a\}$,是一个有限集合。根据自己的先验知识 $\theta$ 和效用函数 $u_\theta(\omega,a)$,用户做出最优决策,并获得以下的期望效用:

$$u(\theta)=\max_a \mathbb{E}_\omega[u_\theta(\omega,a)]=\max_a \sum_{i=1}^{n}\theta_i u_\theta(\omega_i,a) \tag{3.22}$$

其中效用函数 $u_\theta(\omega,a)$ 为用户使用先验知识 $\theta$ 在自然状态 $\omega$ 下采取行动 $a$ 获得的效用。

从式(3.22)可以发现,用户采取使得期望效用最大的动作(action)作为决策,并收获 $u(\theta)$ 的期望效用。

接着介绍数据市场售卖数据商品的模式。以往的数据定价研究往往直接售卖在原始数据等信息上的用户指定查询。不同于这些研究,IoT 数据市场提供了一个菜单,包含多组实验(experiments),每个实验 $I$ 包括一组信号 $S$ 和一组概率 $P$,即 $I=(S,P)$。特别地,$S$ 代表了一组信号,可以理解为数据售卖者在 $I$ 下的不同反应。例如,数据售卖者可以在 $I$ 下以不同的概率告知数据消费者自然状态是“有雨”还是“无雨”。$\boldsymbol{P}$ 是一个 $n\times|S|$ 的概率矩阵,$p_{ij}$ 代表当自然状态 $\omega$ 的真实取值是 $\omega_i$ 时,数据售卖者发送信号 $s_j\in S$ 的概率,即 $p_{ij}=Pr(s_j\mid\omega_i)$,且 $\boldsymbol{P}$ 满足 $0\leqslant p_{ij}\leqslant 1$,$\sum_{j=1}^{|S|}p_{ij}=1$。下面给出两种不同类型实验 $I$ 的例子。

**例 3.11(完全信息实验,full-information experiment)** 假设 $|S|=n$ 且 $\boldsymbol{P}$ 是一个对角矩阵,每个对角线上元素是 1,其余元素全为 0。这意味着,当数据售卖者知道真

实自然状态为 $\omega_i$ 时,他/她将直接发送 $s_i$ 信号,相当于直接告诉数据消费者真实状态为 $\omega_i$。因此,这种情况下,数据消费者购买该实验,就能够获得真实自然状态的完全信息。

**例 3.12(无信息实验,no-information experiment)** 在无信息实验中,无论真实自然状态是什么,数据售卖者都直接随机抽取一个信号发送给数据消费者,即 $p_{ij}=1/|S|$。此时数据消费者购买了该实验,也无法获得任何关于真实自然状态的信息,因为自然状态的任意可能取值下信号 $s_j$ 都有相同的概率被发送给数据消费者。

通过购买某一个实验 $I$,数据消费者 $\theta$ 收到了某一个信号 $s_j$。此时他/她可以根据贝叶斯法则更新他/她对自然状态这一随机变量的估计:

$$Pr(\omega_i \mid s_j)=\frac{Pr(s_j \mid \omega_i)Pr(\omega_i)}{Pr(s_j)}=\frac{p_{ij}\cdot\theta_i}{\sum_{k=1}^{n}p_{kj}\cdot\theta_k} \tag{3.23}$$

根据更新后的概率分布,数据消费者进行最优决策并收获以下效用:

$$\begin{aligned}u(\theta,s_j)&=\max_a \mathbb{E}_{\omega}[u_\theta(w,a)\mid s_j]\\&=\max_a\sum_{i=1}^{n}Pr(\omega_i\mid s_j)u_\theta(\omega_i,a)\end{aligned} \tag{3.24}$$

由于数据售卖者根据概率发送不同的信号,在数据消费者看来,他/她收到某一个信号 $s_j$ 的概率为 $Pr(s_j)=\sum_{i=1}^{n}Pr(\omega_i)Pr(s_j\mid\omega_i)=\sum_{i=1}^{n}\theta_i p_{ij}$。请注意,在数据售卖者看来(已知真实自然状态为 $\omega_i$),其发送某一个信号 $s_j$ 的概率为 $Pr(s_j\mid\omega_i)$,但由于数据消费者不知道真实自然状态,他/她收到某一信号的概率是真实状态的所有可能取值下收到该信号的概率和。所以,考虑到所有可能收到的信号,数据消费者在购买实验 $I$ 后的期望效用为 $u(\theta,I)=\sum_{j=1}^{|S|}Pr(s_j)u(\theta,s_j)$。

通过比较购买 $I$ 前后的决策效用,可以得到数据商品的决策效用如下:

$$\begin{aligned}v(\theta,I)&=u(\theta,I)-u(\theta)=\sum_{j=1}^{|S|}Pr(s_j)u(\theta,s_j)-u(\theta)\\&=\sum_{j=1}^{|S|}\Big(\sum_{i=1}^{n}\theta_i p_{ij}\Big)\max_a\sum_{i=1}^{n}\frac{p_{ij}\theta_i}{\sum_{k=1}^{n}p_{kj}\theta_k}u_\theta(\omega_i,a)-\max_a\sum_{i=1}^{n}\theta_i u_\theta(\omega_i,a)\\&=\sum_{j=1}^{|S|}\max_a\sum_{i=1}^{n}\theta_i p_{ij}u_\theta(\omega_i,a)-\max_a\sum_{i=1}^{n}\theta_i u_\theta(\omega_i,a)\end{aligned} \tag{3.25}$$

可以发现,数据商品的决策效用对应购买数据商品的决策效用增益。通过将数据商品(对应实验 $I$)的价格设置为对应的决策效用增益(或小于对应的决策效用增益),数据消费者乐于为该数据商品付费,因为为数据商品支付的价格小于等于数据商品带来的决策效用增益。这种性质在经济学中被称为个人理性(individual rationality,IR)

性质。

下面介绍一个简单例子来说明决策效用增益计算的过程。

**例 3.13（决策效用）** 如图 3.10 所示，假设天气这一自然状态对应随机变量 $\omega$，其样本空间为 $\Omega=\{\omega_1,\omega_2\}$（即雨和晴两种取值），真实的自然状态为 $\omega_1$（即下雨），假设数据购买者拥有的先验知识 $\theta=\{0.5,0.5\}$，可以采取两个不同的动作 $a_1$ 和 $a_2$，且动作 $a_i$ 在真实状态为 $\omega_i$ 下的效用为 1，其余为 0，即 $u_\theta(\omega_i,a_i)=1$。因此，若数据消费者不购买数据商品，仅考虑其先验知识 $\theta$ 的期望效用为 $u(\theta)=\max_a\mathbb{E}_\omega[u_\theta(\omega,a)]=\max_a\sum_{i=1}^{n}\theta_i u_\theta(\omega_i,a)=0.5$。若数据消费者购买了完全信息实验 $I$ 这一数据商品，他/她收到信号 $s_j$（即下雨的信号），并可以直接更新 $\omega_j$ 的概率为 1，其余为 0。此时，用户的决策效用为 1。进一步考虑所有可能的 $s_j$，用户购买 $I$ 的期望决策效用为 1。此时，可以得到用户购买 $I$ 后的决策效用增益为 0.5。将 $I$ 的价格设为 0.5，那么理性数据消费者愿意购买这样的数据商品 $I$。

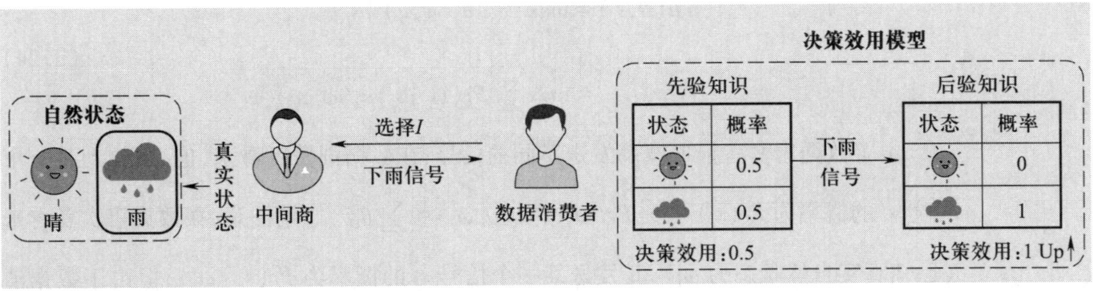


图 3.10　决策效用模型实例

最后讨论如何保证数据消费者不会进行套利。在基于决策效用的定价机制中，效用函数被认为是公共知识，无法被数据消费者更改。然而，数据消费者仍然存在以下的套利可能：使用先验知识 $\theta$ 表示数据消费者的类型，当存在多组实验 $I$ 和多种消费者类型 $\theta\in\Theta$ 时，他/她可能通过谎报自己的先验知识 $\theta$ 为 $\theta'$，使得数据售卖者为 $\theta'$ 下的最大效用增益实验 $I_{\theta'}$ 设置更高的价格，为 $\theta$ 下的最大效用增益实验 $I_\theta$ 设置更低的价格，从而数据消费者可以用更低的价格获得其真正想要的数据商品实验 $I_\theta$。所以，定价机制需要保证数据消费者不会谎报自己的类型，即满足激励兼容（incentive compatible，IC）属性，可形式化为 $v(\theta,I_\theta)-t_\theta\geqslant v(\theta,I_{\theta'})-t_{\theta'}$，$\forall\theta,\theta'\in\Theta$，其中 $t_\theta$ 为 $I_\theta$ 的价格。

综合考虑消费者的个人行为（即是否购买和是否谎报类型）以及中间商的收益最大化目标，定价机制需要解决带有 IR 与 IC 约束的收益最大化问题，具体如下：

$$
\begin{aligned}
\max \quad & F(\theta) t_\theta, & & \\
\text{s.t.} \quad & v(\theta, I_\theta) - t_\theta \geqslant 0, & \forall \theta \quad & (\text{IR}) \\
& v(\theta, I_\theta) - t_\theta \geqslant v(\theta, I_{\theta'}) - t_{\theta'}, & \forall \theta, \theta' \quad & (\text{IC}) \\
& \sum_{j=1}^{|S|} p_{ij} = 1, & \forall i \quad & \\
& p_{ij}, t_\theta \geqslant 0, & \forall i, j, I_\theta, t_\theta &
\end{aligned}
\tag{3.26}
$$

其中,$F(\theta)$表示消费者类型为$\theta$的概率。上述问题在仅有一种消费者类型,即$|\Theta|=1$时可以直接求解,此时$I$只有一个,对应一个完全信息实验,$I$的价格对应数据消费者的效用增益。当存在多种类型数据消费者和多个实验$I$时,直接求解上述非凸问题十分困难。为了求解该问题,首先将实验$I$进行改写,得到转换后的收益最大化问题;然后将转换后的收益最大化问题转化为对偶问题,并将问题的约束转化为一个凸函数,从而得到原始问题的解。针对多类型数据消费者情况,一种近似解决方案是只考虑一个完全信息实验$I$,相比于考虑多个实验,这种方法可以达到$\Omega\left(\frac{1}{\log|\Theta|}\right)$近似比的收益,其优点在于显著减少了计算时间。

## 3.3　模型定价机制

模型定价机制通过衡量模型特征进行定价,主要包括基于模型精度定价和基于差分隐私定价两种。本节将对这两种定价机制展开介绍,并探讨模型交易中另一个相关问题,即如何激励数据拥有者将数据提供给模型,即训练数据激励机制。

### 3.3.1　基本概念

传统数据市场仅负责提供数据,不关心用户如何应用数据解决下游任务,譬如训练一个机器学习模型。然而,它面临两大挑战:一是数据集的价格通常十分昂贵,用户可能无法通过购买数据进而训练模型,且购买数据集后训练得到的模型精度无法保证;二是数据定价与下游任务训练的模型完全分离会产生套利风险,即用户需要的数据可以通过分别获取数据的片段以整合得到,且这种方式的开销更小。因此,机器学习模型的广泛应用驱动机器学习模型交易市场的构建,即直接交易数据训练后得到的模型,使得用户按需购买期望模型,避免直接购买数据集带来的训练负担,并提供了模型精度保证。

模型市场中,机器学习模型实例直接被定价和售卖。模型的价格需要依赖于它的预测准确性,而不仅仅是训练它所使用的数据,这也是模型市场与传统数据市场的主要区别。具体来说,模型市场中有三种角色:提供训练数据集的卖家,购买机器学习模型实例的买家,以及沟通买卖双方的中间商。首先,卖家和中间商通过市场调研得到潜在客户对于机器学习模型的需求曲线。这些曲线表征了模型需求(如准确度、差分隐私水平等)与模型价格之间的关系。然后,中间商利用市场调研结果构建需求-价格曲线,并将它呈现给买家。买家确定自己的期望价格或模型需求后向中间商支付。最后,中间商交付给买家一个符合买家需求的模型实例。

下面对本节中的基本概念进行简单介绍,包括机器学习模型和无套利属性。

给定一个 $n\times(d+1)$ 维的数据集 $D$,$D$ 中有 $n$ 条带标签的数据记录,每条数据记录有 $d$ 维特征和一个维度的标签。对于一条数据记录而言,记 $y$ 为它的标签,$\boldsymbol{x}$ 为它的特征向量。所有数据记录可以看作是独立地从某个分布中抽取出来的样本,即所有数据记录独立地服从同一分布 $P[\boldsymbol{x},y]$。机器学习模型以某种直观的方式预测概率分布 $P[\boldsymbol{x},y]$。机器学习模型的一个实例对应于一个特定的函数 $f:\mathcal{D}_x\to\mathcal{D}_y$。所有可能被机器学习模型学习到的函数 $f$ 构成了假设空间。一个模型实例的预测能力通常用它的泛化误差(即在测试集上的误差)衡量。常见的机器学习模型包括朴素贝叶斯模型[34]、广义线性模型[35]等,这些模型因具有高效性、可解释性和可扩展性被广泛使用。

与上一节中的数据定价机制研究类似,模型定价机制也对无套利属性进行了探索。在模型交易市场中,假设买家想要购买高精度但价格昂贵的模型实例,且该买家已经以不同的价格购买了许多模型实例,这些实例的价格总和要低于其期望模型的价格。同时,若买家有能力"结合"手中已经购买的模型得到一个精度不低于其期望精度的模型实例,则买家会选择购买多个模型实例进行"组合",而不是直接购买其本来期望的模型实例。这种情况称为套利。模型市场需要保证无套利性以保证正常运转。$k$ 套利和无套利属性的形式化定义如下[36]。

**定义 3.12（$k$ 套利）** 在数据集 $D$ 上,一个定价函数 $p^{\delta}$ 是 $k$ 套利的,如果存在参数 $\delta_0,\delta_1,\cdots,\delta_k$,相应的模型 $\boldsymbol{w}^{\delta_0}$(模型购买者期待的模型),$\boldsymbol{w}^{\delta_1},\cdots,\boldsymbol{w}^{\delta_k}$(可以购买的其他模型),以及一个模型整合函数 $g$ 使得

(i) $\sum_{i=1}^{k} p^{\delta_i} < p^{\delta_0}$;

(ii) $\mathbb{E}[\mathcal{L}(\tilde{\boldsymbol{w}})]\leqslant\mathbb{E}[\mathcal{L}(\boldsymbol{w}^{\delta_0})]$,其中 $\mathcal{L}(\boldsymbol{w})$ 表示模型 $\boldsymbol{w}$ 的误差,$\tilde{\boldsymbol{w}}$ 是一个经过函数 $g$ 整合得到的模型,满足 $\tilde{\boldsymbol{w}}=g(\boldsymbol{w}^{\delta_1},\cdots,\boldsymbol{w}^{\delta_k})$ 且 $\mathbb{E}[\tilde{\boldsymbol{w}}]=\boldsymbol{w}^{\delta_0}$。

通过某个模型整合函数,买家能够结合 $k$ 个模型实例得到一个新的模型实例,满

足无偏性且有更低的误差,从而进行套利。

**定义 3.13(无套利)** 在数据集 $D$ 上,一个定价函数 $p$ 是无套利的,当且仅当对任意的 $k\in\mathbb{N}^+$不存在 $k$ 套利。

本节先介绍两种满足无套利属性的定价机制,而后阐述训练数据激励机制。

### 3.3.2 基于模型精度定价

在基于模型精度定价机制中,存在多个版本的模型,其中最高版本模型是利用所有训练数据得到的机器学习模型实例,其他版本的模型是通过噪声注入(noise injection)机制得到。通过对机器学习模型添加噪声,模型的准确度变差,相应的价格也会降低。这就是基于模型精度定价的思想[36]。下面介绍该机制细节。

首先介绍模型市场中的交易流程。数据拥有者提供数据集 $D=(D_{\text{train}},D_{\text{test}})$用于售卖,其中 $D_{\text{train}}$称为训练数据,用于训练模型以得到模型实例;$D_{\text{test}}$称为测试数据。数据集 $D$ 中的一条数据记录表示为 $z=(\boldsymbol{x},y)$,其中 $\boldsymbol{x}$ 是特征向量,$y$ 是预测目标(标签)。

图 3.11 展示了中间商在模型市场中的具体流程,包括模型训练、噪声注入和模型定价三部分。首先,中间商整理一份模型清单 $\mathcal{M}$,包含了所有可供售卖的模型类型(如线性回归模型、逻辑斯谛回归模型),对于每种模型类型,训练对应类型的模型实例,即使得训练集上损失函数 $\mathcal{L}$ 最小的模型实例 $\boldsymbol{w}^*=\text{argmin}_{\boldsymbol{w}}\mathcal{L}(\boldsymbol{w})$;然后,中间商通过对得到的模型进行高斯噪声注入(将此方法记为 $\mathcal{K}$)发布模型实例,以方便模型购买者权衡模型实例的价格和准确度;最后,中间商根据定价的无套利性约束和收益最大化(revenue maximization)目标求解优化问题,得到所有模型价格。具体而言,给定模型实例 $\boldsymbol{w}^*$,高斯噪声注入后的模型为 $\mathcal{K}(\boldsymbol{w}^*)=\boldsymbol{w}^{\delta}=\boldsymbol{w}^*+\boldsymbol{w}'$,其中 $\boldsymbol{w}'\sim\mathcal{N}(\boldsymbol{0},(\delta/d)\cdot\boldsymbol{I}_d)$,即噪声 $\boldsymbol{w}'$从 $d$ 维高斯分布中抽样。参数 $\delta$ 越大,添加的噪声越大,模型准确度下降,价格随之降低。模型购买者根据价格和模型实例准确度的需求与中间商协商,并最终确定要购买的模型实例 $\boldsymbol{w}^{\delta}$。

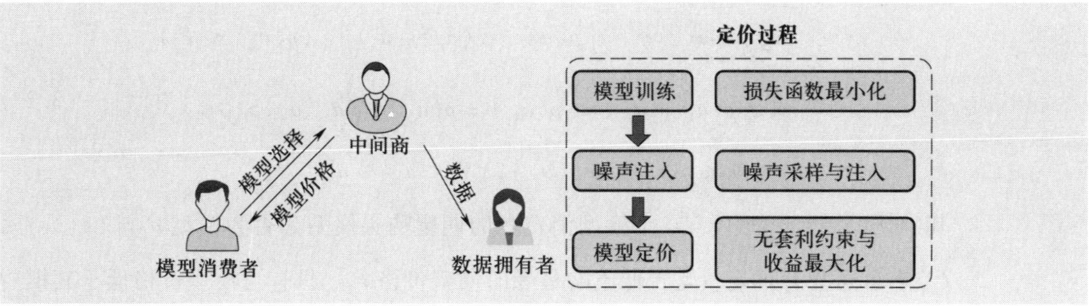


图 3.11 模型定价机制

噪声注入也可以选择其他类型分布的噪声实现,如对于均方误差损失函数,可以选择服从均匀分布的噪声 $\boldsymbol{w}' \sim U[-\delta,\delta]$ 进行注入;对于最小二乘法线性回归模型,可以选择从零均值的拉普拉斯分布中采样噪声。总而言之,噪声注入方法 $\mathcal{K}$ 需满足下面两条性质:

(1) 无偏性(unbiasedness):$\mathcal{K}$ 是无偏的,即$\mathbb{E}[\mathcal{K}(\boldsymbol{w}^*)]=\boldsymbol{w}^*$;

(2) 单调性(monotonicity):噪声控制参数 $\delta$ 关于模型的期望误差是单调递增的,即 $\delta_1 \leqslant \delta_2 \Leftrightarrow \mathbb{E}[\mathcal{L}(\boldsymbol{w}^{\delta_1})] \leqslant \mathbb{E}[\mathcal{L}(\boldsymbol{w}^{\delta_2}))]$。

高斯噪声注入方法满足上述两条性质,因为注入的噪声期望为 0,方差与参数 $\delta$ 正相关。

下面探讨模型定价过程,包括定价函数的无套利性和收益最大化目标。特别地,无套利定价函数 $p(\boldsymbol{x})$ 满足以下两条性质:

(1) 单调性(monotonicity):给定函数 $p:(\mathbb{R}^+)^n \to \mathbb{R}^+$,函数 $p$ 是单调的当且仅当 $\forall \boldsymbol{x},\boldsymbol{y} \in (\mathbb{R}^+)^n, \boldsymbol{x} \leqslant \boldsymbol{y}, p(\boldsymbol{x}) \leqslant p(\boldsymbol{y})$;

(2) 次可加性(subadditivity):给定函数 $p:(\mathbb{R}^+)^n \to \mathbb{R}^+$,函数 $p$ 是次可加的当且仅当 $\forall \boldsymbol{x},\boldsymbol{y} \in (\mathbb{R}^+)^n, p(\boldsymbol{x}+\boldsymbol{y}) \leqslant p(\boldsymbol{x})+p(\boldsymbol{y})$。

单调性保证模型消费者选择噪声更小的模型实例必须支付更高的价格;次可加性保证模型消费者无法通过购买多个模型实例($\boldsymbol{x}$ 和 $\boldsymbol{y}$)的方式进行套利,因为分别购买 $\boldsymbol{x}$ 和 $\boldsymbol{y}$ 大于直接购买模型噪声参数为($\boldsymbol{x}+\boldsymbol{y}$)的价格,即 $k$ 套利不成立。

下面讨论如何根据收益最大化目标得到最优的无套利定价函数。在该机制中,定价函数是关于噪声注入参数 $\delta$ 的单调递减且具有次可加性的函数。令 $a=1/\delta$,价格函数记为 $p(a)$。假设数据拥有者或中间商一共提供了 $l$ 个模型实例,并通过市场调研的方式得到了 $m'$ 个模型购买者的需求和期望价格$(a_j,P_j)$,其中 $a_j$ 表示购买者选择的模型实例对应参数,$P_j$ 表示期望价格,$l$ 为模型实例的个数,那么无套利定价约束下的收益最大化问题可以定义为:

$$
\begin{aligned}
&\arg\max_{\langle p(a_1),\cdots,p(a_l)\rangle} \sum_{k=1}^{l} \sum_{j=1}^{m'} p(a_k) \cdot \mathbb{I}(a_j == a_k) \cdot \mathbb{I}(p(a_k) \leqslant P_j) \\
&\text{满足}\ p(a_{k_1}+a_{k_2}) \leqslant p(a_{k_1}) + p(a_{k_2}), \forall a_{k_1}, a_{k_2} > 0 \qquad (3.27) \\
&\qquad 0 < p(a_{k_1}) \leqslant p(a_{k_2}), \forall 0 < a_{k_1} \leqslant a_{k_2}
\end{aligned}
$$

其中,$\mathbb{I}(a_j==a_k)$ 表示第 $j$ 个模型消费者的期望购买模型是否为模型 $a_k$,$\mathbb{I}(p(a_k) \leqslant P_i)$ 表示模型 $a_k$ 的定价是否低于购买者的期望价格 $P_j$。只有当模型价格低于其期望价格时,数据拥有者或中间商才能卖出该模型并获得收益。

收益最大化问题中的两个约束分别对应无套利函数的次可加性和单调性。收益最大化问题是一个 NP 难问题，其中的约束条件分别对应无套利定价函数的次可加性和单调性。为了高效求解该 RM 问题，需要将其转化为求解一个近似优化问题。首先，将次可加性对应的约束条件 $p(a_{k_1}+a_{k_2})\leqslant p(a_{k_1})+p(a_{k_2})$ 松弛化，改为 $p(a_{k_1})/a_{k_1}\geqslant p(a_{k_2})/a_{k_2}, \forall 0\leqslant a_{k_1}\leqslant a_{k_2}$。满足松弛化后约束的可行解仍然是原来优化问题的可行解，因为新的约束条件是次可加性的充分不必要条件；并且新问题下的最优解是对原问题最优解的有效近似，故可以使用新问题的最优解近似代替原问题的最优解。对于新问题的求解，使用几何法对新问题解空间进行分析，可以将解空间限定在离散的有限集中。运用动态规划递归地搜索解空间，能够在多项式时间内得到新问题的最优解。

### 3.3.3　基于差分隐私定价

基于模型精度的定价机制利用注入噪声的参数设计满足无套利性的价格函数，求解最优价格使得收益最大化。然而，有研究表明，售卖利用数据训练得到的模型仍然会泄露数据拥有者的部分隐私信息[37]。此时，数据拥有者贡献他们的数据进行模型训练是有一定风险的。因此，一种新的基于差分隐私的模型定价机制[38]被提出，基于差分隐私向模型中注入噪声，并根据隐私系数对模型进行定价。这种机制与上述基于模型精度的定价方法相比，区别在于注入噪声方法和定价函数参数不同：在噪声注入方面，前者注入高斯噪声，后者根据 $(\epsilon,\delta)$ 差分隐私进行噪声注入；在定价函数方面，前者用噪声方差的倒数作为自变量，后者利用差分隐私的参数 $\epsilon$ 作为自变量。因此，图 3.11 概括了所有模型定价机制的基本过程。

下面介绍模型训练中的差分隐私定义[39]及其实现算法。

**定义 3.14（$(\epsilon,\delta)$ 差分隐私）**　算法 $M$ 是从 $\mathcal{X}^n$ 到 $\mathcal{Y}$ 的映射：$M:\mathcal{X}^n\rightarrow\mathcal{Y}$，考虑任意两个邻域数据集 $X$ 和 $X'$（$X$ 和 $X'$ 只有一条数据记录不同），算法 $M$ 满足 $(\epsilon,\delta)$ 差分隐私，如果对于任意的 $T\subseteq\mathcal{Y}$ 都有：

$$Pr[M(X)\subseteq T]\leqslant e^{\epsilon}Pr[M(X')\subseteq T]+\delta \tag{3.28}$$

直观地，考虑图 3.12 中算法 $M$ 输出的分布，算法满足 $(\epsilon,\delta)$ 差分隐私表示两个概率分布之比小于 $e^{\epsilon}$ 的概率是 $1-\delta$，即任何一个样本点的变动对输出的影响都非常小。这说明任意数据记录的改变均不造成输出的大幅度变动，攻击者难以从输出中推断用户的具体数据，从而减少数据泄露的可能性，保护用户的隐私。此外，$\epsilon,\delta$ 越小，隐私信息泄露越少。

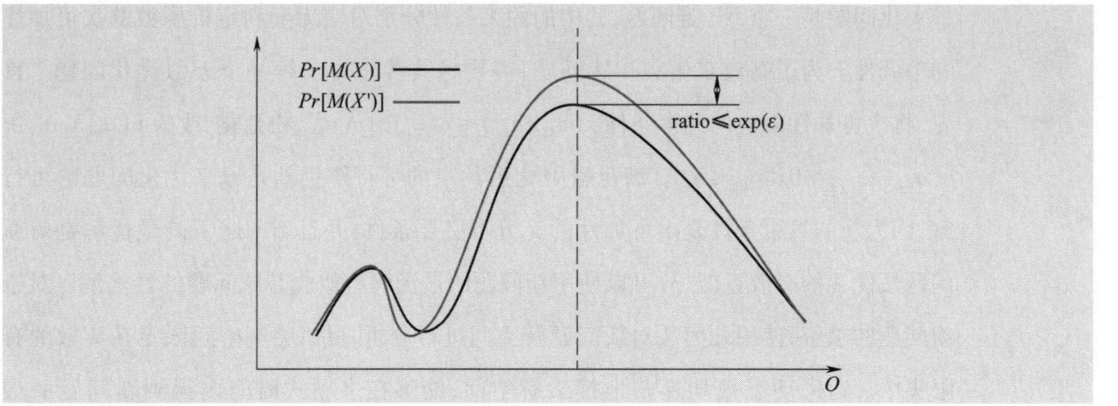


图 3.12 差分隐私概念的直观理解

---

**算法 3.1 目标函数增强扰动算法**

---

**输入**：训练数据 $\boldsymbol{D}_{\text{train}}$ 以及隐私需求 $(\epsilon,\delta)$

**输出**：模型参数 $\boldsymbol{\omega}_{DP}$

1：噪声采样 $\boldsymbol{N}_1 \sim \mathcal{N}(\boldsymbol{0}_d,\sigma_1^2\boldsymbol{I}_d)$，其中 $\sigma_1=\dfrac{20L^2\log(1/\delta)}{\epsilon^2}$

2：目标函数扰动 $\mathcal{L}(\omega)=\mathcal{L}(\boldsymbol{\omega};\boldsymbol{D}_{\text{train}})+\lambda\|w\|_2^2+\dfrac{1}{n}\langle\boldsymbol{N}_1,\boldsymbol{\omega}\rangle$

3：经验误差最小化 $\mathcal{L}(\boldsymbol{\omega})$，得到模型参数 $\hat{\boldsymbol{\omega}}$

4：噪声采样 $\boldsymbol{N}_2 \sim \mathcal{N}(\boldsymbol{0}_d,\sigma_2^2\boldsymbol{I}_d)$，其中 $\sigma_2=\dfrac{40\alpha\log(1/\delta)}{\lambda\epsilon^2}$

5：**return** $\boldsymbol{\omega}_{DP}=\text{proj}_{\mathcal{W}}(\hat{\boldsymbol{\omega}}+\boldsymbol{N}_2)$

---

在训练机器学习模型时，可以通过加入相应的噪声得到满足差分隐私需求的模型。添加噪声的方法较多，包括输出模型扰动、目标函数扰动和噪声随机梯度下降等[40]。下面介绍一种增强的目标函数扰动算法[4]以支持机器学习模型定价机制。其伪代码如算法 3.1 所示。首先根据隐私需求 $(\epsilon,\delta)$ 从对应的高斯分布中采样噪声（第 1 行）。然后将采样噪声与模型参数做内积添加至损失函数，即目标函数扰动（第 2 行）。由于添加了噪声，最小化这一目标函数得到最优模型参数的一个 $\alpha$ 近似解（第 3 行）。根据近似程度 $\alpha$ 添加新的高斯采样噪声，并为防止扰动后的参数超出其定义域 $\mathcal{W}$，需要将其投影回 $\mathcal{W}$ 中再输出（第 4—5 行）。

随着 $\epsilon,\delta$ 的减小，需要添加的噪声越多，模型的准确度也逐渐降低。在实践中，通常固定 $\delta$ 的值为 $10^{-5}$，通过 $\epsilon$ 的改变来满足不同模型消费者的隐私需求。

接下来阐述基于差分隐私模型的定价机制。如图 3.11 所示，数据市场的参与方包括数据拥有者、模型购买者和中间商，中间商收集来自数据拥有者的数据，并训练 $l$ 个模型 $M_1,\cdots,M_l$，每个模型 $M_k(1\leqslant k\leqslant l)$ 都有两个参数 $\epsilon_k$ 和 $p_k$，分别表示模型的隐私保护程度以及对应的价格。中间商的需求同样是在保证定价函数的无套利性下最大化收益。与基于模型精度的定价机制类似，中间商也采用市场调研的方式得到 $m'$ 个模型购买者的需求和期望价格 $(\epsilon_j, P_j)$，其中 $\epsilon_j$ 表示购买者选择的模型实例对应的隐私保护程度，$P_j$ 表示期望价格。类似地，收益最大化（Revenue Maximization）问题可以定义为：

$$\arg \max_{\langle p(\in_1), \cdots, p(\in_l) \rangle} \sum_{k=1}^{l} \sum_{j=1}^{m'} p(\epsilon_k) \cdot \mathbb{I}(\epsilon_j == \epsilon_k) \cdot \mathbb{I}(p(\epsilon_k) \leqslant P_j)$$

$$\text{满足} \begin{cases} p(\epsilon_{k_1} + \epsilon_{k_2}) \leqslant p(\epsilon_{k_1}) + p(\epsilon_{k_2}) & \forall \epsilon_{k_1}, \epsilon_{k_2} > 0 \\ 0 < p(\epsilon_{k_1}) \leqslant p(\epsilon_{k_2}) & \forall 0 < \epsilon_{k_1} \leqslant \epsilon_{k_2} \end{cases} \tag{3.29}$$

使用松弛约束条件和递归求解的思想，该问题的最优模型价格可以在多项式时间内求得。

### 3.3.4　训练数据激励机制

前两小节介绍了针对机器学习模型的定价机制，侧重于说明如何根据模型的一些特征（如精度、差分隐私）对模型进行定价。然而，模型并不是“凭空产生”，必须在获取数据后进一步通过模型训练得到。在实际生活中，训练数据分散在不同的数据拥有者中。所以，如何激励这些数据拥有者贡献出他/她们的数据进行模型训练，是模型交易中的前置问题。本小节介绍两种典型的训练数据激励机制，首先介绍基于 Shapley 值的收益分配机制[41,42]，它适用于模型交易完成后，将售卖模型的收益分配给数据拥有者，从而激励数据拥有者贡献自己的数据；其次介绍基于逆向拍卖的数据收集机制[43]，它适用于联邦学习这一独特的训练框架，根据不同数据拥有者的报价，迭代收集数据并进行模型训练。值得一提的是，同样存在其他相关研究对训练数据拥有者进行激励，譬如按照拥有者的数据量大小给予对应的金钱报酬[44]，但这些研究只考虑了较简单的因素，忽略了数据对模型的影响，具有较大的局限性。

#### （1）基于 Shapley 值的收益分配机制

为了达到激励数据拥有者的目的，出售模型的收益不能随意分配给数据拥有者。例如，直接按照数据量大小分配收益，将大部分收益分配给贡献数据较多的人。尽管这种分配方式可以引导用户贡献更多数据，但同样会使得部分用户伪造大量无用数据。在机器学习模型中，使用大量低质量（如包含巨大噪声）的数据进行模型训练，不仅不能改善模型效果，而且还可能导致模型朝着错误的方向优化。因此，收益分配必须考虑数据拥有者的数据对模型的影响，使得对模型有利的数据获得更高的收益，从而保障收益分配公平性和模型训练有效性。

鉴于此，博弈论（game theory）中 Shapley 值概念[45]被引入来衡量每个训练数据对模型训练的价值,从而根据每个数据拥有者与所有数据拥有者的 Shapley 值之比分配对应的收益。简单来说,Shapley 值计算某个数据点在所有数据集(不包含该数据点)上的平均边际贡献。

**定义 3.15(Shapley 值)** 给定训练数据集 $D=\{z_1,\cdots,z_n\}$,模型性能度量函数 $V:2^D\longmapsto\mathbb{R}$,数据 $z_i$ 的 Shapley 值为

$$s_i=\frac{1}{n}\sum_{S\subseteq D-\{z_i\}}\binom{n-1}{|S|}^{-1}[V(S\cup\{z_i\})-V(S)] \tag{3.30}$$

模型性能函数 $V:2^D\longmapsto\mathbb{R}$ 是指将任意 $D$ 的子集作为训练数据时模型的性能(如在测试集上的准确性),Shapley 值考虑 $D$ 中所有不包含 $z_i$ 的子集,并计算 $z_i$ 在所有这些子集上的平均边际贡献。第一项的 $1/n$ 对应所有子集规模的 $n$ 种可能(子集规模从 0 至 $n-1$),组合数$\binom{n-1}{|S|}$是指从剩余($n-1$)个数据中取到大小为 $|S|$ 的数据集的可能方案个数;而 $V(S\cup\{z_i\})-V(S)$ 则是 $z_i$ 在 $S$ 上的边际贡献。因此,Shapley 值度量了某数据项在训练数据中的平均边际贡献。Shapley 值具有以下性质:

(i) 群体理性(group rationality):整个数据集的 Shapley 值是所有数据的 Shapley 值之和,即 $V(D)=\sum_{z_i\in D}s_i$;

(ii) 对称性(symmetry):若两个数据点 $z_i$ 和 $z_j$ 在任意集合 $S\subseteq D-\{z_i,z_j\}$ 上的边际贡献相同,则其 Shapley 值相同(即 $s_i=s_j$);

(iii) 冗员性(null player):若一个数据点 $z_i$ 在任意集合 $S\subseteq D-\{z_i\}$ 上的边际贡献均为 0,则 $s_i=0$;

(iv) 可加性(additivity):若存在模型性能函数 $V=V_1+\cdots+V_m$,数据点 $z_i$ 在 $V$ 下的 Shapley 值等于所有 $V_i$ 下 Shapley 值之和,即 $s_i\left(\sum_j V_j\right)=\sum_j s_i(V_j)$。

有效性表明整个数据集的 Shapley 值被分散在每个数据项的 Shapley 值中;对称性表明两个数据项的 Shapley 值与数据的标识(ID)无关,只与其在不同子集的边际贡献有关;冗员性指出,当一个数据项的边际贡献始终为 0,那么这样的数据项被认为对于模型训练没有贡献;可加性表明对于多个模型(或应用),同一数据项的 Shapley 值可以通过累加得到。因此,Shapley 值可以轻易扩展至多个模型的情形,而当一个用户拥有多条数据时,其 Shapley 值也可根据有效性直接累加得到。

表 3.1 多人合作经商收益示例

| 集合 $S$ | 空集 | $\{A\}/\{B\}/\{C\}$ | $\{A,B\}$ | $\{B,C\}$ | $\{A,C\}$ | $\{A,B,C\}$ |
|---|---|---|---|---|---|---|
| 收益 $V(S)$ | 0 | 10 | 70 | 40 | 50 | 100 |

**例 3.14（Shapley 值）**　为了简便起见，考虑三人合作经商的例子。假设 $A,B,C$ 三人经商，若每个人单干，每人可获利 10 万元；若 $A$ 与 $B$ 合作，可共同获利 70 万元，$A$ 与 $C$ 合作可获利 50 万元，$B$ 与 $C$ 合作可获利 40 万元，三人一起合作可获利 100 万元。下面介绍三人合作如何应用 Shapley 值公平分配 100 万元收益。

首先，由上述背景可知，任意参与者集合 $S$ 的收益 $V(S)$ 如表 3.1 所示。对于参与者 $A$，分配给 $A$ 的收益可根据 Shapley 值的定义式(3.30)得到。具体而言，不包含 $A$ 的所有参与者集合包括空集、$\{B\}$、$\{C\}$ 和 $\{B,C\}$，$A$ 的边际贡献分别为 $V(A)-V(\varnothing)=10$，$V(\{A,B\})-V(\{B\})=60$，$V(\{A,C\})-V(\{C\})=40$，$V(\{A,B,C\})-V(\{B,C\})=60$，进而可求得 $A$ 对应的 Shapley 值为 $\frac{1}{3}(1*10+\frac{1}{2}*60+\frac{1}{2}*40+1*60)=40$。类似地，可求得 $B$ 和 $C$ 对应的 Shapley 值分别为 35 和 25。

尽管 Shapley 值具有良好的性质，但得到准确的 Shapley 值需要指数级的计算量。$S$ 对应了 $\{D-z_i\}$ 的所有子集，因而需要高效算法对 Shapley 值进行近似计算。本小节介绍一种基于蒙特卡洛采样(monte carlo sampling)的 Shapley 值近似计算(TMC-Shapley)方法，其伪代码如算法 3.2 所示。

**算法 3.2　截断蒙特卡洛 Shapley 值计算(TMC-Shapley)**

**输入**：训练数据集 $D=\{z_1,\cdots,z_n\}$，性能度量函数 $V$，最小容忍性能 $\epsilon$
**输出**：每个训练数据的 Shapley 值 $s_i$
1：对于 $i=1,\cdots,n$，将每个 $s_i$ 初始化 0，初始化 $t=0$
2：**while** 没有达到收敛条件 **do**
3：　　$t\leftarrow t+1$
4：　　得到数据集 $D$ 上所有数据点的一个任意排列 $\pi^t$
5：　　$s_0^t\leftarrow V(\varnothing)$
6：　　**for** $j\in\{1,\cdots,n\}$ **do**
7：　　　**if** $|V(D)-v_{j-1}^t|<\epsilon$ **then**　　/* 若前 $j-1$ 个数据性能与整个数据集性能差别非常小 */
8：　　　　　$v_j^t\leftarrow v_{j-1}^t$　　/* 令前 $j$ 个数据的模型性能与前 $(j-1)$ 个数据相同 */
9：　　　**else**
10：　　　　　$v_j^t\leftarrow V(\{\pi^t[1],\cdots,\pi^t[j]\})$　　/* 计算 $\pi^t$ 中前 $j$ 个数据的模型性能 */
11：　　　　$s_j^t\leftarrow\frac{t-1}{t}s_j^{t-1}+\frac{1}{t}(v_j^t-v_{j-1}^t)$　　/* 更新数据 $z_j$ 的 Shapley 值 */
12：**return** $\{s_j^t\}_{j=1}^n$

给定训练数据集、性能度量函数和最小容忍性能三个输入，TMC-Shapley 算法输出每个训练数据项的 Shapley 值。TMC-Shapley 首先初始化每个训练数据项的 Shapley 值为 0，计数器 $t$ 为 0。接着，TMC-Shapley 迭代如下过程：先根据采样生成数据集 $D$ 上所有数据点的一个任意排列 $\pi^t$(第 4 行)，而后根据排列 $\pi^t$ 依次计算前 $j$ 个数据带来的模型性能 $v_j^t$(第 5—10 行)。在计算过程中，TMC-Shapley 使用了一个小技巧，它的思想是随着数据集大小的增加,新加入数据的边际贡献越来越小,当前$(j-1)$个数据组成的数据集与整个数据集 $D$ 的性能差别不大时(第 7 行),TMC-Shapley 将数据 $z_j$ 的边际贡献看成 0,此时 $v_j^t \leftarrow v_{j-1}^t$(第 8 行);否则 TMC-Shapley 直接对 $v_j^t$ 进行计算。在得到 $v_j^t$ 后,TMC-Shapley 按照之前的 Shapley 值 $s_j^{t-1}$ 和新的边际贡献$(v_j^t - v_j^{t-1})$更新数据 $z_j$ 的 Shapley 值(第 11 行)。当所有数据的 Shapley 值更新一次后,TMC-Shapley 检查所有数据的 Shapley 值是否收敛,若收敛则退出循环并输出结果(第 12 行);否则,继续生成新的排列 $\pi^{t+1}$来更新所有数据的 Shapley 值。

另外,一系列优化 Shapley 值计算的方法也值得一提。(i)使用组检验(group test)的思想[41,46]计算 Shapley 值:对 $D$ 中数据集进行不断采样,并根据采样数据集的性能计算两个数据点之间的 Shapley 值差异$(s_i - s_j)$。接着,它将整个数据集的 Shapley 值作为一个方程,将这些 Shapley 值差异作为方程的约束条件,然后通过求解该方程得到所有的未知数,即所有数据的 Shapley 值 $s_j$。(ii) $k$NN($k$ nearest neighbors)模型下 Shapley 值计算[47]:考虑机器学习模型为 $k$NN 分类器的特殊情形,一种是在多项式时间内计算精确 Shapley 值的方法,一种是基于局部敏感哈希(locality sensitive hashing)[48]在次线性(sublinear)时间内近似计算 Shapley 值的方法。

**(2) 基于逆向拍卖的数据收集机制**

本小节介绍一种特殊的机器学习场景——联邦学习下的数据激励机制[43]。在联邦学习中,数据拥有者不再将数据统一地传输给一个数据中心,而是在本地自行计算损失函数更新模型,并上传更新后模型参数,数据始终保存在拥有者的设备中,从而保证了数据的隐私性。在这种情境下,联邦学习平台必须激励数据拥有者参与到联邦学习过程中,否则模型训练无法完成。相比于传统的机器学习模型市场,联邦学习模型市场面临更多的挑战。

一方面,数据拥有者数量大且不受控制,数据拥有者的数据始终在本地,并且这些数据不满足独立同分布的假设,例如,每个用户照片拍摄设备各不相同,导致数据分布可能存在差异,这使得联邦学习平台必须确定如何激励并选择对模型训练有益的数据;另一方面,联邦学习面临巨大的传输消耗,必须将平台与数据拥有者的通信模式考虑在内,保证通信顺畅。下面介绍定价机制是如何在保证通信畅通的同时,评估、选择和定价数据。

首先介绍联邦学习下模型的训练过程[49]。对于一个联邦学习平台以及 $n$ 个数据拥有者 $\mathcal{N}=\{1,\cdots,n\}$,平台发布联邦学习任务,并选择数据拥有者参加训练。每一数据拥有者 $i$ 都有本地数据集 $D_i$ 以及本地模型 $w_i$,将选取参加训练的数据拥有者集合记

作 $\mathcal{W} \subseteq \mathcal{N}$。不同于传统的收集所有数据 $D_{\mathcal{W}} = \bigcup_{i \in \mathcal{W}} D_i$ 的中心式模型训练，联邦学习平台收集所有本地模型 $\bigcup_{i \in \mathcal{W}} \boldsymbol{w}_i$ 并聚合为一个全局模型 $\boldsymbol{W}_g$。

由于数据的非独立同分布特点，采用参数散度度量数据的非独立同分布程度[50]。参数散度可用推土机距离(earth mover's distance, EMD)[51]量化。EMD 越高表明参数散度较高，模型精度越低。通过评估数据拥有者的 EMD 值，能够对选择该数据拥有者的收益进行估计。

**定义 3.16（earth mover's distance，EMD）** 考虑 $L$ 个类别的分类问题，记数据空间为 $\mathcal{X}$，标签空间为 $\mathcal{Y}$。数据拥有者从 $\mathcal{X} \times \mathcal{Y}$ 采样具有分布 $P_i$ 的数据集 $D_i = \{\boldsymbol{x}_i, \boldsymbol{y}_i\}$。假设全体数据的分布是 $P_a$，$P_i(y=j)$ 表示在分布 $P_i$ 下标签为 $j$ 的概率，$P_a(y=j)$ 表示真实分布中标签为 $j$ 的概率。数据拥有者的采样数据集分布 $P_i$ 的 EMD 定义如下：

$$e_i = \sum_{j \in \mathcal{Y}} \| P_i(y=j) - P_a(y=j) \| \tag{3.31}$$

通常，在 $L$ 分类问题中近似地认为每个类别出现的概率是相同的，即 $P_a(y=j) = 1/L, \forall j \in L$。

接着介绍联邦学习数据市场的运行过程。如图 3.13 所示，首先平台将需要训练的模型信息发送给数据拥有者；然后数据拥有者将自身的数据信息、设备信息以及叫价(bid)发给平台；接着平台根据逆向多维拍卖算法（将在后文具体介绍）选择一部分数据拥有者 $\mathcal{W}$ 训练联邦学习模型，并基于临界报酬确定支付给 $\mathcal{W}$ 中用户的金钱 $P = \{p_1, \cdots, p_n\}$，这些信息将被通知给所有的数据拥有者；最后平台与数据拥有者集合 $\mathcal{W}$ 共同进行联邦学习模型训练，即平台将模型分发给数据拥有者集合 $\mathcal{W}$，并聚合各个拥有者的模型梯度更新模型。

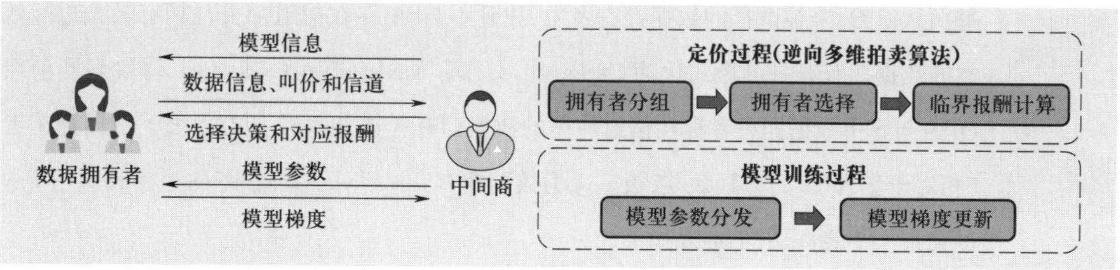


图 3.13 基于逆向拍卖的联邦学习数据市场

在该机制中的第二步，接收到平台的模型信息后，数据拥有者 $i$ 发送给平台一个元组 $t_i = \{b_i, d_i, e_i, C_i\}$。$b_i$ 表示数据拥有者对自身数据和设备的叫价，$d_i$ 表示用户拥有的数据量，$e_i$ 是数据拥有者数据的 EMD 值，$d_i$ 和 $e_i$ 都是影响数据效用的参数。$C_i$ 是设备所处的信道，考虑这一因素可以避免阻塞(congestion)提高传输效率。在整个交易过程中，平台的目标是选择一组数据拥有者并定价使得虚拟收益最大化，即：

$$\max_{\mathcal{W}\subseteq\mathcal{N}} R(\mathcal{W}) = \varphi(D(\mathcal{W}),\Delta(\mathcal{W})) - t(\mathcal{W}) - \sum_{i\in\mathcal{W}} b_i \tag{3.32}$$

其中,函数 $\varphi()$ 表示模型的效用,其输入是数据量 $D(\mathcal{W})$ 以及所有参与者 EMD 的均值 $\Delta(\mathcal{W})$。函数 $t()$ 建模了传输消耗,且 $t(\mathcal{W}\cup\{i\})=t(\mathcal{W})+t(\{i\})$,即传输消耗与参与者线性相关。$b_i$ 表示第 $i$ 个数据拥有者的叫价,平台支付给每个数据拥有者 $i$ 的价格 $p_i$ 可能低于、等于或高于 $b_i$。当存在大量比 $i$ 效用高且低价的数据拥有者,那么支付给 $i$ 的价格可能被降低,当 $i$ 的数据效用非常大时,平台可能支付高于其出价的价格。因此,式(3.32)对应的是虚拟收益,而非真实收益。

上述问题是一个 NP 难问题。一种逆向多维拍卖算法(reverse multi-dimensional auction,RMA)可以获得一个近似解[43]。RMA 算法是一种带有随机性的贪心算法,决定选择哪些数据拥有者参加训练并支付对应报酬。算法 3.3 展示了 RMA 算法的伪代码,首先它根据 EMD 将数据拥有者分组(第 2—3 行);然后随机选择一个组 $j$,在每组数据拥有者中依据信道冲突和边际收益进行贪心选择(第 7—11 行);最后对选出的训练参与者定价(第 12—22 行)。

RMA 首先根据数据拥有者的 EMD 将其分作 $G$ 组。令 $e_{\max}$ 表示所有数据拥有者 EMD 差异的最大值,即 $e_{\max}=\max\limits_{i,j\in\mathcal{N}}|e_i-e_j|$,每组之间 EMD 的间隔为 $\epsilon=e_{\max}/G$。若数据拥有者 $i$ 对应的 EMD 值 $e_i\in[(j-1)\epsilon,j\epsilon]$,则它被分至第 $j$ 组 $\Theta_j$。通过分组的方式,算法将组 $\Theta_j$ 中数据拥有者的 EMD 看成一样,先选择某一组,而后再在组内进行选择。这样做可以减少算法的时间复杂度。

将所有数据拥有者分组后,RMA 算法每次随机选择一个没有选择过的组 $\Theta_j$,并对 $\Theta_j$ 中的数据拥有者进一步选择。具体而言,令 $\mathcal{W}$ 代表已选择的数据拥有者集合,RMA 每次从组 $\Theta_j$ 未被选择的数据拥有者中,找到不与 $\mathcal{W}$ 存在信道冲突且具有最大边际效益的数据拥有者 $i$,可形式化为 $i=\arg_{i\in\Theta_j,i\notin\mathcal{W}\cup C(\mathcal{W})}\max V(i\mid\mathcal{W})$,其中 $C(S)$ 代表当前组 $\Theta_j$ 内与 $S$ 中数据拥有者存在信道冲突的数据拥有者集合,$V(i\mid\mathcal{W})$ 代表了数据拥有者 $i$ 相对于集合 $\mathcal{W}$ 的边际效益,被定义为数据拥有者 $i$ 相对于集合 $\mathcal{W}$ 的边际收益与 $i$ 的冲突集大小之商,数学形式如下:

$$V(i\mid\mathcal{W})=\frac{R(\mathcal{W}\cup\{i\})-R(\mathcal{W})}{|C(\{i\})|} \tag{3.33}$$

边际效益 $V(i\mid\mathcal{W})$ 的分子度量 $i$ 带来的边际收益,分母则估计选择 $i$ 带来的“弊端”,因为选择 $i$ 导致 $|C(\{i\})|$ 个数据拥有者无法被选择。若这样的数据拥有者 $i$ 不存在(即所有剩余的数据拥有者都与已有的数据拥有者信道冲突),或者其边际效益为负数,则 RMA 算法结束在第 $j$ 组内的选择过程(第 9—10 行),并为选择的数据拥有者定价。

**算法 3.3　逆向多维拍卖算法(RMA)**

**输入**：数据拥有者集合 $\mathcal{N}=\{1,\cdots,n\}$，每个数据拥有者的信息 $\{b_i,d_i,e_i,C_i\}$，分组个数 $G$

**输出**：选择的数据拥有者集合 $\mathcal{W}$，每个被选择数据拥有者 $i\in\mathcal{W}$ 的价格 $p_i$

1：初始化 $\mathcal{W}=\varnothing$，每个数据拥有者的价格 $p_i=b_i$

2：初始化 $\mathcal{G}=\{1,\cdots,G\}$，$e_{\max}=\max_{i,j\in\mathcal{N}}|e_i-e_j|$，$\epsilon=e_{\max}/G$

3：根据每个数据拥有者的 $e_i\in[(j-1)\epsilon,j\epsilon]$ 将其分配至组 $\Theta_j$　　　/* 分组过程 */

4：**while** $\mathcal{G}\neq\varnothing$ **do**

5：　随意选择 $\mathcal{G}$ 中一个组 $j$，$\mathcal{G}\leftarrow\mathcal{G}-j$　　　/* 选择第 $j$ 组 */

6：　$\mathcal{W}_j\leftarrow\varnothing$，$\mathcal{W}_o\leftarrow\mathcal{W}$

7：　**while True do**　　　/* 第 $j$ 组中的数据拥有者选择过程 */

8：　　$i=\arg_{i\in\Theta_j,i\notin\mathcal{W}\cup C(\mathcal{W})}\max V(i\mid\mathcal{W})$

9：　　**if** $i$ 不存在 **or** $V(i\mid\mathcal{W})<0$ **then**　　　/* 若找不到 $i$ 或边际效益为负数则退出选择 */

10：　　　**break**

11：　　$\mathcal{W}_j\leftarrow\mathcal{W}_j\cup\{i\}$，$\mathcal{W}\leftarrow\mathcal{W}\cup\{i\}$　　　/* 选择数据拥有者 $i$ */

12：　**while** $i\in\mathcal{W}_j$ **do**　　　/* 确定每个选择的数据拥有者的价格 */

13：　　**while True do**　　　/* 第 $j$ 组中数据拥有者(不包含 $i$ 时)的选择过程 */

14：　　　$k=\arg_{k\in\Theta_j-\{i\},k\notin\mathcal{W}_o\cup C(\mathcal{W}_o)}\max V(k\mid\mathcal{W}_o)$

15：　　　**if** $i$ 不存在 **or** $V(k\mid\mathcal{W}_o)<0$ **then**

16：　　　　$p_i=\arg_{b_i}V(i\mid\mathcal{W}_o)=0$

17：　　　　**break**

18：　　　**if** $k\in C(\{i\})$ **then**　　　/* 选择了一个与 $i$ 冲突的数据拥有者 */

19：　　　　$p_i=\arg_{b_i}V(i\mid\mathcal{W}_o)=V(k\mid\mathcal{W}_o)$

20：　　　　**break**

21：　　**else**

22：　　　$p_i=\max\{p_i,\arg_{b_i}V(i\mid\mathcal{W}_o)=V(k\mid\mathcal{W}_o)\}$

23：　　$\mathcal{W}_0\leftarrow\mathcal{W}_0\cup\{k\}$

24：**return** $\mathcal{W}$ and $\{p_i\mid i\in\mathcal{W}\}$

RMA 使用基于临界报酬(critical payment)的思想确定第 $j$ 组内选择的数据拥有者对应的价格。简单来说，对于每一个被选择的数据拥有者 $i$，它将 $i$ 能够报告的临界出价作为支付给 $i$ 的价格 $p_i$，若 $i$ 的实际出价 $b_i$ 比 $p_i$ 大，则 $i$ 将无法被 RMA 算法选择以获得收益。具体而言，RMA 算法假设数据拥有者 $i$ 在"待价而沽"，模拟当第 $j$ 组不含数据拥有者 $i$ 时的选择过程，每当选择了一个新的数据消费者 $k$，$i$ 查看 $k$ 是否与其存在信道冲突。

(i) 若 $k$ 与 $i$ 存在冲突，则数据拥有者 $i$ 改变自己的出价 $b_i$ 以使得其边际效益与数据消费者 $k$ 相同。因为此时 $i$ 继续增加出价，将使得其边际效益比与其冲突的 $k$ 小，导致 $k$ 被选中，那么在之后的选择过程中，$i$ 由于与已选择的 $k$ 冲突将永远无法被选中而失去赢得拍卖的机会。所以，数据拥有者 $i$ 的临界价格可以确定为 $p_i=\arg_{b_i}V(i\mid\mathcal{W}_o)=V(k\mid\mathcal{W}_o)$，其中 $\mathcal{W}_o$ 是在模拟过程中所有已被选择的数据拥有者(第 19 行)；

(ii) 若二者不存在冲突,则代表 $i$ 至少可以将自己的出价 $b_i$ 改变以使得其边际效益与 $k$ 相同(第 22 行)。请注意,改变后的 $b_i$ 并不是最终的临界价格,因为即使其增加出价,由于 $i$ 与 $k$ 不冲突,它也有机会在 $k$ 被选择后继续被 RMA 算法选择。所以,数据消费者 $i$ 的价格 $p_i$ 设为 $p_i = \max\{p_i, \arg_{b_i} V(i \mid \mathcal{W}_o) = V(k \mid \mathcal{W}_o)\}$。

当模拟的选择过程结束,数据拥有者 $i$ 发现所有被选择的数据拥有者都与其不冲突,那么它得到临界出价,即使得边际效益为 0 的出价,$p_i = \arg_{b_i} V(i \mid \mathcal{W}_o) = 0$,这样的出价使得一个理性数据拥有者获得最大的收益(第 15—17 行)。

可以证明,RMA 算法满足个人理性(IR)和激励兼容(IC)属性。然而,这种随机的贪心算法没有很好地利用数据拥有者之间的信道分布以及 EMD 信息:例如,可以使用图神经网络表征各数据拥有者信道之间的结构关系,并利用强化学习方法获得更准确的逼近[43]。

## 3.4 小结与展望

本章介绍了数据交易领域的数据定价机制和模型定价机制。具体探讨了每类定价机制中不同的定价策略,包括定价策略的基本框架、步骤、具体实现以及相关优化方式。这些数据定价研究为数据市场的发展奠定基础,促进以数据为生产要素的信息变革。

下面,对数据定价研究领域有待突破的研究问题进行展望。

### (1) 数据需求建模

目前的数据定价和模型定价机制考虑了原始数据集、查询、统计信息、机器学习模型等数据需求。然而,相比于不同结构和类型的数据在实际生活中的广泛应用,当前研究只涉及了“冰山一角”。只有对实际生活中的数据需求进行有效建模,后续的数据交易及定价研究才更具有实际意义。因此,数据定价及交易研究仍处于探索阶段。深挖真实世界中的“数据孤岛”问题以及其中的数据需求,对其有效建模并提出可行的定价与交易方案是数据定价研究真正“落地”的必经之路。

具体而言,数据需求应与具体应用场景相结合。例如,机器学习模型需要大量包含标签的图像、文本、音频数据等;基于地理位置的服务需要与地理位置相关的信息,如对应位置餐厅信息等;社交网络营销不仅需要社交网络图,而且还涉及社交用户的部分隐私数据。现有数据市场的数据集交易机制仍处于“粗粒度”的状态,需要进一步区分不同数据集的适用范围,尽可能地精准估计数据集及其增值服务的价值。

（2）定价因素识别

目前的定价机制仅仅考虑数据或模型某一个维度的信息。在实际场景中，只考虑某一定价因素往往过于简单。一方面，数据消费者可能关注数据的多个维度。这时，需要通过市场调研和真实实验等方式识别主要定价因素，并分析因素之间的相互作用，得到初步的多维定价模型。另一方面，数据消费者对数据维度存在不同偏好，譬如更加看重数据的精度。这使得数据市场需要探究差异化定价机制，根据消费者信息对数据消费者进行细分（segmentation），并为每种数据消费者提供满足其需求的差异化数据产品和价格。通过全面识别定价因素和差异化定价，数据市场能够为消费者提供个性化的服务，获得更多利润，促进数据市场的发展。

（3）基于市场动态和数据价值的数据定价

市场动态是指市场中各方角色根据当前的市场状态进而改变自身行为的现象。当一种定价机制在某个数据市场中被应用，数据市场中的数据消费者会受到定价机制的影响改变其购买行为，譬如选择减少或增加数据购买量等，这种行为进而影响整个数据市场其他角色的行为，譬如其他数据交易平台可能采取一定方式进行竞争。此外，数据的价值可能随时间而动态地改变，一方面，数据的新鲜度（freshness）随着时间降低，另一方面，数据价值可能由于技术发展进一步增加，譬如图片数据在卷积神经网络发展驱动下的大量使用。因此，深入理解数据市场动态，将数据市场中的动态因素（如市场竞争）和数据价值的动态改变考虑在内，对数据消费者行为、竞争者行为、数据价值变化等相关因素进行统一建模，扩展现有定价机制或设计新型定价机制，促进数据市场的进一步发展。

（4）数据市场构建

现实中的数据市场大多采用简单的定价策略，并且具有较高的门槛，例如，部分数据交易平台只允许大型机构发布和购买数据资源，小型组织或个人被拒之门外。此外，交易模式局限于购买整个数据集，这导致数据价格较高，难以产生大规模购买行为。这与“数据开放共享”的发展目标仍有很大距离。目前政府推动的政务数据开放共享的相关经验可以完善和加快数据市场构建历程。同时，数据市场的构建仍面临一系列问题，如数据确权、数据水印、数据隐私保护、数据定价等，需要多方研究学者和数据市场管理人员深入合作，携手促进数据市场繁荣发展。

可以预见，在信息化大数据时代下，随着数据治理、数据定价与交易等相关研究的不断深入，基于数据经济的大数据新型发展模式终将成为现实。

## 3.5 术语表

| | |
|---|---|
| structured query language | 结构型查询语言 |
| arbitrage-free property | 无套利属性 |
| data provenance | 数据溯源 |
| possible world | 可能世界 |
| usage and completeness-aware query price function | 基于数据溯源和完整性的查询价格函数(UCA) |
| projection, selection, join | 投影,选择,连接操作 |
| active strategy | 主动策略 |
| quality, usage, and completeness-aware price function | 基于数据质量、溯源和完整性的查询价格函数(QUCA) |
| gaussian process | 高斯过程 |
| single-data query | 单点查询 |
| relative entropy | 相对熵 |
| online learning | 在线学习 |
| dot product | 点积 |
| noise | 噪声 |
| indicate function | 指示函数 |
| neighbor database | 邻域数据集 |
| independent cascade | 独立级联(IC) |
| seed nodes | 种子节点 |
| Monte Carlo sampling | 蒙特卡洛采样 |
| reverse influence sampling | 反向影响力采样(RIS) |
| reverse reachable set | 反向可达集(RR Set, RR 集合) |
| in-neighbors | 入邻居 |
| view | 视图 |
| price points | 价格点 |
| integer linear programming | 整数线性规划(ILP) |
| full conjunctive query | 全合取查询 |
| support set | 支持集 |
| weighted coverage function | 加权覆盖函数 |
| uniform entropy gain function | 平均熵增益函数 |
| shannon entropy function | 香农熵函数 |
| $q$-entropy function | $q$ 熵函数 |
| random neighbor database sampling | 随机邻域数据库采样 |
| entropy maximization | 熵最大化 |
| full-information experiment | 完全信息实验 |
| no-information experiment | 无信息实验 |
| individual rationality | 个人理性(IR) |
| incentive compatible | 激励兼容(IC) |

续表

| | |
|---|---|
| noise injection | 噪声注入 |
| unbiasedness | 无偏性 |
| monotonicity | 单调性 |
| revenue maximization | 收益最大化 |
| game theory | 博弈论 |
| Shapley value | 沙普利值(Shapley 值) |
| group rationality | 群体理性 |
| symmetry | 对称性 |
| null player | 冗员性 |
| additivity | 可加性 |
| group test | 组检验 |
| *k* nearest neighbors | *k* 近邻(*k*NN) |
| locality sensitive hashing | 局部敏感哈希 |
| earth mover' s distance | 推土机距离(EMD) |
| bid | 叫价 |
| congestion | 阻塞 |
| reverse multi-dimensional auction | 逆向多维拍卖(RMA) |
| critical payment | 临界报酬 |
| segmentation | 细分 |
| freshness | 新鲜度 |

## 3.6　习题

习题 3.1　基于图 3.3 所示的电影评分数据库,给定查询 $Q$:"SELECTU FROM Score, User WHERE Score. U=User. U",回答以下问题。

(1) 请写出查询 $Q$ 的数据溯源集合;

(2) 假设用户表中每条数据的基础价格均为 10,评分表和电影表中每条数据基础价格均为 8,试求查询 $Q$ 的 UCA 价格。

习题 3.2　在某移动感知数据集中,假设某单点查询共有 2 个版本,对应的概率分布分别为 $f_1$ 和 $f_2$,其后验方差分别为 $\sigma_1^2=1$ 和 $\sigma_2^2=2$,假设 $f_1$ 是该查询的最高版本,价格为 10,缩放系数 $\lambda=1$,试计算 $f_2$ 对应的版本精度下,该查询需要支付的价格。

习题 3.3　在基于数据隐私的定价机制中,给出的定价函数被证明具有无套利性质,且经过某些变换后的无套利定价函数仍然是无套利的。试根据该性质构造一些无套利定价函数。

习题 3.4　试给出独立级联模型下的 RR 集合生成算法伪代码。

习题 3.5　针对基于图节点影响力定价机制中的差异最小化问题式(3.18)，试证明原问题可以转换为目标函数为 $f(p_1,p_2,\cdots,p_{n_c})=\frac{1}{2^{n_c}}\sum_{S\subseteq C}\sigma(S)^2+\sum_{i=1}^{n_c}g(p_i)$ 的新问题。

习题 3.6　例 3.9(全合取查询下的 ILP 问题实例)中，假设每个选择视图的价格均为 $p$，试求解令目标函数取得最小值的解，即哪些选择视图构成具有最小价格的支持集。

习题 3.7　根据图 3.3 给出的数据集为例，假设需要定价的查询 $Q$ 为“SELECT * FROM Movie WHERE Movie. m = $m_1$”，支持集 $S$ 为如下数据库实例的集合：对于每个邻域数据库 $D'$，其用户表和评分表与原始数据集 $D$ 完全相同，唯一不同的元素为电影表中的元素。例如，图 3.9 中所有邻域数据库均满足上述条件。试计算查询 $Q$ 在基于查询效用定价机制的价格，包括加权覆盖价格、平均熵增益价格、香农熵价格和 $q$-熵价格。

习题 3.8　在基于模型精度定价机制中，试证明单调递减是关于噪声控制参数 $\delta$ 的无套利定价函数的必要条件，即定价函数满足无套利属性，那么它必然关于噪声控制参数 $\delta$ 递减。

习题 3.9　试证明在模型定价机制中，向模型中注入高斯噪声不改变模型实例的期望，即噪声注入方法 $\mathcal{K}$ 具有无偏性。

习题 3.10　算法 3.1 使用了目标函数扰动和输出模型扰动方法保证差分隐私，这是基于差分隐私的组合性质，其定义如下：若算法 $M=(M_1,\cdots,M_k)$ 由一列 $\epsilon$-差分隐私算法 $M_i$ 依次组合而成，则算法 $M$ 满足 $k\epsilon$-差分隐私。试证明这一性质。

习题 3.11　在 3.3.2 节基于模型精度的定价中，收益最大化问题是通过几何法得到松弛问题的解空间，进而得到松弛问题的最优解(即原问题的近似解)。几何法利用了无套利约束的单调性与松弛的次可加性两个条件，其具体过程如下。对于每一个价格调查点$(a,p(a))$(其中 $a=1/\delta$)，其确定了一个单位价格 $p(a)/a$ 以及价格 $p(a)$。根据单调性，若选取 $p(a)$ 作为模型的价格，则其之前的模型 $a'$ 的价格 $p(a')$ 都不能超过 $p(a)$，相当于解被限制在过调查点水平直线与过 $a'$ 垂线的交点中。根据松弛的次可加性，$a$ 之后的 $a''$ 的单位价格 $p(a'')/a''$ 也不能超过 $p(a)/a$，相当于 $p(a'')$ 被限制在过原点斜率为单位价格 $p(a)/a$ 的直线与过 $a''$ 垂线的交点下方。因此，价格调查点$(a,p(a))$限制了整个解空间的大小,即限制后的解空间是图 3.14 中被最外侧灰色虚线、$x$ 轴和 $y$ 轴包围的部分。利用所有价格调查点对整个解空间进行限制,然后根据限制后的解空间对原问题求解,即可得到不同版本模型的近似最优价格。

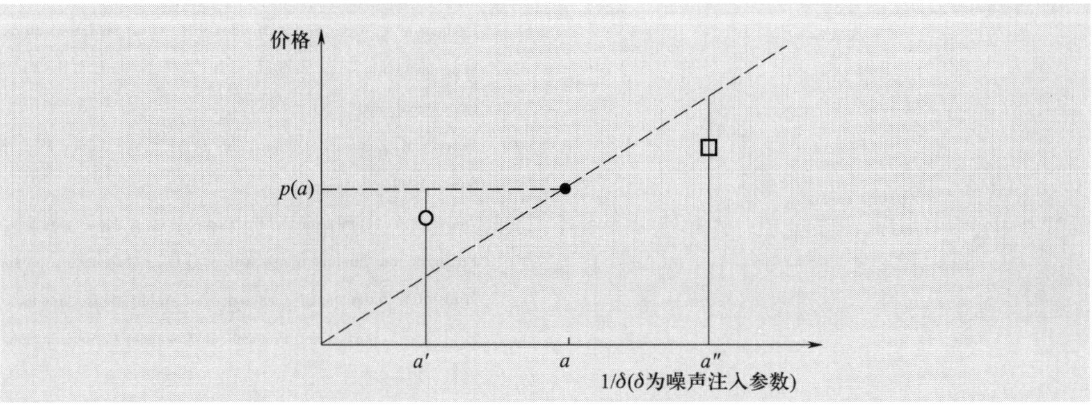


图 3.14　习题 3.11 题图

假设有三个模型版本,通过问卷调查得到六个调查价格点:$(1,p_1=1)$、$(1,p_1=4)$、$(2,p_2=3)$、$(2,p_2=7)$、$(3,p_3=5)$和$(3,p_3=8)$,请使用几何法计算价格空间,并确定三个版本模型的最优价格。

## 参考文献


[1] Bolukbasi B, Berente N, Cutcher-Gershenfeld J, et al. Open data: Crediting a culture of cooperation [J]. Science, 2013, 342(6162): 1041-4042.

[2] Kusiak A. Renewables: Share data on wind energy [J]. Nature News, 2016, 529(7584): 19.

[3] 李向阳, 张兰, 韩风, 等. 大数据共享及交易中的机遇和挑战 [J]. 中国计算机学会通讯, 2019, 15(1): 43-51.

[4] Miao X, Gao Y, Chen L, et al. Towards query pricing on incomplete data [J]. IEEE Transactions on Knowledge and Data Engineering, 2022, 34(8): 4024-4036.

[5] Cui Y, Widom J. Practical lineage tracing in data warehouses [C]//Proceedings of the 16th IEEE International Conference on Data Engineering. 2000: 367-378.

[6] Zheng Z, Peng Y, Wu F, et al. An online pricing mechanism for mobile crowdsensing data markets [C]//Proceedings of the 18th International Symposium on Mobile Ad Hoc Networking and Computing. 2017: 1-10.

[7] Cressie N. Statistics for spatial data [M]. John Wiley & Sons, 2015.

[8] Deshpande A, Guestrin C, Madden S R, et al. Model-driven data acquisition in sensor networks [C]//Proceedings of the VLDB Endowment. 2004, 30: 588-599.

[9] Cover T M. Elements of information theory [M]. John Wiley & Sons, 1999.

[10] Valancius V, Lumezanu C, Feamster N, et al. How many tiers? Pricing in the Internet transit market [C]//Proceedings of the 2011 ACM International Conference on Applications, Technologies, Architectures, and Protocols for Computer Communications. 2011: 194-205.

[11] Niu C, Zheng Z, Wu F, et al. Unlocking the value of privacy: Trading aggregate statistics over private correlated data [C]//Proceedings of the 24th ACM International Conference on Knowledge Discovery & Data Mining. 2018: 2031-2040.

[12] Niu C, Zheng Z, Wu F, et al. ERATO: Trading noisy aggregate statistics over private correlated data [J]. IEEE Transactions on Knowledge and Data Engineering, 2021, 33(3): 975-990.

[13] Dwork C, Roth A. The algorithmic foundations of differential privacy [J]. Foundations and Trends in Theoretical Computer Science, 2014, 9(3-4): 211-407.

[14] Liu C, Chakraborty S, Mittal P. Dependence makes you vulnberable: Differential privacy under dependent tuples [C]//Proceedings of the 23rd Annual Network and Distributed System Security Symposium. 2016, 16: 21-24.

[15] Li C, Li D Y, Miklau G, et al. A theory of pricing private data [J]. Communications of the ACM, 2017, 60(12): 79-86.

[16] Niu C, Zheng Z, Wu F, et al. Online pricing with reserve price constraint for personal data markets [J]. IEEE Transactions on Knowledge and Data Engineering, 2022, 34(4): 1928-1943.

[17] Zhang M, Beltran F, Liu J. Selling data at an auction under privacy constraints [C]//Proceedings of the 36th International Conference on Uncertainty in Artificial Intelligence. 2020: 669-678.

[18] Zhu Y, Tang J, Tang X. Pricing influential nodes in online social networks [J]. Proceedings of the VLDB Endowment, 2020, 13(10): 1614-1627.

[19] Kempe D, Kleinberg J, Tardos É. Maximizing the spread of influence through a social network [C]//Proceedings of the 9th ACM International Conference on Knowledge Discovery & Data Mining.

2003: 137-146.

[20] Chen W, Wang C, Wang Y. Scalable influence maximization for prevalent viral marketing in large-scale social networks [C]//Proceedings of the 16th ACM International Conference on Knowledge Discovery & Data Mining. 2010: 1029-1038.

[21] Borgs C, Brautbar M, Chayes J, et al. Maximizing social influence in nearly optimal time [C]//Proceedings of the 25th ACM-SIAM symposium on Discrete algorithms. 2014: 946-957.

[22] Tang J, Tang X, Xiao X, et al. Online processing algorithms for influence maximization [C]//Proceedings of the 2018 ACM International Conference on Management of Data. 2018: 991-1005.

[23] Kuhn H W. Tucker. Nonlinear programming [C]//Proceedings of the 2nd Berkeley Symposium on Mathematical Statistics and Probability. 1951: 481-492.

[24] Koutris P, Upadhyaya P, Balazinska M, et al. Toward practical query pricing with querymarket [C]//Proceedings of the 2013 ACM International Conference on Management of Data. 2013: 613-624.

[25] Deep S, Koutris P. QIRANA: A framework for scalable query pricing [C]//Proceedings of the 2017 ACM International Conference on Management of Data. 2017: 699-713.

[26] Mao W, Zheng Z, Wu F. Pricing for revenue maximization in IoT data markets: An information design perspective [C]//Proceedings of the 38th IEEE International Conference on Computer Communication. 2019: 1837-1845.

[27] Deep S, Koutris P. The design of arbitrage-free data pricing schemes [C]//Proceedings of the 20th International Conference on Database Theory. 2017, 12: 1-18.

[28] Diamond S, Boyd S. CVXPY: A Python-embedded modeling language for convex optimization [J]. The Journal of Machine Learning Research, 2016, 17(1): 2909-2913.

[29] O'donoghue B, Chu E, Parikh N, et al. Conic optimization via operator splitting and homogeneous self-dual embedding [J]. Journal of Optimization Theory and Applications, 2016, 169(3): 1042-1068.

[30] Rish I. An empirical study of the naive bayes classifier [J].Journal of Universal Computer Science, 2001, 1(2): 127.

[31] Nelder J A, Wedderburn R W M. Generalized linear models [J]. Journal of the Royal Statistical Society: Series A (General), 1972, 135(3): 370-384.

[32] Chen L, Koutris P, Kumar A. Towards model-based pricing for machine learning in a data marketplace [C]//Proceedings of the 2019 ACM International Conference on Management of Data. 2019: 1535-1552.

[33] Carlini N, Liu C, Erlingsson Ú, et al. The secret sharer: Evaluating and testing unintended memorization in neural networks [C] //Proceedings of the 28th USENIX Security Symposium. 2019: 267-284.

[34] Liu J, Lou J, Liu J, et al. Dealer: An end-to-end model marketplace with differential privacy [J]. Proceedings of the VLDB Endowment, 2021, 14(6): 957-969.

[35] Abadi M, Chu A, Goodfellow I, et al. Deep learning with differential privacy [C] //Proceedings of the 23rd ACM International Conference on Computer and Communications Security. 2016: 308-318.

[36] Bassily R, Smith A, Thakurta A. Private empirical risk minimization: Efficient algorithms and tight error bounds [C] //Proceedings of the 55th IEEE Annual Symposium on Foundations of Computer Science. 2014: 464-473.

[37] Jia R, Dao D, Wang B, et al. Towards efficient data valuation based on the Shapley value [C] //Proceedings of the 22nd International Conference on Artificial Intelligence and Statistics. 2019: 1167-1176.

[38] Ghorbani A, Zou J. Data shapley: Equitable valuation of data for machine learning [C] //Proceedings of the 36th International Conference on Machine Learning. 2019: 2242-2251.

[39] Jiao Y, Wang P, Niyato D, et al. Toward an automated auction framework for wireless federated learning services market [J]. IEEE Transactions on Mobile Computing, 2021, 20(10): 3034-3048.

[40] Feng S, Niyato D, Wang P, et al. Joint service pricing and cooperative relay communication for federated learning [C] //Proceedings of the 12th International Conference on Internet of Things and IEEE Green Computing and Communications and IEEE Cyber, Physical and Social Computing and IEEE Smart Data. 2019: 815-820.

[41] Shapley L S. A value for n-person games [M]. Princeton University Press, 2016.

[42] Zhou Y, Porwal U, Zhang C, et al. Parallel feature selection inspired by group testing [C] //Proceedings of the 2014 Annual Conference on Neural Information Processing Systems. 2014: 3554-3562.

[43] Jia R, Dao D, Wang B, et al. Efficient task-specific data valuation for nearest neighbor algorithms [J]. Proceedings of the VLDB Endowment, 2019, 12(11): 1610-1623.

[44] Datar M, Immorlica N, Indyk P, et al. Locality-sensitive hashing scheme based on p-stable distributions [C] //Proceedings of the 20th Annual Symposium on Computational Geometry. 2004: 253-

262.

[45] Konečný J, McMahan H B, Yu F X, et al. Federated learning: Strategies for improving communication efficiency [J]. arXiv preprint arXiv: 1610.05492, 2016.

[46] Zhao Y, Li M, Lai L, et al. Federated learning with non-IID data [J]. arXiv preprint arXiv: 1806.00582, 2018.

[47] Rubner Y, Tomasi C, Guibas L J. The earth mover's distance as a metric for image retrieval [J]. International Journal of Computer Vision, 2000, 40(2): 99-121.

# 第4章　地理空间数据管理

4

近年来随着空间定位技术的发展以及移动智能设备的普及,地理空间数据呈现了爆发式的增长。据美国国家航天局统计,在 NASA 的地球卫星影像资料中已收集超过 500 TB 的空间数据,且该数据仍将以每日 25 GB 的速率增长。Bing 搜索引擎公司对用户提交的查询日志进行分析后指出:大约 53%的用户查询带有空间信息检索需求[1]。当下地理空间数据的使用已渗透到众多民生领域,成为推动行业发展的关键要素,例如:在地图服务中支持用户的位置查询需求;在交通导航中根据实时的路况规划合适的驾驶路径;在城市建设中根据人口的空间分布进行合理的资源配置;等等。为充分挖掘空间数据的价值,满足用户不断涌现的应用需求,以地理信息系统、时空数据库、移动计算为代表的多个研究领域在过去 20 年受到了学术界与工业界的广泛关注,取得了一系列瞩目的研究成果。本章旨在对地理空间数据管理与分析中的关键技术与代表性研究成果进行整理与总结,进而引导读者对该领域内的相关重要研究与理论知识有一个初步的理解与认识。

本章 4.1 节阐述地理空间数据管理的基本概念;4.2 节主要介绍空间数据管理中代表性工作;4.3 节阐述轨迹数据管理的代表性研究工作;最后 4.4 节对本章进行总结与展望。

## 4.1　地理空间数据管理概述

美国《国家空间数据基础设施战略框架 2016》指出:“地理信息数据是关键的国家资产,可提升数据资源的价值、支撑国家经济的关键部分。”得益于硬件与通信技术的发展,人们对地理空间数据的获取能力正不断提升,与此同时,海量的地理空间数据规模也对地理空间数据的存储、管理以及有效分析、使用提出了新的挑战。不同于低维、序列化的数据,地理空间数据具有海量、多维、动态变化等的复杂特性,这使得传统的数据库管理技术不能十分有效地发挥其作用。为此,在过去 20 多年时间中,学术界与工业界提出了大量针对地理空间数据管理的新理论、新技术、新方法。当前地理空间数据管理的重要工作可划分为两个大类,分别为:针对静态空间对象(如带经纬度信息的兴趣点)的空间数据管理相关工作,以及针对移动对象(如带时序信息的坐标点序列)的轨迹数据管理。以下首先对这两部分涉及的相关基本概念进行简要阐释。

### 4.1.1 空间数据管理基本概念

空间数据管理是利用计算机硬件和软件技术对空间数据进行收集、存储、处理与应用的过程,旨在充分地发挥空间数据的价值。如何实现有效的空间数据管理,空间数据索引与空间数据查询是其中两个重要的组成部分。

**空间数据索引**:查询效率是衡量数据库性能的重要指标,对空间数据建立索引结构能有效提升空间数据的查询效率。空间数据索引是根据空间数据的位置和分布特征,按照一定的划分规则建立的数据结构,其内部包含对空间对象分布的概要抽取,如最小包围矩形(MBR)、对象所处子空间等,以及指向对象所在物理存储设备中的地址指针。空间索引对空间数据建立了有效的逻辑划分与存储优化以此提升空间数据的查询检索效率。当前有代表性的空间索引主要有:R 树、四叉树、G 树等。

**空间数据查询**:空间数据查询又称空间数据检索或空间数据选取,空间查询旨在根据用户输入的查询参数,从空间数据集中(高效地)获取一个(组)或多个(组)空间对象,返回结果中的对象必须满足特定的语义与空间关系。现实生活中,许多空间查询都有着重要的应用,例如范围查询、$k$ 最近邻查询、Skyline 查询等。

### 4.1.2 轨迹数据管理基本概念

区别于位置固定的静态物体,真实世界中存在着大量的移动物体,如:行人、车辆、船舶、动物、自然气象等,这些移动物体的位置随时间动态变化。轨迹数据记录了移动物体运动过程中位置与时间的对应关系,即:轨迹是对运动物体的位置进行采样而产生的数据[1]。一条轨迹通常由一系列按时间顺序排列的点组成,如图 4.1 所示。事实

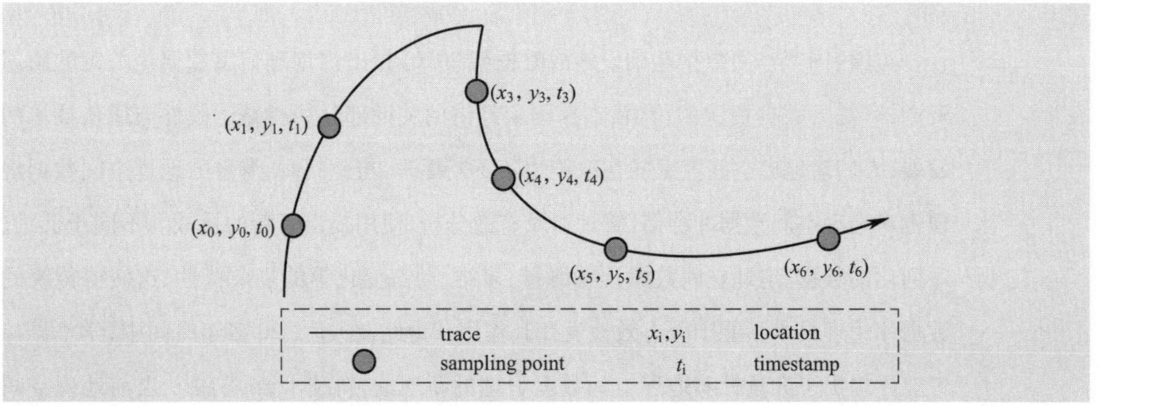


图 4.1 轨迹示意图

上，轨迹数据具有多种组成形式，包括轨迹点、轨迹段以及子轨迹。

**定义 4.1（轨迹点）**　轨迹点 $p$ 至少包含一个空间位置 $l$（一个 $d$ 维的向量 $(v_1,\cdots,v_d)^{\mathrm{T}}$）与一个时间戳 $t$。一个最简单的轨迹点可表示为 $p=(x,y,t)$，其中 $x$ 和 $y$ 表示地理坐标。

一般情况下，运动物体的轨迹受限于二维或三维空间。除了时间/空间属性外，轨迹点还可包含其他信息，例如：区分"轨迹"或"子轨迹"或移动对象的 ID、运动物体的其他属性（如运动速度、移动方向、是否载客等）。

**定义 4.2（轨迹段）**　轨迹段 $g(p_1,p_2)$ 是一条轨迹中连接两个相邻轨迹点 $p_1$ 和 $p_2$ 的直线段。

**定义 4.3（完整轨迹）**　一条完整轨迹 $\tau$ 是指一个移动对象在时间上按照有序轨迹点所组成的时空序列，通常表示为点序列 $[p_1,\cdots,p_n]$ 或者段序列 $[g_1,\cdots,g_n]$。

例如，轨迹点序列 $[p_1,p_2,p_3,p_4]$ 可表示为轨迹段序列 $[g(p_1,p_2),g(p_2,p_3),g(p_3,p_4)]$。此外，还有一些应用场景需要将轨迹表示成"子轨迹"的形式：

**定义 4.4（子轨迹）**　若存在 $\alpha\in[0,|\tau|-|\tau_s|]$，使得 $\forall i\in[1,|\tau_s|]$，都满足 $\tau_s\cdot p_i=\tau\cdot p_{\alpha+i}$，则称 $\tau_s$ 是完整轨迹 $\tau$ 的子轨迹，并表示成 $\tau_s\subseteq\tau$。

例如，给定轨迹 $\tau=[p_1,p_2,p_3,p_4]$，$\tau_{s1}=[p_1,p_2,p_3]$ 和 $\tau_{s2}=[p_4]$ 是 $\tau$ 的两条子轨迹。

随着移动互联网、卫星定位技术、LBS 技术的高速发展，无时无刻不在产生轨迹数据。轨迹数据揭露了移动对象（如行人、车辆）的行为特征、兴趣爱好和社会关系等隐藏信息，充分描述了移动对象的内在属性和外在关联。基于此，面向轨迹数据的管理与分析技术被广泛应用于各个领域的科学研究和商业服务中。例如，在交通运输中对车辆轨迹进行聚类分析，可用于堵塞状况、旅行时间预测，以服务拼车和交通管理等；在基于位置的服务[1]中，基于签到轨迹的行为分析被广泛用于社交推荐等；在行为研究中，对动物轨迹的运动模式挖掘有助于理解其迁徙模式、生活方式以及生存状态等；在城市规划中，居民以及车辆的出行轨迹可用于道路规划以及商家选址。

轨迹数据作为大数据的一种，其丰富的数据来源与多样化的结构特征符合大数据的 3V 特征：量大（volume）、实时（velocity）、多样（variety）。此外，轨迹数据还具有独特的时空依赖等特点，这些都对轨迹数据的存储、计算、查询与挖掘等提出了更高的要求。近十年来，学术界已对轨迹数据管理进行大量投入，提出了一系列相应的算法与工具，以支持人们在各种场景中进行复杂而多样的轨迹处理与分析。4.3 节将对轨迹数据管理中的关键任务，包括：轨迹压缩、相似性度量、索引以及查询等关键任务进行介绍。

## 4.2 空间数据管理

空间数据索引与空间数据查询是空间数据管理的两个重要组成部分。前者主要解决了如何对空间数据进行合理地划分、组织,进而实现高效的存储与管理,后者则解决如何对空间数据进行高效的检索进而充分挖掘空间数据中的信息价值。本节以下内容将对空间数据索引与空间数据查询中几类重要的代表性工作进行详细介绍,并对其他相关的技术工作展开概述。

### 4.2.1 空间数据索引

根据应用场景的不同,空间索引的种类可进一步分为:欧氏空间索引以及针对路网的路网空间索引。在欧氏空间中,对象间的距离以两点间的直线距离(即欧氏距离)衡量;而在路网空间中,考虑到对象的移动受限特性,以最短路径距离衡量对象间的距离。

#### (1) 欧氏空间下的索引技术

在欧氏空间中构建索引的核心思想是对空间进行区域划分,以使位置邻近的多个对象可被划分到同一个块中,进行统一的组织管理。欧氏空间中的经典索引结构主要有基于树形架构的索引(如 R 树、KD 树、四叉树等),以及基于哈希的网格索引等。考虑到 R 树索引在各类空间查询中的良好通用性,以下首先对 R 树索引展开详细介绍。此后进一步展开对其他索引结构的概要介绍。

**R 树(R-Tree)**:R 树由 Guttman 于 1984 年提出[2]。R 树作为空间数据管理领域中的一种重要索引结构,是其他众多空间索引结构及变体的设计基础,在相关主流的数据库管理系统(如 PostgreSQL)中也有广泛应用。在介绍 R 树结构前,首先需明确一个基本概念:包围矩形(bounding rectangle,BR)。所谓 BR 是表示空间中某个形状为矩形的子区域。基于 BR,R 树中另一个重要基本概念为:最小包围矩形(minimum bounding rectangle,MBR)。所谓 MBR 是指一个在空间上能包围一组数据点,且有最小面积的外接矩形。

在 R 树中,MBR 通常被其范围内的最小横纵坐标与最大横纵坐标上的两处坐标点来表示。如图 4.2(a)所示,数据点 $a$、$b$、$c$ 的最小包围矩形为 $E1$,空间范围为〈(2,2),(4,3)〉。将图 4.2(a)中所有数据点在 MBR 下进行划分,可得图 4.2(b)中 5 个 MBR:$E1$-$E5$。较小的 MBR 可进一步被更大的 MBR 所包围,如图 4.2(c)中 $E1$、$E2$、$E3$

的最小包围矩形为:$E6$;$E4$、$E5$ 的最小包围矩形为 $E7$。至此,空间中的数据点被分到了不同层次下的 MBR 中进行统一管理。R 树中每一个节点则对应了一个 MBR,如图 4.2(d)所示节点 $N_6$ 对应的 MBR 为 $E6$,每个 R 树节点内包含了若干索引项条目,叶节点为:

$$(Count, Level, \langle OI_1, MBR_1 \rangle, \langle OI_2, MBR_2 \rangle, \cdots, \langle OI_i, MBR_i \rangle);$$

中间(非叶)节点为:

$$(Count, Level, \langle CP_1, MBR_1 \rangle, \langle CP_2, MBR_2 \rangle, \cdots, \langle CP_i, MBR_i \rangle);$$

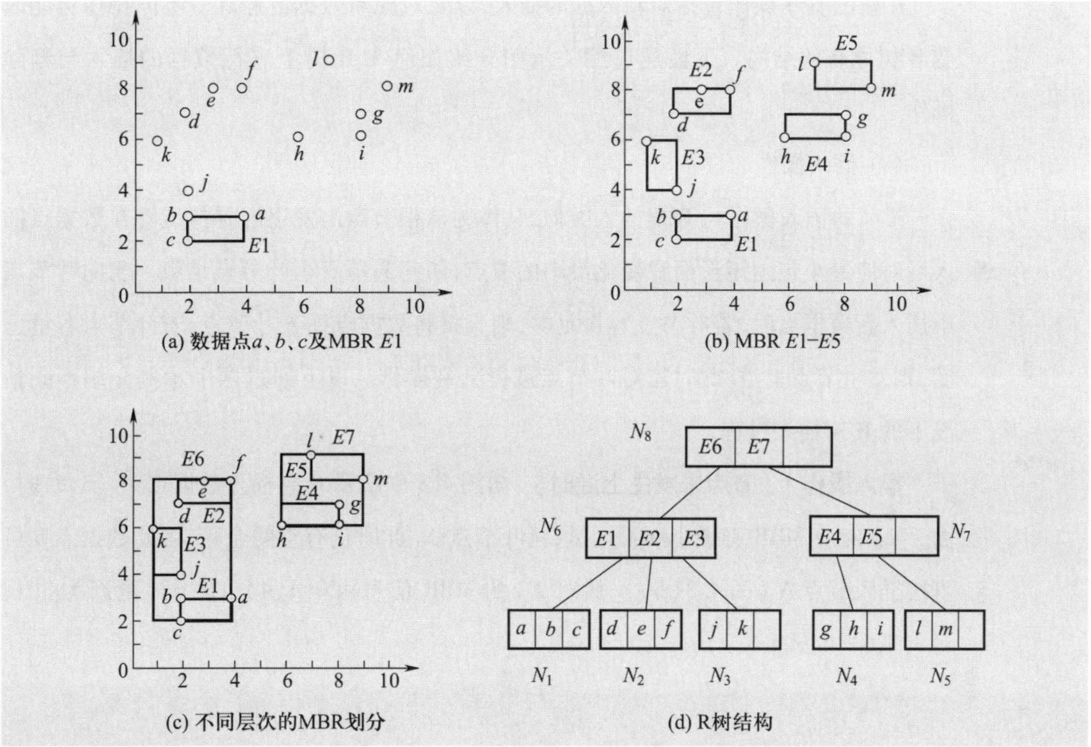


图 4.2 MBR 划分与 R 树结构示意

此处,$Count \leqslant M$ 代表节点包含的索引项或数据项的个数(索引项个数为孩子节点个数、数据项个数为叶节点中所包含数据点的个数),$Level \geqslant 0$ 表示节点在 R 树中的层数。在叶节点中,$\langle OI_i, MBR_i \rangle$ 为数据项,其中 $OI_i$ 为指向对象的指针,$MBR_i$ 为该对象空间形状对应的 MBR(图 4.2 中对象为数据点,故其 MBR 为数据点);在中间节点中,$\langle CP_i, MBR_i \rangle$ 表示索引条目,$CP_i$ 为指向孩子节点的指针,$MBR_i$ 为孩子节点的 MBR。令 $M$ 为节点容量(包含索引项的最大个数),R 树规定节点包含索引项(数据项)个数最小不得低于 $m(2 \leqslant m \leqslant M)$。通常 $m$ 被设为 $M/2$,即每个节点至少有 50%的空间利用率。若节点包含的索引(数据)项个数小于 $m$,则称为节点下溢,若所含索引(数据)项大于 $M$,则为节点上溢。发生下溢或上溢时,相关节点需在一定规则下进行合并或分

裂。除去以上规则,R 树还具有以下特性:

① 若节点不是叶节点,则该节点至少存在两个孩子节点;

② 除根节点外所有中间节点有 $m$ 至 $M$ 个子节点;每个叶节点均包含 $m$ 至 $M$ 个数据项;

③ 当根节点为叶节点时,根节点具有的数据项可以少于 $m$;

④ 所有的叶节点都出现在同一层,故 R 树为一棵平衡树;

⑤ 所有节点都拥有大小相等的存储空间(通常为一个磁盘页)。

R 树的基本操作包括对新数据的插入,以及对原有数据的删除。不同操作可能改变 R 树原有的结构。下面通过相关示例介绍如何在 R 树上进行数据的插入与删除操作。

(i) 插入操作

R 树的插入操作与 B 树插入类似,具体为从根节点出发逐层寻找能够在数据点插入后对应最小包围矩形面积变化最小的节点,访问遍历直至叶节点结束。当向叶节点中插入新数据点时,若叶节点容量足够,则直接将数据点插入叶节点;若叶节点容量已满,则发生节点上溢,此时需对叶节点进行分裂操作。以下通过两个示例介绍不同情况下的 R 树插入过程。

**插入操作 1(节点未发生上溢时)**:向图 4.3 中所示 R 树插入数据点 $p=(3,5)$ 时,由于 $E3$ 对应 MBR 有最小面积增量,且叶节点 $N_3$ 此时仍有空间余量,因此数据点 $p$ 可直接插入节点 $N_3$(图 4.3(b)),此时 $E3$ 的 MBR 信息由〈(1,4),(2,6)〉更新为〈(1,4),(3,6)〉(图 4.3(a))。

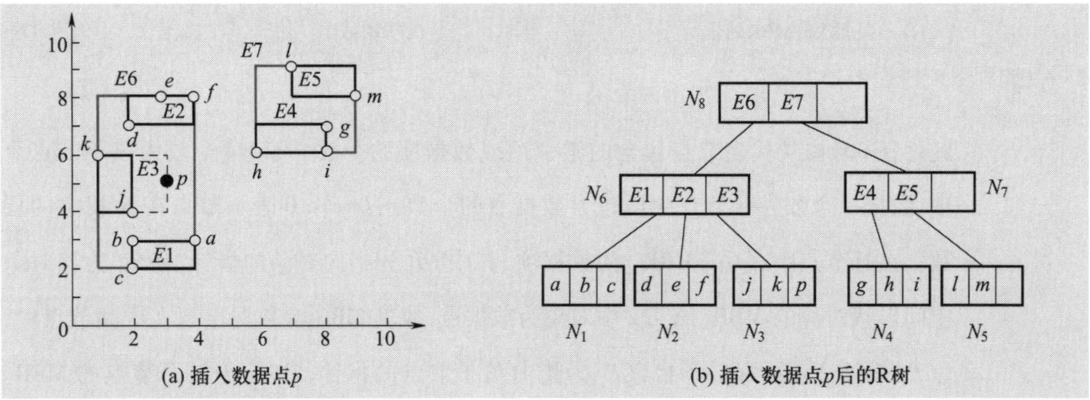


图 4.3 叶节点未发生溢出时的 R 树插入操作示例

**插入操作 2(节点发生上溢)**:规定 R 树节点容量为 $M=3$,如图 4.4 所示向 R 树插入数据点 $s(2,5)$,由于数据点 $s$ 位于 MBR $E3$ 中,而 $E3$ 对应的节点 $N_3$ 此时容量已满，故插入数据点 $s$ 后节点 $N_3$ 发生上溢情况，此时需对节点 $N_3$ 进行分裂操作并产生新的 MBR 与节点信息：MBR $E3$ 更新为〈(1,5),(2,6)〉，包含数据点 $k$、$s$，节点分裂新增的 MBR $E8$ 为〈(2,4),(3,5)〉，其包含数据点 $p$、$j$。若将新增条目 $E8$ 插入节点 $N_6$，发现 $N_6$ 中节点容量同样已满，因此 $N_6$ 同样进行分裂操作，从中分裂出新节点 $N_9$，因此节点 $N_6$ 的 MBR $E6$ 信息被更新为〈(2,2),(4,5)〉，$N_6$ 包含索引项 $E1$、$E8$，新增节点 $N_9$ 的 MBR 信息 $E9$ 为〈(1,5),(4,8)〉，所含索引项为 $E2$、$E3$。此时由于根节点 *Root* 仍有空间余量，因此直接将新增节点条目 $E9$ 加入根节点，至此节点分裂结束，最终得到的 R 树如图 4.4(d)所示。

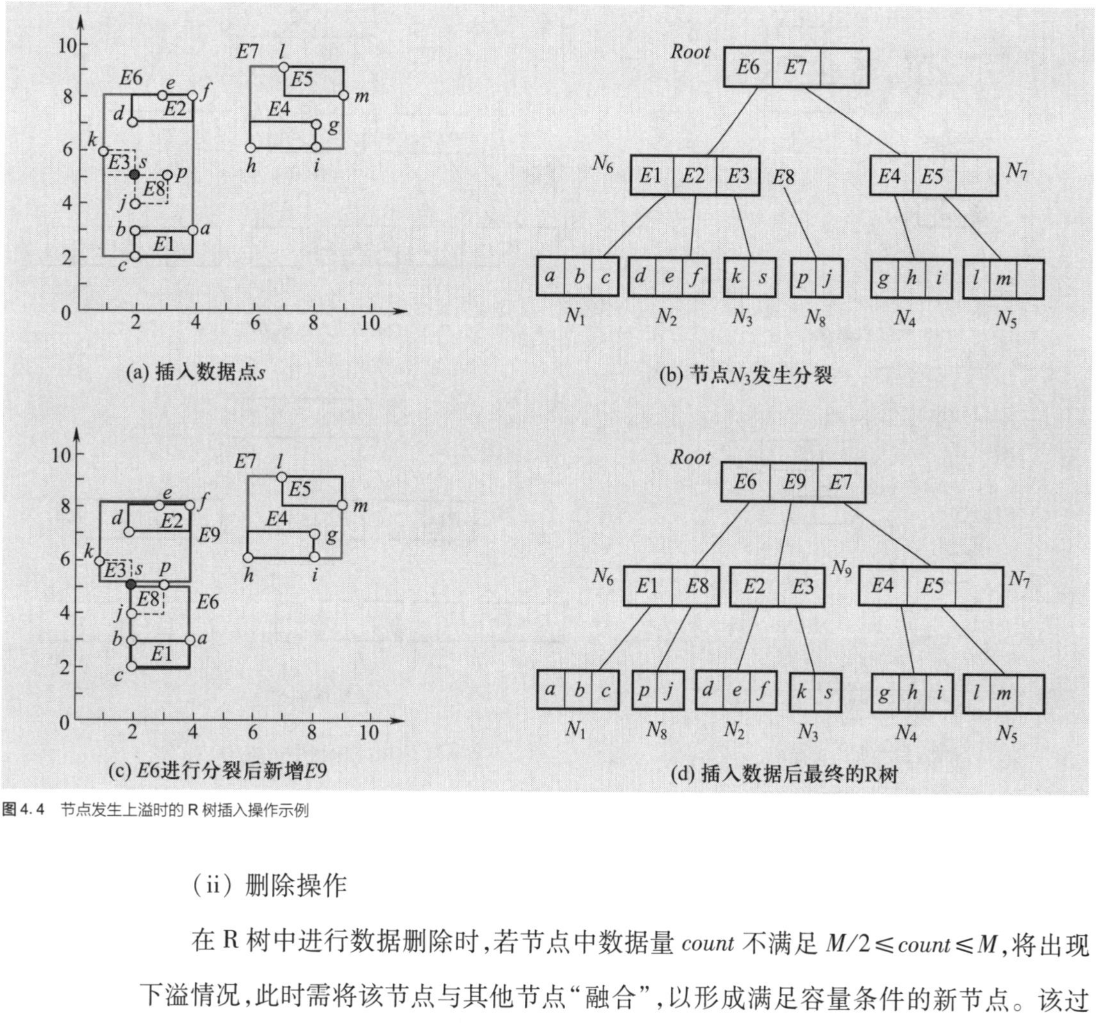


图 4.4　节点发生上溢时的 R 树插入操作示例

(ii) 删除操作

在 R 树中进行数据删除时，若节点中数据量 *count* 不满足 $M/2 \leqslant count \leqslant M$，将出现下溢情况，此时需将该节点与其他节点"融合"，以形成满足容量条件的新节点。该过程涉及对相关节点的合并以及部分数据的重插入。以下举例说明。如图 4.5(a)所示，假设在 R 树中删除位于 $E3$ 中的点 $k$(1,6)，此时由于 $E3$ 对应的节点 $N_3$ 在删除 $k$ 后仅包含 1 个数据项，因此 $N_3$ 发生下溢，此时需对 R 树结构进行调整。首先将发生下溢的节点 $N_3$ 相关的索引项条目 $E3$ 从节点 $N_9$ 中删除(图 4.5(b))，由于 $N_9$ 在删除 $E3$

后仅包含一项索引项 $E2$，故 $N_9$ 同样发生下溢情况，同样将下溢节点 $N_9$ 对应的索引条目 $E9$ 从根节点 *Root* 中删除，最后将节点 $N_2$、数据点 $s$ 重新插入 R 树，如图 4.5(c)-(f) 所示。至此完成对 R 树的数据删除操作。

有关 R 树中进行插入与删除操作的伪代码，可详见文献[2]中的介绍。值得注意的是，R 树索引具有诸如自动平衡、高空间利用率、适用外存等优点，因此利用 R 树可有效管理大规模量的空间数据。后续大量工作在 R 树基础上做出了相应改进并提出了一些索引的变种，如 $R^*$ 树和 $R^+$ 树等，$R^*$、$R^+$ 树的具体改进内容可详见文献[3-4]。

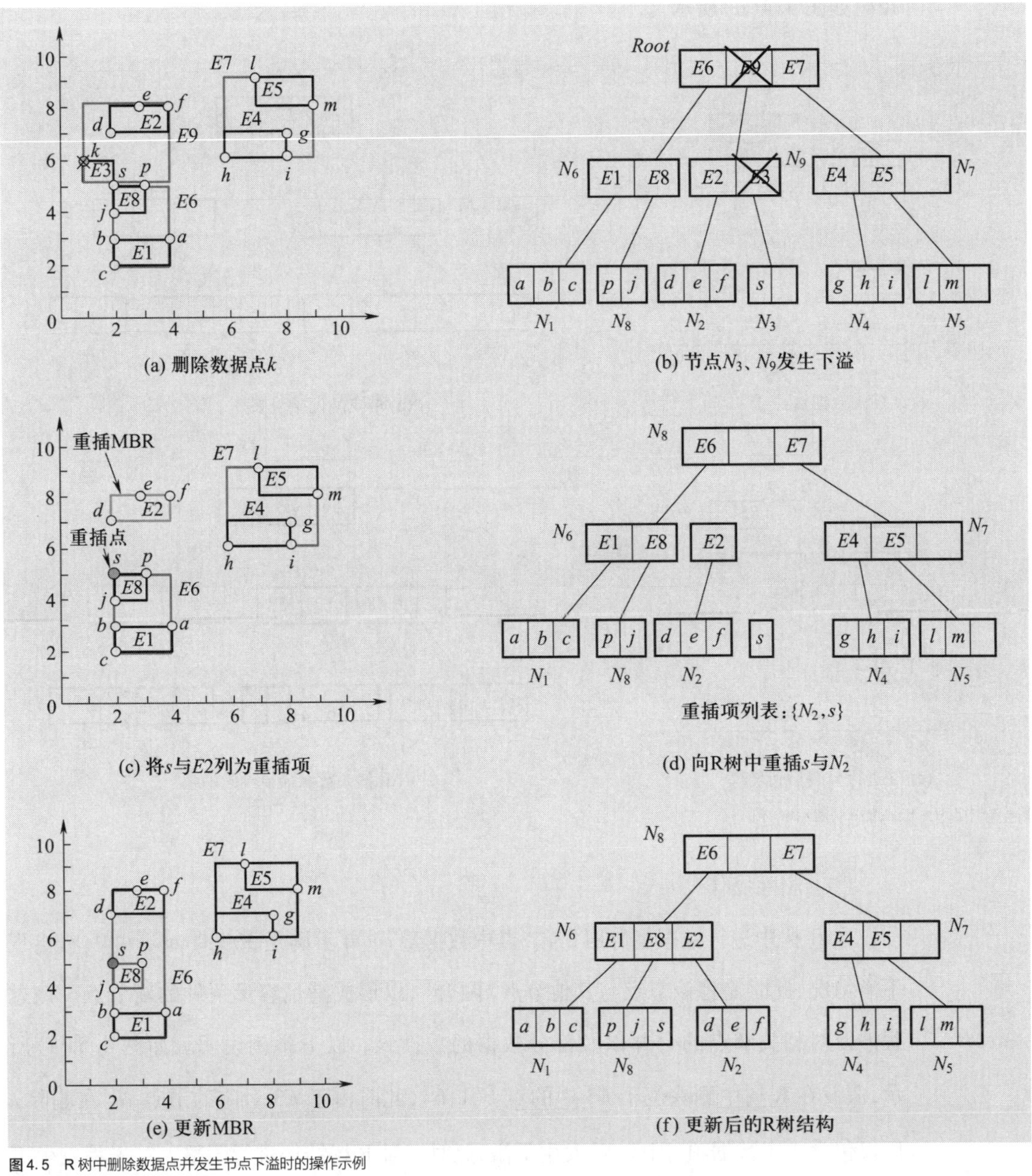


图 4.5　R 树中删除数据点并发生节点下溢时的操作示例

**KD 树（k-dimensional tree）**：KD 树是拓展自二叉树的一种高维树形索引结构，是多维空间下的一类二分检索树。与二叉树不同，KD 树针对的查询空间为多维空间，以二维平面空间为例，KD 树将整个平面按一定规则进行切分，每个被切分区域的切分线所经过的数据点被表示成 KD 树中的一个节点所索引，并且和相应切分出的某个矩形子区域对应。如图 4.6 所示，在 KD 树中，可通过沿着树下降到一个叶节点的方式来添加一个新数据点：在每个节点内部，对所存储数据点的坐标值与新数据点的相应坐标进行比较，以选择正确的搜索路径。KD 树中每个节点都对应了一个数据点，因此当有新的数据点插入时将导致新的节点的产生。KD 树常用于大规模高维数据中的最近邻查询和近似最近邻查询。KD 树的缺点是树的结构依赖插入点的顺序：最坏情况下，$n$ 个点构建的 KD 树有 $n$ 层。

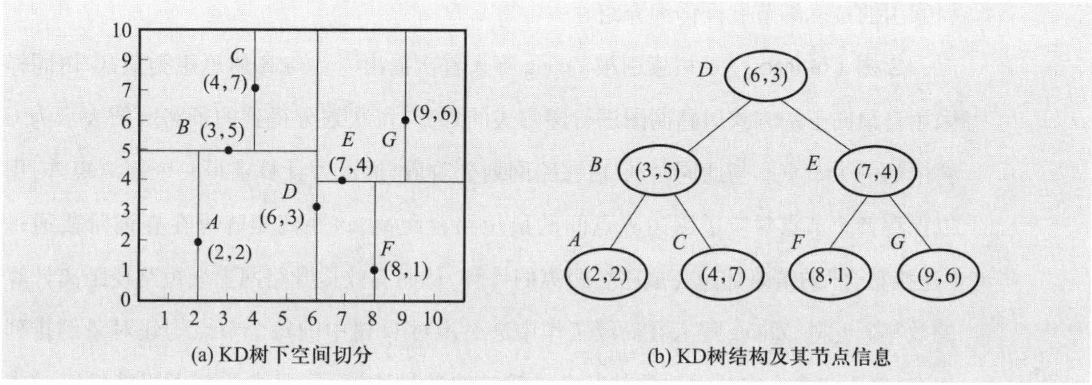


图 4.6　二维空间下 KD 树示例图

**四叉树（quad tree）**：空间数据管理中另一类常见且易用的索引结构为四叉树。四叉树索引的基本思想是对空间平面进行递归式的划分，一次划分为四个相等的子空间，如此递归划分直至树达到一定深度或节点中数据规模小于某个阈值停止对空间的划分。当空间中数据点分布均匀时，四叉树有较高的数据插入和查询效率。四叉树的结构如图 4.7 所示，在图 4.7 中空间对象（数据点）均存储于叶节点，而中间节点、根节

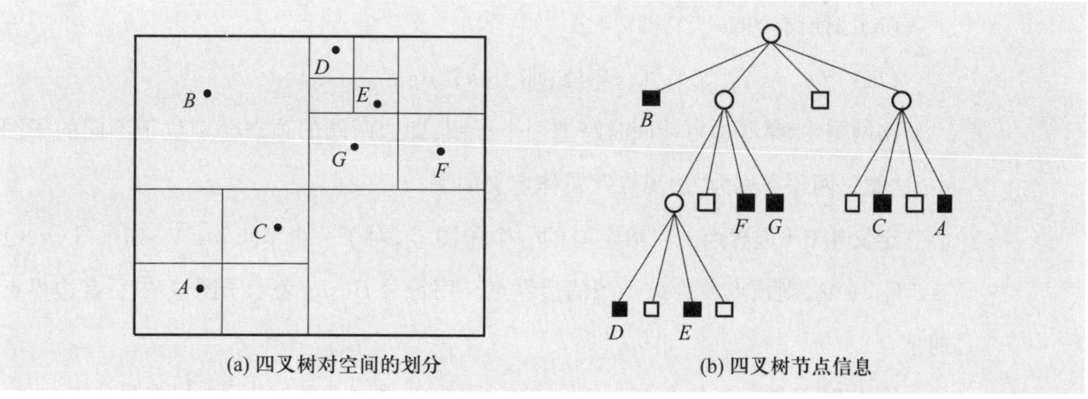


图 4.7　二维空间四叉树结构示例图

点则不存储空间对象。四叉树的优点在于索引构建效率高。其缺点在于当空间数据分布不均时,树中某些分支的深度将过大,因此造成树结构的不平衡,从而导致部分数据点查询效率较低。

**(2)路网空间索引**

大多数空间查询以两点间的直线距离(欧氏距离)作为空间距离度量方式。然而在现实生活中,特别是在城市路网导航与智能交通等场景中,对象的移动通常被限定在城市固有的道路网拓扑结构上,即物体不能从起点直接“飞向”终点,因此相比欧氏距离,用最短路径距离(又称路网距离)来衡量对象间的空间邻近程度则更为合理。为支持路网下高效的空间查询,众多经典且重要的索引被提出,如 G 树[5-6]、ROAD[8]、SILC[9]、PHL[10]等;考虑到 G 树在众多路网查询中都有着广泛的应用,以下首先对 G 树索引的技术细节展开详细介绍。

**G 树(G-tree)**:G 树索引被 Zhong 等人首次提出[5]。与 R 树思想类似,G 树同样采用自顶向下的方式对路网图进行递归式的划分,每次划分得到的子路网图表示为 G 树中的一个节点。与此同时,G 树在路网划分阶段,通过预计算求得一个距离矩阵,用以保存各个节点对应子图边界点间的最短路径距离,该距离矩阵可在查询阶段通过“连接整合”的策略加速完成路径距离的计算,从而有效提升路网上最短路径距离计算的效率。此外,Zhong 等人在后续工作中进一步对 G 树中的每个节点构建对象倒排列表[6],使不包含文本相关对象的节点能够被快速过滤掉,从而使 G 树索引能够有效支持对带关键字的空间查询处理。在对 G 树构建进行详细介绍前,首先对路网图下的图分割策略展开介绍。

**定义 4.5(图分割)** 给定一个路网图 $\mathcal{G}=(\mathcal{V},\mathcal{E})$,其中 $\mathcal{V}$ 是路网的顶点集合,$\mathcal{E}$ 是路网上的边集,$\mathcal{G}$ 可被划分为一系列互不相交的子图,即 $\mathcal{G}=\{\mathcal{G}_1,\mathcal{G}_2,\cdots,\mathcal{G}_f\}$,其中 $\mathcal{G}_1=(\mathcal{V}_1,\mathcal{E}_1)$,$\mathcal{G}_2=(\mathcal{V}_2,\mathcal{E}_2)$,$\cdots$,$\mathcal{G}_f=(\mathcal{V}_f,\mathcal{E}_f)$,满足以下性质:

(i) $\bigcup_{1\leqslant i\leqslant f}\mathcal{V}_i=\mathcal{V}$;

(ii) 对所有的 $i\neq j$,$\mathcal{V}_i\cap\mathcal{V}_j=\varnothing$;

(iii) $\forall u,v\in\mathcal{V}_i$,如果$(u,v)\in\mathcal{E}$,那么$(u,v)\in\mathcal{E}_i$。

路网图中,某些边可能同时跨越两个子图,即边两端的顶点分别位于不同的子图中,这类路网顶点称为“边界点”,具体定义如下。

**定义 4.6(边界点)** 给定 $\mathcal{G}$ 的一个子图 $\mathcal{G}_i$,对于一个节点 $u\in\mathcal{V}_i$,如果 $\exists(u,v)\in\mathcal{E}$ 且 $v\notin\mathcal{V}_i$,则顶点 $u$ 为该子图的边界点。用符号 $\mathcal{B}(\mathcal{G}_i)$ 表示子图 $\mathcal{G}_i$ 中所有边界点的集合。

图 4.8(a)展示了包含 15 个顶点的路网图 $\mathcal{G}_0$,图 4.8(b)所示为相应图分割结果。

$\mathcal{G}_0$ 首先被划分为 $\mathcal{G}_1$ 与 $\mathcal{G}_2$。其中，子图 $\mathcal{G}_2$ 的边界点集合为 $\mathcal{B}(\mathcal{G}_1)=\{v_1,v_6,v_{10}\}$，$\mathcal{G}_2$ 的边界点集合为 $\mathcal{B}(\mathcal{G}_2)=\{v_2,v_{12}\}$。此后，$\mathcal{G}_1$ 与 $\mathcal{G}_2$ 被进一步划分为规模更小的子图，分别为 $\mathcal{G}_3$、$\mathcal{G}_4$ 与 $\mathcal{G}_5$、$\mathcal{G}_6$，相应的边界点集合为 $\mathcal{B}(\mathcal{G}_3)=\{v_1,v_6,v_7\}$、$\mathcal{B}(\mathcal{G}_4)=\{v_8,v_{10}\}$、$\mathcal{B}(\mathcal{G}_5)=\{v_2\}$、$\mathcal{B}(\mathcal{G}_6)=\{v_{12}\}$。

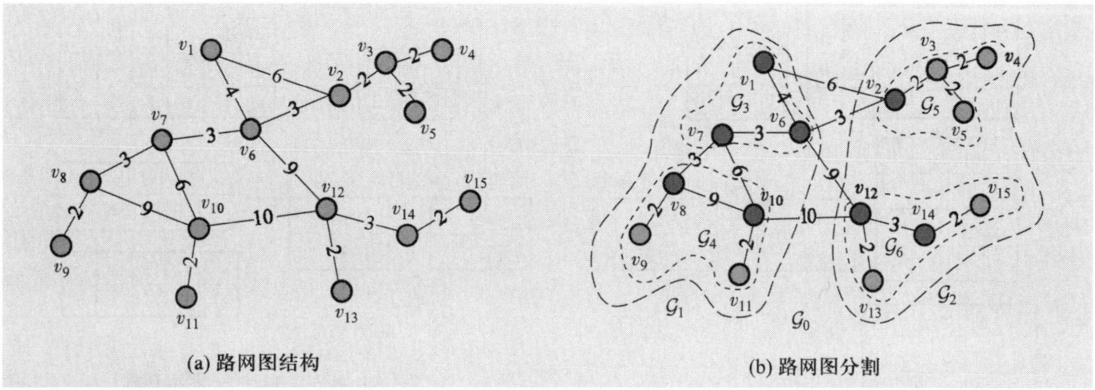


图 4.8　路网图与相应图分割示例（实心顶点为子图边界点）

若 $\mathcal{V}_i\supseteq\mathcal{V}_j$ 且 $\mathcal{E}_i\supseteq\mathcal{E}_j$，则称子图 $\mathcal{G}_i$ 包含子图 $\mathcal{G}_i$。基于此，以下给出 G 树的详细定义。

**定义 4.7（G 树）**　G 树是一个平衡的树结构，其构造特点如下：

（i）G 树中每个节点表示一个划分得到的路网子图，根节点则对应完整的原路网图 $\mathcal{G}_0$。每个节点的孩子节点表示对该节点对应子图划分得到的更小规模的子图；

（ii）所有中间节点均有 $f(\geqslant 2)$ 个孩子节点；

（iii）叶节点中最多包含 $\tau(\geqslant 1)$ 个路网顶点，所有叶节点位于同一层中。

（iv）每个节点维护一个边界点集和一个距离矩阵。在中间节点的距离矩阵中，其行和列为该节点所有孩子节点的边界点的并集，矩阵元素表示了两个边界点间的最短路径距离。在叶子节点对应的距离矩阵中，行为叶节点的所有边界点，列为该叶节点内部包含的所有路网顶点，矩阵内元素表示边界点与所有顶点间的最短路径距离。

性质（i）~（iii）保证了 G 树是一个平衡树结构。需强调的是，G 树中每个节点无须物理保存完整的子图顶点与边集合信息，而仅需一个 ID 来逻辑表示子图。性质（iv）则用于加速对节点边界点（路网顶点）间最短路径的计算。

**G 树构建**：根据上述定义的阈值 $\tau(\geqslant 1)$，G 树对原路网图进行递归划分，直至划分得到的子图顶点个数小于阈值 $\tau(\geqslant 1)$，如此即得到了带有层级的树形索引结构。如图 4.8(b) 所示，令 $f=2$ 且 $\tau=4$，则原路网 $\mathcal{G}_0$ 被分割成两个子图 $\mathcal{G}_1$ 和 $\mathcal{G}_2$，并进一步被分割为 $\mathcal{G}_3$、$\mathcal{G}_4$、$\mathcal{G}_5$ 和 $\mathcal{G}_6$。该图划分结果所得的 G 树如图 4.9 所示。在图 4.9 中，各节点内部保存了该节点对应子图的所有边界点。例如节点 $N_1$ 中保存的顶点信息为

$v_1$、$v_6$、$v_{10}$，节点 $N_2$ 中保存顶点信息为 $v_2$、$v_{12}$。各节点关联的距离矩阵及其内部元素如图 4.9 中矩阵内信息所示。

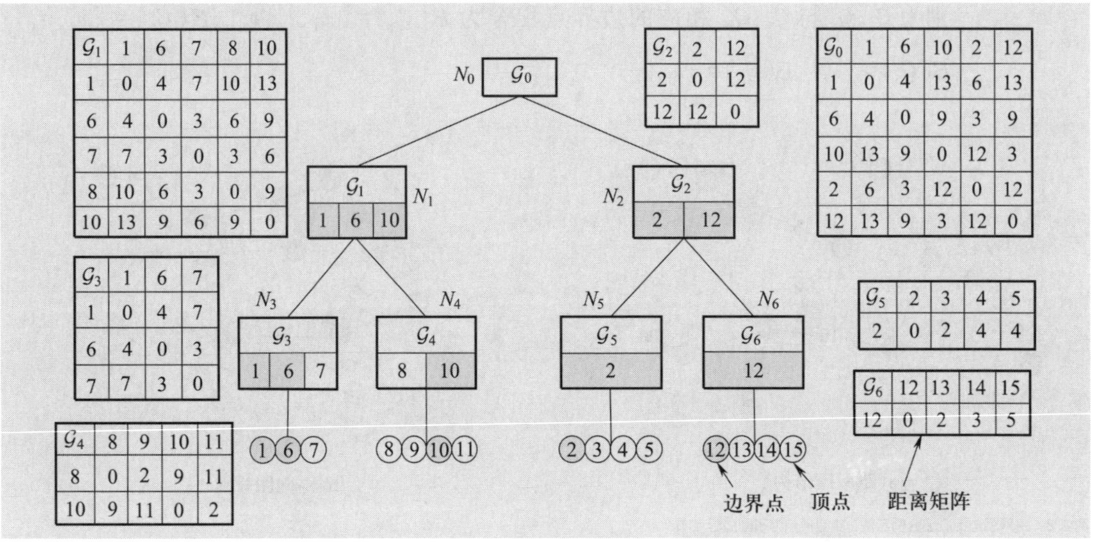


图 4.9　G 树示例图（$f$=2，$\tau$ =4）

需强调的是，较好的图划分是构建 G 树的关键。好的图划分不仅能生成规模大小相似的子图，还能使子图边界点的数量最少。由于最优图分割问题是 NP 难问题，当前最新工作主要采用启发式图分割算法（如多层划分算法）来实现有效的子图划分处理[5-6]。多层划分算法的核心思路是首先将大图通过粗化技术生成小规模粗粒度图，再在粗粒度图上利用经典图分割算法进行划分，最后将小图恢复为原图并得出划分结果。该算法可保证每个子图大小基本相同，并尽可能最小化边界点个数。有关图划分的详细技术可参考文献[7]。

此外 Li 等人[8]对 G 树进行优化，提出了一种新的道路网索引结构—G* 树。G* 树与 G 树的区别在于在索引构建阶段，会对一些选定的叶节点建立额外的快捷方式（即与空间相邻的叶子节点间的最短路径），使得空间上邻近但在不同叶节点中的空间对象可以被快速访问，从而提高了查询的效率。

ROAD（route overlay and association directory）[9]：类似 G 树的图划分策略，ROAD 索引将路网划分为子图，然后对预计算出跨越子图范围的最短路径（在此称为“捷径”）长度。基于 ROAD 运行最短路径算法（Dijkstra 算法）时，一旦检查到当前子图范围内不包含任何空间对象（即数据点）时，算法即可通过“捷径”快速跳过当前子图，从而实现搜索空间的有效裁剪。然而，当道路图中空间对象分布均匀时，ROAD 算法就几乎需要遍历每一个子图中空间，此时算法便退化为了传统 Dijkstra 算法，其执行效率大大降低。此外，当空间对象与查询点位置相距非常远时，ROAD 算法的执行效率也会因搜索空间的增大而降低。

SILC（spatial induced linkage cognizance）[10]：SILC 预先计算从 $s$ 到所有其他节点的最短路径，并为 $s$ 的每个邻接节点进行标注，随后递归地为每个节点 $u \in V$ 分配从 $s$ 到 $u$ 的最短路径上与 $u$ 相邻的相关标注顶点。在将图上任意两点之间的最短路预处理出来后 SILC 进一步采用经典 Morton Block 压缩技术，将索引内容的空间复杂度降低至 $O(|\mathcal{V}|^{1.5})$。相比 G 树，SILC 的性能劣势在于索引构建代价高，其预处理环节所需的空间复杂度为 $O(|\mathcal{V}|^{1.5})$、时间复杂度为 $O(|\mathcal{V}|^2\log|\mathcal{V}|)$，使得 SILC 在更大规模的路网数据集下可扩展性不佳。

PHL（pruned highway labeling）[11]：相比于 ROAD 及 SILC 等路网索引，PHL 具有更小的空间代价，故可支持更大规模的路网数据集。PHL 的构建思想是将路网图分解为若干最短路径集合，然后以标签形式存储各个路网顶点与各条被索引的最短路径顶点间的距离。基于 PHL 索引，任意两个路网顶点间的最短路径距离都可通过标签连接的方式进行求解。相比 G 树，在最短路径距离计算方面 PHL 有着更小且不受路网图规模影响的响应时间代价。

### 4.2.2　空间数据区域查询

空间区域查询旨在给定某一区域范围，获取位于该范围内的所有空间对象。每个空间对象对应一个空间位置坐标 $l_i(x_i, y_i)$，其中 $x_i$ 与 $y_i$ 分别表示经度与纬度。图 4.10 展示了一个查询范围为矩形的区域查询示例，该查询返回的结果集为：$\{a、b、c、e\}$。

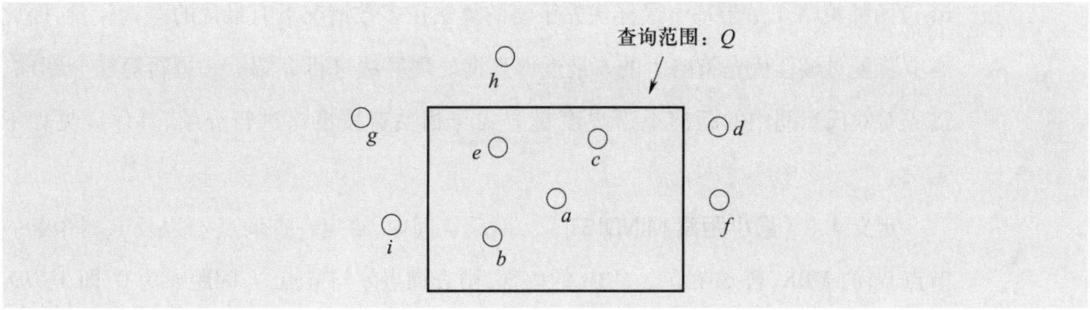


图 4.10　二维空间上的矩形区域查询示例

在 R 树上执行欧氏空间下的区域查询处理具体涉及：过滤和凝练两个步骤[12-13]。其中，过滤步骤用于选择 MBR 与给定查询区域交叠的节点中的空间对象，即空间位置落在给定范围 $Q$ 内的候选对象。此后凝练步骤顺序扫描过滤步骤中获得的候选对象，并判定各候选对象是否真正位于查询区域中。最终，凝练步骤返回真实满足范围条件的查询结果[13]。空间区域查询的处理步骤非常简单且直观，因此对此不再做详细赘述。

### 4.2.3 空间数据 $k$ 最近邻查询

在众多空间查询中,$k$ 最近邻($k$ Nearest Neighbors,$k$NN)查询是最为常见且具有广泛现实意义的查询种类之一。$k$NN 查询的具体定义如下所示。

**定义 4.8($k$ 最近邻查询)** 给定数据集 $P=\{p_1,p_2,\cdots,p_n\}$、查询位置 $q$ 和整数 $k$,$k$ 最近邻查询旨在从 $P$ 中查询返回大小为 $k$ 的一个查询结果集 $S=\{x_1,x_2,\cdots,x_k\}$,其中结果集 $S$ 中的数据满足以下条件:

(i) $x_i \in P$;

(ii) $\forall x_i \in X, p_i \in P-X, dist(q,x_i) \leqslant dist(q,p_i)$。

在式(ii)中,$dist(q,x_i)$表示 $q$ 到 $x_i$ 之间的空间距离,在不同的应用场景中空间距离有不同的度量方式,例如 $dist(q,x_i)$可以为欧氏距离,也可以为路网距离或曼哈顿距离。$k$ 最近邻查询最具现实意义。例如,在地图服务中欧氏空间下的 $k$ 邻查询可用于检索距离用户最近的若干兴趣点;在打车服务中路网空间下的 $k$ 邻查询则可帮助用户了解当前路况环境下距离其位置最近若干辆出租车。在各类场景中,设计高效的 $k$ 最近邻查询处理算法十分关键,其决定了查询在用户中的可用性与易用性。以下将分别基于 R 树和 G 树索引结构,介绍欧氏空间与路网空间中的 $k$ 最近邻查询高效处理算法。

#### (1)欧氏空间中 $k$ 最近邻查询算法

基于 R 树下的 $k$ 最近邻查询处理可基于深度优先(depth first)与最佳优先(best first)两种策略。由于基于最佳优先策略的算法在多数情况下有最优的查询代价,因此本节着重对最佳优先策略下的 $k$ 最近邻查询处理算法进行介绍。在进行算法介绍前,需先对欧氏空间中的距离上下界度量方式与相关剪枝策略进行介绍,具体详见如下定义。

**定义 4.9(最小距离 MINDIST)** 欧氏空间中,给定一查询点 $q$,以及 R 树中某一节点 $N_i$ 的 MBR,若 $q$ 在节点 MBR 的内部,则查询点 $q$ 与节点 $N_i$ 间距离为 0,即 $MINDIST(q,N_i)=0$。若查询点在 MBR 所在矩形范围的外部,则 $MINDIST(q,N_i)=0$ 被计算为 MBR 中距离 $q$ 最近的那个空间点到 $q$ 的距离。最小距离值提供了一个评估空间距离的下界,其确保了节点中所有空间对象与查询点间的距离都大于或等于 $MINDIST(q,N_i)=0$。

**定义 4.10(最小最大距离 MINMAXDIST)** 给定查询点 $q$ 以及 R 树中某一节点 $N_i$ 的 MBR,$q$ 与节点 $N_i$ 间的最小最大距离是指在 MBR 所在矩形四条边上的点与 $q$ 间最大距离中的最小值。最小最大距离确保了节点 $N_i$ 所在的 MBR 中至少存在一个空间对象，其距离查询点的距离小于或等于 $MINMAXDIST(q,N_i)$。

最小距离和最小最大距离提供了对多个对象与查询点间距离上下界的评估方式。基于此，在最近邻结果查找中支持以下三种剪枝策略，以有效减少搜索空间。

**剪枝策略 1**：给定查询点 $q$ 以及 R 树索引上的两个节点 $N_i$ 和 $N_j$。若满足 $MINDIST(q,N_i)>MINMAXDIST(q,N_j)$，则节点 $N_i$ 中一定不会存在为查询点 $q$ 最近邻结果的空间对象，故节点 $N_i$ 可被剪枝。

**剪枝策略 2**：给定查询点 $q$，给定一数据点 $o$，若 R 树上存在一节点 $N_i$，满足 $dist(q,o)>MINMAXDIST(q,N_i)$，则表明 $N_i$ 中至少存在一个数据点，相比 $o$ 与查询点距离更近，因此 $o$ 一定不为 $q$ 的最近邻结果，数据点 $o$ 可被剪枝。

**算法 4.1　*k* 最近邻算法(*k*NN)**

```
输入：R 树，查询点 q，整数 k
输出：查询结果集 S
1:  S←∅, Q←∅;                        /* 初始化查询结果集 S、最小优先队列 Q 为空 */
2:  将 R 树的根节点加入队列 Q
3:  while Q 不为空 do
4:      Element←Dequeue(Q)
5:      if Element 为空间对象 then
6:          将 Element 加入结果集 S
7:          if |S|=k then break
8:      else if Element 为 R 树节点 then
9:          if Element 是叶节点 then
10:             foreach 对象 o in Element do
11:                 Enqueue(Q, Dist(q,o))                 /* 将 o 加入 Q */
12:         else                          /* 若 e 为中间(非叶子)节点 */
13:             foreach Element 的子节点 Child do
14:                 Enqueue(Q, MINDIST(q,Child))          /* 将 Child 加入 Q */
15: return S
```

**剪枝策略 3**：给定查询点 $q$，给定 R 树上一节点 $N_i$，若存在一数据点 $o$，满足 $MINDIST(q,N_i))>dist(q,o)$，则 $N_i$ 中所有数据点与查询点 $q$ 之间距离皆大于 $dist(q,o)$，$N_i$ 中必不存在最近邻结果，故节点 $N_i$ 可被剪枝。

基于以上剪枝策略，基于最佳优先策略的 $k$ 最近邻查询算法伪代码如算法 4.1 所示。算法首先初始化队列 $Q$ 以保存当前已访问的节点或对象，$Q$ 按空间距离由小到大对访问元素进行排序。算法首先将 R 树的根节点加入队列 $Q$(第 2 行)，而后循环迭代对 R 索引展开访问(第 3—16 行)。在每次循环迭代中，$Q$ 中队首元素 *Element* 出列，若 *Element* 为空间对象则 *Element* 为当前距离查询点最近的结果，将其加入查询结果集 $S$ 中(第 6 行)。若 *Element* 为 R 树的节点，则 *Element* 的子条目被加入队列 $Q$。此时分两种情况：若 *Element* 为叶节点，则直接将该叶节点所包含的所有空间对象 $o$ 加入队列 $Q$，并按真实的空间距离 $dist(q,o)$ 对这些对象进行排序(第 9—11 行)。若 *Element* 为中间(非叶子)节点,则将 *Element* 的孩子节点加入队列 $Q$,并按最小距离 *MINDIST* 对这些节点进行排序(第 12—14 行)。当 $S$ 中包含 $k$ 个对象时,算法获得完整查询结果,结束 while 循环并返回集合 $S$(第 7 行)。

**运行示例**:图 4.11(a)给出了空间对象与查询点的位置分布,图 4.11(b)展示了当前数据点下构建的 R 树索引。

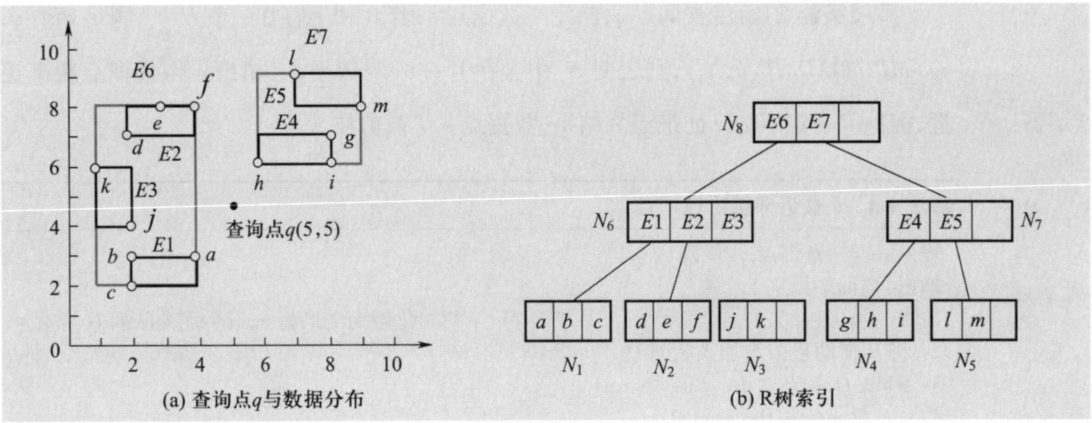


图 4.11 *k*NN 查询输入数据点及 R 树示例

设 $k=2$,查询 $q=(5,5)$,以下为 2NN 查询的具体执行步骤:

(1) 将根节点加入优先队列 $Q$,此时 $Q=\{Root,0\}$;

(2) *Root* 出列,并将 *Root* 的子节点 $N_6$、$N_7$ 加入队列,此时 $Q=\{(N_6,\sqrt{1}),(N_7,\sqrt{2})\}$;

(3) $N_6$ 出列,将 $N_6$ 的子节点 $N_1$、$N_2$、$N_3$ 加入队列,此时 $Q=\{(N_7,\sqrt{2}),(N_1,\sqrt{5}),(N_2,\sqrt{5}),(N_3,\sqrt{9})\}$;

(4) $N_7$ 出列,将 $N_7$ 的子节点 $N_4$、$N_5$ 加入队列,此时 $Q=\{(N_4,\sqrt{2}),(N_1,\sqrt{5}),(N_2,\sqrt{5}),(N_3,\sqrt{9}),(N_5,\sqrt{13})\}$;

(5) $N_4$ 出列,$N_4$ 为叶节点,故将 $N_4$ 中所有空间对象($g$、$h$、$i$)加入队列,此时 $Q=\{(h,\sqrt{2}),(N_1,\sqrt{5}),(N_2,\sqrt{5}),(N_3,\sqrt{9}),(i,\sqrt{10}),(N_5,\sqrt{13}),(g,\sqrt{13})\}$;

(6) $h$ 出列,由于 $h$ 为空间对象,因此将 $h$ 加入集合 $S$,此时 $S=\{h\}$,$Q=\{(N_1,\sqrt{5}),(N_2,\sqrt{5}),(N_3,\sqrt{9}),(i,\sqrt{10}),(N_5,\sqrt{13}),(g,\sqrt{13})\}$;

(7) $N_1$ 出列,$N_1$ 为叶节点,将 $N_1$ 中所有对象($a$、$b$、$c$)加入队列,此时 $S=\{h\}$,$Q=\{(a,\sqrt{5}),(N_2,\sqrt{5}),(N_3,\sqrt{9}),(i,\sqrt{10}),(N_5,\sqrt{13}),(g,\sqrt{13}),(b,\sqrt{13}),(c,\sqrt{18})\}$;

(8) $a$ 出列,由于 $a$ 为空间对象,将 $a$ 加入集合 $S$,此时 $S=\{h,a\}$,此时 $|S|=2$,算法获得 2NN 结果,结束循环。

### (2) 路网空间中 $k$ 最近邻查询处理算法

在路网中实现高效的 $k$ 最近邻查询相比在欧氏空间更具挑战。其原因在于路网中的 $k$ 最近邻查询在处理过程中需涉及频繁的最短路径距离(路网距离)计算,而最短路径距离计算相比欧氏距离计算有更高的复杂度。此外,由于数据集中空间对象总数通常远大于 $k$,因此无法通过计算数据集中所有对象到查询点的最短路径距离,来高效获取 $k$ 最近邻结果。因而,在路网下提出高效的 $k$ 最近邻查询算法受到了学术界的广泛关注[14]。

给定路网 $\mathcal{G}=(\mathcal{V},\mathcal{E})$,其中 $\mathcal{V}$ 为路网的顶点集合,$\mathcal{E}$ 为边集合。为简化问题,假设路网中的空间对象都位于路网顶点处。令 $SPDist(\cdot)$ 表示路网中顶点间的最短路径距离。路网下 $k$NN 查询 $q$ 被定义成一个三元组:$q=\langle v_q,\mathcal{C},k\rangle$,其中,$v_q\in\mathcal{V}$ 为查询点的位置(某个路网顶点),$\mathcal{C}$ 为路网中一组候选对象集合(对象位于不同的路网顶点处),$k$ 为一个正整数。路网下 $k$NN 查询的结果集 $\mathcal{R}$ 为距离查询点位置 $v_q$ 最近的 $k$ 个对象,即满足:

(i) $\mathcal{R}$ 中包含的空间对象个数为 $k$,即 $|\mathcal{R}|=k$;

(ii) $\mathcal{R}$ 为候选对象集合 $\mathcal{C}$ 的子集,即 $\mathcal{R}\subseteq\mathcal{C}$;

(iii) $\forall v\in\mathcal{R},\forall u\in\mathcal{C}-\mathcal{R},SPDist(v_q,v)\leqslant SPDist(v_q,u)$。

图 4.12 给出了一个路网下 2NN 查询的示例,假定查询 $q=\langle v_4,\{v_7,v_9,v_{15}\},2\rangle$,经计算可知 $SPDist(v_4,v_7)=10$,$SPDist(v_4,v_9)=15$,$SPDist(v_4,v_{15})=21$。故该查询结果集合为 $\mathcal{R}=\{v_7,v_9\}$。

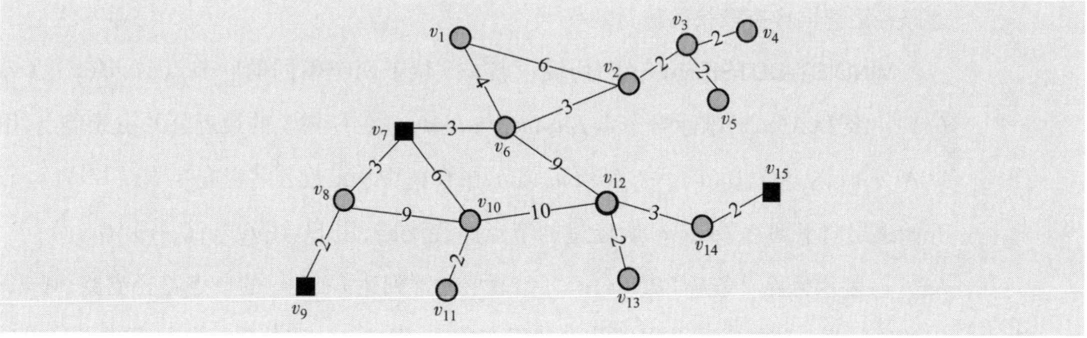


图 4.12 路网下 $k$ NN 查询示例($q=\langle v_4,\{v_7,v_9,v_{15}\},2\rangle$)

近年来大量研究工作致力于设计有效的查询算法以解决路网下高效的 $k$NN 查询处理。其中最具代表性的工作是基于 G 树索引的路网 $k$NN 查询方法,其核心思想是利用了 G 树的层级结构进行高效的路网拓展，并基于 G 树中的距离矩阵信息进行有效的路网（最短路径）距离上下界评估，以支持路网下的分支界限算法。在详细阐述基于 G 树的路网 $k$NN 查询算法前，通过回顾 4.2.1 中有关 G 树的性质，首先介绍如下重要的引理及相关概念知识。

**引理 4.1（边界点闭包特性）** 给定 G 树中某个节点 $N_i$，其对应子图为 $\mathcal{G}_i=(\mathcal{V}_i, \mathcal{E}_i)$，则对于该子图中某一路网顶点 $u\in\mathcal{V}_i$，以及某个不在子图内的路网顶点 $v\notin\mathcal{V}_i$，$u$ 与 $v$ 间任意一条路径必然经过该子图边界点集合 $\mathcal{B}(\mathcal{G}_i)$ 中的某个边界点，即 $u$ 与 $v$ 间最短路径（符号表示为 SP$(u,v)$）满足：$\exists b\in\mathcal{B}(\mathcal{G}_i)$，$b\in$ SP$(u,v)$。

给定查询点 $v_q$，利用边界点的闭包特性，对于位于子图 $\mathcal{G}_i$ 的路网顶点 $u$，$v_q$ 与 $u$ 之间的路径可以由 $v_q$ 到 $\mathcal{G}_i$ 的某边界点与该边界点到 $u$ 两段路径拼接而成，即可根据以下公式求得 $v_q$ 与 $u$ 之间的最短路径距离：

$$SPDist(v_q,u)=\min_{b\in\mathcal{B}(\mathcal{G}_i)}(SPDist(v_q,b)+SPDist(b,v)) \tag{4.1}$$

类似原理，给定查询点 $v_q$，某个 G 树节点 $N_i$（对应子图 $\mathcal{G}_i$）且满足 $v_q\notin\mathcal{G}_i$，则定义查询点 $v_q$ 到节点 $N_i$ 的距离为 $v_q$ 到 $\mathcal{G}_i$ 中各边界点的最小距离，即：

$$SPDist(v_q,N_i)=\min_{b\in\mathcal{B}(N_i)}SPDist(v_q,b) \tag{4.2}$$

MINDIST-INSIDE-LEAF：当查询点 $v_q$ 与顶点 $u$ 位于相同叶节点（符号表示为 $Leaf(u)$）时，两者间的最短路径可能不经过任何边界点，因此上述基于边界点分段的最短路径距离计算方法可能会得出比真实最短路径距离更大的结果。针对此种情况，可在叶节点 $Leaf(u)$ 所在子图中从查询点 $v_q$ 出发进行传统最短路径算法（Dijkstra 算法）求解其与顶点 $u$ 的真实最短路径距离。值得注意的是，根据 G 树的构造特点，叶节点所在子图的顶点规模一般较小（$\leqslant\tau$），因此在此种情况下执行 Dijkstra 算法来计算最短路径距离同样有较快的执行效率。

MINDIST-OUTSIDE-LEAF：假设顶点 $u$、$v$ 位于两个不同的叶节点（$Leaf(u)$、$Leaf(v)$）。令 LCA$(u,v)$ 表示叶节点 $Leaf(u)$ 与 $Leaf(v)$ 在 G 树上的最近公共祖先节点，用 LCA$(u,v)$，$\mathcal{G}_1(u)$，$\mathcal{G}_2(u)$，…，$Leaf(u)$ 表示在 G 树中从最近公共祖先叶节点 LCA$(u,v)$ 开始逐层向下到达 $Leaf(u)$ 所经过的节点路径支路，用 LCA$(u,v)$，$\mathcal{G}_1(v)$，$\mathcal{G}_2(v)$，…，$Leaf(v)$ 表示另外一条从 LCA$(u,v)$ 开始逐层向下到达 $Leaf(v)$ 的节点路径支路，则 $u$、$v$ 间的路径必定跨越上述节点路径中的所有节点，因此 $u$、$v$ 间的最短路径可进一步通过以下公式推导求得

$$SPDist(u,v)=\min_{u_x\in\mathcal{B}(\mathcal{G}_x(u))}(SPDist(u,u_x)+$$

$$\min_{u_{x-1}\in\mathcal{B}(\mathcal{G}_{x-1}(u))}(SPDist(u_x,u_{x-1})+\cdots+$$

$$\begin{aligned}&\min_{u_1\in\mathcal{B}(\mathcal{G}_1(u))}(SPDist(u_2,u_1)+\\&\min_{v_1\in\mathcal{B}(\mathcal{G}_1(v))}(SPDist(u_1,v_1)+\\&\min_{v_2\in\mathcal{B}(\mathcal{G}_2(v))}(SPDist(v_1,v_2)+\cdots+\\&\min_{v_x\in\mathcal{B}(\mathcal{G}_x(v))}(SPDist(v_x,v).\end{aligned}\tag{4.3}$$

上述计算公式表明，$u$、$v$ 间的最短路径可通过动态规划的方式，根据 G 树中节点的层级关系逐层推导求得。由于 G 树中索引了各个节点边界点的距离矩阵，因此上述公式的结果可以根据距离矩阵中的信息快速得到求解，从而实现高效的路网距离计算。

根据上述预备知识，基于 G 树的路网 $k$NN 查询算法伪代码如算法 4.2 所示。算法 4.2 中调用到的关键子函数 **UpdateT**( )的伪代码如算法 4.3 所示。算法 4.2 将 G 树与查询 $q=\langle v_q,\mathcal{C},k\rangle$ 作为输入参数，首先对查询目标集合 $\mathcal{C}$ 中所有对象，自底向上为 G 树中各个节点 $n$ 构建出现列表(occurrence list，符号表示为 $\mathcal{L}(n)$)(第 1 行)。$\mathcal{L}(n)$记录节点 $n$ 的孩子节点中哪些节点包含查询目标集合 $\mathcal{C}$ 中的对象，以避免对不包含任何目标对象的子节点进行访问，从而减少无效计算，提升查询效率。然后算法 4.2 初始化优先队列 $Q$ 和集合 $R$(第 2 行)。其中，$Q$ 保存当前访问的节点或对象，对象按空间距离由小到大排序；$R$ 保存后续过程中计算的查询结果。接下来，算法 4.2 定位查询 $v_q$ 所在叶节点 $Leaf(v_q)$，并将叶节点出现列表中所包含的目标对象加入优先队列 $Q$ 中(第 3—4 行)。至此，算法 4.2 完成对当前查询点所在叶节点的遍历，此时算法将全局指针 $\mathcal{T}_{\max}$ 置为 $Leaf(v_q)$，并将全局变量设置为 $Dist_k=0$。全局指针 $\mathcal{T}_{\max}$ 标注算法当前在 G 树中访问到的最高层的节点；全局变量 $Dist_k$ 记录当前发现的第 $k$ 个最近结果的空间距离，从而在后续过程中支持有效的搜索空间剪枝。而后，算法 4.2 开启一个 while 循环自底向上对 G 树进行访问以获取 $k$NN 查询结果(第 6—16 行)。在每次循环中，假如发现优先队列 $Q$ 为空(第 6 行)，且全局指针不为 $\mathcal{T}_{\max}$ 根节点，即表明算法已经完成对当前路网范围的拓展遍历，需要进一步拓展范围以访问更多元素，则执行路网更新拓展操作子函数 **UpdateT**($\mathcal{T}_{\max}$,$Q$)，并同步更新 $\mathcal{T}_{\max}$ 与 $Q$ 的内容(算法 4.3 中第 1—4 行)。假如优先队列 $Q$ 中存在相关元素，则表明当前范围内还存在需要被访问的元素，故队首元素 $e$ 出列(第 8 行)：假如元素 $e$ 为空间对象，算法 4.2 直接将对象 $e$ 加入结果集 $R$ 中，并在结果集 $R$ 大小达到 $k$ 时同步更新变量 $Dist_k$(第 9—11 行)；假如 $e$ 为 G 树节点，则根据 $e$ 的出现列表 $\mathcal{L}(e)$ 中信息，将满足距离小于 $Dist_k$ 的相关子节点(对象)的条目加入 $Q$ 中(第 12—15 行)。最终当 $|R|=k$，且 $Q$ 中不存在需要被访问的元素时，算法结束 while 循环并返回集合 $R$。

**算法 4.2　路网下 $k$NN 查询算法**

**输入**：G 树，查询点 $q=<v_q, \mathcal{C}, k>$

**输出**：查询结果集 $R$

根据 $\mathcal{C}$ 在 G 树中计算目标对象出现列表 $\mathcal{L}$

将优先队列 $Q$ 和查询结果集合 $R$ 初始化为空

**foreach** $v \in \mathcal{L}(Leaf(v_q))$ **do**

　　$Enqueue(Q, \langle v, SPDist(v_q, v)\rangle)$　　/＊将对象 $v$ 加入 $Q$＊/

$\mathcal{T}_{max} \leftarrow Leaf(v_q), Dist_k=\infty$

**while** $|R|<k$ **and** ($Q$ 不为空 **or** $\mathcal{T}_{max} \neq root$) **do**

　　**if** $Q$ 为空 **then** **UpdateT**($\mathcal{T}_{max}, Q$)　　/＊调用算法 4.3＊/

　　$\langle e, dis\rangle \leftarrow Dequeue(Q)$

　　**if** $e$ 为空间对象 **then**

　　　　将 $e$ 加入结果集 $R$

　　　　**if** $|R|=k$ **and** $dist<Dist_k$ **then** 更新 $Dist_k$ 为 $dist$

　　**else if** $e$ 为 G 树节点 **then**

　　　　**foreach** $c \in \mathcal{L}(e)$ **do**

　　　　　　**if** $SPDist(v_q, c)<Dist_k$ **then**

　　　　　　　　$Enqueue(Q, \langle c, SPDist(v_q, c)\rangle)$

**return** $R$

**算法 4.3　路网拓展更新(UpdateT)**

**输入**：全局指针 $\mathcal{T}_{max}$，优先队列 $Q$，$Dist_k$

**输出**：$\mathcal{T}_{max}$，优先队列 $Q$

$\mathcal{T}_{max} \leftarrow \mathcal{T}_{max}.father$

**foreach** $c \in \mathcal{L}(\mathcal{T}_{max})$ **do**

　　**if** $c$ 未被访问 **and** $SPDist(v_q, c)<Disk_k$ **then**

　　　　$Enqueue(Q, \langle c, SPDist(v_q, c)\rangle)$

**return** $\mathcal{T}_{max}$ and $Q$

**运行示例**：给定查询 $q=\langle v_8, \{v_7, v_9, v_{15}\}, 2\rangle$，在图 4.12 所示路网图中执行 2NN 查询的操作步骤具体如下：

(1) 根据 $\mathcal{C}=\{v_7, v_9, v_{15}\}$ 计算各节点对应的出现列表，例如：叶节点 $N_3$ 的出现列表为 $\mathcal{L}(N_3)=\{v_7\}$、中间节点 $N_1$ 的出现列表 $\mathcal{L}(N_1)=\{N_3, N_4\}$(见图 4.13(a))；

(2) 定位查询点 $v_8$ 所在叶节点为 $N_4$，将 $\mathcal{L}(N_4)$ 中内容($v_9$)加入优先队列 $Q$，此时 $Q=\{(v_9, 2)\}$、$\mathcal{T}_{max}=N_4$、$Dist_k=\infty$、$R=\varnothing$；

(3) $(v_9, 2)$ 出列，$v_9$ 为空间对象，故 $v_9$ 被加入集合 $R$，此时 $Q=\varnothing$、$\mathcal{T}_{max}=N_5$、$Dist_k=0$、$R=\{v_9\}$；

(4) 此时 $Q=\varnothing$，但 $\mathcal{T}_{max}=N_4$ 不为根节点，此时需进一步进行路网拓展，故将 $\mathcal{T}_{max}$ 向上移动一层，即可更新为 $N_4$ 的父节点 $N_1$，由于 $\mathcal{L}(N_1)=\{N_3, N_4\}$ 且 $N_4$ 在之前步骤中已被访问，故仅将 $N_3$(备：$SPDist(v_8, N_3)=3$，查询点与各被访问节点的边界点间最短路

径距离见图 4.13(b)中虚线方块内的信息)加入队列 $Q$,此时 $Q=\{(N_3,3)\}$、$\mathcal{T}_{\max}=N_1$、$Dist_k=\infty$、$R=\{v_3\}$;

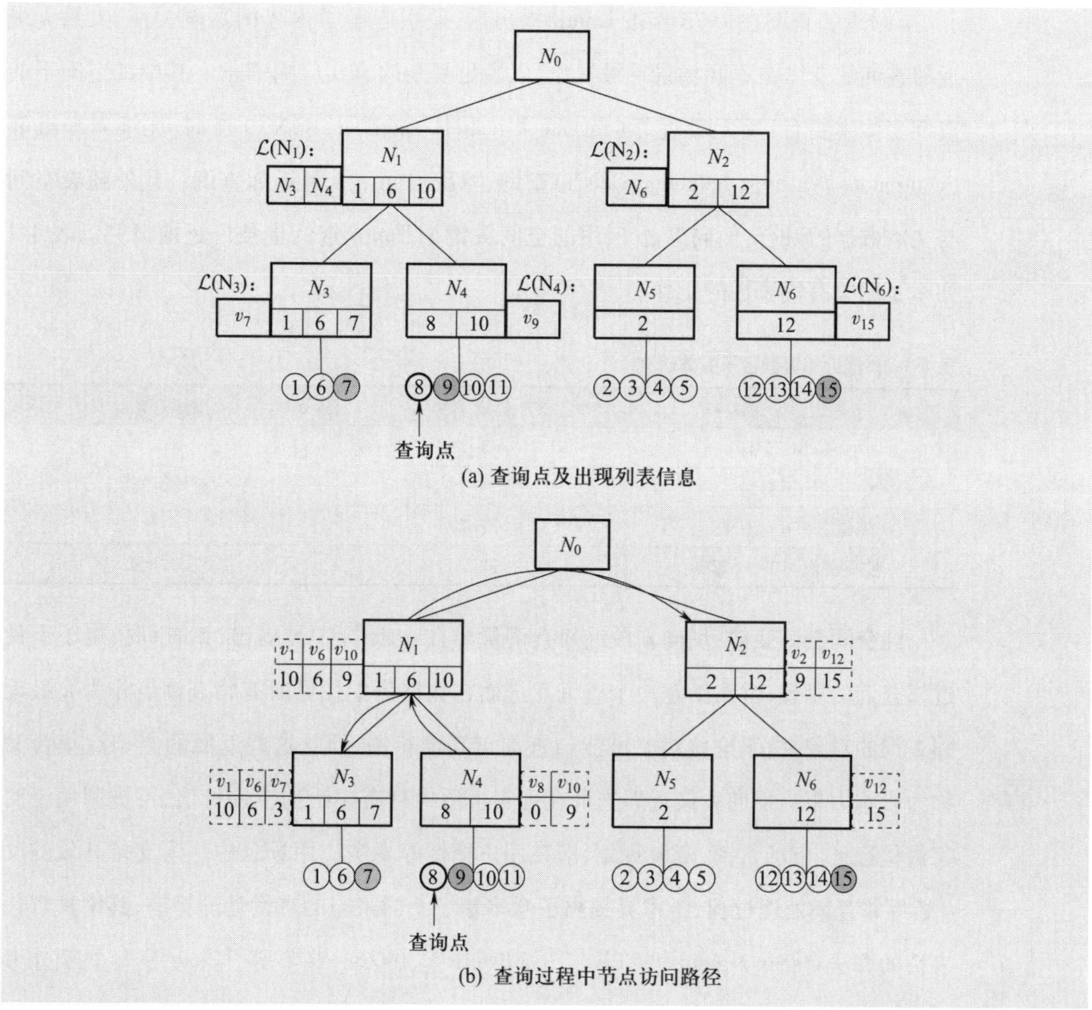


图 4.13　G 树中 $k$NN 查询运行示例

(5) $(N_3,16)$出列,$N_3$ 为叶节点,$\mathcal{L}(N_3)=\{v_7\}$,$SPDist(v_8,v_7))=3<Dist_k=\infty$,因此 $v_7$ 加入队列 $Q$,此时 $Q=\{(v_7,3)\}$、$\mathcal{T}_{\max}=N_2$、$Dist_k=\infty$、$R=\{v_3\}$;

(6) $(v_7,3)$出列,$v_7$ 为对象,故 $v_7$ 被加入 $R$ 中,此时 $Q=\varnothing$、$\mathcal{T}_{\max}=N_2$、$R=\{v_3,v_7\}$,由于此时 $R$ 中已经存在 2 个元素,因此更新 $Dist_k=3$;

(7) 此时 $Q=\varnothing$,但 $\mathcal{T}_{\max}=N_1$ 不为根节点,此时进一步向外拓展路网遍历范围,故将 $\mathcal{T}_{\max}$ 由 $N_1$ 更新为 $N_0$,由于 $\mathcal{L}(N_0)=\{N_1,N_2\}$且 $N_1$ 已在之前步骤中被访问,故仅访问 $N_2$,由于 $SPDist(v_8,N_2)=9>Dist_k$,故 $N_2$ 一定不存在比当前 2NN 结果更优的对象,因此 $N_2$ 下所有对象直接被剪枝。此时 $Q=\varnothing$、$\mathcal{T}_{\max}=N_0$、$Dist_k=3$、$R=\{v_3,v_7\}$;

(8) 此时 $v$,且 $\mathcal{T}_{\max}=N_0$ 为根节点、$|R|=3$,因此循环可提前终止。至此算法从候

选集中获得查询点的 2NN 结果：$R=\{v_3, v_7\}$。

### （3）*k* 最近邻查询相关变体研究

*k* 最近邻查询在 1973 年被 Knuth 提出后，便引起了学术界的高度关注，大量 *k* 最近邻查询的变体在不同场景下被提出，以满足复杂的真实应用需求。其中纯空间下的查询变体主要有：反 *k* 最近邻（reverse *k* nearest neighbor，R*k*NN）查询、连续 *k* 最近邻（continuous *k* nearest neighbor，C*k*NN）查询、障碍空间下 *k* 最近邻查询。此外随着空间与文本数据的融合，面向 Web 应用的空间关键词 Top-*k* 查询也被广泛地研究。表 4.1 列举了相关有代表性的工作。

表 4.1　*k* 最近邻查询若干变体研究

| *k* 最近邻查询变体 | 相关文献 | 度量方式 |
| --- | --- | --- |
| R*k*NN 查询 | [15-23] | 空间距离 |
| C*k*NN 查询 | [24-26] | |
| 障碍空间下 *k*NN 查询 | [27-29] | |
| 空间关键词 Top-*k* 查询 | [30-34] | 空间文本相似性 |

**纯空间查询变体**：反向 *k* 最近邻查询最早在文献[15]中被提出，该查询拓展了 *k* 最近邻查询的思想，旨在给定一个查询点进而在数据集中找见所有将查询点作为 *k* 最近邻查询的对象，由于这些对象可能与查询点高度相关，因此这些返回的查询点集合又称为影响力集。反向 *k* 最近邻查询在现实生活中具有广泛的应用价值，可被利用于商家最优选址、市场营销、资源规划、潜在用户挖掘等真实应用场景中。为支持高效的反 *k* 最近邻查询处理过程，学术界提出了众多基于不同策略的查询处理算法，其中具有代表性的算法有：Six-region[16]、TPL[17-18]、FINCH[19]、InfZone[20-21]等。Zhao 等人[22]额外考虑了空间对象的社交文本信息在基于位置的社交网络中探索了一类新颖的反 *k* 最近邻查询变体：反 Top-*k* 地理社交关键词（Reverse Top-*k* Geo-Social Keyword，RkGSK）查询，更多有关传统反 *k* 最近邻查询处理算法的研究工作可参考综述文献[23]。考虑当查询点位置频繁变化时，*k* 最近邻结果将不固定，如当用户驾车行驶在城区时，附近的相关兴趣点就将时刻发生变化，基于此动机大量有关 C*k*NN 的研究工作被陆续提出：Tao 等人[24]基于 R 树索引提出了 C*k*NN 处理算法；Song 等人[25]提出了一种周期性的采样技术以解决 C*k*NN；Zheng 等人[26]在路网环境下提出了有效的 C*k*NN 处理算法。此外考虑到空间对象间存在的视野遮挡，Gao 等人[27-29]探索了障碍环境下的连续可视最近邻查询，并设计了高效的查询处理方法。

**空间文本查询变体**：当前随 Web 技术的发展，空间与文本信息愈发趋向融合，这使得空间关键字查询（spatial keyword query，SKQ）成为空间数据管理的一项研究热点。

作为一类重要的 $k$ 近邻查询变种，空间关键字 Top-$k$ 查询以一个复合评分函数同时考察空间文本对象和查询间的空间距离与文本相似性，其旨在检索并返回与查询关键字相同（或相似）且空间距离与查询点邻近的若干空间对象（如地图服务中的检索附近相关兴趣点）。Cong 等人[30]基于 R 树索引提出了一种新颖的混合索引结构 IR-树及相应索引变体 CIR-树、DIR-树以有效地进行空间关键字 Top-$k$ 查询处理。Zhao 等人[31]额外考虑空间对象的时间信息（如餐馆的营业时间），探索了 Top-$k$ 时间感知空间关键字查询问题。Zhang 等人[32]考虑了查询结果内部的差异，研究了多样化的 Top-$k$ 空间关键字查询处理技术。更多有关空间关键词查询的研究介绍可参看综述文献[33-34]。

### 4.2.4　空间数据 Skyline 查询

#### （1）基本概念与预备知识

给定一个数据集，Skyline 查询旨在返回数据集中的 Skyline 点的集合，其中 Skyline 点集合包含了数据集中所有不可被支配（见定义 4.11）的数据点。Borzsony 等人将 Skyline 查询问题引入数据库查询领域[35]，此后该类查询引起了广泛的研究关注，相关技术成果被应用于多维度决策、个性化推荐、数据挖掘等多个领域。下面首先对数据点间的支配关系给出形式化定义。

**定义 4.11（支配）**　给定两个 $n$ 维元组 $t_i(t_{i1},t_{i2},\cdots,t_{in})$ 和 $t_j(t_{j1},t_{j2},\cdots,t_{jn})$，若元组 $t_i$ 在所有维度上的值都不比 $t_j$ 差，同时至少在一维上的属性值优于 $t_j$，那么称 $t_i$ 支配 $t_j$（符号表示为 $t_i > t_j$），又可称 $t_j$ 被 $t_i$ 所支配（符号表示为 $t_j < t_i$）。

根据定义 4.11，支配关系具有传递性。即 $t_i > t_j$ 且 $t_j > t_k$，则有 $t_i > t_k$ 成立。支配关系的传递性可运用于 Skyline 查询算法，以避免无效计算，从而显著提高算法效率。

**定义 4.12（Skyline 点与 Skyline 查询）**　给定多维数据点的集合 $T$，以及集合 $T$ 中某一数据点 $\forall t_i \in T$，称 $t_i$ 为一个 Skyline 点，当且仅当集合 $T$ 中不存在任何可以支配 $t_i$ 的数据点。否则认为 $t_i$ 不是 Skyline 点。Skyline 查询则旨在从数据集合中找出所有 Skyline 点。

以下通过一个酒店预订案例来展示 Skyline 查询的应用场景。表 4.2 包含了 8 家酒店的信息。表中每一行内容记录了每家酒店距离海滩的距离以及相应的价格。假设用户去海滩旅游，且个人更偏好价格便宜且更靠近海滩的酒店。

图 4.14 展示了针对表 4.2 中酒店数据集进行 Skyline 查询的输出结果。图 4.14(a) 中纵轴表示酒店价格，横轴表示酒店与海滩的距离。根据图 4.14，该酒店集合中将至少存在一家酒店，其在价格或者距离上不劣于 $h_2$、$h_3$、$h_4$、$h_6$，因此 $h_2$、$h_3$、$h_4$、$h_6$ 不属于 Skyline 点集合（图 4.14(a) 中黑色数据点）。此外集合中不存在可支配 $h_1$、$h_5$、$h_7$、

$h_8$ 的数据点，因此 $\{h_1, h_5, h_7, h_8\}$ 为 Skyline 查询结果集合（图 4.14(b)中实心数据点）。

表 4.2　酒店数据集

| 酒店 | 距离(km) | 价格(元) |
|---|---|---|
| $h_1$ | 1 | 300 |
| $h_2$ | 4 | 250 |
| $h_3$ | 8 | 190 |
| $h_4$ | 10 | 250 |
| $h_5$ | 2 | 150 |
| $h_6$ | 7 | 200 |
| $h_7$ | 9 | 50 |
| $h_8$ | 6 | 100 |

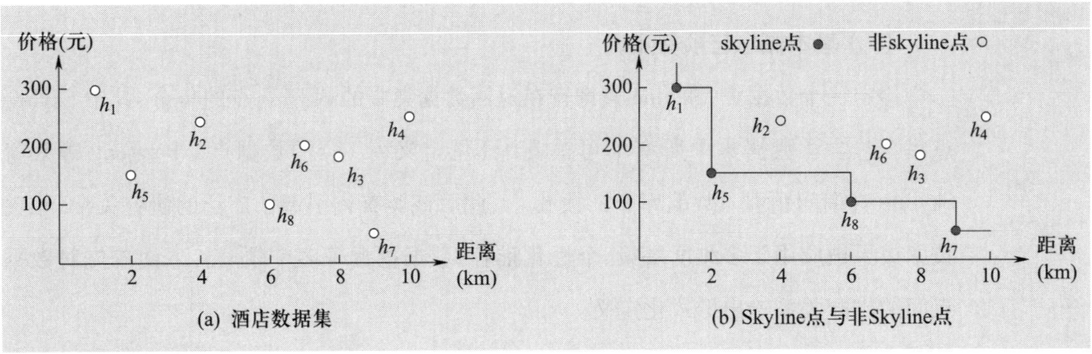


图 4.14　Skyline 查询示意图

在上述示例中，通过提交一次 Skyline 查询，用户可以检索出所有不被支配的酒店，这些酒店即成为用户最终决策的候选集。Skyline 查询可被拓展到更高维的数据集上，例如：酒店的价格、距离海岸的距离以及服务质量评分同时作为用户考量的对象时，此时 Skyline 查询就涉及了三个维度。Skyline 查询在多维数据集中较为常见。根据 Skyline 定义，用户感兴趣的那部分对象一定含于 Skyline 集合中，因此用户只需在 Skyline 集合中根据其偏好进行目标对象的选择，从而降低了用户决策的难度。

（2）Skyline 查询处理算法

设计有效的算法是实现 Skyline 查询处理的关键。以下介绍两类经典的 Skyline 查询算法：最近邻（nearest neighbor，NN）算法[36] 与分支界限（branch and bound，BBS）算法[37]。

**NN 算法**[36]：NN 算法的核心在于利用空间最近邻点对数据集所在空间进行划分，并在各个子区域中对相关数据点进行有效裁剪。图 4.15 展示了 NN 算法执行过程的完整示例。图 4.15(a)中共包含了 13 个数据点（数据点 $a$−$n$），此处以坐标原点(0, 0)为中心，以 $L_1$-norm（即曼哈顿距离）度量空间距离。NN 算法首先获取数据集中距离坐标原点最近的数据点，即：$i(3,2)$。经分析数据点 $i$ 必不能被空间中其他数据点所支配，因此首先将数据点 $i$ 加入 Skyline 查询结果集。通过数据点 $i$ 对应的横纵坐标，可将空间划分为四个子空间（图 4.15(b) 中子空间①-④），显然子空间④中所有数据点都能够被点 $i$ 所支配，故子空间④整体可被裁剪，算法仅需对子空间③和子空间②中数据点进行分析（子空间①因不包含任何数据点，同样被裁剪）。在之后递归执行的步骤

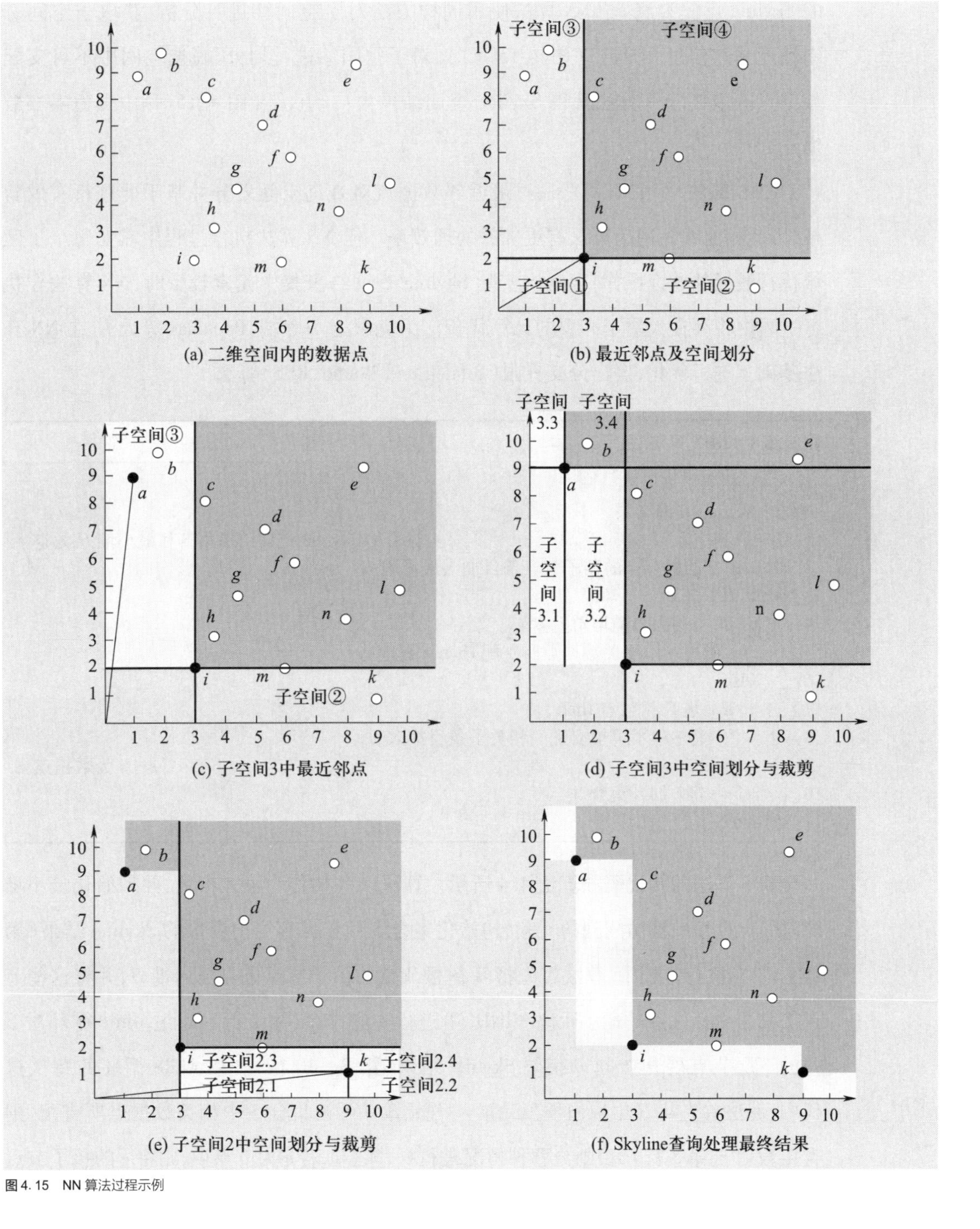


图 4.15　NN 算法过程示例

中,NN 算法继续以子空间③为目标空间,按同样方式获取该子空间中距离坐标原点最近的数据:点 a(图 4.15(c)),根据点 $a$ 对子空间③进行进一步划分得到子空间 3.1-3.4(图 4.15(d)),并对子空间 3.2、3.3、3.4 进行类似上述步骤中的分析。同理子空间 3.4 中所有数据点可被点 $a$ 支配,子空间 3.1 不存在可被支配数据点且子空间 3.2、3.3 中数据为空,故子空间 3.1-3.4 皆可被裁剪,因此算法从子空间③中获得的 Skyline 点仅为点 $a$。NN 算法使用同样方法对子空间②进行分析:获取子空间②中最近邻点信息 $k(9,1)$(图 4.15(e))、对子空间②进行划分、筛选空间中不可支配数据点。最终,NN 算法获得 Skyline 查询结果为:$\{a,i,k\}$(图 4.15(f)中黑色实心数据点)。

**BBS 算法**[37]:NN 算法通过最近邻数据点对查询空间划分并基于此进行有效剪枝,因此相比线性遍历算法有更优的处理效率。但 NN 算法执行过程中需对每个子区域执行最近邻查询操作,因此当实际 Skyline 查询结果集中元素较少时,NN 算法在执行过程中将存在大量不必要的计算代价。为克服这一弊端,Papadias 等人[37]在 NN 算法基础上进行优化,提出分支界限(Branch and Bound,BBS)算法。

**算法 4.4　BBS 算法**

```
输入: R 树索引 T
输出: Skyline 查询结果
1: S←∅,H←∅                          /* 初始化 Skyline 查询结果集 S 和最小堆 H 为空 */
2: 将 R 树 T 的根节点的孩子节点条目加入最小堆 H
3: while H≠∅ do
4:     从 H 中移出当前堆首元素 e
5:     if e 能被 S 中相关数据点所支配 then e 被裁剪
6:     else
7:        if e 是 R 树节点 then
8:           将 e 中不可被支配的相关子条目加入 H
9:        else                                              /* e 为数据点 */
10:          将 e 加入集合 S
11: return S
```

BBS 算法的伪代码如算法 4.4 所示。算法以 R 树作为输入参数,并初始化最小堆 $H$ 以保存过程中被访问到的元素,初始化集合 $S$ 用于保存当前获取的 Skyline 结果(第 1 行)。在执行过程中,算法首先将 R 树根节点的孩子节点条目插入堆 $H$,并将这些节点按其与坐标原点的最小距离 MINDIST 进行递增排序(第 2 行);通过 while 循环对 R 树的下层节点展开访问以获取 Skyline 结果(第 3—10 行)。在 while 循环的每次迭代中,算法首先从 $H$ 中取出堆顶元素 $e$,若元素 $e$ 可被集合 $S$ 中相关数据点所支配,则直接裁剪 $e$(第 5 行),否则分两种情况进行操作:(i) 若 $e$ 为节点项,则将 $e$ 的孩子节点中不被集合 $S$ 中相关数据点所支配的孩子节点加入堆 $H$ 中以便后续进一步验证

（第 7—8 行）；（ii）若 $e$ 为数据点且不能被集合 $S$ 中当前已经获取的 Skyline 点支配，则算法将 $e$ 作为一个 Skyline 点插入结果集 $S$ 中（第 9—10 行）。随着 while 循环的进行，算法自顶层向下对 R 树进行访问，并在底层节点获取不能裁剪的数据点作为 Skyline 查询结果。最终当 $H$ 中不包含任何元素时，算法完成所有元素的访问，此时结束循环并返回集合 $S$ 作为 Skyline 查询处理结果（第 9—11 行）。由于借助了 R 树进行分支界限剪枝判定，大量无关的数据点可在高层节点访问中被提前剪枝，故相比 NN 算法，BBS 算法能显著减少查询过程中的最近邻查询执行次数，很大程度上降低了查询过程中的 I/O 与 CPU 开销。以下对 BBS 算法的具体流程进行示例展示。

**运行示例：**图 4.16（a）展示了图 4.15 中数据点分布与 MBR 划分情况，令 R 树中每个节点容量为 3，图 4.16（b）展示了数据对应的 R 树索引。根据 L1-norm（曼哈顿距离）数据点（R 树节点）到坐标轴原点的距离 *dist*（最小距离 *MINDIST*）的计算方式为：（1）数据点与坐标轴原点的距离为该点坐标轴数值之和，如点 $g$ 与原点的距离为 7（=3+4）；（2）R 树节点到坐标轴原点的最小距离（*MINDIST*）等于节点 MBR 左下方坐标点到坐标轴原点距离，如节点 $N_5$ 到坐标原点最小距离为 8（=6+2）。根据以上规则，表 4.3 列出了 BBS 算法具体执行步骤，以及堆 $H$、集合 $S$ 中内容信息。其中堆 $H$ 中带粗体内容表示 Skyline 点，带下划线部分表示可被裁剪的记录，$|H|$ 表示堆 $H$ 在执行过程中存储的记录个数。

表 4.3 BBS 算法执行步骤示例

| 执行步骤 | 堆 $H$ 中内容 | 集合 $S$ | $\|H\|$ |
|---|---|---|---|
| Visit root | $(N_7,4)$，$(N_6,7)$ | ∅ | 2 |
| Expand $N_7$ and add $N_3$、$N_4$、$N_5$ | $(N_3,4)$，$(N_6,7)$，$(N_5,8)$，$(N_4,10)$ | ∅ | 4 |
| Expand $N_3$ and add $i$、$h$、$g$ | **$(i,5)$**，$(h,7)$，$(N_6,7)$，$(N_5,8)$，$(g,10)$，$(N_4,10)$ | ∅ | 6 |
| Pop $(i,5)$ and add $i$ to $S$ | $\underline{(h,7)}$，$(N_6,7)$，$\underline{(N_5,8)}$，$\underline{(g,10)}$，$(N_4,10)$ | $\{i\}$ | 5 |
| Pop $(h,7)$ and prune $h$ | $(N_6,7)$，$\underline{(N_5,8)}$，$\underline{(g,10)}$，$(N_4,10)$ | $\{i\}$ | 4 |
| Expand $N_6$ and add $N_1$($N_2$ is pruned) | $\underline{(N_5,8)}$，$(N_1,9)$，$\underline{(g,10)}$，$(N_4,10)$ | $\{i\}$ | 4 |
| Pop $N_1$ and add $a$、$b$、$c$ | **$(a,10)$**，$(g,10)$，$(N_4,10)$，$(b,12)$，$(c,12)$ | $\{i\}$ | 5 |
| Pop $(a,10)$ and add $a$ to $S$ | $(g,10)$，$(N_4,10)$，$\underline{(b,12)}$，$\underline{(c,12)}$ | $\{i,a\}$ | 4 |
| Pop $(g,10)$ and prune $g$ | $(N_4,10)$，$\underline{(b,12)}$，$\underline{(c,12)}$ | $\{i,a\}$ | 3 |
| Pop $N_4$，add $k$($l$ is pruned) | **$(k,10)$**，$\underline{(b,12)}$，$\underline{(c,12)}$ | $\{i,a\}$ | 3 |
| Pop $(k,10)$ and add $k$ to $S$ | $\underline{(b,12)}$，$\underline{(c,12)}$ | $\{i,a,k\}$ | 2 |
| Pop $(b,12)$ and prune $b$ | $\underline{(c,12)}$ | $\{i,a,k\}$ | 1 |
| Pop $(c,12)$ and prune $c$ | ∅ | $\{i,a,k\}$ | 0 |

### （3）Skyline 查询其他相关工作

随着 CroudDB、Deco、Qurk 等诸多众包数据库的出现，基于众包的查询技术得到了

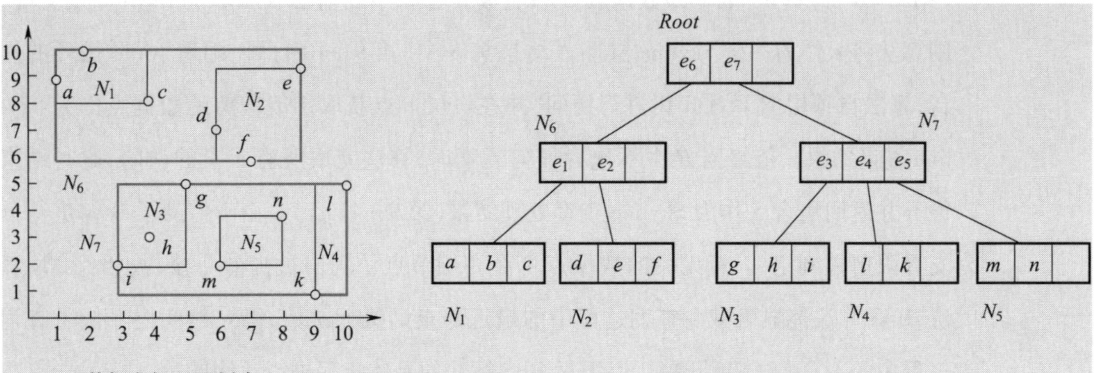


(a) 数据点与MBR划分　　(b) 数据对应R树

图 4.16　二维空间数据点 MBR 划分情况及对应 R 树示例

广泛的研究。Miao 等人[38]针对不完整数据上的 Skyline 查询提出了基于众包技术的解决方法。Yang 等人在文献[39]中研究了 Top-$k$ 组 Shyline 查询问题。考虑到当前大多数有关 Skyline 查询的算法研究集中于欧式空间而较少考虑路网空间,Fu 等人[40]探索了路网下连续的范围 Skyline 查询问题。为提升 Skyline 查询质量,Gao 等人[41]在文献中实现了最佳 Skyline 对象获取算法。随着大数据时代的来临,Han 等人[42]在文献中探索了海量数据规模下的 Skyline 高效计算方法。值得注意的是,尽管 BBS 算法在解决 Shyline 查询时相比 NN 算法已有明显的 I/O 和 CPU 性能提升,但其仍存在内存空间消耗过大的问题。为此 Gao 等人[43]在文献中对 BBS 算法进行改进,提出了一种 I/O 性能更优改进的 Skyline 查找算法:IBBS 算法。IBBS 同样为基于 R 树上的最近邻查询算法,但相比 BBS 算法,IBBS 算法在获取精确查询结果的同时对搜索空间的削减力度更大,在既继承 BBS 算法在 I/O 和 CPU 代价等方面的性能优势的同时,又具备较小的内存开销,因此在处理 Skyeline 查询时有更优的运行效率。

### 4.2.5　空间数据连接查询

空间连接查询[44]旨在从两组数据集中获取满足某个特定连接谓词的所有对象组合。具体为:“给定两个空间对象数据集 $O_A$ 和 $O_B$ 以及一个连接谓词 $\theta$,空间连接查询旨在找到所有对象组合 $\langle o_a, o_b \rangle$,其中 $o_a \in O_A, o_b \in O_B$ 且 $\theta(O_a, O_b)$ 成立”。图 4.17 给出了一个二维空间上进行空间连接查询例子,其中图 4.17(a)展示了两个数据集间所有满足相交关系的对象组集合,其结果为 $\{(A_1, B_1), (A_1, B_2), (A_2, B_1)\}$;图 4.17(b)获取两个数据集间所有存在包含关系的对象组合,其查询结果为 $\{(A_2, B_2), (A_2, B_3)\}$。

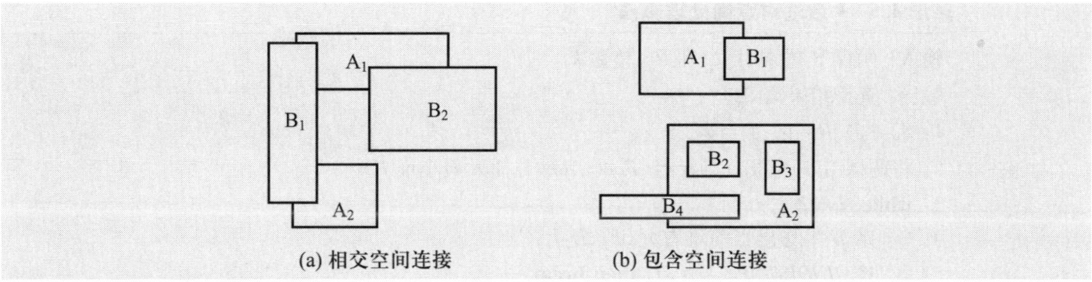


图 4.17　二维空间上的空间连接查询示例

结合空间连接与最近邻查询中的基本概念,以下介绍一类在实际生活中有广泛应用价值的空间连接查询变体:最近对查询(closest pairs query,CPQ)。

**最近对查询**:给定两组空间数据点的集合 $P=\{p_1,p_2,\cdots,p_n\}$ 和 $Q=\{q_1,q_2,\cdots,q_n\}$,最近对查询(closest pairs query,CPQ)旨在从集合 $P$ 与 $Q$ 中返回一对空间点,要求该对空间点间的距离为 $P$ 与 $Q$ 中所有空间点对距离的最小值。即:

$$dist(p_z,q_l) \leqslant dist(p_i,q_j),\quad \forall p_i \in P \wedge \forall q_j \in Q \tag{4.4}$$

最近对查询(CPQ)在基于数据的决策与数据挖掘等领域有着广泛的应用,自提出以来便受到了学术界的广泛关注。Corral 等人[45-49]对最近对查询展开了系统且全面的研究。Corral 等[45]在 R 树索引上研究了最近对查询处理问题,并提出了若干高效的查询处理算法。以下介绍一类基于 R 树的 $k$ 最近对查询算法,其具体步骤如算法 4.5 所示。

算法 4.5 将查询结果集 $S_R$ 和最小堆 $H$ 初始化为空,并维护一全局变量 $T_k$ 用以记录执行过程中当前获得的第 $k$ 最近对的距离值。最小堆 $H$ 按空间距离由小到大对元素进行排序。算法首先将两组数据集对应 R 树的根节点元组 $\langle Root_p, Root_q\rangle$ 加入堆 $H$ 中(第 2 行),接着展开循环迭代对 $k$ 最近对结果进行求解(第 3—11 行)。每次循环迭代中,堆 $H$ 中的首个元组 $\langle E_p, E_q\rangle$ 被访问,若 $E_p$ 与 $E_q$ 间的最小距离($MINDIST(E_p, E_q)$)大于 $T_k$,则表明堆 $H$ 中剩余未被访问元组集中不存在查询结果,故循环可提前结束(第 5 行)。否则对 $E_p$ 与 $E_q$ 的子节点展开访问。此时分两种情况:若 $E_p$、$E_q$ 都为 R 树的中间节点,则调用功能函数 PRUNE 对 $E_p$、$E_q$ 各自子节点进行剪枝评估(第 8 行):将必不在结果中的子节点进行剪枝(第 12—15 行),并将不可剪枝的子节点构成新元组插入堆 $H$(第 16—19 行);若 $E_p$、$E_q$ 为 R 树叶节点(第 10 行),则以类似步骤对 $E_p$、$E_q$ 中的空间对象进行评估,并同步更新结果集 $S_R$ 以及变量 $T_k$。最后当堆 $H$ 中不含任何元素时,循环结束并返回最近对结果 $S_R$(第 11 行)。

**算法 4.5　*k* 最近对查询处理算法**

**输入**：两棵 R 树索引 $R_p$ 和 $R_q$，整数 $k$

**输出**：查询结果集 $S_R$

$S_R \leftarrow \varnothing, H \leftarrow \varnothing, T_k = \infty$

将两棵 R 树的根节点元组 $\langle Root_p, Root_q \rangle$ 插入最小堆 $H$

**while** $H \neq \varnothing$

　　从 $H$ 中移出当前堆首元 $\langle E_p, E_q \rangle$

　　**if** $MINDIST(E_p, E_q) > T_k$ **then break**

　　**else**

　　　**if** $E_p, E_q$ 都为中间节点项 **then**

　　　　执行函数 $PRUNE(E_p, E_q, H)$

　　　**else if** $E_p$、$E_q$ 都为叶节点项 **then**

　　　　执行函数 $PRUNE(E_p, E_q, S_R)$

**return** $S_R$

**函数**：$PRUNE(E_p, E_q, S)$

**foreach** $e_i \in E_1$ **do**

　　**if** $MINDIST(e_i, E_2) > T_k$ **then** 剪枝 $e_i$

**foreach** $e_j \in E_2$ **do**

　　**if** $MINDIST(e_j, E_2) > T_k$ **then** 剪枝 $e_j$

**foreach** 未剪枝项 $e_i \in E_1$ **do**

　　**foreach** 未剪枝项 $e_j \in E_2$ **do**

　　　**if** $MINDIST(e_i, E_2) \leqslant T_k$ **then**

　　　　将 $\langle e_i, e_j \rangle$ 插入最小堆 $H$ 并更新 $T_k$

**空间连接查询其他相关工作**：Corral 等人[46]进一步检验了缓冲区结构、页面替换策略以及缓冲机制对最近对查询处理的影响，并探讨了若干 $k$ 最近对查询的变种[47]，如 $k$ 自最近对查询（$k$-Self-CPQ）、半最近对查询（Semi-CPQ）、$k$ 最远对查询（$k$-FPQ）等。此外，Corral 等人[48]在高维数据空间中也对 $k$ 最近对查询进行了深入探索，并对基于 R 树的 $k$ 最近对查询算法 I/O 代价模型进行了理论推导[49]。其他有关空间连接查询的相关工作还包括：Papadias 等人[50]以及 Mamoulis 等人[51]的多路空间连接（multi-way spatial join）查询研究，Brinkhoff 等人[52]与 Luo 等人[53]的并行空间连接（parallel spatial join）查询研究，Koudas 和 Sevcik[54]等人提出的高维近似连接（similarity join）处理方法，Bohm、Krebs[55]与 Xia 等人[56]研究的最近邻连接（nearest neighbor join）问题，Tao 等人[57]在高维空间中提出的最近邻和最近对查询算法。空间最近对查询算法的研究同样引起了国内学者的重视，如：徐红波等人[58]提出了一种基于 Z 曲线的近似 $k$-CPQ 算法，Liu 等人[59]面向空间文本数据的空间文本近似连接查询研究。此外随着空间数据的急剧增长，在分布式环境下探索高效的空间连接查询方法也逐渐成为 Skyline 查询领域内的一个重要研究方向[60]。

## 4.3　轨迹数据管理

轨迹数据管理旨在对轨迹数据进行有效的预处理、存储、索引、查询与挖掘等。本节以下内容将对轨迹数据管理中几类重要的代表性工作进行详细介绍。

### 4.3.1　轨迹数据压缩

LBSs 中的许多应用基于秒级频率记录移动对象的位置信息，产生大量轨迹数据，造成巨大的通信、存储与计算开销[61]。此外，在很多场景下，并不需要如此精准的位置信息。例如，对于直线道路上的行驶车辆，只需存储其道路起点和道路终点便可推测其行驶轨迹。基于此，轨迹压缩任务被提出。轨迹压缩的目标是在满足压缩轨迹与原始轨迹之间相似度（误差）条件下，尽可能地减小轨迹点数，从而降低传输代价、存储成本并提高查询效率。现有轨迹压缩方法分为两大类：（1）基于规则的传统压缩；（2）基于 AI 技术（如强化学习）的学习型压缩。无论是传统压缩方法还是学习型压缩方法，都存在离线压缩和在线压缩。离线压缩需要收集到完整的轨迹之后再进行压缩处理，一般可以获得全局较优的近似轨迹，而在线压缩的处理对象是持续不断的实时轨迹点，适用于实时性较强的在线场景。

为衡量压缩误差，一般采取距离计算方法来计算压缩后轨迹与压缩前轨迹的相似性（距离差）。目前有两种常见的距离计算方法：垂直欧氏距离和时间同步欧氏距离。对于垂直欧氏距离：首先将原始轨迹点映射到压缩轨迹上，然后通过距离度量计算原始轨迹点和映射轨迹点之间的距离和来衡量压缩误差。对于时间同步欧氏距离：假设运动物体有固定速度，这种方式下的原始轨迹点映射是通过时间段来计算的而非简单的垂直映射。两者的区别如图 4.18 所示。此外，除了压缩误差外，还可通过压缩时

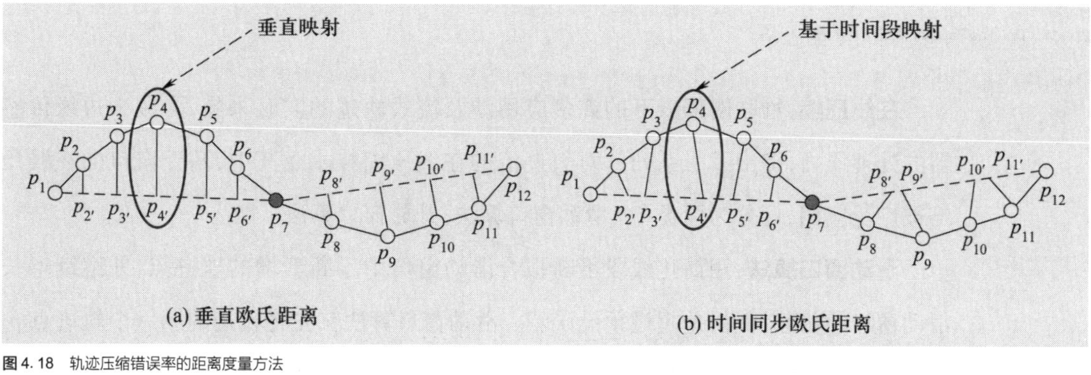


图 4.18　轨迹压缩错误率的距离度量方法

间、压缩率等指标来评判压缩效果。

### (1) 基于规则的传统压缩

**离线压缩**:给定一条完整轨迹,通过丢弃一些可以忽略的轨迹点来获得近似轨迹[62]。大多数离线轨迹压缩技术都基于 Min-Error 的算法思想,即:最小化压缩后轨迹和原始轨迹的距离误差。其中,最经典的离线轨迹压缩算法是 Douglas-Peucker 算法[63],它是一个自顶向下的方法。该算法通过近似线段来替换原始轨迹,通过迭代的方式不断分裂线段来得到更精细的轨迹线段。该算法将原始轨迹中的第一个点记做锚点,最后一个点记做浮点,锚点和浮点连接而成的线段记做 $L$。对于所有位于锚点和浮点之间的中间轨迹点,根据给定的距离度量方式计算点到线段 $L$ 的距离。如果各个点的距离最大值大于预设的误差阈值,那么该算法会选择距离最大的点进行二次分裂,将原始轨迹分为两条子轨迹,其中分裂点将作为前一段子轨迹的浮点以及后一段子轨迹的锚点,两条子轨迹将递归重复上述过程,直到近似线段和原始轨迹的距离满足误差阈值。

如图 4.19 所示,点 $p_1$ 和 $p_6$ 作为锚点和浮点,计算 $p_2 \sim p_5$ 点到线段$\overline{p_1p_6}$的距离,发现点 $p_3$ 到该线段的距离大于阈值,则将 $p_3$ 作为分裂点,将原始轨迹划分为$\overline{p_1p_3}$,$\overline{p_3p_6}$两段。对这两段轨迹重复以上操作,直至距离小于阈值。可以发现,原始轨迹$\langle p_1,p_2,p_3,p_4,p_5,p_6\rangle$被压缩为$\langle p_1,p_3,p_6\rangle$。该算法的时间复杂度为 $O(N^2)$,优化算法[64]将复杂度降低到 $O(N\log N)$。这里,$N$ 代表轨迹的平均长度。

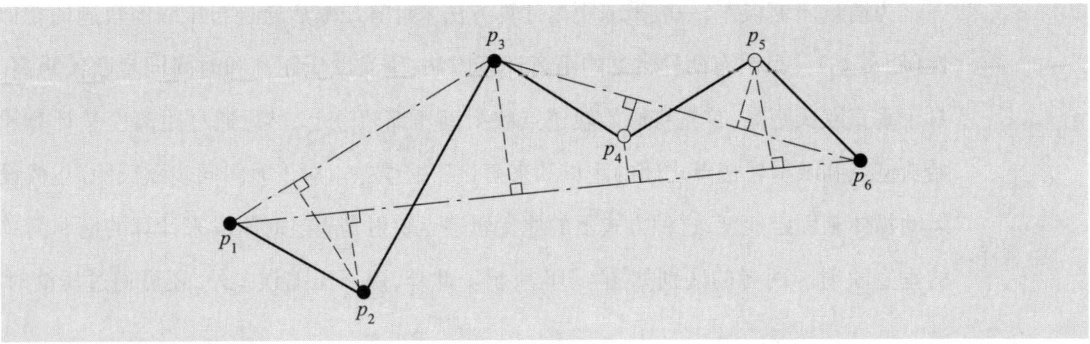


图 4.19　Douglas-Peucker 离线压缩算法

**在线压缩**:物联网场景下的许多应用涉及流式轨迹的实时采集,为减少边缘传感器的处理压力,提出了一系列针对轨迹流的在线压缩技术。其中,基于窗口的在线压缩被广泛应用,可分为两类[61]:滑动窗口算法;开放窗口算法。

**滑动窗口算法**:用简化线段不断拟合滑动窗口中不断新增的轨迹点,并继续增长滑动窗口,直到近似误差超过预设误差。滑动窗口算法首先将轨迹的第一个轨迹点 $p_a$ 作为锚点,开始增长滑动窗口,当一个新的轨迹点 $p_i$ 加入滑动窗口中,线段 $p_ap_i$ 用于拟合滑动窗口内的所有位置点。只要相对于线段 $p_a p_i$ 的距离误差小于误差阈值,滑动窗口就会继续增长;否则,线段 $p_a p_{i-1}$ 将作为近似轨迹的一部分,并将 $p_{i-1}$ 作为新的锚点。如图 4.20 所示,当滑动窗口从 $\{p_1\}$ 增长到 $\{p_1, p_2, p_3, p_4\}$,所有近似线段与原始轨迹之间的错误值都小于给定的特定阈值,当轨迹点 $p_5$ 加入后,轨迹点 $p_3$ 的错误值超过给定阈值,所以 $p_1 p_4$ 将作为一条轨迹近似段包含在近似轨迹集合内,$p_4$ 将作为一个新的锚点继续以上过程,直至遍历到最新轨迹点。

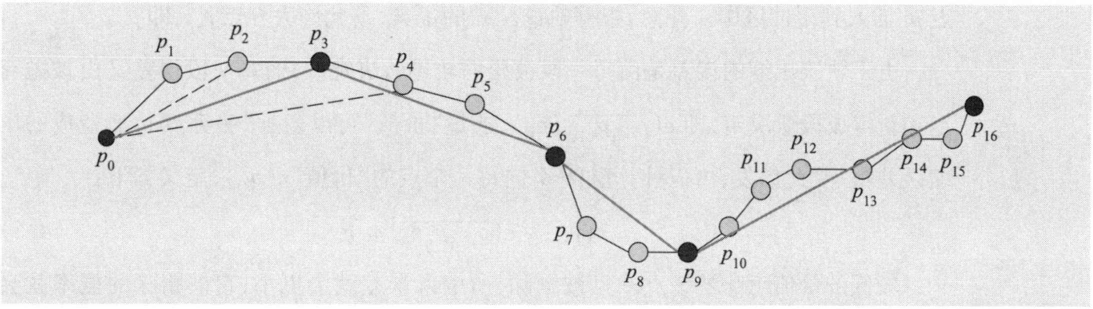


图 4.20 滑动窗口在线压缩算法

**开放窗口算法**:应用 Douglas-Peucker 算法[63]的启发式方法来选择窗口中误差最大点进行分裂,并将此点用作新的锚点以近似后续轨迹点。如图 4.21 所示,当滑动窗口从 $\{p_1\}$ 增长到 $\{p_1, p_2, p_3, p_4\}$,所有近似线段与原始轨迹之间的错误值都小于误差阈值,当轨迹点 $p_5$ 加入后,轨迹点 $p_3$ 的错误值超过给定阈值,并且 $p_3$ 产生的错误值最大。因此,$p_1 p_3$ 作为近似轨迹段包含在近似轨迹集合内,并将 $p_3$ 作为新的锚点,继续增长滑动窗口。

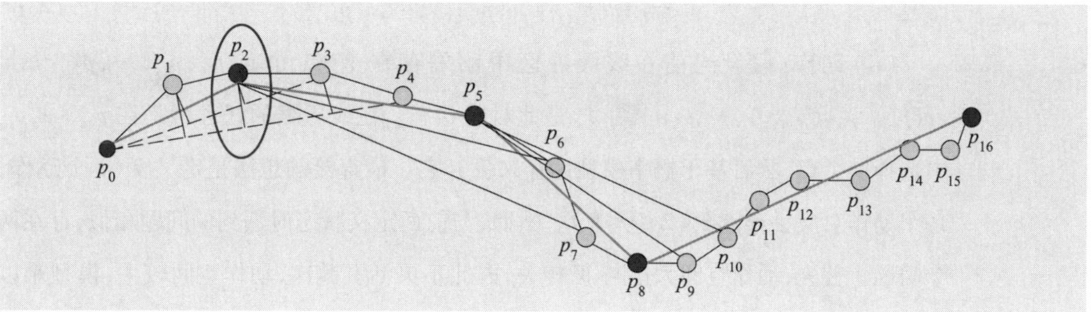


图 4.21 开放窗口在线压缩算法

### (2)基于 AI 技术的学习型压缩

尽管已经提出大量基于 Min-Error 的离线/在线压缩算法,这些算法大多基于人为设定的规则来决定丢弃轨迹中的可压缩点,从而实现轨迹压缩。随着 AI 技术在各个领域取得的巨大成功,近年来有些学者利用 AI 技术(如强化学习、深度学习等)设计神经网络模型,探索数据驱动的学习型轨迹压缩技术[65,66]。其中,基于强化学习的轨迹压缩取得最新进展。

构建一个强化学习模型，主要分为四个部分：状态（State）、动作（Action）、状态转移（Transition）以及奖惩函数（Reward）。接下来，本小节分别从这四个部分来讲解如何利用强化学习实现数据驱动的在线和离线轨迹压缩。

（i）**状态**：假设在线缓冲区的大小为 $W$，即：缓冲区中最多存储 $W$ 个点 $p_{s_1}, p_{s_2}, \cdots, p_{s_W}$。给定一个最新到达的轨迹点 $p_i$，在线压缩是从缓冲区中删除一个历史点，然后将点 $p_i$ 插入到缓冲区中。注意，根据轨迹压缩的定义，不允许丢弃点 $p_{s_1}$，即 $p_1$。

由于轨迹压缩的误差是由每一段被压缩轨迹所决定的，而每一段误差又由被抛弃点和新生成段所决定，即 $\epsilon(\overline{p_{s_{j-1}}p_{s_{j+1}}} \mid p_{s_j})$，通过“价值”可以表示“丢弃点 $p_{s_j}$ 所造成的压缩误差”。受此启发，可以计算窗口 $W$ 内每一个点的“价值” $v(p_{s_j})$，定义如下：

$$v(p_{s_j}) = \epsilon(\overline{p_{s_{j-1}}p_{s_{j+1}}} \mid p_{s_j}) \tag{4.5}$$

较低的价值意味着该点一旦被删除，所引入误差就会更小，它被删除的概率就会更高。根据缓冲区中点的价值来定义**状态**，用 $s$ 表示。最直接的想法是计算缓冲区中所有 $W-1$（由于初始点无法被丢弃，所以总点数是 $W-1$）点的价值来定义状态。然而，存在两个问题。首先，$W$ 是输入，不同的场景通常具有不同的 $W$。其次，$W$ 通常是一个较大的整数，例如：以千为单位。因此，会造成很大的状态空间，模型很难训练和收敛。基于此，可以将状态 $s$ 定义为：包含 $k$ 个最小价值的点的集合，其中 $k \leqslant W-1$ 是超参数。具体而言，令 $\pi$ 表示 $s_2, \cdots, s_W$ 的排列，$v(p_{\pi(1)}), v(p_{\pi(2)}), \cdots, v(p_{\pi(W-1)})$ 表示按升序排列的点的价值集合。则状态 $s$ 定义为：

$$s = \{v(p_{\pi(1)}), v(p_{\pi(2)}), \cdots, v(p_{\pi(k)})\} \tag{4.6}$$

（ii）**动作**：假设当前在线缓冲区中刚好存在 $W+1$ 个点 $p_{s_1}, p_{s_2}, \cdots, p_{s_{W+1}}$，$s = \{v(p_{\pi(1)}), v(p_{\pi(2)}), \cdots, v(p_{\pi(W-1)})\}$ 是此时的状态。在线压缩的任务就是在 $p_{s_2}, \cdots, p_{s_W}$ 中选择一个点，然后基于概率模型计算来丢弃它。最直接的想法是定义 $W-1$ 个**动作**，每个动作对应丢弃点 $p_{s_j}(2 \leqslant j \leqslant W)$。然而，与前面定义状态时遇到的问题相似，存在两个问题。首先，动作空间大小与 $W$ 相关，因此不灵活。其次，动作空间较大，模型难以训练和收敛。对于轨迹压缩，只需关注那些造成较低误差的点 $v(p_{\pi(1)}), v(p_{\pi(2)}), \cdots, v(p_{\pi(k)})$ 所对应的动作，每个动作都意味着丢弃点 $p_{\pi(j)}(1 \leqslant j \leqslant k)$。形式上，定义一个动作，用 $a$ 表示如下：

$$a := j \quad (1 \leqslant j \leqslant k) \tag{4.7}$$

其中 $a=j$ 意味着丢弃点 $p_{\pi(j)}$。

（iii）**状态转移**：假设 $a$ 是丢弃点 $p_{s_j}(2 \leqslant j \leqslant W)$ 的动作。当动作 $a$ 被执行后，缓冲区中还存在 $W$ 个点。当插入一个新点 $p_i$ 时，需要计算一个新的状态 $s'$，$s'$ 表示在状态 $s$

时执行动作 $a$ 后的下一个状态。下面从两个方面，即丢弃点 $p_{s_j}$ 和插入点 $p_i$ 之后相邻点的价值变化，来说明状态 $s'$ 的计算过程。

丢弃点 $p_{s_j}$ 的状态转移：点 $p_{s_j}$ 被丢弃后，相邻点 $p_{s_{j-1}}$ 的锚段由 $\overline{p_{s_{j-2}}p_{s_j}}$ 转变为 $\overline{p_{s_{j-2}}p_{s_{j+1}}}$；相邻点 $p_{s_{j+1}}$ 的锚段由 $\overline{p_{s_j}p_{s_{j+2}}}$ 转变为 $\overline{p_{s_{j-1}}p_{s_{j+2}}}$。因此，需要更新 $p_{s_{j-1}}$ 和 $p_{s_{j+1}}$ 的值，具体操作如下：

$$v(p_{s_{j-1}}) = \epsilon(\overline{p_{s_{j-2}}p_{s_{j+1}}} \mid p_{s_{j-1}}) \tag{4.8}$$

$$v(p_{s_{j+1}}) = \epsilon(\overline{p_{s_{j-1}}p_{s_{j+2}}} \mid p_{s_{j+1}}) \tag{4.9}$$

插入点 $p_i$ 的状态转移：当点 $p_i$ 插入到缓冲区时，将会有 $W+1$ 个点，表示为 $p_{s_1}$，$p_{s_2}, \cdots, p_{s_{W+1}}$。其中 $p_{s_{W+1}} = p_i$。$p_{s_W}$ 的价值计算如下：

$$v(p_{s_W}) = \epsilon(\overline{p_{s_{W-1}}p_{s_{W+1}}} \mid p_{s_W}) \tag{4.10}$$

注意，其他点的价值不变。

基于上述两方面，采用与计算状态 $s$ 相同的方法式(4.6)来计算状态 $s'$。

(iv) **奖惩函数**：定义从状态 $s$ 到状态 $s'$ 所产生的奖励 $r$ 表示为：

$$r = \epsilon(T') - \epsilon(T'') \tag{4.11}$$

对于状态 $s$，缓冲区中的点构成轨迹 $T' = T[1:i-1]$。插入点 $p_i$ 后，触发状态 $s'$，得到 $T'' = T[1:i]$。如果动作 $a$ 导致的轨迹误差较小，那么奖励就较大，因此算法更倾向于学习那些导致压缩误差更小的丢弃动作。在这个奖励定义下，在线轨迹压缩转换为(Markov decision process, MDP)。假设在经历一系列状态 $s_1, s_2, \cdots, s_N$ 后，得到的奖励为 $r_1, r_2, \cdots, r_{N-1}$。如果未来的奖励没有衰减，那么有：

$$\sum_{t=1}^{N-1} r_t = \sum_{t=1}^{N-1} (\epsilon(T'_t) - \epsilon(T''_t) = \epsilon(T'_1) - \epsilon(T''_{N-1}) = -\epsilon(T''_{N-1}) \tag{4.12}$$

其中初始状态时，$\epsilon(T'_1) = 0$。$\epsilon(T''_{N-1})$ 表示 $T$ 压缩后轨迹所产生的误差。

接下来，介绍基于强化学习的在线轨迹压缩算法。如算法 4.6 所示，首先存储缓冲区中的前 $W$ 个点，并初始化索引 $t$(第 1—3 行)。然后对于到达的每一个点 $p_i$，执行如下操作：首先计算缓冲区中除第一个点外所有点的价值 $v(p_{s_j})$ $(2 \leqslant j \leqslant W)$，同时维护最小堆中的价值序列(第 5 行)；接着构造包含 $k$ 个最低价值的点集合，并基于已学习好的概率丢弃策略采样动作(第 6—8 行)；而后插入新到达的点 $p_i$，返回压缩后的轨迹 $T'$(第 9—12 行)。算法的时间复杂度为 $O((n-W)\log W)$，其中 $n$ 为输入轨迹 $T$ 的长度，$W$ 为缓冲存储空间。

在线场景中，根据缓冲区中点的价值定义状态，一个点的价值被定义为该点到压缩后轨迹的距离。记该点的锚段为 $s$，相对于以 $s$ 为锚段的其他点的误差将被忽略。离线场景中，可以利用历史误差来定义一个点的价值，从而获取更丰富的信息。具体

**算法 4.6 基于强化学习的在线轨迹压缩算法**

**输入：** 给定一条轨迹 $T=\langle p_1,p_2,\cdots,p_n\rangle$，逐点输入到强化学习智能体中；给定缓冲区的大小为 $W(W<n)$

**输出：** 一条压缩后的轨迹 $T'$，其中 $|T'|\leq W$

```
for i←1 to W do
    将点存储至缓冲区中
t←1
for i←W+1 to n do
    计算 W 中(除第一个点)所有点的价值，并维护升序最小堆 π
    构建状态矩阵 s_t = {v(p_π(1)), v(p_π(2)), …, v(p_π(k))}
    从动作矩阵中采样得到动作 a_t ~ π_θ(a | s)
    当 a_t = j，从缓冲区中删除点 p_π(j)
    将点 p_i 插入到缓冲区中；
    t←t+1
T'←缓冲区内剩余的点
return 轨迹 T'
```

地说，缓冲区中一个点 $p_{s_j}(2\leq j\leq W)$ 的价值定义为以 $s$ 为锚段的点的误差最大值，公式如下：

$$v(p_{s_j}):=\max_{s_{j-1}\leq i\leq s_{j+1}}\epsilon(\overline{p_{s_{j-1}}p_{s_{j+1}}}\mid p_i) \tag{4.13}$$

根据上述"价值"的新定义，可以构建新的强化学习智能体和一个新的离线轨迹压缩算法。离线模式是在线模式的一个改编版本，即：每个点包含之前删除点的信息。离线模式的时间复杂度是 $O((n-W)(n'+\log W))$，$n'$ 是计算单个点价值的开销，$n'$ 的上界为 $n$，$n'\leq n$。

此外，区别于上述介绍的基于原始轨迹的压缩技术，一些工作用 POI、标志物、事件等信息丰富物体的时空依赖，形成语义轨迹数据。并基于此，探索语义轨迹压缩技术[67-68]。与基于原始轨迹的压缩技术相比，语义轨迹压缩技术的优点是更容易理解，缺点是丢失具体的位置信息，不支持具体的点查询。

### 4.3.2 轨迹数据度量

轨迹度量是轨迹数据分析中的基础任务，旨在衡量两条轨迹之间的距离/相似性。现有的轨迹度量主要分为：① 基于轨迹点；② 基于轨迹段；③ 基于轨迹形状；④ 基于路网。下面对每一类中的代表性度量及其计算进行介绍。

#### (1) 基于点的轨迹度量

**定义 4.13（最近点对距离 CPD）** 给定两条轨迹 $\tau_1$ 和 $\tau_2$，两条轨迹之间的最近点距离为：

$$CPD(\tau_1,\tau_2)=\min_{p_i\in\tau_1,p_j\in\tau_2}\|p_i,p_j\| \tag{4.14}$$

最近点对距离采用两条轨迹中所有轨迹点对之间的最短距离作为两条轨迹之间的距离。这种计算方法在轨迹太长时会造成很大的计算量。此外,用最近两个点来代表轨迹间距离也只能捕获两条轨迹的局部部分。

**定义 4.14（点对距离和 SPD）** 给定两条轨迹 $\tau_1$ 和 $\tau_2$,两条轨迹之间的点对距离和为:

$$SPD(\tau_1,\tau_2)=\sum_{i=1}^{n}\|p_i,q_i\|,(p_i\in\tau_1,q_i\in\tau_2) \tag{4.15}$$

点对距离和将两条轨迹的轨迹点按序组成点对,将所有点对的距离和作为轨迹间距离。这种计算方法可以显著减少计算量,但是其要求所有轨迹必须具有同样长度,这在现实应用中有很大的局限性。

**定义 4.15（动态时间规整 DTW）** 给定两条轨迹 $\tau_1=[p_1,p_2,\cdots,p_n]$ 和 $\tau_2=[q_1,q_2,\cdots,q_m]$,并定义一条轨迹的后续子轨迹为 $\tau_1^{rest}\in\tau_1=[p_2,\cdots,p_n]$,两条轨迹之间的 *DTW* 距离[69]为:

$$DTW(\tau_1,\tau_2)=\begin{cases}0 & n=0\text{ 且 }m=0\\ \infty & n=0\text{ 或 }m=0\\ \|p_1,q_1\|+\min\begin{cases}DTW(\tau_1,\tau_2^{rest})\\ DTW(\tau_1^{rest},\tau_2)\\ DTW(\tau_1^{rest},\tau_2^{rest})\end{cases}, & \text{其他}\end{cases} \tag{4.16}$$

*DTW* 对轨迹的长度具有一定的宽容性,允许一些轨迹点在计算过程中被重复使用,从而使得两条轨迹的轨迹点得到最好的匹配。

**定义 4.16（最长共同子序列 LCSS）** 给定两条轨迹 $\tau_1=[p_1,p_2,\cdots,p_n]$ 和 $\tau_2=[q_1,q_2,\cdots,q_m]$,并定义一条轨迹的后续子轨迹为 $\tau_1^{rest}\in\tau_1=[p_2,\cdots,p_n]$,给定一个正整数 $\sigma$ 和一个距离阈值 $\epsilon$,两条轨迹之间的 LCSS 距离[70]为:

$$LCSS(\tau_1,\tau_2)=\begin{cases}0, & n=0\text{ 且 }m=0\\ 1+LCSS(\tau_1^{rest},\tau_2^{rest}), & \|p_1,q_1\|\leqslant\epsilon\text{ and }|n-m|\leqslant\sigma\\ \min\begin{cases}LCSS(\tau_1,\tau_2^{rest})\\ LCSS(\tau_1^{rest},\tau_2)\end{cases}, & \text{其他}\end{cases} \tag{4.17}$$

其中,参数 $\sigma$ 用来控制两条轨迹之间匹配轨迹点对的最大时间戳跨度,$\epsilon$ 用来决定多远的距离内的轨迹点才会对最终结果产生影响。点对和距离和 *DTW* 的距离度量方式都采用了轨迹的所有点进行计算,因而对噪声点十分敏感。*LCSS* 的提出便是解决这样的问题,其基本思想是在匹配点对和计算距离时允许跳过某些点,从而避免噪声点造成的影响。

**定义 4.17（实际序列编辑距离 EDR）** 给定两条轨迹 $\tau_1=[p_1,p_2,\cdots,p_n]$ 和 $\tau_2=[q_1,q_2,\cdots,q_m]$，定义一条轨迹的后续子轨迹为 $\tau_1^{rest}\in\tau_1=[p_2,\cdots,p_n]$，给定一个需要编辑操作的阈值 $\epsilon$，两条轨迹之间的 $EDR$ 距离[71]为：

$$EDR(\tau_1,\tau_2)=\begin{cases} n, & m=0 \\ m, & n=0 \\ \min\begin{cases} EDR(\tau_1^{rest},\tau_2^{rest})+subcost \\ EDR(\tau_1,\tau_2^{rest})+1 \\ EDR(\tau_1^{rest},\tau_2)+1 \end{cases}, & \text{其他} \end{cases} \tag{4.18}$$

其中：

$$subcost=\begin{cases} 0, & \|p_1,q_1\|\leqslant\epsilon \\ 1, & \text{其他} \end{cases} \tag{4.19}$$

$EDR$ 主要解决 $LCSS$ 过于关注轨迹间匹配的间隙大小的问题，$EDR$ 更关注相似的子序列，其主要思想是计算将轨迹 $\tau_1$ 通过插入、删除或替换操作转换成轨迹 $\tau_2$ 的编辑操作次数。

**定义 4.18（真实惩罚编辑距离 ERP）** 给定两条轨迹 $\tau_1=[p_1,p_2,\cdots,p_n]$ 和 $\tau_2=[q_1,q_2,\cdots,q_m]$，并定义一条轨迹的后续子轨迹为 $\tau_1^{rest}\in\tau_1=[p_2,\cdots,p_n]$，给定一个随机点 $r$，两条轨迹之间的 $ERP$ 距离[72]为：

$$ERP(\tau_1,\tau_2)=\begin{cases} \sum_{i=1}^{n}\|p_i,r\|, & m=0 \\ \sum_{i=1}^{m}\|q_i,r\|, & n=0 \\ \min\begin{cases} ERP(\tau_1^{rest},\tau_2^{rest})+\|p_1,q_1\| \\ ERP(\tau_1,\tau_2^{rest})+\|q_1,r\| \\ ERP(\tau_1^{rest},\tau_2)+\|p_1,r\| \end{cases}, & \text{其他} \end{cases} \tag{4.20}$$

$LCSS$ 和 $EDR$ 均基于编辑距离来度量轨迹之间的距离，不在度量空间中，因此优化受限。$ERP$ 结合了 $L1$-norm 距离和编辑距离，即在两个匹配轨迹点之间采用实际惩罚作为距离，而在不匹配的点中采用编辑距离。

**（2）基于段的轨迹度量**

基于轨迹段的相似性度量算法将轨迹表示成多个连续的轨迹段的形式，通过计算轨迹段之间的距离来衡量轨迹的相似性，其代表算法有 EDwP[73]、OWD[74]、LIP[75]等。

**定义 4.19（投影编辑距离 EDwP）** 给定两条以轨迹段组成的轨迹 $\tau_1=[g_1,$

$g_2,\cdots,g_n]$和 $\tau_2=[h_1,h_2,\cdots,h_m]$，并定义一条轨迹的后续子轨迹为 $\tau_1^{rest}\in\tau_1=[g_2,\cdots,g_n]$，定义一个轨迹段 $g(p_1,p_2)$的起点为 $g\cdot p_1$，终点为 $g\cdot p_2$，定义一个轨迹段的长度为：

$$len(g(p_1,p_2))=\|p_1,p_2\| \tag{4.21}$$

定义轨迹段 $g$ 和 $h$ 之间的替换操作的代价为：

$$rep(g,h)=\|g\cdot p_1,h\cdot p_1\|+\|g\cdot p_2,h\cdot p_2\| \tag{4.22}$$

定义插入操作 ins$(g,h)$是将轨迹段 $h$ 的终点 $h\cdot p_2$ 投影到 $g$ 上，从而将 $g$ 分成两个轨迹段，这个新插入的点为：

$$p^{ins(g,h)}=\underset{p\in g}{\operatorname{argmin}}\|p,h\cdot p_2\| \tag{4.23}$$

则两条轨迹之间的 EDwP 距离为：

$$EDwP(\tau_1,\tau_2)=\begin{cases}0, & n=0\text{ 且 }m=0\\ \infty, & n=0\text{ 或 }m=0\\ \min\begin{cases}EDwP(\tau_1^{rest},\tau_2^{rest})+\\ \quad rep(g_1,h_1)\times(len(g_1)+len(h_1))\\ EDwP(\tau_1\text{ after }ins(g_1,h_1),\tau_2)+\|q_1,r\|\\ EDwP(\tau_1,\tau_2\text{ after }ins(h_1,g_1))+\|p_1,r\|\end{cases}, & \text{其他}\end{cases} \tag{4.24}$$

EDwP 提出轨迹采用轨迹段的序列的形式表示，其本质是计算最短的替换和插入操作的开销，使得一个轨迹段序列转换成另一个轨迹段序列。

**定义 4.20（单向距离 OWD）**　给定两条轨迹 $\tau_1$ 和 $\tau_2$，两条轨迹之间的 OWD 距离为：

$$OWD(\tau_1,\tau_2)=\frac{1}{|\tau_1|}\int_{p\in\tau_1}d(p,\tau_2)\,\mathrm{d}p \tag{4.25}$$

其中，$|\tau_1|$表示轨迹 $\tau_1$ 的长度，$d(p,\tau_2)$表示点 $p$ 到 $\tau_2$ 的距离。上述公式可以表示成：

$$d_{OWD}(\tau_1,\tau_2)=\frac{1}{2}(OWD(\tau_1,\tau_2)+OWD(\tau_2,\tau_1)) \tag{4.26}$$

其思想是基于两条轨迹围成的面积，面积大说明轨迹之间的距离较远，相似度就低；相反，若围成的面积为 0，则说明两条轨迹重合，相似度最高。

**定义 4.21（多线位置距离 LIP）**　给定两条轨迹 $\tau_1$ 和 $\tau_2$，其围成的面积为 $Area_i$，两条轨迹之间的 LIP 距离为：

$$d_{LIP}(\tau_1,\tau_2)=\sum_{\forall polygon_i}Area_i * w_i \tag{4.27}$$

其中，$I_i$ 表示两条轨迹的第 $i$ 个交点，权重 $w_i$ 定义如下：

$$w_i=\frac{Length_{\tau_1}(I_i,I_{i+1})+Length_{\tau_2}(I_i,I_{i+1})}{Length_{\tau_1}+Length_{\tau_2}} \tag{4.28}$$

LIP 跳出了将轨迹计算化为点的计算的限制，改为计算两个轨迹之间围成的多边形的面积。当某区域面积的周长占总长比重大时权重也自然就大；当 *Area* 均为 0 时，说明两条轨迹重合没有缝隙，LIP 距离为 0；当 *Area* 加权和大时，则说明两条轨迹之间缝隙较大，LIP 距离也就大。此外，权重由区域周长占总长比重决定，也一定程度对抗了噪点的干扰。

**（3）基于形状的轨迹度量**

基于形状的轨迹度量旨在衡量两条轨迹的形状相似性，代表算法有豪斯多夫距离[76]和弗雷歇距离[77]。

**定义 4.22（豪斯多夫距离）** 给定两条轨迹 $\tau_1$ 和 $\tau_2$，其豪斯多夫距离如下：

$$d_H(\tau_1,\tau_2)=\max(h(\tau_1,\tau_2),h(\tau_2,\tau_1)) \tag{4.29}$$

其中，$h(\tau_1,\tau_2)$定义如下（$h(\tau_2,\tau_1)$同理）：

$$h(\tau_1,\tau_2)=\max_{a\in\tau_1}(\min_{b\in\tau_2}(dist(a,b))) \tag{4.30}$$

豪斯多夫距离是描述两组点集之间相似程度的一种量度，它是两个点集之间距离的一种定义形式，其中的点对间的度量距离可以自由定义。

**定义 4.23（弗雷歇距离）** 给定两条轨迹 $\tau_1=[p_1,p_2,\cdots,p_n]$ 和 $\tau_2=[q_1,q_2,\cdots,q_m]$，基于动态规划思想的弗雷歇距离如下：

$$d_F(\tau_1,\tau_2)=\begin{cases}\max_{1\leqslant i\leqslant n}d(p_1^i,p_2^1), & m=1\\ \max_{1\leqslant j\leqslant m}d(p_1^1,p_2^j), & n=1\\ d(p_1^n,p_2^m), & \\ \max\left\{\min\left\{\begin{array}{l}d_F(\tau_1^{n-1},\tau_2),\\ d_F(\tau_1,\tau_2^{m-1}),\\ d_F(\tau_1^{n-1},\tau_2^{m-1})\end{array}\right\}\right\}, & \text{其他}\end{cases} \tag{4.31}$$

其中，$d(p,q)$表示两个轨迹点的欧氏距离。弗雷歇距离也被称为狗绳距离，即：主人走路径 A，狗走路径 B，各自走完两条路径过程中所需要的最短绳长。

**（4）基于路网的轨迹相似性度量**

这类计算方法适用于车辆、行人等移动受限的运动轨迹相似性度量。需要具备路网信息等先验知识，并完成轨迹点与路网之间的匹配。基于路网的轨迹相似性度量方法一般是基于自由空间轨迹相似性度量的扩展，代表性算法有 TP[78]、LCRS[79]、NetERP[80]、LORS[81]等。不同于自由空间中采用欧几里得距离计算两点距离，基于路网的度量方法主要采用路网距离（即最短路径距离）来计算两点距离。

**定义 4.24（路网时空距离 TP）** 给定两条轨迹 $\tau_1=[v_{11},v_{12},\cdots,v_{1n}]$ 和 $\tau_2=[v_{21},$

$v_{22},\cdots,v_{2m}]$，其中 $v=\{p,t\}$，$p$ 和 $t$ 分别是轨迹点的坐标和时间信息，在路网中的时空距离如下：

$$
\begin{aligned}
Sim_{\mathrm{S}}(\tau_1,\tau_2) &= \frac{\sum_{v_i\in\tau_1} e^{-d(v_i\cdot p,\tau_2)}}{|\tau_1|} + \frac{\sum_{v_j\in\tau_2} e^{-d(v_j\cdot p,\tau_1)}}{|\tau_2|} \\
Sim_{\mathrm{T}}(\tau_1,\tau_2) &= \frac{\sum_{v_i\in\tau_1} e^{-d(v_i\cdot t,\tau_2)}}{|\tau_1|} + \frac{\sum_{v_j\in\tau_2} e^{-d(v_j\cdot t,\tau_1)}}{|\tau_2|} \\
TP(\tau_1,\tau_2) &= \lambda\cdot Sim_{\mathrm{S}}(\tau_1,\tau_2) + (1-\lambda)\cdot Sim_{\mathrm{T}}(\tau_1,\tau_2)
\end{aligned}
\tag{4.32}
$$

其中，$|\tau_1|$和$|\tau_2|$分别表示两条轨迹中采样点的个数，$d(\cdot)$表示两点之间的路网距离，参数 $\lambda\in[0,1]$用于控制时间和空间属性对相似性度量的影响。TP 距离同时考虑了路网的时间属性和空间属性，相比于大多数主要考虑空间属性的距离，*TP* 更适用于时空相似性查询。

**定义 4.25（最长共同路段 LCRS）**　给定两条轨迹 $\tau_1=[t_1,t_2,\cdots,t_n]$ 和 $\tau_2=[q_1,q_2,\cdots,q_m]$，其最长共同路段距离如下：

$$
\mathcal{O}(\tau_1,\tau_2)=\begin{cases}
0, & m=0 \text{ 或 } n=0 \\
|t_n| + \mathcal{O}(\tau_1^{n-1},\tau_2^{m-1}), & t_n=q_m \\
\max\{\mathcal{O}(\tau_1^{n-1},\tau_2^{m}), & \\
\mathcal{O}(\tau_1^{n},\tau_2^{m-1})\}, & \text{其他}
\end{cases}
\tag{4.33}
$$

$$
LCRS(\tau_1,\tau_2)=\frac{\mathcal{O}(\tau_1,\tau_2)}{|\tau_1|+|\tau_2|-\mathcal{O}(\tau_1,\tau_2)}
$$

其中，$t$ 和 $q$ 分别表示两条轨迹中的路网段。LCRS 距离是基于 LCSS 距离在路网上的扩展，因此 LCRS 距离同样具有耐噪声的特点。不同的是，LCSS 距离基于轨迹点计算相似性，而 LCRS 距离基于路网匹配后的路段进行相似性计算。

**定义 4.26（路网真实惩罚编辑距离 NetERP）**　给定两条轨迹 $\tau_1=[p_1,p_2,\cdots,p_n]$ 和 $\tau_2=[q_1,q_2,\cdots,q_m]$，其路网真实惩罚编辑距离如下：

$$
NetERP(\tau_1,\tau_2)=\begin{cases}
\sum_{i=1}^{n} d(p_i,r), & m=0 \\
\sum_{i=1}^{m} d(q_i,r), & n=0 \\
\min\begin{cases}
ERP(\tau_1^{rest},\tau_2^{rest}) + d(p_1,q_1) \\
ERP(\tau_1,\tau_2^{rest}) + d(q_1,r) \\
ERP(\tau_1^{rest},\tau_2) + d(p_1,r)
\end{cases}, & \text{其他}
\end{cases}
\tag{4.34}
$$

其中，$d(\cdot)$表示两点之间的路网距离，$r$ 是参考点。*NetERP* 距离是 *ERP* 距离在路网上的扩展，即将 *ERP* 中的欧几里得距离替换为路网距离。

**定义 4.27（最长重叠路段 LORS）** 给定两条轨迹 $\tau_1=[p_1,p_2,\cdots,p_n]$ 和 $\tau_2=[q_1,q_2,\cdots,q_m]$，其最长重叠路段距离如下：

$$LORS(\tau_1,\tau_2)=\begin{cases}0, & \tau_1 \text{ 或 } \tau_2 \text{ 为空} \\ |p_n|+LORS(\tau_1^{rest},\tau_2^{rest}), & p_n=q_m \\ \max(LORS(\tau_1^{rest},\tau_2),LORS(\tau_1,\tau_2^{rest})), & \text{其他}\end{cases} \tag{4.35}$$

其中，$|p_n|$表示路网中边 $p_n$ 的空间跨度长度。LORS 不需要过多地计算路网段之间复杂的空间距离，只需要考虑两条轨迹是否有重叠的路段。

### 4.3.3 轨迹数据索引

在数据库领域中，索引是加速查询的有效手段。然而，轨迹数据具有海量、多维、时序性等特征，传统的空间数据索引技术往往不适用于轨迹数据，因此有不少工作针对轨迹数据设计了专门的索引结构。这些索引技术大致可以分为四类[82]：(1) 将空间 R 树索引扩展到轨迹数据；(2) 将数据按时间切分后，对每个时间片建立空间索引；(3) 将数据按空间信息切分后，对每个分区建立时间索引；(4) 针对特定查询任务的轨迹索引。

#### (1) R 树的扩展

基于 4.2.1 中提到的空间 R 树，进一步考虑时间维度，可以对轨迹数据进行索引。经典算法有 3DR 树、STR 树[83]、TB 树[83]。

3DR 树是基于传统 R 树扩展而来的，它将时间作为空间对象另一个维度信息，假设对象在 $t_i$ 时刻的位置表示为$(x_i,y_i)$，那么在时间间隔$[t_m,t_n]$内的移动对象轨迹可以用三维空间连接线段$(x_m,y_m,t_m)$和$(x_n,y_n,t_n)$来表示。利用 R 树可以方便地开展时空索引构建：在二维空间中，空间对象用最小外包矩形（MBR）表示，相应的时空对象则可用三维空间中的最小包围盒（MBB）来表示，其中三维 MBB 的底为二维空间的 MBR，高为时空对象的生命期。图 4.22(a)为存储在 3DR 树中的 MBB，存储结构如图 4.22(b)所示。

3DR 树的插入、删除、查询操作与二维 R 树基本一致，这里不再赘述。适合处理位置和范围变化较小的时空对象，优点是容易实现，支持时间片查询；缺点是对于生命周期较长或位置变化的对象，其三维 MBB 可能会过大，会造成大量索引重叠，从而降低查询效率。

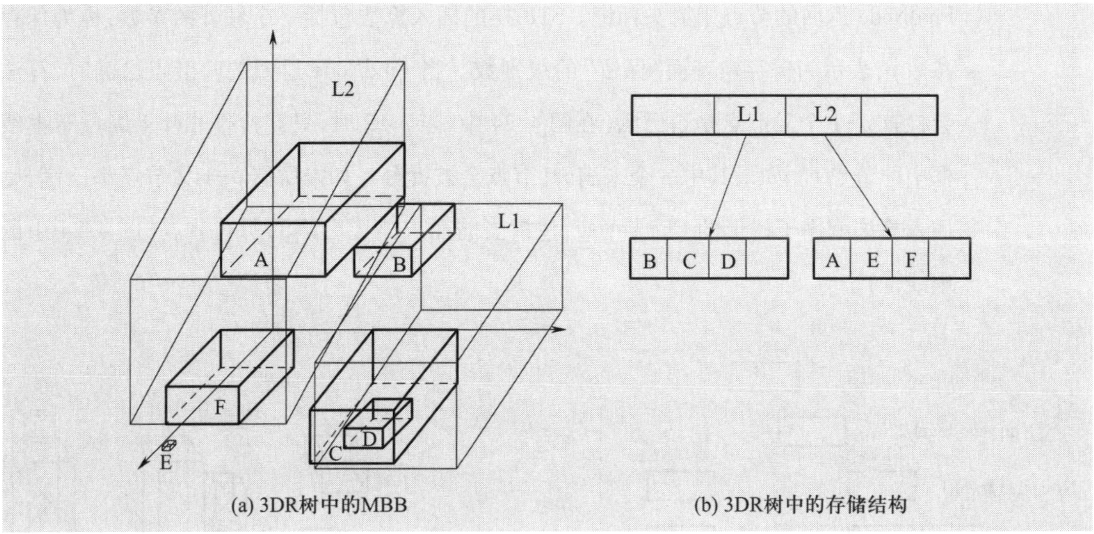


图 4.22　3DR-Tree 结构示意图

STR 树的结构如图 4.23(a)所示,以轨迹段的形式存储轨迹,并为每个轨迹段计算一个三维 MBB。同时,考虑到一个轨迹段在 MBB 中只有四种可能的位置,如图 4.23(b)所示,因此在 STR 树的叶子中只需要存储一个 MBB 以及其中轨迹段的朝向信息,即($ID$,$MBR$,$O$)的形式,其中 $O\in\{1,2,3,4\}$ 代表朝向信息。由于 STR 树中每个轨迹段的 MBB 中只有很小部分是有用的数据,大部分空间是浪费的,因此不能采用普通 R 树的插入和节点分裂算法,这会造成空间重叠导致索引性能下降。R 树的数据插入只以最小空间扩展为标准,STR 树则同时考虑空间邻近性和轨迹段连续性。

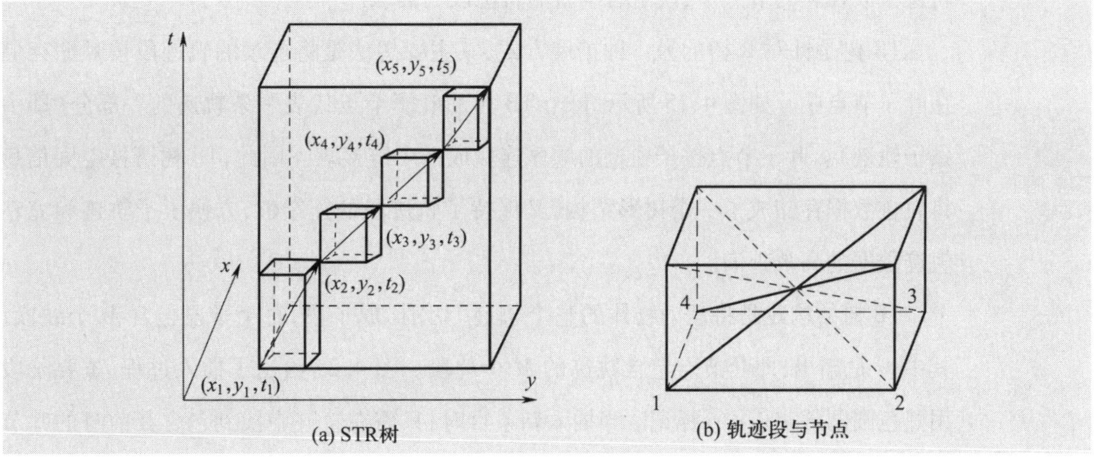


图 4.23　STR 树结构示意图[83]

(i) 插入操作:在插入新线段时,STR 树的目标是尽可能靠近轨迹中的前任轨迹段。因此,STR 树的插入涉及一种新算法 FindNode,它返回包含该轨迹前驱的节点。如果该节点有空间,则将新的段插入。否则,调用节点拆分策略。如图 4.24 所示,

FindNode 返回的节点用箭头标记。STR 树的插入算法包括一个额外的参数,称为保存参数 $p$,表示为保存轨迹而“保留”的级别数。当 FindNode 返回的叶节点已满时,算法会检查 $p-1$ 个父节点是否已满(在图 4.24 中,当 $p=2$ 时,只需检查非叶 1 级位于虚线框中的节点)。如果其中一个未满,叶节点会被拆分。如果所有 $p-1$ 父节点都已满,则插入算法调用子树上的 ChooseLeaf,包括当前插入路径右侧的所有节点(图 4.24 中的虚线框)。

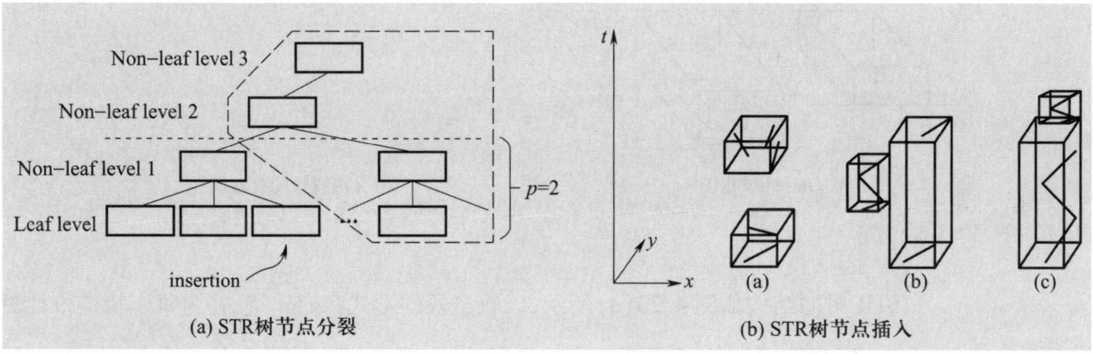


图 4.24　STR 树的节点插入与节点分裂[83]

(ii) 节点分裂:在节点分裂时,STR 树也同样考虑轨迹段的连续性。如图 4.24(b)所示,分裂的节点有三种可能性:所有轨迹段都不连续,则直接采用类似 R 树的方式,将节点按空间邻近性进行划分;若部分轨迹段连续,其他部分不连续,则将不连续的轨迹段按空间关系切分到新的节点中;若所有轨迹段都是连续的,则将最近的一个轨迹段放在新的节点中,便于后续新的轨迹段的插入。

TB 树是针对 R 树的另一种扩展方式,其主要想法是将连续的轨迹段按顺序存储在叶子节点中。如图 4.25 所示,每个 TB 树的叶子节点代表一条轨迹的一部分(即一条子轨迹)。叶子节点按子轨迹的顺序连接成一个链接表。因此,TB 树既按空间信息将轨迹数据存储成了一个树形结构,又保持了轨迹段的连续性,方便了子轨迹和完整轨迹数据的高效查询。

TB 树的构建是将运动物体的整个轨迹“切割”成子段,每个子段包含 $M$ 个线段,其中 $M$ 是扇出,即叶节点包含轨迹的 $M$ 个片段。图 4.25 给出了插入过程,重要阶段用黑色圆圈数字①~⑥标记。当插入新条目时,只需在轨迹中找到包含其前身的叶节点。首先从根遍历树,然后进入与新线段的 MBB 重叠的每个子节点。然后选择包含连接到新条目的段的叶节点(图 4.25(b)中的阶段①)。段的发现可以采用 STR 树中的 FindNode 算法。如果叶节点已满,则需要拆分策略。分裂一个叶节点会违反完整轨迹保存原则。因此,改为创建一个新的叶节点。如图 4.25(b)所示,逐步向上访问树,直到找到一个非完整的父节点(阶段②到④)。选择最右边的路径(阶段⑤)来插入新节点。如果父节点中有空间(第⑥阶段),则插入新的叶节点。如果父节点已满,则通过在(非叶)级别 1 创建一个新节点来拆分它,该节点具有新的叶节点作为其唯一的后代。如有必要,分裂向上传播。TB 树是从左到右生长,最左边的叶子节点是第一个,最右边是最后一个。

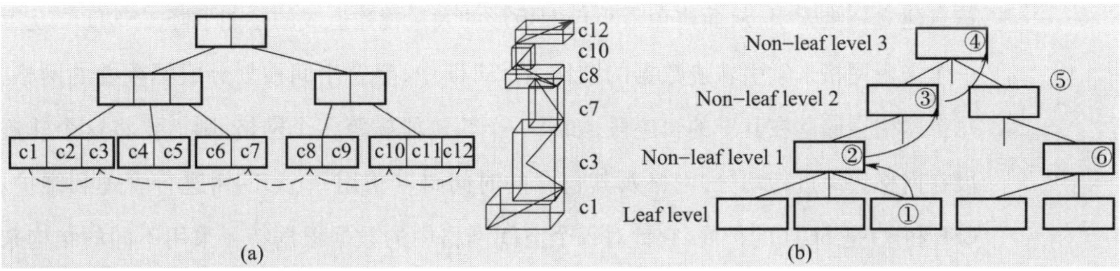


图 4.25　TB 树结构与节点插入示意图[83]

### (2) 时间切分索引

这类索引的思路是为历史上不同时间点的数据建立一个空间 R 树,然后将这些 R 树用一个一维索引结构(如 B 树)维护起来,从而支持在时间维度上的查询。由于在每个时间点上建立 R 树开销过大,因此这种索引往往只存储当前时间点相比于上个时间点所变化的 R 树的部分。HR 树[84]每次为时间片建立索引时,会用指针指向上个时刻没有变化的移动对象的节点,从而节省数据存储和维护的开销。$HR^+$树[85]进一步扩展了 HR 树,以允许不同时间点的数据条目存储在同一个 R 树节点中,进一步复用和共享之前时间点中的 R 树结构。

HR 树适用于查询某个时间点的数据,但为每个时间点维护 R 树仍然造成了空间的浪费,因而不适用于过长时间范围的查询。MV3R 树[86]结合了多版本 R 树和三维 R 树来解决这个问题。如图 4.26 所示,一个 MV3R 树包括两个部分:上半部分是一个多版本 R 树,例如 HR 树或 $HR^+$树;下半部分是一个冗余的全局三维 R 树。上下部分的索引采用同样的叶子节点,但具有不同的节点结构,因而适用于不同类型的查询方式。

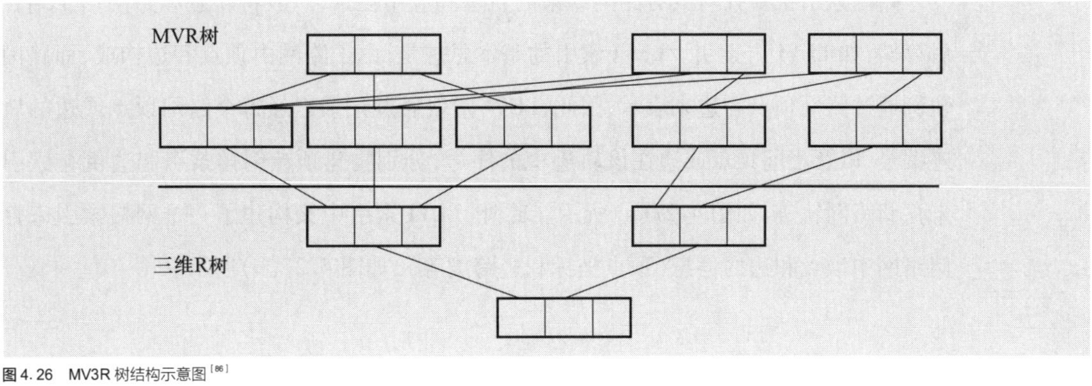


图 4.26　MV3R 树结构示意图[86]

### （3）空间切分索引

针对 R 树做时间维度的扩展时将时间维度和空间维度采用相同的度量方式，因而不能避免最小包围矩形之间大量的覆盖，随着数据规模的增大，索引的性能会急剧下降。基于此，空间切分索引先将数据按照空间切分，然后在每个小空间区域中按时间信息建立一维索引，从而避免最小包围矩形的大量覆盖造成的性能下降。SETI[87]是第一个采用网格来索引轨迹数据的结构，在 SETI 中，整个空间被划分成不重叠的网格，每个网格存储落在其中的轨迹段，如果一个轨迹段横跨多个网格，则需要将这个轨迹段在网格边缘进行切分，网格及其包含的时间跨度采用一个 $R^*$ 树进行管理和维护。CSE 树[88]是 SETI 的扩展，它针对每个空间网格中的数据根据特征采用不同的结构来索引时间维度数据：对于频繁更新的数据，CSE 采用 $B^+$树来索引；对于相对静止的数据，CSE 采用一个有序动态数组来维护其结构。

### （4）特定场景专用索引

这类索引不仅仅针对时空范围查询，而是针对轨迹数据获取和分析的具体应用场景来设计特定索引结构。TPR 树[89]是针对时间切片、时间窗口以及移动查询设计的索引。TPR 树的基本思想是，移动对象产生的移动点是一个关于时间的线性函数，因此能采用一种结构将移动点的当前位置和以后的位置索引起来。因此，TRP 树的每个节点采用了一种时间参数包围盒来代表这些移动点，这些包围盒本身也是以时间为参数的，从而能迭代式地被其他类似包围盒来包住。Traj 树[90]专门被设计用于支持高效的基于特定度量方式（相似性度量在下一小节介绍）的轨迹相似性查询。与其他类型的数据相比，轨迹数据具有多样的索引结构和存储方式，不同的索引结构往往在特定的应用场景有显著的优势，因此，针对不同场景，需要合理选择索引结构来提高查询效率。

### （5）路网轨迹索引

路网索引主要针对具有路网约束的轨迹和应用场景，一般将轨迹和路网信息结合后存储，如 LEVI[78]索引。LEVI 索引的基本思想是，由于路网由顶点和边构成，而路网轨迹通过路网顶点和边来表示，因此，LEVI 索引通过记录途经每个路网顶点或边的轨迹编号，以及当前顶点或边在该轨迹中的序号，分别构建顶点倒排索引和边倒排索引来存储路网轨迹，如图 4.27（a）所示。此外，LEVI 索引中又构建了一个网格索引来存储路网中顶点和边的信息（顶点坐标和边跨度等），如图 4.27（b）所示。

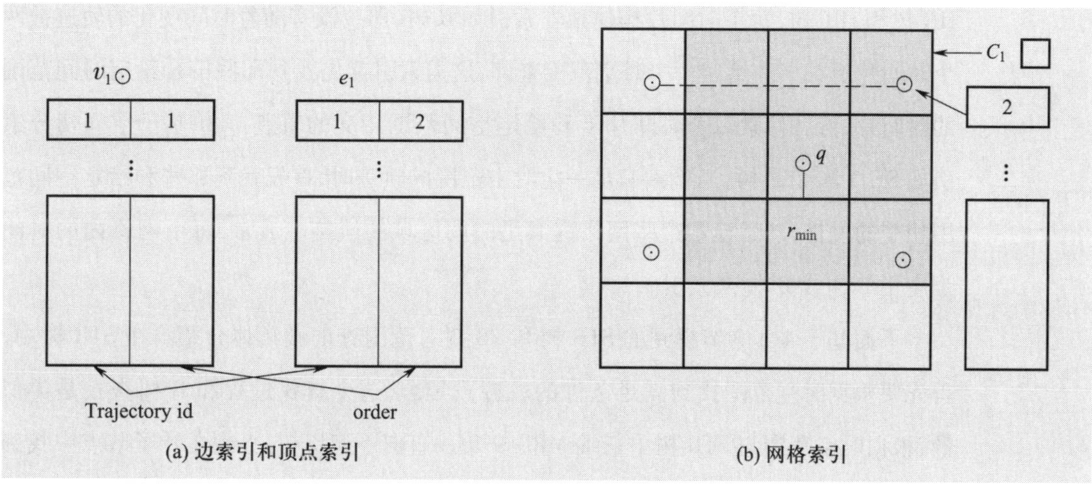


图 4.27　LEVI 索引[78]

### 4.3.4　轨迹数据查询

目前主要的轨迹查询有两类：范围查询和 $k$ 最近邻查询，如图 4.28 所示，下面对这两类相似性查询进行详细的介绍。

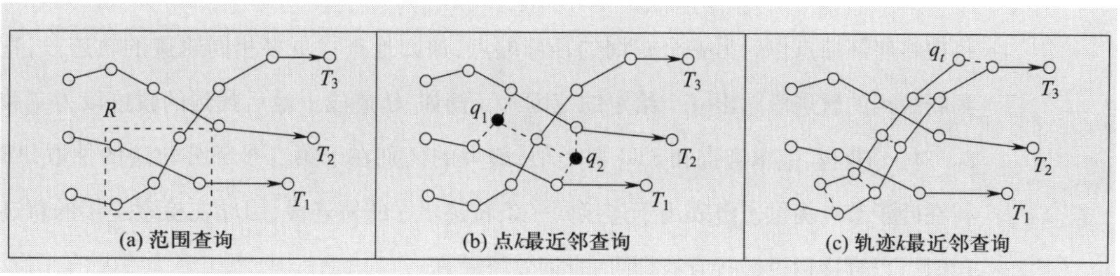


图 4.28　范围查询和最近邻查询示意图[61]

#### (1) 范围查询

**定义 4.28（范围查询，range query）**　给定一个查询区域 $R$（通常用空间范围或时空范围表示），范围查询旨在检索落入这个范围或是和这个范围相交的轨迹。

如图 4.28(a) 所示，范围查询可以检索上午 8 点到 9 点通过给定虚线矩形区域 $R$ 的轨迹。范围查询检索到的轨迹或者轨迹段可用于导出特征，例如交通流量、行驶速度等；还可用于预测、分类等轨迹数据挖掘任务。

在 4.3.3 节介绍的 R 树的扩展索引、时间切片索引、空间切片索引均支持范围查询。① 基于 R 树的扩展索引，一个范围查询区域可以抽象成一个三维 MBB，时空查询旨在找到那些与该 MBB 相交的轨迹。其中，由于 MBB 的大量覆盖造成频繁的更新操作，3DR 树不适用于时间跨度过长的轨迹。尽管 STR 树和 TB 树被提出来解决这个问题，但三维 MBB 的覆盖问题仍旧会随着时间的增长而加剧。② 基于时间切分索引如

HR 树和 $HR^+$ 树,每个时间片构建独立索引如 R 树,那些没有随着时间变化的轨迹被两个时间片所共享。给定一个时空范围查询,这类索引首先找到那些符合给定时间范围的时间片,然后检索每个时间片下和给定空间范围相交的轨迹。③ 基于空间切分索引如 SETI 和 CSE 树,当检索满足一定时空范围的轨迹时,首先找到那些和给定空间范围相交的网格,然后检索这些网格内满足时间区域的轨迹。通常,每个网格内的时间维度用 B 树或 $B^+$ 树来索引。

下面基于 4.3.3 节提到的 STR 树和 TB 树对范围查询做具体介绍。在 STR 树中,首先要根据时空范围找到满足条件的轨迹段集合,这个查找过程和 R 树查找是类似的,根据时空范围与 STR 树中三维 MBB 交集一直向下遍历树,直到在叶子节点中找到条目。如图 4.29 所示,给定查询时空范围 $c_1$,检索 STR 树找到轨迹 $T_1$ 和 $T_2$ 里满足条件的轨迹段集合,分别用 1~6 数字标记。然后需要抽取部分轨迹。由于在叶子节点里的轨迹段并非连续,因此对查找每个节点的连接段,首先在同一个叶子节点里查找,其次在不同的叶子节点里查找。考虑轨迹 $T_2$ 的轨迹段 1,可以找到两个轨迹段,一个连接到顶部端点(前向连接),一个连接到底部端点(后向连接)。这些轨迹段可能在一个叶子节点,也可能在不同的叶子节点。当在不同的叶子节点时,进行类似范围查询,每次将底部端点作为另一个查询的顶部端点,递归地查找更多相同轨迹的轨迹段,直到新找到的轨迹段超出一个给定的范围 $c_2$。例如,轨迹段 1 最后找到的轨迹段为 7 和 8。对于 TB 树,范围查询和 STR 树类似,最大的区别在于第二步部分轨迹的抽取,TB 树在叶子节点提供了链表用于连接同一条轨迹顺序的轨迹段,因此在检索连接的轨迹段时可以直接通过链接查找即可,查询效率更高。

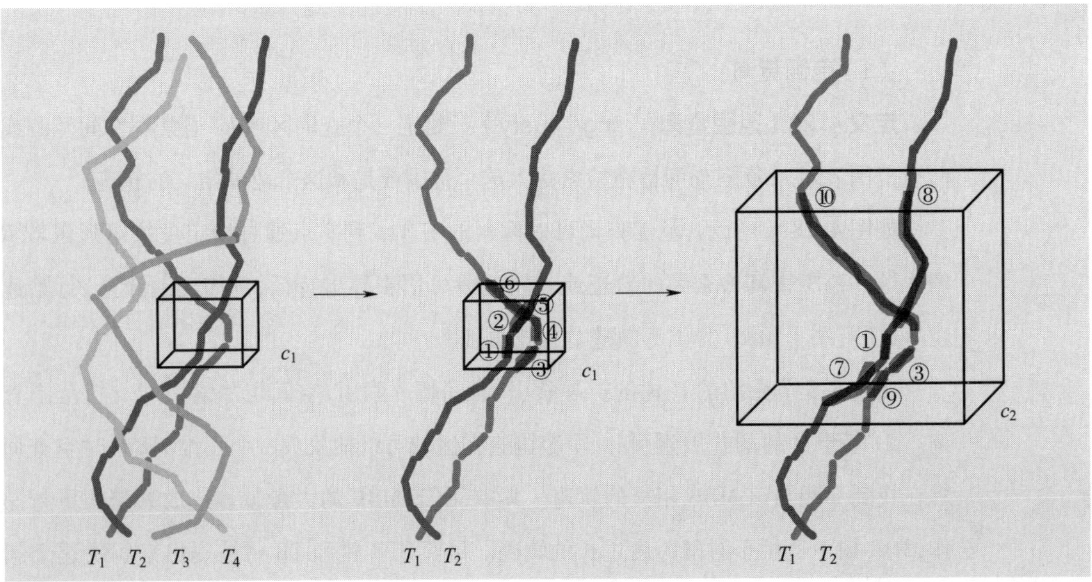


图 4.29　基于 STR 树的轨迹范围查询[83]

### （2）$k$ 最近邻查询

$k$ 最近邻点查询。如图 4.28（b）所示，给定一个点或者一些点，寻找满足距离条件的轨迹。例如，某一个超市通过查询最近的轨迹定位潜在用户。在涉及一些点的时候，点的方向也会被考虑。如图 4.28（b）所示，查找 $k$ 个最近的通过 $q_1$ 和 $q_2$ 的轨迹，如果没有方向，$T_1$ 是最近的轨迹；有方向之后，$T_2$ 是距离这两个点最近的轨迹。轨迹与点的查询更多地关注轨迹是否提供与查询位置的良好连接，而不是轨迹是否与查询的形状相似。此外，查询点的数量通常非常少，并且在实际应用中可能彼此相距很远，所以，将这些点连接起来作为一条轨迹再去查询通常是不现实的[61]。

$k$ 最近邻轨迹查询。如图 4.28（c）所示，通过一条或一些轨迹来查询相似轨迹，是一类最基本轨迹查询，广泛应用于轨迹分类和聚类任务中。这类查询可用于用户行为画像、异常轨迹监测、识别和完善路网等。这类查询最重要的步骤是定义轨迹之间的相似性度量方式（请参考 4.3.2 小节），然后设计有效的查询处理算法来搜索并剪枝大量候选轨迹。需要指出的是，不同的轨迹相似性度量往往对应不同的索引设计、查询剪枝算法。例如，SPD、DTW、LCSS、EDR 等都是基于轨迹点的，而 EDwP、OWD、LIP 等则是基于轨迹段或是围成面积。在实际使用中，需要依据特定度量设计合适的轨迹相似性查询算法。

**定义 4.29（$k$ 近邻轨迹相似性查询）**　给定一个轨迹数据集 $\mathcal{T}=\{\tau_1,\tau_2,\cdots,\tau_{|\mathcal{T}|}\}$，一条待查轨迹 $\tau_Q$，距离度量函数 $d(\cdot)$ 和整数 $k$，$k$ 近邻轨迹查询旨在找到 $\tau_Q$ 的 $k$ 条最相似轨迹，即：$kNNQ(\tau_Q,k)=\{\mathcal{R}\mid \mathcal{R}\subseteq\mathcal{T}\wedge|\mathcal{R}|=k\wedge\forall r\in\mathcal{R},\forall\tau\in(\mathcal{T}-\mathcal{R}),d(r,\tau_Q)\leqslant d(\tau,\tau_Q)\}$。

下面以 4.3.3 中提到的 LEVI 路网索引为例，对 $k$ 最近邻轨迹相似性查询做具体介绍。在 LEVI 中，对于查询轨迹 $q$，首先记录该轨迹途经路网中的所有边；然后根据边倒排索引 $I_e$ 查询待查数据集中途经这些边的所有轨迹，这些轨迹集合被记作候选轨迹集 $C$；最后根据查询轨迹 $q$ 到候选轨迹集中的所有轨迹的 LORS 距离，按从小到大的顺序对候选轨迹集重新排序，候选轨迹集中的前 $k$ 条轨迹集合即为 $k$ 最近邻查询的结果。在查询过程中，算法根据 LEVI 索引的特点设计了剪枝策略，如相似性上限剪枝，以降低查询过程中的计算代价。相似性上限剪枝策略的基本思想是，由于 LORS 距离度量需考虑到查询轨迹与待查轨迹之间的路段重叠，且需要计算重叠路段的空间跨越长度，因此，算法提前剪掉一些不符合条件的待查轨迹，这些待查轨迹与查询轨迹 $q$ 之间的相似性上限 UpperBound（最大重叠路段长度 $UB$）仍小于结果集合中第 $k$ 条轨迹与 $q$ 的 LORS 距离，即 $LORS(1,R_k)\geqslant UB$。

## 4.4 小结与展望

本章对地理空间数据管理相关技术及成果进行了梳理与介绍。针对静态的空间对象,空间数据管理相关工作主要包含了空间索引与空间查询两个方面。前者旨在从底层提供有效的数据管理与存储优化机制以更好地支持上层任务;后者则致力于在不同场景下给出高效且精准的查询处理策略以满足真实应用中复杂且多样的查询需求。轨迹数据区别于空间数据,它包含更多的数据维度。本章通过轨迹数据压缩、轨迹相似性度量、轨迹索引、轨迹相似性查询这四个方面对轨迹数据处理做了详细介绍。总而言之,地理空间数据作为现实生活中应用广泛的数据,对其进行管理和分析有着重要的研究意义和广阔的应用价值。

下面,对地理空间数据管理研究领域未来的研究方向做一个展望。

(1) 空间数据:由于空间数据量的持续激增,传统空间数据索引技术(主要是基于树形结构的索引)与查询算法(主要为基于分支界限的处理算法)已不能在较低的时空开销下支持海量空间数据的处理。融合 AI 技术的空间索引优化方案以及相应的查询处理方法是空间数据管理领域一个重要的突破点。其次,随着分布式 GPU、张量式处理器等新硬件技术的流行与普及,面向新型硬件的空间数据处理技术同样是未来一个潜在方向。最后,为更好地支持真实应用中不完整、不精确的空间数据,在未来研究更多人机协同下的空间数据分析技术(如时空众包等)同样具有非常大的意义。

(2) 轨迹数据:当前对轨迹数据管理和分析技术研究方向较单一,各技术之间存在壁垒,使用过程不够统一化。未来可以针对多源轨迹数据,包括车辆轨迹数据与行人轨迹数据、轨迹数据与其他数据,构建基于分布式平台的轨迹大数据统一管理与分析平台,将预处理、存储、索引、挖掘等技术融合进该平台,实现轨迹数据的通用处理流程。此外,还可以进一步引入人工智能技术,实现轨迹大数据智能管理与分析平台。

可以预见,在大数据时代下,随着相关研究的不断深入,高效便捷且统一的地理空间数据管理技术与平台必将成为现实。

## 4.5　术语表

| | |
|---|---|
| minimum bounding rectangle | 最小包围矩形 |
| minimum bounding box | 最小包围盒 |
| R-tree | R 树 |
| K-dimensional tree | KD 树 |
| quad tree | 四叉树 |
| G-tree | G 树 |
| *k* nearest neighbors | *k* 最近邻 |
| spatial keyword query | 空间关键字查询 |
| branch and bound | 分支界限 |
| closest pairs query | 最近对查询 |
| similarity join | 近似连接 |
| min-error | 最小化压缩误差 |
| sliding window | 滑动窗口 |
| reinforcement learning | 强化学习 |
| distance metric/measure | 距离度量 |
| STR-tree | 时空 R 树 |
| 3DR-tree | 三维 R 树 |
| TB-tree | 轨迹树 |
| HR-tree | 混合 R 树 |
| MV3R-tree | 多版本 R 树 |
| range query | 范围查询 |
| similarity query | 相似性查询 |

## 4.6　习题

习题 4.1　根据图 4.2 所示 R 树与 MBR 划分，若规定 R 树节点的最小容量为 2、最大容量为 3，请回答下述问题：

(1) 当插入数据点 $n(9,5)$ 时，请简述并展示数据点插入过程中 R 树结构的更新过程（要求画出插入数据点后，MBR 划分情况与 R 树结构的更新示意图）。

(2) 请简述并展示删除数据点 $l(7,9)$ 后，R 树结构的更新过程（要求画出删除数据点后，MBR 划分情况与 R 树结构的更新示意图）。

(3) 设 $k=2$、查询 $q$ 为(2,6),给出在 R 树上进行 2NN 查询的具体步骤。

习题 4.2 根据图 4.12 和图 4.13 所示的路网图信息与 G 树索引结构,给出查询 $q=\langle v_4,\{v_7,v_9,v_{15}\},2\rangle$ 在 G 树下的具体执行步骤。

习题 4.3 请列举至少 3 种 $k$ 最近邻查询的变体,并简要说明这些查询变体适合哪种应用场景。

习题 4.4 简述基于索引结构的 Skyline 查询中最近邻居算法(NN 算法)和分支界限算法(BBS 算法)的核心思想,以及两者执行过程中的异同点。

习题 4.5 请简述最近对查询(closest pairs query,CPQ)的查询定义,并解释为何最近对查询是一类空间连接查询。

习题 4.6 试比较轨迹在线压缩中滑动窗口和开放窗口的不同并分析时间复杂度。

习题 4.7 在基于强化学习的在线轨迹压缩中,为什么在定义状态及动作时引入超参 $k$?

习题 4.8 根据对轨迹相似性度量的定义与介绍,总结一下各类算法适用场景的衡量标准。

习题 4.9 总结 $k$-means 和 DBSCAN 两种聚类算法的区别。

习题 4.10 给定两条轨迹 $T_1=\{(1,1),(1,2),(3,2),(4,4),(4,5),(5,5)\}$,$T_2=\{(1,1),(4,1),(4,3),(4,5),(4,6)\}$,给出 DTW($T_1$,$T_2$)的计算过程。

## 参考文献


[1] Cong G, Jensen C S. Querying geo-textual data: Spatial keyword queries and beyond [C]//Proceedings of the 2016 ACM International Conference on Management of Data. 2016: 2207-2212.

[2] Guttman A. R-trees: A dynamic index structure for spatial searching [C]//Proceedings of the 1984 ACM International Conference on Management of Data. 1984: 47-57.

[3] Sellis T, Roussopoulos N, Faloutsos C. The R+-Tree: A dynamic index for multi-dimensional objects [C]//Proceedings of 13th International Conference on Very Large Data Bases. 1987: 507-518.

[4] Beckmann N. The R*-tree: An efficient and robust access method

for points and rectangles [C] //Proceedings of the 1990 ACM International Conference on Management of Data. 1990: 322-331.

[5] Zhong R, Li G, Tan K L, et al. G-tree: An efficient index for knn search on road networks [C] //Proceedings of the 22nd ACM International Conference on Information & Knowledge Management. 2013: 39-48.

[6] Zhong R, Li G, Tan K L, et al. G-tree: An efficient and scalable index for spatial search on road networks [J]. IEEE Transactions on Knowledge and Data Engineering, 2015, 27(8): 2175-2189.

[7] Karypis G, Kumar V. Analysis of multilevel graph partitioning [C]. In Proceedings Supercomputing, 1995.

[8] Li Z, Chen L, Wang Y. G*-tree: An efficient spatial index on road networks [C] // Proceedings of the 35th IEEE International Conference on Data Engineering. 2019: 268-279.

[9] Lee K, Lee W, Zheng B. Fast object search on road networks [C] //Proceedings of 12th International Conference on Extending Database Technology. 2009: 1018-1029.

[10] Sankaranarayanan J, Alborzi H, Samet H. Efficient query processing on spatial networks [C] //Proceedings of the 13th International Workshop on Geographic Information Systems. 2005: 200-209.

[11] Akiba T, Iwata Y, Kawarabayashi K, et al. Fast shortestpath distance queries on road networks by pruned highway labeling [C] //Proceedings of the 16th Workshop on Algorithm Engineering and Experiments. 2014: 147-154.

[12] Papadias D, Zhang J, Mamoulis N, et al. Query processing in spatial network databases [C] //Proceedings of 29th International Conference on Very Large Data Bases. 2003: 802-813.

[13] Rigaux P, Scholl M, Voisard A. Spatial databases: With application to GIS [M]. Elsevier Science and Technology, 2002.

[14] Abeywickrama T, Cheema M, Taniar D. k-nearest neighbors on road networks: A journey in experimentationand in-memory implementation [J]. Proceedings of the VLDB Endowment. 2016, 9(6): 492-503.

[15] Korn F, Muthukrishnan S. Influence sets based on reverse nearest neighbor queries [C] //Proceedings of the 2000 ACM International Conference on Management of Data. 2000: 201-212.

[16] Stanoi I, Agrawal D, Abbadi A. E. Reverse nearest neighbor queries for dynamic databases [C] //Proceedings of the 2000 ACM International Conference on Management of Data, 2000: 44-53.

[17] Tao Y, Papadias D, Lian X. Reverse knn search in arbitrary dimensionality [C] //Proceedings of the 30th International Conference on Very Large Data Bases. 2004: 744-755.

[18] Tao Y, Papadias D, Lian X, et al. Multidimensional reverse knn search [J]. The VLDB Journal, 2007, 16(3): 293-316.

[19] Wu W, Yang F, Chan C, et al. Finch: Evaluating reverse k nearest neighbor queries on location data [J]. Proceedings of the VLDB Endowment, 2008, 1(1): 1056-1067.

[20] Cheema M A, Lin X, Zhang W, et al. Influence zone: Efficiently processing reverse k nearest neighbors queries [C]//Proceedings of the 27th IEEE International Conference on Data Engineering. 2011: 577-588.

[21] Cheema M, Zhang W, Lin X, et al. Efficiently processing snapshot and continuous reverse *k* nearest neighbors queries [J]. The VLDB Journal, 2012, 21(5): 703-728.

[22] Zhao J, Gao Y, Chen G, et al. Reverse top-*k* geo-social keyword queries in road networks [C]//Proceedings of the 33rd IEEE International Conference on Data Engineering. 2017: 387-398.

[23] Yang S, Cheema M A, Lin X, et al. Reverse k nearest neighbors query processing: experiments and analysis [J]. Proceedings of the VLDB Endowment, 2015, 8(5): 605-616.

[24] Tao Y, Papadias D, Shen Q. Continuous nearest neighbor search [C]//Proceedings of 28th International Conference on Very Large Data Bases. 2002: 287-298.

[25] Song Z, Roussopoulos N. k-nearest neighbor search for moving query point [C] // Proceedings of the 7th International Symposium Advances in Spatial and Temporal Databases. 2001: 79-96.

[26] Zheng B, Zheng K, Xiao X, et al. Keyword-aware continuous knn query on road networks [C]//Proceedings of the 32nd IEEE International Conference on Data Engineering. 2016: 871-882.

[27] Gao Y, Zheng B, Lee W, et al. Continuous visible nearest neighbor queries [C]// Proceedings of 12th International Conference on Extending Database Technology. 2009: 144-155.

[28] Gao Y, Zheng B. Continuous obstructed nearest neighbor queries in spatial databases [C]//Proceedings of the 2009 ACM International Conference on Management of Data. 2009: 577-590.

[29] Gao Y, Zheng B, Chen G, et. al. Continuous nearest-neighbor search in the presence of obstacles [J]. ACM Transactions on Database Systems, 2011, 36(2): 1-43.

[30] Cong G, Jensen C. S, Wu D. Efficient retrieval of the top-k most relevant spatial web objects [J]. Proceedings of the VLDB Endowment, 2009, 2(1): 337-348.

[31] Zhao J, Gao Y, Chen G, et al. Towards efficient framework for time-aware spatial keyword queries on road networks [J]. ACM Transactions on Information System, 2018, 36(3): 1-24.

[32] Zhang C, Zhang Y, Zhang W, et al. Diversified spatial keyword

search on road networks [C]//Proceedings of the 17th International Conference on Extending Database Technology. 2014: 367-378.

[33] Chen L, Cong G, Jensen C, et al. Spatial keyword query processing: An experimental evaluation [J]. Proceedings of the VLDB Endowment, 2013, 6 (3): 217-228.

[34] Chen Z, Chen L, Cong G. Location-and keyword-based querying of geo-textual data: A survey [J]. The VLDB Journal, 2021, 30(4): 603-640.

[35] Borzsony S, Kossmann D, Stocker K. The skyline operator [C]//Proceedings of the 17th IEEE International Conference on Data Engineering. 2001: 421-430.

[36] Kossmann D, Ramsak F, Rost S. Shooting stars in the sky: An online algorithm for skyline queries [C]//Proceedings of the 28th International Conference on Very Large Databases. 2002: 275-286.

[37] Papadias D, Tao Y, Fu G, et al. Progressive skyline computation in database systems [J]. ACM Transactions on Database Systems, 2005, 30(1): 41-82.

[38] Miao X, Gao Y, Guo S, et al. Answering skyline queries over incomplete data with crowdsourcing [J]. IEEE Transactions on Knowledge and Data Engineering, 2021, 33(4): 1360-1374.

[39] Yang Z, Xu Zhou, Kenli Li, et al. Progressive approaches to flexible group skyline queries [J]. Knowledge and Information Systems, 2021, 63(6): 1471-1496.

[40] Fu X, Miao X, Xu J, et al. Continuous range-based skyline queries in road networks [J]. World Wide Web, 2017, 20(6): 1443-1467.

[41] Gao Y, Liu Q, Chen L, et al. Efficient algorithms for finding the most desirable skyline objects [J]. Knowledge-Based Systems. 2015, 89: 250-264.

[42] Han X, Wang B, Li J, et al. Ranking the big sky: efficient top-k skyline computation on massive data [J]. Knowledge and Information Systems, 2019, 60(1): 415-446.

[43] Gao Y, Chen G, Chen L, et al. An I/O optimal and scalable skyline query algorithm [C] //Proceedings of the 23rd British National Conference on Databases. 2006: 127-139.

[44] Jaeox E, Samet H. Spatial join techniques [J]. ACM Transactions on Database Systems, 2007, 32(1): 1-44.

[45] Corral A, Manolopoulos Y, Theodoridis Y, et al. Closest pair queries in spatial databases [C]//Proceedings of the 2000 ACM International Conference on Management of Data. 2000: 189-200.

[46] Corral A, Vassilakopoulos M, Y Manolopoulos. The impact of buffering on closest pairs queries using R-Trees [C]//Proceed-

ings of the 5th East European Symposium on Advances in Databases and Information Systems. 2001: 41-54.

[47] Corral A, Manolopoulos Y, Theodoridis Y, et al. Algorithms for processing k-closest-pair queries in spatial databases [J]. Data & Knowledge Engineering, 2004, 49(1): 67-104.

[48] Corral A, Vassilakopoulos M. On approximate algorithms for distance-based queries using R-trees [J]. Computer Journal, 48(2): 220-238, 2005.

[49] Corral A, Manolopoulos Y, Theodoridis Y, et al. Cost models for distance joins queries using R-trees [J]. Data & Knowledge Engineering, 57(1): 1-36, 2006.

[50] Papadias D, Mamoulis N, Theodoridis Y. Processing and optimization of multiway spatial joins using R-trees [C]//Proceedings of the 18th ACM SIGMOD-SIGACT-SIGART Symposium on Principles of Database Systems. 1999: 44-55.

[51] Mamoulis N, Papadias D. Multiway spatial joins [J]. ACM Transactions on Database Systems, 2001, 26(4): 424-475.

[52] Brinkhoff T, Kriegel H, B. Seeger. Parallel processing of spatial joins using R-trees [C]// Proceedings of the 12th IEEE International Conference on Data Engineering. 1996: 258-261.

[53] Luo G, Naughton J, Ellman C. A non-blocking parallel spatial join algorithm [C]// Proceedings of the 18th IEEE International Conference on Data Engineering. 2002: 697-705.

[54] Koudas N, Sevcik K C. High dimensional similarity joins: Algorithms and performance evaluation [J]. IEEE Transactions on Knowledge and Data Engineering, 2000, 12(1): 3-18.

[55] Bohm C. and Krebs F. High performance data mining using the nearest neighbor join [C]//Proceedings of the 2002 IEEE International Conference on Data Mining. 2002: 43-50.

[56] Xia C, Lu H, Ooi B.C, et al. An efficient method for knn join processing [C]//Proceedings of the 30th International Conference on Very Large Data Bases. 2004: 756-767.

[57] Tao Y, Yi K, Cheng S, et al. Efficient and accurate nearest neighbor and closest pair search in high-dimensional space [J]. ACM Transactions on Database Systems, 2010, 35(3): 1-46.

[58] 徐红波，郝忠孝.一种基于 Z 曲线近似 *k*-最近对查询算法研究 [J]. 计算机研究与发展，2008，45 (2): 310-317.

[59] Liu S, Li G, Feng J. A prefix-filter based method for spatio-textual similarity join [J]. IEEE Transactions on Knowledge and Data Engineering, 2013, 26(10): 2354-2367.

[60] 乔百友，朱俊海，郑宇杰，等. 一种基于 Spark 的多路空间连接查询处理算法 [J]. 计算机研究与发展，2017，54(7): 1592-1602.

[61] Zheng Y. Trajectory data mining: an overview [J]. ACM Trans-

actions on Intelligent Systems and Technology, 2015, 6(3): 1-41.

[62] 高强，张凤荔，王瑞锦，等. 轨迹大数据：数据处理关键技术研究综述 [J]. Journal of Software, 2017, 28(4): 959-992.

[63] Douglas D H, Peucker T K. Algorithms for the reduction of the number of points required to represent a digitized line or its caricature [J]. Cartographica: the International Journal for Geographic Information and Geovisualization, 1973, 10(2): 112-122.

[64] Hershberger J E, Snoeyink J. Speeding up the Douglas-Peucker line-simplification algorithm [R]. Technical Report, 1992.

[65] Wang Z, Long C, Cong G. Trajectory simplification with reinforcement learning [C]//Proceedings of the 37th IEEE International Conference on Data Engineering. 2021: 684-695.

[66] Wang Z, Long C, Cong G, et al. Error-Bounded online trajectory simplification with multi-agent reinforcement learning [C]//Proceedings of the 27th ACM SIGKDD Conference on Knowledge Discovery & Data Mining. 2021: 1758-1768.

[67] Richter K F, Schmid F, Laube P. Semantic trajectory compression: Representing urban movement in a nutshell [J]. Journal of Spatial Information Science, 2012 (4): 3-30.

[68] Gao C, Zhao Y, Wu R, et al. Semantic trajectory compression via multi-resolution synchronization-based clustering [J]. Knowledge-Based Systems, 2019, 174: 177-193.

[69] Yi B K, Jagadish H V, Faloutsos C. Efficient retrieval of similar time sequences under time warping [C]//Proceedings of the 14th IEEE International Conference on Data Engineering. 1998: 201-208.

[70] Vlachos M, Kollios G, Gunopulos D. Discovering similar multidimensional trajectories [C]//Proceedings of the 18th IEEE International Conference on Data Engineering. 2002: 673-684.

[71] Chen L, Özsu M T, Oria V. Robust and fast similarity search for moving object trajectories [C]//Proceedings of the 2005 ACM International Conference on Management of Data. 2005: 491-502.

[72] Chen L, Ng R. On the marriage of lp-norms and edit distance [C]//Proceedings of the 30th International Conference on Very Large Data Bases. 2004: 792-803.

[73] Ranu S, Deepak P, Telang A D, et al. Indexing and matching trajectories under inconsistent sampling rates [C]//Proceedings of the 31st IEEE International Conference on Data Engineering. 2015: 999-1010.

[74] Lin B, Su J. One way distance: For shape-based similarity search of moving object trajectories [J]. GeoInformatica, 2008, 12(2): 117-142.

[75] Pelekis N, Kopanakis I, Marketos G, et al. Similarity search in

trajectory databases [C]//Proceedings of the 14th IEEE International Symposium on Temporal Representation and Reasoning. 2007: 129-140.

[76] Alt H. The computational geometry of comparing shapes [M]. Efficient Algorithms. Springer, 2009: 235-248.

[77] Eiter T, Mannila H. Computing discrete Fréchet distance [R]. Technical Report CD-TR 94/64, 1994.

[78] Shang S, Chen L, Wei Z, et al. Trajectory similarity join in spatial networks [J]. Proceedings of the VLDB Endowment, 2017, 10(11): 1178-1189.

[79] Yuan H, Li G. Distributed in-memory trajectory similarity search and join on road network [C]//Proceedings of the 35th IEEE International Conference on Data Engineering. 2019: 1262-1273.

[80] Yuan G, Sun P, Zhao J, et al. A review of moving object trajectory clustering algorithms [J]. Artificial Intelligence Review, 2017, 47(1): 123-144.

[81] 牟乃夏，徐玉静，张恒才，等. 移动轨迹聚类方法研究综述 [J]. 2018: 1-7.

[82] Zheng Y, Zhou X. Computing with spatial trajectories [M]. Springer, 2011.

[83] Pfoser D, Jensen C S, Theodoridis Y. Novel approaches to the indexing of moving object trajectories [C]//Proceedings of the 26th International Conference on Very Large Databases. 2000: 395-406.

[84] Tao Y, Papadias D. Efficient historical R-trees [C]//Proceedings of the 13th IEEE International Conference on Scientific and Statistical Database Management. 2001: 223-232.

[85] Tao Y, Faloutsos C, Papadias D, et al. Prediction and indexing of moving objects with unknown motion patterns [C]//Proceedings of the 2004 ACM International Conference on Management of Data. 2004: 611-622.

[86] Tao Y, Papadias D. The mv3r-tree: A spatio-temporal access method for timestamp and interval queries [C]//Proceedings of the 27th International Conference on Very Large Data Bases Conference. 2001: 431-440.

[87] Chakka V P, Everspaugh A, Patel J M. Indexing large trajectory data sets with SETI [C]//Proceedings of the 1st International Conference on Innovation Database Research. 2003: 75-76.

[88] Wang L, Zheng Y, Xie X, et al. A flexible spatio-temporal indexing scheme for large-scale GPS track retrieval [C]//Proceedings of the 9th IEEE International Conference on Mobile Data Management. 2008: 1-8.

[89] Šaltenis S, Jensen C S, Leutenegger S T, et al. Indexing the positions of continuously moving objects [C]//Proceedings of the

2000 ACM International Conference on Management of Data. 2000: 331-342.

[90] Ranu S, Deepak P, Telang A D, et al. Indexing and matching trajectories under inconsistent sampling rates [C]//Proceedings of the 31st IEEE International Conference on Data Engineering. 2015: 999-1010.

# 第5章 度量空间数据管理

5

近年来随着物联网的普及以及5G技术的大力发展,大数据时代迎来新的机遇与挑战,万物互联的数字化世界正在蓬勃发展。在万物互联的时代背景下,人、机、物互联互通,不断产生大量的数据。这些数据从形式上可以分为文本信息、多媒体文件、社交数据、时空信息等。这些来自各个领域的、不同形式的真实数据虽然规模庞大,但是其价值密度较低。大数据的价值在于从大量低价值密度的异构数据中挖掘出对分析和预测等有价值的信息。因而,需要构建统一、通用的模型,以高效管理、分析、挖掘这些异构数据。度量空间适用于任意类型的数据且支持灵活的距离度量方式,因而大量学者对度量空间展开研究以挖掘异构数据蕴含的巨大价值。

本章对度量空间数据管理进行介绍:5.1节给出度量空间数据管理基本概念及典型的度量空间;5.2节阐述现有的度量空间数据索引;5.3节阐述度量空间数据查询方法。

## 5.1 度量空间数据管理概述

物联网的普及和5G技术的快速发展加速了数字化变革,也为大数据时代带来新的机遇与挑战。数据作为数字化世界的重要组成部分,其结构复杂、类型多样、规模庞大,并蕴藏着巨大的价值,是一种重要的战略资源。2020年《自然》刊登的拉格·阿格劳瓦尔一文指出,"大数据处理能从现代生活产生的海量多样数据中挖掘出潜藏价值"[1]。2020年国家发展改革委等联合出台《关于加快构建全国一体化大数据中心协同创新体系的指导意见》,要求深化大数据在金融、交通和医疗等领域协同创新,繁荣各行业数据智能应用,形成"数脑"体系。

万物互联时代,人、机、物的互联互通产生了多样的大数据。这些数据从形式上可以分为文本信息、多媒体文件、社交数据、时空信息等。对这些来自各个领域、不同形式的大数据进行有效处理,有助于创造出巨大的社会效益和商业价值。例如,Google和百度正在尝试融合视频、图片、新闻等信息以优化用户的搜索结果;华为围绕异构、智能、融合三大方向正在重新定义数据处理平台以实现企业数据价值最大化。

这些数据类型多样且结构异构,需要一种通用的数据表达模型(即度量空间),以支持各种数据类型和多样的相似性度量方式[2]。接下来,介绍度量空间的基本概念并且阐述几种典型的度量空间。

### 5.1.1 基本概念

度量空间是一个$(M,d)$的二元组,其中$M$是数据对象的集合,$d:M\times M\rightarrow R$是距离函数。$M$中的数据对象可以表示任意的数据类型(如位置信息、文本信息、多媒体文件、社交数据等);而距离函数$d$给出了数据对象之间的相似性度量方式,且具有如下5个特性:

(1) 非负性(non-negativity):$\forall x,y\in M,d(x,y)\geqslant 0$;

(2) 对称性(symmetry):$\forall x,y\in M,d(x,y)=d(y,x)$;

(3) 自反性(identity):$\forall x\in M,d(x,x)=0$;

(4) 严格非负性(positiveness):$\forall x,y\in M,x\neq y\Rightarrow d(x,y)>0$;

(5) 三角不等特性(triangle inequality):$\forall x,y,z\in M,d(x,y)\leqslant d(x,z)+d(z,y)$。

距离函数为衡量数据对象间的相似性提供了一种有效的方式。度量空间不受数据类型特性的限制,且度量空间支持满足上述5个特性的任意距离度量方式,如闵氏距离、编辑距离、余弦距离等。由于度量空间可以处理任意类型的数据类型,且其度量方式灵活,故度量空间可以作为大数据的一种通用表征模型。

### 5.1.2 典型度量空间

在实际应用中,度量空间下的数据对象和距离函数是紧密连接的。由于度量空间主要应用于具有复杂数据类型的场景下,对于特定的数据类型需要设计有效的距离函数以充分区分数据对象间的相似性差异。接下来,基于不同的距离函数介绍几种典型的度量空间。

**(1)闵氏距离(minkowski distances)**

闵氏距离利用可以任意变化的数值参数$p$,衍生出一系列的距离函数,因而也被称为$L_p$范式距离($L_p$-norm)。其距离函数主要应用于高维向量实数域,定义为:

$$L_p[(x_1,\cdots,x_n),(y_1,\cdots,y_n)]=\sqrt[p]{\sum_{i=1}^{n}|x_i-y_i|^p} \tag{5.1}$$

注意到,$L_1$距离即曼哈顿距离,可以被用来计算城市街区间的距离;$L_2$距离即欧氏距离,通常被用来处理地理位置信息;$L_\infty$距离可以写成$L_\infty=\max_{i=1}^{n}|x_i-y_i|$,因此也被称

为最值距离或者极限距离，其二维空间下的距离映射函数也被称为切比雪夫距离。

**(2) 编辑距离 (edit distances)**

对于DNA数据以及文本数据，编辑距离可以有效地度量数据对象间的相似度。给定两个字符串 $x=x_1x_2\cdots x_n$ 和 $y=y_1y_2\cdots y_n$，其相似度可以表示为将 $x$ 通过三种原子性编辑操作转换为 $y$ 的最小步数，其中三种原子性编辑操作分别为：

(i) 插入操作(insertion)：将一个字符插入字符串的某个位置；

(ii) 删除操作(deletion)：删除字符串中的一个字符；

(iii) 替换操作(replace)：将字符串中的任意一个字符替换。

例如，给定两个字符串 $x$="这就是一个编辑距离的样例"和 $y$="一个是编辑距离的示例"，将 $x$ 变为 $y$ 的编辑距离为5，即将 $x$ 中的"这""就""是"删去，插入"是"到 $x$ 中，并且将"样"替换为"示"。此外，在某些场景下，可以对插入、删除、替换的权重进行重分配以满足实际应用需求。例如，在医药实验中在已有的DNA序列中插入一段序列会影响整体的DNA结构，但是替换其中一个片段却不会对整体构造产生影响，因而插入的权重将远大于替换的权重。

**(3) 最短路径距离 (shortest path distance)**

最短路径问题是图论研究中的一个经典问题，旨在寻找图(由节点和路径组成的)中两节点之间的最短路径。给定图 $G=(V,E)$（其中 $V$ 和 $E$ 分别是节点和边的集合）和权重函数 $w:E\rightarrow R$，一条路径 $p=\langle v_0,v_1,\cdots,v_k\rangle$ 的权重 $w(p)$ 是构成该路径的所有边的权重之和：$w(p)=\sum\limits_{1\leqslant i\leqslant k}w(v_{i-1},v_i)$。此外，将任意两点 $(u,v)$ 的最短路径权重 $d(u,v)$ 定义为：若存在一条从节点 $u$ 通往节点 $v$ 的路径 $p$，则 $d(u,v)=\min\{w(p)\mid p=\langle v_0,\cdots,v_k\rangle,v_0=u\wedge v_k=v\}$；否则 $d(u,v)=\infty$。注意到，将最短路径权重函数 $d(u,v)$ 视为度量节点 $u$ 与节点 $v$ 的距离函数，则图 $G=(V,E)$ 可以转化为形为 $M=(V,d)$ 的度量空间。例如，在城市道路规划建设中，将城市中的道路、街区作为数据域 $M$，任意两个街区间的最短路径作为距离函数 $d$，以此可以构建出包含城市道路数据的度量空间。

**(4) Jaccard 相似系数 (Jaccard similarity coefficient)**

Jaccard 相似系数是用来衡量两个集合 $x$ 和 $y$ 相似性差异的一种指标，其定义为：

$$Jacc(x,y)=1-\frac{|x\cap y|}{|x\cup y|}\tag{5.2}$$

以社交数据推荐系统为例，数据库中存储着每个用户的一些密切关联好友，而用户与用户的关系可以通过他们共同认识朋友的数量关系来确定。如果两个用户具有相同的朋友，那么他们的 Jaccard 相似系数为0，因此他们极有可能互相认识。而两个用户的 Jaccard 相似系数为1，即他们没有共同朋友，说明他们互相认识的可能性较低。

故 Jaccard 相似系数可以有效地泛化用户与用户间的社交关系，因而适用于众多社交关系数据库。此外，Jaccard 相似系数在自然语言处理、社区搜索等领域也具有广泛的应用场景。

## 5.2 度量空间数据索引

索引是加速数据查询的一种有效方法，众多学者对度量空间数据索引展开了广泛的研究。现有的度量空间数据索引可以分为基于支枢点的索引方法、基于划分的索引方法以及混合索引方法。基于支枢点的数据索引方法选取多个支枢点，并计算数据对象到所有选中支枢点的距离，根据这些提前计算好的距离实现数据的高效索引。在进行相似性数据查询时，可以结合提前计算好的距离与度量空间下的距离三角不等式特性进行剪枝，从而降低不必要的距离计算开销。基于划分的索引方法将度量空间划分为不同的紧密分区，在查询处理的时候通过修剪不符合条件的空间来加速查询效率。混合索引方法结合了基于划分的索引方法和基于支枢点的索引方法。接下来，对度量空间的数据索引方法进行介绍。

### 5.2.1 基于支枢点的度量空间数据索引

度量空间不存在坐标系，为了实现高效的数据索引，一种可行方法是利用度量空间中具有代表性的支枢点给度量空间制定新的坐标系。具体来说，给定一个数据对象集 $O=\{o_1,\cdots,o_n\}$，距离函数 $d$ 以及一个支枢点集合 $P=\{p_1,\cdots,p_k\}$，每一个数据对象 $O$ 据其到每一个支枢点的距离映射为一个 $k$ 维向量，即 $o:\langle d(o,p_1),\cdots,d(o,p_k)\rangle$。将每一个数据对象经过支枢点映射为 $k$ 维向量后，即度量空间转换为向量空间。值得注意的是，支枢点映射后的数据向量不一定具有唯一性，因此支枢点的数量和质量将影响空间映射的效果。图 5.1 给出了一个度量空间与支枢点映射后向量空间的示例。给定二维坐标系下的 5 个数据对象 $O=\{o_1,o_2,o_3,o_4,o_5\}$，距离函数 $d$ 为欧氏距离，以及 3 个选定的支枢点 $P=\{p_1,p_2,p_3\}$。注意到，距离函数 $d$ 可以是任意的度量方式。以 $o_1$、$o_2$ 为例，当 $d$ 为欧氏距离时 $d(o_1,o_2)=\sqrt{1^2+2^2}=\sqrt{5}$；当 $d$ 为 $L_1$ 距离时，$d(o_1,o_2)=1+2=3$；当 $d$ 为 $L_\infty$ 距离时，$d(o_1,o_2)=\max(1,2)=2$。若仅考虑支枢点 $p_1$，数据对象 $o_4$ 和 $o_5$ 是难以区分的，因为 $d(p_1,o_4)=d(p_1,o_5)$。当考虑整个支枢点集 $P$ 时，数据对象 $o_4$ 和 $o_5$ 经过空间映射后的向量表示分别为 $o_4:\langle 2.2,1,2.2\rangle$ 和 $o_5:\langle 2.2,2.2,1\rangle$，此时这两个数据对象被映射到向量空间中不同的位置。

此外，利用三角不等式，可以得到度量空间任意数据对象间的相似性距离上下界。

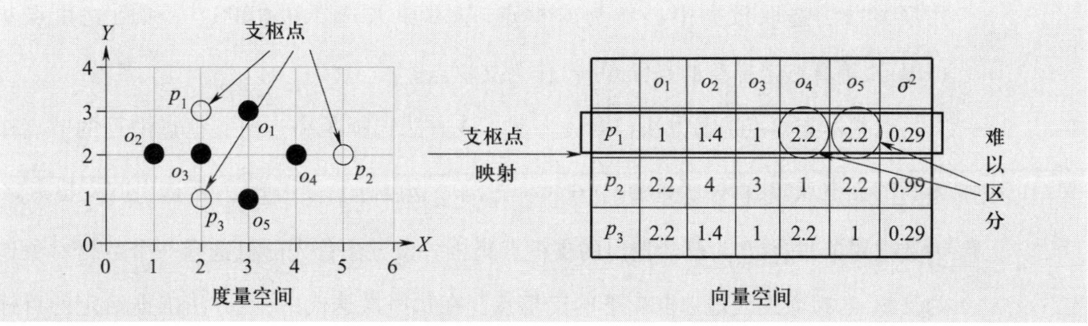


| | $o_1$ | $o_2$ | $o_3$ | $o_4$ | $o_5$ | $\sigma^2$ |
|---|---|---|---|---|---|---|
| $p_1$ | 1 | 1.4 | 1 | 2.2 | 2.2 | 0.29 |
| $p_2$ | 2.2 | 4 | 3 | 1 | 2.2 | 0.99 |
| $p_3$ | 2.2 | 1.4 | 1 | 2.2 | 1 | 0.29 |

图 5.1　支枢点映射示意图

**定理 5.1**　给定任意两个数据对象 $o_i$ 和 $o_j$，支枢点集 $P=\{p_1,\cdots,p_k\}$ 以及度量方式 $d$，数据对象 $o_i$ 和 $o_j$ 的相似性距离 $d(o_i,o_j)$ 存在下界 $\max_{p\in P}|d(o_i,p)-d(o_j,p)|$ 和上界 $\min_{p\in P}|d(o_i,p)+d(o_j,p)|$。

**证明**：根据三角不等式，对于任意支枢点 $p$，有 $|d(o_i,p)-d(o_j,p)|\leqslant d(o_i,o_j)$，因此 $\max_{p\in P}|d(o_i,p)-d(o_j,p)|\leqslant d(o_i,o_j)$，即 $d(o_i,o_j)$ 的下界。同理，可得 $d(o_i,o_j)$ 的上界为 $\min_{p\in P}|d(o_i,p)+d(o_j,p)|$。证毕。

现有的基于支枢点的索引方法预先计算支枢点到所有数据对象间的距离，并且用这些距离估计数据对象与查询对象间距离的上下界，从而避免不必要的距离计算。由于支枢点的质量将影响基于支枢点的索引性能（优质的支枢点能更为精确地估计数据对象间距离的上下界），因此，许多学者对支枢点选择算法展开研究，这些支枢点选择算法根据其使用的支枢点距离分布可分为三类[3]：基于支枢点间距离分布的方法、基于支枢点与数据对象间距离分布的方法和基于数据对象间距离分布的方法。

**算法 5.1　BPS 选择方法**

**输入**：数据对象集 $O$，度量距离函数 $d$，待选择的支枢点数量 $m$
**输出**：支枢点集合 $P$
1：初始化支枢点集合 $P$ 为一个随机选取的数据点
2：**while** $|P|<m$ **do**
3：　　$p \leftarrow \max_{o\in O-P}\sum_{p\in P} d(o,p)$
4：　　$P\leftarrow P\cup p$
5：**return** $P$

基于支枢点间距离分布的方法通过控制支枢点和支枢点间的距离分布来选择支枢点。当新的数据对象到当前选定的支枢点之间的距离满足给定的距离分布目标函数时，该数据对象则被选为支枢点。稀疏空间选择方法（SSS）[4] 和最远首次遍历法（FFT）[5] 使用基于聚类的目标函数来选择均匀分布的支枢点。平衡位置排列法

(BPP)[6]利用排序后的数据对象之间的距离选取支枢点。此外,不同于前三种方法使用聚类方法选取数据中心作为支枢点,基本原点选择法(BPS)[7]和凸壳焦点法(HF)[8]等算法选择离群点(outlier)作为支枢点。

以基本支枢点选择方法(BPS)为例。该方法选择距离当前支枢点最远的节点作为新的支枢点,其目标函数为:$p \leftarrow \max_{o \in O-P} \sum_{p \in P} d(o,p)$,其中 $p$ 为新选出的支枢点,$O$ 为数据对象集合,$P$ 为已经选出的支枢点集合。该方法首先随机选择一个数据对象作为支枢点,接着迭代地选取剩下的支枢点。在每一次迭代中,该方法依据给定的目标函数选取新的支枢点。其伪代码如算法 5.1 所示。给定数据对象集合、距离函数和待选择的支枢点数量三个输入,算法输出支枢点集合。首先,基本支枢点选择方法将支枢点集合进行初始化操作(行 1)。接着从剩下的数据对象中,找到与当前选出的所有支枢点距离之和最大的数据,并将其作为新的支枢点加入支枢点集合中(行 2—4)。最后,得到所需的支枢点集合并将其输出(行 5)。

第二类方法基于支枢点和对象之间的距离分布来选择支枢点。最大方差法(MV)[9]旨在最大化支枢点映射后的高维向量的方差,即度量空间内的数据对象经过支枢点映射后,依然具有较高的区分度(不同的数据对象不会被映射到相同的区域)。而基于数据对象空间相关性的方法(SC)[10]将支枢点之间的相关性作为目标函数。具体来说,对于所有数据对象,分别计算通过两个不同支枢点进行距离映射后向量空间的相关系数。若相关系数的结果小于给定阈值,则说明这两个支枢点具有较高的相似特征,因而不应被同时选为支枢点。由于度量空间下的支枢点映射过程类似于空间降维过程(将具有高维特性的度量空间映射到低维向量空间),因此,PCA 选择法[11]借助主成分分析法选择优质的支枢点。

以最大方差法(MV)为例。三角形不等式存在两个重要特征:(1)靠近查询点的支枢点可以对距离较远的数据对象进行剪枝,并验证查询点附近的对象;以及(2)远离查询点的支枢点可以对查询点附近的数据对象进行剪枝。最大方差法发现(1)彼此太近或太远的支枢点具有相似的剪枝能力,以及(2)具有高方差的支枢点具有更好的剪枝能力。基于上述两个发现,最大方差法旨在最大化支枢点和对象之间距离的方差,并且使用距离阈值 $\alpha$(由用户给定)、最大距离 $MD$(数据对象间的最远距离)和距离平均值 $\mu$(支枢点映射后空间中数据对象的平均距离)来控制支枢点间的距离。具体来说,对于数据对象 $o$,若其满足 $d(o,p)<\mu-\alpha \cdot MD$,则认为 $o$ 过于接近现有支枢点,与现有支枢点的剪枝能力相仿,不适合作为新的支枢点;而相对地,满足 $d(o,p)>\mu+\alpha \cdot MD$ 的数据对象 $o$ 过于远离现有支枢点也不适合作为新的支枢点。此外,在满足上述两个条件的同时，最大方差法选择具有较高方差(即剪枝能力强)的数据对象作为新的支枢点。以图 5.1 为例，相比于其他的支枢点，支枢点 $p_2$ 的方差最大，这说明 $p_2$ 和数据对象之间的距离差异较大，即 $p_2$ 具备更强的区分数据对象的能力(剪枝能力)。因此，最大方差法选择 $p_2$ 作为第一个支枢点，并将距离均值 $\mu$ 设置为 2.56(数据对象 $o_1, o_2, \cdots, o_5$ 到 $p_2$ 距离的平均值)。假设将 $\alpha \cdot MD$ 设为 1.44，则数据对象 $o_2$ 和数据对象 $o_4$ 不适合作为支枢点候选点，因为根据前文所述，$d(o_2,p_2)=1<\mu-\alpha \cdot MD$，数据对象 $o_2$ 距离支枢点 $p_2$ 较近，因此与该支枢点具有相似的剪枝能力；并且根据 $d(o_4,p_2)=4>\mu+\alpha \cdot MD$，得到数据对象 $o_4$ 距离 $p_2$ 较远，因此也不适合作为新的支枢点。

**算法 5.2　MV 选择方法**

**输入**：数据对象集 $O$，度量距离函数 $d$，待选择的支枢点数量 $m$，距离阈值 $\alpha$，最大距离 $MD$
**输出**：支枢点集合 $P$
1：$P \leftarrow \varnothing, Cand \leftarrow O$　//初始化支枢点集合与候选支枢点集合
2：对每一个 $o \in Cand$，计算其到所有数据对象的平均距离 $\mu_o$ 与方差 $\sigma_o^2$
3：对 $Cand$ 中的数据对象 $o$ 按照方差 $\sigma_o^2$ 进行降序排序
4：$\omega \leftarrow \alpha \cdot MD$
5：**while** $|P|<m$ 且 $|Cand|>0$ **do**
6：　$p \leftarrow$候选集 $Cand$ 中方差 $\sigma_o^2$ 最大的数据对象 $o$
7：　$P \leftarrow P \cup p$
8：　**for** 每一个数据对象 $o \in Cand$ **do**
9：　　**if** $|d(o,p)-\mu_p|>\omega$ **then**　//该数据对象距离新选择的支枢点 $p$ 过远或过近
10：　　　$Cand = Cand - \{o\}$
11：**return** $P$

方差最大化方法的伪代码如算法 5.2 所示。给定数据对象集合、度量距离函数、待选择的支枢点数量、距离阈值与最大距离，算法输出支枢点集合。该方法首先将支枢点集合与候选点集合进行初始化操作(行 1)，对所有候选集中的数据对象计算其方差与平均距离后，按照降序排列，并设定好距离阈值 $\omega$(行 2—4)。接着，该方法从候选集中迭代地寻找新的支枢点。在每轮迭代中，首先将候选集中具有最大方差的数据对象作为新的支枢点 $p$(行 6—7)，而后以距离阈值 $\omega$ 为限，从候选集中找到所有与支枢点 $p$ 距离过近或过远的数据对象 $o$ 并将其从候选集 $Cand$ 中删去(行 8—10)。最后，得到所需的支枢点集合并将其输出(行 11)。

最后一类方法基于数据对象之间的距离分布来选择支枢点，旨在最小化原度量空间数据对象间距离和定理 5.1 中推导出的距离下界之间的误差(即考虑整个支枢点集合对于度量空间的映射效果)。增量选择法(IS)[12]选择使得数据对象对距离下界最大化的数据对象作为支枢点。动态支枢点选择法(DSSS)[13]是稀疏空间选择法在动态场景的扩展方法。不同于前述方法从度量空间中选择数据对象作为支枢点，该方法使

用稀疏空间选择法获取候选数据对象,然后使用与增量选择法相同的策略在候选数据对象中选择支枢点。类似地,基于凸壳焦点法的增量选择法(HFI)[14]使用凸壳焦点法得到候选数据对象,然后选择能够最大化数据对象对的映射距离与原度量空间距离之比的数据对象作为支枢点。

以增量选择法(IS)为例。考虑到实际应用中,支枢点被用来估计查询点与数据对象间的真实距离从而避免不必要的距离计算次数,因此以数据对象对的距离映射精度作为目标函数有助于提高支枢点的剪枝效率。给定随机选择的一系列数据对象对组成的集合 $A$,其在真实的度量空间下的距离和为 $\sum_{(o_i,o_j)\in A} d(o_i,o_j)$。当集合 $A$ 保持不变,支枢点质量越高(对数据对象对的距离下界估计越精确),支枢点对集合 $A$ 中每一对数据对象对的距离映射之和 $\sum_{(o_i,o_j)\in A} \max_{p\in P} |d(o_i,p)-d(o_j,p)|$ 越大。因此,增量选择法旨在最大化支枢点映射空间内对数据对象距离下界估计之和(即,使得当前选出来的支枢点具有更高的质量)。该方法采用的目标函数为:$p \leftarrow \max_{o\in P_{cand}} \sum_{(o_i,o_j)\in A} \max_{p\in P\cup\{o\}} |d(o_i,p)-d(o_j,p)|$,其中 $A$ 为随机选择的一系列数据对象对的集合。

---

**算法 5.3　IS 选择方法**

---

**输入:** 数据对象集 $O$,度量距离函数 $d$,待选择的支枢点数量 $m$,候选支枢点数量 $\hat{m}$,随机选择的数据对象对的集合 $A$

**输出:** 支枢点集合 $P$

1: 随机生成含有 $\hat{m}$ 个候选支枢点的候选集 $P_{cand}$

2: $P \leftarrow \varnothing$　//初始化支枢点集合 $P$

3: **while** $|P|<m$ **do**

4: 　　$p \leftarrow \max_{o\in P_{cand}} \sum_{(o_i,o_j)\in A} \max_{p\in P\cup\{o\}} |d(o_i,p)-d(o_j,p)|$

5: 　　$P \leftarrow P\cup p$

6: **return** $P$

---

增量选择法的伪代码如算法 5.3 所示。给定数据对象集合 $O$、度量距离函数 $d$、待选择的支枢点数量 $m$、候选支枢点数量 $\hat{m}$ 与随机选择的数据对象对集合 $A$,算法输出支枢点集合 $P$。该方法首先随机生成含有 $\hat{m}$ 个候选支枢点的候选集 $P_{cand}$,并初始化支枢点集合为空集(行 1—2)。接着,该方法从候选集 $P_{cand}$ 中迭代地寻找使得当前支枢点集合具有更高质量的数据对象 $o$ 作为新的支枢点 $p$,并将其加入支枢点集合 $P$(行 3—5)。最后,得到所需的支枢点集合 $P$ 并将其输出(行 11)。

基于支枢点间距离分布的方法选择具有一定数据分布规律的数据对象作为支枢点,一般来说该类方法只需关注少量支枢点间的距离,因而具有较高的效率;基于支枢点与数据对象间距离分布的方法旨在找到相关性较低的支枢点;基于数据对象对距离分布的方法既考虑了单个支枢点的质量(优质的支枢点能够提升现有的支枢点集合的整体质量,因而被选为支枢点),又考虑数据对象间的相关性(相关度高的支枢点对提升现有的支枢点集合的整体质量没有影响,因而不会被选为支枢点)。然而,基于数据对象到数据对象距离分布的方法需要考虑数据对象对的距离,其时间复杂度较高。因此,在实际应用中,需要针对具体的应用场景选择最为合适的支枢点选择方法。

接下来,介绍基于支枢点的数据索引。根据这些索引结构存储预先计算距离的方式,可以将其分为如下三类:索引表,索引树以及外存索引。

顾名思义,索引表利用表状结构如数组、列表和哈希表等结构,存储预先计算的支枢点到所有数据对象的距离。AESA[15]首次利用数组存储所有数据对象间的距离,即所有数据对象均为支枢点。然而该方法需要将所有距离存储在数组中,因而存在空间开销过大的缺点。为了降低空间存储开销,LAESA[7]从所有数据对象中选择部分对象作为支枢点。接着,在数组中存储这些支枢点到所有数据对象的距离。在查询时,LAESA 利用数组中预先存储的距离对每个数据对象进行上下界估算,从而筛去不必要的数据对象以提高查询效率。查询操作的详细步骤在章节 5.3 中进行阐述。

除了前述两种方法,EPT[16]索引与 LAESA 的结构相似,不同之处是 EPT 为每个数据对象选取不同的支枢点,而 LAESA 为所有数据对象选取相同的支枢点。基于数据排列的索引表[17]提出利用列表存储数据到支枢点的距离排序,而不是具体的距离数值。LC 等[18-20]将数据进行聚类,并利用列表存储这些划分好的簇。此外,D-Index[21]利用多个哈希函数将数据进行划分,并利用多层哈希表存储数据。

接下来,介绍基于支枢点的树形索引结构。

由于度量空间下的数据对象经过支枢点映射后的距离可能是离散的,一些索引方法针对离散数据进行索引,如 BKT 树[22]。BKT 树首先从所有数据对象中选取一个支枢点作为树根,并且将距离树根节点距离为 $i$ 的节点存储在第 $i$ 个子树中。如果一个子树中存储的数据对象超过一个,那么 BKT 从这些数据对象中选取一个新的支枢点作为子树的根,然后递归地将剩下的数据对象按照前述方法划分,直到每棵子树中存储的数据对象唯一。BKT 只适用于离散的距离函数,但是它也可以用于经过离散化处理的连续距离函数。例如,对于值域为$[0,3]$的连续函数,将其值域划分为不相交的三个值域(例如$[0,1)$,$[1,2)$,$[2,3]$),则该映射函数可转化为离散函数。基于此,BKT 经过改进后也可以对连续数据进行索引。与 BKT 不同,FQT 树[23]在树的每一层只选择一个支枢点。图 5.2 给出一个 BKT 树与 FQT 树的示例。给定数据对象集 $O=\{o_1,\cdots,o_7\}$,二者均将数据对象 $o_1$ 作为树根。在处理位于第二层的子树时,BKT 树对第二、四棵子树分别选取不同的支枢点(即 $o_3$、$o_5$)作为树根,而 FQT 在树的第二层节点将 $o_3$ 作为支枢点,因此第二、四棵子树的根节点均为 $o_3$。值得注意的是,BKT 索引与 FQT 索引均不是平衡树。

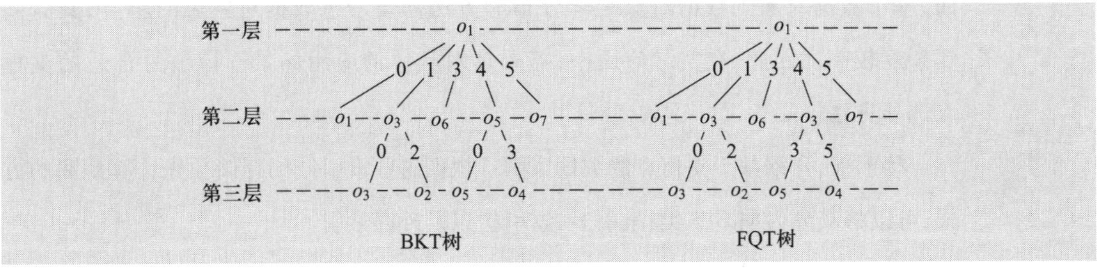


图 5.2　BKT 树与 FQT 树示例

不同于前述两种针对离散数据的索引结构,VPT 树[24]支持连续的距离函数。VPT 树首先选取一个支枢点作为根节点,并计算所有数据对象到该支枢点的距离,而后得到这些距离的中位数 $d_{mid}$。接着,将距离小于 $d_{mid}$ 的数据对象划分至左子树中;并将剩下的数据对象划分至右子树中。当子树中的节点数量超过设定阈值时,则递归地将该子树进行划分。为了支持动态的数据更新操作,学者们研究了 VPT 索引的动态结构 DVPT 树[25]。此外,VPT 树还可以被扩展到多叉树形态,即 MVPT 树[26]。具体来说,相较于 VPT 树每次只选择中位数作为距离划分的标准,MVPT 树计算当前节点 $p$ 到其存储的所有数据对象的距离,将所有距离排序后均匀地划分为 $m$ 块。其中,第 $i$ 块中的最大距离记为 $d_i$。而后,将所有满足 $d_{i-1}<d(o,p)\leqslant d_i$ 的数据对象 $o$ 划分到第 $i$ 棵子树中。

图 5.3 描述了 VPT 树与 MVPT 树的一个示例。给定数据对象集 $O=\{o_1,\cdots,o_7\}$,且将数据对象 $o_1$ 作为第一个选出的支枢点。VPT 树找到所有数据对象距离的中位数 3,然后将所有对象分为以 $o_3$ 为树根的左子树和以 $o_5$ 为树根的右子树。相对地,MVPT 树将数据集中的数据对象按照距离根节点 $o_1$ 的距离划分为 $m=3$ 个子集,并且分别选取支枢点(即 $o_4$,$o_3$,$o_5$)继续构建子树。

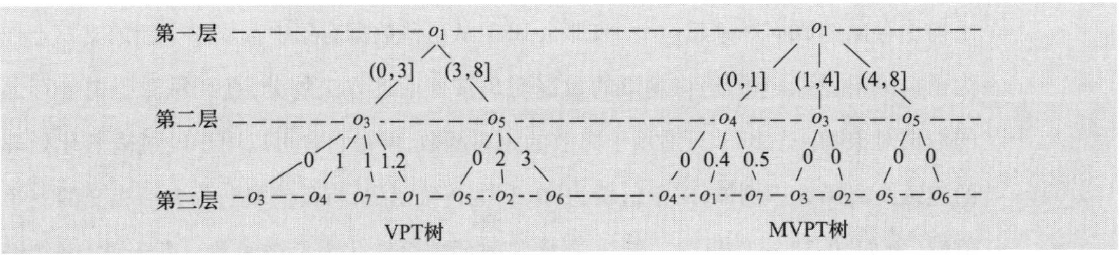


图 5.3　VPT 树与 MVPT 树示例

基于支枢点的索引方法需要大量空间来存储预先计算好的距离;同时由于相似性查询处理访问的数据对象并不一定聚集在一起,因而基于支枢点的索引方法的 I/O 成本通常很高。因此,实际应用中由于度量空间中存储的数据规模过于庞大导致基于内存的数据索引难以满足实际需求。基于此,一些学者对基于外部存储的数据索引展开研究,如 Omni-family 索引[8]采用现有的索引结构(如 R 树)对度量空间映射后的向量空间进行索引;M-index[27]利用 $B^+$树存储预先计算的距离;SPB 树[14]利用空间填充曲线将预先计算的距离映射到离散的整数,然后由 $B^+$树索引这些整数。图 5.4 给出了 SPB 树的示例。给定数据对象集 $O=\{o_1,\cdots,o_9\}$,SPB 树首先通过支枢点将度量空间映射到三维向量空间,接着利用空间填充曲线将向量空间中的数据对象重编码为离散的整数。最后,构建 $B^+$树索引。

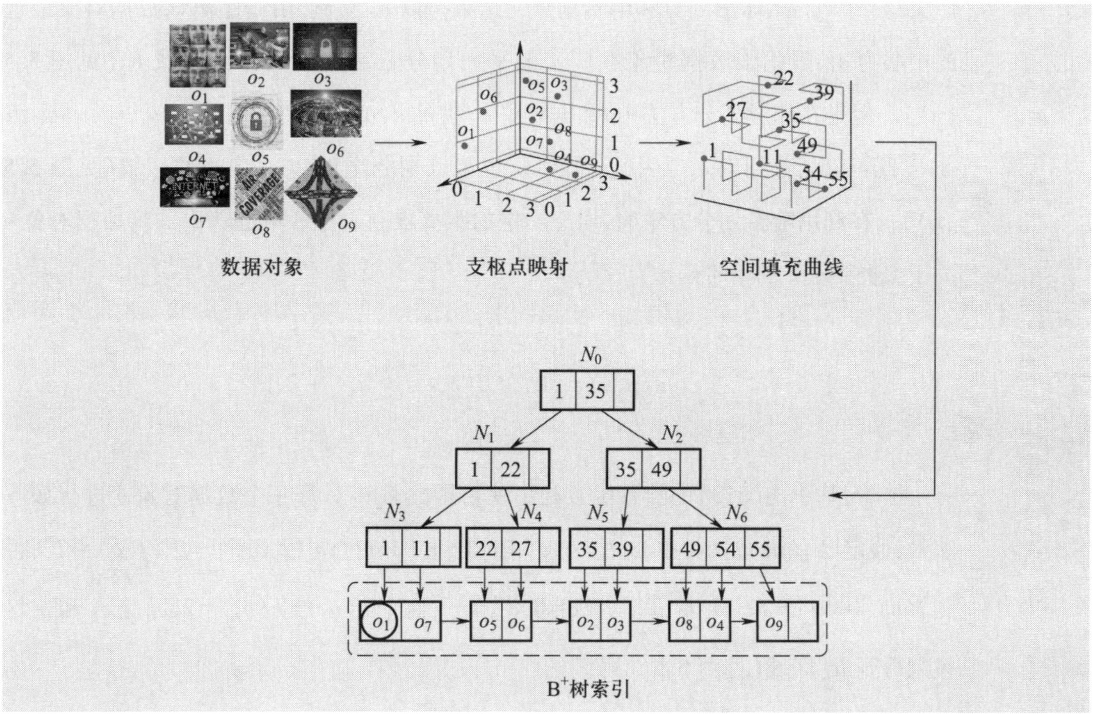


图 5.4 SPB 树示例

### 5.2.2 基于划分的度量空间数据索引

基于划分的度量空间数据索引将度量空间划分为多个紧凑的分区,在查询时筛去不必要的分区以提升查询效率。因此,数据对象的划分策略直接影响数据索引的性能。根据不同的划分策略,现有基于划分的索引方法可以分为基于广义超平面划分的数据索引、基于球形划分的数据索引、基于哈希表划分的数据索引,以及基于混合划分策略的数据索引。接下来,对基于划分的度量空间数据索引进行介绍。

首先,介绍度量空间数据划分的策略。

**定义 5.1(广义超平面划分)** 给定一个中心点的集合 $C=\{c_1,c_2,\cdots,c_k\}$,那么根据广义超平面划分策略得到的以数据对象 $c_i(1\leqslant i\leqslant k)$ 为中心的分区 $R_i=\{o \mid o\in O\wedge \forall c_i\neq c_j, d(o,c_i)\leqslant d(o,c_j)\}$。

**定义 5.2（球形划分）** 给定一个中心点 $c$ 和半径 $r$，那么根据球形划分策略得到的分区 $R_i$ 为 $\{o|o\in O\wedge d(o,c)\leqslant r\}$。

**定义 5.3（哈希划分）** 给定一个哈希函数 $h(\cdot)$，根据哈希划分策略划分得到的分区 $R_i$ 为 $\{o \mid o\in O\wedge h(o)=i\}$。

图 5.5 给出了三种划分方法的示意图。给定数据对象集 $O=\{o_1,\cdots,o_{10}\}$，并且将数据对象 $o_1,o_4,o_7,o_8$ 设为中心点，图 5.5(a)，5.5(b) 和 5.5(c) 分别为该数据集经过广义超平面划分、球形划分和哈希划分的结果。以 $o_5$ 为例，由于距离该数据对象最近的中心为 $o_4$，因此该数据对象在广义超平面划分方法中被划分至区域 $R_2$（见图 5.5(a)）。但是在球形划分方法中，数据对象 $o_5$ 满足 $d(o_5,o_1)\leqslant r_1$，并且 $d(o_5,o_4)\leqslant r_2$，因此 $o_5$ 既可以划分到以 $o_1$ 为中心的区域，也可以划分至以为 $o_4$ 中心的区域（见图 5.5(b)）。在利用哈希划分方法时，对于给定的距离限制 $\epsilon$ 与平均距离 $d_{med}$，将数据对象 $o$ 关于聚类中心 $c$ 的哈希函数定义为：

$$h^{\epsilon}(c,o)=\begin{cases}1, & d(c,o)<d_{med}-\epsilon\\ 0, & d(c,o)>d_{med}+\epsilon\\ -, & \text{其他}\end{cases} \tag{5.3}$$

接着，基于式(5.3)的哈希函数利用映射函数 $f(\cdot)$ 对每一个数据对象 $o$ 进行如下映射：假定已有 $m$ 个聚类中心 $c_1,\cdots,c_m$，若 $\exists c_i\in[1,m], h^{\epsilon}(c_i,o)=-$，则 $f(o)\rightarrow 2^m$；否则 $f(o)\rightarrow \sum\limits_{1\leqslant i\leqslant m} h^{\epsilon}(c_i,o)\times 2^i$。令 $\epsilon=0, d_{med}=r_1$，由于 $h(o_2)=h(o_3)=2$，因此 $o_2$ 和 $o_3$ 均被划分到 $R_1$ 区域（见图 5.5(c)）。

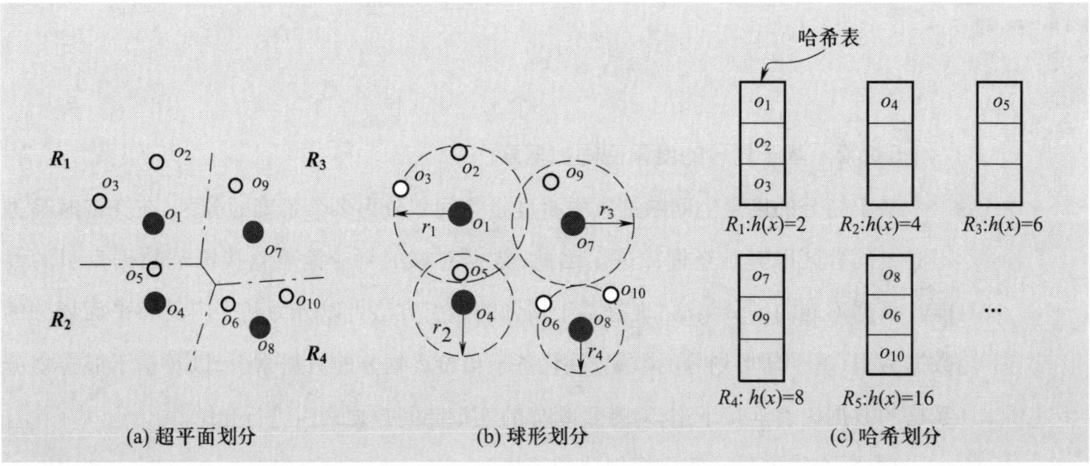


图 5.5　划分方法示意图

基于广义超平面划分的索引结构根据定义 5.1 将数据对象划分为多个分区后进行索引。GHT 树[24]利用二叉树的结构存储划分后的数据对象，GNAT[28]将 GHT 树扩展到多叉树上。而基于前二者的扩展方法 EGNAT[29]支持数据的动态更新操作。kNNG[30]利用图结构保存数据对象间的关系并且根据最近邻查询的方法将每个数据对象及与其 $k$ 个最相似的数据对象划分至一个分区。此外，M-index[27]在构建索引时也采用超平面划分技术。

以 GHT 树以及其扩展方法为例。GHT 索引是利用广义超平面划分技术递归建立的二叉树。给定数据对象集 $O=\{o_1,\cdots,o_9\}$（数据分布见图 5.6(a)），图 5.6(b)展示了该数据集上的 GHT 索引结构。GHT 索引的树节点一般包含两个数据对象，而其中叶子节点可以仅存储一个数据对象。存在树节点中的两个数据对象 $c_1$ 和 $c_2$ 分别表示左右子树的中心。具体来说，如果一个数据对象 $o$ 更接近 $c_1$，那么 $o$ 被分配到以 $c_1$ 为中心的左子树，反之亦然。例如在根节点中，首先选取数据对象 $o_1$ 和 $o_6$ 为广义超平面划分中心，将所有数据对象划分为 $R_1$ 和 $R_2$（见图 5.6(a)）并且分别存储在左右子树。接着，GHT 按照广义超平面方法分别对左右子树递归地进行划分，直到子树无法再分（即节点中仅存储一个数据对象）。

GHT 树可以扩展至多叉树索引 GNAT。相较于 GHT 在每个树节点中仅依据两个中心点对数据对象进行划分，GNAT 每次选取多个数据对象作为广义超平面划分中心。此外，GNAT 还利用最小包围盒的方法，预存储每个子树中存储数据对象的距离上下界，以提升查询效率。最小包围盒 $MBB_{ij}$ 的定义如下：

$$MBB_{ij}=[\min d(o,c_j),\max d(o,c_j)],o\in R_i \tag{5.4}$$

其中，$R_i$ 为第 $i$ 个超平面划分分区。图 5.6(c)中给出了一个最小包围盒的示例。将数据对象 $o_1$、$o_6$ 和 $o_9$ 作为三个中心点，所有数据对象根据广义超平面划分方法被划分为三个分区 $R_1$、$R_2$ 和 $R_3$。以第一个中心点 $o_1$ 为参照分别计算 $R_1$、$R_2$ 和 $R_3$ 的最小包围盒 $MBB_{11}$、$MBB_{21}$ 和 $MBB_{31}$。其中，$MBB_{21}=[d(o_3,o_1),d(o_9,o_1)]$，表示第二个分区 $R_2$ 中的数据对象参照第一个中心点 $o_1$ 构成的最小包围盒。基于广义超平面划分的方法，GNAT 递归地构建索引结构，如图 5.6(d)所示。首先，选出 $m$ 个中心节点 $c_i(1\leqslant i\leqslant m)$，并且将数据对象划分到其相似度最高的中心节点对应的分区，从而形成 $m$ 个分区（子树）$R_i(1\leqslant i\leqslant m)$。因此，对于任意数据对象 $o\in R_i$，$d(o,c_i)\leqslant d(o,c_j)$。接着，在每棵子树内，依据 $m$ 个中心节点，计算得到 $m$ 个最小包围盒。最后，递归地对子节点中存储的数据对象进行划分，直到节点中存储的数据对象不超过 $m$ 个（即叶节点）。

如图 5.6(e)所示，EGNAT 是 GNAT 的动态版本。EGNAT 支持数据的动态插入和删除操作，并将基于内存的索引结构扩展到基于外存的存储结构。因而，其具有更强的可扩展性。此外,为了进一步提高剪枝能力,EGNAT 还在叶节点中存储数据对象到中心节点的距离以用于剪枝。例如,叶节点 $N_1$ 中存储 $o_2$ 到当前子树的中心节点 $o_1$ 的距离 $d(o_2,o_1)$。

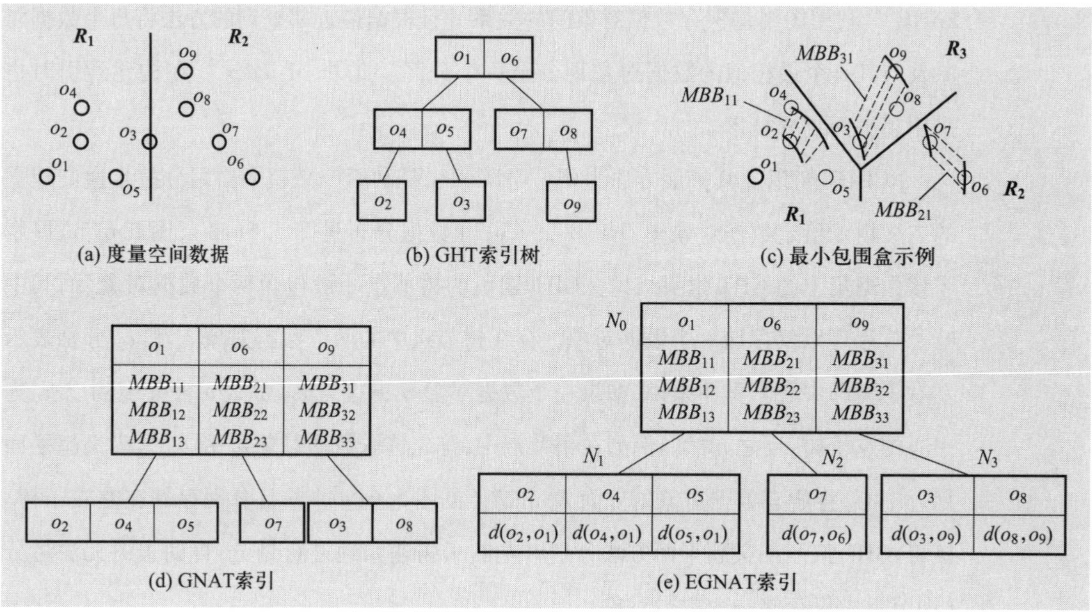


图 5.6　GHT 树及其扩展方法示例

基于球形划分的索引结构根据定义 5.2 将数据对象划分至不同的球形分区。M 树[31]和它的变体方法[32,33]利用球形划分策略构建基于外存的索引树结构。然而,LC[18,19]则利用列表存储划分后的数据对象,该方法经过改进后[20]可以支持动态的数据插入和删除操作。此外,HC 索引[34]结合树结构和列表结构,提出了一种新的基于球形划分的数据索引。

以动态的索引结构 M 树为例,图 5.7 描述了 M 树的索引结构。根节点(如 $N_0$)或非叶节点(如 $N_1$、$N_2$)中存储中间项(即非叶子节点项),每个节点项 $e$ 存储以下内容:(1) 一个路由对象(routing object)$e.obj$,它是当前节点项 $e$ 对应子树中的中心点,例如 $e_6.obj=o_8$;(2) 覆盖半径 $e.r$,即路由对象 $e.obj$ 与当前节点项 $e$ 对应子树中存储所有数据对象之间的最大距离。例如,以数据对象 $o_8$ 为中心的球形分区中,其中最远数据对象 $o_9$ 到路由对象 $o_8$ 的距离为 $r_6=d(o_8,o_9)$,因此 $e_6.r=r_6$;(3) 与父节点项的距离 $e.dis$,即从当前节点项路由对象到其父节点项中路由对象的距离,例如节点项 $e_6$ 的父节点对应节点项为 $e_2$,而二者对应的路由对象分别为 $o_6$ 和 $o_8$,因此 $e_6.dis=d(o_6,o_8)$。由于根节点没有父节点,因此根节点到其父节点项的距离为无穷大,例如 $e_2.dis=\infty$;(4) 指向当前节点项对应子树的指针 $e.ptr$,例如节点项 $e_6$ 指向的子树为 $N_6$,因此 $e_6.ptr=N_6$。相对应地,叶节点(如 $N_3$、$N_4$、$N_5$ 和 $N_6$)中的叶子节点项(即数据对象)$o$ 记录以下内容:(1)存储数据对象 $o$ 的详细信息 $o.obj$;(2) 数据对象 $o$ 的标识符编号 $o.id$,例如 $o_9.id=9$;(3) 从当前节点项到父节点项路由对象的距离 $o.dis$,例如数据对象 $o_9$ 到其父节点项 $e_6$ 路由对象 $o_8$ 的距离为 $d(o_8,o_9)=r_6$。

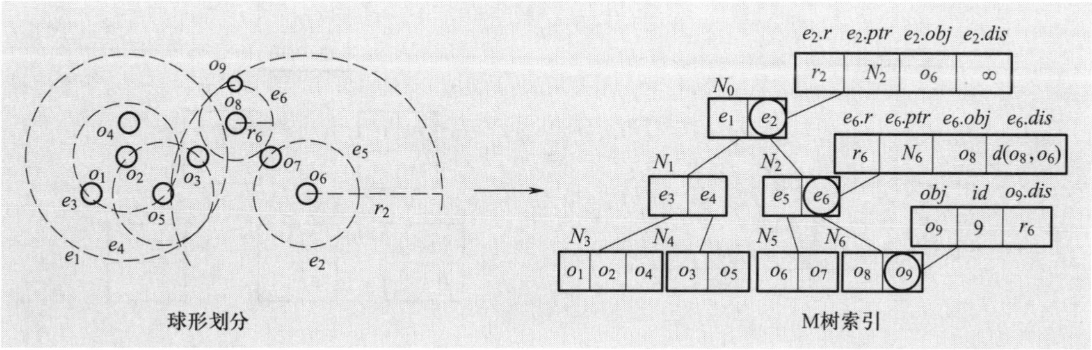


图 5.7　M 树示例

基于哈希划分的索引结构利用定义 5.3 将数据对象进行划分而后构建索引。现有工作中,D 索引结构利用 $\rho$ 分割函数递归地划分数据对象;$MB^+$ 树使用哈希函数以及广义的超平面划分方法分割数据对象从而得到紧凑的数据分区,并且将每个数据分区内的数据对象表示为哈希键值,然后通过 $B^+$ 树索引这些哈希键值。

此外,一些索引方法利用多种划分策略对数据进行划分,从而构建索引。具体来说,它们利用超平面划分的方法将度量空间划分至不同的区域内,然后基于球形划分存储每一个紧凑分区。例如,BST 树[35]和它的变体(如 MBST[36],VT[37],BU 树[38]等)利用混合的策略构建索引树。SAT[39]将度量空间划分为由三角关系构成的 Delaunay 图从而构建索引,该方法经过改进可以支持动态更新操作[20]。

以 BST 树为例,对于每一个非叶节点,BST 树首先选取两个中心点 $c_1$ 和 $c_2$,并且根据超平面策略将该非叶节点子树中所有数据对象根据这两个中心节点划分至左右子树。具体而言,若 $d(o,c_1)\leqslant d(o,c_2)$,则数据对象 $o$ 划分至左子树,否则划分至右子树。在左子树中,根节点通过中心点以及该子树存储的数据对象到中心点的最大距离表示(即二元组$\langle c_1,\max_{o\in O}d(o,c_1)\rangle$,其中 $O$ 为左子树存放的数据对象集合),右子树以此类推。最终,构建出完整的索引树。

图 5.8 给出了 BST 树的示例。给定二维空间下的数据对象集 $O=\{o_1,\cdots,o_9\}$,并且以欧氏距离作为距离度量方式。对根节点 $N_1$,BST 树首先选取 $o_1$ 和 $o_6$ 两个中心点,接着将所有数据对象根据广义超平面划分的方法划分为左子树 $N_2$ 与右子树 $N_3$。注意到左子树中所有数据到节点中心 $o_1$ 的最大距离为 $d(o_1,o_4)=\sqrt{5}$,因此在根节点处存储二元组$\langle o_1,\sqrt{5}\rangle$。相应的,根节点 $N_1$ 中同时存储另一个节点中心 $o_6$ 所对应的二元

组$\langle o_6, \sqrt{13} \rangle$。对于左子树 $N_2$ 与右子树 $N_3$,BST 再递归地构建子树,直到当前子树中仅存储一个数据对象时,构建完毕。

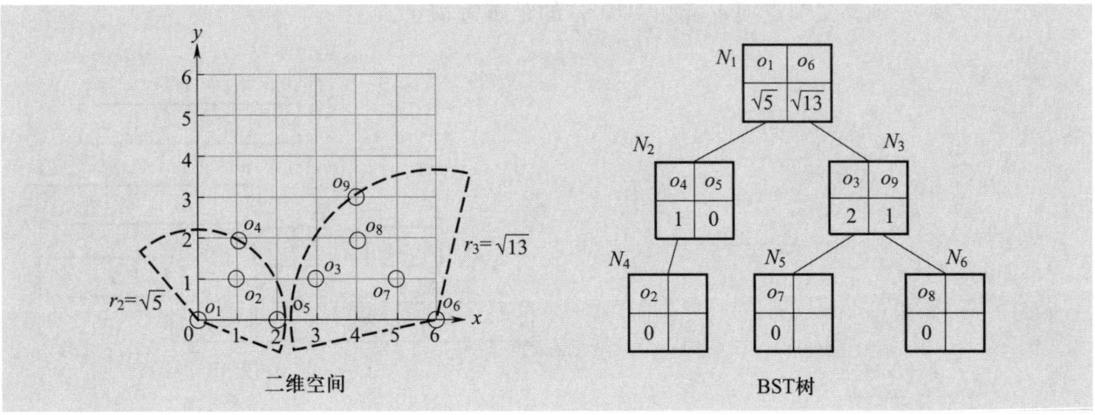


图 5.8 BST 树示例

### 5.2.3 混合索引

近年来,出现了一些结合支枢点映射方法与数据划分方法的索引结构,该类方法既可以归类于基于支枢点的索引方法,也可以属于基于数据划分的索引结构。例如,GNAT 将 GHT 索引扩展到多叉树上,利用广义超平面划分方法对度量空间进行划分,并结合由支枢点映射后的向量空间[40]加速相似性搜索。而通过结合广义超平面划分方法和球形划分方法,TLAESA 将基于支枢点的索引表 LAESA 扩展至树形结构。D-index[21]结合了数据划分和支枢点映射的方法,它将数据对象根据哈希函数划分到不同的桶中,而后在每个桶中利用支枢点映射后的距离加速相似性搜索。此外,PM 树[41]对支枢点映射后的高维向量空间进行数据划分,以加速 M 树上的相似性查询。M-index[27]利用 iDistance[42]索引方法对度量空间进行索引,该方法利用数据对象最近的支枢点映射距离索引数据对象。

## 5.3 度量空间数据查询

查询/搜索是计算机科学的基本问题,存在于目前几乎所有的计算机应用领域。为此,如何高效、智能地查询/检索数据,挖掘有价值的信息,已成为当今信息技术的重大挑战。

现有的(空间)查询方法大多关注欧氏空间,其利用多维向量表示数据对象,并用欧氏距离来度量数据对象之间的邻近关系。然而,在度量空间下,数据对象可能不存在维度信息且相似性的度量方式也不局限于欧氏距离。因此,欧氏空间下的查询技术不能有效地解决度量空间下的索引与查询问题。鉴于此,专家学者对度量空间下的索引与查询技术进行了深入研究,并取得了大量的研究成果。

目前,在度量空间查询处理技术方面的研究工作主要包括度量空间下的相似性查询(简称度量相似性查询)、度量空间下的相似性连接(简称度量相似连接)以及度量空间下的 Skyline 查询(简称度量 Skyline 查询)。接下来,对这几种度量空间查询处理技术展开介绍。

### 5.3.1　度量相似性查询

度量范围查询(metric range query,MRQ)和度量 $k$ 最近邻查询(metric $k$ nearest neighbour query,M$k$NNQ)是最典型的相似性查询方法。目前,研究者们已经提出了大量的度量范围查询和度量 $k$ 最近邻查询的处理方法。它们可以被大致分为以下两类:第一类是距离变换方法。该方法先将数据对象映射到欧氏空间,而后利用欧氏空间中的高效查询技术进行处理。文献[43]将二次式距离(quadratic form distance)转换成欧氏距离后再进行查询处理;但该方法仅仅适合于数据之间有较强相关性的数据集,不具有通用性。第二类是基于索引方法。文献[44-46]综述了基于索引的度量相似性查询处理技术。此外,针对每种度量空间索引结构都有相对应的度量相似性查询算法。下面,对度量空间下范围查询和 $k$ 最近邻查询的一些方法进行介绍。

首先,介绍度量范围查询和度量 $k$ 最近邻查询的基本概念。

**定义 5.4(度量范围查询 MRQ)**　给定一个度量空间中数据对象集合 $O$,一个查询对象 $q$ 以及查询半径 $r$,度量范围查询找到度量空间中到数据查询对象 $q$ 的距离不超过查询半径 $r$ 的所有数据对象,即 $\mathrm{MRQ}(q,r)=\{o \mid o\in O \wedge d(q,o)\leqslant r\}$。

**定义 5.5(度量 $k$ 最近邻查询 M$k$NNQ)**　给定一个度量空间中数据对象集合 $O$,一个查询对象 $q$ 以及一个正整数 $k$,度量 $k$ 最近邻查询找到度量空间中到与查询对象 $q$ 最为相似的 $k$ 个数据对象,即 $MkNNQ(q,k)=\{S \mid S\subseteq O \wedge |S|=k \wedge \forall s\in S, \forall o\in O-S, d(q,s)\leqslant d(q,o))\}$。

例如,给定一个 DNA 生物数据对象的集合 $O$={“ATAGCTTCA”,“AATCTGA”,“AATCTGT”,“AAAACGG”,“CATCTGT”},并且将字符串编辑距离作为度量方式。一个度量范围查询的例子是找到经过最多两次编辑操作可以变为查询数据“CAATCTGT”的所有 DNA 数据,即 MRQ(“CAATCTGT”,2)={“AATCTGA”,“AATCTGT”,“CATCTGT”}。同样以 DNA 数据“CAATCTGT”为查询对象,度量 $k$ 最近邻查询可以找到与其最相似的两个 DNA 数据，即 M$k$NNQ(“CAATCTGT”,2) = {“AATCTGT”, “CATCTGT”}。

值得注意的是，如果已知度量 $k$ 最近邻查询结果中，与数据查询对象 $q$ 最不相似的数据对象 $o_k$ 的距离为 $ND_k = d(o_k, q)$，则度量 $k$ 最近邻查询的结果可以通过度量范围查询的方式得到。然而实际操作中无法预先得到 $ND_k$，因此学者们对此展开研究并提出了三种度量 $k$ 最近邻查询的策略：

(1) 策略一：递增式地扩大度量范围查询的半径。具体地，首先执行较小搜索半径的度量范围查询，然后逐渐扩大搜索半径，直到范围内的数据对象不少于 $k$ 个。每次执行度量范围查询时，首先需要选出结果候选集，接着对所有候选数据对象进行结果验证，从而得到最终结果。尽管该策略在每次执行度量范围查询的第二步（进行数据对象验证）时避免重复验证先前访问过的数据对象，但由于其在第一步（得到结果候选集）需要重新遍历整个索引结构，因此该方法的时间复杂度较高。

(2) 策略二：首先将搜索半径初始化为无穷大，然后依次验证每个数据对象。对于每个验证后的数据对象，将这些数据对象与查询对象的相似性距离存储在长度为 $k$ 的优先队列中，并且将队列中距离的最大值设置为搜索半径。此外，该方法还利用一系列的剪枝策略提升查询效率。由于该方法具有较高的搜索性能，因此实际应用中通常采用该策略进行度量 $k$ 最近邻查询。

(3) 策略三：在数据集中采样，在采样后的小规模数据中找到查询对象 $k$ 个最为相似的数据对象作为候选结果，并计算这些候选数据对象中到查询对象的距离。然后使用其中最大的距离作为搜索半径进行度量范围查询，并且在得到的结果中找到 $k$ 个距离查询对象最相似的数据对象作为最终查询结果。然而，这一策略的效率取决于数据集中采样的样本，因此具有较高的不确定性。

接着，介绍一些度量相似性查询的剪枝定理。

三角形不等式是可用于提高度量空间搜索效率的有效手段。因此，度量空间数据索引（包括基于支枢点的度量空间数据索引和基于划分的度量空间数据索引）在进行数据查询时，都用到了基于三角不等式的剪枝。基于支枢点的索引结构利用事先存储的支枢点到数据对象的距离进行剪枝验证，而基于划分的索引结构利用数据划分中心对数据对象剪枝。换句话说，基于划分方法的数据划分中心可以被视为基于支枢点方法中的支枢点。

下面，介绍五种剪枝策略。

**定理 5.2** 给定一个支枢点集合 $P = \{p_1, \cdots, p_k\}$，一个查询对象 $q$ 以及一个查询半径 $r$，那么度量空间中的查询结果集合 $\{o \mid d(o,q) \leq r\}$ 在经过支枢点映射后的高维向量空间为$\{o \mid \langle d(o,p_1),\cdots,d(o,p_k)\rangle \in \langle [d(q,p_1)-r,d(q,p_1)+r],\cdots,[d(q,p_k)-r, d(q,p_k)+r]\rangle\}$。若数据对象经过支枢点映射后的向量不满足上述条件，则该数据对象不是查询结果。

**证明**：采用反证法。假设存在一个数据对象 $o$ 满足 $d(o,q)\leqslant r$，但是该点映射后的向量不满足上述条件，即 $\exists p_i\in P, d(o,p_i)>d(p_i,q)+r$ 或者 $d(o,p_i)<d(p_i,q)-r$。根据三角不等式，可以得到 $d(q,o)\geqslant |d(q,p_i)-d(o,p_i)|>r$，这与假设矛盾。证毕。

在基于支枢点的索引结构中，支枢点到数据对象的距离都被预先计算并且存储在索引中。因此，在执行度量空间相似性查询时，对于索引中的每个节点，若不满足定理 5.2 的条件，则不需要计算该节点和查询对象的相似性距离，即可将当前节点直接筛去。

**定理 5.3**　给定一个划分分区 $R_i$ 的数据中心 $R_i.c$，该分区存储的数据对象到中心节点 $R_i.c$ 的最远距离为 $r_i$，一个查询对象 $q$ 以及一个查询半径 $r$。如果 $d(q,R_i.c)>R_i.r+r$，那么划分分区 $R_i$ 中的数据对象均不是查询结果。

**证明**：对于该区域的任意数据对象 $o$，有 $d(o,R_i.c)\leqslant R_i.r$。此外，根据三角不等式的定义，得到 $d(o,q)\geqslant d(q,R_i.c)-d(o,R_i.c)$。又根据给定条件 $d(q,R_i.c)>R_i.r+r$，因此，$d(q,R_i.c)-d(o,R_i.c)>R_i.r+r-R_i.r=r$。所以，得到不等式 $d(o,q)>r$，即划分分区 $R_i$ 中存储的所有数据对象均不属于查询结果集合。证毕。

值得注意的是，在基于划分的数据索引中，每个数据对象 $o$ 都存储着其到划分中心 $R_i.c$ 的距离 $d(o,R_i.c)$。因此利用定理 5.3 可以对数据划分索引中的节点进行剪枝。具体来说，若当前划分分区满足上述条件，则当前的数据分区中存储的数据对象均不在查询结果中，因此可以筛去当前划分分区。

**定理 5.4**　给定两个划分区域 $R_i$ 和 $R_j$，它们的数据中心分别为 $R_i.c$ 和 $R_j.c$，一个查询对象 $q$ 以及一个查询半径 $r$，如果划分区域 $R_i$ 中的数据对象 $o$ 满足 $d(o,p_i)-d(q,p_j)>2\times r$，，那么该数据对象不是查询结果。

**证明**：根据定义 5.1，划分区域 $R_i$ 中的数据对象 $o$ 满足 $d(o,p_i)\leqslant d(o,p_j)$。基于三角不等式，有 $d(q,p_i)\leqslant d(o,p_i)+d(q,o)$ 以及 $d(q,p_j)\geqslant d(o,p_j)-d(q,o)$。因此，可以得到 $d(q,p_i)-d(q,p_j)\leqslant d(o,p_i)+d(q,o)-d(o,p_j)+d(o,q)\leqslant 2\times d(q,o)$。对于数据对象 $o$，若满足条件 $d(o,p_i)-d(q,p_j)>2\times r$，则 $d(o,q)>r$，即该数据对象不是查询结果。证毕。

上述三个定理利用三角不等式筛去不必要的数据对象（即，不属于查询结果），从而减少了距离计算次数。此外，一些定理利用三角不等式直接将数据对象验证为查询结果，避免了验证查询结果造成的额外距离计算次数。

**定理 5.5** 给定一个支枢点集合 $P=\{p_1,\cdots,p_k\}$，一个查询对象 $q$ 以及一个查询半径 $r$，如果对于数据对象 $o$，存在支枢点 $p_i\in P$ 使得 $d(o,p_i)\leqslant r-d(q,p_i)$，那么该数据对象一定属于查询结果。

**证明**：该定理可以直接根据三角不等式证明。

**定理 5.6** 给定一个划分区域 $R_i$ 的数据中心 $R_i.c$，该区域存储的数据对象到中心节点 $R_i.c$ 的最远距离 $r_i$，一个查询对象 $q$ 以及一个查询半径 $r$，如果 $d(q,R_i.c)\leqslant r-R_i.r$，那么当前划分区域 $R_i$ 中的所有数据对象均是查询结果。

**证明**：对于该区域的任意数据对象 $o$，有 $d(o,R_i.c)\leqslant R_i.r$。此外，根据三角不等式，得到 $d(o,q)\leqslant d(q,R_i.c)+d(o,R_i.c)$。又根据给定条件 $d(q,R_i.c)\leqslant r-R_i.r$，因此 $d(q,R_i.c)+d(o,R_i.c)\leqslant r-R_i.r+R_i.r=r$。所以，得到 $d(o,q)\leqslant r$，即该划分区域 $R_i$ 中存储的数据对象均属于查询结果集合。证毕。

下面，以 5.2 节中介绍的一些索引结构为例介绍度量相似性查询的具体过程。

首先介绍基于支枢点的索引表结构进行度量相似性查询的方法。以索引表 LAESA[7] 为例，该方法预先将支枢点到数据对象的距离存储在表结构中，因此该索引进行度量范围查询时只需将整个索引表遍历一遍即可。具体来说，对于每个数据对象，LAESA 首先找到该数据对象对应的支枢点映射空间内的高维向量，并根据定理 5.2 判断当前数据对象是否可以被剪枝。接着，对所有无法被剪枝的数据对象计算它们与查询对象的真实距离，从而得到查询结果。进行度量 $k$ 最近邻查询时，LAESA 利用策略二进行查询。其首先将查询半径设置为无穷大，然后遍历索引表中的每一个数据对象。对于每个数据对象，先利用定理 5.2 判断该数据对象是否可以被剪裁；若不能被定理 5.2 剪裁，则计算该数据对象到查询对象的真实距离。接着，当数据的真实距离小于查询半径时，更新当前存储的距离查询数据对象最近的 $k$ 个数据对象，并且将 $k$ 个数据对象中距离查询对象最远的相似性距离作为新的查询半径。注意，如果查询结果少于 $k$ 个，则查询半径设置为无穷大。

接着，介绍基于支枢点的索引树结构进行度量相似性查询的方法。该类方法可以分为针对离散数据的索引结构，如 BKT 树[22] 与 FQT 树[23]，以及针对连续数据的索引结构，如 VPT 树[24]。尽管针对的数据类型不同，这三种索引结构具有相似的度量相似性查询过程。算法 5.4 以 VPT 树为例，给出了基于支枢点的树形索引度量范围查询方法 NodeRangeSearch 的伪代码（其他树形索引的查询方法与该方法类似，因此不做展开）。其将度量空间 $(M,d)$，查询对象 $q$ 以及查询半径 $r$ 作为输入参数，并输出查询结果集 $Res$。首先，NodeRangeSearch 初始化查询结果集。接着，采用深度优先遍历树形索引的方法进行范围查询（行 2—12）。对于当前访问的树节点，首先判断该节点是否是叶节点。对于叶节点，先利用定理 5.2 进行剪枝，若无法剪枝则计算该节点到查询对象 $q$ 的距离并判断是否加入查询结果集 $Res$（行 4—6）。对于非叶子节点，计算当前节点 $N$ 的根节点到查询对象 $q$ 的距离，并依据定理 5.2 对子树 $N$ 进行剪枝（行 8—9）。若无法筛去子树 $N$，则对 $N$ 的每一棵子树 $N'$ 进行搜索，并将子树 $N'$ 中的搜索结果合并到查询结果集 $Res$（行 11—12）。最终，算法返回当前节点的度量范围查询结果 $Res$。

**算法 5.4　基于支枢点的树形索引度量范围查询方法（NodeRangeSearch）**

```
输入：度量空间(M,d)，查询对象 q，查询半径 r
输出：查询结果集合 Res
1：Res←∅
2：for 当前节点的每一棵子树 N do
3：    if N 是叶节点 then
4：        if N 不能依据定理 5.2 剪裁 then
5：            if N 到查询对象 q 的距离≤r then
6：                Res = Res ∪ {N}
7：    else    // N 是非叶节点
8：        计算 N 的根节点到查询对象 q 的距离
9：        if N 中所有数据对象可以依据定理 5.2 剪裁 then continue
10：       else
11：           for N 的每一棵子树 N′ do
12：               Res = Res ∪ NodeRangeSearch(N′)
13：return Res
```

算法 5.5 给出了 VPT 树的度量 $k$ 最近邻查询方法的伪代码（其他基于支枢点的树形索引进行度量 $k$ 最近邻查询方法与该方法相似，不做展开介绍）。首先，将最大堆 $H$、队列 $Queue$ 以及查询结果集合 $Res$ 初始化为空，将局部查询结果初始化为无穷大，并且将根节点存入队列 $Queue$（行 1—3）。接着，对于队列中的每个节点 $N$，利用定理 5.2 尝试对当前节点进行剪枝（行 5—6）。对于无法剪枝的节点，计算当前节点存储的数据对象与查询对象的真实距离 $dis$。若当前节点是叶节点，则判断当前节点是否可能为 $k$ 最近邻结果，并且当 $dis<dis_k$ 时更新最大堆 $H$（行 9—14）。若当前节点是非叶子节点，将当前节点的所有子树 $N'$ 存入队列 $Queue$（行 16—17）。最后，将最大堆 $H$ 中的所有元素存入结果集 $Res$，并返回度量 $k$ 最近邻查询结果（行 18—21）。值得注意的是，基于支枢点的外部存储索引结构利用索引表和索引树的结构进行数据索引，其度量相似性查询方法可以参考基于支枢点的索引树和索引表结构。因此本节不作详细介绍。

而后，简要介绍基于划分的数据索引结构。虽然基于划分的数据索引结构与基于支枢点的数据索引结构采用不同的划分策略，但是它们的查询方法较为类似。例如，在进行度量范围查询时，基于支枢点的索引使用定理 5.2 对子树以及叶节点进行剪枝，而基于数据划分的索引使用定理 5.3 对子树以及叶节点进行剪枝。因此，其算法

**算法 5.5　基于支枢点的树形索引度量 $k$ 最近邻查询方法（$k$NNSearch）**

```
输入：度量空间(M,d)查询对象 q,查询参数 k
输出：查询结果集合 Res
/* H:存放当前距离查询对象 q 最近的 k 个数据对象的最大堆,存储形式为⟨e,key⟩
   Queue:存放待查询树节点的队列
   dis_k:存放当前访问的数据对象中第 k 大的距离 */
1: 将最大堆 H、队列 Queue 以及查询结果集合 Res 初始化为空
2: dis_k = ∞
3: 将根节点存入队列 Queue
4: while Queue≠∅ do
5:     弹出队列 Queue 的第一个节点 N
6:     if 当前节点 N 可以利用定理 5.2 与 dis_k 进行剪枝 then continue
7:     else
8:         计算当前节点存储的数据对象到查询对象 q 的距离 dis
9:         if N 是叶节点 then
10:            if dis<dis_k then
11:                将(N,dis)存入最大堆 H
12:                if H 中存放超过 k 个元素 then
13:                    重复弹出最大堆 H 的堆顶元素直到 H 中只有 k 个元素
14:                    dis_k = 最大堆 H 的堆顶元素中存储的键值 key
15:        else
16:            for N 的每一棵子树 N′ do
17:                将子树 N′存入队列 Queue
18: while H≠∅ do
19:     弹出最大堆 H 的堆顶元素⟨e,key⟩
20:     将 e 插入查询结果集 Res
21: return Res    //返回结果
```

步骤与算法 5.4 类似，仅需将第四行、第九行中的定理 5.2 替换为定理 5.3 即可。类似地，在进行度量 $k$ 最近邻查询时，基于划分的索引结构使用算法 5.5 的方法。唯一的不同之处在于对叶子节点进行剪枝时（行 6），基于划分的索引结构使用定理 5.3 进行剪枝。

基于混合策略的数据索引结构（融合基于支枢点与基于划分的索引方法）在度量相似性查询的过程与前述方法较为类似，但由于同时使用支枢点与划分方法，因此可以利用多种剪枝方法提升查询效率。例如，由于 GNAT[28] 树在 GHT 树的基础上在每个节点中使用最小包围盒表征当前的划分分区，因此在访问每个节点时可以用定理 5.2 进行剪枝操作；树在叶节点中存储了当前数据对象到父节点的真实距离，因而在查询时可以利用定理 5.3 对数据对象进行更精确的相似性距离估计，从而减少不必要的距离计算次数。

### 5.3.2　度量相似连接

给定度量空间下的两个数据对象集 $P$ 和 $Q$，度量空间相似连接从 $P$ 和 $Q$ 的笛卡尔

积中找出距离小于给定阈值 $\varepsilon$ 的所有数据对象对。得益于度量空间定义的通用性，其可以支持多种多样的数据类型（例如向量、文本、DNA 序列等）和灵活的距离度量方式（例如 $L_p$ 范式距离，编辑距离等）。因此，度量空间相似连接被广泛地应用在社会的各个领域，包括数据清洗、数据挖掘、数据融合、网页重复数据删除、抄袭检测、点击欺骗检测、实体解析等。下面给出两个例子。

应用 1（数据挖掘）：在对大数据的挖掘分析中，相似连接是非常重要的一块处理工作。比如，许多聚类算法[47,48]（如 C2P 算法、$k$-means 算法）通过使用相似连接作为预处理，减小复杂度为 $O(n^2)$ 的开销，以提高数据挖掘的效率。

应用 2（数据清洗）：相似性连接是数据清洗中一个非常重要操作。比如在商业数据仓库中，由于打字错误和数据传输中错误，商品名或者用户名与业务系统中记录不能匹配，进而导致报错。相似性连接就可以被用于发现这样的错误。这里，编辑距离被用于度量两个产品名（或者用户名）之间的相似性。

一些学者在集中式环境下对研究度量空间相似连接展开研究[49-51]。随着大数据时代的数据处理需求愈发复杂，也有一部分学者在分布式环境下对度量空间相似连接问题进行了深入探索[52-57]。接下来，介绍度量空间相似连接的定义。

**定义 5.6（度量相似连接）**　给定度量空间下的两个数据对象集 $Q$ 和 $O$，以及距离阈值 $\varepsilon$，度量空间相似连接找到 $Q\times O$ 上的所有数据对象 $\langle q,o\rangle$，它们之间的距离 $d(q,o)$ 需要在距离阈值 $\varepsilon$ 以内，即 $MSJ(Q,o,\varepsilon)=\{\langle q,o\rangle \mid q\in Q,o\in O,d(q,o)\leqslant\varepsilon\}$。

例如，考虑两个单词集 $Q=\{$“defoliates”，“defoliation”，“defoliate”$\}$ 和 $O=\{$“defoliating”，“defoliated”，“citrate”$\}$，以编辑距离来度量两个单词之间的相似性。现在，度量空间相似连接要找到 $Q$ 和 $O$ 相互之间编辑距离在 1 以内的所有单词对。因此，其结果集 $MSJ(Q,O,\varepsilon)=\{\langle$“defoliates”，“defoliated”$\rangle$，$\langle$“defoliate”，“defoliated”$\rangle\}$。

下面，以基于 MapReduce 的度量相似连接[57]为例介绍度量空间相似连接的方法。

MapReduce 是一种经典的分布式并行计算框架，由 Google 公司在文献[58]中公开提出后，因其高可扩展性及错误容忍机制，在学术界与工业界得到了广泛的研究和应用。简单来说，MapReduce 框架主要分为两个阶段，即 Map 阶段和 Reduce 阶段。在这两个阶段中，待处理的数据被转化为键值对的形式进行处理，最终结果以键值对的形式返回。用户可以定制 Map 函数和 Reduce 函数。在 Map 阶段，对每一组键值对 $\langle k_1,v_1\rangle$ 进行处理，得到一系列新的键值对 $list(\langle k_2,v_2\rangle)$。接下来，MapReduce 对 Map 阶段的处理结果进行分组，保证每组中的键值对共享一个相同键，而后进行分布式数据处理。在 Reduce 阶段，将具有相同键值 $k_2$ 的一系列数据 $list(v_2)$ 进行合并，生成一系列键值对 $list(\langle k_3,v_3\rangle)$，从而回归初始数据。简言之，Map 和 Reduce 函数的作用如下：

Map 函数：$\langle k_1, v_1\rangle \rightarrow list(\langle k_2, v_2\rangle)$

Reduce 函数：$\langle k_2, list(v_2)\rangle \rightarrow list(\langle k_3, v_3\rangle)$

如图 5.9 所示，针对给定的数据对象集 $Q$ 和 $O$，首先用一个 Map 函数将数据对象集 $Q$ 划分到若干个互不相交的分区 $P_i(1\leqslant i\leqslant m)$ 中去。这些分区 $P_i(1\leqslant i\leqslant m)$ 会在下面的步骤中被分配到各个计算节点上进行处理。在数据对象集 $Q$ 划分之后，进行一些必要的统计，得到每个分区 $P_i^Q(1\leqslant i\leqslant m)$ 的边界。然后，根据这组边界得到每个划分对应的针对数据对象集 $O$ 的搜索范围。在此搜索范围之外的数据对象集 $O$ 元素不可能成为对应分区 $P_i^Q$ 中数据对象度量空间相似连接处理的结果。在此前提下，算法框架使用另一个 Map 函数将数据对象集 $O$ 划分到其对应的 $P_i^O(1\leqslant i\leqslant m)$ 中。至此，算法框架完成了对数据划分处理。在对算法框架的具体环节进行设计时，需要关注整个集群计算节点的负载平衡，即使得不同分区中的数据对象数量尽量均匀。

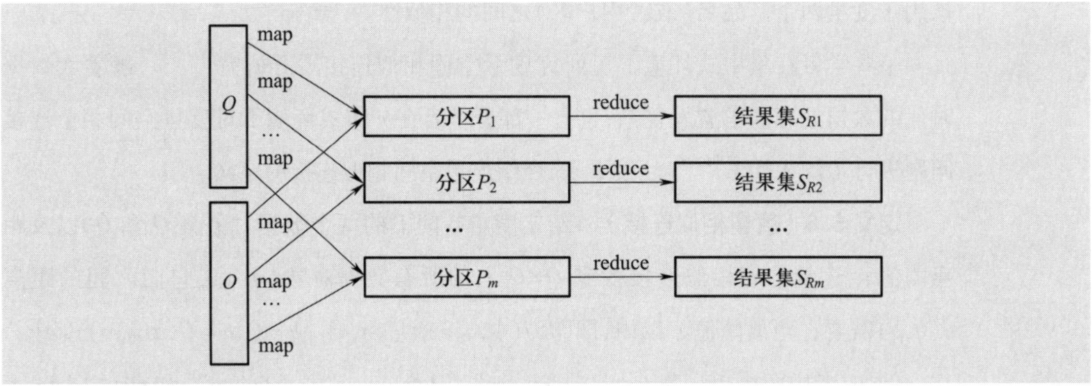


图 5.9 基于 MapReduce 的算法框架

最后，一个 Reduce 函数被设计用于为每个分区 $P_i$ 找到相似连接的处理结果 $S_{Ri}$。在这个环节中，需要设计有效的剪枝策略，避免大部分不必要的距离计算，减少算法运行时间。

接下来，介绍度量空间下基于 MapReduce 的相似性连接方法，包括 Map 阶段对数据的划分以及 Reduce 阶段找到各个划分区域内的相似连接处理方法。

首先，介绍 Map 阶段对数据的划分方法。

该算法首先借鉴章节 5.2 所述的支枢点与划分的思想，选取一些高质量的支枢点作为数据划分的中心，以用于将数据对象转化为键值的形式（即 Map 阶段）。接着，对于给定中心点集 $S_C$，可以根据超平面划分技术（定义 5.1）将数据对象集合 $Q$ 划分成 $m$ 份。即，数据对象集合 $Q$ 的每个数据对象 $q\in Q$ 会被分配到距离其最近的中心点 $s_{ci}\in S_C$ 对应的分区 $P_i$ 中去。

**算法 5.6　基于聚簇的划分查询对象集 $Q$ 的方法(CPAQ)**

**输入**：一个查询对象集 $Q$,一个中心点集 $S_C$,保留距离个数 $n$,分区个数 $m$
**输出**：分区结果 $P_i^Q$
1：**for** 每一个查询对象 $q \in Q$ **do**
2：　　对任意 $s_{ci} \in S_C$,计算 $d(q,s_{ci})$
3：　　存储 $n(n \leqslant m)$ 个预先计算的距离 $d(q,s_{ci})$
4：　　将查询对象 $q$ 划分至 $P_i^Q$　　//定义 5.1
5：　　如果必要,则更新半径 $P_i^Q.r$
6：**return** $P_i^Q(1 \leqslant i \leqslant m)$

为了找到每个 $q \in Q$ 对应的分区,$q$ 需要和所有中心点 $s_{ci} \in S_C$ 计算距离。而为了在 Reduce 阶段验证各分区内部相似连接处理结果时,避免不必要的距离计算,算法将存储 $m$ 个数据对象 $q$ 与所有中心点 $s_{ci} \in S_C$ 的距离 $d(q,s_{ci})$ 中的 $n$ 个($n \leqslant m$)。注意到,在 Map 阶段和 Reduce 阶段之间数据传输的代价随保留距离个数的增加而增加;而另一方面,保留的距离越多,可以剪掉的不必要的距离计算就会更多。因此,需要在这两方面进行一个权衡,故仅保留其中 $n$ 个($n \leqslant m$)距离,而不是存储所有的 $m$ 个距离。

接着,利用基于聚簇的划分数据对象集 $Q$ 的方法(CPAQ),其伪代码如算法 5.6 所示。算法以数据对象集 $Q$、中心点集 $S_C$、保留距离个数 $n$ 和分区个数 $m$ 作为输入,最终输出划分结果 $P_i^Q$。对于每个 $q \in Q$,首先计算其与所有中心点 $s_{ci} \in S_C$ 的距离,然后将其中 $n$ 个距离存储起来以供 Reduce 阶段进行剪枝操作(行 2—3),再根据定义 5.1 将 $q$ 分配至对应的划分 $P_i^Q$(行 4)。如果当前 $q$ 与中心点的距离超过其划分的范围,那么就更新对应划分的范围半径 $P_i^Q.r$(行 5)。在整个查询对象集 $Q$ 完成操作之后,返回最终划分结果 $P_i^Q$(行 6)。

在将数据对象集 $Q$ 分配到各对应的分区之后,要将数据对象集 $O$ 中的数据对象 $o$ 分配到对应的分区 $P_i$(即相似性连接)。在这里强调一下,数据对象集 $Q$ 中的数据对象 $q$ 有且仅有一个对应的划分,而数据对象集 $O$ 中的数据对象 $o$ 可能会被分配到多个分区中。换句话说,数据对象集 $Q$ 的划分 $P_i^Q$ 是互不相交的,而数据对象集 $O$ 的划分 $P_i^O$ 可能会重叠。另外,供 Reduce 阶段验证的数据对越多,开销就越大。因此,还可以利用定理 5.3 和定理 5.4 所述的两个剪枝定理,避免数据对象 $o$ 被分配到不必要的划分中去。

根据以上描述,下面介绍基于聚簇的划分数据对象集 $O$ 的方法(CPAO),其伪代码如算法 5.7 所示。其输入为数据对象集 $O$、中心点集 $S_C$、数据对象集 $Q$ 的划分结果 $P_i^Q$ 以及保留距离个数 $n$。算法运行结束后,输出分区结果 $P_i^O(1 \leqslant i \leqslant m)$。对于每个 $o \in O$,首先计算其与每个中心点 $s_{ci} \in S_C$ 的距离 $d(o,s_{ci})$,并将其中 $n$ 个存储(行 2—

3)。然后,算法根据定理 5.3 和定理 5.4 去逐个验证分区 $P_i^Q$,将 $o$ 分配至符合要求的分区 $P_i^O$(行 4—7)。最后,当对每个数据对象集 $O$ 的数据对象都进行操作后,算法得到最终的分区结果 $P_i^O(1\leqslant i\leqslant m)$(行 8)。

**算法 5.7　基于聚簇的划分数据对象集 $O$ 的方法(CPAO)**

**输入**:一个数据对象集 $O$,一个中心点集 $S_C$,保留距离个数 $n$

**输出**:分区结果 $P_i^O$

```
1: for 每一个数据对象 o∈O do
2:     对于任意 s_ci∈S_C,计算距离 d(o,s_ci)
3:     存储 n(n≤m)个预先计算的距离 d(o,s_ci)
4:     for 每一个分区 P_i^Q do
5:         if d(o,s_ci)≤P_i^Q.r+ε then    //定理 5.3
6:             if d(o,s_ci)-d(o,s_cj)≤2×ε then    //定理 5.4
7:                 将 o 划分至 P_i^O
8: return P_i^O(1≤i≤m)
```

接着,介绍 Reduce 阶段找到各个分区 $P_i=\langle P_i^Q,P_i^O\rangle(1\leqslant i\leqslant m)$ 内的相似连接处理方法。

目前存在的基于 MapReduce 的相似连接处理算法需要在 Reduce 阶段对每个划分中的数据节点项对进行一一的验证。幸运的是,这个部分的计算可以通过在 Map 阶段存储先前计算过的支枢点映射后的数据对象距离,而后利用 5.3.1 小节中提到的剪枝定理进一步提升效率。接下来,介绍基于支枢点过滤的平面扫描法,并对算法步骤进行具体描述。

在一个随机选定的维度 $j$ 上对给定分区 $P_i$ 中的数据对象集 $P_i^Q$ 和 $P_i^O$ 进行排序。具体来说,在支枢点集 $S_P$ 随机选择一个支枢点 $s_{pj}$,数据对象集 $P_i^Q$(或 $P_i^O$)中的数据对象 $q$(或 $o$)按 $d(q,s_{pj})$ 或 $d(o,s_{pj})$ 的大小顺序进行排列。接下来,维度 $j$ 上的平面从左边扫描到右边,对经过的数据对象进行处理。根据三角不等式特性,对于平面上的任意数据对象 $q\in P_i^Q$,所有 $o\in P_i^O$,满足 $d(q,o)\leqslant\varepsilon$,有 $d(q,s_{pj})-\varepsilon\leqslant d(o,s_{pj})\leqslant d(q,s_{pj})+\varepsilon$。根据度量空间相似连接处理的对称性,即 $MSJ(Q,O,\varepsilon)=MSJ(O,Q,\varepsilon)$,只需要在平面从左扫描到右的过程中,找到满足 $d(o,s_{pj})\leqslant d(q,s_{pj})+\varepsilon$(或 $d(q,s_{pj})\leqslant d(o,s_{pj})+\varepsilon$)的数据对象 $q$(或 $o$)。

考虑图 5.10(a)中给出的例子,$P_2^Q$ 和 $P_2^O$ 按维度 $x$ 来进行排序。图中实线所示的平面从左扫描到右,需要为现在处于扫描平面的 $q_2$ 验证 $o_5$,$o_2$ 和 $o_3$。另外,如图 5.10(b)所示,根据定理 5.2,$o_5$ 和 $o_3$ 因为处于 $q_2$ 的搜索范围 $SR(q_2)$ 之外而被裁剪。因此,基于平面扫描法和支枢点过滤法,最终只需要为 $q_2$ 验证其与 $o_2$ 的距离。

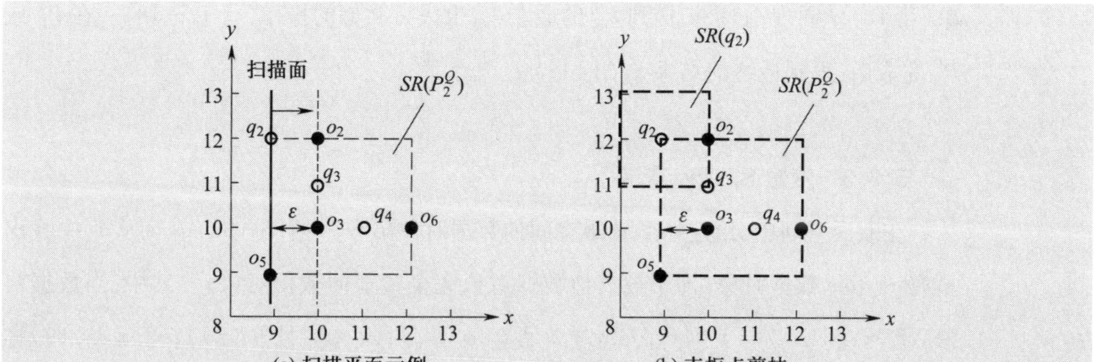

(a) 扫描平面示例　　(b) 支枢点剪枝

**图 5.10**　基于平面扫描法的相似连接图例

根据以上描述，下面介绍基于平面扫描法的相似连接算法（PSMSJ），其对应的伪代码如算法 5.8 所示。该算法以分区 $P_i$ 中的数据对象集 $P_i^Q$ 和 $P_i^O$ 为输入，以分区中的结果 $S_{Ri}$ 为输出。首先，初始化 $SR_i$ 为空，并随机选定一个维度 $j$，将数据对象集 $P_i^Q$ 和 $P_i^O$ 按维度 $j$ 进行排序（行 1—2）。然后，分别获得数据对象集 $P_i^Q$ 和 $P_i^O$ 第一个数据对象 $q$ 和 $o$（行 3）。在数据对象集 $P_i^Q$ 和 $P_i^O$ 验证完成之前，每次 while 循环都基于平面扫描法，对分区中的数据对象进行相似连接（行 4—14）。在每次迭代中，算法首先确定当前平面扫描到的位置，如果扫描到 $P_i^Q$ 的最左边（行 5），那么就对当前数据对象 $q$ 进行验证，并根据支枢点剪枝定理，对 $P_i^O$ 中的数据对象 $o'$ 进行剪裁，最终完成对 $q$ 的验证（行 6—10）。接下来，舍弃 $P_i^Q$ 的第一个数据对象，让 $q$ 指向 $P_i^Q$ 当前的第一个数据对

**算法 5.8　基于平面扫描法的相似连接算法（PSMSJ）**

**输入：** 划分 $P_i$ 中的数据对象集 $P_i^Q$ 和 $P_i^O$
**输出：** 划分 $P_i$ 的结果 $S_{Ri}$
1：$S_{Ri}=\varnothing$，随机选取一个维度 $j$　　//选出 $s_{pj}$
2：将 $P_i^Q$ 和 $P_i^O$ 按照 $d(q,s_{pj})$ 和 $d(o,s_{pj})$ 升序排列
3：$q=P_i^Q$ 中第一个查询对象，$o=P_i^O$ 中第一个查询对象
4：**while** $P_i^Q\neq\varnothing$ 和 $P_i^O\neq\varnothing$ **do**
5：　**if** $d(q,s_{pj})\leqslant d(o,s_{pj})$ **then**
6：　　**for** 所有 $o'\in P_i^O$ **do**
7：　　　**if** $|d(o',s_{pj})-d(q,s_{pj})|\leqslant\varepsilon$ **then**
8：　　　　**if** $d(o',q)\leqslant\varepsilon$ **then**
9：　　　　　将 $\langle o',q\rangle$ 并入 $S_{Ri}$
10：　　　**else break**
11：　弹出 $P_i^Q$ 首个元素并且重新获取 $P_i^Q$ 的首个查询对象 $q$
12：**else**　//$d(q,s_{pj})>d(o,s_{pj})$
13-18：　用查询对象 $q$ 替代数据对象 $o$，如行 6—11 进行操作
19：**return** $S_{Ri}$

象(行 11)。同理,如果扫描到 $P_i^O$ 的最左边,也进行类似的操作(行 12—18)。在 $P_i^Q$ 或 $P_i^O$ 完成后,得到最终的结果 $S_{Ri}$(行 19)。

### 5.3.3 度量 Skyline 查询

在欧氏空间中,给定一个 $d$-维空间的数据对象集 $D$,一个 Skyline 查询从 $D$ 中找出所有 Skyline 数据对象(即不被其他数据对象完全覆盖的数据对象)。其中,当数据对象 $X=\langle x_1,\cdots,x_d\rangle$ 与 $Y=\langle y_1,\cdots,y_d\rangle$ 满足 $\forall i\in[1,d],x_i\leqslant y_i$ 且 $\exists i\in[1,d],x_i<y_i$ 时,称 $Y$ 被 $X$ 完全覆盖。而 Skyline 数据对象指的是不被其他数据对象完全覆盖的数据对象,即对于任意 Skyline 数据对象 $X$,不存在数据对象 $Y$ 使得 $X$ 被 $Y$ 完全覆盖。在度量空间中,度量方式更为灵活且支持任意的数据类型,因此度量 Skyline 查询应用范围更为广阔,包括空间位置导航服务(如在线地图服务)、商业数据分析(如产品用户偏好分析)、环境监测(如火灾地区温度测控)、生物医疗(如 DNA 数据查询)等[59-64,67]。

在此,给出一个具体例子,例如考虑在住宅区附近开设商店。将可以开设店铺的所有候选位置作为数据对象,而商店的潜在消费对象(即客户)所在的住宅区是查询对象。商店经理必须选定合适的店铺位置,以方便服务居住在目标区域的客户群体。注意到,商店的候选位置不能远离其所有目标客户的所在位置(住宅区),并且任何候选位置都应满足以下条件:没有其他位置比当前位置距离所有的目标区域更近。在这个案例中,候选位置和居住区采用道路网络的方法进行划分,而度量方式为两个地区之间的最短路径距离。

接下来,给出度量 Skyline 查询的问题定义。

**定义 5.7(度量 Skyline 查询)** 给定一组查询点,$Q=\{q_1,\cdots,q_n\}$,度量 Skyline 查询检索所有数据对象 $o_i$,使得其映射后的向量 $\langle d(o_i,q_1),\cdots,d(o_i,q_n)\rangle$ 不被其他的数据对象完全覆盖。即,数据对象 $o_i\in D$ 是度量 Skyline 查询的结果,当且仅当它满足条件:$\forall o_{cand}\in O\wedge o_{cand}\neq o_i,(\exists q_j\in Q,s.t.\ d(q_j,o_i)<d(q_j,o_{cand}))$。

图 5.11 给出了度量 Skyline 查询的一个简单示例。根据给定的两个已知查询点,将九个数据对象 $o_1,\cdots,o_9$ 映射到图 5.11(左)所示的二维空间下。其中图右的表格具体描述了每个数据对象映射后的坐标,第 $i$ 个数据对象 $o_i$ 的坐标$(x_i,y_i)$表示该数据对象到两个查询点的距离分别为 $x_i$ 和 $y_i$。在该样例中,$o_3$ 完全覆盖 $o_4$,因为数据对象 $o_3$ $\langle 1.5,2.5\rangle$ 在两个维度上的坐标都小于数据对象 $o_4\langle 2.2,3\rangle$,即 $1.5<2.2$ 和 $2.5<3$。类似地,对象 $o_1\langle 2,1\rangle$ 完全覆盖数据对象 $o_2\langle 2.8,1\rangle$,因为 $o_1$ 在 $x$ 轴上的坐标值(属性)小于 $o_2$(即 $2<2.8$),而且 $y$ 轴的坐标值不大于 $o_2$(即 $1=1$)。由于数据对象 $o_1$ 和 $o_3$ 不被度量空间中的其他数据对象完全覆盖,因此它们是该度量空间下的 Skyline 数据对象。

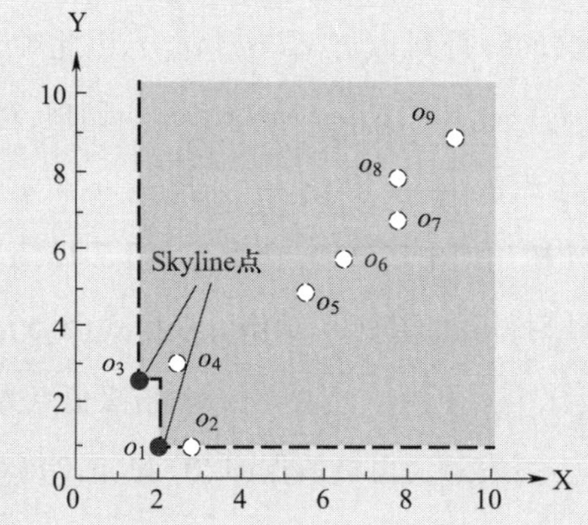


| 数据 | 坐标 |
|---|---|
| $o_1$ | (2,1) |
| $o_2$ | (2.8,1) |
| $o_3$ | (1.5,2.5) |
| $o_4$ | (2.2,3) |
| $o_5$ | (5.5,5) |
| $o_6$ | (6.5,6) |
| $o_7$ | (7.5,7) |
| $o_8$ | (7.8,7.8) |
| $o_9$ | (9,9) |

图 5.11　度量 Skyline 查询示例

注意，类似于前述几种度量空间下的查询方法（即相似性查询、度量相似连接），由于度量空间中没有几何信息可以用来进行 Skyline 查询处理过程中的剪枝优化，传统的欧氏空间 Skyline 查询方法不适用于通用度量 Skyline 查询，包括在欧几里得空间中检索 Skyline 点的方法[65]或使用特定度量方式（例如道路网络上的最短距离）的方法[66]。因此，需要利用三角不等式的筛查定理进行查询优化。

**定理 5.7**　给定一个度量 Skyline 查询集 $Q$，对于任意的数据对象 $o_i \in D$，如果存在一个数据对象 $o_{cand} \in D$，使得所有 $j \in [1,n]$ 都有 $2 \times d(q_j,p)+d(p,o_{cand}) \leqslant d(p,o_i)$，则可以安全地剪裁数据对象 $o_i \in D$，其中 $q_j$ 是一个查询对象，$p$ 是一个中心点（支枢点），$d(\cdot)$ 是一个距离度量函数。

**证明**：该证明可以根据定理 5.4 以及定义 5.7 直接得到。

为了具体阐述度量 Skyline 查询处理，本节结合 M 树[67]进行介绍。首先，将 M 树的每个节点项 $e_i$ 映射到 $n$ 维向量空间（即抽象向量空间）中的超矩形上，其中每个维度与一个动态属性相关。具体而言，超矩形的第 $j$ 维（从节点项 $e_i$ 开始）对应于区间 $[LB(q_j,e_i),UB(q_j,e_i)]$，其中 $LB(q_j,e_i)$ 和 $UB(q_j,e_i)$ 分别是节点项 $e_i$ 中任何数据对象 $o_x$ 由定理 5.1 得出的距离下界和上界。因此，根据三角形不等式，从查询点 $q_j(1 \leqslant j \leqslant n)$ 到任何数据对象 $o_x \in e_i$ 的距离 $d(q_j,o_x)$ 的边界为：

$$\begin{cases}[0,d(q_j,e_i.obj)+e_i.r], & dist(q_j,e_i.obj) \leqslant e_i.r \\ [d(q_j,e_i.obj)-e_i.r,d(q_j,e_i.obj)+e_i.r], & \text{其他}\end{cases} \tag{5.5}$$

在图 5.12(a)的示例中，假设有两个查询点 $q_1$ 和 $q_2$。首先讨论从 $q_1(q_2)$ 到节点项 $e_1$ 中任何数据对象 $o_x$ 的距离 $d(q_1,o_x)(d(q_2,o_x))$ 的上界和下界。在查询点 $q_1$ 和 $q_2$ 都在节点项 $e_1$ 的划分区域内（即，$d(q_1,e_1.obj)<e_1.r$ 和 $d(q_2,e_1.obj)<e_1.r$），基于式(5.5)，对于任何 $o_x \in e_i$，有 $d(q_1,o_x) \in [0,d(q_1,e_1.obj)+e_1.r]$ 以及 $d(q_2,o_x) \in [0,$

$d(q_2, e_1.obj)+e_1.r]$。以 $q_2$ 为例，考虑节点项 $e_6$ 内的数据对象 $o_y$ 到查询点 $q_2$ 距离 $d(q_2, o_y)$ 的下界和上界。根据式(5.5)得到 $d(q_1, e_6.obj)>e_6.r$，因此对于任意数据对象 $o_y \in e_6$，有 $d(q_1, o_y) \in [d(q_1, e_6.obj)-e_6.r, d(q_1, e_6.obj)+e_6.r]$。同理，对于查询点 $q_2$ 以及任意数据对象 $o_y \in e_6$，可以得到 $d(q_2, o_y) \in [d(q_2, e_6.obj)-e_6.r, d(q_2, e_6.obj)+e_6.r]$。

图 5.12(c)描绘了从利用 M 树(如图 5.12(b)所示)对图 5.12(a)中的数据进行索引后，利用 $q_1$ 和 $q_2$ 进行空间映射得到的超矩形示例。根据式(5.5)，从 $q_1(q_2)$ 到节点项 $e_1$ 中数据对象的距离域为[0,5]([0,4])，节点项 $e_1$ 对应极值点为(0,0)和(5,4)的矩形区域。类似地，节点项 $e_3(e_4)$ 表示为由极值点(1,0)和(3,2)((0∶5,1∶5)和(2∶5,3∶5))构成的矩形；节点项 $e_2$ 被转换为极值点(3,2)和(9,9)的矩形。此外，节点项 $e_5(e_6)$ 的极值点为(4∶5,3∶5)和(7,6)((6∶5,5∶5)和(9,8))。

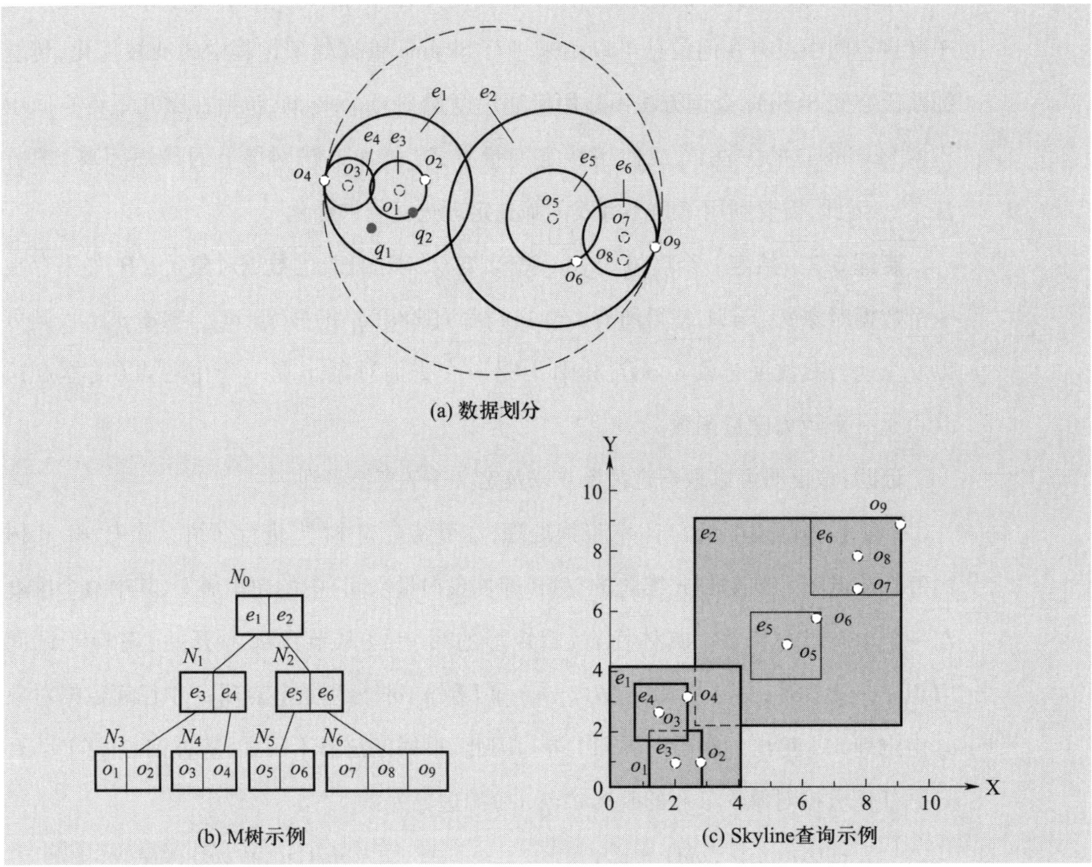


图 5.12　Skyline 查询与 M 树示例

接着，介绍两种基于 M 树的剪枝策略。

**定理 5.8**　给定查询集合 $Q=\{q_1, \cdots, q_n\}$ 和候选 Skyline 点 $o_{cand} \in D$。对于 M 树中的任意节点项 $e_i$，如果候选数据对象 $o_{cand}$ 对任意 $j \in [1, n]$ 都满足 $d(q_j, o_{cand})<LB(q_j, e_i)$，则节点项 $e_i$ 可以被候选数据对象 $o_{cand}$ 安全地剪裁，其中 $LB(q_j, e_i)$ 是根据式(5.5)

得到的查询点 $q_j$ 与 $e_i$ 中任何数据对象之间的距离下界。

该定理的证明可以根据定理 5.2 得到。

**定理 5.9**　给定查询集合 $Q=\{q_1,\cdots,q_n\}$ 和候选 Skyline 点 $o_{cand}\in D$。对 M 树中的任意节点项 $e_i$，若对任意 $j\in[1,n]$，满足 $d(q_j,o_{cand})<d(e.obj,e_i.obj)-d(q_j,e.obj)-e_i.r$，则节点项 $e_i$ 可以被候选点 $o_{cand}$ 安全地剪裁。其中，节点项 $e$ 是节点项 $e_i$ 的父节点项。

该定理的证明可以根据定理 5.3 得到。

由于在访问节点项 $e_i$ 之前已经计算了查询点 $q_j$ 和父节点 $e$ 路由对象 $e.obj$ 之间的距离 $d(q_j,e.obj)$，且父节点距离 $d(e.obj,e_i.obj)$ 存储在节点项 $e_i$ 中，因此可以利用这些信息以及定理 5.9 中给出的剪枝方法，对中间节点项直接进行剪枝而无须额外的距离计算次数。这大大降低了因计算数据对象间距离导致的高昂开销。具体来说，在遍历 M 树中的中间节点时，首先使用定理 5.9 对该节点中存储的所有节点项进行剪枝；接着，如果节点项 $e_i$ 无法被剪裁，则计算查询对象 $q_j$ 和该节点项存储的路由对象 $e_i.obj$ 之间的距离，并使用定理 5.8 进行剪裁。最后，如果节点项 $e_i$ 不能被定理 5.8 和定理 5.9 过滤，则必须访问 $e_i$ 的子树，因为该子树对应的划分区域内可能存在 Skyline 对象。

接下来，介绍一种基于 M 树索引的度量 Skyline 查询方法。该方法首先将度量空间中的数据对象存储在 M 树中，接着直接在度量空间中进行 Skyline 查询。具体来说，类似于章节 5.1 中所述第二种度量 $k$ 最近邻查询策略，该方法利用最小堆的结构以及存储度量 Skyline 数据对象的节点项表 *Reslist*，使用最优策略优先的方法找到所有的 Skyline 数据对象。其中，对于 M 树中的任何节点项 $e$，将最小堆 $H$ 中的键值定义为 $\sum_{j=1}^{n} LB(q_j,e)$。键值越小，节点项 $e$ 所对应的划分区域中越可能包含度量 Skyline 数据对象。

算法 5.9 描述了具体的查询过程。首先，将 M 树中根节点的所有节点项插入最小堆 $H$（第 1—3 行）。接着，每次从堆 $H$ 中弹出一个节点项 $e$（第 4—5 行），并应用定理 5.8，检查 $e$ 是否可以被 *Reslist* 中的数据对象剪裁（第 6—7 行）。如果可以剪裁，则停止操作并且检查堆中的下一个节点项；否则，按如下步骤处理 $e$。如果 $e$ 是一个数据对象，则将其添加到 *Reslist*（第 8—11 行）。如果节点项 $e$ 是叶节点，对于 $e$ 中的每个数据对象 $o_i$，若定理 5.7 无法对其进行剪裁，那么需要进一步验证它是否可以通过 *Reslist* 中的点进行剪裁，并将不能被剪裁的数据对象插入最小堆 $H$（第 12—15 行）。类似地，在节点项 $e$ 是中间节点的情况下，对于 $e$ 中的每个节点项 $e_i$，首先根据定理 5.9 使用 *Reslist* 进行初步剪裁；如果当前节点项 $e_i$ 未能被剪裁，则使用定理 5.8 进行二次验证（第 17—19 行）。当两个定理都不能剪裁节点项 $e_i$ 时，需要将 $e_i$ 插入堆 $H$ 以进行进一步筛查。查询过程将一直重复,直到堆 $H$ 为空。

**算法 5.9　基于 M 树的度量 Skyline 查询算法(MSQ)**

```
输入:一个 M 树索引 M_O,所有查询对象 q_1,…,q_n
输出:一个查询结果集 Reslist
/* H:最小堆
   Reslist:存储度量 Skyline 数据对象的列表 */
初始化最小堆 H,其中每一个节点项存储形式如⟨e,key⟩
ResList=∅
将根节点所有节点项存入最小堆 H
while H≠∅ do
    弹出最小堆 H 的堆顶元素⟨e,key⟩
    if 数据对象 e 可以被结果列表 Reslist 中的 Skyline 对象剪裁 then      //定理 5.8
      continue
    else
      if e 是数据对象 then
        将 e 存入结果列表 Reslist
      else
        if e 是叶节点 then
          for e 中每一个不能被定理 5.7 筛除的数据对象 o_i do
            if o_i 不能被结果列表 Reslist 中的数据对象剪裁 then      //定理 5.8
              将 e_i 插入最小堆 H
        else  //非叶节点
          for e 中每一个节点项 e_i do
              if e_i 不能被定理 5.9 剪裁 then
                if e_i 不能被定理 5.8 剪裁 then
                  将 e_i 插入最小堆 H
return Reslist  //返回结果
```

## 5.4　小结与展望

本章对第 5 章度量空间数据管理领域的代表性研究成果进行了介绍。由于度量空间支持灵活的距离度量方式,支持任意数据类型,因此,对度量空间数据管理与查询可以从大量低价值密度的异构数据中挖掘出对分析和预测等有价值的重要信息。因此,其在金融、社交、智慧医疗、智能交通等众多领域具有重要的应用价值和广阔的应用前景。

下面,对未来在度量空间数据管理研究领域有待进一步突破的研究问题进行展望。

(1) 更有效的数据索引:随着 AI 技术的发展,已有针对欧氏空间的学习型索引。为了进一步提高度量空间数据索引的性能,可以通过集成 AI 技术,考虑智能的度量空间数据索引。此外,还可以使用分布式平台和近似优化的技术进一步提升索引效率。

（2）更高效的数据查询:由于度量空间仅利用普通的三角形不等式来加速搜索,如何结合度量空间数据的具体特征来提升搜索效率,以及如何在某些距离函数不满足三角形不等式的情况下获得较高的搜索效率是未来的重要研究方向。

面对大数据的多样性、动态性等特点,度量空间具备实现异构数据统一、高效管理的特质。随着度量空间数据管理技术的发展,将为数据管理技术带来全新的变革。

## 5.5　术语表

| | |
|---|---|
| metric | 度量 |
| distance function | 距离函数 |
| minkowski distances | 闵式距离 |
| edit distances | 编辑距离 |
| metric space | 度量空间 |
| triangle inequality | 三角不等式 |
| pivot | 支枢点 |
| pivot selection | 支枢点选择 |
| pivot mapping | 支枢点映射 |
| pivot filtering | 支枢点剪枝 |
| pivot validation | 支枢点校验 |
| distance distribution | 距离分布 |
| compact partition | 空间划分 |
| generalized hyperplane partition | 广义超平面划分 |
| ball partition | 球形划分 |
| hash partition | 哈希划分 |
| minimum bounding box | 最小包围盒 |
| similarity search | 相似性搜索 |
| metric *k*-nearest neighbour query | 度量 *k* 最近邻查询 |
| metric range query | 度量范围查询 |
| search radius | 查询半径 |
| metric similarity join | 度量相似连接 |
| metric index | 度量空间索引 |
| metric skyline query | 度量 Skyline 查询 |
| plane sweeping | 平面扫描 |

## 5.6 习题

习题 5.1 根据度量空间的定义,判断下述空间是否是度量空间:现有一些单词,每个单词均被一个单位向量所表示。单词间的距离可以用向量间的 $L_1$ 距离或者向量间的余弦值(即 cosine 值)度量。例如,给定两个单词的向量 $\langle 1,0\rangle$ 和 $\langle 0,1\rangle$,那么这两个单词的 $L_1$ 距离为 $1+1=2$,而余弦距离为 $\cos(\theta)=$

$$\frac{\sum_{i=1}^{n} x_i y_i}{\sqrt{\sum_{i=1}^{n} x_i^2}\sqrt{\sum_{i=1}^{n} y_i^2}}=0。$$

习题 5.2 简要概述度量空间基于支枢点的索引和基于划分的索引,据其索引构建方式以及查询时采用的剪枝策略,比较二者之间的异同。

习题 5.3 分别考虑基于支枢点的索引与基于划分的索引进行数据更新时的效率。注意,在进行数据更新时,数据的结构与分布可能会发生改变,造成先前选取的支枢点与划分中心也会进行更新。

习题 5.4 在选择支枢点时,假如每次选择到当前所有支枢点距离最远的数据对象作为新的支枢点(即 $\max_{o\in O-P,p\in P}d(o,p)$,并且第一个支枢点是随机选取的)。请给出具体的伪代码。

习题 5.5 描述基于划分索引在构建索引结构时所采用的多种划分策略。

习题 5.6 在图 5.8 中,给定二维空间下的数据对象集 $O=\{o_1,\cdots,o_9\}$,度量方式为 $L_1$ 距离,请画出根据该度量空间构建的 BST 树。

习题 5.7 对于图 5.1 中示例,给定查询对象 $q=\langle 2,3\rangle$,距离度量方式为 $L_2$ 距离,给定支枢点 $P=\{p_1,p_2,p_3\}$ 以及数据对象 $O=\{o_1,\cdots,o_5\}$,计算度量范围查询 $MRQ(q,1.5)$ 的候选结果(此过程仅计算支枢点与数据对象、查询对象的距离,不计算数据对象与查询对象间的距离),并判断候选结果中哪些数据对象一定是最终结果。

习题 5.8 简要描述最近邻查询时使用的多种策略。

习题 5.9 试证明定理 5.17。

习题 5.10 结合生活中的实际例子,回顾度量空间下多种复杂查询(包括范围查询、最近邻查询、相似连接、Skyline 查询)的应用场景。

## 参考文献

[1] Agrawal R, Prabakaran S. Big data in digital healthcare: Lessons learnt and recommendations for general practice [J]. Heredity, 2020, 124: 525-534.

[2] 杜小勇，卢卫，张峰. 大数据管理系统的历史、现状与未来 [J]. 软件学报，2019，30(01)：130-144.

[3] Zhu Y, Chen L, Gao Y, et al. Pivot selection algorithms in metric spaces: A survey and experimental study [J]. The VLDB Journal, 2021: 1-25.

[4] Pedreira O, Brisaboa N R. Spatial selection of sparse pivots for similarity search in metric spaces [C]//International Conference on Current Trends in Theory and Practice of Computer Science. 2007: 434-445.

[5] Hochbaum D S, Shmoys D B. A best possible heuristic for the $k$-center problem [J]. Mathematics of Operations Research, 1985, 10(2): 180-184.

[6] Amato G, Esuli A, Falchi F. A comparison of pivot selection techniques for permutation-based indexing [J]. Information Systems, 2015, 52: 176-188.

[7] Micó M L, Oncina J, Vidal E. A new version of the nearest-neighbour approximating and eliminating search algorithm (AESA) with linear preprocessing time and memory requirements [J]. Pattern Recognition Letters, 1994, 15(1): 9-17.

[8] Traina C, Santos Filho R F, Traina A J M, et al. The omni-family of all-purpose access methods: A simple and effective way to make similarity search more efficient [J]. The VLDB Journal, 2007, 16(4): 483-505.

[9] Venkateswaran J, Kahveci T, Jermaine C, et al. Reference-based indexing for metric spaces with costly distance measures [J]. The VLDB Journal, 2008, 17(5): 1231-1251.

[10] Van Leuken R H, Veltkamp R C. Selecting vantage objects for similarity indexing [J]. ACM Transactions on Multimedia Computing, Communications, and Applications, 2011, 7(3): 1-18.

[11] Mao R, Miranker W L, Miranker D P. Pivot selection: Dimension reduction for distance-based indexing [J]. Journal of Discrete Algorithms, 2012, 13: 32-46.

[12] Bustos B, Navarro G, Chávez E. Pivot selection techniques for proximity searching in metric spaces [J]. Pattern Recognition Letters, 2003, 24(14): 2357-2366.

[13] Bustos B, Pedreira O, Brisaboa N. A dynamic pivot selection technique for similarity search [C]// Proceedings of the 24th International Conference on Data Engineering Workshop. 2008:

394-401.

[14] Chen L, Gao Y, Li X, et al. Efficient metric indexing for similarity search [C]// Proceedings of the 31st International Conference on Data Engineering. 2015: 591-602.

[15] Ruiz E V. An algorithm for finding nearest neighbours in (approximately) constant average time [J]. Pattern Recognition Letters, 1986, 4(3): 145-157.

[16] Ruiz G, Santoyo F, Chávez E, et al. Extreme pivots for faster metric indexes [C]//International Conference on Similarity Search and Applications. 2013: 115-126.

[17] Chávez E, Figueroa K, Navarro G. Effective proximity retrieval by ordering permutations [J]. IEEE Transactions on Pattern Analysis and Machine Intelligence, 2008, 30(9): 1647-1658.

[18] Chávez E, Navarro G. A compact space decomposition for effective metric indexing [J]. Pattern Recognition Letters, 2005, 26(9): 1363-1376.

[19] Chávez E, Navarro G. An effective clustering algorithm to index high dimensional metric spaces [C]//Proceedings of 7th International Symposium on String Processing and Information Retrieval. 2000: 75-86.

[20] Navarro G, Reyes N. New dynamic metric indices for secondary memory [J]. Information Systems, 2016, 59: 48-78.

[21] Dohnal V, Gennaro C, Savino P, et al. D-index: Distance searching index for metric data sets [J]. Multimedia Tools and Applications, 2003, 21(1): 9-33.

[22] Burkhard W A, Keller R M. Some approaches to best-match file searching [J]. Communications of the ACM, 1973, 16(4): 230-236.

[23] Baeza-Yates R, Cunto W, Manber U, et al. Proximity matching using fixed-queries trees [C]//Annual Symposium on Combinatorial Pattern Matching. 1994: 198-212.

[24] Uhlmann J K. Satisfying general proximity/similarity queries with metric trees [J]. Information Processing Letters, 1991, 40(4): 175-179.

[25] Fu A W, Chan P M, Cheung Y L, et al. Dynamic VP-tree indexing for n-nearest neighbor search given pair-wise distances [J]. The VLDB Journal, 2000, 9(2): 154-173.

[26] Bozkaya T, Ozsoyoglu M. Distance-based indexing for high-dimensional metric spaces [C]//Proceedings of the 1997 ACM International Conference on Management of Data. 1997: 357-368.

[27] Novak D, Batko M, Zezula P. Metric index: An efficient and scalable solution for precise and approximate similarity search [J]. Information Systems, 2011, 36(4): 721-733.

[28] Brin S. Near neighbor search in large metric spaces [C]//Pro-

ceedings of the 21st International Conference on Very Large Data Bases. 1995: 574-584

[29] Marin M, Uribe R, Barrientos R. Searching and updating metric space databases using the parallel EGNAT [C]//International Conference on Computational Science. 2007: 229-236.

[30] Paredes R, Chávez E. Using the *k*-nearest neighbor graph for proximity searching in metric spaces [C]//International Symposium on String Processing and Information Retrieval. 2005: 127-138.

[31] PaoloCiaccia M P. M-tree: An efficient access method for similarity search in metric spaces [C]//Proceedings of the 23rd International Conference on Very Large Data Bases. 1997: 357-368.

[32] Ciaccia P, Patella M. Bulk loading the M-tree [C]//Proceedings of the 9th Australasian Database Conference. 1998: 15-26.

[33] Skopal T, Lokoč J. New dynamic construction techniques for Mtree [J]. Journal of Discrete Algorithms, 2009, 7(1): 62-77.

[34] Fredriksson K. Exploiting distance coherence to speed up range queries in metric indexes [J]. Information Processing Letters, 2005, 95(1): 287-292.

[35] Kalantari I, McDonald G. A data structure and an algorithm for the nearest point problem [J]. IEEE Transactions on Software Engineering, 1983 (5): 631-634.

[36] Noltemeier H, Verbarg K, Zirkelbach C. Monotonous Bisector * Trees—a tool for efficient partitioning of complex scenes of geometric objects [M]. Data Structures and Efficient Algorithms. 1992: 186-203.

[37] Dehne F, Noltemeier H. Voronoi trees and clustering problems [J]. Information Systems, 1987, 12(2): 171-175.

[38] Liu B, Yan H, Duan J, et al. A bottom-up distance-based index tree for metric space [J]. Journal of Computer Research and Development, 2006, 43(9): 442-449.

[39] Navarro G. Searching in metric spaces by spatial approximation [J]. The VLDB Journal, 2002, 11(1): 28-46.

[40] Lokoč J, Mošo J, Čech P, et al. On indexing metric spaces using cut-regions [J]. Information Systems, 2014, 43: 1-19.

[41] Skopal T, Pokorný J, Snasel V. PM-tree: Pivoting metric tree for similarity search in multimedia databases [C]//ADBIS (Local Proceedings). 2004: 803-815.

[42] Jagadish H V, Ooi B C, Tan K L, et al. iDistance: An adaptive $B^+$-tree based indexing method for nearest neighbor search [J]. ACM Transactions on Database Systems, 2005, 30(2): 364-397.

[43] Skopal T, Bartos T, Lokoc J. On (not) indexing quadratic form distance by metric access methods [C]//Proceedings of the 14th International Conference on Extending Database Technology.

2011: 249-258.

[44] Chavez E, Navarro G, Baeza-Yates R, et al. Searching in metric spaces [J]. ACM Computing Surveys, 2001, 33(3): 273-321.

[45] Bozkaya T, Ozsoyoglu M. Indexing large metric spaces for similarity search queries [J]. ACM Transactions on Database Systems, 24(3): 361-404, 1999.

[46] Hjaltason G, Samet H. Index-driven similarity search in metric spaces [J]. ACM Transactions on Database Systems, 2003, 28(4): 517-580.

[47] Broder A Z, Glassman S C, Manasse M S, et al. Syntactic clustering of the web [J]. Computer Networks and ISDN Systems, 1997, 29(8): 1157-1166.

[48] Jain A K, Murty M N, Flynn P J. Data clustering: A review [J]. ACM Computing Surveys, 1999, 31(3): 264-323.

[49] Dohnal V, Gennaro C, Zezula P. Similarity join in metric spaces using eD-index [C]//Database and Expert Systems Applications. 2003: 484-493.

[50] Paredes R, Reyes N. Solving similarity joins and range queries in metric spaces with the list of twin clusters [J]. Journal of Discrete Algorithms, 2009, 7(1): 18-35.

[51] Jacox E H, Samet H. Metric space similarity joins [J]. ACM Transactions on Database Systems, 2008, 33(2): 7:1-7:38.

[52] Metwally A, Faloutsos C. V-smart-join: A scalable mapreduce framework for all-pair similarity joins of multisets and vectors [J]. Proceedings of the VLDB Endowment, 2012, 5(8): 704-715.

[53] Fries S, Boden B, Stepien G, et al. PHiDJ: Parallel similarity self-join for high-dimensional vector data with mapreduce [C]//Proceedings of the 30th International Conference on Data Engineering. 2014: 796-807.

[54] Vernica R, Carey M J, Li C. Efficient parallel set-similarity joins using MapReduce [C]//Proceedings of the 2010 ACM International Conference on Management of Data. 2010: 495-506.

[55] Deng D, Li G, Hao S, et al. Massjoin: A mapreduce-based method for scalable string similarity joins [C]//Proceedings of the 30th International Conference on Data Engineering. 2014: 340-351.

[56] Kim Y, Shim K. Parallel top-*k* similarity join algorithms using MapReduce [C]//Proceedings of the 28th International Conference on Data Engineering. 2012: 510-521

[57] Chen G, Yang K, Chen L, et al. Metric similarity joins using MapReduce [J]. IEEE Transactions on Knowledge and Data Engineering, 2016, 29(3): 656-669.

[58] Dean J, Ghemawat S. MapReduce: Simplified data processing on large clusters [J]. Communications of the ACM, 2008, 51(1): 107-113.

[59] Ciaccia P, Martinenghi D. Reconciling skyline and ranking queries [J]. Proceedings of the VLDB Endowment, 2017, 10(11): 1454-1465.

[60] Hua J, Zhu H, Wang F, et al. CINEMA: Efficient and privacy-preserving online medical primary diagnosis with skyline query [J]. IEEE Internet of Things Journal, 2018, 6(2): 1450-1461.

[61] Djatna T, Putra F H. An implementation of area skyline query to select facilities location based on user's preferred surrounding facilities [C]//International Conference on Advanced Computer Science and Information Systems. 2020: 15-20.

[62] Tara A, Ninsalam Y, Anderson C. Interrogating urban renewal scenarios using skyline analysis in fishermans bend, melbourne [J]. Journal of Digital Landscape Architecture, 2018, 3: 2-11.

[63] Lin X, Xu J, Hu H. Authentication of location-based skyline queries [C]//Proceedings of the 20th ACM International Conference on Information and Knowledge Management. 2011: 1583-1588.

[64] Ho S Y W, Shapiro B. Skyline-plot methods for estimating demographic history from nucleotide sequences [J]. Molecular Ecology Resources, 2011, 11(3): 423-434.

[65] Sharifzadeh M, Shahabi C. The spatial skyline queries [C]// Proceedings of the 32nd International Conference on Very Large Data Bases. 2006: 751-762.

[66] Deng K, Zhou X, Shen H T. Multi-source skyline query processing in road networks [C]// Proceedings of the 23rd International Conference on Data Engineering. 2007: 796-805.

[67] Chen L, Lian X. Dynamic skyline queries in metric spaces [C]//Proceedings of the 11th International Conference on Extending Database Technology: Advances in Database Technology. 2008: 333-343.

# 第6章　缺失数据管理

6

数据是数据分析与管理研究的最基本要素，数据质量直接影响后续的决策与分析。在大数据时代，如何为大数据提供有效的质量管理，避免因数据不完整而带来损失，进而推动数据科学、人工智能等领域的发展是亟待解决的关键科学问题。在过去数十年，数据库领域致力于解决完整的数据管理问题，积累了丰富的理论与方法。这将有助于推动缺失数据管理研究，解决现实应用中数据缺失问题。

本章介绍缺失数据管理理论与方法：第6.1节介绍缺失数据管理基本概念和缺失数据表达方法，第6.2节探讨缺失数据补全方法，第6.3节阐述缺失数据索引技术，第6.4节描述缺失数据查询处理方法，第6.5节总结与展望缺失数据管理研究。

## 6.1　缺失数据管理概述

### 6.1.1　基本概念

大数据处理与分析在智慧城市、金融科技和智慧医疗等诸多领域已受到广泛关注，正成为新一代信息技术融合应用的重点。这些社会生产和科学研究领域涉及高维多源的海量复杂异构缺失数据，导致大数据处理与分析技术发展愈发困难[1]。在现实应用中，数据缺失现象无处不在。例如，在征信数据采集过程中，由于客户有意隐瞒、数据存储不当或其他因素影响，采集的数据往往是缺失的；在医疗诊断过程中，人为疏忽或者检测条件限制等因素使得医疗数据具有缺失性。不难发现，数据的缺失性造成数据质量低劣，直接降低了数据的价值。缺失数据管理研究尤为重要。

现有数据管理技术主要关注完整数据，忽略了数据缺失所带来的影响。数据不完整性严重影响数据决策分析的有效性，给数据管理带来了巨大挑战。数据索引与查询是数据管理的基础问题，为后续的数据处理与分析提供有效的数据入口。缺失数据的特性与完整数据的特性存在很大差异，这导致缺失数据的表达、索引以及查询不能（直接）有效地采用传统的完整数据处理方法。例如，完整数据的索引技术和距离度量函数不再适用于缺失数据;数据对象支配(dominance)关系的传递性在缺失数据中不再成立。所以,数据缺失为数据科学领域的研究带来巨大挑战。本章将从缺失数据补全、缺失数据索引和缺失数据查询三个方面介绍缺失数据管理领域的前沿技术,如图6.1所示。

图6.1 缺失数据管理内容框架

(1)缺失数据补全

缺失数据补全是数据预处理的重要手段。根据数据补全/预测模型的不同,缺失数据补全模型分为基于统计技术的补全方法、基于机器学习的补全方法以及基于深度学习的补全方法,用于提升数据完整性,并促进数据科学等领域的发展。

(2)缺失数据索引

缺失数据索引是缺失数据查询的重要技术支撑,直接影响后续缺失数据查询性能。简单补全索引的方法使得具有同一维度缺失的数据对象投影至相同区域,造成数据空间高度倾斜,且查询代价随查询属性数量增长而急剧增长。因此,位串增强索引、MOSAIC索引、位图索引和向量近似索引等技术通过改良缺失值映射方式和单维单属性索引策略,避免数据空间过度偏斜,缓解子查询数量指数级增长而引起的缺失数据查询性能退化问题。

(3)缺失数据查询

缺失数据查询是缺失数据管理面临的重要问题。根据查询任务的不同,缺失数据查询方法可以分为缺失数据相似性查询、缺失数据Skyline查询、缺失数据Top-$k$支配查询、缺失数据流排序查询和基于众包技术的缺失数据查询等,从而支持各种实际应用需求/场景。

### 6.1.2 缺失数据表达

缺失数据表达是缺失数据管理的基础,为后续的缺失数据查询与分析提供统一数据视图。

**例 6.1（缺失数据示例）** 以表 6.1 所示的电影推荐系统中 MovieLens 数据集为例。MovieLens 数据集包括观众对一系列电影的打分数据，每部电影都表示为一个多维评分样本，每个维度表示一位观众对该电影的评分（评分范围为 1～5 分，表中用符号“—”表示缺失）。分数越高，观众对电影的认可度越高。例如，表 6.1 中有五位观众分别对四部电影进行评分，第一位观众 $a_1$（对应数据中第一维）对电影 $m_2$ 和 $m_4$ 打 5 分和 3 分；第二位观众对电影 $m_2$、$m_3$ 和 $m_4$ 分别打 3 分、2 分和 1 分；第三位观众对电影 $m_1$、$m_2$、$m_3$ 和 $m_4$ 分别打 3 分、4 分、1 分和 5 分；第四位观众对电影 $m_1$、$m_3$ 和 $m_4$ 分别打 4 分、5 分和 3 分；第五位观众对电影 $m_1$、$m_3$ 和 $m_4$ 分别打 2 分、3 分和 4 分。在现实的电影评分数据集中，用户往往只对观看过/感兴趣的电影进行评分，评分数据的缺失十分常见。也就是说，在电影评分系统中，每部电影可以被表示为存在部分评分缺失的多维对象。

表 6.1 电影评分数据集

| ID | 电影名称 | 观众打分 | | | | |
|---|---|---|---|---|---|---|
| | | $a_1$ | $a_2$ | $a_3$ | $a_4$ | $a_5$ |
| $m_1$ | Schindler's List(1993) | — | — | 3 | 4 | 2 |
| $m_2$ | The Godfather(1972) | 5 | 3 | 4 | — | — |
| $m_3$ | The Silence of the Lambs(1991) | — | 2 | 1 | 5 | 3 |
| $m_4$ | Star Wars(1977) | 3 | 1 | 5 | 3 | 4 |

缺失数据管理研究领域涉及三种面向缺失数据的表达系统[2-3]：Codd table、$c$-table 和 $v$-table。Coddtable 使用统一的符号表示缺失数据。在 $c$-table 表达系统中，数据的每个元组与一个条件相关联，即涉及变量和常量等式的布尔组合。元组的条件为每个估值（valuation）进行测试，若条件不满足，则元组将被丢弃。$v$-table 属于一种常规数据表达系统，其数据可以是常量或变量。Codd table 和 $c$-table 均属于 $v$-table 的特例。下面给出 $c$-table 的具体定义。

**定义 6.1（条件数据库 $c$-table）** 条件数据库，简称 $c$-table，可形式化表示为 $CD=\langle R_1,R_2,\cdots,R_k,\Phi\rangle$，其中 $\langle R_1,R_2,\cdots,R_k\rangle$ 表示关系数据库实例，$\Phi$ 为每个关系 $R_1$，$R_2,\cdots,R_k$ 中每个元组 $t$ 分配一个命题公式（propositional formula）$\Phi_t$。给定命题公式 $\Phi$ 中变量的估值 $\theta$，与 $\theta$ 相关的世界（world）则为 $W^\theta=\langle R_1^\theta,R_2^\theta,\cdots,R_k^\theta\rangle$，其中 $R_i^\theta=\{t \mid t\in \mathbf{R}_i,\Phi_t[\theta]=\text{true}\}$，$i=1,2,\cdots,k$。

**例 6.2（缺失数据表达系统示例）** 针对表 6.1 中电影 $m_1$ 的评分数据，表 6.2、表 6.3 和表 6.4 分别给出了 Codd table、$v$-table 和 $c$-table 存储 $m_1$ 评分数据的对应样例。

在表 6.2 的 Codd-table 中，所有缺失数据使用符号“—”表示，其中观众 $a_1$ 和 $a_2$ 对电影 $m_1$ 评分未知。与 Codd-table 不同，$v$-table 使用变量表示缺失数据。在表 6.3 的 $v$-table 中，观众 $a_1$ 和 $a_2$ 对电影 $m_1$ 评分相同但未知，这是 Codd-table 无法呈现的信息。在表 6.4 的 $c$-table 中，若满足条件“$z \neq a_1$”，则表示观众 $a_3$ 对 $m_1$ 的评分为 3，否则表示 $a_1$ 对 $m_1$ 的评分为 4 分。

表 6.2　Codd-table 示例

| 电影 ID | 观众 | 评分 |
| --- | --- | --- |
| $m_1$ | $a_1$ | — |
| $m_1$ | $a_2$ | — |
| $m_1$ | $a_3$ | 3 |
| $m_1$ | $a_4$ | 4 |
| $m_1$ | $a_5$ | 2 |

表 6.3　$v$-table 示例

| 电影 ID | 观众 | 评分 |
| --- | --- | --- |
| $m_1$ | $a_1$ | $x$ |
| $m_1$ | $a_2$ | $x$ |
| $m_1$ | $a_3$ | 3 |
| $m_1$ | $a_4$ | 4 |
| $m_1$ | $a_5$ | 2 |

表 6.4　$c$-table 示例

| 电影 ID | 观众 | 评分 | 条件 |
| --- | --- | --- | --- |
| $m_1$ | $a_3$ | 3 | $z \neq a_1$ |
| $m_1$ | $z$ | 4 | $z = a_1$ |

除简单的缺失数据表达系统外，I-SQL 语言[4]探索缺失数据的可能世界解释(possible world interpretation)，是 SQL 在缺失数据上的泛化应用。另外，世界集分解(world-set decomposition)表达系统[5]为缺失数据提供了一种节省空间的表达方式。

## 6.2　缺失数据补全

缺失数据补全是数据预处理的重要手段。数据补全方法将缺失数据转换为完整数据，从而优化数据分析。本节先分类缺失数据补全方法，而后介绍每类数据补全方法。

### 6.2.1　缺失数据补全方法分类

针对缺失数据，最简单的处理方法就是直接将数据中存在数据缺失的样本丢弃[6]。该方法只适用于当不完整数据量较小且移除数据操作能够保证分析结果不受影响的情况。这种处理方法极易降低数据蕴含的信息，严重影响数据的后续分析结果。因此，为了缓解数据缺失所带来的问题，缺失数据补全方法根据已知数据预测并填补缺失数据，提升数据完整性，避免因数据缺失问题而影响后续的决策分析[7]。

给定一个存储在数据矩阵 $\boldsymbol{X}=(\boldsymbol{x}_1,\cdots,\boldsymbol{x}_n)^{\mathrm{T}}$ 中的缺失数据集，其中每个样本 $\boldsymbol{x}_i$ 在 $d$ 维数据空间中以 $(x_{i1},\cdots,x_{id})$ 形式存在。此外，掩码矩阵 $\boldsymbol{M}=\{\boldsymbol{m}_1,\cdots,\boldsymbol{m}_n\}^{\mathrm{T}}\in\{0,1\}^{n\times d}$ 为输入数据矩阵 $\boldsymbol{X}$ 的缺失状态进行编码，其中每个掩码向量 $\boldsymbol{m}_i=(m_{i1},\cdots,m_{id})^{\mathrm{T}}$ 对应一个数据样本 $\boldsymbol{x}_i$，如果 $x_{ij}$ 缺失，则 $m_{ij}=0$。下面给出缺失数据补全任务的定义。

**定义 6.2（缺失数据补全）**　给定数据矩阵 $\boldsymbol{X}$ 及其掩码矩阵 $\boldsymbol{M}$，缺失数据补全方法旨在构建一个缺失数据补全模型 $\mathcal{M}$，为 $\boldsymbol{X}$ 内的缺失数据估计正确数值。

缺失数据补全方法包括基于统计技术的补全方法[8-11]，基于机器学习的补全方法[12-19]以及基于深度学习的补全方法[20-27]等。早期的简单缺失数据补全模型主要是基于统计技术的补全方法，利用数据统计信息[8]或最相似数据[9-11]补全缺失值。

随着机器学习理论与方法的发展，机器学习模型逐步被运用于数据缺失问题。基于机器学习的缺失数据补全方法通过训练一个机器学习模型预测/补全缺失数据。根据所使用的机器学习预测模型的不同，基于机器学习的缺失数据补全方法可分为三类，即基于决策树的补全算法[12-13]、基于线性回归的补全算法[14-16]和基于数据压缩的补全算法[17-19]。

深度学习模型的卓越性能引发了其在数据补全领域应用研究。例如，基于多层感知机网络[28,29]、自编码器模型[30]以及生成对抗网络模型[31]等深度模型补全方法，即基于多层感知机的补全算法[20-21]、基于自编码器的补全算法[22-25]以及基于生成对抗网络的补全算法[26-27]。

下面具体介绍每类缺失数据补全方法。

### 6.2.2　基于统计技术的补全方法

早期的缺失数据补全研究主要集中在基于统计技术的补全方法，包括基于统计信息的补全算法和基于相似性的补全算法。这些方法均属于单一补全（single imputation）技术，使用单一预测值直接填充/补全缺失值。

### (1)基于统计信息的补全算法

基于统计信息的补全算法利用统计数据[8]估算缺失值,譬如均值、中位数或众数。均值补全算法(mean imputation)直接利用每个特征中已知数据的均值或众数补全对应特征上的缺失数据。在连续数值特征中,补全算法使用已知值的均值填充缺失数据;在离散数值特征中,算法使用已知值的众数补全缺失数据。

### (2)基于相似性的补全算法

如图 6.2 所示,基于相似性的补全算法利用来自一个或多个相似样本(如 $\boldsymbol{x}_1$,$\boldsymbol{x}_2$ 和 $\boldsymbol{x}_3$)的已知值(如 $x_{1j}$,$x_{2j}$和 $x_{3j}$)的均值预测目标样本的缺失数据(如 $x_{ij}$)。具体来说,基于相似性的补全算法首先计算每个样本对之间的欧氏距离。在计算样本距离时,缺失数据值初始化为零。其次,对于样本 $\boldsymbol{x}_i$ 中的第 $j$ 个特征(假设特征 $x_{ij}$缺失),该算法为 $\boldsymbol{x}_i$ 样本从数据集 $\boldsymbol{X}$ 中选择在特征$f_j$ 上存在数据的 $k$ 个最近邻近点(表示为 $\boldsymbol{x}_1;\cdots;\boldsymbol{x}_k$)。接着,利用 $k$ 个最近邻居样本点所对应的第 $j$ 个特征(即 $x_{1j};\cdots;x_{kj}$)均值补全缺失数据 $x_{ij}$。该补全算法的补全流程运行直到所有缺失值补全为止。基于相似性的补全算法主要包括 $k$ 最近邻补全算法[9]、热甲板补全算法[10]以及冷甲板补全算法[11]。

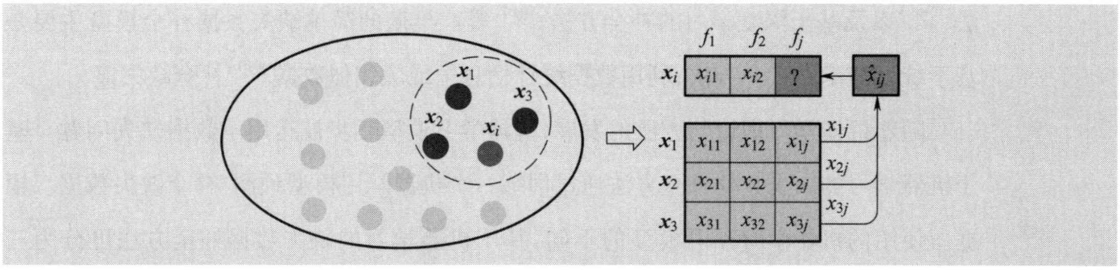


图 6.2 基于相似性的补全算法

(i) $k$ 最近邻补全算法

$k$ 最近邻补全算法($k$ nearest neighbor imputation,$k$NNI)[9]是一种典型的基于相似性的补全方法。$k$NNI 算法聚合 $k$ 个邻近点的对应特征,用于填充/补全缺失值。在特征聚合时,$k$NNI 算法可以取邻近点对应特征上的平均值或加权平均值(即将样本间距作为权重,距离越近,聚合权重越大)。

(ii)热甲板补全算法

热甲板补全算法(hot deck imputation,HDI)[10]使用目标样本中一个完整的最近邻居样本点对应特征值补全缺失数据。若所有样本都存在缺失数据,则选择缺失数据最少且最接近的样本上对应特征补全缺失数据。

(iii) 冷甲板补全算法

与 $k$NNI 和 HDI 不同,冷甲板补全算法(cold deck imputation,CDI)[11]需要一个额

外数据集。具体地讲，CDI 算法计算原始数据集中目标样本与额外数据集中样本之间的欧氏距离。然后，对于每个不完整样本，CDI 算法确定在额外数据集中与其最为相似的样本，并利用其对应特征值补全缺失数据。

基于统计技术的补全方法对比分析如表 6.5 所示。

表 6.5 基于统计技术的补全方法对比分析

| 模型 | 方法 | 方式 | 关键技术 |
|---|---|---|---|
| 基于统计信息的补全 | Mean | 单一补全 | 利用统计数据估算缺失值 |
| 基于相似性的补全 | *k*NNI | 单一补全 | 聚合邻近点对应特征 |
| 基于相似性的补全 | HDI | 单一补全 | 查找最近完整样本点对应特征值 |
| 基于相似性的补全 | CDI | 单一补全 | 确定附加数据中与其最为相似样本 |

### 6.2.3 基于机器学习的补全方法

基于机器学习的补全方法主要包括基于决策树的补全算法、基于线性回归的补全算法和基于数据压缩的补全算法。

#### (1) 基于决策树的补全算法

基于决策树的补全算法为每个存在缺失数据的特征构建一个决策树预测模型，譬如随机森林[12]和 XGBoost[13]。根据决策树预测模型的不同，可以将基于决策树的补全算法分为基于随机森林的补全算法[12]和基于 XGBoost 的补全算法[13]。与基于统计技术的补全方法类似，基于决策树的补全算法也是单一补全技术。

算法 6.1 给出了基于决策树的补全算法伪代码。该算法将缺失数据矩阵 $\boldsymbol{X}$ 和掩码矩阵 $\boldsymbol{M}$ 作为输入，最终返回补全后的数据矩阵 $\hat{\boldsymbol{X}}$。首先，基于决策树的补全算法利用均值补全策略将数据矩阵 $\hat{\boldsymbol{X}}$ 中的缺失数据进行初始补全，并将其存储在初始矩阵 $\hat{\boldsymbol{X}}_0$ 中(第 1 行)。然后，开始以迭代方式优化补全数据(第 2—13 行)，其中参数 $c$ 表示已迭代次数，$c_{\max}$ 为最大迭代次数，$\hat{\boldsymbol{X}}_c$ 用于记录数据矩阵 $\boldsymbol{X}$ 在第 $c$ 次迭代后的补全结果。在每次迭代过程中，算法遍历每个存在缺失数据的特征 $f_j$。$\hat{\boldsymbol{X}}_c^{oj}$ 用于从 $\hat{\boldsymbol{X}}_c$ 中收集在 $\hat{\boldsymbol{X}}$ 的特征 $f_j$ 上存在已知数据(即 $m_{ij}$ 在 $\boldsymbol{M}$ 中为 1)的样本。接着，使用特征 $f_j$ 的训练数据集 $\hat{\boldsymbol{X}}_c^{oj}$ 训练第 $j$ 个预测模型 $\phi_j$。然后，使用预测模型 $\phi_j$ 补全 $\boldsymbol{X}$ 的特征 $f_j$ 上的缺失数据，并更新补全矩阵 $\hat{\boldsymbol{X}}_c$。当迭代次数达到 $c_{\max}$ 或满足其他提前终止条件时，算法停止优化。

**算法 6.1　基于决策树的补全算法**

**输入**：缺失数据矩阵 $\boldsymbol{X}$ 和掩码矩阵 $\boldsymbol{M}$
**输出**：补全后数据矩阵 $\boldsymbol{X}$

1：$\hat{\boldsymbol{X}}_0$←利用均值补全算法补全 $\boldsymbol{X}$ 中的缺失数据
2：$c \leftarrow 0$
3：**while** $c < c_{\max}$ **do**
4：　　$c \leftarrow c+1$
5：　　$\hat{\boldsymbol{X}}_c \leftarrow \hat{\boldsymbol{X}}_{c-1}$
6：　　**for each** 存在缺失数据的特征 $f_j$ **do**
7：　　　　使用 $\hat{\boldsymbol{X}}_c^{oj}$ 从 $\hat{\boldsymbol{X}}_c$ 中收集在 $\boldsymbol{X}$ 的特征 $f_j$ 存在已知值的样本 $\boldsymbol{X}_i$
8：　　　　使用 $\hat{\boldsymbol{X}}_c^{oj}$ 训练一个决策树模型 $\phi_j$
9：　　　　使用 $\phi_j$ 对 $\boldsymbol{X}$ 的 $f_j$ 上缺失数据进行补全
10：　　　　利用补全数据更新 $\hat{\boldsymbol{X}}_c$
11：　　$\hat{\boldsymbol{X}} \leftarrow \hat{\boldsymbol{X}}_c$
12：　　**if** 补全结果满足条件 **then**
13：　　　　**break**
14：**return** $\hat{\boldsymbol{X}}$

（i）基于 XGBoost 的补全算法

基于 XGBoost 的补全算法（XGBoost imputation，XGBI）遵循基于决策树的补全算法处理框架，利用 XGBoost 作为决策树预测模型。若更新后的补全结果 $\hat{\boldsymbol{X}}_c$ 与上一次的补全结果 $\hat{\boldsymbol{X}}_{c-1}$ 之间的平均补全误差小于给定的阈值，基于 XGBoost 的补全算法迭代结束。

（ii）基于随机森林的补全算法

基于随机森林的补全算法（MissForest imputation，MissFI）同样也是一种基于决策树的补全算法，满足算法 6.1 的处理过程。基于随机森林的补全算法使用随机森林[32]作为预测模型。它的迭代停止条件是，第 $c$ 次补全矩阵 $\hat{\boldsymbol{X}}_c$ 与第 $c-1$ 次补全矩阵 $\hat{\boldsymbol{X}}_{c-1}$ 之间的平均补全误差首次增加。

### （2）基于线性回归的补全算法

与基于决策树的补全算法不同，基于线性回归的补全算法为每个存在缺失数据的不完整特征构建多个线性回归模型[33]。因此，基于线性回归的补全算法属于多重补全（multiple imputation）技术。

（i）基于链式方程的多重补全算法

基于链式方程的多重补全算法（multivariate imputationby chained equations，MICE）[14]首先为每个不完整特征构建多个线性回归模型；其次，MICE 算法参考算法 6.1 中第 6—10 行训练每个回归模型；最后，MICE 算法将多次补全结果聚合以得到最终补全数据矩阵 $\hat{\boldsymbol{X}}_c$。

(ii) 个体回归补全算法

个体回归补全算法(imputation via individual model,IIM)[16]为每个特征中存在数据缺失的样本构建一组回归预测模型。假设数据 $\boldsymbol{X}$ 的特征 $f_1,\cdots,f_d$ 上分别具有 $(v_1+1)$,$\cdots$,$(v_d+1)$ 个已知值。对于在特征 $f_j$ 上存在数据缺失的目标样本点 $\boldsymbol{x}_i$,IIM 算法首先采集到样本点 $\boldsymbol{x}_i$ 在特征 $f_j$ 上存在已知值的 $k$ 个邻近点。然后,IIM 算法为样本点 $\boldsymbol{x}_i$ 的每个邻近点 $\boldsymbol{x}_a$ 构建并训练得到 $v_j$ 个回归模型,其中第 $t=1,\cdots,v_j$ 个回归预测模型是由样本 $\boldsymbol{x}_a$ 的 $t$ 个邻近点训练而得。接着,IIM 算法为样本 $\boldsymbol{x}_a$ 在特征 $f_j$ 选择最优回归模型 $\phi_{aj}$。此时,$\phi_{aj}$ 模型相应预测值 $\hat{x}_{aj}$ 与已知值 $x_{aj}$ 之间回归误差小于其他回归模型相应回归误差。最后,IIM 算法利用目标样本点 $\boldsymbol{x}_i$ 的 $k$ 个邻近点所选取的 $k$ 个最优回归模型,为目标样本点 $\boldsymbol{x}_i$ 在特征 $f_j$ 上的缺失数据分别进行预测,并将多次回归预测结果聚合得到最终补全结果 $\hat{x}_{ij}$。

**例 6.3(IIM 算法示例)**　以图 6.3 所示的样本 $\boldsymbol{x}_i$ 为例。对于样本 $\boldsymbol{x}_i$ 的缺失值 $x_{ij}$,IIM 算法首先在特征 $f_j$ 上找到 $\boldsymbol{x}_i$ 的最近样本(即 $\boldsymbol{x}_1$、$\boldsymbol{x}_2$ 和 $\boldsymbol{x}_3$)的最佳回归模型(即样本 $\phi_{1j}$、$\phi_{2j}$ 和 $\phi_{3j}$)。然后,IIM 算法用这些不同的最优回归模型预测关于缺失值 $x_{ij}$ 的结果 $\hat{x}_{ij}^1$、$\hat{x}_{ij}^2$ 和 $\hat{x}_{ij}^3$。最后,IIM 算法将这些回归结果聚合以获得最终的回归预测结果 $\hat{x}_{ij}$。这里,IIM 算法在选取邻近点时使用 KNNI 算法,在模型训练和距离计算时使用均值补全作为初始补全。

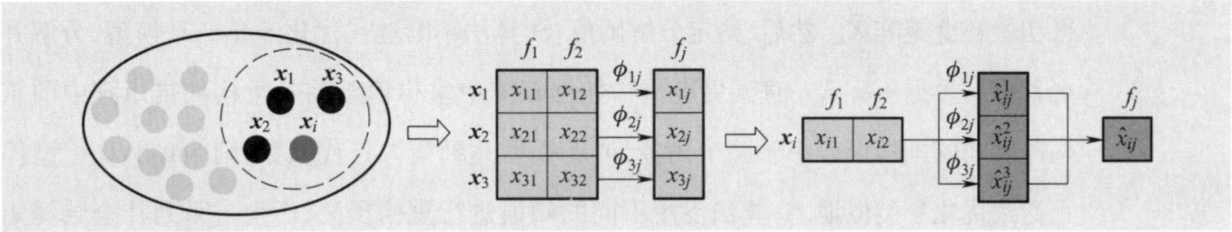


图 6.3　个体回归补全方法

**(3) 基于数据压缩的补全算法**

与其他机器学习补全方法不同,基于数据压缩的补全算法为整个缺失数据构建一个数据压缩预测模型。基于数据压缩的补全算法的基本框架如图 6.4 所示,主要包括两个步骤,即压缩(对应步骤 1)和重构(对应步骤 2)。具体而言,在压缩步骤中,该算法利用奇异值分解算法(singular value decomposition,SVD)[34]学习权重矩阵 $\boldsymbol{W}_{d\times d_t}$,将数据矩阵 $\boldsymbol{x}$ 压缩为潜在表征 $\boldsymbol{T}_{n\times d_t}$,$d_t(<d)$ 是潜在表征维度。然后,在重构步骤中,该算法使用权重矩阵 $\boldsymbol{W}_{d\times d_t}$ 和潜在表征矩阵 $\boldsymbol{T}_{n\times d_t}$,计算得到重构矩阵 $\bar{\boldsymbol{X}}$。因此,基于数据压缩的补全算法的损失函数 $\mathcal{L}_c$ 指的是缺失数据 $\boldsymbol{X}$ 的已知值与重构矩阵 $\bar{\boldsymbol{X}}$ 重构值之间的重构误差,即

$$\mathcal{L}_c = \mathbb{E}[\boldsymbol{M} \odot (\boldsymbol{X} - \bar{\boldsymbol{X}})^2] = \mathbb{E}[\boldsymbol{M} \odot (\boldsymbol{X} - \boldsymbol{T}_{n\times d_t} \cdot \boldsymbol{W}_{d\times d_t}^{\mathrm{T}})^2] \tag{6.1}$$

其中,⊙表示逐元素乘法。基于数据压缩的补全算法使用重构误差损失函数 $\mathcal{L}_c$ 迭代更新权重矩阵 $\boldsymbol{W}_{d\times d_t}$ 和重构矩阵 $\bar{\boldsymbol{X}}$,并不断重复该过程,直到算法迭代次数达到最大迭代次数。最后,算法计算得到补全数据矩阵 $\hat{\boldsymbol{X}}$。

基于数据压缩的补全算法属于单一补全技术,其中最典型的算法包括软阈值补全算法、矩阵分解补全算法和主成分分析补全算法。

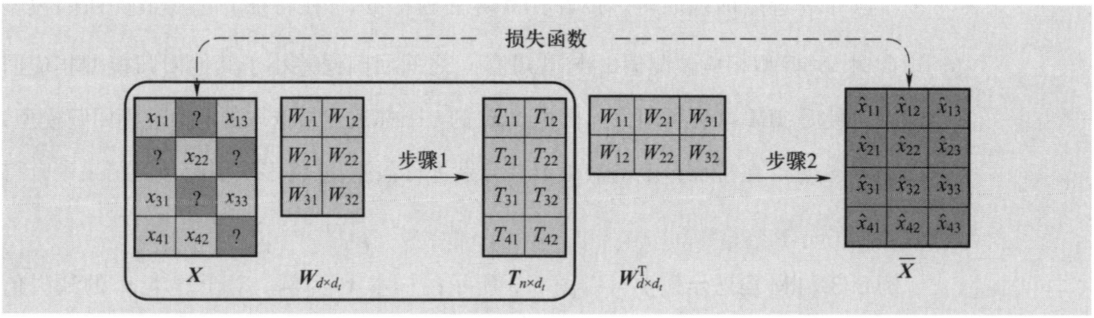


图 6.4 基于数据压缩的补全算法

(i) 软阈值补全算法

软阈值补全算法(soft-impute,SI)[17]通过软阈值奇异值分解(soft-SVD)策略获得一组不同阈值下的重构数据矩阵,并选取其中最优重构数据矩阵 $\bar{\boldsymbol{X}}$ 对数据矩阵 $\boldsymbol{X}$ 进行数据补全。具体而言,SI 算法首先将缺失数据矩阵 $\boldsymbol{X}$ 中的缺失数据初始化为 0,以获得初始补全矩阵 $\hat{\boldsymbol{X}}$。然后,给定分解阈值,SI 算法不断迭代优化 Soft-SVD 模型,分解并更新重构数据矩阵 $\bar{\boldsymbol{X}}$。直到更新重构数据矩阵中重构值与前一重构数据矩阵中的重构值之间的平均误差小于某个阈值,或者模型达到最大迭代次数,则 Soft-SVD 模型停止迭代优化。类似地,SI 算法使用不同的阈值进行重构预测,产生一系列补全数据矩阵 $\hat{\boldsymbol{X}}_1, \hat{\boldsymbol{X}}_2, \cdots$。最终,SI 算法选取与数据矩阵 $\boldsymbol{X}$ 中已知值的平均误差最小的补全数据矩阵作为最优补全数据矩阵。

(ii) 矩阵分解补全算法

矩阵分解补全算法(matrix factorization imputation,MFI)[7]利用潜在因子模型[35]将缺失数据矩阵 $\boldsymbol{X}$ 压缩分解为两个小矩阵,即 $\boldsymbol{U}_{n\times p}$ 和 $\boldsymbol{V}_{d\times p}^{\mathrm{T}}$,其中 $p$ 远小于 $n$ 和 $d$。具体来说,MFI 算法首先利用 0 初始化 $\boldsymbol{X}$ 中的缺失数据。然后,MFI 算法通过最小化 $\boldsymbol{X}$ 中的已知值与来自 $\boldsymbol{U}_{n\times p} \cdot \boldsymbol{V}_{d\times p}^{\mathrm{T}}$ 的重构预测值之间的平均误差来迭代优化矩阵 $\boldsymbol{U}_{n\times p}$ 和 $\boldsymbol{V}_{d\times p}^{\mathrm{T}}$,直到平均误差小于给定阈值。最后,补全数据矩阵 $\hat{\boldsymbol{X}}$ 的计算公式为

$$\hat{\boldsymbol{X}} = \boldsymbol{M} \odot \boldsymbol{X} + (1 - \boldsymbol{M}) \odot (\boldsymbol{U}_{n\times p} \cdot \boldsymbol{V}_{d\times p}^{\mathrm{T}}) \tag{6.2}$$

(iii) 主成分分析补全算法

主成分分析补全算法(principal component analysis imputation,PCAI)[18]使用数据主成分技术,对数据矩阵 $\boldsymbol{X}$ 中的缺失数据进行迭代重构补全。具体来说,在每次迭代中,PCAI 算法首先通过奇异值分解 SVD 模型计算特征值-特征向量对。然后,PCAI 算法根据特征值估计保留方差(retained variance),并利用保留所需方差的特征向量(即主成分)计算得到重构矩阵 $\overline{\boldsymbol{X}}$。接着,PCAI 算法将重构矩阵 $\overline{\boldsymbol{X}}$ 与数据矩阵 $\boldsymbol{X}$ 已知值的重构误差作为损失函数,迭代优化 SVD 模型,并更新缺失值。一旦重构误差低于指定方差或模型达到迭代限制,PCAI 算法迭代停止。最后,PCAI 算法通过最优重构矩阵 $\overline{\boldsymbol{X}}$ 补全数据矩阵 $\boldsymbol{X}$ 中的缺失数据。

总而言之,基于机器学习的补全方法对比介绍如表 6.6 所示。

表 6.6　基于机器学习的补全方法对比分析

| 模型 | 方法 | 方式 | 关键技术 |
|---|---|---|---|
| 基于决策树的补全 | XGBI | 单一补全 | XGBoost 预测模型 |
| 基于决策树的补全 | MissFI | 单一补全 | 随机森林预测模型 |
| 基于线性回归的补全 | MICE | 多重补全 | 为每个不完整特征构建多个线性回归预测模型 |
| 基于线性回归的补全 | IIM | 多重补全 | 为每个特征中存在数据缺失的样本构建一组回归预测模型 |
| 基于数据压缩的补全 | SI | 单一补全 | 软阈值奇异值分解策略 |
| 基于数据压缩的补全 | MFI | 单一补全 | 利用潜在因子将数据矩阵压缩分解 |
| 基于数据压缩的补全 | PCAI | 单一补全 | 使用数据主成分技术进行重构补全 |

### 6.2.4　基于深度学习的补全方法

相较于基于统计技术和基于机器学习的补全方法,基于深度学习的补全算法具有更精准的补全效果,主要包括基于多层感知机的补全算法、基于自编码器的补全算法和基于生成对抗网络的补全算法。

#### (1) 基于多层感知机的补全算法

与基于决策树的补全模型类似,基于多层感知机的补全算法为每个不完整特征构建一个多层感知机(multi-layer perceptron,MLP)预测模型[27,28]。因此,基于多层感知机的补全算法均属于单一补全技术。

(i) 多层感知机补全算法

多层感知机补全算法(multi-layer perceptron imputation,MLPI)[20]为每个存在缺失数据的不完整特征构建一个 MLP 模型,用以补全该特征上的缺失数据。MLPI 算法的基本框架如图 6.5 所示。对于每个不完整特征 $f_j$,MLPI 算法首先收集在数据矩阵 $\boldsymbol{x}$ 的特征 $f_j$ 上存在数据的样本存储在 $\boldsymbol{X}_c^j$ 中,并使用均值补全初始化 $\boldsymbol{X}_c^j$ 中样本的其他维度。然后,MLPI 算法以特征 $f_j$ 为目标特征,使用 $\boldsymbol{X}_c^j$ 迭代训练 MLP 模型 $\phi_j$。最后,MLPI 算法使用经过训练的模型 $\phi_j$ 估计 $\boldsymbol{X}$ 中不完整样本 $\boldsymbol{x}_i$ 的特征 $f_j$ 上的缺失数据。此外,根据数据特征类型不同(例如,连续数值特征和离散数值特征),在训练过程中模型选取不同的损失误差函数(例如,平方误差和交叉熵误差)进行优化。

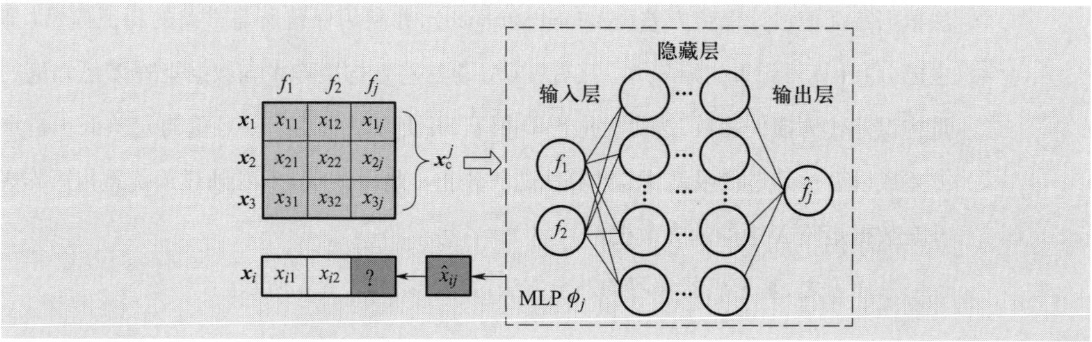


图 6.5　多层感知机补全算法

(ii) RRSI 补全算法

与 MLPI 算法类似,RRSI 补全算法(round-robin sinkhorn imputation,RRSI)[21] 也使用 MLP 模型作为每个不完整特征的预测模型,并利用 Sinkhorn 散度[36] 作为损失函数来优化 MLP 模型。具体来说,对于每个不完整特征 $f_j$,RRSI 算法首先对其他不完整特征进行均值补全,并在补全结果上增加少量噪声。然后,RRSI 算法计算补全后样本之间的 Sinkhorn 散度作为损失函数来迭代训练 MLP 模型 $\phi_j$。最后,RRSI 算法利用经过训练的 MLP 模型 $\phi_j$ 补全数据矩阵 $\boldsymbol{x}$ 中特征 $f_j$ 上的缺失数据。

**(2) 基于自编码器的补全算法**

基于自编码器的补全算法以缺失数据矩阵 $\boldsymbol{x}$ 和掩码矩阵 $\boldsymbol{M}$ 作为输入,如图 6.6 所示。在基于自编码器的补全算法中,自编码器(auto-encoder,AE)模型[29] 的结构由编码器和解码器组成。编码器将输入数据 $\boldsymbol{X}$ 压缩为浅层向量,而解码器将浅层向量重构为与输入数据矩阵 $\boldsymbol{X}$ 相似的重构矩阵 $\bar{\boldsymbol{X}}$。基于自编码器的补全算法通过最小化重构损失函数 $\mathcal{L}_{AE}$ 来训练优化模型参数,即数据矩阵 $\boldsymbol{X}$ 中已知值与重构矩阵 $\bar{\boldsymbol{X}}$ 相应预测值之间重建误差(由 $\mathcal{L}_{rec}$ 表示),即

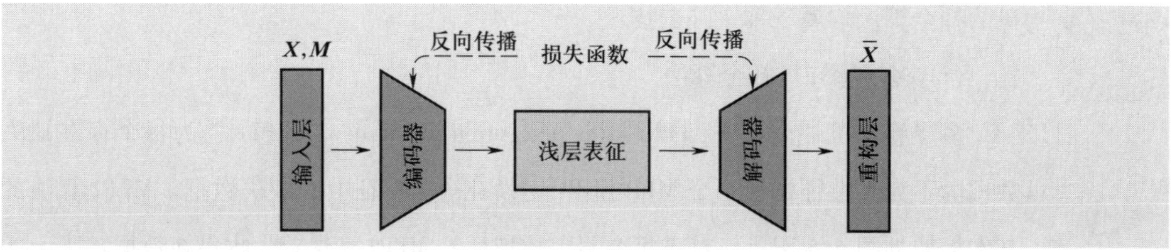


图 6.6　基于自编码器的补全算法

$$\mathcal{L}_{\mathrm{AE}}=\mathcal{L}_{rec}=\mathbb{E}\left[\boldsymbol{M}\odot(\boldsymbol{X}-\bar{\boldsymbol{X}})^{2}\right] \tag{6.3}$$

最后,基于自编码器的补全算法依据重构矩阵 $\bar{\boldsymbol{X}}$ 补全数据矩阵 $\boldsymbol{X}$ 中的缺失数据。

基于自编码器的补全算法包括多重降噪自编码器补全算法、变分自编码器补全算法、异构不完全变分自编码器补全算法以及重要性加权自编码器补全算法。

(i) 多重降噪自编码器补全算法

多重降噪自编码器补全算法(multiple imputation denoising auto-encoder, MIDAE)[21]是一种基于降噪自编码器(denoising auto-encoder, DAE)[37]的多重补全算法。为了缓解自编码器模型中经常出现的过拟合问题,DAE 模型以自编码器模型为基础,在输入数据中加入部分噪声,增强训练模型鲁棒性。MIDAE 算法使用 $c$ 组不同的随机初始权重多次运行 DAE 模型,从而实现多重补全。由于 DAE 模型在初始化时需要完整数据,故 MIDAE 算法在训练前使用均值补全初始化缺失数据。在训练 DAE 模型的过程中,MIDAE 算法首先使用来自随机分布的模型权重初始化 DAE。然后,MIDAE 算法将部分输入数据随机设置为 0,防止模型过拟合。类似于其他基于自编码器的补全算法,MIDAE 算法的目标函数是最小化缺失数据矩阵 $\boldsymbol{X}$ 中已知值与 DAE 模型重构预测值之间的重构误差。MIDAE 算法通过训练 $c$ 个 DAE 模型获取 $c$ 个重构矩阵,并根据所有重构矩阵的数据均值补全数据矩阵 $\boldsymbol{X}$,得到最终的补全矩阵 $\hat{\boldsymbol{X}}$。

(ii) 变分自编码器补全算法

变分自编码器补全算法(variational auto-encoder imputation, VAEI)[22]利用变分自编码器模型(variational auto-encoder, VAE)[38]实现缺失数据单一补全。与 AE 模型类似,VAE 模型由编码器和解码器组成。其中,编码器将输入数据映射至浅层向量(使用 $R_l$ 表示),而解码器将潜在表示映射回数据空间。与 AE 模型不同的是,VAE 模型通过先验分布规范编码器的输出浅层向量,其中规范后的浅层向量满足 $R_l \sim \mathcal{N}(0,1)$。

具体而言,VAEI 算法首先将补全数据矩阵 $\boldsymbol{X}$ 中缺失数据初始化为零。然后,在给定的迭代次数内,VAEI 算法使用补全后 $\boldsymbol{X}$ 迭代训练 VAE 模型。VAE 模型的损失函数包括两个部分:最小化已知数据上的重构误差 $\mathcal{L}_{rec}$;对编码器返回的数据特征进行正则化(由 $\mathcal{L}_{prior}$ 表示)。因此,VAEI 算法的最终损失函数 $\mathcal{L}_{\mathrm{VAE}}$ 的计算公式为:

$$\mathcal{L}_{\mathrm{VAE}}=\mathcal{L}_{rec}+\mathcal{L}_{prior} \tag{6.4}$$

其中

$$\mathcal{L}_{prior}=D_{\mathrm{KL}}(q(R_l \mid \boldsymbol{X}) \,||\, \mathcal{N}(0,1)) \tag{6.5}$$

$D_{\mathrm{KL}}$ 表示 Kullback-Leibler 散度,$q(R_l \mid \boldsymbol{X})$ 表示编码器的输出特征。最后,VAEI 算法根据损失函数 $\mathcal{L}_{\mathrm{VAE}}$ 迭代优化 VAE 模型,直至模型达到最大迭代次数,并利用最终的 VAE 模型预测数据矩阵 $\boldsymbol{X}$ 中的缺失数据。

（iii）异构不完全变分自编码器补全算法

异构不完全变分自编码器补全算法（heterogeneous-incompleteVAE，HIVAE）[23]是一种基于变分自编码器的单一补全技术。HIVAE 算法首先提出一个随机掩码编码器模型处理缺失数据。针对不同的数据类型，HIVAE 算法构建基于不同似然函数的解码器模型，以处理异构数据。此外，HIVAE 算法还设计了一种简单的全连接层网络，以捕获所有特征之间的统计依赖关系。在训练模型时，HIVAE 算法使用证据下限（evidence lower bound）优化编码器和解码器的模型参数。最后，$\boldsymbol{X}$ 中的缺失数据由经过训练的 HIVAE 模型补全。

（iv）重要性加权自编码器补全算法

重要性加权自编码器补全算法（missing data importance-weighted auto-encoder Model，MIWAE）[24]通过优化重要性加权自编码器模型（importance-weighted auto-encoder-Model，IWAE）[39]解决缺失数据补全问题。IWAE 模型是一种与 VAE 架构类似的数据生成模型，引入了重要性加权策略优化 VAE 模型的目标函数。与 IWAE 模型不同的是，MIWAE 算法的损失函数仅考虑数据矩阵 $\boldsymbol{X}$ 中的已知数据。原始矩阵 $\boldsymbol{X}$ 中的缺失数据由经过训练的 MIWAE 进行补全预测。

**（3）基于生成对抗网络的补全算法**

生成对抗网络（generative adversarial network，GAN）[30]模型主要由生成器（用 $G$ 表示）和判别器（用 $D$ 表示）两个模块构成，并构建对抗平台训练这两个模块。生成器模块的目标是生成尽可能接近真实数据分布的数据，而判别器是尽可能正确地区分生成数据和真实数据。因此，基于生成对抗网络的补全算法架构如图 6.7 所示。对于生成器 $G$，其输入包括缺失数据矩阵 $\boldsymbol{X}$、记录 $\boldsymbol{X}$ 数据缺失状态的掩码矩阵 $\boldsymbol{M}$ 以及噪声 $\boldsymbol{z}$。生成器 $G$ 对数据矩阵 $\boldsymbol{X}$ 进行缺失数据补全预测，以欺骗判别器。相比之下，判别器 $D$ 的输入是由补全数据矩阵 $\hat{\boldsymbol{X}}$（由生成器 $G$ 补全而得）和原始缺失数据矩阵 $\boldsymbol{X}$ 组成，以区分生成数据和真实数据。

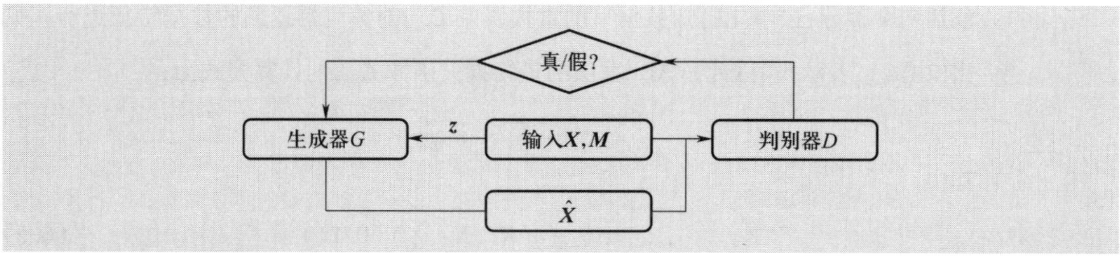


**图 6.7** 基于生成对抗网络的补全算法

在基于生成对抗网络的补全算法中，判别器 $D$ 尽可能区分样本是来自真实数据还是生成数据，而生成器 $G$ 尽可能最小化判别器 $D$ 的数据区分概率。所以，基于生成对抗抗网络的补全算法的损失函数 $\mathcal{L}_{\text{GAN}}$ 通常可以定义为：

$$\mathcal{L}_{\text{GAN}}(G,D)=\mathbb{E}\left[\log D(\boldsymbol{M}\odot\boldsymbol{X})+\log(1-D(\boldsymbol{M}\odot G(\boldsymbol{X},\boldsymbol{z})))\right] \tag{6.6}$$

其中，$D(\boldsymbol{M}\odot\boldsymbol{X})$ 表示判别器 $D$ 对 $\boldsymbol{X}$ 中已知数据是真实数据的判别概率。与标准 GAN 模型类似，基于生成对抗网络的补全算法的目标函数可以被定义为一个极小极大优化问题，即

$$\min_G \max_D \mathcal{L}_{\text{GAN}}(G,D) \tag{6.7}$$

(i) 生成对抗补全网络算法

与标准 GAN 模型类似，生成对抗补全网络算法(generative adversarial imputation network，GAIN)[25] 由生成器(表示为 $G_A$)和判别器(表示为 $D_A$)组成，都依据全连接神经网络进行建模，并根据最小批量训练(mini-batch training)策略解决极大极小优化问题。

在 GAIN 算法中，当固定判别器 $D_A$ 模型参数时，生成器 $G_A$ 的损失函数包括：以补全数据矩阵 $\hat{\boldsymbol{X}}$ 作为判别器 $D_A$ 的输入，最小化判别器预测出掩码矩阵 $\boldsymbol{M}$ 的概率；生成器 $G_A$ 的重构矩阵 $\bar{\boldsymbol{X}}$(表示为 $G_A(\boldsymbol{X},\boldsymbol{z}_g)$)尽可能地接近数据矩阵 $\boldsymbol{X}$ 中的已知数据。也就是说，生成器 $G_A$ 的损失函数 $\mathcal{L}_{G_A}$ 可以定义为：

$$\mathcal{L}_{G_A}=\mathbb{E}\left[\alpha\cdot\boldsymbol{M}\odot C_a(\boldsymbol{X},G_A(\boldsymbol{X},\boldsymbol{z}_a))-(1-\boldsymbol{M})\odot\log(D_A(G_A(\boldsymbol{X},\boldsymbol{z}_a),\boldsymbol{H}))\right] \tag{6.8}$$

其中，$\boldsymbol{z}_g$ 是 $G_A$ 的噪声，$\alpha$ 是模型超参数。对于 $\boldsymbol{X}$ 的特征 $f_j$ 上的每个已知数据 $x_{ij}$(即掩码矩阵 $\boldsymbol{M}$ 中的 $m_{ij}$ 为 1)，$C_a$ 可以定义为：

$$C_a(x_{ij},\hat{x}_{ij})=\begin{cases}(x_{ij}-\hat{x}_{ij})^2, & f_j\text{ 为数值数据}\\ -x_{ij}\log\hat{x}_{ij}, & f_j\text{ 为分类数据}\end{cases} \tag{6.9}$$

其中，$\hat{x}_{ij}=G_A(x_{ij},z_g)$。GAIN 算法通过最小化损失函数 $\mathcal{L}_{G_A}$ 的方式训练优化 $G_A$。

另一方面，在固定生成器 $G_A$ 模型参数时，GAIN 算法进一步优化判别器 $D_A$。$D_A$ 主要用以区分已知数据和补全数据，而不是识别整个补全后样本是否属于真实样本。也就是说，判别器 $D_A$ 是以最大化正确预测 $\boldsymbol{M}$ 的概率为模型损失函数。此外，GAIN 算法向判别器 $D_A$ 提供了一个提示矩阵 $\boldsymbol{H}$，提示矩阵 $\boldsymbol{H}$ 中包含掩码矩阵 $\boldsymbol{M}$ 中的一部分数据缺失状态信息。$D_A$ 利用 $\boldsymbol{H}$ 驱使 $G_A$ 准确地学习唯一的真实数据分布。因此，判别器 $D_A$ 损失函数可以定义为：

$$\mathcal{L}_{D_A}=-\mathbb{E}\left[\boldsymbol{M}\odot\log D_A(\boldsymbol{X},\boldsymbol{H})+(1-\boldsymbol{M})\odot\log(1-D_A(G_A(\boldsymbol{X},\boldsymbol{z}_a),\boldsymbol{H}))\right] \tag{6.10}$$

最后，生成器 $G_A$ 和判别器 $D_A$ 根据对应的损失函数进行交替式迭代训练。

(ii) 图补全神经网络算法

图补全神经网络算法(graph imputation neural network,GINN)[26]是一种基于生成对抗网络结构的单一补全算法。在GINN算法中,生成器首先将每个样本编码为一个数据节点,并基于流形正则化构建相似性图。然后,GINN算法在相似性图上使用图卷积降噪自编码器对数据进行编码。最后,GINN算法的生成器 $G_g$ 通过欺骗判别器 $D_g$ 且最小化重构误差的损失函数优化模型。所以,GINN算法损失函数 $\mathcal{L}_{G_g}$ 可以定义为:

$$\mathcal{L}_{G_g}=\mathbb{E}[\boldsymbol{M}\odot C_g(\boldsymbol{X},G_g(\boldsymbol{X},\boldsymbol{z}_g))-(1-\boldsymbol{M})\odot D_g(G_g(\boldsymbol{X},\boldsymbol{z}_g))] \tag{6.11}$$

其中,$\boldsymbol{z}_g$ 是 $G_g$ 的噪声。对于缺失数据矩阵 $\boldsymbol{X}$ 的特征 $f_j$ 上的每个已知数据 $x_{ij}$(相对于 $\boldsymbol{M}$ 中的 $m_{ij}$ 为1),$C_g$ 函数可以定义为:

$$C_g(x_{ij},\hat{x}_{ij})=\begin{cases}\beta\cdot(x_{ij}-\hat{x}_{ij})^2, & f_j\text{ 为数值数据}\\(\beta-1)\cdot x_{ij}\cdot\log\hat{x}_{ij}, & f_j\text{ 为分类数据}\end{cases} \tag{6.12}$$

其中,$\hat{x}_{ij}=G_g(x_{ij},z_g)$,$\beta$ 是数据集的连续数值特征和离散数值特征之间比率的超参数。最后,GINN算法利用经过训练的生成器 $G_g$ 补全缺失数据矩阵 $\boldsymbol{X}$ 中的缺失数据。

此外,受生成对抗网络模型中判别器模块的启发,GINN算法利用前馈网络构建判别模块 $D_g$ 用以区分补全数据和真实数据,从而提高图卷积降噪自编码器的补全性能。判别器模块的损失函数 $\mathcal{L}_{D_g}$ 可以定义为:

$$\mathcal{L}_{D_g}=\mathbb{E}[(1-\boldsymbol{M})\odot D_g(G_g(\boldsymbol{X},\boldsymbol{z}_g))-\boldsymbol{M}\odot D_g(\boldsymbol{X})] \tag{6.13}$$

最后,GINN算法根据对应的损失函数依次交替训练生成器 $G_g$ 和判别器 $D_g$。

总而言之,基于深度学习的补全方法对比分析如表6.7所示。

表6.7 基于深度学习的补全方法分析

| 模型 | 方法 | 方式 | 关键技术 |
|---|---|---|---|
| 基于多层感知机的补全 | MLPI | 单一补全 | 每个不完整特征构建一个多层感知机 |
| 基于多层感知机的补全 | RRSI | 单一补全 | 依据 Sinkhorn 散度优化多层感知机 |
| 基于自编码器的补全 | MIDAE | 多重补全 | 使用多组不同的随机初始权重多次运行降噪自编码器模型 |
| 基于自编码器的补全 | VAEI | 单一补全 | 变分自编码器模型 |
| 基于自编码器的补全 | HIVAE | 单一补全 | 随机掩码编码器模型 |
| 基于自编码器的补全 | MIWAE | 单一补全 | 优化重要性加权自编码器模型 |
| 基于生成对抗网络的补全 | GAIN | 单一补全 | 基于自编码器的生成对抗网络 |
| 基于生成对抗网络的补全 | GINN | 单一补全 | 基于图卷积降噪自编码器的生成对抗网络 |

除此之外,针对大规模数据、时间序列数据、流数据和图数据等更多数据类型,也存在一系列数据补全方法。例如,针对大规模缺失数据,基于影响力函数的大规模缺失数据补全系统[40]利用数据影响力估计函数,在确保模型补全精度的前提下采样得到高影响力样本最小集合,从而减少补全模型训练所需样本,提升模型可扩展性;针对

时序缺失数据，基于生成对抗网络的时序数据补全模型[41]设计基于时序自编码器的生成器模块和预测数据缺失状态的判别器模块，引入半监督机制学习带标签时序数据并预测无标签时序数据标签信息，利用训练得到的生成器模块为时序缺失数据进行补全；针对不完整图数据，基于图神经网络的链路预测模型[42]利用图神经网络从局部子图中学习启发式策略，预测/补全缺失链路。

## 6.3　缺失数据索引

缺失数据索引是缺失数据查询的重要技术支撑。本节先介绍位串增强索引，该索引通过改良缺失值映射方式缓解数据空间偏斜现象；而后介绍 MOSAIC 索引、位图索引和向量近似索引，这些索引利用单维单属性索引技术，减少分解子查询数量，从而减轻子查询数量指数级增长对缺失数据查询结果造成的不良影响。

### 6.3.1　位串增强索引

在多维缺失数据上执行数据查询，首先需要探索可以索引多维缺失数据的技术。为了支持多维缺失数据查询应用，最基本的索引方法是直接使用统一指示符替换所有缺失值，然后使用传统的完整数据索引方法（例如 R-tree[43]）处理数据集。然而，当数据缺失比例较高，且所有同一维度缺失的数据对象被投影至相同区域时，该索引方法会引发数据空间高度偏斜问题，导致传统的多维数据索引技术性能急剧下降。为了减轻数据偏斜所带来的影响，位串增强索引[44]引入了一种将缺失值映射至多个指示符的映射函数，使数据点在由查询关键字定义的 $k$ 维数据空间内随机散布。

下面首先介绍多维缺失数据查询。

**定义 6.3（多维缺失数据查询）**　基于 $k$ 维查询关键字的缺失数据查询的查询维数 $k$ 小于等于数据维度，且假设查询关键字中 $k$ 维对应数据的前 $k$ 个属性。这些属性的查询上下界均不存在缺失。该查询可形式化定义为 $Q=([X_1,Y_1],[X_2,Y_2],\cdots,[X_k,Y_k])$，其中 $X_i\leqslant Y_i,\forall i\in\{1,\cdots,k\}$，$X_i$ 和 $Y_i$ 分别为属性 $i$ 的下界和上界。若对任意属性 $i$，$X_i=Y_i$ 成立，则称 $Q$ 是**点查询**；否则称其为**范围查询**。在查询过程中，若将缺失数据定义为“匹配”，则元组的 $k$ 维属性值出现缺失，或在数据查询范围内时，该元组包含在查询 $Q$ 的结果集中；若将缺失数据定义为“非匹配”，则仅当元组的 $k$ 维数据均在数据查询范围内时，该元组包含在查询 $Q$ 的结果集中。

针对多维缺失数据查询任务，位串增强索引方法定义的数据位串 $y_1,y_2,\cdots,y_k$ 如下：

$$y_i=\begin{cases}1, & x_i \text{ 没有缺失} \\ 0, & \text{其他}\end{cases} \tag{6.14}$$

其中，$(x_1,\cdots,x_k)$表示元组对应关键字。基于此，关键字$(x_1,\cdots,x_k)$上映射函数$f$定义如下：

$$f(x_i)=\begin{cases}x_i, & x_i \text{ 没有缺失} \\ \left\lceil \dfrac{\sum_{j=1}^{k} y_j \cdot x_i}{\sum_{j=1}^{k} y_j} \right\rceil, & x_i\text{缺失且} \sum_{j=1}^{k} y_j \neq 0 \\ 0, & \text{其他}\end{cases} \tag{6.15}$$

其中，两个不同的元组关键字在映射函数$f$下可能被映射至$k$维空间内的同一个点。

例如，元组关键字(2,4,6)和(2,?,6)都会被映射至点(2,4,6)。为了避免元组关键字映射混淆，位串增强索引将每个索引项与相应的数据位串$y_1\cdots y_k$相关联。因此，在使用位串增强索引后，元组关键字(2,4,6)和(2,?,6)可以分别表示为〈(2,4,6),111〉和〈(2,4,6),101〉。

位串增强索引将原始数据转换为不含缺失的数据，且每个元组对应唯一的位串。不仅如此，基于位串增强索引的点查询和范围查询，将原始查询分解为$2^k$个子查询，再分别执行各子查询，并利用集合运算处理子查询结果以得到最终的查询结果。为了便于说明，下面分别从点查询和范围查询的角度出发解析对应子查询分解策略。

**（1）面向点查询的子查询分解**

面向点查询的子查询分解方法识别满足查询条件的所有元组，组成子查询结果集。例如，给定查询关键字(1,2)，匹配的关键字为(1,2)、(-,2)、(1,-)和(-,-)的元组。所以，原始查询被分解为4个子查询，其查询关键字分别为〈(1,2),11〉、〈(2,2),01〉、〈(1,1),11〉和〈(0,0),00〉。

**（2）面向范围查询的子查询分解**

给定范围查询$Q=([X_1,Y_1],[X_2,Y_2],\cdots,[X_k,Y_k])$，针对$k$位位串的某一排列$y_1\cdots y_k$，构建子查询$([X'_1,Y'_1],\cdots,[X'_k,Y'_k],y_1y_2\cdots y_k)$，其中$X'_i$和$Y'_i$由如下公式计算得到：

$$X'_i=\begin{cases}X_i, & y_i=1 \\ \left\lceil \dfrac{\sum_{j=1}^{k} y_j \cdot X_j}{\sum_{j=1}^{k} y_j} \right\rceil, & y_i=0\text{ 且} \sum_{j=1}^{k} y_j \neq 0 \\ 0, & \text{其他}\end{cases} \tag{6.16}$$

$$Y'_i=\begin{cases}Y_i, & y_i=1\\ \left\lceil\dfrac{\sum_{j=1}^{k}y_j\cdot Y_j}{\sum_{j=1}^{k}y_j}\right\rceil, & y_i=0\text{ 且 }\sum_{j=1}^{k}y_j\neq 0\\ 0, & \text{其他}\end{cases}\tag{6.17}$$

**例 6.4（面向范围查询的子查询分解示例）** 以关键字为([1,3],[5,7],[9,11])的范围查询为例,其子查询分解结果如表 6.8 所示。可以发现,子查询分解使得缺失数据查询只能在映射函数指定范围内查找。对于第 7 行中的子查询,只需在([1,3],[5,7],[3,5])范围查找,而无须查找由([1,3],[5,7],[0,∞])定义的超平面,如图 6.8 所示。因此,所需搜索空间显著减少。

表 6.8 子查询分解

| 行 | $y_1y_2y_3$ | 匹配元组 | 子查询关键字 |
|---|---|---|---|
| 1 | 000 | (-,-,-) | (0,0,0) |
| 2 | 001 | (-,-,[9,11]) | ([9,11],[9,11],[9,11]) |
| 3 | 010 | (-,[5,7],-) | ([5,7],[5,7],[5,7]) |
| 4 | 011 | (-,[5,7],[9,11]) | ([7,9],[5,7],[9,11]) |
| 5 | 100 | ([1,3],-,-) | ([1,3],[1,3],[1,3]) |
| 6 | 101 | ([1,3],-,[9,11]) | ([1,3],[5,7],[9,11]) |
| 7 | 110 | ([1,3],[5,7],-) | ([1,3],[5,7],[3,5]) |
| 8 | 111 | ([1,3],[5,7],[9,11]) | ([1,3],[5,7],[9,11]) |

然而,位串增强索引方法所采用的元组关键字映射方式使得不满足原始查询的元组也可能映射至该区域。例如,关键字为(2,6,4)的元组不满足原始查询([1,3],[5,7],[9,11]),但会被表 6.8 第 7 行中的子查询检索到。这意味着搜索过程中必须通过检查位串来过滤这些错误的匹配,增加了查询处理的代价。

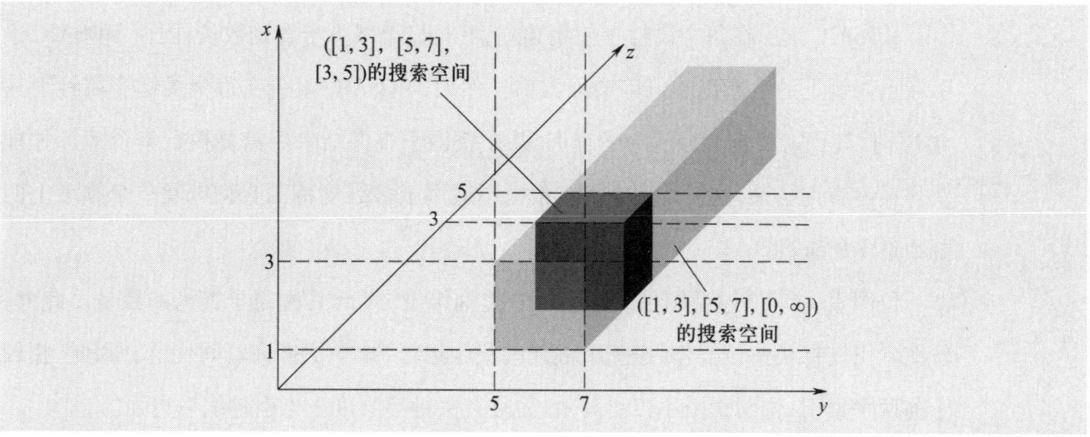

图 6.8 搜索空间对比

### 6.3.2 MOSAIC 索引

基于位串增强索引的多维缺失数据查询所需空间会随着查询维度增加而呈现指数级增长。具体而言,在执行涉及 $k$ 个属性的缺失数据查询时,分解得到的子查询数量达到了 $2^k$。所以,尽管位串增强索引简单且容易实现,但其所对应的查询空间会随数据维度增长而指数级增长,导致查询性能急剧下降。所以,当查询关键字的维数 $k$ 较大时,位串增强索引方法不可行。

相比之下,MOSAIC 索引[44]可以降低所需子查询的数量。它是一种多个单维单属性索引,由一组 $B^+$ 树组成,其中缺失数据被映射至一个特殊值,映射函数如下:

$$g(x_i)=\begin{cases}x_i, & x_i \text{ 没有缺失}\\ -1, & \text{其他}\end{cases} \tag{6.18}$$

MOSAIC 索引将涉及 $k$ 个属性的初始查询分解为 $2k$ 个子查询。因此,MOSAIC 索引的子查询数量仅仅随着查询关键字维数 $k$ 而线性增长,显著降低了所需的子查询数量。

MOSAIC 索引处理缺失数据上的点查询和范围查询时,首先将原始查询分解为子查询,再分别执行各个子查询,最后对子查询的结果集做集合运算以得到最终结果。以范围查询 $Q=[X_1,Y_1],\cdots,[X_k,Y_k]$ 为例(点查询可看作范围查询的特例),对于缺失数据的任意属性 $i$,查询结果集合仅包含由范围 $[X_i,Y_i]$ 中的数值或 $-1$(表示缺失数据)索引的元组。所以,MOSAIC 索引总共只需构造 $2k$ 个子查询,远少于位串增强索引所需的 $2^k$ 个子查询。假定第 $i$ 个子查询获得的结果为 $\mathrm{Res}_i$,满足原始范围查询的最终结果由所有维度对应的子查询候选结果集的交集给出,即 $\mathrm{Res}_1 \cap \mathrm{Res}_2 \cap \cdots \cap \mathrm{Res}_k$。

### 6.3.3 位图索引

MOSAIC 索引在每个属性上使用独立索引,显著减少子查询数量,因而 MOSAIC 索引在点查询上的性能优于位串增强索引。然而,MOSAIC 索引在每个关键字属性上建立 $B^+$ 树,其仍需将查询分解为子查询,并在获得子查询结果后需要执行集合运算才能获得最终查询结果,这使得 MOSAIC 索引不适用于多维度范围查询以及单个维度上匹配数量多的查询。

位图索引[45]通过位图独立索引每个查询维度,降低其所需子查询的数量。此外,位图索引支持快速位操作,避免了额外的集合运算,减少了查询时间代价。因此,相较于前两个索引,位图索引不仅更高效,而且在关键字维度上索引伸缩性更强。

具体而言,针对缺失数据,位图索引方法用位串的形式来表征数据信息,并为每个属性额外提供一个位图来表示缺失值。对于位图索引的构造，元组 $o$ 在位图索引中由 $\sum_{i=1}^{d}(C_i+1)$ 位的位串表示，其中元组 $o$ 的属性 $i$ 由 $(C_i+1)$ 位的子串表示。此处，$C_i$ 表示属性 $i$ 的不同已知值数量，$d$ 表示数据维数，而剩余的一个比特用于编码缺失值。例如 $C_i=5$ 时，属性 $i$ 的值由 6 位二进制位串表示，位串的具体内容在不同编码方式下不同。

位图索引方法的不足在于存储位图时需大量空间。所以，合适的位图编码方式的选择显得尤为重要。接下来介绍两种常见的位图编码方式：位图等式编码和位图范围编码。

### （1）位图等式编码（equality encoded bitmap）

在使用等式编码的位图中，若元组 $x$ 的属性 $i$ 值为 $j$，二进制位 $B_{i,j}[x]=1$。那么，对于所有 $k\neq j$，$B_{i,k}[x]=0$。若属性 $i$ 上存在缺失，则需额外补上一个位图 $B_{i,0}$。表 6.9 是利用等式编码位图索引处理电影评分这一属性的示例。例如，若属性值为 5，则表示该属性的位串第 6 位（即 $B_5$）为 1，其余为 0，即“000001”。

表 6.9 等式编码位图示例

| 属性值 | $B_0B_1B_2B_3B_4B_5$ |
|---|---|
| 5 | 000001 |
| 4 | 000010 |
| 3 | 000100 |
| 2 | 001000 |
| 1 | 010000 |
| 缺失 | 100000 |

### （2）位图范围编码（range encoded bitmap）

在使用范围编码的位图时，若元组 $x$ 的属性 $i$ 值不大于属性 $j$ 值，二进制位 $B_{i,j}[x]=1$，否则 $B_{i,j}[x]=0$。在这种编码方式下，若 $B_{i,j}[x]=1$，则对所有 $k>j$，$B_{i,k}[x]=1$。显然，任何属性 $i$ 的最后一个位图 $B_i$，$C_i$ 都为 1，可省略。此时，仅为每个属性 $i$ 保留 $C_i-1$ 个位图即可。此外，若属性 $i$ 上存在缺失，则需要为它增加一个位图 $B_{i,0}$。具体来说，当元组 $x$ 的属性 $i$ 上的值缺失时，所有 $j$ 对应出现 $B_{i,j}[x]=1$。范围编码将缺失值视为已知值下界之下的一个可能值。所以，表征存在缺失的属性 $i$ 所需的位图数量为 $C_i$。表 6.10 是利用范围编码位图索引处理电影评分这一属性的示例。例如，若属性值为 3，则表示该属性值的位串自第 4 位（即 $B_3$）起均为 1，其余为 0，即“00011”。

对于位图索引而言，当数据存在缺失时，范围编码的空间效率优于等值编码。此外，为了进一步降低索引空间复杂度，位图索引可以利用字对齐混合（word-aligned hybrid)编码[46]等位图压缩技术,减小位图的存储代价,且不会影响位图操作的效率。

表 6.10　范围编码位图示例

| 属性值 | $B_0B_1B_2B_3B_4$ |
|---|---|
| 5 | 00000 |
| 4 | 00001 |
| 3 | 00011 |
| 2 | 00111 |
| 1 | 01111 |
| 缺失 | 11111 |

### 6.3.4　向量近似索引

与 MOSAIC 索引和位图索引一脉相承,向量近似索引[45]同样关注子查询数量激增引起的查询性能瓶颈问题。当索引高维数据时,数据查询过程中需要对所有数据页进行读取,数据传输代价高。为了降低传输代价,向量近似索引采用占据更少空间的样本近似向量,并将其以向量近似(vector approximation,VA)文件形式存储。在查询过程中,基于向量近似索引的查询方法先依据 VA 文件给出近似查询结果,而后结合原始数据库确定精确查询结果。

具体而言,向量近似索引使用位串编码数据属性,并使用一个“0”串表示缺失值。对于每个数据属性,向量近似索引使用 $b$ 个比特位表示覆盖整个属性域的 $2^b$ 个取值。因此,向量近似索引的 VA 文件查找表将属性值与对应的区间编号相关联。当该属性已知值数量 $C$ 较大时,总体上有 $b<<\lg C$,令 $b=\lceil \lg(C+1) \rceil$。为了索引缺失数据,VA 文件使用$(2^b-1)$种位串来表征数据已知值,并使用长度为 $b$ 的全 0 位串来表示缺失值。在执行范围查询时,若将缺失数据定义为“非匹配”,则仅在 VA 文件查找表返回的桶中找匹配的元组作为查询结果;若将缺失数据定义为“匹配”,则需要将全“0”串桶中的元组也包含在查询结果内。

**例 6.5(向量近似索引查询示例)**　在缺失数据上使用向量近似索引执行“返回所有值为 4 或 5 的记录”查询如表 6.11 和表 6.12 所示。表 6.12 中存储着数据的 VA 文件表示与原始属性值的对应关系。若将缺失数据定义为“匹配”,则向量近似索引方法返回桶 00、10 和 11 中的元组作为近似结果;若将缺失数据定义为“非匹配”,则只有桶 10 和 11 中的元组作为近似结果被返回。基于表 6.12,可读取近似结果中各元组的原始数据,并验证得出桶 10 中的元组 3 和桶 11 中的元组 1 均不在查询结果中。若认为缺失是匹配,查询结果为元组“4”;若认为缺失是非匹配,查询结果为空。

表 6.11　VA 文件表示对应值的范围

| VA 文件表示 | 范围 |
| --- | --- |
| 00 | 缺失 |
| 01 | 1-2 |
| 10 | 3-4 |
| 11 | 5-6 |

表 6.12　原始数据与 VA 文件表示对应关系

| 元组 ID | 原始数据 | VA 文件表示 |
| --- | --- | --- |
| 1 | 6 | 11 |
| 2 | 1 | 01 |
| 3 | 3 | 10 |
| 4 | 缺失 | 00 |

然而,由于每个可能的属性值都需要一个合适的位图,故位图索引和向量近似索引所需的空间大小随着属性域的增长而快速增长。所以,这两种索引都不适用于处理大型复杂数据集,只适用于处理属性域相对较小的数据集。针对大规模的复杂缺失数据,仍然需要根据数据特性和查询需求设计有效的索引结构。

## 6.4　缺失数据查询

缺失数据查询是缺失数据管理面临的重要问题。本节依次介绍缺失数据相似性查询、缺失数据 Skyline 查询、缺失数据 Top-$k$ 支配查询、缺失数据流排序查询和基于众包的缺失数据查询。

### 6.4.1　缺失数据相似性查询

相似性查询是数据库、数据挖掘以及信息检索领域中一类基本且重要的问题,其在地理信息系统和多媒体检索等方面有着广阔的应用前景。然而,现有大多的相似性查询处理方法只针对完整数据。在复杂恶劣环境下收集到的传感器网络数据中,不仅数据项的部分数值可能有缺失,甚至整个数据维度信息也可能全部丢失。此时,缺失数据对象之间的关联关系就不能使用传统的相似度计算方式衡量,需要寻找适用于缺失数据的相似度关系度量方式。因而产生了多种缺失数据相似性查询技术,譬如基于 $k$ 最近邻的缺失数据相似性查询[47]和基于概率模型的缺失数据相似性查询[48]。

**(1)基于 $k$ 最近邻的缺失数据相似性查询**

给定一组 $d$ 维的完整数据对象集合 $S$ 和一个查询数据对象 $q$，$k$ 最近邻（$k$ nearest neighbor，$k$NN）查询返回集合 $S$ 中与对象 $q$ 最接近的 $k$ 个对象（组成集合 $S_k$）。但是，由于数据缺失，面向完整数据的传统相似性查询算法无法直接解决缺失数据 $k$NN（简称 I$k$NN）查询。例如，由于缺失数据很难构建 R 树所需的最小界限矩形（minimum bounding rectangle，MBR），故完整数据查询中 R 树索引在 I$k$NN 查询中难以建立。

此外，缺失数据相似性查询缺少缺失数据间距的有效度量方式。对于完整数据，存在多种传统的距离度量方法。然而，这些完整数据距离度量方法不适用于缺失数据。为此，一种广泛应用于缺失数据管理领域的距离函数定义如下：

**定义 6.4（缺失数据距离函数）** 给定一组 $d$ 维的缺失数据对象 $S$，针对 $S$ 中的任意数据对象 $o$ 和 $p$，距离函数 $D(o,p)$ 的定义为：

$$D(o,p)=\frac{d}{|\mathrm{Iset}(o)\cap\mathrm{Iset}(p)|}\sum_{i=1}^{d}\delta_i(o,p)^2 \tag{6.19}$$

其中，$\mathrm{Iset}(o)$ 表示元组 $o$ 中不存在缺失的维度集合，$\delta$ 的定义如下：

$$\delta_i(o,p)=\begin{cases}o.[i]-p.[i], & i\in\mathrm{Iset}(o)\cap\mathrm{Iset}(p)\\ 0, & \text{其他}\end{cases} \tag{6.20}$$

$o.[i]$ 表示元组 $o$ 的第 $i$ 个维度的数值。

基于以上的缺失数据距离函数，缺失数据 $k$ 最近邻查询可以定义为：

**定义 6.5（缺失数据 $k$ 最近邻查询 I$k$NN）** 给定 $d$ 维空间上的一个缺失数据对象集合 $S$ 和一个查询对象 $q$，I$k$NN 查询返回 $S$ 中 $k$ 个与对象 $q$ 最接近的对象（组成集合 $S_k$），即 $q$ 与数据集合 $S_k$ 中的数据点之间的距离不大于它与集合 $S$ 中其他的数据点之间的距离：$|S_k|=k\wedge\forall o\in S_k,\forall p\in(S-S_k),D(p,q)\geqslant D(o,q)$。

针对 I$k$NN 查询，最简单直接的解决方案是按照数据对象到查询点的距离对这些对象进行排序，然后返回具有最小距离的 $k$ 个对象作为 I$k$NN 查询的结果。显然，这种方法盲目地对整个数据空间进行搜索，查询代价昂贵，尤其是处理大规模的高维数据时。直方图近似（histogram approximate，HA）算法[47]采用 HIT 索引，将数据划分至不同的"箱子"（Bin），并在每个维度上对箱子中的数据点分别进行评估，最终将所有查询结果集成并返回，显著降低了数据搜索空间。HA 算法的主要思想是：若一个数据点 $i$ 是查询点 $q$ 的 $k$ 最近邻，则 $i$ 至少与 $q$ 在一个数据维度上的距离是相近的（即在同一个箱子）。

下面先介绍 HIT 索引，而后详述 HA 算法。

HIT 索引利用"箱子"分别对每个维度的数据对象进行管理。具体而言，对于维度

$i$,HIT 索引根据数据中第 $i$ 个维度值的顺序,将已知值 $o.[i]$ 对应的对象 $o$ 划分至不同的箱子。对于一个维度上的不同箱子,它们所覆盖的维度值是不相交的。在第 $i$ 个维度中,给定箱子的数目 $\xi_i$,那么第 $i$ 个维度中数据对象最多被分割成 $\xi_i$ 个箱子。因此,对于 $d$ 维空间中的缺失数据,箱子总数不超过 $\sum_{i=1}^{d}\xi_i$ 个。在第 $i$ 维中,HIT 索引的每个箱子中对象的预期大小为$\frac{n}{\xi_i}$,其中 $n$ 为对象数量。后续采用箱子向量 $F=(F_1,F_2,\cdots,F_d)$来表示 HIT 索引,其中 $F_i$ 是一个用已知值来索引对象 $o$ 的箱子数组,譬如 $F_i.[1]$ 对应第 $i$ 维的第一个箱子,$F_i.[2]$ 对应第 $i$ 维的第二个箱子,以此类推。

**例 6.6(HIT 索引示例)** 如图 6.9 所示,HIT 索引含有四个箱子数组,即 $F=(F_1,F_2,F_3,F_4)$,其分别在数据的四个维度上包含 2、4、3 和 4 个箱子。对于第一维的箱子数组 $F_1$,总共有 10 个观测到第一维值的对象,即$\{A_1,A_2,A_3,A_4,A_5,E_1,E_2,E_3,E_4,E_5\}$。若第一维上的箱子数量为 2,则对于 $F_1$,每个箱子中对象的预期大小为 5。若根据维度值的非递减序对这 10 个对象进行排序,则 $F_1.[1]$ 中包含对象$\{A_1,A_5,E_5,E_4,A_3\}$,$F_1.[2]$ 中包含对象$\{A_2,E_3,E_2,A_4,E_1\}$。

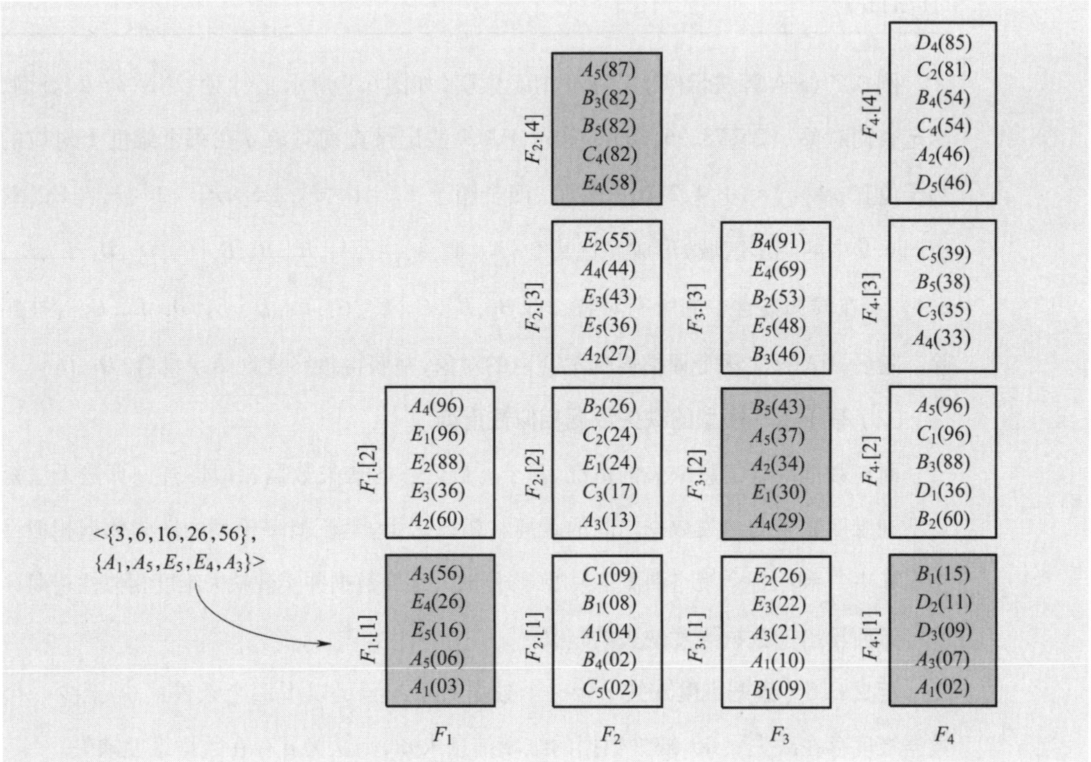


图 6.9 HIT 索引示例

基于 HIT 索引,HA 算法的伪代码如算法 6.2 所示。HA 算法首先将查询结果集 $S_k$ 初始化为空(第 1 行)。然后,对于每个维度,HA 算法记录查询对象 $q$ 在每个维度上对应的箱子位置（表示为 $pos$），依此形成包含需要评估的所有对象的子集 $\bigcup_{i=1}^{d} F_i.[pos]$。因此，HA 算法评估每个 $F_i.[pos]$ 中尚未访问过的数据对象与查询对象的距离，并依此更新结果集合 $S_k$（第 4—10 行）。最后，HA 算法返回最终集合 $S_k$，算法终止。显然，HA 是一个近似算法，请读者结合习题 6.10 分析 HA 算法的查询精度。

**算法 6.2　直方图近似算法 HA**

**输入**：缺失数据集 $S$，查询对象 $q$，参数 $k$，HIT 索引
**输出**：结果集合 $S_k$
1：初始化一个最大堆 $S_k$ 为空集
2：**for each** 维度 $i$ **do**
3：　使用 $pos$ 记录查询对象 $q$ 在第 $i$ 维度上对应的箱子位置
4：　**for** $F_i.[pos]$ 中还没有访问的对象 $o$ **do**
5：　　将 $o$ 标记为已被访问
6：　　计算 $o$ 与 $q$ 之间的距离 $D(o,q)$
7：　　**if** $|S_k|<k$ **then**
8：　　　将 $o$ 加入至 $S_k$
9：　　**else if** $D(o,q)<D(S_k.top,q)$ **then**
10：　　　删除 $S_k$ 中 $S_k.top$ 后加入 $o$
11：**return** $S_k$

**例 6.7（HA 算法示例）**　基于 HIT 索引（如图 6.9 所示），针对 I2NN（$k=2$）查询，给定查询对象 $q(25,78,36,10)$。首先，HA 算法记录查询对象 $q$ 在每个维度上对应的箱子位置 $pos(q)=(1,4,2,1)$。然后，四个箱子 $F_1.[1]$，$F_2.[4]$，$F_3.[2]$，$F_4.[1]$（对应图 6.9 中的阴影区域）形成候选集合 $\{A_1,A_2,A_3,A_4,A_5,B_1,B_3,B_5,C_4,D_2,D_3,E_1,E_4,E_5\}$。不在候选集合中的所有对象，即 $\{B_2,B_4,C_1,C_2,C_3,C_5,D_1,D_4,D_5,E_2,E_3\}$，被删除。随后，HA 算法逐个评估候选集合内的对象，并获得最终查询结果集合 $\{D_2,D_3\}$。

**（2）基于概率模型的缺失数据相似性查询**

面对数据维度信息缺失的情况，基于 $k$ 最近邻的缺失数据相似性查询算法无法衡量不同维度数量的缺失数据之间的距离。相比之下，基于概率模型的缺失数据相似性查询算法[48]利用补全策略和概率模型，修复缺失维度数据并实现缺失维度相似性查询。

下面给出了数据维度缺失的定义。

**定义 6.6（数据维度缺失）** 若一个数据对象 $o$ 满足以下两个条件：(i) 至少一个数据维度存在缺失；(ii) 缺失数据的维度信息未知，则认为 $o$ 存在数据维度缺失。

**例 6.8（数据维度缺失示例）**　给定一个数据对象 $o$，如果 $o$ 中 $k$ 个数据值存在缺失，那么 $o$ 的表达形式：$o_c=(o_{c_1},o_{c_2},\cdots,o_{c_n})$，其中 $c_i<c_j+1$，$n=|o|-k$，$|o|$表示 $o$ 的维度总数。

针对维度缺失的概率相似性查询定义如下。

**定义 6.7（维度缺失概率相似性查询）**　给定缺失数据集合 $S$，其中 $S$ 包含维度缺失数据对象 $X_o$（其完整版本为 $X$），完整查询对象 $q$，缺失数据补全方法 $\varphi$，距离函数 $\delta$，概率阈值 $c$ 以及距离阈值 $r$。维度缺失概率相似性查询结果中包含的数据对象应满足其与查询对象 $q$ 之间的距离小于 $r$ 的概率大于 $c$，即：

$$PSQ_{\delta,\varphi}(S,q,r,c)=\{X_o\in D \mid \Pr[\delta(q,X)<r]>c\} \tag{6.21}$$

其中，$\Pr[\delta(q,X)<r]$ 表示 $X_o$ 对应完整数据 $X$ 满足维度缺失概率相似性查询条件概率。

在进行维度缺失概率相似性查询时，计算查询概率 $\Pr[\delta(q,X)<r]$ 是重中之重，但其难点在于当补全算法对维度缺失数据进行补全时，无法判断缺失维度位置。一种简单而直接的补全方案就是对数据对象中每一个可能的维度进行枚举式补全，最终通过计算期望的方式得到估计概率 $\Pr[\delta(q,X)<r]$，即

$$\Pr[\delta(q,X)<r]=\frac{\sum_{X_r}\Pr[\delta(q,X_r)<r]}{\#X_r} \tag{6.22}$$

其中，$\#X_r$ 表示补全数据 $X_r$ 的个数。

基于补全策略的维度缺失概率相似性查询算法（probabilistic similarity query，PSQ）利用相似性查询和维度缺失数据对象之间的固有关系加速检索过程，取代通过枚举所有可能情况补全缺失维度的方法。在查询处理期间，PSQ 算法估计数据对象满足查询概率的上下界，并依此有效地过滤不相关的数据对象。此外，PSQ 算法利用概率三角不等式，筛选维度缺失数据，进一步加速查询处理过程。

**定理 6.1（维度缺失数据相似性查询概率上下界）**　给定查询对象 $q$，距离函数 $\delta$，概率阈值 $c$ 以及距离阈值 $r$，对于维度缺失数据对象 $X_o$（其数据完整版本为 $X$），维度缺失数据相似性查询概率上界和下界分别为：

$$\Pr[\delta^2_{LB_l}(q,X_l)+\delta^2_{LB_o}(q,X_o)<r^2]\geqslant\Pr[\delta(q,X)<r] \tag{6.23}$$

$$\Pr[\delta^2_{UB_l}(q,X_l)+\delta^2_{UB_o}(q,X_o)<r^2]\leqslant\Pr[\delta(q,X)<r] \tag{6.24}$$

其中，$\delta^2_{LB_l}(q,X_o)$ 和 $\delta^2_{UB_l}(q,X_o)$ 表示 $q$ 与 $X$ 中已知数据 $X_o$ 之间距离的下界和上界。

**证明**：给定查询对象 $q$ 和维度缺失数据 $X_o$ 的补全版本 $X_r$，可以发现

$$\delta^2(q,X_r)=\delta^2(q_o,X_o)+\delta^2(q_l,X_l) \tag{6.25}$$

其中，$q_o(q_l)$ 表示查询对象 $q$ 与完整对象 $X$ 中已知数据 $X_o$（缺失数据 $X_l$）对应维度的数据。此时，根据查询概率的定义可以发现

$$\Pr[\delta(q,X_r)<r]=\Pr[\delta^2(q_l,X_l)<r^2-\delta^2(q_o,X_o)] \tag{6.26}$$

给定补全数据 $X_r$，$\delta^2(q_o,X_o)$ 是一个真实值，而 $\delta^2(q_l,X_l)$ 是一个随机变量。因此，

可以确定 $q_o$ 与 $X_o$ 之间距离的下界和上界分别为：

$$\delta_{LB_o}(q,X_o)=\min_{|q_o|=|X_o|}\delta(q_o,X_o) \tag{6.27}$$

$$\delta_{UB_o}(q,X_o)=\max_{|q_o|=|X_o|}\delta(q_o,X_o) \tag{6.28}$$

其中,式(6.27)或式(6.28)的右边表示 $q_o$ 与 $X_o$ 在缺失维度上所有可能组合之间的最小距离值或最大距离值。

同理,$X_l$ 与 $q_l$ 之间距离的下界和上界分别为：

$$\delta_{LB_l}(q,X_l)=\delta(\mathrm{argmin}_{q_l}\{\delta(q_l,E(X_l))\mid |q_l|=|X_l|\},X_l) \tag{6.29}$$

$$\delta_{UB_l}(q,X_l)=\delta(\mathrm{argmax}_{q_l}\{\delta(q_l,E(X_l))\mid |q_l|=|X_l|\},X_l) \tag{6.30}$$

其中,$E(X_l)=\mu_1,\mu_2,\cdots,\mu_{|X|-|X_o|}$, $\mu_k$ 表示补全算法在样本 $X_l$ 的第 $k$ 个维度上的补全均值。$\delta_{LB_l}(q,X_l)$ 和 $\delta_{UB_l}(q,X_l)$ 均是属于随机变量而非特定值。

对于补全数据 $X_r$,根据式(6.26)可以发现

$$\Pr[\delta^2(q,X_r)<r^2]=\Pr[\delta^2(q_l,X_l)<r^2-\delta^2(q_o,X_o)] \tag{6.31}$$

根据式(6.27)可以进一步得到

$$\delta^2(q_o,X_o)\geqslant\delta_{LB_o}^2(q,X_o) \tag{6.32}$$

因此

$$\Pr[\delta^2(q_l,X_l)<r^2-\delta_{LB_o}^2(q,X_o)]\geqslant\Pr[\delta^2(q_l,X_l)<r^2-\delta^2(q_o,X_o)] \tag{6.33}$$

随机变量 $\delta^2(q_l,X_l/\sigma)$ 服从存在非中心化参数 $\lambda_{X_r}=\delta^2(q_l,E(X_l))/\sigma$ 的非中心化卡方分布,且随机变量 $\delta_{LB_l}^2(q_l,X_l/\sigma)$ 服从存在非中心化参数 $\lambda_{LB_l}$ 的非中心化卡方分布。因此,根据式(6.29),可以发现 $\lambda_{LB_l}\leqslant\lambda_{X_r}$。此外,这两个变量具有相同的自由度 $X_l$。根据非中心卡方分布的性质,可以发现

$$\Pr[\delta_{LB_l}^2(q_l,X_l)<r^2-\delta_{LB_o}^2(q,X_o)]\geqslant\Pr[\delta^2(q_l,X_l)<r^2-\delta^2(q_o,X_o)] \tag{6.34}$$

根据式(6.33)可以得到

$$\Pr[\delta_{LB_l}^2(q,X_l)+\delta_{LB_o}^2(q,X_o)<r^2]\geqslant\Pr[\delta^2(q,X_r)<r^2] \tag{6.35}$$

所以,可以推导得到查询概率的上界为

$$\Pr[\delta_{LB_l}^2(q,X_l)+\delta_{LB_o}^2(q,X_o)<r^2]\geqslant\Pr[\delta(q,X)<r] \tag{6.36}$$

同理可以推导出查询概率的下界如式(6.24)所示。证毕。

**引理 6.1(概率三角不等式)** 给定一个查询对象 $q$ 和一个多维的数据对象 $R(|q|=|R|)$,对于一个维度缺失数据对象 $X_o$(其完整版本为 $X$),其满足以下不等式：

$$(a)\ \Pr[\delta(q,X)<r]\leqslant Pr[\delta_{LB}(R,X)-\delta(q,R)<r] \tag{6.37}$$

$$(b)\ \Pr[\delta(q,X)<r]\geqslant\Pr[\delta_{UB}(R,X)+\delta(q,R)<r] \tag{6.38}$$

**证明：**根据定理 6.1 中维度缺失数据相似性查询概率的下界定义,可以发现

$$\Pr[\delta_{LB}(R,X)-\delta(q,R)<r]\geqslant\Pr[\delta(R,X)<\delta(q,R)+r] \tag{6.39}$$

因此,对于维度缺失对象 $X_o$ 的任意补全版本 $X_r$,可以发现

$$\Pr[\delta(R,X_r)-\delta(q,R)<r]\geqslant\Pr[\delta_{LB}(R,X)-\delta(q,R)<r] \tag{6.40}$$

在度量空间中,三角不等式成立,所以

$$\delta(R,X_r)-\delta(q,R)\leqslant\delta(q,X_r) \tag{6.41}$$

同时,可以发现

$$\Pr[\delta(q,X_r)<r]\leqslant\Pr[\delta(R,X_r)-\delta(q,R)<r] \tag{6.42}$$

因为 $X_r$ 是维度缺失对象 $X_o$ 的任意补全版本。此外,也可以发现

$$\Pr[\delta(q,X)<r]\leqslant\Pr[\delta(R,X_r)-\delta(q,R)<r] \tag{6.43}$$

因此,可以证明($a$)成立,即

$$\Pr[\delta_{LB}(R,X)-\delta(q,R)<r]\geqslant\Pr[\delta(q,X)<r] \tag{6.44}$$

同理可以证明($b$)成立。证毕。

具体而言,PSQ 算法流程如图 6.10 所示。PSQ 算法首先设计概率三角不等式,利用辅助数据对象集合评估数据库中的每一个数据对象,从而过滤出一定在和一定不在查询结果中的数据对象。接下来,PSQ 算法计算剩余数据点的查询概率上下界,进一步筛选出一定满足和一定不满足查询概率要求的数据点。之后,针对剩余数据点,PSQ 算法通过直接补全方案计算查询概率并比较。最终,前述所有满足要求的数据点构成概率相似性查询的查询结果。

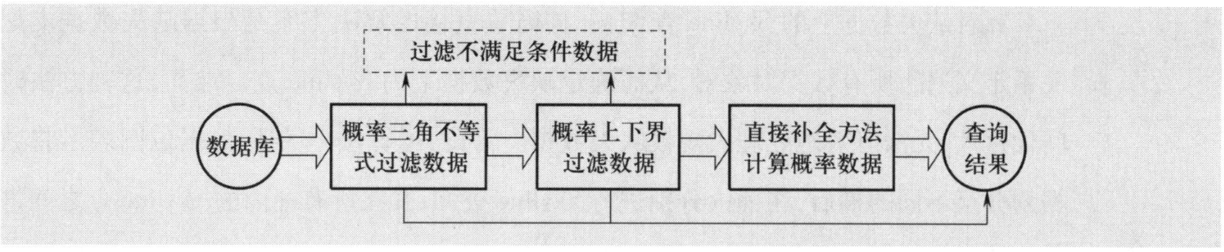


图 6.10　PSQ 算法流程

### 6.4.2　缺失数据 Skyline 查询

Skyline 查询在数据库领域被广泛探索,在诸如多准则决策、个性化服务和基于位置的服务(location-based service,LBS)等诸多现实应用中有重要作用。例如,当用户希望从众多酒店中选择离会场近且价格便宜的酒店时,Skyline 查询能为用户提供一些感兴趣的酒店,这些酒店在价格和距离上都不比其他酒店差。与相似性查询不同的是,由于数据的属性之间互不影响,Skyline 查询[49]无须对数据进行归一化处理,且无须指定排序函数。

具体而言,Skyline 查询可以通过搜索找到在 $d$ 维空间的元组集合 $S$ 中不被任何其

他元组支配的元组。如上述例子中，对于用户而言，若一家酒店 $a$ 的价格和距离都小于另一家酒店 $b$，则用户认为酒店 $a$ 支配酒店 $b$，即酒店 $a$ 比酒店 $b$ 更加符合用户需求。

支配关系的形式化定义如下。

**定义 6.8（完整数据支配关系）** 给定一个完整数据集 $S$ 和一个对象 $o$，若 $o$ 在所有维度上都不比集合 $S$ 中另一个对象 $o'$ 更差，且至少在某一维度上严格优于 $o'$，则 $o$ 支配 $o'$。

完整数据上的支配关系具有传递性。然而，这种传递性在缺失数据上不再成立。对应完整数据上支配关系的定义，缺失数据支配关系的定义如下。

**定义 6.9（缺失数据支配关系）** 给定两个含缺失数据的数据对象 $o$ 和 $o'$，若 $o$ 支配 $o'$，则 $o$ 和 $o'$ 需要满足以下两个条件：(i) 对于数据的每一个维度 $i$，要么 $o.[i]$ 不比 $o'.[i]$ 小，要么至少一个对象出现该维度值缺失；(ii) 至少有一个维度 $j$，$o.[j]$ 和 $o'.[j]$ 均不存在缺失，且 $o.[j]$ 大于 $o'.[j]$。其中，$o.[i]$ 表示对象 $o$ 的第 $i$ 个维度值，且维度值越大越好。

基于缺失数据支配关系，缺失数据上的 Skyline 查询的定义如下。

**定义 6.10（缺失数据 Skyline 查询）** 给定一个缺失数据集 $S$，缺失数据 Skyline 查询返回 $S$ 的子集 $S_G$，使得对于 $\forall o \in S_G$，在集合 $(S-\{o\})$ 中不存在支配 $o$ 的对象，且对于 $\forall o' \in (S-S_G)$，在集合 $(S-\{o'\})$ 中至少存在一个对象支配 $o'$。

针对缺失数据上的 Skyline 查询，一种简单直接的解决方案是根据缺失数据支配关系定义遍历所有数据对象对，从而确定缺失数据上的 Skyline 点。然而，这种方法时间代价大，无法有效地处理大规模缺失数据。为此，桶算法[50]利用数据位图表示将数据划分至不同的桶后，在桶内分别进行 Skyline 查询，并在所有桶内的 Skyline 点之间进行对比，以此降低数据之间对比次数和查询时间开销。不仅如此，在桶算法基础上，ISkyline 算法[50]进一步提出虚拟点和阴影 Skyline 点，减少数据之间对比次数，降低 Skyline 查询时间代价。

下面依次介绍桶算法和 ISkyline 算法。

**（1）桶算法**

针对缺失数据，桶算法[50]首先根据数据缺失属性将所有的数据点划分至不同的桶。此时，每个桶中所有数据对象具有相同的位图表示，即在同样的维度上出现缺失，因而可以忽略数据中的缺失维度。通过这种方式，桶内数据支配关系的传递性得以保持。然后，桶算法在每一个桶中使用传统的 Skyline 算法（如 branch and bound skyline[51]、nearest neighbor[52]等）进行计算，得到每个桶中本地 Skyline 点。接着，桶算法将所有的本地 Skyline 点汇总至候选 Skyline 列表。最后，桶算法对候选 Skyline 列表中的数据点进行两两比较(即验证支配关系是否成立),从而确定不被任何点支配的数据对象(构成最终的 Skyline 查询结果)。

**例 6.9(桶算法示例)** 图 6.11 给出了桶算法的示例,图中有 36 个数据点,桶算法首先基于位图表示将数据划分为四个桶,即 $P$、$Q$、$R$ 和 $S$。每个桶中的数据缺失维度完全相同,譬如桶 $P$ 中的数据都在第一个维度发生了缺失,以此类推。接着,桶算法分别计算各自桶中的本地 Skyline 点,即图 6.11 下方蓝色方框中的数据点,并将其汇总至图 6.11 最上方的候选 Skyline 列表。然后,桶算法对候选 Skyline 列表中所有的数据点进行两两对比,判断每一个候选 Skyline 点与其他点的支配关系,最终获得缺失数据上的 Skyline 查询结果,即在候选 Skyline 列表中蓝色方框内的 $Q_5$ 和 $Q_6$ 点为最终的 Skyline 点。

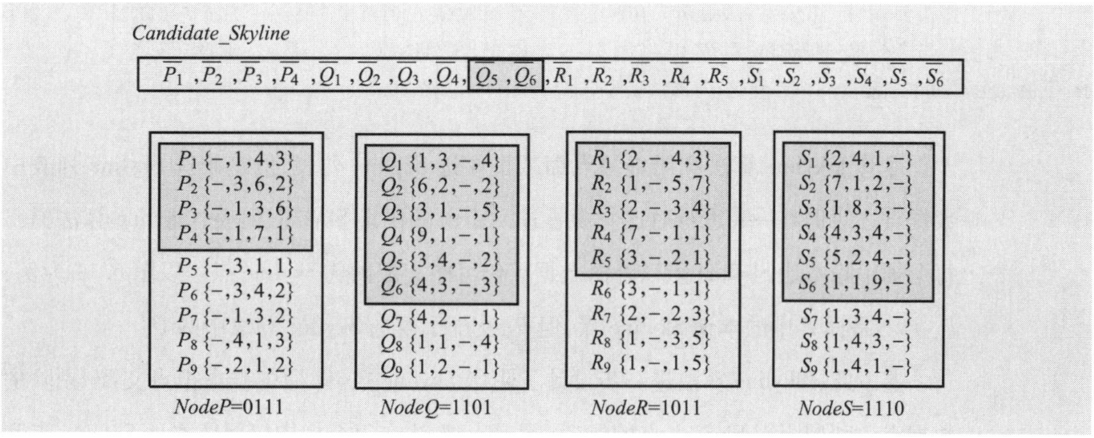


图 6.11 桶算法示例

### (2) ISkyline 算法

桶算法主要存在以下两个缺陷:首先,桶算法的候选 Skyline 列表直接由所有的本地 Skyline 点组成,数量庞大,损耗存储空间;其次,在每个桶中本地 Skyline 点是在各个桶中独立计算得到,忽略了其他桶中数据点信息。因此,ISkyline 算法[50]在桶算法基础上引入了虚拟点和阴影 Skyline 技术,并利用全局数据点信息减少本地 Skyline 点和候选 Skyline 点数量,进一步优化缺失数据 Skyline 查询效率和所需存储空间。

首先,ISkyline 算法提出将其他桶中已知 Skyline 点作为该桶中的虚拟点,利用虚拟点降低本地 Skyline 点数量,从而减少候选 Skyline 列表所需的存储空间和比较次数。

**例 6.10(ISkyline 算法虚拟点示例)** 假设在线场景下缺失数据需要分批次读取。如图 6.12 所示,对于桶 $P$ 来说,$P_1$ 和 $P_2$ 作为本地 Skyline 点被加入至候选 Skyline 列表。当开始读取桶 $Q$ 的 Skyline 点 $Q_1$ 时,桶算法将 $Q_1$ 与候选 Skyline 列表中已有的 $P_1$ 和 $P_2$ 进行比较。由于 $Q_1$ 支配这两个点,桶算法将 $P_1$ 和 $P_2$ 从候选 Skyline 列表中移除,仅仅保留 $Q_1$。若采用桶算法,则算法流程终止。与桶算法不同的是,ISkyline 算法创建一个基于 $Q_1$ 的虚拟点 $Q_{1V}$,并将其插入至桶 $P$。若桶 $P$ 中所有的点都被虚拟点 $Q_{1V}$ 支配,则数据点 $P_1$ 和 $P_2$ 不会被作为本地 Skyline 点添加至候选 Skyline 列表。所以,虚拟点显著减少了候选 Skyline 列表的数据量和数据点比较次数。

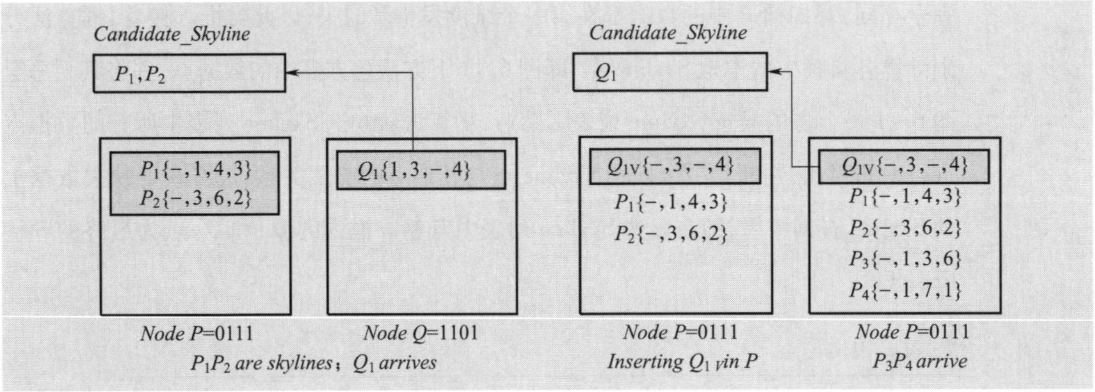


图 6.12　虚拟点插入示例

尽管 ISkyline 算法利用虚拟点缩减了候选 Skyline 列表,但是候选 Skyline 列表中数据点之间仍需一一进行对比。为了进一步缩减候选 Skyline 列表,ISkyline 算法提出每个桶中除本地 Skyline 点以外的数据点仍可能支配候选 Skyline 点。以图 6.11 为例,$P_3$ 并不是桶 $P$ 中的本地 Skyline 点,但 $P_3$ 支配了候选 Skyline 列表中的 $Q_4$。

鉴于此,ISkyline 算法进一步设计了阴影 Skyline 点,即桶中被虚拟点支配/剔除的数据点。利用阴影 Skyline 点的概念,ISkyline 算法在每个桶中仅保留本地 Skyline 点和阴影 Skyline 点,进一步减少了桶中需要存储的数据点个数,降低了查询代价。

**例 6.11(阴影 Skyline 点示例)**　如图 6.11 所示,针对桶 $Q$,桶算法计算得到的本地 Skyline 点为 $Q_1$,$Q_2$,$Q_3$,$Q_4$,$Q_5$ 和 $Q_6$ 数据点。然而,如图 6.13 所示,ISkyline 算法利用虚拟点技术在桶 $Q$ 中增加虚拟点 $S_{1V}$ 和 $S_{4V}$,而 $Q_1$ 和 $Q_3$ 被虚拟点 $S_{1V}$ 和 $S_{4V}$ 所支配。因此,数据点 $Q_1$ 和 $Q_3$ 作为阴影 Skyline 点被剔除在桶 $Q$ 的本地 Skyline 集合外。此时,桶 $Q$ 的本地 Skyline 集合仅需存储 $Q_2$,$Q_4$,$Q_5$ 和 $Q_6$ 数据点。图 6.13 给出了每个桶中本地 Skyline 集合和阴影 Skyline 集合。ISkyline 算法的候选 Skyline 数据点只需要与阴影 Skyline 集合内数据点进行比较即可,显著降低了查询代价。

基于上述的虚拟点和阴影 Skyline 点的概念,ISkyline 算法的伪代码如算法 6.3 所示。ISkyline 算法的输入分为两部分,即缺失数据集合 $S$ 和用于控制候选 Skyline 列表大小的超参数 $t$。参数 $t$ 的作用在于控制查询结果的更新频率,$t$ 越小则查询结果更新越频繁,反之则更新越缓慢。算法最终输出面向缺失数据集 $S$ 的 Skyline 查询结果。具体而言,ISkyline 算法首先将 *global_skyline* 和 *candidate_skyline* 列表初始化为空集(第 1

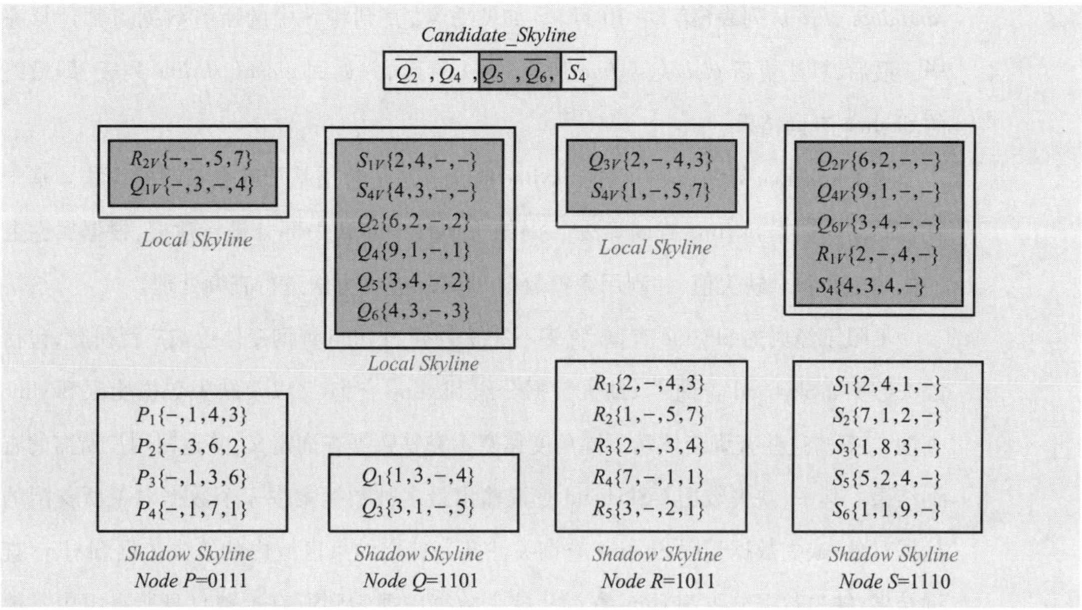


图 6.13　虚拟点和阴影 Skyline 点示例

**算法 6.3　缺失数据 Skyline 查询算法 ISkyline**

**输入**：缺失数据集 $S$，阈值 $t$
**输出**：Skyline 查询在数据集 $S$ 上的结果集合 *global_skyline*
1：初始化 *global_skyline* 和 *candidate_skyline* 列表为空
2：**repeat**
3：　　从输入的数据集合 $S$ 中选择一个点 $P$
4：　　将与 $P$ 的位图对应的数据点加入至桶 $N$
5：　　**if** $N$ 为空 **then** 利用 $P$ 的位图初始化 $N$
6：　　**if** 点 $P$ 是桶 $N$ 中的本地 Skyline 点 **then**
7：　　　在 *candidate_skyline* 列表中插入数据点 $P$
8：　　　**if** 候选 Skyline 列表的大小大于阈值 $t$ **then**
9：　　　　更新 *global_skyline* 列表
10：　　　　将 *candidate_skyline* 列表清空
11：**until** $S$ 中的每个点都被选到
12：更新 *global_skyline* 列表
13：**return** *global_skyline*

行）。从缺失数据集合 $S$ 中取出一个数据点 $P$，ISkyline 算法从哈希表中选出位图相同的数据点组成桶 $N$，若没有对应的数据点，则利用数据点 $P$ 创建一个新的桶 $N$（第 3—5 行）。然后，算法进入第二阶段，ISkyline 算法判断数据点 $P$ 是需要抛弃，还是存储在桶的阴影 Skyline 列表或本地 Skyline 列表中。如果数据点 $P$ 被存储在本地 Skyline 列表中，那么继续判断是否将数据点 $P$ 加入至 *candidate_skyline* 列表，这一阶段也会基于数据点 $P$ 与 *candidate_skyline* 列表中其他数据点的比较，决定是否要将虚拟点插入至各个桶（第 6—7 行）。接着，算法判断 *candidate_skyline* 列表的大小是否超过了设定的阈值 $t$。若超过了 $t$，则 ISkyline 算法将进入第三阶段，即更新 *global_skyline* 列表，并清空

*candidate_skyline* 列表(第 8—10 行)。如此重复,直到将 $S$ 中的所有数据点都计算完毕。最后,算法更新 *global_skyline* 列表(第 12 行),并返回 *global_skyline* 列表,即最终的 Skyline 查询结果。

除了 ISkyline 算法,缺失数据 Skyline 查询算法还包括基于补全策略的算法。基于补全的缺失数据 Skyline 查询算法[44]对缺失属性中非缺失部分进行建模,根据属性上的概率分布补全缺失值,并利用完整数据 Skyline 查询方法进行查询处理。

不限于经典的 Skyline 查询,许多不完整数据 Skyline 查询变体也被广泛研究,包括缺失数据 $k$-Skyband 查询[53]、缺失数据分组 Skyline 查询[54]以及缺失数据受限 Skyline 查询[54]等。这些查询变体从不同角度拓宽不完整数据查询定义,并返回用户所需的查询结果。其中,缺失数据 $k$-Skyband 查询输出最多被数据集中 $k$ 个数据对象所支配的数据对象;缺失数据受限 Skyline 查询关注某一特定约束区域内的缺失数据 Skyline 查询结果;缺失数据分组 Skyline 查询从缺失数据中搜索到所有不被自身所在组中其他数据对象所支配的数据。

### 6.4.3 缺失数据 Top-$k$ 支配查询

Top-$k$ 支配(Top-$k$ Dominating,TKD)查询结合了 Skyline 查询和 Top-$k$ 查询的优点,并弥补了二者的缺点。具体表现为:(1) 结果集的大小可以控制;(2) 用户无须指定排序函数;(3) 数据值无须做归一化处理,不同属性值可以有不同的规模而互不影响。相比之下,Top-$k$ 查询需要用户指定排序函数;Skyline 查询容易受数据集分布和维数增大的影响,导致结果集过大,无法区分出有意义的数据点。因此,Top-$k$ 支配查询在数据挖掘、网络监控和决策支持等方面具有重要应用,受到了数据库领域的广泛关注和重视。

然而,由于设备故障、隐私保护以及数据丢失等原因,缺失数据广泛存在于许多真实数据集中。借鉴缺失数据 Skyline 查询定义,缺失数据 Top-$k$ 支配查询定义如下。

**定义 6.11(缺失数据 Top-k 支配查询 TKD)** 给定一个缺失数据集合 $S$,Top-$k$ 支配查询返回数据集中支配其他数据数量最多的前 $k$ 个数据点集合 $S_G$,$S_G \subseteq S$,$|S_G| = k$,且 $\forall o \in S_G$,$\forall o' \in (S-S_G)$,$score(o) \geq score(o')$,同时对于 $\forall o \in S_G$,$score(o) = |\{o' \in S-\{o\} \mid o \prec o'\}|$。这里的 $score(x)$ 表示数据点 $x$ 支配数据集合 $S$ 中其他数据点的数量。

实现缺失数据 TKD 查询最直观的方法是将数据集中全部数据对象进行成对比较,以便计算每个对象支配其他数据点的个数,最终返回支配其他数据点最多的前 $k$ 个数据点。然而,由于候选集过于庞大以及得分计算过程成本昂贵,这种方法不适用于大规模缺失数据。

为此，扩展 Skyband 算法（ESB）、基于上界值的算法（UBB）、位图索引算法（BIG）以及增强的位图索引算法（IBIG）等四种不完整数据 TKD 查询算法[55]应运而生。

**（1）ESB 算法**

ESB 算法借鉴缺失数据 $k$-Skyband（$k$SB）查询的概念，提出局部 Skyband 技术处理缺失数据 TKD 查询。具体而言，ESB 算法首先借鉴桶算法划分数据对象。然后，对每个桶中的对象执行 $k$SB 查询，形成候选集 $S_c$。接着，ESB 算法基于对象支配数据的数量（即得分）对 $S_c$ 中的候选对象进行排名，并返回具有最高得分的前 $k$ 个对象作为最终的查询结果。

**引理 6.2（局部 Skyband 技术）** 给定一个缺失数据集合 $S$，令桶 $O_b$ 表示具有相同可观测维度集合 $b$ 的对象集合，即 $O_b = \{o \in S \mid \mathrm{Iset}(o) = b\}$，$S_S$ 是桶 $O_b$ 上 $k$SB 查询返回的结果集合，Iset($o$) 为数据对象 $o$ 含有已知值的维度集合。对于对象 $o \in O_b$，若 $o$ 不包含在 $S_S$ 中，则 $o$ 不是数据集 $S$ 上的 TKD 查询结果，即 $o \notin S_S \Rightarrow o \notin S_G$。

**证明：**反证法。假设存在数据对象 $o' \in O_b$ 满足 $o' \notin S_S$ 且 $o' \in S_G$。由于 $o \notin S_S$，$o'$被桶 $O_b$ 中至少 $k$ 个对象支配。这些支配 $o'$的对象集合表示为 $D_{o'}$，$|D_{o'}| \geqslant k$。因为同一桶内对象的支配关系满足传递性，所以被 $o'$支配的对象也被 $D_{o'}$中对象支配。换句话说，$D_{o'}$中的所有对象比 $o'$支配更多的对象，因此，$D_{o'}$中所有对象的得分都不低于 $o'$的分数。因 $|D_{o'}| \geqslant k$，故 $o' \notin S_G$。这与假设相矛盾。所以，假设无效。证毕。

**（2）UBB 算法**

尽管 ESB 算法可以解决缺失数据 TKD 查询问题，但其查询性能与候选集 $S_c$ 大小紧密关联。由于候选集合 $S_c$ 的大小由数据性质决定，故 ESB 算法性能不稳定。在极端情况下，若 $|S_c| = |S|$，则 ESB 算法无法过滤掉任何对象，即 ESB 的过滤步骤失效，且所有对象的得分必须逐一计算。为了避免出现这一问题，上界值算法（UBB）引入对象得分（*score*）上界，利用对象上界得分值确定对象的访问顺序，从而缩小数据候选集大小。

**引理 6.3（score 上界）** 给定一个数据对象 $o \in S$，令 $T_i(o)$ 表示第 $i$ 维上被对象 $o$ 支配的对象集合。具体地，$T_i(o)$ 定义为：

$$T_i(o) = \begin{cases} \{p \in S - \{o\} \mid o.[i] \leqslant p.[i]\} \cup S_i, & i \in \mathrm{Iset}(o) \\ S, & \text{其他} \end{cases} \tag{6.45}$$

其中，$S_i$ 表示第 $i$ 个维度值缺失的对象集合，Iset($o$) 表示对象 $o$ 具有已知值的维度集合。基于此，对象 $o$ 的得分上界值 $MaxScore(o) = \min\{|T_1(o)|, |T_2(o)|, \cdots, |T_d(o)|\}$。

**证明**：首先证明，对于任意的维度 $i$，$|T_i(o)|$是对象 $o$ 得分的上界。一方面，当 $i \notin \mathrm{Iset}(o)$时，$|T_i(o)|$显然是 $score(o)$ 的上界。另一方面，若 $i \in \mathrm{Iset}(o)$，则对象集合 $T_i(o)$包含所有在第 $i$ 维上不比 $o$ 好的对象以及所有第 $i$ 维值缺失的对象，即 $T_i(o)$包含所有可能被 $o$ 支配的对象。因此，$|T_i(o)|$是 $score(o)$的上限。因此，$T_i(o)(1 \leqslant i \leqslant d)$的最小基数是 $score(o)$的上界。证毕。

**启发式 6.1（上界值剪枝）**　给定一个缺失数据集合 $S$，令 $S_C$ 为缺失数据 TKD 查询的 $k$ 个候选对象集合，且 $\tau$ 是 $S_C$ 中所有对象的最小得分，即 $|S_C| = k$，且 $\forall c \in S_C$，$score(c) \geqslant \tau$，$\forall c' \in S_C$，$score(c') = \tau$。对于一个数据对象 $o \in S$，若 $MaxScore(o) \leqslant \tau$，则对象 $o$ 可以被 TKD 查询安全地剪枝。

**证明**：首先，$\forall c \in S_C$，$score(c) \geqslant \tau$。其次，$score(o) \leqslant MaxScore(o) \leqslant \tau$。因此，$\forall c \in S_C$，$score(c) \geqslant score(o)$。由于$|S_C| = k$，故有 $k$ 个对象的分数高于 $o$。因此，$o$ 不可能是缺失数据 TKD 查询的结果对象，即 $o$ 可以被安全地剪枝。证毕。

结合启发式 6.1，UBB 算法处理缺失数据 Top-$k$ 支配查询具体步骤如下。UBB 算法首先将缺失数据集 $S$、参数 $k$ 和优先级队列 $F$（其中，所有对象按照上界值降序排序）作为输入。其次，将查询候选集合 $S_C$ 和查询结果集合 $S_G$ 初始化为空，并将 $\tau$ 设置为 $-1$。$\tau$ 用于记录$|S_C| = k$ 时 $S_C$ 中对象的最小得分。然后，UBB 算法从队列 $F$ 中逐个访问数据对象，直到 $F$ 为空或者满足提前终止条件。具体地说，UBB 算法弹出 $F$ 的顶端对象 $o$。若 $MaxScore(o) \leqslant \tau$，则满足启发式 6.1 的提前终止条件，结束循环。此时，$F$ 中对象基于 $MaxScore$ 的降序排序保证了对象 $o$ 和 $F$ 中所有剩余对象的得分都不大于 $\tau$。若不满足提前终止条件（即 $MaxScore(o) > \tau$），则 UBB 算法继续评估数据对象。UBB 算法计算数据对象 $o$ 的分数 $score(o)$。若 $\tau$ 是$-1$，则候选集合 $S_C$ 不满。所以，对象 $o$ 被直接插入候选集 $S_C$。否则，若 $score(o)$大于 $\tau$，则对象 $o$ 被加入至 $S_C$ 的同时，将具有最小得分值的对象剔除。若 $S_C$ 被更新，则 $\tau$ 也被更新。最后，将 $S_C$ 的内容传递给 $S_G$，以得到最终的 TKD 查询结果。

（3）BIG 算法

UBB 算法使用上界值剪枝技术限制缺失数据 TKD 查询候选集合的大小。然而，当上界值比较宽松时，UBB 算法仍必须穷举计算许多对象（甚至整个数据集）的真实分值。相比之下，基于位图索引的缺失数据 TKD 查询算法（BIG）针对缺失数据集引入新型位图索引，以加速缺失数据 TKD 查询。结合 $MaxScore$ 技术，BIG 算法使用位图索引来实现一个高效的位图剪枝，并采用快速的按位操作进行得分值计算。

所设计的新型位图索引构建如下。首先，在位图索引中，每个数据对象 $o$ 由长度

为 $\sum_{i=1}^{d}(C_i+1)$ 的位串表示。其中，对象 $o$ 的第 $i$ 维由 $(C_i+1)$ 位的子串表示。$C_i$ 是第 $i$ 维上的不同观测值的总数。额外的一个比特用来表示缺失值。针对每一个维度，只需要关心此维度上有多少个不同的值，以便决定用于表示该维度的子串长度。因此，位图索引不仅支持整数数据，而且支持浮点数。请注意，如果给定数据集的每个对象在第 $i$ 个维度的值都不相同，则 $C_i$ 可能与数据集基数一样大。虽然 $C_i$ 的大小不影响查询效率，但会影响位图存储大小。

下面解释如何使用 $(C_i+1)$ 位的子串来索引第 $i$ 维中的观测值。简而言之，$(C_i+1)$ 位的子串对应第 $i$ 维中的一组排好序的维度值。该位图索引采用范围编码方法。如果观察到一个值，则其对应的位以及其后的所有位被设置为 0。另外，为了便于支配关系检查，缺失值被编码为全“1”的子串。

接下来，开始介绍 BIG 算法如何计算对象得分值。首先，集合 $P,Q,\Phi(o)$ 和 $nonD(o)$ 是与对象 $o$ 相关的四个对象集合，它们之间的包含关系如图 6.14 所示。其中，集合 $Q$ 表示除 $o$ 以外在 Iset($o$) 的每个维度上不比对象 $o$ 好或者存在缺失值的对象集合；$P$ 是 $Q$ 的子集，它包含在 Iset($o$) 的每个维度上比对象 $o$ 更差或者存在缺失值的对象集合；$\Phi(o)$ 表示数据集中与 $o$ 不可比较的对象集合；$nonD(o)$ 是集合 $(Q-P)$ 中不被 $o$ 支配的对象集合。这些对象集合可简化对象得分值的计算，加速查询对象判断。

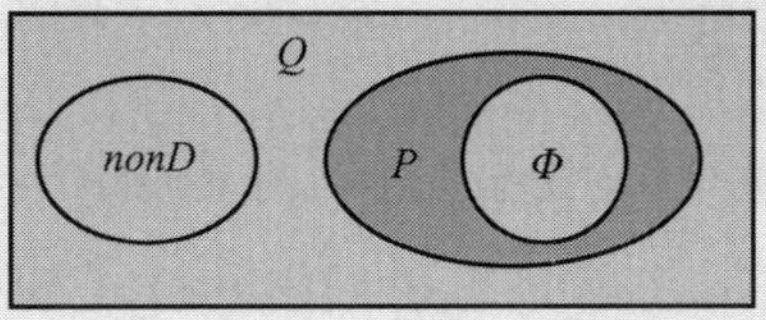


图 6.14　集合 $P$，$Q$，$\Phi(o)$ 和 $nonD(o)$ 的 Venn 图

定义 6.12 解释了如何利用位图索引计算集合 $Q$ 和 $P$。仅考虑第 $i$ 维上的值，$Q^i$ 和 $P^i$ 都包含可能被 $o$ 支配的对象，$P^i$ 是 $Q^i$ 的子集。为了清楚起见，将对象集合 $Q^i$ 和 $P^i$ 对应的（垂直）位向量分别表示为 $[Q^i]$ 和 $[P^i]$。具体地说，位向量 $[Q^i]$ 和 $[P^i]$ 的长度均为数据集的基数 $|S|$。位向量中每一个比特位对应于数据集 $S$ 中的一个对象。若 $Q^i/P^i$ 包含某个对象，则该对象对应的 $[Q^i]/[P^i]$ 中的比特设置为 1。否则，该位将设置为 0。

**定义 6.12（集合 $Q$ 和 $P$ 计算）**　若数据对象 $o$ 的第 $i$ 个维度值 $o.[i]$ 缺失，则 $Q^i=P^i=S$。否则，$Q^i=\{p\in S \mid o.[i]\leqslant p.[i] \vee p.[i]$ 缺失$\}$，$P^i=\{p\in S \mid o.[i]\leqslant p.[i] \vee p.[i]$ 缺失$\}$。计算集合 $Q$ 和 $P$ 的公式如下：

$$Q=\bigcap_{i=1}^{d} Q^i-\{o\} \quad P=\bigcap_{i=1}^{d} P^i \tag{6.46}$$

基于位图索引中的[$Q^i$]和[$P^i$],BIG 算法很容易通过按位操作获得集合 $Q$ 和 $P$,且不需要像 ESB 算法和 UBB 算法那样逐一比较数据维度值。

此外,利用位图索引逐位操作得到的集合 $Q$ 提供了另一个得分上界值 $MaxBitScore(o)$,即 $MaxBitScore(o)=|Q|$。基于此上界值的剪枝由启发式 6.2 给出。

**启发式 6.2(位图剪枝)** 给定一个缺失数据集合 $S$ 以及 TKD 查询中(包含 $k$ 个对象)的候选集合 $S_c$,令 $\tau$ 等于 $S_c$ 中对象的最小得分,若 $MaxBitScore(o)=|Q|\leqslant\tau$,则对象 $o$ 可以被 TKD 查询安全地剪枝。

**证明:**给定一个对象 $o$,若 $score(o)=\lambda$,则存在 $\lambda$ 个被 $o$ 支配的对象,表示为 $R=\{p^n \mid o<p^n, p^n\in S, n=1,\cdots,\lambda\}$。可以观察到,$\forall p^n\in R, p^n\in Q$。因此,$R$ 是 $Q$ 的一个子集,即 $R\subseteq Q$。所以,$\lambda=score(o)=|R|\leqslant|Q|=MaxBitScore(o)\leqslant\tau$,即 $score(o)\leqslant\tau$。证毕。

**引理 6.4(位图分数计算)** 给定一个缺失数据集合 $S$ 上的 TKD 查询和对象 $o\in S$,

$$MaxBitScore(o)\leqslant MaxScore(o) \tag{6.47}$$

**证明:**对于所有维度 $i\in \mathrm{Iset}(o)$,对象 $q\in Q$ 的条件满足 $o.[i]\leqslant q.[i]$或者 $q.[i]$缺失。因此,对所有维度 $i\in \mathrm{Iset}(o)$,可知 $q\in T_i(o)$。另外,对于 $o.[i']$缺失的维度 $i'$,可得 $T_{i'}(o)=S$。所以,$q\in T_{i'}(o)$。对于任何 $q\in Q$,有 $q\in T_i(o)$。因此,对于任意的维度 $i$,都可以得出 $Q\subseteq T_i(o)$。结合引理 6.3,得出 $|Q|\leqslant MaxScore(o)$。即,$MaxBitScore(o)\leqslant MaxScore(o)$。证毕。

令集合 $R$ 包含被对象 $o$ 支配的对象,则 $score(o)=|R|$。可以将 $R$ 划分为两个不相交的子集 $\Gamma(o)$ 和 $\Lambda(o)$。其中,$\Gamma(o)=P-\Phi(o)$,它包含所有的对象 $o'$,使得在所有维度 $\mathrm{Iset}(o)\cap\mathrm{Iset}(o)$ 上满足 $o'$ 严格比 $o$ 差且同时被 $o$ 支配。$\Lambda(o)=Q-P-nonD(o)$,它包含所有的对象 $o''$,使得 $o''$ 至少在一个维度上与 $o$ 有相同的已知值且被 $o$ 支配。因此,可以得到 $score(o)=|\Gamma(o)|+|\Lambda(o)|=|Q-\Phi(o)-nonD(o)|$。

在位图索引基础上,BIG 算法通过按位操作计算得分值,并集成了位图剪枝操作有效处理缺失数据 TKD 查询。具体而言,BIG 算法利用 $MaxScore(o)$ 和 $MaxBitScore(o)$ 过滤数据。给定对象 $o$,BIG 算法先计算 $MaxScore(o)$,而后将其与 $\tau$ 进行比较,若对象 $o$ 不能被 $MaxScore(o)$ 过滤,则 BIG 算法将计算 $MaxBitScore(o)$,并将其再次与 $\tau$ 进行比较。$MaxBitScore(o)$ 作为 $score(o)$ 的更紧的上界,可以过滤掉更多不合格的对象。然后,BIG 算法调用 BIG-Score 函数计算未被过滤掉的对象的真实得分值。

与 ESB 算法和 UBB 算法计算得分值的方法不同,BIG-Score 使用位图索引计算得分值。首先,BIG-Score 计算得分上界值 $MaxBitScore(o)$,并将其与候选对象的最小得分值 $\tau$ 进行比较。若满足启发式 6.2 的过滤条件,则可以立即过滤对象 $o$ 而不计算其

得分值。否则，对象通过过滤阶段，BIG-Score 基于 $|\Gamma(o)|+|\Lambda(o)|$得出其真实的得分值。其中，BIG-Score 分别推导出 $\Gamma(o)$ 和 $\Lambda(o)$。$(Q-P)$ 构成了 $nonD(o)$ 的一个候选集。因此，对于对象 $p\in(Q-P)$，BIG-Score 检查 $o$ 的每个已知维度 $i$，找到满足 $p.[i]=o.[i]$的对象 $p$。每个对象 $p\in(Q-P)$ 可以关联一个计数器 $tagT$ 来统计满足 $p.[i]=o.[i]$的维度数量。换句话说，集合 $(Q-P)$ 中满足 $tagT$ 等于 $|\mathrm{Iset}(o)\cap\mathrm{Iset}(p)|$的对象组成了集合 $nonD(o)$。一旦形成 $nonD(o)$，就可以得到 $\Lambda(o)$。随后，BIG-Score 返回 $|\Gamma(o)|+|\Lambda(o)|$并终止。

**(4) IBIG 算法**

与 ESB 算法和 UBB 算法相比，BIG 算法显著提高了缺失数据 TKD 查询效率。然而，BIG 算法中位图索引的存储代价比较大，尤其是当搜索空间的维度和域基数较高时。改进的 BIG 算法(称为 IBIG)引入位图压缩技术和 binning 策略，以便尽可能地缩小位图索引存储代价。其中，位图压缩技术应用于垂直位串，而 binning 策略则“水平地”压缩位图索引。

字对齐混合法(Word Aligned Hybrid，WAH)[46]和 CONCISE[56]是两种典型的用于垂直压缩位图索引的压缩技术。由于 CONCISE 在计算复杂度与 WAH 相当的情况下，具有比 WAH 更好的压缩比，IBIG 算法选择使用 CONCISE 压缩方法。

与此同时，考虑到位图编码方法(即范围编码)可能不适合压缩的情况，使用 CONCISE 压缩的位图索引空间仍然可能很大。因此，IBIG 算法引入了 binning 策略，进一步降低位图存储代价。不同于一个比特对应一个不同已知值的位图构造方法，binning 策略允许使用一个比特对应一个维度值区间(即一个比特编码一组已知值)来减小索引大小。binning 策略的基本思想是使用一个比特对一定范围内的已知值进行编码。也就是说，它将一个维度上的观测值分成多个箱子(bin)。每个箱子对应一个已知值区间。两个不同箱子的已知值区间是不相交的，且第 $i$ 个维度中的所有箱子范围覆盖第 $i$ 个维度上的所有已知值。若第 $i$ 个维度中的箱子数量(即 $\xi_i+1$)给定，则 $\xi_i$ 个箱子对应已知值，另外的一个箱子对应缺失值。

基于 binning 策略的位图索引(binned 位图索引)给 TKD 查询算法带来诸多影响。首先，与 BIG 算法的索引方法不同，在 binned 位图索引中，对于一个数据对象 $o$，若 $o.[i]$已知，则集合 $Q^i$ 包含位于与 $o.[i]$在相同箱子中的所有对象。其次，在启发式 6.2 中提出的位图剪枝仍然适用于 binned 位图索引，而在引理 6.4 中的论证 $MaxBitScore(o)\leqslant MaxScore(o)$不再有效。所以，binned 位图索引下 $MaxBitScore(o)$的剪枝性能可能稍微下降。另外，IBIG 算法可以使用部分值剪枝规则。如启发式 6.3 所示，该剪枝能帮助修剪掉某些不合格的对象。

**启发式 6.3（部分值剪枝）** 给定缺失数据集合 $S$ 和 TKD 查询中含 $k$ 个对象的候选集合 $S_c$，$\tau$ 为 $S_c$ 中最小得分，若对于某对象 $o\in(S-S_C)$，$|nonD(o)|>|Q|-|\Phi(o)|-\tau$，则对象可以被 TKD 查询安全地剪枝。

binned 位图索引下的得分值计算方法（即 IBIG-Score 函数）与原始位图索引下的得分值计算方法略有不同。与 BIG-Score 函数流程相同，IBIG-Score 首先实现基于启发式 6.2 的过滤步骤。若对象 $i$ 不能被过滤，则其 $score(o)$ 必须通过 $|\Gamma(o)|+|\Lambda(o)|$ 进行计算。类似于 BIG-Score，它生成集合 $|\Gamma(o)|$ 并构造 $nonD(o)$。此外，IBIG-Score 实现了启发式 6.3。随后，IBIG-Score 函数利用 $nonD(o)$ 生成 $|\Lambda(o)|$，并获得 $score(o)$。

IBIG 算法是 BIG 算法的改进版本，它与 BIG 算法共享相同的框架。它们之间的区别在于两方面：使用索引结构不同（即 BIG 算法使用基本位图索引，而 IBIG 算法使用 binning 位图索引）、分值计算稍有区别（其中，BIG 算法依赖于 BIG-Score 函数计分，而 IBIG 算法调用 IBIG-Score 函数用于计分）。

### 6.4.4 缺失数据流排序查询

在现实应用中，大量数据采用数据流形式以极高的速度进行传输，例如传感器数据、在线视频等。受硬件设备和查询时间的限制，计算机无法将所有流入数据进行存储后再执行查询指令。因此，面向数据流，Top-$k$ 查询算法针对最新数据流滑动窗口中流入的数据进行数据查询。例如，出于森林防火的需要，消防人员对森林中的温度进行监控，实时观察森林中四处分布的温度传感器中温度最高的 $k$ 个传感器数据。数据流 Top-$k$ 查询定义如下。

**定义 6.13（数据流 Top-*k* 查询）** 给定一个数据流对象集合 $S$，其中每个数据对象 $o\in S$ 含有 $d$ 个数据流（标记为 $s_1,s_2,\cdots,s_d$），每个流对应 $o$ 的一个属性，且包含多个以 $\langle o.id, o.value(i), o.t_i\rangle$ 形式存在的元组，其中 $o.id$ 是对象 $o$ 的唯一索引，$o.value(i)$ 是对象 $o$ 的第 $i$ 个属性值，$o.t_i$ 是对应元组流入时间。给定得分函数 $f$，数据流 Top-$k$ 查询返回通过 $f$ 计算分数最高的 $k$ 个数据流对象。

在数据流入过程中，数据对象所有属性通常难以在同一时间获得。也就是说，数据流往往是不完整的，但是传统 Top-$k$ 查询方法不能直接处理缺失数据流。此外，已有诸多工作[57]证实，Top-$k$ 查询结果仅是 $k$-Skyband 查询结果的子集。因此，$k$-Skyband 算法可以为 Top-$k$ 查询方法提供查询剪枝，并以此加速 Top-$k$ 查询过程。然而，在 $k$-Skyband 算法中，不同数据流对象之间存在的支配关系会随着时间的变化而变化。为此，基于 $k$-Skyband 的缺失数据流 Top-$k$ 查询算法（Top-$k$ Query with $k$-Skyband，TQK）[57]通过构建数据实例计算不同时刻流入数据对数据支配关系的影响，并在此基础上利用 $k$-

Skyband 概念剪枝 Top-$k$ 查询对象,加速缺失数据流 Top-$k$ 查询进程。TQK 算法使用数据求和函数作为得分函数。

首先介绍 TQK 算法如何创建面向数据流的数据实例。假设数据对象 $o$ 在数据流维度子空间 $I=\{i_1,i_2,\cdots,i_r\}\subseteq\{1,\cdots,d\}$ 中被观察到,且 $o.t_{i_1}<o.t_{i_2}<\cdots<o.t_{i_r}$,则 TQK 算法可以通过以下方式创建数据对象 $o$ 的 $r$ 个聚合数据实例:

$$o^j=\langle o.id,o^j.currentscore,o^j.bestscore,o^j.t\rangle,j\in\{1,\cdots,r\} \tag{6.48}$$

其中,$o^j.t=o.t_{i_j}$。实例 $o^j$ 的当前得分 $o^j.currentscore=f(v_w(1),\cdots,v_w(d))$,$f$ 是数据求和函数,$v_w(x)$的计算方式为:

$$v_w(x)=\begin{cases}o.\mathrm{value}(x), & x\in I\wedge o.t_x\geqslant o.t_{i_j}\\ 0, & \text{其他}\end{cases} \tag{6.49}$$

$o^j.bestscore$ 表示数据实例 $o^j$ 在整个数据流窗口周期内所能够达到的最高分数值,$o^j.bestscore=f(v_b(1),\cdots,v_b(d))$,$v_b(x)$的计算方式如下:

$$v_b(x)=\begin{cases}o.value(x), & x\in I\wedge o.t_x\geqslant o.t_{i_j}\\ 0, & x\in I\wedge o.t_x<o.t_{i_j}\\ 1, & \text{其他}\end{cases} \tag{6.50}$$

其中,$v_b(x)$计算的第二个条件指的是每个数据对象在每个数据流中仅仅被观察到一次。当数据对象 $o$ 的一个新特征所对应的数据流 $i_{r+1}$(即 $i_{r+1}\in\{1,\cdots,d\}$)流入时,$o$ 所有数据实例的 $currentscore$ 和 $bestscore$ 都将会根据下式进行更新:

$$v_w(i_{r+1})=v_b(i_{r+1})=o.value(i_{r+1}) \tag{6.51}$$

该更新公式使得数据对象 $o$ 的所有数据实例的 $currentscore$ 则会不断上升,而 $bestscore$ 不断下降。因此,随着时间的推移,$currentscore$ 和 $bestscore$ 之间的差距将会逐渐缩小。

基于面向数据流的数据实例的定义,数据实例之间支配关系的定义如下。

**定义 6.14(面向数据流的数据实例支配关系)** 给定一组面向数据流的数据实例集合 $Q$,若其中的两个数据实例 $o^i$ 和 $q^j$ 满足 $o^i.t>q^j.t$ 且 $o^i.currentscore>q^j.bestscore$,则 $o^i$ 支配 $q^j$,即 $o^i\geqslant q^j$。

面向数据流的数据实例的支配关系具备如下性质。

(1)支配持续性,即支配关系在数据实例的整个生命周期内都存在,也就是说,若在 $\tau$ 时刻支配关系 $o^i\geqslant q^j$ 存在,则对于任意 $t>\tau$ 时刻,支配关系 $o^i\geqslant q^j$ 同样成立;

(2)支配传递性,若支配关系 $o^i\geqslant q^j$ 且 $q^j\geqslant r^k$ 存在,则支配关系 $o^i\geqslant r^k$ 同样成立。

基于新定义的面向数据流的数据实例支配关系及其特殊性质,算法 6.4 描述了当新数据流流入时,TQK 算法如何统计并更新此时所有数据实例被其他数据实例支配的

数量 *dc*。为了方便存储和管理数据流信息,TQK 算法记录有效数据对象的有效哈希表、按照时间排序的实例列表 *tsorted*、按照 *currentscore* 排序的 *csorted* 列表以及按照 *bestscore* 排序的 *bsorted* 列表。具体而言,当一个数据对象〈*o. id*,*o. value*(*i*),$o.t_i$〉从第 *i* 个数据流输入时,TQK 算法首先在有效哈希表中查看该数据对象(即查看 *o. id*)是否有效(第 2 行)。若数据对象有效,则利用这一数据实例信息更新该数据对象下的其他数据实例相关信息(第 3—5 行)。同时,TQK 算法依此创建新数据实例 $o^r$(第 6 行),并将该实例插入到时间排序的列表 *tsorted* 中(第 7 行)。接着,TQK 算法按照 *currentscore* 和 *bestscore* 对数据实例进行排序,并分别在 *csorted* 列表和 *bsorted* 列表中按照排序插入〈*o. id*,$o^r$. *currentscore*〉和〈*o. id*,$o^r$. *bestscore*〉(第 8—9 行)。然后,不断选取 *bsorted* 列表中的数据实例与 $o^r$. *currentscore* 进行比较,更新所有数据实例被其他数据对象实例支配的数量 *dc*,并将 *o* 的 *id* 插入 *dcids* 列表中(第 10—13 行),防止 *o. id* 重复记录。

**算法 6.4　数据实例流入更新策略**

**输入**:流入数据实例 ID *p. id*,数据实例到达时间 *o. t*,*tsorted* 列表,*csorted* 列表和 *bsorted* 列表
**输出**:更新后 *tsorted*、*csorted* 和 *bsorted* 列表

1:$r=1$
2:**if** 有效哈希表中存在 *o. id* **then**
3:　　**forall** 有效哈希表中指向的数据实例指针 *E* **do**
4:　　　根据指针 *E*,*o. value*(*i*)更新 *tsorted*、*csorted* 和 *bsorted* 列表
5:　　　*r*++
6:利用 *o. id*、*o. value*(*i*)、*o. t* 和 *t* 创建新实例 $o^r$
7:向 *tsorted* 列表中插入数据实例 $o^r$
8:向 *csorted* 列表中插入(*o. id*,$o^r$. *currentscore*)
9:向 *bsorted* 列表中插入(*o. id*,$o^r$. *bestscore*)
10:**foreach** *bsorted* 列表中的每一个对象实例 *q* do
11:**if** *q. bestscore*<$o^r$. currentscore 且 $o^r$. *id* $\notin$ *q. dcids* **then**
12:　　*q. dc*++
13:　　向 *q* 的 *dcids* 列表中插入 *o. id*
14:**return** 更新后 *tsorted*、*csorted* 和 *bsorted*

紧接着,基于数据实例流入更新策略及所统计的数据实例支配数量,TQK 算法借鉴 *k*-Skyband 概念实现 TQK 查询对象剪枝。具体而言,当一个数据实例的 *dc* 值大于查询个数 *k* 时,TQK 算法利用 *k*-Skyband 概念将该数据实例舍弃。此外,TQK 算法不仅将该数据实例从三个列表 *tsorted*、*csorted* 和 *bsorted* 中剔除,而且将有效哈希表中指向该数据实例的指针消除。值得注意的是,由于数据实例支配关系存在传递性,故这样的移除操作并不影响其他数据实例的 *dc* 值。这是因为,一个数据实例 $o^i$ 所支配的数据实例必然也被支配 $o^i$ 的数据实例所支配。那么这就意味着,被 $o^i$ 所支配的数据实例,其 *dc* 值比 $o^i$ 更早地增加至 *k*,因而其比 $o^i$ 更早被舍弃。最后,TQK 算法通过降序扫描

*csorted* 列表，并选取其中 Top-$k$ 个数据流对象作为最终的 TQK 查询结果。

### 6.4.5　基于众包的缺失数据查询

大多缺失数据查询算法只借助机器算法，查询质量受限于机器算力。面向主观性较强的应用或数据缺失分布不均匀的情况时，机器很难有效地解决缺失数据查询问题。相比之下，人类则更加具有解决问题的优势。随着众包平台的大量涌现，利用人类群体智能的众包技术（Crowdsourcing）日趋成熟，促进了缺失数据查询处理研究。

基于众包的 Skyline 查询框架 BayesCrowd[58] 引入众包技术解决了缺失数据 Skyline 查询处理问题。该问题形式化如下。

**定义 6.15（基于众包的缺失数据 Skyline 查询）**　给定一个缺失数据对象集合 $S$，指定众包预算 $B$ 和众包延迟 $L$，有策略地发布众包任务，以最大化查询精度和最小化查询成本为目标，返回 Skyline 查询结果集合 $R$。

如图 6.15 所示，BayesCrowd 框架主要涵盖建模阶段和众包阶段。建模阶段包括概率分布推理和 $c$-table 构建，分别负责利用贝叶斯网络计算缺失属性概率分布，刻画数据相关性；并根据查询生成候选查询结果表示模型 $c$-table。众包阶段涉及概率计算和众包任务选择。选择众包任务时需要考虑用户提出的约束条件，任务选择依据可以依赖于概率计算。在众包任务选择模块中，BayesCrowd 设计了多种各有优势的选择策略，查询用户可以根据自身需求进行灵活选择。值得一提的是，不同策略的目标都是相同的，即达到 Skyline 查询精度、查询时延以及查询经济成本三者之间的平衡。

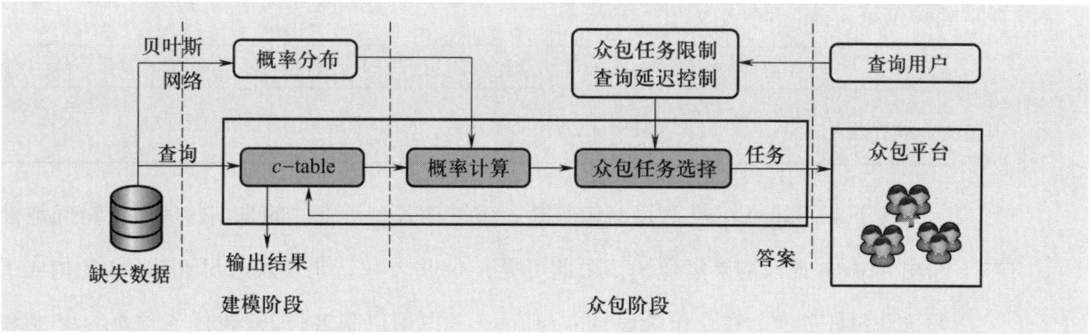


图 6.15　基于众包的 Skyline 查询质量优化框架 BayesCrowd

算法 6.5 给出了 BayesCrowd 框架工作流程伪代码，其输入为缺失数据集 $S$ 和查询 $q$，输出为查询结果集合 $S_R$。在建模阶段，已知数据存储于数据库中，BayesCrowd 需要对贝叶斯网络进行预训练。在贝叶斯网络中，有向无环图被用于表示属性之间的“因果”关系，条件概率表 $c$-table 则作为参数被用于定量描述节点的联合概率分布。

**算法 6.5　基于众包的 Skyline 查询质量优化框架**

**输入**：缺失数据集 $S$，查询点 $q$
**输出**：查询结果 $S_R$
1：根据贝叶斯预训练模型计算所有变量的概率分布
2：根据查询特性生成 $c$-table $C$
3：选择众包任务 $T$
4：在众包平台发布任务 $T$
5：从众包工人处收集答案
6：推断出查询结果集合 $S_R$
7：**return** $S_R$

已知贝叶斯网络结构以及网络中各节点上的参数，BayesCrowd 通过部分属性变量的已知值来推断其他属性变量的概率分布。当贝叶斯网络预训练环节结束，相关的网络结构信息和参数信息会在系统每次启动时加载，以便实时计算属性的概率分布。对于输入查询 $q$，BayesCrowd 根据查询特性生成 $c$-table $C$，用于存储候选查询结果。$c$-table 中包含了所有候选 Skyline 点以及 Skyline 点成立的条件。例如在表 6.13 中，左边 $o_1, o_2, \cdots, o_5$ 表示候选 Skyline 点，右边表示 Skyline 点成立的条件，由多个不等式经过合取、析取操作组合而成。$Var$ 表示数据对象属性上的缺失值，例如 $Var(o_2, a_2)$ 表示对象 $o_2$ 在 $a_2$ 属性上的缺失值，其余变量含义同理。至此，建模阶段工作告一段落。

表 6.13　关于 Skyline 查询的 $c$-table 模型

| 对象 | 条件 |
| --- | --- |
| $o_1$ | $(Var(o_5,a_2)<2) \vee (Var(o_5,a_3)<3) \vee (Var(o_5,a_4)<4)$ |
| $o_2$ | $true$ |
| $o_3$ | $true$ |
| $o_4$ | $Var(o_2,a_2)<3 \wedge [(Var(o_5,a_2)<3) \vee (Var(o_5,a_3)<1) \vee (Var(o_5,a_4)<2)]$ |
| $o_5$ | $[(Var(o_5,a_3)<3) \vee (Var(o_5,a_4)>4)]$<br>$\wedge [(Var(o_5,a_2))>Var(o_2,a_2)) \vee (Var(o_5,a_3)>3) \vee (Var(o_5,a_4)>2)]$ |

接下来，BayesCrowd 利用众包判断 $c$-table 中各个子条件的真/假，从而更精确地推断出 Skyline 查询结果集合 $S_R$。由此可见，$c$-table 不仅记录了候选 Skyline 点，还构成了候选众包任务池。在众包阶段，BayesCrowd 考虑用户需求（即众包任务预算约束 $B$ 和查询延迟要求 $L$）从候选任务池中选择任务，并发布至众包平台。

然而，众包的引入给查询处理算法带来了经济代价。考虑经济成本，系统的目标是在有限预算下优先选择最重要的众包任务进行发布。查询延迟则与众包的发布机制息息相关。BayesCrowd 框架采用了迭代发布策略，即任务发布是交互式的。系统会从候选任务池中选择一批任务发布至众包平台。当这一批任务全部被完成时，系统再收集答案并更新候选任务池。随后，若众包预算允许，系统将再次选择一批任务发布，重复上述过程直至预算用尽或候选任务池为空。迭代发布策略的优势在于,能够利用前几轮发布任务的答案推断候选任务池中其他相关任务的答案,从而减少任务总数。

为了满足不同用户的应用需求,BayesCrowd 提出了三种任务选择策略,分别是基于频率的选择策略、基于效用函数的选择策略以及混合启发式选择策略。其中,基于频率的选择策略选择在 $c$-table 中出现次数最多的子条件作为众包任务优先发布至平台;基于效用函数的选择策略将信息熵的增量作为效用,选择 $c$-table 中具有最大效用的条件,这涉及结合建模阶段得到的概率分布进行条件的概率计算,因而需要一个独立的概率计算模块以加速任务选择过程;混合启发式选择策略综合 $c$-table 中条件出现的频率以及对应效用进行选择。

当众包工人完成任务后,众包平台将答案反馈给 BayesCrowd。随后,答案被传递至 $c$-table 模块用于更新候选对象的条件,进而推断查询结果。若 $c$-table 中候选点 $o$ 的条件满足,则将 $o$ 加入 Skyline 查询结果集合 $S_R$ 中。以表 6.13 中的 $\phi(o_1)$ 为例,假设发布任务为 $Var(o_5,a_2)<2$,若工人选择"小于",则表达式 $Var(o_5,a_2)<2$ 为真,与此同时,$\phi(o_1)$ 为真,将 $o_1$ 加入 Skyline 查询结果集合中。若工人选择"等于"或"大于",则表达式 $Var(o_5,a_2)<2$ 为假,此时 $o_1$ 的表达式为 $\phi(o_1)=[(Var(o_5,a_3)<3)\vee(Var(o_5,a_4)<4)]$。需要注意的是,由于数据对象之间支配关系的特性,众包任务的答案可能会影响 $c$-table 中多个候选数据对象的条件。例如,在已知众包答案"$Var(o_5,a_2)<2$ 为真",将 $\phi(o_1)$ 更新为真。除此之外,还能推断出 $\phi(o_4)$ 中的 $Var(o_5,a_2)<3$ 为真,以及 $\phi(o_5)$ 中的 $Var(o_5,a_2)>2$ 为假。由此可得更新后的 $c$-table 如表 6.14 所示。从更新后的 $c$-table 中可看出,任务数减少,多个对象的条件被简化,减少了下一轮众包提问的计算开销。最终,当所有候选点判断完毕或预算用完时,$c$-table 模块返回查询结果集合 $S_R$,查询过程结束。

表 6.14 众包更新后的 $c$-table 模型

| 对象 | 条件 |
| --- | --- |
| $o_1$ | *true* |
| $o_2$ | *true* |
| $o_3$ | *true* |
| $o_4$ | $Var(o_2,a_2)<3$ |
| $o_5$ | $[(Var(o_5,a_3)<3)\vee(Var(o_5,a_4)>4)]$<br>$\wedge[(Var(o_5,a_2))>Var(o_2,a_2))\vee(Var(o_5,a_3)>3)\vee(Var(o_5,a_4)>2)]$ |

## 6.5 小结与展望

在现有数据管理理论与方法研究的基础上，结合数据的多源、异构、海量、高维和不完整性等特性，缺失数据管理研究以解决真实缺失数据处理问题为宗旨，提高缺失数据利用率，助力大数据与人工智能发展，推进社会数字化和信息化变革。本章具体介绍了缺失数据补全算法、索引技术和查询方法等一系列缺失数据管理前沿技术。下面简单分析该研究领域有待进一步突破的研究问题。

**（1）缺失数据补全**

当前缺失数据补全方法借助不同的预测模型（譬如统计模型、机器学习/深度学习模型等）只考虑缺失数据补全，割裂数据补全任务和后续分析任务，无法有效地解决补全模型的性能问题，如鲁棒性和可扩展性差等。结合数据缺失分布和下游分析任务，提高补全模型的鲁棒性，借鉴大规模数据处理技术（如数据采样策略、分布式计算等），增强补全模型的可扩展性，是数据补全研究的关键问题。

**（2）缺失数据索引**

已有缺失数据索引技术仅针对经典的索引结构略加改造，很难（有效地）支持复杂场景下的缺失数据查询处理，因此难以满足各种新颖/复杂的缺失数据管理需求。结合哈希、B 树、位图、R 树、M 树和倒排文件等索引结构，设计新颖且有效的缺失数据索引技术，可以减少/避免不必要的缺失数据对象访问，从而提高缺失数据查询效率。此外，结合人工智能模型，设计高效的缺失数据学习型索引，可以实现自适应的索引构建。同时，面向具体的数据类型和查询处理问题，进一步提出基于规则和任务的混合型索引方法，可以探索鲁棒性更强的索引构建方法，从而有效支持数据更新，优化查询代价。

**（3）缺失数据查询**

缺失数据查询是数据库领域一个十分重要但仍未解决的难题。针对数据库基本查询算子如聚合（aggregation）等，仍未有完备的定义。现有缺失（时空）数据查询算法主要是在基于统计技术（例如距离度量方法）的传统完整数据查询算法基础上解决缺失数据查询问题，查询形式化定义简单粗暴，查询性能有限。如何细粒度地合理地完善地支持包含缺失数据的查询处理，并支持查询执行优化，是缺失数据查询处理研究的瓶颈。另外，针对不同的缺失数据查询任务（譬如相似性查询、Skyline 查询、Top-$k$ 查询等），可以借鉴深度学习推荐系统，设计基于深度学习的缺失数据查询算法，实现缺失数据快速且有效地查询。

（4）缺失数据表征

当前数据表征技术大多仅关注完整数据，难以表征缺失数据，因此不能满足后续数据分析需求。结合已有的完整数据表征模型（譬如多层感知机、注意力模型以及 Transformer 等），构建面向缺失数据的表征模型，学习可观测数据分布以及数据缺失分布，结合下游分析任务设计端到端的缺失数据分析模型，值得数据科学领域的专家学者深入探索。

## 6.6 术语表

| | |
|---|---|
| propositional formula | 命题公式 |
| conditional table | $c$-table |
| single imputation | 单一补全 |
| $k$ nearest neighbor imputation | $k$ 最近邻补全算法 |
| hot deck imputation | 热甲板补全算法 |
| cold deck imputation | 冷甲板补全算法 |
| multiple imputation | 多重补全 |
| multivariate imputation by chained equations | 基于链式方程的多重补全算法 |
| imputation via individual model | 个体回归补全算法 |
| singular value decomposition | 奇异值分解算法 |
| soft-impute | 软阈值补全算法 |
| matrix factorization imputation | 矩阵分解补全算法 |
| principal component analysis imputation | 主成分分析补全算法 |
| multi-layer perceptron | 多层感知机 |
| multi-layer perceptron imputation | 多层感知机补全算法 |
| round-robin sinkhorn imputation | RRSI 补全算法 |
| auto-encoder | 自编码器 |
| multiple imputation denoising auto-encoder | 多重降噪自编码器补全算法 |
| denoising auto-encoder | 降噪自编码器 |
| variational auto-encoder imputation | 变分自编码器补全算法 |
| variational auto-encoder | 变分自编码器模型 |
| heterogeneous-incomplete VAE | 异构不完全变分自编码器补全算法 |
| missing data importance-weighted auto-encoder model | 重要性加权自编码器补全算法 |
| importance-weighted auto-encoder model | 重要性加权自编码器模型 |
| generative adversarial network | 生成对抗网络 |
| generative adversarial imputation network | 生成对抗补全网络算法 |
| mini-batch training | 最小批量训练 |

续表

| | |
|---|---|
| graph imputation neural network | 图补全神经网络算法 |
| equality encoded bitmap | 位图等式编码 |
| range encoded bitmap | 位图范围编码 |
| vector approximation | 向量近似 |
| $k$ nearest neighbor | $k$ 最近邻 |
| minimum bounding rectangle | 最小界限矩形 |
| histogram approximate | 直方图近似算法 |
| probabilistic similarity query | 概率相似性查询算法 |
| location-based service | 基于位置的服务 |
| dominance relationship | 支配关系 |
| skyline query | Skyline 查询 |
| top-$k$ dominating query | Top-$k$ 支配查询 |
| crowdsourcing | 众包技术 |
| false positive | 假阳性 |
| false negative | 假阴性 |

## 6.7 习题

习题 6.1　使用基于统计信息的补全算法对表 6.15 的电影评分缺失数据进行补全。

表 6.15

| ID | 电影名称 | 观众打分 | | | | |
|---|---|---|---|---|---|---|
| | | $a_1$ | $a_2$ | $a_3$ | $a_4$ | $a_5$ |
| $m_1$ | 辛德勒名单 | 5 | 2 | 3 | 4 | 1 |
| $m_2$ | 七宗罪 | 6 | — | 2 | 2 | 2 |
| $m_3$ | 教父 | 1 | 1 | — | 5 | 3 |
| $m_4$ | 狮子王 | 4 | 3 | 1 | 2 | 1 |
| $m_5$ | 星球大战 | 5 | — | — | — | 1 |

习题 6.2　缺失数据补全算法可以分为两类:(1) 为整个缺失数据集构建一个补全模型;(2) 为每个缺失维度构建一个补全模型。请依此将数据补全方法重新分类。

习题 6.3　请阐述基于生成对抗网络的补全算法将自编码器作为生成器的原因。

习题 6.4　分别给定关键字为(3,5,7)、(−5,7)、(3,−7)和(3,−,−)的 4 个元组,试用位串增强索引回答以下问题:

(1) 找出在式(6.14)和式(6.15)的函数下映射至相同点的元组;

（2）写出所有元组在位串增强索引下的关键字。

习题 6.5　试分析 MOSAIC 索引不适用于多维度范围查询的原因。

习题 6.6　在某电影评分数据集中（电影评分取值范围是[0,5]的整数值），当评分数据存在缺失时，采用位图索引对电影的评分数据进行索引。请回答以下问题：

（1）给出位图等式编码下，电影评分分别为 0、2、5 和“缺失”的位串表示；

（2）给出位图范围编码下，电影评分分别为 1、3、4 和“缺失”的位串表示。

习题 6.7　在缺失数据上，使用文中表 6.11 和表 6.12 所示的向量近似索引，处理查询“返回所有值为 2 或 3 的记录”。请分别给出当缺失数据被视为“匹配”和“非匹配”情形下的查询结果。

习题 6.8　某缺失数据集记录了某个数据元组的 3 个属性，这 3 个属性对应的已知值集合分别为{0,1}、{1,2,3,4,5}、{1,2,3,4,5,6,7,8,9,10}。试给出在位图索引的等式编码和范围编码方式下，该数据元组的位图空间占用。

习题 6.9　如图 6.16 所示，按照 HIT 索引沿着 $x$ 轴和 $y$ 轴将数据点划分至箱子 $F_1.[1]$，$F_1.[2]$，$F_1.[3]$，$F_2.[1]$和 $F_2.[2]$中。

（1）请写出查询点 $q$ 的位置矢量 $pos[q]$；

（2）针对查询点 $q$，请给出利用直方图近似算法在图中数据点进行 I3NN（$k=3$）查询时输出的候选数据对象集合，直接舍去的数据对象集合以及最终的查询结果。

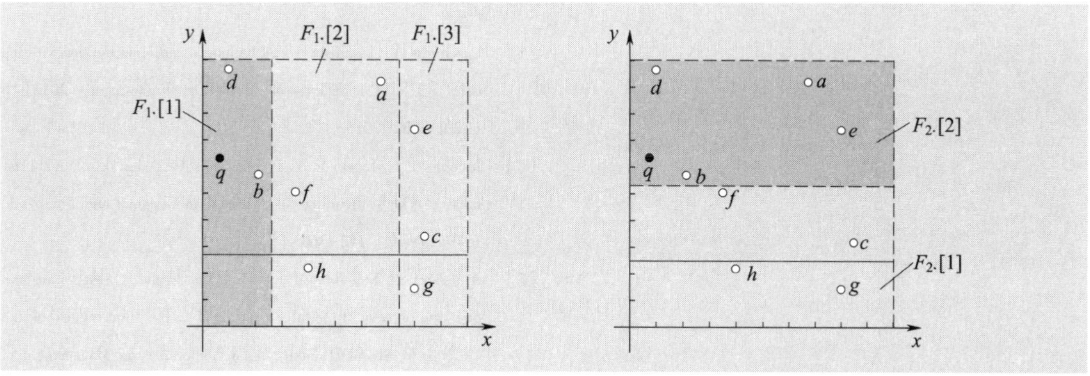


图 6.16

习题 6.10　在习题 6.9 中，HA 算法得到的查询结果为{$b,d,a$}，但真实的 I3NN 查询结果应该是{$b,f,d$}。也就是说，HA 算法的计算结果中存在假阳性（FalsePositive，$FP$）对象，例如习题 6.9 中的对象 $f$。同时也意味着结果集中存在假阴性（False Negative，$FN$）对象，例如习题 6.9 中的对象 $a$。假阴

性比率指的是真实结果对象缺失的概率,形式化定义为 $P_{FN}=|FN|/(|FN|+|TP|)$,其中 $|FP|$、$|FN|$ 和 $|TP|$ 分别表示 IkNN 查询的结果假阳性数量、假阴性数量和真阳性数量。为了简化讨论,假设每个维度中存在相同数量的箱子,表示为 $\xi$。试证明:给定一个由 HIT 索引的缺失数据集 $S$,假设对象的不同维度之间是独立的,$N$ 是数据集的基数。针对一个查询对象 $q$ 的 IkNN 查询,$P_{FN}$ 表示假阴性比率,即 IkNN 检索的真实结果对象不在 $\bigcup_{i\in[1,m]} F_{i.}[pos(q).[i]]$ 中对象集合内的概率。令 $\overline{P}_{FN}$ 为假阴性比率 $P_{FN}$ 的上界,则 $P_{FN}\leqslant\overline{P}_{FN}=\left(\frac{\xi-1}{\xi}\right)^{m}$,其中 $m$ 表示数据维度个数。

习题 6.11　试给出 Top-$k$ 支配查询中基于上界值的算法(UBB)伪代码。

习题 6.12　在表 6.15 的电影评分数据集中,以电影为数据对象,用户评分为属性,试构建基于条件对 $\langle m,\phi(m)\rangle$ 的 $c$-table 模型,其中 $\phi(m)$ 表示 $c$-table 中电影 $m$ 的条件。

## 参考文献


[1] Labrinidis A, Jagadish H V. Challenges and opportunities with big data [J]. Proceedings of the VLDB Endowment, 2012, 5(12): 2032-2033.

[2] Imieliński T, Lipski Jr W. Incomplete information in relational databases [M]. Readings in Artificial Intelligence and Databases. 1989, 31(4): 342-360.

[3] Abiteboul S, Kanellakis P, Grahne G. On the representation and querying of sets of possible worlds [C]//Proceedings of the 1987 ACM SIGMOD International Conference on Management of Data. 1987: 34-48.

[4] Antova L, Koch C, Olteanu D. From complete to incomplete information and back [C]//Proceedings of the 2007 ACM SIGMOD International Conference on Management of Data. 2007: 713-724.

[5] Antova L, Koch C, Olteanu D. World-set decompositions: Expressiveness and efficient algorithms [C]//11th International Conference on Database Theory. 2007: 194-208.

[6] Kwak S K, Kim J H. Statistical data preparation: Management of missing values and outliers [J]. Korean Journal of Anesthesiology, 2017, 70(4): 407.

[7] Miao X, Wu Y, Chen L, et al. An experimental survey of missing data imputation algorithms [J]. IEEE Transactions on Knowledge and Data Engineering, 2022, 1(1): 1-20.

[8] Farhangfar A, Kurgan L A, Pedrycz W. A novel framework for imputation of missing values in databases [J]. IEEE Transactions on Systems, Man, and Cybernetics-Part A: Systems and Humans, 2007, 37(5): 692-709.

[9] Altman N S. An introduction to kernel and nearest-neighbor nonparametric regression [J]. The American Statistician, 1992, 46(3): 175-185.

[10] Jerez J M, Molina I, García-Laencina P J, et al. Missing data imputation using statistical and machine learning methods in a real breast cancer problem [J]. Artificial Intelligence in Medicine, 2010, 50(2): 105-115.

[11] Twala B, Cartwright M, Shepperd M. Comparison of various methods for handling incomplete data in software engineering databases [C]//2005 International Symposium on Empirical Software Engineering. 2005: 105-114.

[12] Stekhoven D J, Bühlmann P. MissForest—non-parametric missing value imputation for mixed-type data [J]. Bioinformatics, 2012, 28(1): 112-118.

[13] Chen T, Guestrin C. Xgboost: A scalable tree boosting system [C]//Proceedings of the 22nd ACM SIGKDD International Conference on Knowledge Discovery and Data Mining. 2016: 785-794.

[14] Royston P, White I R. Multiple imputation by chained equations (MICE): Implementation in Stata [J]. Journal of Statistical Software, 2011, 45(4): 1-20.

[15] Zhang A, Song S, Sun Y, et al. Learning individual models for imputation [C]//Proceedings of the 35th IEEE International Conference on Data Engineering. 2019: 160-171.

[16] Mazumder R, Hastie T, Tibshirani R. Spectral regularization algorithms for learning large incomplete matrices [J]. The Journal of Machine Learning Research, 2010, 11: 2287-2322.

[17] Févotte C, Idier J. Algorithms for nonnegative matrix factorization with the β-divergence [J]. Neural Computation, 2011, 23(9): 2421-2456.

[18] Josse J, Pagès J, Husson F. Multiple imputation in principal component analysis [J]. Advances in Data Analysis and Classification, 2011, 5(3): 231-246.

[19] García-Laencina P J, Sancho-Gómez J L, Figueiras-Vidal A R.

Pattern classification with missing data: a review [J]. Neural Computing and Applications, 2010, 19(2): 263-282.

[20] Muzellec B, Josse J, Boyer C, et al. Missing data imputation using optimal transport [C]//Proceedings of the 37th International Conference on Machine Learning. 2020: 7130-7140.

[21] Gondara L, Wang K. Multiple imputation using deep denoising autoencoders [J]. ArXiv Preprint ArXiv:1705.02737, 2017.

[22] McCoy J T, Kroon S, Auret L. Variational autoencoders for missing data imputation with application to a simulated milling circuit [J]. IFAC-PapersOnLine, 2018, 51(21): 141-146.

[23] Nazabal A, Olmos P M, Ghahramani Z, et al. Handling incomplete heterogeneous data using VAEs [J]. Pattern Recognition, 2020, 107: 107501.

[24] Mattei P A, Frellsen J. MIWAE: Deep generative modelling and imputation of incomplete data sets [C]//Proceedings of the 36th International Conference on Machine Learning. 2019: 4413-4423.

[25] Yoon J, Jordon J, Schaar M. GAIN: Missing data imputation using generative adversarial nets [C]// Proceedings of the 35th International Conference on Machine Learning. 2018: 5689-5698.

[26] Spinelli I, Scardapane S, Uncini A. Missing data imputation with adversarially-trained graph convolutional networks [J]. Neural Networks, 2020, 129: 249-260.

[27] Mirjalili S, Mirjalili S M, Lewis A. Let a biogeography-based optimizer train your multi-layer perceptron [J]. Information Sciences, 2014, 269: 188-209.

[28] Mitra S, Pal S K. Fuzzy multi-layer perceptron, inferencing and rule generation [J]. IEEE Transactions on Neural Networks, 1995, 6(1): 51-63.

[29] Hinton G E, Salakhutdinov R R. Reducing the dimensionality of data with neural networks [J]. Science, 2006, 313(5786): 504-507.

[30] Creswell A, White T, Dumoulin V, et al. Generative adversarial networks: An overview [J]. IEEE Signal Processing Magazine, 2018, 35(1): 53-65.

[31] Goodfellow I, Pouget-Abadie J, Mirza M, et al. Generative adversarial networks [J]. Communications of the ACM, 2020, 63(11): 139-144.

[32] Pal M. Random forest classifier for remote sensing classification [J]. International Journal of Remote Sensing, 2005, 26(1): 217-222.

[33] Bartlett P L, Long P M, Lugosi G, et al. Benign overfitting in linear regression [J]. Proceedings of the National Academy of Sciences, 2020, 117(48): 30063-30070.

[34] Paige C C, Saunders M A. Towards a generalized singular value

decomposition [J]. SIAM Journal on Numerical Analysis, 1981, 18(3): 398-405.

[35] Jenatton R, Le Roux N, Bordes A, et al. A latent factor model for highly multi-relational data [C]//26th Advances in Neural Information Processing Systems. 2012: 3176-3184.

[36] Genevay A, Peyré G, Cuturi M. Learning generative models with Sinkhorn divergences [C]//21st International Conference on Artificial Intelligence and Statistics. 2018: 1608-1617.

[37] Majumdar A. Blind denoising autoencoder [J]. IEEE Transactions on Neural Networks and Learning Systems, 2018, 30(1): 312-317.

[38] Li X, She J. Collaborative variational autoencoder for recommender systems [C]//Proceedings of the 23rd ACM SIGKDD International Conference on Knowledge Discovery and Data Mining. 2017: 305-314.

[39] Burda Y, Grosse R, Salakhutdinov R. Importance weighted autoencoders [J]. ArXiv Preprint ArXiv:1509.00519, 2015.

[40] Miao X, Wu Y, Chen L, et al. Efficient and effective data imputation with influence functions [J]. Proceedings of the VLDB Endowment. 2021, 15(3): 624-632.

[41] Miao X, Wu Y, Wang J, et al. Generative semi-supervised learning for multivariate time series imputation [C]//Proceedings of the 35th AAAI Conference on Artificial Intelligence. 2021, 35(10): 8983-8991.

[42] Zhang M, Chen Y. Link prediction based on graph neural networks [C]//32nd Advances in Neural Information Processing Systems. 2018, 31(1): 1-11.

[43] Guttman A. R-trees: A dynamic index structure for spatial searching [C]//Proceedings of the 1984 ACM SIGMOD International Conference on Management of Data. 1984: 47-57.

[44] Ooi B C, Goh C H, Tan K L. Fast high-dimensional data search in incomplete databases [C]//Proceedings of International Conference on Very Large Data Bases. 1998: 357-367.

[45] Canahuate G, Gibas M, Ferhatosmanoglu H. Indexing incomplete databases [C]// 10th International Conference on Extending Database Technology. 2006: 884-901.

[46] Wu K, Otoo E J, Shoshani A. Compressing bitmap indexes for faster search operations [C]//Proceedings of the 14th International Conference on Scientific and Statistical Database Management. 2002: 99-108.

[47] Miao X, Gao Y, Chen G, et al. Processing incomplete $k$ nearest neighbor search [J]. IEEE Transactions on Fuzzy Systems, 2016, 24(6): 1349-1363.

[48] Cheng W, Jin X, Sun J T, et al. Searching dimension incomplete

databases [J]. IEEE Transactions on Knowledge and Data Engineering, 2013, 26(3): 725-738.

[49] Papadias D, Tao Y, Fu G, et al. An optimal and progressive algorithm for skyline queries [C]//Proceedings of the 2003 ACM SIGMOD International Conference on Management of Data. 2003: 467-478.

[50] Khalefa M E, Mokbel M F, Levandoski J J. Skyline query processing for incomplete data [C]//Proceedings of the 24th IEEE International Conference on Data Engineering. 2008: 556-565.

[51] Papadias D, Tao Y, Fu G, et al. Progressive skyline computation in database systems [J]. ACM Transactions on Database Systems, 2005, 30(1): 41-82.

[52] Safar M, El-Amin D, Taniar D. Optimized skyline queries on road networks using nearest neighbors [J]. Personal and Ubiquitous Computing, 2011, 15(8): 845-856.

[53] Miao X, Gao Y, Chen L, et al. On efficient *k*-skyband query processing over incomplete data [C]//18th International Conference on Database Systems for Advanced Applications. 2013: 424-439.

[54] Gao Y, Miao X, Cui H, et al. Processing *k*-skyband, constrained skyline, and groupby skyline queries on incomplete data [J]. Expert Systems with Applications, 2014, 41(10): 4959-4974.

[55] Miao X, Gao Y, Zheng B, et al. Top-k dominating queries on incomplete data [J]. IEEE Transactions on Knowledge and Data Engineering, 2015, 28(1): 252-266.

[56] Colantonio A, Di Pietro R. Concise: Compressed 'n' composable integer set [J]. Information Processing Letters, 2010, 110(16): 644-650.

[57] Haghani P, Michel S, Aberer K. Evaluating Top-*k* queries over incomplete data streams [C]//Proceedings of the 18th ACM Conference on Information and Knowledge Management. 2009: 877-886.

[58] Miao X, Gao Y, Guo S, et al. Answering skyline queries over incomplete data with crowdsourcing [J]. IEEE Transactions on Knowledge and Data Engineering, 2019, 33(4), 1360-1374.

# 第7章 图数据管理

7

大数据时代下，各种信息呈爆炸模式增长，数据具有海量、高速、多样和价值密度低等特征，给数据管理带来了极大的机遇与挑战。图作为大数据时代的重要数据模型之一，用于显式地表达数据之间的各种语义关联，提供对大数据深层次的分析与挖掘。本章对图数据管理技术进行介绍：7.1 节给出图数据相关概念并介绍图数据的典型应用；7.2 节阐述图数据查询方法；7.3 节阐述图数据挖掘技术。

## 7.1 图数据管理概述

图，作为计算机科学中通用的数据结构，以节点表示现实实体或科学概念，以边表示其间存在的关联关系。其被广泛地应用于各个领域的数据建模，例如交通路网、电子通信网络、社交网络、生物信息网络以及协作网络等。现实世界中，图在传统应用（如文章相似性评估、疾病暴发路径预测、科技论文引用关系处理和生物信息网络分析等）与新型应用（如社交网络分析、知识图谱和脑机网络等）中表现出了强大的优势。因此，研究图相关的理论和应用及开发图数据的管理技术具有十分重大的现实意义。

下面介绍图的基本概念以及图数据的典型应用场景。

### 7.1.1 基本概念

**定义 7.1（图）** 一般地，图或网络 $G=(V,E)$ 是一个二元组，$V$ 是节点集合，$E\subseteq V\times V$ 是边集合，两者大小分别记作 $n=|V|$ 和 $m=|E|$。集合 $V$ 中的元素 $v_i$ 称为顶点或节点，表示研究的对象；集合 $E$ 中的元素 $e=(v_i,v_j)$ 称为边，表示两个对象之间的关联关系。在无向图中，当存在边 $e=(v_i,v_j)$ 时，$v_i$ 与 $v_j$ 互为邻居，$v_i$ 的所有邻居集合表示为 $N(v_i)=\{v_j \mid (v_i,v_j)\in E \text{ or } (v_j,v_i)\in E\}$。关联节点 $v_i$ 的边的数目称为 $v_i$ 的度，记为 $Deg(v_i)=|N(v_i)|$。在有向图中，边是有方向的，$e=(v_i,v_j)$ 表示节点 $v_i$ 到节点 $v_j$ 的边，此时 $v_j$ 称为 $v_i$ 的出度邻居，$v_i$ 称为 $v_j$ 的入度邻居。$v_i$ 的所有出度邻居集合表示为 $N_{out}(v_i)=\{v_j \mid (v_i,v_j)\in E\}$；$v_i$ 的出度记为 $D_{out}(v_i)=|N_{out}(v_i)|$。$v_i$ 的所有入度邻居集

合表示为 $N_{in}(v_i)=\{v_k \mid (v_k,v_i)\in E\}$，$v_i$ 的入度记为 $D_{in}(v_i)=|N_{in}(v_i)|$。节点的度数等于节点的出度与入度之和，即 $Deg(v_i)=D_{in}(v_i)+D_{out}(v_i)$。

**定义 7.2（路径）** 在图 $G=(V,E)$ 中，从节点 $u$ 到节点 $v$ 的路径 $p$，表示为 $p(u,v)=\langle u,e_1,v_1,\cdots,v_{m-1},e_m,v\rangle$，其中 $\langle u,v_1,\cdots,v_{m-1},v\rangle$ 表示节点序列，$\langle e_1,\cdots,e_{m-1},e_m\rangle$ 表示边序列，$e_1=(u,v_1)$，$e_i=(v_{i-1},v_i)$，$(1<i<m)$，$e_m=(v_{m-1},v)$。

**定义 7.3（距离和直径）** 给定图 $G$ 中的两个节点 $u,v$，从 $u$ 到 $v$ 的距离，记作 $dist(u,v)$，指图 $G$ 中从 $u$ 到 $v$ 的最短无向路径的长度。连通图 $G$ 的直径，用 $d_G$ 表示，指图 $G$ 中所有节点对中最长最短路径的长度，即 $d_G=\max(dist(u,v))$。

### 7.1.2 典型应用

图的分类方式有很多种，这里主要讲述三种分类方式，并介绍图数据的典型应用。

(1) 按照度分布划分，图主要分为随机图和幂律图。

随机图：随机过程产生的图，即将给定的节点之间随机地连上边，度分布近似为泊松分布。

幂律图：其度分布呈现幂律分布。幂律图中大量节点的度比较小，少量节点的度比较大，也称为无尺度网络，现实世界复杂网络大多属于幂律图。

(2) 按照图结构划分，图主要分为同构图和异构图。

同构图：图中节点和边只有一种类型，是最简化的图数据模型。如上述定义的普通图。

异构图：现实场景中，被研究的对象以及它们之间的关联关系通常具有多种类型，例如文献引用网络（包含作者、会议、关键字等节点类型，以及撰写、引用等关联关系）。节点或边具有多种类型的图称作异构图。

(3) 按照应用特点不同进行划分，图数据类型除了普通图，还包括不确定图、属性图、时态图和超图等。

不确定图：实际应用中，由于数据集成的模糊性、预测或推理算法的潜在缺陷、噪声影响或隐私保护等原因，数据是不精确的，甚至是缺失的。这就导致了从该数据抽象出图模型时图中的节点、边或者属性信息具有不确定性，表现形式为节点、边或属性带有存在概率值。

属性图：图中的节点或边带有一个或多个属性标签的图称之为属性图。属性是节点或边的附加描述信息，属性图广泛适用于工业界业务场景下的数据表达。

时态图：现实应用中，图中实体以及实体之间的关系并不总是稳定的，会随着时间的推移而改变。因此，图中节点或边常常伴随着离散或连续的时态信息，被称为时态图。时态图可以看作是一类特殊的属性图,即节点或边的属性是时态信息。时态图中两个节点之间可能存在多条时态边。将数据建模为时态图重点研究时间的动态效应,常用于城市交通、传染病学和信息传播学等领域。

超图:超图是简单图的一种泛化格式,用来描述存在多元关联的对象之间的关系。超图与普通图的主要不同在于图中边上节点个数的不同,在普通图中,一条边包含两个节点;在超图中,边被称为超边(hyperedge),一条超边包含多个节点。例如,在社交网络中,用户可以加入不同的群组,每个群组可以视作一条超边,同一群组内用户通过一条超边相连。

图在现实世界中有着广泛应用,典型场景包括社交网络、电子购物网络、交通路网、生物化学网络、无线传感器网络、文献引用网络和通信网络等。

社交网络:社交网络建模了人与人、人与组织之间的各种社会关系,微博、微信、QQ、Twitter、Meta、Instagram、LiveJournal 以及 Flickr 等社交网站积累了大量的社交数据。简单的社交网络中用户表示节点,用户之间的关注关系表示边,属于典型的普通图、幂律图和同构图。随着移动互联网技术的快速发展,文本、视频等信息补充进社交网络,形成了异构图。此外,社交网络中的用户还会附加一些属性信息,以图 7.1(a)所示地理社交网络为例,其中的节点表示用户,连接两个用户之间的边表示朋友亲密关系。用户的签到可用于捕获用户地理位置信息,保存为空间属性。一些场景下,为了防止个人隐私信息泄露,社交网络数据还会被建模为不确定图。考虑到社交网络用户兴趣会随着时间变化,用户某一段时间会关注或取消关注某些热点人物或话题,此种情形下社交网络建模为时态图。

电子购物网络:淘宝、天猫、Amazon、eBay、京东、拼多多等购物平台通常将用户购物数据抽象为大型电子购物网络,而后通过图分析处理技术研究顾客消费行为、了解顾客购物习惯和偏好、进而针对性地推送商品、完善购物流程、提升顾客购物体验,最终提高商品的销量。如图 7.1(b)所示的电子购物网络中,节点类型有用户和商品;边类型有用户浏览、购买和收藏商品等关系。因此,此电子购物网络是异构图。此外,用户和商品均包含属性信息(如,用户属性包括性别、年龄、兴趣等,商品属性则包括价格、类别、产地等),其亦是属性图。

生物化学网络:图 7.1(c)所示的酵母菌蛋白质交互(PPI)网络,建模为不确定图。节点表示蛋白质,边表示蛋白质之间的相互作用。由于蛋白质之间的相互作用是从统计模型中推断而来,因此边具有不确定性,边上的概率值表示 PPI 可靠性指数转化得到的存在可能性。

无线传感器网络:传感器网络广泛应用于环境监测和预报、健康护理、智能家居、建筑物状态监控、复杂机械监控、空间探索、大型车间和仓库管理，以及机场、大型工业园区的安全监测等领域。以图 7.1(d)所示的无线传感器网络为例，传感器表示节点，传感器之间的无线通信表示边。传感器节点存在因能量耗尽而失效的情况，无线链路因地理环境中障碍物影响、通信过程中其他信号的干扰和冲突等原因存在不稳定性，因此传感器网络通常建模为不确定图，边上的概率表示通信成功或失败的概率。

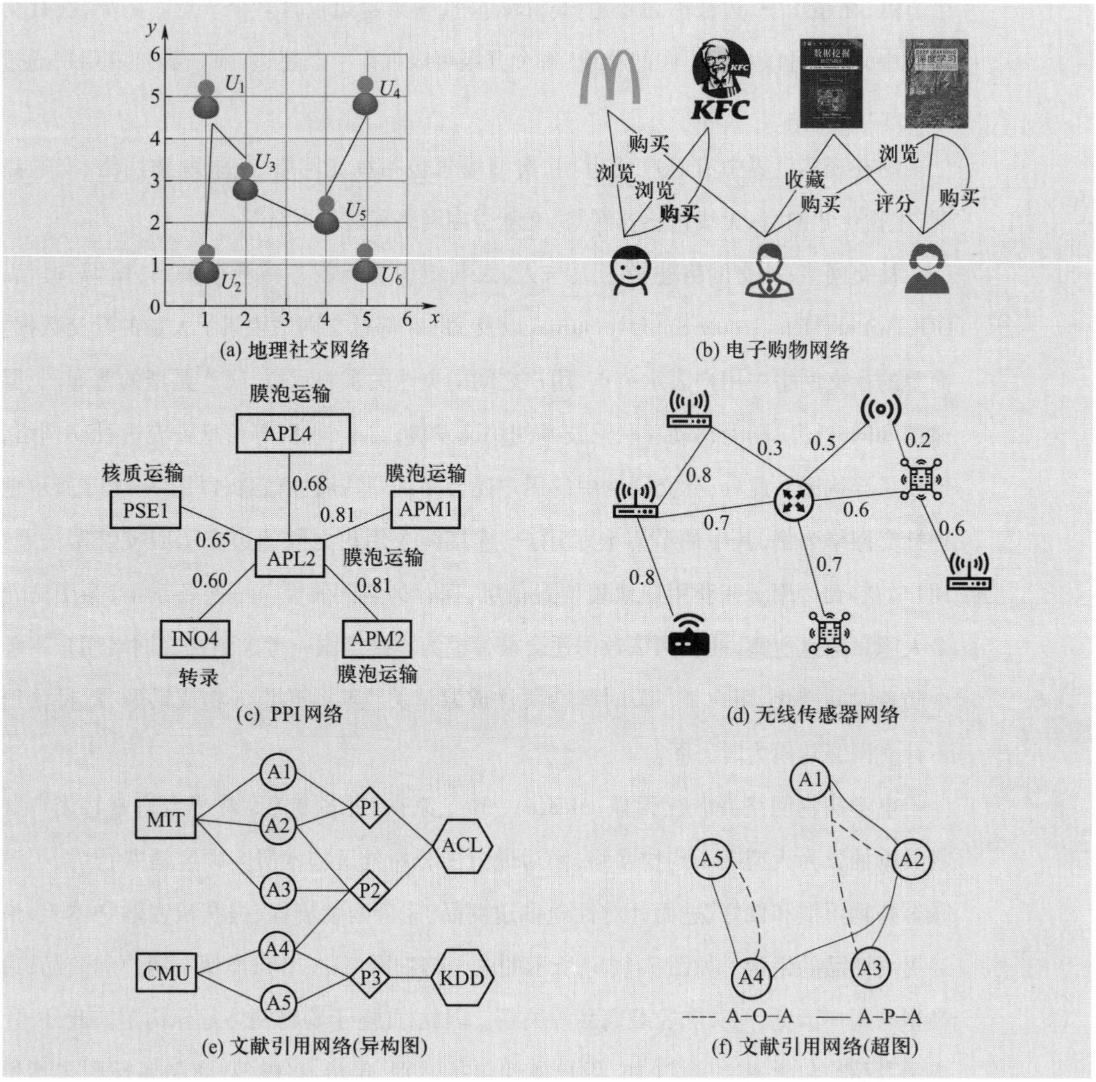


图 7.1 不同形式的图（网络）

文献引用网络：文献引用网络中，节点类型包括作者(A)、论文(P)、会议(V)和组织(O)；对应边类型包括作者的组织关系(A-O)、作者编写论文关系(A-P)和论文发表在会议的关系(P-V)。此时文献引用网络建模为异构图，如图 7.1(e)所示。为了表达更丰富的语义信息，各类节点还可能带有属性信息，例如作者的属性包括研究方向，论文的属性包含关键字，则网络进一步构成属性异构网络。为了深层次地挖掘网络的高阶结构，文献引用网络建模为超图，如图 7.1(f)所示(只包含作者节点)。超边 A-P-A 表示作者之间的合作关系；超边 A-O-A 表示同事关系。

图应用场景众多，以上只是列举数例图典型应用场景。除此之外，图在电子电路、物流、金融等领域中，也具有很大的应用空间。

## 7.2　图数据查询

图数据管理包含图数据查询、分析与挖掘技术。图数据查询是图进一步分析与挖掘的基础。常见的图数据查询主要包含可达性查询、相似性查询、模式匹配、社区搜索等问题。接下来，本节将分别对这几类查询问题及其方法进行介绍。

### 7.2.1　可达性查询

可达性查询是图上最基本的查询处理问题之一。给定一个有向图、查询源点以及查询目的点，可达性查询判断查询源点到目的点之间是否存在有向路径。可达性查询在社交网络、电子商务网络、通信网络和交通路网上均有广泛的应用。例如，在社交网络中，可达性查询有助于判断一个用户对其他用户的影响力；在电子商务网络中，可达性查询用于推荐好友或商品(如在腾讯 QQ 里的"你可能认识的朋友"，淘宝里的"猜你喜欢")；在通信网络中，可达性查询可用于推断信息的传播；在交通网络中，可达性查询可用于路径规划。其问题形式化定义如下：

**定义 7.4（可达性查询）**　给定有向图 $G=(V,E)$、源节点 $s$ 和目的节点 $t$，可达性查询表示为 $RQ(s,t)$，其判断 $s$ 是否可达 $t$，如果在 $G$ 中存在至少一条 $s$ 到 $t$ 的路径，则 $s$ 可达 $t$，记作 $s \rightsquigarrow t$；否则 $s$ 不可达 $t$，记作 $s \not\rightsquigarrow t$。

真实世界中，大多数的图是包含强连通分量的有向循环图，同一个强连通分量中的所有节点之间都是可达的。因此，在可达性查询处理之前，首先找到图中所有的强连通分量，将强连通分量 $C$ 浓缩成一个超级节点 $f(C)$，图 $G$ 中的强连通分量 $C$ 用 $f(C)$ 替代，将有向循环图转化为有向无环图。

文献[1]概述了可达性查询的相关研究。可达性查询直观的解决方式包含直接遍历图或者通过预先建立索引的方法以空间换时间来提高可达性查询的效率。这样就产生了两种极端的方法，一种是通过对图深度优先或者广度优先搜索得到可达性查询的结果，这种方法减少了预先计算索引以及索引存储的代价，但是查询时间效率低，时间复杂度为 $O(n+m)$。第二种方法是预先计算图中所有节点之间的可达性查询结果并且保存索引，这种方法查询时间复杂度是 $O(1)$，但是索引存储代价是 $O(n^2)$。平衡好索引的建立、维护代价以及在线查询效率是算法的关键。可达性查询方法大体分为三类：包括基于传递闭包与压缩的方法[2,3]、基于 Hop Labeling 匹配的方法[4,5]以及基于精炼索引的方法[6,7]。下面分别介绍这三类方法。

**（1）基于传递闭包与压缩技术的索引方法**

此类方法通过压缩传递闭包以减少空间消耗和提高查询效率。图 $G$ 中的节点 $u$ 的传递闭包指的是所有从 $u$ 出发可达的节点的集合。文献[2]提出了基于链式的索引方法，它首先将一个有向无环图划分为最少的不相交链，然后为图中每个节点分配一个链标号以及它在链中的序列号。若一个节点能够到达另一条链中的其他节点，则只需记录它能到达的序列号最小的节点以及其对应的链标号。此种方法只需检查 $u$ 是否能到达 $v$ 所对应的链以及所到节点的序列号是否小于 $v$ 的序列号就可以判断节点 $u$ 与 $v$ 是否可达。文献[3]提出了 Dual-labeling 算法，算法赋予所有节点一个区间标签（interval-based label）以及一个非树标签（non-tree label），分别记录生成树以及非树边的可达性信息，后者只需记录非树边中的传递闭包。在查询过程中，算法首先利用区间标签判断两点是否在生成树中连通。如若判断为不连通，再通过非树标签判断两点能否通过非树边连通。Dual-labeling 算法空间复杂度为 $O(n+t^2)$，查询时间复杂度为 $O(1)$，其中 $n$ 表示节点的个数，$t$ 表示非树边个数。

基于传递闭包以及压缩技术的方法查询效率高，但是其索引计算代价以及索引存储空间太大而难以扩展到大图。

**（2）基于 Hop Labeling 匹配索引方法**

基于 Hop Labeling 匹配的索引代表性方法包括 2-hop 索引[4]和 3-hop 索引[5]等。基于 Hop Labeling 匹配的索引方法利用中间节点（即源节点至目的节点路径上的节点）进行可达性编码。对目标图中的每一个节点 $v$，同时记录 $v$ 可达的所有节点列表和可达 $v$ 的所有节点列表。然后，对起始节点出发可以到达的所有中间节点列表和可以到达终止节点的所有中间节点列表进行连接操作，通过确定两个列表中是否含有公共节点或者第一个列表中是否有节点可以到达第二个列表中的节点来回答可达性查询问题。2-hop 索引[4]为每个节点 $v$ 分配两个集合：*out-label* 集合 $L_{out}(v)$ 和 *in-label* 集合 $L_{in}(v)$。集合 $L_{out}(v)$ 记录节点 $v$ 可达的中间节点的集合，集合 $L_{in}(v)$ 记录可达 $v$ 的中间节点集合。那么对于节点 $s$ 以及节点 $t$，$s$ 可达节点 $t$ 的充分必要条件是 $L_{out}(s)\cap L_{in}(t)\neq\varnothing$。2-hop 方法通过 2 跳来处理查询，即先从源点跳到中间节点再跳到目标节点，2-hop 索引构建时间复杂度高达 $O(n^3|TC|)$，不适用于处理大规模图数据。为了处理稠密图数据，Jin 等人提出了 3-hop[5]索引。3-hop 索引方法利用链分解作为中间结构来

改进 2-hop 方法，与 2-hop 索引相同，每个节点 $v$ 被分配两个集合：*out-label* 集合 $L_{out}(v)$ 和 *in-label* 集合 $L_{in}(v)$。不同的是，给定 2 个节点 $s$ 和 $t$，假设 $u \in L_{out}(s)$，$v \in L_{in}(t)$，$u$ 与 $v$ 在同一条链上且 $u<v$，则 $s$ 可以到达 $t$。通过 3 跳来处理查询即先从源点跳到链或树的入口，再从入口跳到链或树的出口，最后从出口跳到目标节点。3-hop 算法的查询复杂度为 $O(\log_n+k)$，构建索引时间复杂度为 $O(kn^2|Con(G)|)$ 其中 $k$ 表示目标图中的最小链数，$Con(G)$ 表示传递闭包轮廓点集。尽管 3-hop 相对于 2-hop 而言，查询速度有所提高，但是过高的计算代价限制了其在大规模图处理方面的性能。

**（3）基于精炼索引的方法**

精炼索引通过辅助深度优先搜索 DFS 来完成可达性查询处理。在搜索过程中利用精炼索引对搜索空间进行剪枝从而加快搜索过程。这类可达性算法在索引构建时不需要预先计算传递闭包，索引构建时间和索引所占空间都比较小，因而算法具有很好的可扩展性，支持大规模图数据查询。代表性工作有 GRIPP[6] 和 Grail[7] 索引等。GRIPP[6] 算法利用生成树覆盖加速 DFS 遍历过程，其查询时间复杂度为 $O(m-n)$，索引构建时间和空间为 $O(m+n)$。

**GRAIL 算法**. GRAIL[7] 索引对输入图采用多次随机深度优先遍历，从而为每个节点分配 $d$ 个区间。在一次深度优先遍历中为每个节点 $u$ 分配一个区间标签 $L_u=[r_x, r_u]$，其中 $r_u$ 是节点 $u$ 在遍历树中的后序遍历访问顺序，$r_x$ 是以 $u$ 为根节点的子树中任意节点 $x$ 的最小遍历顺序。给定节点 $u$ 和 $v$，$u$ 对应的区间为 $L_u$，$v$ 对应的区间为 $L_v$，如果 $L_v$ 不是 $L_u$ 的子集，即 $L_v \not\subseteq L_u$，则 $u$，$v$ 不可达。如果 $L_v$ 是 $L_u$ 的子集，即 $L_v \subseteq L_u$，不能判断 $u$ 是否可达 $v$，即 $L_v \subseteq L_u$ 是 $u$ 可达 $v$ 的必要不充分条件。在这种情况下，GRAIL 算法采用深度优先遍历查询可达性。

GRAIL 算法赋予给定节点 $u$ 一个新的标签 $L$，记作 $L_u$，由 $L_u=L_u^1, L_u^2, \cdots, L_u^d$ 给出，其中 $L_u^i$ 是第 $i$ 次随机遍历 DAG 得到的区间标签，$1 \leqslant i \leqslant d$，$d$ 表示维度或区间数。当且仅当对所有的 $i \in [i,d]$ 有 $L_v^i \subseteq L_u^i$，$L_u$ 包含 $L_v$，记作 $L_v \subseteq L_u$。

**定理 7.1** 如果 $L_v \not\subseteq L_u$，则 $u \not\rightarrow v$。

注意定理 7.1 中 $L_v \not\subseteq L_u$ 是 $u \not\rightarrow v$ 的充分条件，但并不是必要条件。即当 $u \not\rightarrow v$ 时，$L_v \subseteq L_u$ 可能成立。这种现象称作例外（Exception）。在图 7.2(a) 中共有 15 个例外，如表 7.1 所示。例如，对于节点 2，节点 1 是例外，因为 $L_1=[1,6] \subseteq [1,9]=L_2$，但事实上 $2 \not\rightarrow 1$。GRAIL 算法的基本思想是使用多个随机标签以使得此类例外尽可能最小化。例如，当考虑图 7.2(b) 中给出的 2 维区间时，15 个例外中有 12 个被消除了。如节点 1 不再是节点 2 的例外，因为 $L_1=[1,6],[1,9] \not\subseteq [1,9],[1,7]=L_2$，对于第二个区间标

签有[1,9]$\not\subseteq$[1,7]。因此可以得出结论 $2 \not\to 1$。但是,请注意,由于 $L_3$=[1,4],[1,6]$\subseteq$[1,5],[1,8]=$L_4$,节点 3 仍旧是节点 4 的例外。对于节点 4,节点 7 和 9 也是例外。通常,使用多间隔能够大大减少例外列表,但是其不能保证完全消除例外。

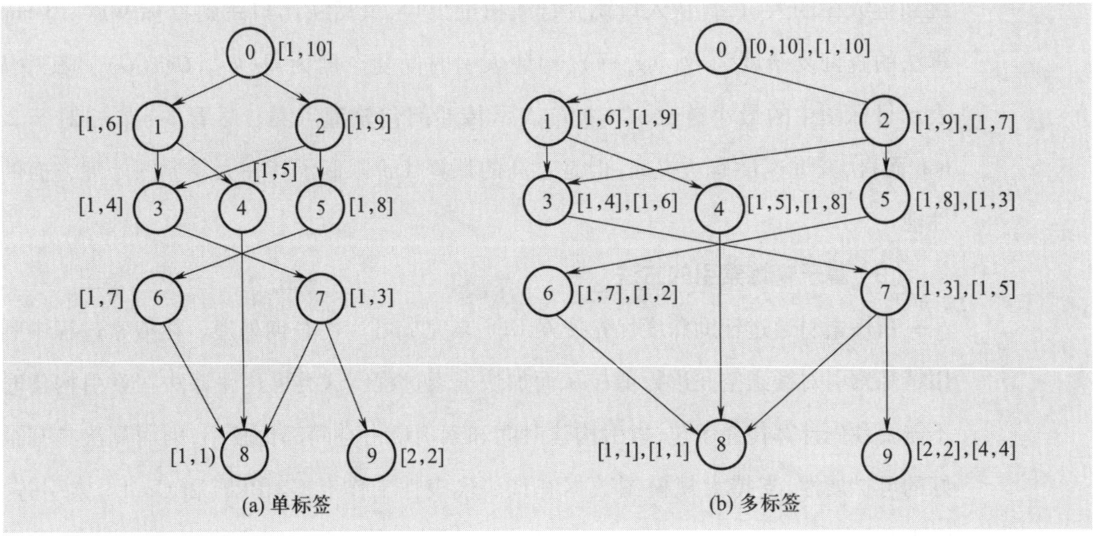


图 7.2　DAG 区间标签

表 7.1　图 7.2(a)中 DAG 的例外

| node | exceptions($E$) | direct($E^d$) | indirect($E^i$) |
|---|---|---|---|
| 2 | {1,4} | ∅ | {1,4} |
| 4 | {3,7,9} | {3,7,9} | ∅ |
| 5 | {1,3,4,7,9} | ∅ | {1,3,4,7,9} |
| 6 | {1,3,4,7,9} | {1,3,4,7,9} | ∅ |

GRAIL 算法主要解决如下两个问题:(1) 如何在进行索引的同时计算 $d$ 个随机间隔标签;(2) 如何在查询时处理例外。下面将详细讨论这些问题。

**索引构建**. GRAIL 算法的索引构建步骤非常简单直接:随机改变每次深度优先遍历子节点的访问顺序以生成所需数量的后序间隔标签。算法 7.1 给出了该策略的伪码表示。一个间隔标签可以表示成:

$$L_u^i = [L_u^i[1], L_u^i[2]] = [r_x, r_u] \tag{7.1}$$

虽然标签数量可能是指数级的,但维度依赖于边的密度,大多数图可以以很小的维度建立索引。此外,由于不能保证消除所有的例外,最好的策略是只创建小维度的索引(例如 5 个),而不是试图消除所有例外,这可能需要很高维度。

显然,对于 $d$ 次遍历,GRAIL 算法的索引构建时间复杂度为 $O(d(n+m))$,其中 $n$ 和 $m$ 分别为节点数和边数。此外,由于每个节点有 $d$ 个区间,因此空间复杂度为 $2dn = O(dn)$。

**算法 7.1　GRAIL 索引:随机区间**

**输入**: 数据图 $G$,维度 $d$
**输出**: 随机标签

**for** $i \leftarrow 1$ to $d$ **then**
　　$r \leftarrow 1$　// 节点遍历序号(全局变量)
　　$Roots \leftarrow \{n : n \in roots(G)\}$
　　**foreach** $x \in Roots$, $Roots$ 经随机排序 **do**
　　　　$RandomizedVisit(x, i, G)$

$RandomizedVisit(x, i, G)$
**输入**: 数据图 $G$,节点 $x$,遍历序号 $i$
**输出**:节点 $x$ 标签

**if** $x$ 被访问过 **then return**
**foreach** $y \in Children(x)$, $y$ 经随机排序 **do**
　　$RandomizedVisit(y, i, G)$
$r_c^* \leftarrow \min\{L_c^i[1] : c \in Children(x)\}$
$L_x^i \leftarrow [\min(r, r_c^*), r]$
$r \leftarrow r+1$

**可达性查询**. 为了处理节点 $u$ 和 $v$ 之间的可达性查询,GRAIL 算法首先检查 $L_v \not\subseteq L_u$ 是否成立。如果是,则可以通过定理 7.1 断定 $u \not\rightsquigarrow v$;否则无法得到任何结论,因为该索引可能存在例外。

文献[7]提出了两种处理例外的方法。第一种是显式地为每个节点建立例外列表。给定节点 $x$,关于 $x$ 的异常列表记作 $E_x$,由如下式子给出:

$$E_x = \{y : (x, y), L_y \subseteq L_x \wedge x \not\rightsquigarrow y\} \tag{7.2}$$

例如,在图 7.2(a)的 DAG 中,可以注意到一共有 15 个例外,如表 7.1 所示。从表中可以得到 $E_2 = \{1, 4\}$, $E_4 = \{3, 7, 9\}$ 等。如果为每个节点都建立一个例外列表,一旦知道 $L_v \subseteq L_u$,所要做的就是检查是否有 $v \in E_u$。如果是,那么节点对$(u, v)$就是一个例外,并返回 $u \not\rightsquigarrow v$。否则$(u, v)$不是例外,并返回 $u \rightsquigarrow v$。关于如何创建例外列表,感兴趣的读者可以查阅文献[7]附录 A。

然而,为每个节点都显式维护一个例外列表会增加大量的时间和空间开销,因为难以扩展到大图上。因此,GRAIL 算法默认不建立例外列表,而是采用更加“智能”的 DFS 和基于剪枝的递归包含检查策略处理可达性查询问题,以求线性的索引构建时间和存储成本。

算法 7.2 给出了 GRAIL 算法中可达性测试的伪代码。首先,检查是否有 $L_v \not\subseteq L_u$,若是,返回 *False*(第 1—2 行)。第 3 行是在显式维护了例外列表的前提下使用的(参阅文献[11]附录 A):如果 $v \in E_u$,那么 GRAIL 返回 *False*,否则返回 *True*。第 8—10 行代码使用基于剪枝的递归 DFS。如果 $u$ 存在子节点 $c$ 满足 $L_v \subseteq L_c$,并且有 $c \rightsquigarrow v$,则

GRAIL 返回 *True*(第 8—10 行)。否则,如果没有子节点可达 $v$,那么有 $u \not\rightarrow v$,返回 *False*(第 11 行)。例如,考虑图 7.2(a)的单区间标签。令 $u=2$ 和 $v=4$,并假设不使用例外列表。由于 $L_4=[1,5]\subseteq[1,9]=L_2$,因此 GRAIL 需要使用 DFS 测试可达性。由于 3 和 5 都是 2 的子节点,但只有节点 5 满足条件 $L_4=[1,5]\subseteq[1,8]=L_5$,因此需要测试节点 5 是否可达 4。GRAIL 使用递归 DFS 测试节点 6,最后有 $5 \not\rightarrow 4$。因此第 8 行条件不满足,算法返回 *False*,即 $2 \not\rightarrow 4$。很容易可以看出,如果 $L_v \not\subseteq L_u$,查询需要 $O(d)$ 时间。当使用 DFS 处理例外时,最坏查询时间复杂度为 $O(n+m)$。

**算法 7.2　GRAIL 可达性查询(*Reachable*)**

**输入**:查询节点 $u,v$,数据图 $G$<br>
**输出**:查询结果<br>
1:**if** $L_v \not\subseteq L_u$ **then**<br>
2:　　return *False*　//$u \not\rightarrow v$<br>
3:**else if** 使用例外列表 **then**<br>
4:　　　**if** $v \in E_u$ **then return** *False*　// $u \not\rightarrow v$<br>
5:　　**else return** *True*　//$u \rightsquigarrow v$<br>
6:**else**<br>
7:　　//基于剪枝的 DFS<br>
8:　　**foreach** $c \in Children(u)$满足 $L_v \subseteq L_c$ **do**<br>
9:　　　**if** $Reachable(c,v,G)$ **then**<br>
10:　　　　**return** *True*　// $u \rightsquigarrow v$<br>
11:**return** *False*　//$u \not\rightarrow v$

### 7.2.2　相似性查询

给定图 $G$,以及图中的查询对象 $q$,相似性查询旨在图 $G$ 中找到与查询对象 $q$ 相似的对象。图节点相似性计算是许多图数据挖掘任务的基础,链接预测、推荐系统和专利分析等应用都涉及节点相似性计算。

节点相似性查询通常返回与查询对象最相似的 $k$ 个对象。具体定义如下:

**定义 7.5(Top-*k* 相似性查询)**　给定图 $G=(V,E,A)$,其中 $V$ 表示节点的集合,$E\subseteq V\times V$ 表示边的集合,$A$ 表示节点属性集合。给定查询对象 $q$,指定查询结果节点数目 $k$,根据定义的排名分数函数 $S$,找到与查询对象最近的 $k$ 个节点集合 $R_k(q)$。$\forall o \in R_k(q) \wedge \forall o' \in (V-R_k(q))$,$S_q(o) \geqslant S_q(o')$,其中 $S_q(o)$为查询点 $q$ 到对象 $o$ 之间的相似性分数。

节点之间相似性分数计算方法分为两类,包括基于拓扑结构的方法以及基于节点特定属性与拓扑结构相结合的方法。

### (1) 基于图拓扑结构计算的方法

根据图拓扑结构度量节点间相似性的方法包括最短路径方法[8],SimRank[9-11],重启随机游走(random walk with restart,RWR)[12,13]等。最短路径距离是节点间距离的直观度量。SimRank 算法利用已有节点的相似度来推算其他与之相关联的节点相似度。RWR 则以随机游走的稳态概率作为节点间相关性分数。

(i) 最短路径法

基于标志点(landmark-based)[8]的算法是最短路径距离的代表性方法,算法首先选择标志点集合,然后预先计算图中每个节点和标志点之间的最短路径距离,并将其作为索引。在需要计算任意两点距离时,只需组合预计算得到的最短路径即可。

(ii) SimRank

SimRank 算法是一种用于衡量结构上下文中节点相似度的方法。其基本思想是:如果两个对象 $a$ 和 $b$ 分别与另外两个对象 $c$ 和 $d$ 关联,且已知 $c$ 和 $d$ 是相似的,则 $a$ 与 $b$ 也是相似的。相似度区间一般设为[0,1],任意节点与自身的相似度为 1。给定输入图 $G=(V,E)$,其中 $V$ 表示节点的集合,$E\subseteq V\times V$ 表示边的集合。具体来说,给定图 $G$ 中节点 $u$ 和 $v$,其 SimRank 相似度 $s(u,v)$ 定义如下:

$$s(u,v)=\begin{cases}1, & u=v\\ 0, & N_{in}(u)=\varnothing \text{ 或 } N_{in}(v)=\varnothing\\ \dfrac{c}{|N_{in}(u)|\cdot|N_{in}(v)|}\sum\limits_{x\in N_{in}(u),y\in N_{in}(v)}s(x,y), & \text{其他}\end{cases} \tag{7.3}$$

其中 $N_{in}(u)$ 表示节点 $u$ 的入边邻居,$c\in(0,1)$ 常数衰减因子,通常设为 0.6 至 0.8。

假设 $\boldsymbol{S}$ 表示有向图 $G$ 的 SimRank 相似度矩阵,$\boldsymbol{W}$ 为列归一化矩阵,式(7.3)可以表示成如下矩阵形式:

$$\boldsymbol{S}=c\boldsymbol{W}^{\mathrm{T}}\boldsymbol{S}\boldsymbol{W}+(1-c)\boldsymbol{I} \tag{7.4}$$

其中,$\boldsymbol{W}^{\mathrm{T}}$ 是矩阵 $\boldsymbol{W}$ 的转置矩阵,$\boldsymbol{I}$ 是单位矩阵。直观上可以看出 SimRank 的计算过程是迭代式的。

文献[11]对现有 SimRank 算法进行了实验分析和总结,根据计算方式的不同,主要分为迭代法、非迭代法以及随机游走法。迭代法不断迭代式(7.4)直至收敛到固定点。非迭代法主要运用线性代数技术求解式(7.4),如低秩逼近和稀疏矩阵乘法。随机游走法将 SimRank 相似度看作两个不同节点期望相遇距离(Expected-$f$ meeting Distance)[9]。随机游走法可以避免不相似节点计算,从而提高计算效率,且具有较高扩展性。下面以 ProbeSim[10]为例,详细介绍随机游走法。

首先给出相关定义。

**定义 7.6（近似单源查询）** 给定有向图 $G$ 中的节点 $u$，绝对误差阈值 $\epsilon_a$ 和错误概率 $\delta$，近似单源 SimRank 查询返回 $G$ 中每个 $v$ 的估计值 $\tilde{s}(u,v)$，使得对于任意的 $v$，如下不等式至少以 $1-\delta$ 的概率成立：

$$|\tilde{s}(u,v) - s(u,v)| \leqslant \epsilon_a \tag{7.5}$$

**定义 7.7（近似 Top-*k* 查询）** 给定有向图 $G$ 中的节点 $u$，正整数 $k<n$，绝对误差阈值 $\epsilon_a$，和错误概率 $\delta$，近似 Top-$k$ SimRank 查询返回含有 $k$ 个节点的序列 $v_1,v_2,\cdots,v_k$，以及每个 $v_i$ 对应的估计值 $\tilde{s}(u,v_i)$，使得以下不等式对于所有的 $i\in[1,k]$，至少以 $1-\delta$ 的概率成立：

$$s(u,v_i) \geqslant s(u,v_i') - \epsilon_a \tag{7.6}$$

其中 $v_i'$是图 $G$ 中与节点 $u$ 的 SimRank 相似度第 $i$ 大的节点。

事实上，通过对单源 SimRank 估计$\{\tilde{s}(u,v) \mid v\in V\}$排序并返回 Top-$k$ 个结果即可得到节点 $u$ 对应的近似 Top-$k$ 查询结果。

**定义 7.8（$\sqrt{c}$-游走）** 给定图中任意节点 $u$，以$\sqrt{c}$概率随机游走到其入边邻居，并以 $1-\sqrt{c}$的概率终止游走。

**定义 7.9（首次相遇概率）** 给定反向路径 $\mathcal{P}=(u_1,\cdots,u_i)$和节点 $v\in V, v\neq u_1$，$v$ 关于 $\mathcal{P}$ 的首次相遇概率定义如下：

$$P(v,\mathcal{P}) = \Pr_{W(v)}[v_i = u_i, v_{i-1} \neq u_{i-1},\cdots,v_1 \neq u_1] \tag{7.7}$$

其中 $W(v)=(v_1,\cdots,v_i,\cdots)$是以 $v_1=v$ 为起点的$\sqrt{c}$游走。

**ProbeSim 算法**. ProbeSim 算法不需要预先计算索引，支持在动态图上进行实时查询。给定节点 $u\in V$，采样误差参数 $\varepsilon$ 和错误概率 $\delta$，算法返回除 $u$ 外 $n-1$ 个节点及其对应的 SimRank 估计值的哈希集合 $\mathcal{R}$。对于每个节点 $v\in V, v\neq u$，算法返回的 SimRank 估计值 $\tilde{s}(u,v)$与实际 SimRank 值 $s(u,v)$误差保证在 $\Pr[|\tilde{s}(u,v)-s(u,v)|\leqslant\varepsilon]\geqslant 1-\delta$。算法 7.3 使用无偏采样进行估计，因此将 $\epsilon_a$ 设置为 $\epsilon$。

ProbeSim 算法伪代码如算法 7.3 所示。算法运行 $n_r=\frac{3c}{\varepsilon^2}\log\frac{n}{\delta}$次独立试验（第 1 行）。对于第 $k$ 次试验，算法产生一个$\sqrt{c}$游走序列 $W_k(u)=(u=u_1,\cdots,u_\ell)$（第 2—3 行），并调用 PROBE 算法（算法 7.4）处理部分游走序列 $W_k(u,i)=(u_1,\cdots,u_i)$，$i=2,\cdots,\ell$（第 5—6 行）。PROBE 算法为每一个 $v\in V$ 计算 $Score(v)$。后文将证明 $Score(v)$ 与 $P(v,W_k(u,i))$（$v$ 与部分游走序列的首次相遇概率）相等。令 $Score_i(v)$表示 PROBE 在 $W_k(u,i)$上计算得到的分数，$i=2,\cdots,\ell$。算法将所有分数相加得到估计量

**算法 7.3　ProbeSim 算法**

**输入**：有向图 $G=(V,E)$，查询节点 $u\in V$，误差 $\varepsilon$，错误概率 $\delta$
**输出**：哈希集合 $\mathcal{R}=\{(v,\tilde{s}(u,v))\mid v\in V\}$

1: $n_r\leftarrow\frac{3c}{\varepsilon^2}\log\frac{n}{\delta}$
2: **for** $k=1$ to $n_r$ **do**
3: 　生成 $\sqrt{c}$ 游走 $W_k(u)=(u=u_1,\cdots,u_\ell)$
4: 　初始化哈希集合 $\mathcal{H}$
5: 　**for** $i=2,\cdots,\ell$ **do**
6: 　　设哈希集合 $\mathcal{S}\leftarrow\mathrm{PROBE}((u_1,\cdots,u_i))$
7: 　　**foreach**$(v,Score(v)\in\mathcal{S})$ **do**
8: 　　　**if** $(v,\tilde{s}_k(u,v))\in\mathcal{H}$ **then**
9: 　　　　$\tilde{s}_k(u,v)\leftarrow\tilde{s}_k(u,v)+Score(v)$
10: 　　　**else**
11: 　　　　将 $(v,Score(v))$ 插入 $\mathcal{H}$
12: 　**foreach** $(v,\tilde{s}(u,v))\in\mathcal{R}$ **do**
13: 　　**if** $\exists(v,\tilde{s}_k(u,v))\in\mathcal{H}$ **then**
14: 　　　$\tilde{s}(u,v)\leftarrow\tilde{s}(u,v)\cdot\frac{k-1}{k}+\tilde{s}_k(u,v)\cdot\frac{1}{k}$
15: 　　**else**
16: 　　　$\tilde{s}(u,v)\leftarrow(u,v)\cdot\frac{k-1}{k}$
17: **return** $\mathcal{R}$

**算法 7.4　PROBE 算法**

**输入**：部分 $\sqrt{c}$ 游走序列 $(u=u_1,\cdots,u_i)$
**输出**：哈希集合 $\mathcal{S}=\{(v,Score(v))\mid v\in V\}$

1: 初始化哈希集合 $\mathcal{H}_j$，$j=0,\cdots,i-1$
2: 将 $(u_i,1)$ 插入 $\mathcal{H}_0$
3: **for** $j=0$ to $i-2$ **do**
4: 　**foreach** $(x,Score(x))\in\mathcal{H}_j$ **do**
5: 　　**foreach** $v\in O(x)$ 且 $v\neq u_{i-j-1}$ **do**
6: 　　　**if**$(v,Score(v))\in\mathcal{H}_{j+1}$ **then**
7: 　　　　$Score(v)\leftarrow Score(v)+\frac{\sqrt{c}}{|N_{in}(v)|}\cdot Score(x)$
8: 　　　**else**
9: 　　　　将 $\left(v,\frac{\sqrt{c}}{|N_{in}(v)|}\cdot Score(x)\right)$ 添加到 $\mathcal{H}_{j+1}$
10: **return** $\mathcal{S}=\mathcal{H}_{i-1}$

$\tilde{s}_k(u,v)=\sum_{i=2}^{l}Score_i(v)$（第 7—11 行）。最后，对每个节点 $v$ 的 $n_r$ 个独立估计量取平均从而得到最终的估计量 $\tilde{s}(u,v)=\frac{1}{n_r}\sum_{k=1}^{n_r}\tilde{s}_k(u,v)$。算法动态更新估计量 $\tilde{s}(u,v)\in\mathcal{R}$ 的均值以节省空间（第 12—16 行）。在所有 $n_r$ 次试验结束后，算法返回 $\mathcal{R}$ 作为每个节点

$v \in V$ 的估计量(第 17 行)。

**确定性探测算法(deterministic PROBE algorithm)**. PROBE 算法用于计算算法 7.3 的分数,其伪代码如算法 7.4 所示。给定以 $u=u_1$ 为起点的部分$\sqrt{c}$游走序列 $W(u,i)=(u_1,\cdots,u_i)$,PROBE 算法输出包含节点及节点关于反向序列 $W(u,i)$ 的首次相遇概率的哈希集合 $\mathcal{S}=\{(v,Score(v)) \mid v\neq u\in V\}$。

算法 7.4 首先初始化 $i-1$ 个哈希表 $\mathcal{H}_0,\cdots,\mathcal{H}_{i-1}$(第 1 行),并将$(u_i,1)$添加至 $\mathcal{H}_0$(第 2 行)。在第 $j$ 次循环,对于 $\mathcal{H}_j$ 中的每个节点 $x$,算法 7.4 遍历 $x$ 的所有出边邻居 $v\in N_{out}(x)$,并检验是否有$(v,Score(v))\in\mathcal{H}_{j+1}$(第 3—5 行)。如果成立,那么算法将 $\frac{\sqrt{c}}{|N_{in}(v)|}\cdot Score(x)$ 添加至 $Score(v)$(第 6—7 行)。否则,将$\left(v,\frac{\sqrt{c}}{|N_{in}(v)|}\cdot Score(x)\right)$添加至 $\mathcal{H}_{j+1}$(第 8—9 行)。注意到,在该循环中,没有分数被添加到 $u_{i-j-1}$,因此能保证游走 $W(v)$ 在 $v_{i-j-1}$ 避开 $u_{i-j-1}$。

PROBE 算法直观理解如下:令 $Score(v,j)$ 表示 $v\in V$ 第 $j$ 次循环计算得到的分数。可以证明 $Score(v,j)$ 等于 $P(v,(u_{i-j-1},\cdots,u_i))$,即每个节点 $v$ 与反向序列$(u_{i-j-1},\cdots,u_i)$的首次相遇概率。因此,在第 $i-1$ 次循环后,算法计算 $Score(v,i-1)=P(v,(u_1,\cdots,u_i))$。

注意到,在 PROBE 算法的每次循环中,图中每条边最多被遍历一次,因而具有 $O(m\cdot i)$ 时间复杂度,其中 $i$ 是 $W(u,i)$ 的长度。进而在算法 7.3 中,一次$\sqrt{c}$游走探测的期望时间复杂度边界为 $O\left(\sum_{i=1}^{\ell} i\cdot m\right)=O(\ell^2 m)$,其中 $\ell$ 是 $W(u)$ 长度。可以注意到,$\sqrt{c}$游走每一步都以至少 $1-\sqrt{c}$ 的概率终止,因此 $\ell$ 的边界以 $1-\sqrt{c}$ 的成功概率受几何分布随机变量 $X$ 约束(成功表示$\sqrt{c}$游走终止)。其满足以下等式:

$$\begin{aligned}\mathrm{E}[\ell^2] \leqslant E[X^2] &= \mathrm{Var}(X)+\mathrm{E}[X]^2=\frac{1-p}{p^2}+\frac{1}{p^2}\\ &=\frac{2-p}{p^2}=\frac{1+\sqrt{c}}{(1-\sqrt{c})^2}=O(1)\end{aligned} \tag{7.8}$$

因此,算法 7.3 处理单个$\sqrt{c}$游走期望时间复杂度为 $O(m)$,处理 $n_r$ 个游走序列的时间复杂度边界为 $O(mn_r)=O\left(\frac{m}{\varepsilon^2}\log\frac{n}{\delta}\right)$。

文献[10]提出若干优化策略进一步提高上述算法的运行效率。其剪枝规则消除了 PROBE 算法不必要的遍历。批处理方法构建了一个可达树(reachability tree)以维护所有 $n_r$ 个$\sqrt{c}$游走,从而不需要在多次试验中重复执行 PROBE 算法。随机 PROBE 算法将最坏时间复杂度降到 $O\left(\frac{m}{\varepsilon^2}\log\frac{n}{\delta}\right)$。感兴趣的读者可参阅原文进一步了解。

(iii) 重启随机游走法

重启随机游走(random walk with restart,RWR)度量图中每个节点与给定种子节点 $s$ 的相关性。其既考虑到了图的全局拓扑结构,又考虑了节点之间的多方面关系。游走从节点 $s$ 出发,对当前游走所在的每个节点,其要么以概率 $c$ 回到起点 $s$,要么以 $1-c$ 的概率移动到邻居节点。重启随机游走形式化计算公式如下所示:

$$\boldsymbol{r} = (1-c)\widetilde{\boldsymbol{A}}^{\mathrm{T}}\boldsymbol{r} + c\boldsymbol{q} \tag{7.9}$$

其中 $\widetilde{\boldsymbol{A}}$ 表示行归一化矩阵,其第 $(u,v)$ 项表示从节点 $u$ 移动到节点 $v$ 的概率。$\boldsymbol{q}$ 是初始化向量,其种子节点 $s$ 的索引设为 1,其他设为 0。$\boldsymbol{r}$ 为稳态概率,表示其他节点与查询种子节点的相关性分数。

$\boldsymbol{r}$ 可以通过求解以下线性方程得到:

$$\begin{aligned}&(\boldsymbol{I}-(1-c)\widetilde{\boldsymbol{A}}^{\mathrm{T}})\boldsymbol{r} = c\boldsymbol{q}\\ &\Leftrightarrow \boldsymbol{H}\boldsymbol{r} = c\boldsymbol{q}\end{aligned} \tag{7.10}$$

RWR 计算方法有迭代法[12]、矩阵分解法[13]等。

迭代法通过如下式子不断更新 $\boldsymbol{r}$,直至收敛($|\boldsymbol{r}^{(i)}-\boldsymbol{r}^{(i-1)}|<\varepsilon$):

$$\boldsymbol{r}^{(i)} \leftarrow (1-c)\widetilde{\boldsymbol{A}}^{\mathrm{T}}\boldsymbol{r}^{(i-1)} + c\boldsymbol{q} \tag{7.11}$$

其中,上标 $i$ 表示迭代次数。如果 $0<c<1$,$\boldsymbol{r}^{(i)}$ 保证收敛到唯一解[11]。迭代法不需要预处理,但由于需要重复计算矩阵,因此查询代价高。

通过式(7.10),可以计算得到:

$$\boldsymbol{r} = c(\boldsymbol{I}-(1-c)\widetilde{\boldsymbol{A}}^{\mathrm{T}})^{-1}\boldsymbol{q} = c\boldsymbol{H}^{-1}\boldsymbol{q} \tag{7.12}$$

因为当 $0<c<1$ 时,$\boldsymbol{H}$ 必然可逆。因此 $\boldsymbol{H}^{-1}$ 可以在预处理阶段计算,$\boldsymbol{r}$ 可以在查询阶段获得。但求 $\boldsymbol{H}^{-1}$ 计算量高,且 $\boldsymbol{H}^{-1}$ 通常很稠密[13],难以在内存中计算。因此需要对 $\boldsymbol{H}$ 进行矩阵分解。

矩阵分解法通过不同的分解算法对 $\boldsymbol{H}$ 进行处理,如 QR 分解[13]。

**(2) 基于节点特定属性与拓扑结构融合的方法**

现实世界中一类图被建模为属性图,其中的每个节点附带有特定的属性信息。属性信息在节点相似性查询中同样起着至关重要的作用,因此文献[14]提出了基于节点特定属性与拓扑结构相结合的方法进行节点的相似性计算,然后再进一步进行模式挖掘或聚类。文献[15]将属性信息转化为图,如果两个节点有相同的属性,则连接这两个节点,节点之间的权重为属性相似度。文献[16]针对社交网络图,提出一种基于视频内容和社交信息的视频推荐方法。文献[17]提出了基于元路径的相似性度量方法 Path-

Sim,用于衡量异质图节点相似性。不同的属性图具有不同的相似性度量方法,感兴趣的读者可以参阅相关引用文献进一步了解。

### 7.2.3 模式匹配

给定模式图以及数据图,图模式匹配旨在数据图中找到与模式图满足一定匹配规则的所有子图。图模式匹配在社交网络分析,人工视觉和生物学等领域有着重要的应用。在社交网络分析中,实体与实体的关系可以建模为图数据,因此查询具有特定的关系团体可以转化为图模式匹配;在生物学领域,可以利用模式匹配查询已知分子结构,从而判断未知分子性质等。

根据查询对象的不同,可以将图模式匹配分为决策问题(decision problem)以及匹配问题(matching problem)。决策问题旨在判断一组图中是否存在一个关于给定查询图的子图同构;匹配问题旨在单一的数据图中枚举所有的同构子图。

决策问题[18]一般基于索引-过滤-验证(index-filtering-verification,IFV)策略。IFV首先为给定的图集合建立索引,随后利用该索引过滤不包含查询图的数据图,最后验证候选集合中每个数据图是否包含查询图。IFV关键步骤在于建立索引,该索引一般基于结构特征。其基本思想是从图集合中提取出一些子结构作为特征并使用合适的数据结构建立索引。这些结构包括简单路径、树、图,以及树和图/环的组合。这些结构或者是可以穷举的,或者是图数据中的频繁模式。这些特征具有唯一的规范标签(canonical label)标识,并将包含这些特征的图的ID连同特征一起存在索引中。在过滤阶段,查询图通过检索索引查询是否包含正确匹配的数据图。如果有,则返回相应的ID。否则,将查询图分解成子结构以和索引中的子结构进行匹配,从而产生一组可能包含查询图的图,即候选集。由于候选集中可能产生假正例(false positive),随后的验证阶段对这些候选集一一进行同构测试。基于特征结构的索引要求其特征质量高,尽量减少候选搜索数目。

相比于模式匹配,决策问题更多的关注点在于索引构建。本小节把重心放在匹配问题上。匹配问题主要分为三种,包括基于子图同构的模式匹配、基于图模拟的模式匹配以及其他技术。

**(1)基于子图同构的模式匹配**

目前提出的子图同构模式匹配算法大都基于Ullmann提出的回溯框架[19]。这些算法按照特定匹配顺序将查询节点(查询图对应的节点)映射到数据节点(数据图对应的节点),迭代地扩展中间结果以查找到所有的匹配项。子图同构算法可以分为三类:第一类算法按照直接枚举的框架(direct-enumeration framework)直接搜索数据图以枚举所有结果，如 QuickSI[20] 和 VF2[21] 等；第二类算法基于索引-枚举框架(indexing-enumeration framework)，这类方法通过对数据图合理构建索引支持高效实时查询，如 GADDI[22] 和 SPath[23] 等；第三类方法采用预处理-枚举框架(preprocessing-enumeration framework)。具体来说，这些算法首先为每个查询节点创建一个候选节点集，并构建一个辅助数据结构来维护候选节点集之间的边。然后根据辅助数据结构生成匹配顺序。最后，它们利用辅助数据结构以及匹配顺序枚举所有的匹配结果。这类方法包括 TurboISO[24] 和 DP-iso[25] 等。下面以 TurboISO 算法为例介绍自图同构模式匹配算法。

**定义 7.10（子图同构）**　给定图 $Q=(V,E,L)$ 和数据图 $G=(V',E',L')$，如果存在单射(或称嵌入) $M:V\to V'$ 使得 $\forall u\in V, L(u)\subseteq L'(M(u))$，且 $\forall (u_i,u_j)\in E, (M(u_i), M(u_j))\in E'$，则图 $Q$ 与图 $G$ 子图同构。

给定查询图 $Q$ 和数据图 $G$，基于子图同构的模式匹配旨在找出 $Q$ 在 $G$ 中的所有不同嵌入。文献[24]观察到，对于图 $G$ 中某个数据子图有利的匹配顺序不一定有利于其他数据子图。考虑图 7.3 所示的 2 个数据子图 $g_1$ 和 $g_2$。如果使用匹配顺序 $MO_1=(u_1,u_2,u_3)$，那么在得到匹配 $(u_1,v_1)$、$(u_2,v_2)$ 和 $(u_3,v_3)$ 后，可以知道 $g_1$ 中没有满足条件的嵌入。然而，如果使用匹配顺序 $MO_2=(u_1,u_3,u_2)$，则对于 $v_4$ 的所有子节点都需要与 $u_2$ 进行匹配。因此，使用 $MO_2$ 将进行 1003 次匹配($u_1$、$u_3$ 和 $u_2$ 分别匹配 1 次，2 次和 1000 次)。同样地，如果使用 $MO_1$ 匹配 $g_2$，匹配次数为 1003 次，而使用 $MO_2$ 只需一次匹配。此外，对查询节点和数据节点进行暴力枚举会产生大量无效计算。考虑图 7.4(a) 所示查询图 $Q$ 和数据图 $G$，图 7.4(b) 展示了在匹配顺序 $(u_1,u_2,\cdots,u_7)$ 下查询节点 $u$ 与数据节点 $v$ 匹配过程的递归树 $T_r$。例如，前 3 次递归调用找到匹配 $(u_1,v_1)$、$(u_2,v_2)$ 和 $(u_3,v_3)$。当第 7 次调用未能匹配 $u_7$ 和 $v_7$ 时，可以断定后续递归调用将无法

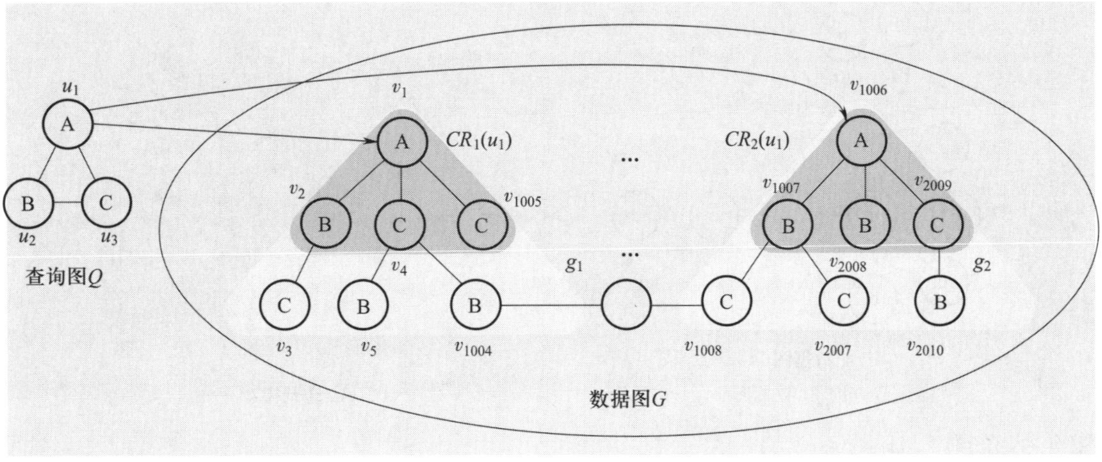

图 7.3　查询图 $Q$ 和数据图 $G$

生成有效嵌入。基于上述发现，Han 等人[24]提出了 TurboISO 算法。TurboISO 算法：① 通过候选区域搜索（candidate region exploration）查找候选节点，并根据候选节点数量为每个候选区域生成特定的匹配顺序；② 利用组合与排列（combine and permutation）策略避免无效枚举。

查询图 $Q$ 的候选区域为可能包含其嵌入的数据子图。图 7.3 展示了查询图 $Q$ 在数据图 $G$ 中对应的 2 个候选区域 $CR_1(u_1)$ 和 $CR_2(u_1)$。候选区域首个匹配节点称作起始节点，如 $CR_1(u_1)$ 和 $CR_2(u_1)$ 的起始节点分别为 $v_1$ 和 $v_{1006}$。为了最小化每个候选区域大小，首先按一定规则从 $Q$ 选取起始查询节点 $u'$（如数据图中出现频率最低的标签对应的查询节点或度数最大的查询节点），并以 $u'$ 为根节点构建 BFS 生成树 $T_Q$。接着，对每个候选区域，候选区域搜索以该候选区域的起始节点 $v_s$ 为起始点，根据 $T_Q$ 进行 DFS 搜索为每个查询节点查找候选数据节点。随后，按照候选节点数量的升序对 $T_Q$ 中的每条路径（对应的叶子节点）进行排序以生成匹配顺序。最后，给定一个候选区域，根据得到的匹配顺序从候选节点中为每个查询节点查找嵌入。例如，根据图 7.3 查询图 $Q$ 对应的 BFS 生成树（删除查询图 $Q$ 边 $u_2$-$u_3$），在 $CR_1(u_1)$ 中，$u_2$ 的候选节点为 $v_2$，$u_3$ 的候选节点为 $v_4$ 和 $v_{1005}$。因此 $CR_1(u_1)$ 的匹配顺序为 $(u_1, u_2, u_3)$。同理，可知 $CR_2(u_1)$ 的匹配顺序为 $(u_1, u_3, u_2)$。

为了避免枚举如图 7.4(a) 所示 $u_3$、$u_4$ 和 $u_5$ 所有可能的匹配，组合和排列策略只为这些节点生成组合。如果该组合能形成有效匹配，则对其进行排列操作以生成所有可能的匹配。否则，摒弃该组合的所有其他排列。例如，从数据节点 $\{v_3, v_4, v_5\}$ 为

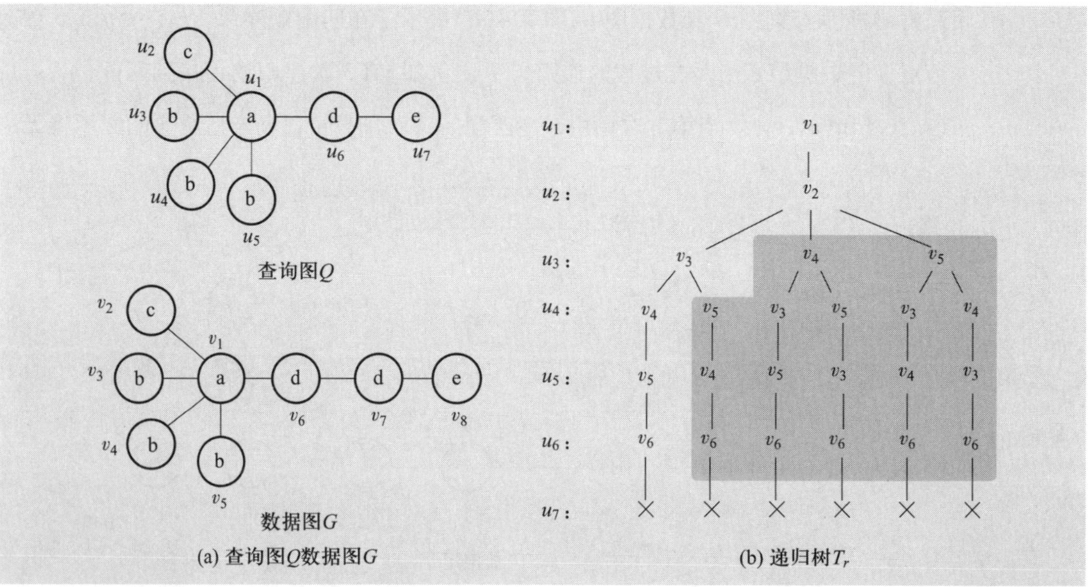

(a) 查询图Q数据图G　(b) 递归树$T_r$

图 7.4　无效枚举示例

$u_3$、$u_4$ 和 $u_5$ 生成组合 $(v_3,v_4,v_5)$。若该组合不能生成有效匹配，则无须排列其他形如 $(v_3,v_5,v_4)$ 和 $(v_4,v_3,v_5)$ 的组合。为计算需生成组合的查询节点，Han 等人[24]提出了邻域等价类（neighborhood equivalence class，NEC）。同一个邻域等价类中的查询节点有相同的匹配节点。例如，$u_3$、$u_4$ 和 $u_5$ 都可以和数据节点 $\{v_3,v_4,v_5\}$ 进行匹配，因此 $u_3$、$u_4$ 和 $u_5$ 是相同的类。

**算法 7.5　TurboISO 算法**

**输入**：查询图 $Q$，数据图 $G$
**输出**：$G$ 中与 $Q$ 匹配的所有嵌入
1：$u_s = ChooseStartVertex(Q,G)$
2：$Q' = RewriteToNECTree(Q,u_s)$
3：**foreach** $v_s \in \{v \mid (v \mid \in V(G)) \wedge (L(u_s) \subseteq L(v))\}$ **do**
4：　　**if** $ExploreCR(u_s', \{v_s\}, CR) = FAIL$ **then**
5：　　　　**continue**
6：　　$order = DerterminеMatchingOrder(Q', CR)$
7：　　$UpdateState(M,F,\{u_s\},\{v_s\})$　// $M$ 和 $F$ 分别用于记录映射关系和已匹配的数据节点
8：　　$SubgraphSeach(Q,Q',G,order,1)$　// 1 表示第 1 个进行匹配的查询节点
9：　　$RestoreState(M,F,\{u_s\},\{v_s\})$　// 恢复 $M$ 和 $F$ 的状态

算法 7.5 展示了 TurboISO 算法的详细流程。首先，按照一定策略选择起始查询节点（第 1 行）。为了在候选区域搜索和进行子图匹配时统一使用邻域等价类，以选定的起始查询节点为根节点，通过 BFS 搜索从 $Q$ 生成 NEC 树 $Q'$（第 2 行），$Q'$ 的每个节点对应一个邻域等价类。接着，从每个区域的起始节点 $v_s$（与起始查询节点 $u_s$ 具有相同标签）开始进行候选区域搜索以查找候选区域（第 3—4 行），并为该候选区域生成特定的匹配顺序（第 6 行）。最后，将 $Q$ 的起始节点 $u_s$ 映射到候选区域的起始节点 $v_s$（第 7 行），并调用 *SubgraphSearch* 函数递归地在每个候选区域查找所有可能的嵌入（第 8 行）。

下面详细讲述 TurboISO 算法各子算法细节。

（i）选择起始查询节点

TurboISO 算法使用函数 $Rank(u) = \dfrac{freq(G,L(u))}{deg(u)}$ 对所有查询节点 $u$ 排序，并选择 Top-$k$（如 $k=3$）的查询节点作为候选起始查询节点，其中 $freq(G,l)$ 表示图 $G$ 中标签为 $l$ 的节点的数量，$deg(u)$ 为节点 $u$ 点的度数。该函数倾向于选择数据图中出现频率低且度数高的节点，因其可以减少候选区域的数量。例如，图 7.5 所示查询图 $Q$ 中节点 $u_1$ 的排序值（$Rank(u_1) = 1/3$）最小，因此可以作为候选起始查询节点。

在所选 Top-$k$ 的查询节点中，TurboISO 算法利用以下 2 条规则过滤候选起始查询节点。对于每个候选起始查询节点 $u$，将其候选数据节点集合记作 $C(u)$。对 $C(u)$ 中

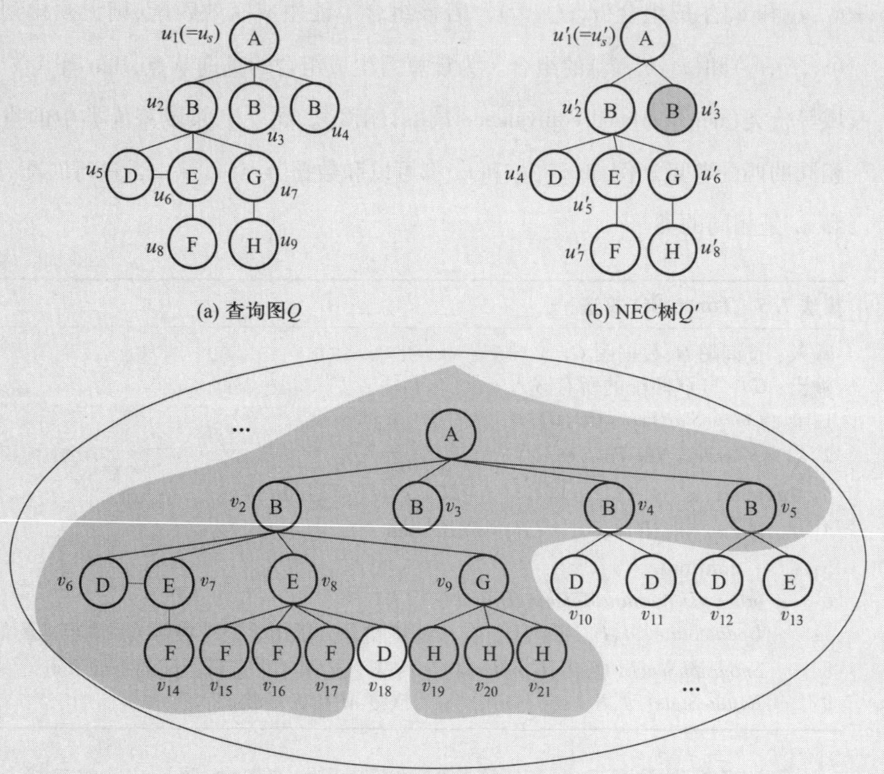


(a) 查询图$Q$　　(b) NEC树$Q'$

(c) 数据图$G$

| CR | candidate vertices |
|---|---|
| $CR(u_1', v_s^*)$ | $\{v_1\}$ |
| $CR(u_2', v_1)$ | $\{v_2\}$ |
| $CR(u_3', v_1)$ | $\{v_2, v_3, v_4, v_5\}$ |
| $CR(u_4', v_2)$ | $\{v_6\}$ |
| $CR(u_5', v_2)$ | $\{v_7, v_8\}$ |
| $CR(u_6', v_2)$ | $\{v_9\}$ |
| $CR(u_7', v_7)$ | $\{v_{14}\}$ |
| $CR(u_7', v_8)$ | $\{v_{15}, v_{16}, v_{17}\}$ |
| $CR(u_8', v_9)$ | $\{v_{19}, v_{20}, v_{21}\}$ |

(d) 候选子区域

图7.5　运行示例

每个数据节点$v$，首先检查是否满足$deg(u) \leqslant deg(v)$。若满足条件，对$u$的邻域节点中的不同标签$l$，利用邻域标签频率过滤器(neighborhood label frequency filter，NFL)检查是否有$|N(u,l)| \leqslant |N(v,l)|$，其中$N(u,l)$表示标签为$l$的$u$的邻居节点。最后，在满足上述规则的候选起始查询节点中选择具有最小候选区域的节点作为起始查询节点。注意，如果某个节点$u$满足$\dfrac{|C(u)|}{|V(G)|} > 5\%$，说明该查询节点对应的候选区域过多，可以无须进行上述测试直接过滤。

(ii) 构建 NEC 树

下面首先给出邻域等价类定义,接着简述如何构建 NEC 树。

**定义 7.11(邻域等价类,neighborhood equivalence class)**　令 $\simeq$ 表示图 $Q$ 上查询节点间的等价关系。如果对于任意包含映射 $(u_i,v_x)$ 和 $(u_j,v_y)$ 的嵌入 $m$,都存在嵌入 $m'$,使得 $m'=m-\{(u_i,v_x),(u_j,v_y)\}\cup\{(u_i,v_y),(u_j,v_x)\}$,那么 $u_i\simeq u_j$,其中 $u_i$,$u_j\in V(Q)$,$v_x,v_y\in V(G)$。查询节点 $u$ 的邻域等价类是一组等价于 $u$ 的查询节点。

在图 7.5(a)所示的查询图 $Q$ 中,查询节点 $u_3$ 和 $u_4$ 组成一个邻域等价类,其余节点各自为一个邻域等价类。考虑 $u_3$ 的邻域等价类 $\{u_3,u_4\}$,对于任意包含 $(u_3,v_3)$ 和 $(u_4,v_4)$ 的嵌入,都有 $m'=m-\{(u_3,v_3),(u_4,v_4)\}\cup\{(u_3,v_4),(u_4,v_3)\}$。

**引理 7.1**　邻域等价类 $N_q$ 中每个查询节点具有相同的标签和邻居查询节点。否则,每个查询节点 $u$:(i) 具有相同的标签;(ii) 与 $N_q$ 中所有节点相连;(iii) 具有相同集合 $N(u)-N_q$。其中,$N(u)$ 表示 $u$ 的邻居节点集合。即,$N_q$ 中所有查询节点构成一个团(clique),即完全图。

引理 7.1 表明只需测试查询节点即可识别邻域等价类。

**引理 7.2**　令 $SP(u_s,u_i)$ 为从 $u_s$ 到 $u_i$ 的最短路径集合。如果查询节点 $u_i$ 和 $u_j$ 属于同一个邻域等价类,则对于 $SP(u_s,u_i)$ 中任意最短路径 $p_1=p'=(u_s,\cdots,u_x)\cdot(u_x,u_i)$,$SP(u_s,u_j)$ 中存在最短路径 $p_2=p'\cdot(u_x,u_j)$。其中,$\cdot$ 表示路径拼接操作。因此,$|SP(u_s,u_i)|=|SP(u_s,u_j)|$。

引理 7.2 表明可以通过 BFS 搜索识别所有的邻域等价类。

**引理 7.3**　给定 NEC 树中满足父子关系的节点 $u'$ 和 $u'_c$,$u'.NEC$ 中的每个查询节点均与 $u'_c.NEC$ 中的所有查询节点相连。其中 $u'.NEC$ 表示 $u'$ 对应的邻域等价类集合。

基于引理 7.3,算法 7.6 给出了创建 NEC 树的伪代码。考虑图 7.5(a)中的查询图 $Q$。算法 7.6 首先创建节点 $u'$,其邻域等价类为 $\{u_1\}$。由于 $u_1$ 的邻居节点为 $\{u_2,u_3,u_4\}$,且标签均为 $B$,因此这些邻居节点划分为同一组。接着,调用 *FindNEC* 创建 NEC 节点 $u'_2$ 和 $u'_3$,其中 $u'_2.NEC=\{u_2\}$,$u'_3.NEC=\{u_3,u_4\}$。此时,$V_{next}$ 包含节点 $u'_2$ 和 $u'_3$。随后,将 $u'_2.NEC$ 中查询节点中未访问过的邻居节点 $\{u_5,u_6,u_7\}$,按其标签划分成独立的 3 组。通过对每组节点调用 *FindNEC*,可以创建 3 个 NEC 节点 $u'_4$、$u'_5$ 和 $u'_6$,其均为 $u'_2$ 的孩子节点。重复该过程,可以得到图 7.5(b)所示的 NEC 树 $Q'$。

对于给定的分组,*FindNEC* 首先根据该分组内查询节点的邻居节点进行划分。根据引理 7.1,如果划分后的分组大小大于 1,即分组内的查询节点具有相同的邻居节点和标签,则创建 1 个包含该组所有查询节点的 NEC 节点。否则,*FindNEC* 尝试将只含单一节点的分组合并成一个邻域等价类 $N_q$,以使得 $N_q$ 中 $u_c$ 具有相同标签,与 $N_q$ 中其他节点相连，且具有相同集合 $N(u_c)-N_q$。

**算法 7.6 创建 NEC 树(*RewriteToNECTree*)**

```
输入：查询图 Q，起始节点 u_s
输出：NEC 树 Q'
创建 NEC 树根节点 u'_s
u'_s.NEC=[u_s]
标记 u_s 为已访问
V_current=[ ]; V_next=[u'_s]
repeat
    V_current=V_next; V_next=∅
    foreach NEC 节点 u'_c ∈ V_current do
        C=N(u'_c.NEC[1]) ∪ … ∪ N(u'_c.NEC[|u'_c.NEC|])
        从 C 中删除所有已访问查询节点，并将其余节点标记为已访问
        if C 不为空 then
            按照节点标签将 C 划分为 G_1, …, G_k
            foreach G_i do
                NECVertices=FindNEC(G_i)
                将 NECVertices 添加到 V_next
                将 u'_c 标记为 NECVertices 中所有节点的父节点
Until V_next 为空
```

(iii) 候选区域搜索

候选区域搜索利用 NEC 树 $Q'$ 遍历数据图 $G$ 以为每个 NEC 节点查找候选数据节点。TurboISO 算法使用候选子区域 $CR(u',v)$（定义 7.12）记录 NEC 节点 $u'$ 的候选数据节点，并且这些候选节点是数据节点 $v$ 在 DFS 搜索树中的子节点。

**定义 7.12 ($CR(u',v)$)** $CR(u',v)$ 是满足以下条件的一组数据节点 $\{v'\}$：(i) $v'$ 是 $v$ 在 DFS 搜索树中的孩子节点；(ii) 在 DFS 搜索树中，所有在 $u'_s$ 到 $u'$ 路径上的 NEC 节点与在 $v_s$ 到 $v'$ 路径上的数据节点相匹配；(iii) 在 DFS 搜索树中，$u'$ 的子树与 $v'$ 的子树相匹配。其中，$u'_s$ 是 $Q'$ 的根节点，$v_s$ 是候选区域的候选节点。

图 7.6 给出了 $CR(u',v)$ 语义的直观展示。为了存储 $u'_s$ 的候选数据节点 $v_s$，假设 $v_s$ 存在虚拟的父节点 $v_s^*$。考虑图 7.5 的 NEC 树 $Q'$ 和数据图 $G$。由于 $v_2$ 能和 $u'_2$ 匹配，且 $u'_2$ 的子树和 $v_2$ 的子树相匹配，因此 $CR(u'_2,v_1)=\{v_2\}$。因为 $v_3$、$v_4$ 和 $v_5$ 的子树与 $u'_2$ 的子树不匹配，因此 $CR(u'_2,v_1)$ 不包含这些数据节点。图 7.5(d) 展示了图 $G$ 的所有候选子区域。

算法 7.7 给出了候选区域搜索的伪代码。考虑图 7.5 的运行示例，*ExploreCR* 以 $v_1$ 为起点进行 DFS 搜索为每个 NEC 节点查找候选节点。算法 7.7 第 6 行将节点 $v_{18}$ 和 $v_{10\sim13}$ 排除在候选区域之外。

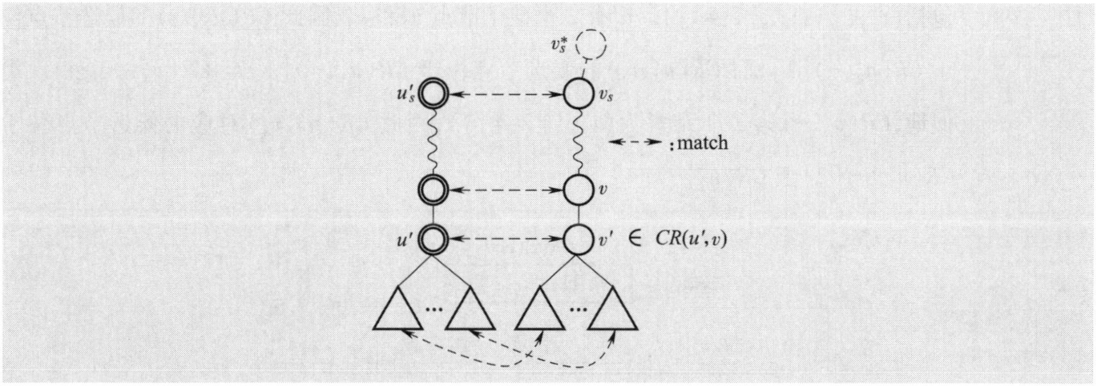


图 7.6　$CR(u',v)$ 语义

**算法 7.7　候选区域搜索（*ExploreCR*）**

**输入**：起始 NEC 节点 $u'$，$u'$对应的候选数据节点集合 $V_M$，候选子区域 $CR$（初始为空）
**输出**：NEC 树中所有节点的候选子区域

```
foreach v′ ∈ V_M 且 v′未访问过 do
    if deg(u′.NEC[1]) > deg(v′) 或 NFL(u′.NEC[1], v′) = FAIL
    then continue
    将 v′标记为已访问
    matched = True
    foreach u′的孩子节点 u′_c(按 |N(v′, L(u′_c))| 排序) do
        if ExploreCR(u′_c, N(v′, L(u′_c)), CR) = FAIL then
            foreach 除了 u′_c以外,被访问过的 u′的孩子节点 u″_c do
                ClearCR(u″_c, v′, CR)   //当子树不匹配时,删除已访问节点对应的候选子区域
                matched = False
                break
    if matched = False
    then continue
    将{v′}添加至 CR(u′, v),使得 v 是 v′在 DFS 搜索树中的父节点
if |CR(u′, v)| < |u′.NEC| then
    ClearCR(u′, v, CR)
    return FAIL
return Done
```

当候选节点 $v'$并不满足条件时，需要对 $v'$的子树中已访问过的节点调用 *ClearCR* 以删除相应的子区域。为加速该过程，Han 等人[24]提出了新的数据结构 $CR(u',-)$。$CR(u',-)$为每个 NEC 节点 $u'$维护一个数组以存储所有 $CR(u',v)$（具有不同父节点 $v$ 的候选节点）。$CR(u',-)$中的元素为$(u',L)$，其中 $L$ 是由索引值$[s,e]$组成的列表，其长度$|L|$等于 $u'$的孩子节点数量。如果 $u'$第 $i$ 个孩子节点为 $u''$，则 $CR(u'',v')$候选节点存放于 $CR(u'',-)[L_i.s]$至 $CR(u'',-)[L_i.e]$中。利用该数据结构，只需要对 $u'$的后代节点调用 *ClearCR* 即可。

图 7.7 展示了 $CR(u',-)$的数据结构。考虑 $CR(u_1',v_s^*)$对应的 $CR(u_1',-)$，其元素

包括($v_1$,[[1:1],[1:4]])。$u'$有 2 个孩子节点 $u'_2$和 $u'_3$,因此 $CR(u'_2,v_1)$的候选节点位于 $CR(u'_2,-)[1]$,而 $CR(u'_3,v_1)$的候选节点位于 $CR(u'_3,-)[1]$至 $CR(u'_3,-)[4]$。类似地,$CR(u'_5,-)$第 2 个元素为($v_8$,[[2:4]]),因此 $CR(u'_7,v_8)$对应的候选节点位于 $CR(u'_7,-)[2]$至 $CR(u'_7,-)[4]$。

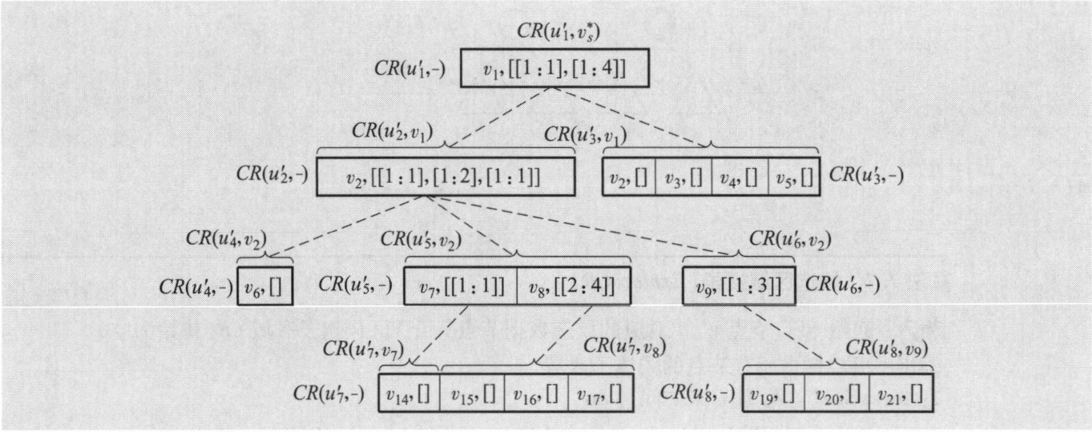

图 7.7 $CR(u',-)$数据结构示例

(iv) 匹配顺序

如果查询图 $Q$ 有 $n$ 节点 $u_1,\cdots,u_n$,则搜索空间为 $|C(u_1)|\times\cdots\times|C(u_n)|$,其中 $C(u_i)$为与 $u_i$ 匹配的候选节点集合。因此,需要找到一个匹配顺序以最小化搜索空间。通过候选区域搜索,TurboISO 算法可以计算 NEC 树中给定路径下候选节点数量。因此,可以从起始 NEC 节点为每条查询路径获得近乎精确的选择率。此外,TurboISO 算法为每个候选区域而不是整个数据图计算选择率,因此可以得到更加鲁棒的匹配顺序。具体而言,TurboISO 算法按 $|CR(u',-)|$升序对每个叶节点 $u'$(相应的每条路径)排序以确定匹配顺序,即算法倾向于在未选择的路径中选择具有最少候选节点的路径。考虑图 7.8 中的 3 条查询路径 $p_1\sim p_3$。对于第 1 个候选区域,通过候选区域搜索可知这些路径数量分别为 10、10000 和 5,而第 2 个候选区域相应路径数量分别为 10000、10 和 5。对于第 1 个候选区域,如果首先使用 $p_1$ 和 $p_2$ 进行子图同构搜索,则会产生大量的中间结果。然而,当匹配 $p_3$ 时,由于标签为 X 的节点和标签为 Z 的节点间不存在边,这些中间结果都会被舍弃。另一方面,如果使用 $p_1$ 和 $p_3$ 进行子图同构搜索,则不会产生匹配,因此可以对整个搜索空间进行剪枝。对于第 2 个候选区域,如果首先使用 $p_2$ 和 $p_3$ 进行子图同构搜索,同样可以对该区域进行剪枝。

在选择匹配顺序时需要考虑两个更加复杂的情形:① 查询图 $Q$ 中包含非树边(不在生成树中的边);② 1 个 NEC 节点对应多个查询节点。候选区域搜索没有考虑查询图中的非树边。因此,在估计给定 NEC 节点的候选节点数时需要将非树边考虑进来。

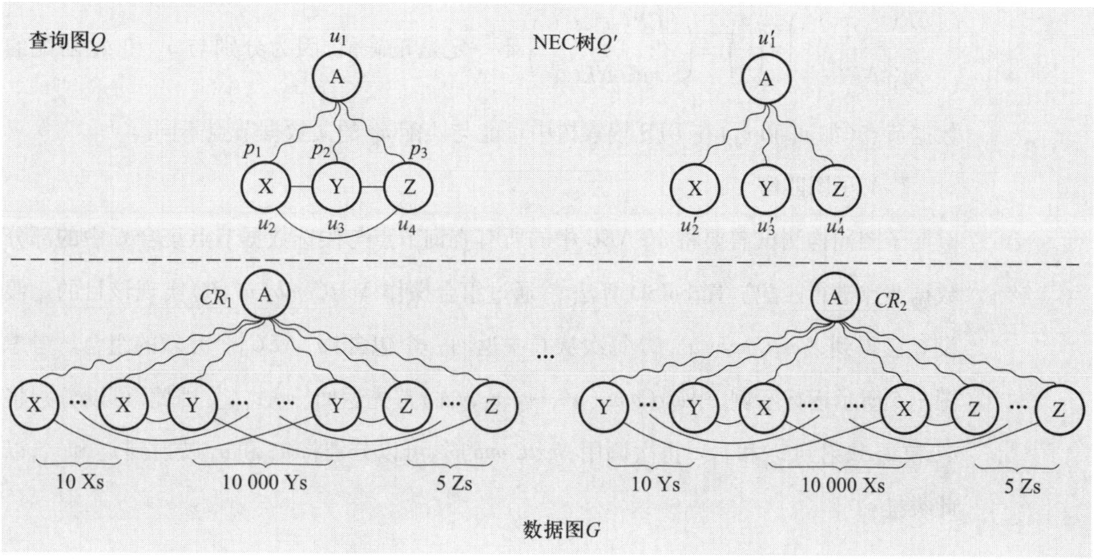


图 7.8 不同区域匹配顺序重要性

假设有 $j$ 条非树边与 NEC 节点 $u'$ 相连，则将 $u'$ 的候选节点数除以 $(j+1)$，并将该归约因子应用于 $u'$ 的子树。该策略与选择起始查询节点的排序函数 $Rank(u)$ 一致。如在图 7.5 中，$u'_7$ 的候选节点数为 4。由于 $u_5$ 和 $u_6$ 间存在 1 条非树边，故估计值为 $2=(4/(1+1))$，更加接近真实值 $1(|\{v_{14}\}|)$。因此可得匹配顺序 $O_4=(u'_1,u'_2,u'_4,u'_5,u'_7,u'_6,u'_8,u'_3)$。

当 NEC 树中的路径 $p$ 包含 NEC 大小大于 1 的 NEC 节点时，则路径 $p$ 对应于原始查询图 $Q$ 中多条查询路径。当将 $p$ 与候选节点进行匹配时，实际上是同时匹配了 $p$ 中多条查询路径。因此，这些路径的候选节点数的真实值与 $p$ 并不是一样的。当 $p$ 中存在多个 NEC 节点时，在没有进行子图同构搜索的前提下无法提前得知查询路径对应的匹配数量。但是，对于只有在末端存在 NEC 大小大于 1 的 NEC 节点的路径，其候选节点数是可以计算的，因为除末端节点外，候选节点只能匹配到唯一的查询节点。考虑图 7.5 中的 NEC 节点 $u'_3$。NEC 路径 $u'_1 \cdot u'_3$ 有 2 条查询路径 $u_1 \cdot u_3$ 和 $u_1 \cdot u_4$。因此，叶子查询节点对 $(u_3,u_4)$ 有 6 个可能匹配的数据节点对 $(v_2,v_3)$、$(v_2,v_4)$、$(v_2,v_5)$、$(v_3,v_4)$、$(v_3,v_5)$ 和 $(v_4,v_5)$。

因此，如果在路径 $p$ 的末端含有一个 NEC 大小大于 1 的 NEC 节点 $u'$，可以通过式 (7.13) 计算 $u'$ 对应的查询节点的候选节点数：

$$\sum_{v \in CR(P(u'),-)} \binom{|CR(u',v)|}{|u'.NEC|} \tag{7.13}$$

其中 $P(u')$ 表示 $u'$ 的父 NEC 节点。例如，$u'$（对应于 $(u_3,u_4)$）的候选节点数为

$\binom{|CR(u_3',v_1)|}{|u_3'.NEC|}=\binom{4}{2}$。$\binom{|CR(u',-)|}{|u'.NEC|}$不一定是正确值，因为分别与 $u_3$ 和 $u_4$ 匹配的数据节点（如 $v_3$ 和 $v_4$）在 DFS 搜索树中可能与匹配 $u_1$ 的父数据节点不同。

（v）子图匹配

子图同构测试需要将 $u'.NEC$ 中的所有查询节点与候选数据节点集合 $C$ 中的部分数据节点进行匹配。TurboISO 算法[24]通过组合操作 $NextComb(u',C)$ 实现该目的。假设 $C$ 已得到，$NextComb(u',C)$ 每次从 $C$ 中返回一个包含 $|u'.NEC|$ 个元素的组合。考虑图 7.5 所示运行示例。$NextComb(u',\{v_3,v_4,v_5\})$ 首先返回 $[v_3,v_4]$。因此，可以分别将 $u_3$ 和 $u_4$ 映射到 $v_3$ 和 $v_4$。再次调用 $NextComb$ 时，可以分别将 $u_3$ 和 $u_4$ 映射到 $v_3$ 和 $v_5$，以此类推。

**算法 7.8　枚举排列（*GenPerm*）**

**输入**：映射表 $M$，NEC 树 $Q'$，NEC 节点列表索引值 $i$
**输出**：映射表 $M$（即嵌入）

```
1: if i = |V(Q')| +1 then
2:       输出 M; return   // 处理完所有 NEC 节点
3: if |V(Q')[i].NEC| = 1 then   // V(Q')[i]表示 Q'中第 i 个 NEC 节点
4:       GenPerm(M, Q', i+1)   // 如果 NEC 节点只有 1 个查询节点，无须枚举排列
5: else
6:     while NextPerm(M, V(Q')[i]) ≠ DONE do
7:       GenPerm(M, Q', i+1)
```

排列操作 $GenPerm$ 如算法 7.8 所示。$GenPerm$ 调用 $NextPerm(M,V(Q')[i])$ 为 $V(Q')[i].NEC$ 生成 1 个排列，并将该排列映射到 $M$（第 6 行）。其中，$V(Q')[i]$ 表示 $Q'$ 中第 $i$ 个 NEC 节点。接着，递归地调用 $GenPerm(M,Q',i+1)$ 为剩余 NEC 节点生成排列（第 7 行）。考虑图 7.5 的运行示例。假设嵌入 $M$ 包含 $(u_3,v_3)$ 和 $(u_4,v_4)$，则可以为该查询节点生成排列 $[u_3,u_4]$ 和 $[u_4,u_3]$，从而找到两个有效匹配。

将 $u'.NEC$ 中所有查询节点与对应的数据节点匹配，需要解决以下两个问题：（Q1）给定 NEC 节点 $u'$，如何确定与 $u'.NEC$ 中所有查询节点相匹配的候选数据节点？（Q2）如何处理 $u'.NEC$ 中查询节点存在连边的情况？

假设需要将 $u'$ 与数据节点匹配。注意到，$P(u').NEC$ 中的查询节点已经和相应的数据节点匹配。其中，$P(u')$ 表示 $u'$ 的父节点。那么，在匹配表 $M$ 中，查询节点 $P(u').NEC[1]$，…，$P(u').NEC[|P(u').NEC|]$ 分别映射到 $v_{M[P(u').NEC[1]]}$，…，$v_{M[P(u').NEC[|P(u').NEC|]]}$。以下引理解决了问题 Q1。

**引理 7.4**　给定 NEC 节点 $u'$、数据图 $G$ 和匹配表 $M$，与 $u'$ 匹配的数据节点 $v\in V(G)$ 必然在 $CR(u',v_{M[P(u').NEC[i]]})$（$1\leqslant i\leqslant|P(u').NEC|$）的交集中。

图 7.9 给出了引理 7.4 示例。由于 $CR(u',-)$ 中的数据节点 $v_5$ 和 $v_6$ 均在 $CR(u',v_2)$ 和 $CR(u',v_3)$ 中,因此是有效候选节点。相反,$v_4$ 和 $v_7$ 不是有效候选节点。

对于问题 Q2,由于 $u'.NEC$ 中的查询节点形成一个团,因此对应的候选数据节点也必然是一个团。否则,可以将这些数据节点剪枝。在图 7.9 示例中,$u'_2.NEC$ 与 $\{v_2,v_3\}$ 匹配。由于 $u_2$ 和 $u_3$ 形成一个团,因此对应的数据节点也必须构成团。

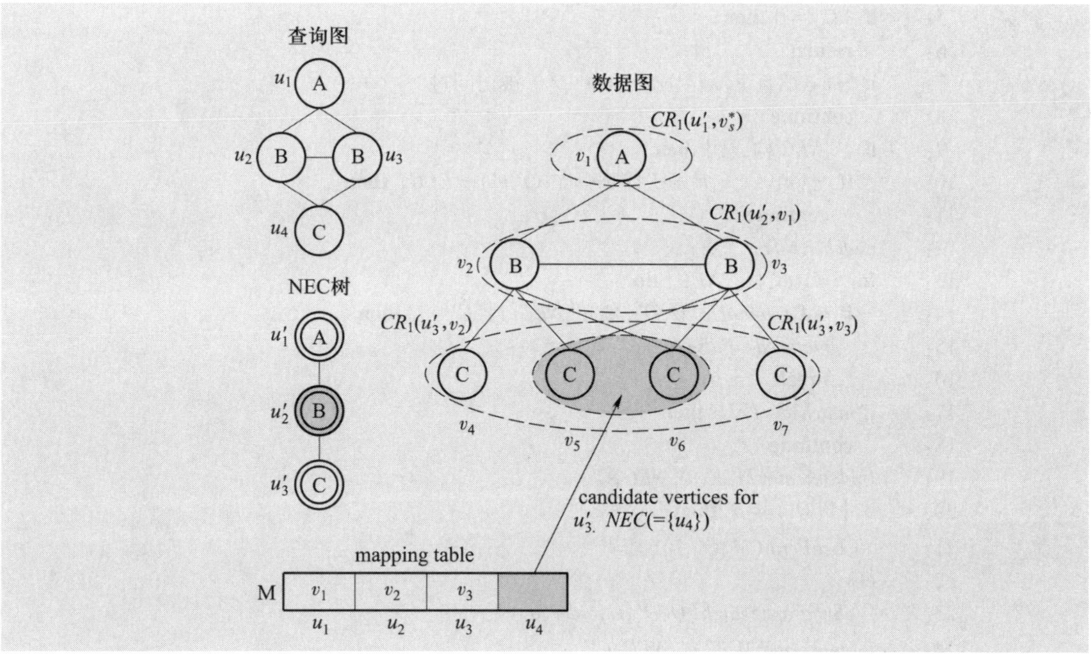


图 7.9　引理 7.4 示例图

算法 7.9 给出子图同构搜索 *SubgraphSearch* 伪代码。其中,*IsJoinable* 用于判断对于 $u'.NEC$ 中每个查询节点 $u$,$u$ 和 $Q$ 中已匹配的查询节点之间的边在 $V[i]$ 和 $G$ 中已匹配的数据节点之间是否有对应的边。以图 7.5 为例。给定匹配顺序 $O_4=\{u'_1,u'_2,u'_4,u'_5,u'_7,u'_6,u'_8,u'_3\}$,当匹配 $u'_5$时,$v_8$ 被剪枝(第 14—16 行)。当匹配 $u'_3$时,$v_2$ 被剪枝(第 6—7 行)。由于 $u'_3$包含两个查询节点 $u_3$ 和 $u_4$,需要从候选数据节点集合中为其生成组合(第 4 行),并使用该组合枚举所有可能的排列(第 21 行)。

### (2)基于图模拟的模式匹配

子图同构是一个 NP 完全问题,复杂度高并且其匹配规则过于严格。基于图模拟[26]的模式匹配为了避免子图同构的计算,发现更多模式,放松了匹配规则。在图模拟算法中,给定输入模式图 $Q(V_q,E_q)$,数据图 $G(V,E)$,一个二元关系 $R\subseteq V_q\times V$ 被称为一次匹配的条件是:如果 $(u,v)\in R$,那么 $u,v$ 必须具有相同的标签,并且对于边 $(u,u')\in E_q$,必须存在边 $(v,v')\in E$,$(u',v')\in R$。图模拟算法时间复杂度为 $O(n^2)$,但(1)匹配的子图可能会有不同的拓扑结构;(2)匹配的子图可能太大难以理解与分析;(3)查

**算法 7.9　子图搜索(*SubgraphSearch*)**

**输入**：查询图 $Q$，NEC 树 $Q'$，数据图 $G$，匹配顺序 *order*，匹配节点索引值 $d_c$

**输出**：映射 $M$

```
u' = order[d_c]
C = CR(u', v_{M[P(u').NEC[1]]}) ∩ … ∩ CR(u', v_{M[P(u').NEC[|P(u').NEC|]]})
while True do
    C' = NextComb(C, |u'.NEC|)    //候选数据节点列表
    if |C'| = 0 then
        return
    if ∃v ∈ C' 且 F[v] = True then    //v 被访问过
        continue
    if u'.NEC 构成团 then
        if ∃(v,v'), v,v' ∈ C' 且 v≠v' ∩ (v,v') ∉ E(G) then
            continue
    matched = True
    for i = 1 to |u'.NEC| do
        if not IsJoinable(Q, Q', M, u'.NEC[i], C'[i]) then
            matched = False
            break
    if matched = False then
        continue
    UpdateState(M, F, u'.NEC, C')
    if |V(Q')| = d_c then
        GenPerm(M, Q', 1)
    else
        SubgraphSearch(Q, Q', G, order, d_c+1)
    RestoreState(M, F, u'.NEC, C')
```

询图部分是连通的，但是匹配的子图可能是不连通的；(4)查询图部分是环状图，但是匹配的子图不是。为了解决图模拟算法的上述问题，文献[26]提出双向模拟，双向模拟不仅考虑到节点的出边信息匹配，还考虑了入边信息。强模拟[26]在双向模拟的基础上又引入了局部性概念，使得匹配的子图不至于太大难以理解，但是因此也付出了时间代价，其时间复杂度为 $O(n^3)$。分布式图模拟[27]将图模拟扩展到分布式图以处理大图，即将大图划分成若干小的子图，并在子图上计算以得到完整的图模拟结果。

#### (3) 其他技术

第三类算法是基于其他技术的方法，例如基于距离的模式查询[28]和基于可达的模式匹配[29]等。

### 7.2.4　社区搜索

社区搜索是图查询的基本问题。给定查询网络中的节点，社区搜索旨在找到一个连通的，且节点彼此连通紧密的(具有凝聚力的)社区(稠密子图)。社区搜索的目标

是从大型网络中搜索高质量社区,具有广泛的应用。在生物学领域,蛋白质彼此相互作用,一个基因通常受一组蛋白质的调控。为了研究一个基因,生物学家可能会关注一组高度相互作用的蛋白质,这是一个由蛋白质构成的群落(社区)。在社交网络中,为了给特定用户推荐好友,可以将其所在社区的用户作为候选好友。社区搜索在广告推荐和活动组织等领域也有广泛的应用。

**定义 7.13(社区搜索,community search)**　给定节点 $q$,社区搜索旨在找到满足以下条件的社区(稠密子图):(i) 连通性,即社区中的节点是连通的;(ii) 凝聚力,即社区中的节点以某种特定的度量方式紧密连接。

下面给出若干经典的凝聚力度量方式:

(1) ***k*-core** 是图 $G$ 中满足每个节点的度数至少为 $k$ 的最大子图。

(2) ***k*-truss** 是图 $G$ 中满足每条边都包含在该子图内至少 $k-2$ 个三角形中的最大子图。

(3) ***k*-clique** 是 $G$ 中包含 $k$ 个节点的完全图的节点集合。

(4) ***k*-ECC** 是 $G$ 中移除任意 $k-1$ 条边后,仍是连接的子图。

针对不同的凝聚力指标,定义了不同的社区搜索范式以及提出了不同的社区搜索算法。文献[30]概述了社区搜索的相关研究。

**(1) 基于 *k*-core 的社区搜索**

**定义 7.14(Global-Core)**　给定图 $G=(V,E)$、查询节点集合 $Q\subseteq V$ 和度量函数 $f$,Global-Core 旨在找到一个满足如下条件的子图 $H=(V_H,E_H)\subseteq G$:

(i) $H$ 是一个包含 $Q$ 中所有节点的连通子图($Q\subseteq V_H$);

(ii) $f(H)$ 取得最大值,其中 $f(H)$ 为 $H$ 中节点度数的最小值。

文献[31]定义了两种基于 $k$-core 的社区搜索问题 Global-Core 和 Constrained-Core。为了解决 Global-Core 的搜索问题,Sozio 等人[31]提出了贪心算法 Greedy,该算法通过迭代删除度数最小的节点从而找到 Global-Core。算法首先初始化 $G_0=G$,然后在第 $t$ 步,选择 $G_{t-1}$ 中度数最小的一个节点 $u$,并将节点 $u$ 删除掉,得到图 $G_t$。如果在第 $m$ 步时,发现查询点集合 $Q$ 中任意一个节点的度数在 $G_{m-1}$ 中最小,或者查询点集合 $Q$ 中的节点在 $G_{m-1}$ 中不再连通,则算法终止。Greedy 算法得到的 Global-Core 可能比较大,会包含很多与查询节点集 $Q$ 距离较远、相关性较低的节点,从而影响了 Global-Core 的质量。因此,文献[31]又提出了 Constrained-Core,在 Global-Core 的基础上,对返回社区的大小、节点到查询点的距离进行限制,以提升查询结果的质量。Cui 等人[32]提出了局部社区搜索算法。算法假设只含有一个查询节点 $q$,其首先从查询节点 $q$ 扩展搜索空间。接着,在该搜索空间生成候选节点集合 $C$。最后从 $C$ 中搜索社区。此外,文献[33][34]分别研究了有向图和属性图上的 $k$-core 社区搜索问题。

**(2)基于 $k$-truss 的社区搜索**

$k$-truss 基于三角形三个节点之间的稳定结构(三角形 $\triangle_{uvw}=\{(u,v),(v,w),(w,u)\}$),使得子图内部结构更为紧密。$k$-truss 具有很多优良性质,例如图的直径有上界、计算的时间复杂度较低等,因此同样被广泛应用于社区搜索领域。Huang 等人[35]提出的三角连通的 $k$-truss 社区(triangle-connected $k$-truss community),在传统 $k$-truss 模型的基础上,消除了图中的割点,内部结构的紧密程度进一步提升。在介绍三角连通 $k$-truss 社区之前,先引入以下相关概念。

**定义 7.15(支持度,support)** 边 $e(u,v)\in E$ 的支持度 $sup(e)$ 指边 $e$ 所在的三角形的个数,即 $sup(e)=|\{\triangle_{uvw}:w\in V\}|$。

**定义 7.16($k$-truss)** 如果图 $G$ 中,任意一条边的支持度都大于等于 $k-2$,则称图 $G$ 是一个 $k$-truss。即 $\forall e\in E(G),sup(e)\geqslant k-2$。

**定义 7.17(三角邻接,triangle adjacency)** 给定两个三角形 $\triangle_1$ 和 $\triangle_2$,如果它们共享一条边,即 $\triangle_1\cap\triangle_2\neq\varnothing$,则称三角形 $\triangle_1$ 与 $\triangle_2$ 是邻接的。

**定义 7.18(三角连通,triangle connectivity)** 给定两个三角形 $\triangle_s$ 和 $\triangle_t$,如果存在一个三角形的序列 $\triangle_1,\cdots,\triangle_n$,满足 $\triangle_1=\triangle_s$,$\triangle_n=\triangle_t$,且对 $1\leqslant i<n$,都有 $\triangle_i\cap\triangle_{i+1}\neq\varnothing$ 成立,则称三角形 $\triangle_s$ 和 $\triangle_t$ 是三角形连通的。

如图 7.10 所示,边 $(q,p_4)$ 在 $\triangle_{qp_3p_4}$ 和 $\triangle_{qp_2p_4}$ 内,因此边 $(q,p_4)$ 的支持度 $sup((q,p_4))=2$;阴影部分是一个 4-truss,因为其中每边的支持度都大于等于 2;$\triangle_{qp_3p_4}$ 和 $\triangle_{qp_2p_4}$ 两个三角形是邻接的,因为它们共享边 $(q,p_4)$;$\triangle_{qp_2p_4}$ 可以通过 $\triangle_{qp_3p_4}$ 与 $\triangle_{tp_3p_4}$ 连通。

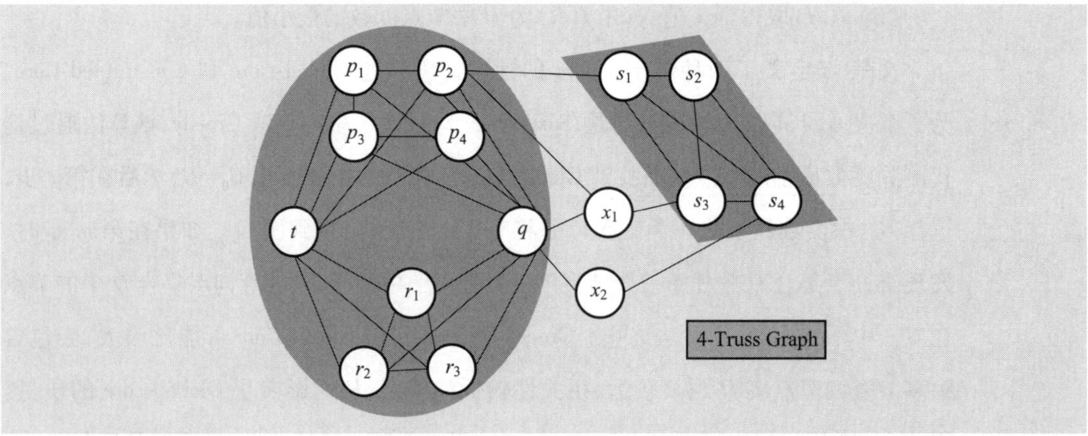


图 7.10 支持度与 $k$-truss 示例

下面给出三角连通的 $k$-truss 社区(triangle-connected $k$-truss community,$k$-truss 社区)的定义。

**定义 7.19（*k*-truss 社区）**　给定图 $G$ 和整数 $k(k \geqslant 2)$，如果图 $G$ 的一个子图 $G'$ 满足以下条件，则图 $G'$ 是一个 $k$-truss 社区：

（i）$G'$ 是一个 $k$-truss，即 $\forall e \in E(G'), sup(e) \geqslant k-2$；

（ii）$G'$ 是三角形连通的，即 $\forall e_1, e_2 \in E(G')$，它们分别所在的两个三角形 $\triangle_1, \triangle_2$ 或者相同，或者是三角连通的；

（iii）$G'$ 是极大子图，即不存在一个 $G''$，满足 $G' \subset G'' \subseteq G$，且 $G''$ 是一个 $k$-truss 社区。

文献[35]提出了查询 $k$-truss 社区的两种索引。

***K-Truss* 索引**. 从 $k$-truss 社区的定义可以看出，一个 $k$-truss 社区 $H_k$，或者自身是一个 $(k-1)$-truss 社区，或者包含在另一个更大的 $(k-1)$-truss 社区 $H_{k-1}$ 内。基于这一性质，引入子图 *Trussness* 值 $\tau(H)$ 和边 *Trussness* 值 $\tau(e)$ 的概念。

**定义 7.20（子图的*Trussness* 值）**　子图 $H$ 的 *Trussness* 值，记作 $\tau(H)$，其值等于 $H$ 中边的支持度的最小值，即 $\tau(H) = min\{sup(e): e \in E(H)\}$。

**定义 7.21（边的*Trussness* 值）**　边 $e$ 的 *Trussness* 值 $\tau(e) = max_{H \subseteq G}\{\tau(H): e \in E(H)\}$。

直观上看，如果一条边 $e$ 能在一个 $k$-truss 社区内，却不能在一个 $(k+1)$-truss 社区内，则 $\tau(e)=k$。如上所述，如果 $\tau(e)=k$，说明边 $e$ 除了能在一个 $k$-truss 社区内以外，也可以在一个 $(k-1)$-truss、$(k-2)$-truss、…、2-truss 社区内。因此，在查询 $k$-truss 社区时，在图 $G$ 中按照一定方法搜索 *Trussness* 值大于等于 $k$ 的边即可。

由此，基于 *Trussness* 值的定义，可以通过计算图 $G$ 中每一条边对应的 *Trussness* 值从而建立图 $G$ 的 *K-Truss* 索引。*K-Truss* 索引的构建比较简单，初始化 $k=2$，并计算图 $G$ 中每条边的支持度。接着在图 $G$ 中迭代地删除某条支持度小于等于 $k-2$ 的边 $e$，并将边 $e$ 的 *Trussness* 值 $\tau(e)$ 记作 $k$，然后动态地更新 $G$ 中剩余边的支持度。如果没有边可以继续删除，$k$ 的值就自增 1。重复上述过程，直到图 $G$ 中所有的边都被删除。具体的构建过程可参考文献[35]。图 7.11 是 *K-Truss* 索引一个简单示例。

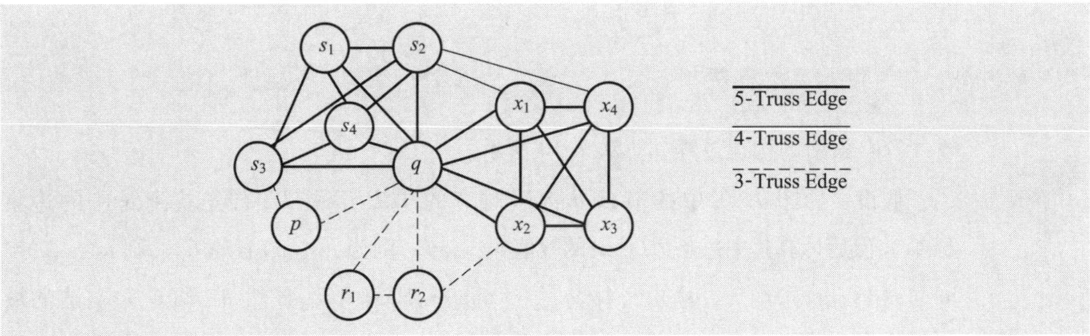


**图 7.11**　示例图与其对应的 *K-Truss* 索引

构建 *K-Truss* 索引的时间复杂度为 $O(\sum_{(u,v)\in E}\min\{d(u),d(v)\})$，索引大小为 $O(m)$，其中 $d(u)$ 是节点 $u$ 的度数，$m$ 是图 $G$ 的边数。

基于 *K-Truss* 索引，给定查询点 $q$，以及整数 $k(k\geqslant 2)$，进行 $k$-truss 社区查询的基本思想是从与查询点 $q$ 邻接的边出发，按 BFS 进行扩张，以此找到所有的 $k$-truss 社区。具体的查询过程可参考文献[35]。

使用 *K-Truss* 索引进行查询，时间复杂度为 $O(d_{Amax}|Ans|)$，其中 $Ans$ 是找到的所有 $k$-truss 社区的并集，$|Ans|$ 是 $Ans$ 内的边数，$d_{Amax}$ 是 $Ans$ 内最大的节点度数。这是因为在查询过程中，访问任意一条在最终结果内的边 $(x,y)\in Ans$ 时，都需要继续访问 $x$ 和 $y$ 的共同邻居，即 $N(x)\cap N(y)$，显然 $|N(x)\cap N(y)|\leqslant|N(x)|$，而 $|N(x)|\leqslant d_{Amax}$，因此查询的时间复杂度大致为 $O(d_{Amax}|Ans|)$。

***TCP* 索引**. 使用 *K-Truss* 索引查询时，可能会遍历到 *Trussness* 值小于 $k$ 的边，而这些边不会出现在结果中；此外，也可能会重复遍历到符合要求的边。这两个缺陷使查询过程产生了额外的时间开销。因此，Huang 等人[35]又提出了 *TCP* 索引，它的构建开销与 *K-Truss* 索引相同，但查询的时间复杂度降低到 $O(|Ans|)$。

简单来说，图 $G$ 的 *TCP* 索引由图 $G$ 中每一个节点 $x$ 对应的带权树 $T_x$ 组成。$T_x$ 是由节点 $x$ 的邻居 $N(x)$ 构成的带权树，紧凑地表示包含节点 $x$ 的某个 $k$-truss 社区。如图 7.12 所示，左边是从图 7.11 中抽取出的一个 5-truss 社区，需要用 10 条边来表示；右边是节点 $q$ 对应的带权树 $T_q$，只需要 $(x_1,x_2)$，$(x_1,x_3)$，$(x_1,x_4)$ 三条边，就可以表示左边的社区。这是因为从 $q$ 出发的 4 条边显然不需要保留，而右边的树状结构已经表明 $x_2,x_3,x_4$ 都与 $x_1$ 在同一个 5-truss 社区内，因此其余的 3 条边也不需要保留。

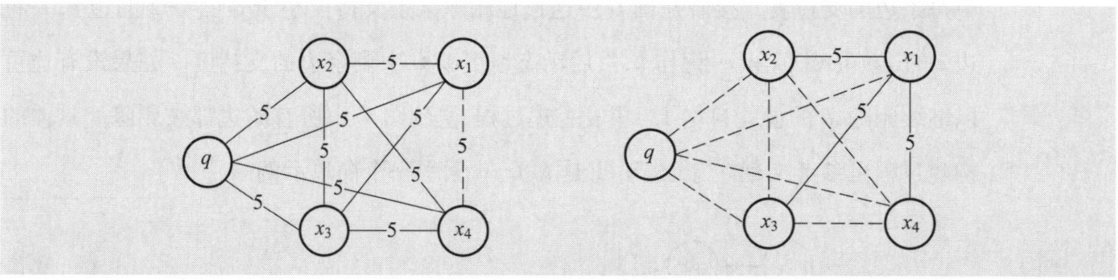


图 7.12　同一个 5-truss 社区的正常表示（左）与简化表示（右）

*TCP* 索引的构建过程如算法 7.10 所示。

假设要为图 7.11 中的节点 $q$ 构建对应的 *TCP* 索引 $T_q$，首先找到对应的边集 $E(G_q)$，然后计算其中每条边 $(y,z)$ 的权值 $w(y,z)$。例如，$(s_3,p)\in E(G_q)$，则 $w(s_3,p)=\min\{\tau((s_3,p)),\tau((s_3,q)),\tau((p,q))\}=\min\{3,5,3\}=3$。显然，在 $E(G_q)$ 内，边的最大权值为 5，因此从 $k=5$ 开始，为 $T_q$ 添加带权边。

**算法 7.10　构建 *TCP* 索引**

**输入**：图 $G=(V,E)$

**输出**：每个节点 $x\in V$ 的 *TCP* 索引 $T_x$

1：对图 $G$ 进行 *truss* 分解

2：**for** $x\in V$ **do**

3：　　$G_x\leftarrow\{(y,z)\mid y,z\in N(x),(y,z)\in E\}$

4：　　**foreach** $(y,z)\in E(G_x)$ **do**

5：　　　$w(y,z)\leftarrow\min\{\tau((x,y)),\tau((y,z)),\tau((x,z))\}$

6：　　在 $T_x$ 内添加 $N(x)$ 的所有节点

7：　　$k_{max}\leftarrow G_x$ 内边的权值的最大值

8：　　**for** $k\leftarrow k_{max}$ to 2 **do**

9：　　　$S_k\leftarrow G_x$ 内权值为 $k$ 的边

10：　　　　**foreach** $(y,z)\in S_k$ **do**

11：　　　　　**if** $y$ 和 $z$ 在 $T_x$ 内不连通 **then**

12：　　　　　　在 $T_x$ 内添加一条边 $(y,z)$，权值为 $w(y,z)$

13：**return** $\{T_x\mid x\in V\}$

添加带权边的过程如下。首先，找到 $w(y,z)=5$ 的所有边 $S_5$，$S_5$ 是两个子图 $\{x_1,x_2,x_3,x_4\}$ 和 $\{s_1,s_2,s_3,s_4\}$ 内的所有边。然后使用类似 Kruskal 算法的思想，把 $S_5$ 内的边逐条加入 $T_q$ 中。显然 $(x_1,x_2)$，$(x_1,x_3)$，$(x_1,x_4)$ 可以直接加到 $T_q$ 内，并为这三条边加上权值 5；而边 $(x_2,x_3)$ 不能加入 $T_q$，因为加入前面三条边以后，$x_2$ 就已经可以通过 $x_1$ 与 $x_3$ 连通了。后续所有边也按照此流程加入 $T_q$ 内。因此，加入 $S_5$ 的边后，$T_q$ 如图 7.13(a) 所示；接着，使用类似的方法，向 $T_q$ 中加入 $S_4=\{(s_2,x_4),(s_2,x_1)\}$，得到的 $T_q$ 如图 7.13(b) 所示；最后，向 $T_q$ 中加入 $S_3$ 的边，得到的 $T_q$ 如图 7.13(c) 所示。因为 $S_2=\varnothing$，不需要添加边，因此 $T_q$ 构建完成，最终得到的 $T_q$ 如图 7.13(c) 所示。

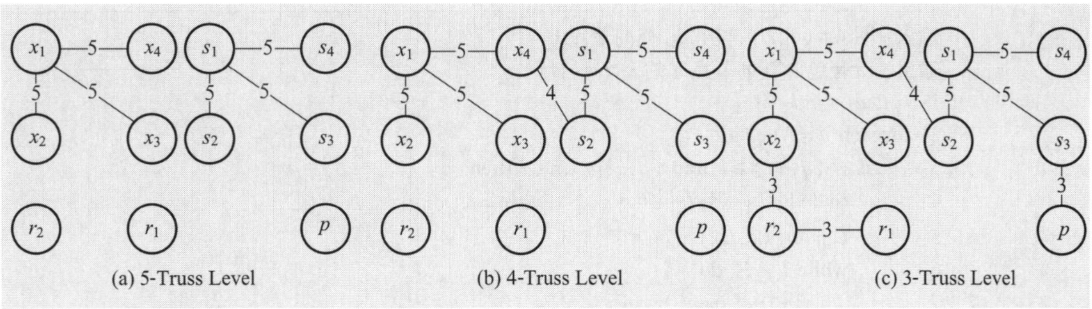


图 7.13　向 $T_q$ 中添加带权边的过程

构建 *TCP* 索引的时间复杂度同样为 $O(\sum_{(u,v)\in E}\min\{Deg(u),Deg(v)\})$，得到的 *TCP* 索引大小也为 $O(m)$，其中 $Deg(u)$ 是节点 $u$ 的度数，$m$ 是图 $G$ 的边数。证明如下：

**证明**：首先分析算法 7.10 的时间复杂度。由上可知第 1 行构建 *K-Truss* 索引的时间复杂度为 $O(\sum_{(u,v)\in E}\min\{Deg(u),Deg(v)\})$。随后，对任意节点 $x\in V$，找到所有包含

$x$ 的三角形以及构建 $G_x$ 的耗时为 $O(\sum_{y\in N(x)}\min\{Deg(x),Deg(y)\})$。容易发现,$G_x$ 中边数量 $|E(G_x)|$ 满足 $|E(G_x)|\leqslant O(\sum_{y\in N(x)}\min\{Deg(x),Deg(y)\})$。因此,向 $T_x$ 中添加带权边的过程,耗时也为 $O(\sum_{y\in N(x)}\min\{Deg(x),Deg(y)\})$。将所有节点耗时累加可知,算法 7.10 第 2—12 行时间复杂度大致为 $O(\sum_{x\in V}\sum_{y\in N(x)}\min\{Deg(x),Deg(y)\})$,也即 $O(\sum_{(u,v)\in E}\min\{Deg(u),Deg(v)\})$,因此,算法 7.10 的时间复杂度为 $O(\sum_{(u,v)\in E}\min\{Deg(u),Deg(v)\})$。

其次,分析索引大小。每个节点 $x$ 的索引 $T_x$ 大小为 $O(|N(x)|)$,将所有节点索引空间开销累加可知,图 $G$ 的 *TCP* 索引大小为 $O(\sum_{x\in V}|N(x)|)=O(m)$。证毕。

算法 7.11 给出了基于 *TCP* 索引进行 $k$-truss 社区查询的伪码。与使用 *K-Truss* 索引的查询类似,基于 *TCP* 索引的查询同样是从与查询节点 $q$ 相连的边开始,按照 BFS 的方式进行扩张,以此得到所有的 $k$-truss 社区。

在算法 7.11 中,有两点需要特别注意。首先,第 9 行中计算得到的 $V_k(x,y)=\{z\mid z$ 在 $T_x$ 内能通过权值大于等于 $k$ 的边与节点 $y$ 连通$\}\cup\{y\}$。例如,图 7.13(c)中,如果给定 $k=5$,可以得到 $V_5(q,x_1)=\{x_1,x_2,x_3,x_4\}$。$x_2\in V_5(q,x_1)$,因为 $x_2$ 在 $T_q$ 内能通过权值为 5 的边$(x_1,x_2)$与 $x_1$ 连通。$s_2\notin V_5(q,x_1)$,因为 $s_2$ 在 $T_q$ 内需经过权值为 4 的边$(s_2,x_4)$才能与 $x_1$ 连通。其次,在算法 7.11 的访问过程中,$(x,z)$和$(z,x)$为不同的两条边,前者表明需要在 $T_x$ 中计算 $V_k(x,z)$,后者表明需要在 $T_z$ 中计算 $V_k(z,x)$,而在得到的 $k$-truss 社区中,$(x,z)$和$(z,x)$表示同一条边。

**算法 7.11　使用 *TCP* 索引进行查询**

**输入**:图 $G=(V,E)$,整数 $k$,查询节点 $q$
**输出**:所有包含查询节点 $q$ 的 $k$-truss 社区

```
1: visited←∅, l←0
2: foreach u ∈ N(q) do
3:     if τ((q,u)) ≥ k and (q,u) ∉ visited then
4:         l←l+1; C_l←∅; L←∅
5:         L.push((q,u))
6:         while L ≠ ∅ do
7:             (x,y)←L.pop()
8:             if (x,y) ∉ visited then
9:                 计算 V_k(x,y)
10:                foreach z ∈ V_k(x,y) do
11:                    visited←visited ∪ {(x,z)}; C_l←C_l ∪ {(x,z)}
12:                    if 边(x,z)两端点交换后的边(z,x) ∉ visited then
13:                        L.push((z,x))
14: return {C_1, C_2, ⋯, C_l}
```

使用 *TCP* 索引进行查询的时间复杂度为 $O(|Ans|)$，其中 $Ans$ 是找到的所有 $k$-truss 社区的并集，$|Ans|$ 是 $Ans$ 内的边数。这是因为在查询得到的所有 $k$-truss 社区中，任意一条边 $(x,y)$ 在算法 7.11 内只会被访问 2 次，一次是从 $T_x$ 中访问边 $(x,y)$，另一次是从 $T_y$ 中访问边 $(y,x)$，因此复杂度仅为 $O(|Ans|)$。

**（3）基于其他度量方式的社区搜索**

$k$-clique 是具有 $k$ 个点的完全子图，在所有的社区模型中，它的内部结构最为紧密。然而，它的计算时间复杂度很高，不适合直接用于社区搜索。因此，需要对 $k$-clique 的结构要求进行一定程度的放松，以实现更低的时间复杂度，如 Cui 等人[36]提出的 $(\alpha,\gamma)$-重叠社区搜索。文献[37]提出了 DCPC（densest clique percolation community）搜索以查找包含给定查询节点的 $k$ 值最大的 $k$-clique 分量。文献[38]研究了基于 $k$-ECC 的社区搜索问题。

## 7.3　图数据挖掘

图数据挖掘能够发掘潜在的有用信息和知识，服务下游数据分析和现实应用，是图数据分析的关键。图数据挖掘主要包含社区发现、图数据聚类、图数据分类和频繁子图挖掘等问题。接下来，分别对这几类问题及其方法进行介绍。

### 7.3.1　社区发现

社区（community）结构，或图节点聚类（node clustering），反映了其成员与其他社区不同的特征的联系。因此，社区发现（community detection）在网络分析中具有重要意义。社区发现已被广泛应用到诸如推荐系统、生物化学和异常检测等领域。如在基于图的推荐系统中，同一个社区内的成员可能具有相似的兴趣和偏好，利用社区结构可以大大提高推荐质量。在生物化学领域，社区发现可以用于识别新的蛋白质复合物和化合物。

**定义 7.22（社区发现，community detection）**　给定图 $G=(V,E)$，社区发现旨在找到一组划分 $\mathcal{C}=\{C_1,C_2,\cdots,C_k\}$，其中 $C_{k'}(1\leqslant k'\leqslant k)$ 表示图 $G$ 的一个子图，使得（i）组内边密度稠密，组间边密度稀疏；（ii）组内节点属性或特征相似，组间节点属性不相似。当 $V(C_{k'})\cap V(C_{k''})=\varnothing, 1\leqslant k',k''\leqslant k$ 时，$\mathcal{C}$ 表示非重叠社区（disjoint communities）；否则是重叠社区（overlapping communities）。

根据社区类型的不同，可以将社区发现算法分为非重叠社区算法和重叠社区算法。

（1）非重叠社区发现算法

非重叠社区发现算法有传统算法、基于模块度的算法和动态算法。

**传统算法**将图划分或聚类算法应用于社区发现，包括图划分（graph partition）、层次聚类（hierarchical clustering）和谱聚类（spectral clustering）。

图划分算法将图划分成 $k$ 个社区，其中 $k$ 是预先设定的。KL 算法[39]是具有代表性的用于图划分的启发式算法。KL 算法旨在最小化社区内和社区间边数差值的评估函数。该算法首先将图划分成两个任意的子图，并在子图间重复交换节点从而优化评估函数。

一个图社区划分个数一般是未知的。在这种情况下，图划分等算法划分出来的社区可能无法取得合理的结果。相反，图具有层次化结构，其中存在多层节点簇。层次聚类算法可以发现分层社区结构（即树状图）。该类算法通过一棵二叉树合并相似的节点簇。层次聚类通过三种方式发现社区结构：分裂（divisive），凝聚（agglomerative）和混合方法（hybrid）。分裂算法以自顶向下的方式，通过不断删除低相似度节点间的边和具有最高边介数的边，从而得到树状图。通过划分树状图得到不同社区。GN 算法[40]是典型的分裂算法，其迭代地删除具有最高边介数的边以划分社区。凝聚算法有 Fast Modularity（FastQ）[41]，其将每个节点初始化为单独的社区，通过自底向上合并相似的节点的方式得到社区结构。混合方法将分裂法和凝聚法结合，如 CDASS 算法[42]。

谱聚类[43]通过对拉普拉斯矩阵进行特征分解，并对其特征向量组成的特征矩阵使用现有的聚类算法进行聚类（如 $k$-mean），从而得到社区划分。根据拉普拉斯矩阵是否标准化可以将其分成三类。非标准化谱聚类（unnormalized spectral clustering）使用非标准化的拉普拉斯矩阵 $\boldsymbol{L}$（7.14）；标准化谱聚类（normalized spectral clustering）使用标准化拉普拉斯矩阵 $\boldsymbol{L}_{sym}$（7.15）和 $\boldsymbol{L}_{rw}$（7.16）：

$$\boldsymbol{L}=\boldsymbol{D}-\boldsymbol{A} \tag{7.14}$$

$$\boldsymbol{L}_{sym}=\boldsymbol{D}^{-1/2}\boldsymbol{L}\boldsymbol{D}^{-1/2}=\boldsymbol{I}-\boldsymbol{D}^{-1/2}\boldsymbol{A}\boldsymbol{D}^{-1/2} \tag{7.15}$$

$$\boldsymbol{L}_{rw}=\boldsymbol{D}^{-1}\boldsymbol{L}=\boldsymbol{I}-\boldsymbol{D}^{-1}\boldsymbol{A} \tag{7.16}$$

其中，$\boldsymbol{A}$ 是邻接矩阵，$\boldsymbol{D}$ 是由节点度数组成的对角矩阵，即 $D_{ii}=\sum_j A_{ij}$。

**基于模块度的算法**通过最大化模块度 $Q$（modularity）从而获得社区结构。模块度定义如下：

$$Q=\frac{1}{2m}\sum_{i,j}\left[A_{ij}-\frac{k_i k_j}{2m}\right]\delta(c_i,c_j) \tag{7.17}$$

其中 $A_{ij}$ 表示边权重，$k_i = \sum_j A_{ij}$ 是与节点 $i$ 相连的边权重之和，$c_i$ 是节点 $i$ 所分配的社区。如果 $u=v$，则 $\delta(u,v)=1$，否则 $\delta(u,v)=0$。$m=\frac{1}{2}\sum_{i,j} A_{ij}$。

文献[44]提出了启发式贪心算法 Louvain 以优化模块度，其时间复杂度为 $O(n\log n)$。Louvain 算法为两个阶段。在第一阶段，Louvain 算法将每个节点划分成独立的社区。对于每个节点 $i$，算法计算将 $i$ 从原社区移动到其邻居 $j$ 所在社区得到的模块度增益(modularity gain)，并将 $i$ 放置到其模块度增益最大的社区中。如果没有模块度增益，则 $i$ 维持在原社区。该过程持续到没有增益产生，完成第一阶段。第二阶段通过将第一阶段得到的社区汇聚成超级节点(Supernode)重构网络，并将其作为第一阶段输入。两个阶段迭代至社区不再变化。Louvain 算法可视化流程如图 7.14 所示。

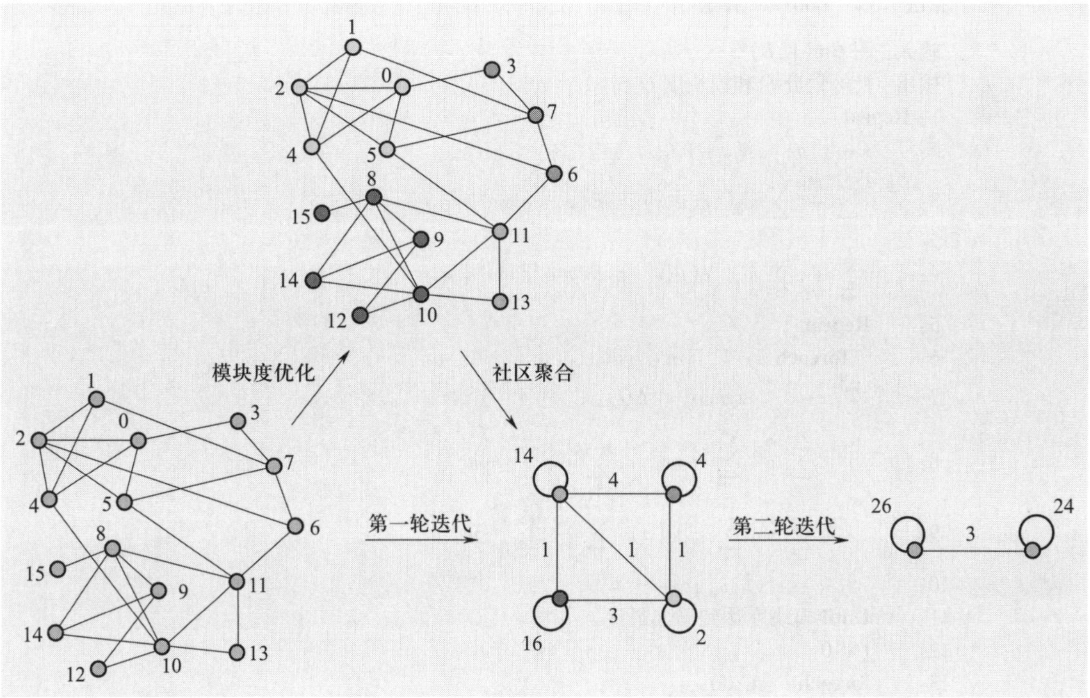


图 7.14 Louvain 算法示例

Louvain 算法将孤立的节点移动到社区 $C$ 的过程可以通过以下等式轻易地计算得到：

$$\Delta Q=\left[\frac{\sum_{in}+k_{i,in}}{2m}-\left(\frac{\sum_{tot}+k_i}{2m}\right)^2\right]-\left[\frac{\sum_{in}}{2m}-\left(\frac{\sum_{tot}}{2m}\right)^2-\left(\frac{k_i}{2m}\right)^2\right] \tag{7.18}$$

其中 $\sum_{in}$ 是社区 $C$ 内节点连边边权之和，$\sum_{tot}$ 是 $C$ 中节点所有边权之和，$k_i$ 是与节点 $i$ 连边的边权之和，$k_{i,in}$ 是节点 $i$ 和 $C$ 中节点相连的边的权重之和，$m$ 是整个网络权重之和。

Louvain 算法伪代码如算法 7.12 所示。在第一阶段,算法将每个节点划分成独立社区(第 2 行),并计算每个社区 $c$ 对应的 $\sum_{in}^{c}$ 和 $\sum_{tot}^{c}$(第 3—4 行)。随后,算法通过计算每个节点 $u$ 移动到邻居节点 $v$ 所在社区的模块度增益,寻找使得节点 $u$ 模块度增益最大的社区 $c'$(第 7 行)。接着更新 $u$ 移动后所在社区的 $\sum_{tot}^{c'}$ 和 $\sum_{in}^{c'}$,和原社区的 $\sum_{tot}^{c}$ 和 $\sum_{in}^{c}$(第 8—9 行),并更新社区划分(第 10 行)。当模块度达到局部最优,即任意节点的移动都无法提升模块度时,算法第一阶段终止。算法计算并输出第一阶段得到的模块度和社区划分(第 12—15 行)。第二阶段,算法将每个社区当作超级节点重构网络(第 16—19 行)。以上两阶段迭代至社区结构不再变化,则模块度达到全局最优。

**算法 7.12　Louvain 算法**

**输入**:图 $G=(V,E)$

**输出**:社区划分 $C$ 和模块度 $Q$

1: **Repeat**

2: $C\leftarrow\{\{u\}\},\forall u\in V$

3: $\sum_{in}^{c}\leftarrow\sum w_{u,v},e(u,v)\in E,u\in c$ and $v\in c$

4: $\sum_{tot}^{c}\leftarrow\sum w_{u,v},e(u,v)\in E,u\in c$ and $v\in c$

5: **Repeat**

6: **foreach** $u\in V$,且 $u\in c$ **do**

7: $\hat{c}\leftarrow\underset{\forall c',\exists e(u,v)\in E,v\in c'}{\operatorname{argmax}}\Delta Q_{u\to c'}$

8: $\sum_{tot}^{c'}\leftarrow\sum_{tot}^{c'}+w(u)$; $\sum_{in}^{c'}\leftarrow\sum_{in}^{c'}+w_{u\to c'}$

9: $\sum_{tot}^{c}\leftarrow\sum_{tot}^{c}-w(u)$; $\sum_{in}^{c}\leftarrow\sum_{in}^{c}-w_{u\to c}$

10: $c'\leftarrow c'\cup\{u\};c\leftarrow c-\{u\}$

11: **Until** 模块度达到局部最优

12: $Q\leftarrow 0$

13: **foreach** $c\in C$ **do**

14: $Q\leftarrow Q+\dfrac{\sum_{in}^{c}}{2m}-\left(\dfrac{\sum_{tot}^{c}}{2m}\right)^2$

15: $C'\leftarrow\{c\},\forall c\in C$;输出 $C'$ 和 $Q$

16: $V'\leftarrow C'$

17: $E'\leftarrow\{e(c,c')\},\exists e(u,v)\in E,u\in c,v\in c'$

18: $w_{c,c'}\leftarrow\sum w_{u,v},\forall e(u,v)\in E,u\in c,v\in c'$

19: $V\leftarrow V',E\leftarrow E'$

20: **Until** 社区结构不再变化

Duch 等人[45]利用极值优化以优化模块度,其算法步骤如下:首先将给定的图 $G$ 划分成两个节点数相同的集合。在每次迭代中,将最小适应值的节点移动到另一个集合,并重新计算移动节点后的各节点的适应值,节点的适应值(fitness value)指其模块度和度数的比率。该过程一直持续到模块度 $Q$ 不再增加为止。

谱优化利用模块度的特征向量和特征值优化模块度[46]。通过将拉普拉斯矩阵替换成模块度矩阵,二分模块度可以通过谱二分法优化[47]。

模拟退火算法是用于全局优化的离散随机方法,它通过最大化模块度进行社区发现。该算法不需要事先知道社区数量。文献[48]首先将图随机分成若干分区。然后通过局部和全局移动优化目标函数。局部移动根据模块度增益将一个节点随机从一个分区移动到另一个分区。全局移动包括分裂和合并分区。

**动态算法**有随机游走法[49]和同步算法[50]等。文献[49]提出的 WalkTrap 是经典的随机游走社区发现算法。WalkTrap 利用随机游走度量节点间和社区间的相似性,并使用模块度来切割树状图从而得到最终社区。同步现象表明,紧密相连(同一社区)的振荡器比稀疏连接(不同社区)的振荡器更容易同步。基于此,Arenas 等人[50]提出了同步算法。

**(2)重叠社区发现算法**

非重叠社区假设图中每个节点都只能归属到一个社区,然而现实世界并不如此。例如,社交网络中的个体很自然地会属于多个社区群体,如家庭,朋友和同事等。生物网络中,一个节点可能有多种功能。因此,将网络中实体划分到多个社区是很有必要的。出于此目的,研究人员提出了大量的重叠社区发现算法。关于重叠社区发现综述文献,读者可参考文献[51][52]。

重叠社区发现算法可以大致分成七类:团渗透法、基于边聚类算法、局部扩展和优化算法、模糊社区发现算法、基于统计推断的算法、非负矩阵分解法、动态算法。

团渗透法[53]假设一个社区由重叠的团(完全子图)集合组成。该算法首先找到图中所有的 $k$-clique。根据得到的 $k$-clique,算法通过将每个 $k$-clique 看作一个节点构建一个新图。如果两个 $k$-clique 有 $k-1$ 个相同节点,则这两个 $k$-clique 是邻接的,即新图中这两个 $k$-clique 对应的节点会有一条连边。新图中每个连通分量是一个社区。

不同于节点划分,边聚类将边划分到不同社区来发现重叠社区。如果一条边属于多个社区,那么其对应的节点称为重叠节点。文献[54]使用基于边相似性的层次聚类算法对边进行划分。

局部扩展和优化算法[55]首先通过给定特征选择种子簇,进而合并和扩展种子簇,最终使得目标函数最大化来获得重叠社区。

模糊社区发现算法赋予每个节点到所有社区的归属因子向量(soft membership vector),该归属因子反映了每个节点与不同社区的关联强度。该类方法需要提前给定

向量维度 $k$。Zhang 等人[56]结合谱聚类，将网络映射到欧拉空间并使用 FCM(fuzzy $c$-mean)计算归属因子向量。

随机块模型[57](stochastic block model)是概率生成模型，它不仅能发现重叠社区，而且能说明该社区是如何形成的。另一类统计推断方法基于贝叶斯推断[58]。

非负矩阵分解法(nonnegative matrix factorization，NMF)也可用于发现模糊社区[59]。NMF 将特征矩阵 $\boldsymbol{V}$ 近似分解成满足约束 $\boldsymbol{W},\boldsymbol{U}\geqslant\boldsymbol{0}$ 的两个矩阵，即 $\boldsymbol{V}\approx\boldsymbol{WH}$，其中 $\boldsymbol{V},\boldsymbol{W},\boldsymbol{U}$ 分别是 $n\times m$，$n\times k$ 和 $k\times m$ 矩阵，$k$ 是用户预先设置的社区数量。标准化后的 $\boldsymbol{W}$ 中的每个元素 $w_{ij}$ 表示节点 $i$ 隶属于社区 $j$ 的概率。

动态算法 COPRA[60]利用标签传播发现重叠社区。COPRA 算法中，每个节点在每一步中通过平均来自其邻居节点的隶属度(belonging coefficient)同步更新自身隶属度。COPRA 算法与 LPA 根本不同在于 COPRA 允许每个节点至多可拥有 $k$ 个标签，当 $k=1$ 时，COPRA 等价于 LPA 算法。COPRA 算法流程如算法 7.13 所示。由于节点可能属于多个社区，COPRA 赋予每个节点一组$(c,b)$集合作为标签。其中，$c$ 是社区标识符，$b$ 为隶属度，表示节点属于社区 $c$ 的强度。此外，算法通过参数 $N_c$ 限制社区数量。首先，COPRA 算法赋予每个节点一个标签，并将隶属度设为 1(第 1 行)。接着，迭代地对邻居节点隶属度求和并归一化以更新自身标签(第 3—13 行)。最后，算法根据节点标签集合划分社区(第 14—15 行)。

**算法 7.13　COPRA 算法**

**输入：** 图 $G=(V,E)$，最大标签(社区)数 $N_c$
**输出：** 社区划分 $C$
1: **foreach** $u\in V$ **do**
2: 　　初始化标签为 $L_u=\{(u,1)\}$
3: **Repeat**
4: 　　**foreach** $u\in V$ **do**
5: 　　　$L_u^{new}=\{\}$
6: 　　　更新隶属度为 $b_{new}(c,u)=\sum_{v\in N(u)}\dfrac{b_{old}(c,v)}{|N(v)|}$
7: 　　　将$(c,b_{new}(c,u))$添加到 $L_u^{new}$
8: 　　　**if** $\forall(c,b)\in L_u^{new}$ 均小于 $1/N_c$ **then**
9: 　　　　$L_u^{new}$ 中只保留隶属度最大的标签(存在多个隶属度相等的标签时，则随机保留其中一个)
10: 　　　**else**
11: 　　　　从 $L_u^{new}$ 中删除隶属度小于 $1/N_c$ 的标签
12: 　　　归一化 $L_u^{new}$ 隶属度，并令 $L_u=L_u^{new}$
13: **Until** 达到终止条件
14: 根据节点标签集合得到社区划分结果 $C$，具有相同标签的节点属于同一个社区
15: **return** $C$

### 7.3.2 图数据聚类

图数据聚类(图聚类)旨在将给定的一组图分成若干组,每组内的图具有相似的结构或特征。图数据聚类可被用于蛋白质发现、异常检测和广告推荐等领域。

图聚类在XML数据的上下文中经常会遇到,因为每个XML文档都可以看作是一个结构化的记录。XML数据在数据结构方面与图非常类似,文档间关系可以用边表示,文档属性可以看作节点属性,因此通常将XML数据建模为属性图进行分析。

图聚类算法大致可分为两类,包括基于结构距离的方法和基于结构概要的方法。

**(1)基于结构距离的方法**

基于结构距离的方法通过计算文档间的结构距离从而对文档聚类。XClust算法[61]首次对树状结构数据聚类进行了研究,该算法目的在于对XML模式数据进行聚类以有效整合大量XML数据(document type definition,DTD)。其采用凝聚层次聚类方法,初始地将每个DTD看作单独的簇,并不断聚合两个相似的簇从而形成一个大的簇。两个DTD之间的相似度可根据对应DTD中元素的语义和上下文信息进行计算。XClust算法的缺点是它没有充分利用DTD的结构信息。为此,Chawathe等人[62]提出了基于文档的结构编辑距离度量相似性的算法;Lian等人[63]提出了层次聚类算法S-GRACE。S-GRACE将XML文档转换为结构图,并根据共同的元素-子元素关系的个数定义两个XML文档之间的距离。相较于树编辑距离,该算法在某些情况下能够捕获到更优的结构相似性关系。

**(2)基于结构概要的方法**

在许多情况下,可以先由文档创建概要(summary),再基于概要的相似度对文档进行聚类。Dalamagas等人[64]提出了第一个基于概要的XML文档聚类算法。该算法将XML文档建模成有根、有序的标记树(rooted,ordered labeled tree),并提出了基于树的结构概要信息的XML聚类框架。该框架旨在不影响聚类的前提下提高算法效率。

Aggarwal等人[65]提出了另一种XML文档聚类算法——XProj。XProj算法是一种针对XML数据的有效聚类算法,其使用文档的子结构来深入了解重要的底层结构,下面详细介绍其算法流程。

同样地,XProj将XML文档建模为有序的、有标签的有根树。同时,因XML文档的属性与元素均映射至标签集,故不区分两者。基本的XML聚类算法是基于划分的算法实现的,其尝试构建一种最大化同分区文档之间结构共性的划分方式。而XProj算法则使用文档的频繁子结构衡量文档组之间的相似性。因此,当一组文档在指定的支持级别产生大量相似的子结构时,其被定义为最相似。使用频繁子结构来定义文档之间的相似性类似于多维数据中投影聚类的概念[66],故算法使用空间的(结构)投影来定义相似性。

XProj 不使用单个 XML 文档作为划分中某分区的表征,而是使用文档的子结构集作为可能的表征。如果某子结构集合 $S$ 中的每个结构均为某分区的频繁子结构,则称 $S$ 为该分区的表征。一般来说,应构建足够相似的文件组以便底层频繁结构覆盖分区中大部分的树节点。为更好理解,首先定义子结构、子结构对齐等一系列相关概念,而后定义相似度。

**定义 7.23(子结构,substructure)** 有根、有序、有标签图 $T'$ 的子结构 $T$ 是一个无向、连通、有标签无环图,$T$ 中的节点与边可一一映射至 $T'$ 中点集和边集的一个子集,该子集保留了节点标签以及对应节点的祖先-后代关系。

**定义 7.24(子结构对齐,substructural alignment)** 令 $T$ 为文档 $R$ 的子结构。$T$ 到 $R$ 的子结构对齐定义为 $T$ 中的每个节点与 $R$ 中某节点的对应关系,同时这也定义了 $T$ 到 $R$ 的子结构关系。

此处,$T$ 与 $R$ 之间的子结构对齐可能不只存在一种。

**定义 7.25(频繁,frequent)** 如果结构 $T$ 在某 XML 文档集 $R$ 中作为其子结构至少出现 $min\_sup$(用户定义最小支持度)次,则称 $T$ 在 $R$ 中是频繁的。

**定义 7.26(非覆盖,uncovered)** 如果无法找到 $T$ 到 $R$ 的子结构对齐使得 $R$ 中某节点 $x$ 与 $T$ 中某节点对齐,则称文档 $R$ 中的节点 $x$ 未被结构 $T$ 覆盖。

将上述定义推广到一组结构,有:

**定义 7.27(推广的非覆盖,uncovered)** 如果无法找到从 $\mathcal{T}=\{T_1,T_2,\cdots,T_k\}$ 中任意结构 $T_i$ 到 $R$ 的子结构对齐使得节点 $x$ 与 $T_i$ 中的某节点对齐,则文档 $R$ 中节点 $x$ 未被结构集 $\mathcal{T}=\{T_1,T_2,\cdots,T_k\}$ 覆盖。

显然,如果文档中某节点未被集合中某频繁结构覆盖,那么从聚类的角度看,这并不好。故定义文档与一组结构的相似度为文档中被该组结构覆盖的节点所占的比例。

**定义 7.28(结构相似度,structural similarity)** 文档 $R$ 与一组结构 $\mathcal{T}=\{T_1,T_2,\cdots,T_k\}$ 的结构相似度 $\delta(R,\mathcal{T})$ 定义为 $R$ 中被 $\mathcal{T}$ 中结构覆盖的节点所占比例。

在对文档中的节点总数进行标准化后,便可使用结构集合覆盖节点的比例的定义。同时通过计算不同文档的结构相似度平均值,可将上述定义推广到文档集与结构集之间的相似度。

**定义 7.29(文档集与频繁结构集的结构相似性,similarity between sets of documents and sets of structures)** 文档集 $\mathcal{R}=\{R_1,R_2,\cdots,R_j\}$ 与频繁结构集 $\mathcal{T}=\{T_1,T_2,\cdots,T_k\}$ 的结构相似度 $\Delta(\mathcal{R},\mathcal{T})$ 定义为 $\mathcal{R}$ 到 $\mathcal{T}$ 的不同文档的平均结构相似度:

$$\Delta(\mathcal{R},\mathcal{T}) = \sum_{i=1}^{j} \delta(R_i,\mathcal{T})/j \tag{7.19}$$

**定义 7.30（频繁子结构自相似度，frequent substructure self-similarity）** 记用户定义的最小支持度为 $min\_sup$，文档集 $\mathcal{R}$ 在级别 $l$ 的频繁子结构自相似度定义为结构相似度 $\Delta(\mathcal{R},\mathcal{F}_l)$，其中 $\mathcal{F}_l$ 代表 $\mathcal{R}$ 中恰包含 $l$ 个节点的频繁子结构集。

从上述定义可知，文档集的频繁子结构自相似度从子结构的角度提供了一种对文档集中同质性水平的良好理解。当集合包含噪声和随机文档时，将无法挖掘包含集合中大部分节点的频繁结构。因此，自结构相似性指数也可能较低。另一方面，对于同质集合，频繁结构很有可能覆盖大部分节点。因此，频繁子结构自相似度可以作为集合在结构层面上自相似行为的一种替代。因此，可以使用上述方式构建文档集的划分，使得集合中的频繁子结构集覆盖尽可能多的节点。

注意，上述仅使用大小为 $l$ 的频繁结构计算结构自相似度，是因为无法将大小为 $l$ 的结构与大小为 $(l+1)$ 的结构进行公平比较。例如，如果允许任意大小的子结构出现在频繁结构集中，那么仅包含 1 个节点的结构将有非常高的覆盖水平。故选择子结构的序（rank），类似于在投影聚类中选择投影空间的维度。

**算法 7.14 XProj 算法**

**输入：** 文档集 $\mathcal{D}$，最小支持度 $min\_sup$，结构大小 $l$，簇数 $k$
**输出：** 划分集合（集合数由簇数决定）
初始化表征集 $S_1,\cdots,S_k$ //细节见下文
**while** 未收敛 **do**
　　使用基于覆盖的相似性标准，将每个文档 $D \in \mathcal{D}$ 分配给 $\{S_1,\cdots,S_k\}$ 中的一个集合
　　/* 记相应的文档划分为 $\mathcal{M}_1,\cdots,\mathcal{M}_k$ */
　　使用顺序变换范式分别从每个集合 $\mathcal{M}_i$ 中计算大小为 $l$ 的频繁子结构 //细节见下文
　　**if** $(|\mathcal{M}_i| \times min\_sup) \geq 1$ **then**
　　　　将 $S_i$ 赋值为 $\mathcal{M}_i$ 中大小为 $l$ 的频繁子结构
**return** $\{\mathcal{M}_1,\cdots,\mathcal{M}_k\}$

XProj 算法伪代码如算法 7.14 所示。Xproj 主要使用基于划分的子结构修改，其中文档的簇围绕代表性子结构建立。因此，XProj 在结构聚类算法中使用子结构集合代表（substructure set representative），而非基于某个划分算法的单一代表。初始时，文档集 $\mathcal{D}$ 被随机分成 $k$ 个大小相等的分区，并在这些分区中挖掘大小为 $l$ 的频繁子结构以生成子结构代表集。类似地，在每次迭代中，给定分区的子结构代表（具有特定大小和特定支持度）是来自该分区的频繁结构。这些结构代表用于划分文档集，反之亦然。注意到，由于需要确定频繁子结构，这可能是一个开销很大的操作。为了划分文档集，算法分别计算每个子结构集代表覆盖文档中的节点数。更大的覆盖范围对应着更高的相似度。该方法使得算法随时间的推移可以确定最重要的局部子结构（localized substructures),这与投影聚类方法中随时间确定最重要的局部投影类似。一旦分区被计算出来,算法使用其重新计算代表集。这些重新计算的代表集被定义为每个分区中大小为 $l$ 的频繁子结构。因此,代表集 $S_i$ 被定义为来自分区 $\mathcal{M}_i$ 的大小为 $l$ 的子结构集,且其绝对支持度不小于($|\mathcal{M}_i|\times min\_sup$),那么新定义的代表集 $S_i$ 也对应于从分区 $\mathcal{M}_i$ 定义的局部结构。如果分区 $\mathcal{M}_i$ 包含的文档数过少,使得($|\mathcal{M}_i|\times min\_sup$)<1,则代表集 $S_i$ 保持不变。

为了确保算法 7.14 中 while 循环能正确地终止,需要设计一个收敛准则。该标准基于文档的 $k$ 个分区的平均子结构自相似度的增量定义。令当前迭代中文档分区为 $\mathcal{M}_1,\cdots,\mathcal{M}_k$,其对应的大小为 $l$ 的频繁子结构分别为 $S_1,\cdots,S_k$。那么,在循环结束时,平均子结构自相似度为 $\Phi=\sum_{i=1}^{k}\Delta(\mathcal{M}_i,S_i)/k$。类似地,记前一次迭代结束时的平均子结构自相似度为 $\Phi'$,在下一次迭代开始时,该算法计算平均子结构自相似度的增量 $\Phi-\Phi'$,并检查其是否小于用户指定的阈值 $\epsilon$。如果否,算法进行下一次迭代,否则算法终止。此外,为避免选择的阈值 $\epsilon$ 过小,算法设置了迭代次数上限。

一个关键的问题在于每次迭代中频繁子结构挖掘过程开销高昂。下面详细讨论如何通过近似挖掘技术高效地处理该过程。

**近似子结构挖掘**. 算法 7.14 所示的子结构聚类算法主要有两个耗时操作。一个是从每个 XML 文档集中挖掘大小为 $l$ 的代表频繁子结构;另一个是计算给定 XML 文档的一组代表子结构的对齐。这主要是由于图同构操作带来的。由于算法的目的是对 XML 进行聚类,因此不需要精确算法来挖掘频繁子结构或计算结构对齐。提高算法效率的一种方法是使用近似数据表示以移除或简化图同构计算,并尽可能多地保留树节点间的结构关系。

一个简单的方法是使用节点标签来表示子结构,并使用一组频繁标签集合近似对应的频繁子结构集合。尽管存在许多高效的频繁项挖掘算法使得该方法效率提升,但其不能保留任何的结构信息,并且不能得到高质量的聚类结果。为了缓解该问题,可以采用前序深度优先遍历树边得到的序列作为复杂树结构和其对应的简单节点标签集的折中,其中边表示为节点标签对。边序列表示的好处在于其保留了父子关系以及兄弟节点的顺序。例如,图 7.15 中三个子结构的边序列表示分别为 $\langle AB,BC,CE,AB,BD\rangle$,$\langle AB,BC,BD,BD\rangle$,$\langle AB,BC,CE,BD,AB,BD\rangle$。此外,使用序列表示也保证了使用高效数据挖掘算法的能力。

树结构的前序深度优先遍历保证了父节点总是先于其子节点被访问,且左兄弟节点总是优于其右兄弟节点。基于此遍历顺序,有以下性质。

**性质 7.1（子序列关系，subsequence relationship）**　如果一棵树 $T_1$ 是另一棵树 $T_2$ 的子树，则 $T_1$ 的边序列表示必是 $T_2$ 边序列表示的子序列。

性质 7.1 将边序列表示与结构关系联系了起来。该性质表明如果一个子结构是频繁的，那么其对应的边序列表示也一定是频繁的。例如，图 7.15(a)是图 7.15(c)所示的树结构的子结构。假设最小支持度为 2，图 7.15(a)所示的树是频繁的。且由于 $\langle AB,BC,CE,AB,BD\rangle\subseteq\langle AB,BC,CE,BD,AB,BD\rangle$，边序列 $\langle AB,BC,CE,AB,BD\rangle$ 也是频繁的。注意到，两个树结构与其对应的边序列之间可能存在错误映射，错误映射指尽管一棵树不是另一棵树的全连接子结构，但它们的边序列表示具有子序列关系。例如，图 7.15(b)中所示的树不是图 7.15(c)中所示树的子结构。然而，它们的边表示序列之间存在子序列关系，例如 $\langle AB,BC,BD,BD\rangle\subseteq\langle \mathbf{AB},\mathbf{BC},CE,\mathbf{BD},AB,\mathbf{BD}\rangle$。图 7.15(c)中深色边对应于边序列 $\langle AB,BC,BD,BD\rangle$。由于存在上述的错误映射，边序列的支持度可能高于对应的树结构。但该算法并未对此现象作出处理，具体可查看文献[64]。XProj 采用了修改后的序列模式挖掘算法 BIDE[66] 以查找频繁序列。

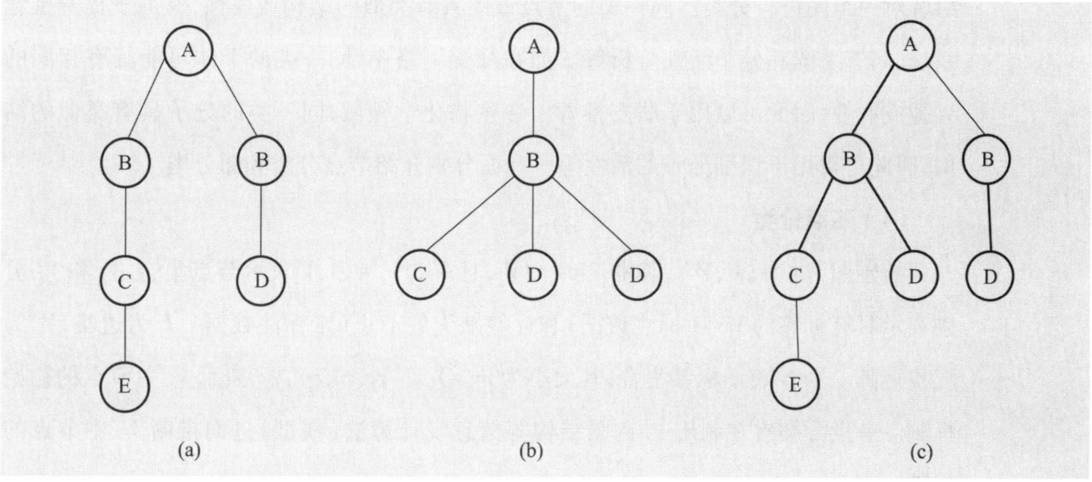

图 7.15　树结构

**为相似度计算选择代表子结构**．给定文档划分 $\mathcal{M}_i(1\leqslant i\leqslant k)$，其对应的种子集 $S_i$ 可能包含大量大小为 $l$ 的频繁子结构。虽然前面已使用序列来近似树结构，但文档与种子集 $S_i$ 之间相似度计算开销仍然相当大。可以选择少量高质量的子结构或序列，并且只用该代表子结构集合计算文档 $k$ 个划分上的相似度以及子结构自相似度均值。对于给定的划分，相应的频繁子结构支持度通常表示其关于 $\mathcal{M}_i$ 的局部性。因此，一个好的代表性子结构应该有尽可能高的支持度。达到该目的的一个简单方法是选择大小为 $l$ 的 Top-$k$ 个最频繁子结构作为对应的种子集 $S_i$。

上述方法获得的种子集彼此之间可能重叠过多，导致无法覆盖对应分区中的所有文档。Xproj 使用序列覆盖范式来选择包含这些文档的频繁子结构以解决该问题。从最高支持度的子结构开始,将被该子结构覆盖的所有文档删除并将此子结构添加至种子集。如果下一子结构覆盖了分区中某些剩余文档,则检索该子结构。子结构覆盖的文档将被删除,对应的子结构被当作种子集新的代表子结构。该过程迭代至分区中所有文档都被覆盖,或所选的子结构数量达到用户指定的阈值。

**初始化代表子结构**. 算法 7.14 中将 XML 数据库随机划分成 $k$ 个分区以初始化代表集,并为每个分区挖掘大小为 $l$ 的频繁子结构。随机初始化存在一些问题,例如很难从随机生成的分区中找到一些高频次的子结构,导致接下来的迭代过程中产生低质量的簇,或者需要过多的迭代以达到收敛状态。文献[64]讨论了如何改进初始化方法,感兴趣的读者可参阅原文,此处不再赘述。

### 7.3.3 图数据分类

图上的分类任务可以分为节点分类和图分类,前者对单个图中的节点进行分类,后者对一组图进行分类。同一类的节点或图具有类似的结构或属性,有助于提升推荐系统、问答系统和分子活性分析等。如在社交网络中,同一类的个体可能具有相同的兴趣或职业,因此可以用于朋友推荐。在生物化学领域,同一类的分子具有类似的结构,因此可以用于识别分子的活性等。下面分别介绍节点分类和图分类。

**(1) 节点分类**

给定图 $G=(V,E,\boldsymbol{W})$,其中 $V=V_l\cup V_u$,且 $V_l\cap V_u=\varnothing$,$V$ 表示节点集合,$V_l$ 和 $V_u$ 分别表示具有标签的节点(标注数据)和标签缺失的节点(未标注数据),$E$ 为边集,$\boldsymbol{W}$ 为权重矩阵。令 $\mathcal{Y}$ 表示标签集合,其大小为 $m$。$Y_l=\{y_1,y_2,\cdots,y_l\}$ 表示 $V_l$ 中节点的初始标签。节点分类旨在利用 $V_l$ 和图结构等信息设计算法(模型)进而推断 $V_u$ 中节点的标签。

传统的节点分类方法主要有特征选择和随机游走算法[68]。特征选择算法将图的有关信息作为特征输入,并使用传统分类器(如朴素贝叶斯和决策树等)进行分类。基于随机游走的算法利用随机游走进行标签传播。

(i) 特征选择算法

特征选择算法通常基于迭代的框架,该迭代框架利用局部邻域信息以及部分标注数据以训练分类器。

迭代框架如算法 7.15 所示。令 $\boldsymbol{\Phi}$ 表示由节点特征向量组成的特征矩阵,其第 $i$ 行表示节点 $v_i$ 对应的特征向量 $\boldsymbol{\phi}_i$。$\boldsymbol{\Phi}_l$ 和 $\boldsymbol{\Phi}_u$ 分别表示经标注的节点以及未标注的节点的特征向量。该框架首先利用 $\boldsymbol{\Phi}_l$ 和给定的节点标签 $Y_l$ 初始化分类器。在第一次迭代中，训练后的分类器利用 $\boldsymbol{\Phi}_u$ 计算新的标签 $Y_u^1$。对任意节点 $v_i$，其邻域内某些未标注的节点被赋予 $Y_u^1$ 中的标签。第 $t$ 次迭代基于 $\boldsymbol{\Phi}_l$ 和 $Y_u^{t-1}$ 构建新的特征向量 $\boldsymbol{\Phi}^t$，并利用分类器生成新的标签 $Y_u^t$。

---

**算法 7.15 迭代分类算法**

---

**输入**：图 $G=(V,E,W)$，标注数据 $Y_l$

**输出**：节点分类结果 $\tilde{Y}$

根据图 $G$ 和 $Y_l$ 计算特征矩阵 $\boldsymbol{\Phi}^l$

使用 $\boldsymbol{\Phi}_l$ 训练分类器

**for** $t\leftarrow 1$ to $\tau$ **do**

    分类器利用 $\boldsymbol{\Phi}_u^t$ 计算 $Y_u^t$

    更新 $\boldsymbol{\Phi}_u^t$

$\tilde{Y}\leftarrow Y^{\tau}$

**return** $\tilde{Y}$

---

图 7.16 展示了执行两步迭代分类的示例。其中，具有阴影的节点表示标注数据。在这个例子中，算法第一步为节点 X 分配标签“18”。基于新的特征，在第二次迭代中，这个标签被传播到节点 Y。

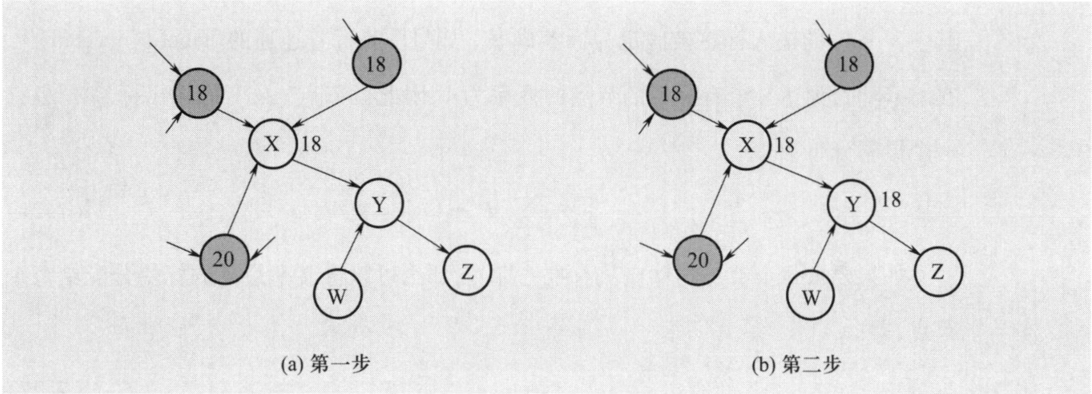


图 7.16 迭代分类示例

基于迭代框架的代表性工作包括文献[69][70][71]提出的算法。Neville 等人[69]使用朴素贝叶斯分类器进行标签推断。Getoor 等人[70]利用对逻辑回归对链接文档进行分类。Chakrabarti 等人[71]将链接文档看作图数据，并利用相邻文档（看作节点）的特征辅助分类，大大提升了文档分类准确性。

以上所提到的方法都需要手工提取特征，不具灵活性和可扩展性，且需要引入大量人工参与。近年来，基于图嵌入技术的节点分类日益受到研究者的关注。图嵌入将图结构以及属性映射到低维空间，并在该低维空间中对图进行分析，不仅效率高，而且大大提升了分类的准确性。图嵌入技术可以自动地提取节点特征。关于图嵌入技术的讨论详见第 11.4 小节。

(ii) 随机游走算法

基于随机游走的节点分类算法通过执行随机游走进行标签传播。这类算法的基本思想如下：将节点 $v_i$ 分类为 $c \in \mathcal{Y}$ 的概率是从 $v_i$ 出发并在标签为 $c$ 的节点终止的随机游走的总概率。诸多随机游走方法主要差异在于游走策略的选择与设计。

随机游走由转移矩阵 $\boldsymbol{P}$ 定义，因此节点 $v_i$ 游走到 $v_j$ 的概率为 $P_{ij}$，其中 $0 \leqslant P_{ij} \leqslant 1$，$\sum_j P_{ij}=1$。矩阵 $\boldsymbol{P}$ 同时编码了游走的吸收状态(absorbing state)，吸收状态的节点具有概率 1，并且保持不变，因此离开这些节点的概率为 0，即游走终止于这些节点。令 $P_{ij}^{(t)}$ 表示从节点 $v_i$ 开始的游走在 $t$ 步后到达节点 $v_j$ 的概率，令 $\boldsymbol{P}^t$ 表示时间步 $t$ 对应的转移矩阵。对于 $t \to \infty$，$\boldsymbol{P}^\infty$ 的项 $P_{ij}$ 表示当游走长度趋于无穷时，游走从 $v_i$ 开始并终止于 $v_j$ 的概率，即随机游走将收敛于稳态 $\boldsymbol{P}^\infty$。

**标注**. 游走通常定义在图的节点上，并用于定义标注。将标签 $c \in \mathcal{Y}$ 分配给节点 $v_i$ 的概率为收敛时从 $v_i$ 出发并到达标签为 $c$ 的节点的总概率。其形式化定义为：

$$\tilde{\boldsymbol{y}}_i[c] = \sum_{j \mid v_j \in V_l} \boldsymbol{P}_{ij}^\infty \boldsymbol{y}_j[c] \tag{7.20}$$

其中，$v_j \in V_l$ 的输入标签被假定为标签概率。如果图是标签连通的(label connected)①，在 $t \to \infty$ 时，到达一个有标签的节点的概率为 1，因此。节点 $v_i \in V$ 的输出标签 $\tilde{y}_i$ 也是一个概率分布：

$$\sum_{c \in \mathcal{Y}} \sum_{j \mid v_j \in V_l} \boldsymbol{P}_{ij}^\infty \boldsymbol{y}_j[c] = 1 \tag{7.21}$$

如果要求每个节点的输出只有唯一标签，那么可以将概率最高的标签分配给每个节点，即：

$$\hat{y}_i = \operatorname{argmax}_{c \in \mathcal{Y}} \sum_{j \mid y_j = c} \boldsymbol{P}_{ij}^\infty \tag{7.22}$$

注意，这里 $\boldsymbol{Y}$ 是用于记录所有标注节点的标签分布矩阵，对于未标注的节点，其值为 0。因此，使用随机游走进行节点分类的矩阵方程可以记作：

$$\tilde{\boldsymbol{Y}} = \boldsymbol{P}^\infty \boldsymbol{Y} \tag{7.23}$$

当 $\boldsymbol{Y}$ 表示标注集合的概率分布矩阵时，为保证结果符合概率分布，对其做如下缩放：$\tilde{\boldsymbol{Y}} = \boldsymbol{N}^{-1} \boldsymbol{P}^\infty \boldsymbol{Y}$，其中 $\boldsymbol{N}^{-1}$ 为归一化对角矩阵，$N_{ii} = \sum_{j=1}^{m} (\boldsymbol{P}^\infty \boldsymbol{Y})_{ij}$。下面将详细介绍基于随机游走的不同方法。

Zhu 等人[72]提出了半监督的节点分类方法。给定输入图 $G=(V,E,\boldsymbol{W})$，其转移矩

① 即通过有限游走步可以从任意未标注节点到达标注节点。

阵为 $\boldsymbol{L}=\boldsymbol{D}^{-1}\boldsymbol{W}$。$V_l$ 为具有初始标签 $Y_l$ 的节点集。

如果节点 $v_i$ 没有标签,则从 $v_i$ 开始的随机游走以与边权成正比的概率选择一条(出)边。如果节点 $v_i$ 具有标签,那么游走将在该点循环。因此,$V_l$ 中的节点是吸收状态,即它们被视作没有出边,并且它们的标签不会改变。假设已经对节点进行排序(标注过的节点位于未标注节点之前),那么转移矩阵可以写成以下块矩阵形式:

$$\boldsymbol{P}=\begin{pmatrix}\boldsymbol{P}_{ll} & \boldsymbol{P}_{lu}\\ \boldsymbol{P}_{ul} & \boldsymbol{P}_{uu}\end{pmatrix}=\begin{pmatrix}\boldsymbol{I} & \boldsymbol{0}\\ \boldsymbol{P}_{ul} & \boldsymbol{P}_{uu}\end{pmatrix} \tag{7.24}$$

其中,块矩阵 $\boldsymbol{P}_{ll}$ 对应于标注节点之间的转移概率,其他块矩阵可以此类推。注意到,随机游走到达标注节点会终止,因此 $\boldsymbol{P}_{ll}$ 为单位矩阵 $\boldsymbol{I}$,$\boldsymbol{P}_{lu}$ 为零矩阵。换句话说,如果 $i\in V_u$,那么 $\boldsymbol{P}_i=(\boldsymbol{D}^{-1}\boldsymbol{W})_i$;如果 $i\in V_l$,那么 $\boldsymbol{P}_i=e_i$。

当 $t\to\infty$,计算极限 $\lim\limits_{t\to\infty}\boldsymbol{P}^t$,得到:

$$\boldsymbol{P}^{\infty}=\begin{pmatrix}\boldsymbol{I} & \boldsymbol{0}\\ (\boldsymbol{I}-\boldsymbol{P}_{uu})^{-1}\boldsymbol{P}_{ul} & \boldsymbol{P}_{uu}^{\infty}\end{pmatrix} \tag{7.25}$$

对于每个连通分量都有一个标注节点的图,矩阵 $\boldsymbol{P}_{uu}$ 的每一项都小于 1。因此 $\boldsymbol{P}_{uu}^{\infty}=0$,且 $\boldsymbol{P}_{ul}^{\infty}$ 是标注节点的标签。结合式(7.22)和式(7.24),未标注节点的标签概率为:

$$\tilde{\boldsymbol{Y}}_u=(\boldsymbol{I}-\boldsymbol{P}_{uu})^{-1}\boldsymbol{P}_{ul}\boldsymbol{Y}_l \tag{7.26}$$

上述算法伪代码如算法 7.16 所示。

Zhou 等人[73]提出了图正则化算法。图正则化算法与上述的标签传播算法[72]主要不同点在于前者允许标注节点 $V_l$ 的标签在标签传播过程中改变。Baluja 等人[74]提出的 Adsorption 算法与上述方法类似,通过不断计算邻居标签均值以对节点分类。但是该方法引入了额外特征以及参数,因此可以看作其他方法的泛化。

**算法 7.16　标签传播分类算法**

**输入**:标签集合 $\boldsymbol{Y}$①,转移矩阵 $\boldsymbol{P}$
**输出**:节点分类结果 $\tilde{\boldsymbol{Y}}$
1: $\boldsymbol{Y}^0\leftarrow\boldsymbol{Y}$
2: **repeat**
3: 　　$\boldsymbol{Y}^t\leftarrow\boldsymbol{P}\boldsymbol{Y}^{t-1}$
4: 　　$\boldsymbol{Y}_l^t\leftarrow\boldsymbol{Y}_l$
5: **until** 收敛到 $\boldsymbol{Y}^{\infty}$
6: $\tilde{\boldsymbol{Y}}\leftarrow\boldsymbol{Y}^{\infty}$
7: **return** $\tilde{\boldsymbol{Y}}$

① 注意,这里的节点标签用矩阵存储,也表示标签概率分布矩阵。

**（2）图分类**

给定具有标签的图集合$\mathbb{G}_L=\{(G_1,y_1),(G_2,y_2),\cdots,(G_n,y_n)\}$，其中 $n$ 表示集合大小，$y_i\in\mathcal{Y}$ 表示 $G_i$ 的标签。图分类任务旨在利用$\mathbb{G}_L$推断未标注图集合$\mathbb{G}$中每个图的标签。

图分类主要可以分为基于图核的方法以及基于图嵌入的方法。基于图核(graph kernel)的方法首先利用图核度量图之间的相似度，并使用核机器(kernel machine)对其分类，如支持向量机(support vector machine)。基于图嵌入的方法将图结构以及属性映射到低维向量空间，并利用图级别的嵌入以端到端的形式对图进行分类。本小节主要讨论基于图核的方法，基于图嵌入的方法可参阅第 11.4 节，此处不再赘述。

**定义 7.31（核方法）** 核方法指的是通过使用特定的相似度量方法(核)比较成对数据的机器学习算法。考虑非数据点集合 $\mathcal{X}$，例如$\mathbb{R}^d$或者有限的图集合，且有函数 $\mathcal{K}:\mathcal{X}\times\mathcal{X}\to\mathbb{R}$。如果存在一个希尔伯特空间 $\mathcal{H}_{\mathcal{K}}$以及特征映射 $\phi:\mathcal{X}\to\mathcal{H}_{\mathcal{K}}$满足 $\mathcal{K}(x,y)=\langle\phi(x),\phi(y)\rangle$，其中$\langle\cdot,\cdot\rangle$表示 $\mathcal{H}_{\mathcal{K}}$的内积，则 $\mathcal{K}$ 是 $\mathcal{X}$ 上的核。该特征映射当且仅当 $\mathcal{K}$ 是半正定函数时存在。

文献[75][76]概述了图核的相关研究。大多数图核都是基于卷积核(convolutional kernel)。给定两个离散结构(图)，Haussler 卷积框架[77]首先将这两个结构分解成子结构，如节点或子图，然后评估每对子结构的核。卷积核形式化定义如下：

**定义 7.32（卷积核）** 令 $\mathcal{R}=\mathcal{R}_1\times\cdots\times\mathcal{R}_d$ 表示一个组件空间，该组件空间使得复合对象 $X\in\mathcal{X}$ 能够分解成 $\mathcal{R}$ 中的元素。进一步地，令 $R:\mathcal{R}\to\mathcal{X}$ 表示从组件到对象的映射，使得当且仅当组件 $x\in\mathcal{R}$ 组成对象 $X\in\mathcal{X}$ 时，$R(x)=X$，令 $R^{-1}(X)=\{x\in\mathcal{R}:R(x)=X\}$，那么，$R$ 卷积核为：

$$\mathcal{K}_{\mathrm{CV}}(X,Y)=\sum_{x\in R^{-1}(X)}\sum_{y\in R^{-1}(Y)}\underbrace{\prod_{i=1}^{d}\mathcal{K}_i(x_i,y_i)}_{\mathcal{K}(x,y)}\tag{7.27}$$

其中，$\mathcal{K}_i$ 是 $\mathcal{R}_i$ 上的核，$i\in\{1,\cdots,d\}$。

常见的基于 $R$ 卷积核的核方法有：基于子树的图核、基于子图的图核和基于路径的图核。下面分别介绍以上三种图核方法。

(i) 基于子树的图核方法

基于子树的图核方法[78]将图转化为树，并通过度量树的相似度进而度量图的相似度。其中，Shervashidze 等人[78]基于 1 维 Weisfeiler-Lehman(以下简称 1-WL)提出的 Weisfeiler-Lehman 子树核(以下简称 WL 子树核)是应用广泛的图核算法。给定若干带有标签的图，WL 子树核首先聚合节点邻居标签，并对其邻居标签进行排序，从而得到包含节点原标签和有序邻居标签的多重集合(multiset)。接着，将节点对应的多重标签进行压缩并作为该节点新的标签。需要注意的是，上述过程对所有输入图是同时进行的，并且节点标签是共享的[79]。给定图 $G$ 和 $H$，迭代 $h$ 次的 WL 子树核定义如下：

$$\mathcal{K}_{\text{WLsubtree}}^{(h)}(G,H)=\langle\phi_{\text{WLsubtree}}(G),\phi_{\text{WLsubtree}}(H)\rangle \tag{7.28}$$

其中，$\phi_{\text{WLsubtree}}^{(h)}(G)=(c_0(G,\sigma_{01}),\cdots,c_0(G,\sigma_{0|\Sigma_0|}),\cdots,c_h(G,\sigma_{h1}),\cdots,c_h(G,\sigma_{h|\Sigma_h|}))$，而 $\Sigma_i$ 表示第 $i$ 次迭代得到的标签集合，$c_i(G,\sigma_{ij})$ 表示图 $G$ 中标签为 $\sigma_{ij}\in\Sigma_i$ 的节点数量。从式(7.28)可以看出，上述定义等价于比较两个图中公有子树的数量。图 7.18 给出了 WL 子树核在图 7.17 所示数据图上一次迭代的计算过程[78]。

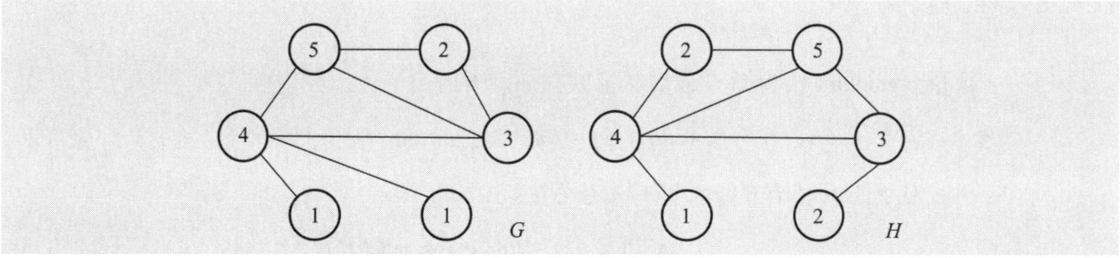


图 7.17　数据图 $G$ 和 $H$

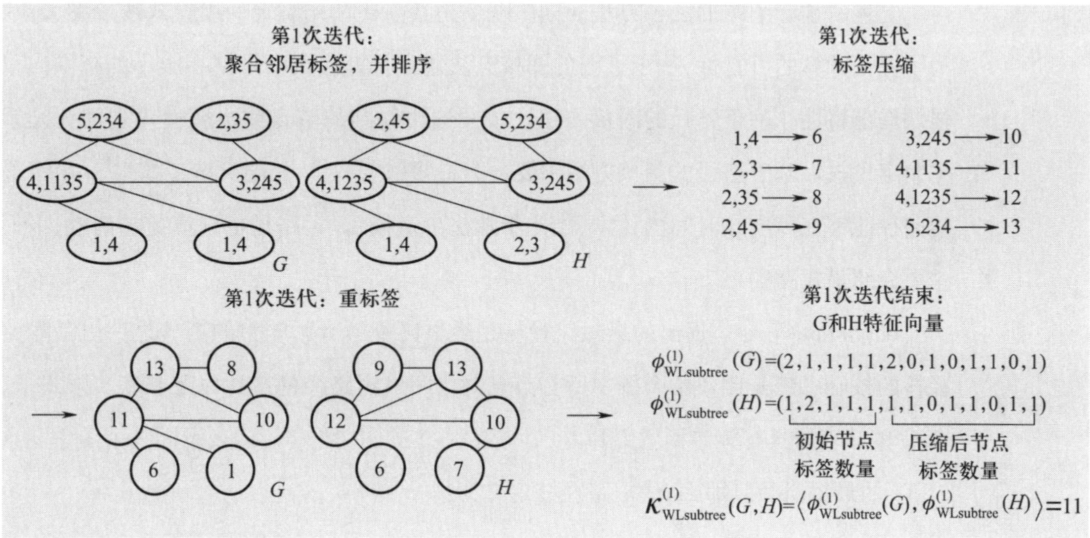


图 7.18　WL 子树核一次迭代计算过程

（ii）基于子图的图核方法

基于子图的图核[80]将图分解成一系列的子图，并通过计算子图分布度量图相似度。Shervashidze 等人[80]提出的 graphlet 核是典型的子图图核方法。该方法通过统计固定大小的 graphlet 数量从而度量图的相似度，其中，graphlet 表示由固定节点数组成的子图，图 7.19 给出了大小为 4 的所有 graphlet 示例。

graphlet 核统计了图 $G$ 上所有具有 $k>0$ 个节点的诱导子图（induced subgraph）的同构类型。令 $\phi(G)_{\sigma_i}(1\leqslant i\leqslant N)$ 表示同构类型 $\sigma_i$ 的实例数量，其中 $N$ 表示不同类型的

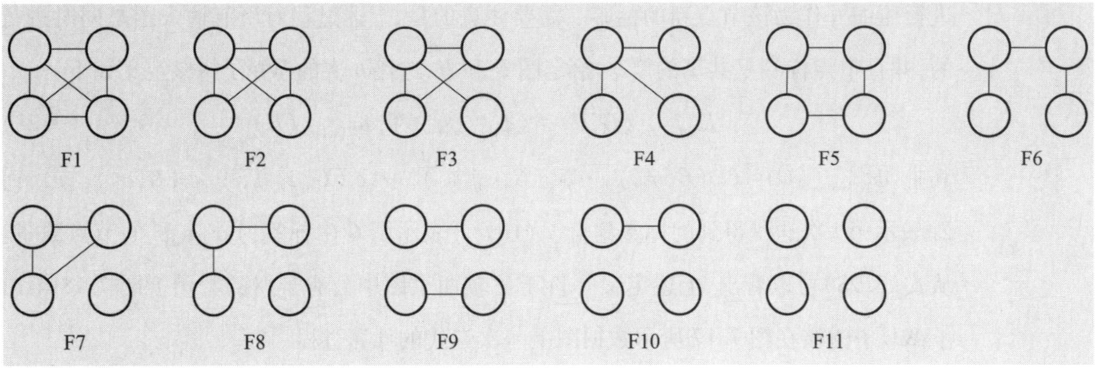


图 7.19 具有 4 个节点的 graphlet

数量。graphlet 核为图 $G$ 计算特征映射 $\phi_{GR}(G)$：

$$\phi_{\mathrm{GR}}(G)=(\phi(G)_{\sigma_1},\cdots,\phi(G)_{\sigma_N}) \tag{7.29}$$

对于图 $G$ 和 $H$ 的 graphlet 核定义为：

$$\mathcal{K}_{\mathrm{GR}}(G,H)=\langle\phi_{\mathrm{GR}}(G),\phi_{\mathrm{GR}}(H)\rangle \tag{7.30}$$

（iii）基于路径的图核方法

上述的基于子图的图核方法的一个缺点是其需要预先制定一组模式或子图大小。为了保证计算的可行性，基于子图的图核方法通常将模式大小限制在很小的范围内以强调局部特性。基于路径的图核方法比较图遍历得到的节点或边属性序列而无须预先制定模式。基于路径的图核方法主要分为最短路径核[81]和随机游走核[82]。由于最短路径能够在多项式时间内计算，相比于随机游走核，最短路径核计算更加高效，下面主要介绍最短路径核。

Borgwardt 等人[81]提出的最短路径核是最早以及最有影响力的图核之一。最短路径核的核心思想是比较两个图中所有节点对之间最短路径的属性以及长度。形式上，令 $G$ 和 $H$ 表示具有标签函数 $l:V(G)\cup V(H)\rightarrow\Sigma$ 的图，且 $d(u,v)$ 表示同一个图中节点 $u$ 和 $v$ 的最短路径。那么，最短路径核定义为：

$$\mathcal{K}_{\mathrm{SP}}(G,H)=\sum_{(u,v)\in V(G)^2}\ \sum_{\substack{(w\neq v)\in V(H)^2\\ w\neq z}}\mathcal{K}((u,v),(w,z)) \tag{7.31}$$

其中，$\mathcal{K}((u,v),(w,z))=\mathcal{K}_{\mathrm{L}}(l(u),l(w))\cdot\mathcal{K}_{\mathrm{L}}(l(v),l(z))\cdot\mathcal{K}_{\mathrm{D}}(d(u,v),d(w,z))$。

$\mathcal{K}_{\mathrm{L}}$ 表示用于比较节点标签的核，$\mathcal{K}_{\mathrm{D}}$ 表示比较最短路径距离的核，如果 $d(u,v)=\infty$ 或 $d(w,z)=\infty$，则 $\mathcal{K}_{\mathrm{D}}(d(u,v),\mathcal{K}(w,z))=0$。

然而上述基于子结构的图核存在以下几个问题[83]：(1) 用于计算核矩阵的子结构相互不独立。例如，graphlet 具有很强的依赖关系，即大小为 $k+1$ 的 graphlet 能够由大小为 $k$ 的 graphlet 添加边或点得到。同样地，大小为 $k$ 的 graphlet 可以通过删除 $k+1$ 的 graphlet 中的某些边或点得到；(2) 特征空间的维度通常是指数级增加的。例如，随着

graphlet 大小的增加,其不同特征的数量会急剧增加。随着特征数量的增加,只有少部分的子结构是不同图共有的。这将导致对角优势(diagonal dominance)问题,即给定的图只与自己相似,而与数据集中的其他图不相似。基于上述观察,Yanardag 等人[83]提出了深度图核(deep graph kernel),其形式化定义如下:

$$\mathcal{K}_{\mathrm{DGK}}(G,H)=\phi(G)^{\mathrm{T}}\mathcal{M}\phi(H) \tag{7.32}$$

其中,$\mathcal{M}$ 是大小为 $|\mathcal{V}|\times|\mathcal{V}|$ 的半正定矩阵,表示子结构之间的关系。$\mathcal{V}$ 表示从训练集中获得的子结构。因此,可以通过设计考虑子结构相似性的矩阵 $\mathcal{M}$ 以解决上述问题。矩阵 $\mathcal{M}$ 可以通过以下两种方式计算:(1) 当子结构表现出清晰的数学关系时,可以利用子结构之间的相似性直接计算 $\mathcal{M}$(如编辑距离);(2) 通过自然语言模型学习子结构的表示进而计算 $\mathcal{M}$。

### 7.3.4 频繁子图挖掘

频繁子图挖掘(frequent subgraph mining,FSM)的目标是找到所有支持度大于或等于用户给定阈值的子图。除了对图分析至关重要之外,FSM 还是众多学科领域开展下一步工作的基础,例如图索引、聚类和分类、蛋白质功能预测、隐私保护和图像处理[84]。

FSM 存在两种预设数据使用情景。第一种是事务挖掘,其目标是在图数据集(图数据库)中挖掘频繁子图。另一种情景是单图挖掘,其仅在一张大图中挖掘其频繁子图。两种情景的主要区别在于反单调支持度的定义。在事务挖掘中,支持度被简单定义为图数据集中包含给定子图 $S$ 的图的数量。在单图挖掘中,其定义包括 MNI(minimum image based support)、HO(harmful overlap)、MIS(maximum independent sets)等[84]。

#### (1) 多图挖掘(事务型挖掘)

事务挖掘算法主要可以分为四类:① 第一类是基于 Apriori 的方法[86]。基于 Apriori 的频繁子图挖掘算法与基于 Apriori[87] 的频繁项挖掘算法类似,其遵循 DCP(downward closure property)性质,即一个图是频繁的,那么它的子图一定是频繁的。在进行频繁子图挖掘时,算法通过合并两个大小为 $k$,并且共享 $(k-1)$ 个扩展单元的子图以生成大小为 $(k+1)$ 的子图,这些扩展单元包括节点、边或路径,并检验生成的候选集是否是频繁的;② 第二类算法基于模式增长[88]。其主要思想是通过在已有的频繁子图中添加边的方式生成所有频繁子图;③ 第三类是基于磁盘的算法。上述基于内存的算法需要保证数据图能够完全加载到内存中计算,然而大规模图数据无法在内存中一次性处理。因此提出了基于磁盘的算法,包括划分方法[89]和基于分布式或并行化的方法[90]等;④ 第四类是近似算法[91]。这类算法使用近似度量方法比较两个图的相似度,即任意两个子图不需要完全相同也能对支持度作出贡献。近似算法虽然不能保证找到所有的频繁子图,但其在计算效率上往往有很大提升。

**(2) 单图挖掘**

基于单图的频繁子图挖掘可以分为集中式算法以及分布式算法。典型的集中式算法包括 SIGRAM[85] 和 GRAMI[84],SIGRAM 使用最大独立集(MIS)①度量方式以在稀疏的有标签无向图上查找频繁子图。SIGRAM 使用增长-存储(grow-and-store)的方式,即其需要存储中间结果以评估频率。SIGRAM 需要枚举所有的同构子图,并依赖于复杂的 MIS 计算。由于中间结果随着图的大小呈指数级增长,因此,该方法不适用于大图。相反地,GRAMI 只需找到满足频率阈值的最小实例集合以避免枚举所有实例。GRAMI 将支持度计算视作约束满足问题(constraint satisfaction problem,CSP)。为了避免找到重复的子图,其采用了和 gSpan 相同的标签方法(DFS 编码)。为了加速计算过程,研究人员提出了一系列的分布式算法,如 Pegi[92]、ScaleMine[93] 和 Arabesque[90]。Pegi 和 Arabesque 均基于以节点为中心的类 Pregel 框架②实现。Arabesque 通过一组内部抽象查找频繁子图,这些抽象有助于检索、处理以及子图匹配。而 Pegi 结合了粗粒度和细粒度的处理,其中主节点控制挖掘流程,而单独的节点负责发现嵌入。Pegi 利用聚合同步工作节点以及主节点之间的信息流。ScaleMine 提出了两阶段系统。第一阶段是近似计算,以快速识别高概率的频繁子图,同时收集各种统计信息。第二阶段利用第一阶段的近似结果精确求解,以实现负载均衡和候选子图的有效评估。下面将详细介绍 GRAMI。

对于标签图 $G=(V,E,l)$,当且仅当 $V_S\subseteq V,E_S\subseteq E,\forall v\in V_S\cup E_S,l_S(v)=l(v)$ 时,图 $S=(V_S,E_S,l_S)$ 是图 $G=(V,E,l)$ 的子图。图 7.20(a)表示一个协作网络,其中节点标签代表作者的研究领域(如数据库),边标签代表节点间合作论文的数量。为方便起见,下述讨论基于单一节点标签的无向图,但该算法支持有向图与多标签图。

**定义 7.33(MNI 支持度,minimum image based support)** 令 $f_1,\cdots,f_m$ 为图 $G$ 子图 $S=(V_S,E_S,l_S)$ 的同构集合,$F(v)=\{f_1(v),\cdots,f_m(v)\}$ 为节点 $v\in V_S$ 在所有同构子图的映射节点集合。则 $G$ 中 $S$ 的 MNI 支持度定义为 $s_G(S)=\min\limits_{\forall v\in V_S}|F(v)|$。

例如,对于图 7.20(b)的子图 $S_1$ 和图 7.20(a)图,有 $F(v_1)=\{u_1,u_5,u_6\}$,$F(v_2)=\{u_3,u_4,u_8\}$,$F(v_3)=\{u_3,u_4,u_9\}$,因此,$s_G(S_1)=3$。

---

① 独立集是由两两不相连节点构成的集合,当该独立集不是其他独立集的真子集时,则是最大独立集。

② Pregel[92] 是由 Google 提出的用于大规模图处理的图计算模型,该模型以节点为中心。在每次迭代(超级步)中,节点向邻居发送消息、处理前一个超级步收到的消息并更新自身状态。

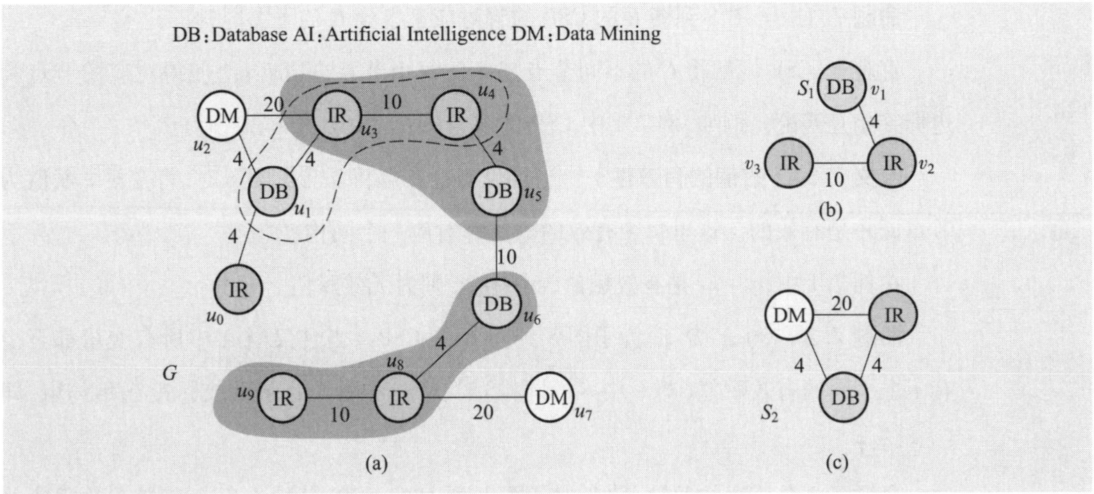


图 7.20 数据图 $G$ 及对应子图

**定义 7.34（频繁子图同构挖掘）** 给定一个图 $G$ 和最小支持度阈值 $\tau$，频繁子图同构挖掘旨在找到 $G$ 中所有子图 $S$，使得 $s_G(S) \geqslant \tau$。

从上述定义可知，频繁子图挖掘并不关注子图具体出现次数，而只是判断其支持度是否满足条件。GRAMI 将频繁子图挖掘任务建模成约束满足问题(CSP)。

**定义 7.35（约束满足问题，constraint satisfaction problem 或 CSP）** CSP 可表示为一个三元组$(\mathcal{X},\mathcal{D},\mathcal{C})$，其中 $\mathcal{X}$ 代表一组有序变量，$\mathcal{D}$ 表示与 $\mathcal{X}$ 对应的一组域，$\mathcal{C}$ 为 $\mathcal{X}$ 中变量间的一组约束。CSP 对 $\mathcal{X}$ 中的变量赋值，以使其满足 $\mathcal{C}$ 的所有约束条件。

子图同构问题可以通过以下定义归约到 CSP。

**定义 7.36（将子图同构归约到 CSP）** 设 $S=(V_S,E_S,l_S)$ 是图 $G=(V,E,l)$ 的子图。子图 $S$ 到图 $G$ 的 CSP，表示为 $CSP(\mathcal{X},\mathcal{D},\mathcal{C})$，满足以下约束：

(i) 对于每个节点 $v \in V_S$，$\mathcal{X}$ 中都有一个变量 $x_v$ 与之对应；

(ii) $\mathcal{D}$ 为变量 $x_v \in \mathcal{X}$ 域的集合，其中每个域都是 $V$ 的子集；

(iii) 集合 $\mathcal{C}$ 包括以下约束：

(a) 对不同的 $x_v, x_{v'} \in \mathcal{X}$，有 $x_v \neq x_{v'}$；

(b) 对变量 $x_v \in \mathcal{X}$，有 $l(x_v)=l_S(v)$；

(c) 对所有的 $x_v, x_{v'} \in \mathcal{X}$，$(v,v') \in E_S$，有 $l(x_v,x_{v'})=l_S(v,v')$。

**例 7.1** 对于图 7.20，子图 $S_1$ 到图 $G$ 的 CSP 定义为：

$$\left(\begin{array}{c}(v_1,v_2,v_3),\{\{u_0,\cdots,u_9\},\cdots,\{u_0,\cdots,u_9\}\},\\ \{v_1 \neq v_2 \neq v_3, l(v_1)=DB, l(v_2)=l(v_3)=IR,\\ l(v_1,v_2)=4, l(v_2,v_3)=10\}\end{array}\right)$$

以下将子图同构 $f$ 与子图到图的 CSP 关联起来。

**命题 7.1** 子图 $S$ 到图 $G$ 的 CSP 的解对应于 $S$ 到 $G$ 的子图同构。

直观上，CSP 的解将 $G$ 的不同节点与 $S$ 的每个节点进行匹配，使得对应的节点和边标签相互匹配。例如，例 7.1 中 CSP 的解为 $(v_1,v_2,v_3)=(u_1,u_3,u_4)$。

**定义 7.37（赋值的有效性）** 当且仅当存在解将 $u$ 分配给 $v$ 时，将变量 $v$ 赋值为节点 $u$ 才是有效的。这里每个有效的赋值都对应一个同构。

在例 7.1 中，$v_2=u_3$ 是有效赋值，而 $v_2=u_0$ 则为无效赋值。

**命题 7.2** 令 $(\mathcal{X},\mathcal{D},\mathcal{C})$ 为子图 $S$ 到图 $G$ 的 CSP。当且仅当 $\mathcal{X}$ 中所有变量都至少有 $\tau$ 个不同的有效赋值（即 $G$ 中 $S$ 的同构）时，$G$ 的子图 $S$ 的 MNI 支持度满足约束，即 $s_G(S)\geqslant\tau$。

命题 7.2 是算法的关键，其考虑子图 $S$ 到 $G$ 的 CSP，并检查每个变量有效赋值的数量，为判断 $G$ 的子图 $S$ 是否频繁提供了方法。如果每个变量至少存在 $\tau$ 个有效赋值，则 $s_G(S)\geqslant\tau$，且 $S$ 是频繁的。以例 7.1 为例，因为 $v_1=\{u_1,u_5,u_6\}$，$v_2=\{u_3,u_4,u_8\}$，$v_3=\{u_4,u_3,u_9\}$，即变量对应域中有效赋值都不小于 3，因此有 $s_G(S)\geqslant 3$。

下面将详细说明如何用上述 CSP 模型解决频繁子图挖掘问题。首先介绍 *FrequentSubgraphMining*（算法 7.17）和 *SubgraphExtension*（算法 7.18）算法，其用于生成候选子图。随后考虑度量子图出现频数的方法。算法 *IsFrequentCSP*（算法 7.19）不需要计算和保存所有中间结果便可进行频数估计。

算法 7.17 首先找出包含所有频繁边（支持度大于或等于阈值 $\tau$）的集合 *fEdges*。基于反单调性质，只有这些频繁边才可能出现在频繁子图中。对每条频繁边执行算法 7.18。该算法将子图 $S$ 作为输入，并试图使用 *fEdges* 中的频繁边对其进行扩展（第 2—5 行）。将所有未曾记录的可行扩展储存于 *candidateSet* 中。为排除已经生成的扩展图（第 5 行），算法采用 gSpan 的 DFS 编码[88]。随后，算法 7.18 删除 *candidateSet* 中不满足支持度阈值的元素（第 6—8 行）。因为根据反单调性，它们的扩展也是非频繁的。最后，递归调用算法 7.18 以进一步扩展候选频繁子图集合（第 8 行）。

---

**算法 7.17 频繁子图挖掘算法（*FrequentSubgraphMining*）**

---

**输入**：图 $G$ 和频率阈值 $\tau$
**输出**：$G$ 所有频繁子图

```
result ← ∅
令 fEdges 为 G 中所有频繁边的集合
foreach e ∈ eEdges do
    result ← result ∪ SubgraphExtension(e, G, τ, fEdges)
    从 G 和 fEdges 中删除边 e
return result
```

---

**算法 7.18 子图扩展算法(*SubgraphExtension*)**

**输入**: 图 $G$ 的子图 $S$,频率阈值 $\tau$,频繁边集合 *fEdges*
**输出**: 所有由 $S$ 扩展的子图
*result*←$S$;*candidateSet*←∅
**foreach** $e \in$ *fEdges* 和 $u \in G$ **do**
  **if** 边 $e$ 能够用于扩展 $u$ **then**
    令 *ext* 表示 $S$ 通过 $e$ 扩展的图
    **if** *ext* 没有生成过 **then** *candidateSet*←*candidateSet* ∪ *ext*
**foreach** $c \in$ *candidateSet* **do**
  **if** $s_G(c) \geqslant \tau$ **then**
    *result*←*result* ∪ *SubgraphExtension*($c, G, \tau$, *fEdges*)
**return** *result*

根据命题 7.2,如果在每个域 $D_1,\cdots,D_n$ 中至少有 $\tau$ 个节点对应于变量 $v_1,\cdots,v_n$ 的有效赋值(即解的一部分),则子图 $S$ 是频繁的。当且仅当 $S$ 是 $G$ 的一个频繁子图时,算法 7.19 返回 True。初始地,算法 7.19 使用节点和弧的一致性约束[95]缩小搜索空间。节点一致性从域中排除不满足条件的节点(如标签不同或度较低的节点),弧一致性保证变量赋值的一致性。具体地,对于每个约束 $C(v,v')$,弧一致性保证对于变量 $v$ 的域中的每个节点均可在 $v'$ 的域中找到满足约束 $C(v,v')$ 的节点。在执行完节点和弧一致性约束后,如果变量域取值小于 $\tau$,算法返回 False(第 3 行)。接下来,算法 7.19 寻找可行解 *Sol*,并标记赋值到变量的节点(第 5 行)。如果所有变量域至少有 $\tau$ 个标记节点,则根据命题 7.2,$S$ 是频繁的。否则,算法继续寻找下一个可行解。

令 $N$ 与 $n$ 分别表示图 $G$ 和子图 $S$ 的节点数。算法 7.17 的复杂度由算法 7.18 和式 7.32 决定。前者需计算 $G$ 的所有子图,其时间复杂度为 $O(2^{N^2})$。后者计算子图出现频数,问题可归约为求解子图同构(NP 难问题),因此其时间复杂度为 $O(N^n)$。综上所述,算法 7.17 的总体时间复杂度为 $O(2^{N^2} \cdot N^n)$。因此,需要设计恰当的启发式优化算法以提高算法性能。关于如何设计启发式算法以及对启发式算法进行优化,感兴趣的读者可以阅读文献[84]进行了解,此处不再赘述。

**算法 7.19 频繁度判断算法(*IsFrequentCSP*)**

**输入**: 图 $G$ 和子图 $S$,频率阈值 $\tau$
**输出**: 子图 $S$ 是否频繁
1: 将问题转换为子图 $S$ 到图 $G$ 的 CSP
2: 应用节点和弧(arc)一致性
3: **if** 任意域空间取值个数小于 $\tau$ **then return** False
4: **foreach** $S$ 到 $G$ 的 CSP 的解 *Sol* **do**
5:   在对应的域中标记 *Sol* 对应的所有节点
6:   **if** 所有域中都至少有 $\tau$ 个被标记的节点 **then return** True
7: **return** False //对应值域枚举完毕

## 7.4 小结和展望

大数据时代最大的转变是关注数据的相关关系。在大数据时代,图规模庞大,种类繁多,这给图数据管理带来了极大的挑战。图分析与挖掘在公共安全、金融安全风控、社交网络用户影响力分析、个性化推荐以及广告精准投放等方面具有广阔的应用前景。

下面,针对图数据管理研究领域有待进一步突破的研究问题进行展望。

(1) 近年来,出现了许多新颖的图结构数据,如时态图、超图和异构图等。目前,已经有一些针对这些新颖图数据的研究,如 Gao 等人针对时态图提出了时序流图模式匹配[96];Chen 等人提出了基于超图的社交图片检索方法[97]。相对于简单图,这些图结构更加复杂多样,如何设计针对这些复杂图的查询范式以及挖掘算法仍需进一步探索。

(2) 目前,大多数的图查询与挖掘算法都假设图能够完全加载在单机内存中。然而,真实应用产生的图数据往往具有上亿规模的节点数(如微信和 QQ 等社交平台),因此现有的大多数算法难以在合理时间内完成查询与挖掘任务。如何利用分布式系统对大图数据进行有效分析是目前的研究热点。

(3) 近年来,图表示学习受到了学术界以及工业界的广泛关注,并在节点分类、图分类以及节点聚类等任务上取得了巨大成功。图表示学习将图的结构信息以及属性信息映射到低维空间,图算法可以在该低维空间上进行高效的计算。同时,图表示学习能够很好地捕获图的非线性特征,给查询以及挖掘任务带来新的有效的解决方案。然而,如何利用图表示学习提高传统图分析挖掘任务的性能仍然是一大挑战,需要深入探索。

## 7.5 术语表

| | |
|---|---|
| check-in | 签到 |
| protein-protein interaction, PPI | 蛋白质交互作用 |
| interval-based label | 区间标签 |
| non-tree label | 非树标签 |
| exception | 例外 |

续表

| | |
|---|---|
| random walk with restart, RWR | 重启随机游走 |
| expected-$f$ meeting distance | 期望相遇距离 |
| reachability tree | 可达树 |
| decision problem, matching problem | 决策问题，匹配问题 |
| false positive | 假正例 |
| neighborhood equivalence class, NEC | 邻域等价类 |
| neighborhood label frequency filter, NFL | 邻域标签频率过滤器 |
| clique | 团 |
| triangle-connected $k$-truss community | 三角连通的 $k$-truss 社区 |
| densest clique percolation community, DCPC | 最稠密团渗透社区 |
| unnormalized spectral clustering | 非标准化谱聚类 |
| normalized spectral clustering | 标准化谱聚类 |
| modularity | 模块度 |
| modularity gain | 模块度增益 |
| supernode | 超级节点 |
| fitness value | 适应值 |
| soft membership vector | 归属因子向量 |
| fuzzy $c$-mean, FCM | 模糊 $c$ 均值 |
| stochastic block model | 随机块模型 |
| nonnegative matrix factorization, NMF | 非负矩阵分解 |
| belonging coefficient | 隶属度 |
| document type definition, DTD | 文档类型定义 |
| substructure set representative | 子结构集合代表 |
| localized substructures | 局部子结构 |
| absorbing state | 吸收状态 |
| graph kernel | 图核 |
| kernel machine | 核机器 |
| support vector machine | 支持向量机 |
| convolutional kernel | 卷积核 |
| multiset | 多重集合 |
| diagonal dominance | 对角优势 |
| deep graph kernel | 深度图核 |
| downward closure property | 向下闭包性质 |
| constraint satisfaction problem, CSP | 约束满足问题 |
| minimum image based support | MNI 支持度 |

## 7.6 习题

习题 7.1 试阅读文献[3],并在给定图 7.21 的情况下,回答以下问题:

(1) 画出 DFS 的生成树和树标签;

(2) 写出传递闭包;

(3) 计算 TLC 矩阵;

(4) 计算非树标签。

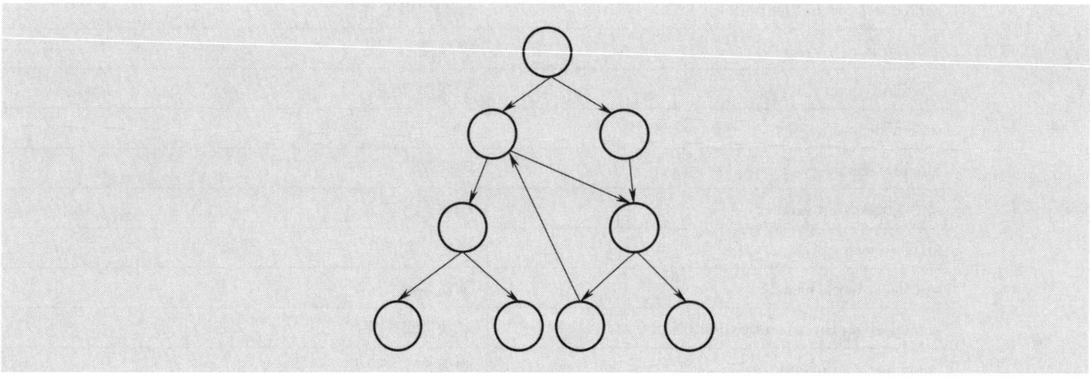

图 7.21

习题 7.2 给定图 7.22(a),假设产生$\sqrt{c}$随机游走序列为 $W(a)=(a_1,a_2,a_3,a_4)=(a,b,a,b)$,Probe 算法(算法 7.4)遍历过程如图 7.22(b)所示。试对该游走序列,计算 Probe 算法输出,即 $\mathcal{H}_3$,其中衰减因子 $c=0.25$。

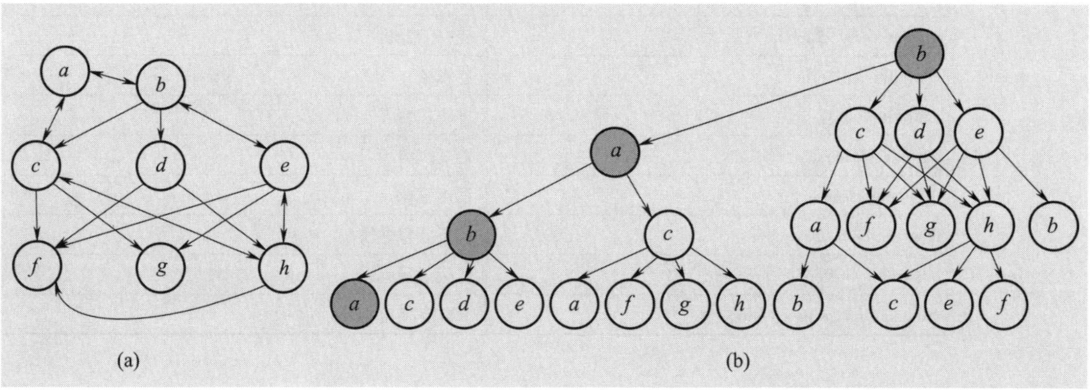


图 7.22

习题 7.3 给定图 7.23,理解 TurboISO 算法并回答以下问题:

(1) 画出图 7.23(a)NEC 树;

（2）给定图 7.23(b)，计算图 7.23(a)NEC 树节点的候选节点 $CR$。

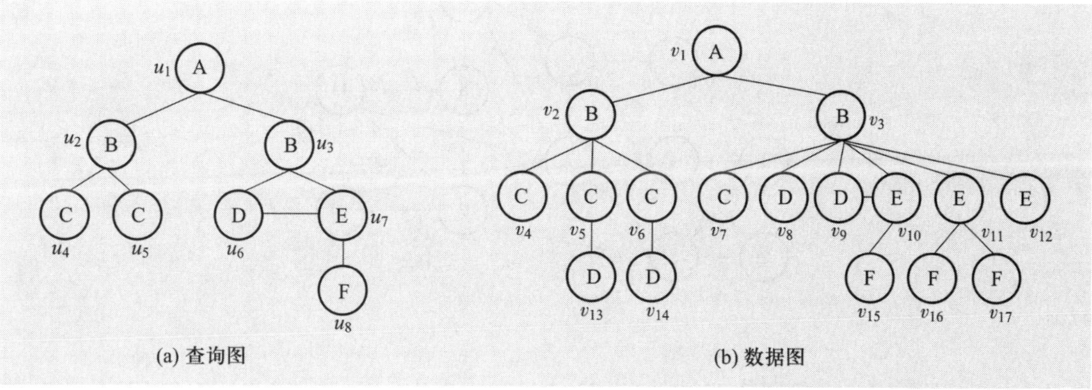


图 7.23

习题 7.4　阅读文献[26]。对于给定图 7.24 所示模式图 $Q$，数据图 $G$，试分别求在图模拟与强模拟情况下，$G$ 中与 $Q$ 匹配的图。

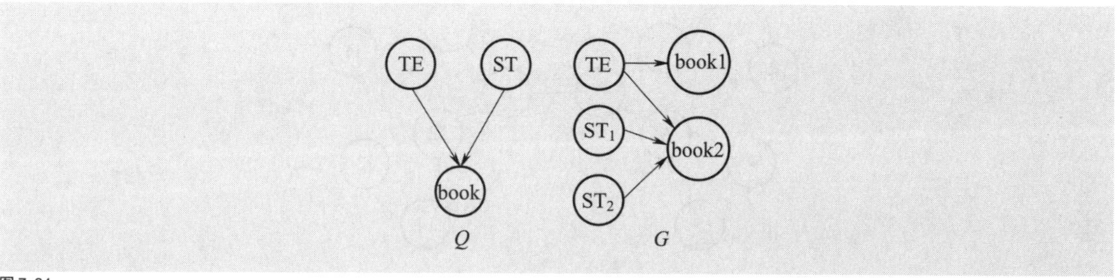


图 7.24

习题 7.5　对于含有四个节点的简单图，一共有多少个同构类型，并画出其结果。

习题 7.6　阅读文献[31]。给定查询节点集 $Q=\{4,11\}$，$d=50$，$s=8$，试编写程序找出图 7.25 中包含 $Q$ 的 Constrained-Core。

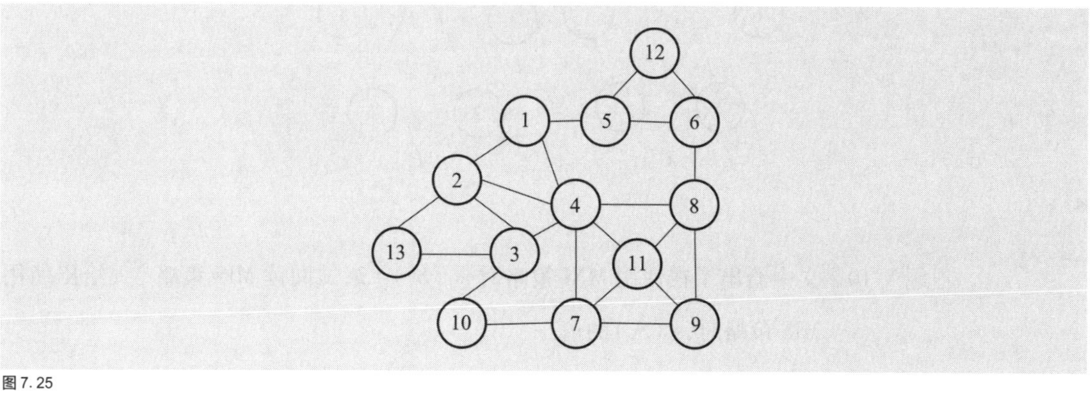


图 7.25

习题 7.7　编写程序构建图 7.26 的 $TCP$ 索引。画出节点 7 对应的 $TCP$ 索引 $T_7$，并使用 $TCP$ 索引，找到包含节点 7 的所有 4-truss community。

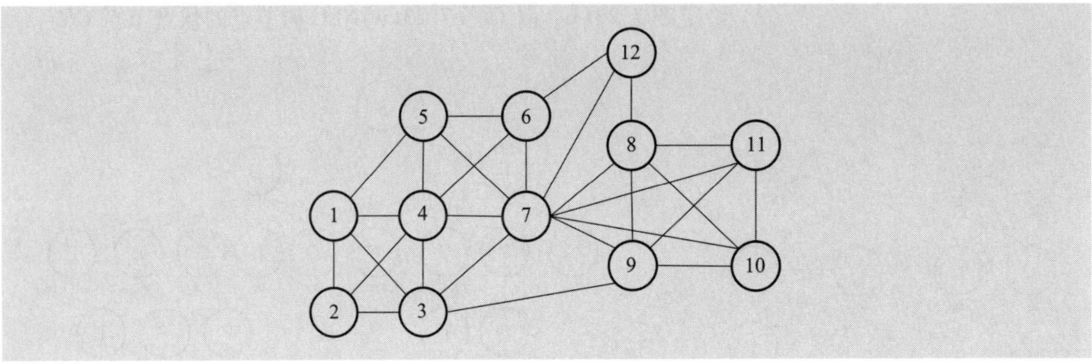

图 7.26

习题 7.8　计算图 7.27 中边(7,8)、(1,3)、(3,7)、(6,7)、(8,9)和(8,12)的边介数(betweenness),并找出 GN 算法第一次迭代后产生的社区。

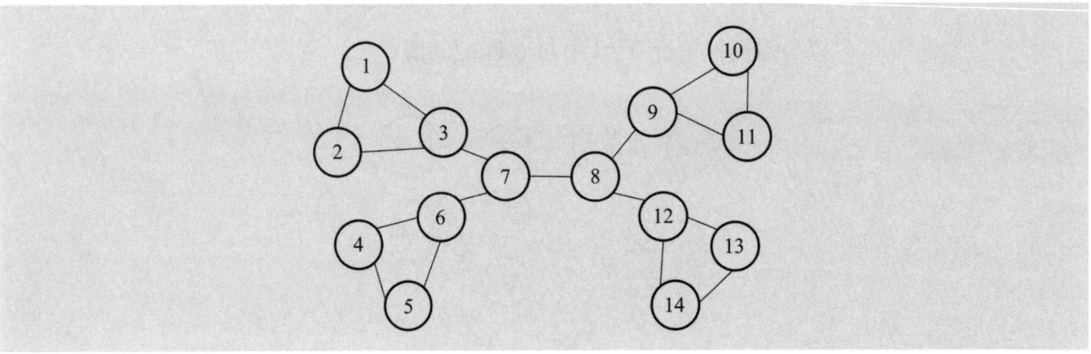

图 7.27

习题 7.9　计算图 7.28 中图 $G$ 和 $H$ 一次迭代后的 WL 子树图核。

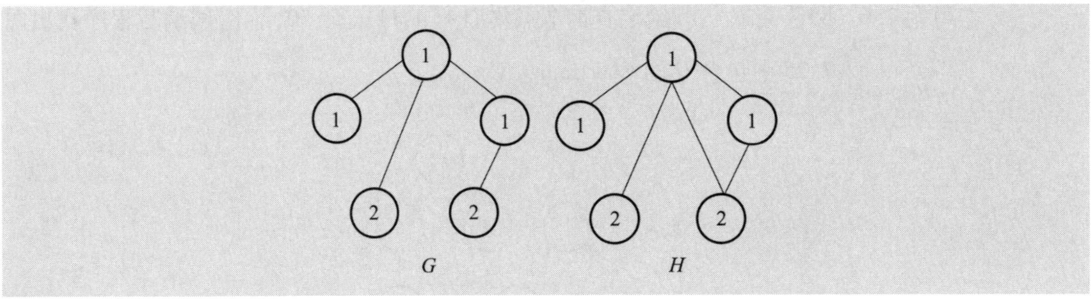

图 7.28

习题 7.10　文中给出了在使用 MNI 策略时,$s_G(S_1)=3$,试阅读 MIS 策略[85],给出使用 MIS 策略时,$s_G(S_1)$的值。

# 参考文献

[1] Yu J X, Cheng J. Graph reachability queries: A survey [J]. Managing and Mining Graph Data, 2010: 181.

[2] Chen Y, Chen Y. An efficient algorithm for answering graph reachability queries [C] //Proceedings of the 24th IEEE International Conference on Data Engineering. 2008: 893-902.

[3] Wang H, He H, Yang J, et al. Dual labeling: Answering graph reachability queries in constant time [C] //Proceedings of the 22nd IEEE International Conference on Data Engineering. 2006: 75-75.

[4] Cohen E, Halperin E, Kaplan H, et al. Reachability and distance queries via 2-hop labels [C] //Proceedings of the 13th Annual ACM-SIAM Symposium on Discrete. 2003: 937-946.

[5] Jin R, Xiang Y, Ruan N, et al. 3-hop: A high-compression indexing scheme for reachability query [C] //Proceedings of the 2009 ACM International Conference on Management of Data. 2009: 813-826.

[6] Trißl S, Leser U. Fast and practical indexing and querying of very large graphs [C] //Proceedings of the 2007 ACM International Conference on Management of Data. 2007: 845-856.

[7] Yildirim H, Chaoji V, Zaki M J. Grail: Scalable reachability index for large graphs [J]. Proceedings of the VLDB Endowment, 2010, 3(1-2): 276-284.

[8] Potamias M, Bonchi F, Castillo C, et al. Fast shortest path distance estimation in large networks [C] //Proceedings of the 18th ACM Conference on Information and Knowledge Management. 2009: 867-876.

[9] Jeh G, Widom J. Simrank: A measure of structural-context similarity [C] //Proceedings of the 8th ACM International Conference on Knowledge Discovery and Data Mining. 2002: 538-543.

[10] Liu Y, Zheng B, He X, et al. Probesim: Scalable single-surce and top-*k* simrank computations on dynamic graphs [J]. Proceedings of the VLDB Endowment, 2017, 11(1): 14-26.

[11] Zhang Z, Shao Y, Cui B, et al. An experimental evaluation of simrank-based similarity search algorithms [J]. Proceedings of the VLDB Endowment, 2017, 10(5): 601-612.

[12] Langville A N, Meyer C D. Google's pagerank and beyond [M]. Princeton University Press, 2011.

[13] Fujiwara Y, Nakatsuji M, Yamamuro T, et al. Efficient personalized pagerank with accuracy assurance [C] //Proceedings of the 18th ACM International Conference on Knowledge Discovery and Data Mining. 2012: 15-23.

[14] Silva A, Meira W, Zaki M J. Mining attribute-structure correlated

patterns in large attributed graphs [ J ] . Proceedings of the VLDB Endowment, 2012, 5(5): 466–477.

[ 15 ] Zhou Y, Cheng H, Yu J X. Clustering large attributed graphs: An efficient incremental approach [ C ] //Proceedings of the 10th IEEE International Conference on Data Mining.2010: 689–698.

[ 16 ] Zhou X, Chen L, Zhang Y, et al. Online video recommendation in sharing community [ C ] //Proceedings of the 2015 ACM International Conference on Management of Data. 2015: 1645–1656.

[ 17 ] Sun Y, Han J, Yan X, et al. Pathsim: Meta path-based top-*k* similarity search in heterogeneous information networks [ J ] . Proceedings of the VLDB Endowment, 2011, 4(11): 992–1003.

[ 18 ] Katsarou F, Ntarmos N, Triantafillou P. Performance and scalability of indexed subgraph query processing methods [ J ] . Proceedings of the VLDB Endowment, 2015, 8(12): 1566–1577.

[ 19 ] Ullmann J R. An algorithm for subgraph isomorphism [ J ] . Journal of the ACM, 1976, 23(1): 31–42.

[ 20 ] Shang H, Zhang Y, Lin X, et al. Taming verification hardness: An efficient algorithm for testing subgraph isomorphism [ J ] . Proceedings of the VLDB Endowment, 2008, 1(1): 364–375.

[ 21 ] Cordella L P, Foggia P, Sansone C, et al. A (sub)graph isomorphism algorithm for matching large graphs [ J ] . IEEE Transactions on Pattern Analysis and Machine Intelligence, 2004, 26 (10): 1367–1372.

[ 22 ] Zhang S, Li S, Yang J. Gaddi: Distance index based subgraph matching in biological networks [ C ] //Proceedings of the 12th International Conference on Extending Database Technology. 2009: 192–203.

[ 23 ] Zhao P, Han J. On graph query optimization in large networks [ J ] . Proceedings of the VLDB Endowment, 2010, 3(1–2): 340–351.

[ 24 ] Han W S, Lee J, Lee J H. Turboiso: Towards ultrafast and robust subgraph isomorphism search in large graph databases [ C ] //Proceedings of the 2013 ACM International Conference on Management of Data. 2013: 337–348.

[ 25 ] Han M, Kim H, Gu G, et al. Efficient subgraph matching: Harmonizing dynamic programming, adaptive matching order, and failing set together [ C ] //Proceedings of the 2019 ACM International Conference on Management of Data. 2019: 1429–1446.

[ 26 ] Ma S, Cao Y, Fan W, et al. Capturing topology in graph pattern matching [ J ] . Proceedings of the VLDB Endowment, 2011, 5 (4): 310–321.

[ 27 ] Fan W, Wang X, Wu Y, et al. Distributed graph simulation: Impossibility and possibility [ J ] . Proceedings of the VLDB Endowment, 2014, 7(12): 1083–1094.

[28] Zou L, Chen L, Özsu M T, et al. Answering pattern match queries in large graph databases via graph embedding [J]. Proceedings of the VLDB Endowment, 2012, 21(1): 97-120.

[29] Cheng J, Yu J X, Ding B, et al. Fast graph pattern matching [C] //Proceedings of the 24th IEEE International Conference on Data Engineering.2008: 913-922.

[30] Fang Y, Huang X, Qin L, et al. A survey of community search over big graphs [J]. Proceedings of the VLDB Endowment, 2020, 29(1): 353-392.

[31] Sozio M, Gionis A. The community-search problem and how to plan a successful cocktail party [C] //Proceedings of the 16th ACM International Conference on Knowledge Discovery and Data Mining. 2010: 939-948.

[32] Cui W, Xiao Y, Wang H, et al. Local search of communities in large graphs [C] //Proceedings of the 2014 ACM International Conference on Management of Data.2014: 991-1002.

[33] Fang Y, Wang Z, Cheng R, et al. Effective and efficient community search over large directed graphs [J]. IEEE Transactions on Knowledge and Data Engineering, 2018, 31(11): 2093-2107.

[34] Fang Y, Cheng R, Luo S, et al. Effective community search for large attributed graphs [J]. Proceedings of the VLDB Endowment, 2016, 9(12): 1233-1244.

[35] Huang X, Cheng H, Qin L, et al. Querying $k$-truss community in large and dynamic graphs [C] //Proceedings of the 2014 ACM International Conference on Management of Data. 2014: 1311-1322.

[36] Cui W, Xiao Y, Wang H, et al. Online search of overlapping communities [C] //Proceedings of the 2013 ACM International Conference on Management of Data.2013: 277-288.

[37] Yuan L, Qin L, Zhang W, et al. Index-based densest clique percolation community search in networks [J]. IEEE Transactions on Knowledge and Data Engineering, 2017, 30(5): 922-935.

[38] Chang L, Lin X, Qin L, et al. Index-based optimal algorithms for computing steiner components with maximum connectivity [C] //Proceedings of the 2015 ACM International Conference on Management of Data. 2015: 459-474.

[39] Kernighan B W, Lin S. An efficient heuristic procedure for partitioning graphs [J]. The Bell System Technical Journal, 1970, 49(2): 291-307.

[40] Newman M E J, Girvan M. Finding and evaluating community structure in networks [J]. Physical Review E, 2004, 69(2): 026113.

[41] Newman M E J. Fast algorithm for detecting community structure in networks [J]. Physical Review E, 2004, 69(6): 066133.

[42] Zarandi F D, Rafsanjani M K. Community detection in complex networks using structural similarity [J]. Physica A: Statistical

Mechanics and its Applications, 2018, 503: 882-891.

[43] Shi J, Malik J. Normalized cuts and image segmentation [J]. IEEE Transactions on Pattern Analysis and Machine Intelligence, 2000, 22(8): 888-905.

[44] Blondel V D, Guillaume J L, Lambiotte R, et al. Fast unfolding of communities in large networks [J]. Journal of Statistical Mechanics: Theory and Experiment, 2008, 2008(10): P10008.

[45] Duch J, Arenas A. Community detection in complex networks using extremal optimization [J]. Physical Review E, 2005, 72(2): 027104.

[46] Newman M E J. Spectral methods for community detection and graph partitioning [J]. Physical Review E, 2013, 88(4): 042822.

[47] Newman M E J. Modularity and community structure in networks [J]. Proceedings of the National Academy of Sciences, 2006, 103(23): 8577-8582.

[48] Guimera R, Amaral L A N. Functional cartography of complex metabolic networks [J]. Nature, 2005, 433(7028): 895-900.

[49] Pons P, Latapy M. Computing communities in large networks using random walks [C] //Proceedings of the 20th International Symposium on Computer and Information Sciences. 2005: 284-293.

[50] Arenas A, Diaz-Guilera A, Pérez-Vicente C J. Synchronization reveals topological scales in complex networks [J]. Physical Review Letters, 2006, 96(11): 114102.

[51] Javed M A, Younis M S, Latif S, et al. Community detection in networks: A multidisciplinary review [J]. Journal of Network and Computer Applications, 2018, 108: 87-111.

[52] Xie J, Kelley S, Szymanski B K. Overlapping community detection in networks: The state-of-the-art and comparative study [J]. ACM Computing Surveys, 2013, 45(4): 1-35.

[53] Palla G, Derényi I, Farkas I, et al. Uncovering the overlapping community structure of complex networks in nature and society [J]. Nature, 2005, 435(7043): 814-818.

[54] Ahn Y Y, Bagrow J P, Lehmann S. Link communities reveal multiscale complexity in networks [J]. Nature, 2010, 466(7307): 761-764.

[55] Lancichinetti A, Fortunato S, Kertész J. Detecting the overlapping and hierarchical community structure in complex networks [J]. New Journal of Physics, 2009, 11(3): 033015.

[56] Zhang S, Wang R S, Zhang X S. Identification of overlapping community structure in complex networks using fuzzy *c*-means clustering [J]. Physica A: Statistical Mechanics and its Applications, 2007, 374(1): 483-490.

[57] Holland P W, Laskey K B, Leinhardt S. Stochastic block mod-

els: First steps [ J ] . Social Networks, 1983, 5(2): 109-137.

[58] Yang T, Chi Y, Zhu S, et al. Detecting communities and their evolutions in dynamic social networks—a Bayesian approach [ J ] . Machine Learning, 2011, 82(2): 157-189.

[59] Zhang S, Wang R S, Zhang X S. Uncovering fuzzy community structure in complex networks [ J ] . Physical Review E, 2007, 76(4): 046103.

[60] Gregory S. Finding overlapping communities in networks by label propagation [ J ] . New Journal of Physics, 2010, 12(10): 103018.

[61] Lee M L, Yang L H, Hsu W, et al. XClust: Clustering XML schemas for effective integration [ C ] //Proceedings of the 11th International Conference on Information and Knowledge Management. 2002: 292-299.

[62] Chawathe S S. Comparing hierarchical data in external memory [ C ] //Proceedings of the 25th International Conference on Very Large Data Bases. 1999: 90-101.

[63] Lian W, Mamoulis N, Yiu S M. An efficient and scalable algorithm for clustering XML documents by structure [ J ] . IEEE Transactions on Knowledge and Data Engineering, 2004, 16 (1): 82-96.

[64] Dalamagas T, Cheng T, Winkel K J, et al. Clustering XML documents using structural summaries [ C ] //Proceedings of the 2004 International Conference on Current Trends in Database Technology.2004: 547-556.

[65] Aggarwal C C, Ta N, Wang J, et al. Xproj: A framework for projected structural clustering of XML documents [ C ] //Proceedings of the 13th ACM International Conference on Knowledge Discovery and Data Mining.2007: 46-55.

[66] Aggarwal C C, Wolf J L, Yu P S, et al. Fast algorithms for projected clustering [ C ] //Proceedings of the 1999 ACM International Conference on Management of Data. 1999: 61-72.

[67] Wang J, Han J. BIDE: Efficient mining of frequent closed sequences [ C ] //Proceedings of the 20th IEEE International Conference on Data Engineering. 2004: 79-90.

[68] Bhagat S, Cormode G, Muthukrishnan S. Node classification in social networks [ M ] . Social Network Data Analytics. Springer, Boston, MA, 2011: 115-148.

[69] Neville J, Jensen D. Iterative classification in relational data [ C ] //Proceedings of the 2000 AAAI Workshop Learning Statistical Models from Relational Data.2000: 13-20.

[70] Getoor L. Link-based classification [ M ] . Advanced Methods for Knowledge Discovery from Complex Data. Springer, London, 2005: 189-207.

[71] Chakrabarti S, Dom B, Indyk P. Enhanced hypertext categoriza-

tion using hyperlinks [ J ] . ACM SIGMOD Record, 1998, 27 (2): 307-318.

[ 72 ] Zhu X, Ghahramani Z, Lafferty J D. Semi-supervised learning using gaussian fields and harmonic functions [ C ] //Proceedings of the 20th International Conference on Machine Learning.2003: 912-919.

[ 73 ] Zhou D, Bousquet O, Lal T N, et al. Learning with local and global consistency [ C ] //Proceedings of the 16th International Conference on Neural Information Processing Systems. 2004: 321-328.

[ 74 ] Baluja S, Seth R, Sivakumar D, et al. Video suggestion and discovery for youtube: Taking random walks through the view graph [ C ] //Proceedings of the 17th International Conference on World Wide Web. 2008: 895-904.

[ 75 ] Kriege N M, Johansson F D, Morris C. A survey on graph kernels [ J ] . Applied Network Science, 2020, 5(1): 1-42.

[ 76 ] Nikolentzos G, Siglidis G, Vazirgiannis M. Graph kernels: A survey [ J ] . Journal of Artificial Intelligence Research, 2021, 72: 943-1027.

[ 77 ] Haussler D. Convolution kernels on discrete structures [ R ] . Technical Report, Department of Computer Science, University of California at Santa Cruz, 1999.

[ 78 ] Shervashidze N, Schweitzer P, Van Leeuwen E J, et al. Weisfeiler-Lehman graph kernels [ J ] . Journal of Machine Learning Research, 2011, 12: 2539-2561.

[ 79 ] 王兆慧，沈华伟，曹婍，等. 图分类研究综述 [ J ] . 软件学报，2021，33(1)：171-192.

[ 80 ] Shervashidze N, Vishwanathan S V N, Petri T, et al. Efficient graphlet kernels for large graph comparison [ C ] //Proceedings of the 12th International Conference on Artificial Intelligence and Statistics. 2009: 488-495.

[ 81 ] Borgwardt K M, Kriegel H P. Shortest-path kernels on graphs [ C ] //Proceedings of the 5th IEEE International Conference on Data Mining.2005: 74-81.

[ 82 ] Mahé P, Ueda N, Akutsu T, et al. Extensions of marginalized graph kernels [ C ] //Proceedings of the 21st International Conference on Machine Learning. 2004: 70.

[ 83 ] Yanardag P, Vishwanathan S V N. Deep graph kernels [ C ] // Proceedings of the 21st ACM International Conference on Knowledge Discovery and Data Mining. 2015: 1365-1374.

[ 84 ] Elseidy M, Abdelhamid E, Skiadopoulos S, et al. Grami: Frequent subgraph and pattern mining in a single large graph [ J ] . Proceedings of the VLDB Endowment, 2014, 7(7): 517-528.

[ 85 ] Kuramochi M, Karypis G. Finding frequent patterns in a large sparse graph [ J ] . Data Mining and Knowledge Discovery,

2005, 11(3): 243-271.

[86] Inokuchi A, Washio T, Motoda H. An apriori-based algorithm for mining frequent substructures from graph data [C] //Proceedings of the 4th European Conference on Principles of Data Mining and Knowledge Discovery.2000: 13-23.

[87] Han J, Kamber M, Pei J. Data mining: Concepts and techniques [M]. 3rd edition. Burlington: Morgan Kaufmann. 2011: 3-5.

[88] Yan X, Han J. Gspan: Graph-based substructure pattern mining [C] //Proceedings of the 2nd IEEE International Conference on Data Mining. 2002: 721-724.

[89] Wang C, Wang W, Pei J, et al. Scalable mining of large disk-based graph databases [C] //Proceedings of the 10th ACM International Conference on Knowledge Discovery and Data Mining. 2004: 316-325.

[90] Teixeira C H C, Fonseca A J, Serafini M, et al. Arabesque: A system for distributed graph mining [C] //Proceedings of the 25th Symposium on Operating Systems Principles. 2015: 425-440.

[91] Ranu S, Singh A K. Graphsig: A scalable approach to mining significant subgraphs in large graph databases [C] //Proceedings of the 25th IEEE International Conference on Data Engineering. 2009: 844-855.

[92] Zhao X, Chen Y, Xiao C, et al. Frequent subgraph mining based on Pregel [J]. The Computer Journal, 2016, 59(8): 1113-1128.

[93] Abdelhamid E, Abdelaziz I, Kalnis P, et al. Scalemine: Scalable parallel frequent subgraph mining in a single large graph [C] //Proceedings of the 2016 International Conference for High Performance Computing, Networking, Storage and Analysis. 2016: 716-727.

[94] Malewicz G, Austern M H, Bik A J C, et al. Pregel: A system for large-scale graph processing [C] //Proceedings of the 2010 ACM International Conference on Management of Data. 2010: 135-146.

[95] Mackworth A K. Consistency in networks of relations [J]. Artificial Intelligence, 1977, 8(1): 99-118.

[96] Gao Y, Zhang T, Qiu L, et al. Time-respecting flow graph pattern matching on temporal graphs [J]. IEEE Transactions on Knowledge and Data Engineering, 2020, 33(10): 3453-3467.

[97] Chen L, Gao Y, Zhang Y, et al. Scalable hypergraph-based image retrieval and tagging system [C] //Proceedings of the 34th IEEE International Conference on Data Engineering. 2018: 257-268.

# 第8章 数据查询结果可用性分析

8

数据查询旨在根据用户各种需求返回相应的查询结果。在实际情况中,用户可能会得到不满意的查询结果。例如,查询结果中没有包含用户期望的对象;查询结果太少或太多等。然而,数据查询技术既不能向用户解释为什么会得到当前结果,也无法给出有效的建议来得到用户满意的查询结果。数据查询结果可用性分析正是针对这一不足而展开,通过对查询结果进行相关分析来帮助用户得到满意的查询结果。

本章介绍数据查询结果可用性分析技术:第 8.1 节梳理当前数据查询结果可用性分析相关问题,第 8.2 节介绍 Causality 与 Responsibility 问题,第 8.3 节阐述 Why-not 与 Why 问题,第 8.4 节介绍 Why-few 与 Why-many 问题,第 8.5 节总结与展望数据查询结果可用性分析的研究。

## 8.1 数据查询结果可用性分析概述

可用性是指产品在特定使用环境下为特定用户用于特定用途时所具有的有效性、效率和用户主观满意度[1]。其中,有效性指用户完成特定任务和达到特定目标时所具有的正确和完整程度;效率指用户完成任务的正确和完整程度与所使用资源之间的比率;主观满意度指用户在使用产品过程中所感受到的主观满意程度和接受程度。根据可用性的定义,可以对数据查询结果可用性作如下定义:数据查询结果可用性是指用户面对数据库系统所提供数据查询结果时具有的主观满意度。如果用户对查询结果不满意,即当前的查询结果与用户预期的查询结果有所出入,那么就需要对现有的查询结果进行相关分析来提高用户的满意度。

数据查询结果可用性研究的研究对象是**用户不满意的查询结果**,也称之为**预料之外的查询结果**(unexpected query results)。那么,什么是预料之外的查询结果? 下面通过两个 SQL 查询例子来说明。

**例 8.1** SELECT *Hotel*

FROM (SELECT AVG(*Overall Rating*),*Hotel*

```
            FROM Rating
            GROUP BY Hotel
            ORDER BY AVG(Overall    Rating) DESC)
        WHERE ROWNUM=1
```

表 8.1 给出了酒店 A-G 的星级、价格等信息；表 8.2 列举了客户对酒店服务、环境、设施等方面的评分。如果酒店 A 的经理用例 8.1 中的 SQL 语句从用户评价表 Rating 中找出总体评价平均值最好的酒店，那么最终得到的结果为酒店 B。然而，酒店 A 作为一家 5 星级酒店，其总体评价却不是最好的。酒店 A 的经理就会思考为什么会出现这种情况。该例子就是一种预料之外的查询结果，即用户期望的对象没有出现在查询结果之中。

表 8.1　酒店信息表 Information

| 酒店(Hotel) | 星级(Star) | 价格/元(Price) | 含早餐(Breakfast) | 含洗衣服务(Laundry Service) | 含健康房(Fitness) |
|---|---|---|---|---|---|
| A | 4 | 580~1800 | Y | Y | N |
| B | 3 | 300~1500 | Y | N | Y |
| C | 3 | 400~1000 | Y | Y | Y |
| D | 1 | 100~500 | N | N | N |
| E | 2 | 300~1000 | Y | N | N |
| F | 5 | 1000~2000 | Y | Y | Y |
| G | 4 | 500~1500 | Y | Y | N |

表 8.2　用户评价 Rating

| 客户(User) | 酒店(Hotel) | 服务(Service) | 环境(Environment) | 设施(Facility) | 综合评分(Overall Rating) |
|---|---|---|---|---|---|
| User 1 | F | 10 | 7 | 7 | 7 |
| User 1 | A | 10 | 10 | 8 | 9 |
| User 1 | G | 9 | 5 | 8 | 6 |
| User 2 | D | 5 | 5 | 3 | 4 |
| User 2 | F | 8 | 7 | 8 | 7 |
| User 3 | A | 8 | 10 | 8 | 8 |
| User 3 | G | 9 | 4 | 6 | 6 |
| User 3 | B | 7 | 7 | 8 | 7 |
| User 3 | C | 5 | 10 | 5 | 5 |
| User 4 | C | 4 | 10 | 7 | 6 |
| User 5 | F | 10 | 10 | 10 | 10 |
| User 5 | C | 5 | 8 | 8 | 8 |
| User 6 | A | 8 | 8 | 7 | 8 |
| User 6 | B | 9 | 6 | 8 | 8 |
| User 6 | C | 9 | 9 | 9 | 9 |

例 8.2 SELECT *Hotel*

FROM *Information*

WHERE *Star* >= 4 AND *Breakfast* = ‘Y’ AND *Fitness* = ‘Y’

游客在规划出行时可以用例8.2中的SQL语句对酒店信息表Information进行查询来查找心仪的酒店。该游客最终得到的结果只有一家酒店，即酒店A。这个查询结果对于游客而言选择范围太小，无法为游客提供足够的选择。该例子是另一种预料之外的查询结果，即查询结果太少。

上述两个例子列举了两种不同类型的预料之外的查询结果。例8.1中预料之外的查询结果指明了特定的对象；而例8.2中的预料之外的查询结果则是基于查询结果数量。据此，可以将预料之外的查询结果分为两类，如图8.1所示：第一类是基于内容的(content-based)预料之外的查询结果；第二类是基于数量的(cardinality-based)预料之外的查询结果。

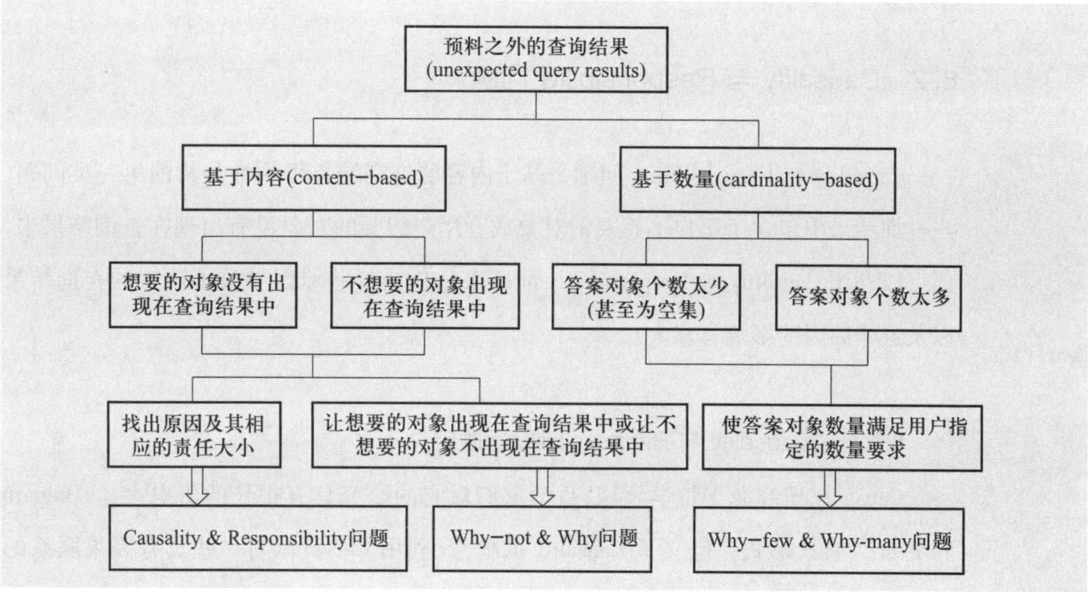


图8.1 数据查询结果可用性分析[2]

基于内容的预料之外的查询结果是指用户针对查询结果指明了预料之外的对象，包括用户想要却没有出现在查询结果中的对象，或者不想要却出现在查询结果中的对象。针对这种情况，为了用户更好地理解原查询，需要分析导致现有查询结果产生的原因以及相应的责任大小。这对应数据查询结果可用性分析的第一类问题，即Causality(因果关系)与Responsibility(责任)问题研究。其次，除了相应解释外，为帮助用户得到满意的查询结果，还需要将用户想要的对象包含在查询结果中，以及将用户不想要的对象从查询结果中移除。这对应查询结果可用性分析的第二类问题，即Why-not

与 Why 问题。例如,在例 8.1 中,如果酒店 A 的经理想知道是什么原因导致了酒店 A 没有出现在查询结果中,那么他可以通过 Causality 与 Responsibility 问题进行分析,找出是哪些用户的评价导致酒店 A 没有出现在查询结果中。此外,如果该经理想要让酒店 A 包含在查询结果之中,那么他可以采用 Why-not 问题分析得到合理的建议。

基于数量的预料之外的查询结果是指用户得到的查询结果太少(甚至为空集)或者太多。在实际应用中,查询结果太少或者太多都不能为用户提供有效的帮助。为此,可以将查询结果数量控制在用户指定的范围内,既不能太少又不能过多。这对应查询结果可用性研究的第三类问题,即 Why-few 与 Why-many 问题。此类问题旨在通过减少或增加查询结果来得到用户满意的查询结果。在例 8.2 中,如果游客觉得查询所返回酒店数量太少,则可以利用 Why-few 问题进行分析以返回更多的候选酒店。

下面三个章节将逐一详细介绍数据查询结果可用性分析的三类问题。

## 8.2 Causality 与 Responsibility 问题

Causality 与 Responsibility 问题是基于内容的查询结果可用性分析的第一类问题。当查询结果中包含了用户不想要的对象或者用户想要的对象没有出现在查询结果中,便可以利用 Causality 与 Responsibility 问题来分析是哪些原因导致了现有的查询结果以及这些原因的影响有多大。

### 8.2.1 Causality 与 Responsibility 问题定义

Causality 研究源于哲学领域,哲学家们对它的研究具有很长的历史[3,4]。Halpern 和 Pearl[5]首次形式化定义了 Causality 的概念,利用 Causality 对一些具有因果联系的事物进行精确的建模。Chockler 和 Halpern[6]提出了 Responsibility 的概念来量化 Causality,为 Causality 提供了更深层次的分析。最近,Meliou 等人首次将 Causality 与 Responsibility 的概念引入到数据库领域,针对输入数据定义了查询结果的 Causality[7,8]。下面分别介绍 Causality 与 Responsibility 的概念和定义。

(1) Causality

在介绍 Causality 定义之前,首先介绍数据库中元组(tuple)的一种分类。Halpern 和 Pearl[5]将数据库元组分为外生元组(exogenous tuple)和内生元组(endogenous tuple)。内生元组是指数据库中导致查询结果产生的候选元组;外生元组则是数据库中被认为不可能导致查询结果产生的元组。外生元组和内生元组共同组成了所有的元组。假设 $D$ 表示数据库中的所有元组，$D^n \in D$ 表示内生元组，则外生元组为 $D^x = D - D^n$。此外，若 $R_i$ 表示数据库中的一种关系(即一张二维表)，$R_i^n$ 和 $R_i^x$ 分别表示 $R_i$ 中的内生元组和外生元组，则 $R_i = R_i^n \cup R_i^x$。根据上述元组的分类，定义 8.1 给出了数据库中 Causality 的形式化定义[8]。

**定义 8.1 (Causality)**　给定数据库中的所有元组 $D$、一个元组 $t \in D^n$ 和一个查询 $Q$。在 $D$ 上执行查询 $Q$，若 $r$ 是查询结果，则记作 $D \models Q(r)$；否则，记作 $D \not\models Q(r)$。假设 $D \models Q(r)$，(i) 如果 $D-\{t\} \not\models Q(r)$，那么 $t$ 是 $r$ 在 $D$ 中的一个直接原因(counterfactual cause)；(ii) 如果 $\exists \Gamma \subseteq D^n$ 满足 $(D-\Gamma) \models Q(r)$ 且 $(D-\Gamma-t) \not\models Q(r)$，那么 $t$ 是 $r$ 的一个间接原因(actual cause)，$\Gamma$ 是 $t$ 的关联集(contingency set)。直接原因和间接原因统称为 $r$ 的 Causality。

具体而言，如果从数据库中删除元组 $t$ 会导致 $r$ 被移除出查询结果，那么元组 $t$ 是查询结果的一个直接原因。如果从数据库中可以找到一个关联集 $\Gamma$，把关联集 $\Gamma$ 从数据库中删除后，元组 $t$ 成为查询结果一个直接原因，那么元组 $t$ 是查询结果的一个间接原因。显然，每一个直接原因都是间接原因，因为此时 $\Gamma = \varnothing$。

(2) Responsibility

每一个原因都有相应的责任大小。例如，有 11 个人对 A 和 B 进行投票。如果投票结果为 11:0，此时 A 获胜，那么每个投票者都是 A 获胜的原因且每个人对此结果所负的责任均相同。如果投票结果为 6 : 5，同样是 A 获胜。但此时只有将票投给 A 的投票者是 A 获胜的原因。针对上述两种情况，每个原因相应的责任大小又分别是多少? 为了量化每个原因的责任，Meliou 等人对 Causality 定义了 Responsibility。

**定义 8.2 (Responsibility)**　假设 $(D-\Gamma) \models Q(r)$ 且 $(D-\Gamma-t) \not\models Q(r)$，那么 $t$ 对于 $r$ 的 Responsibility 为：

$$\rho(t,r) = \frac{1}{1 + \min_{\Gamma} |\Gamma|} \tag{8.1}$$

由上述定义可知，$t$ 在成为 $r$ 的直接原因前从 $D$ 中移除的最少元组数量被用于计算 $t$ 的 Responsibility。当且仅当 $\rho(t,r) = 1$ 时，元组 $t$ 是 $r$ 的一个直接原因。若 $t$ 不是 $r$ 的一个原因，那么 $\rho(t,r) = 0$。显然，元组对应的关联集越大，它与结果的直接相关性越弱，相应的 Responsibility 越低。在上述投票的例子中，(i) 投票结果为 11 : 0 时，每一票的 Responsibility 均为 1/6；(ii) 投票结果为 6 : 5 时，每一票的 Responsibility 均为 1，表示投给 A 的每一票都是关键票。

基于上述定义，研究者针对关系数据库中的 Causality 与 Responsibility 问题进行了相关研究。例如，文献[9]首次探讨了带有等式的连接查询上的 Causality 与 Responsibility。作者研究了两种情况的 Causality 与 Responsibility,即“Why so”和“Why no”。其中“Why so”研究查询结果的 Causality 与 Responsibility,“Why no”研究非查询结果的 Causality 与 Responsibility。针对带有不等式的连接查询的溯源信息(即 Causality),文献[10]研究了 Responsibility 的计算方法。为了减小 Responsibility 的计算代价,文献[10]首先将溯源信息转换为矩阵,而后将 Responsibility 计算转换为最短路径问题,并通过动态规划算法来解决。

### 8.2.2 基于 CR 的概率查询

在 Meliou 等人[7,8]定义的 Causality 与 Responsibility 的基础上,Lian 和 Chen[11]首次将 Causality 与 Responsibility 引入到概率数据库。根据概率数据库特性,Lian 和 Chen 提出了 Responsibility 期望,并基于此提出了基于 Causality 与 Responsibility 期望的概率查询,即基于 CR 的概率查询。本小节详细介绍该查询。

首先,介绍概率数据库模型和概率数据库查询。一个概率数据库 $\mathcal{D}$ 由 $N$ 个 $d$ 维不确定对象 $o_1, o_2, \cdots, o_N$ 组成。每个不确定对象 $o_i(1 \leqslant i \leqslant N)$ 用数据空间中的不确定区域(uncertain region)进行建模,记为 $UR(o_i)$。具体而言,$UR(o_i)$ 表示 $o_i$ 位置的一个范围,$o_i$ 位于 $UR(o_i)$ 内的任意一个位置且遵循相应的概率分布。我们可以用离散样本或连续概率密度函数描述该分布。为了便于理解,我们用离散样本来表示。具体而言,每个不确定对象 $o_i$ 包含 $l_i$ 个互斥样本 $s_{ij}$(或简称为 $s_i$, $1 \leqslant j \leqslant l_i$),其中每个样本 $s_{ij}$ 出现的概率为 $s_{ij}.p \in (0,1]$,且满足 $\sum_{j=1}^{l_i} s_{ij}.p = 1$。此外,我们假设不确定对象之间是相互独立的。概率数据库 $\mathcal{D}$ 的一个可能世界(Possible World),记为 $pw(\mathcal{D})$,表示概率数据库 $\mathcal{D}$ 的一个实例。在一个可能世界中,每个不确定对象 $o_i$ 只能出现在其样本中的任意一个位置。那么,这个可能世界存在的概率为 $\Pr\{pw(\mathcal{D})\} = \prod_{\forall s_{ij} \in pw(\mathcal{D})} s_{ij}.p$,其中 $s_{ij}.p$ 表示样本 $s_{ij}$ 的出现概率。概率数据库 $\mathcal{D}$ 所有可能世界的概率之和为 1,即 $\sum_{\forall pw(\mathcal{D})} \Pr\{pw(\mathcal{D})\} = 1$。

概率数据库 $\mathcal{D}$ 中,一个概率查询 $Q$ 通常检索满足查询谓词 $\mathcal{P}_Q$ 且期望概率 $\Pr_Q(o)$ 大于用户指定的阈值 $\alpha \in [0,1)$ 的不确定对象 $o$。由于概率数据库可以看作是所有可能世界的一个集合,那么概率查询 $Q$ 就相当于在每个可能世界 $pw(\mathcal{D})$ 中使用谓词 $\mathcal{P}_Q$ 进行查询,然后将所有可能世界返回的查询答案进行组合。

基于上述概率数据库的相关介绍,我们介绍概率数据库中 Responsibility 期望的概念。概率数据库 $\mathcal{D}$ 的每一个可能世界 $pw(\mathcal{D})$ 均可视作一个确定数据库。因此,在某一特定的可能世界 $pw(\mathcal{D})$ 中,我们可以按照确定数据库中 Causality 和 Responsibility 的定义来计算给定不确定对象 $o_i$ 所对应样本 $s_i$ 的 Causality 和 Responsibility。针对概率

数据库的所有可能世界,不确定对象之间 Responsibility 期望的定义如下:

**定义 8.3(responsibility 期望)** 给定概率数据库 $\mathcal{D}$,不确定对象 $o_i$ 和 $a_j$。其中,假设 $a_j$ 是某一概率数据库查询结果之一,$s_i$ 和 $s_j$ 表示在可能世界 $pw(\mathcal{D})$ 中 $o_i$ 和 $a_j$ 所对应的样本。不确定对象 $o_i$ 对于查询结果 $a_j$ 的 Responsibility 期望为:

$$\mathrm{resp}(o_i, a_j) = \sum_{\forall pw(\mathcal{D}), s_i, s_j \in pw(\mathcal{D})} (\Pr\{pw(\mathcal{D})\} \cdot \rho(s_i, s_j)) \tag{8.2}$$

简而言之,不确定对象 $o_i$ 对于查询结果 $a_j$ 的 Responsibility 期望就是所有可能世界中 $s_i$ 对于 $s_j$ 的 Responsibility 的概率累加之和。根据上述 Responsibility 期望的定义,对于概率数据库的所有不确定对象可以构建 Responsibility 期望矩阵 ***resp_matrix***。具体而言,给定一个概率数据库 $\mathcal{D}$ 和 $N$ 个不确定对象,针对查询 $Q$ 的 Responsibility 期望矩阵是一个 $N\times N$ 的矩阵。矩阵中的元素 ***resp_matrix***$[i][j] = \mathrm{resp}(o_i, a_j)$ 表示不确定对象 $o_i$ 对于不确定对象 $a_j$ 的 Responsibility 期望。Responsibility 期望矩阵具有以下两个特性。

**特性 8.1(概率置信度(probabilistic confidence))** 给定 responsibility 期望矩阵 ***resp_matrix***,对第 $j$ 列的值求和可得 $a_j$ 的概率置信度:

$$\mathrm{Sum\_}C(a_j) = \sum_{i=1}^{N} \mathrm{resp}(o_i, a_j) = 1 - \Pr_Q(a_j) \tag{8.3}$$

其中 $\Pr_Q(a_j)$ 是不确定对象 $a_j$ 满足查询谓词 $\mathcal{P}_Q$ 的概率。

Responsibility 期望矩阵的第 $j$ 列存储了对象 $o_i$ 使得 $a_j$ 为非答案的概率。因此,通过对第 $j$ 列的所有值求和,可以获得 $a_j$ 不满足查询谓词 $\mathcal{P}_Q$ 的期望概率,即 $1-\Pr_Q(a_j)$。Responsibility 期望矩阵提供一个新的角度来理解概率数据库查询。给定 Responsibility 矩阵 ***resp_matrix***,概率查询 $Q$ 等价于返回 $\mathcal{D}$ 中 $\mathrm{Sum\_C}(a_j) \leqslant (1-\alpha)$ 的不确定对象 $a_j$。

**特性 8.2(影响力(Influence))** 给定 Responsibility 期望矩阵 ***resp_matrix***,对第 $i$ 行的值求和可以得到不确定对象 $o_i$ 的影响,即:

$$\mathrm{Sum\_R}(o_i) = \sum_{j=1}^{N} \mathrm{resp}(o_i, a_j) \tag{8.4}$$

$\mathrm{Sum\_R}(o_i)$ 是 $o_i$ 对其他所有不确定对象 $a_j$ 的 Responsibility 期望之和,表示 $o_i$ 使其他不确定对象 $a_j$ 成为非查询的 Responsibility 期望。因此,称之为不确定对象 $o_i$ 的影响力。

基于上述 Responsibility 期望矩阵的两个特性,下面给出基于 Causality 和 Responsibility 的概率查询(简称为基于 CR 的概率查询)的定义。

**定义 8.4(基于 CR 的概率查询)** 给定概率数据库 $\mathcal{D}$,查询 $Q$,基于 CR 的概率查询 CR-$Q$,返回查询 $Q$ 的结果 $A_Q$,以及具有高影响力的不确定对象集合 $A_N$。

与传统概率查询相比,基于 CR 的概率查询不仅需要返回查询结果,还需要返回具有高影响力的不确定对象集合 $A_N$。在概率数据库中，$A_N$ 对查询结果有极大的影响，通常是“脏数据”。基于 CR 的概率查询可以有效地找到这些脏数据，可以用于数据清洗工作。为了有效地解决基于 CR 的概率查询，本小节介绍一个统一的框架。算法 8.1 给出了该框架的伪代码。该框架分为三个阶段，即索引阶段、剪枝阶段和优化阶段。

- **索引阶段**（算法 8.1 第 1 行）：在不确定对象上构造索引 $\mathcal{I}$ 以简化搜索空间。
- **剪枝阶段**（算法 8.1 第 2—3 行）：对于每个概率查询 $Q$，遍历索引 $\mathcal{I}$ 并应用剪枝方法来检索包含查询答案候选的候选集合 $S_{cand}$，以及用于优化 $S_{cand}$ 的相关集合 $S_{rfn}$。
- **优化阶段**（算法 8.1 第 4 行）：调用函数 Refinement 以获得查询答案集 $A_Q$ 和包含 $k$ 个高影响对象的集合 $A_N$。$k$ 是一个系统参数，表示用户想要识别的低质量对象的最大数量。

接下来详细介绍优化阶段。算法 8.2 给出了优化阶段的伪代码。首先，维护两个集合 $A_Q$ 和 $A_N$，分别用于存储可能的查询答案和高影响力对象（算法 8.2 第 1 行）。然后对 $S_{cand}$ 和 $S_{rfn}$ 集合中的对象计算矩阵 ***resp_matrix*** 中的 Responsibility 期望（算法 8.2 第 2 行）。接下来，算法 8.2 利用 Responsibility 期望矩阵迭代识别高影响力对象（算法 8.2 第 8—10 行），并将它们从数据库中移除，即删除低质量数据（算法 8.2 第 11—13 行）。在删除低质量对象后，计算查询的结果（算法 8.2 第 4—9 行）。当识别出至少 $k$ 个高影响力对象时，迭代停止（算法 8.2 第 3 行）。对于每次迭代，首先获得满足 Sum_C$(a_j)<1-\alpha$ 的查询答案 $a_j$，并将其添加到答案集 $A_Q$（算法 8.2 第 4—7 行）。然后，确定具有最大影响力 Sum_R$(o_i)$ 的 $k$ 个对象 $o_i \in (S_{cand} \cup S_{rfn})$，并将它们添加到高影响力对象集 $A_N$（不包括 $A_Q$ 中的那些对象；算法 8.2 第 8—10 行）。由于 $A_N$ 中的高影响力对象或 $A_Q$ 中的查询答案可能使其他对象成为非查询结果，算法 8.2 将从数据库中删除它们以便检索到受低质量对象影响的对象。即从集合 $S_{cand}$ 和 $S_{rfn}$（算法 8.2 第 11—12 行）中删除 $A_N \cup A_Q$ 中的对象，并将 Responsibility 期望矩阵中关于对象 $o_i \in (A_N \cup A_Q)$ 的值设置为 0（算法 8.2 第 13 行）。最终获得可能的查询答案以及高影响力对象。

---

**算法 8.1　基于 CR 的概率查询框架**

---

**输入**：一个概率数据库 $\mathcal{D}$，索引 $\mathcal{I}$，一个概率查询 $Q$ 及查询谓词 $\mathcal{P}_Q$，一个查询阈值 $\alpha$

**输出**：概率查询 $Q$ 的回答，以及 $k$ 个潜在的低质量对象

1：对概率数据库 $\mathcal{D}$ 上的不确定对象建立一个多维索引 $\mathcal{I}$　　//索引建立阶段

2：**foreach** 概率查询 $Q$ **do**

3：　遍历索引 $\mathcal{I}$，通过使用索引/对象剪枝策略来得到一个候选集合 $S_{cand}$ 和一个优化集合 $S_{rfn}$ 　//剪枝阶段

4：　调用函数 Refinement$(S_{cand}, S_{rfn}, Q, k)$ 以返回实际查询答案和 $k$ 个潜在的低质量目标优化阶段

---

**算法 8.2 Refinement 函数**

**输入**：一个候选集合 $S_{cand}$，一个优化集合 $S_{rfn}$，一个概率查询，一个参数 $k$
**输出**：概率查询的回答集合 $A_Q$，由 $k$ 个高影响力对象组成的集合 $A_N$

```
A_Q = A_N = ∅
计算 Responsibility 期望矩阵 resp_matrix 中的元素（与 S_cand ∪ S_rfn 中对象相关的）
while |A_N| < k do
    计算矩阵行列和值（即 Sum_C(a_j) 和 Sum_R(o_i)）
    foreach a_j ∈ S_cand
        if Sum_C(a_j) < 1-α then
            将 a_j 加入 A_Q
    令 S 包含 o_i ∈ (S_cand ∪ S_rfn) 中影响力最大的 k 个对象
    A_N = A_N ∪ S
    A_N = A_N - A_Q
    S_cand = S_cand - (A_N ∪ A_Q)
    S_rfn = S_rfn - (A_N ∪ A_Q)
    更新 Responsibility 期望矩阵中的元素 o_i ∈ (A_N ∪ A_Q)
```

除了 Lian 和 Chen[11] 的工作，Gao 等人[12] 研究了概率反 Skyline 查询上的 Causality 与 Responsibility 问题。给定一个不是概率反 Skyline 查询结果对象 $p$，文献从概率数据集中找到导致 $p$ 成为非概率反 Skyline 查询结果的数据（即 $p$ 的 Causality），并计算它们的 Responsibility 大小。为了找到 $p$ 的所有 Causality，Gao 等人还提出了基于过滤-精炼框架的 CP 算法。值得一提的是，他们同时考虑了离散和连续两种概率模型，并扩展了 CP 算法以处理反 Skyline 查询上的 Causality 与 Responsibility 问题。

## 8.3 Why-not 与 Why 问题

现有的数据库系统的查询结果有时包含了用户不想要的结果或者用户想要的结果没有出现，却不能提供一些建议来帮助用户得到其想要的查询结果。Why-not 与 Why 问题研究正是针对这一不足展开，旨在帮助用户让想要的对象出现在查询结果中或者让不想要的对象不出现在查询结果中，从而得到满意的查询结果。下面给出 Why-not 问题和 Why 问题的具体定义。

### 8.3.1 Why-not 与 Why 问题定义

**定义 8.5（Why-not 问题）** 给定一个原始查询 $Q$ 和一个 Why-not 集合 $W_1$，其中 $W_1$ 不是 $Q$ 的查询结果，Why-not 问题研究如何使 $W_1$ 成为 $Q$ 的查询结果。

**定义 8.6（Why 问题）** 给定一个原始查询 $Q$ 和一个 Why 集合 $W_2$，其中 $W_2$ 是 $Q$ 的查询结果），Why 问题研究如何使 $W_2$ 不成为 $Q$ 的查询结果。

简而言之，Why-not 问题就是帮助用户让想出现但没出现的出现；Why 问题就是让不想出现的不出现。从定义可以看出，Why-not 问题和 Why 问题都是查询依赖的。因为不同查询的语义不一样，所以需要针对不同查询的 Why-not 与 Why 问题提出不同的算法。

为了有效地回答 Why-not 与 Why 问题，研究者们提出了多种不同的模型，包括操作定位（manipulation identification）模型、数据库修改（database modification）模型、查询精炼（query refinement）模型等。以 Why-not 问题为例，操作定位模型找到导致 Why-not 对象成为非查询结果的操作，而后对其进行修改使 Why-not 对象成为查询结果。查询修改模型通过修改原始查询的某些参数使 Why-not 对象成为查询结果。表 8.3 总结了当前 Why-not 问题研究工作。此外，当前 Why 问题研究工作相对较少。现有的数据溯源中的数据起源（data provenance）和数据血统（data lineage）可用来帮助解决某些查询（如 SQL 查询）上的 Why 问题。具体而言，给定 Why 对象（即用户不想要的查询结果对象），首先可以利用数据溯源技术计算出 Why 对象是如何产生的，再对导致 Why 对象产生的数据或操作进行相应修改，便可使 Why 对象排除在查询结果外。

表 8.3 Why-not 现有工作总结

| Why-not strategies | Query type | The number of why-not object | Losing original query results | Obtaining more additional results | The number of returned explanations |
|---|---|---|---|---|---|
| Manipulation identification | SPJU queries[13] | Single | — | — | Multiple |
| | SPJAU queries[14] | Multiple | — | — | Multiple |
| | Conjunctive queries with equalities[15-16] | Multiple | — | — | Multiple |
| | Natural language queries in database[17] | Multiple | — | — | Multiple |
| | First-order queries[18] | Multiple | — | — | Multiple |
| | SPARQL queries[19] | Multiple | — | — | Multiple |
| | Flat and nested data queries[20] | Multiple | — | — | Multiple |
| Ontology | Conjunctive queries with comparisons[21] | Multiple | — | — | Multiple |
| Database modification | SPJ queries[22] | Single | √ | √ | Multiple |
| | SPJAU queries[23] | Multiple | √ | √ | Multiple |
| | Equi-join queries[24] | Multiple | × | √ | Multiple |
| | Join queries with relation copy or query cycle[25] | Multiple | × | √ | Multiple |
| Query refinement | SPJA queries[26] | Multiple | × | √ | Multiple |
| | Top-$k$ queries[27] | Multiple | √ | √ | Single |
| | Social image search[28] | Single | √ | √ | Single |
| | Similar graph queries[29] | Multiple | × | √ | Single |
| | Spatial keyword top-$k$ queries[30,31] | Multiple | √ | √ | Single |

续表

| Why-not strategies | Query type | The number of why-not object | Losing original query results | Obtaining more additional results | The number of returned explanations |
|---|---|---|---|---|---|
| Query refinement | Top-$k$ SQL queries[32] | Multiple | × | √ | Single or None |
| | Direction-aware spatial keyword top-$k$ queries[33] | Multiple | √ | √ | Single |
| | Top-$k$ geo-social keyword queries[34] | Multiple | × | √ | Single |
| | Subgraph queries[35] | Multiple | √ | √ | Single |
| | Group spatial keyword queries[36] | Multiple | √ | √ | Single |
| | Top-$k$ spatial keyword queries[37] | Multiple | √ | √ | Single |
| | Event pattern queries[38] | Multiple | √ | √ | Single |
| | Structural graph clustering[39] | Single | √ | √ | Single |
| Database modification +Query refinement | Reverse skyline queries[40] | Single | √ | √ | Single |
| | Top-$k$ dominating queries[41] | Multiple | √ | √ | Single |
| | Reverse top-$k$ queries[42] | Multiple | × | √ | Single |
| | Metric probabilistic range queries[43] | Multiple | × | √ | Single |
| | RDF queries[44] | Multiple | √ | √ | Multiple |
| | Range-based skyline queries[45] | Single | √ | √ | Multiple |
| Manipulation identification+ Database modification+ Query refinement | SPJA queries[46-47] | Multiple | √ | √ | Multiple |

### 8.3.2　反 Top-$k$ 查询上的 Why-not 问题

本小节介绍反 Top-$k$ 查询上的 Why-not 问题处理[43,48]。首先，我们介绍相关概念。

**定义 8.7（Top-$k$ 查询）**　给定一个数据集 $P$、一个正整数 $k$、一个权重向量 $\boldsymbol{m}$，Top-$k$ 查询从数据集 $P$ 中找出得分最小的 $k$ 个点，记作 $TOPk(\boldsymbol{w})$，$TOPk(\boldsymbol{w})$ 满足以下三条：(i) $TOPk(\boldsymbol{w}) \subseteq P$；(ii) $|TOPk(\boldsymbol{w})| = k$；(iii) $\forall p_1 \in TOPk(\boldsymbol{w})$，$\forall p_2 \in P\text{-}TOPk(\boldsymbol{w})$，$f(\boldsymbol{w},p_1) \leqslant f(\boldsymbol{w},p_2)$。其中，$f(\boldsymbol{w},p) = \sum_{i=1}^{d} w[i] \times p[i]$。

简而言之，对于数据集 $P$，Top-$k$ 查询根据用户指定的得分函数计算 $P$ 中每一个数据点的得分（即 $f(\boldsymbol{w},p)$），并根据得分对数据点进行排序，最终返回得分最低的 $k$ 个点（也可以返回得分最高的 $k$ 个点，具体可以根据用户需求设定）。通常，我们使用线性得分函数（linear scoring function）或者加权和函数（weighted sum function）计算得分。

**定义 8.8（反 Top-$k$ 查询）**　给定一个数据集 $P$、一个向量集合 $W$、一个正整数 $k$ 和一个查询点 $q$，反 Top-$k$ 查询从向量集合 $W$ 返回所有满足以下条件的向量，记作

$RTOPk(q)$：(i) $RTOPk(q)\subseteq W$，(ii) $\forall \boldsymbol{w}_i \in RTOPk(q)$，满足$\exists p \in TOPk(\boldsymbol{w}_i)$，$f(\boldsymbol{w}_i,q) \leqslant f(\boldsymbol{w}_i,p)$。

简而言之，对于向量集合 $W$ 和查询点 $q$，反 Top-$k$ 查询返回向量集合 $W$ 中 $TOPk(\boldsymbol{w})$结果包含查询点 $q$ 的所有向量。在上述反 Top-$k$ 查询定义的基础上，我们定义反 Top-$k$ 查询上的 Why-not 问题。

**定义 8.9（反 Top-*k* 查询上的 Why-not 问题）** 给定一个原反 Top-$k$ 查询 $RTOPk(q)$（包括一个数据集 $P$、一个向量集 $W$、一个查询点 $q$ 和参数 $k$），一个 Why-not 向量集合 $W_m \subseteq W\text{-}RTOPk(q)$，反 Top-$k$ 查询上的 Why-not 问题需要找到一个三元组 $(q',W'_m,k')$满足(i) $\forall \boldsymbol{w} \in RTOPk(q)$，$\boldsymbol{w} \in RTOPk'(q')$；(ii) $\forall \boldsymbol{w}'_i \in W'_m$，$\boldsymbol{w}'_i \in RTOPk'(q')$；(iii) $(q',W'_m,k')$的修改代价 $Penalty(q',W'_m,k')$最小，其中，

$$Penalty(q',W'_m,k') = \gamma \cdot Penalty(q') + (1-\gamma) \cdot Penalty(W'_m,k') \tag{8.5}$$

根据上述定义，反 Top-$k$ 查询上的 Why-not 问题关键是要找到三元组$(q',W'_m,k')$满足$\forall \boldsymbol{w}'_i \in W'_m$，$\boldsymbol{w}'_i \in RTOPk'(q')$。根据反 Top-$k$ 查询的定义，如果 $\boldsymbol{w} \in RTOPk(q)$，那么 $q \in TOPk(\boldsymbol{w})$。如果 $\boldsymbol{w} \notin RTOPk(q)$，那么 $q \notin TOPk(\boldsymbol{w})$。据此，我们可以将定义 8.9 作另外一番描述：给定一个原反 Top-$k$ 查询 $RTOPk(q)$，一个 Why-not 向量集合 $W_m \subseteq W-RTOPk(q)$，反 Top-$k$ 查询上的 Why-not 问题需要找到一个三元组$(q',W'_m,k')$满足：(i) $\forall \boldsymbol{w} \in RTOPk(q)$，$q' \in TOPk'(\boldsymbol{w})$；(ii) $\forall \boldsymbol{w}'_i \in W'_m$，$q' \in TOPk'(\boldsymbol{w}'_i)$；(iii) $(q',W'_m,k')$的修改代价最小。

根据反 Top-$k$ 查询上的 Why-not 问题的定义，我们需要对 $q$，$W_m$ 和 $k$ 进行修改，从而使得 Why-not 向量集包含在反 Top-$k$ 查询结果中。下面，介绍三种策略来修改 $q$，$W_m$ 和 $k$。

**策略 1：修改查询点*q***

给定一个原反 Top-$k$ 查询 $RTOPk(q)$（包括一个数据集 $P$、一个向量集 $W$、一个查询点 $q$ 和参数 $k$），一个 Why-not 向量集合 $W_m$ 且$\forall \boldsymbol{w}_i \in W_m$，$q \notin TOPk(\boldsymbol{w}_i)$，修改查询点 $q$ 需要找到 $q'$满足(1) $\forall \boldsymbol{w}_i \in W_m$，$q' \in TOPk(\boldsymbol{w}_i)$；(2) $\forall \boldsymbol{w}_j \in RTOPk(q)$，$q' \in TOPk(\boldsymbol{w}_j)$；(3) $q'$的修改代价 $Penalty(q')$最小。其中：

$$Penalty(q') = \frac{|q-q'|}{|q|} = \frac{\sqrt{\sum_{i=1}^{d}(q[i]-q'[i])^2}}{|q|} \tag{8.6}$$

那么，如何找到符合上述要求的新查询点 $q'$。下面，通过引理 8.1 和安全区域等概念给出新查询点 $q'$的搜索空间。

**引理 8.1** 给定一个查询点 $q$，新查询点 $q'$满足：$\forall i \in [1,d]$，$q'[i] \leqslant q[i]$。

换句话说，引理 8.1 将新查询点的搜索空间缩小到了[0,$q$]。因此，修改查询点 $q$ 时，我们只考虑降低查询点某些维度的值，而不用考虑增加某些维度的值。同时，引理 8.1 也保证了$\forall \boldsymbol{w}_j \in RTOPk(q)$，$q' \in TOPk(\boldsymbol{w}_j)$。尽管已经缩小了新查询点的范围，但在[0,$q$]范围内，有些查询点还没有满足$\forall \boldsymbol{w}_i \in W_m$，$q' \in TOPk(\boldsymbol{w}_i)$。为了满足该条件，我们在定义 8.10 中给出 $q$ 的安全区域的概念。

**定义 8.10（安全区域）**　给定一个原反 Top-$k$ 查询 $RTOPk(q)$（包括一个数据集 $P$、一个向量集 $W$、一个查询点 $q$ 和参数 $k$），一个 Why-not 向量集合 $W_m$ 且$\forall \boldsymbol{w}_i \in W_m$，$q \notin TOPk(\boldsymbol{w}_i)$，$q$ 的安全区域，记作 $SR(q)$，需满足$\forall q' \in SR(q)$，$\forall \boldsymbol{w}_i \in W_m$，$q' \in TOPk(\boldsymbol{w}_i)$。

根据安全区域的定义，如果查询点 $q$ 落在安全区域内，那么 Why-not 向量集合 $W_m$ 就会成为原反 Top-$k$ 查询结果。只要能够找到这样的安全区域，再结合引理 8.1 中新查询点的范围，就能够找到所有满足定义 8.9 中条件(i)和(ii)的查询点。这些查询点中距离查询点 $q$ 最近的那一个也就是我们真正要找的新的查询点了。那么，下面介绍如何计算 $q$ 的安全区域。

在数据空间中，给定一个向量 $\boldsymbol{w}$ 和一个数据点 $p$，可以得到一个超平面 $H(\boldsymbol{w},p)$。该超平面 $H(\boldsymbol{w},p)$ 垂直于向量 $\boldsymbol{w}$ 且过点 $p$。那么，根据超平面 $H(\boldsymbol{w},p)$ 的特性，如果点 $p'$ 落在超平面 $H(\boldsymbol{w},p)$ 内，那么 $f(\boldsymbol{w},p')=f(\boldsymbol{w},p)$；如果点 $p'$ 落在超平面 $H(\boldsymbol{w},p)$ 上方，那么 $f(\boldsymbol{w},p')>f(\boldsymbol{w},p)$；如果点 $p'$ 落在超平面 $H(\boldsymbol{w},p)$ 下方，那么 $f(\boldsymbol{w},p')<f(\boldsymbol{w},p)$。也就是说，如果一个点位于超平面 $H(\boldsymbol{w},p)$ 内/上方/下方，那么该点的得分就等于/大于/小于 $p$ 的得分。根据超平面 $H(\boldsymbol{w},p)$ 的这一特性，提出了半空间的概念。

**定义 8.11（半空间）**　给定一个原反 Top-$k$ 查询 $RTOPk(q)$、一个 Why-not 向量集合 $W_m$ 且$\forall \boldsymbol{w}_i \in W_m$，$q \notin TOPk(\boldsymbol{w}_i)$，$q$ 的安全区域，记作 $SR(q)$，需要满足$\forall q' \in SR(q)$ 以及$\forall \boldsymbol{w}_i \in W_m$，$q' \in TOPk(\boldsymbol{w}_i)$。

根据定义，半空间 $HS(\boldsymbol{w},p)$ 包含了所有落在超平面 $H(\boldsymbol{w},p)$ 之中和下面的点。利用半空间就可以计算 $q$ 的安全区域。

**引理 8.2**　给定一个由向量 $\boldsymbol{w}$ 和点 $p$ 所形成的半空间 $HS(\boldsymbol{w},p)$，假设点 $p$ 为向量 $\boldsymbol{w}$ 下得分第 $k$ 小的点，如果 $q' \in HS(\boldsymbol{w},p)$，那么 $q' \in TOPk(\boldsymbol{w})$。

**证明**　如果 $q' \in HS(\boldsymbol{w},p)$，那么 $f(\boldsymbol{w},q') \leqslant f(\boldsymbol{w},p)$。因为 $p$ 为向量 $\boldsymbol{w}$ 下得分第 $k$ 小的点，所以 $q' \in TOPk(\boldsymbol{w})$。证毕。

**引理 8.3**　给定一个 Why-not 向量集合 $W_m=\{\boldsymbol{w}_1,\boldsymbol{w}_2,\cdots,\boldsymbol{w}_n\}$ 和一个数据点集合 $\Lambda=\{p_1,p_2,\cdots,p_n\}$，其中 $p_i \in \Lambda$ 是向量 $\boldsymbol{w}_i$ 下得分第 $k$ 小的点。那么 $q$ 的安全区域 $SR(q)=\bigcap_{1\leqslant i\leqslant n} HS(\boldsymbol{w}_i,p_i)$。

**证明**　如果 $q' \in \bigcap_{1\leqslant i\leqslant n} HS(\boldsymbol{w}_i,p_i)$，那么$\forall \boldsymbol{w}_i \in W_m$，$q' \in TOPk(\boldsymbol{w}_i)$。证毕。

当得到了 $q$ 的安全区域,再结合区域$[0,q]$,便可以得到最优的新查询点 $q'$。但是,$q$ 的安全区域是一个凸多边形。随着维度的变大,该凸多边形的计算会变得相当复杂,且计算代价也很大。事实上,符合所有条件的新查询点可以看作是同时落在区域$[0,q]$内和 $q$ 的安全区域内且到 $q$ 距离最小的点。这是一个最优化问题。由于新查询点到 $q$ 的距离可用二次函数表示,因此可以用二次规划来解决问题。二次规划可用下面的公式表示:

$$\min f(\boldsymbol{x}) = \frac{1}{2}\boldsymbol{x}^{\mathrm{T}}\boldsymbol{H}\boldsymbol{x} + \boldsymbol{x}^{\mathrm{T}}\boldsymbol{c}$$
$$\text{s.t.}\begin{cases}\boldsymbol{Ax} \leqslant \boldsymbol{b}\\ \boldsymbol{lb} \leqslant \boldsymbol{x} \leqslant \boldsymbol{ub}\end{cases} \tag{8.7}$$

具体来说,二次规划是找到最优的 $\boldsymbol{x}$ 使得目标函数 $f(\boldsymbol{x})$ 的值最小且满足约束条件 $\boldsymbol{Ax}\leqslant\boldsymbol{b}$ 和 $\boldsymbol{lb}\leqslant\boldsymbol{x}\leqslant\boldsymbol{ub}$。前面提到,计算新的查询点 $q'$ 相当于找到同时落在区域$[0,q]$内和 $q$ 的安全区域内,且到 $q$ 距离最小的点。结合二次规划的形式可以得到,新查询点 $q'$ 到 $q$ 的距离即是目标函数 $f(q') = \sum_{i=1}^{d}(q[i]-q'[i])^2 = \frac{1}{2}(\boldsymbol{q}')^{\mathrm{T}}\boldsymbol{H}q' + (\boldsymbol{q}')^{\mathrm{T}}\boldsymbol{c}$, 其中 $\boldsymbol{H}$ 是一个 $d\times d$ 的特征值为 2 的对角矩阵,即 $\boldsymbol{H}=diag(2,2,\cdots,2)$; $\boldsymbol{c}=(-2q[1],-2q[2],\cdots,-2q[d])$ 是一个 $d$ 维的向量。另外,如果使查询点落在 $q$ 的安全区域内,可用条件 $\boldsymbol{Ax}\leqslant\boldsymbol{b}$ 来表示,其中 $\boldsymbol{A}$ 是一个 $n\times d$ 的矩阵(式 8.7),$\boldsymbol{b}=(f(\boldsymbol{w}_1,p_1),f(\boldsymbol{w}_2,p_2),\cdots,f(\boldsymbol{w}_n,p_n))$。如果使查询点落在区域$[0,q]$内,则可用条件 $\boldsymbol{lb}\leqslant\boldsymbol{x}\leqslant\boldsymbol{ub}$ 来表示。

$$\boldsymbol{A} = \begin{vmatrix} w_1[1] & w_1[2] & \cdots & w_1[d] \\ w_2[1] & w_2[2] & \cdots & w_2[d] \\ \vdots & \vdots & \ddots & \vdots \\ w_n[1] & w_n[2] & \cdots & w_n[d] \end{vmatrix} \tag{8.8}$$

基于上述讨论,算法 8.3 描述了修改查询点的算法 MQP-I 的伪代码。首先,MQP-I 算法利用分支界限的方法为 Why-not 向量集合中的每个向量找到其相应得分第 $\boldsymbol{k}$ 小的点(算法 8.3 第 1—12 行)。然后,利用基于内点法的二次规划算法 QuadProg 来找到最优的查询点 $q'$(算法 8.3 第 13—14 行)。

**策略 2:修改 $W_m$ 和 $k$**

解决反 Top-$k$ 查询上的 Why-not 问题的第二种策略是修改 $W_m$ 和 $k$。具体而言,给定一个原反 Top-$k$ 查询 $RTOPk(q)$,一个 Why-not 向量集合 $W_m=\{\boldsymbol{w}_1,\boldsymbol{w}_2,\cdots,\boldsymbol{w}_n\}$ 且 $\forall \boldsymbol{w}_i\in W_m, q\notin TOPk(\boldsymbol{w}_i)$,修改 Why-not 向量集 $W_m$ 和参数 $k$ 需要找到 $W'_m=\{\boldsymbol{w}'_1,\boldsymbol{w}'_2,\cdots,\boldsymbol{w}'_n\}$ 和 $k'$ 满足(1) $\forall \boldsymbol{w}'_i\in W'_m, q\in TOPk'(\boldsymbol{w}'_i)$;(2) $\forall \boldsymbol{w}_j\in RTOPk(q), q\in TOPk'(\boldsymbol{w}_j)$;(3) $W'_m$

**算法 8.3　MQP-I**

**输入**：一棵基于数据点集合 $P$ 的 R-tree $RT$，一个查询点 $q$，一个参数 $k$，一个 why-not 权重向量集合 $W_m$

**输出**：最优查询点 $q'$

/＊ $HP$ 是一个最小堆；$\Lambda$ 是一个存储了每个 why-not 权重向量中第 $k$ 个点的集合；$\boldsymbol{H}$ 和 $\boldsymbol{A}$ 是两个矩阵；$\boldsymbol{c}$，$\boldsymbol{b}$，$\boldsymbol{lb}$ 和 $\boldsymbol{ub}$ 是向量．＊/

**foreach** 权重向量 $\boldsymbol{w}_i \in W_m$ **do**
　　以 $RT$ 中所有根节点项初始化最小堆 $HP$，并初始化 $count=0$
　　**while** $HP \neq \varnothing$ **do**
　　　　$HP$ 的堆顶项 $e$ 出堆
　　　　**if** $e$ 是一个数据点 **then**
　　　　　　$count$ ++
　　　　　　**if** $count=k$ **then**
　　　　　　　　将 $e$ 加入 $\Lambda$ 中
　　　　　　　　**break**
　　　　**else**　// $e$ 是一个中间节点（非叶子节点）
　　　　　　**foreach** 子项 $e_i \in e$ **do**
　　　　　　　　将 $e_i$ 插入 $HP$ 中
用 $W_m$，$\Lambda$，$q$ 为 $\boldsymbol{H}$，$\boldsymbol{A}$，$\boldsymbol{c}$，$\boldsymbol{b}$，$\boldsymbol{lb}$，$\boldsymbol{ub}$ 赋值
$q'$=QuadProg($\boldsymbol{H}$，$\boldsymbol{A}$，$\boldsymbol{c}$，$\boldsymbol{b}$，$\boldsymbol{lb}$，$\boldsymbol{ub}$)　　// 内点二次规划算法
**return** $q'$

和 $k'$的修改代价 $Penalty(W'_m, k')$ 最小。其中：

$$Penalty(W'_m, k') = \alpha \frac{\max(0, k'-k)}{\max(r_1, r_2, \cdots, r_n) - k} + (1-\alpha) \frac{\sum_{i=1}^{|W_m|} \sqrt{\sum_{j=1}^{d} (w_i[j] - w'_i[j])^2}}{\sum_{i=1}^{|W_m|} \sqrt{1 + \sum_{j=1}^{d} (w_i[j])^2}} \tag{8.9}$$

那么，如何找到满足上述三个条件的 $W'_m$和 $k'$？因为 $k'>k$ 且查询点 $q$ 不变，所以修改 Why-not 向量集 $W_m$ 和参数 $k$ 不会丢失原有的反 Top-$k$ 查询结果。因此，条件(2)定会满足。下面我们讨论如何找到满足条件(1)和(3)的 $W'_m$和 $k'$。由于有两类参数需要修改，即 $W'_m$和 $k'$，那么一种直接的方法就首先确定其中某一个参数再求另一个参数。由于 $W'_m$的解空间是无限的，不可能先把 $W'_m$确定下来。因此，先确定 $k'$。

给定一个数据集 $P$ 和一个查询点 $q$，$k'$的取值范围可由数据集 $P$ 中支配查询点 $q$ 的数据点和与查询点 $q$ 不可比的数据点所共同决定。另外，如果两个点既不支配一方又不被另一方所支配，那么就说这两个点是不可比的。那么，当数据集 $P$ 和查询点 $q$ 确定后，可以找到所有支配查询点 $q$ 以及与查询点 $q$ 不可比的数据点，分别记作 $D$ 和 $I$。那么 $k'$的取值范围为 $R_q=\{(|D|+1), (|D|+2), \cdots, (|D|+|I|+1)\}$。如果 $k'$的取值范围确定，那么可以先确定 $k'$的值，然后利用二次规划为 Why-not 向量集 $W_m$ 中的每一个向量 $\boldsymbol{w}_i$ 找到 $\boldsymbol{w}'_i$。但是，对于一个向量 $\boldsymbol{w}'_i$，如果 $k'$的所有取值都考虑的话，需

要计算 $2^{|I|}$次二次规划。那么对于整个 Why-not 向量集 $W_m$，总共需要求解 $|W_m|\times 2^{|I|}$次二次规划。这是非常耗时的。因此，基于运行时间以及结果准确性的综合考虑，可以利用采样技术来计算$(W'_m,k')$。

基于采样的算法基本思想如下：首先从样本空间对向量进行采样；接着利用这些样本求得最优的$(W'_m,k')$。在这个过程中，有三个问题需要解决：(1) 如何决定样本空间？(2) 如何决定样本大小？(3)如何利用样本得到最优的$(W'_m,k')$？下面对这三个问题进行一一讨论。

首先，要决定样本空间，即从哪里才能取得高质量的向量。根据向量的特性，可以知道整个向量空间是超平面 $\sum_{i=1}^{d} w[i]=1$ 且 $w[i]\geqslant 0(1\leqslant i\leqslant d)$。但是，如果以整个向量空间作为样本空间的话，这样得到的结果的精确度不一定高。因此，需要对整个向量空间进行缩减。对于确定的 $k'$，$\forall \boldsymbol{w}_i\in W_m$ 且$\forall \boldsymbol{w}'_i\in W'_m$满足 $|\boldsymbol{w}'_i-\boldsymbol{w}_i|$ 的值都是最小的。可以证明，对于确定的 $k'$，$\boldsymbol{w}_i\in W_m$ 满足 $|\boldsymbol{w}'_i-\boldsymbol{w}_i|$ 的值都是最小的 $\boldsymbol{w}'_i$存在于由向量 $\boldsymbol{w}_i$、查询点 $q$ 以及与其不可比的数据点所组成的超平面中。具体来说，假设数据点 $p$ 是与查询点 $q$ 不可比的数据点，即 $p\in I$。那么其所对应的超平面为$(\boldsymbol{p}-\boldsymbol{q})\cdot\boldsymbol{w}=0$。这样，$I$ 中所有的点都能形成相应的超平面。这些超平面再与 $\sum_{i=1}^{d} w[i]=1$ 相交形成了最终的样本空间。

其次，需要决定样本数量大小。往往样本数量越大，结果越精确。但样本数量太大也会导致运行时间的变大。可以利用公式 $1-(1-T\%)^S\geqslant Pr$ 来帮助用户决定合适的样本数量大小。具体来说，如果想要得到 $T\%$好的结果的概率不小于 $Pr$ 的话，那么样本数量 $S\geqslant \log(1-Pr)/\log(1-T\%)$。在算法中，可以把样本数量大小作为用户的输入参数之一。这样能更好地满足用户的需求。

第三，如何利用样本得到最优的$(W'_m,k')$，即满足条件(1)和(2)。下面，通过引理 8.4，提出高效的方法。该方法只需遍历一次样本向量即可。

**引理 8.4** 给定当前得到的最优修改$(W'_m,k')$，一个向量 $\boldsymbol{w}$ 且查询点 $q$ 在向量 $\boldsymbol{w}$ 下的排序要大于 $k'$。如果$\exists \boldsymbol{w}'_i\in W'_m$满足 $|\boldsymbol{w}_i-\boldsymbol{w}|<|\boldsymbol{w}'_i-\boldsymbol{w}_i|$（其中 $\boldsymbol{w}_i$ 为 $\boldsymbol{w}'_i$所对应的原 Why-not 向量)，那么可以得到另一组$(W''_m,k'')$。

**证明** 如果$\exists \boldsymbol{w}'_i\in W'_m$满足 $|\boldsymbol{w}_i-\boldsymbol{w}|<|\boldsymbol{w}'_i-\boldsymbol{w}_i|$，那么我们可以通过用向量 $\boldsymbol{w}$ 代替向量 $\boldsymbol{w}'_i$得到新的 $W''_m$。再根据 $W''_m$可以计算其 $k''$。虽然 $k''>k'$，但是 $\Delta W''_m<\Delta W'_m$。因此$(W''_m,k'')$仍有可能成为最优的修改方案。证毕。

**算法 8.4　MWK-I**

**输入：** 一棵基于数据点集合 $P$ 的 R-tree $RT$，一个查询点 $q$，一个参数 $k$，一个 why-not 权重向量集合 $W_m$，一个采样大小 $|S|$

**输出：** 最优 $W'_m$ 和 $k'$

/* $D$ 是 $q$ 的一个支配点集合；$I$ 是 $q$ 的一个不可比点集合；$HP$ 是一个最小堆；$k'_{\max}$ 是 $k'$ 的最大值；$S$ 是采样权重向量的集合；$CW$ 是一个候选的 $W'_m$；$P_{\min}$ 是当前候选 $W'_m$ 和 $k'$ 的 Penalty. */

初始化 $k'_{\max}=\infty$ 且最小堆 $HP=\varnothing$
**FindIncom**$(RT,q,HP,D,I)$
在由 $I$ 和 $q$ 组成的超平面中采样 $|S|$ 个权重向量，并把它们加入 $S$ 中
**foreach** $\boldsymbol{s}_i \in S$ **do**
　　根据 $D$ 和 $I$ 计算 $q$ 的排序 $rs_i$
按照 $rs_i$ 升序的规则对 $S$ 进行排序
**foreach** 权重向量 $\boldsymbol{w}_i \in W_m$ **do**
　　根据 $D$ 和 $I$ 计算 $q$ 的排序 $r_i$
　　**if** $k'_{\max}<r_i$ **then** $k'_{\max}=r_i$
初始化 $CW$ 为 $S$ 中的第一个采样权重向量
初始化 $W'_m=W_m, k'=k'_{\max}, P_{\min}=Penalty(W'_m,k')$
**foreach** 其余 $\boldsymbol{s}_i \in S$ 及其对应 $rs_i$ **do**
　　**if** $k'_{\max}<rs_i$ **then break**
　　**foreach** $c\boldsymbol{w}_j \in CW$ and $\boldsymbol{w}_j \in W_m$ **do**
　　　**if** $|\boldsymbol{s}_i-\boldsymbol{w}_j|<|c\boldsymbol{w}_j-\boldsymbol{w}_j|$ **then** $c\boldsymbol{w}_j=\boldsymbol{s}_i$　// 用 $\boldsymbol{s}_i$ 更新 $CW$
　　**if** $CW$ 已被更新 **then**
　　　**if** $Penalty(CW,rs_i)<P_{min}$ **then**
　　　　$W'_m=CW, k'=\max(k,rs_i), P_{\min}=Penalty(W'_m,rs_i)$
**return** $W'_m$. $k'$

**算法 8.5　FindIncom 函数**

**输入：** 一棵基于数据集 $P$ 的 R-tree $RT$，一个查询点 $q$，一个最小堆 $HP$，两个点集合 $D$ 和 $I$

**输出：** 最优 $W'_m$ 和 $k'$

初始化集合 $D=I=\varnothing$，最小堆 $HP=\varnothing$
将 $RT$ 中的所有根节点项插入 $HP$ 中
**while** $HP\neq\varnothing$ **do**
　　$HP$ 的堆顶项 $e$ 出堆
　　**if** $e$ 是一个数据点 **then**
　　　**if** $e$ 支配 $q$ **then** 将 $e$ 添加进 $D$ 中
　　　**else if** $e$ 不被 $q$ 支配 **then** 将 $e$ 加入 $I$
　　**else**　// $e$ 是一个中间节点
　　　**foreach** 子项 $e_i \in e$ **do**
　　　　**if** $e_i$ 不被 $q$ 支配 **then** 将 $e_i$ 加入 $H$

根据引理 8.4，可以通过逐步验证每个样本向量来得到最优的$(W'_m,k')$。具体来说，对于每个样本向量，首先计算出查询点 $q$ 的排名。再按照查询点 $q$ 的排名对样本向量按照升序进行排序。接着，用第一个样本向量初始化 $W'_m$，并计算相应的 $k'$。对于

剩下的样本向量,逐个按照引理 8.4 所介绍的进行检验。如果$\exists \boldsymbol{w}_i' \in W_m'$满足$|\boldsymbol{w}_i-\boldsymbol{s}|<|\boldsymbol{w}_i-\boldsymbol{w}_i'|$,那么对$(W_m',k')$进行更新,并得到一组新的修改方案$(W_m'',k'')$。如果$Penalty(W_m'',k'')<Penalty(W_m',k')$,那么用$(W_m'',k'')$替换$(W_m',k')$。当所有样本向量检查完毕后,就得到了最优的$(W_m',k')$。

根据以上讨论,算法 8.4 描述了修改 $W_m$ 和 $k$ 算法 MWK-I 的伪代码。首先,MWK-I 调用 **FindIncom** 函数来找到支配查询点 $q$ 以及与查询点 $q$ 不可比的点(算法 8.4 第 2 行),分别存储在集合 $D$ 和 $I$ 中。接着 MWK-I 在样本空间进行采样,得到样本向量,保存在集合 $S$ 中(算法 8.4 第 3 行)。接着对于每个样本向量计算 $q$ 的排序并按 $q$ 排序的升序对样本向量进行排序(算法 8.4 第 4—6 行)。然后再计算出 $k'$的最大值用于后续步骤的剪枝(算法 8.4 第 7—9 行)。此后,MWK-I 逐步对样本向量进行检验并最终得到最优的$(W_m',k')$(算法 8.4 第 12—19 行)。

**策略 3:修改 $q$、$W_m$ 和 $k$**

处理反 Top-$k$ 查询上 Why-not 问题的第三种方案是同时修改查询点 $q$、Why-not 向量集 $W_m$ 和参数 $k$。给定一个原反 Top-$k$ 查询 $RTOPk(q)$(包括一个数据集 $P$、一个向量集 $W$、一个查询点 $q$ 和参数 $k$),一个 Why-not 向量集合 $W_m=\{\boldsymbol{w}_1,\boldsymbol{w}_2,\cdots,\boldsymbol{w}_n\}$且$\forall \boldsymbol{w}_i \in W_m, q \notin TOPk(\boldsymbol{w}_i)$,修改查询点 $q$,Why-not 向量集 $W_m$ 和参数 $k$ 需要找到 $q'$,$W_m'=\{\boldsymbol{w}_1',\boldsymbol{w}_2',\cdots,\boldsymbol{w}_n'\}$和 $k'$满足(1) $\forall \boldsymbol{w}_i' \in W_m', q' \in TOPk'(\boldsymbol{w}_i')$;(2) $\forall \boldsymbol{w}_j \in RTOPk(q), q' \in TOPk'(\boldsymbol{w}_j)$;(3) 根据(式 8.6)、(式 8.7)和(式 8.8),$q'$、$W_m'$和 $k'$的修改代价最小。

第三种修改方案需要找到满足上述三个条件的$(q',W_m',k')$。从策略 2(即修改 $W_m$ 和 $k$)可知,只有当查询点 $q$ 确定了之后才能计算$(W_m',k')$。因此,利用策略 3 计算符合条件的三元组$(q',W_m',k')$时,应先计算 $q'$,再计算$(W_m',k')$。

由于 $q'$的解空间是个开区间,因此 $q'$有无限种可能。所以,仍然采用采样的方法来求解$(q',W_m',k')$。其基本思想是:首先对查询点进行采样;接着对于每一个样本查询点使用 MWK-I 算法来得到相应的$(W_m',k')$。最终,代价最小的$(q',W_m',k')$即是最优解。对于该算法,我们需要解决以下两个问题:(1) 如何对查询点进行采样;(2) 如何减少重复调用 MWK-I 算法的代价。

第一个问题需要决定查询点 $q$ 的样本空间和样本大小。修改查询点 $q$ 的方案中曾提出查询点 $q$ 的安全区域的概念。只要查询点 $q$ 落在安全区域,那么 Why-not 向量集合就会出现在查询结果中。假如从安全区域对查询点进行采样并得到相应的修改方案$(q',W_m,k)$,那么$Penalty(q',W_m,k)>Penalty(q_{min},W_m,k)$,其中 $q_{min}$是修改查询点 $q$ 时得到的解。因此需要从安全区域之外进行采样。如果从安全区域外进行采样(假设取得的样本为 $q''$),那么所得到的修改方案$(q'',W_m'',k'')$满足 $Penalty(W_m'',k'')>0$。如果

要让$(q'', W''_m, k'')$的代价最小的话，必须使得$|q''-q|<|q_{min}-q|$。因此，查询点 $q$ 只有落在区域$[q_{min}, q]$内才有可能取得最优解。也就是说，查询点 $q$ 的样本空间为$SP(q)=\{q' \mid q_{min}<q'<q\}$。对于查询点 $q$ 的样本大小，还是把它当作用户的输入参数，让用户指定。

**算法 8.6　MQWK-I**

**输入：** 一棵基于数据点集合 $P$ 的 R-tree $RT$，一个查询点 $q$，一个参数 $k$，一个 why-not 权重向量集合 $W_m$，权重向量的采样大小$|S|$，查询点的采样大小$|Q|$

**输出：** $q', W'_m, k'$

/＊ $Q$ 是一组采样查询点；*MinPenalty* 是当前候选最优结果 $q'$、$W'_m$、$k'$的 penalty. ＊/

1：初始化 $Q=\varnothing$

2：$q_{min}=$**MQP**$(RT, q, k, W_m)$

3：从被 $q_{min}$ 和 $q$ 支配的空间中采样$|Q|$个查询点，并把它们加进 $Q$

4：初始化 $MinPenalty=\infty$

5：**foreach** 查询点 $q_i \in Q$ **do**

6：　　$(W''_m, k'')=$**MWK**$(RT, q_i, k, W_m, |S|)$

7：　　**if** $Penalty(q_i, W''_m, k'')<MinPenalty$ **then**

8：　　　　$q'=q_i, W'_m=W''_m, k'=k''$

9：　　　　$MinPenalty=Penalty(q', W'_m, k')$

10：**return** $q', W'_m, k'$

每一个样本查询点都需要重复调用 MWK-I 算法来得到相应的$(W'_m, k')$，其中必定存在着冗余操作。因此，第二个问题需要解决如何减少重复调用 MWK-I 算法的代价。为此，可以通过重用技术来减少其中的冗余操作。具体来说，MWK-I 算法的 **FindIncom** 函数需要遍历 R-树。于是，将 **FindIncom** 函数所访问过的节点都保存下来。那么下次在调用 MWK-I 算法时就直接从保存的节点进行遍历即可。

根据上述讨论，算法 8.6 描述了修改 $q$、$W_m$ 和 $k$ 的算法 MQWK-I 伪代码。首先，MQWK-I 调用 MQP-I 算法来得到 $q_{min}$(算法 8.6 第 2 行)。接着，MQWK-I 从样本空间对查询点进行取样(算法 8.6 第 3 行)。对于每一个样本查询点 $q'$，调用 MWK-I 计算相应的$(W'_m, k')$(算法 8.6 第 6 行)。最后，修改代价最小的 $Penalty(q', W'_m, k')$被返回(算法 8.6 第 9 行)。

### 8.3.3　反 Top-$k$ 查询上的 Why 问题

Why-not 问题解决的是如何让用户想要的对象包含在查询结果中。相反，Why 问题解决的是如何把用户不想要的对象从查询结果中删除。首先，定义反 Top-$k$ 查询上的 Why 问题。

**定义 8.12（反 Top-$k$ 查询上 Why 问题）**　给定一个原反 Top-$k$ 查询 $RTOPk(q)$

(包括一个数据集 $P$、一个向量集 $W$、一个查询点 $q$ 和参数 $k$)、一个 Why 向量集合 $W_p \subseteq RTOPk(q)$,反 Top-$k$ 查询上的 Why 问题需要找到一个三元组$(q',W_p',k')$满足:(i) $\forall \boldsymbol{w} \in RTOPk(q)-W_p, \boldsymbol{w} \in RTOPk'(q')$;(ii) $\forall \boldsymbol{w}_i' \in W_p', \boldsymbol{w}_i' \notin RTOPk'(q')$;(iii) $(q',W_p',k')$的修改代价 $Penalty(q',W_p',k')$最小。其中:

$$Penalty(q',W_p',k') = \gamma \cdot Penalty(q') + (1-\gamma) \cdot Penalty(W_p',k') \quad (8.10)$$

值得注意的是定义 8.12 中的条件(i)是可选的。具体来说,如果考虑条件(i)的情况下找不到相应的$(q',W_p',k')$,那么我们就不考虑条件(i)。这也意味着反 Top-$k$ 查询上的 Why 问题可能会丢失原有的查询结果。由于 Why 问题是 Why-not 问题的反面,因此反 Top-$k$ 查询上的 Why 问题定义看上去和反 Top-$k$ 查询上的 Why-not 问题的定义很相似。但两个问题还是不同的。Why-not 问题把非反 Top-$k$ 查询结果作为 Why-not 对象,而 Why 问题把反 Top-$k$ 查询结果作为 Why 对象。同时,Why-not 问题和 Why 问题最终的目标是相反的。

借鉴处理反 Top-$k$ 查询上 Why-not 问题的三种策略,同样可以用三种策略来处理反 Top-$k$ 查询上 Why 问题,即:修改查询点 $q$;修改 Why 向量集 $W_p$ 和参数 $k$;以及同时修改 $q$、$W_p$ 和 $k$。下面逐一介绍这三种方案。

**策略 1:修改查询点$q$**

给定一个原反 Top-$k$ 查询 $RTOPk(q)$、一个 Why 向量集合 $W_p \subseteq RTOPk(q)$ 且$\forall \boldsymbol{w}_i \in W_p, q \in TOPk(\boldsymbol{w}_i)$,修改查询点 $q$ 需要找到 $q'$满足:(1) $\forall \boldsymbol{w}_i \in W_p, q' \notin TOPk(\boldsymbol{w}_i)$;(2) $\forall \boldsymbol{w}_j \in RTOPk(q)-W_p, q' \in TOPk(\boldsymbol{w}_j)$。(3) $q'$的修改代价 $Penalty(q')$最小。

值得注意的是,仍然使用(式 8.6)来衡量 $q$ 的修改代价。如果把 Why 向量集合 $W_p$ 中的向量 $\boldsymbol{w}_i$ 排除在反 Top-$k$ 查询结果外,那么查询点 $q$ 在向量 $\boldsymbol{w}_i$ 下的排名要大于 $k$。也就是说不能让 $q$ 成为向量 $\boldsymbol{w}_i$ 的 Top-$k$ 结果之一。如果$\forall i \in [1,d]$满足 $q'[i] \leqslant q[i]$的话,$q'$的得分肯定要比 $q$ 的得分少。这也就意味着向量 $\boldsymbol{w}_i$ 仍旧是反 Top-$k$ 查询结果之一。因此,对于通过修改查询点来处理反 Top-$k$ 查询上 Why 问题,查询点 $q'$的搜索空间可以缩小为 $\Omega-\{q' \mid 0 \leqslant q' \leqslant q\}$。其中 $\Omega$ 表示整个数据空间。为了便于查找新的查询点,定义了无效区域和改进无效区域。

**定义 8.13(无效区域和改进无效区域)** 给定一个原反 Top-$k$ 查询 $RTOPk(q)$、一个 Why 向量集合 $W_p$ 且$\forall \boldsymbol{w}_i \in W_p, q \in TOPk(\boldsymbol{w}_i)$,$q$ 的无效区域,记作 $IR(q)$,需满足$\forall q' \in IR(q)$以及$\forall \boldsymbol{w}_i \in W_p, q' \notin TOPk(\boldsymbol{w}_i)$。$q$ 的改进无效区域,记作 $EIR(q)$,需满足$\forall q' \in EIR(q)$,(i) $\forall \boldsymbol{w}_i \in W_p, q' \notin TOPk(\boldsymbol{w}_i)$;(ii) $\forall \boldsymbol{w}_i \in RTOPk(q)-W_p, q' \in TOPk(\boldsymbol{w}_i)$。

如果查询点 $q'$落在无效区域内,那么 Why 向量集合中所有的向量都会被排除于反 Top-$k$ 查询结果外。但是,落在无效区域中的查询点会导致现有反 Top-$k$ 查询结果的丢失。也就是说根据无效区域求得的新查询点还不满足 $\forall \boldsymbol{w}_j \in RTOPk(q)-W_p, q' \in TOPk(\boldsymbol{w}_j)$。改进的无效区域 $EIR(q)$ 能保证不丢失现有的查询结果。如果 $EIR(q)$ 为空的话，第一种修改方案就找不到新查询点。在这种情况下，就使用 $IR(q)$ 来代替 $EIR(q)$。这时会丢失原有的反 Top-$k$ 查询结果。

**算法 8.7　MQP-II**

**输入：** 一棵基于数据点集合 $P$ 的 R-tree $RT$，一个查询点 $q$，一个参数 $k$，原始反 Top-$k$ 查询结果 $RTOPk(q)$，一个 why 权重向量集合 $W_p$

**输出：** $q'$

/* $\Lambda$ 是存放每个原始反 Top-$k$ 查询结果 $RTOPk(q)$ 中权重向量的第 $k$ 个点的集合． */

1：**foreach** 权重向量 $\boldsymbol{w}_i \in RTOPk(q)$ **do**

2：　　找到第 $k$ 个点并加入 $\Lambda$

3：根据 $RTOPk(q), W_p, \Lambda, q$ 为 $\boldsymbol{H}, \boldsymbol{A}, \boldsymbol{c}, \boldsymbol{b}, \boldsymbol{lb}, \boldsymbol{ub}$ 赋值

4：$q' \leftarrow$ QuadProg($\boldsymbol{H}, \boldsymbol{A}, \boldsymbol{c}, \boldsymbol{b}, \boldsymbol{lb}, \boldsymbol{ub}$) // 在 $EIR(q)$ 中查找 $q'$

5：**if** $q' = \varnothing$ **then** // $EIR(q) = \varnothing$

6：　　根据 $W_p, q$ 为 $\boldsymbol{H}, \boldsymbol{A}, \boldsymbol{c}, \boldsymbol{b}, \boldsymbol{lb}, \boldsymbol{ub}$ 赋值

7：　　$q' \leftarrow$ *QuadProg*($\boldsymbol{H}, \boldsymbol{A}, \boldsymbol{c}, \boldsymbol{b}, \boldsymbol{lb}, \boldsymbol{ub}$) // 在 $IR(q)$ 中查找 $q'$

8：**return** $q'$

基于上述讨论，只要找到了 $IR(q)$ 或者 $EIR(q)$，就能求得最终的新查询点。但是 $IR(q)$ 或者 $EIR(q)$ 也是凸多边形。当维度越大，计算就越复杂。因此，同样可以利用二次规划来计算。算法 8.7 描述了修改查询点 $q$ 的算法 MQP-II 的伪代码。首先，MQP-II 算法为所有原反 Top-$k$ 查询结果找到其得分第 $k$ 小的点（算法 8.7 第 1—2 行）。接着利用二次规划函数来求得最优的新查询点（算法 8.7 第 3—7 行）。如果 $EIR(q)$ 不为空，那么就用 $EIR(q)$ 初始化二次规划函数来求新查询点（算法 8.7 第 4—6 行）。否则，利用 $IR(q)$ 初始化二次规划函数来求新查询点（算法 8.7 第 6—7 行）。

**策略 2：修改 Why 向量集 $W_p$ 和参数 $k$**

给定一个原反 Top-$k$ 查询 $RTOPk(q)$，一个 Why 向量集合 $W_p = \{\boldsymbol{w}_1, \boldsymbol{w}_2, \cdots, \boldsymbol{w}_m\}$ 且 $\forall \boldsymbol{w}_i \in W_p, q \notin TOPk(\boldsymbol{w}_i)$，修改 Why 向量集 $W_p$ 和参数 $k$ 需要找到 $W'_p = \{\boldsymbol{w}'_1, \boldsymbol{w}'_2, \cdots, \boldsymbol{w}'_m\}$ 和 $k'$ 满足（1）$\forall \boldsymbol{w}'_i \in W'_p, q \notin TOPk'(\boldsymbol{w}'_i)$；（2）$\forall \boldsymbol{w}_j \in RTOPk(q)-W_p, q \in TOPk'(\boldsymbol{w}_j)$；（3）$W'_p$ 和 $k'$ 的修改代价最小。其中：

$$Penalty(W'_p, k') = \alpha \cdot \frac{\max(0, k-k')}{k-k'_{\min}} + (1-\alpha) \cdot \frac{\sum_{i=1}^{|W_p|} \sqrt{\sum_{j=1}^{d} (w_i[j] - w'_i[j])^2}}{\sum_{i=1}^{|W_p|} \sqrt{1 + \sum_{j=1}^{d} (w_j[j])^2}} \tag{8.11}$$

$$k'_{\min}=\begin{cases}\min_{\forall r_i\in R_{W_p}}(r_i)-1, & RTOPK(q)=W_p\\ \max_{\forall r_i\in R_{RTOPk(q)-W_p}}(r_i), & RTOPk(q)\neq W_p\end{cases}\tag{8.12}$$

同样可以利用采样的方法来求 $W'_p$和 $k'$。其基本思想是，首先对向量进行采样；接着利用样本向量得到修改代价最小的 $W'_p$和 $k'$。对于修改后的向量 $\boldsymbol{w}'_i\in W'_p$需满足 $|\boldsymbol{w}'_i-\boldsymbol{w}_i|$的值要最小。这样的向量 $\boldsymbol{w}'_i$存在于由向量 $\boldsymbol{w}_i$、查询点 $q$ 以及与其不可比的数据点所组成的超平面中。具体来说，假设数据点 $p$ 是与查询点 $q$ 不可比的数据点，即 $p\in I$。那么其所对应的超平面为$(\boldsymbol{p}-\boldsymbol{q})\cdot\boldsymbol{w}=0$。这样，$I$ 中所有的点都能形成相应的超平面。这些超平面再与 $\sum_{i=1}^{d}w[i]=1$ 相交便形成了最终的样本空间。另外，也把样本大小作为用户指定的输入参数之一。还要解决的一个问题是如何利用样本向量来得到修改代价最小的 $W'_p$和 $k'$。给定当前得到的最优修改$(W'_p,k')$，一个向量 $\boldsymbol{w}$ 且查询点 $q$ 在向量 $\boldsymbol{w}$ 下的排序要小于 $k'$。如果$\exists\boldsymbol{w}'_i\in W'_p$满足 $|\boldsymbol{w}_i-\boldsymbol{w}|<|\boldsymbol{w}'_i-\boldsymbol{w}_i|$（其中 $\boldsymbol{w}_i$ 为 $\boldsymbol{w}'_i$ 所对应的原 Why 向量），那么可以通过用向量 $\boldsymbol{w}$ 代替向量 $\boldsymbol{w}'_i$得到新的 $W''_p$和 $k''$。虽然 $\Delta k''>\Delta k'$，但是 $\Delta W''_p<\Delta W'_p$。因此$(W''_p,k'')$有可能成为最优的修改方案。

基于上述讨论，提出了算法 MWK-II 通过修改 Why 向量集 $W_p$ 和参数 $k$ 来处理反 Top-$k$ 查询上 Why 问题。由于 MWK-II 算法的伪代码和 MWK-I 类似，所以本小节就不给出 MWK-II 算法的伪代码。我们仅讨论 MWK-II 算法的伪代码和 MWK-I 算法的不同之处。首先，MWK-I 算法根据查询点 $q$ 的排名对样本向量按照升序进行排序，而 MWK-II 算法则需根据查询点 $q$ 的排名对样本向量按照降序排序。其次，MWK-I 算法需要计算 $k'_{\max}$，而 MWK-II 算法需要计算 $k'_{\min}$。第三，在检验样本向量的时候，MWK-I 算法的终止条件是当查询点在样本向量下的排名大于 $k'_{\max}$，而 MWK-II 算法的终止条件是当查询点在样本向量下的排名小于 $k'_{\min}$。

**策略 3：修改 $q$、$W_p$ 和 $k$**

给定一个原反 Top-$k$ 查询 $RTOPk(q)$，一个 Why 向量集合 $W_p=\{\boldsymbol{w}_1,\boldsymbol{w}_2,\cdots,\boldsymbol{w}_m\}$ 且 $\forall\boldsymbol{w}_i\in W_p,q\notin TOPk(\boldsymbol{w}_i)$，修改查询点 $q$、Why 向量集 $W_p$ 和参数 $k$ 需要找到 $q'$，$W'_p=\{\boldsymbol{w}'_1,\boldsymbol{w}'_2,\cdots,\boldsymbol{w}'_m\}$和 $k'$满足：(1) $\forall\boldsymbol{w}'_i\in W'_p,q'\notin TOPk'(\boldsymbol{w}'_i)$；(2) $\forall\boldsymbol{w}_j\in RTOPk(q')-W_p,q'\in TOPk'(\boldsymbol{w}_j)$；(3) 根据式(8.11)和式(8.12)，$q'$、$W'_p$和 $k'$的修改代价最小。

可以扩展 MQWK-I 算法来处理反 Top-$k$ 查询上 Why 问题。基本思想是，首先在样本空间对查询点进行采样；再对每个样本查询点 $q'$利用 MWK-II 算法找到最优的 $W'_p$和 $q'$；最终修改代价最小的那一组 $q'$、$W'_p$和 $k'$就是最终的结果。需要注意的是，第一步中查询点 $q$ 的采样空间和 MWK-I 算法中的不一样。如果查询点 $q$ 落在 $IR(q)$或者 $EIR(q)$，那么 Why 向量集合 $W_p$ 中的向量都不会出现在反 Top-$k$ 查询结果中。如果我

们从 $IR(q)$ 或者 $EIR(q)$ 采样得到相应的 $q'$、$W_p'$ 和 $k'$，那么 $Penalty(W_p',k')=0$。因此 $Penalty(q',W_p',k')>Penalty(q_{\min},W_p',k')$。其中 $q_{\min}$ 为修改查询点 $q$ 的方案得到的结果。所以，我们得从 $IR(q)$ 和 $EIR(q)$ 之外的区域采样。假如我们从 $IR(q)$ 和 $EIR(q)$ 之外的区域采样并得到 $q''$、$W_p''$ 和 $k''$，那么 $Penalty(W_p'',k'')>0$。只有 $Penalty(q'')<Penalty(q_{\min})$，$q''$、$W_p''$ 和 $k''$ 才有可能成为修改代价最小的修改方案。因此，查询点 $q$ 的样本空间为 $SP(q)=Rec(q,q_{\min})-\{q' \mid 0\leqslant q'\leqslant q\}$。其中，$Rec(q,q_{\min})$ 表示由点 $q$ 和点 $q_{\min}$ 为两端点的矩形区域。

## 8.4　Why-few 与 Why-many 问题

第 8.2 和 8.3 节分别介绍了 Causality 与 Responsibility 问题和 Why-not 与 Why 问题的定义和算法。这两小节的工作均为基于内容的预料之外的查询结果可用性研究。本节将介绍基于数量的预料之外的查询结果可用性研究工作，包括 Why-few 问题和 Why-many 问题。下面给出 Why-few 和 Why-many 问题的概念与定义。

### 8.4.1　Why-few 与 Why-many 问题定义

用户通常对数据集不了解，在构造查询时经常给出过于严格或过于模糊的描述。如果查询描述过于严格，返回的结果可能会很少（甚至为空集），以致用户得不到足够的信息。如果查询描述过于模糊，返回的结果可能过多，以致用户无法得到关键信息。针对以上两种情况，如果系统能够帮助用户把查询结果大小控制在用户期望范围之内，便可以使用户得到适量的信息，快速作出相应的决策。这就是 Why-few 与 Why-many 问题所要解决的问题。下面给出 Why-few 问题和 Why-many 问题的具体定义。

**定义 8.14（Why-few 问题、Why-many 问题）**　给定原始查询 $Q$ 和用户期望的查询结果大小，(i) 如果 $Q$ 的查询结果太少甚至为空，Why-few 问题研究如何使 $Q$ 的查询结果变多以满足用户期望；(ii) 如果 $Q$ 的查询结果太多，Why-many 问题研究如何使 $Q$ 的查询结果变少以满足用户期望。

简而言之，Why-few 问题帮助用户得到更多的查询结果；Why-many 问题帮助用户减少查询结果。下面两小节将具体介绍 Why-few 问题和 Why-many 问题的研究方法。

### 8.4.2　Why-few 问题处理方法

本小节介绍一种基于原则优化的交互式松弛查询框架[49]来解决 Why-few 问题。

具体而言,给定一个返回结果为空集的初始查询,该框架可以动态地减少用户请求的条件并设计替代查询,再进行计算以帮助用户获得非空结果集。

(1) 松弛查询

在回答查询结果为空集的问题时,一种常用的解决方法是松弛查询,即通过移除或放松条件约束,将原始的查询组织为一个新的查询,以获得用户感兴趣的结果。非交互式的查询修改是一种经典的松弛查询方法,其向用户建议一组替代查询,这些查询通过放宽原始查询条件获得,用户可以从中选择他最喜欢的查询。然而这样的非交互式方法存在一定的局限性,由于可以从中放宽的条件的组合众多,可能会生成大量候选替代查询,使得相关系统难以设计,并且对于初级用户来说使用起来非常麻烦。相比之下,交互式的方法能够在更多的应用场景中发挥作用。用户从原始的空答案查询开始,通过系统步骤的引导,每一步少许改变查询,直至得到非空答案的表单,或查询条件的变化不再生成非空答案。

本节介绍的方法基于优化各种依赖于应用的目标函数。例如,当用户想要购买机票但初始查询结果为空时,该框架可用于建议替代查询,引导用户选择与其初始偏好最接近的机票或最便宜的机票等。该框架还可用于将用户引导至更昂贵的机票或具有许多未售出座位的航班的机票的查询,从而使航空公司的利润最大化。它还可以用于建议查询,引导用户在尽可能短的交互步骤中找到有效的票证。

首先,介绍相关概念。假设 $\mathcal{A}$ 是 $m$ 个属性的集合 $\{A_1,A_2,\cdots,A_m\}$,每个属性 $A_i\in\mathcal{A}$ 与一个有限域 $\mathrm{Dom}_{A_i}$ 相关联。所有可能的元组 $\mathcal{U}=\mathrm{Dom}_{A_1}\times\mathrm{Dom}_{A_2}\times\cdots\times\mathrm{Dom}_{A_m}$ 的集合构成了查询范围。数据库是 $\mathcal{D}\subseteq\mathcal{U}$,元组 $t(v_1,v_2,\cdots,v_m)$ 表示为条件 $A_i=v_i$ 的合取。对于 $i=1,2,\cdots,m$,允许在不引入新运算符的情况下将其用于合取表达式。给定 $t\in\mathcal{U}$,$t$ 的条件集表示为 $\mathfrak{Constrs}(t)$。

查询 $Q$ 是 $A_i=v_i$ 形式的原子条件的结合,其中 $A_i\in\mathcal{A}$,$v_i\in\mathrm{Dom}_{A_i}$。查询中的每个条件都称为约束。查询 $Q$ 的约束集表示为 $\mathfrak{Constrs}(Q)$。查询可以等效地表示为元组 $(v_1,v_2,\cdots,v_m)$,其中值 $v_k$ 对应于属性 $A_k$。如果 $v_k\in\mathrm{Dom}_{A_k}$,则建立条件 $A_k=v_k$;如果 $v_k$ 具有特殊值“-”,则布尔值为“true”。类似地,一个元组 $(v_1,v_2,\cdots,v_m)$ 可以表示为查询 $Q$,即 $A_i=v_i$ 形式的多个条件合取,每个值 $v_i$ 对应一项 $(A_1=v_1\wedge A_2=v_2\wedge\cdots\wedge A_m=v_m)$。如果 $\mathfrak{Constrs}(Q)-\mathfrak{Constrs}(t)=\varnothing$,则元组 $t$ 满足查询 $Q$。查询 $Q$ 的全域,记作 $\mathcal{U}_Q$,是全域 $\mathcal{U}$ 中满足查询 $Q$ 的所有元组的集合。数据库 $\mathcal{D}$ 上的查询 $Q$ 的答案集,表示为 $Q(\mathcal{D})$,是 $\mathcal{D}$ 中满足 $Q$ 的元组。由上可知 $Q(\mathcal{D})\subseteq\mathcal{U}_Q$,对用户查询的空回答意味着数据库中不存在满足要求的元组。

松弛查询省略了查询的某些条件,从而得到了更大的查询范围,使得数据库中包含多个元组的可能性更高,即宽松查询更有可能返回非空答案。

**定义 8.15(松弛查询)**　给定查询 $Q$,松弛查询称为 $Q'$,$\mathfrak{Constrs}(Q') \subseteq \mathfrak{Constrs}(Q)$。$\mathfrak{Constrs}(Q) - \mathfrak{Constrs}(Q')$中的约束被称作松弛约束,属性称为松弛属性。

松弛查询有其对应的元组空间。具体而言,将不在 $Q$ 的查询范围内但在查询 $Q$ 的松弛查询范围的额外元组称为元组空间。令 $\mathbb{TS}_Q(Q')$表示 $Q$ 的松弛查询 $Q'$的元组空间,该元组空间则表示为集合 $\mathcal{U}_{Q'} - \mathcal{U}_Q$。

用户查询的约束分为硬约束和软约束。硬约束是指不能改变或放松的约束。软约束是可以改变或放松的约束。在查询的元组表示中,"#"符号表示硬约束,"?"表示放宽相应约束的问题。例如,表达式(1,#,-,1,?)表示一个松弛查询,用户拒绝放宽第二个约束,接受放宽第三个约束,被框架建议放宽最后一个约束。

为了量化查询 $Q$ 的一个可能的松弛查询 $Q'$被用户接受的概率,需要考虑两个因素:(i) 用户对使用松弛查询 $Q'$在数据库中找到答案的先验信念(prior belief);(ii) 用户对 $Q'$的答案集的满意度。框架需要选择在这两个因素上都具有较高值的松弛 $Q'$,同时框架还可以根据特定应用程序的目标尝试优化(例如尝试引导用户选择高利润或者昂贵的汽车)。接下来提供这两个因素的通用功能定义。

由于不能假设用户知道数据库的精确实例,因此采用概率方法,利用函数 prior$(t, Q, Q')$对该知识进行建模。prior$(t,Q,Q')$用于衡量用户对某个元组 $t$ 满足查询 $Q'$的信念,即某个来自松弛元组空间的元组存在于数据库中的可能性。为了评估用户对答案集的满意度,使用偏好函数 pref$(t,\text{query})$来获取用户喜欢元组 $t$ 的概率。基于 prior 和 pref 函数,定义:

$$\text{relPref}_{no}(Q,Q') = \sum_{t \in \mathbb{TS}_Q(Q')} (1 - \text{pref}(t,Q')) * \text{prior}(t,Q,Q') \tag{8.13}$$

relPref$_{no}(Q,Q')$表示用户不喜欢元组空间中任何元组的概率。因此接受松弛的概率为:

$$\text{relPref}_{yes}(Q,Q') = 1 - \text{relPref}_{no}(Q,Q') \tag{8.14}$$

(2) 松弛查询树

松弛查询树对不同松弛建议和用户选择进行编码。该树包含两种类型的节点:松弛节点和选择节点。松弛节点的子节点是选择节点,选择节点的子节点是松弛节点。

松弛节点表示松弛查询,根节点表示原始用户查询的松弛节点的特例。当查询返回非空答案或返回空答案但不能进一步放松时,该松弛节点没有子节点。非根节点中的松弛节点有 $k$ 个子节点,$k$ 表示查询中对应节点的软约束的数量。子节点是选择节点,代表进一步放宽查询的尝试。特别地,第 $i$ 个子节点代表放松第 $i$ 个软约束的尝试。

选择节点对与用户的交互进行建模,在此期间询问用户是否同意放宽各项约束。每个选择节点有两个松弛子节点:一个对应用户的积极响应;一个对应否定响应。两个松弛子节点均从祖父节点(即最近的松弛节点祖先)继承约束,但对应积极响应的子节点将松弛的约束删除。而对应否定响应的子节点拒绝松弛,即将约束变为硬约束。选择节点永远不能是叶子节点。因此,树中任何根到叶的路径都以松弛节点开始,以松弛节点结束,并且由松弛节点和选择节点的交替序列组成。

树从根到叶的每条路径都描述了一个可能的松弛序列。需要注意的是,如果查询 $Q$ 由 $k$ 个约束(即属性)组成,则可能的松弛序列的数量为指数级(以 $k$ 为单位)。而实际上,路径的数量要少得多,因为它们可能会提前终止于非空答案的松弛节点处,或后代具有非空答案的松弛节点处。

表 8.4 给出了一个汽车数据库示例。1 表示该型号的汽车有对应的功能,0 则表示没有。假设给定一个属性二元组($ABS$,$DSL$),根据之前的定义,查询 $ABS=1 \wedge DSL=1$ 可以被建模为(1,1)。该例子对应的松弛查询树如图 8.2 所示。双线框为松弛节点,单线框为选择节点。由灰色填充的节点表示其可以返回非空答案,而没有被填充的节点表示无法返回非空答案。给定一个空答案查询 $Q$,为松弛查询树的每个节点分配一个 cost 值。在拥有描述所有可能松弛序列的松弛查询树的情况下,需要基于特定的优化目标,考虑每个松弛节点的成本值,确定每次交互期间的松弛条件。

表 8.4 某汽车数据库

| | 制造商 | 型号 | 价格 | ABS | MP3 | Alarm | 4WD | DSL | Manual | HiFi | ESP |
|---|---|---|---|---|---|---|---|---|---|---|---|
| $t_1$ | VW | Touareg | \$62K | 1 | 0 | 0 | 0 | 0 | 1 | 0 | 1 |
| $t_2$ | Askari | A10 | \$206K | 0 | 1 | 0 | 0 | 1 | 1 | 1 | 1 |
| $t_3$ | Honda | Civic | \$32K | 1 | 0 | 0 | 0 | 0 | 0 | 0 | 0 |
| $t_4$ | Porsche | 911 | \$126K | 0 | 0 | 0 | 0 | 1 | 0 | 1 | 1 |

式(8.13)和式(8.14)分别描述了用户拒绝或接受系统提出的特定放松建议的概率,基于此,选择节点 $n$ 的成本可以表示为:

$$\begin{aligned}\mathrm{Cost}(n) = \mathrm{relPref}_{yes}(Q,Q') * (C_1 + \mathrm{Cost}(n_{yes})) + \\ \mathrm{relPref}_{no}(Q,Q') * (C_1 + \mathrm{Cost}(n_{no}))\end{aligned} \tag{8.15}$$

其中:$n_{yes}$ 和 $n_{no}$ 是 $n$ 的两个子(松弛)节点;$Q$ 对应于 $n$ 的父节点的查询;$Q'$ 对应于节点 $n$ 处建议的 $Q$ 松弛查询;变量 $C_1$ 是一个常数,用于量化回答当前放松建议所产生的额外 cost。

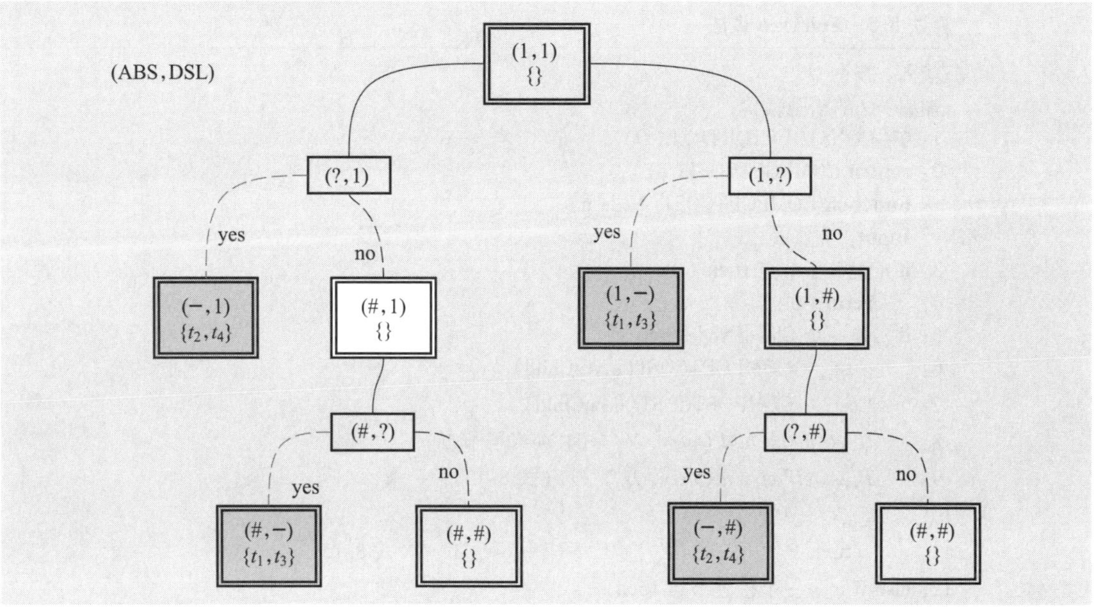


图 8.2　松弛查询树

另一方面，松弛节点的 cost 取决于其子节点成本的组合方式，以决定下一个松弛建议。为了生成最佳解决方案，在流程的每一步，都需要决定从哪一点开始遵循哪个分支。该决定应基于优化（最大化或最小化）cost 的松弛选择。松弛查询树中松弛节点 $n$ 的成本为：

$$\text{Cost}(n) = \text{optimize}_{c \in S}\text{Cost}(n_c) \tag{8.16}$$

其中：$S$ 是 $\mathfrak{Constrs}(Q)$ 中的一组软约束；$n_c$ 是 $n$ 的选择子节点，对应于放松软约束 $c$ 的尝试。优化任务是最大化或最小化取决于特定的目标函数。

（3）FullTree 算法

根据式 8.16 可以以深度优先的方式遍历松弛查询树，并以自下而上的方式计算节点的成本，此算法称为 FullTree，算法 8.8 给出了其伪码。该算法首先根据查询 $Q$ 构建松弛查询树（算法 8.8 第 1 行），然后从根节点访问每个节点：如果该节点是选择节点，则分别访问它们的 yes 和 no 子节点（算法 8.8 第 5—10 行），同时递归调用 COMPOPTCOST( ) 函数计算松弛代价（算法 8.8 第 11 行）；如果该节点是松弛节点，则返回该节点的子节点中的最佳成本值（算法 8.8 第 12—13 行）。

需要注意的是，该方法有一个限制，即需要先构建整棵树，然后遍历。这个过程计算代价高，因为树的大小是 $k$ 的指数级，$k$ 表示查询中的约束数。此外，对于用户对放宽请求提供的每个肯定响应，算法必须调用数据库来评估放宽查询。不仅如此，基于特定的分数计算方法，每个响应必须重新计算宽松查询元组空间中元组的先验值和优先级，此过程时间复杂度比较高。

**算法 8.8　FullTree 算法**

```
输入：查询 Q
输出：Q 的松弛代价
T←CONSTRUCTQRTREE(Q)
return COMPOPTCOST(T)
Function COMPOPTCOST(Node n)
Input：节点 n
if n 无孩子节点 then
    return 0
if n 是一个 ChoiceNode then
    Cost_yes←COMPOPTCOST(n.yesChild)
    Cost_no←COMPOPTCOST(n.noChild)
    Q_yes←n.yesChild.Query   //查询“yes”子节点
    P_no←relPref_no(n.Query, Q_yes)   //(式 8.13)
    P_yes←1-P_no
    return P_yes * (1+Cost_yes)+P_no * (1+Cost_no)   //(式 8.15)
else if n 是一个松弛节点 then
    return optimum_{c∈n.Children} COMPOPTCOST(c)
```

### 8.4.3　Why-many 问题处理方法

本小节介绍一个解决 Why-many 问题的框架——SnS(Stretch ‘n’ Shrink)框架[50]。该框架通过转换某些选择谓词,使查询结果满足要求的数量。如果认为查询结果的数量过多,该框架可以通过收缩查询谓词以减少结果。该方式的优点是不需要用户定义额外的评分函数,通过将 Why-many 问题变换为谓词转换问题,该框架能够明确地获得如何优化查询的偏好。

(1) 问题定义

SnS 解决框架针对的是带有选择谓词的 SPJ(Select-Project-Join)查询。设定选择谓词包括范围(<,≤,>,≥)和相等(=)谓词。每个谓词都可以在数值域或类别域上定义。这里数值域是指定义了范围谓词的任何域。在下文中,为了便于介绍,假设数值域是整数域。与数值域不同,类别域只允许等式谓词。数据库中的分类谓词通常隐式表达层次结构,例如(国家、州、城市、街道、编号)或(流派、艺术家、歌曲)。因此,每个属性都处于层次结构的某个级别,根处于最小级别。例如,Country 位于第 1 级,Street 位于第 4 级。鉴于此,定义分类层次谓词的级别以表示在层次结构上定义谓词的最高级别。如 Country=‘US’和 State=‘FL’的级别为 2。当有关层次结构的信息缺乏时,每个属性单独视为一个单级层次结构。

给定查询 $Q$ 和目标结果基数 $k$,优化 $Q$ 的选择谓词生成新的查询 $Q'$。将减少基数的变换称为收缩,接下来定义收缩数值和分类谓词的规则。

**定义 8.16（数值域收缩）**　给定数值谓词 $P_i: x_i<C_i$，谓词 $P_i$ 的收缩就是任意谓词 $P_i': x_i<C_i'$，满足 $C_i' \leqslant C_i$，即 $P_i' \subseteq P_i$。

根据定义 8.16，可以将数值域上的任何谓词转换为 $x_i<C_i$ 形式的谓词。例如，谓词 $x_i>C_i$ 可以转换为 $-x_i<-C_i$；$C_i^l<x_i<C_i^u$ 形式的范围谓词可视为两个单独的谓词 $-x_i<-C_i^l$ 和 $x_i<C_i^u$。在下文中，为了便于说明，假设数值谓词已转换为 $x_i<C_i$ 形式的谓词。

Why-many 问题可以用类似于数值谓词的方式，为原始层次谓词生成收缩后的子集。下面以 Country =‘US’ and State =‘FL’作为示例谓词。

**定义 8.17（层次收缩）**　收缩包含普通收缩和层级降低。普通收缩将谓词从当前级别的析取中移除；层次降低在下一个层次中继续添加谓词。例如示例谓词可以修改为 Country =‘US’ and State =‘FL’ and City =‘Miami’。

基于此，SPJ 查询上的 Why-many 问题定义如下。

**定义 8.18（SPJ 查询上的 Why-many 问题）**　给定 SPJ 查询 $Q$ 和数据库 $\mathcal{D}$ 上的目标结果基数 $k$，Why-many 优化问题旨在生成满足以下条件的查询 $Q'$：

（i）$Q'$仅通过沿 $Q$ 的维度收缩生成；

（ii）当在 $\mathcal{D}$ 上执行 $Q'$时，其结果返回 $k$ 个元组；

（iii）不存在其他查询 $Q''$满足条件（i）和（ii）且使得用户更喜欢 $Q''$而不是 $Q'$。

需要注意的是，在某些条件下需要对条件进行近似，上面问题定义中的条件（ii）需要生成一个正好返回 $k$ 个元组的查询，这可能很困难，因为可能没有完全满足目标基数的查询。例如一个简单的选择查询，列 $x$ 上只有一个谓词 $x<20$ 包含 100 个不同的值（1,2,…,100），每个值的频率为 10。在这种情况下，如果目标基数是 505 个元组，最好的方法是将谓词优化到 $x<52$ 以获得 510 个元组。

（2）Stretch‘n’Shrink 框架

接下来介绍如何用 Stretch‘n’Shrink 框架来解决 Why-many 问题。首先介绍框架中用到的概念，如最大收缩（数值）、扩展查询、边界查询等。

给定 $d$ 维查询 $Q$、定义边界，在该边界内，沿给定维度的谓词可以收缩，这可由最大收缩的概念获得，其定义如下。

**定义 8.19（最大收缩（数值））**　给定数值谓词 $P_i: x_i<C_i$，它的最大收缩是谓词 $P_i^m: x_i<C_i^m$，其满足（i）$C_i^m \leqslant C_i$；（ii）谓词 $P_i$ 优化为 $P_i^m$，由 $Q$ 产生的 $Q'$预计至多返回 $k$ 个元组；（iii）不存在谓词 $P_i^{m'}: x_i<C_i^{m'}$ 使得 $C_i^{m'}>C_i^m$ 且 $P_i^{m'}$ 满足条件（i）和（ii）。在没有满足所有三个条件的谓词的情况下，最大松弛设置为 $x_i>-\infty$。

实际上，对于数值谓词，最大收缩的概念定义了可以将谓词收缩到满足目标基数的边界。但是，由于降低层次有多种可能的路径，所以没有必要定义类别谓词的最大收缩概念。接下来定义在优化查询的过程中用到的两个核心的查询。

**定义 8.20（扩展查询$Q^e$）** 给定 $d$ 维谓词查询 $Q$,如果一个查询返回的结果至少满足查询 $Q$ 的 $d-1$ 维谓词,那么这个查询称之为查询 $Q$ 的扩展查询 $Q^e$。

如下给出具体示例:

**例 8.3** 考虑一个查询 $Q$:

Select * from $T$

Where weight <120 and age <40

and country=‘US’ and state ‘FL’

则它的扩展查询是 $Q^e$:

Select * from $T$ where

(age <40 and country=‘US’ and state=‘FL’) OR

(weight <120 and country=‘US’ and state=‘FL’) OR

(weight <120 and age <40)

例 8.3 中的 $Q^e$ 是 $Q$ 的超集,$Q^e$ 是通过仅沿一个维度放松 $Q$ 生成的任何查询的超集。

**定义 8.21（边界查询$Q^b$）** 给定 $d$ 维查询 $Q$,边界查询 $Q^b$ 是 $Q$ 的优化,每个维度上的谓词都最大限度地放松。

在 $Q$ 要被收缩的情况下,$Q^b$ 与 $Q$ 是一致的,是通过收缩 $Q$ 的谓词生成的所有查询的超集。这里聚焦 Why-many 问题,因此不详细讨论 $Q$ 需要被放松的情况。

下面介绍 Stretch‘n’Shrink(SnS)框架。SnS 框架将查询优化分为两个阶段:

- 阶段一:**计算边界**。阶段一首先估计原始查询 $Q$ 的基数,判断是否是 Why-many 问题,并决定是否展开收缩操作。接着确定具体的查询边界,使用扩展查询 $Q^e$ 作为超集查询调用 SSE 以生成 $\epsilon$-近似 $E_{Qe}$。由于原始查询 $Q\subseteq Q^e$,因此使用 $E_{Qe}$估计 $Q$ 的基数,并确定查询是否可以收缩。最大收缩可以类似地使用 $E_{Qe}$计算,因为它们是对应于仅沿一维收缩原始查询的查询,将 $Q$ 优化到其沿每个维度的最大松弛来生成边界查询 $Q_b$。

- 阶段二:**查询优化**。阶段二将阶段一计算的边界查询 $Q_b$ 作为输入。$Q_b$ 保证是 $Q$ 的所有可能细化的超集。因此,调用超集采样估计器(SSE)[50],将 $Q_b$ 作为超集查询来计算 $\epsilon$-近似 $E_{Qe}$,用于估计任何查询 $Q'\subseteq Q^b$ 的基数。为了满足目标基数约束的原始查询,需要进行多种可能的优化,因此引入一个交互式模块,该模块考虑了用户的反馈,以根据个人的喜好优化查询。

## 8.5 小结与展望

数据查询结果可用性分析是数据库可用性研究的一个重要方面，对于改善用户使用数据库的体验至关重要。本章系统地介绍了数据查询结果可用性分析的问题分类，详细介绍了 Causality 与 Responsibility 问题、Why-not 与 Why 问题，以及 Why-few 与 Why-many 问题的典型工作。

尽管学术界围绕数据查询结果可用性分析这一主题展开了多层次、多方位的理论与技术探索，并取得了一定的研究成果，但是实际应用中依然存在着许多挑战。下面，对未来在数据查询结果可用性研究领域有待进一步突破的研究问题进行展望。

(1) 如何对不同查询类型进行查询结果可用性研究

数据库领域的查询类型繁多。现有数据查询结果可用性研究针对的查询只是冰山一角。其他的查询在实际应用中也会产生预料之外的查询结果。此外，查询结果可用性技术往往是查询依赖的。不同查询的查询结果可用性技术不能通用。因此有必要对其他的查询展开查询结果可用性研究，例如不完整数据查询、图查询等。

(2) 如何对大数据环境下的查询结果进行可用性研究

随着以博客、社交网络、基于位置的服务 LBS 为代表的新型信息发布方式的不断涌现，以及云计算、物联网等技术的兴起，数据正以前所未有的速度不断地增长和累积。增长迅速、庞大繁杂的数据资源，不仅给传统的数据分析和处理带来了巨大的挑战，同时也给查询结果可用性研究带来了挑战。现有的查询结果可用性方法适用于规模较小的数据集，在大数据环境下通常无法有效地使用。因此，有必要在大数据平台(如 Hadoop、Spark 等)上探索查询结果可用性研究。

## 8.6 术语表

| | |
|---|---|
| causality | 因果关系 |
| responsibility | 责任 |
| possible world | 可能世界 |
| probabilistic confidence | 概率置信度 |
| uncertain region | 不确定区域 |
| influence | 影响力 |

续表

| | |
|---|---|
| manipulation identification | 操作定位 |
| database modification | 数据修改 |
| query refinement | 查询精炼 |
| linear scoring function | 线性得分函数 |
| weighted sum function | 权重函数 |
| prior belief | 先验信念 |

## 8.7 习题

习题 8.1 定义 8.1 给出了查询 $Q$ 的查询结果 $r$ 的 Causality 定义。给定数据库中的所有元组 $D$、一个元组 $t\in D^n$ 和一个查询 $Q$,假设 $r'$不是 $Q$ 的查询结果,试给出 $r'$的 Causality 定义。

习题 8.2 根据习题 8.1 中 $r'$的 Causality 定义给出相应的 Responsibility 定义。

习题 8.3 给定一个概率数据集 $P=\{A,B,C\}$,如图 8.3 所示。每个点包含两个对象并且假设它们出现的概率相等,$q$ 为查询点。

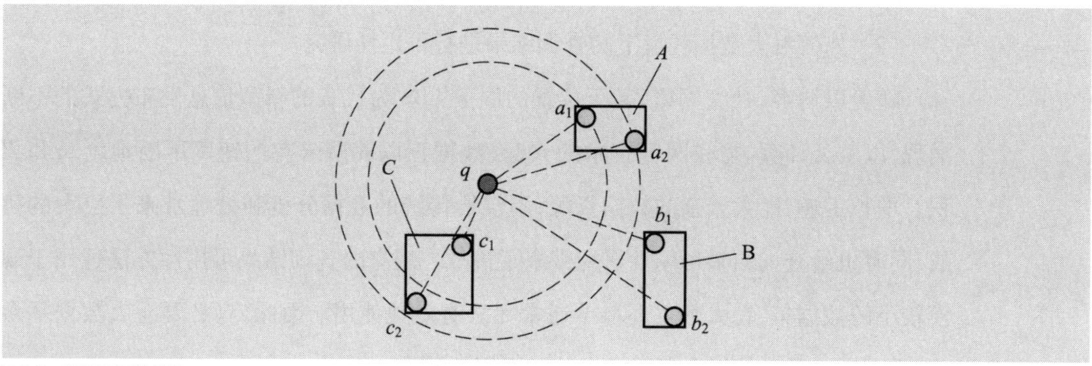


图 8.3 给定的概率数据集

令

$$\mathrm{resp}_{PNN}(o_i,a_j)=\sum_{\forall pw(\mathcal{D}),s_i,s_j\in pw(\mathcal{D})\wedge \mathrm{dist}(q,s_i)<\mathrm{dist}(q,s_j)}\left(\Pr\{pw(\mathcal{D})\}\cdot\frac{1}{|\{s'\mid\forall s'\in pw(\mathcal{D}),\mathrm{dist}(q,s')<\mathrm{dist}(q,s_j)\}|}\right)$$

请构造相应的 Responsibility 期望矩阵。

习题 8.4 根据习题 8.3 构造的 Responsibility 期望矩阵,计算点 $A$ 的概率置信度和影响力。

习题 8.5 Top-$k$ 空间关键字查询定义:给定一个空间关键字数据集 $D$(数据集的每个点包含空间信息和关键字信息)、一个查询点 $q$、一组查询关键字 $A$、一个参数 $k$,Top-$k$ 空间关键字查询返回 $D$ 中 $k$ 个得分最高的点,其中每个点的得分根据查询点 $q$、查询关键字 $A$ 以及该点的空间信息和关键字信息计算所得。当用户进行 Top-$k$ 空间关键字查询后,发现他想要的对象 $p$ 没有出现在查询中。那么,用户在执行 why-not 问题时具体可以用哪种模型来回答?

习题 8.6 用户实现了一个子图查询系统,当他输入一组图(Graphs)$G=\{g_1,g_2,g_3,\cdots,g_n\}$,一个查询图 $q$,系统会向用户返回 $G'=\{g_1',g_2',g_3',\cdots,g_n'\}\subseteq G$,其中 $G'$ 中的每一个图都包含 $q$。某次经过查询,用户想要的一个图 $g'$ 没有包含在 $G'$ 中。那么用户应该用什么模型来回答该 Why-not 问题?

习题 8.7 当用查询修改模型来回答 Why-not 问题时,假设 $W$ 表示 Why-not 集合,$R$ 表示原查询结果,$R'$ 表示修改查询的查询结果,请问以下关系满足吗:(1) $R\subseteq(R'-W)$;(2) $(R'-W)\subseteq R$。请解释原因。

习题 8.8 请问在回答 Why-few & Why-many 问题和 Why-not & Why 问题时有何异同点。

习题 8.9 表 8.4 中,假设给定一个属性三元组($MP3$,$4WD$,$HiFi$),查询 $MP3=1\wedge 4DW=0\wedge HiFi=0$。请画出该查询对应的查询松弛树。

习题 8.10 有如下属性层次:学校,学院,专业,学生。学校位于第 1 级,学生位于第 4 级。令谓词:学校=‘浙江大学’ and 学院=‘计算机学院’ and 专业=‘计算机技术’,请写出该谓词的普通收缩和层级降低。

## 参考文献

[1] Stewart T. Ergonomic requirements for office work with visual display terminals (VDTs): Part 11: Guidance on usability [J]. International Organization for Standardization, 1998, 9241: 89-122.

[2] 柳晴, 高云君. 查询结果可用性研究综述 [J]. 计算机研究与发展, 2017, 54(6): 1198.

[3] Lewis D. Causation [J]. The Journal of Philosophy, 1973, 70(17): 556-567.

[4] Jagadish H V, Chapman A, Elkiss A, et al. Making database

systems usable [C] //Proceedings of the 2007 ACM International Conference on Management of Data. 2007: 13–24.

[5] Halpern J Y, Pearl J. Causes and explanations: A structural-model approach. Part I: Causes [J]. The British Journal for the Philosophy of Science, 2005, 56(4): 843–887.

[6] Chockler H, Halpern J Y. Responsibility and blame: A structural-model approach [J]. Journal of Artificial Intelligence Research, 2004, 22: 93–115.

[7] Meliou A, Gatterbauer W, Halpern J Y, et al. Causality in databases [J]. IEEE Data Engineering Bulletin, 2010, 33(ARTICLE): 59–67.

[8] Meliou A, Gatterbauer W, Moore K F, et al. Why so? or Why no? Functional causality for explaining query answers [C] //Proceedings of the 4th International VLDB workshop on Management of Uncertain Data. 2010: 3–17.

[9] Meliou A, Gatterbauer W, Moore K F, et al. The complexity of causality and responsibility for query answers and non-answers [J]. Proceedings of the VLDB Endowment, 2011: 34–45.

[10] Qin B, Wang S, Zhou X, et al. Responsibility analysis for lineages of conjunctive queries with inequalities [J]. IEEE Transactions on Knowledge and Data Engineering, 2013, 26(6): 1532–1543.

[11] Lian X, Chen L. Causality and responsibility: Probabilistic queries revisited in uncertain databases [C] //Proceedings of the 22nd ACM international conference on Information & Knowledge Management. 2013: 349–358.

[12] Gao Y, Liu Q, Chen G, et al. Finding causality and responsibility for probabilistic reverse skyline query non-answers [J]. IEEE Transactions on Knowledge and Data Engineering, 2016, 28(11): 2974–2987.

[13] Chapman A, Jagadish H V. Why not? [C] //Proceedings of the 2009 ACM International Conference on Management of Data. 2009: 523–534.

[14] Bidoit N, Herschel M, Tzompanaki K. Query-based why-not provenance with nedexplain [C] //Proceedings of the 17th International Conference on Extending Database Technology. 2014: 145–156.

[15] Bidoit N, Herschel M, Tzompanaki K. Immutably answering why-not questions for equivalent conjunctive queries [C] //Proceedings of the 6th USENIX Workshop on the Theory and Practice of Provenance. 2014.

[16] Bidoit N, Herschel M, Tzompanaki K. Efficient computation of polynomial explanations of why-not questions [C] //Proceedings of the 24th ACM International Conference on Information and

Knowledge Management. 2015: 713-722.

[17] Deutch D, Frost N, Gilad A, et al. Explaining missing query results in natural language [C] //Proceedings of the 23rd International Conference on Extending Database Technology. 2020: 427-430.

[18] Lee S, Köhler S, Ludäscher B, et al. A SQL-middleware unifying why and why-not provenance for first-order queries [C] //Proceedings of the 33rd IEEE International Conference on Data Engineering. 2017: 485-496.

[19] Wang M, Liu J, Wei B, et al. Answering why-not questions on SPARQL queries [J]. Knowledge and Information Systems, 2019, 58(1): 169-208.

[20] Diestelkämper R, Lee S, Herschel M, et al. To not miss the forest for the trees-A holistic approach for explaining missing answers over nested data [C] //Proceedings of the 2021 ACM International Conference on Management of Data. 2021: 405-417.

[21] ten Cate B, Civili C, Sherkhonov E, et al. High-level why-not explanations using ontologies [C] //Proceedings of the 34th ACM Symposium on Principles of Database Systems. 2015: 31-43.

[22] Huang J, Chen T, Doan A H, et al. On the provenance of non-answers to queries over extracted data [J]. Proceedings of the VLDB Endowment, 2008, 1(1): 736-747.

[23] Herschel M, Hernández M A. Explaining missing answers to SPJUA queries [J]. Proceedings of the VLDB Endowment, 2010, 3(1-2): 185-196.

[24] Zong C, Yang X, Wang B, et al. Minimizing explanations for missing answers to queries on databases [C] //Proceedings of the 18th International Conference on Database Systems for Advanced Applications. 2013: 254-268.

[25] Zong C, Wang B, Sun J, et al. Minimizing explanations of why-not questions [C] //Proceedings of the 19th International Conference on Database Systems for Advanced Applications. 2014: 230-242.

[26] Tran Q T, Chan C Y. How to conquer why-not questions [C] //Proceedings of the 2010 ACM International Conference on Management of Data. 2010: 15-26.

[27] He Z, Lo E. Answering why-not questions on top-*k* queries [C] //Proceedings of the 28th IEEE International Conference on Data Engineering. 2012: 750-761.

[28] Bhowmick S S, Sun A, Truong B Q. Why not, WINE?: Towards answering why-not questions in social image search [C] //Proceedings of the 21st ACM International Conference on Multimedia. 2013: 917-926.

[29] Islam M S, Liu C, Li J. Efficient answering of why-not questions in similar graph matching [J]. IEEE Transactions on Knowledge and Data Engineering, 2015, 27(10): 2672-2686.

[30] Chen L, Lin X, Hu H, et al. Answering why-not questions on spatial keyword top-*k* queries [C]//Proceedings of the 31st IEEE International Conference on Data Engineering. 2015: 279-290.

[31] Chen L, Xu J, Lin X, et al. Answering why-not spatial keyword top-*k* queries via keyword adaption [C]//Proceedings of the 32nd IEEE International Conference on Data Engineering. 2016: 697-708.

[32] Xu W, He Z, Lo E, et al. Explaining missing answers to top-*k* SQL queries [J]. IEEE Transactions on Knowledge and Data Engineering, 2016, 28(8): 2071-2085.

[33] Chen L, Li Y, Xu J, et al. Direction-aware why-not spatial keyword top-*k* queries [C]//Proceedings of the 33rd IEEE International Conference on Data Engineering. 2017: 107-110.

[34] Zhao J, Gao Y, Chen G, et al. Why-not questions on top-*k* geo-social keyword queries in road networks [C]//Proceedings of the 34th IEEE International Conference on Data Engineering. 2018: 965-976.

[35] Song Q, Namaki M H, Wu Y. Answering why-questions for subgraph queries in multi-attributed graphs [C]//Proceedings of the 35th IEEE International Conference on Data Engineering. 2019: 40-51.

[36] Zheng B, Zheng K, Jensen C S, et al. Answering why-not group spatial keyword queries [J]. IEEE Transactions on Knowledge and Data Engineering, 2018, 32(1): 26-39.

[37] Zhang W, Li Y, Shu L, et al. Shadow: Answering why-not questions on top-*k* spatial keyword queries over moving objects [C]//Proceedings of the 26th International Conference on Database Systems for Advanced Applications. 2021: 738-760.

[38] Song S, Huang R, Gao Y, et al. Why not match: On explanations of event pattern queries [C]//Proceedings of the 2021 ACM International Conference on Management of Data. 2021: 1705-1717.

[39] Zong C, Xia X, Wang B, et al. Answering why-not questions on structural graph clustering [C]//Proceedings of the 23rd International Conference on Database Systems for Advanced Applications. 2018: 255-271.

[40] Islam M S, Zhou R, Liu C. On answering why-not questions in reverse skyline queries [C]//Proceedings of the 29th IEEE International Conference on Data Engineering. 2013: 973-984.

[41] He Z, Lo E. Answering why-not questions on top-*k* queries [J].

IEEE Transactions on Knowledge and Data Engineering, 2014, 26(6): 1300-1315.

[42] Tao Y, Xiao X, Pei J. Efficient skyline and top-$k$ retrieval in subspaces [J]. IEEE Transactions on Knowledge and Data Engineering, 2007, 19(8): 1072-1088.

[43] Gao Y, Liu Q, Chen G, et al. Answering why-not questions on reverse top-$k$ queries [J]. Proceedings of the VLDB Endowment, 2015, 8(7): 738-749.

[44] Deutch D, Frost N, Gilad A, et al. Explaining missing query results in natural language [C]//Proceedings of the 23rd International Conference on Extending Database Technology. 2020: 427-430.

[45] Miao X, Gao Y, Su G, et al. On efficiently answering why-not range-based skyline queries in road networks [J]. IEEE Transactions on Knowledge and Data Engineering, 2018, 30(9): 1697-1711.

[46] Herschel M. Wondering why data are missing from query results? Ask conseil why-not [C]//Proceedings of the 22nd International Conference on Information and Knowledge Management. 2013: 2213-2218.

[47] Herschel M. A hybrid approach to answering why-not questions on relational query results [J]. Journal of Data and Information Quality, 2015, 5(3): 1-29.

[48] 柳晴. 偏好查询结果可用性研究 [D]. 浙江大学, 2017.

[49] Mottin D, Marascu A, Roy S B, et al. A probabilistic optimization framework for the empty-answer problem [J]. Proceedings of the VLDB Endowment, 2013, 6(14): 1762-1773.

[50] Mishra C, Koudas N. Interactive query refinement [C]//Proceedings of the 12th International Conference on Extending Database Technology. 2009: 862-873.

# 第9章 数据库支持的AI技术

9

随着计算机相关技术的快速发展，人类社会进入了信息化大数据时代。大数据的核心价值在于其中蕴含的深层次信息和知识。人工智能(artificial intelligence,AI)通过分析挖掘大数据的深层次信息与知识，促进金融、交通、医疗等诸多领域发展，推动社会信息化变革。面对爆炸式增长的数据和用户日益增长的任务需求，人工智能发展面临巨大挑战。目前，AI技术存在性能效率低下、模型管理混乱、使用门槛高等问题。数据库(database,DB)领域在过去数十年致力于解决数据管理方面所遇到的挑战，积累了丰富的理论方法和可用经验。这驱使研究学者展开数据库支持的AI技术(以下简称DB4AI)研究，借助DB在数据管理方面的优势优化传统AI技术，实现基于AI技术的海量数据高效分析与深度挖掘。

本章介绍DB4AI技术:9.1节描述DB4AI技术背景及基本框架，9.2节阐述AI通用算子优化方法，9.3节介绍模型管理中涉及的技术，9.4节探讨声明式AI系统中的方法。

## 9.1 DB4AI概述

随着计算机、互联网、信息通信以及移动终端设备技术的快速发展，多源异构的数据正在爆炸式地增长和积累，人类社会逐渐进入了以数字化、网络化和智能化为特征的信息化大数据时代。2015年《自然》杂志发表了名为*Big Data: The Power of Petabytes*的文章[1]，指出了大数据分析处理对于人类社会的重要价值。

大数据的核心价值是蕴含在数据中的深层次信息和知识。AI正是对大数据进行信息和知识挖掘的重要技术。中国计算机学会(CCF)大数据专家委员会发布的2017年大数据发展趋势预测中将“机器学习继续成为大数据智能分析的核心技术”作为第一大发展趋势[2]。通过AI分析和挖掘数据中的蕴含价值，能为整个人类社会提供更加智能与便利的服务、为各行各业带来巨大的经济效益。例如，在信息检索领域，谷歌、百度等公司研发了以AI为内核的技术，支持搜索引擎上用户多样化、个性化地查询；在商业营销中，阿里巴巴、亚马逊等电子商务公司利用 AI 技术对销售数据、客户信息进行分析，帮助商家优化库存、降低成本，并针对用户群体偏好推荐商品。

相关领域研究学者普遍认同的观点是：更多的训练数据能够给 AI 模型和算法带来更好的效果。然而，面对爆炸式增长的数据和用户日益增长的任务需求，基于 AI 的数据分析与挖掘面临了极大的挑战。由于数据的规模庞大以及 AI 模型算法的复杂性，传统 AI 技术遇到了三大挑战难题：

（1）AI 算法存在性能瓶颈

在许多的实际应用中，AI 面对的巨大数据规模已经达到了传统算法和系统不可承受的地步。传统的 AI 训练方法主要侧重于模型的效果，而较少地关注数据层面的效率。传统的 AI 系统和方法缺少性能优化支持技术，AI 算法对海量数据的管理与利用效率有很大的提升空间。

（2）AI 模型管理混乱

随着 AI 技术的快速发展，在不同行业场景中产生了大量的机器学习模型，如何更好地管理与利用现有的模型，成为 AI 技术发展的一个重要问题。另外，在没有积累足够现存模型的情况下，机器学习模型训练困难、效率低下的问题困扰着大量 AI 从业人员。传统 AI 模型的使用较为混乱和低效，缺乏成熟的流程与高效的方法。

（3）AI 技术使用门槛高

针对特定的 AI 数据分析与挖掘任务，需要相关专业人员编写专门程序，然后调用相应的机器学习库进行模型训练优化和针对特定运行环境的部署优化。整个程序设计和模型优化过程需要大量的人力和资源投入。传统 AI 面临着使用门槛高、可用性差的问题，这使得 AI 技术难以大范围推广和使用。

DB 领域在过去数十年致力于解决数据管理方面所遇到的挑战，积累了丰富的理论方法和可用经验，譬如关系数据范式、分布式框架、压缩技术等。这驱使研究学者借助 DB 在数据管理方面的优势，对传统 AI 技术进行优化，提升其对海量数据进行高效分析与挖掘的能力，即展开数据库支持的 AI 技术（以下简称 DB4AI）研究。

采用 DB4AI 技术可以有效地解决传统 AI 技术存在的上述三大挑战：首先，通过数据库性能优化技术对 AI 通用算子进行优化支持，提升 AI 算法的性能；其次，借助数据管理方法对 AI 模型进行有效管理；最后，利用声明式语言降低 AI 的使用门槛。

如图 9.1 所示，下面将从 AI 通用算子优化、模型管理技术、声明式 AI 系统三个方面，展开介绍 DB4AI 研究方向的代表性成果。

（1）AI 通用算子优化

基于 AI 的数据分析与挖掘一般流程是：先对原始的输入数据经过特征工程[3]转

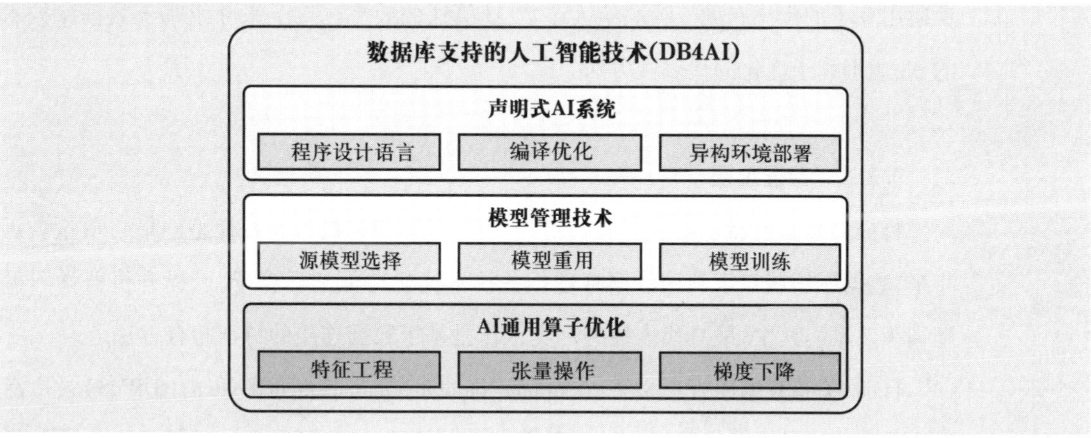


**图 9.1**　数据库支持的人工智能技术框架

化得到能更好地供机器学习模型进行学习的特征,而后借助张量[4]表示特征数据,并利用梯度下降等优化训练方法[5]求得模型目标函数的最优值,从而完成模型训练,支持数据智能分析与挖掘。例如,电商平台会对其搜集到的大量用户行为数据进行特征工程处理,而后用张量表示处理后的特征数据,并借助梯度下降方法训练得到机器学习模型,用于推荐商品。这个流程包括了三项 AI 通用算子:特征工程、张量操作以及梯度下降。对此三项通用算子进行优化,将提升大量 AI 算法的效率。

**(2) 模型管理技术**

一个理想的 AI 模型使用流程是:先从已训练好的源模型中挑选出最合适新任务的源模型,而后通过模型重用(如迁移学习)和分布式训练技术等优化方法快速获得效果较好的目标模型。其中涉及三个模型管理过程:源模型选择、模型重用以及模型训练。针对这三个模型管理过程,探索相应的模型管理技术,规范化模型管理流程,将大幅度提升机器学习模型开发的效率。

**(3) 声明式 AI 系统**

声明式 AI 系统旨在降低 AI 使用门槛。首先,使用声明性的程序设计语言(如 SQL 语言)代替传统 AI 开发语言进行开发;然后,通过编码优化在编码层面提高 AI 训练效率;最后,通过优化引擎优化 AI 的执行计划,使得训练好的 AI 模型可以部署至多种平台。这个流程包括三种声明式 AI 系统的核心环节:程序设计语言、编译优化以及异构环境部署。对此三个环节进行优化,可以显著增强 AI 的易用性。

## 9.2　AI 通用算子优化

大部分 AI 模型训练涉及三项通用算子:特征工程、张量操作、梯度下降。对这三项通用算子的优化有助于提高绝大多数 AI 算法的效率。接下来介绍基于数据库技术的 AI 通用算子优化的代表性方法。

### 9.2.1 特征工程

特征工程是机器学习最重要的起始步骤,直接影响机器学习模型的最终质量。近年来,数据库领域专家利用数据管理相关技术优化特征工程算子,以提升机器学习模型训练效率。其中,最具代表性的一类工作是基于数据连接的特征整合方法。

目前,关系数据库管理系统(relational database management system,RDBMS)被广泛地应用于现实社会各个领域的特征数据存储与管理。RDBMS 存储数据的一大特性是根据关系范式设计合理的数据库,以尽可能小的冗余将数据进行规范化拆分后,存储于多张数据表。然而,当前所有的机器学习工具都要求输入的特征数据是单张完整的数据表。这迫使用户在进行机器学习分析之前需要连接多张相关的数据表,得到单张整合所有特征的大数据表,而后输入机器学习模型进行训练。在连接之后进行训练,输入的特征数据会因失去 RDBMS 的规范化而导致数据冗余,进而带来高额的存储成本和额外的计算开销。

图 9.2 给出了一个对电影评分数据进行分析的例子。在 RDBMS 中,电影评分相关数据被规范化地存放在三张数据表中:评分表记录用户对电影的评分;用户表记录用户的特征信息(如职业、年龄等);电影表记录电影的特征信息(如电影类型、导演等)。当数据科学家希望利用现有的机器学习工具对这些数据进行分析时,首先需要将三张表进行连接得到完整数据表以供机器学习进行训练。然而,从图 9.2 右侧可以观察到连接后的完整数据表存在着数据冗余,即用户和电影的特征信息数据重复出现多次。

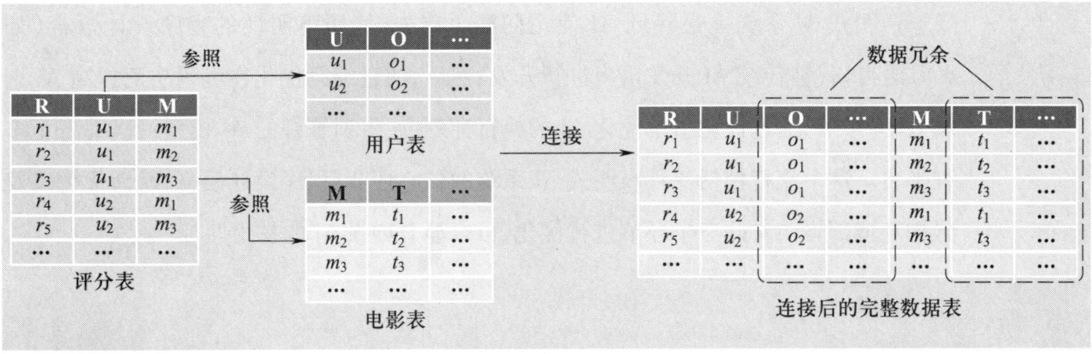


图 9.2 特征数据连接示意图

针对上述的特征数据冗余问题,基于数据连接的特征整合方法设计针对不同的模型设计了分解计算的策略,将模型训练融入基于数据连接的特征整合过程中。基于此思想，相关工作[6-9]面向线性回归、因子分解机（factorization machine，FM）等简单模型，探索了基于数据连接的特征整合方法。此外，基于数据连接的非线性 SVM 特征整合方法[10]对复杂非线性 SVM 模型的特征整合环节进行了优化，以加速模型训练。接下来，对其进行展开介绍。

SVM 模型的形式化定义为：给定一个含有 $n$ 个训练样本的数据集，其中每个训练样本数据包含 $d$ 维的特征向量 $\boldsymbol{x}_i$ 和一个类别标签 $y_i \in \{+1,-1\}$，+1 表示正样本，-1 表示负样本。SVM 模型的学习目标是找到一个超平面，该超平面将特征空间中的正负训练样本以最大的间隔划分开，同时保证最小的错误分类损失。SVM 模型的学习过程等价于解决以下最优化问题：

$$
\begin{aligned}
&\min_{\omega,\xi,b} \quad \frac{1}{2}\boldsymbol{\omega}^{\mathrm{T}}\boldsymbol{\omega} + C\sum_{i=1}^{n}\xi_i \\
&\text{s.t.} \quad y_i(\boldsymbol{\omega}\boldsymbol{x}_i + b) \geqslant 1 - \xi_i \\
&\xi_i \geqslant 0, \forall i \in \{1,\cdots,n\}
\end{aligned}
\tag{9.1}
$$

其中，$\boldsymbol{\omega}$ 表示超平面的法向量；$C$ 称为惩罚参数；$\xi$ 为松弛变量，可以允许少量的训练样本被划分至超平面的错误一边；$b$ 为超平面的偏差项。最优化问题式（9.1）被称为 SVM 模型的原始形式。

上述原始形式的 SVM 模型仅适用于线性分类问题，但现实应用中许多复杂分类问题是非线性的，即它们的划分超平面不能用线性函数表示。为此，需要引入核技巧。核技巧的思想起源于表示定理（representer theorem）[11]。在非线性分类问题上，原始样本 $\boldsymbol{x}_i$ 所处的特征空间中无法找到线性函数对应的超平面对正负样本进行正确的划分。因此，考虑将原始样本 $\boldsymbol{x}_i$ 通过一个非线性变换映射至新空间的样本 $\phi(\boldsymbol{x}_i)$，而后在映射特征空间中寻找超平面（对应于原始特征空间的超曲面），以解决原始特征空间的非线性分类问题。其中，映射函数 $\phi(\cdot)$ 不需要被显式地定义出来，而是通过定义两个映射后样本内积的核函数 $K(\boldsymbol{x}_i,\boldsymbol{x}_j)=\phi(\boldsymbol{x}_i)^{\mathrm{T}}\phi(\boldsymbol{x}_j)$ 来替代，$\boldsymbol{x}_i$ 和 $\boldsymbol{x}_j$ 为原始样本，$i,j=1,2,\cdots,n$。进一步地，可以将 SVM 模型的原始最优化问题转化为对偶问题，而后将核函数代入计算，从而得到非线性 SVM 模型的对应最优化问题：

$$
\begin{aligned}
&\min_{\boldsymbol{\alpha}} \quad \frac{1}{2}\boldsymbol{\alpha}^{\mathrm{T}}\boldsymbol{Q}\boldsymbol{\alpha} - \sum_{i=1}^{n}\alpha_i \\
&\text{s.t.} \quad \sum_{i=1}^{n} y_i\alpha_i = 0 \\
&0 \leqslant \alpha_i \leqslant C, \forall i \in \{1,\cdots,n\}
\end{aligned}
\tag{9.2}
$$

其中：$\alpha_i$ 为拉格朗日乘子，对应样本特征向量 $\boldsymbol{x}_i$ 的权重系数；$\boldsymbol{Q}$ 是一个 $n\times n$ 大小的矩阵，$\boldsymbol{Q}$ 矩阵中的任意元素 $Q_{ij}=y_iy_jK(\boldsymbol{x}_i,\boldsymbol{x}_j)$；$C$ 为 SVM 模型最优化问题式（9.1）中的惩

罚参数。特别地,原始问题式(9.1)及其转化后对偶问题式(9.2)的对应关系为:超平面法向量 $\boldsymbol{\omega}=\sum_{i=1}^{n}\alpha_i y_i \boldsymbol{\phi}(\boldsymbol{x}_i)$ 以及划分超平面 $sgn(\boldsymbol{\omega}^{\mathrm{T}}\boldsymbol{\phi}(\boldsymbol{x})+b)=sgn\left(\sum_{i=1}^{n}\alpha_i y_i K(\boldsymbol{x}_i,\boldsymbol{x})+b\right)$。

在非线性 SVM 模型的实际应用中,高斯核函数(Gaussian kernel)是最为常用的核函数。所以,本小节关注如何对基于高斯核函数的非线性 SVM 模型特征的整合进行优化。高斯核函数的计算表达式如下:

$$K(\boldsymbol{x},\boldsymbol{z})=\exp\left(\frac{-\|\boldsymbol{x}-\boldsymbol{z}\|^2}{2\sigma^2}\right) \tag{9.3}$$

如前所述,SVM 模型的训练特征数据通过关系规范化拆分后存储于 RDBMS 的多张表中。具体来说,存放 SVM 训练特征样本实体的主表被称为实体表,记为 $S$。实体表 $S$ 的关系模式一般可以表示为 $S(SID,Y,X_S,FK_1,\cdots,FK_k)$。其中,$SID$ 为实体表 $S$ 的主键,$Y$ 为样本类别标签,$X_S$ 为存储于实体表 $S$ 中的一系列样本特征属性,$FK_i$ 为关联到特定外部属性表 $R_i$ 的外键。假定有 $k$ 张属性表,$i=1,2,\cdots,k$。属性表 $R_i$ 的关系模式表示为 $R_i(RID_i,X_{R_i})$。其中,$RID_i$ 为属性表 $R_i$ 的主键,$X_{R_i}$ 为存储于属性表 $R_i$ 中的一系列样本特征属性。将实体表和所有属性表进行投影等值连接(projected equi-join)后得到存储完整特征属性的数据表 $T$,$T(Y,X_S,X_{R_1},\cdots,X_{R_k})\leftarrow\pi(S\bowtie_{FK_1=RID_1}R_1\cdots\bowtie_{FK_k=RID_k}R_k)$。

再次以图 9.2 给出的电影评价特征数据为例。评分表的关系模式为(评分,用户 ID,电影 ID);用户表的关系模式为(用户 ID,用户职业,用户年龄,…);电影表的关系模式为(电影 ID,电影类型,电影导演,…)。此例中评分表即对应于实体表 $S$,用户表和电影表分别对应于两张属性表 $R_1$ 和 $R_2$。其中,实体表 $S$ 中的(用户 ID,电影 ID)为其主键,样本类别标签 $Y$ 为电影评分,样本特征属性 $X_S$ 为空,外键 $FK_1$ 和 $FK_2$ 分别参照于用户表中的用户 ID 和电影表中的电影 ID。两张属性表 $R_1$ 和 $R_2$ 中存储的样本特征属性 $X_{R_1}$ 和 $X_{R_2}$ 分别为(用户职业,用户年龄,…)和(电影类型,电影导演,…)。将三张表进行自然连接可以得到完整的样本特征数据表 $T$(评分,用户职业,用户年龄,…,电影类型,电影导演,…),以输入到传统 SVM 机器学习工具中进行相应的分析。

为了简便起见,下面考虑两张表连接的情况,但容易证明所介绍的方法可以扩展至多表连接的应用场景。两张表连接具体是指,非线性 SVM 模型的训练特征数据由实体表 $S$ 和属性表 $R$ 两张表整合而成,即任意训练样本为完整数据表 $T$ 的一个元组。其中,$T(Y,X_S,X_R)\leftarrow\pi(S\bowtie_{FK=RID}R)$。

接下来,介绍基于数据连接的非线性 SVM 特征整合方法的整体框架。该方法的核心思想是非线性 SVM 模型的高斯核函数可以被表示为两个独立部分的乘积形式。因此,其计算可以被分解至实体表 $S$ 和属性表 $R$ 中分别进行,而后将两张表中计算得到的中间结果整合以获得最终结果,从而避免了在非线性SVM的训练过程中临时存储一个规模巨大的特征数据表。下面定理给出了高斯核函数的计算拆分过程。

**定理9.1** 给定完整数据表 $T$ 的两个特征向量 $\boldsymbol{x}$ 和 $z$,两者对应的高斯核函数值为 $K(\boldsymbol{x},z)$,$K(\boldsymbol{x},z)$ 可以按如下形式分解:$K(\boldsymbol{x},z)=K(\boldsymbol{x}_S,z_S)*K(\boldsymbol{x}_R,z_R)$。其中,特征向量 $\boldsymbol{x}$(或 $z$)由其在实体表 $S$ 中对应的部分特征向量 $\boldsymbol{x}_S$(或 $z_S$)和属性表 $R$ 中对应的部分特征向量 $\boldsymbol{x}_R$(或 $z_R$)组合而成。

**证明**:观察高斯核函数计算公式(9.3),其二次项部分可以根据数据表中的特征向量特性进行如下拆分:

$$\begin{aligned}\|\boldsymbol{x}-\boldsymbol{z}\|^2 &= (x_1-z_1)^2+(x_2-z_2)^2+\cdots+(x_{d_S}-z_{d_S})^2+\\&\quad (x_{(d_S+1)}-z_{(d_S+1)})^2+\cdots+(x_{(d_S+d_R)}-z_{(d_S+d_R)})^2\\&=\|\boldsymbol{x}_S-\boldsymbol{z}_S\|^2+\|\boldsymbol{x}_R-\boldsymbol{z}_R\|^2\end{aligned} \tag{9.4}$$

其中,$d_S$ 和 $d_R$ 分别表示 $\boldsymbol{x}_S$ 和 $\boldsymbol{x}_R$ 中特征(属性)数量。将式(9.4)重新代入高斯核函数式(9.3)中可得:

$$\begin{aligned}K(\boldsymbol{x},z)&=exp\left(\frac{-\|\boldsymbol{x}-\boldsymbol{z}\|^2}{2\sigma^2}\right)\\&=exp\left(-\frac{\|\boldsymbol{x}_S-\boldsymbol{z}_S\|^2+\|\boldsymbol{x}_R-\boldsymbol{z}_R\|^2}{2\sigma^2}\right)\\&=exp\left(\frac{-\|\boldsymbol{x}_S-\boldsymbol{z}_S\|^2}{2\sigma^2}\right)*exp\left(\frac{-\|\boldsymbol{x}_R-\boldsymbol{z}_R\|^2}{2\sigma^2}\right)\\&=K(\boldsymbol{x}_S,z_S)*K(\boldsymbol{x}_R,z_R)\end{aligned} \tag{9.5}$$

证毕。

定理9.1给出了高斯核函数在实体表 $S$ 和属性表 $R$ 中进行分别计算的方式。基于此,不必直接连接实体表 $S$ 和属性表 $R$,高斯核函数可以通过在两张表中分别计算得到中间结果并对中间结果进行连接整合得到,从而减少大量的数据冗余和计算冗余。下面,给出相应的计算流程。

具体来说,给定完整数据表 $T$ 的一个特征向量 $z$,完整数据表 $T$ 中的所有特征向量 $\boldsymbol{x}$ 需要完成与特征向量 $z$ 对应高斯核函数 $K(\boldsymbol{x},z)$ 的分解计算与最终整合。高斯核函数分解计算流程如图9.3所示。整个计算流程主要分为两个步骤。

**步骤一** 对于属性表 $R$ 的所有元组,即其存储的部分特征向量 $\boldsymbol{x}_{R_i}$,计算 $\boldsymbol{x}_{R_i}$ 对应的高斯核函数中间结果 $K(\boldsymbol{x}_{R_i},\boldsymbol{x}_{R_z})$,$i=1,2,\cdots,n_R$;而后将得到的中间结果存入一张新表 $PR$ 中。其中,新表 $PR$ 的关系模式为 $PR(RID,PartialKernel)$,以 $RID$ 为主键,$PartialKernel$ 存储对应的高斯核函数中间结果 $K(\boldsymbol{x}_{R_i},\boldsymbol{x}_{R_z})$。

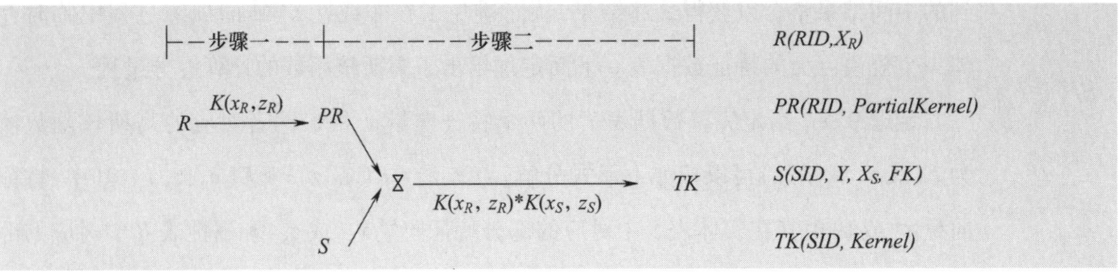


图 9.3　高斯核函数分解计算流程

**步骤二**　接着，将新表 *PR* 和实体表 *S* 通过主键-外键联系（*FK*=*RID*）进行连接整合。在连接的过程中，对实体表 *S* 中的所有元组，即其存储的部分特征向量 $\boldsymbol{x}_{S_i}$，计算对应的高斯核函数中间结果 $K(\boldsymbol{x}_{S_i},\boldsymbol{x}_{S_z})$，并将其与新表 *PR* 中对应的中间结果 $K(\boldsymbol{x}_{R_i},\boldsymbol{x}_{R_z})$ 进行整合，而后得到最终完整的高斯核函数计算结果：$K(\boldsymbol{x}_i,\boldsymbol{z})=K(\boldsymbol{x}_{S_i},\boldsymbol{x}_{S_z})*K(\boldsymbol{x}_{R_i},\boldsymbol{x}_{R_z})$，$i=1,2,\cdots,n_S$。最终结果被存入新表 *TK* 中。其中，新表 *TK* 的关系模式为 *TK*（*SID*,*Kernel*），以 *SID* 为主键，*Kernel* 存储对应的高斯核函数中间结果 $K(\boldsymbol{x}_i,\boldsymbol{x}_z)$。

上述高斯核函数的分解计算流程是基于数据连接的非线性 SVM 模型特征整合方法的核心。在非线性 SVM 模型的训练过程中，凡涉及高斯核函数的计算都可使用上述流程进行特征整合，以加速模型训练。

### 9.2.2　张量操作

上一小节介绍了基于数据连接的特征工程算子优化思想。本小节接着介绍第二项通用算子——张量操作的优化方法，主要使用 DB 数据管理技术的分布式处理进行加速。

张量，即多维数组，是向量、矩阵的推广形式，常被用于机器学习模型的特征数据表达。基于 RDBMS 和分布式等技术可以优化张量的存储与运算[12-14]。在各种张量操作中，张量分解[15]是一种重要的高维数据分析机器学习方法，常被用于挖掘高维数据的隐含信息（主成分）。

张量分解主要有两种常用的形式：CP（CANDECOMP/PARAFAC）分解和 Tucker 分解。CP 分解的基本思想是将给定的张量分解为多个因子矩阵的外积。Tucker 分解与 CP 分解不同，它将给定的张量分解为一个核心张量（core tensor）与多个因子矩阵的乘积。CP 分解可以被看作 Tucker 分解在核心张量为超对角结构时的一个特例。在应用场景中，CP 分解比 Tucker 分解更适用于具备低秩多重线性结构性质的张量分解，而 Tucker 分解适用于一般（非低秩）的张量分解[16]。

针对现实应用产生的海量数据，传统张量分解方法可以利用分布式并行环境以及增量式技术提升的可扩展性和效率。下面介绍张量 Tucker 分解优化技术(包括增量式和分布式技术)。

首先,给出张量操作及其 Tucker 分解的相关基本概念。

**定义 9.1(张量)**　一个张量是一个多维数组,记为$\mathcal{X}$。

一般地,张量的维度数量被称为阶(order),也被称为模(mode)。例如,向量是一阶张量,矩阵是二阶张量。在本节中,向量使用加粗的小写字母表示(如 $\boldsymbol{a}$),矩阵使用加粗的大写字母表示(如 $\boldsymbol{A}$),高阶张量(阶数不小于 3)使用欧拉手写字母表示(如 $\mathcal{X}$)。向量 $\boldsymbol{a}$ 的第 $i$ 个元素表示为 $\boldsymbol{a}(i)$,矩阵 $\boldsymbol{A}$ 的 $(i,j)$ 位置上的元素表示为 $\boldsymbol{A}(i,j)$,三阶张量$\mathcal{X}$的 $(i,j,k)$ 位置上的元素表示为$\mathcal{X}(i,j,k)$。本节使用小写字母作为元素位置标记时,取值范围为 1 到其对应的大写字母,譬如 $i=1,2,\cdots,I$。

**定义 9.2(张量矩阵化)**　给定 $N$ 阶张量$\mathcal{X}\in\mathbb{R}^{I_1\times I_2\times\cdots\times I_N}$,$I_1,I_2,\cdots,I_N\in N^*$ 表示各模大小。张量$\mathcal{X}$在第 $n$ 模上的矩阵化记为 $\boldsymbol{X}_{(n)}$。特别地,张量 $(i_1,i_2,\cdots,i_N)$ 位置上的元素$\mathcal{X}(i_1,i_2,\cdots,i_N)$被映射至矩阵的 $(i_n,j)$ 位置,即 $\boldsymbol{X}_{(n)}(i_n,j)$。其中 $j=1+\sum_{\substack{k=1\\k\neq n}}^{N}(i_k-1)J_k, J_k=\prod_{\substack{m=1\\m\neq n}}^{k-1}I_m$。

接下来,用一个直观的例子更好地理解张量矩阵化。假定有一个三阶张量$\mathcal{X}\in\mathbb{R}^{3\times4\times2}$,其中:

$$\mathcal{X}(:,:,1)=\begin{bmatrix}1&4&7&10\\2&5&8&11\\3&6&9&12\end{bmatrix},\quad \mathcal{X}(:,:,2)=\begin{bmatrix}13&16&19&22\\14&17&20&23\\15&18&21&24\end{bmatrix}。$$

那么,它的在 3 个模上的矩阵化分别为:

$$\boldsymbol{X}_{(1)}=\begin{bmatrix}1&4&7&10&13&16&19&22\\2&5&8&11&14&17&20&23\\3&6&9&12&15&18&21&24\end{bmatrix},$$

$$\boldsymbol{X}_{(2)}=\begin{bmatrix}1&2&3&13&14&15\\4&5&6&16&17&18\\7&8&9&19&20&21\\10&11&12&22&23&24\end{bmatrix},$$

$$\boldsymbol{X}_{(3)}=\begin{bmatrix}1&2&3&4&5&\cdots&9&10&11&12\\13&14&15&16&17&\cdots&21&22&23&24\end{bmatrix}。$$

**定义 9.3(张量矩阵乘法)**　给定 $N$ 阶张量$\mathcal{X}\in\mathbb{R}^{I_1\times I_2\times\cdots\times I_N}$以及矩阵 $\boldsymbol{U}\in\mathbb{R}^{J\times I_n}$, $J=$

$\prod_{\substack{m=1\\m\neq n}}^{N} I_m$，第 $n$ 模上的张量矩阵乘法可以定义为$\boldsymbol{\mathcal{Y}}=\boldsymbol{\mathcal{X}}\times_n \boldsymbol{U}$。其中，$\boldsymbol{\mathcal{Y}}\in\mathbb{R}^{I_1\times\cdots\times I_{n-1}\times J\times I_{n+1}\times\cdots\times I_N}$。特别地，

$$\begin{aligned}&\boldsymbol{\mathcal{Y}}(i_1,\cdots,i_{n-1},j,i_{n+1},\cdots,i_N)\\&=\sum_{i_n=1}^{I_n}\mathcal{X}(i_1,i_2,\cdots,i_N)\boldsymbol{U}(j,i_n)\end{aligned}\tag{9.6}$$

张量矩阵乘法常被表示为矩阵形式，即：

$$\boldsymbol{\mathcal{Y}}=\boldsymbol{\mathcal{X}}\times_n\boldsymbol{U}\Leftrightarrow\boldsymbol{Y}_{(n)}=\boldsymbol{U}\boldsymbol{X}_{(n)}\tag{9.7}$$

**定义 9.4（矩阵克罗内克积）** 给定两个矩阵 $\boldsymbol{A}\in\mathbb{R}^{I\times J}$和 $\boldsymbol{B}\in\mathbb{R}^{K\times L}$，两者的克罗内克积记为 $\boldsymbol{A}\otimes\boldsymbol{B}$，$\boldsymbol{A}\otimes\boldsymbol{B}$ 是一个$(IK)\times(JL)$的矩阵，定义如下：

$$\boldsymbol{A}\otimes\boldsymbol{B}=\begin{bmatrix}\boldsymbol{A}(1,1)\boldsymbol{B}&\boldsymbol{A}(1,2)\boldsymbol{B}&\cdots&\boldsymbol{A}(1,J)\boldsymbol{B}\\\boldsymbol{A}(2,1)\boldsymbol{B}&\boldsymbol{A}(2,2)\boldsymbol{B}&\cdots&\boldsymbol{A}(2,J)\boldsymbol{B}\\\vdots&\vdots&\ddots&\vdots\\\boldsymbol{A}(I,1)\boldsymbol{B}&\boldsymbol{A}(I,2)\boldsymbol{B}&\cdots&\boldsymbol{A}(I,J)\boldsymbol{B}\end{bmatrix}\tag{9.8}$$

**定义 9.5（Tucker 分解）** 给定 $N$ 阶张量$\boldsymbol{\mathcal{X}}\in\mathbb{R}^{I_1\times I_2\times\cdots\times I_N}$，Tucker 分解将$\boldsymbol{\mathcal{X}}$分解为 1 个核心张量和 $N$ 个因子矩阵乘积形式：

$$\boldsymbol{\mathcal{X}}\approx\boldsymbol{\mathcal{G}}\times_1\boldsymbol{A}_{(1)}\times_2\boldsymbol{A}_{(2)}\cdots\times_N\boldsymbol{A}_{(N)}=\mathcal{G}\times\{\boldsymbol{A}_{(n)}\}\tag{9.9}$$

其中，核心张量$\boldsymbol{\mathcal{G}}\in\mathbb{R}^{R_1\times R_2\times\cdots\times R_N}$，因子矩阵 $\boldsymbol{A}_{(n)}\in\mathbb{R}^{I_n\times R_n}$，$n=1,2,\cdots,N$。

一般地，可以将核心张量$\boldsymbol{\mathcal{G}}$看作是原始张量$\boldsymbol{\mathcal{X}}$的压缩（$R_n<I_n$），因子矩阵 $\boldsymbol{A}^{(n)}$ 为酉矩阵（unitary matrix）。

Tucker 分解还可以使用张量矩阵化形式表示，即：

$$\boldsymbol{X}_{(n)}=\boldsymbol{A}_{(n)}\boldsymbol{G}_{(n)}(\boldsymbol{A}_{(N)}\otimes\cdots\boldsymbol{A}_{(n+1)}\otimes\boldsymbol{A}_{(n-1)}\cdots\otimes\boldsymbol{A}_{(1)})^{\top}\tag{9.10}$$

其中，$\boldsymbol{X}_{(n)}$ 和 $\boldsymbol{G}_{(n)}$ 分别表示张量$\boldsymbol{\mathcal{X}}$和核心张量$\boldsymbol{\mathcal{G}}$在第 $n$ 模上的矩阵化，$n=1,\cdots,N$。

例如，三阶张量$\boldsymbol{\mathcal{X}}\in\mathbb{R}^{I\times J\times K}$的 Tucker 分解为$\boldsymbol{\mathcal{X}}\approx\boldsymbol{\mathcal{G}}\times_1\boldsymbol{A}\times_2\boldsymbol{B}\times_3\boldsymbol{C}$，核心张量$\boldsymbol{\mathcal{G}}\in\mathbb{R}^{P\times Q\times R}$，因子矩阵 $\boldsymbol{A}\in\mathbb{R}^{I\times P}$，$\boldsymbol{B}\in\mathbb{R}^{J\times Q}$，$\boldsymbol{C}\in\mathbb{R}^{K\times R}$。三阶张量 Tucker 分解对应的矩阵化形式如下：

$$\begin{aligned}\boldsymbol{X}_{(1)}&\approx\boldsymbol{A}\boldsymbol{G}_{(1)}(\boldsymbol{C}\otimes\boldsymbol{B})^{\top},\\\boldsymbol{X}_{(2)}&\approx\boldsymbol{B}\boldsymbol{G}_{(2)}(\boldsymbol{C}\otimes\boldsymbol{A})^{\top},\\\boldsymbol{X}_{(3)}&\approx\boldsymbol{C}\boldsymbol{G}_{(3)}(\boldsymbol{B}\otimes\boldsymbol{A})^{\top},\end{aligned}\tag{9.11}$$

其中，$\boldsymbol{X}_{(n)}$ 和 $\boldsymbol{G}_{(n)}$ 分别表示张量$\boldsymbol{\mathcal{X}}$和核心张量$\boldsymbol{\mathcal{G}}$在第 $n$ 模上的矩阵化，$n=1,2,3$。

在许多的现实应用中，张量数据随时间在所有模上增长。下面给出多模增长张量的 Tucker 分解。

**定义 9.6（多模增长张量的 Tucker 分解）** 假定有一个张量数据流在 $t$ 时刻的

张量为$\boldsymbol{\mathcal{X}}^{(t)} \in \mathbb{R}^{I_1^{(t)} \times I_2^{(t)} \times \cdots \times I_N^{(t)}}$，其对应的 Tucker 分解结果为 $\mathcal{X}^{(t)} = \mathcal{G}^{(t)} \times \{\boldsymbol{A}_{(n)}^{(t)}\}$，其中 $\mathcal{G}^{(t)} \in \mathbb{R}^{R_1 \times R_2 \times \cdots \times R_N}$，$\boldsymbol{A}_{(n)}^{(t)} \in \mathbb{R}^{I_n \times R_n}$，$n=1,2,\cdots,N$。在 $t+1$ 时刻的张量为 $\mathcal{X}^{(t+1)} \in \mathbb{R}^{I_1^{(t+1)} \times I_2^{(t+1)} \times \cdots \times I_N^{(t+1)}}$，$\boldsymbol{\mathcal{X}}^{(t+1)}$可以被看作$\{\boldsymbol{\mathcal{X}}_{i_1 i_2 \cdots i_N}^{(t+1)}\}_{(i_1 i_2 \cdots i_N) \in \Theta}$，其中 $\Theta$ 是 $N$ 项二元组 $\Theta \triangleq \{0,1\}^N$，$\mathcal{X}_{0\cdots 0}^{(t+1)} = \mathcal{X}^{(t)}$。给定 $t+1$ 时刻多模增长的新张量$\{\boldsymbol{\mathcal{X}}_{i_1 i_2 \cdots i_N}^{(t+1)}\}_{(i_1 i_2 \cdots i_N) \in \Theta \backslash (0 \cdots 0)}$以及 $t$ 时刻的 Tucker 张量分解结果$\boldsymbol{\mathcal{G}}^{(t)}$和$\{\boldsymbol{A}_{(n)}^{(t)}\}$，多模增长张量的 Tucker 分解给出新增长张量 $\mathcal{X}^{(t+1)}$ 的 Tucker 分解结果$\boldsymbol{\mathcal{G}}^{(t+1)}$和$\{\boldsymbol{A}_{(n)}^{(t+1)}\}$。

图 9.4 给出了三阶多模增长张量 Tucker 分解的示例。给定 $t$ 时刻的三阶张量$\boldsymbol{\mathcal{X}}^{(t)}$（如图左上方立方体所示）。其对应的 Tucker 分解结果$\boldsymbol{\mathcal{X}}^{(t)} = \boldsymbol{\mathcal{G}}^{(t)} \times_1 \boldsymbol{A}^{(t)} \times_2 \boldsymbol{B}^{(t)} \times_3 \boldsymbol{C}^{(t)}$（如图右上方所示。其中，立方体代表核心矩阵$\boldsymbol{\mathcal{G}}^{(t)}$，三个矩形分别代表因子矩阵 $\boldsymbol{A}^{(t)}$、$\boldsymbol{B}^{(t)}$和 $\boldsymbol{C}^{(t)}$）；张量$\boldsymbol{\mathcal{X}}^{(t)}$的 3 个模均随时间增长得到张量$\boldsymbol{\mathcal{X}}^{(t+1)}$，对应多模增长后的 Tucker 分解结果为$\boldsymbol{\mathcal{X}}^{(t+1)} = \boldsymbol{\mathcal{G}}^{(t+1)} \times_1 \boldsymbol{A}^{(t+1)} \times_2 \boldsymbol{B}^{(t+1)} \times_3 \boldsymbol{C}^{(t+1)}$（如图下方所示）。

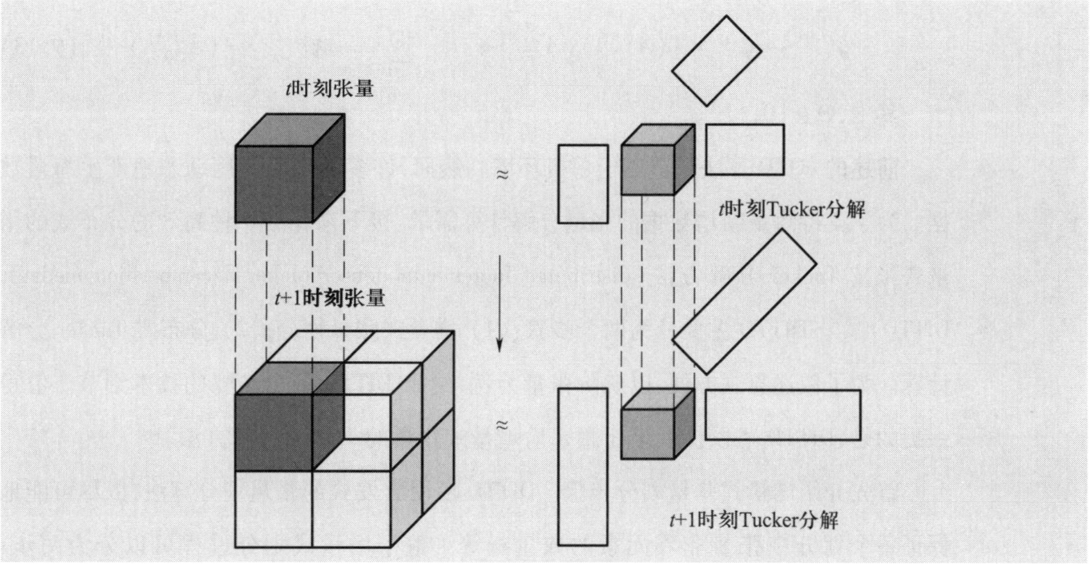


图 9.4 多模增长张量 Tucker 分解示意图

eOTD 算法[17]是一种多模增长张量 Tucker 分解方法，支持新增长的张量数据增量式的张量 Tucker 分解。eOTD 算法主要包括两个步骤：(1) 因子矩阵更新；(2) 核心张量更新。

（1）**因子矩阵更新**. 首先，根据增长张量$\{\boldsymbol{\mathcal{X}}_{i_1 i_2 \cdots i_N}^{(t+1)}\}_{(i_1 i_2 \cdots i_N) \in \Theta \backslash (0 \cdots 0)}$下标$(i_1 i_2 \cdots i_N)$中含 1 的个数不同将其归为 $N$ 类$\{\mathbb{C}_m\}_{m=1}^{N}$。然后，分别依次按$\mathbb{C}_m$下标含 1 的个数顺序对相应的因子矩阵进行更新。特别地，对于子张量类别$\mathbb{C}_m$中的子张量$\boldsymbol{\mathcal{X}}_{i_1 i_2 \cdots i_N}^{(t+1)}$，若 $i_n=1$，则对应的因子矩阵进行如下更新：

$$\boldsymbol{A}'^{\text{new}}_{(n)} \leftarrow \alpha \boldsymbol{A}'^{\text{old}}_{(n)} + (1-\alpha)(\boldsymbol{\mathcal{X}}_{i_1 \cdots i_N (n)}^{(t+1)})(\boldsymbol{\mathcal{G}}_{-i_n})_{(n)}^{\dagger} \tag{9.12}$$

其中,系数 $\alpha\in(0,1)$ 是遗忘因子,表示多大程度上保留前一步得到的信息;$\boldsymbol{\mathcal{G}}_{-i_n}\triangleq\boldsymbol{\mathcal{G}}_{i_1\cdots i_{n-1}i_{n+1}\cdots i_N}=\boldsymbol{\mathcal{G}}\times_1\boldsymbol{A}_{(1)}\cdots\times_{n-1}\boldsymbol{A}_{(n-1)}\times_{n+1}\boldsymbol{A}_{(n+1)}\cdots\times_N\boldsymbol{A}_{(N)}$;若 $i_k$ 为 0,则 $\boldsymbol{A}_{(k)}=\boldsymbol{A}_{(k)}^{(t)}\in\mathbb{R}^{I_k^{(t)}\times R_k}$,否则 $\boldsymbol{A}_{(k)}=\boldsymbol{A}'_{(k)}\in\mathbb{R}^{(I_k^{(t+1)}-I_k^{(t)})\times R_k}$;† 符号表示矩阵的伪逆(pseudo-inverse)。部分更新的因子矩阵 $\{\boldsymbol{A}'_{(i_n)}\}$ 与上一时刻的因子矩阵 $\{\boldsymbol{A}_{(i_n)}^{(t)}\}$ 拼接得到矩阵 $\{(\boldsymbol{V}_{(n)}^{(t+1)})^\top\triangleq[(\boldsymbol{A}_{(i_n)}^{(t)})^\top(\boldsymbol{A}'_{(i_n)})^\top]\},\boldsymbol{V}_{(n)}^{(t+1)}\in\mathbb{R}^{I_n^{(t+1)}\times R_n}$。接着,在矩阵 $(\boldsymbol{V}_{(n)}^{(t+1)})^\top$ 上经过改进的格拉姆-施密特正交化过程(modified Gram-Schmidt orthogonalization process,MGS)处理后得到 $t+1$ 时刻的因子矩阵 $\{\boldsymbol{A}_{(n)}^{(t+1)}\},\boldsymbol{A}_{(n)}^{(t+1)}\in\mathbb{R}^{I_n^{(t+1)}\times R_n}$。

(2) **核心张量更新**. 对于上述步骤更新得到的因子矩阵 $\{\boldsymbol{A}_{(n)}^{(t+1)}\}$,将其重新拆分为两个部分矩阵 $\{\boldsymbol{A}_{(n),0}^{(t+1)}\}$ 和 $\{\boldsymbol{A}_{(n),1}^{(t+1)}\}$,即 $(\boldsymbol{A}_{(n)}^{(t+1)})^\top=[(\boldsymbol{A}_{(n),0}^{(t+1)})^\top(\boldsymbol{A}_{(n),1}^{(t+1)})^\top]$,$\boldsymbol{A}_{(n)}^{(t+1)}\in\mathbb{R}^{I_n^{(t+1)}\times R_n}$,$\boldsymbol{A}_{(n),0}^{(t+1)}\in\mathbb{R}^{I_n^{(t)}\times R_n}$ 以及 $\boldsymbol{A}_{(n),1}^{(t+1)}\in\mathbb{R}^{(I_n^{(t+1)}-I_n^{(t)})\times R_n}$。根据酉矩阵性质,核心张量可以按如下规则进行更新:

$$\boldsymbol{\mathcal{G}}^{(t+1)}\leftarrow\boldsymbol{\mathcal{G}}^{(t)}\times\{(\boldsymbol{A}_{(n),0}^{(t+1)})^\top\boldsymbol{A}_{(n)}^{(t)}\}+\sum_{(i_1\cdots i_N)\in\Theta\setminus(0\cdots0)}\boldsymbol{\mathcal{X}}_{i_1\cdots i_N}^{(t+1)}\times\{(\boldsymbol{A}_{(n),i_n}^{(t+1)})^\top\}\tag{9.13}$$

其中,$\Theta\triangleq\{0,1\}^N$。

前述的 eOTD 算法只适用于单机环境。然而,许多的现实应用动态地产生海量数据。为了支持海量新增数据的张量分解计算需求,接下来介绍一种高效的分布式的增量式张量 Tucker 分解方法(distributed incremental tensor tucker decomposition method, DITTD)[18]。DITTD 主要分为两个步骤:(1) 增量式张量划分;(2) 分布式 Tucker 分解计算。为了叙述直观方便,以三阶张量为例,给出 DITTD 两个步骤的技术细节。值得一提的是,DITTD 可以扩展至任意 $N$ 阶增量式张量的 Tucker 分解方法。

首先介绍增量式张量划分步骤。DITTD 使用启发式的张量划分算法,以尽可能地保证各个划分中张量非零元素的数量相等。整个增量式划分过程可以分为两步:(1)增量式子张量分类;(2)子张量划分。

(1) **增量式子张量分类**. 首先,三阶增长张量 $\{\boldsymbol{\mathcal{X}}_{ijk}^{(t+1)}\}_{(ijk)\in\Theta\setminus(000)}$ 根据其增长下标 $(ijk)$ 中含 1 的个数不同被归为三类:

$$\begin{aligned}\mathbb{C}_1&=\{\boldsymbol{\mathcal{X}}_{100}^{(t+1)},\boldsymbol{\mathcal{X}}_{010}^{(t+1)},\boldsymbol{\mathcal{X}}_{001}^{(t+1)}\},\\\mathbb{C}_2&=\{\boldsymbol{\mathcal{X}}_{011}^{(t+1)},\boldsymbol{\mathcal{X}}_{101}^{(t+1)},\boldsymbol{\mathcal{X}}_{110}^{(t+1)}\},\\\mathbb{C}_3&=\{\boldsymbol{\mathcal{X}}_{111}^{(t+1)}\}\end{aligned}\tag{9.14}$$

其中,$\mathbb{C}_1$、$\mathbb{C}_2$、$\mathbb{C}_3$ 中子张量的增长下标 $(ijk)$ 分别包含 1 个、2 个、3 个下标为 1 的模。

接下来,分别依次对三类子张量进行划分,而后进行分布式 Tucker 分解计算。

(2) **子张量划分**. 在完成子张量的分类后,DITTD 对各个子张量进行划分。由因子矩阵更新公式(9.13)可得,当子张量模的下标为 1 时,需要在此模上按层进行计算更新因子矩阵。例如,对于子张量$\boldsymbol{\mathcal{X}}_{100}^{(t+1)}$,其需要在第 1 个模上按层进行计算更新因子矩阵$\boldsymbol{A}'$。因此,DITTD 应按增长下标对子张量在各对应模上进行划分。DITTD 使用最大-最小匹配张量划分算法(max-min matching tensor partitioning algorithm,M2P)对各子张量进行尽可能均匀的划分。M2P 的基本思想是:迭代地将当前张量中含非零元素数量最大的层划分至当前含非零元素数量最小的划分中,以尽可能地实现张量的均匀划分。

M2P 算法的伪代码如算法 9.1 所示。给定待划分子张量$\boldsymbol{\mathcal{X}}_{sub}$、待划分的模 $n$ 和划分数量 $p_n$ 三个输入,M2P 算法输出张量划分结果$\{P_p\}_{p=1}^{p_n}$。首先,M2P 在给定的模 $n$ 上统计各层非零元素的数量$\{NNZ_i\}_{i=1}^{d_n}$(行 1)。其中,$d_i$ 为$\boldsymbol{\mathcal{X}}_{sub}$在模 $n$ 上的层数(模大小)。接着,根据各层非零元素的数量大小为各层建立最大堆 *NHeap*(行 2)。然后,初始化 $p_n$ 个划分$\{P_p\}_{p=1}^{p_n}$为空(行 3),并按各划分含非零元素的数量大小(初始为零)为其建立最小堆 *PHeap*(行 4)。接下来,依次根据各层非零元素数量从大到小的顺序从 *NHeap* 中取出张量层 *Slice* 分配至当前含张量非零元素数量最小的划分 *Part* 中,并更新划分结果至 *PHeap*(行 5—9)。最后,M2P 得到张量划分结果$\{P_p\}_{p=1}^{p_n}$并将其输出(行 10—11)。

---

**算法 9.1 最大-最小匹配张量划分算法(M2P)**

---

**输入**:待划分子张量$\boldsymbol{\mathcal{X}}_{sub}$,待划分的模 $n$,划分数量 $p_n$
**输出**:张量划分结果$\{P_p\}_{p=1}^{p_n}$
1: 统计子张量$\boldsymbol{\mathcal{X}}_{sub}$模 $n$ 上各层非零元素数量$\{NNZ_i\}_{i=1}^{d_n}$
2: *NHeap*←*buildMaxHeap*($\{NNZ_i\}_{i=1}^{d_n}$)
3: 初始化划分$\{P_p\}_{p=1}^{p_n}$为空
4: *PHeap*←*buildMinHeap*($\{P_p\}_{p=1}^{p_n}$)
5: **while** *PHeap*←*buildMinHeap*($\{P_p\}_{p=1}^{p_n}$) **do**
6:     *Slice* = *NHeap.pop*()
7:     *Part* = *PHeap.pop*()
8:     *Part.add*(*Slice*)
9:     *PHeap.push*(*Part*)
10: $\{P_p\}_{p=1}^{p_n}$←*PHeap.getResult*()
11: **return** $\{P_p\}_{p=1}^{p_n}$

---

图 9.5 给出了张量划分算法的示例。给定一个待划分子张量$\boldsymbol{\mathcal{X}}_{sub} \in \mathbb{R}^{3\times5\times2}$,如下:

$$\boldsymbol{X}_1 = \begin{bmatrix} 1 & 6 & 0 & 0 & 0 \\ 2 & 0 & 8 & 0 & 0 \\ 0 & 0 & 9 & 0 & 0 \end{bmatrix}, \quad \boldsymbol{X}_2 = \begin{bmatrix} 3 & 0 & 1 & 3 & 0 \\ 4 & 7 & 0 & 4 & 6 \\ 5 & 0 & 2 & 5 & 0 \end{bmatrix} \tag{9.15}$$

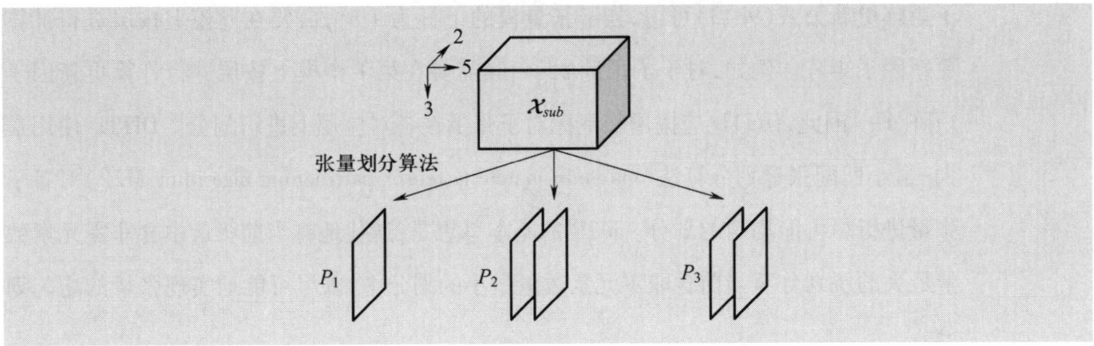


图 9.5 子张量划分示意图

现在需要在子张量$\boldsymbol{\mathcal{X}}_{sup}$第 2 模($n=2$)上得到 3 个划分($p_n=3$)。M2P 算法首先在第 2 模上统计得到各层非零元素的数量依次为 5、2、4、3、1，经最大-最小分配策略后，可以得到 3 个划分 $P_1$、$P_2$、$P_3$。其中，$P_1$ 包含$\boldsymbol{\mathcal{X}}_{sub}$在第 2 模上的第 1 层，即 $P_1=\{\boldsymbol{\mathcal{X}}_{sub}(:,1,:)\}$；$P_2$ 包含$\boldsymbol{\mathcal{X}}_{sub}$在第 2 模上的第 3 层和第 5 层，即 $P_2=\{\boldsymbol{\mathcal{X}}_{sub}(:,3,:),\boldsymbol{\mathcal{X}}_{sub}(:,5,:)\}$；$P_3$ 包含$\boldsymbol{\mathcal{X}}_{sub}$在第 2 模上的第 2 层和第 4 层，即 $P_3=\{\boldsymbol{\mathcal{X}}_{sub}(:,2,:),\boldsymbol{\mathcal{X}}_{sub}(:,4,:)\}$。最终，三个划分分别都包含 5 个张量非零元素。

在完成各个子张量的划分之后，DITTD 对增量式张量进行分布式的 Tucker 分解计算。该方法整体分为两个步骤：(1) 因子矩阵更新；(2) 核心张量更新。下面阐述两个步骤的具体流程。

### (1) 因子矩阵更新

首先，利用第一类子张量$\mathbb{C}_1=\{\boldsymbol{\mathcal{X}}_{100}^{(t+1)},\boldsymbol{\mathcal{X}}_{010}^{(t+1)},\boldsymbol{\mathcal{X}}_{001}^{(t+1)}\}$更新因子矩阵。根据因子矩阵更新公式(9.12)，可以得到三阶张量对应的因子矩阵基于第一类子张量$\mathbb{C}_1$的更新公式：

$$
\begin{aligned}
\boldsymbol{A}' &\leftarrow (\boldsymbol{\mathcal{X}}_{100}^{(t+1)})_{(1)}(\boldsymbol{\mathcal{G}}_{\cdot 00})_{(1)}^{\dagger},\\
\boldsymbol{B}' &\leftarrow (\boldsymbol{\mathcal{X}}_{010}^{(t+1)})_{(2)}(\boldsymbol{\mathcal{G}}_{0\cdot 0})_{(2)}^{\dagger},\\
\boldsymbol{C}' &\leftarrow (\boldsymbol{\mathcal{X}}_{001}^{(t+1)})_{(3)}(\boldsymbol{\mathcal{G}}_{00\cdot})_{(3)}^{\dagger}
\end{aligned}
\tag{9.16}
$$

其中，$\boldsymbol{\mathcal{G}}_{\cdot 00}=\boldsymbol{\mathcal{G}}^{(t)}\times_2\boldsymbol{B}^{(t)}\times_3\boldsymbol{C}^{(t)}$，$\boldsymbol{\mathcal{G}}_{0\cdot 0}=\boldsymbol{\mathcal{G}}^{(t)}\times_1\boldsymbol{A}^{(t)}\times_3\boldsymbol{C}^{(t)}$以及$\boldsymbol{\mathcal{G}}_{00\cdot}=\boldsymbol{\mathcal{G}}^{(t)}\times_1\boldsymbol{A}^{(t)}\times_2\boldsymbol{B}^{(t)}$。由于在此之前算法未对因子矩阵进行更新，故遗忘因子 $\alpha$ 取 0。

下面以因子矩阵 $\boldsymbol{A}'$的更新计算为例进行讨论。首先考察核心张量与因子矩阵乘积$\boldsymbol{\mathcal{G}}_{\cdot 00}=\boldsymbol{\mathcal{G}}^{(t)}\times_2\boldsymbol{B}^{(t)}\times_3\boldsymbol{C}^{(t)}\in\mathbb{R}^{P\times J\times K}$，其矩阵化$(\boldsymbol{\mathcal{G}}_{\cdot 00})_{(1)}\in\mathbb{R}^{P\times(JK)}$。其中，$J$ 和 $K$ 都是原张量的模大小，因而二者的乘积 $JK$ 是巨大的。所以，DITTD 根据矩阵伪逆、张量-矩阵乘法、矩阵克罗内克积以及因子酉矩阵的性质对更新公式(9.12)进行了以下的优化转换。

**定理9.2** 因子矩阵更新公式(9.12)中的$(\boldsymbol{\mathcal{X}}_{i_1\cdots i_N}^{(t+1)})_{(n)}(\boldsymbol{\mathcal{G}}_{-i_n})_{(n)}^{\dagger}$计算可以等价转化为$(\boldsymbol{\mathcal{X}}_{i_1\cdots i_N}^{(t+1)})_{(n)}(\boldsymbol{A}_{(N)}\otimes\cdots\boldsymbol{A}_{(n+1)}\otimes\boldsymbol{A}_{(n-1)}\cdots\otimes\boldsymbol{A}_{(1)})(\boldsymbol{G}_{(n)})^{\dagger}$。

特别地,对于因子矩阵$\boldsymbol{A}$,应用定理9.2进行如下计算转换:

$$\boldsymbol{A}'\leftarrow(\boldsymbol{\mathcal{X}}_{100}^{(t+1)})_{(1)}(\boldsymbol{\mathcal{G}}_{\cdot 00})_{(1)}^{\dagger}\Leftrightarrow\boldsymbol{A}'\leftarrow(\boldsymbol{\mathcal{X}}_{100}^{(t+1)})_{(1)}(\boldsymbol{C}^{(t)}\otimes\boldsymbol{B}^{(t)})(\boldsymbol{G}_{(1)}^{(t)})^{\dagger}\tag{9.17}$$

这带来两点好处:(i) 避免了核心张量与因子矩阵乘积的中间结果爆炸;(ii) 为因子矩阵与增长张量结合进行分布式计算提供了理论基础。接下来,阐述因子矩阵$\boldsymbol{A}'$根据转换后更新公式进行分布式计算的过程,总体分为以下三步:

(i) 首先,计算核心张量矩阵化伪逆$(\boldsymbol{G}_{(1)}^{(t)})^{\dagger}$。这一步骤DITTD因为避免了大矩阵$(\boldsymbol{\mathcal{G}}_{\cdot 00})_{(1)}\in\mathbb{R}^{P\times(JK)}$的伪逆计算,将计算复杂度从$O(\max\{P,(JK)\}^3)$降低为$O(\max\{P,(QR)\}^3)$。

(ii) 其次,计算$(\boldsymbol{\mathcal{X}}_{100}^{(t+1)})_{(1)}(\boldsymbol{C}^{(t)}\otimes\boldsymbol{B}^{(t)})$。该项是矩阵化张量乘矩阵克罗内克积(marticized tensor times Kronecker product, MTTKP),记为$\hat{\boldsymbol{A}}$,$\hat{\boldsymbol{A}}=(\boldsymbol{\mathcal{X}}_{100}^{(t+1)})_{(1)}(\boldsymbol{C}^{(t)}\otimes\boldsymbol{B}^{(t)})$。DITTD给出了一种MTTKP行式计算的策略,以避免产生巨大的中间结果。$\hat{\boldsymbol{A}}$的行式计算公式如下:

$$\hat{\boldsymbol{A}}(i,:)=\sum_{\boldsymbol{\mathcal{X}}_{100}^{t+1}(i,:,:)\neq 0}\boldsymbol{\mathcal{X}}_{100}^{(t+1)}(i,j,k)(\boldsymbol{C}^{(t)}(k,:)\otimes\boldsymbol{B}^{(t)}(j,:))\tag{9.18}$$

图9.6给出了对MTTKP进行行式计算的示例。在各个张量划分中,根据式(9.18),按所含张量非零元素(如图中黑点所示)的下标$j$、$k$对应分配因子矩阵$\boldsymbol{B}^{(t)}$、$\boldsymbol{C}^{(t)}$的对应行(如图中矩阵$\boldsymbol{B}$、$\boldsymbol{C}$中的黑色粗线所示),即可分布式地完成当前划分对应矩阵$\hat{\boldsymbol{A}}$行的计算(如图中矩阵$\hat{\boldsymbol{A}}$中黑色粗线所示)。然后,汇总各个划分分别计算好的矩阵$\hat{\boldsymbol{A}}$行,得到完整的MTTKP结果矩阵$\hat{\boldsymbol{A}}$。

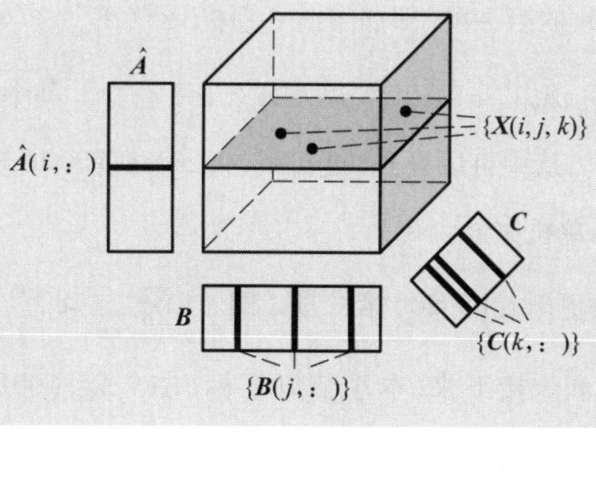


图9.6 MTTKP行式计算示意图

(iii) 最后,将MTTKP结果矩阵与核心张量矩阵化伪逆$(\boldsymbol{G}_{(1)}^{(t)})^{\dagger}$相乘得到更新部分的因子矩阵$\boldsymbol{A}'$。此时,$\boldsymbol{A}'$并不满足酉矩阵性质,进一步对其进行改进的格拉姆-施密特正交化过程(modified Gram-Schmidt orthogonalization process, MGS)处理,以得到列

正交的酉矩阵 $\boldsymbol{A}'$,供下一步骤更新使用。

类似地,DITTD 基于第一类子张量$\mathbb{C}_1$其余两个子张量$\boldsymbol{\mathcal{X}}_{010}^{(t+1)}$和$\boldsymbol{\mathcal{X}}_{001}^{(t+1)}$对因子矩阵 $\boldsymbol{B}$、$\boldsymbol{C}$ 进行更新。进一步地,DITTD 基于第二类子张量$\mathbb{C}_2=\{\boldsymbol{\mathcal{X}}_{011}^{(t+1)},\boldsymbol{\mathcal{X}}_{101}^{(t+1)},\boldsymbol{\mathcal{X}}_{110}^{(t+1)}\}$和第三类子张量$\mathbb{C}_3=\{\mathcal{X}_{111}^{(t+1)}\}$进行因子矩阵更新。其过程与前述的分布式 Tucker 分解计算步骤类似,故此不再赘述。

在完成因子矩阵的增量更新后,将更新部分的因子矩阵与上一时刻的因子矩阵拼接得到当前时刻的因子矩阵,即:

$$
\begin{aligned}
(\boldsymbol{A}^{(t+1)})^{\top}&=[(\boldsymbol{A}^{(t)})^{\top}(\boldsymbol{A}')^{\top}],\\
(\boldsymbol{B}^{(t+1)})^{\top}&=[(\boldsymbol{B}^{(t)})^{\top}(\boldsymbol{B}')^{\top}],\\
(\boldsymbol{C}^{(t+1)})^{\top}&=[(\boldsymbol{C}^{(t)})^{\top}(\boldsymbol{C}')^{\top}]
\end{aligned}
\tag{9.19}
$$

拼接后的矩阵$(\boldsymbol{A}^{(t+1)})$、$(\boldsymbol{B}^{(t+1)})$、$(\boldsymbol{C}^{(t+1)})$不满足酉矩阵性质。因此,进一步对其进行 MGS 处理,以得到列正交的因子酉矩阵。至此完成因子矩阵的更新步骤。

在完成因子矩阵的更新后,接下来 DITTD 对核心张量进行更新实验评估。

**(2) 核心张量更新**. 根据核心张量更新式(9.13)可以得到三阶的增量式张量 Tucker 分解对应的核心张量更新公式,如下所示:

$$
\boldsymbol{\mathcal{G}}^{(t+1)}\leftarrow\boldsymbol{\mathcal{G}}^{(t)}\times\{(\boldsymbol{A}_{(n),0}^{(t+1)})^{\top}\boldsymbol{A}_{(n)}^{(t)}\}+\sum_{(i_1i_2i_3)\in\Theta\backslash(000)}\boldsymbol{\mathcal{X}}_{i_1i_2i_3}^{(t+1)}\times\{(\boldsymbol{A}_{(n),i_n}^{(t+1)})^{\top}\}
\tag{9.20}
$$

其中,$n=1,2$ 或 $3,\Theta\triangleq\{0,1\}^3$。

更新后得到的因子矩阵$\{\boldsymbol{A}_{(n)}^{(t+1)}\}$被重新拆分为两个部分矩阵$\{\boldsymbol{A}_{(n),0}^{(t+1)}\}$和$\{\boldsymbol{A}_{(n),1}^{(t+1)}\}$,即$(\boldsymbol{A}_{(n)}^{(t+1)})^{\top}=[(\boldsymbol{A}_{(n),0}^{(t+1)})^{\top}(\boldsymbol{A}_{(n),1}^{(t+1)})^{\top}]$,$\boldsymbol{A}_{(n)}^{(t+1)}\in\mathbb{R}^{I_n^{(t+1)}\times R_n}$,$\boldsymbol{A}_{(n),0}^{(t+1)}\in\mathbb{R}^{I_n^{(t)}\times R_n}$以及 $\boldsymbol{A}_{(n),1}^{(t+1)}\in\mathbb{R}^{d_n\times R_n}$,$I_n^{(t+1)}=I_n^{(t)}+d_n$。

更新式(9.20)的第一项(即加号前一项$\boldsymbol{\mathcal{G}}^{(t)}\times\{(\boldsymbol{A}_{(n),0}^{(t+1)})^{\top}\boldsymbol{A}_{(n)}^{(t)}\}$)中各元素的维度分别为$\boldsymbol{\mathcal{G}}^{(t)}\in\mathbb{R}^{R_1\times R_2\times R_3}$、$\boldsymbol{A}_{(n),0}^{(t+1)}\in\mathbb{R}^{I_n^{(t)}\times R_n}$,以及 $\boldsymbol{A}_{(n)}^{(t)}\in\mathbb{R}^{I_n^{(t)}\times R_n}$。其中,$I_1^{(t)}=I$、$I_2^{(t)}=J$、$I_3^{(t)}=K$、$R_1=P$、$R_2=Q$、$R_3=R$。从中可以看到,更新式(9.20)中第一项涉及的计算元素均为小张量和小矩阵,可以单机完成。

接下来,考察更新式(9.20)第二项(即$\sum_{(i_1i_2i_3)\in\Theta\backslash(000)}\boldsymbol{\mathcal{X}}_{i_1i_2i_3}^{(t+1)}\times\{(\boldsymbol{A}_{(n),i_n}^{(t+1)})^{\top}\}$),该项为展开的 7 个分项和。接下来,本小节以下标$(i_1i_2i_3)=(001)$的分项为例,即$\boldsymbol{\mathcal{X}}_{001}^{(t+1)}\times_1(\boldsymbol{A}_0^{(t+1)})^{\top}\times_2(\boldsymbol{B}_0^{(t+1)})^{\top}\times_3(\boldsymbol{C}_1^{(t+1)})^{\top}$,对其计算过程进行阐述。实际上,此项可以看成是 MTTKP 与矩阵乘积,即:

$$
\begin{aligned}
&\boldsymbol{\mathcal{X}}_{001}^{(t+1)}\times_1(\boldsymbol{A}_0^{(t+1)})^{\top}\times_2(\boldsymbol{B}_0^{(t+1)})^{\top}\times_3(\boldsymbol{C}_1^{(t+1)})^{\top}\\
&=(\boldsymbol{A}_0^{(t+1)})^{\top}(\boldsymbol{\mathcal{X}}_{001}^{(t+1)})_{(1)}((\boldsymbol{C}_1^{(t+1)})^{\top}\otimes(\boldsymbol{B}_0^{(t+1)})^{\top})
\end{aligned}
\tag{9.21}
$$

所以,其计算的策略可以分为如下两步:(1) 按照前述 MTTKP 分布式行式计算的方式得到 MTTKP 结果$(\boldsymbol{\mathcal{X}}_{001}^{(t+1)})_{(1)}(((\boldsymbol{C}_{1}^{(t+1)})^{\top}\otimes(\boldsymbol{B}_{0}^{(t+1)})^{\top})$,(2) 将 MTTKP 结果与矩阵$(\boldsymbol{A}_{0}^{(t+1)})^{\top}$相乘得到式(9.21)的结果。

类似地,可以依次计算得到更新式(9.20)中第二项其余 6 个分项的结果,进而加和得到第二项的结果． 最后与更新式(9.20)中的第一项加和,以完成核心张量的更新。至此,DITTD 完成了分布式的增量式张量 Tucker 分解。

### 9.2.3　梯度下降

本小节介绍第 3 个 AI 通信算子——梯度下降的优化。

机器学习任务一般会被转化成数学上的最优化问题,而后使用梯度下降方法进行求解。目前利用数据库思想优化梯度下降方法多为基于压缩的分布式梯度下降方法。它们研究如何压缩数据减少分布式机器学习过程中梯度数据的传输开销,以加速机器学习模型训练。接下来,先介绍基于梯度下降的分布式机器学习一般流程,而后对梯度压缩的代表性思想进行阐述。

下面,介绍基于梯度下降的分布式机器学习。

给定一组训练样本数据$\{\boldsymbol{x}_i,y_i\}_{i=1}^{N}$及目标任务对应的损失函数$\boldsymbol{f}(\boldsymbol{x},y,\boldsymbol{\theta})$,分布式机器学习使用梯度下降方法对模型进行优化训练以最小化损失函数,即找到一组模型参数$\boldsymbol{\theta}\in\mathbb{R}^{D_m}$,使其能对每个样本特征向量$\boldsymbol{x}_i$尽可能准确地预测样本标签$y_i$。其中,$N$为训练样本数量,$D_m$为模型参数数量。

图 9.7 给出了分布式机器学习框架流程示意图。每个分布式工作节点都拥有各

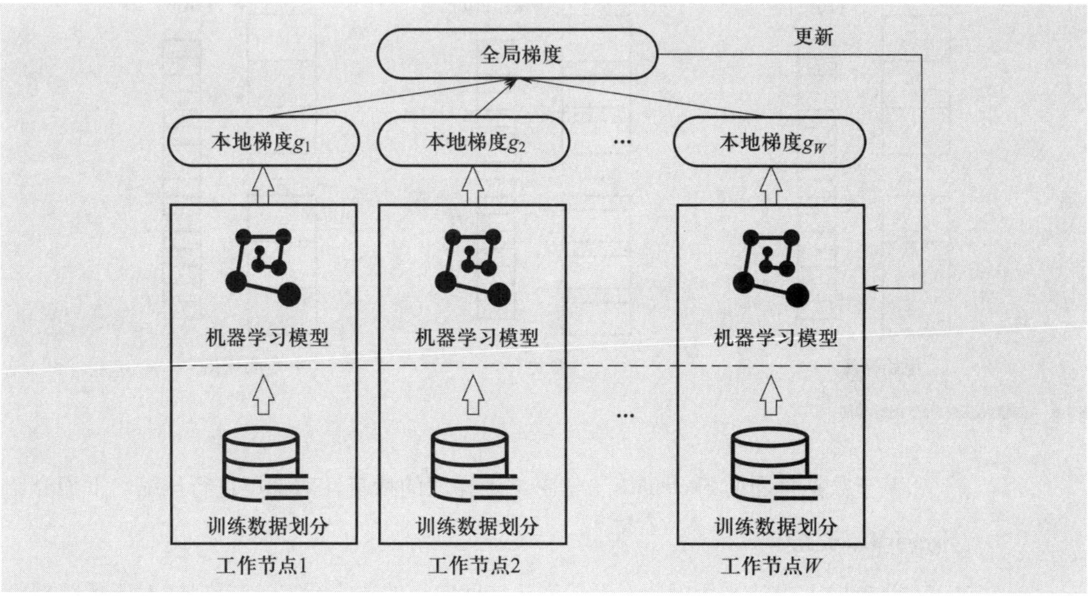


图 9.7　分布式机器学习框架

自的训练数据以及完整模型参数的本地副本。每个节点独立根据本地训练数据计算本地模型更新的局部梯度,并定期与其余工作节点通信以得到全局梯度,进一步对模型更新,直至模型训练迭代收敛。

随机梯度下降法(stochastic gradient descent,SGD)是一种最常用的一阶梯度下降方法。在第 $t$ 轮迭代轮次中,SGD 对模型参数 $\boldsymbol{\theta}_{t+1}$ 进行对应更新:

$$\boldsymbol{\theta}_{t+1}=\boldsymbol{\theta}_t-\eta_t\boldsymbol{g}_t \tag{9.22}$$

其中,$\eta_t>0$ 表示学习率,$\boldsymbol{g}_t$ 表示损失函数 $f$ 在第 $t$ 轮迭代轮次上梯度的无偏估计,$\boldsymbol{\theta}_t$ 表示第 $t$ 轮迭代轮次上的模型参数。

在分布式机器学习中,每个分布式工作节点先在每轮迭代中独立地计算本地梯度,而后全局节点聚合更新的梯度以更新机器学习模型,并将全局机器学习模型发送给各个节点。在给定 $W$ 个工作节点情况下,基于压缩的分布式梯度下降方法旨在研究如何高效地压缩梯度 $\{\boldsymbol{g}^w\}_{w=1}^{W}$,以降低分布式节点间的网络传输通信量。

现有基于压缩的分布式梯度下降工作可以分为以下三类:量化方法(quantization)、稀疏化方法(sparsification)和混合方法。图 9.8 给出了两种梯度压缩思想(即量化和稀疏化)的对比示意图。量化方法使用少量比特位(bit)存储梯度向量的每一个元素。基于量化思想的代表性方法有 TernSGD[19]、SignSGD[20] 等。稀疏化方法是一种更为激进的方法,其只选择原始梯度向量中的一部分元素进行传输。基于稀疏化思想的代表性方法有 Random-$k$[21]、Top-$k$[22]。混合方法结合了上述两种思想对梯度数据进行压缩,譬如 Qsparse-local-SGD[23]、SketchML[24] 等。

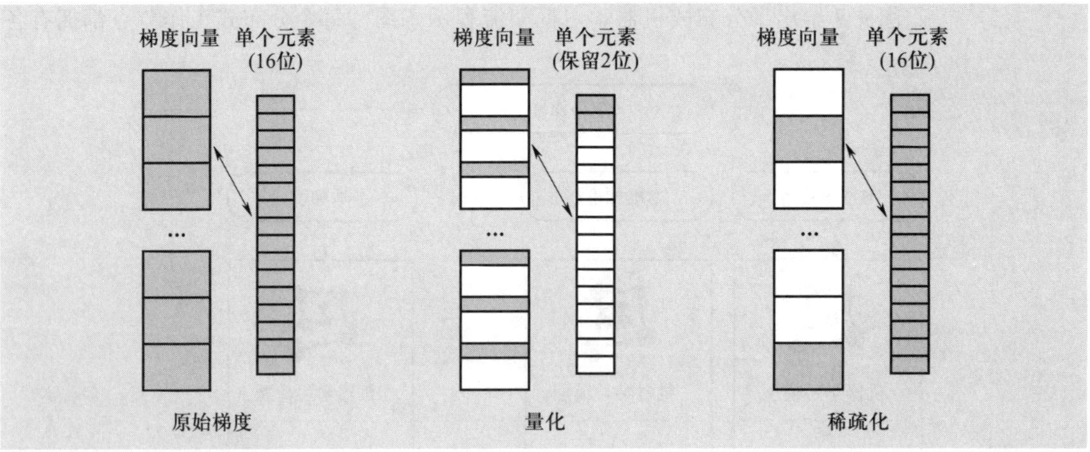


图 9.8　梯度数据压缩思想对比示意图

基于数据草图的 SketchML 方法考虑了梯度的稀疏性对梯度进行压缩。下面介绍 SketchML 方法。

SketchML 方法采用键值对形式表达梯度向量的非零元素。特别地,对于稀疏梯度

向量 $\boldsymbol{g}$ 的第 $j$ 个非零元素，使用键值对$(k_j,v_j)$表示其梯度键和梯度值。若稀疏梯度向量 $\boldsymbol{g}$ 中有 $D$ 个非零元素，则 $j=1,2,\cdots,D$。

SketchML 方法包括三个算法模块：分位数据草图-桶排序量化（quantile-bucket quantification）模块、最小-最大数据草图（MinMaxSketch）模块，以及动态二进制增量编码（dynamic delta-binary encoding）模块。SketchML 利用前两个模块压缩梯度值$\{v_j\}_{j=1}^{D}$，再用第三个模块压缩梯度键$\{k_j\}_{j=1}^{D}$。SketchML 方法分别提供编码器和解码器以压缩和解压缩梯度。

在编码器中，SketchML 方法（1）遍历所有梯度值，建立分位数据草图，产生候选分位值，并利用分位值将各梯度值划分至相应桶中；（2）用对应桶的平均值代替桶中原始梯度值；（3）为每个梯度值分配对应桶的索引；（4）用哈希函数计算梯度键的哈希值，把对应梯度值的桶索引记录至最小-最大数据草图中；（5）将梯度键转化为增量键；（6）用二进制编码压缩增量键。

在解码器中，SketchML 方法反转上述编码过程，恢复压缩的梯度，包括（1）将增量键恢复为原始梯度键；（2）用恢复的梯度键在最小-最大数据草图中查询得到梯度值对应的桶索引；（3）以桶索引查询对应桶的平均值来恢复梯度值。

首先，介绍 SketchML 方法对梯度值的压缩过程。SketchML 先对梯度值进行分位数据草图-桶排序量化。如图 9.9 所示，分位数据草图-桶排序量化主要包括以下五步：

（1）SketchML 遍历所有梯度值，用于建立分位数据草图。其中，分位数据草图选取 Yahoo DataSketches 进行实现。

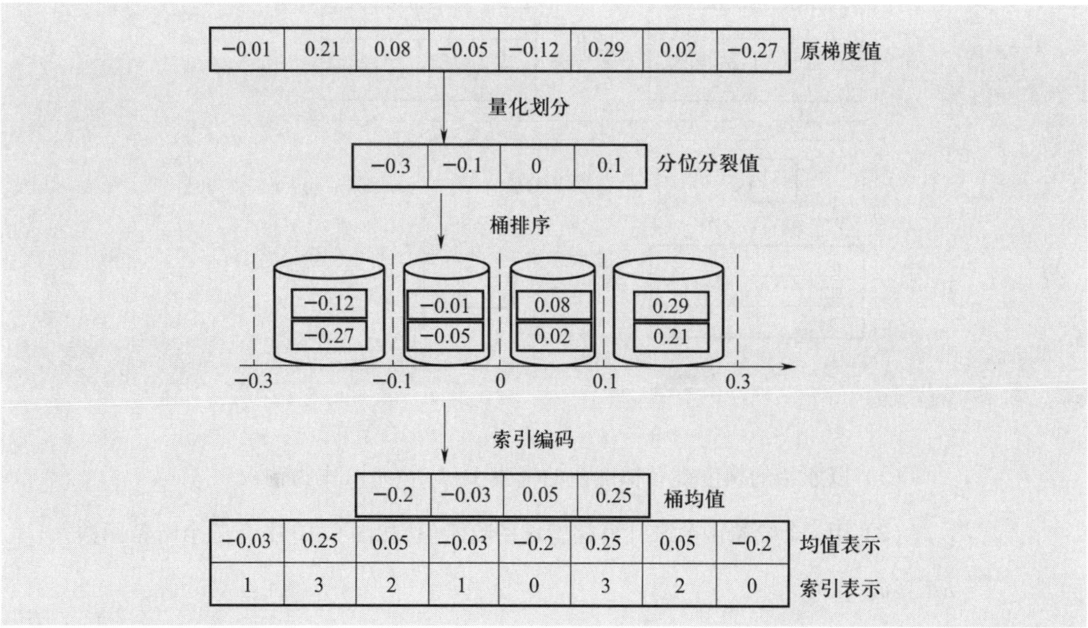


图 9.9　分位数据草图-桶排序量化示意图

（2）用 $q$ 个分位值来查询建立的分位数据草图，以得到分位候选分裂值。即，用 $q$ 个均匀的分位值 $\{0,1/q,2/q,\cdots,(q-1)/q\}$ 在分位数据草图中得到分位分裂值 $\{rank(0),rank(1/q),rank(2/q),\cdots,rank((q-1)/q)\}$。

（3）利用 $q$ 个分位分裂值和最大梯度值得到 $q$ 个分位桶，每个桶内包括 $N/q$ 个梯度值。例如，图 9.9 中梯度值 0.21 被分至第 4 个桶。

（4）用对应桶的平均值代替桶中原始梯度值。

（5）由于平均值仍然是浮点型数据，故空间开销依然和保留原始梯度值一样，进一步使用桶的索引 $\{b(v_j)\}$ 表示梯度值。例如，图 9.9 中梯度值 0.21 被编码成第 4 个桶的均值之后，进一步使用桶索引 3 来编码。

一般地，分位桶数量 $q$ 取到 256 就可以获得与原始梯度相当的准确率。此时，分位数据草图-桶排序量化模块的梯度值压缩率约为 8（假定梯度值需要用 8 个字节的浮点数表示）。SketchML 方法进一步引入最小-最大数据草图来压缩梯度。

最小-最大数据草图包括插入和查询两个阶段。如图 9.10 所示，在插入阶段，最小-最大数据草图执行以下三步：

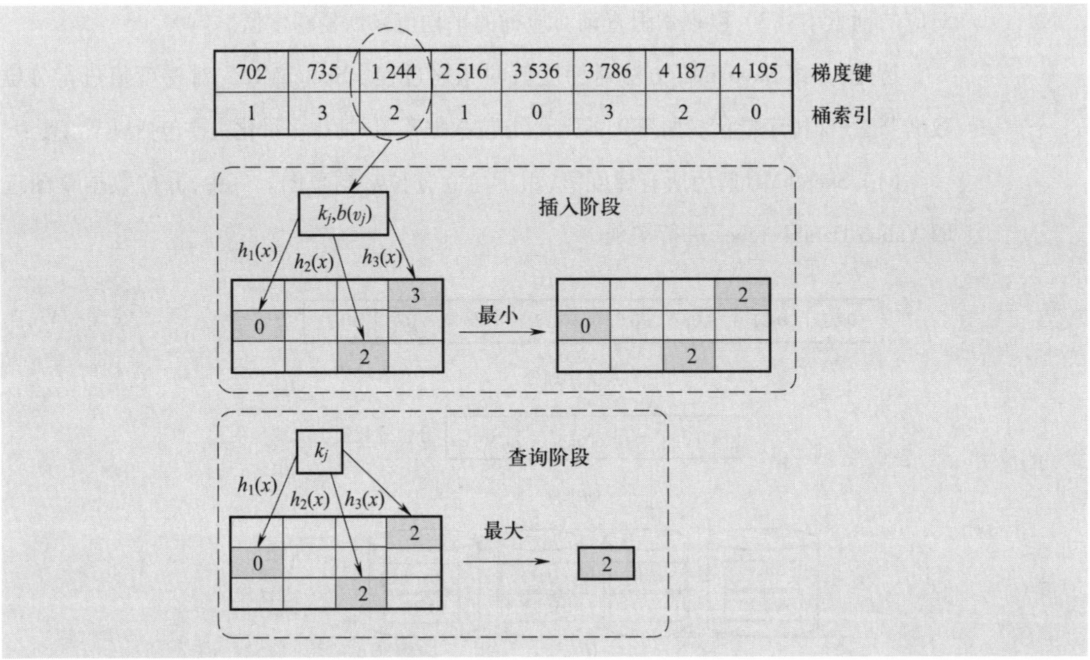


图 9.10　最小-最大数据草图示意

（1）以原始的梯度键和梯度值的桶索引 $(k_j,b(v_j))$ 作为输入。

（2）用 $s$ 个哈希函数来计算梯度键的哈希值，如图 9.10 中有三个哈希函数 $h_1()$、$h_2()$、$h_3()$。

（3）若第 $i$ 个哈希表的某项被选中，则比较当前哈希表的值 $\mathrm{H}(i,h_i(k_j))$ 和 $b(v_j)$。

若前者大于后者,则将前者值替换为后者值。

在查询阶段,最小-最大数据草图执行以下两步:

(1) 对于每个输入梯度键 $k_j$,用 $s$ 个哈希函数计算哈希值,用于查到哈希表中的对应位置。

(2) 从哈希表中选择出 $s$ 个候选值后,选最大的值作为输出。如图 9.10 所示,3 个候选值为{0,2,2},则选择 2 作为最终输出。

SketchML 方法通过上述两个模块对梯度值进行了压缩。整个过程引入了梯度值的压缩误差。SketchML 方法还讨论了对误差的控制,感兴趣的读者可以阅读原文[24]以进一步了解详细信息。

下面介绍 SketchML 方法如何使用动态二进制增量编码模块对梯度键 $\{k_j\}_{j=1}^{D}$ 进行压缩。动态二进制增量编码过程如图 9.11 所示。

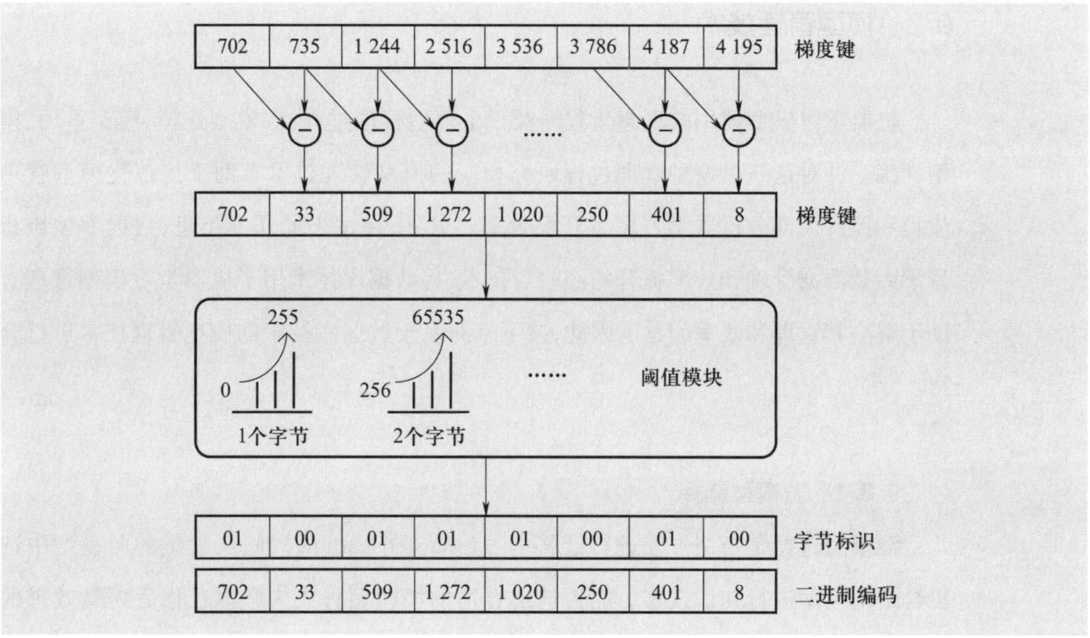


图 9.11　动态二进制增量编码示意图

首先,每个原始梯度键 $k_j$ 被编码为增量梯度键 $\Delta k_j$,即计算该梯度键与前一个梯度键之间的差值:

$$\Delta k_j = \begin{cases} k_1, & j = 1 \\ k_j - k_{(j-1)}, & 1 < j \leqslant d \end{cases} \tag{9.23}$$

原始梯度键可能非常大,但两个相邻梯度键之间的差值则小得多。然而,若仍然用整型或长整型存储增量梯度键,则压缩就失去意义。

因此,SketchML 方法进一步使用二进制格式编码增量梯度键,并用不同的空间存储大小不等的增量梯度键。如图 9.11 所示，阈值模块用于接收增量梯度键，并输出编码需要的最小字节数。特别地，一个字节可以编码[0,255]之间的增量梯度键，两个字节可以编码[256,65535]之间的增量梯度键，三个字节可以编码[65536,1677215]之间的增量梯度键，四个字节可以编码[1677216,4294967295]之间的增量梯度键。

增量梯度键编码所需的字节数量被称为“字节标识”的二进制编码表示。例如，一个字节的字节标识为 00，两个字节的字节标识是 01，以此类推。最后，字节标识和增量梯度键一起编码成二进制输出。以图 9.11 中的最后一个梯度键为例，它的字节标识为 00，对应的增量梯度键被用一个字节表示为 00000100，最终被编码为 0000000100。

## 9.3 模型管理技术

机器学习模型使用的理想流程涉及三个模型管理过程：源模型选择、模型重用、模型训练。针对这三个模型管理过程研究相应的模型管理技术有助于规范化模型管理流程和提升大部分机器学习模型开发效率。另外，在过去的几十年里，数据库领域积累了大量数据管理和效率提升的经验与技术，将数据库技术用于机器学习模型管理有助于解决其管理和效率问题。因此，接下来对基于数据库技术的模型管理技术进行介绍。

### 9.3.1 源模型选择

源模型选择是指用户在进行迁移学习(transfer learning)前，从大量的源模型中选出合适的模型进行知识迁移。能否选出合适的源模型将成为影响迁移后模型效果的重要因素。

近年来，以深度神经网络为代表的机器学习模型被广泛地应用于社会的各个领域，并在许多应用场景下取得了较好的效果。然而，机器学习对训练数据有着较高的要求，训练数据较少往往导致模型的训练效果较差。为了解决这个问题，机器学习领域的专家学者们开始采用迁移学习以提升机器学习模型的效果。

目前，迁移学习已被广泛地应用于推荐系统、计算机视觉、自然语言处理等领域。给定源域与源学习任务、目标域与目标学习任务，迁移学习旨在利用蕴含在源域与源学习任务中的知识提升目标模型在目标域上的预测表现[25]。具体而言，迁移学习利用了数据、任务或者模型间的相似性，将过去在旧领域学到的知识用于新领域的训练[26]。

根据迁移知识的不同,现有的迁移学习算法可以被分为四类:基于样本的算法、基于特征的算法、基于模型的算法和基于关系的算法[25,27]。基于模型的迁移算法利用模型层面的知识进行迁移[25],常被用于当前流行的深度神经网络模型的迁移。基于模型的迁移算法常用形式包括微调、正则等[25]。

大量研究致力于在给定源模型(即源域)的情况下,提升迁移学习的效果。这些研究忽略了选择源模型的步骤。然而,不同的源模型可能导致截然不同的迁移结果。不合适的源模型甚至会降低目标模型在目标数据集上的表现[25]。与此同时,伴随开源社区(如 GitHub)的发展,越来越多的从业者愿意分享自己已训练的模型。此外,随着机器学习技术在各个公司业务中的使用,在公司内部也会产生和积累大量已训练的模型。另外,由于信息技术的快速发展,机器学习的训练数据集日益庞大,训练单个模型所需的时间也日益增长。所以,通过对每个候选模型进行重训练,找出最合适模型的源模型选择方式需要耗费大量的时间和精力。对于当前的机器学习从业者来说,如何在进行迁移学习之前从大量候选源模型中,快速地挑选出合适的机器学习模型成为一个重要的问题。

针对上述的源模型选择问题,文献[28]基于数据管理思想,提出了关于 REAPER 系统的设想。如图 9.12 所示,REAPER 是一种基于数据集相似性的源模型选择系统。用户通过 Python 脚本或者 REAPER 界面进行交互,给出自己的目标数据集;随后,相

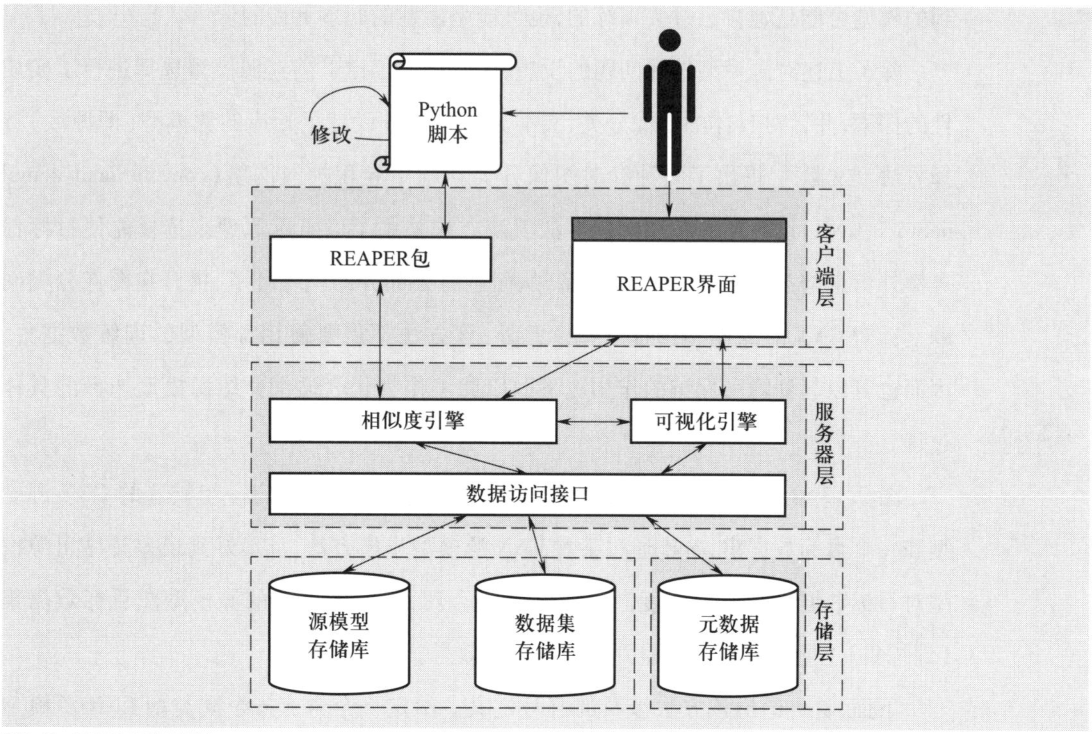


图 9.12　REAPER 系统示意图

似度引擎通过数据访问接口访问源模型存储库、数据集存储库和元数据,进而选择出一个最适合目标数据集的源模型。此外,REAPER 还可以通过可视化引擎呈现结果。

其中,元数据存储库保存模型的输入/输出维度、数据集的标签类型等信息,用于过滤掉与目标任务不足够匹配的源模型。然后,文献[28]设想通过拓扑数据分析(topological data analysis,TDA)从底层数据中提取相关的特征和几何结构,再通过定义数据集的拓扑复杂性以选择具有相似复杂性的数据集。在选出具有相似复杂性的数据集后,还可以采用互信息计算方法将数据集表征为由互信息加权所形成空间中的点,以此选择得到基于数据集相似性的源模型。

文献[28]还设想了用户使用 REAPER 系统的典型场景:

在一家公司里,有一位数据科学家爱丽丝想要使用给定的数据集去解决相应的问题。为此,她需要训练一个最优的神经网络模型来匹配数据集中的样本输入和对应的输出。在经过探索性数据分析和数据预处理之后,爱丽丝对自己将要使用的数据集有了基本理解,她开始使用 Python 脚本构建她的第一个模型。这时,她想要通过重用公司过去已训练的源模型来加速自己当前的模型训练,或者提升自己当前模型的训练效果。因此,她使用 REAPER 系统挑选她所在公司中已训练的源模型,并通过比较数据集相似性选出最合适的模型。随后在训练过程中,爱丽丝可以通过微调和冻结的方式,更快速或更好地训练得到可用于目标任务的模型。在整个过程中,爱丽丝挑选得到的模型可能是她自己过去训练的,也可能是由她的同事上传的。

除了上述对源模型选择问题的设想,已有相关工作[27,29]对源模型选择进行了实质性的探索,并针对具体的图像分类、文本分类等任务设计了相应的源模型(即源域)选择方法。文献[27]提出了一种针对图像分类问题中卷积神经网络(convolutional neural network,CNN)设计的源模型选择方法。该方法采用了信息论原理来选择能使目标任务额外信息增益最多的 CNN 源模型,从而避免大部分的训练环节,提升在图像分类问题上针对 CNN 的源模型选择效率。此外,该方法不需要使用源模型的训练数据集。因而也可以起到隐私保护的作用。下面以此工作为代表详细介绍源模型选择的具体过程。

图 9.13 给出了一个对 CNN 源模型进行选择的示例。给定一组候选的 CNN 源模型和一个目标数据集,希望通过某种 CNN 源模型排序方法,从最好到最差排序出源模型对目标数据集的适合程度。若评价方法合理,则排名靠前的源模型在目标数据集(训练集)上重训练后能够得到更好的预测效果。

下面,首先给出该方法涉及的符号定义。给定一个含有 $q$ 个同类型 CNN 源模型(如 LeNet)的数据集 $\{N_1,N_2,\cdots,N_q\}$ 和一个目标数据集 $D_m$。其中,对于每一个 CNN 源

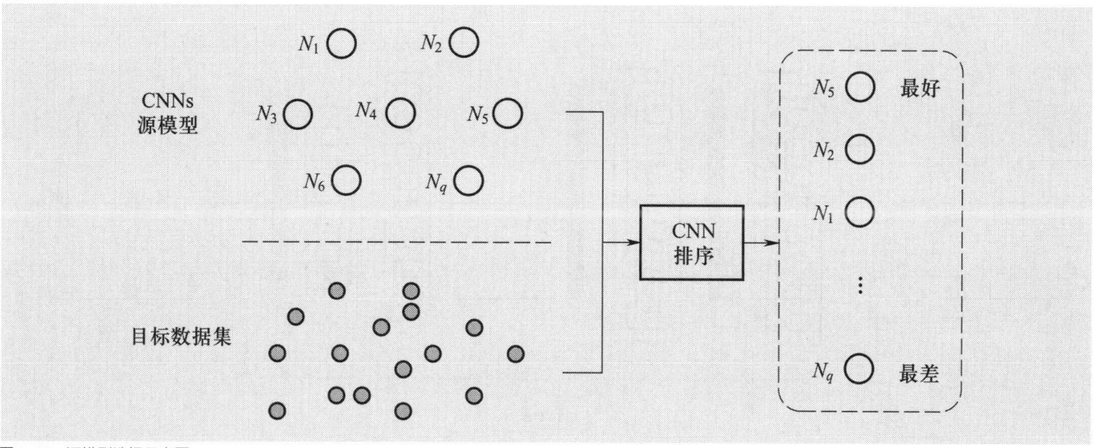


图 9.13　源模型选择示意图

模型 $N_i, i \leqslant q$，由源数据集 $D_i$ 训练得到。这里 $D_i = (X_i, Y_i)$，$X_i$ 代表样本集，$Y_i$ 代表对应的标签集。目标数据集 $D_m$ 被分为 2 个数据集 $D_e$ 和 $D_a$。其中，$D_e$ 为测试集，$D_a$ 由训练集 $D_t = (X_t, Y_t)$ 和验证集 $D_v = (X_v, Y_v)$ 组成。与源数据集 $D_i$ 类似，$X_t, X_v$ 分别为对应数据集的样本集，$Y_t, Y_v$ 分别为对应数据集的标签集。

为了排序源模型对目标任务的适合情况，该工作采用了信息论原理来设计 CNN 源模型排序方法，下面将结合信息论概念与符号，介绍 CNN 源模型排序方法的具体思想与推导过程，并给出 CNN 源模型排序方法的计算公式。

首先，使用训练集 $D_t = (X_t, Y_t)$ 训练与 CNN 源模型类型相同的 CNN 网络（如 LeNet），得到 CNN 模型 $N_t$。引入熵函数 $H(\,)$，可以获得在验证集 $D_v = (X_v, Y_v)$ 上预测标签的熵为 $H(Y_v)$。此时，对于验证集 $D_v$，$N_t$ 的预测结果为 $N_t^m(X_v)$。$N_t^m(X_v)$ 是指对 $N_t$ 输入样本集 $X_v$ 后，第 $m$ 层网络的输出。这里 $m$ 表示网络的总层数，即 $N_t^m(X_e)$ 是最后一层网络的输出。由于 $N_t$ 经过了训练集 $D_t$ 的训练，故能对验证集 $D_v$ 进行一定程度的有效预测，即训练集 $D_t$ 经过 $N_t$ 的预测，结果中真实标签的不确定性减少。此时，可以认为经过 $N_t$ 的预测，条件熵低于原本标签集的熵，即：

$$H(Y_v) \geqslant H(Y_v \mid N_t^m(X_v)) \tag{9.24}$$

同理，对于 CNN 源模型 $N_i$，可以获得预测结果 $N_i^m(X_v)$。由于 CNN 源模型由不同的训练集训练而成，分类数目存在不同，因而即使网络类型相同，最后一层的输出维度也存在差异。如图 9.14 所示，为了能够统一地比较预测结果，CNN 源模型排序方法采用第 $l$ 层的输出代替最后一层（即第 $m$ 层）的输出，其中 $l = m-1$，即 $N_i$ 的预测结果为 $N_i^l(X_v)$。

若 $N_i$ 的预测结果能够对目标任务产生帮助，即认为经过 $N_i$ 的预测，结果中真实标签的不确定性减少，则可以认为：

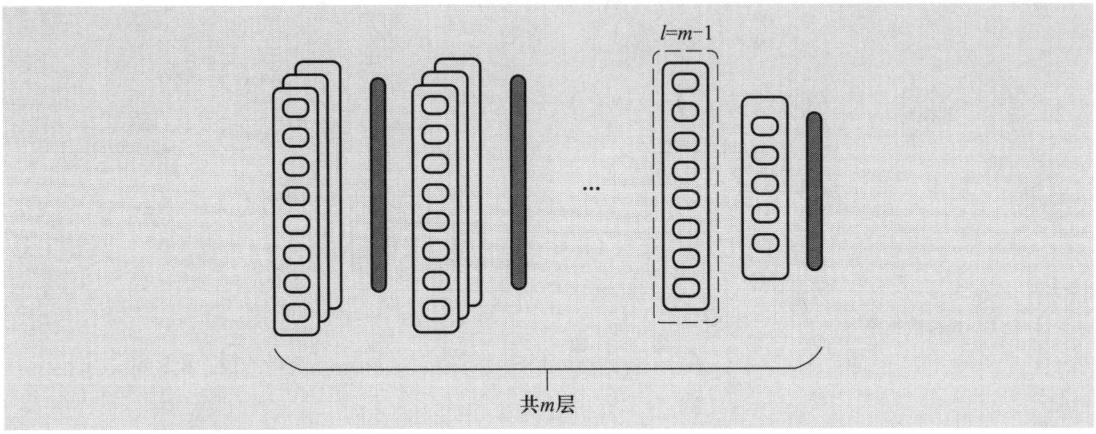


图 9.14　第$l$层的 CNN 源模型输出示意图

$$H(Y_v) \geqslant H(Y_v \mid N_t^m(X_v)) \geqslant H((Y_v \mid N_t^m(X_v)), N_i^l(X_v)) \tag{9.25}$$

此时，可以通过信息增益的形式，获得由 $N_t$ 和 CNN 源模型 $N_i$ 带来的对验证集 $D_v$ 预测的信息贡献 $\phi$ 为：

$$\phi = H(Y_v) - H(Y_v \mid N_t^m(X_v)), N_i^l(X_v)) \tag{9.26}$$

进一步引入互信息函数 $I()$，可以将上式改变形式，从而得到：

$$\phi = I(Y_v; N_t(X_v)) + I((Y_v; N_i^l(X_v) \mid N_t^m(X_v)) \tag{9.27}$$

此时，$\phi$ 由两项互信息组成，第一项为 $N_t$ 的预测结果与 $Y_v$ 之间的互信息，代表由 $N_t$ 带来的对验证集 $D_v$ 的预测贡献，即图 9.15 中的阴影区域 1 所示。第二项为 CNN 源模型 $N_i$ 带来的对验证集 $D_v$ 预测的额外信息贡献，并且该项预测贡献不包含 $N_t$ 带来的预测贡献，只能通过 CNN 源模型 $N_i$ 获得，即图 9.15 中的阴影区域 2 所示。CNN 源模型排序方法计算和排序的 CNN 迁移能力 $\gamma^i$ 就是这一部分的预测贡献，即：

$$\gamma^i = I(Y_v; N_i^l(X_v) \mid N_t^m(X_v))) \tag{9.28}$$

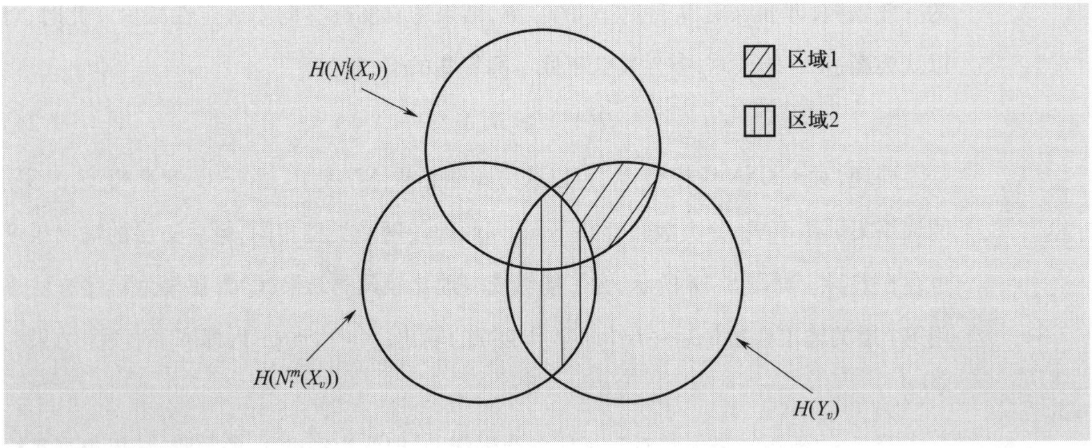


图 9.15　信息增益示意图

通过计算所有 CNN 源模型的迁移能力 $\gamma^i$ 并进行排序,可以挑选出最适合对验证集 $D_v$ 进行预测的 CNN 源模型。由于验证集和测试集的数据分布具有相似性,故可以获得适合测试集 $D_t$ 的 CNN 源模型。

### 9.3.2　模型重用

模型重用,即重复利用已经训练好的机器学习模型,减少新模型的训练时间或者提升机器学习训练效果[30]。目前,已有工作通过迁移学习进行模型重用,加速集成学习的训练过程[26,31];也有一些工作[32,33]使用非迁移学习方法,基于模型重用思想利用过去建立的模型对新模型的训练进行加速。

当前机器学习往往需要高昂的时间成本和高质量数据成本,与此同时,在各类机器学习场景都已有许多训练好的机器学习模型,这都驱使着数据管理和人工智能领域的研究学者思考更有效的模型重用方法以加速机器学习训练。接下来,介绍一种基于模型物化(预训练并存储)与重用技术的机器学习模型构建加速方法[32]。

文献[32]提出的方法关注监督学习重用和无监督学习重用。下面以监督学习中的广义线性模型(generalized linear models, GLMs)和无监督学习中的 $k$ 均值聚类($k$-means)为例对该模型重用方法进行描述,其中广义线性模型包括许多流行的分类器,如逻辑斯谛回归(logistic regression)和线性支持向量机(linear SVMs)。方法流程图如图 9.16 所示,该方法输入分析型机器学习查询,而后基于代价的优化器通过预先物化的机器学习模型执行最优的模型重用策略,得到该分析型机器学习查询的近似模型。

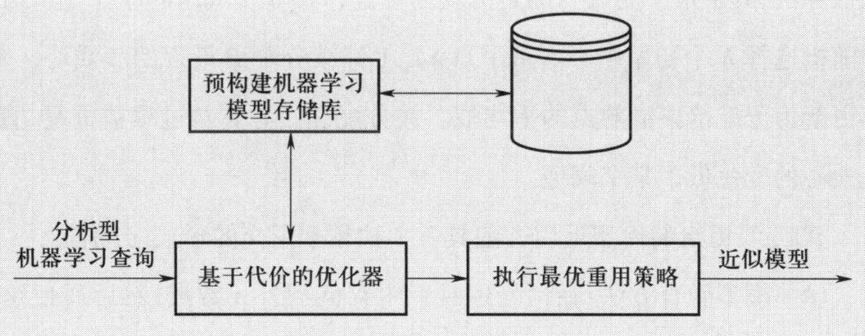


图 9.16　方法流程图[32]

首先,介绍该模型重用方法的相关基本概念和常用符号。

**定义 9.7(模型查询)**　给定基于数据集 $D$ 的分析型查询 $q$,返回用于构建机器学习模型的数据集 $D_q$。这主要考虑三种用于模型构建的查询:

(i) 基于范围的查询:该查询通过确认某一属性 $X_i$ 和该属性的范围$[a,b]$,筛选出属性 $X_i$ 位于范围$[a,b]$中的样本元组。

（ii）基于维度的查询：该查询筛选出具有特定属性的样本元组。

（iii）任意查询：该查询通过结合基于范围的查询和基于维度的查询筛选出相关的样本元组。

例如，在数据集 $D_q$ 上构建的模型为 $M(D_q)$，其近似模型为 $\widetilde{M}(D_q)$。对于可用于近似构建的预构建模型集合，假设基于过去模型查询的结果，预构建模型集合为 $\{M_1, M_2, \cdots, M_R\}$，给定任意查询 $q$，需要返回可用于近似构建 $\widetilde{M}(D_q)$ 的预构建模型集合的子集 $\mathcal{M}_q$。例如考虑数据集 $D=\{1,\cdots,1000\}$，存在基于范围 $\{P_1=[1,100], P_2=[101, 200], \cdots, P_{10}=[901,1000]\}$ 构建的预构建模型集合 $\{M_1, \cdots, M_{10}\}$。若给定查询 $q_1=[101,500]$，则 $\mathcal{M}_{q_1}=\{M_2, M_3, M_4, M_5\}$。当查询范围 $q$ 超出预构建模型的构建范围时，仍然可以获得 $\mathcal{M}_q$，例如，给定查询 $q_2=[51,550]$，那么 $\mathcal{M}_{q_2}=\{\mathcal{M}([51,100]\cup[501, 550]), M_2, M_3, M_4, M_5\}$。

为了便于后续阅读，介绍用于模型重用的 k-means 模型。

$k$-means 是一种常用的无监督学习模型，用于将数据集聚类为 $k$ 个不同的类。$k$-means 的定义为：给定数据点集合 $\mathcal{X}\in\mathbb{R}^d$，$k$-means 试图在$\mathbb{R}^d$中找到 $K$ 个簇质心，以使得平方误差和（sum of squared errors，SSE）最小化。给定数据点集合 $\mathcal{X}$ 和簇质心集合 $C$，SSE 定义为：

$$\mathrm{SSE}(\mathcal{X}, C)=\sum_{x\in\mathcal{X}} d(x, C)^2=\sum_{x\in\mathcal{X}}\min_{c\in C}\|x-c\|_2^2 \tag{9.29}$$

由于 $k$-means 的计算是一个广为人知的 NP 完全问题，因而衍生出了许多高效的近似算法，其中最广为人知的是劳埃德算法（Lloyd's algorithm）。它的工作原理是从 $\mathcal{X}$ 中随机选择 $K$ 个初始中心。每个点 $x\in\mathcal{X}$ 都被分配给最近的簇质心。然后，将集群质心更新为分配给集群的点的平均值。簇分配和质心更新过程被重复，直至迭代之间的簇质心的变化低于某个阈值。

文献[32]提出的模型重用方法具有 2 种相互正交的形式，分别是：

（1）模型融合方法：在预处理过程中存储额外元数据，然后通过这些额外的元数据，在运行过程中使用相应的方法并结合过去的机器学习模型得到新模型，从而无须直接访问数据。

（2）核心集合方法：核心集合是由样本元组组合成的小型权重集合，通过核心集合构建的机器学习模型近似于在完整样本元组上构建的机器学习模型。核心集合将在预处理过程中生成，并在运行过程中用于构建近似的机器学习模型。

核心集合的概念来自文献[34]，对于权重集合 $C$，当满足

$$(1-\epsilon)\phi_D(\cdot)\leqslant\phi_C(\cdot)\leqslant(1+\epsilon)\phi_D(\cdot) \tag{9.30}$$

时，权重集合 $C$ 成为数据集 $D$ 的 $\epsilon$-核心集 $C$。这里 $\phi(\cdot)$ 为机器学习模型的目标函数，若 $k$-means 的目标函数是平方误差和，则在 $\epsilon$-核心集 $C$ 上运行 $k$-means 算法获得的平方误差和应该小于在整个数据集 $D$ 上运行 $k$-means 获得的平方误差和的 $1+\epsilon$ 倍。

下面先介绍基于模型融合方法的模型重用。

令 $\mathcal{M}_q=\{M_1,M_2,\cdots,M_r\}$ 为用于模型融合的预构建模型集合，$\theta(M_i)$ 为模型 $M_i$ 的相关参数，模型融合的目标是获取近似模型 $\widetilde{M}(D_q)$。对于 $k$-means 模型，$\theta(M_i)$ 为 $K$ 个簇质心的集合和分配给每个集群的数据点数量；对于逻辑斯谛回归，$\theta(M_i)$ 对应于回归系数，而对于 SVM，$\theta(M_i)$ 对应于分离超平面的系数。

先考虑在 $k$-means 模型上使用模型融合方法。$k$-means++[35] 是目前最常用的 $k$-means 聚类近似算法之一，它具有 $O(\log K)$ 的近似保证，且计算简单高效，也是 $k$-means 聚类的默认算法。因此，本小节中所有的 $k$-means 聚类都默认采用 $k$-means++算法。

给定一个任意查询 $q$，我们的目标是有效地输出 $K$ 个簇质心 $\tilde{C}_q$ 以满足由 $\tilde{C}_q$ 计算得到的平方误差和接近由 $C_q$ 计算得到的平方误差和，其中 $C_q$ 是在完整数据集上使用 $k$-means++算法从头开始计算得到的簇质心集合。模型融合方法通过只使用信息 $\theta(M_i)$ 来实现这一点，$\theta(M_i)$ 包括了簇质心和分配给它们的数据点数量。

算法 9.2 描述了用于 $k$-means 的模型融合算法。给定一个机器学习模型集合 $\mathcal{M}_q=\{M_1,M_2,\cdots,M_r\}$ 和一个参数 $K$，用于 $k$-means 的模型融合算法输出 $K$ 个簇质心 $\tilde{C}_q$。首先，算法计算所有模型 $M_i\in\mathcal{M}_q$ 的所有簇质心的并集 $C_w$。接着，如果数据集 $D_q$ 中有一些样本元组没有被模型集合 $\mathcal{M}_q$ 覆盖，那么在这些元组上运行 $k$-means 并将这些新计算得到的簇质心添加到 $C_w$。然后，对于每一个簇质心 $c_j\in C_w$，计算与之相关的数据点数目并作为权重 $w(j)$。最后，通过运行带权重的 $k$-means++算法得到 $K$ 个簇质心 $\tilde{C}_q$。

**算法 9.2　用于 *k*-means 的模型融合算法**

**输入：** 机器学习模型集合 $\mathcal{M}_q=\{M_1,M_2,\cdots,M_r\}$，参数 $K$
**输出：** $K$ 个簇质心 $\tilde{C}_q$

1: $C_w=\bigcup_{i=1}^{r}M_i$ 中的簇质心
2: 对于每一个簇质心 $c_j\in C_w$，$w(c_j)=$ 与 $c_j$ 相关的数据点数目
3: 在 $C_w$ 上运行带权重的 $k$-means++算法
4: **return** 簇质心 $\tilde{C}_q$

除了 $k$-means 模型，模型融合方法还可被用于广义线性模型。

算法 9.3 描述了用于广义线性模型的模型融合算法(average mixture algorithm，AVGM)。给定一个机器学习模型集合 $\mathcal{M}_q=\{M_1,M_2,\cdots,M_r\}$ 作为输入，AVGM 输出模

型重用后的近似模型参数 $\theta(\widetilde{M}_q)$。AVGM 先平均模型参数，而后返回近似模型参数 $\theta(\widetilde{M}_q)$。

**算法 9.3　用于广义线性模型的模型融合算法（AVGM）**

**输入：** 机器学习模型集合 $\mathcal{M}_q=\{M_1,M_2,\cdots,M_r\}$

**输出：** 近似模型参数 $\theta(M_i)$，$\forall M_i\in\mathcal{M}_q$

1：收集模型参数 $\theta(M_i)$，$\forall M_i\in\mathcal{M}_q$

2：**return** $\theta(\widetilde{M}_q)=\frac{1}{r}\sum_{i=1}^{r}\theta(M_i)$

接下来，介绍基于核心集合方法的模型重用。

如图 9.17 所示，基于核心集合方法的模型重用分为两个阶段，分别是预处理阶段和运行阶段。在预处理阶段对核心集合进行计算，得到每个预构建模型的 $\epsilon$-核心集 $C_i$。然后，在运行阶段识别可用于回答查询 $q$ 的样本元组集合 $\mathcal{P}_q$，并对未被预构建模型包括的样本元组构建核心集合。最后，对所有相关的核心集取并集后给出近似结果模型。

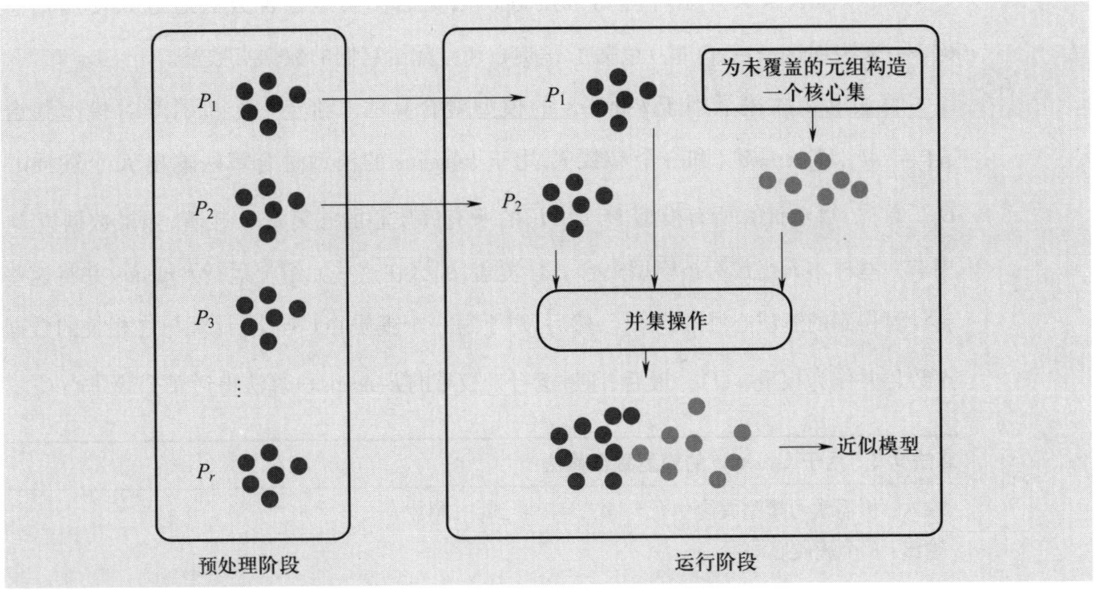


图 9.17　基于核心集合模型重用的两阶段方法

不同于模型融合方法，基于核心集合方法的模型重用能够通过调整参数 $\epsilon$ 使数据分析人员可以权衡性能和模型近似性。由于不同模型构建核心集的方法差异极大且已有大量的相关工作，如支持向量机[36]、逻辑斯谛回归[37]等，故文献[32]不考虑特定的核心集构建方法。

计算核心集合的一个常见策略是基于采样点对目标函数 $\phi(\cdot)$ 的贡献进行采样。考虑目标为最小化平方误差和的 $k$-means 聚类问题，假设给出了一组最优簇质心和一

个任意数据点 $x$,若 $x$ 接近它所在簇的簇质心,则不需要在核心集合中包含 $x$,可以通过其簇质心来"近似"$x$ 对平方误差和的贡献(通过将簇质心的权重增加 1)。若一个点远离它所在簇的簇质心,则它对平方误差和有很大的贡献,因而它被包含在核心集合中的概率也将很高。直观地说,核心集合构建可以被认为是一个重要性采样问题,其中的数据点是基于它们对目标函数 $\phi(\cdot)$(如 $k$-means 聚类问题中的平方误差和函数)的贡献进行采样。在实践中,无法得知最优簇质心,故构建核心集合的关键研究问题是在不知道最优簇质心的情况下,近似数据点对平方误差和(或一般目标函数 $\phi(\cdot)$)的重要性。这通常是通过选择一个合适的代理函数来实现。合适的代理函数应该是目标函数 $\phi(\cdot)$ 的近似,并可以有效地计算,如 $k$-means 聚类问题的代理函数可以基于文献[34]选择,即

$$p(x)=\frac{1}{2}\frac{1}{|D_i|}+\frac{1}{2}\frac{d(x,\mu(D_i))^2}{\sum\limits_{x'\in D_i}d(x',\mu(D_i))^2} \tag{9.31}$$

基于代理函数,通用核心集构建算法如算法 9.4 所示。给定一个数据点集合 $D_q$ 和一个核心集合大小 $m$ 作为输入,通用核心集构建算法输出核心集合 $C_i$。通用核心集构建算法先基于目标函数的代理函数,对于所有样本元组计算其贡献。而后基于贡献进行重要性采样。最后,计算权重并返回核心集合 $C_i$。

**算法 9.4 通用核心集构建算法**

**输入:** 数据点集合 $D_q$,核心集合大小 $m$
**输出:** 核心集合 $C_i$
1: **for** each $x\in D_q$ **do**
2: 基于代理目标函数计算 $x$ 的贡献
3: $\forall x\in D_q$,计算采样概率 $p(x)$
4: $C_i=m$ 个从 $D_q$ 中通过重要性采样获得的数据点
5: $\forall x\in C_i$,计算权重 $w(x)$
6: **return** 核心集合 $C_i$

当可用于模型融合或核心集重用的预构建模型很多时,如何挑选预构建模型以使得构建新模型的时间最少成为一个需要解决的问题。为了解决这个问题,文献[32]提出了一种基于代价模型和图思想的方法来寻找最优的重用执行策略。例如考虑一个拥有 100 万个元组的数据集,有 4 个已经构建的模型,分别为元组 $M_1=[1,500\text{K}]$,$M_2=[500\text{K},1\text{M}]$,$M_3=[300\text{K},900\text{K}]$,$M_4=[900\text{K},1\text{M}]$。若给定一个新查询 $q=[250\text{K},1\text{M}]$,则存在许多的方法可以构建近似模型回答它。传统策略 $S_1$ 为所有的 $q$ 从头开始构建一个机器学习模型。此外,可以为[250K,300K]从头开始构建一个机器学习模型,而后将其与 $M_3$ 和 $M_4$ 合并(策略 $S_2$)。或者,可以为[250K,300K]从头开始构建一

个机器学习模型,而后将其与 $M_2$ 合并(策略 $S_3$)。这些选项都可以使用核心集合或通过模型融合来完成。

对于一个重用执行策略,代价包括三个部分:(1) 从一组(可能是加权的)元组构建模型 $C_{Build}$,(2) 融合模型的代价 $C_{merge}$,(3) 构建核心集合的代价 $C_{coreset}$。由于不同模型计算代价模型方法差异极大且已有大量的相关工作,故文献[32]只要求选择的代价模型满足单调性条件,即在一切相同的情况下,若 $N_i>N_j$,则使用 $N_i$ 元组构建模型应该会花费比使用 $N_j$ 元组构建模型更多的代价。

为了挑选最优的执行策略,可以将寻找最优执行策略的方法视为在图上查询最短路径的问题。最优执行策略算法如算法 9.5 所示。给定一个查询 $q=[lb,ub]$ 和所有预构建模型 $\mathcal{M}_D$ 作为输入,最优执行策略算法利用基于图的最短路径策略方法进行计算,并返回最短执行路径 $S_{opt}$ 作为最优执行策略。首先,检索可以用来回答查询 $q$ 的相关预构建模型,即若预构建模型覆盖的范围是查询 $q=[lb,ub]$ 的子集,则该预构建模型被认为是相关模型。随后,使用 $q$ 和相关模型范围的端点建立集合 $V$。接着,基于代价模型建立带权重网络,最后使用最短路径算法(如 Dijkstra 算法)获得最短路径作为最优执行策略。

**算法 9.5 最优执行策略算法**

**输入:** $q=[lb,ub]$,所有预构建模型 $\mathcal{M}_D$
**输出:** 为查询 $q$ 构建近似模型的执行策略 $S_{opt}$
1: $\mathcal{M}_q$=从 $\mathcal{M}_D$ 中筛选相关模型
2: $V$=用于$\{q\cup\mathcal{M}_q\}$的独立端点
3: **for** each pair $(v_i,v_j)\in V$ with $v_i<v_j$ **do**
4: 　　增加一条边,并令该边权重为 $C_{build}(v_i,v_j)$ or $C_{merge}(v_i,v_j)$
5: **return** $S_{opt}=v_{lb}$和 $v_{ub}$之间的最短路径

当面对任意查询时,需要对最优执行策略算法进行调整。因为,当查询多个属性或者超过 OLAP 层次结构时,选择最优的执行策略将成为精确集覆盖(exact set cover)问题,这是一个已知的 NP 完全问题。即,每个预构建的模型都可以被视为一组元组,查询 $q$ 可以被视为是由它检索到的元组 $D_q$。此时选择最优执行策略的任务可以被视为选择少量的集合,以使得 $D_q$ 中每个元组都正好只被一个预构建的模型对应的组包含。为了近似解决该 NP 完全问题,文献[32]提出了一种自然的贪婪算法。首先,该贪婪算法剪枝所有包含不属于 $D_q$ 的元组的预构建模型。然后,使用代价模型找到提供最大增益的预构建模型 $M_i$,即使用最小的代价却覆盖最多的元组。在挑选出 $M_i$ 之后,先从 $D_q$ 中删除所有 $M_i$ 中包含的元组,而后剪枝所有包含不属于 $D_q\backslash M_i$ 元组的预构建模型,确保同一元组不被多个选定的模型所覆盖。

假设给定一组未来很可能会发生的查询集合 $Q$,而此时还不存在预构建模型,那么如何选择需要预先构建的模型以使得 $Q$ 中能通过重用进行加速的模型数量最大化?甚至当可能的查询集合 $Q$ 也不存在时,如何选择需要预先构建的模型?为了解决这两个问题,文献[32]提出了一个两阶段方案,包括候选生成过程和候选选择过程。

首先介绍候选生成过程。给定一个查询集合 $Q=\{q_1=[lb_1,ub_1],q_2=[lb_2,ub_2],\cdots,q_M=[lb_M,ub_M]\}$,候选生成过程的目标是挑选出 $L$ 个范围用于在这 $L$ 个范围上预构建模型。例如可以找到一个被包含于多个查询的子范围进行物化。首先,选择所有不同的 $lb$ 和 $ub$ 值,再考虑所有可能的 $(l,u)$ 范围,其中 $l<u$,且 $Q$ 中至少存在一个包含 $(l,u)$ 范围的查询。这确保考虑了在 $Q$ 中回答至少一个查询的所有可能的 $(l,u)$ 范围。

然后介绍候选选择过程。候选选择通过一种代价度量的方式比较两组候选模型,首先,计算初始成本,即不进行任何模型重用,在所有样本元组上从头开始构建模型所消耗的成本 $\text{Cost}(\{\})=\sum_{i=1}^{M}C_{\text{build}}(q_i)$。然后,计算候选模型在回答 $Q$ 时的代价,再使用算法 9.5 估计构建一个给定查询的最优成本。此时,可以通过计算成本 $\text{Cost}(\{\})$ 和成本 $\text{Cost}(\{r_{r_1},r_{i_2},\cdots\})$ 之间的差值来衡量模型 $r_{i_1},r_{i_2},\cdots$ 重用的效果。基于以上的设置,可以继续使用贪婪算法选择效果最好的 $L$ 个模型,即在每次迭代中,选择一个范围 $r_i$,这样就可以最大限度地降低回答所有查询的成本。若工作负载信息不可用,即可能的查询集合 $Q$ 不存在,则可以通过等宽分割总范围 $[1,n]$ 得到多个等宽子范围后再进行预构建模型。

具体来说,当面对任意查询时,首先令 $M=\{\}$ 作为候选预构建模型集合。然后,对于任意查询对 $(q_i,q_j)\in Q$,添加 $\{q_i,q_j,q_i\cup q_j,q_i\cap q_j\}$ 至候选模型集合 $M$ 中。候选模型被构建后,根据其对 $Q$ 中查询加速的贡献来计算权重。随后,贪婪地从 $M$ 中挑选贡献最大的模型并重新计算剩余候选预构建模型的贡献。重复此过程,直至选择了 $L$ 个模型。

### 9.3.3　模型训练

包括深度学习在内的机器学习技术在近年来取得了许多重大的进步,并已经被广泛应用于解决各个领域在研究和生产环境中产生的问题。在理论与实践中,已经证明提高训练数据集的大小通常可以提高模型的效果(如分类任务中的准确性)。然而,随着数据集的增大和机器学习(尤其是深度学习)模型复杂性的提高,机器学习模型训练已经成为一个计算密集与数据密集型的过程,训练所需的代价越来越大。因此,为了能够兼顾对大数据良好的利用与机器学习训练的高效性,分布式机器学习模型训练受到了越来越多学者和企业的关注，如何设计高效的分布式机器学习模型训练方法也成为一个关键的研究问题。

根据并行方案，分布式训练主要可以分为两类，即模型并行[38,39]和数据并行[40,41]。模型并行将大模型分为多个部分，并将不同的模型参数分给不同的工作节点进行计算，主要用于解决模型过大而无法单机计算的问题。数据并行将训练数据分为多个部分，并将不同数据子集分给不同工作节点进行训练，主要用于在单机计算资源较少时充分和高效地利用大量数据提升机器学习模型效果。接下来，介绍一种异构环境下基于去中心化架构的数据并行分布式训练方法[42]。

目前，现有的分布式机器学习训练方法通常假设训练环境是同构的，即计算节点中没有明显的掉队节点妨碍分布式训练。然而，同构的假设在现实中并不通用，实际的应用场景中存在异构环境。文献[42]列举了三种异构情况：

（1）通信异质性。由于存储的数据量较大，许多大公司选择将他们的数据存储在数十个跨地域的数据中心。此时，数据中心内的通信速度可能比数据中心之间的通信速度快 10 倍。即使在同一个数据中心，由于不同的硬件设备和分层网络拓扑结构，通信异质性仍然存在。

（2）硬件异质性。由于机器学习中常用方法深度学习（deep learning）是计算密集型，故严重依赖于如 GPU 等计算能力强大但成本较高的硬件加速器。这些加速器的更新换代较快速，且不同代的加速器可能具有相当独特的计算能力，因而在进行分布式训练时，可能因为加速器的不同而导致硬件异质性。

（3）资源共享。目前大公司通常利用集群调度器，管理大量 CPU/GPU 资源的集群。此时，部分作业可能在内存使用量、CPU/GPU 核心利用率、网络带宽等方面与其他作业有所不同。另外，为了提高集群利用率，通过虚拟化，可以将多个容器放置在同一物理节点上，甚至是同一物理 GPU 上。

异构环境容易导致掉队节点（stragglers）出现，掉队节点的通信速率远低于其余节点，而掉队节点在不同的分布式训练框架下会带来不同的影响。如图 9.18 所示，灰色节点为掉队节点，虚线箭头为受到阻塞的信道。此时，在参数服务器架构下，只有一条信道受到影响；而在 All-Reduce 架构下，所有信道均受到掉队节点影响而导致阻塞。这是因为参数服务器架构可以进行完全异步通信，所以能够避免掉队节点对其余信道的影响；而 All-Reduce 架构在迭代后需要进行同步，因此会被掉队节点影响所有的同步通信，导致效率低下。

如图 9.19 所示，为了解决 All-Reduce 架构在异构环境中效率低下问题，文献[42]提出了一种 Partial-Reduce 架构。在 Partial-Reduce 架构中，每个节点只需要在 $P$ 个随机

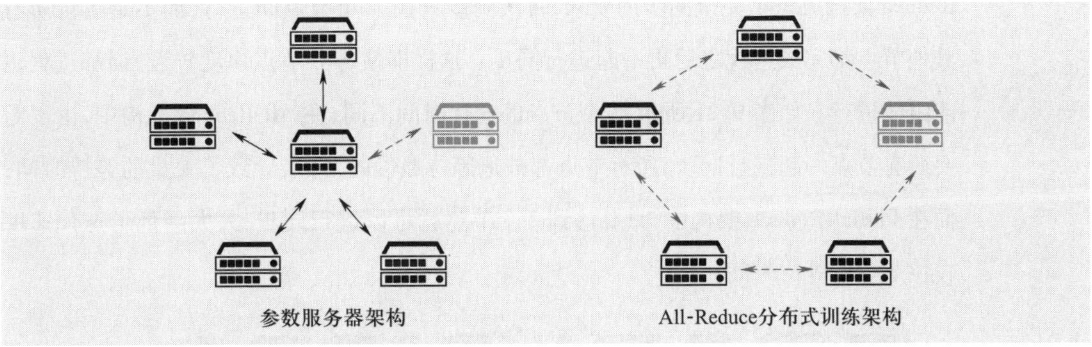


图 9.18　异构环境中的参数服务器和 All-Reduce 分布式训练架构示意图

节点之间进行同步,而无须在当前迭代中等待或阻塞任何其他节点。随着训练的进行,每个节点的局部模型逐渐传播至其他模型,因而不同节点的模型协同收敛至相同的最优点。

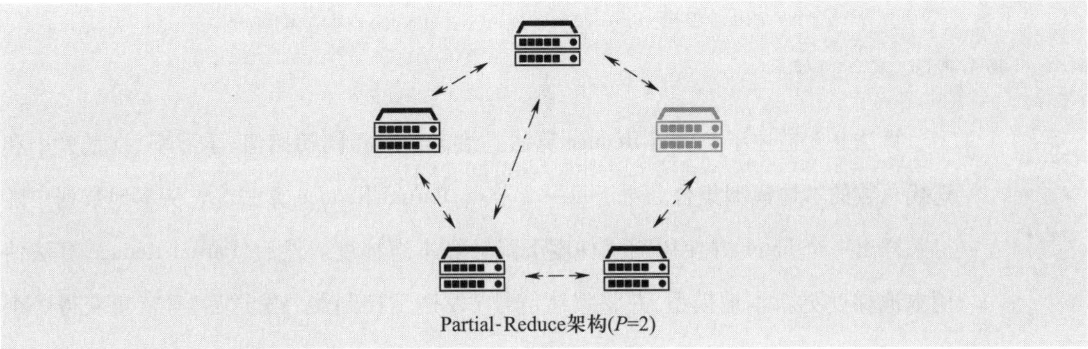


图 9.19　异构环境中不同分布式训练架构示意图

下面详细介绍 Partial-Reduce 架构的具体细节实现。

Partial-Reduce 框架如图 9.20 所示。为了在异构环境中降低节点的等待时间,Partial-

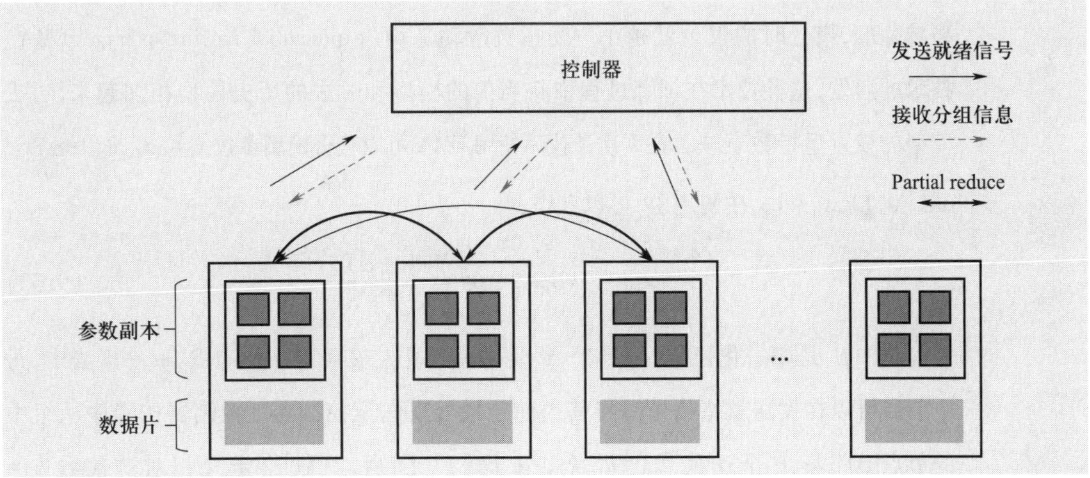


图 9.20　Partial-Reduce 框架示意图

Reduce 架构放宽了完全同步的要求，每次同步只在 $P$ 个节点间进行，而不是等待所有其他节点都完成迭代之后再一起进行同步。这样即使部分节点速度较慢，训练过程也能继续进行。如图 9.21 所示，3 个节点的迭代时间不同，在 All-Reduce 架构中，由于需要所有节点一起进行同步，所有节点都被迫等待最慢的节点，导致了大量的等待时间；而在 Partial-Reduce 架构中，只要达到 2 个节点就可以进行同步，大大降低了迭代速度较快节点的等待时间。

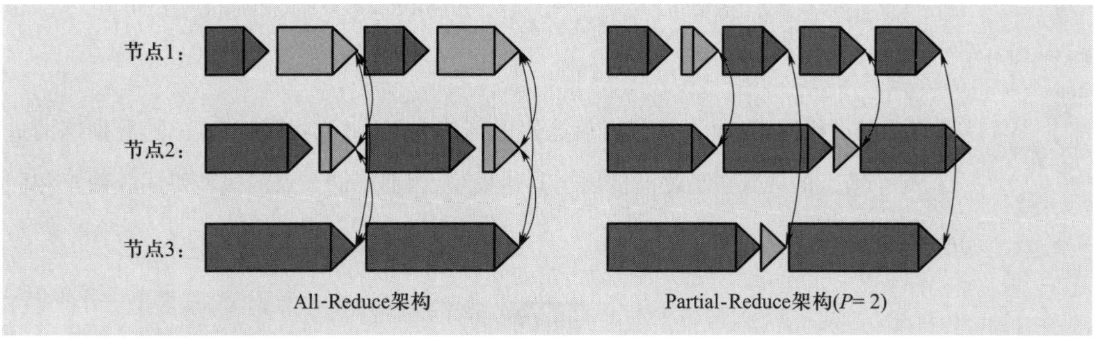


图 9.21　节点等待时间比较（浅灰色为等待时间）

算法 9.6 描述了 Partial-Reduce 算法。给定具有相同初始值、学习率、批量大小和迭代总数的本地模型集合。对于每一个节点，Partial-Reduce 算法首先从本地数据中随机采样出一个 batch 并使用随机梯度下降计算本地梯度。然后，Partial-Reduce 算法使用本地梯度更新本地模型，并将就绪信号 $i$ 发送至控制器。发送后，等待至获得一个 Partical-Reduce 组，组内有 $P$ 个本地模型。最后，Partial-Reduce 算法对组内的 $P$ 个本地模型进行聚合，即将模型聚合权重设置为常数 $1/P$。每个节点完成 $K$ 轮迭代后，Partial-Reduce 算法对所有节点中的本地模型进行简单的模型平均并返回。

动态 Partial-Reduce 算法在模型聚合步骤中惩罚陈旧的模型参数，即节点上的模型越陈旧，聚合时的权重就越小。受指数滑动平均（exponential moving average，EMA）技术的启发，这种技术在训练过程中将当前的模型和过去的历史模型相加起来，过去模型的权重呈指数衰减。在 $k$ 次迭代后使用 EMA 可以获得模型参数 $\bar{\boldsymbol{x}}_k=\alpha\bar{\boldsymbol{x}}_{k-1}+(1-\alpha)\boldsymbol{x}_k$，$\alpha\in[0,1)$，$\bar{\boldsymbol{x}}_0=\mathbf{0}$。在使用中，可以获得：

$$\bar{\boldsymbol{x}}_k=\sum_{i=1}^{k}\beta_i\boldsymbol{x}_i,\quad \beta_i=\frac{(1-\alpha)\alpha^{k-i}}{1-\alpha^k}\tag{9.32}$$

其中 $\beta_i$ 是归一化权重，分母 $1-\alpha^k$ 是偏差校正。在动态 Partial-Reduce 算法中，每个节点可以在发送就绪信号时将其当前迭代号发送至控制器。控制器按降序从组中的节点上收集 $P$ 个迭代号（$\{k_1,k_2,\cdots,k_P\}$）。随后，文献[42] 定义相对迭代数 $\hat{k}_i=\max_{1\leqslant j\leqslant P}k_j-k_i+1$，$\hat{k}_i$ 的范围为 $[1,\hat{k}_i]$。为了给每个节点分配一个指数衰减的 $\beta_i$，动态

**算法 9.6　Partial-Reduce 算法**

**输入**：具有相同初始值、学习率 $\gamma$、批量大小 $M$ 和迭代总数 $K$ 的本地模型集合 $\{x_0^i\}_{i=1}^N$

**输出**：所有本地模型的平均值

对于并行节点 $i=1,2,\cdots,N$：

**for** $k=1,2,\cdots,K$ **do**：

　　在第 $i$ 节点的本地数据上，随机采样一个 batch 的数据 $\xi_k^i:=(\xi_{k,1}^i,\xi_{k,2}^i,\cdots,\xi_{k,M}^i)$

　　在节点上计算本地随机梯度 $g_k(\boldsymbol{x}_k^i\xi_k^i):=1/M\sum_{j=1}^{M}\nabla f(\boldsymbol{x}_k^i;\xi_{k,j}^i)$

　　更新本地模型 $\boldsymbol{x}^i\leftarrow\boldsymbol{x}_k^i-\gamma g_k(\boldsymbol{x}_k^i;\xi_k^i)$

　　发送就绪信号 $i$ 给控制器

　　接收 Partical-Reduce 组 $S:=[i_1,i_2,\cdots,i_p]$

　　聚合组内的本地模型 $\boldsymbol{x}_{k+1}^i\leftarrow1/P\sum_{j=1}^{P}\boldsymbol{x}^{i_j}$

　　返回所有节点中本地模型的模型平均

对于控制器：

令 $Q$ 为空队列

**while** True **do**：

　　**if** $Q.size(\,)\geqslant P$ **then**：

　　　　$S\leftarrow$从 $Q$ 中 pop 出 $P$ 个元素 $\{i_1,i_2,\cdots,i_p\}$

　　　　发送就绪信号 $i$ 给控制器

　　　　发送 Partical-Reduce 组 $S:=[i_1,i_2,\cdots,i_p]$

　　获得就绪信号 $i$

　　$Q.push(i)$

Partial-Reduce 算法将式(9.32) 中的 $k$ 都替换成 $\hat{k}_i$。这时，$[1,\hat{k}_i]$ 中很可能存在没被 $P$ 个节点发送的相对迭代数。EMA 方法的实现需要存储和管理模型的历史版本。为了避免这些成本的产生，动态 Partial-Reduce 算法使用初始模型 $\boldsymbol{x}_i$ 来近似所有尚未存储的基于 EMA 的模型聚合方法的中间模型版本。

## 9.4　声明式 AI 系统

传统人工智能算法面临着使用门槛高、可用性差的问题，这使得机器学习技术难以大范围推广和应用。为了解决这些问题，近年来声明式 AI 系统得到了许多相关领域研究人员的重视。使用机器学习的过程分为三个阶段：使用程序设计语言编写机器学习程序、将机器学习程序编译优化并执行，以及完成训练的机器学习模型在某种平台上进行部署。接下来，将介绍基于数据库技术的声明式 AI 系统在这三个机器学习使用阶段中所发挥的作用。

### 9.4.1 程序设计语言

传统机器学习程序的编写门槛较高,一位机器学习开发者需要了解具体机器学习模型细节、具体优化方式以及学习 Python 等程序设计语言与常见机器学习框架(例如 Pytorch 和 Tensorflow 等)。为了降低机器学习开发门槛,推广机器学习的使用,许多学者们开始研究声明式程序设计语言以简化机器学习开发中的程序编写环节。鉴于 SQL 语言具有灵活简洁、被大部分数据库开发人员所熟知等优点,很多声明式机器学习程序设计语言研究在 SQL 语言上展开,并开发了 MADlib[43]、BigQuery ML[44]和 SQL-Flow[45]等系统。接下来,将对 MADlib 系统进行简要介绍。

MADlib 是一个开源的分析方法库,在 Github 网站公开托管,可以在支持可扩展 SQL 的关系数据库引擎中安装和执行。如图 9.22 所示,MADlib v0.3 支持多种机器学习模型,涵盖了监督学习和无监督学习模型。此外,随着近几年版本的迭代,MADlib 所支持的机器学习模型种类一直在不断增加。

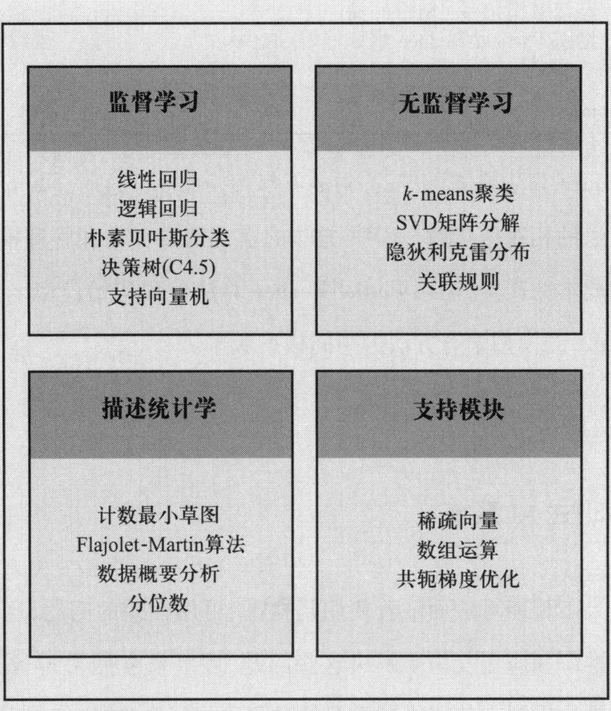


图 9.22 MADlib v0.3 支持的方法

MADlib 的核心功能用声明式 SQL 语句编写,使用 SQL 语句协调进出磁盘和跨网络机器的数据移动。其中,单节点内部循环利用 SQL 语言的可扩展性在用户定义的标量和聚合函数中调用高性能数学库。在最高级别上,需要迭代或者定义结构的任务使用 Python 语言编码。Python 语言在 MADlib 中只用于启动数据库引擎中发生的数据丰富的计算。

传统SQL语言的核心是SELECT... FROM... WHERE... GROUP BY等语句,常用于一个或多个处理器和磁盘上协调批量数据处理过程。它也是一种使用便捷和容易学习的语言,并被一系列广泛部署的开源和商业数据库引擎支持。这使得SQL语言非常适合编写数据密集型程序。文献[43]希望MADLib框架能够完全用SQL编写,但由于SQL的便携式核心通常不足以表达高级分析所需的算法类型,故并没有完全采用SQL语言。

文献[43]认为,许多统计方法可归结为矩阵上的线性代数表达式。对于超大矩阵在关系数据库上的运行,存在两个不同尺度的挑战:在宏观尺度上,矩阵必须被智能地分割成可以被一个节点上的内存容纳的块,且一旦分区,这些块就可以通过键控制起来,这样SQL就可以用来协调这些块在一个或多个机器上进出内存的移动;在微观尺度上,数据库引擎必须对其核心得到的数据片段调用有效的线性代数例程,因而它必须能够非常快速地调用调整好的线性代数方法。

接下来介绍MADlib的架构。

首先介绍MADlib宏编程设计中的编配(orchestration)。线性代数的可扩展方法取决于分治技术,其中包括:矩阵的智能划分和处理数据块且将结果合并在一起的模式。目前,这种分区方法和数据流不属于传统的查询优化器或数据库设计工具的范畴,但有丰富的文献介绍这些问题的科学计算,数据库程序员可以利用它们来完成高效的数据库内实现。一旦数据被正确地分区,数据库引擎就可以很好地安排分区的数据移动和分区的分段计算结果。

MADlib宏编程中最基本的构建块是用户定义的聚合(user-defined aggregate, UDA)。通常情况下,聚合与相关的窗口函数是SQL中实现数学函数的一种自然方法。DBMS通常将聚合实现为数据并行流算法,且最近在在线学习算法和模型平均技术方面的大量工作都很好地适合聚合的计算模型。然而,用户定义聚合的扩展接口在供应商和开源系统中差异很大。尽管如此,聚合范式在使用中普遍存在,MADlib系统需要用户定义聚合的基本算法模式具有可移植性。此外,在设计分析数据移动的高级编排治理时,标准SQL中还存在两个主要限制。

第一个限制是常用于统计学中的“迭代”算法难以在SQL中进行实现。迭代方法被大量用于梯度下降(gradient descent)和马尔可夫链蒙特卡罗(Markov chain Monte Carlo,MCMC)等优化方法,其中迭代是否继续进行由每一轮迭代结束时数据依赖的停止条件决定。

第二个限制是SQL在一阶逻辑中存在的限制,即SQL查询要求了解其输入表的模式,并生成具有固定模式的输出表。但在许多的情况下,MADlib系统需要编写针对任意模式的“模板化”查询。

MADlib 使用基于脚本的用户定义函数（user-defined function，UDF）所编写的驱动程序代码解决了这些限制，这反过来又启动了更多涉及 SQL 的查询。当正确实现时，脚本语言代码的性能并不重要，因为它的逻辑只是偶尔被调用，以启动由核心数据库引擎执行的更大的批量任务。

为了解决第一个限制，MADlib 选择通过在 Python 语言中编写一个驱动 UDF 来控制迭代过程，实现复杂的迭代方法，并通过迭代过程智能地传递参数。然而，这种编程风格存在一个陷阱，即驱动代码会从数据库中提取大量数据，成为系统可伸缩性的瓶颈，因为驱动程序代码通常不能并行化，而是将所有数据拉到单个节点上。MADlib 通过一种设计模式来避免这种情况。其中驱动程序 UDF 启动每次迭代时，通过 CREATE TEMP TABLE... AS SELECT... 将任何迭代间输出存放至一张临时表中；然后，在后续的迭代中按照需要重用生成的临时表；最终输出通常也存储在临时表中，并可以根据需要使用小聚合查询进行查找。基于这些操作，所有大数据移动都在数据库引擎及其缓冲池中完成。同时，数据库引擎通常为大临时表提供有效的并行以及提供在磁盘上的缓冲和溢出文件，因而这种模式在实践中相当有效。为了解决第二个限制，MADlib 系统使用 Python 语言编写的 UDF 查询数据库目录中输入表的详细信息，然后基于模板合成定制的 SQL 查询以生成输出。

接下来，介绍 MADlib 宏编程设计中的数据表示（data representations）和内循环（inner loops）。除了对块进行粗粒度的编排之外，数据库引擎还必须非常有效地调用对这些块执行运算的单节点代码。对于在行级别操作的 UDF（可能在每行调用多次），标准操作是在 C 或 C++语言中实现它们。当计算密集矩阵操作时，这些函数会对 LAPACK 或 Eigen 等开源库进行本地调用。当计算稀疏矩阵操作时，目前的稀疏矩阵难以被标准数学库有效处理，需要定制稀疏矩阵在磁盘和内存中的有效表示，因而也有人[43]选择用 C 语言重新编写 MADlib 系统内的稀疏矩阵库。这两种解决方案都需要进行仔细的低级编码，并成为 MADlib 系统启动开销的一部分。

在诸如 PostgreSQL 这样的 DBMS 上编写基于 C 或 C++语言的 UDF 具有较高的复杂性，这些复杂性可能妨碍可维护的、易移植的应用程序逻辑。因此，MADlib 提供了一个 C++抽象层，这既可以减轻编写高性能 UDF 的负担，又可以在抽象层中封装特定于 DBMS 的逻辑。MADlib 系统的 C++抽象层提供了三类功能：类型桥接、资源管理垫片和数学库集成。

下面，将结合实际例子简要介绍 MADlib 的系统设计。

在二分类逻辑斯谛回归中，给定点 $(\boldsymbol{x}_1, y_1), \cdots, (\boldsymbol{x}_n, y_n)$，其中 $\boldsymbol{x}_i \in \mathbb{R}^d$，$y_i \in \{0,1\}$，

目标是找到向量 $\hat{\boldsymbol{b}}$ 以使得 $\prod_{i=1}^{n}\sigma((-1)^{y_i+1}\cdot\langle\hat{\boldsymbol{b}},\boldsymbol{x}_i\rangle)$ 最大化，此处 $\sigma(z)=\dfrac{1}{1+\exp(z)}$ 表示逻辑斯谛函数(logistic function)。在统计学上，这是最大化似然估计问题。为了求解 $\hat{\boldsymbol{b}}$，最常见的方法是使用牛顿法(Newton's method)使似然的对数最大化。在逻辑斯谛回归的情况下，这可以简化为用迭代规则 $\hat{\boldsymbol{\beta}}_{m+1}=(\boldsymbol{X}^{\mathrm{T}}D_m\boldsymbol{X})^{-1}\boldsymbol{X}^{\mathrm{T}}D_m z_m$ 迭代地重新加权最小二乘(least square)。

每个单独的迭代都可以通过用户定义的聚合来实现。然而，处理迭代和收敛性检查需要一个进一步的外部循环。所以，MADlib 系统利用 Python 语言实现了一个驱动程序 UDF，其中逻辑斯谛回归的顺序如图 9.23 所示，遵循上文对 MADlib 系统中迭代的实现方法。其中，带阴影的框代表生成 SQL 的执行。

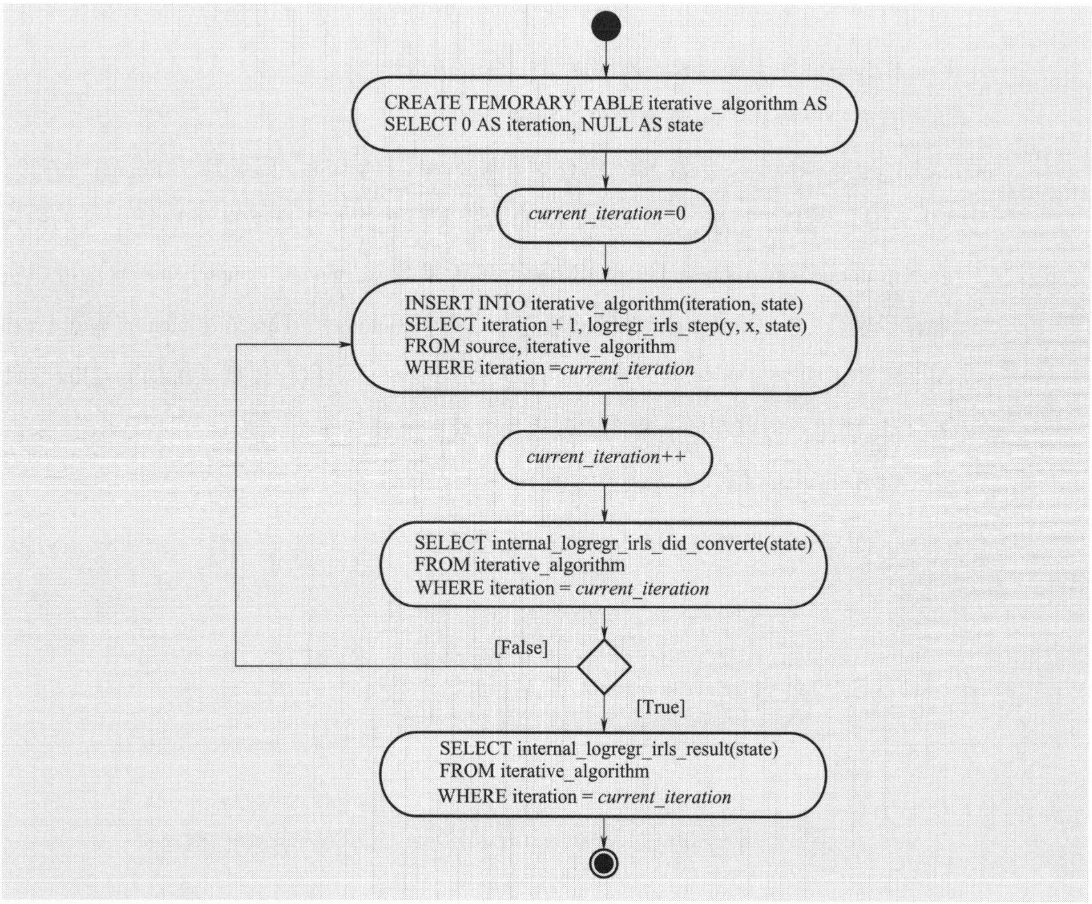

图 9.23　MADlib 系统中逻辑斯谛回归的顺序图

具体来说，UDF 首先创建一个临时表来存储迭代间状态。然后，Python 语言代码迭代调用 UDA 用于更新迭代状态，每次向临时表中添加一个新行。一旦收敛标准被达到时，状态被转换为返回值。值得注意的是，驱动函数和数据库引擎之间没有数据移动，即所有繁重的工作都在数据库引擎内完成。

### 9.4.2 编译优化

传统机器学习的可用性较差,机器学习初学者往往由于算力有限而无法有效地训练和验证机器学习模型。为了降低机器学习的训练门槛,现有工作[46,47]通过编译优化以加速机器学习的训练与验证,即在机器学习程序编写完成后,对机器学习模型训练与验证中的计算执行策略进行优化,以达到加速效果。接下来简单介绍其中的一种基于 Scala 的声明性特定于域的语言(domain specific language,DSL) Lara[47]。

用于模型训练与验证的机器学习管线通常包括机器学习模型在训练之前进行的数据预处理步骤,如数据清理和特征工程。预处理结合了关系代数和用户定义函数,而模型训练则使用迭代和线性代数。目前大部分系统针对这两种情况进行定制,预处理和机器学习模型训练步骤被单独地优化。为了实现机器学习训练管线的整体优化,Lara 作为一种用于集合和矩阵的声明性 DSL 被提出。

首先简要概述 Lara 语言的设计决策。

Lara 是一种结合了数据收集处理和机器学习的 DSL。Lara 基于 Emma[48] 开发,Emma 是一种基于引用(Quotation-based)且用于分布式收集处理的 DSL。Emma 的中间表示(intermediate representation,IR)基于单子推导式(monad comprehensions),可以实现算子融合(operator fusion)和隐式缓存(implicit caching)。Lara 在 Emma 的基础上,在 API 和 IR 中扩展了矩阵和向量数据类型,以便在单机上执行模型训练的 pipeline。此外,Lara 的用户可以在同一程序中表达预处理和连续的模型训练。

**例 9.1** Lara 语言设计决策示例

```
@ lib def vectorizeComment(c:Comment)= { /* UDF * /}
@ lib def vectorizeUser(u: User)= { /* UDF * /}

optimize {
    //Join "Comments" and "Users" and vectorize the result
    val features =for {
      c <- Comments //DataBag[Comment]
      u <-Users //DataBag[User]
      if u.user_id == c.user_id
     } yield vectorizeComment(c) ++ vectorizeUser(u)
     //Convert the DataBag "features" into matrix "X"
     val X=Matrix(features)
     //Filter rows that have values>10 in the third column
     val M=X.forRows(row => row(2)>10)
     //Calculate the mean for each column
     val means=M.forCols(col => mean(col))
     //Deviation of each cell of "M" to the cell's column mean
     val U=M-Matrix.fill(M.nRows,M.nCols)((i,j) => means(j))
     //Compute the covariance matrix
     val C =1 /(U.nRows-1) * U ** U.t
}
```

Lara通过Emma的DataBag数据类型和for-comprehension来实现关系操作符的声明性规范。其中,Emma的DataBag代数数据类型支持基于for-comprehension的声明性程序规范,而for-comprehension是Scala中的一种原生语言构造。Lara代码如例9.1所示,第6—9行说明了数据集用户和评论之间的连接(join)操作。在Lara中机器学习pipeline用矩阵和向量数据类型上的高级线性代数算符表示,如第20行所示,矩阵乘法通过**指定。

接着,介绍Lara的IR。Emma提供低级中间表示(low-level intermediate representation,LIR)。Emma使用Scala的元编程特性来访问一个引用程序的AST,并改变AST为正态形式(let-normal form,LNF),即一种静态单分配形式(static single assignment form,SSA)的函数表示。LNF可以克服Scala AST的缺点,提供一个标准化的表示形式,并直接编码数据流信息和控制流信息。此外,LNF保证了变量只被定义一次,即单静态赋值属性(single static assignment property)。该属性简化了数据依赖关系分析,尤其是检测跨控制结构(譬如循环迭代之间)的依赖关系。LIR被用作两个视图(view)的基础,即单子视图(monadic view)和组合器视图(combinator view)。这两种视图结合表示某些操作(譬如矩阵乘法)的LIR表达式,并使其语义可用于推理。此外,LIR提供高效的数据和控制流分析,以增强视图。

接着介绍单子视图和组合器视图,首先介绍单子视图。如例9.1中第10行所示,对于单子视图,Bag单子(bag monad)上的单子推导式提供了一种简洁和声明性的方法来指定支持用户定义函数的集合转换。由于在用户数级上编写线性代数算子作为单子推导式是烦琐和容易出错的,故Lara在其API中为线性代数提供了高级运算符。IR中的单子推导式使Lara能够检查和优化UDF的应用,例如,融合(fusion)和下推(pushdown)。这些优化并不绑定到具体的单子实例上,而是依赖于单子的一般属性。Lara用矩阵和向量单子扩展了Emma中DataBag的向量表示。对LIR的遍历会将DataBag上的所有显式二阶函数转换为单子推导式。对线性代数方法和矩阵类型二阶函数的调用则被它们相应的单子推导式所取代。例如,两个向量的加法在API中被写成x+y,并以LIR中的AST节点表示,如例9.2中的单子推导式所示。

**例9.2 单子视图中的元素级别加法**

```
for {
    (idx_x,val_x) <- x//generator
    (idx_y,val_y) <- y//generator
    if idx_x == idx_y //guard
}yield (idx_x,val_x+val_y) //head
```

例9.2中推导式包含两个生成器,它们绑定两个向量x和y的每一个索引-值对。

Head 部分表达式是针对每个对的组合，以满足 guard 表达式。具有相同索引的所有对值相加，并为相加的结果形成一个新的向量。

下面介绍组合器视图。单子视图允许 Lara 基于单子的属性在 UDF 上应用融合，但为了应用特定于领域的优化和跟踪操作符树（operator tree），需要在 IR 中显式地表示数据类型及其各自的高级操作（high-level operation）。为此，可以利用推导式组合器（comprehension combinator）来表示单子视图中不存在语义的高级逻辑算子。在组合器视图中，关系算子（relational operator）如连接（join）、线性代数运算和矩阵乘法等被捕获为单个实体，且程序被视为这些实体的调用或这些实体的操作符树。Lara 的 IR 可以实现不同的优化，并且 LIR 可以与单子视图和组合器视图相互作用。

**例 9.3** 基于 Lara 的机器学习训练 pipeline 示例

```
1.  //Column 0 contains the target variable,columns 1-10 contain
2.  //numerical and columns 11-15 contain categorical features
3.  val dataset=readAndClean("/path/to/data")
4.  val encoded=dummyEncode(dataset,11 to 15)
5.  val vectors=concatNumericalFeatures(encoded,1 to 10)
6.  val features=concatVectors(vectors)
7.  //y=0: extract 1st column as target vector y
8.  val (M,y)=Matrix(features,y=0)
9.  val X=Matrix.normalize(M,1 to 10)
10. //Grid search over hyperparameter candidates
11. val regCandidates: Seq[Double]=//...
12. for (lambda <- regCandidates) {
13.     //3-fold cross-validation for the hyperparameter lambda
14.     val errors=ML.crossValidate(3,X,y) {
15.         (X_train,X_test,y_train,y_test) =>
16.         //Ridge regression
17.         val reg=Matrix.eye(X_train.nCols) * lambda
18.         val XtX=X_train.t ** X_train+reg
19.         val Xty=X_train.t ** y_train
20.         val w=XtX \Xty
21.         //Calculate mean squared error on test set
22.         val residuals=y_test-(X_test ** w)
23.         residuals.map(r => r * r).agg(_+_) /y_test.size
24.     }
25.     //Print mean error for chosen hyperparameter
26.     println(errors.sum /k)
27. }
```

接下来介绍 Lara 如何实现不同的优化。例 9.3 描述了 Lara 的一种端到端训练 pipeline 的运行示例，该 pipeline 利用有关广告点击的历史数据，使用回归模型预测未来对其他广告的点击次数。此外，该 pipeline 显示了常见的用户定义特征的转换。在第 4 行中，第 11 至 15 列的分类特征是虚拟编码（dummy-encode）的稀疏向量。在第 9

行中，对第 1 至 10 列的数值特征进行归一化（normalization）。在第 5 行中，连接第 1 至 10 列的数值特征，而后在第 6 行中，将这些数值特征和虚拟编码特征相结合，从而最终为每个输入记录得到一个向量。经过预处理后，该示例在标准化特征矩阵（normalized feature matrix）上使用交叉验证（cross-validation）评估超参数 lambda 的不同候选对象。

**例 9.4**　forRows 方法的单子推导式

```
1.  for { rowCells <- M.groupBy(cell => cell.index.rowIndex) }
2.  yield {
3.      val rowVector = for { elem <- rowCells.values }
4.      yield (elem.index.colIndex, elem.value)
5.      val aggregate = udf(rowVector)
6.      (rowCells.key, aggregate)
7. }
```

Lara 实现的优化包括操作符下推、操作符融合、数据布局选择和交叉验证。首先，介绍 Lara 的操作符下推（pushdown）。用户可以在 Lara 的 DataBag 和矩阵类型上应用 UDF。然而，程序的具体执行不被强制，即在矩阵运算符中调用的 UDF 可以重写为 DataBag 操作，反之亦然。下面，将详细介绍 Lara 如何把 UDF 应用从一种类型推（push）至另一种类型，即描述 IR 中 DataBag 和矩阵的统一表示如何实现 UDF 的下推。对于批量操作的下推，作为单子的统一表示（以及相应的转换）使 Lara 能够以合理的方式下推批量操作（即将 UDF 应用于 DataBag/矩阵的所有行与列的操作），例如，考虑针对行的方法 forRows（udf：Vector => Double），它将聚合函数应用于矩阵的所有行。直观地说，UDF 可以在 DataBag 上的 map 中执行，因为它的元素表示行。forRows 方法的单子推导式举例说明了这一点，该单子推导式如例 9.4 所示。其中，矩阵 cell 按其在第 1 行中的行索引进行分组，接着，将组中的所有值（即行中的所有单元格）转换为第 3—4 行中的行向量{（colIndex，value）}，然后传递给第 5 行中的 UDF。分组和对向量的转换将恢复转换方法，因而，若我们通过转换方法下推 UDF，则 UDF 可以在 DataBag 上的 map 中执行。使用相同的机制，Lara 也可以执行在所有列上定义的批量操作，但需要转换为列的 DataBag。

对于 Lara 的算子融合（operator fusion），如上文所讨论的，特征转换应用了两个连续的步骤："拟合"步骤将列值聚合在一个折叠（fold）中，而"转换"步骤将根据映射（map）中的聚合来更改列值。若特征转换应用于多个不相交的列，则 Lara 可以融合连续地折叠和映射应用。该方法的实现如例 9.5 所示，其中第 4 行的 dummyEncode 方法使用了算子融合，第 5 行和第 7 行描述了单个列的虚拟编码，它们被迭代地应用于由列参数定义的所有列中。该折叠将创建一个字典并将每个不同的列值映射至一个唯一的索引;而连续的映射用稀疏向量替换分类值。代码的简单执行方式,即在每列上独立执行是次优的,因为需要对每列传递两次数据。为了融合 UDF 且保存对数据的多次传递,Lara 执行两步操作,先对循环变量列索引进行依赖性分析,再分析 UDF,以确定它们对 DataBag 元素的访问模式。

**例 9.5** dummyEncode 方法实现

```
def dummyEncode(bag: DataBag[Array[Any]],columns: Seq[Int])={
var encoded=bag
for ( columnIndex <- columns) {
    //Fit: build a dictionary of column values
    val columnIndex=encoded.fold( fit-UDAF )
    //Transform: create encoding in sparse vector
    encoded=encoded.map( transform-UDF )
  }
  encoded
}
```

下面继续介绍数据布局(Data Layout)选择。为线性代数操作选择高效的物理算子,譬如矩阵-矩阵乘法,可能对机器学习 pipeline 的运行产生巨大的影响。Lara 根据数据的布局利用组合器视图来选择算子合适的物理实现。算子在算子图(operator graph)中表示为单个实体(譬如 ** 表示矩阵乘法)。类似于对关系代数树(relational algebra tree)的查询优化,Lara 应用了以下几种优化:(1) 表达式(即子图)被转换为基于代数规则的等价表达式;(2) 逻辑算子被物理算子的实现所取代;(3) 所期望的物理数据布局是由执行者基于有趣属性(Interesting Properties)建立。

对于交叉验证(Cross-validation),Lara 引入了 $k$-fold 交叉验证优化,这是机器学习 pipeline 中为模型选择工作良好的超参数的常见技术,因为 Lara 允许将新的高级操作符集成至其 API 中,并根据其语义定义其他优化。Lara 预先计算了单个训练集上的线性代数操作,以避免冗余计算。一般情况下,在 $k$-fold 交叉验证的过程中,每个特征矩阵和目标向量在分割后作为训练集的一部分被使用 $k-1$ 次。这种重叠带来了优化的可能性,Lara 通过利用这些在验证循环之外的单个分割上预先计算算法来避免冗余计算。

### 9.4.3 异构环境部署

由于以深度学习为代表的现代机器学习算法在传统硬件设备(如 CPU)上运行较慢,故研究人员开发了许多专用的深度学习加速器,如 GPU、FPGA 和 TPU 等。但是,这些专用硬件在内存组织、计算原语等方面存在显著差异,这也意味着现代编译器与框架难以覆盖所有专用硬件。这导致了深度学习负载难以快速地部署至所有的硬件种类中,还需要大量的手工工作,且部署的复杂性也阻碍了深度学习技术的推广与发展。为了降低深度学习部署门槛,现有的工作[49,50]提出了自动深度学习优化编译器TVM,可以将深度学习程序的高级规范降低至任何硬件后端的低级优化代码,从而将高级框架中指定的深度学习工作负载有效地部署至各种硬件后端。

首先,介绍TVM解决的四大基本挑战。文献[50]对计算图级别与张量算子级别上的挑战进行了总结,分别是:

(1) 高层次数据流重写(high-level dataflow rewriting):TVM利用计算图表示来应用高级优化。计算图提供了关于计算任务的全局视图,但不明确具体如何执行每个计算任务。TVM可以执行各种高级数据流重写操作,以优化计算。可以在图上执行静态内存规划(static memory planning),预先分配内存,以保持每个中间张量结果。算子融合将多个操作符融合至单个内核中,而不将中间结果存储回全局内存中。TVM还可以执行数据布局转换(Data Layout Transformation),并使用更合适的数据布局以利用给定的硬件体系结构的数据布局约束来加速计算。

(2) 跨计算单元内存重用(memory reuse across compute units):现代GPU和专门的加速器有一个共享内存组织,其中经常使用的共享无嵌套并行模型(shared-nothing nested parallel model)不是最优的。TVM增强了Halide[51]和其他DSL中使用的嵌套并行模型(nested parallel model),以允许在计算过程中通过共享内存进行线程合作。这种增强和嵌套并行模型可以生成与手写内核性能竞争的GPU代码。

(3) 张量计算内建(tensorized compute intrinsics):深度学习工作负载通常可以分解为张量算子,如矩阵-矩阵乘积或一维卷积等,这些自然的分解导致新的硬件架构产生。同时,新的硬件架构带来了超出向量-向量指令的张量计算原语。例如,矩阵-矩阵乘法、矩阵向量乘积和一维卷积等。在调度高级张量算子时,这些新的原语也带来了新的挑战,即调度操作需要利用这些原语在专门的硬件上取得提升。文献[50]将此称为张量化问题(tensorization problem),类似于SIMD架构中的向量化问题(vectorization problem)。

张量化与向量化有显著的不同。张量计算原语的输入是多维的,长度分为固定和可变,并指示不同的数据布局。同时,新的深度学习加速器正在以其自己风格的张量指令形式出现。因此,TVM需要一个经得住未来考验的解决方案以支持新一代专门的架构。

为了解决这个挑战,TVM将硬件接口与调度分离。具体地说,TVM引入了一个张量内在声明机制(tensor intrinsic declaration mechanism),使用张量表达式语言(tensor expression language)来声明每个新硬件固有的行为以及与之相关的降低规则(lowering rule)。所以,张量化过程用相应的张量内建函数代替了计算单元,以利用专门的硬件。

(4) 延迟隐藏(latency hiding):虽然同时使用多线程和自动缓存管理的传统架构隐式地隐藏了现代 CPU/GPU 中的延迟,但专门的加速器设计通常支持更精简的控制,并将大部分调度复杂性卸载至编译器堆栈。TVM 可以生成硬件显式同步指令(hardware explicit synchronization instruction),以正确地将计算与内存操作交错进行。因此,TVM 可以有效地隐藏内存访问延迟,最大化地提高目标加速器的利用率和性能。

接着概述 TVM 系统。TVM 首先将现有框架(如 Caffe、MXNet、PyTorch 等)中的模型作为输入,并将其转换为计算图表示。然后,执行高级数据流重写,以生成一个优化的计算图。算子级优化模块必须为此图中的每个融合算子生成有效的代码。算子在声明式张量表达式语言中明确,执行细节则不被明确。TVM 为给定硬件目标的算子确认可能的代码优化集合。可能的优化形成一个大空间,因而使用基于机器学习的成本模型来寻找优化后的算子。最后,系统将生成的代码打包至一个可部署的模块中。简单来说,用户可以从现有的深度学习框架中获取一个模型,并调用 TVM 系统的 API 以获得一个可部署的模块。

前文提到了计算图的概念,下面详细介绍计算图。计算图是在深度学习框架中表示程序的常用方法。图 9.24 为一个双层卷积神经网络的计算图示例,这种高级表示和低级别编译器的中间表示(如 LLVM)之间的主要区别是,中间数据项是大且多维的张量。另外,计算图提供算子的全局视图,但不提供每个算子如何实现。与 LLVM 的 IR 一样,一个计算图也可以转换为功能等效的图来应用优化。

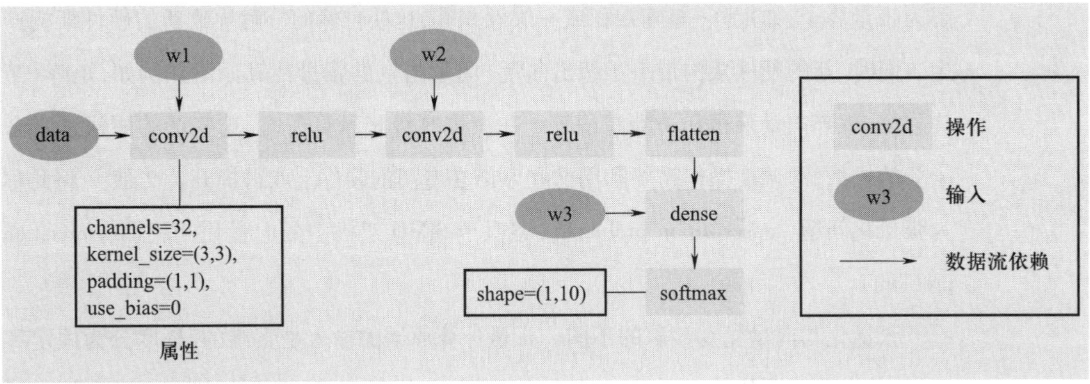

图 9.24 两层卷积神经网络的计算图示例

TVM 利用计算图表示来应用高级优化:节点表示对张量或程序输入的操作,边表示操作之间的数据依赖性。TVM 也实现了许多图级优化,包括:算子融合,即将多个小操作融合在一起;常量折叠(constant-folding),预先计算可以静态确定的图部分,节省执行成本;静态存储器规划便利(static memory planning pass),预先分配内存以保持每个中间张量;数据布局转换(data layout transformation),将内部数据布局转换为后端友好(back-end-friendly)的形式。下面将讨论算子融合和数据布局转换两部分。

算子融合将多个算子合并至一个内核,而不将中间结果保存至内存。这种优化可以大大减少执行时间,特别是在 GPU 和专门的加速器中。具体来说,TVM 可识别四种图算子:(1) 单射(injective),即一对一的映射(如 add);(2) 归约(reduction),多对一的映射(如 sum);(3) 复杂模糊(complex-out-fusable),可以融合元素的映射至输出(如 conv2d,即卷积);以及(4) 不透明(opaque),不能融合(如 sort)。TVM 提供了通用的规则来融合这些算子:多个单射算子可以融合至另一个单射算子。归约算子可以与输入的单射算子融合(如 scale 和 sum 融合)。像 conv2d 这样的算子是复杂模糊的,TVM 可以将元素级别算子融合至这种复杂模糊算子的输出。TVM 通过应用这些规则将计算图转换为一个融合后的版本,融合的操作符通过减少内存访问来进行加速。

继续介绍数据布局转换。在计算图中,有多种方法可以将一个给定的张量存储起来。最常见的数据布局选择是列存储(column major)和行存储(row major)。在实践中,工程师可能更喜欢使用更复杂的数据布局。例如,深度学习加速器可能利用 4×4 的矩阵操作,此时需要将数据平铺成 4×4 的块,以优化访问位置。数据布局优化将计算图转换为一个可以使用更好的内部数据布局在目标硬件上执行的图。数据布局优化首先为由内存层次结构决定的约束指定每个算子的首选数据布局。然后,若生产者和消费者的首选数据布局不匹配,则将在他们之间执行适当的布局转换。

然而,尽管高级图优化可以大大提高深度学习工作负载的效率,但只与使用算子库效果一样。目前,少数支持算子融合的深度学习框架需要算子库提供融合模式的实现。随着定期引入更多的网络算子,可能的融合内核的数量将急剧增长。当针对越来越多的硬件后端时,这种方法的优点无法继续维持,因为所需的融合模式实现数量与必须支持的数据布局、数据类型和加速器内建函数的数量组合增长。所以,对于程序和每个后端所需的各种操作,手工制作算子内核是不可行的。为此,TVM 还提出了一种代码生成方法,该方法可以为给定模型的算子生成各种可能的实现。

TVM 通过在每个硬件后端上生成许多有效的实现方案,并选择一个最优的,从而为每个算子生成有效的代码。此过程建立在 Halide 的想法上,即将描述与计算规则(或调度优化)解耦,并将其扩展以支持新的优化(嵌套并行、张量化和延迟隐藏)和广泛的硬件后端。下面介绍 TVM 的特性。

首先介绍张量表达式和调度空间。TVM 引入了一种张量表达式语言来支持自动代码生成。与高级计算图表示不同,高级计算图中张量操作的实现是不透明的,每个操作都用一种索引公式的表达式语言描述。图 9.25 中的代码显示了一个计算转置矩阵乘法的张量表达式示例：

```
m, n, h = t.var('m'), t.var('n'), t.var('h')
A = t.placeholder((m, h), name='A')
B = t.placeholder((n, h), name='B')
k = t.reduce_axis((0, h), name='k')
C = t.compute((m, n), lambda y, x:
                t.sum(A[k, y] * B[k, x], axis=k))
```

图 9.25　转置矩阵乘法的张量表达式

每个计算操作都指定了输出张量的形状和一个描述如何计算其每个元素的表达式。TVM 的张量表达式语言支持常见的算术和数学操作，并涵盖了常见的深度学习算子模式。该语言没有指定循环结构和许多其他执行细节，并为各种后端添加具有硬件感知的优化提供了灵活性。TVM 采用了 Halide 的解耦计算/调度原理，使用一个调度来表示从张量表达式到低级代码的特定映射，且许多可能的调度都可以执行该功能。

TVM 张量表达式主要增强了对新调度优化的支持。为了在许多后端上实现高性能，TVM 需要支持足够的调度原语，以覆盖不同硬件后端上大量不同的优化。图 9.26 总结了操作代码的生成过程。TVM 重用了 Halide 中有用的原语和低级循环程序 AST，并引入了新的原语来优化 GPU 和加速器的性能。

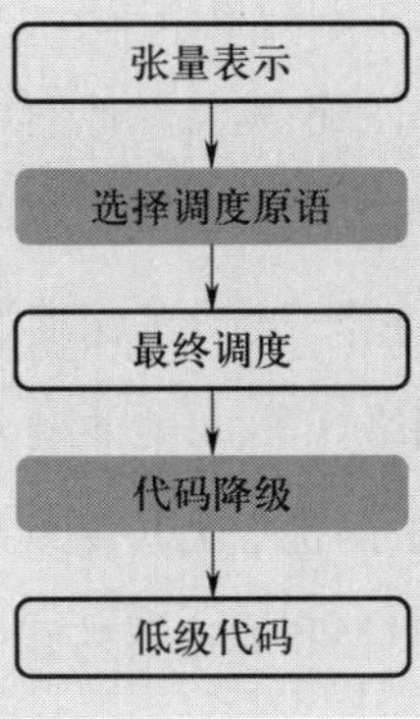


图 9.26　TVM 调度降级和代码生成过程

下面介绍 TVM 的协作式嵌套并行（nested parallelism with cooperation）。并行是提高深度学习工作负载中计算密集型内核效率的关键。现代 GPU 提供了大量的并行，这要求 TVM 将并行模式融入调度转换中。大多数现有的解决方案都采用了一种称为嵌套并行（nested parallelism）的模型，这是一种 fork-join 的形式。该模型需要一个并行调度原语（parallel schedule primitive）来并行化数据并行任务，并且每个任务可以进一步递归地细分为子任务，以利用目标架构的多层次线程分层结构（multi-level thread hierarchy）（如 GPU 中的线程组）。这种模型不共享任何嵌套的并行性，因为一个工作线程不能在同一并行计算阶段中查看其兄弟姐妹线程的数据[48]。无共享方法的一种替代方法是协同获取数据，具体来说，线程组可以协同获取它们所有需要的数据，并将这些数据放至共享内存空间。该优化可以利用GPU内存层次结构以使得数据能够通过共享内存区域跨线程重用。TVM也支持这种GPU优化以实现最佳性能。

接着介绍TVM中的张量化操作。TVM通过使用张量内建声明的机制将目标硬件内建(intrinsic)从调度中分离出来，使张量化可扩展。TVM使用相同的张量表达式语言来声明每个新硬件固有的行为和与之相关的降低规则。此外，TVM引入了张量化调度原语，用相应的内建替换计算单位。编译器将计算模式与硬件声明相匹配，并将其降级至相应的硬件内建。张量化将调度与特定的硬件原语解耦，使扩展TVM以支持新的硬件架构更加容易。生成的张量化调度代码与高性能计算中的实践一致，即将复杂的操作分解成一系列微内核调用。

最后介绍TVM的显式内存延迟隐藏。延迟隐藏是指将内存操作与计算重叠，以最大限度地利用内存和计算资源的过程。延迟隐藏根据目标硬件后端的不同需要采取不同的策略，在CPU上，内存延迟隐藏是通过同时使用多线程或硬件预取来隐式实现；在GPU上，依赖于大量线程的快速上下文切换；相比之下，专门的深度加速器，如TPU，通常更喜欢使用解耦访问-执行(Decoupled Access-Execute，DAE)架构的精简控制，并将细粒度同步的问题写到软件。与整体硬件设计相比，DAE硬件pipeline可以隐藏大部分内存访问开销，并几乎充分利用计算资源。为了实现更高的利用率，需要使用细粒度的同步操作来增强指令流。如果没有细粒度的同步操作，那么就不能强制执行依赖关系，从而导致错误运行。因此，DAE硬件pipeline需要pipeline阶段间细粒度依赖的排队/去排队操作来确保程序的正确运行。然而，程序设计实现需要显式低级同步的DAE加速器并不是一件轻松的事情。为了减少程序设计负担，TVM引入了一个虚拟线程调度原语(virtual threading scheduling primitive)，它允许程序员指定一个高级数据并行程序，就像一个支持多线程的硬件后端一样。然后，TVM自动将程序降低至具有低级显式同步的单个指令流。该算法从高级多线程程序调度开始，然后插入必要的低级同步操作，以确保在每个线程中正确执行。接下来，它将所有虚拟线程的操作插入至单个指令流。最后，硬件将恢复由指令流中低级同步所决定的可用的pipeline并行。

## 9.5 小结与展望

本章介绍了DB4AI方向上的代表性前沿研究成果。DB4AI技术利用数据库领域在数据管理与处理方面的优势,通过 AI 通用算子优化、模型管理技术和声明式 AI 系统等技术手段,突破传统 AI 技术的性能瓶颈,提升 AI 对海量数据进行高效分析与挖掘的能力以及易用性。在现实社会的诸多领域都有着重要的应用价值和广阔的应用前景。

下面,对未来在 DB4AI 研究领域有待进一步突破的研究问题进行展望。

(1) AI 通用算子优化:当前 AI 通用算子优化技术分别针对各项通用算子在不同的应用场景(RDBMS、单机、并行和分布式等环境)进行了针对性的优化研究。未来需要借助统一的架构,集成现有 AI 通用算子优化技术,同时支持各项 AI 通用算子,搭建 DB 驱动的 AI 通用算子优化系统,以更好地支持高效的 AI 通用算子处理。

(2) 模型管理技术:现有模型管理技术研究分别对机器学习模型使用中的各环节(源模型选择、模型重用以及模型训练)进行优化。目前的相关工作主要聚焦于在单独环节进行优化,未来可以从全局着手,构建完整机器学习开发流程优化,同时结合机器学习特性与数据库技术,进一步提高机器学习模型构建效率。

(3) 声明式 AI 系统:目前声明式 AI 系统从不同角度(程序设计语言、编译优化和异构环境部署等)进行研究,提升机器学习开发效率并降低机器学习开发门槛。未来的声明式 AI 系统必将更进一步,结合 SQL 语言的特性且用声明性的语言模型简化机器学习的使用,甚至完全通过 SQL 语句完成机器学习生命周期,并对其进行优化,打造数据库原生的机器学习引擎。

可以预见,在信息化大数据时代下,随着相关研究的不断深入,基于 AI 进行快速、高效以及便捷的数据智能分析与挖掘的愿景终将成为现实。

## 9.6 术语表

| | |
|---|---|
| relational database management system | 关系数据库管理系统(RDBMS) |
| factorization machines | FM |
| representer theorem | 表示定理 |
| Gaussian kernel | 高斯核函数 |
| projected equi-join | 投影等值连接 |
| CANDECOMP/PARAFAC | CP |
| core tensor | 核心张量 |
| order | 阶 |
| marticized tensor times Kronecker product | 矩阵化张量乘矩阵克罗内克积 |
| modified Gram-Schmidt process | 改进的格拉姆-施密特正交化过程 |

续表

| | |
|---|---|
| stochastic gradient descent | 随机梯度下降法 |
| quantization | 量化方法 |
| sparsification | 稀疏化方法 |
| quantile-bucket quantification | 分位数据草图-桶排序量化 |
| MinMaxSketch | 最小-最大数据草图 |
| dynamic delta-binary encoding | 动态二进制增量编码 |
| transfer learning | 迁移学习 |
| topological data analysis | 拓扑数据分析 |
| convolutional neural network | 卷积神经网络 |
| *k*-means | *k* 均值聚类 |
| logistic regression | 逻辑斯谛回归 |
| linear SVMs | 线性支持向量机 |
| Lloyd’s algorithm | 劳埃德算法 |
| stragglers | 掉队节点 |
| model degradation | 模型退化 |
| exponential moving average | EMA 技术 |
| orchestration | 编排治理 |
| user-defined aggregate | 用户定义的聚合 |
| user-defined function | 用户定义函数 |
| data representations | 数据表示 |
| inner loops | 内循环 |
| logistic function | 逻辑斯谛函数 |
| Newton’s method | 牛顿法 |
| least squares | 最小二乘 |
| domain specific language | 特定于域的语言 |
| intermediate representation | 中间表示 |
| monad comprehensions | 单子推导式 |
| operator fusion | 算子融合 |
| implicit caching | 隐式缓存 |
| static single assignment form | 静态单分配形式 |
| monadic view | 单子视图 |
| combinator view | 组合器视图 |
| comprehension combinator | 推导式组合器 |
| normalization | 归一化 |
| cross-validation | 交叉验证 |
| data layout | 数据布局 |

## 9.7 习题

习题 9.1 试以两张数据库表连接的情况为例,比较分析基于数据连接的非线性 SVM 特征整合方法与传统非线性 SVM 训练方法相应的高斯核函数计算复杂度。

习题 9.2 试推导定理 9.2 中张量分解更新公式的转化过程。

习题 9.3 根据 9.2.3 节介绍,使用分位数据草图-桶排序量化模块对密集梯度值的压缩率大致为 8,试证明这一结论。

习题 9.4 试根据信息论原理推导式 9.26 至式 9.27 的转化过程。

习题 9.5 根据 9.3.2 节介绍,使用已构建逻辑斯谛回归模型可以构建新的逻辑斯谛回归模型。给定已构建逻辑斯谛回归模型集合 $\mathcal{M}_q=\{M_1,M_2,\cdots,M_r\}$ 作为输入,试计算使用 AVGM 算法进行模型重用后输出的近似模型参数。

习题 9.6 试解释为什么需要提出动态 Partial-Reduce 算法。

习题 9.7 试解释 SQL 语言作为声明式 AI 的编程语言存在哪些优势与限制。

习题 9.8 试解释单子视图和组合器视图的区别。

习题 9.9 试说明 TVM 解决了哪些计算图级别与张量算子级别上的挑战。

## 参考文献


[1] Eisenstein M. Big data: The power of petabytes [J]. Nature, 2015, 527(7576): S2-S4.

[2] 周涛,潘柱廷,杨婧,等. CCF 大专委 2017 年大数据发展趋势预测 [J]. 大数据, 2017, 3(1): 2017012.

[3] Feature extraction: Foundations and applications [M]. Springer, 2008

[4] Papalexakis E E, Faloutsos C, Sidiropoulos N D. Tensors for data mining and data fusion: Models, applications, and scalable algorithms [J]. ACM Transactions on Interactive Intelligent Systems, 2016, 8(2): 1-44.

[5] Robbins H, Monro S. A stochastic approximation method [J].

The Annals of Mathematical Statistics, 1951, 22(3): 400-407.

[6] Rendle S. Scaling factorization machines to relational data [J]. Proceedings of the VLDB Endowment, 2013, 6(5): 337-348.

[7] Kumar A, Naughton J, Patel J M. Learning generalized linear models over normalized data [C]//Proceedings of the 2015 ACM International Conference on Management of Data. 2015: 1969-1984.

[8] Schleich M, Olteanu D, Ciucanu R. Learning linear regression models over factorized joins [C]//Proceedings of the 2016 ACM International Conference on Management of Data. 2016: 3-18.

[9] Chen L, Kumar A, Naughton J, et al. Towards linear algebra over normalized data [J]. Proceedings of the VLDB Endowment, 2017, 10(11): 1214-1225.

[10] Yang K, Gao Y, Liang L, et al. Towards factorized SVM with gaussian kernels over normalized data [C]//Proceedings of the 36th IEEE International Conference on Data Engineering. 2020: 1453-1464.

[11] Kimeldorf G, Wahba G. Some results on Tchebycheffian spline functions [J]. Journal of Mathematical Analysis and Applications, 1971, 33(1): 82-95.

[12] Papadopoulos S, Datta K, Madden S, et al. The TileDB array data storage manager [J]. Proceedings of the VLDB Endowment, 2016, 10(4): 349-360.

[13] Teflioudi C, Gemulla R, Mykytiuk O. Lemp: Fast retrieval of large entries in a matrix product [C]//Proceedings of the 2015 ACM International Conference on Management of Data. 2015: 107-122.

[14] Ghashami M, Phillips J M, Li F. Continuous matrix approximation on distributed data [J]. Proceedings of the VLDB Endowment, 2014, 7(10): 809-820.

[15] Kolda T G, Bader B W. Tensor decompositions and applications [J]. SIAM Review, 2009, 51(3): 455-500.

[16] Papalexakis E E, Faloutsos C, Sidiropoulos N D. Tensors for data mining and data fusion: Models, applications, and scalable algorithms [J]. ACM Transactions on Intelligent Systems and Technology, 2016, 8(2): 1-44.

[17] Xiao H, Wang F, Ma F, et al. eOTD: An efficient online tucker decomposition for higher order tensors [C]//Proceedings of the 18th IEEE International Conference on Data Mining. 2018: 1326-1331.

[18] 杨克宇，高云君，陈璐，等. 分布式的增量式张量 Tucker 分解方法 [J]. 计算机学报，2021，44(8): 1696-1713.

[19] Wen W, Xu C, Yan F, et al. Terngrad: Ternary gradients to reduce communication in distributed deep learning [C]//Pro-

ceedings of the 31st Conference on Neural Information Processing Systems. 2017: 1509-1519.

[20] Bernstein J, Wang Y X, Azizzadenesheli K, et al. SignSGD: Compressed optimisation for non-convex problems [C]//Proceedings of the 35th International Conference on Machine Learning. 2018: 560-569.

[21] Stich S U, Cordonnier J B, Jaggi M. Sparsified SGD with memory [C]//Proceedings of the 32nd Conference on Neural Information Processing Systems. 2018: 4452-4463.

[22] Wangni J, Wang J, Liu J, et al. Gradient sparsification for communication-efficient distributed optimization [C]//Proceedings of the 32nd Conference on Neural Information Processing Systems. 2018: 1306-1316.

[23] Basu D, Data D, Karakus C, et al. Qsparse-local-SGD: Distributed SGD with quantization, sparsification, and local computations [C]//Proceedings of the 36th Conference on Neural Information Processing Systems. 2019: 14668-14679.

[24] Jiang J, Fu F, Yang T, et al. SketchML: Accelerating distributed machine learning with data sketches [C]//Proceedings of the 2018 ACM International Conference on Management of Data. 2018: 1269-1284.

[25] 杨强，张宇，戴文渊，等. 迁移学习 [M]. 北京：机械工业出版社，2020.

[26] 王晋东，陈益强. 迁移学习导论 [M]. 北京：电子工业出版社，2021.

[27] Afridi M J, Ross A, Shapiro E M. On automated source selection for transfer learning in convolutional neural networks [J]. Pattern Recognition, 2018, 73: 65-75.

[28] Sigl M B. Don't fear the REAPER: A framework for materializing and reusing deep-learning models [C]//Proceedings of the 35th IEEE International Conference on Data Engineering. 2019: 2091-2095.

[29] Xiang E W, Pan S J, Pan W, et al. Source-selection-free transfer learning [C]//Proceedings of the 22nd International Joint Conference on Artificial Intelligence, 2011: 2355-2360.

[30] 吴西竹，周志华. 领域知识指导的模型重用 [J]. 中国科学：信息科学，2017, 47: 1483-1492.

[31] Zhang W, Jiang J, Shao Y, et al. Efficient diversity-driven ensemble for deep neural networks [C]//Proceedings of the 36th IEEE International Conference on Data Engineering. 2020: 73-84.

[32] Hasani S, Thirumuruganathan S, Asudeh A, et al. Efficient construction of approximate ad-hoc ML models through materialization and reuse [J]. Proceedings of the VLDB Endowment, 2018,

11(11): 1468-1481.

[33] Hasani S, Ghaderi F, Hasan S, et al. ApproxML: Efficient approximate ad-hoc ML models through materialization and reuse [J]. Proceedings of the VLDB Endowment, 2019, 12(12): 1906-1909.

[34] Agarwal P K, Har-Peled S, Varadarajan K R. Geometric approximation via coresets [J]. Combinatorial and Computational Geometry, 2005, 52(1-30): 3.

[35] D. Arthur, S. Vassilvitskii. K-means++: The advantages of careful seeding [C]//Proceedings of the 17th Conference on Symposium on Discrete Algorithms. 2006: 1027-1035.

[36] Baykal C, Liebenwein L, Schwarting W. Training support vector machines using coresets [J]. arXiv: 1708.03835, 2017.

[37] Huggins J, Campbell T, Broderick T. Coresets for scalable Bayesian logistic regression [C]//Proceedings of the 30th Conference on Neural Information Processing Systems. 2016: 4080-4088.

[38] Dean J, Corrado G S, Monga R, et al. Large scale distributed deep networks [C]//Proceedings of the 30th Conference on Neural Information Processing Systems. 2012: 1232-1240.

[39] Mirhoseini A, Pham H, Le Q V, et al. Device placement optimization with reinforcement learning [C]//Proceedings of the 34th International Conference on Machine Learning. 2017: 2430-2439.

[40] Renz-Wieland A, Gemulla R, Zeuch S, et al. Dynamic parameter allocation in parameter servers [J]. Proceedings of the VLDB Endowment, 2020, 13(11): 1877-1890.

[41] Huang Y, Jin T, Wu Y, et al. Flexps: Flexible parallelism control in parameter server architecture [J]. Proceedings of the VLDB Endowment, 2018, 11(5): 566-579.

[42] Miao X, Nie X, Shao Y, et al. Heterogeneity-aware distributed machine learning training via partial reduce [C]//Proceedings of the 2021 ACM International Conference on Management of Data. 2021: 2262-2270.

[43] Hellerstein J, Ré C, Schoppmann F, et al. The MADlib analytics library or MAD skills, the SQL [J]. Proceedings of the VLDB Endowment, 2012, 5(12): 1700-1711.

[44] Schindler T, Skornia C. Secure parallel processing of big data using order-preserving encryption on google bigquery [J]. arXiv: 1608.07981, 2016.

[45] Wang Y, Yang Y, Zhu W, et al. SQLflow: A bridge between SQL and machine learning [J]. arXiv: 2001.06846, 2020.

[46] Wang Y R, Hutchison S, Leang J, et al. SPORES: Sum-product optimization via relational equality saturation for large scale linear algebra [J]. Proceedings of the VLDB Endowment, 2020, 13(11): 1919-1932.

[47] Kunft A, Katsifodimos A, Schelter S, et al. An intermediate representation for optimizing machine learning pipelines [J]. Proceedings of the VLDB Endowment, 2019, 12(11): 1553–1567.

[48] Alexandrov A, Kunft A, Katsifodimos A, et al. Implicit parallelism through deep language embedding [C]//Proceedings of the 2015 ACM International Conference on Management of Data. 2015: 47–61.

[49] Chen T, Moreau T, Jiang Z, et al. TVM: An automated end-to-end optimizing compiler for deep learning [C]//Proceedings of the 13th USENIX Symposium on Operating Systems Design and Implementation. 2018: 578–594.

[50] Chen T, Moreau T, Jiang Z, et al. TVM: End-to-end optimization stack for deep learning [J]. arXiv: 1802.04799, 2018.

[51] Ragan-Kelley J, Barnes C, Adams A, et al. Halide: A language and compiler for optimizing parallelism, locality, and recomputation in image processing pipelines [J]. Acm Sigplan Notices, 2013, 48(6): 519–530.

# 第10章 AI赋能的数据库技术

10

随着计算机、互联网以及移动终端设备技术的快速发展，多源异构数据正在爆炸式地增长，人类社会逐渐进入了以数字化、网络化和智能化为特征的信息化大数据时代。在大数据时代，由于海量的数据规模和多样的应用需求，传统的数据库(database, DB)技术已经不能满足面向多源异构大数据的高智能分析处理需求。随着核心算法的突破、计算能力的提升和海量数据的支撑，人工智能(artificial intelligence, AI)的理论与技术日益成熟，已在语音识别、图像识别、自然语言处理等领域取得了大量的优秀研究成果。这驱使研究学者借助AI技术在数据智能处理与深度挖掘方面的优势，对传统DB进行优化，提升其对海量数据进行智能、深度分析的能力，开展AI赋能的数据库技术(以下简称AI4DB)研究。

本章对AI4DB技术进行介绍：10.1节给出AI4DB技术背景及基本框架内容；10.2节阐述AI赋能的数据处理技术；10.3节阐述AI赋能的轨迹数据分析技术；10.4节对AI赋能的图数据分析方法进行探讨。

## 10.1 AI4DB概述

多源异构数据(如轨迹数据、图数据、社交数据等)及其处理在现实生活中有着重要的应用场景和研究价值。例如，在基于位置的服务(LBS)中，美团、饿了么以及大众点评等平台对用户的出行轨迹和签到信息进行查询分析，为用户提供社区发现和个性化推荐等服务。然而，在大数据智能时代，由于海量的数据规模和智能化的应用需求，传统的数据处理技术已经不能满足面向多源异构大数据的智能分析处理需求。随着人工智能的快速发展，结合数据依赖灵活和泛化迁移能力强的人工智能理论与方法，设计高效且可扩展的多源异构数据智能处理方法成为当前的一个研究热点与重点。2017年《科学》杂志发表了"人工智能"专刊，指出人工智能是变革性科学，有望主导科学发现的进程。中国的《国务院关于印发新一代人工智能发展规划的通知》(国发〔2017〕35号)呼吁学术界与工业界借助人工智能来提升数据处理与理解能力。因此，借助人工智能挖掘数据中蕴含的知识,有助于更深层次地探索大数据的核心价值,提供更为智能且便利的服务,促进社会各行业的高速发展,进而为整个人类社会进步做出重大贡献。

相关领域的研究学者们普遍认同的观点是:面对智能化的多源异构数据处理需求,以及庞大数据规模和复杂智能分析两个方面的挑战,传统 DB 技术遇到了许多问题,本节将其归纳为以下三大挑战性问题:

**(1) DB 学习能力较差**

传统 DB 处理技术大多面临学习能力较差的难题,无法对同类/相似问题进行可迁移、可泛化的处理与分析,即:当数据分布/查询需求/分析任务发生变化时,用户往往需要重新设计数据索引、查询、分析算法,因而处理代价过大。

**(2) DB 表征能力不足**

传统 DB 处理技术侧重在原始数据空间对数据进行数据表征、索引构建、剪枝设计和查询分析等。然而,原始数据表征无法捕获复杂异构数据中的隐藏信息,并且直接在原始高维数据空间对复杂异构数据进行处理与分析会造成过高的计算成本。

**(3) DB 挖掘深度受限**

传统 DB 处理技术大多依赖于手工设计的规则或人工提取的特征,无法对多源异构数据中隐藏的深层价值进行有效挖掘,因而挖掘深度受限。例如,针对城市交通流量预测问题,传统的启发式预测方法无法捕获行人流量和车辆流量在时间和空间上的复杂相关性和依赖性,从而导致预测精度较差。

AI 领域在过去数十年致力于解决数据智能处理与深度挖掘方面遇到的挑战,积累了丰富的理论技术和可用经验,譬如,深度学习、强化学习、迁移学习等。这驱使研究学者借助 AI 在数据智能分析与挖掘方面的优势,对传统 DB 处理进行优化,提升其对海量数据进行智能分析与挖掘的能力。即,开展人工智能赋能的 DB 技术(以下简称 AI4DB)研究。

AI4DB 技术可以有效解决以上三大挑战性问题:首先,通过 AI 技术提升 DB 的泛化学习能力;其次,借助表征学习对复杂异构数据(如轨迹数据和图数据)进行深度嵌入与表征学习;最后,利用深度学习模型提升 DB 的深度挖掘能力。

总体而言,AI4DB 技术研究目前正处于起步阶段,专家学者在此方向上取得了一定的研究进展。如图 10.1 所示,本节将从 AI 赋能的数据处理、AI 赋能的轨迹数据分析、AI 赋能的图数据分析三个方面,对 AI4DB 方向上的代表性前沿研究成果展开介绍。

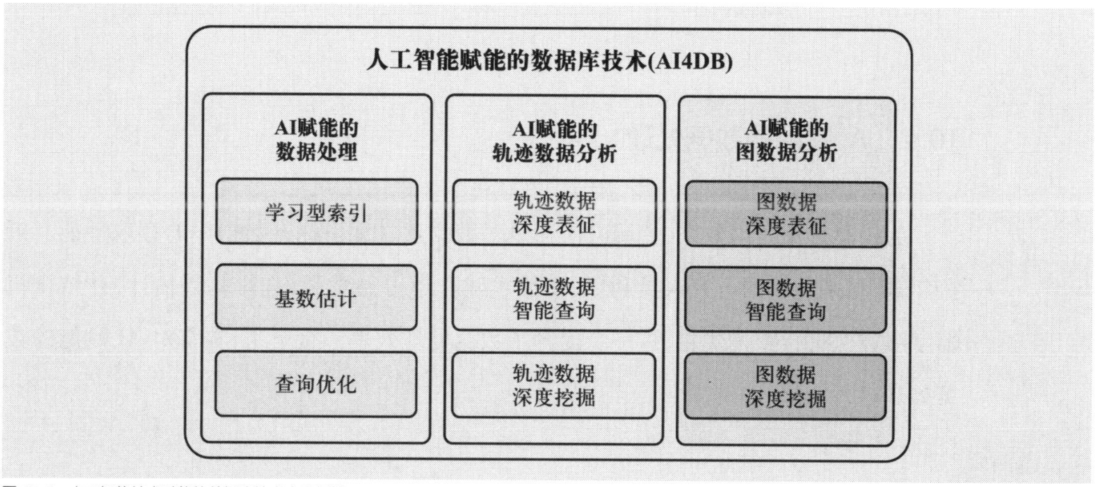


图 10.1 人工智能技术赋能的数据库技术内容框架

（1）AI 赋能的数据处理

AI 赋能的数据处理一般流程是：首先，对数据的组成分布进行分析后，建立学习型索引；而后，在查询时借助基数估计的方法预先对查询语句进行优化以提升数据库的运行效率；最终，利用数据降维等查询优化方法进行高效的数据查询，以分析、挖掘数据间蕴藏的巨大价值。这个流程包括了三项 AI 赋能的数据处理方法：学习型索引、基数估计以及查询优化。借助此三项 AI 赋能的数据处理方法，数据库系统的效率将显著提升。

（2）AI 赋能的轨迹数据分析

AI 赋能的轨迹数据分析旨在利用 AI 技术对轨迹数据进行智能处理与深度挖掘。首先，借助表征学习（如 Seq2Seq、Auto-Encoder 等）将原始轨迹映射为低维向量，即对轨迹进行深度表征以捕获轨迹数据的隐藏时空特征；而后，在向量空间中，对轨迹进行智能查询与深度挖掘，在发掘轨迹隐藏价值的同时大幅提升计算效率。这个流程包括了三项轨迹数据分析的基本任务：表征、查询以及挖掘。针对这三项基本任务探索相应的深度表征、智能查询以及深度挖掘技术，将规范化 AI 赋能的轨迹数据分析流程，降低 AI4DB 的使用门槛。

（3）AI 赋能的图数据分析

AI 赋能的图数据分析旨在利用 AI 技术在加速图分析计算的同时提高图数据分析的准确度。AI 赋能的图分析首先利用图表征学习以及其他机器学习技术将图的结构信息以及属性信息映射到低维空间，随后在该低维空间中进行高效的图分析计算。语义丰富的潜在表示能够大大提高图分析任务的准确度，因此上述流程的核心在于图表征学习，包括图特征选择、特征聚合函数设计以及函数设计与优化等。

## 10.2 AI 赋能的数据处理

为提高数据处理效率,传统方法通过对数据建立索引提升数据库的存取性能。近些年来,越来越多的研究人员利用 AI 技术建立学习型索引,进行基数估计,并结合机器学习方法进行查询优化,进一步提升了数据处理效率。接下来,本节对 AI 赋能的数据处理进行介绍。

### 10.2.1 学习型索引

在传统数据库设计中,索引是提升数据库存取性能的重要手段。基于预先建立的数据索引,数据库实现了数据的快速访问和查询,避免了因访问大量不必要数据节点导致的高昂时间开销。近年来,随着人工智能、机器学习的快速发展,基于 AI 技术的学习型索引方法因其空间利用率高、查询性能强等特点受到工业界和学术界的广泛关注,已成为 AI 赋能数据库技术的前沿研究热点[1]。根据索引数据类型的不同,现有的学习型索引(learned index)分为两类:面向一维空间的学习型索引与面向多维空间的学习型索引。

(1) 面向一维空间的学习型索引

由于索引结构可以看作是“输入为数据,输出为数据在索引中的位置”的黑盒模型,可以采用如下方法构建学习型索引[2]:基于当下流行的 TensorFlow 框架,以 ReLU 为激活函数,数据存入数据库的时间作为输入,设计双层全连接神经网络预测每个数据在数据库中的存放位置。虽然该方法大幅降低了索引存储代价,但是其数据查询效率远低于传统数据索引(例如 $B^+$树)。这主要归因于以下三个方面:(i) TensorFlow 框架主要适用于大型的数据处理模型而非小规模模型,并且该模型建立在 Python 平台下,具有高昂的基础运行开销;(ii) 传统树索引结构递归地将数据划分至不同的数据分区中进行管理,因而在不考虑数据分布的情况下,可以实现数据的单点精确查询。相比之下,尽管神经网络模型可以对数据的分布进行学习从而预测数据的存放位置,但是对于单个数据的精确查询性能较差;(iii) 在查询操作中,树索引结构操作简单,不需要过多的 CPU 运算。然而,神经网络需要对训练好的模型中所有的权重进行矩阵运算从而进行查询预测,引入大量的计算开销。

为解决上述挑战,RMI[2] 提出基于多个模型的分层模型结构以提升学习型索引的查询精度,如图 10.2 所示,其第一层是单模型结构,而其余各层均包含多个模型。RMI

索引以键值作为每个中间层模型的输入,将每层模型运算后的结果作为下一层模型的输入(注意:同一层的不同模型在下一层可能指向同一个模型);最后一层模型的运算结果即为 RMI 的最终输出结果(即数据的存储位置)。该方法结合机器学习对数据分布进行预测,并利用传统索引结构对数据进行划分的优势,实现了数据的精确定位。其核心思想是不断地将大规模数据划分到小规模空间,并在每个小规模空间内进行模型训练,从而提升数据查询精度。此外,由于该方法在每一层内使用多个模型,因而可以实现更精确的单点数据查询。但是该方法仍然存在一些不足:(i) 不支持高效的数据更新操作。由于 RMI 在每层使用一个或多个训练模型,数据的单点更新会触发多个模型的重复训练,造成大量的时间开销;(ii) 学习型索引的性能依赖于其对数据分布的拟合程度。然而,每一层选用的学习模型均会对数据的拟合效果产生影响,造成 RMI 索引的性能不稳定。此外,针对不同的数据分布,需要选择不同的学习模型,导致模型的训练过程繁杂。

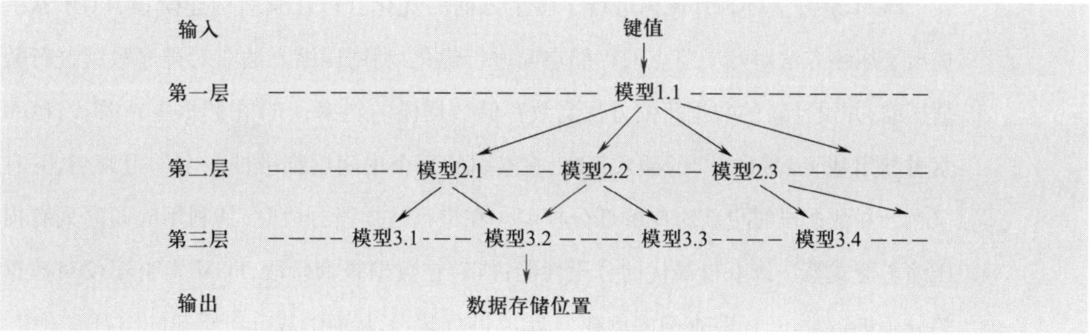

图 10.2　RMI 模型示意图

为了支持数据的插入更新,动态 RMI 模型[3]提出一种类似哈希表的线性探查插入策略。具体而言,在最后一层叶子节点的排序数组中,预留一些空位置。在执行数据插入操作时,首先通过多层模型预测出数据存储的具体位置:若当前预测位置正确,则尝试将数据插入当前的位置;若当前预测位置不正确,则需要通过搜索算法以获得该数据的准确存储位置。在尝试插入数据到某一位置时,首先判断当前位置是否为空。若为空,则直接插入;若非空,则采用左右探查法将数据插入到最近的空位置。随着数据的不断插入,索引中预留的空位置越来越少,插入性能随之下降。当排序数组中的空位置密度低于某个阈值时,动态 RMI 模型将该数组进行分裂,从而产生更多的空位置。同时,原先的叶节点模型变为内部模型(叶节点转变为非叶节点),并且针对新分裂出的叶节点进行模型训练。因此,动态 RMI 模型建立的学习型索引树结构并非传统的平衡树形结构(非叶节点学习模型与叶节点模型可能存在于同一层级内)。此外,该方法还利用压缩存储阵列[4]作为排序数组,以进一步提升索引的数据插入性能。

类似于动态 RMI 模型在叶节点中预留空位置的策略，FITing 树[5]将叶节点中的数据分为多个数据段（data segment）并且预留一些缓存位置以插入新数据。在数据更新时，将已满的缓存位置融入数据段并开辟新的缓存位置形成新的数据段，以插入更多的数据。具体而言，FITing 树利用分段线性函数（piece-wise linear function）拟合数据分布，将数据存储在不同的数据段中。在最后一层中的叶节点中，存储数据段的初始键值以及斜率。其中，每个数据段包括现有的排序数组（已插入数据）与固定大小的预留缓存区域（待插入数据）。在执行数据插入操作时，FITing 树预先设置一个阈值：若存在数据段，使得该段与模型预测的存储位置误差小于预先设置的阈值，则将数据插入当前数据段；若不存在，则将已满的数据段通过分段算法（如改进的 FSW 算法[6]）进行划分，形成新的数据段，并且将数据插入到新的数据段内。由于该方法可以对阈值进行调整，因此可以根据实际应用中不同的场景需求牺牲部分空间以换取更优的查询性能，或是牺牲部分查询效率以降低存储开销。

PGM 索引[7]对 FITing 树进行了多个方面的优化：（i）在索引构建阶段，PGM 索引提出了压缩方法对叶子节点的存储空间进行优化：利用压缩方法[8]对排序数组进行数据压缩；并设计新的数据压缩方法高效存储数据段的斜率；（ii）在数据更新阶段，PGM 索引利用基于 LSM 树[9]的插入策略，在索引的每个中间层都维护一个学习索引，并且仅在合并数据段时更新对应的部分模型。在进行数据段分段时，其利用时间序列有损压缩与流式算法以获得最优的分段性能；（iii）在数据查询阶段，PGM 索引不仅对数据的分布进行学习，还对查询的负载分布[10]进行学习，从而形成分布感知的学习型索引，以支持更高效的数据查询。

此外，还有一些工作对一维空间的学习型索引展开了深入研究。为提升学习型索引的更新效率，RadixSpline 索引[11]使用样条插值法（spline interpolation）拟合数据，并使用基数树对样条进行索引；Setiawan 等人[12]利用切比雪夫插值法和伯恩斯坦插值法进一步提升索引的更新效率；Dabble 索引[13]结合 $k$-means 算法、神经网络模型与 LSM 插入策略，对学习型索引进行优化。为处理大规模、高并发的应用场景，XIndex 索引[14]提出两阶段合并算法以支持数据库中的并发查询操作；Hermit 索引[15]通过学习关系数据不同属性之间的弱依赖关系，实现关系数据库的二级索引机制，从而大大降低了索引的存储开销。除了上述代表性研究成果外，一些研究人员[16-18]结合 AI 技术，对传统索引结构进行优化，以提升传统索引的索引性能与查询效率，如 IFB-Tree 索引使用插值方法提升 $B^+$树的数据更新效率。

（2）面向多维空间的学习型索引

在一维空间中，数据可以进行有序排序，即给定一个数据的键值，学习型索引便可以预测其存放的位置，若该位置不正确，可以通过局部搜索进行修正。然而，在高维空间中，数据没有明确的排列顺序，因此该策略并不适用。鉴于此，一些工作首先通过空间映射[19]、数据划分[20]等方法对高维数据进行投影，然后再进行排序，从而构建面向多维空间的学习型索引。接下来，本章以下面三个学习型索引为例进行介绍。

首先，介绍基于空间映射的多维学习型索引结构，ML 索引[21]。它利用类似 iDistance 的方法将多维空间映射到一维空间。具体而言，ML 索引首先在多维空间中选择一定数量的参照点(reference point)进行数据划分，构成以每一个参照点为中心的多个区域。当使用 iDistance 方法时，多维空间中的一个数据点被映射为该点到划分区域中心的距离 $d_C$ 加上划分区域的编号 $i$ 与一个常数 $C$ 的乘积，即：$d_C+i \cdot C$。注意：在该方法中，运算常数 $C$ 必须足够大，以避免出现分区重叠(不同数据被映射到相同的位置)。然而，常数 $C$ 过大又会导致映射效率低下以及索引空间浪费。鉴于此，ML 索引使用偏移量对 iDistance 方法进行优化，以解决分区重叠问题，并提高索引效率。在对多维空间进行一维投影映射后，ML 索引基于面向一维空间的 RMI 模型，构建学习型索引。

接着，介绍基于数据划分的 Flood 索引[22]。它利用机器学习方法对经过网格划分的数据布局进行参数调优。具体而言，给定 $d$ 维空间，Flood 索引首先根据代价模型对所有 $d$ 个维度进行查询使用频率的贡献估计，并依照贡献值对这些维度进行排序。接着，使用排序中前 $d-1$ 个维度对原始高维空间数据进行网格划分。其中，根据数据在每个维度下的最小值与最大值，第 $i$ 个维度被均匀地划分为 $c_i$ 份。最终，高维空间中的数据被划分为 $\prod_{i=1}^{d-1} c_i$ 个网格单元。其中，在每个网格单元中，数据根据第 $d$ 维进行排序。基于该方法，高维空间中的数据被均匀地进行数据划分，并且可以进行有序排列。在进行数据查询时，Flood 索引首先找到与查询范围的超矩形(hyperrectangle)相交的网格单元，而后在每个网格单元中定位需要扫描的范围，最后找到与查询相匹配的结果。在实际应用中，根据应用需求，该索引对维度排序中使用的代价模型以及网格划分方法进行参数调优，以提升索引性能。

此外，还有一些学习型索引利用基于空间映射与数据划分的混合策略提升索引性能，例如 LISA 索引[23]。它首先使用网格对数据进行划分，而后借助空间映射函数将划分后的数据映射到一维空间。其中，映射函数必须保证小编号网格单元中数据点的映射值不超过大编号网格单元中数据点的映射值。接着，在一维空间中，该索引将数据等分到多个数据分区中，并训练一个分段的线性回归模型对数据分区进行预测。在每个数据分区中，LISA 索引还建立了局部模型以预测每个分区的分页。在进行数据查询时，其首先得到与查询矩形相交的多个单元格，并依照这些单元格将查询矩形划分为多个小矩形。针对每个小矩形,利用映射函数、分段线性回归模型和局部模型,以获得相关的分页。最终,将每个小矩形的局部查询结果进行整合,从而得到最后查询结果。

### 10.2.2 基数估计

基数估计(cardinality estimation)是数据库查询处理中的一项基本任务,对于提升数据查询效率与数据库的整体性能都具有重要意义,在多媒体检索、产品推荐、数据库优化、网络控制等领域具有广阔的应用前景[24]。基数估计旨在求解数据集的基数,即:数据集在经过去重操作后所包含的元素规模。例如,给定数据集{1,2,3,1,2},其包含五个元素。在经过去重操作后,元素仅有三个(1、2、3)。因此该数据集的基数为3。下面给出一个利用基数估计进行数据库查询优化的应用场景。

给出以下两个数据库查询语句:

```
Select * From T1 Join T2 On T1.a=T2.c Where T1.a <= 10
Select * From T1 Join T2 On T1.a=T2.c Where T1.a <= 100
```

由于表T1和表T2的基数不同,因此在执行join操作时需要使用不同的查询策略。此外,条件查询Where也会造成查询策略的变更。具体,数据库考虑以下三种查询优化策略:(1) 访问方法策略:进行Where条件判断时,根据T1的基数大小以及查询条件的限制,使用单点查找(seek)或进行顺序扫描(scan);(2) 连接顺序选择:在执行Join操作时,以查询结果基数更小的表作为驱动表,判断用经过Where条件查询的T1作为驱动表连接T2,或者使用T2连接T1(即:用基数更小的表作为驱动表将减少对驱动表的扫描,从而提升表的连接效率);(3)连接类型选择:根据两张表的基数情况,选择嵌套循环连接或合并连接等连接方法。查询优化的策略选择取决于每一步操作中对不同表的基数估计。因此,若基数估计结果偏差较大,数据库将选择低效的查询策略,造成巨大的资源浪费。

接下来,对常见的基数估计方法进行介绍。

给定一个包含 $n$ 个元素的多重集合 $E=\{e_1,e_2,\cdots,e_n\}$,其中每一个元素 $e_i$ 为值域在$[1,N]$的正整数。注意,多重集合中每个元素 $e_i$ 不一定是唯一的:多个元素可以具有相同属性。令 $m_i=|\{e_j:e_j=i\}|$,即数值 $i\in N$ 在 $E$ 中出现的次数,则频数动差 $F_k$ 可以表示为 $\sum_{i=1}^{n} m_i^k$,其中 $k\geqslant 0$。当 $k=0$ 时,零级频数动差 $F_0$ 表示多重集合 $E$ 的基数。基数估计的目标是通过对数据集精确或者近似的计算,得到零级频数动差 $F_0$。基数估计方法可以分为精确估计方法与近似估计方法。下面,对两类方法的代表性研究进行简要阐述。

首先介绍一种精确的基数估计方法——位图法(bitmap)。该方法首先将大小为 $N$ 的位图初始化为 0,然后对整个数据集进行遍历。在遍历时,对于每个访问元素 $e_i=k$,在位图中相应的第 $k$ 个位置更新为 1。当遍历结束时,对位图中 1 的数量进行统计,得到零级频数动差 $F_0$。该方法极为简单,仅需遍历数据集即可。但在实际应用中,数据集的值域与 $N$ 相关,过大的 $N$ 将导致数据库难以构建空间大小为 $N$ 的位图。因此,该方法只适用于有限的小规模数据集下的应用场景。

考虑到基数估计需要对数据集进行去重操作,因此可以使用排序法首先对所有数据进行排序,然后丢掉其中的重复数据。然而,排序操作的时间复杂度通常为 $O(N\log N)$。考虑到每次查询时都需要进行基数估计,因此每次利用排序法进行基数估计将造成大量的时间与空间开销。故排序法难以应用于大规模数据下的应用场景。

为了平衡基数估计过程的时间与空间开销,可以使用散列法对数据集构建散列表。首先利用散列函数将每个数据转化为键值,再依据键值将数据投影至线性表中。在数据查询时,仅在线性表中进行基数估计。该方法可以在保证查询效率的同时降低空间消耗。

上述三种方法均属于精确的基数估计方法,但是它们的时间和空间复杂度较高。因此,一些方法通过牺牲基数估计的精度,提升算法效率并降低空间开销。例如,布隆过滤器[25]结合了散列法与位图法,在位图中存储每个数据元素的哈希值;哈希值观测法[26]对每个数据元素的散列键值进行观测,以减少空间占用,并且基于观测的结果推断数据集基数的估计 $F_0$。此外,采样法[27]通过抽样方法,在提升基数估计效率的同时,减少数据库系统的空间占用。然而,在实际应用中,很难根据数据集的样本估计 $F_0$。并且,对于基于小样本的每个估计量,都存在一个数据集,使得估计基数与确切基数之间的比率任意大[28]。如果估计方法没有对大部分数据进行检验,则不能保证所有输入数据的分布误差都满足应用需求。因此,现有基于采样的方法都无法提供良好的误差保证。

虽然以上近似估计方法一定程度上降低了基数估计的时空复杂度,但是其得到的估计结果与真实值误差较大,难以反映数据分布。因此,近年来也开始出现了使用机器学习对数据分布进行研究的工作,例如利用深度学习模型、数据聚合等方法提升基数估计的效率和精度。

传统的采样和抽样方法对整体数据进行近似的非参数密度估计,试图从有限数量的样本中对整体的数据密度进行估计。考虑到数据库的 join 操作本质是将多个属性相连接,因此在进行密度估计时可以考虑将其分解为一系列更简单且易于处理的条件概率分布。具体而言,当使用深度学习模型进行基数估计[29]时:给定 $m$ 个需要进行

join 的属性$\{A_1, A_2, \cdots, A_m\}$,其连接结果的整体分布可以表示为每个属性独立分布的联合,即$p(A_1 = a_1, A_2 = a_2, \cdots, A_m = a_m) = \prod_{i=1}^{m} p(A_i = a_i \mid A_1 = a_1, \cdots, A_{i-1} = a_{i-1})$。基于此,MADE 模型[30]对抽样得到的数据样本构建深度学习模型,以同时学习每个条件分布的参数,即:在进行多属性联接的密度估计时将每个属性的独立分布联合相乘,可得到多个属性联接的整体密度估计。由于该方法使用深度学习模型对每个独立属性进行独立预测,因此可以在毫秒级时间内实现百万级数据规模的高效查询。

为了进一步提升查询性能,提出基于数据聚合的基数估计方法[31]:通过对数据库建立数据立方(data cube)的方法,提升模型训练阶段的效率。一般来说,在进行模型训练时,对每个查询都需要进行基数估计值的修正(即:根据正确的查询结果训练基数估计模型),造成大量的时间开销。尽管每个查询语句的结构都是相似的,训练模型无法对此场景进行优化以提升模型的训练效率。例如,给定形如“Select A from B Where C”的查询语句,其中 A 和 B 是不变的,仅有查询条件 C 发生改变。在这种情况下,对 A 和 B 进行重复的模型训练将造成不必要的时间开销。为提高模型训练效率,基于数据聚合的基数估计方法利用数据立方对数据进行分组预处理,形成查询条件无关(predicate independent)的数据立方结构。在进行基数估计时,该方法首先在数据立方上精确定位所需要查询的区域,并利用先前训练的模型对该区域进行基数估计。随后,当查询结束时,利用正确的查询结果对预处理的数据立方进行修正,从而实现模型重用,提高了基数估计的效率与精度。此外,由于基于数据聚合的基数估计方法利用数据立方将数据划分至不同的区域内,因此可以支持分布式的数据查询与模型训练。所以,该基数估计方法在分布式的数据库系统中具有广阔的应用前景。

### 10.2.3 查询优化

查询是数据处理过程中的重要组成部分,查询的精度与效率直接影响数据库系统的性能。近年来,随着 AI 技术与数据库技术的紧密结合,许多工作对 AI 赋能的数据库查询优化技术展开了深入研究,对文本数据处理、图数据库挖掘、多媒体数据检索、相似性查询、时空数据管理等领域进行了深入探索。

在传统数据处理中,复杂类型数据处理一直是一大难题。机器学习方法通过学习数据分布,利用训练好的模型将复杂类型数据转化为结构简单数据,从而提升数据管理与查询性能。例如,随着社交网络的发展,人们对于多媒体数据的处理需求日益增长。然而,多媒体数据的结构复杂,难以被传统数据库高效存储,造成数据库空间利用率下降。此外,在对多媒体数据进行查询时,需要计算高维数据之间的相似性关系,造成高昂的时间开销。以图像数据为例，在计算相似性时，需要将图片的每个像素逐一扫描。随着图片质量越来越高，在进行图片相似性对比时，像素扫描的运算代价逐渐增大。因此，一些工作利用机器学习方法将原始图片进行压缩后再进行查询，以提升数据库系统的查询效率。具体而言，利用机器学习中的降维方法将高维图像数据转化为低维向量数据，即：将每一个图像表示为由多个特征值组成的特征矩阵。由于不同图像间的差异可以通过计算多个特征的相似性差异得到，因此复杂的图像相似性计算转化为简单的向量相似性计算，从而大幅度提升数据查询效率。此外，降维方法可以在提取图像特征的同时，消除大量的数据冗余与数据噪声。因此，基于降维方法对复杂类型数据进行处理可以进一步提升数据挖掘与分析的质量。

接下来，以降维方法[32]为例，介绍 AI 赋能的数据查询优化技术。

假设数据库中 $m$ 个样本数据在 $d$ 维原始空间的距离矩阵为 $\boldsymbol{D}\in\mathbb{R}^{d\times m}$，其中第 $i$ 行 $j$ 列的元素 $d_{ij}$ 为其中第 $i$ 个样本数据与第 $j$ 个样本数据的相似性距离，降维方法的目标是得到 $m$ 个样本数据在 $d'$ 维空间的表示 $\boldsymbol{Z}\in\mathbb{R}^{d'\times m}$，$d'\leqslant d$，使得任意两个样本在 $d'$ 维空间的欧氏距离 $\|\boldsymbol{z}_i-\boldsymbol{z}_j\|$ 与原始空间中的距离 $d_{ij}$ 尽可能保持一致。然而，通过降维方法得到的新空间下的距离存在不同程度的精度损失，即 $\|\boldsymbol{z}_i-\boldsymbol{z}_j\|\neq d_{ij}$。多维缩放方法[33]以最小化新空间距离与原空间距离之差为目标，以降低维度投影的精度损失。

在实际应用中，数据相似性的还原精度不是唯一的度量标准。在进行相似性查询时，往往仅需查询相似的数据。因此，在进行数据降维时，存在一种更贴近实际应用需求的策略，即：相似数据之间的距离应尽量相近，不相似数据之间的距离尽可能相远。基于此，主成分分析法考虑用超平面方法对原始空间数据进行空间映射，使得样本点在超平面上的投影尽可能分开。图 10.3 展示了斜率为 1 与斜率为-1 的两条直线对二维平面上的样本数据进行空间映射的结果。可以看出，在斜率为 1 的直线上，六个样本数据被映射到两个数据点上（图中灰色直线上的两个蓝点）。相对地，这些数据在斜率为-1 的直线上则被映射到六个不同的数据点（图中黑色直线上的六个红点）。可以

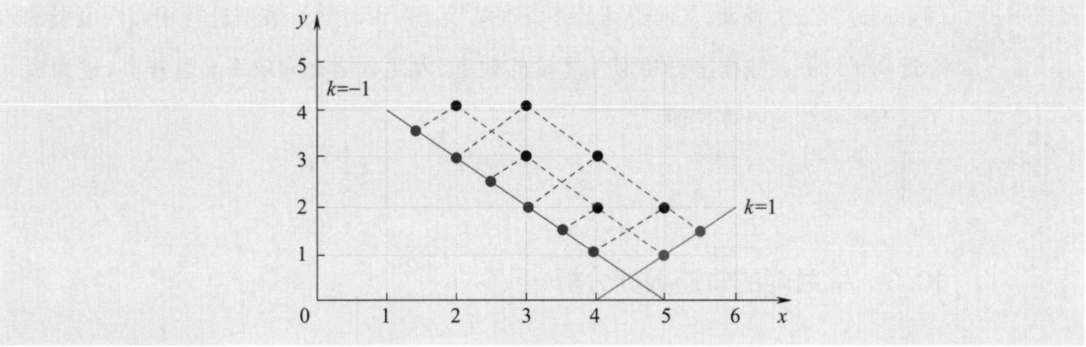


图 10.3　空间映射降维效果对比

看出，利用斜率为-1的直线对样本数据进行空间映射后，数据的投影更为分散，因此具有更好的空间映射效果。

在进行数据降维时，一种常见的方法是对原始的高维空间进行线性变换。具体来说，给定 $d$ 维空间的 $m$ 个样本 $\boldsymbol{X}=(\boldsymbol{x}_1,\boldsymbol{x}_2,\cdots,\boldsymbol{x}_m)\in\mathbb{R}^{d\times m}$，学习一个变换矩阵 $\boldsymbol{W}\in\mathbb{R}^{d\times d'}$，可得该样本在新空间中的新表达：

$$\boldsymbol{Z}=\boldsymbol{W}^{\mathrm{T}}\boldsymbol{X}\in\mathbb{R}^{d'\times m} \tag{10.1}$$

其中 $\boldsymbol{W}^{\mathrm{T}}$ 表示矩阵 $\boldsymbol{W}$ 的转置矩阵。这里，变换矩阵 $\boldsymbol{W}$ 可看作是 $d'$ 个基向量。$\boldsymbol{z}_i=\boldsymbol{W}^{\mathrm{T}}\boldsymbol{x}_i$ 是第 $i$ 个样本 $\boldsymbol{x}_i$ 与这 $d'$ 个基向量分别进行内积操作得到的 $d'$ 维属性向量。因此，$\boldsymbol{z}_i$ 是原属性向量 $\boldsymbol{x}_i$ 在新空间超平面的投影。若向量 $\boldsymbol{w}_i$ 与 $\boldsymbol{w}_j(i\neq j)$ 正交，则新坐标系是一个正交坐标系，即 $\boldsymbol{W}$ 为正交变换且满足 $\boldsymbol{W}^{\mathrm{T}}\boldsymbol{W}=\boldsymbol{I}$。

由于主成分分析法的目标是将数据在新空间下的投影尽可能地分散，因此应使新空间数据投影点的方差最大化，其中样本点经过投影的方差为 $\sum_i \boldsymbol{W}^{\mathrm{T}}\boldsymbol{x}_i\boldsymbol{x}_i^{\mathrm{T}}\boldsymbol{W}$，即 $\boldsymbol{W}^{\mathrm{T}}\boldsymbol{X}\boldsymbol{X}^{\mathrm{T}}\boldsymbol{W}$。根据特征值的定义与拉格朗日乘子法，下列等式成立：

$$\boldsymbol{X}\boldsymbol{X}^{\mathrm{T}}\boldsymbol{w}_i=\lambda_i\boldsymbol{w}_i \tag{10.2}$$

对矩阵 $\boldsymbol{X}\boldsymbol{X}^{\mathrm{T}}$ 进行特征值分解后，将得到的特征值按照数值大小进行排序：$\lambda_1\geqslant\lambda_2\geqslant\cdots\geqslant\lambda_d$，再取前 $d'$ 个特征值对应的特征向量构成 $\boldsymbol{W}^*=(\boldsymbol{w}_1,\boldsymbol{w}_2,\cdots,\boldsymbol{w}'_d)$，矩阵 $\boldsymbol{W}^*$ 即是主成分分析法的解。当 $d'=d$ 时，主成分分析法的投影方差达到最大值 $\sum_{i=1}^{d}\lambda_i$，因此主成分分析法对原始空间进行降维的效果可以利用 $\dfrac{\sum_{i=1}^{d'}\lambda_i}{\sum_{i=1}^{d}\lambda_i}$ 表示。$d'$ 越大，降维的精度损失就越小，但是降维后形成的新空间维数就越高。

综上，在利用主成分分析法进行数据管理时：首先将高维数据经过主成分分析法进行降维，即：在数据库中仅存储降维后的数据表示，从而节省大量的存储空间；在进行数据查询时，对降维后的数据表示按照给定的度量方式（如 $L_p$-范式距离等）度量数据间的相似程度，得到初步的候选查询结果。最后，在候选查询结果的基础上，对原空间数据进行二次查询，从而得到最终查询结果。由于对向量数据进行相似性度量的效率远高于对原始数据进行相似性度量的效率，因此数据查询效率显著提高，进而提升了数据库系统的整体性能[34]。

## 10.3 AI 赋能的轨迹数据分析

随着 AI 技术在自然语言处理、计算机视觉、时序数据处理等领域取得了巨大成功和广泛应用,越来越多的研究人员利用 AI 技术对轨迹数据进行智能处理与深度挖掘。一般地,AI 赋能的轨迹数据分析主要包括:轨迹数据深度表征、轨迹数据智能查询以及轨迹数据深度挖掘。其中,深度表征是智能查询与深度挖掘的基础。接下来,本对 AI 赋能的轨迹数据分析进行介绍。

### 10.3.1　轨迹数据深度表征

表征学习(representation learning)旨在将原始数据映射为低维向量(low-dimensional vectors)以捕获原始数据的隐藏特征,从而作为各类机器学习模型和数据挖掘算法的输入[35]。近些年,基于深度神经网络(deep neural networks)的深度表征(deep representation)已在许多领域取得成功,包括自然语言处理[36]、图数据分析[37]、计算机视觉[38]等。对于时间序列(time-series),如文本、音频等,基于循环神经网络(recurrent neural networks,RNN)的编码器-解码器(encoder-decoder)深度表征技术,如自动编码器(Auto-Encoder)[39]、序列转序列(seq2seq)框架[40]以及注意力(attention)机制[41],都已被广泛应用于捕获时序数据中隐藏的时序特征(hidden sequel features)。

轨迹数据本质属于一种时间序列,因此针对轨迹数据深度表征的大部分工作都是基于 RNN 的编码器-解码器表征技术,并在此基础上提出一系列考虑轨迹时间、空间属性的深度表征模型,包括欧式空间的轨迹表征 t2vec[42]、路网空间的轨迹表征 GTS[43]、语义增强的轨迹表征[44]以及时间感知的轨迹表征 ST2Vec[45]等。其中,t2vec 是学术界提出的首个面向轨迹数据深度表征的研究工作,也是众多轨迹表征中最具代表性的工作之一。接下来,以 t2vec 为例,介绍轨迹数据深度表征的基本概念与处理方法。

首先介绍 t2vec 中采用的面向时序数据的通用表征学习框架——Seq2Seq 框架。

事实上,Seq2Seq 框架被广泛用于文本、视频、音频等时序数据深度表征。以机器翻译为例,输入**英文文本序列**“Trajectory data is valuable”,翻译模型会输出**法文文本序列**“Les données de trajectoire sont précieuses”。图 10.4 给出 Seq2Seq 的基本框架,该框架由一个编码器(Encoder)和一个解码器(Decoder)组成。对于时序数据表征,编码器和解码器大多使用循环神经网络模型。其中,编码器负责将输入序列 $x=\{x_1,x_2,\cdots,x_{|x|}\}$ 编码为低维向量 $\boldsymbol{v}$,该向量 $\boldsymbol{v}$ 保留原始序列 $x$ 的时序特征;解码器基于低维向量 $\boldsymbol{v}$ 解码出输出序列 $y=\{y_1,y_2,\cdots,y_{|y|}\}$。其中,$x_t$ 和 $y_t$ 分别表示输入序列 $x$ 和输出序列 $y$ 的第 $t$ 个元素,$|x|$和$|y|$表示序列长度(即:所包含元素的个数)。

图 10.4 的机器翻译旨在输出/生成条件概率 $P(y|x)$。给定输入序列 $x$,Seq2Seq 输出序列 $y$ 的概率。由于编码器和解码器中使用的 RNN 的输入必须是向量形式,因

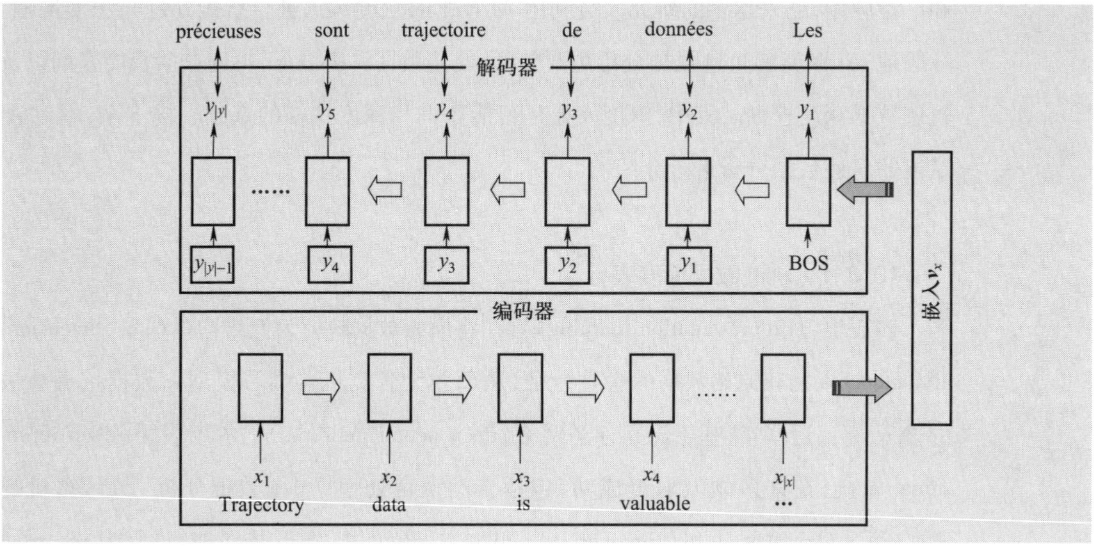


图 10.4　Seq2Seq 框架示意图[45]

此需要通过一个输入嵌入层(input embedding layer)将原始输入映射为向量。下面,本节将分别介绍 Seq2Seq 的编码、解码及训练过程,以说明如何使用 Seq2Seq 框架对时序数据进行深度表征。

(1) 编码过程。编码器(Encoder)将输入序列 $x=\{x_1,x_2,\cdots,x_{|x|}\}$ 编码为一个固定长度的低维向量 $\boldsymbol{v}_x$,以保留 $x$ 中的时序特征。编码器可以使用标准 RNN(Standard RNN),或者 RNN 变体如 LSTM[46]、GRU[47]等。具体来说,给定一个输入序列 $x$,编码器依次读取 $x$ 的每个元素,RNN 的隐态 $h_t^e$ 更新如下:

$$h_t^e=f(h_{t-1}^e,x_t) \tag{10.3}$$

这里,$1\leqslant t\leqslant |x|$,$f(\cdot,\cdot)$表示 RNN 的正向传播计算。注意,这里使用上标 $e$ 和 $d$ 区分 Seq2Seq 的编码和解码过程。

RNN 根据当前的输入 $x_t$ 和其上一步的隐态 $h_{t-1}$来更新其当前隐态 $h_t$。当 RNN 更新到 $t$ 位置时的隐态 $h_t$,编码器将把输入序列 $x=\{x_1,x_2,\cdots,x_t\}$ 的时序特征嵌入到 $\boldsymbol{v}$ 中。当 $x$ 的最后一个元素 $x_{|x|}$被编码后,编码器将得到最终隐态 $h_{|x|}$,以作为输入序列 $x$ 的低维向量表征 $\boldsymbol{v}_x$。基于此,编码器将输入序列 $x$ 的时序特征编码到低维向量 $\boldsymbol{v}_x$ 中。

(2) 解码过程。当编码器完成对输入序列 $x$ 的编码,解码器(Decoder)进一步对 $\boldsymbol{v}_x$ 进行解码以输出序列 $y=\{y_1,y_2,\cdots,y_{|y|}\}$。如图 10.4 所示,解码器先将 $\boldsymbol{v}_x$ 作为初始输入到解码 RNN,首先生成 $y_1$;然后依次生成 $y_2,y_3,\cdots,y_{|y|}$。给定 $x$ 的低维向量表示 $\boldsymbol{v}_x$,解码 RNN 的上一步隐态 $h_{t-1}^d$和上一步输出 $y_{t-1}$,解码 RNN 当前的隐态 $h_t^d$ 更新如下:

$$h_t^d=f(h_{t-1}^d,y_{t-1}) \tag{10.4}$$

结合 Seq2Seq 的编码和解码过程,解码 RNN 解码出 $y_t$ 的条件概率取决于当前的输出序列$\{y_1,y_2,\cdots,y_{t-1}\}$和深度表征向量 $\boldsymbol{v}_x$。通过定制输出层和 Softmax 函数 $g(\cdot,\cdot)$，解码 RNN 在 $t$ 位置解码出 $y_t$ 的条件概率如下：

$$p(y_t \mid y_1,\cdots,y_{t-1},v_x)=g(h_t^d,y_{t-1},v_x) \tag{10.5}$$

以上是解码出单个序列元素 $y_t$ 的概率，而解码出完整输出序列 $y$ 的概率是：

$$P(y \mid x)=P(y_1,\cdots,y_{|y|} \mid x_1,\cdots,x_{|x|})=p(y_1 \mid x)\prod_{t=2}^{|y|}p(y_t \mid y_1,\cdots,y_{t-1},v_t) \tag{10.6}$$

（3）训练过程。表征学习的目标是最小化输出序列 $y$ 和输入序列 $x$ 之间的误差，如图 10.4 中双向箭头所示。以机器翻译为例，“Trajectory data is valuable”与“Les données de trajectoire sont précieuses”之间的偏差大于“Trajectory data is valuable”与“Les données de trajectoire no sont précieuses”之间的误差。为了训练基于 Seq2Seq 的表征模型，需要定义一个损失函数（loss function）。在自然语言处理中使用 Seq2Seq 时，大多工作采用负对数似然损失（negative log likelihood，NLL）来最小化目标句子中的负对数似然函数[48]，如下：

$$L=-\log P(y \mid x)=-\log\prod_{t=1}p(y_t \mid y_1,\cdots,y_{t-1};x) \tag{10.7}$$

这里，式（10.7）是针对单个输入序列 $x$ 定义的损失函数。在真实模型训练中，给定一个训练数据集，训练目标是使所有输入数据序列的概率之和最大化（即误差之和最小化）。

上述介绍针对一般序列数据的表征学习，接着介绍轨迹表征学习的相关概念与挑战。

**定义 10.1（连续轨迹）**　移动物体的连续轨迹是一条在经纬度空间中的连续空间曲线。连续轨迹表示移动物体在运动过程中采取的真实路径。

然而，连续轨迹只是一个理论概念，在现实应用中很难获得连续轨迹，因为现有位置获取技术并不会连续地记录物体位置。相反，通过嵌入式定位技术，移动物体的位置可以被周期性地或随机地采样[42]，即轨迹采样点。

**定义 10.2（离散轨迹）**　离散轨迹 $T$ 是连续轨迹上的轨迹采样点组成的时间序列数据。

由于采样频率的不同和噪声影响，移动物体的一条连续轨迹可以由多条不同离散轨迹来表示。一般将移动物体的离散轨迹看作连续轨迹的代表轨迹。如果没有特殊说明，本章提到的轨迹一般指的是离散轨迹，而非连续轨迹。

**定义 10.3（轨迹深度表征）**　给定一组历史轨迹，轨迹深度表征旨在将每条轨迹 $T$ 映射为低维向量 $\boldsymbol{v}_T \in \mathbb{R}^n$（$n$ 代表向量维度），并且该表征可以反映移动物体的连续轨迹。

综上，轨迹深度表征旨在对非均匀采样、低采样和采样噪声等问题表现出鲁棒性。

使用上述 Seq2Seq 框架对轨迹数据进行表征学习存在以下两个挑战。首先，直接使用 RNN 得到的轨迹表征无法处理低采样率轨迹和噪声轨迹，从而影响轨迹表征的鲁棒性。其次，在自然语言处理中使用的损失函数式(10.7)无法捕获轨迹的空间属性。因此，简单地将现有的损失函数套用于轨迹表征学习将无法指导神经网络产生有效的轨迹数据表征。

针对上述挑战，t2vec 中提出了一个完整的轨迹深度表征框架。具体来说，t2vec 主要包括两个重要处理步骤：(1) 变频-加噪预处理；(2) 空间感知损失函数。

(1) 变频-加噪预处理。给定一组离散轨迹 $\{T_b^{(i)}\}_{i=1}^N$($N$ 是该轨迹数据集的基数)，首先生成轨迹对集合 $\{(T_a,T_b)\}$，其中 $T_b$ 代表原始轨迹，$T_a$ 代表对应的处理后轨迹。具体，对 $T_b$ 上的轨迹采样点进行随机丢弃(如丢弃率 $r_1=(0.2,0.4,0.6,0.8)$)得到 $T_a$。基于此，每条 $T_b$ 都被**非均匀重采样**并生成对应的一组处理后轨迹 $\{T_a\}$。假设 $T_a$ 代表具有非均匀和低采样率的离散轨迹，那么 $T_b$ 代表其对应的连续轨迹。这里需要保证 $T_b$ 的起点/终点和 $T_a$ 相同，避免改变轨迹的真实路径。在生成轨迹对集合之后，Seq2Seq 旨在最大化所有 $(T_a,T_b)$ 的概率：

$$\text{maximize}\prod_{i=1}^{N}P(T_b^{(i)}\mid T_a^{(i)}) \tag{10.8}$$

由于 RNN 的输入是向量，而不是原始采样点。因此，需要先将轨迹的采样点(即经度、纬度)转换为向量表示。t2vec 采用空间数据分析中最常用的网格划分策略[42]：把空间划分为大小相等的网格。对比 NLP 中的词与词典，所有网格组成词典(dictionary)，每个网格代表一个单词(word)，落入同一个网格的轨迹采样点被映射到同一个词向量。

为了使轨迹表征对噪声轨迹采样点具有鲁棒性，定义失真率(如 $r_2=(10,20,30,40)$)对每个重采样后的 $T_a$ 进行加噪以创建原始轨迹 $T_b$ 的失真变体。例如，随机选取一小部分点(由 $r_2$ 指示半径大小)，通过添加半径 30(m)的高斯噪声使采样点$(p_x,p_y)$失真：

$$p_x=p_x+30\cdot d_x,d_x\sim \text{Gauss}(0,1),p_y=p_y+30\cdot d_y,d_y\sim \text{Gauss}(0,1) \tag{10.9}$$

在轨迹表征学习中，式(10.8)中的 $T_a$ 代表：对原始轨迹 $T_b$ 分别进行重采样和加噪处理后得到的离散轨迹。这里，$T_b$ 作为 Seq2Seq 的输入序列，而 $T_a$ 作为 Seq2Seq 的学习目标。

(2) 空间感知损失函数(spatio-aware loss)。式(10.7)的损失函数对 RNN 的每个输出元素都赋予相同权重，忽略不同网格之间的空间关系。换句话说，解码过程中远离目标网格的单次输出 $y_t$ 相对于靠近目标网格的单次输出应当获得更大的惩罚，以此来指导模型学习方向。因此，当解码目标网格 $y_t$ 时，t2vec 为每个网格分配一个权重。输出网格 $u \in V$（$V$ 代表网格集合）的权重与它到目标网格 $y_t$ 的空间距离成反比，因此 $u$ 离 $y_t$ 越近，它被赋予的权重就越大。基于此，t2vec 中的空间感知损失函数定义如下：

$$L = -\sum_{t=1}^{|y|}\sum_{u \in V} w_{uy_t} \log \frac{\exp(\boldsymbol{W}_u^{\mathrm{T}}\boldsymbol{h}_t)}{\sum_{v \in V}\exp(\boldsymbol{W}_v^{\mathrm{T}}\boldsymbol{h}_t)} \tag{10.10}$$

其中

$$w_{uy_t} = \frac{\exp(-\|u - y_t\|_2/\theta)}{\sum_{v \in V}\exp(-\|v - y_t\|_2/\theta)} \tag{10.11}$$

$w_{uy_t}$ 代表解码出 $y_t$ 时网格 $u$ 的空间邻近权重，$\|u-y_t\|_2$ 代表网格质心之间的欧氏距离。这里 $\theta \geqslant 0$ 是空间距离尺度参数，小的 $\theta$ 值会严重惩罚远处的网格，当 $\theta \to 0$ 时，损失函数 10.10 将退化到式（10.7）中的 NLL 损失函数。这里，选择指数核函数是因为它在尾部衰减很快，这将激励模型学习并输出目标单元格 $y$ 附近的单元格。

综上，t2vec 是面向自由空间的轨迹深度表征，并没有考虑轨迹的路网属性以及时间属性。基于 t2vec 中的深度表征学习，借助图神经网络（graph neural networks，GNN），将 t2vec 的输入嵌入层替换为路网感知的位置嵌入，以实现路网环境下的轨迹深度表征[43]；或替换为 POI 感知的位置嵌入，以实现语义感知的轨迹深度表征[44]。此外，还可以设计另外的时间表征模型（time2vec），并与空间表征模型进行时空融合，以实现时间感知的轨迹深度表征[45]。

### 10.3.2　轨迹数据智能查询

轨迹数据智能查询旨在利用 AI 技术（如：轨迹数据深度表征）提升传统轨迹查询的计算效率。近些年，轨迹数据智能查询已被广泛研究，包括基于深度表征的相似性查询[49]、基于图表征的最短路径查询[50]、频繁路径查询[51]等。其中，相似性计算与查询是轨迹数据分析以及众多轨迹挖掘任务（如：聚类和模式挖掘）的基础。鉴于此，本小节介绍 AI 赋能的轨迹数据相似性查询。NEUTRAJ[49]是学术界首个基于表征学习的轨迹相似性计算与查询框架，为后续轨迹智能查询与分析提供了理论与技术基础。NEUTRAJ 框架示意图如图 10.5 所示。

相似性查询（如 Top-$k$ similarity search 或 similarity join）的核心是相似性计算。这里，轨迹相似性计算是衡量两条轨迹之间的距离（即相似度）：距离越大，相似度越低。目前，很多工作提出了计算两条轨迹相似度的度量方法，如动态时间规整距离（DTW）[52]、豪斯多夫距离（Hausdorff）[53]、Frechet 距离[54]、真实序列编辑距离（EDR）[55]等。虽然这些相似性度量方法已经被广泛应用于轨迹相似性分析与处理，

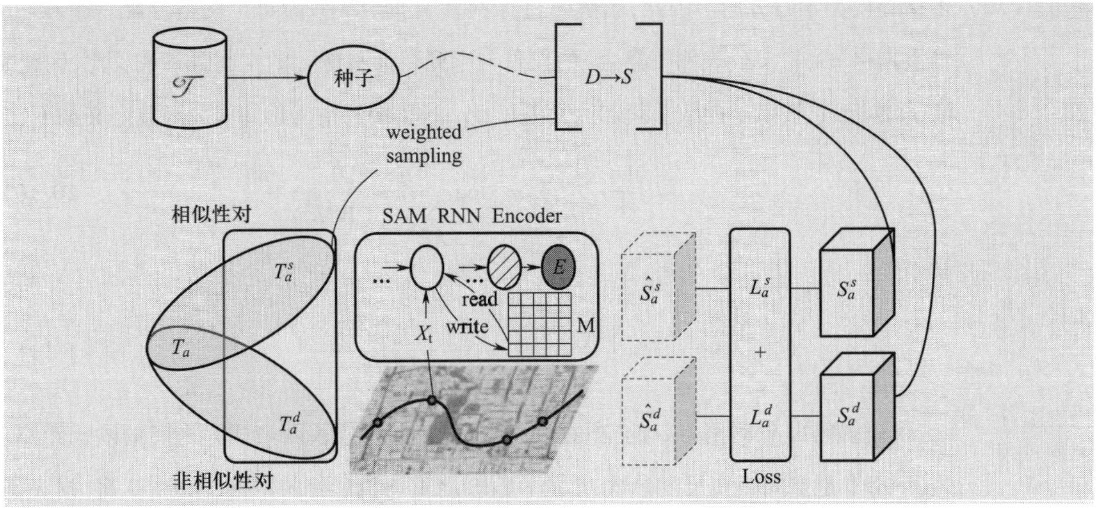


图 10.5　NEUTRAJ 框架示意图[49]

但计算过程中产生的巨大开销也成为性能瓶颈。其原因在于,传统轨迹度量先计算两条轨迹中点对之间的距离,再执行聚合操作得到两条轨迹之间的距离,从而造成 $O(n^2)$ 的时间复杂度($n$ 表示轨迹平均长度)。

随着大规模轨迹分析需求的日益增长,越来越多的学者考虑如何构建通用的加速方法来提升传统轨迹相似性计算的效率。接下来,本节对 NEUTRAJ 中提出的基于深度表征的相似性计算模型进行介绍,以提升各种传统轨迹相似性度量的计算效率。

首先,介绍轨迹相似性计算的相关基本概念。

**定义 10.4(基于原始表征的轨迹相似性计算)**　给定轨迹数据集 $\mathcal{T}$ 和相似性计算函数 $f(\cdot,\cdot)$,基于原始表征的轨迹相似性计算利用 $f(\cdot,\cdot)$ 计算给定轨迹对 $T_i$ 和 $T_j$($T_i, T_j \in \mathcal{T}$)之间的相似度。该相似性计算的时间复杂度是 $O(n^2)$。

轨迹 $T \in \mathcal{T}$ 记录了某个移动物体在空间上的移动路径。虽然轨迹上的每个采样点都有一个采样时间戳,但这里只关注轨迹的空间维度,即定义 10.4 不考虑轨迹的时间维度。不失一般性,这里只讨论二维轨迹,即每条轨迹 $T=[X_1^c,\cdots,X_t^c\cdots]$ 是一个元组序列,其中 $X_t^c(x_t,y_t)$ 表示移动物体在 $t$ 时刻的位置。对于两条轨迹 $T_i, T_j \in \mathcal{T}$,函数 $f(T_i, T_j)$ 计算 $T_i$ 和 $T_j$ 之间的相似度(这里的 $f(\cdot,\cdot)$ 为诸如 DTW 距离或 Hausdorff 距离的度量方法)。

定义 10.4 介绍了传统的基于原始表征的相似性计算。然而,对于大多数相似性度量方法,$f(\cdot,\cdot)$ 会导致较高的时间复杂度。因此,学界开始考虑基于深度表征的轨迹相似性计算。

**定义 10.5(基于深度表征的轨迹相似性计算)**　给定轨迹数据集 $\mathcal{T}$ 和相似性计算函数 $f(\cdot,\cdot)$,基于深度表征的轨迹相似性计算旨在通过表征学习得到一个近似相

似性计算函数 $g(\cdot,\cdot)$，并用 $g(\cdot,\cdot)$ 计算给定轨迹对 $T_i$ 和 $T_j(T_i,T_j\in\mathcal{T})$ 之间的相似度。其中，近似相似性计算函数 $g(\cdot,\cdot)$ 满足以下两个条件：(i) $g(T_i,T_j)$ 的计算复杂度不高于 $O(n^2)$；(ii) $\min_{g\in G}|f(T_i,T_j)-g(T_i,T_j)|$，其中 $G$ 代表近似相似性计算函数集合。

接下来，介绍 NEUTRAJ 中提出的基于深度表征的轨迹相似性计算框架，如图 10.5 所示，NEUTRAJ 框架主要包括以下两个部分：(1) 空间注意力记忆(SAM)增强 RNN 编码器；(2) 种子指导的神经度量学习。

(1) 空间注意力记忆(SAM)增强 RNN 编码器

首先，NEUTRAJ 引入空间注意力记忆模块(以下称 SAM 模块)，用以增强现有基于 RNN 的轨迹深度表征模型。接下来，本节分别对 SAM 模块、SAM 增强 LSTM 以及 SAM 增强 LSTM 中的内存读写操作进行介绍。

首先，SAM 模块是一个基于网格的内存网络。图 10.6 给出了 SAM 模块的结构示意图。如图所示，SAM 模块的核心是记忆张量 $M$。如果将空间划分为小而规则的网格单元，那么轨迹 $T=[X_1^c,\cdots,X_t^c,\cdots]$ 可以被映射为一条序列 $T^g=[X_1^g,\cdots,X_t^g,\cdots]$，其中 $X_t^g=(x_t^g,y_t^g)$ 表示轨迹的第 $t$ 个采样点所在的网格单元。基于此，记忆张量 $M$ 储存了空间中所有网格单元的向量表征，从而能够对处理过的轨迹的信息进行编码和快速检索。举例说明，假设空间被划分为 $P\times Q$ 的网格单元，那么张量 $M$ 的维度是 $\mathbb{R}^{P\times Q\times d}$(其中 $d$ 表示 RNN 单元的大小)。对于 $M$ 中的网格单元 $(p,q)$，其对应的嵌入向量被储存在切片 $(p,q,:)$ 中。随着 NEUTRAJ 不断处理训练集中的轨迹数据，相应地，记忆张量 $M$ 可以根据记忆增强的 RNN 单元不断更新，从而对处理过的轨迹信息进行编码(Embedding)。

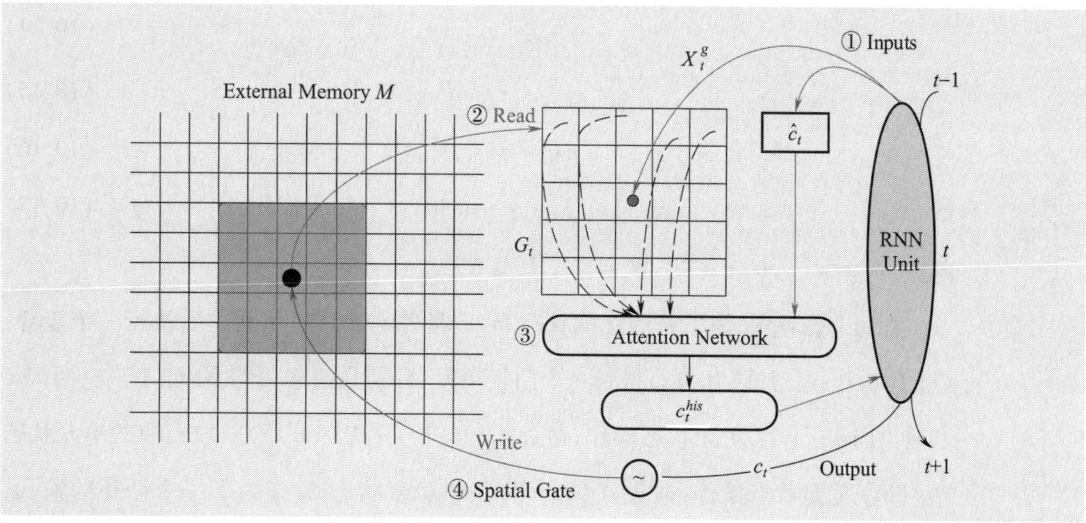


图 10.6　SAM 模块示意图

上述 SAM 模块允许从已处理轨迹中记忆和检索信息,因此,SAM 模块可以用于改进标准 RNN 单元。基于此,RNN 编码器不仅可以从当前处理的轨迹中获取信息,还可以从已经处理过的相似轨迹中获取信息。在下文中,本节将详细介绍 SAM 增强 LSTM。

图 10.7 给出了 SAM 增强 LSTM 单元的结构示意图,其中虚线框部分表示上述的 SAM 模块。如图所示,对于每个时刻 $t$,向 SAM 增强 LSTM 单元中输入 $X_t=(X_t^c,X_t^g)$ 和上一个时刻 $t-1$ 的隐藏状态 $h_{t-1}$,得到输出 $h_t$ 并作为下一个时刻的输入。另外,与 LSTM 结构相同,SAM 增强 LSTM 也采用门控机制来控制对单元状态 $c_t$(单元状态内存储着已处理轨迹的核心信息)的操作。总体来说,循环步骤执行如下:

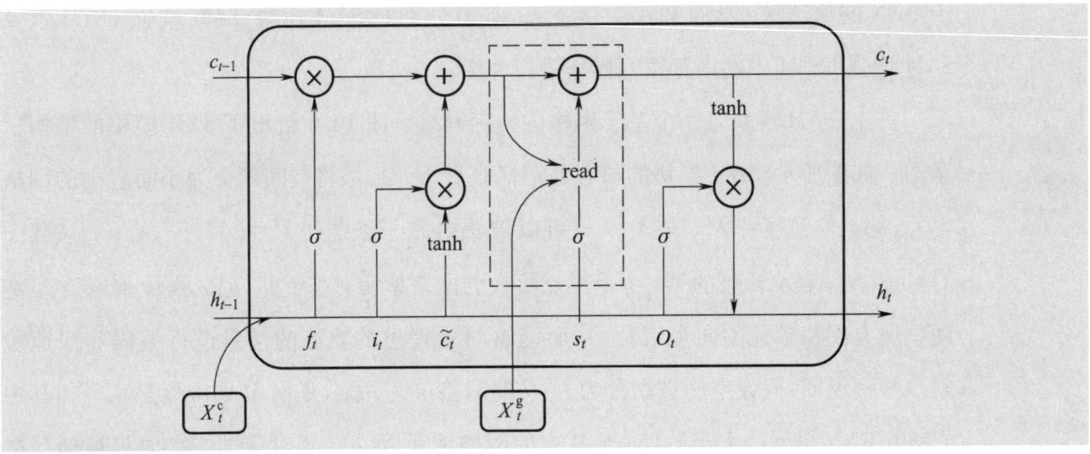

图 10.7　SAM 增强 LSTM 示意图

$$(f_t,i_t,s_t,o_t)^{\mathrm{T}}=\sigma(\boldsymbol{W}_g\cdot X_t^c+\boldsymbol{U}_g\cdot h_{t-1}+b_g) \tag{10.12}$$

$$\tilde{c}_t=\tanh(\boldsymbol{W}_c\cdot X_t^c+\boldsymbol{U}_c\cdot h_{t-1}+b_c) \tag{10.13}$$

$$\hat{c}_t=f_t\cdot c_{t-1}+i_t\cdot\tilde{c}_t \tag{10.14}$$

$$c_t=\hat{c}_t+s_t\cdot read(\hat{c}_t,X_t^g,M) \tag{10.15}$$

$$write(c_t,s_t,X_t^g,M) \tag{10.16}$$

$$h_t=o_t\cdot\tanh(c_t) \tag{10.17}$$

其中,$\boldsymbol{W}_g\in\mathbb{R}^{4d\times 2}$,$\boldsymbol{U}_g\in\mathbb{R}^{4d\times d}$,$\boldsymbol{W}_c\in\mathbb{R}^{d\times 2}$,$\boldsymbol{U}_c\in\mathbb{R}^{d\times d}$。

在每个循环中,为了获取隐藏状态 $h_t$,SAM 增强 LSTM 单元主要执行三个步骤:(i) 门操作:通过式(10.12)得到 4 个门控单元,分别是遗忘门 $f_t$、输入门 $i_t$、空间门 $s_t$ 和输出门 $o_t$。(ii) 单元状态操作:通过式(10.13)~式(10.15)获取当前的单元状态 $c_t$。(iii) 隐藏状态操作:通过式(10.17)获取隐藏状态 $h_t$ 作为下一个循环的输入。SAM 增强 LSTM 的主要创新之处在于式(10.15)和式(10.16),先通过读取操作来增强

状态 $\hat{c}_t$，再通过写入操作来更新记忆张量 $M$。接下来将详细介绍 SAM 增强 LSTM 单元的读取和写入操作。

NEUTRAJ 通过注意力机制获取已处理轨迹的信息，主要分为读取操作和写入操作。读取操作通过检索记忆张量 $M$ 中的相关网格单元，来增强对当前处理轨迹的编码；写入操作使用当前处理轨迹的信息更新网格单元的嵌入向量。

**空间记忆读取器**　如图 10.6 中步骤①所示，对于每个时刻 $t$，读取器以 $X_t^g$ 和单元状态 $\hat{c}_t$ 作为输入，并输出一个向量 $c_t^{his}$，而 $c_t^{his}$ 即为增强后的单元状态，是通过已处理轨迹中**与 $X_t^g$ 相似的部分轨迹的信息**获取的。如图 10.6 中步骤②和步骤③所示，注意力读取器首先从记忆张量 $M$ 中检索到与 $X_t^g=(x_t^g, y_t^g)$ 在空间上相似的网格单元（步骤②），再通过注意力网络将这些网格单元转换成 $d$ 维度的向量。

**空间记忆写入器**　对于每个时刻 $t$，写入器直接基于空间门 $s_t$ 对记忆张量 $M$ 中的网络单元进行更新：

$$M(X_g)_{new}=\sigma(s_t)\cdot c_t+(1-\sigma(s_t))\cdot M(X_g)_{old} \tag{10.18}$$

（2）种子指导的神经度量学习

接下来对度量学习过程，以及用于模型参数学习的加权采样和优化方法进行介绍。

如图 10.7 所示，NEUTRAJ 的核心是 SAM 增强 RNN 编码器。SAM 增强 RNN 编码器对输入轨迹进行深度表征，将其表征为维度为 $d$ 的低维向量，从而降低之后的度量学习过程的计算复杂度。然后，给定一个种子轨迹池 $\mathcal{S}$ 和它的距离矩阵 $D$，NEUTRAJ 将 $D$ 归一化为相似性矩阵 $\boldsymbol{S}$，并以 $\boldsymbol{S}$ 作为指导（$\boldsymbol{S}$ 为原始的轨迹相似性矩阵）。对于任意两条输入轨迹 $T_i$ 和 $T_j(i,j\in[1,\cdots,N])$，SAM 增强 RNN 编码器将它们表征为两个 $d$ 维向量 $\boldsymbol{E}_i$ 和 $\boldsymbol{E}_j$，NEUTRAJ 的目标是能够通过学习网络参数，使得 $\boldsymbol{E}_i$ 和 $\boldsymbol{E}_j$ 之间的相似性能够接近原始的轨迹相似性 $f(T_i,T_j)$。然而，直接拟合矩阵 $\boldsymbol{S}$ 中的所有相似性可能会导致过拟合。因此，需要选择判别对（discriminative pairs）进行优化，损失函数是对所有判别对的均方误差（MSE）的加权和：

$$\min\sum_{k=1}^{K} w_k(f(T_i,T_j)-g(T_i,T_j))^2 \tag{10.19}$$

这里，$K$ 表示判别对的数量，$w_k$ 表示第 $k$ 个判别对所占的权重。

用于度量学习的 NEUTRAJ 模型与经典的 Siamese 网络[56]相关。Siamese 网络使用随机抽样的方法生成训练对，并学习回归函数来拟合目标度量，然而，这种随机抽样策略意味着所有训练对对总损失具有相同的权重。这种假设并不适用于轨迹度量学习，因为它忽略了轨迹之间的空间相似性，因此，对于给定的一条轨迹，直接使用随机采样并平等对待所有训练对会导致收敛缓慢和局部最优。接下来，本节介绍针对轨迹度量学习的加权采样和优化方法。

对于给定的一条轨迹 $T_a$，从种子轨迹池中采样一组与 $T_a$ 相似的轨迹集合 $\mathcal{T}_a^s$，和一组与 $T_a$ 相似的轨迹集合 $\mathcal{T}_a^d$，构建相似对（similar pairs）和不相似对（dissimilar pairs）。比起平等对待所有轨迹对，采集的相似对和不相似对（即判别对）更适合用于鼓励神经网络学习回归函数，从而拟合原始相似性矩阵 $\boldsymbol{S}$。根据相似对（或不相似对）的相似程度（或不相似程度）来表示每个判别对所占的比重，从而得到 NEUTRAJ 分别训练相似对和不相似对的损失函数 $L_a^s$ 和 $L_a^d$（$n$ 表示相似轨迹或不相似轨迹的数量）：

$$L_a^s = \sum_{l=1}^{n} w_l(g(T_a, T_l^s) - f(T_a, T_l^s))^2 \tag{10.20}$$

$$L_a^d = \sum_{l=1}^{n} w_l[ReLU(g(T_a, T_l^d) - f(T_a, T_l^d))]^2 \tag{10.21}$$

在这里，ReLU 函数的作用是消除空间中与轨迹 $T_a$ 距离过远的不相似轨迹的影响。最终，NEUTRAJ 定义的损失函数为：

$$L_{\mathcal{S}} = \sum_{a \in [1, \cdots, N]} (L_a^s + L_a^d) \tag{10.22}$$

### 10.3.3 轨迹数据深度挖掘

近年来，循环神经网络和卷积神经网络等深度学习模型由于其强大的特征学习能力已在多个领域取得了显著成功，被应用于各类轨迹数据挖掘任务，包括轨迹分类[57]、轨迹聚类[58]、交通预测[59]等。其中，交通预测任务因其在城市计算、交通运输等领域的重要地位，引起了学术界和工业界的广泛关注。交通预测研究主要涉及交通流量预测[60]、旅行时间预测[61]、路径规划[62]等。本节重点介绍基于轨迹数据的流量预测：给定一个区域或者交通路口在过去一段时间内的交通流量数据，预测其在下一个时间段的交通流量。

在时间序列领域中，自回归积分移动平均（ARIMA）、卡尔曼滤波及其变体等方法已被广泛应用于交通预测[63-65]。基于此，一些工作进一步利用城市交通的环境数据如路网类型、天气条件和事件信息等[66-69]；还有一些工作考虑对空间信息进行建模[70-72]。然而，这些方法都无法对城市交通复杂的空间和时间非线性关系进行建模。

由于深度学习模型提供了一种捕捉非线性时空关系的新方向，因此，在交通预测方面，已经存在一系列基于深度学习技术的工作，可以分为三类。第一类研究应用卷积神经网络（CNN）来捕捉交通流量预测的空间相关性[73-75]。第二类研究使用循环神经网络（RNN）来捕获城市交通的时间依赖性[76-78]。虽然这两类工作可以捕获交通时间依赖性或空间依赖性,但它们都没有同时考虑这两个方面。鉴于此,第三类研究结合卷积神经网络(CNN)和循环神经网络(RNN)对交通流量的空间相关性和时间相关性同时建模[79-80],以提升预测准确率。

综上,交通流量预测任务的核心挑战是如何有效地对交通流量的空间依赖性和时间相关性进行建模。本节主要对第三类(同时考虑空间和时间相关性的交通流量预测)工作的相关概念、时空建模,以及处理流程进行介绍。

首先定义轨迹流量预测的相关概念。

**定义 10.6(网格)** 给定一个城市区域,使用网格划分方法将其转换为一个包含 $n$ 个网格的网格地图。其中,$n=a\times b$,每个网格具有一个特定的网格编号 $\{1,2,\cdots,n\}$。

在定义流量之前,将整个时间段(如一个月)切分为 $m$ 个等长的连续时间间隔。运动物体(如人、车等)的移动轨迹,是整个城市交通流量的重要组成部分。任何一条轨迹总是离开一个出发地并在一段时间后到达目的地。

**定义 10.7(输出/输入流量)** 给定一个轨迹数据集,一个网格的输出/输入流量定义为在一定时间间隔内离开/到达该网格的轨迹数量。$y_{i,t}^{s}$ 和 $y_{i,t}^{e}$ 分别表示在第 $t$ 个时间间隔内网格 $i(1\leqslant i\leqslant n)$ 的输出和输入流量。

**定义 10.8(交通流)** 轨迹数据在空间上的聚合可以描述网格对之间在时间维度上的动态依赖。从时间 $t$ 的网格 $i$ 到时间 $\tau$ 的网格 $j$ 所对应的交通流记为 $f_{i,t}^{j,\tau}$。交通流反映了网格之间的连通性。

**定义 10.9(交通流量预测)** 给定所有网格在 $t$ 时刻前所有的输出/输入流量,预测所有网格在下一个时间 $t+1$ 时的输出和输入流量。

接着,介绍与交通流量预测直接相关的空间依赖建模和时间依赖建模。这里,本节介绍经典的两种方法:静态时空建模[79]和动态时空建模[80]。首先介绍 DMVST-Net[79]提出的静态时空建模,分为两个步骤:局部空间依赖建模和短期时间依赖建模。

步骤 1:局部空间依赖建模使用卷积神经网络(CNN)捕获交通流量的空间相互作用。然而,将整个城市看作一张网格图片并直接使用 CNN 并不能实现最优性能。其原因在于,在模型训练中使用弱相关性的网格区域来预测目标区域时会影响预测准确性。因此,DMVST-Net 使用局部 CNN 来对交通流量的局部空间依赖性进行建模。对于每个时间间隔 $t$,DMVST-Net 将目标网格 $i$ 和其周围的 $S\times S$ 个网格看作是一张局部网格图片 $Y_{i,t}\in\mathbb{R}^{S\times S\times 2}$。这里,一个通道(channel)表示输出流量,一个通道(channel)表示输入流量;目标网格 $i$ 位于图片中的中心。然后,局部 CNN 将 $Y_{i,t}$ 作为初始输入 $Y_{i,t}^{(0)}$,每个卷积层的计算如下:

$$Y_{i,t}^{(k)}=\mathrm{ReLU}(W^{k}*Y_{i,t}^{(k-1)}+b_{(k)}) \tag{10.23}$$

其中，$W^{(k)}$ 和 $b^{(k)}$ 是模型的学习参数。在将 $k$ 个卷积层进行叠加后，在一个平坦层之后使用一个全连通层，可以得到网格 $i$ 的空间表征 $y_{i,t}$。

步骤 2：短期时间依赖性。使用循环神经网络（RNN）捕获交通流量的时序相互作用。为了避免标准递归神经网络（standard RNN）的梯度爆炸和梯度消失问题，这里使用长短期记忆（long short term memory，LSTM，一种 RNN 的变体）网络捕捉交通流量的时序依赖：

$$h_{i,t} = \mathrm{LSTM}([y_{i,t};e_{i,t}],h_{i,t-1}) \tag{10.24}$$

其中，$h_{i,t}$是网格 $i$ 在时间 $t$ 上的深度表征，$e_{i,t}$表示外部特征（如天气、事件）。由于对于每个网格 $i$，已经使用 CNN 去捕获空间依赖，$h_{i,t}$是包含空间和短期时间信息的深度表征。

如前所述，在局部 CNN 中，局部空间依赖性依赖于其历史流量的相似性。然而，交通流量的空间依赖性是稳定的，不能充分反映目标区域与其相邻区域之间的关系。更直接地捕获区域间相互作用的方法是通过交通流。如果两个区域之间存在更多的流动，它们之间的空间联系就更强（换句话说，它们更相似）。交通流可以用来显式控制区域间编队传播的音量。因此，STDN[80]基于 DMVST-Net 中的局部 CNN 方法设计了一个流控制机制（Flow Gating Mechanism），以捕获交通流量的动态空间依赖。接下来，本节继续介绍 STDN 中提出的动态时空建模，其包含两个步骤：动态空间依赖建模和动态时间依赖建模。

步骤 1：动态空间依赖建模。类似于前述的局部 CNN 构建方法，STDN 构建局部空间交通流来捕获交通流的空间依赖性。某一段时间内与某个网格相关的交通流分为两类，即在该时间段内从其他网格出发，并流入到该网格的流量；以及从该网格向其他网格流出的流量。据此，可以相应地构造该时间间隔内该网格的两个交通流矩阵，其中每个元素表示到达/离开其他相应区域的流入/流出流量。图 10.8 给出了流出矩阵的一个例子。对于一个网格 $i$，统计与该网格与其相关的邻居网格在过去的 $l$ 个时间间隔（即从 $t-l+1$ 到 $t$）的交通流。获取的交通流矩阵用 $\boldsymbol{F}_{i,t} \in \mathbb{R}^{S\times S\times 2l}$表示，其中，$S\times S$ 表示其邻居网格的数目，$2l$ 代表流矩阵的数目（注意每个时间间隔有两个矩阵）。然后，继续使用局部 CNN 对网格之间的空间流交互进行建模，将 $\boldsymbol{F}_{i,t}$作为初始化输入 $\boldsymbol{F}_{i,t}^{(0)}$。对于每一层 $k$，CNN 计算为：

$$F_{i,t}^{(k)} = \mathrm{ReLU}(W_f^{(k)}) * F_{i,t}^{(k-1)} + b_f^{(k)} \tag{10.25}$$

其中，$W_f^{(k)}$ 和 $b_f^{(k)}$ 是模型的学习参数。在 CNN 的每一层，使用交通流来捕获网格之间的动态相似性，每一层的输出是流控制的空间表征 $Y_{i,t}^{(k)}$。基于此，式（10.23）修改为：

$$Y_{i,t}^{(k)} = \mathrm{ReLU}(W^{(k)} * Y_{i,t}^{(k-1)} + b_{(k)}) \times \sigma(F_t^{i,k-1}) \tag{10.26}$$

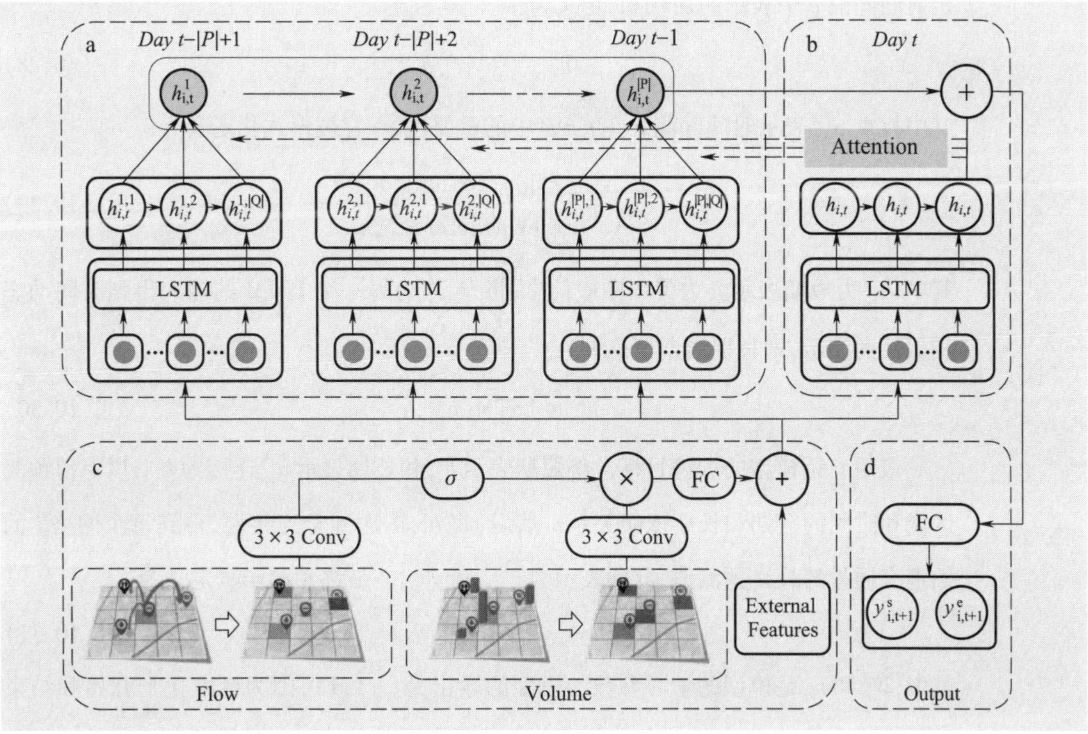


图 10.8　STDN 框架示意图[80]

其中,×代表张量之间的元素乘积。在经过 $k$ 个门控卷积层计算后,可以获得流门控空间表示为 $\hat{y}_{i,t}$。最后,用 $\hat{y}_{i,t}$ 替换式(10.24)中定义的空间表示 $y_{i,t}$。

步骤 2:动态时间依赖建模。DMVST-Net 中的 LSTM 建模只能捕获具备严格周期性特征的时间依赖,例如昨天的同一个时间段、上周的同一天。然而,仅仅结合相对时间间隔是不够的,忽略了周期性的时间偏移,即交通数据不是严格的周期性。例如,工作日的高峰时段通常在下午,但也可能在下午 4:30 至下午 6:00 之间变化。由于事故或交通拥堵,周期性信息的时间漂移在交通序列数据中无处不在。因此,STDN 基于 DMVST-Net 的 LSTM 工作,进一步设计了一个周期性转移注意力机制(PSAM)来解决这些时间漂移问题。

对于任意一天 $p \in P$,选取与预测时间段相对应的过去时间段邻近的 $Q$ 时间间隔。例如,如果预测时间是 9:00pm~9:30pm,选择预测时间前后 1 小时时间(即,8:00pm~10:30pm, $|Q|=5$)。这些时间间隔 $q \in Q$ 用于捕获潜在的时间偏移。基于此,使用 LSTM 来表征每天 $p \in P$:

$$h_{i,t}^{p,q} = \mathrm{LSTM}([y_{i,t}^{p,q}; e_{i,t}^{p,q}], h_{i,t}^{p,q-1}) \tag{10.27}$$

这里,$h_{i,t}^{p,q}$ 是过去 $p$ 天中的时间段 $q$ 相对于预测时间 $t$ 和网格 $i$ 的表征。

STDN 使用注意力机制来捕捉时间漂移并获得前一天的加权表示。$h_{i,t}^{p}$ 表征是选

定时间间隔 $q$ 中表示的加权和，定义为：

$$h_{i,t}^{p}=\sum_{q\in Q}\alpha_{i,t}^{p,q}h_{i,t}^{p,q}, \tag{10.28}$$

其中权重 $\alpha_{i,t}^{p,q}$ 表示时间间隔 $q$ 在 $p\in P$ 中的重要性。$\alpha_{i,t}^{p,q}$ 被形式化定义为：

$$\alpha_{i,t}^{p,q}=\frac{\exp(score(h_{i,t}^{p,q},h_{i,t}))}{\sum_{q\in Q}\exp(score(h_{i,t}^{p,q},h_{i,t}))} \tag{10.29}$$

其中，$h_{i,t}$ 为短期表示。为保留顺序信息，将 $h_{i,t}^{p}$ 作为另一个 LSTM 的输入得到时间动态相似性的表示，即长期周期信息 $\hat{h}_{i,t}^{P}$：

$$\hat{h}_{i,t}^{p}=\mathrm{LSTM}(h_{i,t}^{p},\hat{h}_{i,t}^{p-1}) \tag{10.30}$$

最后介绍模型的训练目标。将短期表示 $h_{i,t}$ 和长期表示 $\hat{h}_{i,t}^{P}$ 连接为 $h_{i,t}^{c}$，以保留预测区域和时间的短期和长期依赖关系。然后，将 $h_{i,t}^{c}$ 输送到全连接层，得到每个网格 $i$ 的始末交通量的最终预测值，分别表示为 $y_{i,t+1}^{s}$ 和 $y_{i,t+1}^{e}$。最终预测函数定义为：

$$[y_{i,t+1}^{s},y_{i,t+1}^{e}]=\tanh(W_{fa}h_{i,t}^{c}+b_{fa}) \tag{10.31}$$

其中，$W_{fa}$ 和 $b_{fa}$ 是模型的学习参数。模型的输出是 $(-1,1)$，因为标准化了开始和结束流量的值。之后，对预测进行非规范化以获得实际需求值。如果同时预测起始流量和结束流量，则损失函数定义为：

$$L=\sum_{i=1}^{n}\lambda(y_{i,t+1}^{s}-\hat{y}_{i,t+1}^{s})^{2}+(1-\lambda)(y_{i,t+1}^{e}-\hat{y}_{i,t+1}^{e})^{2} \tag{10.32}$$

其中，$\lambda$ 是平衡开始和结束影响的参数。时间 $t+1$ 网格输出/输入流量的实际值表示为：$\hat{y}_{i,t+1}^{s}$ 和 $\hat{y}_{i,t+1}^{e}$。

## 10.4 AI 赋能的图数据分析

图作为一种基本的数据结构，能够有效表示不同实体之间的复杂关系。传统图分析算法面临巨大的时间开销与空间成本，基于 AI 的图处理与挖掘技术能够有效解决传统方法中存在的若干缺陷，是解决图分析任务的有效方法。一般地，AI 赋能的图数据分析主要包括：图数据深度表征、图数据智能查询以及图数据深度挖掘。其中，深度表征是智能查询与深度挖掘的基础。接下来，本小节对 AI 赋能的图数据分析进行介绍。

### 10.4.1 图数据深度表征

图数据深度表征（或称图表征学习）旨在将图的结构信息以及属性信息映射到一

个低维空间,使得能够在低维空间中进行高效的图分析。现有图数据深度表征可分为基于矩阵分解、基于随机游走以及基于深度学习的方法。下面分别对这三种图表征技术展开介绍。

(1) 基于矩阵分解的图表征技术

基于矩阵分解(matrix factorization)的算法,也称作图分解(graph factorization,GF),以矩阵的形式表示节点间的关联,并通过分解该矩阵获得嵌入表示。图的表征矩阵包括邻接矩阵、拉普拉斯矩阵和转移概率矩阵等。图分解可视作保留结构信息的降维过程。按照分解矩阵的不同,图表征大致分为两类:分解图拉普拉斯特征映射(graph laplacian eigenmap)和分解节点相似矩阵(node proximity matrix)。

(i) 图拉普拉斯特征映射分解

图拉普拉斯特征映射使得权重高的节点对在低维空间中距离较近。基于此,图拉普拉斯矩阵分解拟最小化以下函数:

$$\begin{aligned}\boldsymbol{Y}^{*} &= \underset{\boldsymbol{Y}^{\mathrm{T}}\boldsymbol{D}\boldsymbol{Y}=\boldsymbol{I}}{\arg\min}\ \frac{1}{2}\sum_{i,j}\|Y_i - Y_j\|^2 W_{ij} \\ &= \underset{\boldsymbol{Y}^{\mathrm{T}}\boldsymbol{D}\boldsymbol{Y}=\boldsymbol{I}}{\arg\min}\ \mathrm{tr}(\boldsymbol{Y}^{\mathrm{T}}\boldsymbol{L}\boldsymbol{Y})\end{aligned} \tag{10.33}$$

其中,$\boldsymbol{L}=\boldsymbol{D}-\boldsymbol{W}$ 为拉普拉斯矩阵,$\boldsymbol{W}$ 为权重矩阵,$W_{ij}$为节点 $i$ 和 $j$ 的相似度,通过在式(10.33)中添加惩罚项 $W_{ij}$,使得 $Y_i$ 和 $Y_j$ 在低维空间中保持较近距离。为了消除嵌入中的缩放因子,$\boldsymbol{Y}^{\mathrm{T}}\boldsymbol{D}\boldsymbol{Y}=\boldsymbol{I}$。式(10.33)用拉格朗日乘数法求解,最终可归约到求解特征值问题 $\boldsymbol{L}\boldsymbol{y}=\lambda\boldsymbol{D}\boldsymbol{y}$。式(10.33)的最优解 $\boldsymbol{Y}^{*}$ 由该特征方程除 0 外最小的 $d$ 个特征值对应的特征向量组成,即 $\boldsymbol{Y}^{*}=[\boldsymbol{y}_1,\boldsymbol{y}_2,\cdots,\boldsymbol{y}_d]$,$\boldsymbol{Y}^{*}$ 的第 $i$ 行表示节点 $i$ 的低维嵌入。

通过式(10.33)得到的节点嵌入是直推式的,即它只能学习到训练集中的点的嵌入。在实践中,往往需要学习新节点的嵌入。因此,可以设计一个线性变换函数 $\boldsymbol{y}=\boldsymbol{X}^{\mathrm{T}}\boldsymbol{a}$,只需要提供节点特征便能学习到对应的节点嵌入,其中 $\boldsymbol{X}=[\boldsymbol{x}_1,\boldsymbol{x}_2,\cdots,\boldsymbol{x}_n]\in\mathbb{R}^{d\times n}$,$d$ 和 $n$ 分别表示节点原始特征维度和节点数。将 $\boldsymbol{y}=\boldsymbol{X}^{\mathrm{T}}\boldsymbol{a}$ 代入式(10.33),同样地,引入约束条件 $\boldsymbol{a}^{\mathrm{T}}\boldsymbol{X}\boldsymbol{D}\boldsymbol{X}^{\mathrm{T}}\boldsymbol{a}=1$,问题可转化为求解特征方程 $\boldsymbol{L}\boldsymbol{X}^{\mathrm{T}}\boldsymbol{a}=\lambda\boldsymbol{D}\boldsymbol{X}^{\mathrm{T}}\boldsymbol{a}$[81],最优解 $\boldsymbol{a}^{*}$ 由该问题对应最小特征值对应的特征向量组成。

现有工作的不同在于计算点对相似度 $W_{ij}$的方法,以及是否使用线性函数 $\boldsymbol{y}=\boldsymbol{X}^{\mathrm{T}}\boldsymbol{a}$。文献[81]根据上述不同,对现有工作进行了总结(详见文献[81]表 4)。

(ii) 节点相似矩阵分解

节点相似矩阵分解方法直接分解相似矩阵,其出发点是使用矩阵分解方法在低维空间近似求解节点相似度(node proximity)。这类方法的目标函数定义如下:

$$\min\|\boldsymbol{W}-\boldsymbol{Y}\boldsymbol{Y}^{c\mathrm{T}}\| \tag{10.34}$$

其中：$\boldsymbol{Y}\in\mathbb{R}^{|V|\times d}$是节点嵌入；$\boldsymbol{Y}^c\in\mathbb{R}^{|V|\times d}$是上下文节点嵌入；$d$ 表示嵌入向量维度；$|V|$表示节点数。

式(10.34)旨在找到相似矩阵 $W$ 的最优 $d$ 阶近似值。求解式(10.34)最常用的方法为奇异值分解(singular value decomposition,SVD),即

$$\boldsymbol{W}=\sum_{i=1}^{|V|}\sigma_i\boldsymbol{u}_i\boldsymbol{u}_i^{c\mathrm{T}}\approx\sum_{i=1}^{d}\sigma_i\boldsymbol{u}_i\boldsymbol{u}_i^{c\mathrm{T}} \tag{10.35}$$

其中$\{\sigma_1,\sigma_2,\cdots,\sigma_{|V|}\}$是按降序排列的奇异值集合；$\boldsymbol{u}_i$ 和 $\boldsymbol{u}_i^c$ 是奇异值 $\sigma_i$ 对应的奇异向量。节点嵌入可用最大的 $d$ 个奇异值和对应的奇异向量组成：

$$\begin{aligned}\boldsymbol{Y}&=[\sqrt{\sigma_1}\boldsymbol{u}_1,\cdots,\sqrt{\sigma_d}\boldsymbol{u}_d],\\ \boldsymbol{Y}^c&=[\sqrt{\sigma_1}\boldsymbol{u}_1^c,\cdots,\sqrt{\sigma_d}\boldsymbol{u}_d^c]\end{aligned} \tag{10.36}$$

最终的节点嵌入可表示为 $\boldsymbol{y}_i=\boldsymbol{Y}_i$ 或 $\boldsymbol{y}_i=\mathrm{CONCAT}(\boldsymbol{Y}_i,\boldsymbol{Y}_i^c)$,其中,CONCAT( · )表示将两个向量进行拼接。

基于矩阵分解的图表征区别于如何定义相似矩阵,不同的度量方式可参考文献[81]。

(2) 基于随机游走的图表征技术

基于随机游走的图表征技术假设:“同时出现在随机游走序列中的节点对是相似的,它们应该具有相似的节点嵌入。”随机游走通过遍历相邻节点可以捕获全局或局部结构,且具有较好的扩展性。DeepWalk 和 node2vec 是基于随机游走的典型算法。

(i) DeepWalk

DeepWalk[82]将随机游走得到的节点序列看作句子,并使用自然语言模型 SkipGram 学习节点嵌入。SkipGram 旨在最大化窗口 $w$ 内的单词之间的共现(co-occurence)概率。DeepWalk 首先通过截断随机游走(即均匀采样每个节点的邻居,直到满足最大序列长度),从图中采样一组路径序列。采样得到的每个序列可以看作是语料库中的一个句子,其中每个节点对应一个单词。随后,在该组路径序列上应用 SkipGram 以最大化以节点嵌入为条件的节点邻域概率。通过该方法,具有相似邻域的节点具有相似的嵌入。DeepWalk 的目标函数定义如下：

$$\begin{aligned}&\min_{\boldsymbol{y}}-\log P(\{v_{i-w},\cdots,v_{i-1},v_{i+1},\cdots,v_{i+w}\}\mid\boldsymbol{y}_i)\\ &=\min_{\boldsymbol{y}}-\sum_{-w\leqslant j\leqslant w}\log P(v_{i+j}\mid\boldsymbol{y}_i)\end{aligned} \tag{10.37}$$

其中 $P(v_{i+j}\mid\boldsymbol{y}_i)$可通过 softmax 函数计算：

$$P(v_{i+j}\mid\boldsymbol{y}_i)=\frac{\exp(\boldsymbol{y}_{i+j}^{\mathrm{T}}\boldsymbol{y}_i)}{\sum_{k=1}^{|V|}\exp(\boldsymbol{y}_k^{\mathrm{T}}\boldsymbol{y}_i)} \tag{10.38}$$

运用式(10.38)计算嵌入的时间复杂度为 $O(|V|^2)$,因为归一化因子(分母)需要计算所有节点嵌入与给定节点嵌入的点积。DeepWalk 使用了层次化 softmax 近似计算式(10.38)。具体来说,层次化 softmax 将每个节点当作二叉树的叶子节点,该预测问题转化为在层次结构中最大化一条特定路径的概率。假设到节点 $u_k$ 的路径定义为二叉树节点序列 $(b_0, b_1, \cdots, b_{\lceil \log|V| \rceil})$,其中 $b_0 = \text{root}$, $b_{\lceil \log|V| \rceil} = u_k$,那么式(10.38)可转化为:

$$P(v_{i+j} \mid \boldsymbol{y}_i) = \prod_{t=1}^{\log(|V|)} P(b_t \mid \boldsymbol{y}_i) \tag{10.39}$$

$P(b_t \mid \boldsymbol{y}_i)$ 可以通过式(10.40)的二元分类器计算,即:

$$P(b_t \mid \boldsymbol{y}_i) = \frac{1}{1 + \mathrm{e}^{-\boldsymbol{y}_i^{\mathrm{T}} \boldsymbol{y}_{b_t}}} \tag{10.40}$$

其中,$\boldsymbol{y}_{b_t}$ 是节点 $b_t$ 的父节点嵌入。通过式(10.40)计算 $P(v_{i+j} \mid \boldsymbol{y}_i)$ 的时间复杂度降至 $O(|V|\log(|V|))$。

(ii) node2vec

与 DeepWalk 类似,node2vec[83]也是通过最大化随机游走序列中共现节点间的概率以保留节点间的高阶近似性。与 DeepWalk 不同的是 node2vec 采用有偏随机游走,通过不同的超参数设置,有偏随机游走能够灵活地在广度优先搜索(BFS)或深度优先搜索(DFS)之间切换,从而有效保留微观(如结构等价性)和宏观结构(如同质性)。

假设随机游走遍历边为 $(t, v)$,当前位于节点 $v$。随机游走根据转移概率 $\pi_{vx}$ 选择下一步到达节点 $x$。设 $\pi_{vx} = \alpha_{pq}(t, x) \cdot w_{vx}$,其中

$$\alpha_{pq}(t, x) = \begin{cases} \dfrac{1}{p}, & d_{tx} = 0 \\ 1, & d_{tx} = 1 \\ \dfrac{1}{q}, & d_{tx} = 2 \end{cases} \tag{10.41}$$

$d_{tx}$ 表示节点 $t$ 和 $x$ 的最短距离。参数 $p$ 控制游走回 $t$ 的概率,较大的 $p$ 值保证了游走在接下来两步中不太可能采样已遍历过的节点。较小的 $p$ 值使得游走以较大概率返回上一步,从而使游走序列具有局部性。参数 $q$ 控制游走捕获全局结构的能力。当 $q>1$ 时,游走近似于 BFS,使采样在起始节点附近的局部内完成。当 $q<1$ 时,游走近似于 DFS,并倾向访问远离节点 $t$ 的节点,使游走能够捕获宏观结构,如遍历同一社区内的节点。

通过修改随机游走采样条件或相似度定义,可以扩展随机游走算法,如文献[84]和文献[85]分别修改了采样条件和相似度定义。另一类算法将 SkpGram 替换成循环神经

网络(RNN)等深度学习模型学习嵌入,如文献[86]和文献[87]分别使用了 LSTM 和 GRU。

(3) 基于深度学习的图表征技术

近年来,深度学习已经在众多领域取得了成功,从图像分类和视频处理到语音识别和自然语言处理。然而,图数据是典型的非欧氏结构数据,其结构复杂性给现有的深度学习带来了巨大挑战。最近,许多研究将深度学习扩展到了图数据,这类基于图结构的神经网络模型称作图神经网络(Graph Neural Network,GNN)。图神经网络大致分为四类[88]:图循环神经网络(Graph Recurrent Neural Network,GraphRNN)、图卷积网络(Graph Convolutional Network,GCN)、图自编码器(Graph Autoencoder,GAE)和时空图神经网络(Spatial-temporal Graph Neural Network,STGNN)。图卷积网络是图神经网络研究热点,也是众多模型的基础。鉴于此,本小节主要介绍图卷积网络,关于图神经网络更全面的介绍,可以参考文献[88]。

图卷积网络将卷积神经网络的思想扩展到图数据,即将卷积操作推广到图结构数据。图卷积网络通常可以分为谱域(Spectral-based)方法和空域(Spatial-based)方法。图卷积网络是目前图深度学习领域的研究热点,每类方法的变体层出不穷,该小节只介绍若干经典模型。

(i) 谱域方法

假设图是无向的,无向图可以用归一化拉普拉斯矩阵表示,即 $\boldsymbol{L}=\boldsymbol{I}_n-\boldsymbol{D}^{-\frac{1}{2}}\boldsymbol{A}\boldsymbol{D}^{-\frac{1}{2}}$,其中 $\boldsymbol{D}$ 是对角矩阵,$\boldsymbol{D}_{ii}=\sum_j \boldsymbol{A}_{ij}$。归一化拉普拉斯矩阵是对称半正定矩阵,因此,其可以被分解成 $\boldsymbol{L}=\boldsymbol{U}\boldsymbol{\Lambda}\boldsymbol{U}^{\mathrm{T}}$,其中 $\boldsymbol{U}=[\boldsymbol{u}_0,\boldsymbol{u}_1,\cdots,\boldsymbol{u}_{n-1}]\in\mathbb{R}^{n\times n}$ 是按特征值排序得到的特征向量矩阵,$\boldsymbol{\Lambda}$ 是由特征值(谱)组成的对角矩阵,$\Lambda_{ii}=\lambda_i$。归一化拉普拉斯矩阵的特征向量组成了一个正交空间,即 $\boldsymbol{U}^{\mathrm{T}}\boldsymbol{U}=\boldsymbol{I}$。在图信号处理领域,图信号 $\boldsymbol{x}\in\mathbb{R}^n$ 是图中所有节点的特征向量(feature vector),其中 $x_i$ 是第 $i$ 个节点的值。关于信号 $\boldsymbol{x}$ 的图傅里叶变换定义为 $F(\boldsymbol{x})=\boldsymbol{U}^{\mathrm{T}}\boldsymbol{x}$,图傅里叶逆变换定义为 $F^{(-1)}(\hat{\boldsymbol{x}})=\boldsymbol{U}\hat{\boldsymbol{x}}$,$\hat{\boldsymbol{x}}$ 表示图傅里叶变换后的图信号。图傅里叶变换将输入的图信号投影到由归一化图拉普拉斯算子特征向量为基的正交空间中。变换后的信号 $\hat{\boldsymbol{x}}$ 代表了图信号在该空间的坐标,因此,输入信号可以表示为 $\boldsymbol{x}=\sum_i \hat{x}_i\boldsymbol{u}_i$,即图傅里叶逆变换。则给定输入信号 $\boldsymbol{x}$ 和滤波器 $\boldsymbol{g}\in\mathbb{R}^n$,其图卷积定义如下:

$$
\begin{aligned}
\boldsymbol{x} *_G \boldsymbol{g} &= F^{-1}(F(\boldsymbol{x})\odot F(\boldsymbol{g}))\\
&= \boldsymbol{U}(\boldsymbol{U}^{\mathrm{T}}\boldsymbol{x}\odot \boldsymbol{U}^{\mathrm{T}}\boldsymbol{g})
\end{aligned} \tag{10.42}
$$

其中,$\odot$ 表示逐元素乘积。如果将滤波器表示为 $\boldsymbol{g}_\theta=\mathrm{diag}(\boldsymbol{U}^{\mathrm{T}}\boldsymbol{g})$,那么谱域图卷积可以简化为:

$$\boldsymbol{x} *_G \boldsymbol{g}_\theta = \boldsymbol{U}\boldsymbol{g}_\theta \boldsymbol{U}^{\mathrm{T}}\boldsymbol{x} \tag{10.43}$$

不同的谱域图卷积网络区别在于滤波器 $\boldsymbol{g}_\theta$ 的选择。

Bruna 等人[89]提出的谱卷积神经网络(spectral convolutional neural network)假设 $\boldsymbol{g}_\theta=\boldsymbol{\Theta}_{i,j}^{(k)}$ 是一组可以学习的(learnable)参数,并考虑具有多个通道的图信号。谱卷积神经网络的图卷积层定义为:

$$\boldsymbol{H}_{:,j}^{(k)}=\sigma\left(\sum_{i=1}^{f_{k-1}} \boldsymbol{U}\boldsymbol{\Theta}_{i,j}^{(k)}\boldsymbol{U}^{\mathrm{T}}\boldsymbol{H}_{:,i}^{(k-1)}\right),(j=1,2,\cdots,f_k) \tag{10.44}$$

其中,$k$ 表示网络层级;$\boldsymbol{H}^{(k-1)}\in\mathbb{R}^{n\times f_{k-1}}$ 是输入信号;$\boldsymbol{H}^{(0)}=\boldsymbol{X}$;$f_{k-1}$ 表示输入通道数;$f_k$ 表示输出通道数;$\boldsymbol{\Theta}_{i,j}^{(k)}$ 是对角矩阵,其对角元素为可学习参数。由于需要对拉普拉斯矩阵进行特征分解,谱卷积神经网络主要有三个缺点:(i) 对图做任何的扰动都会导致特征基的改变;(ii) 学习到的滤波器是邻域相关的,即它不能应用到具有不同结构的图;(iii) 特征分解时间复杂度为 $O(n^3)$。ChebNet[90]和 GCN[91]通过近似计算和简化,将其复杂度降至 $O(m)$。

Chebyshev Spectral CNN(以下简称 ChebNet)[90]使用特征值对角矩阵的切比雪夫多项式近似计算 $\boldsymbol{g}_\theta$,即 $\boldsymbol{g}_\theta=\sum_{i=0}^{K}\theta_i T_i(\hat{\boldsymbol{\Lambda}})$,其中 $\hat{\boldsymbol{\Lambda}}=2\boldsymbol{\Lambda}/\lambda_{\max}-\boldsymbol{I}$,因此,$\hat{\boldsymbol{\Lambda}}$ 中元素的值落在 $[-1,1]$ 内。切比雪夫多项式由式 $T_i(\boldsymbol{x})=2\boldsymbol{x}T_{i-1}(\boldsymbol{x})-T_{i-2}(\boldsymbol{x})$ 递归定义,其中 $T_0(\boldsymbol{x})=1$,$T_1(\boldsymbol{x})=\boldsymbol{x}$。因此,给定图信号 $\boldsymbol{x}$ 和上述定义的滤波器 $\boldsymbol{g}_\theta$,图卷积操作定义为:

$$\boldsymbol{x} *_G \boldsymbol{g}_\theta=\boldsymbol{U}\left(\sum_{i=0}^{K}\theta_i T_i(\hat{\boldsymbol{\Lambda}})\right)\boldsymbol{U}^{\mathrm{T}}\boldsymbol{x} \tag{10.45}$$

其中,$\tilde{\boldsymbol{L}}=2\boldsymbol{L}/\lambda_{\max}-\boldsymbol{I}$。由于 $T_i(\tilde{\boldsymbol{L}})=\boldsymbol{U}T_i(\tilde{\boldsymbol{\Lambda}})\boldsymbol{U}^{\mathrm{T}}$(通过归纳证明可得),ChebNet 可转化为:

$$\boldsymbol{x} *_G \boldsymbol{g}_\theta=\sum_{i=0}^{K}\theta_i T_i(\tilde{\boldsymbol{L}})\boldsymbol{x} \tag{10.46}$$

由于 ChebNet 定义的滤波器是拉普拉斯算子的 $K$ 阶多项式,其在空间中具有局部性,因此该滤波器能够独立于图的大小提取局部特征。

Kipf 等人[91]提出的图卷积网络(graph convolutional network,以下简称 GCN)进一步简化了卷积操作。GCN 将卷积操作限制为 $K=1$,即一阶切比雪夫多项式,并假设 $\lambda_{\max}=2$,因此,式(10.46)可以简化成:

$$\boldsymbol{x} *_G \boldsymbol{g}_\theta=\theta_0\boldsymbol{x}-\theta_1\boldsymbol{D}^{-\frac{1}{2}}\boldsymbol{A}\boldsymbol{D}^{-\frac{1}{2}}\boldsymbol{x} \tag{10.47}$$

为了限制参数数量和避免过拟合(over-fitting),GCN 进一步假设 $\theta_0=-\theta_1$,因此有:

$$\boldsymbol{x} *_G \boldsymbol{g}_\theta=\theta(\boldsymbol{I}+\boldsymbol{D}^{-\frac{1}{2}}\boldsymbol{A}\boldsymbol{D}^{-\frac{1}{2}})\boldsymbol{x} \tag{10.48}$$

请注意,叠加如式(10.48)所示的多层卷积操作会导致数值不稳定或梯度爆炸/消失。鉴于此,GCN 引入了重归一化技巧(renormalization trick):$\boldsymbol{I}_n+\boldsymbol{D}^{-\frac{1}{2}}\boldsymbol{A}\boldsymbol{D}^{-\frac{1}{2}}\rightarrow\widetilde{\boldsymbol{D}}^{-\frac{1}{2}}\widetilde{\boldsymbol{A}}\widetilde{\boldsymbol{D}}^{-\frac{1}{2}}$,其中 $\widetilde{\boldsymbol{A}}=\boldsymbol{A}+\boldsymbol{I}_n$, $\widetilde{\boldsymbol{D}}=\sum_j\widetilde{A}_{ij}$。

进一步,GCN 将定义推广到多通道输入信号和多滤波器场景,即

$$\boldsymbol{H}=\boldsymbol{X}*_{G}\boldsymbol{g}_{\boldsymbol{\Theta}}=f(\widetilde{\boldsymbol{D}}^{-\frac{1}{2}}\widetilde{\boldsymbol{A}}\widetilde{\boldsymbol{D}}^{-\frac{1}{2}}\boldsymbol{X}\boldsymbol{\Theta}) \tag{10.49}$$

其中:$f(\cdot)$是激活函数;$\boldsymbol{X}\in\mathbb{R}^{n\times c}$;$c$ 是输入通道数;$\boldsymbol{\Theta}\in\mathbb{R}^{c\times F}$为滤波器参数矩阵;$F$ 为滤波器数。

(ii) 空域卷积

与谱域方法相反,空域方法根据节点的空间关系定义图卷积操作。与 CNN 类似,空域卷积通过对中心节点以及其邻居信息进行卷积从而更新中心节点的低维表示。本质上讲,空域图卷积操作通过消息传递机制以聚合节点邻域消息并更新其自身表示。

上一小节介绍的 GCN 式(10.49)也可看作是空域卷积方法,其以均值的方式聚合邻域信息。式(10.49)可以写作:

$$\boldsymbol{h}_u=f\left(\boldsymbol{\Theta}^{\mathrm{T}}\left(\sum_{v\in N(u)\cup u}\frac{\boldsymbol{x}_u}{\sqrt{|M(u)||N(v)|}}\right)\right),\quad\forall u\in V \tag{10.50}$$

由于节点邻居的数量可能非常庞大,聚合所有邻居信息是低效的。因此,GraphSage[92]为每个节点采样固定数量的邻居,并对采样得到的邻居执行图卷积操作:

$$\boldsymbol{h}_u^{(k)}=\sigma(\boldsymbol{W}^{(k)}\cdot f_k(\boldsymbol{h}_u^{(k-1)},\{\boldsymbol{h}_v^{(k-1)},\forall v\in S_{N(u)}\})) \tag{10.51}$$

其中,$\boldsymbol{h}_u^{(0)}=\boldsymbol{x}_u$;$f_k(\cdot)$表示聚合函数;$S_{N(u)}$是随机采样得到的节点 $v$ 的邻居。文献[92]提出了三种聚合函数,包括均值聚合函数、LSTM 聚合函数和池化聚合函数,感兴趣的读者可阅读原文了解更多细节。

与上述图卷积网络以相等或预先定义的权重聚合节点邻域信息不同,图注意力网络[93](graph attention network,以下简称 GAT)引入注意力机制(attention mechanism)以学习邻居节点对中心节点的重要程度(权重)。GAT 定义了图注意力层(graph attentional layer),通过叠加多个图注意力层可以构建任意的图注意力网络。图注意力层通过以下公式计算邻居节点对中心节点的重要程度:

$$\alpha_{uv}=\frac{\exp(\text{Leaky ReLU}(\boldsymbol{a}^{\mathrm{T}}[\boldsymbol{W}\boldsymbol{h}_u\|\boldsymbol{W}\boldsymbol{h}_v]))}{\sum_{v'\in N(u)\cup u}\exp(\text{LeakyReLU}(\boldsymbol{a}^{\mathrm{T}}[\boldsymbol{W}\boldsymbol{h}_u\|\boldsymbol{W}\boldsymbol{h}_{v'}]))} \tag{10.52}$$

$\alpha_{uv}$表示邻居节点 $v$ 对中心节点 $u$ 的注意力系数;$N(u)$表示节点 $u$ 的邻居;$\boldsymbol{W}\in\mathbb{R}^{F'\times F}$表示所有节点共享的权重矩阵;$F$ 和 $F'$分别表示输入特征维度和输出特征维度;$\boldsymbol{a}\in\mathbb{R}^{2F'}$是权重向量。$\alpha$ 通过 softmax 函数归一化,并应用非线性激活函数 LeakyReLU(斜率为 0.2)。

添加图注意力层后，GAT 的卷积操作定义为：

$$\boldsymbol{h}'_u = \sigma\Big(\sum_{v \in N(u) \cup u} \alpha_{uv} \boldsymbol{W}\boldsymbol{h}_v\Big) \tag{10.53}$$

其中，$\sigma$ 为非线性激活函数。

GAT 进一步使用了多头注意力以增加模型的表达能力。GAT 使用 $K$ 个独立的注意力机制计算隐藏状态，并将聚合最终得到的向量表示作为输出：

$$\boldsymbol{h}'_u = \big\Vert_{k=1}^{K} \sigma\Big(\sum_{v \in N(u) \cup u} \alpha_{uv}^{k} \boldsymbol{W}^{k}\boldsymbol{h}_v\Big) \tag{10.54}$$

$$\boldsymbol{h}'_u = \sigma\Big(\frac{1}{K}\sum_{k=1}^{K}\sum_{v \in N(u) \cup u} \alpha_{uv}^{k} \boldsymbol{W}^{k}\boldsymbol{h}_v\Big) \tag{10.55}$$

式(10.54)和式(10.55)分别通过拼接操作和求均值得到节点最终的向量表示。其中 $\Vert$ 表示拼接操作，$\alpha_{uv}^{k}$ 表示第 $k$ 个注意力机制。

### 10.4.2　图数据智能查询

图表征学习为图分析任务提供了高效的解决方法。通过将图或节点映射到低维向量表示，图算法可以快速地在该低维空间中计算，如社区搜索、相似性查询、推荐系统、子图查询等[88]。本小节以子图计数为例介绍图表征学习在图查询任务中的应用。子图计数是图分析中一个基本问题，其通过子图同态(homomorphism)或子图同构(isomorphism)计算数据图中与给定查询图匹配的子图数量。一方面，精确的子图计数是 NP 难问题。另一方面，通过子图同构近似计数只能在无标签图中支持含有 3/5 个节点的查询图。子图计数另一种方法是将其看作 SQL 查询并在关系数据库中估计该查询基数。现有的基数估计方法只能在一定程度上支持子图同态进行子图计数，当查询图变大时，很难处理采样失败的情况。鉴于此，Zhao 等人提出了 ALSS(active learned sketch for subgraph counting)模型[94]，该模型首先使用图神经网络学习查询图的概要，并利用概要预测子图计数。同时，ALSS 使用主动学习(active learning)加速模型训练。下面详细介绍 ALSS 模型。

**定义 10.10(带标签无向图)**　令图 $G=(V,E,L,\Sigma)$ 为带标签无向图，其中 $V$ 和 $E$ 分别表示节点集合和无向边集合，$\Sigma$ 是标签集合，$L$ 表示映射函数，该映射函数将节点 $u \in V$ 映射到标签集合 $\Sigma$ 中某一个标签，记作 $L(u) \in \Sigma$。节点 $u$ 的邻居记作 $N(u)=\{v \mid (u,v) \in E\}$。

**定义 10.11(图同态与子图同构)**　给定数据图 $G=(V,E,L,\Sigma)$ 和查询图 $q=(V_q,E_q,L,\Sigma)$。图 $q$ 到图 $G$ 的同态定义为函数 $f: V_q \mapsto V$，函数 $f$ 满足：(i) 对于每个顶点 $u \in V_q$，有 $L(u)=L(f(u))$，且(ii)对于每一条边 $(u,v) \in E_q$，有 $(f(u),f(v)) \in E$。图

$q$ 到图 $G$ 的子图同构是满足双射的同态函数 $f$，对于任意的节点对 $u,v\in V_q$，当 $u\neq v$ 时，有 $f(u)\neq f(v)$。图 $q$ 的同态（子图同构）函数 $f$ 在图 $G$ 中诱导出子图 $G_f=(V_f,E_f,L,\Sigma)$，其中 $V_f=\{f(u)\mid \forall u\in V_q\}$，$E_f=\{(f(u),f(v))\mid \forall(u,v)\in E_q\}$。如果 $f$ 是同态（子图同构）函数，那么 $G_f$ 是 $G$ 通过同态（子图同构）得到的关于 $q$ 的子图匹配。

**定义 10.12（子图计数）** 给定数据图 $G$ 和查询图 $q$，子图计数旨在统计 $G$ 中关于 $q$ 的子图匹配总数，记作 $c(q)$。

ALSS 框架（active learned sketch for subgraph counting）如图 10.9 所示。该框架包含两个主要组成部分：学习型概要（learned sketch，LSS）和主动学习器（Active Learner，以下简称 AL）。LSS 用于预测查询数量的神经网络回归模型，AL 根据一定的选择策略从测试查询中选择若干信息丰富的查询图 $q_i$ 以构建新的训练集。如图 10.9 所示，给定训练集 $Q=\{(q_1,c(q_1)),(q_2,c(q_2)),\cdots\}$，其中 $q_i$ 表示单一查询图，$c(q_i)$ 是该查询图对应的精确计数，ALSS 使用图神经网络模型离线地学习概要 LSS。该学习型概要随后用于预测查询图 $q$ 的计数 $\hat{c}(q)$。令 $\hat{Q}=\{(q_1,\hat{c}(q_1)),(q_2,\hat{c}(q_2)),\cdots\}$ 为测试查询以及对应的预测值。主动学习器 AL 从 $\hat{Q}$ 选择固定数量的一组查询，该组查询的信息有助于提升模型的性能。直观上讲，AL 选择具有较大 q-error($q_i$) 值的查询 $q_i$，q-error 函数用于评估估计值的准确性，定义如式(10.56)所示：

$$\text{q-error}(q)=\max\left\{\frac{c(q)}{\hat{c}(q)},\frac{\hat{c}(q)}{c(q)}\right\} \tag{10.56}$$

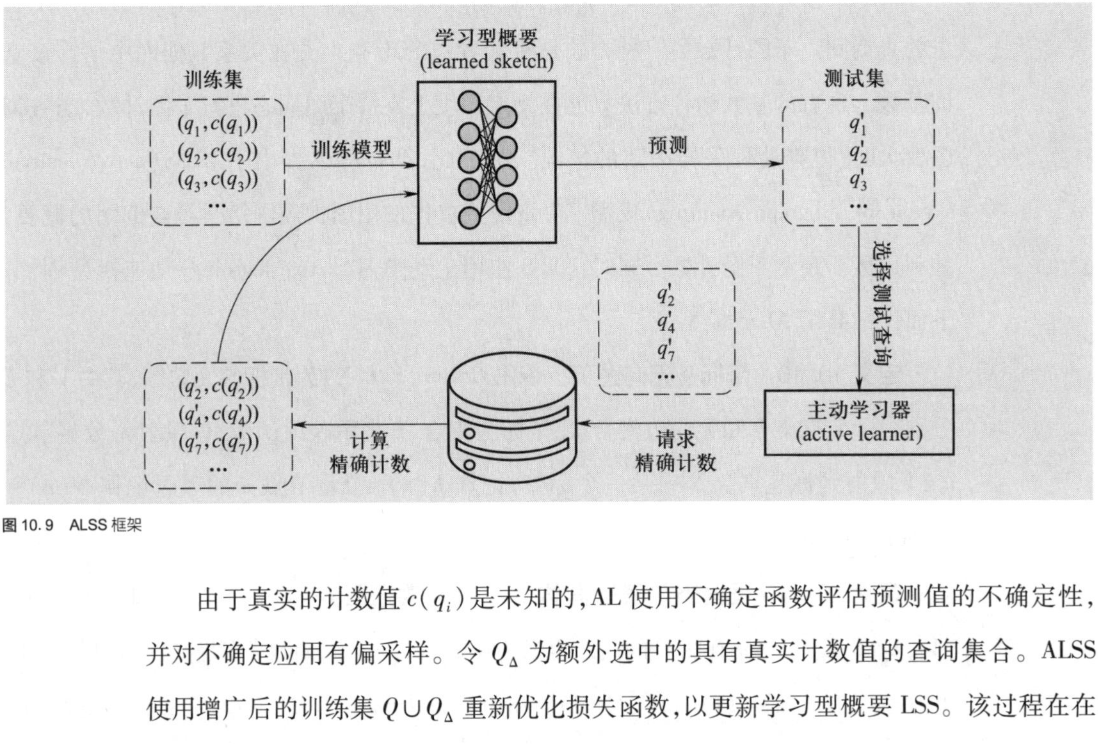


图 10.9　ALSS 框架

由于真实的计数值 $c(q_i)$ 是未知的，AL 使用不确定函数评估预测值的不确定性，并对不确定应用有偏采样。令 $Q_\Delta$ 为额外选中的具有真实计数值的查询集合。ALSS 使用增广后的训练集 $Q\cup Q_\Delta$ 重新优化损失函数，以更新学习型概要 LSS。该过程在在线测试期间不断迭代,并且完全自动而无须人工参与。学习型概要 LSS 有两方面的好处。首先,训练数据的增加能够提升 LSS 的性能。其次,新加入的训练数据使得 LSS 能够适应不同的负载。下面分别介绍学习型概要 LSS 和主动学习器 AL。

(1) 学习型概要

下面将从建模、模型架构和节点编码三个方面讨论学习型概要。

**LSS 建模**. LSS 将查询图分解成更小的子结构,并对子结构进行计数,随后聚合单独的每个子结构的计数作为最终估计。这种分治范式的主要思想可用下式表示:

$$\hat{c}(q)=\phi\Big(\sum_{s_i\in S(q)}\sigma(s_i)\cdot w(s_i)\Big) \tag{10.57}$$

查询图 $q$ 被分解成一组子结构 $S(q)=\{s_1,\cdots,s_n\}$。函数 $\sigma(s_i)$ 是子结构 $s_i$ 的估计计数,$w(s_i)$ 是可选权重。$\Sigma$ 是用于聚合加权计数的聚合函数,$\phi$ 是修正函数。基于该思想,Zhao 等人[94]将 LSS 建模为回归模型,并使用神经网络参数化函数 $\sigma(\cdot)$、$w(\cdot)$ 和 $\phi(\cdot)$ 学习估计函数。作为一个回归模型,LSS 输入查询图 $q$ 并输入估计值 $c_\Theta(q)$,$c_\Theta(q)$ 的定义与(式 10.57)类似。LSS 通过使用一组带标签的训练查询 $Q$ 最小化均方差 MSE 进行优化,其目标函数如下:

$$\mathcal{L}_{reg}(Q;\Theta)=\frac{1}{|Q|}\sum_{q\in Q}|\log c(q)-\log c_\Theta(q)|^2=\frac{1}{|Q|}\sum_{q\in Q}\log^2\frac{c(q)}{c_\Theta(q)} \tag{10.58}$$

为了达到相对较小的平均相对误差,$c(q)$ 和 $c_\Theta(q)$ 被转换成对数尺度。值得注意的是,最小化 $\log\dfrac{c(q)}{c_\Theta(q)}$ 的平均值等价于最小化 q-error 的几何平均值,并且由于平方项的存在,最小化均方差式(10.58)进一步为大于平均值的 q-error 施加更高权重。

**LSS 架构**. LSS 架构如图 10.10 所示。首先,查询图 $q=(V_q,E_q,L,\Sigma)$ 被分解成一组子结构 $S(q)=\{s_1,\cdots,s_n\}$,其中 $s_i=(V_i,E_i,L,\Sigma)$ 是一个子图。该分解应当是完整的,即满足 $V_q=\cup_{s_i\in S(q)}V_i$ 和 $E_q=\cup_{s_i\in S(q)}E_i$。此外,为了将学习到的子结构用于计数,当

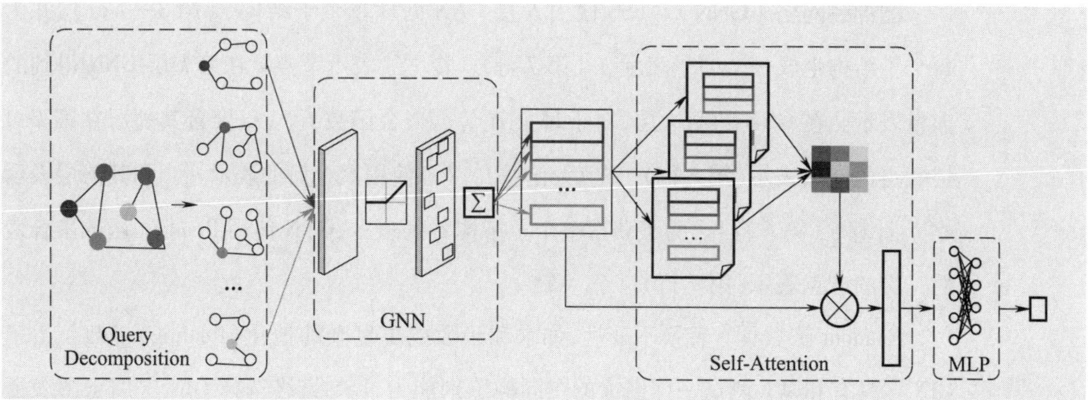


图 10.10 LSS 架构

$i \neq j$ 时，$s_i \cap s_j = \varnothing$。LSS 使用了一个简单有效的方法确定子结构 $s_i$。简而言之，对具有 $n$ 个节点的查询图 $q$，LSS 为 $q$ 的每个节点构建一棵 $l$ 跳的 BFS(广度优先搜索)树。其次，LSS 使用多层图神经网络将每个子结构 $s_i \in S(q)$ 表示成固定长度的向量，该图神经网络作为式(10.57)中的 $\sigma(\cdot)$ 函数。第三，LSS 使用注意力层从 $n$ 个子结构中学习式(10.57)中的权重函数 $w(\cdot)$。第四，LSS 对子结构编码表示 $\sigma(s_i)$ 进行加权求和以获得查询级别的表示向量，每个子结构的权重由 $w(s_i)$ 给定。最后，多层感知机(MLP)输入该查询的向量表示，并输出最终的估计计数，该多层感知机相当于式(10.57)中的 $\phi(\cdot)$ 函数。LSS 前向传播算法如算法 10.1 所示，该算法将查询图 $q$ 作为输入，并输出对数尺度估计 $c_\Theta(q)$。下面详细介绍 LSS 的每个部件，其中输入的查询图 $q$ 被分解成一组子结构 $S(q)$，如算法 10.1 第 1 行所示。

**算法 10.1　LSS 前向传播**

**输入：** 查询图 $q$，聚合函数 $f_A^{(1)},\cdots,f_A^{(K)}$，组合函数 $f_C^{(1)},\cdots,f_C^{(K)}$，注意力层权重 $W_1, W_2$

**输出：** $\log c_\Theta(q)$

1：$S(q) \leftarrow \text{Decompose}(q)$

2：**for** $s_i = (V_i, E_i) \in S(q)$ **do**

3：　　**for** $k \leftarrow 1$ to $K$ **do**

4：　　　　**for** $v \in V_i$ **do**

5：　　　　　　$a_v^{(k)} \leftarrow f_A^{(k)}(e_u^{(k-1)} \mid u \in N(v)\})$

6：　　　　　　$e_v^{(k)} \leftarrow f_C^{(k)}(e_v^{(k-1)}, a_v^{(k)})$

7：　　　　$h_{s_i} \leftarrow \text{Readout}(e_v^{(K)} \mid v \in V_i)$

8：$\boldsymbol{H}_q \leftarrow \text{Concat}(h_{s_i},\cdots,h_{s_n})$

6：$\boldsymbol{A} \leftarrow \text{softmax}(\boldsymbol{W}_2 \tanh(\boldsymbol{W}_1 \boldsymbol{H}_q^{\mathrm{T}}))$

7：$\boldsymbol{E}_q \leftarrow \boldsymbol{A} * \boldsymbol{H}_q$

8：$\boldsymbol{e}_q \leftarrow Flatten(\boldsymbol{E}_q)$

9：$\log c_\Theta(q) \leftarrow MLP(\boldsymbol{e}_q)$

10：**return** $\log c_\Theta(q)$

**图神经网络(GNN)**. LSS 使用 $K$ 层 GNN 处理每个子结构 $s_i$(第 3—7 行)，并为每个子结构生成一个向量表示 $h_{s_i}$(第 7 行)。令 $e_v^{(k)}$ 表示节点 $v$ 在第 $k$ 层 GNN 得到的向量表示。在 GNN 的第 $k$ 层，对于每个节点 $v$，聚合函数 $f_A^{(k)}(\cdot)$ 聚合其邻居在第 $k-1$ 层获得的向量表示(第 5 行)。随后，函数 $f_C^{(k)}(\cdot)$ 使用聚合后的表示 $a_v^{(k)}$ 和其前层表示 $e_v^{(k-1)}$ 计算 $e_v^k$(第 6 行)。为了获得整个子结构 $s_i$ 的表示，GNN 使用 Readout 函数聚合最后一层的节点表示(第 7 行)。

Readout 函数具有置换不变性，如求和函数或更复杂的池化(Pooling)函数。由于 GIN[95] 具有和 WL 测试一样强大的图同构鉴别能力，LSS 最终选择 GIN[95] 用于图表征学习。具体来说，其表明如果子结构 $s_1$ 和 $s_2$ 是同构的，那么它们的图表征 $h_{s_1}$ 和 $h_{s_2}$ 在没有训练误差假设下是相等的。GIN 的特性和子图计数任务的归纳偏置一样,即如果 $s_1$ 和 $s_2$ 同构的,那么 $s_1$ 和 $s_2$ 在同态和同构条件下的精确计数是相等的。

对于含有边标签的图,LSS 可通过以下聚合函数将边所包含的信息利用起来:

$$a_v^{(k)} \leftarrow f_{\mathcal{A}}^{(k)}(\{\mathrm{Concat}(\mathrm{e}_u^{(k-1)}, \mathrm{e}_{uv}^{(0)}) \mid u \in N(v)\}) \tag{10.59}$$

其中,$e_{uv}^{(0)}$ 表示初始边特征。

**自注意力与多层感知机**. 在自注意力阶段,$n$ 个子结构的向量表示通过拼接操作组成矩阵 $\boldsymbol{H}_q$(第 8 行),并使用自注意力机制进行处理[96]。直观上,自注意力机制是由多个专家以独立的视角对子结构的重要性进行评分,并由此生成评分矩阵 $\boldsymbol{A}$(第 9 行)。查询表示 $\boldsymbol{E}_q$ 可以通过评分矩阵 $\boldsymbol{A}$ 与矩阵 $\boldsymbol{H}_q$ 相乘得到(第 10 行)。最后,将 $\boldsymbol{E}_q$ 展开成一个长向量 $\boldsymbol{e}_q$ 并作为多层感知机的输入以生成估计计数。

**特征编码**. LSS 提出了三种特征编码方式以编码标签信息和拓扑结构,分别是:(i)基于频率的编码;(ii)基于预训练嵌入的编码;(iii)拼接编码。

(i)基于频率的特征编码方式使得查询节点/边具有过滤能力。以编码节点标签为例,给定数据图 $G$,节点标签 $l$ 出现的次数记作 $F(l) = |\{v \mid l \in L(v), v \in V\}|$。查询图 $q$ 中节点 $v$ 的表示 $\boldsymbol{e}_v^{(0)}$ 被编码成一个 $|\Sigma|$维的向量,$\boldsymbol{e}_v^{(0)} \in \mathbb{R}^{|\Sigma|}$,其第 $i$ 维对应于第 $i$ 个节点 $l_i \in \Sigma$。$\boldsymbol{e}_v^{(0)}[i]$的值表示图 $G$ 中能够与节点 $v$ 匹配的比例。具体来说,如果节点 $v$ 具有标签 $l_i$,那么 $\boldsymbol{e}_v^{(0)}[i] = F(l_i)/|V|$,否则 $\boldsymbol{e}_v^{(0)}[i] = 0$。

(ii)基于频率的编码只考虑了数据图特征频率,但未能利用数据图的拓扑结构。LSS 通过预训练数据图的节点标签嵌入以增强查询图编码的表达能力。为了保留图 $G$ 的拓扑结构和标签信息,LSS 为图 $G = (V, E, L, \Sigma)$ 构建一个标签增强图(label-augmented graph)$G_L = (V \cup V_L, E \cup E_L)$。$V_L$ 中每个节点对应于 $\Sigma$ 中的一个标签,如果节点 $v$ 具有标签 $l$,那么 $E_L$ 中存在一条节点 $v \in V$ 到标签 $l \in V_L$ 的边。图 10.11(b)给出了图 10.11(a)中数据图 $G$ 对应的标签增强图 $G_L$。LSS 使用现有的图表征方法(如 DeepWalk[82]、node2vec[83])预训练 $G_L$ 的节点嵌入。对查询图 $q$ 中的节点 $v$,将 $\boldsymbol{e}_v^{(0)}$ 设为 $\sum_{l \in L(v)} e'(l)$,其中 $\boldsymbol{e}'(l)$表示 $G_L$ 中预训练得到的关于标签 $l$ 的嵌入。

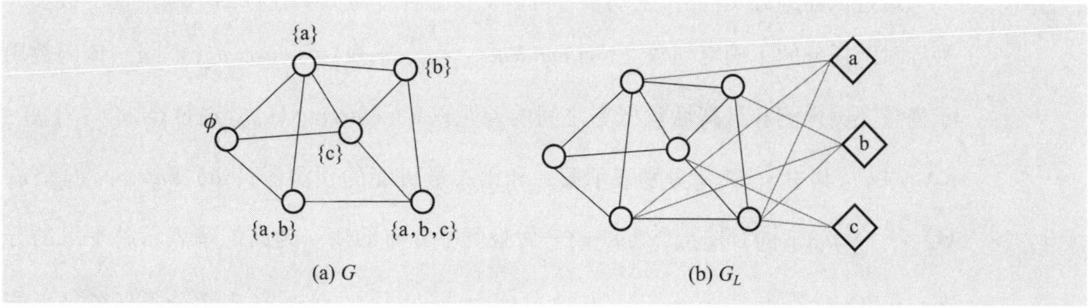


**图 10.11**　数据图 $G$ 及其对应的标签增强图

（iii）将上述两种方法得到的编码进行拼接。

（2）主动学习器

简单来说，主动学习（active learning）基于模型参数 $\Theta$ 自适应地从测试数据中选择一部分信息丰富的数据以增强有限的训练数据，从而更有效地对模型进行训练。

LSS 使用基于不确定采样的主动学习算法。它试图从具有最大不确定性的测试数据中进行采样。该算法将 LSS 模型参数 $\Theta$ 以及一组无标签测试查询图 $\hat{Q}$ 作为输入，使用不确定度量函数 $\varphi(q;\Theta)$ 评估在给定模型参数 $\Theta$ 的情况下查询图 $q$ 的信息量。主动学习算法主要包含 4 个不断迭代的步骤：（i）对无标签测试集 $\hat{Q}$ 中的每个查询图 $q$，使用函数 $\varphi(q;\Theta)$ 计算其不确定分数 $u_q$；（ii）主动学习器使用归一化的 $u_q$ 作为采样权重从 $\hat{Q}$ 中采样一组查询 $Q_\Delta$，并用精确的子图计数对其进行打标；（iii）更新训练集 $Q$ 和未标注测试集 $\hat{Q}$，其中 $Q=Q\cup Q_\Delta$；（iv）使用增广后的数据集 $Q$ 更新 LSS 模型。以上 4 个步骤不断迭代至满足停止条件（如迭代至固定次数或损失函数足够小）。

Zhao 等人[94]使用多任务学习（mutli-task learning）以加速不确定性的评估。ALSS 框架在 LSS 模型中加入了一个分类任务以辅助主动学习，该分类任务用于预测子图计数的规模。直观地讲，计数规模分布不明确的测试查询具有更多的不确定性。在 LSS 的输出层，除了一个用于预测计数 $\log c_\Theta(q)$ 的神经元外，额外加上了 $m$ 个神经元以用于执行多分类任务。该 $m$ 个神经元的输出通过 softmax 激活函数拟合概率分布 $p_\Theta(y\mid q)$，$p_\Theta(y\mid q)$ 表示 $c_\Theta(q)$ 规模为 $y_i\in\{0,\cdots,m-1\}$ 的概率。该多分类任务使用交叉熵作为损失函数：

$$\mathcal{L}_{cla}(Q;\Theta)=\frac{1}{|Q|}\sum_{q\in Q}\sum_{i=1}^{m}\left[-p(y_i\mid q)\cdot\log p_\Theta(y_i\mid q)\right] \tag{10.60}$$

其中，$p(y_i\mid q)$ 是计数规模的经验分布，其由精确计数 $c(q)$ 直接确定。

加入主动学习后，LSS 模型完整的训练损失如式（10.61）所示，$\lambda\in[0,1]$ 是用于平衡分类损失和回归损失的系数：

$$\mathcal{L}(Q;\Theta)=(1-\lambda)\mathcal{L}_{reg}(Q;\Theta)+\lambda\mathcal{L}_{cla}(Q;\Theta) \tag{10.61}$$

通过该辅助分类任务，主动学习可以支持三种针对分类任务的不确定性函数和一种针对跨任务的不确定函数：（i）*Confidence*。$\phi_{CON}(q;\Theta)=1-max_i p_\Theta(y_i\mid q)$，该函数用于衡量完美预测和最高后验概率之间的差距；（ii）*Margin*。$\phi_{MAR}(q;\Theta)=p_\Theta(\hat{y}_1\mid q)-p_\Theta(\hat{y}_2\mid q)$，其中 $\hat{y}_1$ 和 $\hat{y}_2$ 分别表示第一和第二最可能的预测值；（iii）*Entropy*。$\phi_{ENT}(q;\Theta)=-\sum_y p_\Theta(y\mid q)\log p_\Theta(y\mid q)$ ——后验概率分布的熵。越高的熵表示越平滑的分布；（iv）*Cross-Task Consistencey*。$\phi_{CTC}(q;\Theta)=|\hat{y}_1-\lg c_\Theta(q)|^2$，$\hat{y}_1$ 表示分类任务最可能

的预测，$\lg c_{\Theta}(q)$是由回归任务生成的估计计数的规模。$\phi_{CTC}$通过分类任务和回归任务的不一致性度量数据信息量。

### 10.4.3 图数据智能挖掘

近年来，大量研究借助图表征学习以提高挖掘任务的准确性，如节点分类，链路预测和图聚类等[88]。下面以图聚类为例介绍图表征学习在图数据挖掘中的应用。现有的图聚类方法一般是基于“两步走”的模型(图 10.12)，即先学习嵌入，再使用经典的聚类算法(如 $k$-means)对嵌入进行聚类。然而，如此学习到的嵌入可能不适合后续图聚类任务，图聚类任务对嵌入的学习也没有帮助，即聚类和嵌入学习是两个相互独立的过程。区别于现有的大多数“两步走”方法，文献[97]提出了任务导向的图表征模型 DAEGC(deep attentional embedded graph clustering)，以学习到对聚类任务友好的节点嵌入。下面详细介绍 DAEGC 算法。

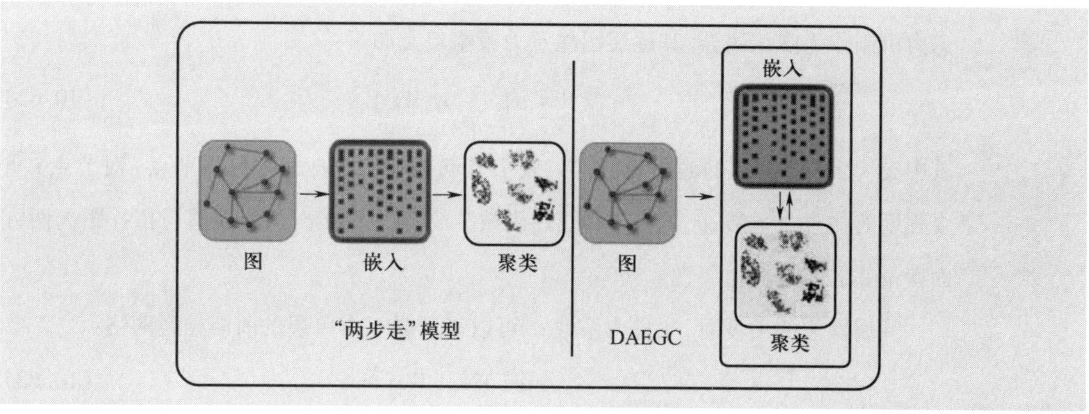


图 10.12 “两步走”模型与 DAEGC 模型区别

**定义 10.13(属性图)** 属性图 $G=(V,E,X)$，其中 $V=\{v_i\}_{i=1,\cdots,n}$为节点集合，$E=\{e_{ij}\}$为边集，$X=\{\boldsymbol{x}_1,\cdots,\boldsymbol{x}_n\}$表示节点属性，其中 $\boldsymbol{x}_i\in\mathbb{R}^m$是顶点 $v_i$ 对应的实数属性向量，$\boldsymbol{A}$ 表示图 $G$ 对应的邻接矩阵。

**定义 10.14(图聚类)** 给定图 $G$，图聚类将 $G$ 中的节点划分为 $k$ 个不相交的簇 $\{G_1,G_2,\cdots,G_k\}$，使得同一簇内的节点：(i) 结构相似节点之间的距离较近；(ii) 具有相似的属性值。

DAEGC 算法框架如图 10.13 所示，其包含：(1) 图注意力自编码器；(2) 自训练聚类模块。其中，图注意力自编码器将属性值和图结构作为输入，并通过最小化重构损失以学习节点嵌入。自训练聚类模块根据学习到的嵌入进行聚类，并根据当前的聚类结果校正嵌入。

DAEGC 将上述两部分进行结合，在一个统一的框架中同时学习图表征并执行聚类,使得两模块相互受益。为更好理解算法,下面详细介绍 DAEGC 不同模块。

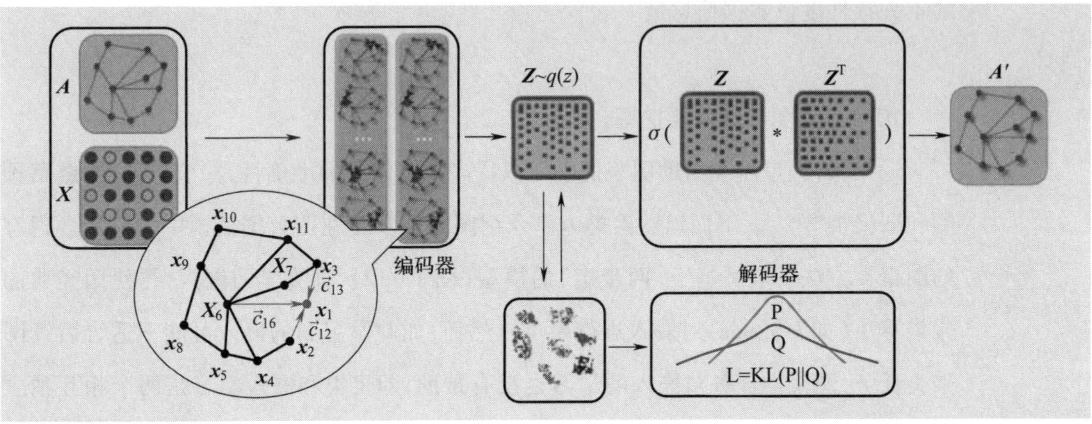


图 10.13　DAEGC 概念框架

（1）图注意力自编码器

为了在同一框架中表示图结构 $\boldsymbol{A}$ 和节点特征 $X$,DAEGC 使用类似于 GAT[93] 的注意力机制作为图编码器,其逐层图注意力策略定义如下:

$$\boldsymbol{z}_i^{l+1}=\sigma\Big(\sum_{j\in N_{(i)}}\alpha_{ij}\boldsymbol{W}\boldsymbol{z}_j^{l}\Big)\tag{10.62}$$

其中,$\boldsymbol{z}_i^{l+1}$ 表示节点 $i$ 的输出表征;$N_{(i)}$ 表示节点 $i$ 的邻居;$\alpha_{ij}$表示邻居节点 $j$ 对节点 $i$ 重要程度的注意力系数;$\sigma$ 是一个非线性函数。注意力系数 $\alpha_{ij}$从属性值与拓扑距离两方面衡量邻居节点的重要性。

从属性值的角度看,注意力系数 $\alpha_{ij}$可以表示成一个单层的前馈神经网络:

$$c_{ij}=\boldsymbol{a}^{\mathrm{T}}[\boldsymbol{W}\boldsymbol{x}_i\,\|\,\boldsymbol{W}\boldsymbol{x}_j]\tag{10.63}$$

其中,$\|$ 表示拼接操作,$\boldsymbol{a}\in\mathbb{R}^{2m'}$表示权重向量。

从拓扑结构上看,邻居节点通过边对目标节点的表征做出贡献。在计算注意力系数时,GAT 仅考虑一阶邻居[93]。由于图结构关系复杂,DAEGC 在图编码器中使用高阶邻居。DAEGC 使用 $t$ 阶邻居计算相似度矩阵:

$$\boldsymbol{M}=(\boldsymbol{B}+\boldsymbol{B}^2+\cdots+\boldsymbol{B}^t)\tag{10.64}$$

其中,$\boldsymbol{B}$ 表示转移矩阵,如果 $e_{ij}\in E$,则 $B_{ij}=1/d_i$;否则,$B_{ij}=0$。$d_i$ 表示节点 $i$ 的度数。因此,$M_{ij}$表示节点 $j$ 到节点 $i$ 的 $t$ 阶拓扑相关性,$\mathcal{N}_{(i)}$ 表示 $\boldsymbol{M}$ 中 $i$ 的邻居节点,即如果 $M_{ij}>0$,则表示 $j$ 是 $i$ 的邻居。$t$ 可以灵活选择,以平衡模型的精度和效率。

对式(10.63)得到的重要度系数进行归一化,得到注意力系数:

$$\alpha_{ij}=\mathrm{softmax}_j(c_{ij})=\frac{\exp(c_{ij})}{\sum_{r\in N_i}\exp(c_{ir})}\tag{10.65}$$

加上拓扑权重 $M$ 和激活函数 $\delta$(此处使用 LeakyReLU),注意力系数可以表示为:

$$\alpha_{ij}=\frac{\exp(\delta M_{ij}(\boldsymbol{a}^{\mathrm{T}}[\boldsymbol{W}\boldsymbol{x}_i\|\boldsymbol{W}\boldsymbol{x}_j]))}{\sum_{r\in N_{(i)}}\exp(\delta M_{ir}(\boldsymbol{a}^{\mathrm{T}}[\boldsymbol{W}\boldsymbol{x}_i\|\boldsymbol{W}\boldsymbol{x}_r]))} \tag{10.66}$$

使用 $\boldsymbol{x}_i=\boldsymbol{z}_i^0$ 作为问题的输入，并叠加两个图注意力层：

$$\boldsymbol{z}_i^{(1)}=\sigma\Big(\sum_{j\in N_{(i)}}\alpha_{ij}\boldsymbol{W}^{(0)}\boldsymbol{x}_j\Big) \tag{10.67}$$

$$\boldsymbol{z}_i^{(2)}=\sigma\Big(\sum_{j\in N_{(i)}}\alpha_{ij}\boldsymbol{W}^{(1)}\boldsymbol{z}_j^{(1)}\Big) \tag{10.68}$$

这样一来，图编码器可将结构和节点属性都编码为一隐式表征，即 $\boldsymbol{z}_i=\boldsymbol{z}_i^{(2)}$。

由于得到的隐式嵌入已经包含内容和结构信息，DAEGC 选择简单的内积解码器来预测节点之间是否存在边：

$$\hat{A}_{ij}=\mathrm{sigmoid}(\boldsymbol{z}_i^{\mathrm{T}}\boldsymbol{z}_j) \tag{10.69}$$

其中，$\hat{\boldsymbol{A}}$ 表示重构后的邻接矩阵。

模型通过度量 $\boldsymbol{A}$ 与 $\hat{\boldsymbol{A}}$ 之间的差异最小化重构函数：

$$L_r=\sum_{i=1}^{n}loss(A_{i,j},\hat{A}_{ij}) \tag{10.70}$$

（2）自训练聚类

上述方法得到的隐式嵌入不是针对聚类任务的，因此，除了优化重构损失外，DAEGC 将隐式嵌入输入自训练聚类模块以优化嵌入，该模块最小化以下目标函数：

$$L_c=KL(P\|Q)=\sum_i\sum_u p_{iu}\log\frac{p_{iu}}{q_{iu}} \tag{10.71}$$

其中 $q_{iu}$ 度量节点嵌入 $z_i$ 与聚类中心嵌入 $\mu_u$ 之间的相似度。此处使用 $t$-分布度量相似度，使其能处理不同规模的簇同时方便计算[98]：

$$q_{iu}=\frac{(1+\|z_i-\mu_u\|^2)^{-1}}{\sum_k(1+\|z_i-\mu_k\|^2)^{-1}} \tag{10.72}$$

该等式可看作每个节点的软聚类赋值分布（soft clustering assignment distribution），即节点 $i$ 数据簇 $u$ 的概率。$p_{iu}$ 为目标分布：

$$p_{iu}=\frac{q_{iu}^2/\sum_i q_{iu}}{\sum_k(q_{ik}^2/\sum_i q_{ik})} \tag{10.73}$$

具有较高概率的软分配（靠近聚类中心的节点）在 $Q$ 中被认为是可信的。故目标分布 $P$ 将 $Q$ 提升至二次方以强调“置信分配”的作用，聚类损失迫使当前分布 $Q$ 接近目标分布 $P$，从而将这些“置信分配”设置为软标签来监督 $Q$ 学习嵌入。

DAEGC 首先在没有自训练聚类模块的前提下训练图自编码器，以获得嵌入 $z$ 式（10.68），并执行自训练聚类优化 $z$。为了利用式（10.72）得到所有节点的软聚类赋值

**算法 10.2 DAEGC 算法**

**输入**：具有 $n$ 个节点的图 $G$；簇数 $k$；迭代次数 $Iter$；目标分布更新间隔 $T$；聚类系数 $\gamma$

**输出**：最终聚类结果

通过最小化公式(10.70)更新自编码器，得到自编码器隐式嵌入 $Z$

根据 $Z$ 计算初始聚类中心 $\mu$

**for** $l=0$ to $Iter-1$ **do**：

  根据式(10.72)使用 $Z$ 计算软分配分布 $Q$

  **if** $l\%T=0$ **then**：

    根据式(10.73)使用 $Q$ 计算目标分布 $P$

  根据式(10.71)计算聚类损失 $L_c$

  通过最小化公式(10.74)以更新整体框架

通过式(10.75)得到最终的聚类结果 $\mathcal{C}$

**return** $\mathcal{C}$

分布 $Q$，DAEGC 在训练整个模型之前对所有的嵌入 $z$ 执行一次 $k$-means 聚类，以获得初始聚类中心 $\mu$。在接下来的训练中，模型基于 $L_c$ 的梯度，使用随机梯度下降（SGD）更新聚类中心 $\mu$ 与嵌入 $z$。模型根据式(10.73)计算目标分布 $P$，根据式(10.71)计算聚类损失 $L_c$。目标分布 $P$ 在训练过程中当作"真实标签"使用，但其同样取决于当前软分配 $Q$。由于目标分布 $P$ 不断更新会妨碍训练以及收敛过程，DAEGC 每隔 $T$ 次迭代更新一次 $P$ 以避免这种不稳定现象。

结合上述两个模块，DAEGC 优化图自编码器和聚类学习，其总体目标函数如下：

$$L = L_r + \gamma L_c \tag{10.74}$$

其中，$L_r$，$L_c$ 分别是重构损失与聚类损失，系数 $\gamma \geqslant 0$ 用于权衡两者重要性。节点 $v_i$ 的预测标签可直接从最后优化的 $Q$ 中获得：

$$s_i = \arg\max_u q_{iu} \tag{10.75}$$

即从最后的软分配分布 $Q$ 中获得最有可能的聚类分配。

DAEGC 算法总体流程如算法 10.2 所示。

## 10.5 小结与展望

本章对 AI4DB 方向上的代表性前沿研究成果进行了介绍。AI4DB 技术利用人工智能领域在数据智能处理与深度挖掘方面的优势，通过 AI 赋能的数据处理、AI 赋能的轨迹数据分析、AI 赋能的图数据分析等技术手段，突破传统数据库技术的性能瓶颈，提升 AI 对海量数据进行智能分析与深度挖掘的能力。

下面，对未来在 AI4DB 研究领域有待进一步突破的研究问题进行展望。

（1）当前 AI 赋能的数据处理方法依然存在技术瓶颈：大数据结构复杂、类型多样，现有 AI 赋能的数据处理方法难以对其进行高效的处理。未来需通过建立高效、动态的多数据类型统一学习型索引的结构，实现复杂异构数据的高效管理。此外，在此基础上集成支持结果重用的基数估计方法，并支持多类型数据的查询优化方法，提升复杂异构数据的处理效率。

（2）AI 赋能的轨迹数据分析：当前 AI 赋能的轨迹数据分析主要是面向单源轨迹数据在不同的应用场景（流量预测、异常检测、路径推荐）中进行单一数据处理。未来需借助多源数据融合技术，集成多源轨迹数据和其他一般时空信息，以充分挖掘轨迹数据中的隐藏时空依赖，搭建 AI 赋能的通用时空数据智能处理平台，以更好地支持各种时空分析任务。

（3）AI 赋能的图数据分析：尽管图表征学习在多种图任务中取得了一定进展，但仍存在一系列挑战亟待解决：（i）对于模型而言，目前绝大多数的图神经网络都是浅层模型（通常小于等于 3 层）。如何设计真正的深度图神经网络是未来研究的重点，也是理解图神经网络的关键。（ii）对于数据而言，近年来出现了大量新颖的图类型，如超图、异质图和时态图等，这些图结构复杂、规模较大，如何将图神经网络推广到多类型图数据上并扩展到大图值得关注。（iii）对于任务而言，现有的图表征学习主要集中在节点分类以及聚类等一系列经典机器学习任务上，如何利用图表征学习处理更为典型的图分析任务，如频繁子图挖掘和社区搜索等，仍需进一步研究。

## 10.6　术语表

| | |
|---|---|
| learned index | 学习型索引 |
| neural network | 神经网络 |
| data storage | 数据存储 |
| data compression | 数据压缩 |
| reference point | 参照点 |
| cardinality estimation | 基数估计 |
| Bit map | 位图 |
| data cube | 数据立方 |
| dimension reduction | 降维 |
| query optimizer | 查询优化器 |
| deep representation/embedding | 深度表征 |
| attention | 注意力机制 |
| encoder-decoder | 编码器-解码器 |

续表

| | |
|---|---|
| spatio-temporal aware | 时空感知 |
| negative log likelihood (NLL) | 负对数似然损失函数 |
| graph neural networks (GNNs) | 图神经网络 |
| convolutional neural networks(CNNs) | 卷积神经网络 |
| recurrent neural networks (RNNs) | 循环神经网络 |
| matrix factorization | 矩阵分解 |
| graph factorization | 图分解 |
| graph laplacian eigenmap | 图拉普拉斯特征映射 |
| node proximity matrix | 节点相似矩阵 |
| singular value decomposition, SVD | 奇异值分解 |
| graph neural network, GNN | 图神经网络 |
| graph recurrent neural network, GraphRNN | 图循环神经网络 |
| graph convolutional network, GCN | 图卷积网络 |
| graph autoencoder, GAE | 图自编码器 |
| spatial-temporal graph neural network, STGNN | 时空图神经网络 |
| feature vector | 特征向量 |
| spectral convolutional neural network | 谱卷积神经网络 |
| over-fitting | 过拟合 |
| renormalization trick | 重归一化技巧 |
| graph attention network, GAT | 图注意力网络 |
| attention mechanism | 注意力机制 |
| homomorphism | 同态 |
| isomorphism | 同构 |
| active learning | 主动学习 |
| pooling | 池化 |
| mutli-task learning | 多任务学习 |

## 10.7 习题

习题 10.1 在数据库管理系统中，设计面向高维空间的学习型索引结构时，具有什么技术挑战？可以通过哪些方法克服这些技术挑战？

习题 10.2 请简要归纳基数估计的方法。

习题 10.3 试推导主成分分析方法中投影矩阵的计算过程。

习题 10.4 在深度表征 t2vec 中定义连续轨迹和真实轨迹的目的是什么？

习题 10.5 给定轨迹 $T_a$ 和轨迹 $T_b$，比较分别使用 NEUTRAJ 与传统相似性度量 DTW 计算轨迹 $T_a$ 和轨迹 $T_b$ 相似性的时间复杂度。

习题 10.6　试分析 STDN 模型的不足。

习题 10.7　试分析浅层嵌入技术的缺点。

习题 10.8　试分析随机游走嵌入技术与矩阵分解嵌入技术的关系。

习题 10.9　试分析图注意力模型的优势。

习题 10.10　试比较谱域卷积与空域卷积的优劣。

## 参考文献

[1] 张洲，金培权，谢希科. 学习索引：现状与研究展望 [J]. 软件学报，2021，32(4)：1129–1150.

[2] Kraska T, Beutel A, Chi E H, et al. The case for learned index structures [C]//Proceedings of the 2018 ACM International Conference on Management of Data. 2018: 489–504.

[3] Ding J, Minhas U F, Yu J, et al. ALEX: An updatable adaptive learned index [C]//Proceedings of the 2020 ACM International Conference on Management of Data. 2020: 969–984.

[4] Bender M A, Hu H. An adaptive packed-memory array [J]. ACM Transactions on Database Systems, 2007, 32(4): 26–43.

[5] Galakatos A, Markovitch M, Binnig C, et al. Fiting-tree: A data-aware index structure [C]//Proceedings of the 2019 ACM International Conference on Management of Data. 2019: 1189–1206.

[6] Liu X, Lin Z, Wang H. Novel online methods for time series segmentation [J]. IEEE Transactions on knowledge and data engineering, 2008, 20(12): 1616–1626.

[7] Ferragina P, Vinciguerra G. The PGM-index: A fully-dynamic compressed learned index with provable worst-case bounds [J]. Proceedings of the VLDB Endowment, 2020, 13(8): 1162–1175.

[8] Moffat A, Turpin A. Compression and coding algorithms [M]. Springer Science & Business Media, 2002.

[9] O'Neil P, Cheng E, Gawlick D, et al. The log-structured merge-tree (LSM-tree) [J]. Acta Informatica, 1996, 33(4): 351–385.

[10] Bent S W, Sleator D D, Tarjan R E. Biased search trees [J]. SIAM Journal on Computing, 1985, 14(3): 545–568.

[11] Kipf A, Marcus R, Van Renen A, et al. RadixSpline: A single-pass learned index [C]//Proceedings of the 3rd International Workshop on Exploiting Artificial Intelligence Techniques for Data Management. 2020: 1-5.

[12] Setiawan N F, Rubinstein B I P, Borovica-Gajic R. Function interpolation for learned index structures [C]// Proceedings of the 29th Australasian Database Conference. Springer, Cham, 2020: 68-80.

[13] Gao Y N, Ye J B, Yang N Z, et al. A middle layer based Sscalable learned index scheme. Ruan Jian Xue Bao [J]. Journal of Software, 2020, 31(3): 620-633.

[14] Tang C, Wang Y, Dong Z, et al. XIndex: A scalable learned index for multicore data storage [C]//Proceedings of the 25th ACM SIGPLAN Symposium on Principles and Practice of Parallel Programming. 2020: 308-320.

[15] Wu Y, Yu J, Tian Y, et al. Designing succinct secondary indexing mechanism by exploiting column correlations [C]//Proceedings of the 2019 ACM International Conference on Management of Data. 2019: 1223-1240.

[16] Llaveshi A, Sirin U, Ailamaki A, et al. Accelerating $B^+$-tree search by using simple machine learning techniques [C]//Proceedings of the 1st International Workshop on Applied AI for Database Systems and Applications. 2019: 1-10.

[17] Qu W, Wang X, Li J, et al. Hybrid indexes by exploring traditional B-tree and linear regression [C]//Proceedings of the 16th International Conference on Web Information Systems and Applications. 2019: 601-613.

[18] Hadian A, Heinis T. Interpolation-friendly B-trees: Bridging the Gap Between Algorithmic and Learned Indexes [C]// Proceedings of the 22nd International Conference on Extending Database Technology. 2019: 710-713.

[19] Wang H, Fu X, Xu J, et al. Learned index for spatial queries [C]// Proceedings of the 20th IEEE International Conference on Mobile Data Management. 2019: 569-574.

[20] Kraska T, Alizadeh M, Beutel A, et al. Sagedb: A learned database system [C]// Proceedings of the 11th Biennial Conference on Innovative Data Systems Research. 2019.

[21] Davitkova A, Milchevski E, Michel S. The ML-Index: A Multidimensional, Learned Index for Point, Range, and Nearest-Neighbor Queries [C]//Proceedings of the 23rd International Conference on Extending Database Technology. 2020: 407-410.

[22] Nathan V, Ding J, Alizadeh M, et al. Learning multi-dimensional indexes [C]//Proceedings of the 2020 ACM International Conference on Management of Data. 2020: 985-1000.

[23] Li P, Lu H, Zheng Q, et al. LISA: A learned index structure for spatial data [C] //Proceedings of the 2020 ACM International Conference on Management of Data. 2020: 2119-2133.

[24] Harmouch H, Naumann F. Cardinality estimation: An experimental survey [J]. Proceedings of the VLDB Endowment, 2017, 11(4): 499-512.

[25] Kumar A, Xu J, Wang J. Space-code bloom filter for efficient per-flow traffic measurement [J]. IEEE Journal on Selected Areas in Communications, 2006, 24(12): 2327-2339.

[26] Flajolet P, Martin G N. Probabilistic counting algorithms for data base applications [J]. Journal of computer and system sciences, 1985, 31(2): 182-209.

[27] Gibbons P B. Distinct sampling for highly-accurate answers to distinct values queries and event reports [C] //Proceedings of the 27th VLDB Endowment. 2001: 541-550.

[28] Charikar M, Chaudhuri S, Motwani R, et al. Towards estimation error guarantees for distinct values [C] //Proceedings of the ACM SIGMOD-SIGACT-SIGART Symposium on Principles of Database Systems. 2000: 268-279.

[29] Hasan S, Thirumuruganathan S, Augustine J, et al. Deep learning models for selectivity estimation of multi-attribute queries [C] //Proceedings of the 2020 ACM International Conference on Management of Data. 2020: 1035-1050.

[30] Germain M, Gregor K, Murray I, et al. Made: Masked autoencoder for distribution estimation [C] //Proceedings of the 32nd International Conference on Machine Learning. 2015: 881-889.

[31] Woltmann L, Hartmann C, Habich D, et al. Aggregate-based training phase for ML-based cardinality estimation [J], Datenbank-Spektrum, 2022, 22: 45-57.

[32] Jolliffe I T. Principal component analysis for special types of data [J]. Principal component analysis, 2002: 338-372.

[33] Cox M A A, Cox T F. Multidimensional scaling [M]. Handbook of data visualization. Springer. 2008: 315-347.

[34] Mao R, Miranker W L, Miranker D P. Pivot selection: Dimension reduction for distance-based indexing [J]. Journal of Discrete Algorithms, 2012, 13: 32-46.

[35] Wang S, Cao J, Yu P. Deep learning for spatio-temporal data mining: A survey [J]. IEEE Transactions on Knowledge and Data Engineering, 2022, 34(8): 3681-3700.

[36] Collobert R, Weston J. A unified architecture for natural language processing: Deep neural networks with multitask learning [C] //Proceedings of the 25th International Conference on Machine Learning. 2008: 160-167.

[37] Zhang Z, Cui P, Zhu W. Deep learning on graphs: A survey

[J]. IEEE Transactions on Knowledge and Data Engineering, 2022, 34(1): 249-270.

[38] Voulodimos A, Doulamis N, Doulamis A, et al. Deep learning for computer vision: A brief review [J]. Computational Intelligence and Neuroscience, 2018, 2018: 1-13.

[39] Liou C, Cheng W, Liou J, et al. Autoencoder for words [J]. Neurocomputing, 2014, 139: 84-96.

[40] Liu T, Wang K, Sha L, et al. Table-to-text generation by structure-aware seq2seq learning [C]//Proceedings of the 32nd AAAI Conference on Artificial Intelligence. 2018: 4881-4888.

[41] Ocasio W. Attention to attention [J]. Organization science, 2011, 22(5): 1286-1296.

[42] Li X, Zhao K, Cong G, et al. Deep representation learning for trajectory similarity computation [C]//Proceedings of the 34th IEEE International Conference on Data Engineering. 2018: 617-628.

[43] Han P, Wang J, Yao D, et al. A Graph-basedapproach for trajectory similarity computation in spatial networks [C]//Proceedings of the 27th ACM Conference on Knowledge Discovery & Data Mining. 2021: 556-564.

[44] Gao C, Zhang Z, Huang C, et al. Semantic trajectory representation and retrieval via hierarchical embedding [J]. Information Sciences, 2020, 538: 176-192.

[45] Fang Z, Du Y, Zhu X, et al. ST2Vec: Spatio-temporal trajectory similarity learning in road networks [C]//Proceedings of the 28th ACM SIGKDD Conference on Knowledge Discovery and Data Mining. 2022: 347-356.

[46] Huang Z, Xu W, Yu K. Bidirectional LSTM-CRF models for sequence tagging [J]. arXiv preprint arXiv: 1508.01991, 2015.

[47] Bansal T, Belanger D, McCallum A. Ask the gru: Multi-task learning for deep text recommendations [C]//Proceedings of the 10th ACM Conference on Recommender Systems. 2016: 107-114.

[48] Vaswani A, Bengio S, Brevdo E, et al. Tensor2tensor for neural machine translation [J]. arXiv preprint arXiv: 1803.07416, 2018.

[49] Yao D, Cong G, Zhang C, et al. Computing trajectory similarity in linear time: A generic seed-guided neural metric learning approach [C]//Proceedings of the 35th IEEE International Conference on Data Engineering. 2019: 1358-1369.

[50] Huang S, Wang Y, Zhao T, et al. A Learning-based method for computing shortest path distances on road networks [C]//Proceedings of the 37th IEEE International Conference on Data Engineering. 2021: 360-371.

[51] Wang J, Chi W, Li C, et al. Neural RRT: Learning-based opti-

mal path planning [J]. IEEE Transactions on Automation Science and Engineering, 2020, 17(4): 1748-1758.

[52] Yi B K, Jagadish H V, Faloutsos C. Efficient retrieval of similar time sequences under time warping [C]//Proceedings of the 14th IEEE International Conference on Data Engineering. 1998: 201-208.

[53] Atev S, Miller G, Papanikolopoulos N P. Clustering of vehicle trajectories [J]. IEEE Transactions on Intelligent Transportation Systems, 2010, 11(3): 647-657.

[54] Alt H, Godau M. Computing the Fréchet distance between two polygonal curves [J]. International Journal of Computational Geometry & Applications, 1995, 5(01n02): 75-91.

[55] Chen L, Ng R. On the marriage of lp-norms and edit distance [C]//Proceedings of the 30th International Conference on Very large Databases. 2004: 792-803.

[56] Bromley J, Bentz J W, Bottou L, et al. Signature verification using a "siamese" time delay neural network [J]. International Journal of Pattern Recognition and Artificial Intelligence, 1993, 7(04): 669-688.

[57] Liu H, Wu H, Sun W, et al. Spatio-temporal GRU for trajectory classification [C]//Proceedings of the 19th IEEE International Conference on Data Mining. 2019: 1228-1233.

[58] Fang Z, Du Y, Chen L, et al. E2DTC: An end to end deep trajectory clustering framework via self-training [C]//Proceedings of the 37th IEEE International Conference on Data Engineering. 2021: 696-707.

[59] Tedjopurnomo D A, Bao Z, Zheng B, et al. A survey on modern deep neural network for traffic prediction: Trends, methods and challenges [J]. IEEE Transactions on Knowledge and Data Engineering, 2022, 34(4): 1544-1561.

[60] Fang Z, Pan L, Chen L, et al. MDTP: A multi-source deep traffic prediction framework over spatio-temporal trajectory data [J]. Proceedings of the VLDB Endowment, 2021, 14(8): 1289-1297.

[61] Wang D, Zhang J, Cao W, et al. When will you arrive? estimating travel time based on deep neural networks [C]//Proceedings of the 32nd AAAI Conference on Artificial Intelligence. 2018: 2500-2507.

[62] Huang F, Xu J, Weng J. Multi-task travel route planning with a flexible deep learning framework [J]. IEEE Transactions on Intelligent Transportation Systems, 2020, 22(7): 3907-3918.

[63] Shekhar S, Williams B M. Adaptive seasonal time series models for forecasting short-term traffic flow [J]. Transportation Research Record, 2007, 2024(1): 116-125.

[64] Li X, Pan G, Wu Z, et al. Prediction of urban human mobility using large-scale taxi traces and its applications [J]. Frontiers of Computer Science, 2012, 6(1): 111-121.

[65] Lippi M, Bertini M, Frasconi P. Short-term traffic flow forecasting: An experimental comparison of time-series analysis and supervised learning [J]. IEEE Transactions on Intelligent Transportation Systems, 2013, 14(2): 871-882.

[66] Pan B, Demiryurek U, Shahabi C. Utilizing real-world transportation data for accurate traffic prediction [C]//Proceedings of the 28th IEEE International Conference on Data Mining, 2012: 595-604.

[67] Wu F, Wang H, Li Z. Interpreting traffic dynamics using ubiquitous urban data [C]//Proceedings of the 24th ACM International Conference on Advances in Geographic Information Systems. 2016: 1-4.

[68] Rong L, Cheng H, Wang J. Taxi call prediction for online taxicab platforms [C]//Proceedings of the 1st Asia-Pacific Web (APWeb) and Web-Age Information Management (WAIM) Joint Conference on Web and Big Data. 2017: 214-224.

[69] Xu J, Deng D, Demiryurek U, et al. Mining the situation: Spatio-temporal traffic prediction with big data [J]. IEEE Journal of Selected Topics in Signal Processing, 2015, 9(4): 702-715.

[70] Deng D, Shahabi C, Demiryurek U, et al. Latent space model for road networks to predict time-varying traffic [C]//Proceedings of the 22nd ACM International Conference on Knowledge Discovery and Data Mining, 2016: 1525-1534.

[71] Tong Y, Chen Y, Zhou Z, et al. The simpler the better: A unified approach to predicting original taxi demands based on large-scale online platforms [C]//Proceedings of the 23rd ACM International Conference on Knowledge Discovery and Data Mining, 2017: 1653-1662.

[72] Zheng J, Ni L M. Time-dependent trajectory regression on road networks via multi-task learning [C]//Proceedings of the 27th AAAI Conference on Artificial Intelligence. 2013: 1048-1055.

[73] Zhang J, Zheng Y, Qi D. Deep spatio-temporal residual networks for citywide crowd flows prediction [C]//Proceedings of the 32nd AAAI Conference on Artificial Intelligence. 2017: 1655-1661.

[74] Zhang J, Zheng Y, Qi D, et al. DNN-based prediction model for spatio-temporal data [C]//Proceedings of the 24th ACM International Conference on Advances in Geographic Information Systems. 2016: 1-4.

[75] Shi X, Qi H, Shen Y, et al. A spatial-temporal attention approach for traffic prediction [J]. IEEE Transactions on Intelli-

gent Transportation Systems, 2020, 22(8): 4909-4918.

[76] Yu R, Li Y, Shahabi C, et al. Deep learning: A generic approach for extreme condition traffic forecasting [C]//Proceedings of the International Conference on Data Mining. 2017: 777-785.

[77] Wang D, Cao W, Li J, et al. DeepSD: Supply-demand prediction for online car-hailing services using deep neural networks [C]//Proceedings of the 17th IEEE International Conference on Data Engineering. 2017: 243-254.

[78] Ke J, Zheng H, Yang H, et al. Short-term forecasting of passenger demand under on-demand ride services: A spatio-temporal deep learning approach [J]. Transportation Research Part C: Emerging Technologies, 2017, 85: 591-608.

[79] Yao H, Wu F, Ke J, et al. Deep multi-view spatial-temporal network for taxi demand prediction [C]//Proceedings of the 32nd AAAI Conference on Artificial Intelligence. 2018, 32(1): 2588-2595.

[80] Yao H, Tang X, Wei H, et al. Revisiting spatial-temporal similarity: A deep learning framework for traffic prediction [C]//Proceedings of the 33rd AAAI conference on artificial intelligence. 2019, 33(1): 5668-5675.

[81] Cai H, Zheng V W, Chang K C C. A comprehensive survey of graph embedding: Problems, techniques, and applications [J]. IEEE Transactions on Knowledge and Data Engineering, 2018, 30(9): 1616-1637.

[82] Perozzi B, Al-Rfou R, Skiena S. Deepwalk: Online learning of social representations [C]//Proceedings of the 20th ACM International Conference on Knowledge Discovery and Data Mining. 2014: 701-710.

[83] Grover A, Leskovec J. node2vec: Scalable feature learning for networks [C]//Proceedings of the 22nd ACM International Conference on Knowledge Discovery and Data mining. 2016: 855-864.

[84] Yang Z, Cohen W, Salakhudinov R. Revisiting semi-supervised learning with graph embeddings [C]//Proceedings of the 33rd International Conference on Machine Learning, 2016: 40-48.

[85] Li J, Zhu J, Zhang B. Discriminative deep random walk for network classification [C]//Proceedings of the 54th Annual Meeting of the Association for Computational Linguistics. 2016: 1004-1013.

[86] Fang H, Wu F, Zhao Z, et al. Community-based question answering via heterogeneous social network learning [C]//Proceedings of the 30th AAAI Conference on Artificial Intelligence. 2016: 122-128.

[87] Li C, Ma J, Guo X, et al. Deepcas: An end-to-end predictor of information cascades [C]//Proceedings of the 26th International Conference on World Wide Web. 2017: 577-586.

[88] Wu Z, Pan S, Chen F, et al. A comprehensive survey on graph neural networks [J]. IEEE Transactions on Neural Networks and Learning Systems, 2020, 32(1): 4-24.

[89] Bruna J, Zaremba W, Szlam A, et al. Spectral networks and locally connected networks on graphs [J]. arXiv preprint arXiv: 1312.6203, 2013.

[90] Defferrard M, Bresson X, Vandergheynst P. Convolutional neural networks on graphs with fast localized spectral filtering [C]// Proceedings of the 30th International Conference on Neural Information Processing Systems. 2016: 3844-3852.

[91] Kipf T N, Welling M. Semi-supervised classification with graph convolutional networks [C]//Proceedings of the 5th International Conference on Learning Representations. 2016.

[92] Hamilton W L, Ying R, Leskovec J. Inductive representation learning on large graphs [C]//Proceedings of the 31st International Conference on Neural Information Processing Systems. 2017: 1025-1035.

[93] Veličković P, Cucurull G, Casanova A, et al. Graph attention networks [C]//Proceedings of the 6th International Conference on Learning Representations. 2018.

[94] Zhao K, Yu J X, Zhang H, et al. A Learned Sketch for Subgraph Counting [C]//Proceedings of the 2021 ACM International Conference on Management of Data. 2021: 2142-2155.

[95] Xu K, Hu W, Leskovec J, et al. How powerful are graph neural networks? [C]//Proceedings of the 7th International Conference on Learning Representations. 2019.

[96] Vaswani A, Shazeer N, Parmar N, et al. Attention is all you need [C]//Proceedings of the 31st International Conference on Neural Information Processing System. 2017: 5998-6008.

[97] Wang C, Pan S, Long G, et al. Mgae: Marginalized graph autoencoder for graph clustering [C]//Proceedings of the 2017 ACM International Conference on Information and Knowledge Management 2017: 889-898.

[98] Van der Maaten L, Hinton G. Visualizing data using t-SNE [J]. Journal of Machine Learning Research, 2008, 9(11): 2579-2605.

# 第 11 章 新型数据库管理系统

11

20 世纪 90 年代到 21 世纪初是关系数据库的大发展时期，关系模型极大程度地巩固了在数据库管理系统中主导模式的地位。然而，面对数据模型不断变化的应用场景，关系数据库由于其相对固定的关系表达和概念分类开始显露不足。因此，很多数据库提供商开始扩展他们原有的数据库系统，使之具有存储图像、文本等新数据类型的能力。近年来，多种新型数据库管理系统开始不断出现。

本章介绍多种新型数据库管理系统：11. 1 节阐述数据库管理系统的发展历史；11. 2 节至 11. 6 节分别介绍空间数据库管理系统、图数据库管理系统、内存数据库管理系统、云原生数据库管理系统、AI 原生数据库管理系统，并对各管理系统分别进行举例讲述。

## 11. 1 数据库管理系统发展史

自 1960 年以来，数据管理技术已系统地从原始的人工管理、文件处理发展为具有高扩展性和独立性的数据库系统。图 11. 1 展示了各种数据库系统的产生与发展过程。

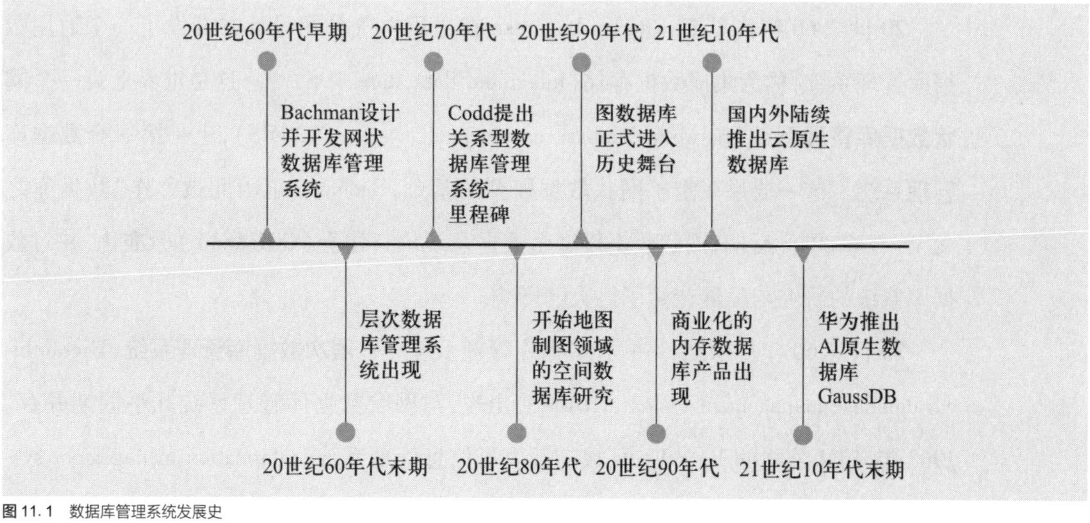


图 11. 1 数据库管理系统发展史

### 11.1.1 数据库管理系统

数据库管理系统(database management system,DBMS)可以定义为“使用户能够定义、创建、维护和控制数据库访问的软件系统”[1],即数据由数据库管理系统统一管理和控制,能够被多个用户和应用程序共享,并被长期、安全地保存。如图11.2所示,用户通过数据库管理系统访问数据库中的数据,数据库管理员(database administrator,DBA)也通过数据库管理系统进行数据库的管理与维护工作。DBMS支持多个用户通过不同的方法在同一时刻或不同时刻建立、修改和访问数据库。

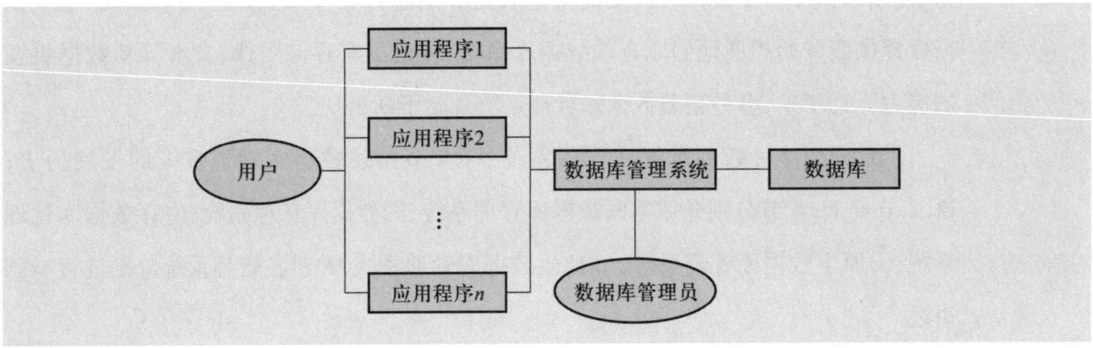


图11.2 数据库管理系统的作用

数据库管理系统是数据库的核心组成部分,也是目前最复杂的软件系统之一,负责实现数据库对象的创建、数据的增、删、改、查操作、数据库的用户管理和权限管理等功能。一个成熟的通用数据库管理系统应提供以下功能和服务[1]:数据存储、检索和更新;用户可访问描述元数据的目录或数据字典;支持事务和并发;数据库损坏时能够实现数据库的恢复;支持授权访问和数据更新;支持远程访问数据库;对数据库中的数据强制约束规则等。

20世纪60年代早期,Charles Bachman在通用电气公司设计并开发了一个通用数据库管理系统,称为集成数据存储(integrated data store,IDS)[2]。这是世界上第一个**网状数据库管理系统**(network database management system,NDBMS),也是第一个数据库管理系统。这一成果奠定了网状数据模型的基础,Bachman也因此被称作“数据库之父”。在60年代后期,网状数据模型由数据系统语言协会(CODASYL)标准化,并对数据库系统的研究与发展产生了巨大的影响。

20世纪60年代末期,另一种数据库管理系统——**层次数据库管理系统**(Hierarchical database management system,HDBMS)出现,与网状数据库管理系统几乎同期并存。1968年,IBM公司的Vern Watts成功开发了信息管理系统(information management system,IMS),这是世界上第一个层次数据库管理系统[3],为层次数据模型这一表达框架的提出奠定了基础。

自 20 世纪 70 年代以来，数据库系统研究与开发的重心逐渐从网状和层次数据库管理系统转移到**关系数据库管理系统**（relational database management system，RDBMS）。1970 年，IBM 公司的研究员 Edgar F. Codd 推出了一种新的数据表达框架，称为关系数据模型。该成果发表在论文“A Relational Model of Data for Large Shared Data Banks”[4]中，奠定了关系模型的理论基础，Codd 也因此被誉为“关系数据库之父”。

关系数据库管理系统的提出是数据库系统研发过程中的里程碑，它推进了基于关系模型的数据库管理系统的快速开发，推动大量理论成果的出现，为整个数据库领域奠定了坚实基础。Codd 也因其杰出贡献获得了 1981 年的图灵奖。自此开始，数据库系统作为独立学科逐渐发展成熟。

下面分别具体介绍这三种数据库管理系统。

### 11.1.2　网状数据库管理系统

网状数据库是处理以记录类型为节点的网状数据模型的数据库。网状模型是一种多对多类型的数据组织方式，通过连接指针来表示节点间的连接关系。网状模型所表示的层次联系满足以下两个条件：

- 有一个以上的节点没有父节点。
- 节点可以有多于一个的父节点。

在网状模型中，每个节点表示一个记录，每个记录可包含若干个字段。每个节点间的有向线段表示一个记录间的一对多联系。由于网状模型中的联系比较复杂，两个节点之间可以存在多种联系，一个节点允许拥有多个父节点，因而需要为每个联系指定对应的名称。如图 11.3 所示为学生-选课-课程的网状数据模型，其中标明了两个一对多联系，即学生-选课 S-SC 和课程-选课 C-SC。

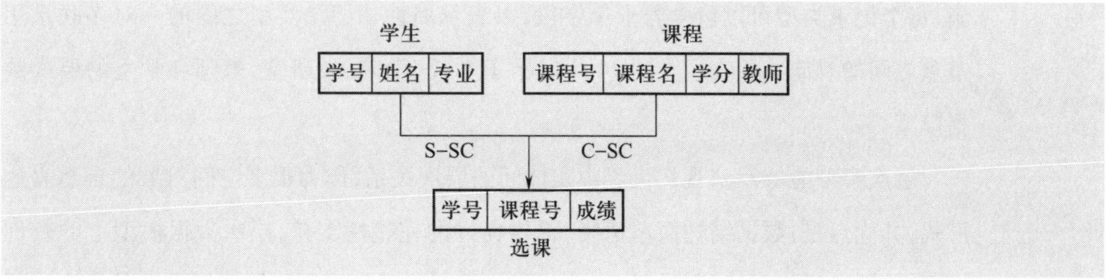


图 11.3　学生-选课-课程网状数据模型

网状数据模型易于表示现实世界中复杂的关系，且在修改时相对容易，允许保留一个节点并删除该节点的父节点，也允许插入一个没有父节点的节点。由于节点之间的联系在底层通过指针实现，故网状数据库中执行操作的效率较高。然而，网状数据模型的结构复杂，导致在应用环境扩大时，节点的插入与删除所涉及的数据过多，数据库的维护相对困难。

如前所述，网状数据库管理系统的代表是 IDS。“数据库之父”Charles Bachman 不仅主持设计与开发了最早的网状数据库管理系统 IDS，而且推动了数据库标准的制定。在 20 世纪 60 年代末期，美国数据系统语言委员会（CODASYL）下属的数据库任务组 DBTG（Data Base Task Group）提出了网状数据库模型以及数据定义语言（data definition language，DDL）和数据操纵语言（data manipulation language，DML）的规范说明，正式将网状数据模型标准化，并于 1971 年推出了第一个正式报告——DBTG 报告[5]，该报告成为数据库历史上具有里程碑意义的文献。DBTG 报告中将基于 IDS 的经验确定的方法称为 DBTG 方法或 CODASYL 方法，将所描述的网状模型称为 DBTG 模型或 CODASYL 模型。DBTG 首次明确了数据库的三层体系结构，即物理层、逻辑层、视图层，并确定了 DBA 的概念与作用，这些基本概念具有普遍意义。国际上大多数网状数据库管理系统（如 Cullinet Software 公司的 IDMS、Univac 公司的 DMS1100、Honeywell 公司的 IDS/2、HP 公司的 IMAGE 等）都遵循或基本遵循 DBTG 模型。DBTG 对后来的关系数据库技术的产生和发展也有深远影响。

### 11.1.3 层次数据库管理系统

层次数据模型，是指用树形（或层次）结构来表示各类实体以及实体间联系的数据结构模型。层次模型所表示的层次联系满足以下两个条件：

- 有且仅有一个节点没有父节点，即根节点。
- 除根节点外，其余各节点有且仅有一个父节点。

与网状模型类似，在层次模型中，用一个节点来表示一个记录类型，以描述实体集，每个记录类型可以包含若干个字段，以表示属性。记录类型之间的一对多联系用节点之间的有向线段表示。图 11.4 展示了学校、学院、教研室、教师和学生的层次数据模型。

层次模型能够反映现实世界中实体间的层次关系，作为很多空间对象的自然表达形式，其优点是：数据结构简单清晰，提供良好的完整性支持；层次数据模型上的查询效率高，性能优于关系模型，且不低于网状模型。然而，层次模型表示数据有很多限制。第一，由于层次结构的严格限制，层次模型的数据操作必须从根节点开始，按层次顺序访问。这一大特点使得对低层次对象的处理效率较低，并难以进行反向查询。第二，现实世界中很多联系是非层次性的、多对多的，而层次模型在处理多对多联系时会

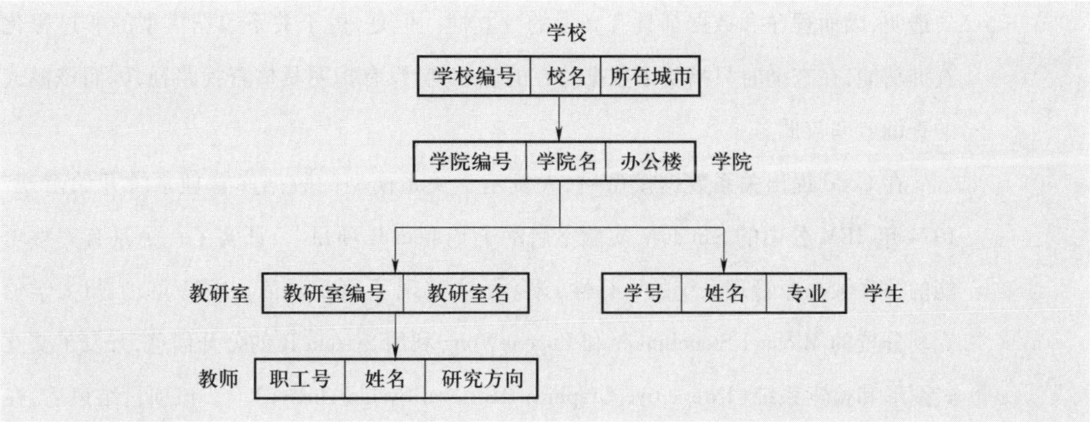


图 11.4　层次数据模型示例

导致物理存储上的冗余。第三，数据的更新涉及复杂的插入和删除操作，成本较大。最后，对层次模型的操作命令需要用户了解数据的物理结构，且程序设计难度大。

如前所述，层次数据库系统的典型代表是 IBM 公司的 IMS，这是 1968 年 IBM 公司推出的第一个大型的商用数据库管理系统，曾经广泛应用于商业领域。虽然后来关系模型的出现使层次数据模型逐渐失去了竞争力，但其依然具备使用价值，目前层次数据库多被用于银行、医疗保健等具有高性能和可用性要求的应用程序。

### 11.1.4　关系数据库管理系统

关系数据模型，是指用表结构来表示实体与实体之间关系的数据模型。在关系数据模型中，实体和实体之间的联系都被映射为关系，即一张二维表，且操作的对象和结果也都是由行和列组成的二维表。关系数据库相当于二维表的集合，每个表都包含一组属性，即表中的列，并存放大量元组，即表中的行，如图 11.5 所示。关系二维表中每个元组代表一个对象，并通过一组属性值进行描述。

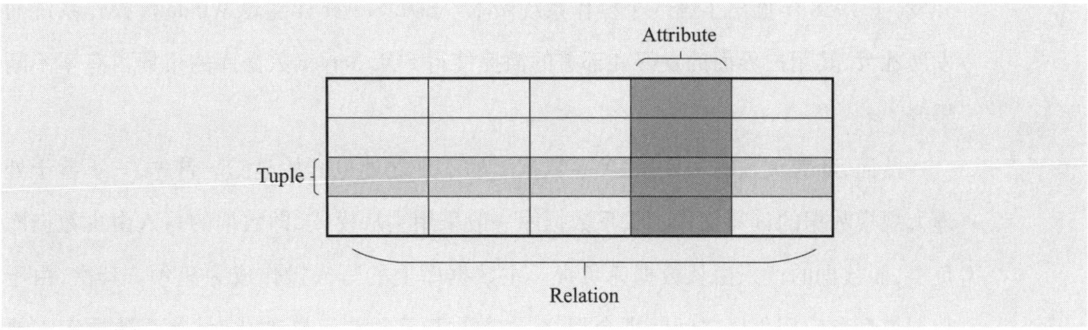


图 11.5　关系二维表

相对于前面提及的层次模型，关系数据模型结构简单，易于表示实体间的多对多关系,能够更加简单地对表数据进行更新操作。此外,关系数据模型中存取路径对用户透明,因而程序和数据都具有高度的独立性。但是,由于关系数据模型的非过程化查询功能,在查询时只指明了数据存在的表和列,没有指明具体查找路径,因而该模式的查询效率较低。

在 Codd 提出关系数据模型后,大量基于关系模型的数据库管理系统开始出现。1974 年,IBM 公司的 San Jose 实验室启动了 System R 项目[6],证实了一个具有完整功能的关系数据库管理系统的可行性,并第一次实现了 SQL 语言。1973 年,加州大学伯克利分校的 Michael Stonebraker 和 EugeneWong 利用 System R 的公开信息,开发了交互式图形和检索系统(INteractive Graphics REtrieval System,Ingres)[7]。该项目结束后,在 Ingres 基础上产生了很多商业数据库软件,包括 Sybase、Microsoft SQL Server、NonStop SQL、Informix 等。1976 年,Honeywell 公司开发了 Multics 关系数据存储,这是第一个商用的关系数据库系统。

在 20 世纪 80 至 90 年代,关系模型巩固了它作为数据库管理系统的主导模式地位。作为 IBM 的 System R 项目的一部分,关系数据库 SQL 查询语言也于 80 年代末期被美国国家标准协会(ANSI)和国际标准组织(ISO)接受,成为标准查询语言。

目前,关系数据库技术及其产品已经较为成熟,稳定性高,系统缺陷少。根据 DB-Engines 在 2022 年 5 月的排名,广泛使用的关系数据库产品有 Oracle、MySQL、Microsoft SQL Server、PostgreSQL、IBM Db2 等。其中 Oracle 数据库由甲骨文公司开发,并于 1989 年正式进入中国市场。Oracle 在集群技术、高可用性、安全性等方面表现优异,可以在所有主流平台上运行,因而可通过运行于较高稳定性的操作系统平台提高整个数据库系统的稳定性。MySQL 数据库使用最常用的结构化查询语言进行数据库操作。在不需要大规模事务化处理的情况下,MySQL 数据库因其体积小、速度快、成本低而受到欢迎。Microsoft SQL Server 数据库最初由 Microsoft、Sybase 和 Ashton-Tate 三家公司共同开发,于 1988 年推出了第一个操作系统版本。SQL Server 伴随着 Windows 操作系统而发展壮大,其用户界面的友好和部署的简捷使得 SQL Server 数据库的市场占有率不断攀升。

然而,随着大数据的发展,关系数据库的不足之处也开始显露。首先,它不善于处理大规模数据的读写操作。关系数据库一般采用主从模式,即数据的写入由主数据库负责,而数据的读入由从数据库负责。主数据库上的写入操作成为瓶颈。其次,由于数据模型和应用程序之间的耦合很高,在数据模型发生不断变化时,关系数据库需要对应用程序代码进行修改。最后,对关系数据库进行修改操作时往往需要采用共享锁和排他锁的方式,且 SQL 语言编写的查询语句需要完成解析处理才能进行,对于数据的简单处理效率较低。所以,一些新型数据库管理系统开始出现,如空间数据库管理系统、图数据库管理系统、云原生数据库管理系统等。

## 11.2　空间数据库管理系统

随着数据来源和数据类型的多样化,空间数据的存在不容忽视。空间数据表示物体的位置、形态、大小分布等信息,是对现实世界中存在的具有位置信息的事物和现象的定量描述。其来源和类型繁多,包括文字、图形、影像、声音、图像等多种表现形式,如地名地址、矢量地图、遥感影像、地理编码数据、多媒体地图等。传统的关系数据库系统一般只针对简单对象,而无法有效地支持复杂对象的存储与管理,因而开始出现空间数据库。

### 11.2.1　空间数据库系统特性

在介绍空间数据库系统前,首先介绍空间数据不同于传统类型数据的显著特征。

第一,空间数据具有空间特征。每个几何对象都具有空间坐标,表示了空间分布特征。为了在组织空间数据时引入其分布特征,除了要具备通用数据库具有的关键字索引外,还要具备空间索引。

第二,空间数据是非结构化的。在传统的关系数据库管理系统中,数据记录均满足关系数据模型的第一范式。而空间数据可能不定长、非原子,一个对象可能包含其他对象。空间数据不能满足关系数据的结构化范式要求,这也是空间数据难以直接采用关系数据库管理的主要原因。

第三,空间数据中拓扑信息表达了多种空间实体之间的关系。例如,在矢量数据中,多边形与其边界线间的构成关系、多边形与其内部点的包含关系、网络节点与网络间的枢纽关系都属于空间拓扑关系。虽然这种拓扑数据结构使空间查询更方便,但也使空间数据的一致性维护更加复杂。

第四,空间数据具有时态特征,主要反映地理实体的状态和演变过程。关系数据库只描述数据的瞬时状态。如果数据发生变化,旧数据的状态被新数据的状态更新而无法保留,因而无法预测未来趋势。在实际应用中,地籍管理、交通监控、环境监测等都需要时空信息。

综上所述,由于空间数据存在以上特征,传统的关系数据库不能对空间数据进行很好地表示、存储和检索,因而出现了专门针对空间数据的空间数据库。

对空间数据库的研究始于20世纪70年代。在地图制图领域,为了有效地利用卫星遥感资源,进行遥感图像处理,迅速绘制出各种专题地图,开始产生了空间数据库。20世纪80年代,关系数据库发展成熟,出现了混合管理系统,即文件系统管理几何图形数据,关系数据库管理属性数据。在21世纪初,出现了对象关系数据库管理系统(object-relational database management system,ORDBMS)。ORDBMS能够直接存储与管理非结构化的空间数据。典型的ORDBMS有Oracle Spatial、IBM的DB2 Spatial Extender、微软的SQL Server Spatial和开源的PostGIS等。

空间数据库广泛应用于地理研究、环境保护、国土资源管理、市政管理、交通管理等多个领域。在提到空间数据库时,需要指明空间数据库与地理信息系统(GIS)之间的关系。GIS的各项功能都围绕空间数据库进行:数据采集后要存储在空间数据库中,用空间数据库进行管理;从空间数据库中获取数据进行查询、分析和制图。空间数据库是GIS的核心,是地理信息系统领域最重要的学科分支之一。

空间数据库管理系统(spatial database management system,SDBMS)是空间数据库的核心软件,对空间数据及其属性数据进行统一管理。大部分空间数据库可以表示简单的几何对象,例如点、线和多边形。一些空间数据库能够处理更复杂的结构,例如3D对象、拓扑结构、不规则三角网络等。SDBMS除了需要具备通用数据库管理系统的基本功能以外,还需要实现空间数据的存储和管理,实现空间数据的索引机制,为查询处理提供快速可靠的支撑环境。

现有的空间数据库标准主要有两个:开放地理空间信息协会(open geospatial consortium,OGC)提出的SFA SQL(地理信息简单要素的SQL实现规范)和ISO/IEC JTC1 SC32提出的SQL/MM(SQL多媒体及应用包的第三部分)。SFA SQL于1999年被提出,说明了简单地理要素(点、线、多边形等)的存储、读取操作的接口标准。2005年,进一步细化修订为SFA 1.1.0版。2006年10月推出了SFA 1.2.0版,该实现规范已被ISO TC211接受为ISO19125系列标准。SQL/MM定义了矢量数据存储与检索的相关标准,解释了如何使用、存储和处理空间数据。

目前,这两个标准在公共部分的接口已经相互兼容,但在一些概念的定义上存在一定的差异。SFA SQL在标记文本类型上比SQL/MM定义得更宽泛;SQL/MM涉及了拓扑数据结构等方面的内容,而SFA SQL尚未涉及。暂无统一的空间数据库标准,也导致了空间数据库管理系统的差异。现有的空间数据库管理系统产品有Oracle Spatial、DB2 Spatial Extender、SQL Server Spatial 2008、MySQL Spatial、PostGIS等。下面主要介绍PostGIS。

### 11.2.2　PostGIS 系统介绍

PostGIS 是由 Refractions Research 公司研发的对象关系数据库系统 PostgreSQL 在空间上的一个扩展。PostgreSQL 的前身是 1986 年由美国加州大学伯克利分校的 Michael Stonebraker 教授领导的 Postgres 项目开发的对象关系数据库系统。该项目对现代数据库作出了大量的贡献,得到了广泛的应用。

虽然 PostgreSQL 也包含基本的几何实体类型(点、线段、多边形和圆等)、几何类型的操作和运算函数,以及空间数据索引 R 树,但是缺乏复杂的空间类型,没有提供空间分析等功能,难以达到 GIS 的要求。基于 PostgreSQL 存在的缺点,Refractions Research 公司开发了其上的空间扩展——PostGIS。两者之间的关系如图 11.6 所示。Web 服务器包含 Web 应用的部署以及 Web 服务,它们均使用 Map Server 上的服务资源。而 Map Server 主要提供地理信息可视化、空间数据管理及分析等一系列服务,与 PostGIS 进行交互。

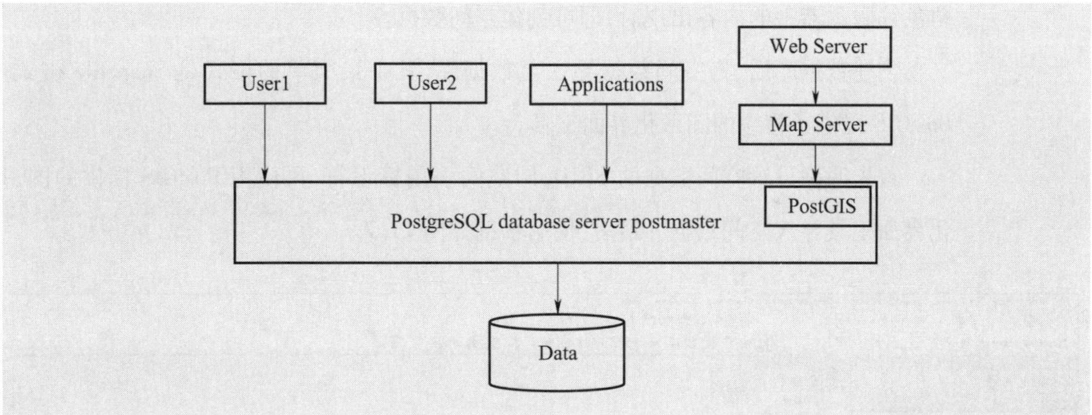


图 11.6　PostGIS 与 PostgreSQL

PostGIS 提供空间对象、空间索引、空间操作函数和空间操作符等空间信息服务功能,且任何人可以得到 PostGIS 的源码并对其做研究和改进。目前支持 PostgreSQL/PostGIS 的开源 GIS 产品有桌面 GIS 软件 Quantum GIS、WebGIS 服务 GeoServer 以及支持各种空间格式转换的 GDAL。除 OGC 规范所要求的内容外,PostGIS 还提供数据库坐标变换、球体长度运算、三维几何类型、空间聚集函数等多种服务。然而,PostGIS 并未严格地按照对象和方法的形式实现,而是采用对象类型和函数的形式实现。具体来说,PostGIS 支持所有的空间数据类型,包括点、线、多边形、多点、多线、多多边形和集合对象集等。不仅如此,PostGIS 还支持目前所有的对象表达方法和数据存取、构造方法,并提供了简单(如 Area 和 Length)和复杂(如 Distance)的空间分析函数。此外,PostGIS 新增的功能还包括:提供对元数据的支持以及相应的支持函数(如 AddGeometryColumn 和 DropGeometryColumn)；提供用于检测空间对象之间的空间关系的二元谓词(如 Contains、Within、Overlaps 和 Touches)；提供用于空间数据操作的空间操作符(如 Union 和 Difference)。

早期的 PostGIS 函数根据 OGC 的 SFA SQL 标准开发，之后由于 SFA SQL 标准的修订，PostGIS 的函数也有所修改。目前许多软件产品使用 PostGIS 作为数据库后端，如 ArcGIS、GeoMedia、GeoServer、QGIS 等。

### 11.2.3 PostGIS 系统使用案例

要创建与管理 PostGIS 空间数据库，可使用 PostgreSQL 提供的命令行或名为 pgAdmin 的图形化管理工具。此外，QGIS 等 GIS 客户端软件也提供了管理插件。这里介绍如何使用 pgAdmin 4 来完成创建空间数据库以及在数据库中导入空间数据。

启动 pgAdmin 4 之后，在服务器列表中列出了本地安装的 PostgreSQL 数据库服务器，在服务器上选择“连接”命令，用用户密码连接数据库服务器。数据库、表空间和组角色等服务器中的内容出现后，即可创建空间数据库。

创建数据库后，将空间数据导入至数据库，其中最简单的格式是 Shapefile 格式。PostGIS 提供了相应的图形化界面工具。

首先明确设置空间数据的 SRID，即空间引用标识符，再使用 PostGIS 提供的图形化界面工具导入空间数据。最后，使用示例如图 11.7。

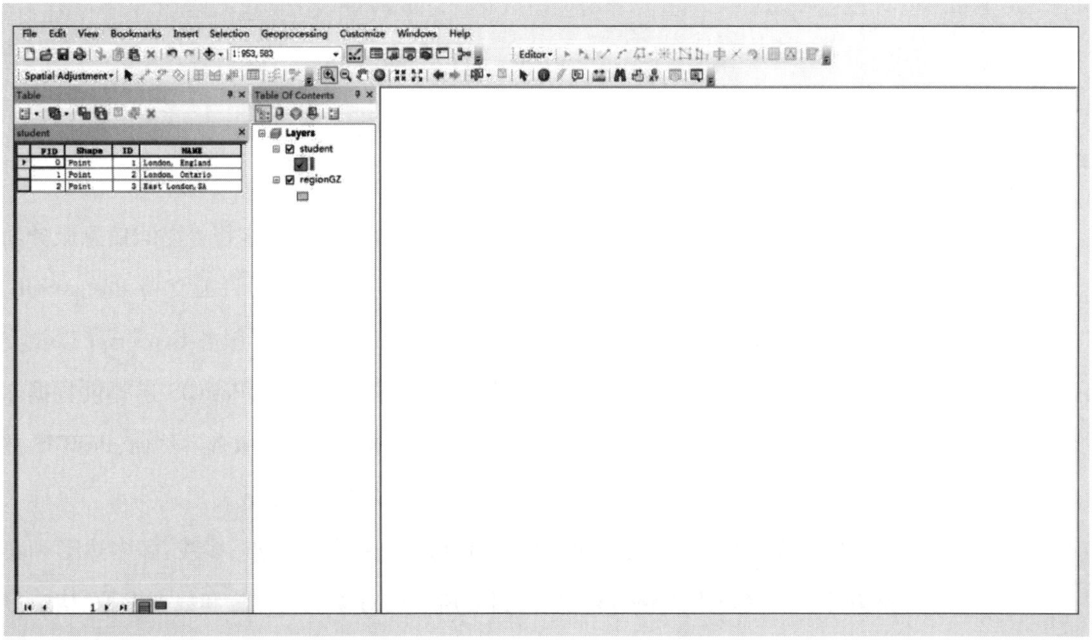


图 11.7 PostGIS 使用示例

在 PostGIS 的使用中，常用的函数有：

```
select ST_AsText( ST_GeomFromGeojson( strGeojson) )        --strText
select ST_AsGeojson( ST_GeomFromText( strText) )          --strGeojson
SELECT ST_Point( 116,40) : : geography;
SELECT ST_SetSRID( ST_Point( 116,40) ,4326) : : geography;
SELECT CAST( ST_SetSRID( ST_Point( 116,40) ,4326) As geography) ;
select st_area( geom) ,st_area( geog) ,st_area( geog,false) from counties where name=" ;
ST_Contains( geom,ST_Point( 113.5,33.6) )
```

综上，PostGIS 向 PostgreSQL 开源数据库添加了对空间类型的支持。PostgreSQL 通过提供字符串类型、处理字符串的索引以及操作和测试字符串数据的函数来支持字符串等非空间类型。PostGIS 为 PostgreSQL 添加了空间“几何”类型、适用于空间索引的 R-Tree 索引以及操作和测试几何对象的函数。需要注意的是，将空间支持添加到数据库后，非空间类型标准的强大功能同样适用于空间数据。

## 11.3　图数据库管理系统

关系数据库在实际应用中存在着以下局限性：(1) 关系数据模型使用“外键”来表示语义关联关系，导致其上的关联查询与计算较复杂；(2) 关系模型不善于处理包含大量离群数据的场景；(3) 由于对表结构的范式要求，关系模型不能很好地表达动态数据。

显然，关系数据库不擅长处理数据之间的关系，而图模型能够直观明确地展示数据节点之间的依赖关系。因此，图数据库作为一种非关系数据库开始出现，它能够有效地克服上述现有关系数据库的局限性。

### 11.3.1　图数据库系统特性

在计算机科学中，图数据库是一个使用图结构进行语义查询的数据库，即使用节点、边和属性来表示与存储数据，如图 11.8 所示。该模型的关键概念是图，将数据节点和表示节点间关系的边集合相关联。由于关系直接存储于图数据库中，故查询关系效率很高，这使图数据库对于高度互联数据的管理十分高效。

现实中很多数据都用图来表达，例如社交网络、地图数据、人物关系等。据 Gartner 公司称，“到 2025 年，80% 的数据和分析创新将使用图技术，而 2021 年这一比例为 10%。”图数据库也是 NoSQL 的一个分支，主要用来表达图结构的数据。

图模型中的节点代表实体或实例，大致相当于关系数据库中的记录或行。图模型中的边也称为“关系”，是节点与节点间的连线，代表节点之间的关系。边可以是有向的，也可以是无向的。在无向图中，连接两个节点的边具有唯一的含义；在有向图中，连接两个节点的不同方向的边则具有不同的含义。边是图数据库中的关键概念，其所代表的关系在传统关系模型中并没有显式表达。图模型中的属性是指与节点或边相关联的信息，例如图 11.8 中节点的姓名（Name）、年龄（Age）属性。关系也同样可以具有属性，如图中的时间（Since）属性。

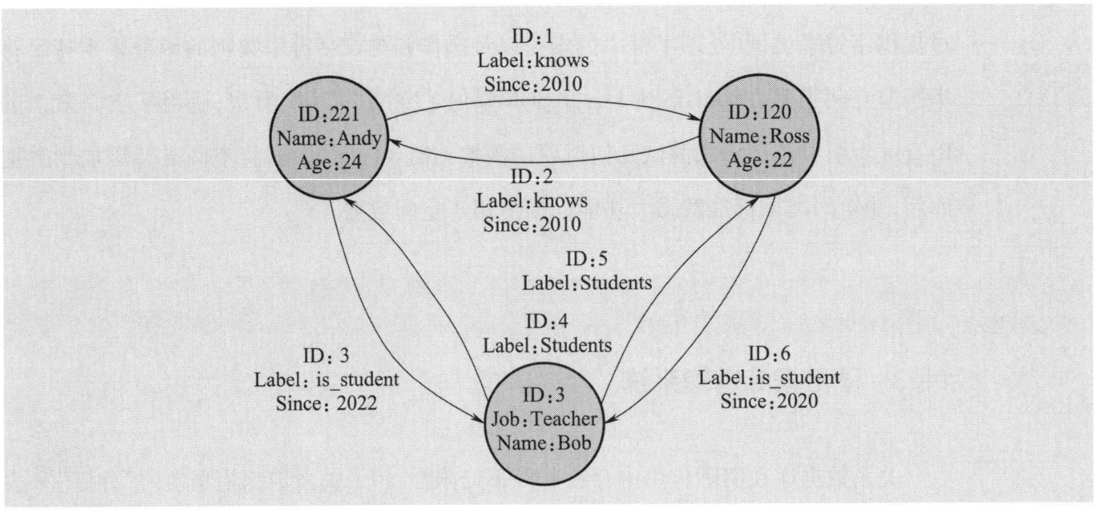


图 11.8　图结构示例

关系数据库中需要创建一个关联表来记录不同实体的多对多关系。两个实体之间所创建的关联表数量与所要表达的多对多关系数量相一致。而在图数据库中，只需要标明两者之间存在不同的关系即可。

图数据库与网状数据库有相似之处，但区别在于在网状数据库中直接遍历边是比较困难的。对图数据库的一些改进出现在 20 世纪 90 年代初期，并在 1990 年代后期随着索引网页的增加而进一步加速。在 2000 年以后，具有 ACID 保证的商业图数据库面世，如 Neo4j 和 Oracle Spatial and Graph。在 2010 年以后，内存技术被引入图数据库。支持图模型以及其他模型的多模型数据库开始出现，例如 OrientDB、ArangoDB 和 MarkLogic。在此期间，随着社交媒体公司的出现，各种类型的图数据库在社交网络分析中广泛流行。

图模型的表示方法主要有两种，分别是属性图和 RDF（resource description framework，资源描述框架）。例如，Neo4j 是属性图数据库；AllegroGraph 是 RDF 图数据库。

在属性图的术语中，属性图（property graph）是由顶点（vertex）、边（edge）、标签（label）、关系类型以及属性（property）组成的有向图。顶点也称为节点（node），边也称为关系（relationship）。在属性图中，节点和关系是最重要的实体。数据节点和它们之间的关系都有相应的名称。节点的属性可以以任何键值形式存在。每个关系都具有方向、标签、开始节点和结束节点。关系也可以有属性,即边属性,可以通过边属性为边增加元信息、权重和特性等其他语义。

RDF 是国际万维网联盟 W3C 推动的面向 Web 的语义数据标准。RDF 图模型由节点和边组成。具体来说,一个 RDF 图符号或语句由以下部分组成:主语的节点、宾语的节点和谓语的弧,如图 11.9 所示,描绘了美国、州以及总统等之间关系的 RDF 图。

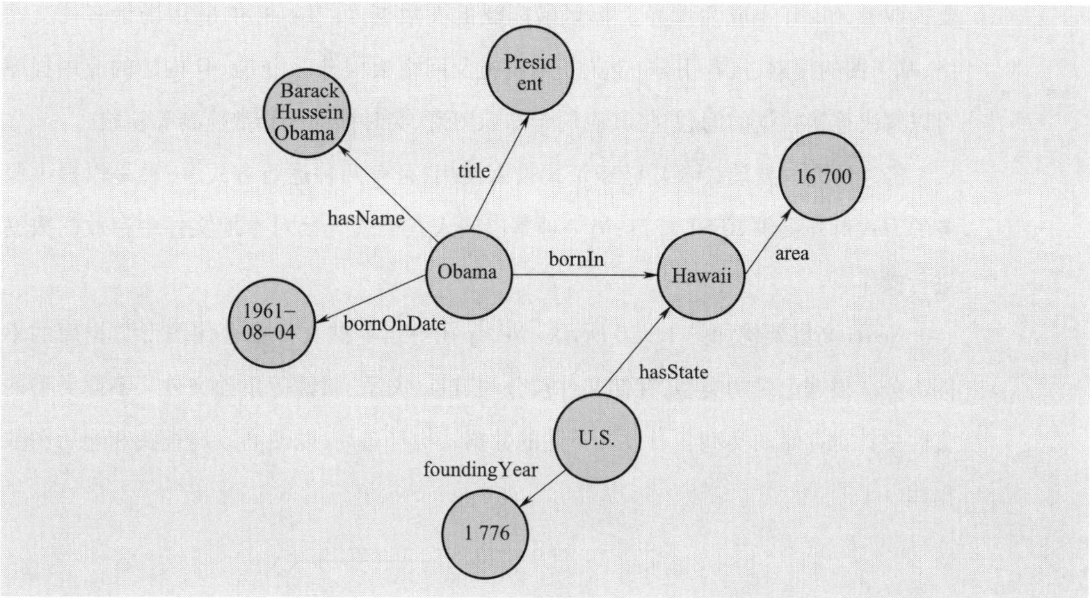


图 11.9 RDF 图示例

在 RDF 图模型中,每个信息的添加都用一个单独的节点表示,即属性。例如,在属性图模型中的姓名属性,在 RDF 中必须通过添加一个单独的节点(hasName),将其连接到原始节点来表示。节点可以使用文字或 URI(uniform resource identifier,统一资源标识符)标识。弧也可以由 URI 标识。当数据没有 URI 时,可以使用空白节点来说明数据的状态。

有些图数据库将表作为底层存储机制,有些则使用键值存储。大多数基于非关系存储引擎的图数据库还添加了标签或属性的概念,作为指向另一个文档的指针。这样便于对数据进行分类,以集中检索。

SQL 在遍历图数据场景中表现并不高效。截至 2017 年,并没有一个像 SQL 一样通用的图查询语言。而现在已经有一些标准化的工作,使得 Gremlin、SPARQL 和 Cypher 成为多供应商查询语言。

由于一些技术公司的贡献以及开源图数据库的引入,图数据库在 21 世纪以来引起极大关注。主流的图数据库系统有 Neo4j、GraphDB、FlockDB、AllegroGraph、Infinite-

Graph、Oracle Spatial and Graph 等。下面主要介绍影响力最大的 Neo4j。

### 11.3.2 Neo4j 数据库系统框架

Neo4j 是一个高性能的 NoSQL 图数据库，它是一个嵌入式的、基于磁盘的 Java 持久化引擎，不同于传统数据库将数据存储在表中，Neo4j 将结构化数据存储在图上。由于 Neo4j 具有嵌入式、高性能、轻量级的优势，Adobe、沃尔玛等 800 多家企业均使用其支持业务，Neo4j 也成为世界上部署最广泛的图数据库。Neo4j 的应用场景有社交网络、基于图的搜索、推荐引擎、企业基础设施及网络架构等。用 Neo4j 构建的应用程序可以解决连接数据的问题，将其应用于知识图谱、实时推荐和异常检测等领域。

经过研究与发展，Neo4j 已经正式投入使用，且有两种运行方式，一种是以提供服务的方式对外提供 REST 接口；另一种是以嵌入式模式直接对本地文件中存放的数据进行操作[8]。

Neo4j 高层架构如图 11.10 所示。Neo4j 在一组存储文件中存储图形数据库的不同部分。根据记录的类型，存储文件被分为节点、关系、属性等单独文件。不同类型的文件中针对存储的类型各自设计不同的数据结构与布局，以便高效地查找和遍历图数据库。

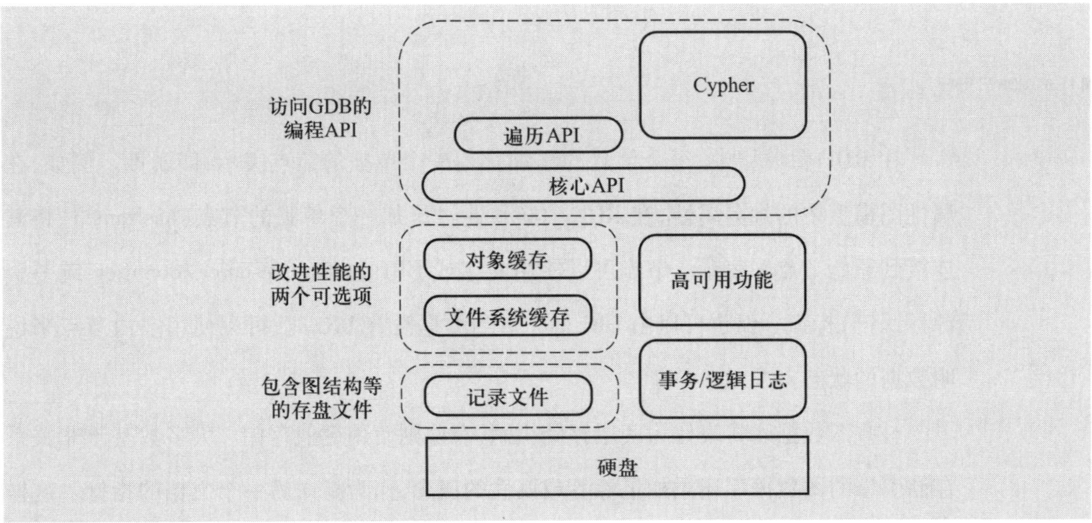


图 11.10 Neo4j 高层架构

Neo4j 采用两层缓存策略——文件系统缓存和对象缓存。文件系统缓存属于内存中的一个区域，使用内存映射输入输出的方法，目的是提高文件读写速度。架构图中的事务/逻辑日志是为了确保写入至硬盘文件的提交事务能够正确实施。对象缓存是 Java 虚拟机堆中的一个区域，用来存放对象的节点和关系，通过核心 API 优化，便于遍历和恢复。

Neo4j 架构图中最顶层的结构是三个 API——Cypher API、遍历 API 和核心 API,用于访问和处理数据。

在架构优势方面,Neo4j 使用主从复制结构,提高了硬件故障时的容错能力以及扩展读密集型数据场景的能力。所有的事务日志文件名格式为 nioneo_logical. log. *,在顶层目录中存在。当 Neo4j 启动时,首先查阅最近的事务日志,并重做针对存盘文件的所有事务。Neo4j 的突出优点在于局域的图形查询,查询方式是从指定点开始,探索与其相邻数据的连接模式。由于以局域为依据进行遍历,故不可避免涉及遍历不同的数据类型,而这些数据类型分布在不同的分区中。因此,它支持缓存分区,使得高可用性集群比单实例具有更大的负载能力。Neo4j 的实施基于 Paxos 协议,负责处理主选择和一般的集群管理任务。虽然从计算机可能接收写请求以执行,但最终所有的写请求都是通过主计算机完成。

Neo4j1. 0 于 2010 年 2 月发布。Neo4j 2. 0 于 2013 年 12 月发布,该版本更新了 UI 设计。Neo4j 3. 0 于 2016 年 4 月发布,融资 3. 25 亿美元,该版本取消了以前的扩展上限,同时保留了 Neo4j 的标志性性能优势;提供了 Bolt——一种专为快速访问图形而设计的轻量级高效二进制协议;提供了用于 Java、. NET、JavaScript 和 Python 的新官方内部语言驱动程序;更新了用于写入的新的基于成本的查询优化器;提供了 Neo4j 浏览器同步。

### 11. 3. 3 Neo4j 数据库系统使用案例

在 Neo4j 中,主要使用 Cypher 图形查询语言,不再有复杂的连接。Cypher 是一种功能强大、直观、图形优化的查询语言,可以理解并利用数据连接。Cypher 对用户友好且易于学习,可以在任何方向上跟踪连接,以揭示以前未知的关系。

当试图在海量数据中寻找模式时,Cypher 查询比 SQL 连接更简单、更容易编写。由于 Neo4j 中没有表,缺少了考虑连接的麻烦。一个简单的 Cypher 查询示例如下,查询类别为“奶制品”的产品名称,相比 SQL 语句显著简化了查询的实现。

```
MATCH        (p:Product)-[:CATEGORY]->(l:ProductCategory)-
     [:PARENT * 0..]->(:ProductCategory{name:"Dairy Products"})
RETURN p.name
```

同样,Neo4j 的 Cypher 语言也支持数据库对象、属性的增删改查等操作,在此不作赘述。

Neo4j 支持 . Net、Java、Node. js、Python、PHP、Ruby、R、Erlang 和 Clojure 等的驱动程序。用户可以使用以下 python 语句进行交互,直接导入有关库:

```
#pip3 install neo4j-driver
#python3 example.py

from neo4j import GraphDatabase,basic_auth
```

更重要的是,Neo4j 提供了一个用户友好的 Web 界面,可以进行各项配置、写入、查询等操作,并提供了可视化功能。例如,用户可以在 Neo4j 中完成一个三国演义人物关系的知识图谱数据导入,使用相关命令查询各种关系,图 11.11 所示为查询关羽相关的所有关系的结果。

```
MATCH(a:Person{name:"关羽"})->()RETURN a
```

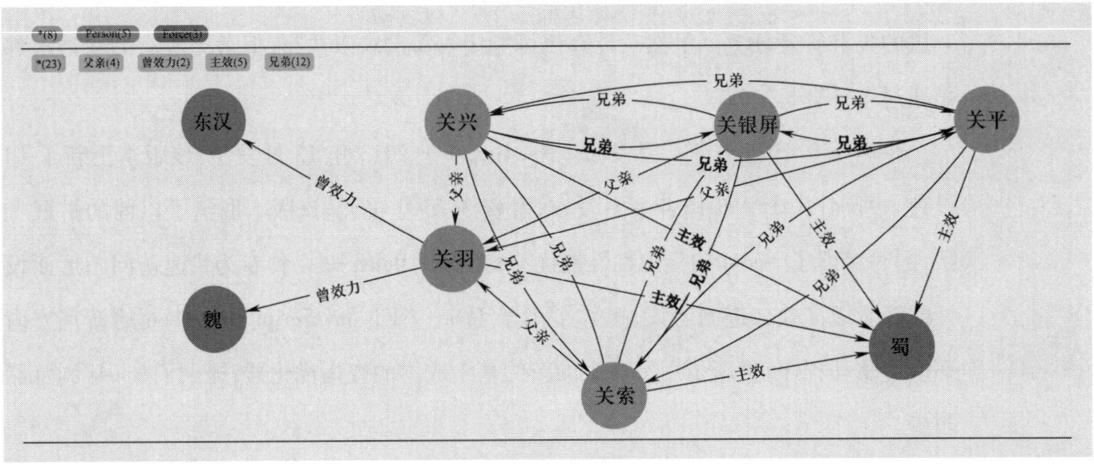


图 11.11　Neo4j 查询示例

Neo4j 的 Web 可视化界面让新手和专家都能够从不同的业务角度直观地调查和探索图数据。

## 11.4　内存数据库管理系统

随着数据规模的不断增大,对数据库系统的实时响应能力要求越来越高,而传统的磁盘数据库涉及外设与内存的交换,这种读写交换不可避免地成为数据处理时的性能瓶颈,即使有缓存机制的存在。近年来,设备的内存容量不断提高已成为趋势,且操作系统也可以支持更大的地址空间。在数据库领域,出现将内存技术用于提升数据库性能的研究热点成为必然。内存数据库正是相对于磁盘数据库而言的新技术。

### 11.4.1　内存数据库系统特性

内存数据库(in-memory database,IMDB),也称为主存数据库(main memory database,MMDB),不同于传统数据库将内容存储于外存,IMDB 将全部内容主要贮存在内存中。内存数据库比磁盘数据库快,因而通常用于对响应时间要求极高的应用,例如电信网络。

内存数据库的所有数据访问控制都是在内存中进行。由于内存的读写速度极快,随机访问时间可以达到纳秒级别,所以内存数据库的读写性能很高,但缺点是在服务器关闭后会丢失全部数据。

内存数据库可以支持 ACID 属性中原子性、一致性和隔离性这三个属性,但缺乏对"持久性"的支持。这是因为内存数据库直接以一种最简单的形式将数据存储在易失性存储设备上。当设备断电或被重置时,将丢失所有存储的信息。因此,很多内存数据库通过以下机制来支持持久性:

(1) 利用快照或检查点机制,记录指定时刻数据库的状态。系统周期性地生成这些数据,或者在内存数据库受控关闭时生成。虽然这种机制为内存数据库提供了一定程度的持久性,但对内存数据库的"最近"更改仍可能丢失。

(2) 事务日志记录。在日志文件中记录对数据库的更改,便于自动恢复内存数据库。

(3) 非易失性双列直插式内存模块(non-volatile dual in-line memory module,NVDIMM)。NVDIMM 是一种具有 DRAM 接口的存储模块,通常与 NAND 闪存(Not AND flash,非易失性存储技术)结合使用。第一个 NVDIMM 是用超级电容器代替备用电源电池设计的。通过这种方式,内存数据库可以在重新启动时安全地从启动前的状态恢复。

(4) 非易失性随机访问存储器(non-volatile random access memory,NVRAM)。NVRAM 通常采用由电池供电的静态 RAM 或 EEPROM(带电可擦可编程 ROM)的形式。使用此存储,重新启动的数据库系统可以从其上次状态恢复数据存储。

(5) 数据库复制机制。在主数据库出现故障时自动转移到相同的备用数据库。

与磁盘数据库相比,内存数据库具有的优点可以总结为:(1) 完成同样功能所需的机器指令数目显著减少;(2) 事务的处理无须 I/O 读写,系统性能提高;(3) 不需要缓冲区管理器,即不存在磁盘和内存之间的数据复制开销;(4) 在数据组织与管理中使用指针以简化内存管理。除了内存的读写速度快以外,内存数据库也不再使用磁盘数据管理的传统方式,而是设计了新的体系结构,在并行操作方面进行了相应改进,从而使数据处理速度普遍提高 10 倍以上甚至更高。常见的 IMDB 例子有 MySQL 的 MEMORY 存储引擎、eXtremeDB、FastDB、SQLite、Microsoft SQL Server Compact 等。接下来，我们着重介绍一下 Redis 存储系统。

### 11.4.2 Redis 数据库系统框架

Redis 是一款内存中的键-值存储系统（key-value Store），被用作数据库、缓存和消息代理，常被称作是一款数据结构服务器，在截至 2022 年 5 月的 DB-Engines 键值数据库中排名第一。Redis 提供了字符串、哈希、列表、集合、位图、空间索引和流等数据结构。Redis 内置复制、Lua 脚本、事务和不同级别的磁盘持久化，并通过 Redis Sentinel 和 Redis Cluster 分别提供了高可用性服务和自动分区。用户可以执行原子操作，例如对字符串的增添；向列表中添加元素；递增哈希中的值；计算集合的交集、并集和差集；从排序集中获得排名最高的成员等。

如前所述，Redis 本质上是一个数据结构服务器，以高效的方式实现了多种数据结构，它没有类似 MySQL 的索引机制，因为其内建一个基于哈希的字典。Redis 属于基于 Reactor 的事件驱动模型，采用单线程设计，其好处是极大简化了数据结构和算法的实现，通过异步 IO 和流水线等机制来实现高效的并发访问。每一个事件的请求都要经过 Redis 框架的接受请求处理器、响应处理器和应答处理器这三个模块。

Redis 架构图如图 11.12 所示。

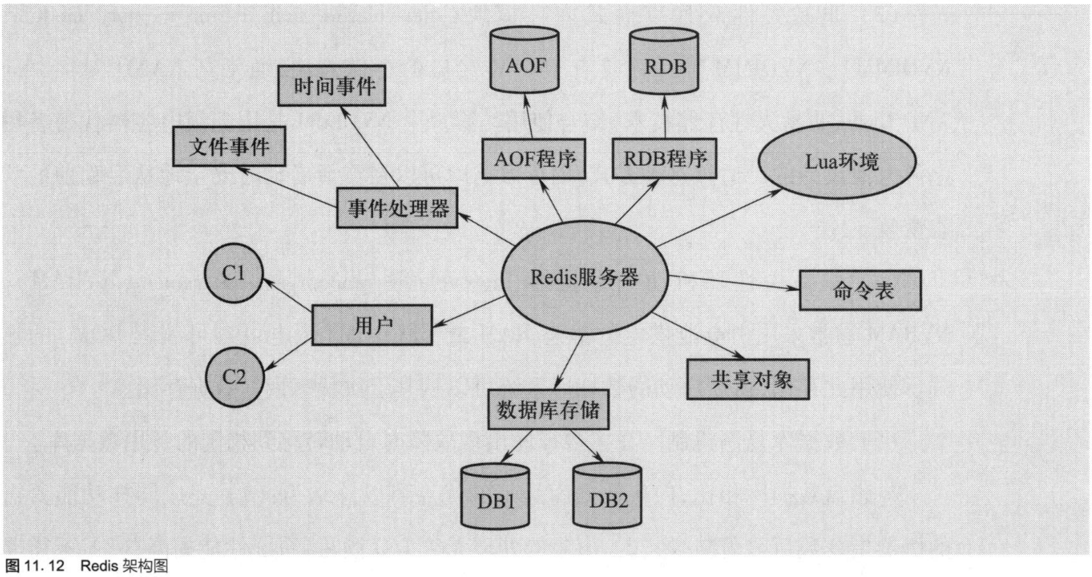


图 11.12　Redis 架构图

具体来说，架构图中的文件事件指处理文件事件，在多个客户端中实现多路复用，接受客户端发来的命令请求（读事件），并将执行结果返回给客户端（写事件）；时间事件是指更新统计信息、清理数据、节点同步、定期持久化等事件。

Redis 支持两种持久化的方式,即 AOF 和 RDB。AOF(append only file)是命令日志的数据持久化,将修改的每一条指令记录进文件。每当 Redis 执行一个改变数据集的命令时,就会将命令追加到 AOF 文件的末尾。因此,当 Redis 重启时,程序就可以通过重新执行 AOF 文件中的命令来重建数据集。Redis 在写 AOF 日志时,先执行 Redis 命令,再写入 AOF 日志。这样做的好处是防止 AOF 日志中写入错误的命令,也不会阻塞 Redis 线程进行写操作。

RDB(redis database backup file)是实际的数据持久化,也称为 Redis 数据快照。简而言之,数据快照就是把内存中的所有数据都记录至磁盘。不同于 AOF 的重新执行命令,RDB 支持在 Redis 重启后从磁盘直接读取快照文件以恢复数据。此快照文件即为 RDB 文件。

Lua 环境是 Lua 脚本的运行环境。Redis 在初始化时对 Lua 环境进行一系列修改,使其符合 Redis 脚本功能的需求,修改包括添加函数库、保护全局变量等。

命令表存放命令与其相应的实现函数。

共享对象主要存储各种命令常见的返回值,例如返回值 OK、ERROR 等字符。通过预分配一些常见的值对象,可以在多个数据结构之间共享。

Redis 使用内存数据集以获得最佳性能,并在两种持久化方式的基础上实现主从同步。主从同步是指数据可以从主主机向任意数量的从主机上同步。用户可以定期将数据集转存到磁盘,或者将命令附加到基于磁盘的日志。如果用户只需要一个网络内存缓存,也可以禁用持久化功能。Redis 还支持异步复制,具有非阻塞首次同步、自动重新连接和网络拆分部分重新同步功能。

Redis 采用 ANSI C 语言编写,在大多数 POSIX 系统(如 Linux 和 OS X)中运行时无须外部依赖。Linux 和 OS X 是 Redis 开发和测试时使用最多的两个操作系统。Redis 也可以在 SmartOS 等派生系统中工作,但没有对 Windows 的官方支持。

### 11.4.3　Redis 数据库系统使用案例

外部程序使用 TCP 套接字和 Redis 特定协议与 Redis 通信。该协议在 Redis 客户端库中针对不同的编程语言实现。然而,为了让其更简单,Redis 提供了一个命令行实用程序,可用于向 Redis 发送命令。这个程序叫作 redis-cli。

运行带有参数的 redis-cli 命令会将此命令发送到 localhost 端口 6379 上运行的 Redis 实例。用户可以使用 redis-cli--help 检查使用信息,也可以更改使用的主机和端口。运行不带参数的 redis-cli 命令时,程序将以交互模式启动,如下所示。用户可以键入不同的命令并查看回复。其中先使用 redis-cli 发送 PING 命令以检查 Redis 是否正常工作,而后便可以对数据进行操作。

```
$redis-cli
redis 127.0.0.1:6379> ping
PONG
redis 127.0.0.1:6379>set mykey somevalue
OK
redis 127.0.0.1:6379> get mykey
" somevalue"
```

下面介绍如何操作数据。Redis 存储的是 key-value 数据,因而每个数据都是一个键值对。键的类型以及元素的类型均为字符串,值的类型可分为以下 5 种:字符串 string、哈希 hash、列表 list、集合 set、有序集合 zset。

string 是 Redis 中最基本的类型,此类型可以表示任何数据,如数字、图片、序列化对象等,最大能存储 512 MB 数据。操作示例如下,用户可以设置键值及过期时间;可以根据键获取值,若不存在此键则返回 nil;键对应的值加 1 等。

```
setex key seconds value;
get key;
incr key;
```

hash 用于存储对象,对象的格式为键值对。用户可以设置单个属性、获取多个属性的值等。list 列表的元素类型为 string,在列表的头部或者尾部添加元素,按照插入顺序排序。操作示例如下,用户可以在列表头部插入数据;可以修改指定索引的元素值;移除并获取最后一个元素;裁剪列表,裁剪后成为原列表的一个子集。

```
lpush key element[element…];
lset key index element;
rpop key;
ltrim key start stop;
```

set 是无序集合,元素为 string 类型,具有唯一性。zset 是有序集合,元素类型为 string,具有唯一性,每个元素都关联一个 double 类型的 score 以表示权重。

当然,仅从命令行界面使用 Redis 是不够的,因为目标是在应用程序中使用。为此,需要为程序设计语言下载并安装 Redis 客户端库。例如,如果使用 Ruby 语言,最好使用 Redis-rb 客户端,可以使用命令 gem install redis 安装它。这些指令是特定于 Ruby 的,但实际上许多流行语言的库客户端看起来非常相似,创建一个 Redis 对象并执行调用方法的命令。下面是一个使用 Ruby 的简短交互式示例,执行调用方法的命令完成与上述 redis-cli 命令类似的操作。

```
>> require 'rubygems'
=> false
>> require 'redis'
=> true
>> r=Redis.new
=> #<Redis client v4.5.1 for redis://127.0.0.1:6379/0>
>> r.ping
=> "PONG"
>> r.set('foo','bar')
=> "OK"
>> r.get('foo')
=> "bar"
```

Redis 还可以与 python 进行交互：

```
sudo pip3 install redis
import redis
try:
  r=redis.StrictRedis(host='ip 地址',port=6379)
except Exception as e:
  print(e)
```

通过以上命令安装 Redis 包、引入 Redis 模块、创建数据库连接对象，根据数据类型，调用相应方法。

## 11.5　云原生数据库管理系统

随着云时代的到来，各行各业的数据量大幅提升。终端不仅需要访问 PC 客户端的数据，还需要访问云服务器。在传统数据库中，存储和计算采取一体模式和一主多辅的架构。在一些强调高可靠性、数据量大的行业，传统数据库架构很难支撑。因此，具备高性能、高可靠、能弹性伸缩的分布式数据库应运而生，且成为趋势。近年来数据和存储的分离、新硬件的发展进步、存储成本的持续降低以及人工智能和机器学习算法的提高也促进了云原生数据库的发展。

### 11.5.1　云原生数据库系统特性

云原生是一种新型技术体系，是一系列云技术、企业管理方法的集合。云原生具备以下特性：以云为基础架构、提供云服务、可扩展、高可用性、敏捷等。

云原生数据库（cloud-native database systems）依赖于云技术。数据库与数据库管理系统都远程驻留在“云”上，而其应用程序均由程序员开发。最终用户通过 Web 浏览器和开放 API 进行维护和使用。相较于传统的关系数据库而言，云原生数据库是一种高可用数据库。

在数据库领域,云原生数据库作为将云原生与分布式结合起来的新型架构数据库,具备了高扩展性、易用性、迭代快速、成本降低等特点。

(1) 高扩展性:云原生分布式数据库与底层的云计算基础设施分离,能够灵活调动资源进行扩容缩容。这种特点让云原生数据库具备很强的可迁移性。

(2) 易用性:云原生分布式数据库的计算节点在云端部署,多个前端可以随时随地访问。

(3) 迭代快速:云原生分布式数据库中的各项服务相互独立,且云原生的研发测试和运维工具高度自动化。

(4) 成本降低:云原生分布式数据库以较低的前期成本,获得一个可扩展的数据库,实现更优化的资源分配。

我国已有多家企业投入研发云原生数据库系统,下面主要介绍阿里巴巴自研的 PolarDB 数据库。

### 11.5.2 PolarDB 数据库系统框架

PolarDB 是阿里巴巴自主研发的新一代云原生关系数据库,既拥有分布式数据库设计的低成本优势,又具有集中式数据库的易用性。PolarDB 采用存储计算分离、软硬一体化设计,满足大规模应用场景需求,为用户提供具备极致弹性、高性能、海量存储、安全可靠的数据库服务,目前已全面应用于零售、电信、物流、金融等多个行业。

PolarDB 采用分布式集群架构,如图 11.13 所示。PolarDB 采用计算与存储分离的架构,满足公共云计算环境下根据业务发展弹性扩展集群的需求。可以看到,PolarDB 的上层是计算层,下层是存储层,存储和计算是分离的,中间通过 RDMA(remote direct memory access,远程直接数据存取)网络相连接。

计算层包含一个主节点和最少 1 个、最多 15 个的只读节点,主节点处理读写请求,只读节点仅处理读请求。各计算节点通过分布式文件系统共享底层的 Polar 存储。各计算节点之间仅需同步 Redo Log 相关的元数据信息,降低主节点和只读节点间的复制延迟,且在主节点故障时,只读节点可以快速切换为主节点,从而实现秒级的故障恢复,保证数据一致性。

众多区块服务器(chunk server)通过 RDMA 高速网络互联,一起向上层计算节点提供块设备服务。数据库中的数据文件等经过块设备数据管理路由,依靠 RDMA 网络协议传输到远端的 Chunk Server。基于分布式块存储和文件系统,存储容量可以在线平滑扩展。数据库存储节点的数据采用多副本形式,确保数据的可靠性,并通过 Parallel-Raft 协议保证数据的一致性。

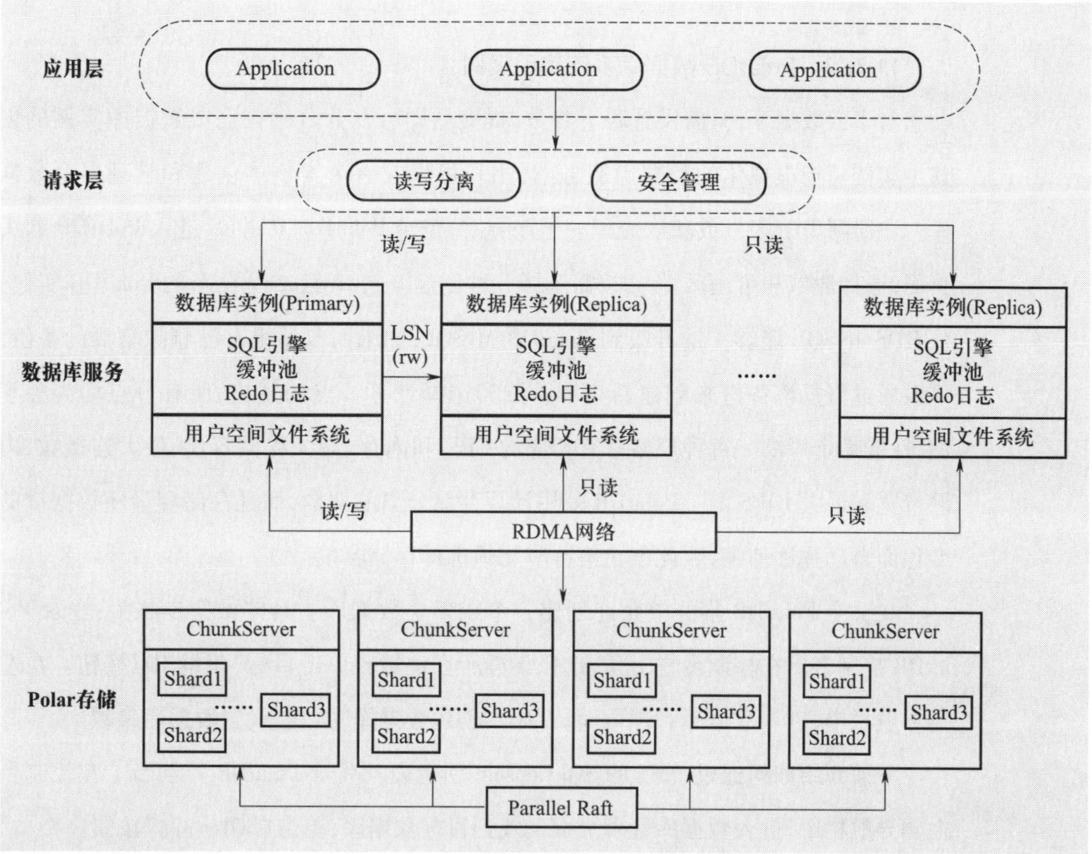


图 11.13　PolarDB 架构图

读写分离是 PolarDB 集群版默认提供的负载均衡能力。当应用程序使用集群地址时，PolarDB 通过内部的代理层（PolarProxy）对外提供服务。应用程序的请求都先经过代理，然后才访问到数据库节点。代理层不仅可以做安全认证和保护，还可以解析 SQL，把写操作发送到主节点，把读操作均衡地分发到多个只读节点，实现自动的读写分离。PolarDB 还可以通过实例级的访问控制进行安全管理。

PolarDB MySQL 引擎 100%兼容原生 MySQL 和 RDS MySQL。用户可以在不修改应用程序任何代码和配置的情况下，将 MySQL 数据库迁移至 PolarDB MySQL 引擎。

2019 年，阿里巴巴研发人员将 PolarDB 的核心技术：面向大规模流量场景设计的自研存储引擎 X-Engine 发布于 ACM SIGMOD[9]。此外，阿里巴巴还结合 PolarDB 云原生的技术，基于云原生分布式一体化架构设计，研发出能够同时支持在线事务处理与在线分析处理（hybrid transactional and analytical processing，HTAP）的融合型分布式数据库产品 PolarDB-X，该云原生数据库可支撑千万级并发规模及百 PB 级海量存储，在阿里巴巴线上核心系统广泛使用。

### 11.5.3 PolarDB 数据库系统使用案例

对于云数据库,只需设置若干参数,提交后即可在数分钟内完成数据库实例的创建。实例是指虚拟化的数据库服务器,用户可以在一个实例中创建和管理多个数据库。注册阿里云账号或获取分配的子账号后,登录 PolarDB 控制台,进入 PolarDB 购买页面,选择地域和可用区[10]。按需选择一种创建方式:创建一个全新的 PolarDB 实例;从 RDS MySQL 能够一键升级到 PolarDB MySQL;如果回收站里有已删除集群的备份,可以通过恢复该备份来创建新集群。按需选择计算节点的规格,所有节点均为独享型,性能稳定可靠。每种规格都有相应的 CPU 和内存、最大存储容量、最大连接数、内网带宽和最大 IOPS 等。PolarDB 采用计算存储分离的架构,而且存储容量随数据量的变化而自动弹性伸缩,因此创建集群时无须选择存储容量。

在一个 PolarDB 集群中允许创建一个或多个数据库。具体操作步骤为:登录 PolarDB 控制台。在控制台左上角,选择集群所在地域。单击目标“集群 ID”按钮。在左侧导航栏中,进入数据库管理页面。单击“创建数据库”按钮,设置数据库参数。

下面介绍如何通过 DMS 的 SQLConsole 创建表。登录 PolarDB 控制台。在控制台左侧导航栏中,进入数据库管理页面。找到目标数据库,单击“SQL 查询”按钮。

在 SQLConsole 页面,输入创建表的命令并单击“执行”按钮。例如,执行以下命令创建 big_table 表[10]。

```
CREATE TABLE big_table(
	'id'(20) unsibigint gned NOT NULL AUTO INCREMENT COMENT'主键',
	'name'varchar(64) NOT NULL CoMMeNT'名称',
	long_text_a varchar(1024) DEFAULT NULL COMMENT'A 文本',
	long_text_b varchar(1024) DEFAULT NULL COMMENT'B 文本',
	PRIMARY KEY('id')
)ENGINE=InnoDB DEFAULT CHARSET=utf8 COMMENT='大表变更';
```

本例通过测试数据构建功能批量生成 big_table 表的 100 万条测试数据。登录 DMS 控制台。在 DMS 对象列表中展开目标 PolarDB 实例,双击目标数据库进入 SQLConsole 窗口中,在 big_table 表选择“数据方案”/“测试数据构建”。待审批通过后,系统会自动生成 SQL 语句并执行,工单详情页中显示执行进度。

创建数据库账号时,选择要创建的账号类型,并填写密码。普通账号可以通过控制台或者 SQL 语句创建和管理。普通账号不能创建和管理其他账号,也不能断开其他账号的连接。修改账号权限有以下两种方式。

(1) 通过控制台修改账号权限

在左侧导航栏中,进入账号管理页面。找到目标账号,修改普通账号的权限。

(2) 通过命令行修改账号权限

通过命令行以更细的颗粒度修改账号权限,如下示例所示。使用高权限账号登录数据库。执行命令进行授权。

```
GRANT privileges ON databasename.tablename TO 'username'@'host'
    WITH GRANT OPTION;
```

下面介绍数据查询。用户可以通过主地址或集群地址连接至 PolarDB 进行数据的增、删、改、查。其中,主地址始终连接至主节点,集群地址则连接至其关联的所有节点。登录 PolarDB 控制台,进入目标集群地址的编辑对话框。

打开集群地址的“编辑”对话框。将读写模式设置为“可读可写”。必要时设置主节点不接收读请求,即读请求发往只读节点,能够降低主节点负载,确保主节点稳定。

使用 Hint 语法,在 SQL 语句前加上/ * FORCE MASTER * /或/ * FORCE SLAVE * /强制指定 SQL 的路由方向。例如 selet * from test 默认路由到只读节点,改为/ * FORCE MASTER * /, select * from test 就路由到主节点。

在 SQL 语句前加上:/ * force node= <节点 ID> * /强制指定在某节点执行某查询命令。例如/ * force_ node='pi- bxxxxxx ' * / show processlist,该 show processlist 命令只在 pi-bpxxxxxxx 节点执行。若该节点发生故障,则返回报错。

PolarDB 推出并行查询框架,当查询数据量到达一定阈值时,就会自动启动并行查询框架,从而使查询耗时指数级下降。

此外,PolarDB 还支持云上数据的迁入与迁出。数据传输服务 DTS 是阿里云提供的实时数据流服务,集数据迁移、订阅、同步于一体,实现了 PolarDB 与其他数据库之间的迁移。

## 11.6 AI 原生数据库管理系统

大数据时代下,传统数据库管理系统主要面临以下几个方面的挑战[11]:首先,基于专家经验的传统优化技术(如代价估计、参数调优等)已经无法满足大数据带来的对性能的需求。其次,在 AI 时代,很多数据库应用需要使用到人工智能算法,而传统数据库无法高效支持下游的人工智能应用。另外,传统数据库侧重于使用通用硬件(如 CPU),不能充分发挥 ARM、AI 芯片等新硬件的优势。为应对以上挑战,AI 原生数据库开始出现。

AI 与数据库相结合方面的研究有以下几种研究思路。首先,针对传统优化技术的不足,可以设计基于学习的数据库优化技术,使数据库智能化;其次,针对新型应用,可以将人工智能算法嵌入数据库,利用数据库技术加速人工智能算法,并在数据库中提供基于人工智能的服务;此外,除了关系模型,数据库还需要支持张量模型来加速人工智能操作。

### 11.6.1 AI 原生数据库系统特性

为了提高数据库系统的智能化程度,使数据库系统能够更加智能地管理和维护,不断有研究希望采用人工智能方法来解决数据库问题。

AI 原生数据库管理系统(AI-native database management system)就是将各种人工智能技术集成到数据库中,以提供自监控、自配置、自调优、自诊断、自愈、自安全和自组装功能。AI 原生数据库管理系统充分发挥 X86、ARM、GPU、NPU 等多样性算力优势,通过使用声明性语言,为数据库提供人工智能功能,以降低人工智能的使用门槛。

李国良等人[11]指出,AI 原生数据库可以分为五个等级:

(1) AI 建议型数据库(AI advised)包括一个人工智能引擎,通过自动化建议提供数据库的离线优化,与数据库松耦合。

(2) AI 辅助型数据库(AI assisted)将 AI 引擎集成到数据库内核中,提供运行时优化 AI 工具(如调优模型、工作负载调度、视图推荐),可以合并到相应的数据库组件中。

(3) AI 增强型数据库(AI enhanced)不仅使用人工智能技术优化数据库设计,而且提供基于数据库内置的 AI 原生服务。

(4) AI 自组装型数据库(AI assembled)自动组装数据库组件来生成最适合给定场景的数据库,将不同任务调度到合适的硬件上。

(5) AI 设计型数据库(AI designed)将人工智能技术集成到整个数据库生命周期中,包括设计、编码、评估、监控和维护等各个阶段,达到全场景智能和普惠 AI。

### 11.6.2 GaussDB 数据库系统框架

华为 GaussDB 是一个企业级 AI 原生分布式数据库,被称为全球首个 AI 原生数据库。GaussDB 采用 MPP(massive parallel processing,大规模并行处理)架构,支持行存储与列存储,提供 PB 级别数据量的处理能力。

GaussDB 为大规模数据管理提供通用计算服务,可用于支撑各类数据仓库系统、商业智能(business intelligence,BI)系统和决策支持系统,为上层应用的决策分析提供服务。华为 GaussDB 将 AI 能力植入到数据库内核的架构和算法中,为用户提供更高性能、更高可用、更多算力支持的分布式数据库。

GaussDB 200 采用 Share-nothing 架构，由多个拥有独立 CPU、内存、存储等系统资源的节点组成。业务数据被分散存储在多个物理节点上，数据分析任务被推送到数据所在位置就近执行，控制模块协调完成并行处理工作。

GaussDB 200 由多个 MPPDBServer 组成，其架构如图 11.14 所示。

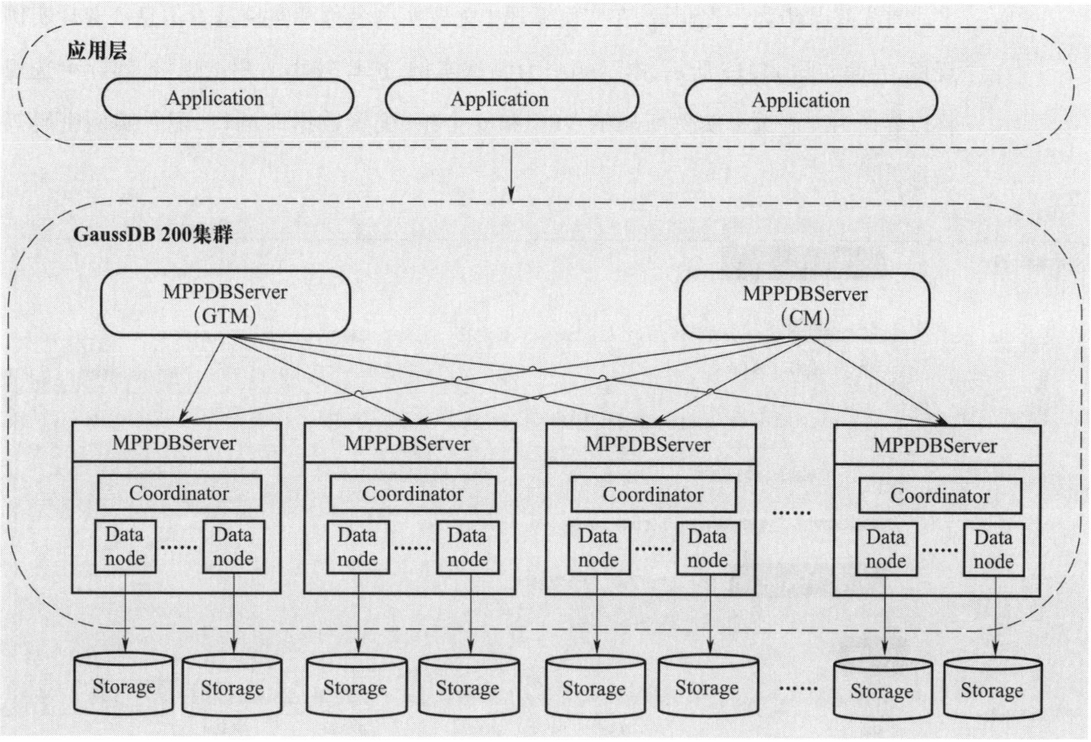


图 11.14　GaussDB 200 架构

其中 CM(cluster manager)是特殊的 MPPDBServer，含有 CMServer 进程，负责管理分布式系统中各个功能单元的运行，分为主 CM 和备 CM。

GTM(globale transaction manager)是全局事务管理模块，负责生成和维护全局信息。

除 MPPDBServer(CM)、MPPDBServer(GTM)以外的 MPPDBServer 业务模块，由 Coordinator(CN)及多个 Datanode(DN)组成。其中 CN 负责提供外部应用接口、优化全局执行计划，向 Datanode 分发执行计划，以及汇总执行结果。DN 在集群中有多个，每个 DN 存储一部分数据，采用主、备、从备的高可用方案，以防止故障时该实例上的数据无法访问。

华为 GaussDB 200 采用全并行计算技术和列存向量化引擎技术，数据库内核基于鲲鹏深度优化，利用鲲鹏多核、CPU 指令集深度优化的特点，通过系统资源优化、调度策略优化，降低 NUMA 跨片访问时延高的影响。

### 11.6.3 GaussDB 数据库系统使用案例

下面以 GaussDB（for openGauss）为例，介绍如何创建实例、如何接入数据库、数据库基本操作等内容。

首先登录华为云控制台，在实例管理中配置实例名称和实例基本信息。选择实例规格，界面如图 11.15 所示，本示例中为测试实例，选择较小的测试规格，实际可选规格以界面为准。选择实例所属的 VPC 和安全组、配置数据库端口，配置实例密码等信息。

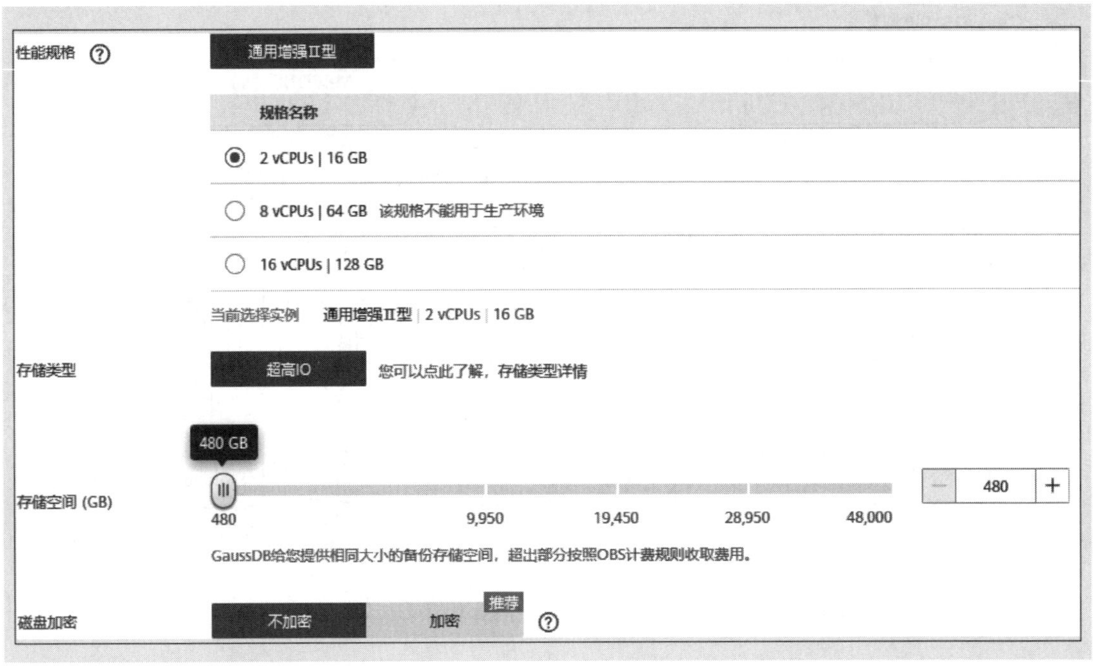


图 11.15　GaussDB 创建实例选择规格界面

数据库部署成功后，需要通过一些工具便捷连接数据库，对数据库进行各种操作和调试。gsql 是 GaussDB（for openGauss）提供的在命令行下运行的数据库连接工具，用户通过该工具连接服务器并对其进行操作和维护，除了具备操作数据库的基本功能，gsql 还提供了若干高级特性，便于用户使用。

gsql 提供创建客户端与数据库的通信通道，支持交互式地键入并执行 SQL 语句，也可以执行一个文件中指定的 SQL 语句。元命令帮助管理员查看数据库对象的信息、查询缓存区信息、格式化 SQL 输出结果，以及连接到新的数据库等。如下示例，用户通过配置参数连接数据库。

```
gsql -d postgres-p 26000 -U user1 -W ' gauss@123 '-h 192.168.0.225
```

GaussDB 对数据库进行操作的命令很多,常用命令如表 11.1 所示。

表 11.1　gsql 常用元命令示例

| 元命令 | 作用 |
|---|---|
| \l | 列出数据库集簇中所有数据库的名称、所有者、字符集编码以及使用权限等 |
| \d | 列出当前 search path 中模式下所有的表、视图和序列 |
| \dn | 列出所有的模式(名称空间) |
| \di | 列出所有的索引 |
| \dv | 列出所有的视图 |
| \timing | 显示每条 SQL 语句的执行时间(以毫秒为单位) |
| \i file. sql | 从文件 FILE 中读取内容,并将其当作输入,执行查询 |
| \c | 更换连接的数据库和用户 |
| \o file_name | 把所有的查询结果发送到文件里 |

GaussDB (for openGauss)使用模式(Schema)对数据库做逻辑分割。所有的数据库对象都建立在模式下面,用户根据自己拥有的权限,访问数据库中一个或多个模式的对象。模式和用户是弱绑定的,用户可在自动创建的同名模式之外单独创建模式。创建、修改模式命令如下:

```
create schema sch1;
create schema sch2 authorization jack;

alter schema sch2 rename to sch3;
alter schema sch1 owner to jack;
```

在用户管理中可执行的操作有:创建、修改、删除用户,设置系统管理员、安全管理员、审计管理员三权分立。数据库默认情况下,未开启三权分立,数据库系统管理员具有与对象所有者相同的权限。也就是说对象创建后,默认只有对象所有者或者系统管理员允许查询、修改和销毁对象,并通过 GRANT 将对象的权限授予其他用户。

用户必须拥有数据库创建的权限或者是数据库的系统管理员权限才能创建数据库。初始时,GaussDB 包含两个模板数据库 template0 和 template1,以及一个默认的用户数据库 postgres。创建数据库命令如下:

```
create database mydb2;
create database mydb3 with owner=jack encoding='UTF-8' LC_COLLATE='zh_CN.UTF-8'
    LC_CTYPE='zh_CN.UTF-8' DBCOMPATIBILITY='A' TABLESPACE=tbs1
    CONNECTION LIMIT=1000;
```

其中指定了数据库 mydb 的拥有者、编码、字符集、字符分类、兼容模式、默认表空间和并发连接限制。

GaussDB(for openGauss)支持行列混合存储。OLTP(on-line transaction processing,联机事务处理)场景默认使用行存储;针对执行复杂查询且数据量大的 OLAP(on-line analytical processing,联机分析处理)场景时,多使用列存储;默认情况下,创建的表为行存储。在对表进行修改时,可以修改表的定义、重命名表中指定的列、重命名表的约束、设置表的所属模式、添加/更新多个列、打开/关闭行访问控制开关。另外,还支持对于分区表的创建。

对于索引管理,数据库系统自动判断何时引用索引。分区表索引分为 LOCAL 索引与 GLOBAL 索引,一个 LOCAL 索引对应一个具体分区,而 GLOBAL 索引对应整个分区表。具体操作示例及其用途如下:

```
create table t1 as select oid, * from pg_class limit 10;——创建测试数据

create unique index t1_ _fn_ _idx on t1(relfilenode);——创建唯一索引
create index t1_ _owner_tbs_idx on t1(relowner,reltablespace);——创建复合索引
create index t1_ltbs._idx on t1(reltablespace) where reltablespace<20;——创建部分索引
create index t1_upname_jidx on t1(upper(relname));——创建函数索引
create index pt1_id_idx on pt1(id) local;——创建分区表的本地索引
create index pt1_score_idx on pt1(score) global tablespace tbs1;——创建分区表的全局索引
```

GaussDB (for openGauss)还提供视图管理、序列管理等功能,在此不作赘述。

## 11.7 小结与展望

随着云计算的快速发展,数据库服务、app 应用等数量剧增,传统基于经验的数据库优化工具已经难以满足高性能的需求。近年来,许多研究逐渐侧重于查询语言的优化和异构数据的处理。面对异构数据以及集成多个数据库数据的需求,很多数据库提供商(如 IBM 的 DB2、Oracle 8、InformixUDS)已经扩展系统或研发新型数据库管理系统,使之具有存储图像、文本等数据类型的能力,以及应对复杂查询的能力。

新技术不断产生,如云原生、分布式、智能化,这些也都成为未来各个数据库厂商继续研究与拓展的方向。大数据时代的变化推动数据库技术向着模型拓展的方向演进,与云计算、人工智能、区块链等技术呈现取长补短的融合发展态势。

可以看出,对于数据库未来的发展方向,融合将是一大特点。为了支持 AI 业务中的多种复杂需求,新技术会结合到多种数据库中;软件与硬件的结合会更加紧密;OLTP 场景与 OLAP 场景也会趋于融合。今后,“多场景、融合、分布式、云计算、智能化”等或将主导中国数据库市场的发展,让数据库的管理更加自动化、智能化。

## 11.8　术语表

| | |
|---|---|
| database management system | 数据库管理系统 |
| integrated data store | 集成数据存储 |
| network database management system | 网状数据库管理系统 |
| hierarchical database management system | 层次数据库管理系统 |
| information management system | 信息管理系统 |
| relational database management system | 关系数据库管理系统 |
| data definition language | 数据定义语言 |
| data manipulation language | 数据操纵语言 |
| database administrator | 数据库管理员 |
| interactive graphics retrieval system | 交互式图形和检索系统 |
| multics relational data store | Multics 关系数据存储 |
| object-relational database management system | 对象关系数据库管理系统 |
| spatial database management system | 空间数据库管理系统 |
| open geospatial consortium | 开放地理空间信息协会 |
| simple feature access SQL | 地理信息简单要素的 SQL 实现规范 |
| SQL multimedia part3：spatial | SQL 多媒体及应用包的第三部分 |
| graph database | 图数据库 |
| property graph | 属性图 |
| resource description framework | 资源描述框架 |
| uniform resource identifier | 统一资源标识符 |
| in-memory database | 内存数据库 |
| main memory database | 主存数据库 |
| non-volatile dual in-line memory module | 非易失性双列直插式内存模块 |
| Not AND flash | NAND 闪存 |
| non-volatile random access memory | 非易失性随机访问存储器 |
| key-value store | 键-值存储 |
| data structure server | 数据结构服务器 |
| append only file | 只追加文件 |
| redis database backup file | Redis 数据库备份文件 |
| cloud-native database systems | 云原生数据库 |
| hybrid transactional and analytical processing | 在线事务处理与在线分析处理 |
| data transmission service | 数据传输服务 |
| AI-native database management system | AI 原生数据库管理系统 |
| massive parallel processing | 大规模并行处理 |
| business intelligence | 商业智能 |
| cluster manager | 集群管理模块 |
| globale transaction manager | 全局事务管理模块 |
| on-line transaction processing | 联机事务处理 |
| on-line analytical processing | 联机分析处理 |

## 11.9 习题

习题 11.1 请说明层次数据库管理系统与网状数据库管理系统的异同点。

习题 11.2 结合所学知识,描述关系数据库的缺点,并指出新型数据库管理系统的产生原因。

习题 11.3 结合生活实际,列举空间数据的来源和类型。

习题 11.4 除书中详细介绍的 PostGIS 以外,请通过查阅资料,列举其他空间数据管理系统产品。

习题 11.5 图模型的表示方法主要有两种。请比较属性图和 RDF 图,试着完成两种图之间的转化。

习题 11.6 云时代的到来催生了云原生数据库。云原生数据库依赖于云技术。除阿里 PolarDB 和腾讯 CynosDB 以外,华为也在 2018 年发布了 Cloud Native 分布式数据库技术,请通过查阅资料了解它的核心技术。

习题 11.7 数据库和人工智能可以相互受益。请通过调研,了解关于 AI4DB 和 DB4AI 的现有研究工作。

## 参考文献

[1] Connolly T M, Begg C E. Database systems: A practical approach to design, implementation, and management [M]. New York: Pearson Education, 2005.

[2] Bachman C W. The origin of the integrated data store (IDS): The first direct-access DBMS [J]. IEEE Annals of the History of Computing, 2009, 31(4): 42-54.

[3] McGee W C. The information management system IMS/VS, part I: General structure and operation [J]. IBM Systems Journal, 1977, 16(2): 84-95.

[4] Codd E. F. A relational model of data for large shared data banks [J]. Communications of the ACM, 1970, 13(6): 377 - 387.

[5] Bachman C W, Batchelor R E, Beriss I M, et al. Data base task group report to the CODASYL programming language committee [M]. New York: Association for Computing Machinery, 1969.

[6] Astrahan M M, Blasgen M W, Chamberlin D D, et al. System R: Relational approach to database management [J]. ACM Transactions on Database Systems, 1976, 1(2): 97-137.

[7] Held G D, Stonebraker M R, Wong E. Ingres: A relational data base system [C]//Proceedings of the American Federation of Information Processing Societies: 1975 National Computer Conference. 1975: 409-416.

[8] Fernandes D, Bernardino J. Graph databases comparison: AllegroGraph, ArangoDB, InfiniteGraph, Neo4J, and OrientDB [C]// Proceedings of the 7th International Conference on Data Science, Technology and Applications. 2018: 373-380.

[9] Huang G, Cheng X, Wang J, et al. X-Engine: An optimized storage engine for large-scale E-commerce transaction processing [C]//Proceedings of the 2019 ACM International Conference on Management of Data. 2019: 651-665.

[10] 李飞飞，周烜，蔡鹏，等. 云原生数据库：原理与实践 [M]. 北京：电子工业出版社，2021.

[11] 李国良，周煊赫. 轩辕：AI 原生数据库系统 [J]. 软件学报，2020，31(3)：831-844.

## 新一代人工智能系列教材

"新一代人工智能系列教材"包含人工智能基础理论、算法模型、技术系统、硬件芯片和伦理安全以及"智能+"学科交叉等方面内容，以及实践系列教材，在线开放共享课程，各具优势、衔接前沿、涵盖完整、交叉融合，由来自浙江大学、北京大学、清华大学、上海交通大学、复旦大学、西安交通大学、天津大学、哈尔滨工业大学、同济大学、西安电子科技大学、暨南大学、四川大学、北京理工大学、南京理工大学、微软亚洲研究院等高校和研究所的老师参与编写。

| 教材名 | 作者 | 作者单位 |
|---|---|---|
| 人工智能导论：模型与算法 | 吴飞 | 浙江大学 |
| 可视化导论 | 陈为、张嵩、鲁爱东、赵烨 | 浙江大学、密西西比州立大学、北卡罗来纳大学夏洛特分校、肯特州立大学 |
| 智能产品设计 | 孙凌云 | 浙江大学 |
| 自然语言处理 | 刘挺、秦兵、赵军、黄萱菁、车万翔 | 哈尔滨工业大学、中国科学院大学、复旦大学 |
| 模式识别 | 周杰、郭振华、张林 | 清华大学、同济大学 |
| 人脸图像合成与识别 | 高新波、王楠楠 | 重庆邮电大学、西安电子科技大学 |
| 自主智能运动系统 | 薛建儒 | 西安交通大学 |
| 机器感知 | 黄铁军 | 北京大学 |
| 人工智能芯片与系统 | 王则可、李玺、李英明 | 浙江大学 |
| 物联网安全 | 徐文渊、冀晓宇、周歆妍 | 浙江大学、宁波大学 |
| 神经认知学 | 唐华锦、潘纲 | 浙江大学 |
| 人工智能伦理导论 | 古天龙 | 暨南大学 |
| 人工智能伦理与安全 | 秦湛、潘恩荣、任奎 | 浙江大学 |
| 金融智能理论与实践 | 郑小林 | 浙江大学 |
| 媒体计算 | 韩亚洪、李泽超 | 天津大学、南京理工大学 |
| 人工智能逻辑 | 廖备水、刘奋荣 | 浙江大学、清华大学 |
| 生物信息智能分析与处理 | 沈红斌 | 上海交通大学 |
| 数字生态：人工智能与区块链 | 吴超 | 浙江大学 |
| 人工智能与数字经济 | 王延峰 | 上海交通大学 |
| 人工智能内生安全 | 姜育刚 | 复旦大学 |
| 数据科学前沿技术导论 | 高云君、陈璐、苗晓晔、张天明 | 浙江大学、浙江工业大学 |
| 计算机视觉 | 程明明 | 南开大学 |
| 深度学习基础 | 刘远超 | 哈尔滨工业大学 |
| 机器学习基础理论与应用 | 李宏亮 | 电子科技大学 |
| 遥感图像智能分析与处理 | 尹继豪、罗晓燕、飞桨教材编写组 | 北京航空航天大学 |

## 新一代人工智能实践系列教材

| 教材名 | 作者 | 作者单位 |
|---|---|---|
| 智能之门：神经网络与深度学习入门（基于 Python 的实现） | 胡晓武、秦婷婷、李超、邹欣 | 微软亚洲研究院 |
| 人工智能基础 | 徐增林等 | 哈尔滨工业大学（深圳） |
| 机器学习 | 胡清华、杨柳、王旗龙等 | 天津大学 |
| 深度学习技术基础与应用 | 吕建成、段磊等 | 四川大学 |
| 计算机视觉理论与实践 | 刘家瑛 | 北京大学 |
| 语音信息处理理论与实践 | 王龙标、党建武、于强 | 天津大学 |
| 自然语言处理理论与实践 | 黄河燕、李洪政、史树敏 | 北京理工大学 |
| 跨媒体移动应用导论 | 张克俊 | 浙江大学 |
| 人工智能芯片编译技术与实践 | 蒋力 | 上海交通大学 |
| 智能驾驶技术与实践 | 黄宏成 | 上海交通大学 |
| 人工智能导论：案例与实践 | 朱强、飞桨教材编写组 | 浙江大学、百度 |